国家科学技术学术著作出版基金资助出版

蒙古高原草原科学

侯向阳　王育青　等　编著

科学出版社

北　京

内 容 简 介

本书是由近 70 位中国草原科学家和蒙古国草原科学家联合编写完成的。本书将蒙古高原作为完整的地理单元，整合探究蒙古高原草原的变化和发展，系统梳理过去 60 多年蒙古高原草原研究的进展。内容全面覆盖蒙古高原草原研究的主要领域，包括草原气候、土壤、动植物区系、草原植被类型与地理分布、草原资源、饲用植物资源评价及利用、草原退化与草原治理、草原灾害监测预警及防控、草原畜牧业等自然科学领域，也包括草原管理政策和草原文化等社会文化领域。

本书反映了蒙古高原草原科学研究的主要研究成果，对丰富和促进我国及欧亚地区草原与生态环境科学研究及区域经济发展具有重要指导意义。本书可供科研、生产及高等院校农业、牧业、草业、土壤、气候、环境及经济等领域的广大师生和科技人员参考应用。

图书在版编目（CIP）数据

蒙古高原草原科学 / 侯向阳等编著. -- 北京 ：科学出版社, 2025.3.
ISBN 978-7-03-081122-6
Ⅰ. S812
中国国家版本馆 CIP 数据核字第 2025SD8751 号

责任编辑：罗 静 田明霞 / 责任校对：严 娜
责任印制：肖 兴 / 封面设计：无极书装

科 学 出 版 社 出版
北京东黄城根北街 16 号
邮政编码：100717
http://www.sciencep.com
北京中科印刷有限公司印刷
科学出版社发行 各地新华书店经销
*
2025 年 3 月第 一 版 开本：787×1092 1/16
2025 年 3 月第一次印刷 印张：60 1/2
字数：1 428 000
定价：498.00 元
(如有印装质量问题，我社负责调换)

		蒙方：D. Bolormaa　Ch.Oyuntsetseg
第六篇	中方：宁 布 黄 帆	
第七篇	中方：侯向阳 李西良 张 勇 王 海 李元恒 唐 芳 丁 勇	
	蒙方：S. Tserendash	
第八篇	中方：刘桂香 庞立东 白海花	
	蒙方：L. Natsagdorj　D. Bolormaa	
第九篇	中方：刘永志 徐晓静 刘景龙 特日格乐 塔 娜	
	蒙方：D. Buyankhishig	
第十篇	中方：马 梅 乔光华 戴雅婷	
	蒙方：D. Dorligsuren	
第十一篇	中方：陈 山 金 凤	

统稿校稿人（按姓氏字母顺序排列）：

白海花　曹靖怡　陈继富　戴雅婷　丁 勇　侯向阳　黄 帆　蒋奇伸
荆则尧　李 平　李重阳　李元恒　刘 娜　刘慧娟　陆赋燕　秦 艳
塔 娜　田青松　王 宁　王育青　徐 庆　运向军　张 勇
D. Avaadorj　D. Dorligsuren

序　一

蒙古高原是一个以草原为主要本底的古老地理单元，对于人类文明的发展作出过重要贡献。由于水分与热量等因素的空间变异，这里的草原生态系统多样，是生物多样性的摇篮，也是当今传承和展示草原文化的重要载体，是自然与人文的瑰宝。同时，气候的地带性差异、人文社会的相对独立发展，使得一个完整生态与地理意义上的蒙古高原丰富多彩，蕴意深厚，耐人寻味。探析草原植被、土壤特征、社会生活方式等不同角度的发生及演变规律，颇具科学魅力。因此，多年来，蒙古高原草原一直是草业科技工作者十分热衷的研究领域。

地理与国别的限制，难免致学术信息的交流不畅及局地观点。因此，不难理解，长期以来，我们对覆盖蒙古高原整体的草原学知识是不够完整的。尽管从学术源流上讲，中国和蒙古国都曾受到苏联草原学派的深刻影响，但受到研究层次、社会制度、发展水平等多种因素的影响，蒙古高原草原的科学研究成果一直难以进行有效的整合，实为一大缺憾。

难得的是，此次，由中国农业科学院草原研究所侯向阳研究员（现为山西农业大学草业学院教授）等组织，汇集中蒙两国老中青年专家，其中，有的是年逾古稀的老专家，有的是而立之年的学界新秀，作者们充分利用中文、英文及蒙文记载的不同年代和多种学术专著、论文等的纸质及电子资料，进行了全面的文献收集与考察，系统总结梳理蒙古高原草原研究的学术进展。这从一定程度上超越了国别，体现了作者们从国际视野中去概括与总结，这是一种新的尝试。呈现在我们面前的这本《蒙古高原草原科学》体现了对蒙古高原研究的传承与发展的开拓创新，这是学术界的一件喜事。

蒙古高原是草原文化的摇篮，文化的变迁与生产方式的发展是不可逆转的。20 世纪 30 年代前后，世界生产先进国家都完成了草原畜牧业的现代化转型，主要内涵为以划区轮牧为核心，配合定居点、饮水点、围栏、饲草料、牧民合作社等系统建设，建成人-草地-家畜的草地农业系统。蒙古高原也在发生着巨幅的变化，塞外的驼铃声声，渐渐消失在人们的耳畔。但我们也应认识到，蒙古高原草原利用的现代转型之路任重道远，如今若干现代化设想和建设仍然与沿袭古老的草原管理利用方式并存，如何引领蒙古高原的草原工作与现代社会科技接轨，形成人草畜耦合的现代牧区草业，仍然是摆在现今及未来草业科技工作者面前的重大任务。

科学研究应承接历史，更应关注当下。如今，中国倡导的"一带一路"倡议得到了世界沿线国家的积极响应，而蒙古高原地处古代草原丝绸之路的腹地，"一带一路"倡议的推进为建设现代化的草地农业提供了前所未有的机遇。以蒙古高原草原为对象，深入研究总结，对人们重新认识古代草原丝绸之路、茶叶之路，促进古老的草原大漠焕发现代生机将会起到积极作用。本书作者以国际视野及时代责任感，继往开来，融合中蒙关于蒙古高原草原的整体认知，完成了这本独具特色、跨越广阔时空领域的《蒙古高原草原科学》学术著作，无疑将对未来草业科学的理论知识创新、草地农业的现代转型与可持续发展起到不可取代的作用。

任继周

任继周

中国工程院院士

2024 年 8 月

序　二

　　蒙古高原是欧亚温带草原的重要组成部分,是迄今保存最好、面积最大、集中连片、利用历史悠久的天然草原区域。中蒙两国共居的面积辽阔的蒙古高原,是两国重要的生态资源、畜牧业生产基地及草原游牧文化传承的载体,对于两国的生态、经济和社会发展具有极为重要的意义。蒙古高原独特的自然生态系统,是中国、蒙古国、俄罗斯、美国、日本等众多动植物分类学、生态学、草原学、畜牧学、地学等领域的科学家奉为至宝的科研平台,被认为是开展大尺度气候变化研究的天然实验室、开展环境和生物进化研究的天然实验室,也是优质抗逆生物基因资源挖掘、创新和利用的天然实验室,更是不同草原管理制度和模式比较研究的天然实验室。

　　蒙古高原是草原丝绸之路的主要途经地区。在国家顶层"一带一路"倡议和实施背景下,草原丝绸之路作为我国丝绸之路的重要组成部分和最早的贸易通道,其独特的历史贡献、生态文化价值及在现代经济社会发展中的作用,对于整个"一带一路"经济带建设和发展具有十分突出的意义。随着当前全球环境资源约束日益趋紧,经济发展和环境保护的矛盾冲突日益凸显,科学地研究和梳理蒙古高原草原生态系统资源,探讨在未来利用开发和保护过程中将出现哪些新的生态环境问题,应吸取历史上草原生态系统的哪些成功经验,采取什么样的建设模式和措施来防范这些生态环境风险,是沿草原丝绸之路地区经济发展中一个重要的命题。因此全面系统地掌握蒙古高原草地资源和自然–社会–经济复合信息数据库和知识库,为我国新时期蒙古高原资源合理配置、绿色可持续发展模式提供基础依据,将对区域乃至全球的食物安全作出重要贡献。

　　中蒙两国共居蒙古高原草原,历史悠久,同族同文,许多认知和认同具有深厚的历史文化渊源,许多政治经济的主体活动离不开草原。科学认识和保护好蒙古高原,是两国长期共同繁荣发展的基础,任何其他形式的发展都须以保护草原为优先前提。在此前提下,中蒙两国对蒙古高原草原草牧业的科技融合也最能体现以草原为家、视草原为"眼珠"的草原各民族人民的心声,也是最容易优先深入、最容易引起共鸣、最能长久坚持下去的合作领域。

　　当前随着气候变化、过度放牧、人类活动干扰等的交互影响,蒙古高原草原面临着退化、荒漠化、生物多样性和生产力下降、草畜矛盾突出、畜牧业生产方式落后等重大问题。虽然中蒙两国草原管理方式不同,草原畜牧业的集约程度不同,经济状况水平不同,但面临的气候变化特别是极端气候灾害、草原资源开发及草原严重退化等问题,是亟须共同解决的难题。在过去的研究中,受限于研究区域,不同国家的科学家研究的思路和领域不同,所研究的内容和数据资料较为零散,无法对包含蒙古高原在内的欧亚温带草原进行整体研究，一直也没有形成系统的蒙古高原草地资源重要成果。

在当前国家战略背景和草业科学发展重大需求下，由中国农业科学院草原研究所侯向阳研究员（现为山西农业大学草业学院教授）等草原科学家组织编写的《蒙古高原草原科学》著作即将付梓出版，该书着眼于全面梳理、总结蒙古高原草原的研究历史和进展，系统介绍蒙古高原气候变化特征、土壤类型与分布、动植物区系、草原植被类型与地理分布、草原灾害、草原退化与恢复、草原资源评价与利用、草原畜牧业、草原管理政策和草原文化等内容，将为蒙古高原草原保护和利用、牧区生态–生产–生活、区域生态安全、资源安全提供更有价值的科技支撑。该书将成为重要的科研著作和工具书，为解决蒙古高原草原重大共性问题提供坚实的理论依据和实践途径。

李文华

中国工程院院士

2022 年 9 月

序　三

这是一部关于蒙古高原草原科学的著作。

蒙古高原泛指亚洲东北部高原地区，亦即东亚内陆高原，其范围包括蒙古国全境和中国内蒙古自治区全部及其相邻地区。千百年来，素有"草原娇子"之称的蒙古族群众生于斯、长于斯，与草原构成了生命共同体，这一雄踞于东亚的高原，也由此被称为蒙古高原。

在这片饱经沧桑的大地上，草原见证了北方游牧民族的兴衰与更替，这些少数民族或者从这里出发，向南挑战中原农耕王朝；或者相互争斗，由盛而衰。一代天骄成吉思汗，正是在这片热土上，谱写了一部惊天地、泣鬼神的壮丽史诗。纵观历史，和平是这里发展的主调。成吉思汗的先人及后代们以草原为依托，生息繁衍，形成了尊重自然、热爱草原、珍爱生命、祈求和平、生生不息的草原文明，与传统的农耕文明一起，共同构成了源远流长、博大精深、开放包容、多元一体、凝聚了各民族生命历程的中华文明。勤劳勇敢的蒙古族民众，在绵延千百年的生产与生活中，每年依照气候特点、地形状况及水草条件，进行季节间的牧场轮换，积累了丰富的草原利用经验。在这种朴素的草原管理、利用观点的指引下，草原野火烧不尽、春风吹又生，生生不息、延绵千年，构成了蓝天、白云、绿草、羊群的美丽画面。

了解历史，是为了更好地把握未来。交流与交往是人类社会存在的主要形式之一，也是学习、借鉴他人，促进社会生产发展的主要方式之一。从某种意义而言，人类的社会发展史，也是人类交流与发展的历史。据考证，早在辽朝时，这里的群众便以牛羊马驼等物与内地进行交换，换取绢帛、器皿等生产工具和日用品，并在此后一直保持着这种交换，在指定地点进行互市，由此形成了诸多具有重要意义的茶马市场。这种交换不仅是物质的交换，也是信息与理念的交流，它们有效地沟通了游牧和农耕人民的贸易联系和信息往来，促进了社会经济的发展。今天，我们已经进入了"构建人类命运共同体"的新时代，比任何时候都更加需要区域间、国际间的交流、交往。我国是一个草原大国，但还不是草原强国，我们在国际草原学术界的话语权有待进一步加强。因此，草原科技工作者尤其需要交流。我们需要和各国的同行们进行交流，不仅需要了解他们先进与成功的理念、技术与经验，也需要了解他们在发展过程中的失败与教训。了解成功是一种学习，了解失败也是一种学习，可能是更重要的学习。这可能也就是古人常说的"以人为鉴、以史为鉴"的道理。从这个角度出发，我们尤其需要了解同我们山水相依、草原相连，同属蒙古高原的蒙古国的草原科学与草地畜牧业的发展经验。

蒙古高原是现今世界上最大的草原生态系统之一，跨越南北，从东到西，依次分布着森林草原、典型草原、荒漠草原等植被类型。草原是蒙古国与我国内蒙古自治区的主要生态系统，蒙古国农业用地的 98% 是草原，是全球人均草原面积最大的国家，我国内蒙古自治区的草原面积居于全国第一。草地畜牧业是蒙古国和我国内蒙古自治区最主要的经济生产方式之一。蒙古国牧民历来饲养的牛、马、骆驼、绵羊和山羊，并称为"五种珍珠"，草地畜牧业在国民经济中占据主导地位。我国内蒙古自治区所生产的牛肉、牛奶、羊绒也居全国之首。另外，蒙古高原的民众又都面临着草原退化的共同挑战。目前，蒙古国 70% 的草原已出现退化。我国内蒙古自治区不同程度的退化草原面积，一度曾达到草原总面积的 90%，近年来随着我国一系列生态建设工程的实施，内蒙古草原整体退化的局面得到了遏制，但生态系统本底脆弱的条件仍然没有改变。同时，我们欣喜地看到，我国绿色发展的理念不仅在国内深入人心，逐渐地成为亿万民众的共同行动，也受到了蒙古国的青睐。据《人民日报》2018 年 1 月 9 日报道，蒙古国科学院国际问题研究所所长巴依萨赫博士，高度称赞"绿水青山就是金山银山"的绿色发展理念，认为"这是尊重自然、顺应自然和保护自然，人与自然协调发展、和谐共生的最好体现……蒙古国作为畜牧业国家，有着尊重自然的传统和风俗，中国的经济发展经验，值得蒙古国学习与借鉴"。

蒙古高原的草原始终是当地学者们的主要研究对象，早在 20 世纪 50 年代初，我国现代草原学奠基人之一王栋教授和我国生态学的奠基人之一李继侗教授，分别率领他们的学生，在这里进行了开辟鸿蒙、披荆斩棘的奠基性研究。自那时以来，他们的学生许令妊、李博、刘钟龄，以及彭启乾、雍世鹏等老一辈科学家，沿着先师们开辟的方向，率领着内蒙古农业大学和内蒙古大学的同事和学生们钩隐抉微，并培养了一大批专业人才，中国科学院也组织力量对内蒙古草原进行了综合考察。所有这些成果为构建草原科学"大厦"提供了丰富而重要的素材。中国农业科学院草原研究所从 20 世纪 60 年代成立以来，作为国家级科研单位，以特有的人力资源与平台优势，也在这里开展了系统的研究，取得了大量创新性的研究成果。如前所述，草原资源在蒙古国经济社会发展中具有不可替代的重要作用，蒙古国的草原科技研究有着悠久的历史和丰富的成果，积累了独到的实践经验，由于历史的原因，我们对这些成果知之不多，在构建人类命运共同体的今天，实有必要进一步开展合作、深入交流、互通有无、彼此借鉴、共同发展。

《蒙古高原草原科学》是对包括蒙古国和中国内蒙古自治区的草原科学研究所做的全面总结。作者们本着博观而约取、厚积而薄发的理念，从浩瀚的文献资料当中梳理、筛选出具有代表性的中蒙两国的研究成果，其中，来自蒙古国科学家的成果约占全书总篇幅的 1/3。主编们进而对这些成果进行了系统而周密的编排。首先，用较大的篇幅介绍了截至目前人们对蒙古高原的认识，包括草原的气候与变化，土壤的类型与分布，草原的动植物区系、类型、分布及植被类型与地理分布等，这些内容分别体现在第一到第四篇中。然后，从草原资源利用的角度论述了蒙古高原草原资源和饲用植物资源的概况、分类和利用价值，体现在第五篇和第六篇。随后，总结了蒙古高原草原退化与治理的经验，灾害的监测、预警及防控技术，这些资料依次编排在第七篇和第八篇。草原科学实质是自然科学与社会学、经济学、管理学的交叉与融合，主编们深知科技成果的转化与应用，很大程度上取决于政策、管理与文化，因此，该书也包括了蒙古高原畜牧业发展及相关政策和文化等方面的成果，分别列在第九篇、第十篇和第十一篇。可以说该书是关于蒙古高原草原科学的系统总结及集大成者，是中蒙两国草原科技工作者协同攻关、努力攀登科学高峰的成果。其不仅对中蒙两国草原科技工作具有重要的参考价值，也将在促进我国与周边诸国的民心相通和服务国家"一带一路"倡议中发挥作用。

我赞赏该书主编侯向阳研究员和王育青研究员，他们以睿智的学术目光和远见的国际视野，共同组织、推动、开展了这项艰巨而重要的工作。草业科学作为国家的一级学科，其未来的发展应该包括两个方面：一是沿着五个二级学科向精而深的方向发展，这五个二级学科分别是草原学、饲草学、草坪学、草地保护学和草业经济与管理；二是系统整合各个二级学科的研究成果，向综合性、系统性、区域性方向发展，以发挥学科的整体优势，服务国家经济社会发展的重大需求。我想，《蒙古高原草原科学》正是体现了草业科学的发展方向。

我对《蒙古高原草原科学》一书的出版表示祝贺，也期待着中国农业科学院草原研究所的同事们取得更大的成绩，坚信我国的草业科技工作者们将不负时代重托，取得更大发展，为实施国家食物安全和生态安全、乡村振兴、美丽中国和健康中国等一系列重大战略作出更大的贡献。

南志标

南志标

中国工程院院士

兰州大学教授

2024 年 5 月

序　四

　　我国是一个拥有 14 亿人口的大国，是世界上人口最多的国家，解决吃饭问题是一项长期而艰巨的任务。新中国成立以来，特别是改革开放以来，我国农业发展取得了举世瞩目的成就，农业现代化稳步推进，主要农产品供应基本充足，农民收入持续增长，以约占世界 9% 的土地养活了占世界 19% 的人口，为解决中国及世界的粮食供给和饥饿问题作出了重要贡献。然而随着全球性的气候变化、资源紧缺、环境恶化、人口增长、社会需求刚性增长等趋势的加剧，长期稳定解决粮食安全或食物安全的任务仍很艰巨，这是世界性的重大难题，也是我国农业的大问题。在今后的 20～30 年中，中国将会进一步面临"人口继续增多、耕地不断减少和居民消费水平日益增高"的趋势，食物安全问题将日渐突出。要解决食物安全问题，必须在确保 18 亿亩①基本农田红线保护和持续高效安全生产的基础上，树立大食物、大资源、大环境、大格局的观念，充分发挥草地、森林、湿地、滩涂及海洋等资源优势，发挥创新驱动发展战略优势，攻克资源环境保护与食物安全保障的关键技术，推进科技与产业的有机结合，促进多种农业资源要素的耦合和多功能作用的发挥，提升国家和区域资源可持续保护与利用及食物安全供给的保障水平。

　　草原是我国面积最大的陆地生态系统，约占国土面积的 41.7%，占全球草地面积的 13%，其面积位居世界第 2 位，是全球屈指可数的草地大国。草原在保障国家生态安全、食物安全和弘扬中华草原文明中具有突出的战略地位，其不仅是一种宝贵的自然资源，而且是一种重要的战略资源和亟待开发的生产资源，具有举足轻重的多功能作用。同时草原也是草牧业发展难以替代的载体，在适应我国食物消费结构转变和农业供给侧结构调整中具有重要作用。2015 年中央一号文件提出促进粮食、经济作物、饲草料三元种植结构协调发展，提倡加快发展草牧业，为我国草原保护和草业发展指明了方向和道路。我国粮食生产与需求的结构性矛盾突出，截至 2020 年年底我国口粮需求下降到 2 亿 t，而饲料粮需求则上升为 5 亿 t，如果没有草业的健康发展和可靠保障，未来 20 年不仅将大量进口牧草，而且牛羊肉和奶类的净进口量也将大幅度地增长，必须下大力气发挥我国的饲料资源和草地资源的优势，使其成为农业发展中新的增长点。因此未来在保障食物安全中，草牧业将发挥更大的作用，如何有效进行农业供给侧结构性改革，充分利用我国丰富的草原资源将成为我国农业发展中的重大命题。

　　蒙古高原草原在北方生态安全屏障和食物安全保障体系中意义重大，在实施"一带一路"倡议中占有举足轻重的地位。蒙古高原草原涵盖我国内蒙古大部和蒙古国全部，

---

　　① 1 亩≈666.67 m²。

是草原牧区经济文化的起源与发展的摇篮，是丝绸之路文化经济带的重要区域，是我国向北对外开放的前沿，更是重要的生态安全战略屏障。以蒙古高原为地理单元开展草原食物安全和生态安全保障研究是国家"一带一路"倡议实施的一个重要环节。

中国农业科学院草原研究所组织编撰《蒙古高原草原科学》，契合了国家"一带一路"的倡议，总结凝练长期以来中国、蒙古国、俄罗斯等国家的草业科技工作者立足于蒙古高原草原，沉心俯首、前仆后继、铢积寸累、积淀而成的饱含心血的厚重成果，选题准确，编写及时，为我国新时期战略部署和建设发展提供了翔实可贵的基础材料，对于草牧业科学研究、生产实践和政府决策都具有重要参考价值。真诚祝贺《蒙古高原草原科学》出版发行。

衷心祝愿草业学者在全球战略调整与创新的大背景下，担负起时代赋予的历史使命，义无反顾、砥砺前行，为振兴草牧业添砖加瓦，为中华民族伟大复兴贡献力量。

唐华俊

中国工程院院士

中国农业科学院原院长

2024 年 9 月

序　五

　　从生态与地理的角度讲，蒙古高原是欧亚温带草原的重要组成部分，其中，蒙古国全境均为该高原的核心地带。在蒙古国，占国土面积 96.0% 的土地均可作为放牧场来利用，其中，65.0% 的面积为草原，其余为高山带、泰加林带、荒漠区及其他非地带性植被。蒙古国气候极端、地势起伏不平、土壤类型多样，植被类型随之也发生了显著变化，这些因素相互配合与作用，形成了广袤的最适宜经营畜牧业的土地资源。

　　在蒙古民族的语言中，把山地称为"杭盖"，把植被稀疏、贫瘠、盐碱化的荒漠、荒漠化地区称为"戈壁"，而位于它们中间，生长细嫩的草本植物而具平坦地势地带的草原称为"塔拉"。在草原民族的传统经营中，逐渐形成了随不同季节游牧经营的方式，可谓历史悠久，也因此，"杭盖"、"戈壁"、"塔拉"成为经营畜牧业的根基，维持着生态与生产的可持续发展。

　　蒙古高原草原的放牧场不仅可为家养草食动物提供饲料，也可为野生的啮齿类、爬行类及虫类等动物提供食物和栖息地。植被是草原生态系统的关键要素，它为健康的生物地化循环提供了条件，保护了水土资源，而且，在寒冷、干旱等特殊的生境下，长期地适应进化，这里的优异物种较多，成为动植物资源挖掘利用与原生态保护的"基因银行"。

　　在蒙古族的传统经营中，常把放牧地作为整体的生态系统来管理，按季节、地势、水源选择草场进行游牧，以防止草场被破坏，同时，充分考虑野生动物的栖息与繁衍，尽量避免与它们争夺草场。蒙古族牧民的这种利用方式有其深刻的科学与生态内涵，他们天人合一的经营方式代代相传，即使到了 21 世纪的今天，蒙古高原草原还保留着相对的原生态。

　　尽管人们对蒙古国放牧草地的研究有着久远的历史，但蒙古国本民族科学家主持、参与的研究始于 20 世纪 50 年代，70 多年来，取得了一定的成果。此次由中国科学家侯向阳研究员组织，中国农业科学院草原研究所牵头、蒙古国相关专家参与，完成撰写的这部《蒙古高原草原科学》，很大程度上包含了蒙古国半个世纪以来取得的草原研究进展。

　　参与这部书编写的蒙方单位，包括蒙古国草地与饲料科学研究所、畜牧科学研究所、水利与气象研究所，蒙古国科学院生物与植物研究所、地理与生态研究所等。专家们总结了蒙古高原气候、土壤、动物、草场结构与动态、植被退化与演替等方面的研究成果，同时，覆盖了饲料作物遗传与选育、种子生产与草场监测评估、防灾等诸多方面。在这一过程中，我们得到了有关单位和领导给予的很大支持，在草场研究中增加了过去未发表的许多资料与结果，从而使广大读者从著作中可看到五六十年前蒙古国草场与现在的比较。

在这部著作中，重点包括了草原退化的研究结果，这是当前蒙古高原草原生态面临的最重要的问题。关于草原退化，人为因子起着主要作用，气候因子也有一定的作用。丢失传统的游牧利用方式、矿山的不合理开采、盲目增加牲畜头数与不合理的畜群结构、商品与贸易不合理搭配等，都加速了草原的退化。目前蒙古国国土的 77.8%处于或多或少的荒漠化、土地贫瘠的状态，这引起世界有关国家与地区的关注。该书的出版，将会加深相关国家对蒙古高原草原的认识，提高对该地区生态的关注，促进生态状况的好转。

策仁达希（S. Tserendas）

蒙古国科学院院士、教授

2024 年 9 月

前　言

蒙古高原位于欧亚大陆东部，是欧亚大陆干旱区的一个组成部分。地质历史上不同时期形成的两大皱褶山系，即天山和阿尔泰山海西皱褶及喜马拉雅皱褶，碰撞和包围，使蒙古高原与其他地区相对隔离，其自然历史极为复杂，动植物区系、植被、土壤等呈现明显的特色。史前文化考察表明，早在公元前 2000 年蒙古高原即已形成"逐水草而牧"的游牧畜牧业，数千年来，草原部落之间为争夺肥沃牧场，彼此吞并和迁徙，部落和帝国时兴时衰，演绎了波澜壮阔的草原文明变迁史。

从 17 世纪开始，随着西欧资本主义兴起及对新的贸易市场和土地资源的需求，中国及神秘的蒙古地区引起了西欧和俄国旅行者的极大兴趣，他们多次前往蒙古高原进行考察和资料收集。19 世纪中叶之后，随着俄国资本主义的快速发展，俄国组织了一次又一次的中亚考察，直到 20 世纪 90 年代前，苏联科学家在蒙古高原的科学研究工作仍占重要地位。然而，随着苏联和东欧政治巨变，美国、日本和欧洲等国家和地区在蒙古高原的考察研究工作逐渐增多。由此可见，蒙古高原地区具有极大的吸引力和研究价值。

我国在新中国成立后，特别是在改革开放以后，在内蒙古地区开展了大量系统深入的草原科学研究，建立了系统的草原科学研究基地和学科体系，出版了《内蒙古植物志》《内蒙古植被》等一批很有价值的学术研究成果。从 2000 年起我国科学家开始在蒙古国开展不同领域的草原科学研究，如中国农业科学院草原研究所草原生态研究团队首次提出并实施了跨越中蒙俄的欧亚温带草原生态样带（EEST）研究，在蒙古国温都尔汗建立了境外第一个草原生态试验站，与国内已有草原生态试验站结合，系统开展气候变化和放牧等对草原生态系统的互作影响和响应研究，倡导和组织草原丝绸之路科学研究和协调发展，与澳大利亚及蒙古国同行专家共同开展澳大利亚国际农业研究中心（ACIAR）项目"干旱草原生态补偿政策及效果研究"，这些项目和工作均取得了良好的研究进展。

随着当前我国全面实施"一带一路"和平开放创新发展倡议，随着全球变化和经济科技全球一体化的主流发展趋势，整体关注和研究蒙古高原草原的意义愈加凸显。在此背景下，迫切需要在蒙古高原这样跨国大尺度的生态环境条件下研究气候变化和人为因素对草原生态系统及社会经济系统的影响及适应对策；迫切需要共同考察和保护草原生物资源、共同推进草地生态管理和退化沙化治理；迫切需要共同传承和发扬草原传统文化，并共同推进草原畜牧业现代化转型。蒙古高原作为一个独特的地理单元，具有很高的科学研究和管理利用价值。蒙古高原不同区域的生态、经济、社会文化等差异，以及与自然生态系统的交互作用和适应，为探索干旱脆弱、欠发展的草原地区的适应性生态管理解决方案提供了绝佳的试验场和创新源头。囿于此,由中国农业科学院草原研究所牵头,联合以内蒙古地区为主的国内草原科学家和蒙古国草原科学家,集思广益,共同编写《蒙古高原草原科学》,旨在补齐蒙古高原中国部分和蒙古国部分从分割到整合研究的一课,希冀对中蒙两国的草原研究和保护及世界草原保护作出应有的贡献。

事实上,将蒙古高原作为完整的地理单元,整合地探究草原的变化和发展的想法由来已久。但以前条件不成熟,一直没有启动这项工作。2013 年恰逢中国农业科学院草原研究所 50 年所庆,在总结研究所 50 年科学研究和发展工作的同时,组织全国几十家高校及科研单位的近百位草原科学家共同编写了《中国草原科学》,系统地梳理总结了新中国成立 60 多年来我国草原科学研究进展,包括草原种质资源保护与利用、牧草育种与良种繁育、草地资源监测管理、人工草地建设、草原生态系统监测与恢复、饲草生产与利用、草原灾害监测与防控、草原畜牧业等自然科学领域的内容,以及草原经济、草原区域可持续发展等社会科学方面的内容,资料翔实,内容丰富,李家洋、任继周、李文华、南志标四位知名院士为该书作序。该书由科学出版社出版后,得到国家发展和改革委员会、财政部、农业部等部门相关领导及许多高校、科研单位的专家和学者的赞誉和好评,认为是一部草原科技人员、相关领域工作者了解草业科学、开展草业科学研究和管理的重要参考书和决策依据案头书。受成功编写《中国草原科学》的启发,我们愈加坚定了组织编写《蒙古高原草原科学》的信心和决心。

如何编好《蒙古高原草原科学》,这是一项具有挑战性的工作。带着一个初步想法,我们几次登门拜访内蒙古大学著名草地生态学家刘钟龄教授,专门请教和探讨编写本书的方向性和技术性难题,得到刘先生的肯定和支持。后又邀请内蒙古师范大学陈山教授和能乃扎布教授、内蒙古农业大学云锦凤教授、中国农业科学院草原研究所宁布研究员等区内知名老专家召开座谈会,听取专家的意见和建议,形成框架性工作思路。之后,又专门邀请蒙古国有关草原专家来呼和浩特,共同商议编写《蒙古高原草原科学》的提纲、各部分双方牵头专家、组织形式及交稿、翻译、统稿等时间要求。确定编写提纲后分别由双方专家牵头各部分的编写。

本书所指的蒙古高原,广义理解为蒙古国全境和我国境内的内蒙古、河北坝上草原、松嫩平原和辽河平原。

编写书稿过程中遇到了两个主要问题,一是蒙语语言和专业翻译问题,二是双方研究工作的不匹配问题。蒙古国专家用新蒙文撰写文稿,既懂新蒙文又懂草原专业的专家屈指可数,我们一方面采用中方牵头和统稿专家负责找人翻译的方式,另一方面充分发挥宁布研究员等专家的优势,承担了大量的翻译工作,同时调动研究所内蒙古族青年科技人员的积极性,努力提高新旧蒙文的知识水平和理解应用能力。新中国成立以来,蒙古高原中国部分和蒙古国部分在研究重点和方法上有许多不同之处,如土壤、植被的类型和区系划分问题,图件的比例尺问题和名称问题等,为统稿撰写带来不小的难度。针对这些问题我们主要采用了认真比对、反复核校,最大可能地利用信息和统一的原则，尽力解决双方研究工作的不匹配问题。个别章节由于不够全面又进行了补充撰写和翻译。

可以想见，编写《蒙古高原草原科学》既是一个脑力智力工作，又有大量的联系、协调、校改等费力、费时的体力工作。在充分发挥知名老专家作用的同时，我们组织了一批年轻科技人员全程参与撰写工作，担任篇章助理，负责篇章的协调沟通，并承担大量的统稿任务，既保障了书稿的顺利撰写，又使年轻人得到了充分的锻炼和培养。在后期的统校稿工作中，山西农业大学草业学院部分青年教师也参与了工作。

本书是中蒙两国科学家共同整理和总结的结晶，是蒙古高原中国和蒙古国两部分多年研究成果的知识汇集和集大成者，有些工作甚至具有抢救性意义，特别是在总结整理的过程中，发现一系列有创新价值和管理利用价值的科学问题，值得不同国家的科学家长期坚持，共同努力，围绕本区域的问题开展联合攻关研究。由于篇幅限制和信息交流不畅等方面的问题，不可避免地会遗漏有价值的信息，期待在以后的工作中继续补救，同时期待中蒙两国科学家及其他国家科学家更紧密地合作，组织开展以蒙古高原为整体的系统的、大规模的草原科学研究工作，取得更丰硕的成果，为蒙古高原自然遗产、科学遗产和人文遗产的保护和利用作出更大的贡献。

侯向阳　王育青

2024 年 12 月 28 日

目　　录

第三篇　蒙古高原动植物区系

第四篇　蒙古高原草原植被类型与地理分布

第五篇　蒙古高原草原资源

第六篇　蒙古高原饲用植物资源评价及利用

第七篇　蒙古高原草原退化与草原治理

第八篇　蒙古高原草原灾害监测预警及防控

第九篇　蒙古高原草原畜牧业

第十篇　蒙古高原草原管理政策

第一篇　蒙古高原区域气候背景与时空变化

　　蒙古高原东边和西边分别以大兴安岭和阿尔泰山两座山脉自然分界,以肯特山、萨彦岭、雅布洛诺夫山脉为北界,向南延伸至阴山山脉及周边地区。蒙古高原大部分为古老台地,是欧亚大陆腹地的重要地貌构造单元,东西延伸长,南北跨度大,是干旱与半干旱气候的过渡带。蒙古高原西部为海拔 3000～3500m 的高山,南部为广阔的戈壁,中部和东部地区为连续成片的高原丘陵。平均海拔 1500m 左右,呈西高东低的地势格局,面积约 $2.6×10^6km^2$,在行政单元上包括蒙古国全境和中国内蒙古自治区与其周缘地区。该地区夏季主要受东亚季风的影响,温度较高,雨量相对较多,呈雨热同期的格局;冬季西伯利亚–蒙古高压是影响该地区的主要气候因素,温度较低,气候干燥。另外,该地区是纬向环流的必经之路,西风环流非常活跃。因此,在季风与西风环流的共同作用下产生的水热组合、气候分布时空格局及所塑造的生态环境(广大的草原)具有明显的独特性,致使蒙古高原成为全球气候变化最为剧烈、响应最为敏感的典型代表区域,也成为当前全球气候变化与生态系统响应研究的热点区域。目前,针对蒙古高原地区已开展了大量的基础研究工作,通过历史资料收集与整理,在古代与当代气候变化、生态环境响应、社会经济适应等方面取得了大量的研究成果,这些工作为深入理解该区域或跨区域的气候变化影响、制订适应与应对方略奠定了坚实的基础。本篇主要回顾了蒙古高原气候研究的历史,汇总了大量关于区域气候特征及气候变化的史料记载,并基于近代气象数据资料,系统分析了蒙古国和我国内蒙古地区主要气候要素的背景及其变化,最后,展望了气候变化背景下草原生态系统未来的研究热点,希冀为更多的科学研究和区域可持续发展管理决策提供有价值的信息资料。

第一章　蒙古高原气候及其变化的历史回溯

第一节　关于蒙古高原气候认识和研究的回溯

一、蒙古族民间对气候的传统认识

数千年来蒙古族一直依赖大自然经营畜牧业，他们对周围的天气有着深刻的认识，积累了较多的知识，他们对天气的认知度不比世界上其他的民族差。

蒙古族基于对周围环境的不断感受、认识和总结，形成了民间传统知识，并不断传授给下一代，形成了与大自然共同发展、和谐生存的紧密关系。翻阅历史长篇，对这一传统知识的记载很有限，只在不多的文献中偶见点点滴滴的记述。例如，布尼巴扎尔·道日吉梅林 1936 年著的《给牧民的训诫》，记载有自然天气状况和如何克服气候灾害的知识、方法等内容。另如，气候方面的专家 P. 查克德尔在 20 世纪 60 年代著的《天空怎么样》、Д. 巴塔的《先知天气的民间知识》、X. 杭爱赛罕的《观察才能得知》（1989 年）、Д. 察克德尔苏荣的《观天术》、Д. 洛桑达西的《天象》（1997 年）、官布扎布的《天文与天气》等也都可以寻迹到一些关于蒙古高原气候及如何利用气候和规避自然灾害的记载。民间知识是在当时的气候条件下，牧民对周围气候的先知、推断及流传的知识，其中也包括一些尚未被科学证实的，如"野鼠秋季大量储备饲草则冬季有大雪""庚午日刮大风，后六十天内一直起风""昴宿星团处于月亮上方，天要变"等。另外，较早有关气候及民间知识的记载，可追溯到扎兰郭喜格在 1839 年翻译的《汉匣子》，该书详细介绍了每日每月乃至四季等的云、风、降水及太阳升与落等方面的先知与天气推断，同时，还记录了利用与天气有关的动物的行为、毛色来判断天气状况的一些民间知识。

最早记载蒙古高原的天气状况可追溯到匈奴时代。公元前 72 年，匈奴土地上下大雪，一日之间厚达 2 尺[①]，牲畜大量死亡（《汉书》中记载）。公元前 68 年、前 46 年及公元 1248 年、1254 年、1303 年、1340 年、1372 年和 1450 年都有蒙古高原地区发生大灾（大旱、大雪、沙尘暴）等的记录。17 世纪著名历史学家罗卜藏丹津曾在《黄金史》中对 14～15 世纪夏季旱灾等灾害进行过描述，除此之外，那个时期关于夏季所遭受的灾害记录就很少见了。

17 世纪末，哈拉哈蒙古归顺于清政府后，清政府逐步加强了对蒙古高原的控制。18 世纪以后，清政府通过盟旗制度将蒙古高原划分为许多小地方，严加管理牧民的经营地域，禁止超域放牧。这一政策给历来自由游牧的蒙古族带来了经济和生活上的不便，甚至引发了一些社会矛盾。由于自然灾害或管理限制，部分牧民试图迁移到毗邻的草原，但受到盟旗制度的严格限制。17 世纪末至 18 世纪，相关的地方报告和记录逐渐增多，

---

① 根据《汉书·律历志》记载，西汉时期的 1 尺约为 23.1cm。

地方官员将情况逐级上报,最终呈报至理藩院。这些记录目前主要保存于中国第一历史档案馆和内蒙古自治区档案馆。

记录显示,关于受灾方面的信息主要包括灾害的状况、程度、受灾范围等,气候方面的信息包括降水时间、降水量、风力、寒冷强度等。降雪根据厚度进行描述,一般从薄到厚按照指厚、小柞、大柞、尺、度,或用厚达马距毛(马球节后面所生长的长毛称为距毛)、牛膝、肚皮,或用寸、尺等来量化描述。降水量以湿润土壤厚度来形容,一般用指厚、小柞、大柞,或寸、尺来描述。

在对蒙古高原气候有经验性认识的基础上,牧民制订相应的畜牧业生产策略。冬营盘多选于气候温暖的地方,夏营地多选于蚊虫少的凉爽地点。从查阅的资料来看,观察天气经营畜牧业方面目前遗存的记录不多,但也依稀在车臣汗部的《套格套王(套王,套老爷)的训诫》、布尼巴扎尔·道日吉梅林的《给牧民的训诫》等史料中可见到。

二、地理学家对蒙古高原气候的考察

俄罗斯地理协会成立于 1845 年,其分支协会西伯利亚协会于 1851 年在伊尔库茨克成立。俄国组织开展中亚考察之前,就在蒙古高原进行过物理、地理,也包括气候的研究工作。当时俄国驻欧尔格的领事 Я.П.Шишмарев 建立了欧尔格市气象观测站,主要工作者为 Г.Захаров。但是,蒙古国的现有文献中第一个气象站则是建立于 1869 年。俄国学者 Н.М.Пржевальский、Г.Н.Потанин、М.Е.Певцов、В.А.Комаров、А.М.Позднеев 等对蒙古国的地理、种族、语言、历史、古物进行过考察研究,在蒙古国气候、水系等方面的研究填补了大量的"空白点"。1870 年 Н.М.Пржевальский 在中亚地区的考察工作先从蒙古开始,从黑雅嘎图出发向欧尔格方向行动,自称为"蒙古之旅",并将他的旅行经历写进《蒙古与唐古特国家》(1875 年)一书中,书中粗略描述了蒙古的气候状况,未用详细的数据和标准来表达。

关于早期气象站观测数据的记载不是很多,但还是可以查阅到一些有价值的信息。鄂尔浑城的气象站在 1869~1875 年、1889~1909 年的 20 多年有不完全的记录,马里雅苏台气象站 1879 年 5 月至 1880 年 9 月有简短的气象记录,科布多城从 1895年 8 月至 1897 年 6 月有气象站数据记录,后来这些气象站的部分资料经整理后编入额尔乎地理物理与气候中心年报。曾在蒙古国从事气象预报工作的 А.А.Каминский 利用这些资料,在 1915 年发表了《蒙古西部气候特征》一文,后来该研究工作就间断了。1924 年苏联科学院发起成立苏联-蒙古协会。该协会的首任主席为 С.Ф.Ольденбург 院士,后来 В.Л.Комаров 院士、В.А.Обручев 等也先后担任过协会主席。在西伯利亚协会、列宁格勒(现为圣彼得堡)的地理-物理中心和额尔乎地理物理与气候中心的支持下,1924~1925 年在乌兰巴托、乌里雅苏台、科布多、哈特嘎勒、王府(布尔干)、扎布汗(策策尔勒格)、桑泊次府(乔巴山)、扎门乌德等地区先后建成气象站,其中有些气象站一直工作到 1935 年。乌兰巴托气象站曾进行了大气压、温度、湿度、日照和太阳辐射等内容的观测与记录,并为满足航空需要,从 1926 年开始还释放气象气球用于观测相关气象要素指标。在蒙古国人民革命胜利 10 周年庆贺中曾提到上述工作是由气象科学研究所的气象室领导开展的。苏联时期，在中亚地区包括蒙古高原地区建立了气候网络，引起世界气候协会的特别关注。德国柏林大学教授 Пруссий（普鲁士）和气象研究所所长 Фиккер 在德国一流刊物 *Petermanns Geographische*（1924年）*Mitteilungen* 中发表的《近年来巨大成就》一文中就曾赞许了这项工作，他们在文中写到"当苏联科学院成立 200 周年庆典之际，我们理当衷心感谢苏联科学院保留了俄罗斯气象网络，而且把这一工作拓展到高纬度的蒙古地区，为此世界气象工作者们应向苏联致谢！"这一时期气象方面的工作与成就在苏联–蒙古协会及额尔乎地理与物理中心的有关报道中都有所体现。苏联 В.Б.Шостаковин 领导建立了蒙古地区气象网络，在他的文章《在蒙古进行气候研究的必要与面临的问题》中提到，研究气候的目的是解释地理结构，认识与掌握气候对本地区的影响与作用，全面合理地为国民经济服务。他认为蒙古地区地理结构之所以脆弱主要是因为气候条件限制——降水量少，乌兰巴托地区年降水量 220mm、扎门乌德 72mm、郝布德 99mm。从事农业经营时必须建立永久性及临时性观测站确定降水状况。蒙古国最湿润的地区在西北部，同时他研究了地球逆温层，11 月、12 月、1 月和 2 月 1000m 空间逆温层平均温度分别为 5.2℃、13.0℃、19.9℃ 和 16.4℃，最高温度分别为 25℃、20℃、36℃ 和 34℃。另外，С.А.Кондратьев 还研究了地势高低对温度的影响。

在蒙古地区关于风规律的研究，19 世纪末在蒙古工作的 А.А.Камийский 根据蒙古气象资料进行过研究与报道，在乌兰巴托从事气象观测的 В.В.Трунева 和 Е.Д.Карамыщев 提到，在 3000m 以上的高空不受地面风力的影响，西北风变为主风。

20 世纪 30 年代后，由于国民经济与国防的需要，蒙古国开始重视气候数据的获取与应用，计划再建一批气象观测站。1935 年 7 月 19 日与苏联谈判，协商关于建立气象观测站的事宜。1936 年在乌兰巴托、乌里雅苏台、策策勒格、温都尔汗、乔巴山、达兰扎德嘎德等地建站并开始运作。

蒙古国在 20 世纪 40 年代，依据本国各气象站的数据资料，比较清楚地描述了本国的气候状况。苏联著名气候专家 Э.М.Мурзаевий 利用蒙古国积累的气象数据，制作了蒙古国气温及降水的分布图，使人们大体了解了蒙古国的气候状况。蒙古国的年平均温度为–6.6～3.9℃，阿尔泰后戈壁年降水量为 60mm 左右，库苏泊附近及中杭盖区约 300mm，因地势高低不同而造成山谷与湖岸等地段多发生地方型热风，冬季逆温作用对气温的影响作用很大。这些解析使人们扩展了对蒙古国气候的认识范围与深度。同时，在蒙古国从事气候研究的 Е.П.Архипова，其利用多年观测的大量气候资料，确定了影响蒙古国气候的各因子及一般特征。20 世纪 30～50 年代苏联–蒙古协会在蒙古国广泛开展了各种基础考察工作，获得大量的基础资料，Л.Е.Канаева 负责气候方面的考察、整理、编写工作。

三、蒙古国学者对蒙古高原气候的研究

从 20 世纪 50 年代末期起蒙古国的科学工作者开始独立自主地从事蒙古地区气候的研究。研究气候的功勋学者 Б.Жамбаажамц 是第一代气候研究者，他在 1964 年编著了《蒙

古人民共和国气候概况》《蒙古国风的规律》等著作，代表了蒙古国气候学者们的突出成就。

蒙古国学者 Л.Бадарц、Ё.Гура、Б.Жамбаажамц、Д.Батдэлгэр 等还研究了地面太阳辐射、地面辐射对温度平衡、空气污染、太阳辐射强度的影响等诸多内容。其中，20世纪 70 年代，工程师 Л.Бадарц 根据蒙古国气象站太阳辐射标准资料，首次研究了地面的辐射平衡；80 年代，Ё.Гира 等学者利用蒙古国 19 个气象站 20 余年的资料汇编了《太阳能手册》，至今仍具很高的参考价值；90 年代，Д.Батдэлгэр 博士根据地势高度、纬度设计太阳能设施，为后来太阳能的合理利用技术的开发与应用奠定了重要基础。

Б.Жамбаажамц、Ё.Гура、Г.Намхайжанцан、Л.Нацагдорж、Р.Мижиддорж、Н.Дашдэлэг 和 Н.Бадари 等学者多年从事地势高低对气候影响的研究，获得了许多资料和结果。其中，地势高低对气候的作用及地方风的形成、对流的方向等诸多关于高度对气候的影响作用均已基本清楚。

蒙古国由于受到三大要素限制，即区域地势普遍较高（平均海拔为 1580m）、远离海洋（离气流上方的大西洋 5000km，离气流下方的黄海 1600km）、四周被高山环绕等，与处于同一个纬度的其他地区，在气候上有迥然不同的特色。另外，蒙古国境内地势高低差异很大，复杂的地形对当地气候的影响也很大。例如，蒙古国气候图中包括三大山脉（阿尔泰山、杭爱山和肯特山）、三大低地（大湖盆地、鄂尔浑–色楞格河流域、东部平原），1980 年 Р.Мижиддорж 研究指出，正是这种地形使蒙古国地区容易产生气旋（циклогенез）。蒙古国地区是亚洲逆旋风的核心区，即蒙古逆旋风的产生地。蒙古逆旋风造成满洲里低气压（朝鲜教授 Цунийха 称之为山脉旋风、苏联学者称之为贝加尔南山脉旋风）。蒙古国学者 Ш.Жадамбаа、Д.Тувдэндорж、Р.Мижиддорж、С.Даваасурэн、Д.Цогсом、А.Намхай、Л.Нацагдорж、Б.Жигмэддорж 和 Д.Жугдэр 等研究了蒙古地区对亚洲气候环流、亚洲逆环流起源及变化、大气环流的季节差异等产生的影响，为蒙古的环流（气旋）研究做出了卓越贡献。其中，Ш.Жадамбаа 主要研究中亚大气气流的划分，Л.Нацагдорж 把气流与蒙古气候条件结合并开展深入研究，А.Намхай、Л.Нацагдорж 和 Б.Цацрал 等主要针对海洋大气候与地方气候变化的关联及对其利用开展研究工作，Д.Цогсом 等多关注蒙古地区形成旋流的过程。在太平洋季风对蒙古东部边陲是否有影响方面近百年来各学者争论不休，其中，20 世纪 60 年代苏联学者 О.К.Ильинский 提出满洲里低气压或蒙古气旋，是因蒙古地区处于中高纬度地区并常与高空锋区相伴发生。

因蒙古国经济发展与农牧业经营的需要，Б.Гунгаадаш、Н.Бадарц、Г.Ширнэн 和 Б.Жамбаажамц 等进行了气候区划研究。Н.Бадарц 根据蒙古国地区的温度、季节、土壤与植被状况，划分成杭盖–肯特湿润冷凉、阿尔泰干燥冷凉、平原温和、戈壁大陆干燥温暖等区。Б.Жамбаажамц 关于气候区划的著作有《蒙古人民共和国气候分类问题》（1967 年）、《蒙古人民共和国农牧业的气候划分》（1970 年）和《蒙古地区气候》（1979年、1989 年）等，另外，还有许多针对各种目的划分气候的研究。蒙古国研究者从 1970年开始研究微气候，Л.Нацагдорж 编写的《乌兰巴托城市的气候》小册子，是蒙古国首部微气候研究的著作，И.А.Береснева 根据蒙古国–苏联综合考察资料阐述了蒙古国草原区微气候特点。

第二节　中国关于蒙古高原气候研究的历史回溯

一、内蒙古气候及其变化的历史记载

内蒙古处于欧亚大陆草原带的中部，是我国西北干旱区向东北湿润区和华北旱作农业区的过渡地带，受降水量递减、气温和太阳辐射量递增的影响，从东至西依次分布温带草甸草原、温带典型草原和温带荒漠草原。内蒙古草原面积为 8.67 万 km²，占内蒙古土地面积的 46%，占我国草地面积的 14%，在维护内蒙古乃至全国生态环境稳定、提供畜牧产品及内蒙古经济建设方面起着重要作用。

内蒙古民族众多，资源储量丰富，有"东林西矿、南农北牧"之称。草原、森林和人均耕地面积居全国第一，民众历代以游牧为生，因此对天气的变化较为敏感。人们在对天气的长期观察、感知、总结及实践中，逐渐形成了一套耳熟能详、具有实际意义的民间传统知识理论体系，经过不断的传承和发展，为人与自然和谐发展做出了相当大的贡献。内蒙古地区关于气候的书籍有很多，古代有预测天气的书籍《通胜》，近代有《田家五行》，这些书籍有些是人们根据多年积累的经验撰写的，有些根据《易经》等经典哲学书籍加以生活经验编撰而成的。在内蒙古地区牧民对周围气候的先知、推断及确定和流传下来的民间知识也非常丰富，如一些谚语"东边出虹有雷，西边出虹有雨""开门雨，下一指；闭门雨，下一丈""蜻蜓千百绕，不日雨来到"等都成为人们的经验之谈。此外，还有一些民间童谣，如"云彩往东刮大风，云彩往南飘大船，云彩往北发大水，云彩往西披蓑衣"等都是民间广为流传的关于气象推测的经验描绘。

涉及内蒙古土地上的天气状况的记载可追溯到春秋战国时期(公元前 770～221 年)，早于蒙古国上百余年。汉建武二十三年，阴山、河套以北地区，"连年旱蝗，赤地数千里，草木尽枯，人畜饥疫，死耗太半"在《后汉书》中有所记载。

魏晋南北朝时期（公元 220～589 年），气候变得寒冷，干旱情况严重。在《资治通鉴》《晋书》《魏书》等文献中接连出现"六月雨雪，风沙常起"等记载。特别是从公元 270～289 年的 20 年中有 9 年出现大雪、严寒、冻害情况。在此期间，有关风沙灾害的记载也逐渐增加。据统计，魏晋南北朝时期每 10 年记载的寒冷事件，从多项拟合曲线可知，该寒冷期由 2 个冷谷构成，而北魏迁都前期正处于第 2 个冷谷的前沿。此后 10 年的寒冷事件频率达到高峰，有关严寒霜雪的记载达 14 次，其中不乏罕见的陨霜事件。例如，《魏书·志·卷十七》有相关记载：景明元年八月乙亥，雍、并、朔、夏、汾五州，司州之河阴、吐京、灵丘、广昌镇陨霜杀禾。

隋唐时期（公元 581～907 年），气候开始明显回暖，在唐朝统治的近 300 年中，新旧唐书等史料记载北方黄河流域有霜冻灾害的仅有 9 年，但该地区的沙化速度加快。《新唐书·张仁愿传》记载：朔方总管张仁愿所筑之受降城"三垒相距各四百余里，其北皆大碛也"。自唐开始，有关毛乌素沙漠的记载也越来越多。

辽宋夏金元时期（公元 907～1368 年），再一次处于干寒时期。据对山西、陕西、内蒙古接壤地区的测试显示，距今 1500～500 年处于干凉期，降水量低于近 40 年的平均值。公元 1000～1200 年，我国气候进入竺可桢先生推断的第 3 个寒冷干燥期。这一时期，有 13 年冬天奇寒，13 年发生冻灾，相对隋唐时期而言，气候要冷得多。寒冷气候相对应的便是干旱的大量出现。宋辽金时代，鄂尔多斯及相邻地区干旱记载每百年 30 次之多，平均 3 年左右发生 1 次，而宋以前每百年有旱灾记载不过 10～15 次。寒冷干旱的气候，导致沙化进程加快，使鄂尔多斯地区植被枯萎。《续资治通鉴长编》等载，北宋太宗淳化五年（公元 994 年），统万城已"深在沙漠"之中。据统计 1066～1088 年的 23 年中，发生旱灾年数有 18 年之多。干寒气候进一步加剧了鄂尔多斯地区风沙流及沙丘向外侵蚀的程度。北宋后期，元丰七年（1084 年），记载夏州一带沙漠（今毛乌素沙地）的南限已达横山。宋代科学家沈括曾亲自考察毛乌素沙地，在《梦溪笔谈》中形象地描述过当时的状况。12 世纪寒冷气候结束，开始转变为温暖气候，当温暖气候逐渐趋于稳定时，该地区干旱情况才得以缓解。13 世纪末，气候再次变得寒冷，主要表现在冬季河湖严重冰冻，各地霜冻灾害增加，草原地区暴风雪肆虐，牲畜大量被冻毙。据《元史》载大德十年（1306 年）2 月，大同路遭暴风大雪，坏民庐舍，第二天雨沙阴霾，马牛多毙，人亦有死者甚众。进入 14 世纪，全球开始进入小冰期，天气寒冷，雨雹、阴霜、风雪等灾害明显增加。

15 世纪以来，气候持续冷干，其中 17 世纪为最，直到 20 世纪初气温才有所回暖。14 世纪中期，《明太祖实录》《明史》等记载自洪武四年（1371 年）始，陕西、山西、直隶（今河北省）一带干旱，"旱灾频发"。成化七年至九年（1471～1473 年），鄂尔多斯及其相邻地区连续 3 年出现"霜冻"天气。成化二十年至二十二年（1484～1486 年），各地大旱特旱灾害频繁发生。由于这一时期寒冷气候周期长和程度加剧，北方游牧民族大量南迁。丰州地区在 1421～1610 年，仍然是干旱与湿润相伴，既有长达 120 年的持续干旱，又出现持续 70 年的相对湿润期。16 世纪 40～70 年代，土默川地区气候比较温暖且湿润。到 1570 年左右，气候进入 5 个暖期中的第 1 个暖期，在 40 多年内，雨量充沛年份有 16 年，暴雨成涝年份有 6 年。

明末清初，气候再次发生反向转变，变为干冷。明神宗万历四十八年（1620 年）冬，鄂尔多斯及相邻地区发生较大雪灾，人畜多冻饿致死。16 世纪 80 年代至 17 世纪 40 年代，气候异常干燥，这近 70 年内旱灾发生了 34 年，其中大旱就有 11 年。万历十年至十九年（1582～1591 年）和崇祯十三年（1640 年）发生的特大旱灾就处于这一旱灾高频时间内。《靖边县志》载，崇祯八年（1635 年），"大旱，赤地千里，民饥死者十之九，人相食，父母子女夫妻相食者有之。狼食人，三五成群"。1611～1670 年，土默川地区一带干旱持续 60 年之久，其中大旱的年份就有 8 年。

清代以来，自 1750 年至 1760 年年末，气候又转为湿润，雨雪较多年份达 10 年，甚至有 4 年发生了大涝。《清圣祖实录》《清史稿》等载，顺治九年至十三年（1652～1656 年）冬，北方地区"大雪四十日，冻死者相继""大雪冻死人畜无算"。康熙三年（1664 年）三月，晋州骤寒，人有冻死者甚多。1770～1780 年，气候再次变干，旱灾发生了 12 年，其中大旱有 4 年。1790～1830 年，气候又转为湿润期，其中 19 年温润多雨，有 3 年大涝。1840 年至 19 世纪末，气候又比较干旱，26 年出现旱灾，大旱占 4 年，黄河出现河清、河涸现象达 6 次之多。据《清高宗实录》《绥远通志稿》《清史稿》等载，乾隆十三年（1748 年），萨拉齐厅，善岱旱灾。乾隆四十九年（1784 年），归化城、土默特地区旱，诸城大饥，父子相食。20 世纪初至 1920 年，气候再变湿润，16 年多雨 5 年大涝。1930 年至 20 世纪末，气候又一直持续干旱，29 年有旱灾发生，12 年大旱。同治十一年、十二年黄河流域有不同程度的干旱频繁发生。光绪三年（1877 年），归绥、榆林旱情严重，"大旱人相食"，饥民死者近万人。

二、内蒙古地区古气候特征及其变化

地质历史时期地球的气候曾经发生过非常显著的变化，特别是第四纪以来的 200 多万年，地球经历着"冰期–间冰期"交替的气候状态，其间发生过多次千年–百年甚至十年–年际尺度的气候变化事件，在时间尺度上可以与当前气候变化类比（高远等，2017）。但是，大部分地质历史时期地球的气候与第四纪"冰期–间冰期"气候并不相同，而是表现出"温室状态"与"冰室状态"交替出现的周期性（高远等，2017）。

气象监测数据受时间尺度限制，无法满足研究过去气候变化规律的需求，因此常利用气候代用指标来恢复过去气候变化。常用的气候信息载体有冰心、深海沉积、黄土沉积、洞穴石笋、湖泊沉积及树轮等，见表 1-1（王丽艳和李广雪，2016）。

表 1-1　气候替代性指标的等级划分

气候信息载体	一类指标	二类指标	三类指标
冰心	氧同位素	冰心积累量	大气气溶胶、微量元素、冰心包裹体等
深海沉积	有孔虫 $\delta^{18}O$ 值	Uk^{37}、^{87}Sr/^{86}Sr、Mg/Ca、粒度、黏土矿物、生物硅	碳酸盐 $\delta^{13}C$ 值、磁化率、碳酸盐含量、其他微量元素等
黄土沉积	磁化率、粒度	元素富集程度、碳酸盐 $\delta^{18}O$ 值	碳同位素等
洞穴石笋	氧同位素、Mg/Sr、Mg/Ca、Sr/Ca	碳同位素、年层厚度、磁性特征[磁化率、S、硬等温剩磁（HIRM）]、有机碳	Si、Al、F、P、Fe 等
湖泊沉积	介形虫 $\delta^{18}O$ 值、磁化率	有机质中 $\delta^{13}C$ 值、孢粉	其他指标
树轮	—	树轮宽度、树轮密度、$\delta^{18}O$、$\delta^{13}C$	

资料来源：王丽艳和李广雪，2016；—表示无数据。

内蒙古位于我国北部边疆（37°24′～53°23′N，97°12′～126°04′E），全区的总面积为 118.3 万 km²，居全国省区第 3 位。新近纪以来，青藏高原的强烈隆起，曾经加速了我国从西至东干旱化，导致内蒙古地区草原化、荒漠化的发展。但我国丰富的考古资料和悠久浩瀚的古籍记载，表明我国内蒙古草原的发展并不遥远（孔昭宸和杜乃秋，1981）。分析内蒙古古气候、古环境特征及变化规律，可为研究现代气候及预测未来变化提供依据。本节选取了扎赉诺尔地区、查干诺尔地区、大青沟、鄂尔多斯、河套地区及阿拉善地区 6 个典型的古气候变化敏感区，分析近十几万年或几万年来气候特征及变化规律。

1. 呼伦湖——扎赉诺尔地区

5.1 万年以来植被发展和气候演变可分为以下 9 个阶段（王苏民等，1994；寇香玉，2005）。

（1）51.3～30.4ka B.P.：孢粉组合总体上反映出此时期研究区植被以莎草科为主，混有一定量的蒿属和禾本科等旱生属种，同时，伴有少量的菊科、藜科、十字花科等树种；灌丛中杂生着桦木科、落叶松等木本植株和以水龙骨为主的蕨类植物，反映了当时气候环境略偏湿润的草原环境。

（2）30.4～28.9ka B.P.：孢粉组合表明，莎草科减少，但仍然占有主要比例，而由适应性强、能耐旱的栎类和耐干冷的禾本科、藜科等组成的草原草甸植被扩张。指示此时期的气候仍然温暖偏湿，但比第一阶段相对偏冷干。

（3）28.9～13.6ka B.P.：松属和栎属等组成的针叶林的急剧扩张，蒿属和藜科等草甸植被的萎缩，莎草科花粉含量达到最大。孢粉组合反映出针叶疏林草原植被，即古植被揭示的扎赉诺尔从（28.9±1.2）ka B.P.开始降温，时间上大致涵盖了末次盛冰期（LGM）。

（4）13.6～13.5ka B.P.：木本植物和草本植物花粉含量略有增加，蕨类植物有所减少。草本花粉中，除了莎草科含量依然较高外，蒿属、蓼属和藜科有所增加，禾本科和菊科略有下降。

（5）13.5～13.4ka B.P.：木本花粉中桦木属（*Betula*）植物达到短暂的峰值，松属开始出现，并且含量有所增加，有一定含量的栎类和少量桤木属出现，古植被反映出此阶段气候为沙地干草原，气候温凉偏干。

（6）13.4～10.9ka B.P.：孢粉分析反映了当时植被以桦、云杉、蒿和藜科为主，为桦木林草原植被，显示气候为温凉湿润。

（7）10.9～10.6ka B.P.：孢粉分析反映了当时植被为蒿和莎草科、藜科及桦组合，为针阔叶混交疏林草原植被，显示气候变冷。

（8）10.6～10ka B.P.：孢粉分析反映了当时植被以桦、蒿和藜科为主，云杉含量降低，反映湖区植被以桦为主的森林草原重新占据。阔叶树种的增多表明气温上升。距今11 000多年的扎赉诺尔一带，仍有温带落叶阔叶林和针叶林分布。扎赉诺尔人生活在湖沼分布广泛的森林草原环境中，当时降水量较现在高 100mm，年平均气温与现在接近或稍高。

（9）10ka B.P.以来，以藜科、莎草科、松科和柏科为主，代表沙地干草原植被，气候偏凉干旱。

2. 二连盆地——查干诺尔湖区

1.8 万年以来植被发展和气候演变可分为以下 4 个阶段。

（1）18～15ka B.P.：植被以草原为主，同时存在针叶阔叶混交林，为森林–草原植被。森林由松、云杉、雪松、铁杉等针叶树种和桦木、鹅耳枥、栎、榆等阔叶树种混合组成，林下有卷柏、紫萁、水龙骨等蕨类植物生长。草原由灌木和草本植物组成，以麻黄、蒿、藜为主，其次为蓼科、唇形科、百合科等，反映当时气候相对温暖湿润，属温带半干燥型。

（2）15~10ka B.P.：植被以荒漠草原为主，中期出现稀疏松林或杂木林。草原主要由麻黄、蒿、柽柳、藜、蓼等耐旱灌木和草本植物组成。稀疏松林或杂木林主要成分为松和云杉，或与少许耐寒的雪松和冷杉等针叶树混生，或与少许喜温湿的椴、桦等阔叶树混生，反映温凉干燥气候，但中间有相对暖湿时期，出现冷—暖—冷的气候变化。

（3）10~5ka B.P.：植被与第一阶段相似，仍以草原为主，同时有针叶阔叶混交林，为森林-草原植被。森林的主要成员为松、云杉、雪松、栎、桦木、鹅耳枥等，胡桃、榆、椴等阔叶树在林中也有一定位置，林下有卷柏、水龙骨等蕨类植物生长。草原的主要成分有麻黄、蒿、柽柳、藜、蓼等耐旱灌木和草本植物，此外尚有毛茛科、唇形科、百合科、禾本科、莎草科等。植被景观反映当时气候相对温暖湿润，属温带半干燥型气候。

（4）5ka B.P.至近代：植被以荒漠草原为特征。草原由旱生灌木和草本植物组成，主要成分除麻黄、蒿、藜外，尚有柽柳科、蓼科、毛茛科、禾本科和菊科的耐旱耐盐属种。在外围山地有松、云杉、冷杉和雪松稀疏分布，未见阔叶树种和蕨类植物。植被景观反映气候再度变干变冷，属温凉干燥气候，与该区现今气候相似。

3. 大青山地区

李岩岩（2014）和王璋瑜等（1998）利用 HEL01 孔孢粉、烧失量及粒度记录高分辨率地重建了辉腾锡勒地区近 1.4 万年的植被及气候变化。

（1）13.98~13.83ka B.P.：孢粉含量较低，主要以蒿属和藜科、禾本科为主，对应岩石为含砾粗砂，说明该期间湖泊不发育，区域植被可能为高山寒冷荒漠，气候极为寒冷干燥。

（2）13.83~11.84ka B.P.：研究区植被演化为亚高山草甸，钻孔位置为风成或冲积环境，气候有所改善，但总体上冷干，其中，12.87~12.39ka B.P.亚高山草甸中山地草甸草原成分增多，气候变暖湿，12.39~11.84ka B.P.区域外围沟谷中发育的桦疏林退化，亚高山草甸扩张，气候变冷变干。

（3）11.84~9.82ka B.P.：孢粉组合中阔叶树花粉含量逐渐增加，其中桦属含量增加最为显著，榆属次之。蒿属含量维持在较高水平，藜科含量略有降低，禾本科和莎草科含量显著降低。说明流域植被为山地草甸草原，桦属和榆属含量的增加反映区域沟谷内阔叶疏林逐渐扩张，气候总体上逐渐转暖变湿。其中10.49~9.82ka B.P.榆疏林退缩，可能指示温度有所降低，但湿度状况并未恶化，气候可能出现冷湿波动。

（4）9.82~5.6ka B.P.：孢粉组合中乔木花粉含量逐渐增加，草本花粉含量逐渐降低，其中，9.82~8.08ka B.P.阔叶疏林逐渐扩张，至末期基本形成桦属-榆属主导的阔叶森林草原，气候逐渐变暖湿，8.08~7.03ka B.P.发育桦属-栎属-榆属阔叶森林草原，气候温暖湿润，7.03~5.6ka B.P.植被演替为针阔叶松属、栎属混交森林草原，气候最为暖湿。

（5）5.6~4.82ka B.P.：流域内针阔混交森林草原逐渐退缩，至末期流域内形成山地草甸草原，针阔叶混交疏林仅在附近山地沟谷水分条件较好地段分布，气候逐渐变凉干。

（6）4.82～1.92ka B.P.：气温较高，为全新世温暖期，根据降水量变化和气温的波动状况，可以将本时段划分为 4.82～2.45ka B.P.：特点是高温高湿，且气候较为稳定，波动较小，为全新世暖湿气候期；2.45～1.92ka B.P.：温度较高，为全新世暖期的延续，年均降水量有所降低，属于暖干类型的气候。

（7）1.92ka B.P.以来：气候波动较为频繁，1.92～1.16ka B.P.气候波动较为剧烈，暖湿与凉干气候交替出现，共出现了两个半周期。1.16～0.53ka B.P.气候变化的特点是凉湿与温干相交替，且以凉湿为主。0.53ka B.P.以来，凉干、暖湿气候交替出现，气温较低，以凉为主。

4. 鄂尔多斯地区

根据沉积物沉积特征和孢粉组合特征，近 2.3 万年以来的古植物和古气候大致可划分为以下几个阶段（魏东岩等，1995）。

（1）23～20.7ka B.P.：温干。为末次冰期冰盛期前之温暖期。

（2）20.7～14.5ka B.P.：冷干。相当于末次冰期的冰盛期。该区末次冰期的冰盛期比世界性的冰盛期（18～15ka B.P.）提早了约 2ka。

（3）14.5～10.8ka B.P.：冷干向暖湿转变时期。末次冰期冰盛期后，冰雪消融，降水量增加，气温回升，干旱转变为潮湿。在此期间有过数次冰阶和间冰阶的变化。根据冷暖干湿变化可分出 4 个气候阶：①14～13ka B.P.，冷干，相当于老仙女木冰阶；②13～11.7ka B.P.，暖干，相当于 Bϕlling 间冰阶；③11.7～11.4ka B.P.，温湿，相当于中仙女木（older dryas）冰阶；④11.4～10.8ka B.P.，暖干偏湿，相当于 Allerϕd 间冰阶。

（4）10.8～10.5ka B.P.：冷湿。这是冰消期转暖后的第一次快速降温事件，在该区各钻孔岩心记录中都明显出现，降温延续时间约为 300 年。相当于新仙女木（Younger Dryas）冰阶。

（5）10.5～9.26ka B.P.：温凉湿，相当于北欧的前北方（Preboreal）期。

（6）9.26～7.56ka B.P.：温湿，相当于北方（Boreal）期。其中 8.35ka B.P.为明显的降温点。在 8.35ka B.P.降温之前，由于气温回升，蒸发量增大，湖水咸化、盐度升高，于是 8.6ka B.P.即为全区性盐湖沉积阶段的开始。这是进入冰后期，气温升高、湖水演化的必然结果。

（7）7.56～4.0ka B.P.：暖干，早期偏湿，晚期偏干。相当于大西洋（Atlantic）期。该期可分为 3 个气候阶：7.56～7.37ka B.P.，温凉湿。7.37ka B.P.是明显的降温点，具有冷湿特征；7.37～6.35ka B.P.：暖干偏湿，相当于大暖期鼎盛阶段；6.35～4.00ka B.P.为气候波动剧烈阶段，包括冷暖干湿的剧烈波动，具有 7 次明显的降温事件。

（8）4.0～2.3ka B.P.为气候波动和缓的亚稳定暖干偏湿期，相当于北欧亚北方（Subboreal）期，相当于中国北方气候分期的龙山–夏商温暖期。

（9）2.3～1.5ka B.P.：温湿。pH 达 11，是碱矿形成有利的气候期，相当于亚大西洋（Subatlantic）期。

（10）1.5～0.88ka B.P.：暖干。1ka B.P.以后为暖干偏湿。

（11）0.88ka B.P.以来气候特征为凉（冷）湿。

5. 河套地区

河套地区的古气候演化表现为寒冷与干旱相伴随,潮湿与温暖相存。在冷期,气候干旱植被稀少;在暖期,气候湿润,植被生长茂盛。可以将河套平原晚冰期以来的气候变迁划分为 4 个阶段(张小瑾,2011)。

(1) 12.2～10ka B.P.: 自 12.2ka B.P.以来河套平原气候较为干冷,在 11.5ka B.P.左右出现了一次急剧的降温过程,这次短暂的气候变冷事件可能与"新仙女木事件"有关,这次降温事件之后,气候又逐渐回暖。

(2) 10～8.8ka B.P.: 各个古气候指标均指示有升温趋势,气候变得暖湿,在此环境下适宜生物的生长。

(3) 8.8～6.3ka B.P.: 碳酸钙含量平稳波动并呈升高的趋势,有机碳同位素值略有所降低,有降温现象,这可能与气候恶化有关。

(4) 6.3ka B.P.以来: 碳酸钙含量呈下降趋势,有机碳同位素值在此时逐渐增大,表明气候有变暖趋势,并出现明显的波动,这种气候变化可能是受到人类活动的影响。

6. 阿拉善——额济纳地区

选取沉积相、常量化学元素和生物化石等反映气候变化的代用指标,讨论气候变化过程(董光荣等,1995;刘宇航等,2012)。

(1) 130～70ka B.P.: 相对温湿期(相当于末次间冰期),产出的凸旋螺(*Gyraulus convexiusculus*)、半球多脉扁螺(*Polypylis hemisphaerula*)、赤琥珀螺(*Succinea erythrophana*)和毛茛科的某些大叶植物等,表明为相对温湿的疏林草原景观。但中间还存在 4 次小的暖湿气候波动。据沉积速率推算,分别发生在 82ka B.P.、102ka B.P.、117ka B.P.、123ka B.P.,其中 102ka B.P.达到晚更新世早期的最佳气候期。

(2) 70～10ka B.P.: 干冷期(相当于玉木冰期)。70～43ka B.P.气候向干冷方向转化(相当于前玉木冰期)。发育深达 2m 的融冻褶皱,花粉亦随之减少,几乎不含木本,草本仅以蒿属和藜科为主。43ka B.P.气候已逐渐达到极为干冷的程度,沙漠有所扩展。43～20ka B.P.为相对温暖期(相当于玉木间冰阶),植被有所复苏,木本以松属、桦等为主,草本以藜科和蒿属等为主,反映了干冷的荒漠草原景观。气候相对转暖,降水相应增多,但暖湿程度远不及晚更新世早期。20～10ka B.P.是晚更新世最干冷期(相当于玉木冰期),不仅发育了近 1m 厚的融冻褶皱,几乎不产木本花粉,蒿属和藜科等草本花粉也少。

(3) 10ka B.P.以来: 温暖期。以沙质黄土沉积为代表。其中,10～8ka B.P.气候逐渐变暖,沉积了一套黄土夹风成砂地层。8～2.5ka B.P.为全新世最温暖湿润时期,沉积厚达 2.2m 砂质黄土和古土壤。花粉中出现松属、桦属等木本植物,草本以藜科、麻黄科和蒿属为主,有机质含量在风成相地层中最高,均反映植被明显复苏,生物化学作用增强。2.5ka B.P.以来气候逐渐向冷干发展,沉积厚近 1m 的风成砂。极少见木本植物花粉,而以草本蒿属和藜科、麻黄科为主,与现代自然景观一致。

三、内蒙古近百年气候特征及变化的研究

20 世纪 20 年代，竺可桢开创了中国历史气候变化研究领域，并利用历史文献记载初步分析了中国过去 5000 年的温度变化特征，发现中国 5000 多年来的气候有 4 次温暖期和 4 次寒冷期交替出现。中国科学家对我国近百年的气候变化也进行了研究，得出 20 世纪 40 年代和 80 年代为两个增温期，并且 80 年代增温弱于 40 年代的结论。近 50 年全国年平均气温整体的上升趋势非常明显，上升了 1.1℃。增温是从 80 年代开始，一直呈上升趋势，而且有加快的趋势。1998 年为最暖的 1 年，增暖幅度最大的季节为冬季。全国降水变化趋势不明显，仅有微弱的减少。同时与全球的气候变化相似，气候的变暖引发了极端气候事件的增多，极端最低气温在冬、春和秋季增温趋势较强，而极端最高气温的显著变化趋势出现在秋季，极端最高和最低温度变化趋势表现出非常明显的不对称性。极端降水平均强度和极端降水值都有增强的趋势，极端降水事件趋于增多，并且各地区响应不同。华北地区年降水量趋于减少，虽然极端降水值和降水强度趋于减弱，极端降水事件频数显著减少，但相比之下极端降水量占总降水量的比例仍有所增加。西北西部总降水量趋于增多，极端降水事件趋于频繁等。

内蒙古地区的气候变化与我国和全球气候变化的特征基本一致。关于内蒙古气候变化特征的研究，针对主要气象参数，基于近半个世纪有详细的气象观测资料，内蒙古自治区气象局的一批专家及中国农业科学院草原研究所的研究人员做了大量的工作，初步描述了近半个世纪以来内蒙古区域主要气候参数的基本特征与变化。内蒙古自治区气象局尤莉等（2001）利用 1950～1999 年内蒙古 40 个气象站的月平均气温、月降水量资料，对全区及 10 个区域 50 年年、季气候变化，特别是 1990～1999 年的气候变化做了较全面的分析，并从历史气候数据入手对未来 10～20 年气候变化趋势进行预测。结果显示，1950～1999 年内蒙古气候明显变暖，表现为四季气温均在升高，并以冬季升温幅度最大。1960～1999 年内蒙古大部地区降水量有增加趋势，且雨量较多的地区增幅也大。20 世纪 90 年代内蒙古夏季降水变幅较前 30 年增大，旱涝灾害增加。韩芳等（2010）通过分析内蒙古自治区气候变化特征及其对草原生态环境的影响，发现内蒙古气候变化的显著特征是气候变暖，并由此导致无霜期延长，积雪、冰雹、雷暴、大风、沙尘暴日数减少，"高纬增温多，低纬增温少"的增温特点是产生这些变化的原因。并指出气候变化一方面使内蒙古草原的生态环境有所好转，另一方面，也为近几年来蝗虫泛滥埋下了潜在的风险。另外，中国农业科学院兰玉坤（2007）研究了内蒙古地区近 50 年气候变化特征。结果表明，在全球和全国气候变暖的大背景下，内蒙古各地区气温均呈现上升趋势。近 50 年内蒙古地区气温上升了 2～3℃，并且平均最低气温的升幅大于平均气温和平均最高气温的升幅。四季气温变化中，以冬季最为显著，增温幅度在 3℃以上，春秋次之，夏季最小为 1℃左右。高温日数呈逐年增加趋势，寒冷日数呈快速减少态势。说明内蒙古地区气候变暖主要贡献为冬季的增温。内蒙古地区气温呈冷暖波动式变化，1986 年左右发生了气温突变，增温明显，近 50 年内蒙古各地年平均气温趋势系数均为正，说明内蒙古地区表现为一致的增暖趋势，呼伦贝尔北部增温幅度最大，50 年上升了 3℃以上，赤峰市、通辽市南部增温最少，仅增 1～2℃，并且气温增幅最高和最低的地区均出现在

内蒙古东部，说明东部区温度波动性大，应引起有关部门的重视。内蒙古区域总降水量呈略增加的趋势，近50年增加了48mm左右，降水趋势系数以正为主，降水变率增大，降水的区域分布格局发生了变化，尤其是20世纪90年代之后，东部地区降水呈减少趋势，中西部地区呈明显的增加态势。内蒙古不同区域、不同季节对气候变暖的响应是不同的，中西部响应程度明显高于东部地区，并且春季变暖时间最早为1983年，秋、冬季次之为1987年，夏季最晚为1993年。另外，研究还指出，随着全球气候的变暖，内蒙古地区各区域气候变化响应不同，气候有向暖干化发展的趋势。气候的不利变化对内蒙古地区生态恢复较为不利，尤其是对气候变化较为敏感的农牧业生产和生态系统，应引起有关部门的高度重视。丁勇等（2014）系统地分析了1969~2008年内蒙古区域温度和降水量变化的时空格局，发现温度的明显升高和降水量不同程度的减少，成为驱使区域气候旱化程度增强的主要原因，并延伸指出气候"暖旱化"将对农牧业生产产生不利影响，草原畜牧业生产和区域应对气候变化方略应该充分考虑气候变化的历史事实及对未来气候的预判。

兰州大学闫宾等（2013）研究了区域可降水量变化特征，指出内蒙古近30年年均整层大气可降水量年际变化有单峰分布特征，1998年对应值是30年来的极大值，总体看年均整层大气可降水量处于缓慢的增加过程中。1981~1998年年均整层大气可降水量在波动过程中有增多趋势；1998~2010年年均整层大气可降水量显示出明显减少的趋势，且减少趋势大于增加趋势。内蒙古区域夏季降水量的多少往往决定着年降水量的丰枯，同样，夏季整层大气可降水量的气候特征及其变化决定了全年整层大气可降水量的分布特征与变化。内蒙古年平均和各季节整层大气可降水量都呈自西北向东南增加的分布特点，阴山南侧和大兴安岭东侧是大气可降水量的高值区。大气可降水量和降水量空间分布有一致的显著季节变化，夏季最大，春秋季次之，冬季最少。大气可降水量是决定内蒙古降水差异的主要因素之一，其分布与降水量分布有密切正相关关系。2001~2010年内蒙古整层大气可降水高值分布区在河套地区出现西凸现象，河套地区年降水量有增多趋势。年季整层大气可降水量空间分布模态主要有3种类型：内蒙古全区一致自西向东变化型、东西部相反变化型、河套地区与其他地区相反变化型。年均和四季大气可降水量空间分布主要模态均为全区一致自西向东变化。东西部相反变化型模态在年均、春季、夏季、秋季均有体现。河套地区与其他地区相反变化型模态仅出现于年均、夏季的大气可降水量空间分布中。夏季的整层水汽输入主要来源于西边界和南边界，而其余季节的整层水汽主要来源于西边界和北边界。夏季内蒙古全区大部为水汽辐合区。年均和春、夏、秋三季，整层水汽的净输入主要来源为南北向，东西向均为净输出；冬季水汽输入的主要贡献者为东西向输入，南北向为净输出。年均及各季节西边界水汽均为输入，且量值最大；而东边界输出量值最大，且年均及各季节均表现为输出。内蒙古年均整层水汽收支为净输入，夏季量值最大，春季其次，冬季再次，秋季最少。内蒙古春、夏季的整层水汽具有较好的水汽凝结率，理论上的可降水量较大，具有较高的空中水资源开发潜力。

内蒙古农业大学张存厚等（2011）根据内蒙古115个气象站1971~2000年气象资料，采用改进的Selianinov干燥度计算公式，研究了内蒙古地区气候干湿状况时空变化。得出内蒙古干燥度空间分布具有明显地带性分布规律，即从西向东随经度增加干燥度逐渐变小，气候变得湿润的结论。在综合考虑对天然草地影响较大的有效温度和降水量的同时，将气候干燥度引入内蒙古气候干湿状况分析当中。另外，内蒙古自治区气象局韩芳（2013）根据内蒙古荒漠草原 11 个气象观测站 1961～2010 年的日平均气温、降水量资料，采用改进的谢氏干燥度计算公式，并利用 ArcGIS 软件具体分析内蒙古荒漠草原 50 年来气候干燥度的时空变化规律。结果表明：平均干燥度呈条带状自东南向西北逐渐增加，说明干燥程度由东南向西北逐渐加强；除中部偏西（海流图地区）干燥度减小、气候趋于湿润化外，其他地区干燥度指数呈增加趋势，说明内蒙古荒漠草原地区气候干旱化趋势明显；20 世纪 70 年代属于相对湿润期，21 世纪初干旱程度明显加大。其结果导致干旱区面积随年代增加，至 21 世纪初干旱区面积增加了近 3 倍，从另外一个侧面说明研究区域气候干旱化趋势显著；干燥度 4.0 等值线向东南方向移动，逐渐侵入典型草原。

北京市气象中心刘洪（2011）根据内蒙古自治区 1961～2007 年 107 个气象站资料，利用梯度距离平方反比法，推算出内蒙古自治区湿润度的千米网格数据图形。结合内蒙古实际植被类型的分布规律，确定了内蒙古 5 种草原类型和 6 个产草量等级的气候区划指标。利用得到的气候区划指标，对湿润度栅格数据进行分级，绘制了内蒙古自治区天然草原草地类型和产草量地理分布的区划图。应用 2007～2009 年 65 个野外考察样点数据和 2004～2008 年 49 个生态观测站点的数据，对气候区划结果进行了可靠性验证，分析显示，内蒙古草原类型区划结果与实际的草原类型分布具有较好的一致性，可以用于内蒙古草原气候区划。

北京师范大学刘宪锋等（2014）利用内蒙古及其周边 121 个气象台站 1960～2013 年逐日最低气温数据，辅以分段线性回归模型、趋势分析及相关分析等方法，探讨了 53 年内蒙古寒潮频次的时空变化特征及其影响因素。研究发现：53 年内蒙古单站寒潮频次总体呈下降趋势，其中，1991 年之前呈降低趋势，而 1991 年之后呈增加趋势，春季寒潮变化趋势与年变化趋势一致，且在各季节中变化最为显著；寒潮频次年内变化呈"双峰"结构特征，且以 11 月最多。空间上，内蒙古单站寒潮频次具有显著的空间差异特征，高发区集中在内蒙古的北部和中部地区，且北部高于中部。年代尺度对比来看，20 世纪 60～90 年代寒潮高频区域范围在减少、低频区域范围在增加；而 21 世纪初期高频区域范围有所增加，增加区主要为内蒙古东部的图里河、小二沟，以及中部的西乌珠穆沁旗等地。就年尺度而言，寒潮主要受北极涛动（AO）、北大西洋涛动（NAO）、冷空气（CA）、亚洲极涡强度指数（APVII）和东亚大槽强度（CQ）控制，而各季节驱动因素有所差别，冬季寒潮与北极涛动、北大西洋涛动、西伯利亚高压指数（SHI）、冷空气、青藏高原指数（TPI）、亚洲极涡强度指数、东亚大槽位置（CW）和亚洲纬向环流指数（IZ）均达到显著相关关系，说明冬季寒潮受多种因素共同控制；秋季寒潮主要受冷空气和亚洲经向环流指数（IM）影响；而春季寒潮与冷空气和亚洲极涡强度指数关系显著。这些研究为应对气候变化和综合防灾减灾提供了参考依据。

第二章 蒙古高原气候特征及其变化时空格局

第一节 蒙古国气候规律及变化

一、气候特征

1. 温度特征

蒙古高山地区及其山间谷地、峡谷、大河谷地年平均温度为–8～–6℃，而在南部的荒凉戈壁区年平均温度为6℃。根据气象资料年平均温度最高在阿尔泰后戈壁，达8.5℃，而最低在达日哈达盆地，为–7.8℃（不包括高山区没有气象记录的地区）。

1月年均最冷温度在阿尔泰、杭盖、库苏泊、肯特等山间谷地，为–34～–30℃，高原谷地为–30～–25℃，平原地区为–25～–20℃，荒漠戈壁区为–20～–15℃。

1936年以来出现的最低可信温度达–55℃（1976年12月31日蒙古国乌布苏省的东戈壁苏木所在地）。乌兰巴托可达–49℃（1954年12月）。年最高7月温度在阿尔泰、杭盖、库苏泊、肯特地区，为15℃，大湖盆地及阿尔泰、杭盖、肯特山间地带的鄂尔浑–色楞格河流域地区为15～20℃，东方平原的南部及荒漠戈壁地区达20～25℃。最高可信温度达28.5～44.0℃。1999年7月达日汗城的温度达44℃。

一年中的温暖季节，地表温度比空气温度高出3～5℃。在寒冷季节，没有雪覆盖的荒漠戈壁区地表温度比空气温度稍高些，而有雪覆盖的杭盖地区地表温度比空气温度低1～3℃。

根据多年观察记载，蒙古国5℃临界线以上温度出现天数在森林草原地带达140天，草原地带达160天，戈壁地区达170天以上。上述地区这期间5℃以上的积温达1500℃以上，从北到南5℃以上积温递增，然而高山地区冰雪覆盖区积温很低。生物学下限≥0℃的地区在鄂尔浑–色楞格河流域2000～2500℃，1500～2000m山区1500～2100℃，2500～3000m高山区900～1300℃，3500m高山区400～500℃。

在植物生长时期，杭盖等地区也会出现意外降温的现象。根据多年观察记载，蒙古国2000m以上高海拔地区一般在6月20日以后出现这种意外天气；海拔在1500～2000m地区6月10日至20日间出现；海拔在1000～1500m地区6月1日至10日间出现；大湖盆地、鄂尔浑–色楞格河流域、鄂嫩、乌力吉、哈拉哈、诺木尔等河流域5月20日至6月21日出现；草原地区5月10～20日出现；荒漠戈壁地区出现在5月10日之前。

蒙古国山区从秋季开始突然出现降温。2000m以上高海拔地区在8月20日前开始；海拔1000m以上地区在8月20日至9月1日间出现；鄂尔浑–色楞格河流域森林草原出现于9月1～10日；草原北部地区9月10～20日出现；草原南部地区、戈壁地区9月

20 日后突然出现降温。

　　海拔在 2000m 以上的山地，无寒冷天不到 70 天，甚至有些年份还不到 30～40 天。可是海拔在 1300～2000m 地区无寒冷天 70～90 天，而在鄂尔浑-色楞格河流域、森林草原边缘 1300m 高处地段有 90～110 天，草原地区为 110～130 天，戈壁地区则是 130 天以上。

　　蒙古国有各种自然区与自然带。北部以森林山脉为主，生长有落叶松及雪松。南部则以低山、光秃山岭、植被稀疏的荒漠戈壁和干草原为主。西部为终年被冰雪覆盖的 4000m 以上高海拔的高大山脉。东部为宽阔的平原。

　　蒙古国按照空间大致均匀地设置了 50 余个气象观测站。表 2-1 中列出了空气月平均温度，表 2-2 列出了地表月平均温度。按植物生长所需温度计算（小麦的中熟品种所需温度），森林草原、平原草原区满足 80%～90% 的所需温度，荒漠草原、荒漠区可达 110%～130%（表 2-3）。

表 2-1　空气月平均温度　　　　　　　　　　（单位：℃）

自然区、带	1 月	2 月	3 月	4 月	5 月	6 月	7 月	8 月	9 月	10 月	11 月	12 月
高山	−22.9	−20.2	−10.3	−0.6	7.3	12.6	13.7	12.4	6.5	−1.4	−10.6	−19.3
森林草原	−21.6	−18.2	−10.4	0.3	8.5	13.8	15.3	13.4	7.1	−1.0	−11.8	−19.2
草原	−21.0	−18.4	−9.2	2.0	10.5	16.4	18.5	16.6	9.7	1.2	−10.3	−18.3
荒漠化草原	−17.7	−14.2	−5.0	5.0	13.3	19.0	20.8	19.0	12.4	3.7	−7.3	−15.2
荒漠	−17.9	−12.5	−1.8	7.9	16.4	21.9	23.5	21.6	14.9	5.2	−6.2	−14.8

表 2-2　地表月平均温度　　　　　　　　　　（单位：℃）

自然区、带	1 月	2 月	3 月	4 月	5 月	6 月	7 月	8 月	9 月	10 月	11 月	12 月
高山	−24.2	−20.4	−9.2	2.2	11.4	17.0	18.1	15.3	8.0	−1.0	−13.4	−21.9
森林草原	−24.0	−20.1	−9.1	2.8	12.9	18.8	19.6	17.1	9.6	−0.4	−12.9	−21.9
草原	−22.5	−18.8	−8.3	3.9	14.5	21.2	22.7	20.3	12.2	1.9	−10.9	−19.5
荒漠化草原	−18.4	−13.9	−3.4	8.0	17.9	23.9	25.7	23.1	14.9	4.6	−7.7	−16.1
荒漠	−18.1	−11.3	1.7	12.2	22.0	29.3	30.4	27.8	18.5	7.4	−6.1	−15.0

表 2-3　温度供求状况　　　　　　　　　　（单位：℃）

自然区、带	需求温度	实际温度
高山	1861.7	1656.3
森林草原	1825.6	1404.4
草原	1861.8	1782.0
荒漠化草原	1876.3	2131.7
荒漠	1890.0	2434.5

2. 降水特征

　　蒙古国处于干旱和较干旱地区，降水量一般较少。冰雪覆盖的高山地区年降水量 400mm 以上；杭盖、库苏泊、肯特等山区及东部边境地区和哈拉哈河流域为 300～400mm；蒙古国阿尔泰及森林草原区为 250～300mm；草原区为 150～250mm；荒漠戈壁区为 50~150mm。蒙古国幅员广阔，地势高低不平，因而降水量分布不均匀。降水量一般从北到南、从东到西逐渐减少，地势高低对其分布影响较大。

降水量的 85%左右降于暖季（5~9 月），其中 50%~60%降于 7 月、8 月。冬季降雪很少。寒季山区降雪量为 30mm，荒漠戈壁区则不超过 10mm。杭盖、肯特、库苏泊达 30mm或稍多。该地区雪覆盖天数达 150 天以上、草原与森林草原区达 100~150 天、大湖平地及东方平原草原区达 50~100 天，而在荒漠戈壁区不到 50 天。雪覆盖厚度不大，山区一般为 5cm，最厚平均可达 30cm 以上，草原区平均厚 2~5cm，最厚达 15~20cm。

春季降水量虽少，但比冬季多。根据记载，在山区 4 月降水量 15~18mm、南部草原区不超过 5mm。但 5 月山区为 25~30mm、草原区 15~20mm、荒漠戈壁区不超过 15mm。尤其在牧草、农作物生长初期，从北到南雨水逐渐减少而出现旱情。在春季，40mm 的降水极少。森林草原区只有 25%的概率，即 10 年中只有 4 次机会。草原及荒漠草原区只有 1 次机会，然而该区的北部草原降水 10~20mm、南部草原降水5~10mm 的概率达 75%~80%。这些数据表明，在春季农牧业经营中缺少降水，土壤墒情差。

夏季是降水的盛期，蒙古国中部降水期从 6 月末至 8 月 10 日；东部边区则推迟 7~8 天，总体而言夏季降水在杭盖、肯特、库苏泊等山区，鄂尔浑–色楞格河流域草场、东部边区从 6 月中旬（有 50%~67%的概率）开始降雨，阿尔泰山区及戈壁地区从 7 月中旬（有 13%~32%的概率）开始降雨。蒙古国降雨的减少对农牧业生产不利。

降水天数从北往南逐渐减少，即北部地区一年中有 60~70 天的降水；而在杭盖、肯特边缘的低山区、山间谷地及蒙古国东部地区有 40~60 天；戈壁地区只有 30 天左右。降水量虽少，但单位时间内降水量较大。从 20 世纪 40 年代后的记载，日降水量在达兰扎达嘎德为 138mm（1956 年 8 月 5 日）；哈拉哈河 126.8mm（1994 年 7 月 11 日）；赛罕善达 121mm（1976 年 7 月 11 日）或不足 1h 可降 40~65mm 雨水。

蒙古国地区土壤蒸发量超出降水量数倍之多，土壤通常缺乏水分。蒸发量在高山地带小于 500mm，森林草原带 550~700mm，草原地带 650~750mm，荒漠化草原及荒漠带 800~1000mm。

蒙古国处于世界干旱地带，降水量少，空气湿度也不大，尤其是草原及荒漠化草原带空气干燥。只有在冬季严寒条件下空气湿度可达 70%~80%。在冬季下午 1 时空气湿度在 60%~70%，夏季虽有雨水，可下午 1 时的空气相对湿度不超出 50%。春秋季节，尤其在春季土壤墒情差，空气一般较干燥，相对湿度不超出 30%。草原和荒漠化草原区相对湿度在 15%~20%，而在山区则达 40%~60%，这与山区土壤墒情好有关。有些旱年春季空气相对湿度不足 10%。

相对湿度相对偏低的现象在各季节都会出现，尤其是在草原和荒漠化草原全年出现多次。据记载，阿尔泰、杭盖、肯特、库苏泊等山区降水量相对多，土壤墒情不低而空气相对湿度低于 30%的天数不到 50 天。然而在森林草原区达 100 天、草原地区达 100~150 天、荒漠化草原区超出 150 天。

亏损温度是指在当地条件下空气湿度达饱和状态时所需温度，这直接与土壤墒情有关。亏损温度受诸多因子的制约，而空气湿度是主要因子。亏损温度的持续天数、年内动态直接与空气湿度的持续天数与动态相关。所以在蒙古国,亏损湿度冬季小,夏季大。湿干比均与生物的各种形态及状态、自然景观甚至地带、地区有关,如与植物的生态型有直接关系。

著名学者 Б.Жамбаажамц 在其著作《农牧业气候资源》一书中用干燥度指出了一些地区的干燥状态。即杭盖、肯特、阿尔泰、库苏泊等山地干燥度为小于 1.0,基本湿润,年降水量大于 300mm;草原地区干燥度为 2.6~4.0,较干旱,年降水量为 150~300mm;荒漠化草原、大湖盆地、戈壁地区干燥度为 5.6 以上,年降水量 100~150mm,一些地区降水量更低、更干旱。

1970 年 Б.Жамбаажамц 在农牧业经营中根据干燥度分为湿润、中等湿润、较湿润和干旱 4 个区,根据 10℃以上积温分为 6 个区。又把上述两种分区综合起来把蒙古国的国土分为 5 个气候区。在此基础上 Б.Жамбаажамц 和 С.Сангидансранжав 等在《蒙古地区农牧业气候的参考》(1977 年)中提出蒙古国气候的 6 个分区:Ia. 湿润、冷凉区;Ib. 湿润、较冷凉区;II. 较湿润、凉区;III. 较干旱、较凉区;IVa. 干旱、较温暖地区;IVb. 干旱、温暖区。

布迪考格(Будыког)的辐射干旱指数 K 在杭盖、肯特、库苏泊山区小于 0.5,在大湖盆地、阿尔泰后戈壁(超干旱荒漠)大于 0.8,在阿尔泰山脉地区则不足 1.0。荒漠地区 $K>8.0$、戈壁或半荒漠地区 $K=5\sim8$、干旱地区 $K=0.5\sim2$、高山地区 $K<0.5$。

图 2-1 反映了蒙古国夏季围封草场上的辐射干旱指数。

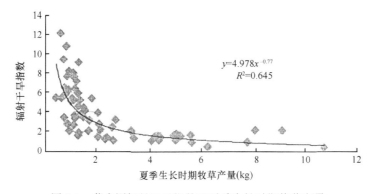

图 2-1　蒙古国辐射干旱指数及夏季生长时期牧草产量

在俄罗斯、西伯利亚地区广泛应用的表示湿润/干旱的 В.С.Мезенцев 的计算式如下:

$$K_y = \frac{P}{(0.2\sum T > 10° + 306)}$$

式中,P 为年降水量(mm);306 为河流域的常数;K_y 为湿度指数;T 为年平均气温。

草场产量上,蒙古国 Мезенцев 的湿度指数和牧草旺期草场产量有高度相关性(图 2-2)。

蒙古国地区阴天少,晴天多,一年中晴天达 230~260 天,有 2600~3300h 的太阳照射。表 2-4 列出在蒙古国均匀设置的 50 余个气象观测站记载的各自然带降水量。

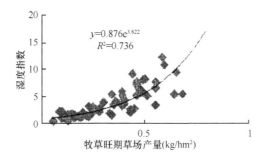

图 2-2 蒙古国 Мезенцев 的湿度指数与牧草旺期草场产量的相关性

表 2-4 蒙古国主要生态区年和月降水量 （单位：mm）

自然区、带	1 月	2 月	3 月	4 月	5 月	6 月	7 月	8 月	9 月	10 月	11 月	12 月	全年
高山	1.5	1.1	3.1	5.9	9.1	26.8	31.8	27.0	13.2	4.6	2.8	2.0	129.0
森林草原	2.1	2.0	3.4	9.4	18.9	51.6	84.8	72.4	27.8	9.5	4.4	2.8	289.1
草原	1.6	2.1	3.4	7.9	14.4	38.2	68.9	59.8	23.8	7.7	4.1	2.6	234.4
荒漠化草原	1.3	1.3	2.2	4.5	8.0	15.6	32.0	28.0	11.9	4.3	2.4	1.6	113.1
荒漠	1.9	1.9	1.9	3.2	3.7	7.7	14.0	11.9	6.2	3.1	3.7	2.4	61.6

从表 2-4 中看出蒙古国各自然区、带 7 月的降水量最大，1 月、2 月最少。年降水量在森林草原最大，达 290mm 左右，草原地区 230mm 左右，高山区 130mm 左右，荒漠化草原 110mm 左右，荒漠区一般是 60mm 左右。

植物生长主要条件是降水、土壤墒情、蒸发程度等。降水量决定土壤的墒情，同时土壤墒情与降水究竟能渗透到土壤多少也有很大关系。

降水渗透到土壤中的量主要取决于降水状况、植被稀疏状况、地表状况等。一般 0.1~3.0mm 的降水对土壤墒情提高作用不大。

植物的生长发育时期不仅取决于当年适时的降水量，也取决于前一年的土壤墒情。秋冬的降水对翌年春季植物生长发育作用很大，但蒙古国地区秋冬季节降水稀少，翌年春季比较干旱。

研究证实，在蒙古国地区降水量达 200~300mm，土壤 1m 深层中湿度达 80%~85% 时草场牧草长势旺盛，产草量达正常状态。降水量年度波动很大，甚至有些年的降水量只有往年的 50%。因此蒙古国在很多时候缺少饲草。

3. 风因子特征

蒙古国的草原和戈壁荒漠地区风大，年平均风速 4~6m/s。阿尔泰、杭盖、库苏泊、肯特山区间谷地风速 1~2m/s，其他地区 2~3m/s。根据 250 个市、营地的气象观测，近 1/4 的风速达 40m/s 以上。虽然以西、西北、北风为主，但受地势高低作用刮地方风也不少，尤其山间谷地地方风很多。

蒙古国戈壁荒漠占国土面积的 43%，这一地区浮土较多，所以沙尘暴较多发生。阿尔泰、杭盖、库苏泊、肯特等山区沙尘暴的天气不足 10 天，戈壁荒漠、大湖盆地等地区超出 50 天，尤其阿尔泰前戈壁、蒙古沙地附近沙尘暴天气超过 90 天（Chung et al., 2004）。

61%的沙尘暴天气发生于春季，7%发生于夏季，秋季的发生次数低于春季，冬季的发生次数少于夏季。因地区差异，乌布苏湖地区冬季没有沙尘天气，而在阿尔泰前谷地冬季3个月内有1个月的沙尘暴天气。沙尘暴一般刮于白天。根据多年观测记载，蒙古国的戈壁荒漠地区刮沙尘的天气一年中有300～600h。蒙古国的沙尘是东亚黄沙尘暴的重要来源之一。

二、气候的变化

1. 气候的冰冻时期

第四纪结束后气候变暖、冰雪融化，低洼地产生大量湖泊，大湖盆地形成大湖，同时阿尔泰、杭盖及其支脉的山间谷地、东部平原的低洼地都被冰雪水充满并形成大小各异的湖泊。当时湖泊水平面比现今高出许多。随着气候变干旱，湖泊所占面积缩小，湖水平面下降，残留成现在的湖泊。Ж.Цэрэнсодном多年研究蒙古国湖泊冰冻起源后提出后冰冻期结束于1万～1.2万年前。后冰冻期结束以后出现了冷凉湿润气候。

已有研究提出根据冰河时期形成的湖泊来研究气候的变迁。杭盖–库苏泊山间的湖泊（欧给、特日赫查干、特勒门、额日赫勒、库苏泊、道特等湖）的沉积物断层分布状况给出可靠的科学依据。湖沉积物中的植物种子、花粉种类、硅藻类、碳成分、磁性黏矿物质结构、各种成分的变异等方面可反映出气候变迁的过程及状况。

1998～2000年，蒙古国–美国合作的"第四纪蒙古湖泊的形成及气候变迁"研究项目，在特勒门、道特、库苏泊、特日赫查干、额日赫勒、欧给等湖泊地研究了湖沉积物的结构、组成变化等，解释了第四纪的气候、周围环境的变化。研究得出杭盖省的特日赫查干淖尔、达瓦淖尔的湖平面公元前9500～前7000年变化表明当时的气候比现在更为湿润。公元前2500年后气候干旱与湿润交替变化而频繁进行，逐渐向干旱过渡。

在冰冻时期，亚洲沿纬度方向温度的梯度与幅度增加，西来的气流被赤道气流替代，大地的风暴加强。

因库苏泊、道特、额日赫勒、特勒门、特日赫查干湖适合研究第四纪自然变化，所以选择在这些地区开展了深入的研究工作。对这一时期能解释气候变化的沉积物的结构，黏矿物质成分、组成的变化，植物种子及花粉的组成，硅藻营养及碳含量，磁性等因素在室内（实验室）进行整理、分析与研究。后冰冻时期形成的湖泊碳成分分析结果成为推断10万～5万年温度交替的基本根据，其结果表明，全新世时期气候变暖，在湖沉积物中碳增加，在碱化条件下产生了黏性矿物质，从公元前6500～前3250年出现了暖期。

Д.Цэдэвсурэн根据历史记载研究了蒙古国东部气候，留下了有价值的资料。P.Мижигдорж、A.Намхай和Б.Энхбат根据其留下的资料1997年出版了蒙古国东部的旱灾与其他灾害的目录。1992年Л.Нацагдорж、A.Намхай等将蒙古国东部地区自1600～1936年300多年的气候按每50年进行统计和分类，分析降水量多、降水量少与干旱、寒冷等各种气候情形所占比例。分析结果显示300多年间降水多的年份减少而干旱年份增多，但这种研究还缺少可靠的论证资料支持。研究和确定数千年来的气候变迁时，需要极地冰层的积累、树木年份的动态、古代海洋与湖泊的沉积物、高山冰雪积累、古代洞穴内的残留物等方面的基础资料，蒙古国除了研究气候与树木年轮的关系外，几乎没有其他方面的研究工作。

树木每年的生长与周围的环境有密切关系。当雨水多、温度适宜时树木长得快，其年轮也宽。蒙古国立大学与美国哥伦比亚大学合作研究蒙古国地区气候变迁历史，研究树木年轮与气候的关系已经进行了 28 年。从蒙古国的索伦高特岭采集的树木年轮样本，研究分析了从公元 990 年后树木年轮的系列变化，由图 2-3 可以看出，树木年轮的宽度与气候之间高度相关。

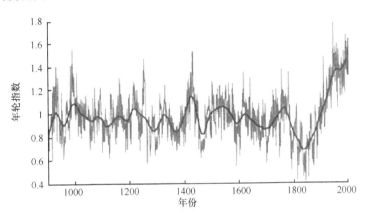

图 2-3　蒙古国索伦高特岭样品树木年轮的指数（公元 800~2000 年）

从图 2-3 得知，公元 950~1040 年、1200~1250 年、1400~1450 年、1480~1550 年、1720~1750 年这些年代蒙古国地区气候比较温暖。1850 年起进入寒冷时期，然后至今持续变暖。Даваажамц 等（1969）研究树木年轮生长指数后得出，20 世纪末期达最大指数，21 世纪初期为最小指数。受世界变暖的影响，在 20 世纪后半期树木生长条件有所改善。

Н.Баатарбилэг 和 С.Жакоби 等研究树木年轮后得出 1000 年间的温度、300 年间降水的信息，确信气候正在明显改变。研究中降水信息有 51.2% 的可靠性，而额尔勒伦河流量有 57% 的可靠性（图 2-4）。从图 2-4 可以看出，现在降水量相似于 1650 年的降水量。同时 1960 年降水量充沛，而 1970 年变小，在 1980 年愈小直至干旱。额尔勒伦河的流量从 1980 年后持续增长，2000 年相似于 1960 年的水平。

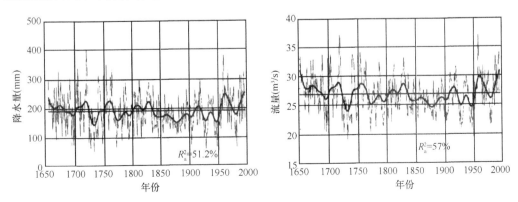

图 2-4　蒙古国中部及东部地区降水（左）与额尔勒伦河流量（右）

　　Н.К.Дави 等学者在蒙古国中央区 5 个点取样，研究了 1650～2002 年树木年轮，制作出色楞格河水流量的重建模型，使色楞格河流量的信息扩展到 1650～2002 年。这个模型可反映出色楞格河水流量 49% 的信息（图 2-5 和图 2-6）。

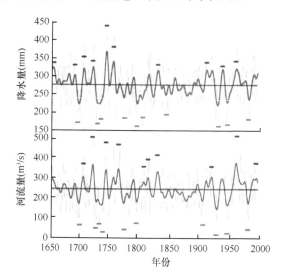

图 2-5　蒙古国中部根据树木年轮重建的降水量、河流量

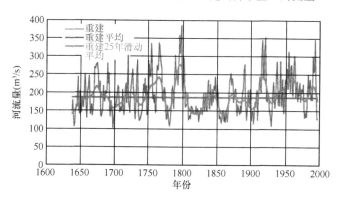

图 2-6　用蒙古国树木年轮信息重建色楞格河水流量

　　从图 2-6 可知，1800 年降水量和河流量都较大。多年后的 20 世纪 20 年代及 20 世纪 60 年代降水量也相对较高。

2. 近代气候的变化

　　气候是自然与社会系统的重要组成成分之一。地处欧亚大陆偏北的蒙古国，其经济活动对气候产生了负面的影响。因气候的变化与人类的活动，近 40 年来蒙古国的生态系统有了很大的改变，荒漠化与土壤侵蚀加剧，水资源与生物种类减少。依据气候数据和树木年轮数据的研究，近 40 年来蒙古国地区气候发生的变化是几千年畜牧业经营中从未发生过的变化，这是生态与人类活动共同作用的结果。

　　1）温度

　　根据蒙古国地区分布的 48 个气象观察站的资料，地表附近（2m 高）的 1940～2013

年空气温度年平均提高 2.07℃（图 2-7）。其中，山地增幅大，而戈壁与平原地区增幅小，从 1997 年连续十多年出现温度偏高的气候特征。

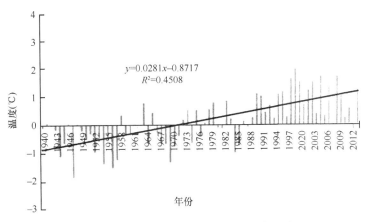

图 2-7 蒙古国 1940～2013 年全国年均温度

从季节平均气温（除夏季）与年平均气温来看，变暖强度在年末、秋季均变弱，而在冬季出现微冷（图 2-8），在夏季有增温的趋向（图 2-9）。空气温度最显著的特点是极热天气日数增加明显而极冷天气日数减少。

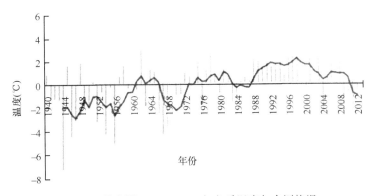

图 2-8 蒙古国 1940～2013 年冬季温度与全国均温
（冬季即 12 月至翌年 2 月）

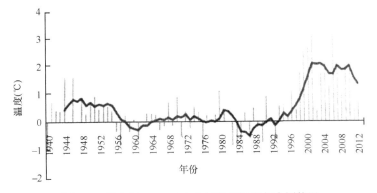

图 2-9 蒙古国 1940～2013 年夏季温度与全国均温

　　根据 64 个观测站 1975～2007 年的记载，空气热天（以每日最高温度 26℃以上）数趋线的平均角系数在蒙古国东部和大湖盆地区增加 58 天；阿尔泰、杭盖等山地增加的天数不多。除了高山地带观测站外，热天的增长有 95%的可信度，平原、戈壁荒漠等大部地区有 99%的可信度。

　　近年来的记录表明，各观测站在 20 世纪 40～90 年代中最高温度热天的记录已被打破。

　　2）降水

　　在蒙古国 92%的降水集中于暖季，冬季的降水只占 3%。暖季降水中 70%降于夏季。图 2-10 分析了历年的降水过程，从图 2-11 中可以看出，冬季降水量有增加的趋势。

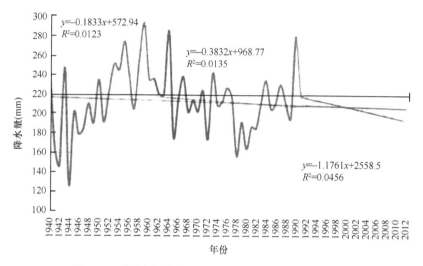

图 2-10　蒙古国历年年降水量（48 个观测站的平均值）

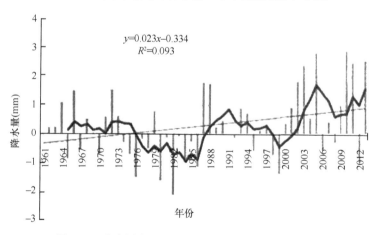

图 2-11　蒙古国冬季降水量（48 个观测站的平均值）

　　1961 年以后暖季及夏季的降水量在阿尔泰地区、阿尔泰后戈壁、蒙古东南部地区明显增加，而其他地区以 0.1～0.2mm/a 下降。

最大降水量分布在中央地区，有些地区的可信度达 95%以上。降水量增加只在阿尔泰后戈壁，可信度达 95%。在蒙古国地区植物生长期降水变化的另外一个特点是暴雨（急雨）增加。图 2-12 表示了在植物生长时期，随着暴雨比例的增加，一日内最大降水量也呈现出上升趋势。这种状况主要出现于戈壁、草原及森林草原荒漠化明显的地方。然而在多年的观察中还确定不了最大降水量的变化趋势。

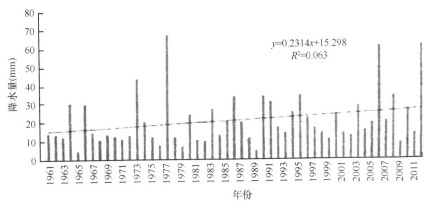

图 2-12　蒙古国南戈壁的布拉根苏木一年中一次遭遇的最大降水过程（多年）

3）气候极端条件变化的作用

蒙古国从 1961～2001 年观测研究气候极端条件变化的影响。蒙古国气象水文环境研究所于 1961～2010 年对 30 多个观测站的观察研究，得出的结论是寒冷天数减少了 8～27 天，而植物生长天数增长了 5～24 天。热天天数增加了 5～28 天。

日降水量之和的极端指数趋线角系数为–3.04～1.19，有些观测点降低，有些观测点上升，从西部、中央、东部、南部及戈壁地区平均值看，西部地区稍有上升，而中央、东部地区急剧下降。该结果与 1961～2007 年出现的暖季降水量改变结果相似。

因气候变暖而在蒙古国地区发生的气候灾害屡见不鲜。图 2-13 表示了蒙古国气象水文环境研究所于 1989～2013 年进行的灾害研究结果。在蒙古国地区，风暴、暴雨洪水和雷电分别占灾害的 24%、21%和 13%。

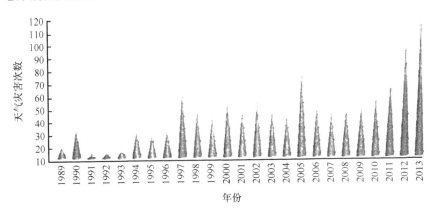

图 2-13　蒙古国遭遇天气灾害的次数

3. 干旱及灾害

旱灾常给蒙古国国民经济带来巨大损害，至今尚难估计出旱灾带来的损失。

根据 Л.Нацагдорж 的研究，蒙古国的高山、森林草原、草原地区每 10 年中有 1～2 年的旱灾，荒漠化草原地区 2 年中 1 年是旱灾，荒漠化草原的边缘地区每 3 年有 1 年是旱年。

从多年的观察记载反映出自 1940 年干旱指数有所提高（图 2-14）。2000 年、2002 年出现的旱灾是近年来最严重的旱灾。

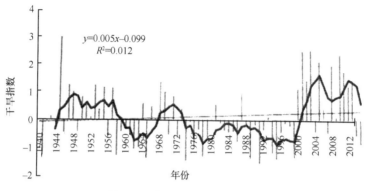

图 2-14　蒙古国多年干旱指数

蒙古国属于世界上干旱地区之一。降水量与蒸发量之比为 0.05～0.65（据观测资料）。在泰加林及高山泰加林地带高于 0.65。蒙古国易发生荒漠化，是一年四季靠天经营畜牧业的国家，草场的荒漠化也是灾害之一。有资料表明，蒙古国 70%的草场处于不同程度的退化状态。草场荒漠化即草场退化是自然与人类活动引起的，草场生产力显著下降，生态环境受到破坏。

土地生物功能的下降表现为草场退化，这是由自然气候条件和人为两种因子造成的。

自然界多年的连续干旱，极热天不断出现，地温增高蒸发量增大，缺乏足够降水补充，土壤水分不能满足植物生长需要，草场自然退化。根据 Ж.Оюун 的研究，蒙古国农业的中央区，在 40 年（1960～2000 年）中 7 月 30℃以上炎热天数已增加了 2～6 天。1993 年空气炎热加剧后，以色列学者 Ломас 研究表明温度记载指示（最高气温 33℃以上天数比例）与草场产草量的相关性在干旱草原、荒漠化草原、荒漠地区为 0.72～0.76。换言之，近年来的草场退化不仅与降水量少有关，且与炎热天数的增多也有关。

近 60 年中，草原、戈壁地区总蒸发量增加 3.2%～10.0%；森林草原、高山地带增加 10%～15%，或平均提高 50～84mm。即在降水量没有改变的情况下总蒸发量增加了；而在中央地区及戈壁地区降水量减少了，蒸发量也提高了，从而导致草场植物水分供应不足，引起草场退化。

草场是否荒漠化除考虑供应植物生长水分外，还要考虑同量降水下的暴雨次数或每次雨量不大而间隔时间长短等要素。从这些角度（观点）出发，中央地带虽然植物生长期降水量减少，但还未达到荒漠化的条件。虽然在蒙古国的西部及东南边陲降水量增加，但仍保障不了草场生态系统的改善。

据研究，除蒙古国中央区、西区东北部、东部的北部及荒漠区外的其他地区，从大范围上中亚荒漠与杭盖省间的过渡地带细雨的总量比例减少而暴雨的比例增大。在各种原因中，人类活动造成土地被侵蚀（如草场退化等），气候系统中生物地质物理起反作用，荒漠化自行产生。也就是说土地被侵蚀后地表的反射率加强而吸收太阳辐射能力下降，地表的温度下降，从而使与它接触的空气温度也下降，进而使温度对流下降，导致降雨量减少。各学者用试验证实了这种理论。俄罗斯科学家 А.Н.Золотокрылин（2003）用地球卫星资料研究证实，当植被指数 NDVI≤0.07 时，地区荒漠化自行产生并发展。

根据植被指数含义，在蒙古国戈壁地区，从大范围来讲，亚洲中部荒漠向杭盖省过渡地带该指数增加说明降水中反馈机制产生气候荒漠化作用，在夏季暴雨比例提高而润雨（细雨）比例降低的情况下，荒漠化正在发生。1982 年 NDVI≤0.07 的地区占蒙古国国土面积的 27%，到 2005 年达 48%，增加了 21%。

第二节　内蒙古区域气候规律及变化

一、内蒙古气候特征

利用内蒙古自治区 1969～2008 年年均日均温度、年降水量和年平均相对湿度分析区域气候背景。

从年均日均温度来看，呼伦贝尔大部分地区年均日均温度在 0℃以下，仅有西部和东南部局部地区温度达到 0～4℃；内蒙古中部地区年均日均温度为 0～4℃，主要分布在兴安盟西部、锡林郭勒盟大部分地区，乌兰察布、包头中部及巴彦淖尔北部；内蒙古东南部赤峰、通辽地区年均日均温度为 4～8℃；呼和浩特以西，包括鄂尔多斯、乌海、阿拉善全部及巴彦淖尔南部地区年均日均温度都在 4℃以上，阿拉善的中部及东南部最高，可达 8～10℃。

从年降水量分布来看，内蒙古地区降水量从北向南、从东向西具有明显的递减规律。年均降水量>400mm 的地区主要分布在呼伦贝尔中东部地区和兴安盟的大部分地区，在呼伦贝尔，由东向西年降水量逐渐减少，最西部地区降至 200～250mm；在全区内，另外一个降水量递减梯度主要沿着通辽、赤峰、锡林郭勒、乌兰察布、呼和浩特的东南部地区和鄂尔多斯的东部地区 400mm 以上一线向西北方向递减，包含锡林郭勒中北部、乌兰察布的中部、包头中部、鄂尔多斯西部及巴彦淖尔东部和北部的大部分地区降水量集中在 200～300mm，锡林郭勒的西北地区、乌兰察布和包头北部地区是这一降水梯度递减达到最低值 100～200mm 的区域；内蒙古年降水量的第三条明显梯度线主要沿鄂尔多斯和巴彦淖尔向西进入阿拉善，年降水量由 150mm 左右降至阿拉善西部地区的 50mm 以下。

从年均相对湿度来看，内蒙古地区的年均相对湿度基本呈现东北—西南方向的变化梯度。呼伦贝尔大部分地区、兴安盟西部和锡林郭勒的东北和南部年均相对湿度最高，达 60%～70%；内蒙古东南部地区，包括兴安盟中东部，通辽、赤峰、锡林郭勒大部，乌兰察布、包头中南部，呼和浩特全部及鄂尔多斯东部地区的相对湿度达到50%～60%；锡林郭勒西部，乌兰察布、包头北部，巴彦淖尔大部，鄂尔多斯西部及阿拉善的东部小面积区域年均相对湿度降至 40%～50%；阿拉善的大部分地区年均相对湿度为 30%～40%，仅有局地出现最低值，相对湿度降至 30% 以下。

　　总体来看，内蒙古地处北半球中纬度地区，具有明显的温带大陆性季风气候特点。由于该区外围有长白山、燕山、太行山、吕梁山等山系在东南方向包围，又有区内的大兴安岭和阴山山脉阻隔，使海洋季风的势力由东南向西北逐渐削弱。因此，内蒙古地区东南季风的作用仅能够影响到区域的东、南部分区域，西部的狼山、贺兰山以西地区，仍在大陆气团控制之下，在海陆分布和地形条件之下，大气环流使该区各项气候因素形成了东北—西南走向的弧形带状分布。

二、内蒙古主要气候因子变化

（一）基于年轮的百年尺度气候变化

　　中国农业科学院草原研究所秦艳（2013）利用多伦县的榆树样本，结合当地气候资料，尝试重建和分析内蒙古锡林郭勒草原过去近几百年来的气候变化特征。

　　年平均最低气温重建序列变化曲线反映 1847～2010 年多伦县年平均最低气温的变化（图 2-15），重建序列具有明显的冷暖交替周期波动变化特征，历年平均值为–4.10℃。

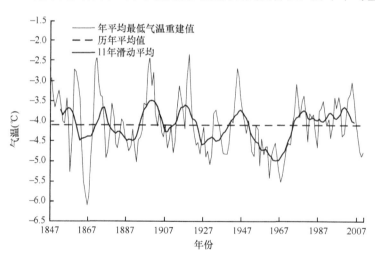

图 2-15　多伦县年平均最低气温重建序列变化曲线

　　以 11 年滑动平均值高于重建序列历年平均值的时段为暖期，低于历年平均值的时段为冷期，多伦县年平均最低气温大体经历了 6 个偏暖阶段和 5 个偏冷阶段：1852～1860 年偏暖，1861～1870 年偏冷，1871～1877 年偏暖，1878～1893 年偏冷，1894～1905 年偏暖，1906～1910 年偏冷，1911～1923 年偏暖，1924～1939 年偏冷，1940～1950 年偏暖，1951～1973 年偏冷，1974～2005 年偏暖。其中，偏暖年份为 84 年，偏冷年份为 70 年，偏暖年份远多于偏冷年份；20 世纪 50 年代以后，偏冷期和偏暖期持续时间最长，分别持续 23 年和 32 年；阶段平均最低气温最低值出现在 1951～1973 年，为–4.67℃，最高值出现在 1894～1905 年，为–3.69℃，与多伦县近 60 年的年平均最低气温实测值变化趋势基本吻合。年平均最低气温 1847～2010 年出现 6 个波峰 5 个波谷，峰值大体呈"升—降—升"的特点，最高峰值出现在 1900 年，为–3.49℃，波峰间存在 17～54 年的周期波动；谷值基本呈"先升后降"的特点，最低谷值出现在 1907 年，为–4.27℃，波谷间存在 17～39 年的周期波动，波峰波谷周期基本上均呈变长的趋势。

　　秋季平均最低气温重建序列变化曲线反映 1847～2010 年多伦县秋季平均最低气温的变化（图 2-16），重建序列具有明显的冷暖交替周期波动变化特征，历年平均值为 –3.55℃。

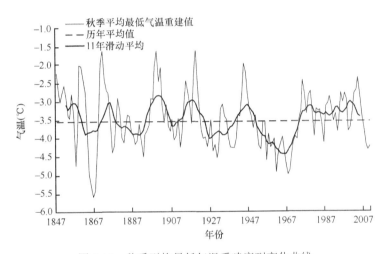

图 2-16　秋季平均最低气温重建序列变化曲线

　　多伦县秋季平均最低气温大体经历了 6 个偏暖阶段和 5 个偏冷阶段：1852～1860 年偏暖，1861～1869 年偏冷，1870～1877 年偏暖，1878～1893 年偏冷，1894～1906 年偏暖，1907～1909 年偏冷，1910～1924 年偏暖，1925～1938 年偏冷，1939～1950 年偏暖，1951～1973 年偏冷，1974～2005 年偏暖。其中，偏暖年份为 89 年，偏冷年份为 65 年，偏暖年份远多于偏冷年份；20 世纪 50 年代以后，偏冷期和偏暖期持续时间最长，分别为 23 和 32 年；阶段平均最低气温最低值出现在 1951～1973 年，为 –4.10℃，最高值出现在 1894～1906 年，为–3.08℃，与多伦县近 60 年的秋季平均最低气温实测值变化趋势基本一致。秋季平均最低气温 1847～2010 年出现 6 个波峰 5 个波谷，峰值大体呈"升—降—升"的特点，最高峰值出现在 1900 年，为–2.84℃，波峰间的时间间隔有 17～54 年的周期波动；谷值大体呈"先升后降"的特点，最低谷值出现在 1907 年，为–3.67℃，波谷间的时间间隔有 17～39 年的周期波动。波峰波谷变化周期呈变长的趋势。

　　9 月极端最低气温重建序列变化曲线反映 1847～2010 年多伦县 9 月极端最低气温的变化（图 2-17），重建序列具有明显的冷暖交替周期波动变化特征，历年平均值为–2.73℃。

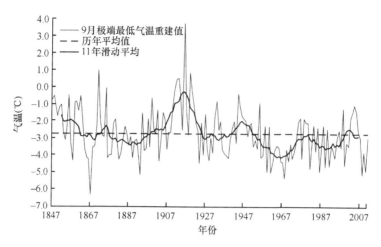

图 2-17 9月极端最低气温重建序列变化曲线

总体而言，从200余年树木年轮反演的草原区气候变化特征来看，近40余年主要温度指标持续偏高，较高温度出现年份的概率比前120年明显增多。

（二）近40年气候变化

1. 内蒙古气候年指标变化

利用气象站数据记载资料，对内蒙古1969~2008年40年年均日均温度变化趋势进行分析与统计（表2-5），全区温度普遍升高，约55%土地面积年均日均温度升高0.04~0.06℃/a，这些区域主要分布在锡林郭勒的中部和北部，鄂尔多斯北部及河套平原，呼伦贝尔的东部和西部；也有约30%的地区温度升高在0.06~0.08℃/a，空间分布相对分散；温度升高最高的当属呼伦贝尔北部，升温幅度在0.08℃/a以上，最高为0.1208℃/a。

表 2-5 内蒙古近40年温度变化速率分布统计

变率（℃/a）	斑块数	面积（km²）	占比（%）
0.00~0.02	6	2 952	0.26
0.02~0.04	18	129 489	11.30
0.04~0.06	13	628 122	54.82
0.06~0.08	17	343 121	29.95
0.08~0.10	6	24 171	2.11
0.10~0.12	1	17 096	1.49
>0.12	1	750	0.07
合计	62	1 145 701	100.00

分析近40年来内蒙古年降水量变化，结果显示（表2-6），局地不足10%的面积降水呈增加趋势，约28%的面积呈明显减少趋势，63%的面积基本变化不大。从空间分布来看，呼伦贝尔北部呈现年降水量增多现象，区域面积较小，增加量40年近50mm；

降水减少较多的地区主要分布在呼伦贝尔中部向南，一直至区域边界，趋势线分析变化率减少 1~3mm/a；在内蒙古西北部包括鄂尔多斯大部分，巴彦淖尔南部和阿拉善中东部，出现大面积降水略增的趋势，但年均增率不足 1mm。

表 2-6 内蒙古近 40 年降水变化速率分布统计

变率（mm/a）	斑块数	面积（km²）	占比（%）	备注
<−3.0	8	18 613	1.62	
−3.0~−1.0	21	297 522	25.96	
−1.0~1.0	7	722 678	63.05	−1.0~0mm/a 占比 33.82%
1.0~3.0	8	87 604	7.64	0~1.0mm/a 占比 29.23%
>3.0	1	19 823	1.73	
合计	45	1 146 240	100.00	

从相对湿度来看（表 2-7），全区变化不大，局地小范围出现明显的增加或降低现象，67.29%的面积处于±0.1%/a，但是，这种微弱的变化也呈现出了东中部降低、西部增加的态势。

表 2-7 内蒙古近 40 年相对湿度变化速率分布统计

变率（%/a）	斑块数	面积（km²）	占比（%）	备注
<−0.30	1	9581	0.84	
−0.30~−0.10	13	307 949	26.87	
−0.10~0.10	11	771 101	67.29	−0.1%/a~0/a 占比 42.77%
0.10~0.30	8	54 238	4.73	0~0.1%/a 占比 24.52%
>0.30	1	3 022	0.26	
合计	34	1 145 891	100.00	

2. 季节变化趋势

1969~2008 年内蒙古地区 4 个季度气温的变化趋势和空间分布格局分析结果如下。

内蒙古 4 个季度都以温度升高为主，在夏、秋和冬季有降温趋势的区域分别仅为 0.03%、0.03%和 0.23%。其中以春、冬两季节增温最为明显，春季增温幅度在 2~3℃/40a 的面积占研究区的 62.22%，在 3~4℃/40a 也达到 12.89%；冬天增温对全年的贡献略低于春季，增温幅度在 2~3℃/40a 的面积占研究区的 43.38%，在 3~4℃/40a 达到 17.59%；秋季增温幅度在 2~3℃/40a 比冬季还要多，占到 45.69%，但是，其更大面积区域增温幅度在 1~2℃/40a，约占面积的 50%；夏季温度增幅最小，主要集中在 1~2℃/40a。从空间分布上来讲，4 个季度增温较高的地区基本一致，呼伦贝尔的西、北、东部地区，锡林郭勒的中部和北部，鄂尔多斯北部及河套平原等地区，这恰恰与年均日均温度的变化相吻合。

降水的时空分布不均匀，是一个区域、中国乃至全球最为明显的特征之一。内蒙古 1969~2008 年 40 年间 4 个季度的降水年变化空间格局为，从空间分布来看，降水量增加的区域主要分布在除兴安盟、锡林郭勒和通辽以外，在呼伦贝尔北部、通辽南部、鄂尔多斯大部、巴彦淖尔西部及阿拉善的东部和南部均呈增加趋势。夏季降水变化空间分异较为明显，局地增多或减少现象显著，降水减少的区域明显多于增加区域；内蒙古秋季以减少为主，仅在呼伦贝尔北部，阿拉善中部和南部呈增加趋势；冬季以降雪为主，空间变化基本维持在±0.2mm/a，没有明显的区域分异特征。从变化斜率来看，内蒙古地区降雨变化在±0.2mm/a占绝对优势，且以冬季面积最多，占到99.82%；春季有明显的增长趋势，约18.39%的面积区域降水量年变幅超过0.2mm/a，即40年间增加8mm以上；夏季约有36%的面积区域降水量减少0.2mm/a以上，同时，也有约14%的区域降水量增加0.2mm/a以上；秋季76.79%维持在±0.2mm/a的变化，约有18.5%的面积减少0.2mm/a以上。

相对湿度表示空气中的绝对湿度与同温度下的饱和绝对湿度的比值，也就是指在一定时间内，某处空气中所含水汽量与该气温下饱和水汽量的百分比。对于内蒙古1969~2008年春、夏、秋、冬4个季度相对湿度的线性趋势变化速率而言，4个季度的相对湿度减小的面积大于增加面积，且以夏季、秋季相对湿度减小的面积最多，其次为春季和冬季。从空间分布来看，相对湿度在4个季度呈增加趋势的地区主要分布在西部地区，东北地区和内蒙古中部夏、秋季节相对湿度减少明显。但是，其变化率较温度和降水量略显较小。

利用温度和降水量的年值，通过M-K突变检验，分析了内蒙古代表气象站1969~2008年降水、温度变化趋势及突变时间。图2-18显示，内蒙古地区主要气象站点的年均温度有一个显著的突变点，发生突变后呈现出显著的增长趋势；东部地区年降水量有突变点，但是，变化没有达到显著水平，而西部地区突变点不明显。

（三）干旱等级评价及其变化

选用2006年发布的中华人民共和国国家标准《气象干旱等级》中的单项气象干旱指数——相对湿润度指数（M）（相对湿润度指数是指降水量与蒸发能力之比，以此表示水分收支状况）对内蒙古区域内112个气象站监测数据进行研究，解析内蒙古干旱事件发生的时空规律。

5月处于北方温带草原重要的返青季节，干旱对草原将产生极为不利的影响。内蒙古40多年来5月气象干旱发生的频率及其空间格局，是进一步研究干旱对草原生态系统影响的基础。研究显示，内蒙古5月干旱事件发生比率平均达到80%。从空间分布来看，出现干旱事件比率较高的地区主要分布在内蒙古中北和西部地区，高达90%以上，即10年9旱；在区域的中南、东南及东北西部地区，5月干旱发生的比率为70%~90%；在呼伦贝尔的中部、东部，兴安盟及锡林郭勒的东北部，赤峰南部等地区，5月发生干旱比率相对较小，在70%以下。从5月干旱发生的严重程度来看，特旱主要发生在西部地区；重旱出现次数相对较多的区域主要分布在中部偏北的锡林郭勒、呼和浩特西部、包头、鄂尔多斯及以西地区；中旱分布区域较小，主要集中在呼和浩特的东部地区；在内蒙古中部的南界附近及赤峰和通辽地区主要为轻旱。

6月是植被主要的生长时期，该时期的干旱事件往往会影响到植被整个生长期的生长状况。这一时期也是内蒙古干旱事件发生比率较高的月份之一。

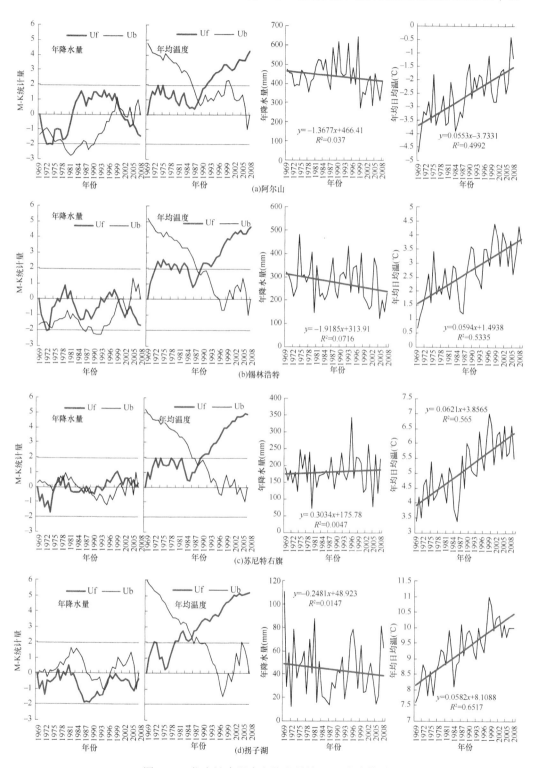

图 2-18 代表站点温度和降水量的 M-K 突变检验

与 5 月相比, 内蒙古区域 6 月干旱事件出现次数略有减少。锡林郭勒的中部和北部、乌兰察布中部及呼和浩特、包头等以西地区气候干旱事件出现次数比率差异不明显；但是，在锡林郭勒的东南地区、赤峰及通辽地区，干旱事件出现次数较5月明显减少；呼伦贝尔的中东部及兴安盟也有略微减少的趋势。

从不同程度气象干旱发生的空间分布来看，6月阿拉善地区仍以出现25%以上的特旱和重旱为主；另外重旱主要发生在鄂尔多斯、巴彦淖尔和锡林郭勒的西北地区；中旱发生沿着重旱向东及东北方向发展，分布到锡林郭勒的中北地区；内蒙古东北、东南及中南地区，6月干旱事件发生的次数相对较少，程度也相对较弱。

7月是温带草原重要的植被生长期，同时也是内蒙古一年中降水较多的月份之一，其干旱事件发生的次数及程度相对其他月份都有明显的减少和减弱趋势。内蒙古7月干旱事件发生比率较5月、6月有大范围明显的减少趋势。干旱集中分布在锡林郭勒西北、乌兰察布西北、包头北部、巴彦淖尔、鄂尔多斯西部及以西的区域，从草原生态类型看，大体分布在荒漠草原及其以西的广大区域。除局部地区之外，广大的内蒙古地区7月气象干旱事件发生的比率在20%以下。重旱和特旱的发生区域较6月继续向西萎缩，最后集中在阿拉善地区，出现比例维系在25%～50%；轻旱和中旱出现的比例较小，主要分布在中部偏西北地区。

尤其是在前期干旱比较严重的时候，8月的降水往往能够大幅度地提高生产力，并延缓植物枯黄。8月干旱事件发生次数与7月相比，西部地区仍呈继续向西萎缩的态势，中北部减弱，但是，这一时期锡林郭勒的中北部及通辽地区干旱事件发生比率有增加趋势。从不同程度干旱发生的空间格局来看，特旱仍然主要发生在阿拉善西部地区，并且其重旱发生的比率也相对较高；重旱事件基本覆盖了阿拉善；8月中旱事件发生较少，轻旱事件发生与7月相比向东偏移，锡林郭勒和通辽地区这一时期出现了25%～50%的轻旱。

随着降水量的减少和温度的降低，9月内蒙古地区的干旱事件发生的空间格局产生了一定的变化。与8月相比，9月干旱事件发生概率有所增多，除内蒙古中部的南缘外，全区的西部、中部及东南区域干旱事件发生概率仍较其他区域明显攀高；这一时段，兴安盟和呼伦贝尔地区仍属于干旱事件发生较少月份，仅在呼伦贝尔的西部干旱事件发生较多。从不同程度干旱事件发生的比率和格局来看，特旱事件发生次数9月较5月、6月明显减少，仅多发生在阿拉善西北地区的两个站点，从概率来看，两个站点特旱发生概率较7月和8月也有降低趋势；但是，重旱发生9月较8月有明显的向东部和东北扩展趋势，在内蒙古的中北部和通辽发生概率显得略高；中旱发生比率较7月和8月也有所增高，尤其通辽地区的9月中旱事件明显增多；9月的轻旱事件发生在整个区域也有所增强，分布范围较广，占据了内蒙古中部的大部分地区。

研究相对湿润度指数及其变化，可以进一步了解研究区域干旱程度的时空分布及其变化趋势。表2-8系内蒙古地区相对湿润度指数的变化程度及空间格局。植物生长季节（5～9月）约有1/4的面积上相对湿润度指数有所增加，这预示着干旱减弱，这些区域主要分布在呼伦贝尔北部、鄂尔多斯东部、阿拉善东部等地区；同时，也有近1/4的面积上相对湿润度40年累计减少0.15～0.30，这些区域的干旱程度向严重方向变化1～2个等级，主要集中分布在呼伦贝尔中部、兴安盟、赤峰东部、通辽东北部、锡林郭勒中部和西北部及乌兰察布南部等地区；除上述区域外，还有近 1/2 的区域相对湿润度 40 年累积降低 0~0.15，干旱程度增加，也有可能跨越一个等级；相对湿润度指数降幅更大的地区所占研究区域的面积较小，不足 3.5%，主要分布于呼伦贝尔中部。

表 2-8　内蒙古 1969~2009 年主要植物生长季相对湿润度变化分布统计

相对湿润度	斑块数	面积（km²）	占比（%）	备注（40 年变化）
<−0.011 25	3	637	0.06	>−0.45
−0.011 25~−0.007 50	11	37 525	3.28	−0.45~−0.30
−0.007 50~−0.003 75	9	284 442	24.83	−0.30~−0.15
−0.003 75~0	14	539 303	47.08	−0.15~0
>0	13	283 559	24.75	—
合计	50	1 145 466	100.00	

第三章　气候变化对草原的影响与研究热点

第一节　气候变化对草原生态系统的影响

　　陆地是人类赖以生存的环境主体,以"气候变暖"为标志的全球气候变化对陆地生态系统产生了强烈影响,森林、农田、草原作为三大陆地生态系统极易受到气候变化的冲击。目前,国内外有关气候变化对陆地生态系统影响与系统响应的研究主要集中于森林和农田生态系统。对于中国而言,草原是面积最大的绿色生态屏障,坚守着森林、农田等其他植被难以延伸的干旱、高寒等自然环境最为严酷、生态环境最为脆弱的广阔地域,中国草原占国土面积的比重及其特殊的地理分布,彰显了其极其重要的国家生态安全战略地位,同时也赋予了草原在应对气候变化作用方面的重要性和不可替代性。但是,关于草原生态系统对气候变化响应的研究还较少,近年来才开始受到研究者们的重视,虽然相继有一些探索性的研究成果,但与农田、森林生态系统相比,在研究的深度和广度上都略显逊色,亟待进行阶段性总结,以提出未来研究方向。

一、气候变化对温带草原植被的影响

　　草原地区气候变化以 CO_2 浓度增加、温度升高、降水减少或变化不明显为基本特征,这些变化对温带草原植被产生多方面的影响。

1. CO_2 浓度

　　CO_2 浓度升高被认为是气候变暖的主要动因。草原是对 CO_2 增加反应较敏感的生态系统。CO_2 对草原生态系统产生的影响并非单一因素的线性关系,其作用往往受到其他因子的制约。Parton 等(2006)研究认为,气候变化和 CO_2 增多,将提高热带和温带草原的净初级生产力(net primary productivity,NPP),但是,Melillo 等(1993)对气候变化下陆地生态系统生产力的模型预测研究认为,温度和 CO_2 浓度增加将使北半球特别是温带生态系统生产力增加,然而,随之而来的是系统的生产能力将受到土壤 N 缺乏的限制。Berge 等(2010)发表的有关温带草原的研究结果认为,N 不会因为缺乏而成为限制草原植被生产力增加的因素,因为未来气候变化情况下 N 利用效率将极大降低。Shaw 等(2002)在美国加利福尼亚州开展的模拟全球变化的单因素及包括气候变化、降水增加和 N 沉积在内的多因素试验,试图来回答草原对全球环境变化的响应时,得出了与 Berge 等(2010)分析类似的结论,即大气 CO_2 浓度升高抑制植物根的分配,从而降低温度增加、降水增多和 N 沉积对 NPP 的积极作用。

2. 温度

温度变化是气候变化最为明显的因素之一，对草原生态系统有显著的影响。全球变化极大地改变了全球温度与季节气候条件的响应时间。温度升高、气候变暖将加快春天（返青期），并延迟秋天（枯黄期）的到来，这将延长植物的生长期，此过程有助于 CO_2 吸收，从而降低大气中 CO_2 浓度，但是，植物与大气的相互作用又将影响气候，随着生物活性的增强与绿色植被覆盖时间的延长，在干旱地区植物极易吸收更多的光照，但又没有足够的水分蒸发散热，这将进一步导致温度升高，此过程将是正反馈过程。温度对植物生长期干物质分配的影响取决于不同的物种及其环境，Morgan 等（2004）指出，在未来温度升高 2.6℃，且水分并没有成为限制因子的前提下，美国矮草草原的生产力将呈增加趋势。与此同时，Bachelet 等（2001）采用平衡模型和动态模型研究的结果表明，温度对草原生产力的积极作用是有极限的，这一极限值为温度升高 4.5℃。国内在气候变化对草原影响方面也开展了大量研究，方精云（2000）认为草原地区绝大多数植物为 C_3 植物，温度升高对其生长将产生不利的影响；高琼等（1996）则指出，不同群落对温度变化有不同的响应机制。

3. 降水

气候变化当中，降水变化作为影响生态系统的重要非生物因素，通过影响植物的生长、改变物种间的关系，随即影响植物群落的组成和结构，最后影响到生态系统的功能及对气候变化的潜在反馈作用。草地 NPP 受降水量及生物温度的影响较大，但是受降水影响更为直接、明显。全球气候变化背景下，半干旱区温度显著增加、降水减少或没有显著变化，相对湿度表现为下降，这意味着大气在向干旱化方向转变，连锁反应的结果是导致土壤朝着干旱化方向转变，自然水分亏缺成为限制草原生产力的重要因素。草原生产力不论是在自然状态，还是在人为强烈干扰的情况下，都将会受到降水梯度变化的极大影响。大量研究表明，在中国温带草原区气候变化呈现出"暖旱化"特征，即使在降水有所增加情况下，都会给草原生产带来不利影响，牛建明（2001）基于年均气温增加 2℃或 4℃、降水均增加 20%的两种方案下对内蒙古草原生产力进行了预测研究，结果表明，气候变化使草地生产力明显下降，如果不考虑草地类型的空间迁移，在两种方案下，分别减产约一成和三成，若计入各类型空间分布的变化，减产则高达三成和 1/2 以上，且荒漠草原的减产最突出。

二、草原植被对气候变化的响应

气候变化正在改变植物生长的有效资源和关键条件。气候变化的发生及持续，将打破原有气候格局，一些气候有可能消失，而新的气候可能占据更为广阔的空间，自然生态系统的维持，必须依赖于系统组分的不断自我调节以适应气候变化的步伐。

物候变化是物种响应气候变化的重要表现，近年来已有很多研究报道。气候变化中的温度升高、CO_2 浓度增加、N 沉降及降水的变化等将通过影响植物的生理过程进而改变物候，变暖加速萌发和开花，但是植物物候响应其他环境变化却是多样的。有研究认为，中国生长季在过去 20 年间增长了 1.16d/a，春天早到 0.79d，秋天晚来 0.37d，这将增加夏天的温度，但降水变化又影响了植被类型和物候，从分布来看，在中国的东北部、北部等都出现了物候期提前的迹象。但也有报道认为，春季物候期推迟而秋季物候期提前，导致生长季缩短。杨晓华等（2010）对内蒙古典型草原植物物候变化的研究表明，草本植物春季物候期延迟，结束期（枯黄期）提前，其原因系降水对干旱的内蒙古草原非常重要，是制约植物生长发育的关键因子，气候变暖导致蒸发加剧，在降水减少的条件下，加速了土壤干旱化程度，导致春季物候推后。

气候变化下，不同物种具有不同的生理可塑性，而这种可塑性是植物响应环境变化的重要机制。Goldman 等（2010）对典型草原的 3 个物种，羊茅（*Festuca ovina*）、星毛委陵菜（*Potentilla acaulis*）、绢毛委陵菜（*P. sericea*）开展了水分利用效率的研究。结果表明，在干旱胁迫的平均水平上 *P. sericea* 表现出较高的水分利用效率，这预示着未来土壤水分减少的状况下，其丰富度将增加，此结果也进一步说明，物种的丰富度和植被的盖度将对气候变化产生差异性响应。物种对气候变化的响应也将引起群落的变化，而这些过程往往与土壤系统紧密相关，Fridley 等（2010）研究指出，植被和气候的相互作用实际上是对环境（如土壤结构）和生命过程（竞争和适应）的调谐，他们在英国草原上开展了冬季控温、夏季控雨试验，试图解释生态系统通过物种组成的变化来响应气候变化，结果显示，在响应气候温暖、干旱的过程中，通过深根系物种丰富度的增多来弥补浅根系物种丰富度的减少，物种变化主要发生在土壤根系最深和最浅者之间。黄培祐等（2008）针对准噶尔盆地南缘梭梭群落对气候变化的响应开展了研究，认为气候变化导致干旱区早春期气温波动更加剧烈，当春雨较少且雨日间隔较长时，将引起天气急速升温、表土层水分迅速下降，造成春萌型植物幼苗随之大量夭折，梭梭幼苗补充亦因此受阻，导致准噶尔盆地南缘的梭梭种群年龄结构普遍呈衰退趋势，梭梭群落出现逆行演替。到目前为止，大多数研究都集中在气候变化对物种的物候、生理变化及分布范围的影响，然而，物种应对气候变化不是孤立的，而是与其相同或相邻营养水平上其他个体通过互动来共同应对气候变化，这方面的研究将成为未来的重要方向。

生产力或覆盖度（NDVI）往往是多种变化的综合表征，是系统对气候变化响应的综合表现。草原生态系统生产力或 NDVI 对气候变化的响应目前已经有不少报道，中国学者在该方面做了大量的工作。生态系统对气候变化响应的一个重要策略就是通过不同层次水平组分的消长补偿来维持系统稳定性，Bai 等（2004）研究认为，内蒙古草原生产力的波动主要取决于 6~7 月降水的变化，沿着组分水平的提高，生态系统的稳定性不断增强，这种稳定性主要取决于系统组分或官能团的补偿。气候的强烈变化，会导致生产力或 NDVI 的明显变化，而且不同的类型对不同气候因子的变化会表现出不同的响应特征。Ma 等（2010）指出，在干旱区草原（荒漠草原或典型草原），生物量对气候变化的响应主要取决于降水，而在相对湿润的地区，群落生物量对气候变化的响应主要取决于 1~5 月的温度。同时，他们还深入研究了内蒙古典型草原地上生物量年际（1982~2003 年）变化规律，结果显示，群落生产力对气候变化的响应主要体现在生长季，生长季前期群落生物量的上升趋势是对春季气候趋于温暖湿润的响应，而生长季末期群落生物量趋于减少是对秋季干旱增强趋势的响应。据 Wang 等（2011）的研究报道，北美西北大部分地区自 20 世纪 90 年代以来植被生产力下降的现象不能通过干旱胁迫解释，而是与该地区春季温度下降密切相关。

第二节　草原牧区气候变化研究热点问题展望

气候变化是全球变化六大问题之首。监测数据分析结果显示，在全球范围内气候变化呈现出温度升高（1906～2005 年温度升高 0.74℃）、降水时空波动增强和极端气候事件频繁发生的特征，而且研究预估，2010～2060 年，平均气温可能升高 1.3℃。中国气候变化特征与全球保持基本一致，主要指标的变化幅度略高于全球平均水平。不断加剧的气候变化，不仅影响到自然、社会和经济的方方面面，甚至威胁到人类未来的生存与发展。

气候变化已经成为世界各国普遍关注和共同应对的国际性问题。20 世纪 70 年代开始，国际科学界和各国政府就开始讨论如何响应气候变化，并提出以预防和阻止（prevention）为主的应对策略，80 年代强调减缓（mitigation）策略，目前则普遍认同适应（adaptation）是应对气候变化最为有效的策略。这一认识过程主导着气候变化研究逐步从现象描述走向诠释变化的过程、格局与本质，从系统响应表征迈向揭示影响机理与适应机制，从单纯强调人类阻止气候变化发展到重视发挥人类调控作用增强生态系统的适应能力以应对气候变化。纵览国内外研究现状与发展动态，聚焦气候变化对全球典型生态系统的影响，强调气候变化对生态系统关键要素的影响机理与适应机制，重视生态系统的适应能力和人类活动的调控作用，引导着当前和未来气候变化的研究和应对趋势。

一、强调典型陆地生态系统——草原气候变化的研究

过去的大量研究主要集中于在全球、国家尺度上开展气候变化特征、趋势分析及对未来的预测，这些研究为总体把握全球气候变化的过去与未来趋势奠定了良好的基础。随着研究的不断深入与扩展，在全球或国家尺度研究的基础上，深入开展对典型区域、流域或典型生态系统的研究，对于落实应对气候变化的具体行动具有重要现实意义。

陆地是人类赖以生存的环境主体，对人类持续发展有着重要意义，一直以来受到研究者的高度关注。与海洋生态系统不同，陆地环境对温度的缓冲能力弱，森林、农田及草原作为三大陆地生态系统极易受气候变化冲击。目前，国内外开展的气候变化对陆地生态系统的影响与响应研究主要集中于森林和农田生态系统，从全球到局地，从个体到生态系统已经有很多报道。草原是地球上最大的陆地生态系统之一，在应对全球气候变化方面具有重要作用。对于中国来讲，草原是面积最大的绿色生态屏障，坚守着森林、农田等其他植被类型难以延伸的干旱、高寒等自然环境最为严酷、生态环境最为脆弱的广阔地域，中国草原占国土面积的比重和独特的地理分布位置，彰显了其特殊和极其重要的国家生态安全战略地位，同时也赋予了草原生态系统在应对气候变化作用方面的重

要性和不可替代性。但是，关于草原生态系统应对气候变化问题，近年来才开始受到政府和研究者们的重视，相继有一些探索性的研究成果发表，但与农田和森林生态系统相比，草原气候变化方面的研究在深度和广度上，还有相当差距。

未来一段时期，气候变化对草原生态系统的影响与适应研究将成为气候变化研究和草原科学研究的重要焦点，因为草原是气候变化最脆弱且具有不可替代的生态生产功能和地位的典型生态系统。具体表现为草原生态系统面积广大，是中国陆地面积最大的生态系统；草原大多地处干旱和半干旱区，是气候变化最为敏感和脆弱的生态系统；草原区社会经济发展水平落后，抵御气候变化的适应能力相对较弱；草原生态系统不仅影响到我国的生态安全，而且更重要的是它还直接影响着全国畜产品的供给及 12 个省份人民群众的生存与发展。

二、注重气候变化关键要素对草原生态系统影响的研究

气候变化对生态系统的影响往往是多要素共同作用的结果，但是，生态系统演变过程和方向往往取决于气候变化中的一个或几个关键要素。因此，对于典型生态系统，从气候变化关键要素入手，开展深入研究，是取得研究突破的切入点。

当前草原气候变化研究主要关注 CO_2 浓度增加、温度升高及降水变化等对生态系统影响的诸多方面。但是，从目前的研究进展来看，无论是从主要气象要素的系统深入分析，还是对未来气候的模型模拟及影响草原生态系统可持续发展的自然灾害的评价等方面还难以科学地评判与认识气候变化对草原生态系统影响的过程及生态系统发生劣变的机理。

聚焦气候变化中对生态系统产生影响的核心关键要素，研究这些关键要素的作用过程和机理是当前和未来揭示气候变化对生态系统影响的主要途径，而且越来越多地受到关注。一是加强气候变化点数据分析，重视点与面相结合的研究。目前，国内关于气候变化的研究大多利用气象站的点数据，为认识气候变化特征和规律提供了一定的重要信息，但由于中国温带草原区面积广大，气候变化具有强烈的局地异质性，单靠点数据不足以准确、全面地了解气候各要素在区域上的变化趋势。因此，在未来研究中，亟须选取更多的气象站点，开展大尺度气候变化的时空格局研究及微地形下气候变化的时空一致性与异质性研究。二是提高气候变化预测精准度，科学评估生态系统脆弱性。气候变化特征的年代和百年尺度分析，有助于认识气候变化规律及其对自然-经济-社会系统的影响。但是，作为核心目标，增强生态系统的气候变化适应能力更具有现实指导意义。因此，引进、借鉴并开发适合中国利用的气候变化预测模型，提高气候变化预测精准度，同时，在科学认识不同生态系统本质属性特征的基础上，做出合理的生态系统气候变化脆弱性评估与生态风险分析，也是当前和未来研究的重要方向。三是开展气象灾害的科学评价，构建灾害预警与应急系统。应进一步加强开展适合草原区及各草原植被亚类的气象灾害等级评价与预测研究，对于草原地区而言，主要是气象干旱和雪灾等的分析评价，目前，虽然在国际和国内有很多指数供试，但是，局地性比较强，对于面积广大、气候-植被-土壤类型复杂的温带草原而言，还有待进一步商榷与完善。同时，应加强气

候灾害预警的研究，结合草原自然、气候等监测系统，建立科学的灾害预警与评估模型，并结合区域社会、经济等状况，开发草原气候灾害应急救助决策系统，为应对气候变化导致的灾害频发、有效增强气候变化适应能力提供决策支持。

三、深化气候变化下草原生态系统的适应机制研究

生态学中的适应性，即指通过生物的遗传组成赋予某种生物的生存潜力，它决定此物种在自然选择压力下的性能。气候变化是环境变化的一个方面，但是往往比正常的环境波动的幅度和速度更加剧烈。生物具有一定适应气候变化的能力，并且这些适应能力在不同系统层次水平上表现出不同的特征。研究生态系统对气候变化的自适应能力，把握生态系统适应气候变化的机制是当前人类从预防和阻止转向主动适应气候变化的关键和行动基础。

气候变化正在改变着植物生长的有效资源和关键条件。气候变化的发生及持续，将打破原有气候格局，一些气候有可能消失，而新的气候可能占据更为广阔的空间，自然生态系统的维持，必须依赖于系统组分的不断自我调节以适应气候变化的步伐。草原生态系统适应气候变化表现为多层次水平共同构建的隐秩序。对于植物层来讲，个体、种群、群落、群系及植被等不同层次都有独特的适应表现。诸多研究认为，草原生态系统的群系水平具有明显的多稳定态特征，草原生态系统能够在环境胁迫下，通过自身调节来适应和减缓不利影响，表现出多态性，但是其现象中的本质和机制至今鲜见深入的研究报道。弹性是系统适应环境压力的一种重要机制，即吸收干扰的能力、系统恢复平衡的自组织能力及系统自我学习和适应能力。生态阈值是建立在弹性理论之上的对系统发生质变临界状态的描述，可以是"点"，也可以是"面"，还可以是多元动态的生态阈值带，基于对草原群系水平弹性的认识，可以理解草原生态系统的柔性系统特征，也就是说，其应该具有较强的自适应能力和宽泛的阈值带，这种宽泛阈值带特性是草原生态系统适应气候变化等外来干扰的高级表现，对草原调控适应未来气候变化具有重要的科学指导意义，但是目前相关方面的深入研究十分欠缺。

未来气候变化背景下，要实现更好地适应气候变化，减少气候变化的影响及带来的损失，亟待充分挖掘和发挥系统自身的适应能力，而对系统适应特性，尤其是建立在草原个体水平及之上的多层次水平适应机制的研究就显得格外棘手。紧紧聚焦于水分胁迫加剧下系统不同层次水平适应气候变化的机制研究与潜能挖掘，是当前我国草原生态系统适应气候变化研究亟待解决的关键问题之一。

四、加强气候变化下人类活动对草原生态系统影响的机理研究

研究人类活动与气候变化两大主要因素共同作用对生态系统的影响，是最为符合现实状态的研究，研究结果具有重要现实指导意义。人类活动既是影响生态系统的行为，也是长期以来与系统协同演化的主要调控因素。气候变化背景下，研究人类活动对生态系统的影响亦是探索适应气候变化的过程。

　　植物层应对气候变化不是孤立的，而是与其相同或相邻营养水平上其他个体通过互动来共同应对气候变化。对于温带草原而言，生态系统应对气候变化的相邻营养级水平主要表现在草畜互作关系上，而以放牧利用作为主要人类活动，正是草与动物界面的关键活动，这种活动影响所表现出来的状态和趋势是极为复杂的。目前，关于放牧利用对草原生态系统影响的研究主要集中于放牧对植物、土壤、生态学过程等系统不同层次水平的分析与探讨。放牧改变草原植物各器官之间固有的物质与能量分配模式，过度放牧则会导致植物个体物种组成、群落等产生相应的变化，其中植物个体以多种方式对放牧采食造成的影响做出反应，如过度放牧利用下植物个体呈现"小型化"趋势以躲避放牧采食等现象。另外，对于群落、群系而言，过度放牧利用将会使群落沿着多轨迹发生退化演替，如刘钟龄等（1998）对我国北方温性草原的主要生态类型（草甸草原、典型草原和荒漠草原）的退化演替模式进行了研究和描述，结果认为，不同类型的演替过程都存在着多条路径，但是演替的"终点"各类型都有自己独特的趋同一致特征。在放牧利用过程中，采食、践踏和排泄物是家畜作用于草地的三个主要途径，其中践踏可能在草地退化和健康维护中起主导作用。尤其是过度放牧，将导致土壤功能下降、植物可利用水分减少，进而导致草原生产力下降，并增加了土壤的水蚀和风蚀风险。放牧利用对草原生态系统生态过程的影响是多维度的，会改变生态系统的 C、N 循环和水热通量等过程。

　　放牧利用对草原生态系统产生不利影响仅是影响的一个方面，研究显示，放牧在某些方面是有益于草原生态系统功能的稳定和维持。19 世纪 60 年代，Ellison（1960）在研究采食对草地的影响时就提出"采食有益于牧草和草地"的观点，直至 80 年代，Hilbert 等（1981）通过理论和室内外试验，验证了放牧优化响应的思想，即采食优化植物的生产，至此，放牧优化假说的观点逐渐形成。从目前研究状况来看，虽然存在着一些争议，但也有很多新的证据在不断地丰富和支持上述假说。有研究认为，放牧利用与非放牧利用相比，前者有利于草原种子库的补充和植物后代的多样性，但是，过度放牧利用会造成禾草等优势植物减少，豆科植物、杂类草增多，进而导致草原退化。也就是说，轻度和中度放牧是有益于草原生态系统功能的维持与稳定的。

　　气候变化背景下，自然系统的不确定性增强，不恰当的人类活动将加剧草原的退化，因此，人类活动最有可能成为调控气候变化对草原生态系统产生不利影响的关键突破口。故研究人类活动对草原生态系统的影响，把握生态系统的草畜互惠机理，揭示草原植被、土壤、微生物等系统要素的超补偿性机制，科学研判生态系统可承受的人类活动方式与强度阈值，将为草原保护、建设和合理利用及应对气候变化提供重要依据。

五、重视气候变化下草原生态系统适应性管理与生态恢复的研究

　　随着人们对气候变化认识的不断深入，以及当前面临的应对气候变化的紧迫性，诸多研究试图去描述、理解和预测气候变化的影响，阐释人为活动在系统演变中的作用的同时，还致力于提出实际的应对策略，以减缓或减少气候变化带来的负面影响。

对气候变化适应对策的研究，将成为未来制定气候变化应对方案、落实气候变化应对行动的关键。

　　草原生态系统是在气候变化和人类活动——放牧利用的双重影响下不断发生演变的，是气候变化和放牧利用的耦合与相悖。但是，我们也认识到在一个较短的时期内，人类是无法阻止和控制气候变化的，因此，放牧利用这一具有高度人为可控性的管理手段将承担起草原应对气候变化、促进退化草原恢复的重要责任。应对气候变化、促进退化草原恢复的本质应该是通过放牧利用的调控与管理，来充分挖掘和利用生态系统自身的弹性适应能力的过程。从放牧利用的调控手段看，放牧利用中放牧制度、放牧强度和放牧时间是不可忽视的重要多维调控因子。草原生态系统由于处于干旱、半干旱地区，受气候影响较大，草原承载力波动很大，因此，预测草原气候干旱胁迫的气候变化趋势，评估区域气候条件下合理牲畜载畜量将成为人为调控的最关键环节。放牧制度对保护草原生态系统、减少对系统伤害亦有十分重要的作用，且具有调控的可操作性。近年来，研究者针对放牧制度（自由放牧和划区轮牧）开展了大量研究工作，轮牧被认为是较佳的放牧策略而被倡导。另外，放牧时间对草原生态系统也有十分重要的影响，尤其是对植被的影响，目前，我国在草原保护、利用和建设实践中采取春季休牧措施，就是为了保证春季植物返青脆弱期减少放牧利用对牧草的影响，实践证明具有重要的作用，但是，随着气候变化的不断增强，放牧时间的确定应该遵从适应性管理理论，根据现实状况来适时调整放牧时间和放牧季节，这些都亟须科学研究做支持。

　　区域"安全"或"适度"的载畜量强烈依赖于气候维持的草地资源状况。但是由于气候变化趋势在短期内是人类无法控制的，所以必须寻找对系统有重要作用与影响的可以调控的因素。因此，放牧利用管理协调应该得到充分重视，通过放牧利用的调控以适应气候变化应建立在对系统的深刻认识和恰当的调节手段上，其目的是充分利用放牧的调控作用以挖掘和发挥系统要素自身的适应能力，从而达到对外界剧烈变化环境，尤其是气候变化的调谐与适应。目前，通过放牧利用调控来实现对气候变化的适应及促进生态系统恢复的研究还不足以很好地指导实践，一个多维度、多层次的管理调控网络与对策亟待通过系统全面的研究提出，以积极应对气候变化并满足多方利益主体的现实需求。

参 考 文 献

包秀霞, 易津, 刘书润, 等. 2010. 不同放牧方式对蒙古高原典型草原土壤种子库的影响. 中国草地学报, 32(5): 66-72.

代姝玮, 杨晓光, 赵孟, 等. 2011. 气候变化背景下中国农业气候资源变化Ⅱ. 西南地区农业气候资源时空变化特征. 应用生态学报, 22(2): 442-452.

丁一汇, 林而达, 何建坤. 2009. 中国气候变化——科学、影响、适应及对策研究. 北京: 中国环境科学出版社.

董光荣, 陈惠忠, 王贵勇, 等. 1995. 150 ka 以来中国北方沙漠、沙地演化和气候变化. 中国科学 B 辑, 25: 1303-1312

方精云. 2000. 全球生态学: 气候变化与生态响应. 北京: 中国高等教育出版社: 11-242.

高琼, 李建东, 郑慧莹. 1996. 碱化草地景观动态及其对气候变化的响应与多样性和空间格局的关系. 植物学报, 38(1): 18-30.

高远, 王成善, 黄永建, 等. 2017. 大陆科学钻探开展古气候研究进展. 地学前缘, (1): 229-241.

韩芳, 牛建明, 刘朋涛, 等. 2010. 气候变化对内蒙古荒漠草原牧草气候生产力的影响. 中国草地学报, 32(5): 57-65.

侯向阳, 尹燕亭, 丁勇. 2011. 中国草地适应性管理研究现状与展望. 草业学报, 20(2): 262-269.

黄培祐, 李启剑, 袁勤芬. 2008. 准噶尔盆地南缘梭梭群落对气候变化的响应. 生态学报, 28(12): 6051-6059.

孔昭宸, 杜乃秋. 1981. 内蒙古自治区几个考古地点的孢粉分析在古植被和古气候上的意义. 植物生态学报, 5(3): 193-202.

寇香玉. 2005. 新生代孢粉分析与古气候定量重建的研究. 中国科学院植物研究所博士学位论文.

李晓兵, 陈云浩, 张云霞, 等. 2002. 气候变化对中国北方荒漠草原植被的影响. 地球科学进展, 17(2): 254-261.

李岩岩. 2014. 内蒙古辉腾锡勒地区 13980—4820cal.yr BP 植被和气候变化研究. 内蒙古大学硕士学位论文.

刘及东, 陈艳梅, 陈亚琳, 等. 2010. 呼伦贝尔草原湿地景观格局对气候变化的响应. 干旱区资源与环境, 24(11): 73-78.

刘宇航, 夏敦胜, 金明, 等. 2012. 阿拉善地区湖泊岩芯磁性特征记录的全新世环境变化. 中国沙漠, 32(4): 929-937.

刘志刚, 刘丽萍, 游晓勇, 等. 2008. 锡林郭勒草原气候变化与干旱特征. 内蒙古气象, 1: 17-18.

刘钟龄, 王炜, 郝敦元, 等. 2002. 内蒙古草原退化与恢复演替机理的探讨. 旱区资源与环境, 26(1): 84-91.

刘钟龄, 王炜, 梁存柱, 等. 1998. 内蒙古高原植被在持续牧压下退化演替的模式与诊断. 草地学报, (4): 244-251.

马国柱, 符淙斌. 2001. 中国北方干旱地区地表湿润状况的趋势分析. 气象学报, 59(6): 737-746.

马瑞芳. 2007. 内蒙古草原区近 50 年气候变化及其对草地生产力的影响. 中国农业科学院硕士学位论文: 18-21.

马宗普, 高庆华. 2004. 中国第四纪气候变化和未来北方干旱灾害的分析. 第四纪研究, 24(3): 245-251.

牛建明. 2001. 气候变化对内蒙古草原分布和生产力影响的预测研究. 草地学报, 9(4): 277-282.

气候变化国家评估报告编写委员会. 2007. 气候变化国家评估报告. 北京: 科学出版社: 1-268.

秦大河, 罗勇. 2008. 全球气候变化的原因和未来变化趋势. 科学对社会的影响, 2: 16-21.

盛文萍, 李玉娥, 高清竹, 等. 2010. 内蒙古未来气候变化及其对文星草原分布的影响. 资源科学, 32(6): 1111-1119.

王丽艳, 李广雪. 2016. 古气候替代性指标的研究现状及应用. 海洋地质与第四纪地质, 36(4): 153-161.

王苏民, 吉磊, 羊向东, 等. 1994. 内蒙古扎赉诺尔湖泊沉积物中的新仙女木事件记录. 科学通报, 39(4): 348-351.

王新鹏, Wan Z M, 龚建雅, 等. 2003. 基于植被指数和土壤表面温度的干旱监测模型. 地球科学进展, 18(8): 527-533.

王英舜, 史激光. 2010. 典型草原区生长季大气 CO_2 浓度特征分析. 中国农学通报, 26(13): 363-365.

王璋瑜, 宋长青, 程全国. 1998. 利用花粉–气候响应面恢复察素齐泥炭剖面全新世古气候的尝试. 植物学报, 40(11): 1067-1074.

王志伟, 翟盘茂. 2003. 中国北方近 50 年干旱变化特征. 地理学报, 58(Supp): 61-68.

魏东岩, 陈延成. 1995. 内蒙古伊克昭盟盐湖最近 23ka 古气候波动模式的研究. 化工矿产地质, 17(4): 239-247.

温克刚. 2008. 中国气象灾害大典(内蒙古卷). 北京: 气象科学出版社: 5-99.

吴学宏, 曹艳芳, 陈素华. 2005. 内蒙古草原生态环境的变化及其对气候因子的动态响应. 华北农学报, 20(专辑): 65-68.

薛睿, 郑淑霞, 白永飞. 2010. 不同利用方式和载畜率对内蒙古典型草原群落初级生产力和植物补偿性生长的影响. 生物多样性, 18(3): 300-311.

闫瑞瑞, 卫智军, 辛晓平, 等. 2010. 放牧制度对荒漠草原生态系统土壤养分状况的影响. 生态学报, 34(1): 42-51.

闫伟兄, 陈素华, 乌兰巴特尔, 等. 2009. 内蒙古典型草原区植被 NPP 对气候变化的响应. 自然资源学报, 24(9): 1625-1634.

杨晓华, 越晓玲, 娜日斯. 2010. 内蒙古典型草原植物物候变化特征及其对气候变化的响应. 内蒙古草业, 3: 51-56.

丁贵瑞. 2009. 人类活动与生态系统变化的前沿科学问题. 北京: 高等教育出版社: 16-21.

云文丽, 侯琼, 乌兰巴特尔. 2008. 近 50 年气候变化对内蒙古典型草原第一性生产力的影响. 中国农业气象, 29(3): 294-297.

翟盘茂, 任福民, 张强. 1999. 中国降水极值变化趋势检测. 气象学报, 57(2): 208-216.

翟盘茂, 邹旭凯. 2005.1951—2003 年中国气温和降水变化及其对干旱的影响. 气候变化研究进展, 1(1): 16-18.

张成霞, 南志标. 2010. 放牧对草地土壤理化特性影响的研究进展. 草业学报, 19(4): 204-211.

张小瑾. 2011. 河套地区 (内蒙古磴口) 晚冰期以来古气候演化初步研究. 中国地质大学硕士学位论文.

张振克, 王苏民. 2000.13ka 以来呼伦湖湖面波动与泥炭发育、风沙−古土壤序列的比较及其古气候意义. 干旱区资源与环境, 14(3): 56-59.

赵登亮, 刘钟龄, 杨桂霞, 等. 2010. 放牧对克氏针茅草原植物群落与种群格局的影响. 草业学报, 19(3): 6-13.

周广胜. 2002. 中国东北样带(NECT)与全球变化−干旱化, 人类活动与生态系统. 北京: 气象出版社: 148-155.

周义, 覃志豪, 包刚. 2011. 气候变化对农业的影响及应对. 中国农学通报, 27(32): 299-303.

Akinbode O M, Eludoyin A O, Fashae O A. 2008. Temperature and relative humidity distributions in a medium-size administrative town in southwest Nigeria. Journal of Environmental Management, 87: 95-105.

Bachelet D, Neilson R P, Lenihan J M, et al. 2001. Climate change effects on vegetation distribution and carbon budget in the United States. Ecosystems, 4: 164-185.

Bai Y F, Han X G, Wu J G, et al. 2004. Ecosystem stability and compensatory effects in the Inner Mongolia grassland. Nature, 431: 181-184.

Berge J V, Naudts K, Zavalloni C, et al. 2010. Altered response to nitrogen supply of mixed grassland communities in a future climate: a controlled environment microcosm study. Biogeosciences Discuss, 7(3): 3579-3604.

Bonan G B. 2008. Forests and climate change: forcings, feedbacks, and the climate benefits of forests. Science, 320(5882): 1444-1449.

Briske D D, Fuhlendorf S D, Smeins F E. 2005. State-and-transition models, thresholds, and rangeland health: a synthesis of ecological concepts and perspectives. Rangeland Ecology & Management, 58(1): 1-10.

Chmura D J, Anderson P D, Howe G T. 2011. Forest responses to climate change in the northwestern United States: ecophysiological foundations for adaptive management. Forest Ecology and Management, 261(7): 1121-1142.

Chung Y S, Kim H S, Natsagdorj L, et al. 2004. On sand and duststorms and associated significant dustfall observed in Chongju-Chongwon, Korea during 1997–2000. Journal of Meteorological Society, 4: 305-316.

Davi N K, Jacoby G C, Curtis A E, et al. 2006. Extension of drought records for central Asia using tree rings:

west-central Mongolia. Journal of Climate, 19: 288-299.

Davis A J, Caldeira K, Matthews H D. 2010. Future CO_2 emissions and climate change from existing energy infrastructure. Science, 329(5997): 1330-1333.

Ellison L. 1960. The influence of grazing on plant succession. Botanical Review, 26: 1-78.

Engel E C, Weltzin J F, Norby R J, et al. 2009. Responses of an old-field plant community to interacting factors of elevated [CO_2], warming, and soil moisture. Journal of Plant Ecology, 2: 1-11.

Fontaine J J, Decker K L, Skagen S K, et al. 2009. Spatial and temporal variation in climate change: a bird's eye view. Climatic Change, 97: 305-311.

Fridley J, Grime J P, Askew A P. 2010. Grassland resistance to climate change: an evaluation of processes that limit plant community response in a 17 year climate manipulation. Pittsburgh: 95th ESA Annual Meeting.

Godfray H C J, Pretty J, Thomas S M, et al. 2011. Linking policy on climate and food. Science, 331(6020): 1013-1014.

He N P, Zhang Y H, Yu Q, et al. 2011. Grazing intensity impacts soil carbon and nitrogen storage of continental steppe. Ecosphere, 2(1): 1-10.

Hilbert D W, Swift D M, Detling J K, et al. 1981. Relative growth rates and the grazing optimization hypothesis. Oecologia (Berlin), 51: 14-18.

IPCC. 2007. Climate Change 2007: The Physical Science Basis. Contribution of Working Group I to the Fourth Assessment Report of the Intergovernmental Panel on Climate Change. Cambridge: Cambridge University Press: 1-455.

Jacoby G C, Baatarbileg N. 2003. Results of the dendrochronological studies in Mongolia. Mongolian Journal of Biological Sciences, 1(1): 69-76.

Kardol P, Campany C E, Souza L, et al. 2010. Climate change effects on plant biomass alter dominance patterns and community evenness in an experimental old-field ecosystem. Global Change Biology, 16(10): 2676-2687.

Kardol P, Cregger M A, Campany C E, et al. 2010. Soil ecosystem functioning under climate change: plant species and community effects. Ecology, 91(3): 767-781.

Keryn B G, Mark D B. 2009. Experimental warming causes rapid loss of plant diversity in New England salt marshes. Ecology Letters, 12: 842-848.

Knapp A K, Briggs J M, Koelliker J K. 2001. Frequency and extent of water limitation to primary production in a mesic temperate grassland. Ecosystems, 4: 19-28.

Lauenroth W K, Sala O E. 1992. Long-term forage production of a north American short-grass Steppe. Ecological Applicatoons, 2: 397-403.

Law B E, Harmon M E. 2011. Forest sector carbon management, measurement and verification, and discussion of policy related to climate change. Carbon Management, 2(1): 73-84.

Lee M, Manning P, Rist J, et al. 2011. A global of grassland biomass responses to CO_2 and nitrogen enrichment. Plant Physiol, 155: 117-124.

Liu B H, Henderson M, Zhang Y D, et al. 2010. Spatiotemporal change in China's climatic growing season: 1955—2000. Climate Change, 99: 93-118.

Loarie S R, Duffy P B, Hamilton H. 2009. The velocity of climate change. Nature, 462: 1052-1055.

Ma W H, Fang J Y, Yang Y H, et al. 2010. Biomass carbon stocks and their changes in northern China's grasslands during 1982—2006. Science China (Life Science), 53(7): 841-850.

Ma W H, Liu Z L, Wang Z H, et al. 2010. Climate change alters inter-annual variation of grassland aboveground productivity: evidence from a 22-year measurement series in the Inner Mongolian grassland. Journal of Plant Research, 123(4): 509-517.

Mawdsley J R, O'Malley R, Ojima D S. 2009. A review of climate change adaptation strategies for wildlife management and biodiversity conservation. Conservation Biology, 23(5): 1080-1089.

McKeon G M, Stone G S, Syktus J I, et al. 2009. Climate change impacts on northern Australian rangeland livestock carrying capacity: a review of issues. The Rangeland Journal, 31(1): 1-29, 65.

Melillo J M, McGuire A D, Kicklighter D W, et al. 1993. Global climate change and terrestrial net primary production. Nature, 363: 234-240.

Müller C, Cramer W, Hare W L, et al. 2011. Climate change risks for African agriculture. PANS, 108(15): 4313-4315.

Ni J. 2011. Impacts of climate change on Chinese ecosystems: key vulnerable regions and potential thresholds. Regional Environmental Change, 11(supp. 1): 49-64.

Nicholas C, Richard C, Waring H. 2011. A process-based approach to estimate lodgepole pine (*Pinus contorta* Dougl.）distribution in the Pacific Northwest under climate change. Climate Change, 105: 313-328.

Nicotra A B, Atkin O K, Bonser S P, et al. 2010. Plant phenotypic plasticity in a changing climate. Trends in Plant Science, 15(12): 684-692.

Palmer W C. 1965. Meteorological Drought Research Paper No. 45. Washington DC: Weather Bureau: 1-58.

Parton W J, Scurlock J M O, Ojima D S, et al. 2006. Impact of climate change on grassland production and soil carbon worldwide. Global Change Biology, 1(1): 13-22.

Patz J A, Diarmid C L, Tracey H. 2005. Impact of regional climate change on human health. Nature, 438: 310-317.

Peñuelas J. 2009. Phenology feedbacks on climate change. Science, 324(5929): 887-888.

Prieto P, Peñuelas J, Lloret F, et al. 2009. Experimental drought and warming decrease diversity and slow down post-fire succession in a Mediterranean shrub land. Ecography, 32: 623-636.

Schönbach P, Wan H, Müller K, et al. 2010. Grazing intensity and precipitation affects herbage accumulation, herbage quality and animal performance in semi-arid grassland. Kiel: Proceedings of the 23rd General Meeting of the European Grassland Federation: 87-89.

Shahid S. 2011. Climate change impacts on global agricultural land availability. Climatic Change, 105(3/4): 433-453.

Shaw M R, Zavaleta E S, Chiariello N R, et al. 2002. Grassland responses to global environment changes suppressed by elevated CO_2. Science, 298(6): 1987-1990.

Silvertown J, Dodd M E, McConway K, et al. 1994. Rainfall, biomass variation, and community composition in the park grass experiment. Ecology, 75: 2430-2437.

Steltzer H, Post E. 2009. Ecology seasons and life cycles. Science, 324(5929): 886-887.

Walther G R. 2010. Community and ecosystem response to recent climate change. Transactions of the Royal Society B: Biological Sciences, 365(1549): 2019-2024.

Wang X H, Piao S L, Ciais P, et al. 2011. Spring temperature change and its implication in the change of vegetation growth in North America from 1982 to 2006. PANS, 108(4): 1240-1245.

Wu G L, Li W, Li X P, et al. 2011. Grazing as a mediator for maintenance of offspring diversity: Sexual and clonal recruitment in alpine grassland communities. Flora-Morphology, Distribution, Functional Ecology of Plants, 206(3): 241-245.

Wu H, Hayes M J, Albert W, et al. 2001. An evaluation of the standardized precipitation index, the China-Z index and the statistical Z-Score. International Journal of Climatology, 21: 745-758.

Xu Q, Li H B, Chen J Q, et al. 2011. Water use patterns of three species in subalpine forest, Southwest China: the deuterium isotope approach. Ecohydrology, 4(2): 236-244.

Yang H J, Wu M Y, Liu W X, et al. 2011. Community structure and composition in response to climate change in a temperate steppe. Global Change Biology, 17(1): 452-465.

Zhang X, Cai X M. 2011. Climate change impacts on global agricultural land availability. Environmental Research Letter, 6(1): 1-8.

Zhao Y, Peth S, Horn R, et al. 2010. Modeling grazing effects on coupled water and heat fluxes in Inner Mongolia grassland. Soil and Tillage Research, 109(2): 75-86.

Zhou Z C, Gan Z T, Shangguan Z P, et al. 2010. Effects of grazing on soil physical properties and soil erodibility in semiarid grassland of the Northern Loess Plateau (China). CATENA, 82(2): 87-91.

第二篇　蒙古高原土壤

　　土壤是陆地植物生长的支持物和营养物质的重要来源，其状况对地表植被状况，进而对生态环境及人类的生存条件有很大影响。

　　蒙古高原主体部分温凉干燥，所以在蒙古高原的主要土壤类型是草原植被下发育的土壤——栗钙土（典型草原）、棕钙土（荒漠草原）和黑钙土（草甸草原），这几类土壤覆被了蒙古高原一半左右的面积；在蒙古高原草地畜牧业中起着重要的作用。在蒙古高原的较湿润地区或周围的高山也发育了一些森林土壤类型，虽然这些土壤不是草地经营的主体，但由于自然或人为的因素，这些土壤短期或长期地转成草地土壤，或直接利用作为畜牧业生产基础（林下畜牧业），从而对草地畜牧业作出贡献。所以蒙古高原的草地土壤涉及蒙古高原的各种类型的土壤。即使不考虑森林土壤，蒙古高原的土壤类型也有二十几种之多，不同的土壤其立地条件、特征及组成都有很大差别。无论是生产经营还是科学研究都应该注意它们的异同。

　　近半个多世纪以来，由于开荒、乱伐及过度放牧等人类的干扰，再加之气候变化，蒙古高原的土壤也发生了很大变化。在人类的剧烈干扰下，土壤变化比较明显，我们将在土壤的利用与保护一章中详述。气候变化影响面广，但强度较低而缓慢，短时间内，土壤的大部分特性还难以观察到明显的反应。土壤湿度是受气候变化影响最大的土壤特性，锡林郭勒高原栗钙土，从 1981～2005 年的年际间动态特征来看，0～10cm 土层土壤水分有波动中升高的趋势，而 50cm 以下土层的土壤湿度在波动中略有下降，主要是降水量及其频率略有增加及气温略增造成；高强度牧压下，地被物减少严重，全剖面土壤湿度下降（陈有君，2006）。1971～2010 年蒙古国的土壤干旱指数与气象干旱指数，除高山变化不明显外，森林、草原与荒漠草原有明显增加（Nandintsetseg and Shinoda，2013）。郭灵辉等（2016）认为区域降水量变化可能是 1981～2010 年内蒙古草地表层土壤有机碳密度变化的主要影响因素，但不同草地类型表层土壤有机碳密度对气候变化的敏感性存在较大差异，典型草原与草甸草原表层土壤有机碳变化主要受控于降水量变化，荒漠草原则主要受控于温度变化。Zhao 等（2015）估计气候变化对内蒙古土壤碳密度的影响表现为东部增高，西部降低，在 2011～2040 年增与减的面积相当，土壤碳密度基本不变，但 2041～2070 年碳密度减少的区域增大，使土壤碳平均密度下降，到2100 年下降更突出。准确预测气候变化对土壤特性的影响难度大，温度增加会增大蒸散发量，使土壤向干旱化方向发展，土壤温度升高，有机质分解加速。但温度升高，如果伴随湿润条件（湿润地区，或气候变暖后引起降水增加），有利于植物等生物的生命活动，会增加土壤有机质，从而改善土壤条件。

　　土壤与植被是两个独立的体系，它们之间存在复杂的相互作用、相互影响关系。土壤是植物赖以生存的基础，是植物的支持物，是植物生存生长所需资源的供给方，蒙古高原上土壤水分的周年状况决定了植被的类型。植被对土壤类型也具有一定的决定作用，尤其是腐殖质层厚度；地表植被给土壤提供 C 和 N 成分、向表土层富集无机营养元素；植被还是土壤的保护层，使土壤免受侵蚀，减少阳光的直射，降低土壤有机质矿化速度。所以植被与土壤有相互依存、共同演化的关系，植被类型与土壤类型有对应的现象。

植物与土壤还互为环境，所以它们存在与发展的环境是不同的，植物是土壤资源的消耗者，这种消耗某些条件下会造成土壤有效资源枯竭或不足。例如，蒙古高原的大部分地区干旱缺水，植物的旺盛生长会消耗大量水分，使土壤更趋干旱化；这就是林灌治沙后植被会退化及草原植树难以成林的重要原因。土壤的淋溶侵蚀是使土壤贫瘠化的过程，繁茂的植被产生大量的枯落物，可能会酸化土壤，从而加重这种贫瘠化过程。还有造林或封育后土壤某些指标劣变的现象（刘增文等，2009；Li et al.，2011）。这些都是植被向好演化，而土壤向劣演化的例子。土壤的劣变或退化反过来影响植物的生存生长。

植被的自然发育将会充分利用土壤资源，土壤的营养与水分是满足植物生存生长消耗的。如果植被突然遭到破坏，如开垦、森林的皆伐或高强度放牧等，迅速破坏原生植被后，土壤营养状况往往是非常好的，土壤中植物可利用资源一定是过剩的，这是植被恢复的推动力。锡林郭勒高原长期放牧的两个栗钙土样地，地表植被生物量只是相应的围封样地的 21%～35%，但放牧与禁牧样地的土壤有机碳并没有明显差异（Cui et al.，2005）。高强度放牧，可以迅速使植被发生退化，如果没有侵蚀或渗漏影响，土壤可能并不会发生退化，或者说引起植被退化的因素，不一定也引起土壤退化。

植物对土壤营养的消耗可以通过枯落物归还土壤，在一个长期稳定的生态系统中，这种消耗与归还是平衡的。如果受到干扰，平衡会受到破坏，如植物产物被移走，则归还减少，长时间持续移走，土壤可能向贫瘠化方向演化，土壤先于植被劣变或退化；例如，长期低强度持续放牧，会因植物根层变浅，归还减少，而使土层变薄（Johnston et al.，1971）；又如内蒙古土壤中钾丰富，所以农田中长期很少施用钾肥，加之其他营养投入的增大，近些年逐渐表现出了钾的缺乏。

同一因素对土壤与植物的作用不同，如光照可以使土壤增温，进而加速土壤水分与有机质的流失；而对植物来说，光可以促进植物生长。还有些因素（包括干扰）对土壤的影响，既有直接作用，又有通过植被等的间接作用，如放牧对土壤的直接作用是践踏，对植物的影响则是取食，从而减少植物生物量，减少植物通过枯落对土壤物质的归还和对土壤的覆盖，间接引起土壤营养变化；但放牧不会直接引起土壤营养贫瘠。

蒙古高原干燥、多风、阳光强烈，土壤质地轻粗，抗侵蚀能力差，地表植被减少后，土壤会受到严重侵蚀，造成土壤退化。在蒙古高原上，放牧引起的土壤退化，往往是过度放牧后植被遭到破坏，土壤受风蚀（Li et al.，2009）、水蚀及光照造成的。

近些年关于放牧、气候变化等因素对土壤及植被的影响，在蒙古高原受到了格外的关注，不同人得出的结果差异很大，甚至相反。这除因研究方法不同外，还可能与下列因素有关：同一因素、相同强度，不同地区或不同时间对土壤作用的结果会有很大差异，如就目前状况下，温度升高，蒙古高原中西部则会向干旱化与荒漠化发展，而大兴安岭北部，则可能因植被更繁茂，而使土壤向好发展；表观一致植被下的土壤特性可能会有很大差异，使地表植被抗干扰能力降低，这给很多试验设计带来了麻烦，使样地的代表性、不同处理之间背景条件的可比性丧失；甚至地表的差异很可能就有土壤差异的贡献。例如，近饮水点处土壤营养高可能是因为动物的粪便增加了营养的输入（Fernandez-Gimenez & Allen-Diaz，2001），也可能是因为饮水点处地势较低，本来水肥条件就好，所以耐牧压能力强。

第四章　土壤形成条件与分布特点

第一节　地理与地貌

蒙古高原是高山（高原）环绕、平均海拔在 1300m（中国内蒙古 1000m，蒙古国 1580m）左右的波状高平原。北北东走向的大兴安岭斜亘于东部，东南部是松辽平原；东部南缘有燕山及阴山山脉东段，阴山山脉西段穿过该区南部，南侧是东西向的河套平原，平原南为鄂尔多斯高原①；西缘是阿尔泰山及海拔 5000m 左右的青藏高原东北缘的龙首山–合黎山；北为萨彦岭和肯特山脉–博尔朔夫山（雅布洛诺夫山）；西北部还有杭爱山与唐努乌拉山。总体地势为西北高、东南较低；但两侧均向中间倾斜；东北部黑龙江河谷最低，海拔不足 500m。蒙古高原深居欧亚大陆内部（38°～55°N，85°～126°E），远离大洋，受海洋气候影响弱，降水量小，而且由东向西减少；气温由南向北降低，使湿润度由西南向东北增加；周围及内部的高山阻挡了气流的交换，并对水热进行再分配；造成土壤类型出现地带性变化。地质构造上是受西伯利亚地台、中朝地台、西域板块及周围各个板块挤压抬升的古地台。

一、山脉与丘陵

（一）大兴安岭及其两侧丘陵

大兴安岭北起黑龙江畔，南至西拉木伦河北岸，东北–西南走向，全长 1100 多 km，宽 200～300km，海拔 1100～1400m，最高峰（黄岗梁）2029m。属新华夏隆起带的第三条，上元古代时期这里还是海洋；古生代时期经过加里东地壳激烈运动与海西运动上升为陆地，形成大兴安岭雏形；中生代（侏罗纪后期至白垩纪初期）的燕山运动及新生代的喜马拉雅运动，使这里出现强烈褶皱、断裂和火山喷发；大兴安岭缓慢上升，伴随着内蒙古高原不断上升，及松辽平原的下沉，造就了西北平缓、东南陡峻的不对称阶梯状山形。组成物质为中生代、新生代火山岩系（花岗岩和流纹岩、玄武岩、安山岩、凝灰岩及汾岩等）及上古生界花岗岩；局部地区也有石英粗面岩、砂砾岩、泥页岩及石灰岩等。洮儿河东北山体低宽，坡缓谷阔，主要受寒冻剥蚀，也有较强的流水侵蚀；两侧分别发育了黑龙江的上游支流——嫩江–松花江（山东南）和海拉尔河与哈拉哈河（山西北）；以棕色针叶林土、暗棕壤、灰色森林土及漂灰土为主，伴以宽谷中的草甸土和沼泽土。西南是锡林河等内陆河与辽河支流西拉木伦河的分水岭，山体陡峻，高而窄，以流水侵蚀为主；以暗棕壤、灰色森林土、黑钙土为主，伴以谷地的草甸土和其他土的草甸型亚类。

---

① 内蒙古高原一般以长城为南界；蒙古高原一般以阴山为南界，北也有以雅布洛诺夫大山为界的。

大兴安岭北段两侧有侵蚀剥蚀、寒冻风化丘陵，东侧是山地与嫩江平原的过渡带，以残积坡积物为主，间有黄土状物质覆盖，为漂灰土、黑土及草甸土分布区；谷地开阔多沼泽湿地。西侧是山地与呼伦贝尔高平原的过渡带，广泛堆积黄土状冰水沉积物、残坡积物及洪积物；主要发育黑钙土、草甸土。南段东侧丘陵，为大兴安岭向西辽河平原的过渡带，丘陵和宽谷分别形成栗钙土和草甸栗钙土、灰色草甸土。南段西侧丘陵为山地向高平原的过渡带，丘陵起伏和缓、顶部浑圆，多为花岗岩、喷出岩、砂岩的残坡积物，土壤主要是黑钙土和暗栗钙土；谷地覆盖冲积–洪积砂砾层及风积沙。

（二）七老图山–努鲁儿虎山–燕山山脉

燕山位于高原的东南角，在中生代前曾有过海陆旋回，二叠世基本脱离海洋，在燕山运动（侏罗纪至白垩纪）隆起成燕山山脉，喜马拉雅期进一步抬升。由以下 4 部分组成：七老图山为断块山地，呈北北西–南南东走向，海拔 1000～1200m，最高峰（大光顶子山）海拔 2067m；西南坡陡峻，东北较缓；是老哈河与滦河的分水岭；基岩多为片麻岩、砂页岩及第三系玄武岩，上侏罗系熔岩和燕山期–印支期侵入的花岗岩组成；土壤以棕壤为主。努鲁儿虎山平均海拔 500m 以上，最高峰海拔 1256m，主要为花岗岩、片麻岩、凝灰岩、玄武岩等；是大凌河与老哈河的分水岭。燕山（狭义，主峰雾灵山，海拔 2116m）与军都山（最高峰海坨山海拔 2241m）为侵蚀剥蚀中山，山体呈东西走向，海拔 500～1500m，北高南低，北缓南陡；土壤主要是棕壤、褐土、灰色森林土。

燕山山地西段北侧丘陵，组成物质为酸性结晶岩、砂砾岩及冲积–湖积砂质黏土。为暗栗钙土、栗钙土分布区。风蚀、水蚀均较明显。

（三）阴山与雅布赖山

阴山山脉从西到东由狼山、色尔腾山、乌拉山、大青山、灰腾梁与大马群山组成，东西长约 1100km，南北宽 50～100km，山岭海拔多在 1800～2000m，主峰（呼和巴什格）海拔 2364m。阴山山地在地质上属东西复杂构造带，在狼山段受到后成的狼山旋卷构造的改造与干扰，使山体折向西南。喜马拉雅运动后，差异性的断块构造运动，山体继承古断裂线抬升，形成不对称的块状山。地形由块状中山与山间盆地丘陵构成；北坡缓，南坡峭。主体由太古代变质岩系及不同时期的花岗岩构成，仅两侧和山间盆地内有些新生代地层。现代地貌过程以流水侵蚀和干燥剥蚀为主。东段的大青山主要是灰色森林土、灰褐土、栗褐土；西段狼山则以棕钙土和栗钙土为主，谷地中多为新积土、潮土。

雅布赖山位于狼山西，呈西西南走向，长 110km，最宽处约 20km；海拔 1600～1800m，最高峰 1938m；东南侧悬崖绝壁，西北侧坡度较缓。横断巴丹吉林沙漠与腾格里沙漠。主要是灰棕漠土和石质土。

（四）贺兰山与桌子山

贺兰山呈北北东走向，长>200km、宽 30～40km，海拔 2400～3560m，最高峰 3556m；其北端隔黄河河谷与鄂尔多斯高原西缘南北走向的桌子山相衔接；桌子山长约 75km，主峰海拔 2149m。贺兰山是新华夏构造体系的褶皱隆起之一，北部是以片麻状花岗岩为主的古老变质岩及中生代石灰岩、砾岩、砂岩、页岩等，有含煤地层；南部除古生代灰岩、砂岩及变质岩外，也有中生代的砂砾岩、砂页岩；还广泛分布有新生代湖泊沉积的红色砂岩、砾岩和黏土，含有石膏。贺兰山及其北端的桌子山，现代地貌过程以侵蚀剥蚀及干燥剥蚀为主。西坡为亚高山草甸土、灰褐土、棕钙土，坡地谷地多石质土、新积土。

（五）北祁连山

北祁连山（龙首山-合黎山）呈北西西走向，长约 300km，宽 20～40km；龙首山则高达 2000～3600m，最高峰（东大山）3616m；合黎山海拔为 1600m，最高峰（大青山）2084m。山体主要由花岗岩、片麻岩、板岩、灰岩及砂页岩等组成，现代地貌过程主要是干燥剥蚀。以灰钙土、灰棕漠土为主伴以大面积石质土、粗骨土。

（六）阿尔泰山

阿尔泰山脉呈西北-东南走向，长约 2000km，海拔 1000～3000m，主要山脊都在3000m 以上，最高峰（别卢哈山）海拔 4506m。森林线大体处在 1800～1900m 的高度，山体浑圆，山脊平，东北坡较缓而短，而西南坡陡而长，具有幽深的槽谷，谷内堆积大量冰碛物，有冰川；由很多平行的支脉组成，山间形成了很多闭塞盆地，山间湖盆底或河流下游具有很多沙地。地质构造上属阿尔泰地槽褶皱带；山体最早出现于加里东运动，华力西末期，第三纪初山体基本被夷为准平原；喜马拉雅运动使山体沿西北向断裂发生断块位移上升，才形成了现今的阿尔泰山面貌，并仍在上升；西段第四纪冰川作用强烈。主要为火成岩与古生代沉积岩，沉积岩为极复杂的云母、石英等的变质岩（片岩最多，也有石灰岩、砂岩、粉砂岩、溢流岩等）；伴有花岗岩侵入。各种冲积物、洪积物及冰积物等拥塞山谷。俄罗斯阿尔泰山（乌科克高原部分）在石灰岩基岩上主要是云母和绿泥石的片岩和板岩，在泥盆纪及石炭纪的较高层面上有化石，没有片麻岩为主的地带，但有花岗岩等火成岩侵入；蒙古国阿尔泰山则主要是片麻岩与太古岩。土壤由高到低主要分布有寒冻土、高山草甸土、亚高山草甸土、生草灰化土、灰色森林土、黑钙土、栗钙土、棕钙土等。俄罗斯阿尔泰山是鄂毕河的发源地，蒙古国阿尔泰山是乌伦古河（新疆的内陆河）及鄂毕河支流额尔齐斯河与科布多河的分水岭，戈壁阿尔泰山少水。戈壁阿尔泰山呈陡峻的峭壁直接耸立在平原上，山前地带不发育，无任何过渡，在山脉和山脉链之间有绝对高度不同的、广阔的槽形谷，这些槽形谷常常互相贯通。

戈壁阿尔泰山南有广阔平坦丘陵分布，逐渐过渡为戈壁滩；蒙古戈壁是丘陵高平原，分布很多侵蚀残丘、构造盆地与侵蚀盆地。戈壁中的主要岩石是沉积岩（夹杂砂砾岩的片岩和砂岩、砾岩及石灰岩），火成岩（花岗岩和玄武岩）只具有次要意义。构造盆地以砂、黏土和较小石砾为主。侵蚀盆地由黏质的或壤质的物质构成。

（七）萨彦岭

萨彦岭，平均海拔 2000～2700m，由花岗岩及变质岩构成的个别山峰，海拔超过3000m。南坡缓（蒙古高原侧），北坡峭。地质构造上属阿尔泰地槽褶皱带，加里东造山运动后期（志留纪末泥盆纪初）地质运动的结果之一；是叶尼塞河及鄂毕河的发源地。西萨彦岭呈西西南走向，长约 650km，最高峰（克孜勒–泰加山）海拔 3121m。岩石主体是变质岩（绿泥岩、石英片岩及砂质页岩、硅质片岩）及沉积岩（石灰岩、砂岩及砾岩）等。地貌景观主要是第四纪冰期与冰缘影响的结果。南干（降水 210～450mm/a），北湿（降水 1000～1200mm/a）；寒冷。广泛分布着永冻土。土壤由高到低主要分布有寒冻土、高山草甸土、亚高山草甸土、生草灰化土、灰色森林土、黑钙土、栗钙土、棕钙土等。东萨彦岭为北北西走向，长约 1350km，最高峰（蒙库–萨尔德克山）海拔 3492m；支脉多被强烈切割，具有很多陡峻的峡谷、顶峰和山脊。有少量的雪原和冰川。主要地貌是冰川作用的产物。火成岩与变质岩比西萨彦岭广泛，主要由片麻岩、云母碳酸盐片岩、结晶片岩、大理岩、石英岩及角闪岩等组成，所以成土母质主要是花岗岩、石英岩、石英砂及片岩形成的石质、壤砂质及壤质残积物与坡积物。

（八）肯特山–博尔朔夫山

肯特山，基本是东北–西南走向，山势较平缓，一般海拔 2000m，最高峰（扎卢丘特山）2751m。东北—西南延伸 250km。侧脉与支脉有很多陆崖和陡坡，坡麓堆满了岩屑。主要是杂砂岩与花岗岩，基岩为花岗岩–闪长岩，偶尔有伟晶岩石英，或由石灰岩、各种颜色的硅质片岩和灰黑色的泥板岩深水沉积形成的古老岩层。是黑龙江上游的克鲁伦河和鄂嫩河与色楞格河上游的奇科伊河的分水岭。

博尔朔夫山在肯特山东北，呈东东北走向。

（九）杭爱山

杭爱山，西北–东南延伸约 700km，平均海拔约 3000m，主峰（奥德洪腾格里山）3905m。北部与东萨彦岭及唐努乌拉山相连。极多古冰川遗迹（松弛和圆形的残留峰、典型的冰斗和冰川槽；切割强烈的深谷、堆积的漂石及冰碛石），现代杭爱山并无冰川，仅在奥德洪腾格里山的西北坡，夏季保留有不大的雪斑。支脉和侧脉的上部坡度险峻陡峭，坡麓堆满岩石碎屑和漂砾物质。主要是石灰质的片岩，包括石灰岩、石灰质的砾岩、片理化的砂岩、结晶的页岩、石英岩、变质的喷出岩和花岗岩；有很多玄武岩台地。是北冰洋流域与内流区域的主要分水岭。色楞格河、鄂尔浑河均发源于其北麓。

（十）唐努乌拉山

唐努乌拉山总体趋势是沿纬度方向。长约 560km，最高峰（萨格雷峰）3061m。西连阿尔泰山，东南接杭爱山。地质条件同阿尔泰山。

二、高平原与盆地

（一）剥蚀与残积高平原

坝上、阴山及大兴安岭以北地势逐渐下降，在中蒙边境附近（呼伦贝尔–东蒙古平原向西南，经乔巴山-西乌尔特-赛音山达在 42°N、106°E 附近进入内蒙古境内，并折向西北止于阿拉善的嘎顺淖尔附近，总趋势经蒙古国的南戈壁指向准噶尔盆地）的槽谷中达最低点（平均海拔<1000m）后，往北又逐渐升高，进入肯特山或杭爱山区；山区以外，肯特山以西，在 46°N 附近达最高，往北又逐渐下降；通过杭爱山与阿尔泰之间高平原向西北进入大湖盆地；或通过杭爱山与肯特山之间的高平原向北进入库苏古尔湖盆地及色楞格河谷地；而肯特山以东则直接进入了东蒙古-呼伦贝尔高平原；这就是高山及高原包围下的蒙古高原的主体部分，海拔多在 600～1500m。地貌上，结构单调、平坦、起伏和缓，分割轻微，由波状起伏的浑圆低丘与宽浅的盆地、顶部平坦的带状台地、局部剥蚀残山和玄武岩熔岩台地镶嵌分布而成。地质构造上该区属于西伯利亚中元古-早海西期增生陆缘带，燕山运动以来长期处在比较稳定的状态，在侵蚀剥蚀作用下准平原化；从东向西，从南、北向中部，轻微的流水侵蚀逐渐被干燥的剥蚀代替，塑造了坦荡辽阔的高平原地貌特征。在剥蚀丘陵残山地区以古生代结晶岩、变质岩及中生代花岗岩侵入体为主；在盆地拗陷地区主要是中生代和第三纪砂岩、砂砾岩和泥岩，上覆薄层第四纪沉积物。风蚀是现代地貌过程的主要外营力；在高平原的东部、南部近山地带，流水侵蚀也较显著。在丘陵、坡岗等隆起部位分布黑钙土、栗钙土、棕钙土及漠土等地带性土壤，河流湖泊的低阶地发育了草甸土和沼泽土、盐渍土、潮土及粗骨土、石质土等，沙带则为风沙土。

1. 东蒙古-呼伦贝尔高平原

西乌珠穆沁旗-东乌珠穆沁旗-西乌尔特一线东北，直到石勒喀河与额尔古纳河汇合处的两河流域；是由形成于新生代中期（白垩纪初即开始）的隆起垄岗和高地及下陷的地堑而成的波状起伏的高平原；西北（肯特山与博尔朔夫山）与东南（大兴安岭）向中间（克鲁伦河-额尔古纳河河谷）倾斜，西南向东北微倾；呈树枝状深入到山前丘陵区。海拔 500～1000m。地堑形成了很多盆地与沟谷沿西南-东北向延伸，这些沟谷与其垂直方向的沟谷构成了曾经的水网。河谷中堆积有深厚的冲积砂层和砂砾石层，上覆不厚的砂黄土，沙被风搬上山坡。还有一些西北-东南走向的风成盆地。构成沙地、洼地沼泽、湖泊相间排列的特点。在丘陵、坡岗等隆起部位分布黑钙土、栗钙土等地带性土壤，沙带则分布着风沙土，河流湖泊的低阶地发育草甸土和沼泽土。

2. 阴山北高平原

锡林郭勒-乌兰察布-巴彦淖尔高平原，海拔为 800～1600m，地势总的是由南向北倾斜，包括南部的阴山北麓丘陵、盆地和北部的层状高平原、低山残丘。高平原平坦开阔，层状，有 3～5 级平台，分布着许多干谷、河床和洼地。主要由第三纪泥岩和红色砂岩组成，局部还分布有白垩纪杂色泥岩、砂岩和砂砾岩及第四纪沉积物，是地带性土壤栗钙土和棕钙土分布区。与层状高平原相间的浅洼地、干谷与古湖盆，多发育草甸土、草甸栗钙土、草甸棕钙土及盐渍土。

阴山北高平原上的构造山地经长期风化剥蚀夷平后的残丘组成物质多为花岗岩、板岩及局部的玄武岩。北部低山残丘为棕钙土和粗骨土。南部山前丘陵、盆地为暗栗钙土。

高平原东部区的丘陵，有较厚的风化壳，发育栗钙土、淡栗钙土；熔岩台地上发育有暗栗钙土和黑钙土并伴以粗骨土；谷地为冲–洪积物，土壤为草甸栗钙土、潮土。中部乌兰察布高平原北部丘陵已属半荒漠地带，多为薄层碎屑风化物，分布棕钙土、淡棕钙土；谷地多砂砾，局部洼地则为积盐区。浑善达克沙地除广泛分布草原风沙土外，丘间洼地还有草甸风沙土和沼泽化土壤分布。而北部低山残丘则形成栗钙土和粗骨土。

阴山北麓与乌兰察布高原间的过渡带丘陵，为起伏平缓浑圆的土石丘陵与山前拗陷盆地相间组成；以花岗岩、流纹岩、砂砾岩、砂页岩残坡积物为主，东段还有黄土覆盖，盆地由冲积–洪积或湖积物组成。丘陵土壤为栗钙土，盆地与河谷平地分布灰色草甸土及新积土。

察哈尔熔岩台地丘陵，为阴山东段熔岩台地与晋西北黄土高原间的过渡区。在白垩系地层上覆盖了第三纪后期喷出的超基性橄榄岩类玄武岩熔岩，经长期侵蚀，形成分割的桌状台地。其间分布着许多内流小盆地，沉积有冲积–湖积物，其中较大的湖盆为岱海和黄旗海。盆地与台地间高差为 50～100m，盆地边缘多覆盖砂黄土状物质。熔岩台地发育栗钙土，盆地中分布灰色草甸土。

3. 阿拉善高平原与蒙古戈壁

阿拉善高原是四面环山的大型构造盆地，其海拔多在 900～1400m；构造低山丘陵属于典型的干燥剥蚀地貌，丘顶为裸岩，山丘间波状起伏的平原和洼地则覆盖岩屑，组成物质多为侏罗–白垩纪及第三纪砂砾岩、砂岩，在构造剥蚀低山丘陵区则以古老的变质岩、花岗岩为主。强烈的干燥剥蚀风化，产生的大量砂物质，成为高平原上几个大沙漠（巴丹吉林、腾格里、乌兰布和、雅玛雷克）的沙源。在干燥剥蚀的丘陵及波状起伏的高平原面上广布石质戈壁。洼地（湖盆）则堆积近代化学沉积物，如吉兰泰盐池。除贺兰山西麓有淡棕钙土、北麓有灰漠土分布外，其余大面积地带性土类均为灰棕漠土。几片沙漠均为荒漠风沙土。额济纳河冲积平原则广布林灌草甸土和盐渍土。西部北部的戈壁区是灰棕漠土和粗骨土、石质土的分布区。

戈壁中的主要岩石是沉积岩，其次是火成岩；高起的地段，地形复杂，由喷出岩和沉积岩组成；在低地和湖成盆地中堆满了晚近的和年轻的沉积物。沉积岩是由夹杂砂砾岩的片岩和砂岩、砾岩及石灰岩组成；火成岩是由花岗岩和玄武岩组成。地面上是卵石、碎石及花岗岩层形成的覆盖物。蒙古戈壁中面积超过 $1000km^2$ 的沙地非常少，尤其是中部常见到的是一些基部直径在 2～3m，与白刺的生长有关的沙岗。戈壁中有很多干河床把倾斜地表切割得很破碎，徐缓而绵长的垄岗、浑圆而低平的山峰及丘陵分割出很多洼地。流水侵蚀在戈壁还是很严重的，而且西比东严重，在西戈壁中盐地、沙地及石漠数量多于东戈壁。

4. 肯特山与杭爱山山前高平原

包括肯特山周围及杭爱山的东南山地向高平原过渡区的丘陵与高平原，以及色楞格河河谷，海拔 750～1500m。在杭爱山与肯特山之间是色楞格河及鄂尔浑河等各支流的河谷及高原。

5. 大湖盆地

位于蒙古国的西北部，杭爱山、蒙古国阿尔泰山和唐努乌拉山之间，地表较为平坦，海拔一般<1500m。是上古生代至中生代逐渐下沉形成的。总体上是一个南–北向的洼地，并被许多不高的山脉和垄岗分割成北、中和南三部分。北部乌布苏湖盆地，湖面海拔743m，被杭爱山的支脉——罕湖海伊山脉的西段——塔格塔金希勒山与中部分开，罕湖海伊山脉是一个中等高度的狭窄垄岗山，且西端逐渐消失，高低变化大，因而有很多鞍状的山口，使北部与中部相通。中部被分割成一些大小不等盆地，其中吉尔吉斯湖最低（1034m），吉尔吉斯湖以南有哈尔湖和德勒湖（海拔1104m），其西有哈尔乌苏湖（海拔1153m）。最南部盆地是沙尔金戈壁，它与蒙古国阿尔泰山相接，其分布的绝对高度在1000m以下。大湖盆地是一个砾质的干草原，具有星散的小丘和蚀余山，由花岗岩、志留纪的岩层和侏罗纪的大陆沉积物组成。遍布第四纪冲积物、风积物及湖积物。有些湖泊（乌布苏湖、吉尔吉斯湖、德勒湖）的周围为新月沙丘（移动的或半固定的）景观。所有这些盆地的底部都为无流的大湖所占据，它是科布多河、扎布汗河、帖斯河、纳林河等几条大河和其他一些较小的河流的蓄水库。

6. 唐努乌梁海（图瓦）盆地

唐努盆地位于蒙古高原的西北，在俄罗斯的图瓦共和国境内，是被萨彦岭与唐努乌拉山围起的高原地堑式盆地，海拔500～1000m。盆地底部基本为叶尼塞河河谷所占据，发源于冰川或高山的众多河流汇入盆地，并横断西萨彦岭向北流去。所以，盆地中主要是冲积河谷，地质特征从属于周围的高山。土壤主要是栗钙土及草甸土类。

7. 鄂尔多斯高平原

鄂尔多斯高平原的大部地区由中生代侏罗–白垩系地层的杂色砂岩、页岩组成，西部还有第三系地层的红色砂岩、砂质黏土。东北角有第四纪风积黄土覆盖，在长期的干燥剥蚀下，北部西部中生代砂岩多有出露，第四纪的风化残积物和湖积、冲积、风积物分布很广。东半部为栗钙土及栗褐土地带，其中的河谷滩地则有草甸土、新积土和盐渍土分布。西半部为棕钙土地带。北部的库布齐沙带和东南部的毛乌素沙则为风沙土，毛乌素沙地还伴有潮土。

8. 黄土丘陵

黄土高原北缘的和林格尔–清水河–准格尔黄土丘陵、燕山山地东段北侧赤峰–敖汉–库伦一线以南的侵蚀剥蚀薄层黄土丘陵，是蒙古高原主要的两片黄土丘陵，目前水土流失十分严重，覆盖黄土的地区多为栗褐土，丘间低地与河谷阶地为新积土及潮土。东片南部土石丘陵有石灰性褐土发育。

（二）冲积平原

嫩江右岸平原是大兴安岭北段东麓的冲积洪积平原，主要分布有草甸土、黑土、沼泽化土壤。

西辽河平原堆积了深厚的第三纪砂和砂砾石及第四纪堆积物，分布土壤主要是灰色草甸土、新积土、暗栗钙土、风沙土和沼泽化土壤，东北部还有盐渍土。由于水位下降盐渍土已向脱盐方向转化。

河套平原是阴山山地与鄂尔多斯高平原之间的断陷盆地，内部沉积了深厚的第四纪沉积物。乌拉山西山嘴西部的后套平原的组成物质以粉砂质壤土居多，土质砂黏交错，平原西端有覆沙带；土壤主要为灌淤土、潮土、盐渍土、风沙土；土壤次生盐渍化面积很大。东部的土默特（前套）平原东部地表为大黑河冲积物所覆盖，下部为较厚的湖积物；主要土壤是潮土、新积土和盐渍土。土默特平原北部山麓地带有一连串的洪积扇组成山前洪积倾斜平原，由分选很差的砂砾石组成，并发育有二至三级洪积阶地；洪积平原的外缘有断续分布的潜水溢出带，如哈素海，此带内多有埋藏泥炭分布。大黑河下游地区土壤碱化问题较严重。

额济纳河下游三角洲冲积平原是堆积的冲积层。沿河两岸的林灌草甸已荒漠化，胡杨林也衰退，河床尾闾两湖也已干涸成为积盐龟裂地。

（三）沙漠与沙地

高原及山脉与平原的过渡区形成了很多巨大的拗陷盆地或拗陷带，其中形成了东蒙古平原沙地、呼伦贝尔沙地、科尔沁沙地、浑善达克沙地、毛乌素沙地、库布齐沙漠及沙地、乌兰布和沙漠、巴丹吉林沙漠、亚玛雷克–海里沙漠、腾格里沙漠、阿拉腾沙漠及阿尔扎根沙漠等。分布的主要是风沙土，低地有草甸土等。在蒙古大湖盆地的扎布汗河、浑贵河、帖斯河及纳林河的河谷沙地占相当广阔的面积，源于河湖；戈壁的边缘地区沙地众多，戈壁的沙地都位于干河床的河口地段及暴雨汇集的盆地中。

三、水文地质

蒙古高原内外流水系流域面积各占 50% 左右。

（一）内流水系

吉尔吉斯湖水系是蒙古高原最大的内流水系，由发源于阿尔泰山东北坡的科布多河水系串联了阿奇特湖、哈尔乌苏湖、德勒湖等众多大小湖泊，还有发源于杭爱山的扎布汗河水系及浑贵河水系组成。

乌布苏湖水系，由发源于杭爱山的特斯河等水系及发源于唐努乌拉山众多河流组成。

重要的内流水系有本查干湖与拜德拉格河、艾拉格湖、达里诺尔、查干诺尔、黄旗海、岱海、乌勒扎河、塔布河、艾不盖河、锡林河等湖泊水系；高原上还有众多的季节河，以及发源于青藏高原流入蒙古高原的石羊河水系（甘肃）、额济纳河及居延海水系等。

（二）外流水系

蒙古高原的外流水系可分为太平洋水系与北冰洋水系，其中太平洋水系流域面积大，对该地区影响也大。太平洋水系包括黄河、辽河、滦河及海河水系。

黄河干流从该区中西部南穿流而过，年均径流量为 $3.15\times10^{10}\text{m}^3$，区内流域面积 $1.435\times10^6\text{km}^2$，纳入了境内的昆都仑河、大黑河、纳林河、浑河及窟野河等支流。黄河进入内蒙古后比降大幅度降低(平均比降:玛多至下河沿 1.35‰，下河沿至石嘴山 0.45‰，石嘴山至磴口 0.29‰，而河套平原和土默特平原为 0.09‰左右)，湍急的河水转缓后不但孕育了肥沃的河套平原，而且是沿河盐渍土产生的主因，也为周围的沙漠准备了丰富的沙源；两岸以盐化潮土、盐土、灌淤潮土、灌淤土及风沙土为主；纳林河及窟野河流域水土流失极其严重。

西辽河上游较大支流老哈河（年径流量 $1.33\times10^9\text{m}^3$，平均比降 1.5‰）流域内水土流失严重；西拉木伦河（平均比降 3‰）龙口以下的丘陵地带，侵蚀严重（侵蚀模数为 $500\sim3000\text{t/km}^2$）；西辽河下游，比降小（0.4‰左右），水流平稳，使河流携带的大量泥沙沉积于河槽内；两岸土壤有草甸土、潮土和灰色草甸土，还有盐土和盐化草甸土的存在，风砂土遍布西辽河平原。

黑龙江的上游两大支流松花江的上游——嫩江及额尔古纳河的上游——海拉尔河，分别发源于大兴安岭的南坡和北坡，但植被茂密，上游侵蚀较小，两岸土质肥沃，河谷沼泽遍布，沼泽土和草甸土交错分布。

海河支流永定河是由桑干河与洋河汇合后形成；其若干支流源于蒙古高原南缘，丰镇市境内的饮马河向南流入山西省大同汇入御河，再入桑干河。丰镇市尚有南洋河一条支流西施沟；兴和县境内的二道河、银子河向东流入河北省尚义县汇入东洋河，兴和县南部还有西洋河和南洋河的少数小沟。内蒙古境内河流长度为 620km，流域面积 5600km²，年均产水量 $2.0\times10^9\text{m}^3$。流域内全为丘陵和山区，河道坡度较大，谷深河窄，植被稀疏，沟壑纵横，水土流失严重，河流含沙量大，河谷平原土壤以潮土为主。海河支流潮白河是由发源于马群山的支流白河、潮河及黑河汇合后而成。

滦河上游的黑风河和吐力根河发源于克什克腾旗，闪电河发源于河北丰宁县西北的巴颜图尔古山麓，经由内蒙古的正蓝旗、多伦县又转回河北省丰宁县，河流在内蒙古自治区境内全长254km，流域面积5889km²，年径流总量 $2.38\times10^9\text{m}^3$，河流经过的地区多为丘陵区，上游河谷狭窄，进入正蓝旗后河谷逐渐开阔，一般宽4~7km，河道比降1‰~1.4‰，河槽宽 10~20m，植被较好，河流水量变化较小，流速不大，两岸湿地较广，低洼处形成沼泽土，较高处形成草甸土。滦河在河北又汇入了发源于七老图山的伊逊河、武烈河等支流。

北冰洋水系主要有两大河流：一是发源于阿尔泰山的鄂毕河水系的两大主要支流额尔齐斯河与鄂毕河，主要水源来自于阿尔泰山的冰川。另一是发源于萨彦岭、唐努乌拉山及杭爱山的叶尼塞河，该水系在蒙古高原部分比降大，水流湍急，水量大，对整个流域的地形地貌影响大。

（三）水文地质

蒙古高原地下水主要靠降水渗入和少量凝结水补给而成，与降水一样，呈现由东向西、由南北向中部递减的规律。东北部水量大、埋藏浅、水质较好、径流畅通、以水平排泄为主，含水层分布较稳定。西南部水量少，埋藏深、水质差、水体排泄以蒸发为主，含水层分布不稳定。

大兴安岭山地水质矿化度一般<0.5g/L，属重碳酸水及重碳酸–硫酸水；山地东侧丘陵区和山前倾斜平原区多为重碳酸–钙或重碳酸钠–钙水。阴山、桌子山山地水质矿化度<1g/L。西部及北部高原、沙漠区地下水矿化度为1~3g/L，水质苦咸。地下水的理化性状也由东南向西北逐渐变化，由低矿化的重碳酸、硫酸型淡水递变为重碳酸、氯化物水，再变为高矿化的氯化物、硫酸水或氯化物盐水。

阴山山地以北广大地区，第四系河谷、河谷冲积平原潜水为 HCO_3^- 型，丘陵、小丘为 HCO_3^-–Ca^{2+}–Mg^{2+}型和 HCO_3^-–Na^+型水，矿化度均<1g/L，局部>1g/L；位于拗陷带准平原化的裂隙水或低洼地矿化度达3g/L以上。有的湖盆底部为红色泥岩，矿化度可达10~20g/L，以 Cl^-–Na^+型水为主。盐湖附近矿化度可达73g/L。

贺兰山、龙首山的山前冲积平原，为 HCO_3^-–SO_3^{2-}–Ca^{2+}–Mg^{2+}型水，矿化度大都<1g/L。阿拉善山地丘陵的水化学类型为 HCO_3^-–SO_4^{2-}–Cl^-，西部的额济纳河冲积平原潜水，以及乌兰布和、腾格里、巴丹吉林、亚玛雷克等沙漠水矿化度为1~3g/L。高原红层潜水矿化度为3~5g/L，在构造低洼处有的可喷出地表形成自流泉。

鄂尔多斯高原水矿化度在0.4~15.4g/L，西部较差，沙地潜水矿化度<1g/L。

河套平原山前地段，水质好，矿化度<1g/L，以 HCO_3^- 型水为主。在土默特平原大黑河上中游地段和后套平原上游地带，主要为 HCO_3^- 型和 HCO_3^-–SO_3^{2-}型、HCO_3^-–Cl^-型水。在后套平原下游地段和乌加河以南一线及土默特平原的黄河和大黑河交汇地带，水质变差，矿化度多>3g/L，某些地段矿化度高达10g/L以上，水化学类型变为 Cl^-型和 Cl^-–SO_4^{2-}型。

西辽河平原从西到东，矿化度由0.5g/L变为1g/L，主要为 HCO_3^- 型水。

东蒙古平原地下水多具有一定的矿化度，地表水靠近肯特山区以硫酸盐为主，远离山区则以氯化物为主。在东蒙古平原的北部和贝尔湖以南，咸水湖分布很普遍。在乔巴山城以北有很多苏打湖–碱湖（沙拉布尔迪因湖、乌胡尔迪因湖、苏明湖等）的组合。

杭爱山区地下水质较好，河及有出水的湖泊矿化度均小于1；但封闭湖泊的矿化度较高。

肯特山区部分南部的地下水微矿质化，部分河水低缓处矿化度>0.1。湖泊的矿化度较高，且硫酸盐含量高，越靠近山系硫酸盐含量越高。

大湖盆地中湖泊的海拔越低，湖水矿化度越高；流入盆地的河流矿化度低。

第二节　蒙古高原的成土母质

一、残积–坡积物

残积物是基岩风化后未经搬运就地堆积的疏松层（残积风化壳）；其特点是从上层至下层细颗粒减少，粗颗粒增加；并且不同程度地保留基岩结构的形态特征。主要分布在山地的分水岭、丘陵顶部、台地面上及高平原的基岩剥蚀面上。坡积物是风化物碎屑向坡下移动，随坡度减小而堆积的物质；其特点是细粒与角砾、石块混杂，坡上部较薄，随高度下降厚度增加，细粒含量增大；山脉的山地、丘陵、熔岩台地和其边坡及高平原上均有分布。坡积物一般是坡上部残积物在重力作用下向下移动的产物，两者没有明显界线，所以一般合称残积–坡积物。

残积–坡积物的理化特性与基岩密切相关，坚硬的块状结晶岩含有较多的角砾与石块；其中花岗岩残积–坡积物含较多石英、正长石的沙粒，含钾多；玄武岩残坡积物，质地较细、含钙丰富等；这类基岩主要分布于蒙古高原的各大山系及其周围的石质丘陵。杂色砂岩、砂砾岩及泥岩残坡积物细粒部分较多；这类基岩主要分布在高平原上，山地上较少。

二、洪积物

洪积物是季节性的山洪搬运出的山地物质（石块、沙砾及泥土等）随流速下降在山前堆积的产物。分布在大兴安岭以西各大山脉的山谷出口的外围，山口附近堆积大量石块，离山口越远物质越细，至洪积扇边缘常为壤质及黏质土。除近代洪积物外，高平原上还分布有古水文网沿线的第四纪早期或更早时代堆积的古洪积物，呈松散的弱胶结状态，极易剥蚀，在锡林郭勒层状高平原和乌兰察布波状及层状高平原上分布较广，鄂尔多斯高原中部、阿拉善高原东北及北部、额济纳河右岸的古三角洲均有分布。

三、冲积物及湖积物

冲积物是河流在河床或泛滥时在河床外沉积的泥沙物质。高平原上的现代冲积物多沿河谷呈线状分布，其宽度（包括阶地）一般不超过数百米，且多为冲积–洪积物，以砂砾、中细砂为主。河床、泛滥决口附近沉积沙层，远离河床或决口的低平地则沉积壤质或黏质土层。东部高平原如呼伦贝尔高平原及锡林郭勒东北部河流，还在河流中下游的牛轭湖、沼泽地淤积粉砂质黏土及泥炭等冲积–湖积物。乌兰察布高平原阴山北麓各河流上游的一级阶地则分布有冲积黄土状粉砂壤与砂砾的互层。黄土丘陵区的漫滩及一级阶地由细砂质夹砾石层组成。在西部干旱区高平原中仅有粗砂及小砾石等干沟堆积物分布在丘陵、残山的干谷中。

湖积物是湖泊中静水的沉积物，这些物质由流入湖泊的河流或洪水带入，其特征是质地较细，层理界限分明，有水生螺蚌等的遗骸，而且都有氧化铁沉淀的锈纹斑或结核。在濒临山麓或丘陵的湖滨，则往往有沙、砾石等沉积。所以湖积物与冲积物常有重叠交错、界限不清的情况，称为冲积–湖积物。湖泊的外围有现代湖积物分布，湖积物从外围向里由砂质、粉砂质及黏质土构成湖滨倾斜平原。

高平原上有大量盐湖，其中较大者有吉兰泰盐池（NaCl）、嘎顺淖尔（NaCl–Na$_2$SO$_4$等）、额吉诺尔（NaCl）、索林诺尔、二连达布苏淖尔（Na$_2$SO$_4$–NaCl）、查干陶日木（Na$_2$CO$_3$）、呼吉日音淖尔（Na$_2$CO$_3$）、查干淖尔（Na$_2$CO$_3$）、乌日都音淖尔（Na$_2$CO$_3$）等。周围均有面积不等的含盐湖积物分布。

四、风积物

风积物是指经风力搬运后沉积下来的物质。主要是砂粒和更细的粉砂；风成沙的分选性较好，砂粒均匀，圆度和球度较高，表面常有一些相互撞击而形成的麻坑，常堆积成沙丘和沙垄等地形。在各沙地（漠）中分布广泛，形成风沙土等。

五、黄土、黄土状物质及红土

黄土是第四纪干寒时期以风成为主的堆积物，颗粒组成以 0.02～0.002mm 粒径的粉砂为优势，矿物成分以石英、长石为主，其次有白云母、绿帘石、角闪石等。碳酸钙含量在 100～150g/kg。多孔隙，垂直节理明显，易遭侵蚀而形成直劈的冲沟。

黄土状物质的性状与黄土类似，但多分布于山麓地带，内部夹有残坡积碎石或洪积砂砾层次，又称为次生黄土。

黄土及黄土状物质的分布从大兴安岭东西两侧沿高平原的东南部一直到阿拉善盟东南部都有，但比较集中连片的则是两片黄土丘陵。

红土因三价铁质而呈棕红、暗红色，有粒状、核状结构，并常夹有砂姜结核。在呼伦贝尔高平原的湖相黏土层中及赤峰市宁城盆地的山间洼地中有下中更新世的古黄土，埋藏在马兰黄土之下，经侵蚀而暴露，其质地为壤质黏土。阴山北侧山前地带及高平原内的一些盆地和洼地则常见第三系红色黏土，是第三纪湿热气候下形成并残遗下来的黏质土层，质地多为壤质黏土至黏土。

第三节　蒙古高原主要土壤形成过程的特点

土壤是在一定时空下气候、生物、母质等因素综合作用的结果，在诸多单因素条件中水分是最重要的因素，它不但可以通过水蚀与堆积创造新的成土母质，还可以通过淋溶与淀积改变土壤特性，更可以通过影响生物活动进而影响有机质的形成与积累及通过影响岩石风化等过程而间接影响土壤特性。

一、淋溶作用

淋溶过程是指下渗水流通过溶解、水化、水解、碳酸化等作用，使土壤表层中部分成分进入水中，并被水带走的过程。虽然蒙古高原没有很强的淋溶作用，但淋溶作用对蒙古高原土壤的分异还是具有非常重要的作用，在最干旱的西南部，由于降水极少，受到淋溶的只是 K、Na 等的易溶盐及 $CaSO_4$ 等，淋洗不深，如灰漠土及灰棕漠土，在剖面中有可溶盐及石膏聚集层，而较难溶的 $CaCO_3$ 在亚表层甚至表层聚集；其他元素在土体中变化不明显，并保留了母质的某些性状。

湿度增大，$CaSO_3$ 等易溶盐会随降水的下渗而下移，但局部地形石膏等易溶盐会以晶体的形式淀积在剖面底部，甚至可达剖面中部，形成了棕钙土的典型特征。在有限的

阵性降水作用下 $CaCO_3$ 溶解并向下移动，但淋洗不完全，下移小，所以钙积层浅，聚积程度亦差，淀积在腐殖质层之下。壤质棕钙土，碳酸钙淀积可始于腐殖质层下部，其至出现表聚现象（鄂尔多斯高原尤为普遍）。灰钙土的钙积化过程比棕钙土弱。

降水>200mm，易溶盐及 $CaSO_3$ 等均被淋洗出土体，湿润度在 0.2～0.8 的气候条件下的栗钙土、黑钙土及栗褐土、褐土、灰褐土等则以 $CaCO_3$ 淋溶与淀积为主要特征。降水>400mm 条件下的黑土、灰色森林土及淋溶土，$CaCO_3$ 已经被淋洗出剖面，SiO_2 及黏粒有随水下移淀积现象。

随着淋溶作用加强，土层逐步酸化。更为湿润的棕壤、暗棕壤及棕色森林土等，表层有机质腐解过程中产生有机酸，随水下渗，产生弱酸性淋溶作用，不但 Na、Ca 及 Mg 等已经被淋洗殆尽，Fe、Mn 其至 Al 也下移淀积，其至被淋出土体产生白浆化（白浆化棕色针叶林土）或灰化。

在湿润地区的土壤剖面上部，由于长时间水分自地表向下淋溶，使上部土层中的可溶性物质和细微土粒遭到淋洗，并逐渐形成土色变浅、质地变粗、酸度加大、肥力较低的土层——淋溶层。

地下水位的抬升，滞水也会使水溶性物质向一定的土层移动聚集；地表的强烈蒸发往往会使水中的可溶盐向土表聚集，这就是造成盐碱土及漠境土壤表层盐碱化及钙积的原因。

二、有机质积累过程

有机质积累过程是动植物凋亡的残存物在土体上部累积的过程。取决于有机质的加入与分解两个过程；受控于所处的气候环境。木本植物，每年有大量的枯枝落叶贡献给土壤，但只能堆积于地表，对深层土壤影响有限；根系枯死率（量）很低，对土壤有机质的贡献很小；因而，乔灌木植物对土壤有机质的贡献主要集中在浅表层（10cm 左右）。草本植物每年的枯荣，都会使大量的枯落物尤其是凋亡的根系进入土壤，使根系所及的土层每年都会得到有机质的补给。土壤有机质的减少主要是微生物利用及矿化作用。气候则主要通过影响生物的活动影响有机质的积累；气温较高，湿度较大，地表植被生长旺盛，则进入土壤的有机质量就大；随着气温升高，微生物活动也会加强，土壤中的有机质分解会加快。因此土壤有机质的积累是植物凋落物进入土壤的有机质增加过程与微生物分解的有机质减少过程平衡的结果。

在森林植被下（淋溶土或森林土），地表有大量的枯枝落叶堆积，但单宁含量高，降水量较大，残落物腐解较差，形成粗腐殖质层（酸性的粗腐殖质化过程）。

在排水不良处有机物所处条件过湿，不被矿化或腐殖质化，大部分形成了泥炭，有的可保留有机体的组织原状，并堆积形成黑色泥炭层（泥炭化过程）。土壤不同，过湿的原因也不同，沼泽土是因为地势低洼汇水，或排水不畅；高山草甸土（黑毡土与草毡土）因湿度大，冻融滞水再加上低温抑制微生物活动。

黑土处于草甸草原，草本植物茂盛，根系发达、深厚，每年有大量的有机物进入土壤，但气候冷凉湿润、冬季漫长，土壤黏重，融冻期及降水时也会造成滞水，抑制微生物活动，植物残体不能充分分解，使腐殖质得以在土壤中累积。

典型草原区的钙层土，降水量小而集中，蒸发量大，土壤水散失迅速。土壤的干湿交替变化，使土壤微生物在好气与嫌气交替环境下活动，累积的有机质被不完全分解，形成了大量的腐殖质，累积在土壤中（腐殖质化过程）。锡林河流域的暗栗钙土上的羊草–大针茅植被，年平均地上生物产量 212.5g/m²[①]，当年绝大部分都变成枯落物；地下生物量是地上生物量的 10 倍（陈佐忠等，2000）或更高（熊毅和李庆逵，1987），仅 0～30cm 土层内生物量平均（1980～1992 年）达到 1260.8g/m²，根系的周转值达 0.55（陈佐忠等，2000），每年有大量的活根转成死根。地被物少，土壤及地表的温度较高，有利于微生物活动，有助于动植物残体分解为腐解物，为土壤腐殖质的形成和积累打下物质基础。有机质腐解较快也是干旱、半干旱区土壤表层没有明显的枯落物层的主要原因（放牧、野火等干扰也影响了枯落物的积累）。较快的有机质腐解使栗钙土腐殖质层有机质含量平均达 20.2g/kg。腐殖质 A 层深厚（>30cm），土层松软。随湿润度下降，植被的高度、盖度、生物产量及根系深度降低；降水影响的土层变浅，造成有机质染色的土层变薄，颜色变浅，这是土壤由黑钙土向栗钙土、棕钙土过渡及亚类间过渡的原因。

漠境土条件下，草层稀矮的灌木和小半灌木植被，根系（枯死量小）对土壤有机质贡献很有限，地上有限的枯落物在干热的气候条件下又迅速分解和矿化，因此，灰漠土腐殖质极少，难以形成明显的腐殖质层。

三、钙化过程

钙化过程是钙、镁等的碳酸盐在土体中淋溶与淀积的过程。在湿润条件下，土壤水中溶解的 CO_2 与钙、镁等的碳酸盐反应生成碳酸氢盐，溶解下移，使湿润土层脱钙（淋溶脱钙过程）。在干旱、半干旱地区降水量有限，土壤水下移一定深度后，又被蒸散掉，水中的溶解物留在土中，土壤孔隙中的水分含量或二氧化碳分压降低，碳酸氢钙放出二氧化碳而变成碳酸钙沉积下来，形成钙积层（钙积过程）；在钙层土分布区土壤干湿交替变化剧烈，因此，土壤胶体表面和土壤溶液中多为钙或镁所饱和。$CaCO_3$ 淋溶与淀积的深度与降水影响土层深度相关，一般大气干燥度较小者，如湿草原和草甸草原，其碳酸钙可能在 B 层或 C 层以假菌丝状或斑点状出现；如果在干燥度大的干草原和荒漠草原，则碳酸钙可能在 B 层，以致在 A 层沉积，其形状多为结核状且大量出现。在荒漠草原区还会出现石膏的淀积。

蒙古高原的栗钙土区秋冬春虽然降水很少，但蒸发很少，可以使土壤较长时间维持较高的土壤湿度，影响土层可深达钙积层，春秋气温低，更有利于 CO_2 溶于水，对钙积层的形成可能具有重要影响。

四、盐渍化过程

土壤盐渍化过程是由季节性地表积盐与脱盐两个相反方向的过程构成，主要发生在干旱、半干旱地区和滨海地区。

----

① 刘钟龄先生提供，1981～2003 年平均数。

盐化过程是指易溶性盐类在土体上部的聚积过程。地表水、地下水及母质中含有的盐分，在强烈的蒸发作用下，通过土体毛管水的垂直和水平移动，逐渐向地表积聚（现代积盐作用），或是已脱离地下水或地表水的影响，土壤中有历史残余盐分（残余积盐作用）。在干旱少雨气候带及高山寒温带，特别是在暖温带漠境，盐类积聚最为严重；其中硫酸盐和氯化物是主要盐类，硝酸盐和硼酸盐也有。由于地形、气候或人工排水改良的结果，原有表层含盐的土壤通过降水或人工洗盐，将土壤盐分淋洗到下层（残余盐土），或排出土体（非盐土）的过程称为脱盐化过程。脱盐过程中可能产生暂时性碱化。

碱化过程是交换性钠或交换性镁不断进入土壤吸收复合体的过程。土壤中钠的饱和度很高，即交换性钠占阳离子交换量的 20%以上，pH>9。可分为以积盐为主和以脱盐为主的两个发生阶段。碱化过程的表现带有明显地区性，河套平原以斑状碱土为主，漠境地区则为碱化龟裂土。从土壤吸收复合体中除去 Na^+，称为脱碱化。

五、黏化过程

黏化过程是土壤剖面中黏粒形成和积累的过程，一般分为两种。

残积黏化是土内风化作用所形成的黏土产物，由于缺乏稳定的下渗水流，没有向较深土层移动而就地积累，形成一个明显黏土化或铁质化的土层。其特点是土壤颗粒变细；除 CaO 和 Na_2O 稍有移动外，其他元素皆有不同程度的积累。多发生在漠境和半漠境土壤中。

淀积黏化是风化和成土作用所形成的黏土产物向下淋溶和淀积，形成淀积黏化土层；该层铁、铝氧化物明显增加，但胶体组成无明显变化，仍处于开始脱钾阶段。也称为淋溶黏化或悬迁作用或黏粒的机械淋溶。蒙古高原只有东部的淋溶土与半淋溶土有该过程发生。

六、潜育化、潴育化、网纹化和泥灰岩化过程

这些都是在潜水位较高的影响下，在底土中进行的成土过程。

潜育化过程是指土壤在长期渍水和有机物质嫌气性分解条件下，土壤发生的还原过程，土壤矿物质中的铁锰被还原。如果存留在土壤（在沼泽土中还会产生蓝铁矿[$Fe_3(PO_4)_2$]及菱铁矿[$FeCO_3$]等次生矿物）可使土体染成灰蓝色或青灰色（还原态的铁）。此种蓝灰色土层被称为"潜育层"或"青泥层"，它可出现于沼泽化土壤、质地黏重的草甸白浆土和部分排水不良的水稻土中。土壤中的低价铁、锰因潜水离铁作用极易流失，使潜育层黏粒部分的硅铝率和硅铁率都较高，使土壤变成浅灰或灰白色。有时，由于铁的还原流失，土壤黏粒会分解和转化（"铁解"作用），可能使土壤胶体破坏，土壤变酸。在排水较好的条件下，常产生机械淋溶的过程（灰黏化作用）。

潴育化过程即氧化还原过程，也称为假潜育过程，是指土体中干湿交替比较明显，土壤中的铁锰物质还原与氧化、淋溶与淀积交替发生，而使土体出现锈纹、锈斑、黑色铁锰斑或结核、红色胶膜或"鳝血斑"等新生体土层（潴育层）。这些现象在半水成土

中经常见。草甸、盐化或碱化亚类、草毡土与黑毡土等都可能有锈纹锈斑层、积盐层或碱化层。

泥灰岩化过程是由于潜水中富含碳酸氢钙，在潜水位变化或季节性土壤潜水温度变化时，碳酸氢钙由于失去二氧化碳而在土体下部形成碳酸钙的沉积，这种碳酸钙呈粉末状混杂于底土之中，呈浆状。如形成砂姜者，即为砂姜化过程。主要发生于半干旱的草原地区。

七、灰化过程

灰化过程是指土体中发生三氧化物、二氧化物及腐殖质淋溶、淀积，而 SiO_2 残留的过程。主要是在冷湿的纯针叶林条件下产生酸性淋溶的过程。包括灰化、隐灰化、漂灰化等过程。

灰化过程是因络合淋溶作用，土体上部的碱金属和碱土金属淋失，留下极耐酸的硅酸脱水后呈灰白色的硅粉的过程。在寒温带、寒带纯针叶林植被下，疏松多孔的残落物和充沛的降水提供了淋洗条件；针叶林残落物富含单宁、树脂等多酚类物质，残落物经微生物作用后产生酸性很强的富里酸等有机酸。这些酸类物质作为有机络合剂不仅能使表层土壤中的矿物蚀变分解并与析出的金属离子形成络合物，钙镁铝铁锰等在下渗水参与下发生强烈的络合淋溶作用而淋淀到 B 层，而母质中盐基含量又较少，故土壤剖面中出现了灰白色的淋溶层（称为灰化层，A2 或 E 层）和棕褐色的淀积层。

隐灰化过程是指在半湿润地区的冷凉山地，灰化过程进行得较弱，土体上部有酸性淋溶过程而产生的灰白色硅粉依附于结构体或石块的表面、缝隙之中，特别是集中于结构体或石块的下方，但没有明显的 E 层和 B_{ns} 层，故称之为隐灰化过程或准灰化过程。

八、白浆化过程

白浆化过程是指在有机质参与的还原条件下，土壤表层的铁、锰与黏粒随水流失或向下移动，在腐殖质层（或耕层）下，形成粉砂量高，而铁、锰贫乏的白色淋溶层。在剖面中、下部则形成铁、锰和黏粒富集的淀积层。它的实质是潴育淋溶，在较冷凉湿润地区，由于质地黏重、冻层顶托等原因，易使大气降水或融冻水在土壤表层阻滞，造成上层土壤还原条件，有机质作为强还原剂，使铁锰还原并随下渗水而漂洗出上层土体，这样，土壤表层逐渐脱色，形成白浆层。因此，白浆化过程也可说成是还原性漂白过程。白浆层盐基、铁、锰严重漂失，土粒团聚作用削弱，形成板结和无结构状态。

九、其他过程

包括原始成土过程（是从裸岩表面岩生微生物着生开始到高等植物定居之前的土壤形成过程）和熟化过程（是指在人为耕作、培肥与改良等生产活动为主导因素的影响下的土壤发育过程）。

第四节　土壤类型与分布

一、蒙古高原土壤种类

　　土壤是地表的被覆物，在时空上具有连续性与渐变性，决定了不同时空条件下的土壤既相似、相关又有差异且相对独立；这使得对土壤特性进行描述遇到了困难，常用的土壤描述方法是分类评价。目前影响比较大的分类系统有三套：俄国的土壤发生学分类系统、美国的系统分类方案（SSS）和联合国粮食及农业组织的世界土壤资源参比基础（WRB）。WRB 延续了发生学的土壤分类的基本思想，借用了美国诊断层的方法，还广泛吸收了世界各国土壤学家的成果，力图给出一个全球土壤的分类方案，最新一版将全球土壤分成 32 个单元；其优点是保留了地带性土壤的分类方法，便于广泛应用；采用了诊断层的方法，更趋严谨；但在蒙古高原没有具体应用。SSS 方案严格应用诊断层及诊断特性进行分类，方法严谨，专业性更强；中国虽然参照 SSS 系统也制定了相应的方案，目前正在实地应用中；蒙古国相关资料较少。发生学分类系统是影响时间最长的分类方案，在中国及蒙古国都有大量的研究成果，自 20 世纪初便有俄国人对蒙古国地区进行土壤调查，积累了大量的资料，不乏译成汉语的文献。发生学分类系统对中国的影响也非常深远，中国科技工作者也建立并完善了中国的土壤发生学分类系统（CSGS），结合全国土壤普查对中国的土壤进行了系统的描述，成果汇成《中国土壤》，成为中国各行各业应用土壤的依据。《土壤地理学》（朱鹤健和何宜庚，1992）在此基础上增加了冻土纲、变性土纲与灰化土纲，合并了钙层土与干旱土成钙积土，将水成土与半水成土合并为湿成土（沼泽土、草甸土、潮土与黑土）；与世界上其他土壤分类系统更具可参比性。虽然中国土壤分类系统似乎没有 SSS 方案先进，但其便于掌握而且实用，与 WRB 有很好的符合度，在内蒙古又有非常丰富的资料。所以，本节以 CSGS 为基础，以 WRB 的亚洲土壤图为参考，来描述蒙古高原的土壤。

　　CSGS 把中国境内的土壤分成 12 个土纲，据此，《内蒙古土壤》罗列了 30 个土类，分属于 11 个土纲（仅无铁铝土纲，表 4-1）。黑垆土、黄绵土及白浆土、漂灰土主要分布区位于内蒙古周围，而在内蒙古境内有少量零散分布，所以内蒙古境内约有 34 个土类。位于蒙古高原西南边缘的阿尔泰山地区，地带性土壤基本同内蒙古，只是因海拔高而增加了高山土类。而如果以肯特山–博尔朔夫山为蒙古高原北界，除东萨彦岭西北端纬度比大兴安岭北端高 1°左右、高原西北角比阿尔泰山的中国部分偏西 5°左右外，蒙古高原主体部分的经纬度在中国境内部分都包括了。所以，按中国土壤发生学分类体系，蒙古高原的土壤类型有 40 种左右。

表 4-1　蒙古高原主要土壤类型

中国土壤发生学分类体系		中国系统分类	WRB	SSS
土纲	类型	类型		
	棕色针叶林土	暗瘠寒冻雏形土	Cambisols	Cryumbrepts 或 Borolls
淋溶土	暗棕壤	暗沃冷凉湿润雏形土	Humic cambisols (Humiccambisols)	Cryumbrepts 或 Borolls
	棕壤	简育湿润淋溶土	Cambisols, Albicluvisols, Luvisols	Eutrochrepts 或 Dystrochrepts

中国土壤发生学分类体系		中国系统分类	WRB	SSS
土纲	类型	类型		
半淋溶土	灰色森林土	黏化简育湿润均腐土	Phaeozems	Argiborolls 或 Boralfs
	黑土	简育湿润均腐土	Phaeozems	Udolls 或 Borolls
	灰褐土	简育干润淋溶土	Cambisol	Calciborolls
	褐土	简育干润淋溶土	Luvisols，Cambisol	Ustolls 或 Ochrepts
钙层土	黑钙土	暗厚干润均腐土	Chernozems	Ustolls 或 Borolls
	栗钙土	黏化钙积干润均腐土	Kastanozems	Ustolls
	栗褐土	简育干润雏形土	Calcic cambrsols	Ustochrepts
干旱土	棕钙土	钙积正常干旱土	Calcisols 或 Cambisols	Aridisols
	灰钙土	钙积正常干旱土	Calcisols 或 Cambisols	Aridisols
漠土	灰漠土	钙积正常干旱土	Gypsisols 或 Cambisols	Aridisols
	灰棕漠土	钙积正常干旱土	Gypsisols 或 Cambisols	Aridisols
初育土	新积土	正常新积土	Fluvisols	Fluvents
	龟裂土	龟裂简育正常干旱土	Cambisol	Aridisols
	风沙土	干旱砂质新成土	Arenosols	Psamments
	石质土	石质湿润正常新成土	Lithic leptosols	Entisols
	粗骨土	石质湿润正常新成土	Regosols	Entisols
半水成土	草甸土	普通暗色潮湿雏形土	Mollic gleysols 或 Gleyic cambisols	Haplumbrepts
	山地草甸土	有机滞水常湿雏形土	Cambisols	Cryborolls
	林灌草甸土	叶垫潮湿雏形土	Cambisols	
	潮土	淡色潮湿雏形土	Eutric cambisols 或 Gleyic cambisols	Ustochrepts
盐碱土	盐土	普通潮湿正常盐成土	Solonchaks	Salic
	漠境盐土	石膏干旱正常盐成土	Solonchaks	
	碱土	潮湿碱积盐成土	Solonets	Natrargids 或 Natric
水成土	沼泽土	有机正常潜育土	Gleysols	Aquic
	泥炭土	正常有机土	Histosols	Histosols
人为土	灌淤土	普通灌淤旱耕人为土	Anthrosols	Anthrosols 或 Arents
高山土	黑毡土	草毡寒冻雏形土	Humic cambisols	Cryborolls
	草毡土	草毡寒冻雏形土	Chernozems 或 Cambisols	Cryborolls
	寒钙土	寒性干旱土	Kastanozems 或 Calcisols	Cryborolls
	冷钙土	寒性干旱土	Kastanozems 或 Cryosols	Cryborolls
	寒漠土	寒性干旱土	Gypsisols 或 Cryosols	
	冷漠土	寒性干旱土	Gypsisols 或 Cambisols	
	寒冻土	寒冻正常新成土	Cryosols 或 Leptosols	Gelisols

注：①表中不同分类系统的土类之间并非一一对应关系，一个分类系统中的某个土类，在另一个系统中可能分属若干个不同土类，上表仅供参考。②WRB 的土类：Calcic—钙积；Eutric—饱和的；Gleyic—潜育的；Humic—腐殖质的；Lithic—石质的。③SSS 的土类：Arents—耕翻扰动新成土；Anthrosols—人为土；Argiborolls—黏淀冷凉软土；Aridisols—旱成土；Boralfs—冷凉淋溶土；Borolls—冷凉软土；Calciborolls—钙积冷凉软土；Cryborolls—中温带软土；Cryumbreps—冷冻暗色始成土；Dystrochrepts—不饱和淡色始成土；Entisol—新成土；Eutrochrepts—饱和淡色始成土；Fluvent—冲积新成土；Gelisols—冻土；Haplumbrepts—简育暗色始成土；Histosols—有机土；Natrargids—碱化黏淀干旱土；Ochrepts—干旱的桃红褐土；Psamments—沙质新成土；Udolls—湿润软土；Ustolls—半干润软土；Ustochrepts—湿润的乌斯托克褐土。特性：Salic—积盐的；Natric—特碱化的；Aquic—水成的；盐土、碱土与沼泽土相当于美国系统分类中的盐化、碱化与积水土类

联合国粮食及农业组织与教育、科学及文化组织在 1988 年出版的《全球土壤图图例》(*International Reference Base for Soil Classification*，IRB) 中划分出 28 个土壤单元，在一致化的全球土壤数据库 (Harmonized World Soil Database v 1.2) 的土壤图 (30 弧秒分辨率) 中显示，其中 21 种在蒙古高原有分布。面积最大的是栗钙土 (Kastanozems) 呈带状沿东西集中分布在蒙古国的中部，在山脉间向北深入到贝加尔湖的南部；在内蒙古境内沿东北–西南向，一直伸展到鄂尔多斯高原；内外蒙古的集中分布区呈钩状，向东北分布到石勒喀河流域，此外阿尔泰山区、唐努盆地也有分布。面积第二大的土壤是钙积土 (Calcisols)，主要分布在蒙古国的南部，向南延展到内蒙古及新疆境内，向北分布到大湖盆地，呼伦贝尔也有分布。砂性土 (Arenosols) 面积也很大，广布于内蒙古各地，但在蒙古国仅在色楞格河的蒙俄边界处有分布并一直延伸到乌达河流域。潜育土 (Gleysols) 在河湖沿岸广泛分布，尤其在大兴安岭北部分布更广。黑土 (Phaeozems) 集中分布在 112°E 以东至大兴安岭两侧。黏磐土 (Planosols) 和有机土 (Histosols) 在高原的中国和蒙古国境内都未划出，只在俄罗斯石勒喀河流域少量分布，有机土只在贝加尔湖南有分布。灰壤 (Podzols) 与灰化淋溶土 (Podzoluvisols，现系统中是 Retisols 的主要部分) 在中国境内未划出；灰壤在杭爱山、肯特山–博尔朔夫山、萨彦岭、唐努乌拉及乌考克高原都有分布；灰化淋溶土在蒙俄边界的色楞格河西至贝加尔湖处及东西萨彦岭交汇处南有星散分布。冲积土 (Fluvisols)、疏松岩性土 (Regosols)、变性土 (Vertisols)、盐土 (Solonchaks)、灰黑土 (Greyzems，现在归到 Phaeozems)、高活性淋溶土 (Luvisols) 和人为土 (Anthrosols) 在蒙古国没有被划分出来或没有；高活性淋溶土主要分布在大兴安岭中北部及呼伦贝尔高原的北部、燕山北部、阿尔泰山中国境内的西南部，相当于《中国土壤》的漂灰土、棕色针叶林土和灰色森林土及棕壤、暗棕壤分布区。盐土在中国境内广泛零星分布，在俄罗斯的石勒喀河流域及贝加尔湖南部也有分布。疏松岩性土在内蒙古的广阔区域都有零星分布，在萨彦岭及唐努乌拉都有大量分布。变性土在内蒙古的西部及唐努乌梁海地区都有少量分布。灰黑土在中国分布在大兴安岭、燕山、阴山及阿尔泰山，在俄罗斯分布在贝加尔湖南及唐努乌梁海地区。薄层土 (Leptosols) 主要分布在阴山、阿尔泰山、萨彦岭、杭爱山等山脉，在库苏古尔湖周围、肯特山及额尔古纳河流域的俄罗斯境内也有分布。石膏土 (Gypsisols) 主要分布在 108°E 中蒙边界线至 45°N、93°E 一线的西南。碱土 (Solonetz) 主要分布在二连浩特周围和呼伦湖的西部。黑钙土 (Chernozems) 与雏形土 (Cambisols) 主要分布在大兴安岭、杭爱山、肯特山、唐努乌梁海地区及贝加尔南部，黑钙土在阴山及阿尔泰山也有分布。WRB 的冻土工作组在萨彦岭、阿尔泰山、杭爱山、肯特山、库苏古尔周围山区及唐努乌梁海地区还划分出了雏形土、潜育土、有机土 (Histosols)、薄层土、疏松石质土、盐土 (Solonchaks)、碱土、黑土 (Phaeozems)、暗色土、灰壤及黑钙土、栗钙土、钙积土的寒冻影响的亚类及冻土 (Cryosols) [John M. Kimble (Ed.)，2004]。Addison 等 (2012) 根据 WRB 在蒙古国的南部戈壁中划分出了除钙积土(占研究区的 62%)与栗钙土(32%) 以外的疏松岩性土 (4%) 和盐土 (2%)。根据 *Soils of Mongolia* (Dorjgotov，2003)，Priess 等 (2015) 在哈拉河流域 (48°~50°N，105°~108°E) 除黑钙土 (Chemozems，Leptic chemozem)、薄层土、栗钙土 (Kastanozems，Kastanozem sceletic，Kastanozem anthric)

外，还划分出了冻土、有机土、盐土、冲积土（Fluvisol，Salic fluvisol）、黑土和暗色土（Umbrisols，Gelic umbrisol，Mollic umbrisol）；Enkhjargal 等（2017）在中央省的包尔诺尔（48°40′30″N，106°15′55″E）分出的主要土类有雏形土（Cambisols mollic）、有机土（Gleysols histic）、栗钙土（Kastanozems haplic humic）、薄层土（Leptosols umbric）。造成这种差异的原因除不同人分类标准把握不同外，还与图的分辨率（比例尺大小）有关。而低活性强酸土（Acrisols）、高活性强酸土（Alisols）、火山灰土（Andosols，也有译为暗色土）、铁铝土（Ferralsols）、低活性淋溶土（Lixisols）、黏绨土（Nitisols）和聚铁网纹土（Plinthosols）在蒙古高原没有分布。

WRB（world reference base for soil resource，Third version，2014）是在 IRB 基础上去掉了灰黑土与灰化淋溶土，增加了黏格土（Retisols）、冻土、硅胶结土（Durisols）、滞水土（Stagnosols）、工程土（Technosols）和暗色土发展而来的[还曾出现过漂白淋溶土（Albeluvisols）]。冻土主要分布在高纬度与高海拔地区，蒙古高原的大兴安岭的46°10′N 以北、阿尔泰山、杭爱山、肯特山、库苏古尔周围山区及贝加尔湖、唐努乌梁海地区、乌考克高原都有分布（Kimble，2004）。

二、蒙古高原土壤种类分布特征

（一）水平分布特征

虽然在蒙古高原上看不到像欧亚大陆西部那样发育完整的带状土纲的依次过渡，但地带性土壤还是得到了充分的发育，而且具有独特的特点（Беспалов，1959），其分布也具有独特性。地带性水平分布具体表现有：①由于冷凉土壤随海拔升高而南压，与西西伯利亚相比，蒙古高原栗钙土带的北缘向南推进了 4～5 个纬度；②高原中部土带南北被压窄；③地带性土带东部向南偏西大幅度延伸，其中栗钙土带的南缘延伸了十几个纬度，至鄂尔多斯高原东部；④高原西部土带又在阿尔泰山周围向北分布，尤其是荒漠化草原土壤——棕钙土深入到乌布苏湖周围，是该土类分布的最北区域；⑤漠境土壤被挤压成块状分布在高原的西南角（漠境土壤分布的最东端），蒙古高原整体地带性土壤分布趋势为由西南向东北依次分布着灰棕漠土→灰漠土→棕钙土→栗钙土→黑钙土。不同区域略有不同，100°E 以西基本是西南向东北依次分布着灰棕漠土→灰漠土→棕钙土→栗钙土，接杭爱山的山地土壤；100°～110°E 基本是由南向北依次分布着灰钙土、灰漠土→棕钙土→栗钙土，北接杭爱山或肯特山的山地土壤；大兴安岭以西、阴山以北的内蒙古境内呈与大兴安岭近平行的带状，由西向东偏南依次分布着棕钙土→栗钙土→黑钙土，进入大兴安岭接山地土壤；鄂尔多斯高原，尤其南部，从西向东依次分布着灰钙土→棕钙土→栗钙土→栗褐土；西辽河流域从南到北依次分布着褐土、棕壤→栗褐土→栗钙土→黑钙土，北接大兴安岭的暗棕壤或灰化土。

造成这样水平分布特征的原因是蒙古高原的地理、地貌及气候。特殊的地理位置决定了当地的特殊气候条件，是造成土壤地带性分布与渐变的原因，高原的西南为欧亚大陆的干旱中心，所以干旱的气候条件控制了西南，并决定了当地的土壤类型；东南受暖湿气流影响，北部受冷凉气流影响，两股气流交汇作用于东蒙古平原至大兴安岭的东北端；而两股气流影响的分界线就在 100°E 以东的中蒙边境线及其延长线附近，由于距离远，再加上高山阻隔，对西南的影响渐弱，所以由西南向东北，土壤由极干旱的漠境土向湿润类型的土壤渐变。地势的抬升则是造成土带南推、压扁的主因。棕钙土等干旱土在阿尔泰山与杭爱山之间的北进则主要是唐努乌拉山及杭爱山对来自北冰洋的冷空气的阻挡，使大湖盆地气温升高，干旱加重造成的。

（二）垂直分布特征

山地土壤分布既有垂直变化又有水平变化，大兴安岭北段的垂直变化非常明显，西北坡顺着山的走向，与西部的栗钙土带近平行，由下缘的黑钙土起，依次带状分布着黑钙土→灰色森林土→棕色针叶林土→暗棕壤→黑土；南部则为栗钙土→黑钙土→暗棕壤→灰色森林土→山地草甸土→灰色森林土→黑钙土→栗钙土。西北坡相同海拔由北到南依次为棕色针叶林土→灰色森林土→黑钙土→栗钙土；从单个土类来看，则表现为随纬度降低，同类土分布的海拔升高。即纬度下降、土类爬坡。蒙古高原上的许多山都是南北走向，土壤都具有这一分布特征，如阿尔泰山、杭爱山、肯特山、北祁连山及东萨彦岭。

阿尔泰山的基带土壤为棕钙土，阳坡为黑钙土（1300～2200m）→灰色森林土→黑毡土，阴坡 1000m 以上为栗钙土→灰色森林土（1800～2200m）→棕色针叶林土，海拔 2700m 以上阴阳坡同为草毡土，3200m 以上为石质土或倒石堆，高海拔处还有冻土类等。冻土还分布于萨彦岭、杭爱山及乌考克高原的高海拔地区。

阴山山脉由东向西，也有土壤类型由湿润向干旱类型演替变化及同类土壤爬坡的变化。这主要是东南暖湿气流影响的结果；而阿尔泰山则没有明显的东西变化。

第五章　地带性土壤类型

第一节　钙层土纲

钙层土纲是温带半湿润至半干旱气候区，草原植被下发育成的土壤，包括栗钙土、黑钙土、栗褐土与黑垆土（蒙古高原仅有零星分布）4 个土壤类型。气候条件如表 5-1 所示。

表 5-1　内蒙古地区钙层土纲的气候条件

土类	降水量（mm）	年均温（℃）	≥10℃积温（d·℃）	蒸发量（mm）	湿润度
黑钙土	350~450	−2~4	1500~2200	800~900	0.6~0.8
栗钙土	250~400	−2~7	2000~3100	1600~2200	0.3~0.6
栗褐土	360~420	6~8	2700~3100	2000~2500	0.5~0.6

注：根据《内蒙古土壤》整理（下同，特殊说明除外）

一、栗钙土

栗钙土是在温带半干旱气候区干草原植被下发育成的具有明显栗色腐殖质层和钙积层的地带性土壤。是蒙古高原上面积最大的土壤类型，占蒙古高原土壤面积的 30%以上[①]。主要分布在阴山及坝上以北，东起大兴安岭西北坡的下缘。西缘是一条折线，由内蒙古境内的乌拉特前旗苏独仑沿东东北向至苏尼特右旗的朱日河，而后转北，沿 113°E 进入蒙古国境内后折转，沿 45°N 附近向西，经曼达勒戈壁后，折转西北，深入阿尔泰山。北界东起呼伦贝尔市的海拉尔区附近，经满洲里市南进入俄罗斯，在鄂嫩河流域转西南向；西段因海拔变化而变，低海拔延展至 52°N 附近，高山则止于 48°N 附近。此外鄂尔多斯高原东部（杭锦旗浩绕柴达木、鄂托克旗查干淖尔以东）及西辽河上游、阿尔泰山南、俄罗斯的乌考克高原及唐努乌梁海地区、高原的南缘大同北也有分布。一般分布于海拔 1000~1900m 的高原或山地。水平分布东接黑钙土，向南过渡到褐土和栗褐土，在内蒙古西北及蒙古国的南及西接棕钙土；蒙古国北部接黑钙土、灰色森林土或山地草甸土等。

主导成土特征是腐殖质累积、钙积过程和一定的残积黏化作用，某些亚类有碱化、盐化或草甸化作用。

（一）形态特征

土体厚 40~120cm，剖面构型以 A-B_k-C 型为主，也有 A-B_{kt}-C 或 A-AB-B_k-C 型；某些亚类有碱化层（A_n）和氧化还原层（C_g）。腐殖质层（A）栗色[暗灰棕色（5YR4/4）、

[①] 栗钙土占土壤面积：蒙古国 40%~50%（不同资料有差异），中国内蒙古与河北坝上地区 22%左右。

灰黄棕色（10YR5/2）或淡棕色（7.5YR5/6）]，厚 15~60cm；粒状或团块状结构，通透性较好，稍紧；有大量根系分布，层次过渡明显，层面整齐或略呈波状；胡富比 0.8~1.2。钙积层（B_k）厚 30~50cm，出现层位 30~50（80）cm，暗栗钙土出现部位最深，碱化栗钙土最浅；灰白色[暗灰黄色（2.5YR5/2）、淡黄棕色（10YR7/6）或灰白色（5YR7/1）]；紧实，通透性较差，根系很少；碳酸钙呈假菌丝状、网纹状、粉末状、斑状或层状淀积，$CaCO_3$ 含量高者达 500g/kg 以上；胡富比 0.6~0.85。母质层（C）灰黄色（2.5YR8/3）、黄色（2.5YR8/6）或淡黄棕色（10YR7/6），因母质不同而有差异；块状结构，结构性差，无根系。呈碱性，且随深度增加而碱性略增；亚类间碱性也有差异，一般碱化栗钙土>盐化栗钙土>草甸栗钙土>淡栗钙土>栗钙土>暗栗钙土。

（二）化学特性与养分状况

暗栗钙土黏粒矿物的主要成分是蒙脱石（$[Na, Ca]_{0.33}[Al, Mg]_2[Si_4O_{10}][OH]_2[H_2O]_n$）（蒋梅茵等，1966；汪久文等，1988），其在剖面中的分布是，黄土母质上发育的暗栗钙土上下分异不大，但发育在玄武岩及花岗岩母质上的暗栗钙土均随深度增加而分异增加。其他成分和在剖面中的分布及黏粒中粒径在 1~5μm 部分的矿物组成因母质不同而不同。

栗钙土化学组成中硅所占比例最大，在内蒙古，土壤全量中 SiO_2 含量为 500~800g/kg，黏粒中也达 500g/kg 左右（汪久文等，1988）；其他成分含量为 Al_2O_3，93.9~132.3g/kg；Fe_2O_3，21.0~42.5g/kg；CaO，14.0~250.1g/kg；MgO，4.2~16.6g/kg；K_2O，21.9~29.7g/kg；P_2O_5，0.35~0.89g/kg；Na_2O，14.2~23.4g/kg。各成分在剖面中分布除钙有聚集现象外，其他成分均呈均匀分布。

栗钙土属中等肥力的土壤（表 5-2），肥力低于黑钙土，而高于栗褐土。湿润度大的亚类肥力高于湿润度低的亚类。腐殖质层有机质和胡敏酸含量高，从上到下剧减；碳氮比 7~12。全钾和速效钾[（136.96±41.3）mg/kg]比较丰富，而氮和磷[速效磷（3.75±3.76）mg/kg]均比较缺乏。微量元素表层平均有效含量：硼 0.46mg/kg、钼 0.14mg/kg、锰 7.38mg/kg、锌 0.38mg/kg 低于或近于缺乏的临界值（硼 0.50mg/kg、钼 0.15mg/kg、锰 7mg/kg、锌 0.50mg/kg），铜 0.44mg/kg 和铁 7.53mg/kg 高于临界值（铜 0.2mg/kg 和铁 2.5mg/kg）。耕地的养分状况变差，有机质含量仅为非耕地的 71%左右，速效钾、全氮都有较大幅度下降；沙化、盐碱化、退化都比较严重，土壤肥力普遍下降。

表 5-2 栗钙土剖面化学性质

层次	厚度（cm）	项目	有机质	全氮	全磷	全钾	碳酸钙	pH	代换量
A	31	含量	20.2±11.0	1.20±0.70	0.53±0.90	18.8±6.8	35.1±39.8	7.3~8.7	14.88±7.74
		样本数	1060	1050	1017	732	773		859
B_k	41	含量	10.1±5.5	0.68±0.70	0.47±0.80	18.5±7.4	113.0±99.9	7.8~8.7	13.99±6.92
		样本数	891	876	845	616	722		597
C	46	含量	6.1±4.3	0.37±0.20	0.47±1.30	18.1±6.3	73.0±77.1	7.6~8.7	17.14±8.66
		样本数	389	373	356	259	306		226

注：代换量单位为 cmol（+）/kg；有机质、全氮、全磷、全钾、碳酸钙含量单位为 g/kg

不合理的耕作或过牧导致植被破坏，土壤风蚀沙化，水土流失，腐殖质层变薄，有机质含量下降，土壤腐殖质组成往往接近亚表层或心土层，胡富比明显减小，一般为0.65～0.85。

（三）栗钙土亚类及属性

栗钙土类下划分为 7 个亚类，内蒙古又续分为 42 个土属。

1. 暗栗钙土亚类

暗栗钙土是黑钙土向栗钙土过渡的地带性土壤亚类，在内蒙古该亚类占栗钙土类面积的 38.44%。分布于大兴安岭两侧、燕山北部、锡林郭勒高原东南部、乌兰察布高原南部及蒙古国北部的低山、丘陵、1000～1400m 的高平原和熔岩台地区；地形为山麓丘陵缓坡、波状高平原、剥蚀残丘、熔岩台地和河谷高阶地。土壤水分条件较好，但地表水缺乏。年均气温–2～2℃，≥10℃积温 1900～2200℃，年降水量 350～400mm，湿润度 0.5～0.6。植被建群种有贝加尔针茅、线叶菊及羊草等。

土体深厚（60～120cm），腐殖质层是栗钙土中最深厚的（30～50cm），呼伦贝尔高原较厚，兴安盟（尤其是山区）的一般较浅；层次过渡不甚明显，有的剖面存在过渡层（AB），但无明显的舌状下伸；有机质含量高，一般为 20～40g/kg；阳离子代换量平均 19.49cmol（+）/kg，钙积层和母质层均有所降低，并为钙、镁离子所饱和。钙积层出现部位较深，通常在 40cm 以下，块状或核状结构；碳酸钙含量 60～250g/kg。物理黏粒在剖面中部略有增加。可溶性盐几乎全部被淋失；土壤呈弱碱性反应，向下微有增加。

典型剖面：薄层黄土质暗栗钙土，位于呼伦贝尔市鄂温克旗伊敏煤矿南偏西 80°，27km 的丘陵上部，母质为黄土状物。为天然放牧场（剖面均引自《内蒙古土壤》，特殊说明除外）。

0～15cm（A）：棕灰色（10YR5 /1），黏壤土，核状结构，润，散，根系多量，无石灰反应。

15～35cm（AB）：灰黄棕色（10YR5/2），壤质黏土，核状结构，润，散，根系中量，中度石灰反应。

35～68cm（B_k）：淡灰黄色（2.5YR7/3），壤质黏土，块状结构，润，紧，根系少量，强石灰反应。

68～110cm（C）：淡黄色（2.5YR8/3），壤质黏土，核状结构，润，散，根系少量，中度石灰反应。

2. 栗钙土亚类

栗钙土是栗钙土带的代表性亚类，在内蒙古该亚类占栗钙土类总面积的 32.59%。主要分布于大兴安岭东南麓波状倾斜平原和丘陵、台地，锡林郭勒高原中部，乌兰察布高原东南部，鄂尔多斯高原东部，阿尔泰山及蒙古国的中部（47°N 附近）。分布地形多为岗状丘陵、波状高原、河谷高阶地和台地。气候条件较暗栗钙土更干热（湿润度 0.4～

0.5)，气温高（年平均 0～6℃，≥10℃积温 2200～3000℃），降水量低（年均 300～380mm）。典型草原植被，有机质积累量（10～25g/kg）明显低于暗栗钙土。水分条件不如暗栗钙土，地表河流少，水量小；地下水源也不丰富。

土体厚度 40～100cm，层次过渡明显。腐殖质层厚度稍薄（15～45cm）；胡富比 1 左右。钙积层出现部位比暗栗钙土略高，平均厚 40cm，碳酸钙含量在 80～240g/kg。表层 pH 平均 8.4，底层达 8.9。偶尔含有砾石。

典型剖面：中层泥质栗钙土，位于锡林郭勒盟锡林浩特市灌渠南 2000m 的低山丘陵坡麓，海拔 1061m。地表有轻度水蚀，为天然放牧场。机械组成见表 5-3，矿质组成见表 5-4。

表 5-3　中层泥质栗钙土典型剖面颗粒组成

深度（cm）	颗粒组成（g/kg）					
	>2.0mm	2～0.2mm	0.2～0.02mm	0.02～0.002mm	<0.002mm	>0.02mm
0～38	0	245.0	615.0	41.0	98.0	861.0
38～77	0	98.0	638.0	96.0	168.0	736.0
77～100	0	218.0	662.0	25.0	95.0	880.0

表 5-4　中层泥质栗钙土典型剖面矿质组成

土层（cm）	烧失量（g/kg）	SiO_2（g/kg）	Al_2O_3（g/kg）	Fe_2O_3（g/kg）	TiO（g/kg）	MnO（g/kg）	CaO（g/kg）	MgO（g/kg）	K_2O（g/kg）	Na_2O（g/kg）	P_2O_5（g/kg）	$\dfrac{SiO_2}{R_2O_3}$
0～38	42.7	742.0	112.0	24.0	2.6	0.50	14.0	4.2	29.7	21.0	0.35	9.90
38～77	89.5	634.0	107.0	27.7	4.9	0.80	70.0	9.1	23.8	17.7	1.20	8.64
77～100	28.8	746.0	102.0	21.0	4.6	0.60	20.9	6.6	21.9	23.9	0.43	10.97

0～38cm（A）：灰黄棕色（10YR5/2），壤质砂土，粒状结构，润，松，根系多量，弱石灰反应。

38～77cm（B_k）：灰黄色（2.5YR6/3），砂质黏壤土，块状结构，润，紧实，根系中量，强石灰反应。

77～100cm（C）：淡黄棕色（10YR7/6），壤质砂土，粒状结构，润，稍紧，无根系，中度石灰反应。

3. 淡栗钙土亚类

淡栗钙土是栗钙土向干旱土纲过渡的地带性亚类，在内蒙古该亚类占栗钙土类总面积的 13.95%。分布于锡林郭勒高原西北部、乌兰察布高原北部、鄂尔多斯高原中部、阿尔泰山及蒙古国中部偏南（46°N 附近）。地貌多为波状剥蚀高平原。气候干燥，年平均气温 2～7℃，≥10℃积温 2200～3200℃，年降水量 200～300mm，蒸发强烈，湿润度 0.24～0.4。植被属干草原向荒漠草原过渡类型，主要有小叶锦鸡儿–克氏针茅（短花针茅、戈壁针茅）、冷蒿草原；狭叶锦鸡儿–戈壁针茅（短花针茅、克氏针茅）、羊草、葱类草原。地上、地下生物量均比栗钙土亚类低。地表河流很少，且多为内流间歇河，水量小，流程短；湖泊少，水面小，矿化度高。

淡栗钙土层次过渡明显。腐殖质层厚度比栗钙土亚类薄，腐殖质含量较少，有机质平均含量仅 13.0g/kg；质地多砾质，块状结构。碳氮比变窄，一般在 5～9，个别在 10 以上。钙积层明显，一般出现在 20～40cm，平均厚度 31cm，较栗钙土薄，但碳酸钙含量高于栗钙土，平均 119.2g/kg，高者达 400g/kg 以上；碳酸钙淀积可形成石灰结盘层。可溶性盐和石膏的含量均很低，但一般剖面底部也没有石膏结晶。土壤含水量低。

淡栗钙土呈碱性，全剖面 pH 均在 8.5 左右，上下部变化不大。代换量较低，表层平均为 8.83cmol（+）/kg，上下部变化不大。SiO_2 含量表层明显高于心、底土；而 CaO 含量则心、底土层高于表土层。往往含有砾石，地表也常常砾质化。物理性黏粒心、底土层高于表土层。

典型剖面：中层砂砾质淡栗钙土，位于达茂旗种羊场南偏东 40°，1.5km 的波状丘陵，海拔 1420m，母质为砂砾岩残积物。轻度风蚀，天然放牧场。

0～31cm（A）：黄棕色（10YR5/8），多砾质砂壤土，团块结构，干，稍紧，根系多量，中度石灰反应。

31～86cm（B_k）：灰白色（5Y7/1），多砾质砂质黏壤土，块状结构，润，紧，根系中量，强石灰反应。

86～115cm（C）：淡灰黄色（2.5Y1/3），多砾质砂质黏壤土，块状结构，润，紧，根系少量，中度石灰反应。

4. 隐域性栗钙土

非地带性亚类成土母质多为冲积、洪积或湖积物。阳离子代换量也较高，表层平均 15cmol（+）/kg 左右，心、底土层略低于表土层。其中，草甸栗钙土、盐化栗钙土与碱化栗钙土常位于丘间谷地、碟形低地、河流阶地、湖滨平原和山前冲积扇扇缘的栗钙土与草甸土之间的过渡地带。一般草甸栗钙土、盐化栗钙土、盐土由高到低呈带状或环状分布于沿河两岸、湖盆四周、洪积扇边缘。

1）草甸栗钙土亚类

草甸栗钙土是栗钙土中具有潴育化特征的亚类。土体深厚，一般 60～120cm，剖面构型为 A-B_k-C_g 型。腐殖层厚 20～60cm，有机质 15～45g/kg，颜色深暗，碳氮比较宽（8～14）。钙积层均厚 43cm，偶见锈纹锈斑。氧化还原母质层有明显的锈纹锈斑，中到强石灰反应。碳酸钙含量变幅较大（60～300g/kg）；表层含量高于其他各亚类，且剖面上下部含量差距较小。全剖面 pH 均在 8.5 左右，盐碱化类型可在 9.0 以上。表土层全盐量一般为 1～3g/kg，盐分组成以氯化物、碳酸盐、重碳酸盐为主。锰也高于临界值。地下水位一般 3～5m，且上层可能有季节性滞水现象。该亚类土壤比较肥沃，养分含量：有机质，21.4～44.9g/kg；全氮，1.28～2.44g/kg；全磷，0.58～0.8g/kg；全钾，17.4～23.9g/kg。速效养分：P，3～10mg/kg；K，126～291mg/kg。微量元素除 B、Mo、Zn 接近临界值外，Fe、Mn 和 Cu 均高于临界值。

2）盐化栗钙土亚类

盐化栗钙土是栗钙土中具有盐化特征的亚类。剖面构型为 A_z-B_{kz}-C 型。地表有盐斑，有机质的积累程度较差（表层含量平均为 20.9g/kg），故腐殖质染色也不如盐化草甸栗钙土深，而且土体分异不明显；有机质含量有亚表层高于表层与下层的现象。碳酸钙含量表层和过渡层较低，钙积层含 CaCO$_3$ 平均为 101.3g/kg。盐分组成是以氯化物、硫酸盐为主，碳酸盐和重碳酸盐含量较低。盐分在剖面中的分布特点是由表层向下急剧增加，一般钙积层含盐量最高，高者>10g/kg。通体碱性反应，表层 pH 9.0 左右，向下略有增加。盐化栗钙土肥力较低，且有盐化问题。硼高于临界值。盐分主要来自母质和地表径流汇集。

3）碱化栗钙土亚类

碱化栗钙土是栗钙土中具有碱化特征的土壤亚类。土层深厚，剖面构型为 A$_{tn}$-B$_k$-C 型。腐殖质层有机质含量较低（碱化层较深的有机质含量较高），厚度20cm左右，棕灰色、灰棕色或暗棕色（碱化），柱状或棱柱状结构；代换量13.27cmol（＋）/kg，向下有增加趋势。钙积层厚44cm，棕灰色或灰棕色；有菌丝状石灰淀积，碳酸钙含量为153.4g/kg 左右，在栗钙土各亚类中最高。最突出特点是表层、亚表层为碱化层，一般在 10cm 以下的亚表层；从地表到碱化层均有明显的酚酞反应，碱化度 15%～45%，钙积层降至 4.76%；全剖面为碱性到强碱性，pH 均在 9.0 以上，碱化层均在 10 以上，从上到下递减。碱化层质地黏重，柱状或棱柱状结构。碱化栗钙土剖面全盐量并不高，但盐分组成是以苏打为主。可溶性盐在剖面中的分布具有一定的表聚特点，这一点正好与盐化栗钙土相反。碳酸钙含量表层低于钙积层，也低于底土层。

4）栗钙土性土亚类

栗钙土性土是栗钙土地区成土特征不显著的土壤亚类。广泛分布在暗栗钙土、栗钙土向风沙土过渡的沙地边缘地带，沿河堆积的砂质阶地，剥蚀严重的低山、丘陵坡麓地带等。母质主要为第四纪黄土、风积砂土，少为冲积物。植被相对比较稀疏。

土体深厚，剖面质地均一，为 A-AC-C 型。发育微弱，腐殖层较其他亚类薄（10～35cm），且有机质含量低；过渡不明显。母质层为砂土或壤土，无结构。一般仅在底土层见到微弱的石灰反应，钙积层不明显；通体碳酸钙含量仅20～40g/kg，但成土方向仍与栗钙土一致。pH 7.5 左右，从上到下有所增加，底土层达8.4。质地普遍较粗，结构性较差；贫瘠。曾名"栗土"或"栗钙土性砂土"。

二、黑钙土

黑钙土是在温带半湿润大陆性气候条件的草甸草原植被下发育的土壤，具有深厚的腐殖质层、不明显的石灰淀积层，黑色腐殖质层舌状下渗是其重要特征。该土类分类地位较明确，一直是独立的土类，俄文名字为 Чернозем（直译为黑土）。也称为石灰性黑土。

广泛分布于草甸草原地带，在蒙古高原占土壤总面积的 4%左右（内蒙古 4.12%，蒙古国2%～6%）；从大兴安岭中南段的东西麓丘陵（海拔 150～200m），到阴山中东段北麓海拔 1000m 以上的高原均有分布。阿尔泰山 2000～3000m 的南坡也有分布。Беспалов（1959）认为在蒙古国主要分布于杭爱山与肯特山的北及西北坡上，库苏古尔湖地区及鄂尔浑河与色楞格河的分水岭；以及哈剌和林山坡、阿尔泰山向布尔根河的斜坡上、鄂嫩河与乌勒兹河的分水岭及大兴安岭山前。WRB 的土壤图中黑钙土主要分布于大兴安岭西段的东南坡、东段的西北坡和西北侧下缘，鄂嫩河与乌勒兹河的分水岭，额尔古纳河流域，阿尔泰山的西南坡、西端（俄境内）和北坡的科布多的西北面，以及乌考克高原西南有分布。

在水平分布上沿大兴安岭呈东北–西南向分布，东北部接黑土；西部、西南部则逐渐过渡到暗栗钙土带；在垂直分布上，其上部接灰色森林土或直接过渡到黑毡土或棕毡土，下部与暗栗钙土相接，构成了森林草原带的土被组合。

主导成土特征是腐殖质累积和弱钙积化特征。

（一）形态特征

剖面构型为 A-AB-B_k-C，也有 A-AB-C 构型。土体厚度 50～160cm，一般黄土母质上发育的黑钙土深厚，在残坡积物上发育的黑钙土较薄。腐殖质层（A）深厚（20～60cm），暗灰黑色、黑棕色、灰棕色，具有较稳固的团粒结构；向下逐渐过渡。过渡层（AB）厚 15～55cm，灰棕色与黄灰棕色相间分布，有明显的腐殖质舌状下伸；粒状、团块状结构；少有碳酸钙淀积；过渡层往往有动物活动的痕迹；向下逐渐过渡。钙积层（B_k）部位较深，一般出现在 40～60cm，厚 15～50cm，灰黄、灰棕、灰白色，团块状结构；碳酸钙淀积形态为假菌丝状、斑状或粉末状。母质层（C）因母质类型不同，其形态各异，黄土状母质，紧实、块状结构；残坡积物母质多岩石风化碎屑。通体 pH 多在 7.0～7.5。胡富比在 1～1.5。

（二）养分状况

黑钙土养分状况较好（表 5-5），土壤表层有机质、全氮、速效钾含量丰富，唯速效磷含量很低。腐殖质层有机质含量高，淋溶黑钙土含量高于典型黑钙土，而典型黑钙土又高于石灰性黑钙土和淡黑钙土。66 个黑钙土土样表层微量元素平均有效含量：除钼（0.097mg/kg）、锌（0.56mg/kg）低于或近于临界值外，其他微量元素有效含量（硼 0.64mg/kg、锰 12.67mg/kg、铜 0.58mg/kg、铁 21.15mg/kg）都高于临界值。

表 5-5　内蒙古的黑钙土剖面化学性质

层次	厚度（cm）	项目	有机质（g/kg）	全氮（g/kg）	全磷（g/kg）	全钾（g/kg）	碳酸钙（g/kg）	pH	代换量[cmol (+) /kg]
A	33	含量	51.0±16.1	2.48±0.8	0.71±2.1	17.4±7.9	19.2±32.5	6.3～8.1	24.08±6.04
		样本数	226	221	223	213	46		16
AB	31	含量	28.6±8.1	1.38±0.4	0.53±0.6	17.7±6.8	17.1±26.9	6.0～8.2	23.22±6.09
		样本数	122	120	118	113	30		58
B_k	39	含量	15.3±119	0.73±0.4	0.46±0.5	16.3±6.7	67.7±44.5	6.5～8.5	20.55±6.40
		样本数	178	171	173	169	70		86
C	48	含量	13.7±10.7	0.94±0.7	0.53±0.5	18.5±6.8	50.4±22.3	6.3～8.6	19.36±6.42
		样本数	86	86	84	82	41		52

（三）黑钙土类型及属性

中国把黑钙土划分为 7 个亚类。

1. 黑钙土亚类

黑钙土亚类面积大（内蒙古 72.3%的黑钙土为黑钙土亚类，中国为 47.9%），分布广，在大兴安岭中南段东西两侧和七老图山北麓地区分布较多。其上界与灰色森林土、淋溶黑钙土镶嵌分布，下界与石灰性黑钙土、淡黑钙土相接。地形以低山、丘陵、漫岗为主，其次为台地、河阶地。成土母质类型多样，以泥页岩等残坡积物、黄土状物为主，也有少量冲洪积、风积、砂砾岩残坡积母质。

土体厚度一般为 50~150cm。腐殖层（A）厚 25~50cm；有机质（一般>40g/kg）和全氮较丰富，碳氮比 11.99。过渡层（AB）厚 15~45cm，根系较多，各种养分含量较 A 层低。腐殖质层和过渡层均无石灰反应。碳酸盐淋溶较深，钙积层（B_k）厚 25~50cm；碳酸钙淀积明显。在淀积层的下部有铁锰斑纹，林缘地区可见有铁锰胶膜。母质层（C）土壤颜色视母质不同而异，较少根系，有机质有一定含量。除钙、镁有明显淋溶外，硅也有一定淋溶现象，表层稍低于淀积层。硅铁铝率表层为 3.01，淀积层为 6.79。中性至弱碱性反应。土壤质地较黏，以黏壤土为主，上下均一。代换量较高，一般在 20cmol（+）/kg 左右，上下变幅小。

典型剖面：中层黄土质黑钙土，位于呼伦贝尔区海拉尔区扎罗木得村南 7000m。海拔 1150m，丘陵的顶部。成土母质为黄土状物。牧业用地，主要植被有羊草、蒿类等。

0~50cm（A）：黑棕色（7.5YR2/2），砂质黏壤土，核状结构，润，稍紧，根系多量，无石灰反应。

50~80cm（AB）：黄棕色（10YR5/8），黏壤土，核状结构，润，稍紧，根系中量，无石灰反应。

80~125cm（B_k）：棕黄色（2.5YR4/4），壤质黏土，核状结构，有铁锰锈纹锈斑，润，紧，根系少，强石灰反应。

125cm 以下为黄土状物母质层。

2. 淋溶黑钙土

淋溶黑钙土处于半湿润冷凉气候区，是黑钙土中气温最低、湿度最大的亚类，常与灰色森林土呈复区存在，上界为灰色森林土，下接典型黑钙土。植被为中生草甸草原类型。

淋溶黑钙土具有很强的腐殖质累积和石灰淋溶特征。剖面分化明显，坡度大的地方为 A-C 型。腐殖质层深厚，一般达 40~60cm；稍紧实，有多量根系；腐殖质累积量大，有机质含量达 50~80g/kg，向下迅速降低。淀积层厚约 34cm，可见有点状硅粉和铁锰锈纹锈斑，无石灰反应。母质层，有的可见到石灰粉末淀积。

3. 淡黑钙土与石灰性黑钙土

两者都是黑钙土向暗栗钙土过渡的亚类。属半湿润区的最干区，腐殖质累积弱于黑钙土亚类，而钙积增强了，表现为有机质含量较低，土壤颜色较浅、碳酸钙淀积部位较浅。腐殖质层有机质平均含量在 35g/kg 左右。硅、铝、铁都未发生移动。土壤腐殖质以胡敏酸为主，胡富比低于黑钙土亚类。养分属中上等水平，速效磷较缺，硼、钼、锰、锌的有效含量均处于临界值以下或临近。植物生长高度、覆盖度都明显低于典型黑钙土。在内蒙古这两个亚类的面积占黑钙土总面积的比例都低于中国的平均值。

淡黑钙土亚类主要分布于锡林郭勒高原，地形多为山地、山前丘陵及玄武岩台地。海拔一般在 1200m 以上。腐殖质层石灰反应弱或无；土壤颜色稍浅。过渡层石灰反应中等。钙积层碳酸钙含量 5～10g/kg，黄土母质碳酸钙含量可高达 50～60g/kg。成土母质多为风积沙，土壤质地较轻，多为砂质壤土至壤砂土。母质中碳酸钙少，故全剖面碳酸钙含量较低，多在 10g/kg 以下，且无明显钙积现象，有时表层高于下层。土壤砂性大，保水性差，春季易受旱。

石灰性黑钙土集中分布在内蒙古大兴安岭东南麓的山地、丘陵中下部的平缓坡地，海拔 1000～1300m。它的形成除受垂直气候条件影响外，还与局部地区碳酸钙的地表迁移集聚有关，因此，在分布上往往呈"岛状"，缺乏连续性。腐殖质层厚 20～40cm，暗灰棕色或暗灰色，粒状或小团粒状，中度石灰反应；逐渐过渡。过渡层厚约 23cm，中强度石灰反应；各种养分含量低于 A 层。钙积层碳酸钙淀积明显，假菌丝状或核状，淀积量高，多数钙积层的碳酸钙含量可达 80g/kg 以上。矿物全量除 CaO 淋溶较多外，其余移动较少。土壤质地以黏壤土为主，砂粒含量较多，<0.002mm 黏粒有下移现象，淀积层含量最高，黏化比 1.21。

4. 草甸黑钙土等隐域性土壤

隐域性黑钙土主要为草甸黑钙土亚类，分布在黑钙土区的沿河阶地、洪积扇及沟谷平原。在黑钙土区北部，由于大面积冻层滞水作用，山麓缓坡也有大量草甸黑钙土的分布。内蒙古的碱化亚类主要分布在根河谷平地。此外，还有盐化黑钙土亚类。

草甸黑钙土剖面多了锈纹锈斑（C_g、B_g）层，构型多为 A-AB-B_k-C_g 或 A-B_k-C_g 型；层次过渡不明显。腐殖质层厚约 28cm，颜色暗灰棕色，具有较好的粒状结构；有机质含量高达 40g/kg 以上；有弱的石灰反应，呈中性。过渡层厚约 33cm，具有明显舌状下伸，颜色为灰棕色，粒状或块状结构，黏壤土，石灰反应剧烈，碳酸钙含量达 82g/kg，呈弱碱性。钙积层厚约 40cm，颜色与母质相近，碳酸钙明显淀积，含量达 114g/kg，呈弱碱性。母质层，为冲积物，质地粗细不等，常出现锈纹锈斑。土壤呈中性至弱碱性反应，pH 从上向下有增高趋势。土壤质地通体较细，黏壤土、壤质黏土到黏土，土壤代换量在 20cmol（+）/kg 以上，保水肥能力强。土壤养分含量丰富，速效磷较缺，仅含 4mg/kg。

三、栗褐土

栗褐土是半干旱暖温带向温带过渡的季风大陆性气候区，灌丛草原植被下发育出的地带性土壤，是褐土向栗钙土过渡的土壤类型。曾用名黑褐土、灰褐土、黄绵土等；是中国第二次土壤普查时订立的土类（张毓庄，1987）。其分布区在联合国公布的亚洲土壤图中多被划入褐土或山地栗钙土范围。南接褐土，北接栗钙土。分布于通辽市西南至黄河流域的蒙古高原南缘及其邻近地区。内蒙古的栗褐土被燕山隔成东西两片；东片纬度（41°30′～43°00′N）高，但海拔低（500～750m），以赤峰市西拉木伦河南部广大黄土丘陵为中心，东至通辽市西南部，北连大兴安岭东麓的栗钙土；西片纬度（39°30′～40°50′N）低，但地势高（1100～1400m），集中分布在乌兰察布市南部，西至呼和浩特市郊区。分布地区以黄土丘陵为主，其次是石质丘陵、河谷平原、河谷阶地、湖盆阶地及丘间盆地等。侵蚀较严重。

栗褐土过渡特征明显，既有栗钙土的特征，也有褐土（东部）或黄绵土及黑垆土（西部）的特征，地表植被（灌丛草原）也是从森林草原（褐土）向典型草原（栗钙土）过渡的特点。

成土特征表现为褐土向栗钙土过渡性特点——弱腐殖质积累、弱黏化及弱钙积等特征。

（一）形态特征

土体深厚，土体构型以 A-B_t-B_k-C 型为主，土体薄的残坡积物上还会出现 A-B_t-C 型，或 A-B_t-D 型。腐殖质层（A）厚 20～60cm，棕色（7.5YR4/4）；有机质含量较低，一般在 8.2～13.4g/kg，碳酸钙含量（6.2～17.5g/kg）低于下层，代换量较低，仅 10cmol（+）/kg 左右；轻壤质地，屑粒状，疏松多孔，根系多；向下逐渐过渡。弱黏化层（B_t），厚 35～46cm，黄棕色（10YR5/8）；有机质、全氮、全磷锐减，全钾为 24.2g/kg，粒径<0.002mm 的黏粒含量略高于表层和底层，因母质不同变化很大，一般为 17.90%～35.92%，残积黏化率只有 5.38%～8.88%。钙积层（B_k）厚度变幅较大（36～62cm），淡黄棕色（10YR7/6），碳酸钙出现微弱的集中，含量为 63.5～103.3g/kg，钙淀积率 23.3%左右。通体石灰反应强烈；黏化层和钙积层均可见有斑点状分散的石灰沉积，钙积层略多于黏化层。

氮、磷和钾均很缺乏，尤其氮、磷严重缺乏。耕地的有机质、全氮含量略低于非耕地，而速效磷和速效钾含量则略高于非耕地。表层微量元素的平均有效含量：硼 0.44mg/kg、钼 0.121mg/kg、锌 0.69mg/kg，低于缺乏的临界值；锰 13.48mg/kg、铜 0.76mg/kg、铁 13.46mg/kg，均高于临界值。栗褐土的养分状况统计结果见表 5-6。

表 5-6　栗褐土剖面化学性质

层次	厚度（cm）	项目	有机质（g/kg）	全氮（g/kg）	全磷（g/kg）	全钾（g/kg）	碳酸钙（g/kg）	pH	代换量[cmol（+）/kg]
A	36	含量	7.4±5.8	0.44±0.2	0.42±0.2	19.4±3.1	70.9±29.9	7.5～8.3	7.47±5.06
		样本数	170	157	170	159	117		129
B_t	40	含量	4.7±2.8	0.30±0.2	0.35±0.4	19.2±3.7	86.1±40.4	7.5～8.4	10.78±8.19
		样本数	63	60	63	62	23		27
B_k	44	含量	5.1±3.6	0.34±0.3	0.47±0.2	18.9±3.9	97.2±52.7	7.8～8.4	6.35±3.87
		样本数	102	93	102	96	91		77
C	51	含量	3.6±2.0	0.24±0.1	0.48±0.9	19.1±3.8	74.3±38.6	7.6～8.4	7.10±5.85
		样本数	109	98	109	106	72		56

（二）栗褐土亚类及属性

内蒙古有 3 个亚类。淡栗褐土亚类面积最大,占土类面积的 **87.8%**;其质地适中,结持力差,干旱严重;水土流失严重,原自然形成的腐殖质层,大部分被侵蚀或全部被侵蚀掉;土壤肥力普遍较低。潮栗褐土或称为草甸栗褐土绝大部分为耕地。土体为双重构型,一是冲积母质沉积形成的质地构型,是划分基层分类单元的主要依据;另一是发生层构型,反映成土特点和土壤的本质特征。潮栗褐土亚类有机质平均含量 12.9g/kg,高于淡栗褐土亚类,钾素较丰富;代换量变幅较大[10～20cmol(+)kg]。耕地养分水平高于非耕地。再加上潮栗褐土具有弱草甸化特征,土壤水分条件较好,植被生长比淡栗褐土亚类要好些,有机质积累作用强于淡栗褐土。栗褐土亚类面积最小。

第二节　干　旱　土　纲

干旱土纲包括棕钙土与灰钙土两个土类,剖面构型均为 A-B$_k$-C。成土气候条件见表 5-7。

表 5-7　内蒙古地区干旱土纲气候条件

土类	地区	降水(mm)	年均温(℃)	≥10℃积温(d·℃)	湿润度
棕钙土	阴山北	100～200	2～5	2300～2700	
	鄂尔多斯高原	200～300	6～8.0	3000～3300	0.13～0.3
灰钙土	鄂尔多斯高原	230～300	7.2～8.0	3000～3300	

一、棕钙土

棕钙土是发育在温带荒漠草原或草原化荒漠植被下的土壤,腐殖质层薄且颜色为棕带微红或微红带棕(色调为 7.5YR 或更红),具有草原土壤向荒漠土壤过渡的特点。在蒙古高原所占土壤面积>10%,是高原上面积第二大地带性土壤,也是畜牧业的主体土壤之一。广泛分布在阴山北部高原和鄂尔多斯高原西部,以及贺兰山山前洪积扇部位。东、北及东南接栗钙土,南连灰钙土,西与半荒漠地带灰漠土接壤。

成土特征:较弱的腐殖质积累;强碳酸钙淀积,在腐殖质层之下;石膏与易溶盐的淀积及盐碱化,部分剖面下部有石膏结晶;地表荒漠化。

（一）形态特征

地表(1～4cm)有沙化、砾石化或假结皮、细微垂直裂缝,植丛周围形成沙堆,底部有石膏及易溶盐的淀积等荒漠化特征。土体 1m 左右。腐殖质层(A)厚度一般为 20～30cm,风积物上的可达 40～50cm;褐棕、棕色或浅棕色,淡棕钙土亚类地区受第三纪母质的影响,土层颜色通体趋向红棕色;亚表层颜色较深,呈褐棕色,有机质含量也最高，此特征在阴山北部棕钙土普遍存在，是表层沙化造成的，鄂尔多斯高原少见。腐殖质层向下过渡急速齐整；块状或碎块状结构；多根系。表层碳酸钙含量 17.1～78.9g/kg，阴山北部高原略低（<10g/kg），鄂尔多斯高原高（30～80g/kg）。钙积层（B_k）明显，厚度较薄（平均 35cm），一般出现在 20cm 以下，紧接腐殖质层；灰白色；碳酸钙多以粉末状连续呈层状或斑块状，碳酸钙含量 28.0～173g/kg，个别剖面高者可达 400g/kg，因淀积大量碳酸钙而较黏重；有少量灌木根系贯穿；砂岩、砂砾岩和风积沙上发育的棕钙土，向下过渡大多不明显。母质层（C）除松散堆积物母质深厚外，岩石风化母质均较薄，厚度 30～45cm；碳酸钙含量比 B 层低，但比表层高，有易溶盐及石膏的淀积；石膏淀积仅以粉红色短棒状晶体出现在剖面底部。通体石灰反应，腐殖质层反应较弱。腐殖质的胡富比为 0.4～0.9。

棕钙土呈碱性反应，尤其有游离碳酸钠存在时 pH 偏高；通常表层 pH 7.1～8.9，在剖面中有向下逐渐增高的趋势。氮磷缺乏，碱解氮 36mg/kg、速效磷 3.5mg/kg；速效钾 219.5mg/kg，较高。表层微量元素平均有效含量：硼 0.62mg/kg、钼 0.054mg/kg、锰 4.39mg/kg、锌 0.32mg/kg，近于和低于临界值，铜 0.38mg/kg、铁 3.37mg/kg，较丰富。棕钙土的养分状况统计结果见表 5-8。

表 5-8　棕钙土剖面化学性质

层次	厚度（cm）	项目	有机质（g/kg）	全氮（g/kg）	全磷（g/kg）	全钾（g/kg）	碳酸钙（g/kg）	pH	代换量 [cmol (+) /kg]
A	28	含量	7.2±3.1	0.45±0.2	0.40±0.2	20.3±4.0	48.8±30.8	7.1～8.8	6.53±4.86
		样本数	118	118	100	66	96		99
B	37	含量	6.4±2.4	0.40±0.2	0.41±0.2	20.0±4.1	100.8±71.9	7.4～8.8	7.01±4.50
		样本数	102	102	91	64	93		90
C	48	含量	4.6±1.1	0.42±0.5	0.45±0.3	20.9±1.9	77.4±33.3	8.0～8.9	6.49±3.70
		样本数	55	55	41	24	52		43

（二）亚类及属性

1. 棕钙土亚类

被乌兰布和沙漠与库布齐沙漠分成南北两片，北片西起狼山北沿东北穿过乌拉特中旗的川井和四子王旗脑木更至 112°E 转北，在 44°30′N、112°E 转西向，在戈壁阿尔泰山北转西北进入大湖盆地，与淡棕钙土相接；南片以 107°30′E 一线与淡棕钙土相分；东及北接淡栗钙土。

腐殖质层颜色以浅棕、褐棕、浅灰棕色为主；鄂尔多斯高原棕钙土亚类颜色偏黄，以浅黄棕色为主。钙积层呈灰棕色或浅灰棕色、灰白色，向下过渡明显。钙积层碳酸钙含量为 100～200g/kg。易溶盐仅在剖面下部含 0.5～1.3g/kg，不足以引起盐化，石膏含量也仅 0.3～1.3g/kg，无石膏淀积层。

典型剖面：薄层石质棕钙土，位于苏尼特左旗赛罕高毕苏木查干楚鲁正西 1km，地形为缓丘中部，母质为结晶岩残积物，自然放牧场，植被为戈壁针茅、沙生针茅、碱韭、狭叶锦鸡儿。矿质全量见表 5-9。

表 5-9 薄层石质棕钙土矿质组成

土层 （cm）	烧失量 （g/kg）	SiO_2 （g/kg）	Al_2O_3 （g/kg）	Fe_2O_3 （g/kg）	TiO （g/kg）	MnO （g/kg）	CaO （g/kg）	MgO （g/kg）	K_2O （g/kg）	Na_2O （g/kg）	P_2O_5 （g/kg）	$\dfrac{SiO_2}{R_2O_3}$
0～19	71.8	668.0	100.0	25.2	4.4	0.80	42.0	10.0	29.2	20.0	0.77	9.17
19～41	274.0	389.0	54.4	16.1	2.6	2.70	171.0	100.0	11.0	6.3	0.51	8.96
41～100	309.0	286.0	44.4	19.7	1.8	3.30	168.0	132.1	7.3	5.0	0.28	8.65

0～19cm：红棕色（5YR4/6），中砾砂质壤土，块状结构，润，稍紧，根系中量，弱石灰反应。

19～41cm：浅灰棕色（7.5YR7/2），中砾壤质黏土，块状结构，干，紧，根少，强石灰反应。

41～100cm：轻砾石土，块状，干，紧实，无根系，强石灰反应。

2. 淡棕钙土

淡棕钙土带北、东接棕钙土，南接灰钙土，西接灰漠土；在蒙古国南接灰漠土。母质层多为第三纪、白垩纪或第四纪沉积岩风化碎屑。

地表荒漠化特征更强烈，沙化程度多数达到中度，尤其藏锦鸡儿、红砂灌丛，基部形成的沙包普遍高达 10cm，直径近 30cm，严重者高达 70cm，直径达 2.5m，并有土壤发育；地形凸凹不平，有黑砾幂；无砾石化、沙化的地表，有 0.3～0.5cm 厚的假结皮及细小孔隙。鼠类洞穴也是淡棕钙土地表小景观特征。腐殖质积累较弱，含量仅 6.5g/kg 左右；侵蚀剖面腐殖质层厚度很薄，往往 10 多 cm；颜色较淡，主要是浅棕或浅黄棕色，少数褐棕色。碳酸钙淀积部位较高，一般为 12～40cm，厚度大、含量高，砂岩、砂砾岩母质浅，风积物母质深，淀积层厚度偏薄；灰棕色或棕灰色，向下过渡明显；碳酸钙平均含量 105.8g/kg，底土含量高达 170～580g/kg。土壤代换量较低，表土平均为 6.81cmol（+）/kg，个别黏质土可达 20cmol（+）/kg，砂质、砂砾质的代换量往往小于 5cmol（+）/kg。石膏及易溶盐淀积比棕钙土亚类普遍，以粉红色针棒状结晶新生体出现在剖面下部或中部，一般不出现石膏层。但由于风蚀的结果，细粒被吹失，以二氧化硅为主的砂粒残留表层。硅铁铝率 6～14，剖面上下层无明显变化。0.002mm 的黏粒含量，底层大于表层。土壤多为块状结构。

淡棕钙土底部普遍盐化。底部残积盐分通过泌盐植物在淡棕钙土土体富集，常形成中位盐化和表层盐化。易溶盐中重碳酸根较多，吸收性盐基中钠离子含量较高，所以在季节性脱盐时有碱化趋势。

3. 隐域性棕钙土

在广阔的棕钙土地带，草甸棕钙土与盐化潮土、盐土构成小区域土被镶嵌在低陷的丘间谷地及河流湖盆外缘阶地部位。草甸棕钙土母质多为第四纪冲积-洪积物。具有一定的径流或地下水补给优势，地下水位一般为 3～6m。

1）草甸棕钙土

草甸棕钙土在剖面下部形成黄锈色氧化还原特征。剖面具有 A-B$_k$-C$_g$ 发生层次构型。腐殖质层厚 15～40cm，向下过渡明显；有机质含量在 5～18g/kg。钙积层厚度 46cm，黄棕色至棕黄色，向下过渡明显。碳酸钙含量平均 73.7g/kg；表层碳酸钙含量高达 59.7g/kg；碳酸钙没有明显聚集，底土层稍偏高于表层，个别也有表土层碳酸钙含量高于底层的，这可能与近期径流淤积或风积有关。剖面通体都有可溶盐分的积聚，表层含盐量在 0.5g/kg 左右，向下逐渐增高，有的达 10g/kg 以上，含盐类型以硫酸盐和氯化物为主。心土和底土质地偏细。土壤呈弱碱性至碱性反应，pH 8～9.2，一般上下层分异不明显，有的下层偏高，可能与底层积盐有关。代换量较低，平均 9.12cmol（+）/kg，往往以剖面中各层质地粗细变异而升降。

2）盐化棕钙土

棕钙土地带盐化过程较为普遍，形成也较复杂，主要受生物气候条件的影响：河谷湖盆外围阶地及洪积扇前缘，降雨径流易汇集盐分；过度利用下诱发的加速侵蚀过程及生态系统的恶化使含盐部位上升；植物根系死亡和腐殖质矿化等都增加了棕钙土表层含盐量，从而导致土壤盐渍化。表土多为壤质或黏质，剖面上下质地不一致，有的底土含有石砾。地表除具有棕钙土荒漠特征外，尚出现不同程度的盐斑。氯化物盐化棕钙土地表坚实，硫酸盐盐化棕钙土则在灌丛小丘包处聚积疏松盐霜，苏打盐化棕钙土地表多有碱斑、雨后显出褐色浸润斑。腐殖质层厚 20cm，颜色为浅棕、浅黄棕色。腐殖质积累较差，表土有机质含量仅 11.3g/kg，全氮 0.53g/kg、C/N 8～14，全磷 0.50g/kg，全钾 23.2g/kg，向下则呈明显下降趋势，全磷则呈增高趋势。盐分组成以氯化物为主，其次为硫酸盐。

盐化棕钙土典型剖面：氯化物盐化棕钙土，位于苏尼特左旗赛罕戈壁苏木西偏北 25°，16km，高平原洼地，海拔 945m，母质为砂砾岩，植被为红砂、珍珠、盐爪爪、碱韭，盖度 20%。典型剖面盐分含量见表 5-10。

表 5-10 盐化棕钙土离子含量

土层 （cm）	全盐 （g/kg）	pH	CO$_3^{2-}$ [cmol(+)/kg]	HCO$_3^-$ [cmol(+)/kg]	SO$_4^{2-}$ [cmol(+)/kg]	Cl$^-$ [cmol(+)/kg]	Ca^{2+} [cmol(+)/kg]	Mg^{2+} [cmol(+)/kg]	K$^+$+Na$^+$ [cmol(+)/kg]
0～5	3.8	8.9	0.06	1.54	1.10	4.51	0.47	0.10	3.26
5～16	4.6	8.79	0	1.20	1.53	4.80	0.47	0.03	3.39
16～50	7.7	9.03	0.11	1.74	0.30	10.66	0.57	0.13	11.29
50～75	6.2	8.38	0.11	1.29	0.03	8.64	0.07	0.03	9.68

0～5cm：浊黄橙色（10YR6/3），砂壤土，块状结构，干，松，根少，强石灰反应。

5～16cm：亮黄棕色（10YR6/6），砂壤土，碎块状结构，润，紧，根少，有少量石块，强石灰反应。

16～50cm：黄棕色（10YR5/6），壤土夹砂，碎块状结构，润，紧，无根，强石灰反应。

50～75cm：橄榄灰色（2.5GY6/1），壤土夹砂，润，紧，无根，有盐晶新生体，强石灰反应。

3）碱化棕钙土

碱化棕钙土普遍发生在淡棕钙土区内。腐殖质层厚度为 20～35cm，紧实，颜色浅棕或褐棕色、有机质含量为 0.5～1.5g/kg。腐殖层下部形成棕红色或褐色碱化层，颜色略暗，呈短柱状或块状结构，结构面也可观察到褐色残根附着，并有一定的胶膜；碱化层极紧实，代换性钠离子含量 3～5cmol（+）/kg，碱化度多在 10%～25%。其下碳酸钙淀积层多有易溶盐聚积。

碱化棕钙土多发生在壤质以上的较黏重质地棕钙土，物理性黏粒占 30%～55%，结构性很差。碱化层以下含盐量普遍偏高，重碳酸根在阴离子中所占比重较高，通体呈碱性到强碱性反应，pH 8.3～8.9。代换量一般为 6～8cmol（+）/kg，高的可达 25cmol（+）/kg。全氮含量为 0.5～1.1g/kg，C/N 为 7～11。全磷含量为 1.0g/kg 左右，全钾含量为 20～30g/kg。碱解氮含量为 52～68mg/kg，速效磷含量为 2.5～5.5mg/kg，个别高者达 12mg/kg，速效钾含量为 180～490mg/kg。碱化棕钙土碳酸钙含量不高，为 33.8～76g/kg，硫酸钙在剖面中仍有 1～3g/kg。从表土开始碱化，但碱化最严重的是亚表层，碱化度最高达 10%～45%，呈块状结构。表土质地以砂质壤土为主，并含有砾石，剖面中下部随母质不同而异，砂质壤土至黏壤土。碳酸钙淀积层的碳酸钙含量为 30～80g/kg，稍高于表层和底层。土壤底层有微量石膏积聚。土壤有机质含量低，多在 10g/kg 左右。

4）棕钙土性土

《中国土壤》还分出棕钙土性土亚类。主要分布于侵蚀低山丘陵、洪积、冲积谷地和平原。剖面发育微弱，发生层分异不明显，表土层略有腐殖质积累，剖面中可见斑点状或假菌丝状 $CaCO_3$，但钙积层不明显。

二、灰钙土

灰钙土是发育在暖温带荒漠草原植被下的地带性土壤；腐殖质含量不高，但染色较深；有一定降水淋溶作用，碳酸钙在全剖面均有淀积，且钙积层不及棕钙土和栗钙土明显。主要分布于鄂尔多斯高原的西南角，面积 339 万亩。其东界被毛乌素沙地切断，南界和西界与宁夏回族自治区盐池一带的灰钙土连接，北部和东北部与鄂尔多斯市的淡棕钙土接壤。蒙古高原仅 2 个亚类。

灰钙土土体厚度 1.0～1.5m，地表常覆盖有厚度不一的风积沙。在未覆沙地段，地表有时见有微弱的裂缝和薄假结皮（0.5～2.0cm），触之易碎，并着生较多的低等植物，如地衣与藓类，这明显区别于栗钙土和黑垆土。灰钙土的颗粒组成较轻粗，结构性较差，结构疏松，通体通透性较好。腐殖质层的有机质含量极低，一般为 4～9g/kg，向下逐渐降低；全氮 0.29g/kg，为极低水平；腐殖质胡富比<0.5。碳氮比较窄。阳离子交换量较低，平均为 8.53cmol（+）/kg，保水保肥能力较差。钙积层有机质平均含量为 5.0g/kg，全氮含量为 0.29g/kg，碳酸钙含量为 167.2g/kg，代换量为 5.63cmol（+）/kg，pH 8.8～

9.0。母质层有机质平均含量为 4g/kg，全氮含量为 0.34g/kg，碳酸钙含量为 85.6g/kg，代换量为 7.58cmol（+）/kg，pH 8.3～8.5。

（一）淡灰钙土亚类

淡灰钙土是地带性亚类，也是灰钙土土类中发育程度较弱的一个亚类。该区域占灰钙土土类总面积的 95.96%。地表径流很少。植被以蒿属为主，兼有猪毛菜、锦鸡儿及骆驼蓬等，盖度 20%～30%。

淡灰钙土腐殖质层较深厚而不集中，平均厚 37cm，干时淡棕黄色（2.5Y6/4）；根系较多；石灰反应强烈，碳酸钙含量平均为 40.9g/kg；为砂质壤土或壤质砂土，粒径<0.02mm 砂粒占 55%～85%；向下过渡不明显。钙积层不太明显，平均厚 64cm，向下过渡不太明显；润时灰白色（5Y7/1），碳酸钙含量较高，平均 187g/kg，质地相对较重，为砂质黏壤土，粒径<0.002mm 的黏粒占 15%～25%，粒径 0.02～0.002mm 的粉粒占 45%～85%。母质层，平均厚度 66cm，润时淡棕红色（2.5YR5/8），碳酸钙含量较钙积层减少，平均为 85.6g/kg，质地较粗，为砂质壤土或壤质砂土；紧实，根系少量；中度石灰反应。可溶性盐已从剖面中淋失，不存在盐化、碱化现象，剖面底部也无石膏聚积。土壤呈碱性反应，pH 8.2～9.0。

典型剖面：薄层黄土质淡灰钙土，位于鄂尔多斯市鄂托克前旗三段地乡马长井行政村正西 1.5km 的缓坡地，海拔 1326m，成土母质为砂黄土，荒地。主要植物有虫实、猫头刺、小画眉草等。

0～15cm：A 层，干时淡棕黄色（2.5Y6/4）带灰，砂质壤土，碎块状结构，松，根系中量，石灰反应中度。

15～49cm：B$_k$ 层，润时灰白色（5Y7/1），砂质黏壤土，块状结构，紧，根系少量，石灰反应强烈。

49～120cm：C 层，润时淡棕红色（7.5YR5/8），砂质壤土，块状结构，松，根系极少，石灰反应中度。

（二）草甸灰钙土亚类

隐域性的草甸灰钙土剖面构型为 A-B$_k$-C$_g$ 型。腐殖质层平均厚 50cm，干时灰棕色（5YR5/2），石灰反应强烈；有机质含量为 8.0g/kg，全氮含量为 0.44g/kg，碳酸钙含量为 105g/kg，pH 8.7，代换量为 9.97cmol（+）/kg。钙积层平均厚 69cm，湿润时紫灰色（2.5YR6/2），石灰反应强烈，有时可见锈色斑纹；有机质含量为 5.8g/kg，全氮含量为 0.29g/kg，碳酸钙含量为 81.3g/kg。pH 8.9，代换量为 6.98cmol（+）/kg。草甸灰钙土颗粒组成较轻粗，土壤质地较淡灰钙土重，通体为壤质砂土或砂质壤土，粒径>0.02mm 的砂粒占 55%～90%，<0.02mm 的黏粒和粉砂粒占 10%～45%。通透性较好，结构性差，阳离子代换量为 10cmol（+）/kg，代换量高于淡灰钙土。水分条件较好，地下水位较高。因此，心、底土常处于潮润状态，并见有铁锈斑纹。

第三节 漠 土 土 纲

漠土土纲是发育在温带漠境的地带性土类，包括灰漠土与灰棕漠土两个土类。由于母质的粗骨性强，该土纲碳酸钙的形态不明显，多为粉末状；而石膏粉末状却特别明显，淀积层厚度较大，含量较高可达 200g/kg 左右。典型剖面构型为 A_l-B_j-B_y-C。有盐、碱化现象。内蒙古地区的漠土土纲分布区的气候条件见表 5-11。

表 5-11　内蒙古灰漠土与灰棕漠土区气候条件

土类	降水（mm）	年均温（℃）	≥10℃积温（d·℃）	湿润度	蒸发量/降水量
灰漠土	100～150	6～8	2800～3200	<0.13	>10
灰棕漠土	<100	6～9	3300	0.02～0.05	50～100

一、灰漠土

灰漠土是草原化荒漠地带发育的、石灰弱淋溶、石膏与易溶盐较弱聚集的土壤。过去曾被称为灰漠钙土、荒漠灰钙土及漠钙土等。分布区西南起于甘肃省景泰，沿腾格里沙漠的东南边缘向东，顺贺兰山西麓北上，绕过乌兰布和沙漠的东缘，经狼山西端，转东北向，在东经107°E 附近与中蒙国界相交，沿国界向东东北，在 109°E 附近转正北，止于44°N 附近，东缘的蒙古国境内有南北向东凸、中间向西凹的变化；其北缘东起 109°E 东，沿 44°N 向西，在 108°E 附近折向西南，43°N 折向西，在 44°15′N、108°20′E 折向东北，止于 44°30′N、102°E 附近，再转西、再转南，形成一个北向的方形突起，由 44°N、101°E 起沿阿尔泰山南麓（西西北向）进入中国的新疆境内。灰漠土西与灰棕漠土相接，北、东与棕钙土相接。

成土特征：①龟裂化-孔状结皮，龟裂是干湿交替造成，气孔是 CO_2 或水汽排放生成，并被碳酸盐胶结孔壁，但在轻质或粗骨性母质上发育的灰漠土此特征并不明显。②弱腐殖质聚积特征。③易溶性盐聚积。④表层碳酸钙微弱淋溶，并在紧实层下淀积。⑤沙化、砾质化，地表颗粒由粗变细，沿主风方向砂粒依次堆积，或基岩上残留了薄层粗砂和砾石，甚至地表呈现岩石裸露。

（一）形态特征

荒漠结皮片状层（A_l），结皮层，厚 1～4cm，淡灰色（10YR7/1）或棕灰色，下面具有海绵状孔隙，干燥松脆，易顺着上边的裂纹开裂散碎，在沙性大和积沙较多地段，结皮发育不好，甚至没有；薄片或鳞片状结构层，厚 1～5cm，孔隙小而稀疏，松散易碎。紧实层（B_j），厚 5～15cm，褐棕色或黄棕色，块状或柱状结构；紧实层及其颜色的形成与铁质化和黏化作用有关，黏粒含量达 200～280g/kg，比上下土层多 5%～10%；铁稍多。过渡层（钙积层），常有不明显的斑点状、假菌丝状或斑块状碳酸钙淀积（钙质灰漠土），碳酸钙含量为 100～200g/kg，比上部孔状结皮中的多 1 倍左右。石膏和盐分聚积（B_{yz}）在 40cm 以下，以 80～100cm 深处较多，有的出现多层石膏；石膏一般呈白色小结晶或晶簇状态；盐分呈脉纹状乳白色结晶，含量为 0.5%～2%，多属氯化物为主或硫酸盐为主的混合类型，含较多重碳酸盐，一般 0.3～0.8g/kg。母质层（C），平均厚度 33cm 左右。此外，在一些低平地段，因受地下水毛管上升的浸润影响而有锈纹锈斑。通体强石灰反应。包括表土孔状结皮在内，都有一定碱化现象，碱化度 10%～20%。土壤呈强碱性反应，pH 8.5～10，以紧实层为最高。

一般肥力都比较低，而经过灌溉耕种的灰漠土有机质普遍增高，但含量仍低；全氮（<0.3g/kg）及全磷（<0.8g/kg）含量低，全钾在 25g/kg 左右。表层微量元素（27 个样本平均）有效含量：硼 0.79mg/kg、铜 0.39mg/kg、铁 3.90mg/kg，稍高于临界值，钼 0.081mg/kg、锰 3.65mg/kg、锌 0.34mg/kg，低于临界值。

（二）亚类及属性

1. 灰漠土亚类

灰漠土亚类主要分布于巴彦淖尔市乌拉特后旗的西部、阿拉善右旗的中南部，蒙古国灰漠土带的北部、东部。基本构型为 A_1-A-B_j-C 型（特征同土类）。荒漠结皮层（A_1）明显。弱腐殖质层（A）不明显，灰棕色，粒状结构；普遍缺少有机质（含量为 3.5～5g/kg），干燥，紧实，平均厚度 23cm。紧实层（B_j），平均厚度 30cm，干硬。母质层（C），平均厚度 50cm，残坡积母质层多属半风化物，杂色。土壤中各种元素移动极弱，易溶性盐类淋溶不深，碳酸钙在剖面表层聚积，腐殖质层的碳酸钙含量平均 58.1g/kg，层次间变化较小，无明显的钙积层。腐殖质层代换量为 6.72cmol（+）/kg，向下却有明显提高。

2. 钙质灰漠土亚类

钙质灰漠土分布于阿拉善左旗的巴彦诺日公、吉兰泰、罕乌拉、敖伦布拉格、乌素图、巴彦木仁、洪格日鄂楞等苏木（镇）；鄂尔多斯杭锦旗的西南部，鄂托克旗的西北部。剖面基本构型为 A_1-A-B_k-B_j-C 型。

荒漠结皮层（A_1）浅灰色，较典型灰漠土亚类薄，平均厚度为 4cm，碳酸钙含量为 72.4g/kg。淡腐殖质层（A），平均厚度为 25cm，较紧实，干燥，碳酸钙含量为 75.1g/kg。钙积层（B_k），棕色，往往与紧实层并存，剖面分异不明显，平均厚度 37cm，块状结构，碳酸钙含量为 125.3g/kg。紧实层（B_j），平均厚度为 34cm，干硬极紧，碳酸钙含量为 82.0g/kg。母质层（C），杂色，平均厚度为 54cm。层次过渡不甚明显。土壤水分条件差。

典型剖面：淤钙质灰漠土，位于阿拉善左旗巴彦吉兰太苏木（现吉兰泰镇）巴能马正东 1000m，地形平坦，成土母质为冲积物，主要植物有红砂、珍珠、针茅等，盖度为 15%，放牧地。典型剖面 A 层碱解氮含量为 24mg/kg、速效磷含量为 2mg/kg、速效钾含量为 54mg/kg。理化分析结果见表 5-12 与表 5-13。

表 5-12　钙质灰漠土典型剖面化学性质

土层（cm）	pH	碳酸钙（g/kg）	全钾（g/kg）	全磷（g/kg）	全氮（g/kg）	有机质（g/kg）	C/N
2～20	9.4	70.7	27.3	1.64	0.27	4.7	9.83
20～60	8.8	93.5	27.4	1.46	0.20	5.2	15.28
60～120	8.5	105.1	23.9	1.59	0.24	4.2	10.31

表 5-13　钙质灰漠土典型剖面颗粒组成

土层（cm）	颗粒含量（g/kg）				
	0.2～2.0mm	0.02～0.2mm	0.002～0.02mm	<0.002mm	>0.02mm
2～20	407.9	366.4	206.9	18.8	774.3
20～60	342.4	343.7	212.8	101.1	686.1
60～120	254.7	195.4	542.6	7.3	450.1

0～2cm（A_l）：淡灰色（10YR7/1），砂壤土，多孔隙，无根系，干，松，过渡明显，石灰反应强。

2～20cm（A）：灰黄棕色（10YR6/2），砂壤土，剖面分异不明显，干，稍紧，根系中量，石灰反应强。

20～60cm（B_k）：棕色（10YR4/6），砂壤土，小粒状结构，干，紧，根系少量，碳酸钙呈斑点状淀积。

60～120cm（C）：棕色（10YR4/6），壤质黏土，块状结构，无根，石灰反应强。

3. 隐域性亚类

隐域性灰钙土主要分布于灰钙土区的湖盆洼地、封闭洼地及河流阶地。

1）草甸灰漠土亚类

土体较其他亚类深厚，一般在 120cm 左右，土壤质地均一，以壤质土为主。具有微弱的草甸化过程与较强烈的积盐过程。剖面下部有程度不同的锈纹锈斑。盐分表聚现象特别明显，而且在 20cm 土层以下急剧递减，同时呈现碱化特征。紧实层以上有机质略高于 5g/kg。土壤 pH 7.9～9.1，呈弱碱性–碱性反应。碳酸钙含量为 50～90g/kg，淀积层次不甚明显。

2）盐化灰漠土亚类

地表有盐霜，碳酸钙表聚现象比较明显，0～5cm 含量为 95.6g/kg，明显高于剖面其他各层次。通体积盐，主要在 5～30cm 土层，但含盐量<10g/kg，以氯化物和碳酸盐为主，伴有碱化现象，总碱度为 0.25%～0.36%。剖面构型为 A_{lz}-A_z-B_{jz}-C。盐化灰漠土自然肥力低，0～20cm 有机质含量为 6g/kg 左右，氮、磷含量也比较低。

3）碱化灰漠土亚类

碱化灰漠土是盐化灰漠土脱盐而产生的。一般发生在古老冲积平原上，与盐化灰漠土共存。有碱化层。

4）灌溉灰漠土亚类

灌溉灰漠土是经过人为长期的灌溉培肥而发育起来的土壤类型。基本构型为 A_p（灌溉层）-B_j-C 型。由于灌溉和耕作的影响，荒漠结皮、龟裂化、鳞片状结构和孔隙层已被破坏，为耕作层（灰棕色，平均厚度为 25cm，粒状结构）所代替，并形成犁底层，紧实层明显下移。

二、灰棕漠土

灰棕漠土是在温带漠境区极端干旱气候条件下发育的地带性土壤,地表常见带黑褐色漆幂的砾幂;表层为多孔结皮。主要分布于巴彦淖尔市乌拉特后旗的西北部和阿拉善盟的中北部、西部、西北部荒漠戈壁上,是阿拉善高原的主体土壤;蒙古国主要分布于 94°～99°40′E、45°～43°10′N 一线西南地区。东接灰漠土,向南过渡为温带干旱草原的灰钙土、棕钙土。在灰棕漠土带中常伴有漠境盐土、龟裂土、风沙土、粗骨土、石质土分布,形成以灰棕漠土为主体的多种多样的土被结构。

典型荒漠植被,一般覆盖度在 1%左右,局部可达 3%～5%,甚至还有大面积为裸露戈壁,植物以旱生及超旱生的深根、肉质、具刺的灌木和小半灌木为主,多呈单丛状分布,主要代表植物有梭梭、琵琶柴、霸王、假木贼和木本猪毛菜等。几乎无短命植物和类短命植物。

成土特征:弱腐殖质积累、砾质化、亚表层铁质化、石灰表聚及可溶盐与石膏聚集。

(一)形态特征

土体构型基本为 A_1-B_j-C 型或 A_1-B_y(B_z)-C 型。土体厚一般为 50cm,地表多覆盖有 2～3cm 厚的带黑褐色漆皮的砾石。荒漠结皮层(A_1),厚 1～3cm,灰白色,呈多孔状;该层下或有 3～4cm 厚的鳞片状土层(多因质地粗而不明显)。紧实层(B_j),棕色或红棕色,较紧实,片状或块状结构,结构面上带有白色盐霜,一般厚 10～15cm,具有不明显的弱黏化特征。石膏层(B_y)或钠盐聚积(碱化)层(B_z),具有较明显的石膏和盐分结晶体,多为粉状或粗纤维状。母质层(C),砾石含量高,粗骨性强。剖面发育极其微弱,层次特征不明显。通体石灰反应强烈。母质类型多样,主要为冲洪积物、砂砾质残积–坡积物和少量的风积物及第三纪沉积物。

(二)理化性状

由于以粗骨性母质为主,通体质地轻、粗,多为含砾石的砂壤土和壤质砂土,石砾含量一般占土重的 20%～70%,细土物质少,只有碱化类型土壤质地较黏重、结构性差。物理性质较差,容重大、孔隙度较小,毛管孔隙很少;紧实;水分状况极差,全年均处于干旱状态。土壤的通透性、保水保肥性差。

$CaCO_3$ 表聚明显,多孔层与紧实层 $CaCO_3$ 含量为 45～200g/kg,高出下层 50%至数倍,向下明显减少。土壤中均含有一定的易溶盐与石膏,含量分别为 5～30g/kg 与 1～80g/kg,石膏聚集层石膏含量增至 100～400g/kg。土壤呈碱性,pH 8.0～8.7,碱化土壤达 9.0。

土壤养分含量低,各层次无明显差异,除钾素相对比较丰富外,氮、磷均较贫乏。表层微量元素平均(15 个土样)有效含量:钼 0.121mg/kg、锰 1.90mg/kg、锌 0.16mg/kg,

均低于临界值，铜 0.31mg/kg、铁 3.07mg/kg，稍高于临界值，仅硼（1.13mg/kg）含量较高。土类的营养状况见表 5-14。

表 5-14　灰棕漠土剖面营养状况

层次	厚度（cm）	项目	有机质（g/kg）	全氮（g/kg）	全磷（g/kg）	全钾（g/kg）	碳酸钙（g/kg）	pH	代换量[cmol（+）/kg]
A_l	3	含量	4.1±2.9	0.19±0.1	0.50±0.2	19.0±1.0	53.2±15.1	8.3～9.5	11.99±6.20
		样本数	37	37	36	36	37		26
B_j	20	含量	3.6±1.8	0.21±0.1	0.45±0.1	19.5±1.7	58.6±31.6	8.4～9.0	15.09±12.76
		样本数	83	83	83	83	79		44
C	57	含量	3.4±1.7	0.19±0.1	0.40±0.2	19.2±3.3	53.1±49.7	8.3～9.1	9.53±7.55
		样本数	58	58	57	57	67		46

（三）亚类及属性

划分为两个亚类。

1. 灰棕漠土亚类

灰棕漠土是阿拉善高原上的一个主要土壤亚类。主要分布于巴彦淖尔市乌拉特后旗的西部和西北部及阿拉善盟的中部、北部和西北部地区的较平坦低阶地、河谷两岸平地、丘陵缓坡及高平原。

紧实层黏粒较多（表 5-15），厚度一般在 25～30cm；下层多为含有易溶盐分或石膏聚积的土层，该层往往与母质层重叠。呈弱碱性反应，pH 8.3～9.1。硅铁铝率在剖面内无明显变化。钙镁含量较高，呈从上到下淀积趋势，而钾、钠有表聚现象。

表 5-15　石质灰棕漠土颗粒组成　　　　　　　　　　　（单位：g/kg）

土层（cm）	>2.0mm	0.2～2.0mm	0.02～0.2mm	0.002～0.02mm	<0.002mm	>0.02mm
0～12	198.0	303.0	340.0	80.0	79.0	841.0
12～35	233.0	374.0	382.0	83.0	128.0	789.0

典型剖面：石质灰棕漠土，位于阿拉善盟额济纳旗马鬃山苏木红柳沟北偏西 10°，距红柳沟 1950m。地形为山前缓坡，海拔 1574m，成土母质为花岗岩残坡积物。利用现状为天然放牧场，主要植物有红砂、霸王等。地表中度风、水蚀，普遍存在黑褐色砾幂。

0～2cm（A_l）：灰黄棕色（10YR6/2），蜂窝状结构，干，松，根系极少，石灰反应强。

2～12cm（A_l）：黄棕色（10YR5/8），多砾质砂壤土，柱状结构，干，松，少量根系，石灰反应强。

12～35cm（B_j）：黄棕色（10YR5/6），多砾质砂壤土，块状结构，干，紧，无根系，石灰反应强。

35～110cm（C）：橙色（2.5YR7/6），母质层，紧，无根系。

2. 石膏灰棕漠土亚类

石膏灰棕漠土是荒漠地区具有代表性的土壤类型。主要分布于阿拉善高原的西部、北部和西南部，行政界限包括阿拉善盟的阿拉善左旗、阿拉善右旗、额济纳旗。分布的地形主要在广阔的波状高平原，其次是剥蚀残丘的起伏坡地和冲洪积阶地。气候条件更干旱，年均降水量在 50mm 以下。地表水和地下水都十分贫乏。石膏灰棕漠土在地域分布上常与灰棕漠土亚类呈交错出现，只能根据石膏的含量和石膏聚积层位的深浅加以区分。

荒漠结皮层（A_l）平均厚 2cm，淡灰棕色。紧实层（B_j）不甚明显，往往与石膏聚积层并存。石膏淀积层（B_y）平均厚 45cm，灰白色或灰红色，块状结构或无结构，有大量石膏淀积，石膏含量一般在 200g/kg 左右或更高。母质层（C）平均厚 55cm，灰白色，为岩石风化残坡积或冲洪积物。剖面碳酸钙含量平均为 4%～11%，淀积特点与灰棕漠土亚类相似。剖面中尚有一定数量的易溶性盐分。土壤呈碱性反应，pH 7.5～9.1。钼有效含量较高。

典型剖面：淤石膏灰棕漠土，位于阿拉善盟额济纳旗苏泊淖尔苏木一号山正南 2km。平缓阶地，冲洪积母质，海拔 927.3m，有少量梭梭、红砂生长；覆盖度在 1% 左右，地下水位 20m 以下，天然放牧场。地表严重风蚀，形成黑褐色砾幂。

0～3cm（A_l）：淡灰棕色（7.5YR7/2），少砾质砂壤土，小粒状（多孔隙）结构，松，弱石灰反应，无植物根系。

3～25cm（B_j）：棕灰色（7.5YR5/2），砂壤土，小粒状结构，有粉末状石膏，紧，弱石灰反应，过渡不明显，无根系。

25～63cm（B_y）：灰白色（2.5Y8/1），无结构，有明显而大量的石膏结晶，紧，无根系，无石灰反应。

63～85cm（C）：灰白色（2.5Y8/1），无结构，紧，母质层。

第四节　淋溶土纲与半淋溶土纲

蒙古高原的淋溶土与半淋溶土都分布于蒙古高原周围山区及其外围的台地，是高原的最湿润气候区（表 5-16）。

表 5-16　内蒙古淋溶土及半淋溶土分布区气候条件

土纲	土类	降水（mm）	年均温（℃）	≥10℃积温（d·℃）	湿润度
半淋溶土纲	褐土	400～450	8～9	3200 左右	0.6
	灰褐土	350～500	2～4	1600～2000	0.6～1.0
	黑土	440～510	0～3	2100～2400	0.6～0.8
	灰色森林土	400～510	-2～2.5	1400～2000	0.85
淋溶土纲	棕壤	400～450	4～6	2400～3000	>0.8
	暗棕壤	400～500	-2～5	1700～2600	0.7～1.0
	棕色针叶林土	400～500	-2～-6.4	1200～1600	1.0～1.2

一、褐土

褐土是在暖温带半湿润区，干旱森林或灌丛草原下发育的土壤，具有弱腐殖质层与明显的黏化层，土体中有一定量的碳酸盐淋溶与淀积。曾被称为石灰性棕色土、山东棕壤或森林棕钙土等。

（一）分布

蒙古高原的褐土属华北褐土带的北缘，主要分布在赤峰市、通辽市南端的低山丘陵和黄土丘陵，燕山的山前丘陵，海拔<500m，以低山丘陵和河谷平原为主。地下水位在3m以下。是该区面积最小的地带性土壤。东（上）连棕壤，北接栗褐土。

成土母质主要是黄土及黄土状物质。除河流沿岸外水文资源较差。耕地上形成耕作表层，致使土壤肥力下降。但潮褐土亚类在合理耕作的条件下，耕地土壤肥力有所提高。

褐土的形成特点为较弱的腐殖质积累，碳酸钙淋溶和淀积，黏粒的形成、下移和淀积。

划分出褐土、石灰性褐土、淋溶褐土、褐土性土与潮褐土5个亚类。

（二）形态特征

剖面构型一般为A-B$_t$-C$_k$型或A-B$_{tk}$-C型。腐殖质层（A），厚22～46cm，平均24cm，潮褐土较厚；棕色（10YR4/4～4/6），有机质含量高颜色变暗；粒状到细核状结构，疏松；腐殖质的胡富比为0.8～1.5（接近草本植被下的腐殖质特征）；有较多根及植株残体。向下逐渐过渡，发育在黄土母质上的淋溶褐土在A层下往往还可见到过渡层（AB）。淀积黏化层（B$_t$），厚32～49cm，浊棕至棕色（7.5YR4/6～5YR4/4）、褐色，块状或核状结构，结构面上可见黏粒胶膜，较紧实；石灰反应中等，有假菌丝状或霉状石灰淀积物；少量根；可细分出不同的淀积层次；B$_t$与B$_k$虽不完全重叠，但可有B$_{tk}$层。母质层（C）出现的深度不一，黄土、冲积母质一般出现在120cm以下，残坡积物上70cm即可见到母质层，淡黄棕色（10YR7/6）；且多夹石块。pH 7.0～8.5。

表层有机质、全氮、速效磷含量较低，速效钾较丰富；微量元素有效含量：硼0.34mg/kg、钼0.099mg/kg、锌0.44mg/kg，均低于临界值，锰10.82mg/kg、铜0.55mg/kg、铁11.15mg/kg，则高于临界值。

二、灰褐土

灰褐土是发育在干旱与半干旱地区山地的森林、灌丛草原植被下，具有明显的凋落物层、腐殖质层和一定的碳酸钙淋淀的山地土壤。曾被称为山地栗钙土或灰色森林土。

（一）分布与特征

主要分布在阴山、贺兰山的中低山，海拔在1600～2500m，最高3000m，最低1400m。成土母质类型大多为太古界不同时期造山运动侵入的结晶岩风化物，以花岗岩和花岗片麻岩为主，少部分为白垩纪的泥质砂岩、砂砾岩及第四纪黄土及黄土状物质。经物理化学风化就地残积或经水力、重力的作用，形成了不同岩性的残积–坡积物。在垂直带中其上界为灰色森林土、山地草甸土，下界与水平地带的栗钙土、栗褐土或灰钙土相接。

划分为淋溶灰褐土、灰褐土和石灰性灰褐土3个亚类。

灰褐土的形成特点：有比较强的粗腐殖化作用；森林植被被灌丛草原植被代替后，腐殖质的积累大大减弱。黏化作用比较微弱。$CaCO_3$有明显淋溶，只在剖面的中下部有淀积。

（二）形态特征

剖面构型以 O-A-B_t-B_k-C（C_k）型、A-B_t-C 型为主，局部可见 A-AB-B_t-C_k 型或 A-C 型，土体厚度30～110cm。凋落物层（O）厚3～10cm，上为枯枝落叶，下为半腐解物；棕色或略带褐色；轻软而有弹性。腐殖质层（A）厚20～60cm，平均23cm，暗灰褐色（棕黑色、棕灰色或略带褐色），粒状或碎块状结构，根系多，疏松多孔，层次过渡不明显。黏化层（B_t）与钙积层（B_k），灰棕色，根系较多，紧实；分为两个亚层，上亚层为黏粒淀积层，棱块状结构，结构面上多铁锰胶膜，下亚层以 $CaCO_3$ 淀积为主，有假菌丝或斑块状 $CaCO_3$ 淀积物。母质层（C）灰棕色或杂色，多为砂砾石，无结构，根系少，紧实。全剖面无到强石灰反应。中性—微碱性，pH 6.8～8.5。通体碳酸钙含量较低，一般不超过50g/kg，淀积层和母质层最高；各亚类间有较大差异，石灰性灰褐土>灰褐土>淋溶灰褐土。腐殖质层质地砂壤土或砂质黏壤土；黏化层（B_t）与钙积层（B_k）质地壤质黏土或黏壤土。

灰褐土养分状况较好，腐殖质层有机质含量平均为35.7g/kg，向下剧减，胡富比为1.49～2.41。高钾缺磷。耕地除速效磷高于非耕地外，土壤有机质、全氮和速效钾均明显低于非耕地。表层微量元素有效含量：硼0.49mg/kg、钼0.099mg/kg、锰6.88mg/kg、锌0.417mg/kg，低于临界值，铜0.461mg/kg、铁18.06mg/kg，含量较高。

典型剖面：中层石质灰褐土，位于乌兰察布市凉城县三苏木乡兵坝营子村正南300m的低山上，海拔1800m，成土母质为花岗岩风化残积物，植被为灌丛草原，主要植物有山杏、虎榛子、羊草、针茅、蒿类等，为牧业用地。

0～33cm：暗棕色（7.5YR3/4），多砾质砂壤土，粒状结构，较紧，润，根系多量，无石灰反应。

33～69cm：棕色（7.5YR4/6），中砾石土，粒状结构，较紧，润，根系中量，无石灰反应。

69～110cm：灰黄色（2.5Y7/3），轻砾石土，无结构，紧，润，无根系，石灰反应弱。

三、黑土

黑土为温带半湿润区草原化草甸或夏绿阔叶林带杂类草草甸植被下形成的具有深厚腐殖质层和一定程度淋溶的地带性土壤。曾被称为北方黑土、灰化黑土、淋溶黑土、退化黑钙土、变质黑钙土及湿草原土等。

（一）分布与成土过程

地带上北（上）接暗棕壤或白浆土，南、西与黑钙土相连。在蒙古高原主要分布在大兴安岭东麓山前海拔 300～400m，外形和缓、起伏不大的丘陵和漫岗的中、下部与波状起伏的洪积、冲积平原上。河北坝上在海拔 1400～1800m 的舒缓丘陵上也有分布。成土母质主要有黄土状黏土，各种基岩风化残–坡积物及洪–冲积物。一般均较黏重。共分黑土、草甸黑土、白浆化黑土 3 个亚类。

形成特点：主要为季节性滞水引起的还原淋溶特征与腐殖质积累特征。还可能有草甸化、白浆化等特征。兼具草原土壤的特点（如腐殖质积累过程）与森林土壤成土过程的某些特点（如黏化过程和盐基淋溶过程）。

（二）形态特征

土体构型以 A-AB-B-C 型为主。腐殖质层（A）深厚，厚度 30～70cm，有的地段可厚达 1m 以上，呈黑色–灰黑色，土壤结构良好，大部分为粒状和团块状结构，土体疏松多孔，根系密布且多鼠及蚯蚓洞穴。A 层和 B 层之间常夹有暗色腐殖质漏痕的过渡层。淀积层（B）为灰棕色或褐色，厚度 30～50cm，质地黏，常紧实，呈核块状或块状结构，结构体表面有暗色腐殖质和铁锰胶膜，并有白色的二氧化硅粉末积累。受淋溶作用影响黏粒有向下移动的现象，淀积层黏粒含量可达 35%～50%，高于腐殖质层，黏化率为 1.08～1.44。剖面中有不同数量的黑褐色铁锰结核，粒径 1mm 左右，剖面下部常见灰色、黄色斑块条纹等。母质层（C）多为黄土状堆积物。全剖面无石灰反应。局部条件的变化对黑土剖面结构有明显影响，地形稍高的缓坡部位往往受临时滞水侧流漂洗的作用，在腐殖质层的中下部常出现灰白色的白浆层；在地形低平处除受滞水影响外，还受地下水的氧化还原的影响，在剖面下部出现明显的锈斑锈纹层。酸碱度呈微酸性，水浸 pH 6.5～7.5。

结构性较好，>0.25mm 的水稳性团粒总量为 70%～80%，对协调土壤中水、肥、气、热等因素有良好影响。开垦以后黑土的水稳性团粒结构有明显降低，开垦 6～8 年，水稳性团粒总量降至 60%左右。

黑土的自然肥力很高，具有较丰富的有机质，表层含量一般 40～70g/kg；碳氮比为 10～15。表层腐殖质组成以胡敏酸为主，富里酸次之，胡富比为 0.9～1.7。阳离子代换量较高，25～35cmol（+）/kg，保肥性能强，盐基饱和度为 80%～90%。黑土养分含量高，尤其是氮和钾，而磷含量稍低。微量元素平均有效含量：铜 0.77mg/kg、锰 22.79mg/kg、铁 84.37mg/kg，高于临界值；硼 0.41mg/kg、钼 0.243mg/kg、锌 0.81mg/kg，接近或低于临界值。

四、灰色森林土

灰色森林土是发育在温带湿润、半湿润的森林草原地区森林植被（主要以夏绿阔叶林，间有针阔混交林和退化灌丛）下的具有深厚腐殖质层和明显的二氧化硅淀积层的半淋溶型土壤，又名灰黑土。

（一）分布与特征

灰色森林土是蒙古高原分布较为广泛的森林土壤之一；中国境内该土类除少部分分布于天山周围外，90%以上都处在蒙古高原及其周围的山地，除大兴安岭中部属水平分布之外，均为垂直分布土壤。大兴安岭中部灰色森林土带，主要分布在西坡海拔 800～1000m 低山，呈北北东向，半月形环抱西麓低山丘陵，上与棕色针叶林土相接，向西与黑钙土毗连；大兴安岭南部山地主要分布在东坡 1300～1940m 的中山，或西坡 1400m 以上的山地，上接山地草甸土，下与淋溶黑钙土呈复区分布。七老图山的海拔 1400～1700m 山地（河北），上接山地草甸土，下接棕壤。阴山山地灰色森林土不连续分布于1600m（北坡）或 1800m（南坡）以上，常常与灰褐土、淋溶灰褐土构成垂直带谱。在黄土丘陵区，灰色森林土分布于侵蚀沟壑的边坡，坡面上的黑土、黑钙土与之毗连，形成独特的负向垂直谱系。主要分布在阿尔泰山海拔 1500～2000m 的中山，杭爱山与肯特山的北坡，鄂尔浑河与色楞格河、鄂嫩河与乌勒兹河的分水岭，哈尔希林山区。唐努乌梁海地区还有非山地灰色森林土。

灰色森林土分为灰色森林土、暗灰色森林土两个亚类。Беспалов（1959）在蒙古国又分出暗灰褐色森林土亚类。

灰色森林土分布区均属地下水淋溶带，多为裂隙水和深承压水，水质好，全部为<1g/L 低矿化水，水化学成分以 CO_3^{2-}、HCO_3^- 型为主，北部尚有一定面积冻层滞水。

形成特点：腐殖质积累表现出明显的森林与草原都有的特征。可溶性盐和碳酸钙均被淋洗出剖面，硅粉在剖面中下部大量淀积，轻度的淋溶黏化。腐殖质与硅粉沉积是灰色森林土区别于其他森林土壤的主要标志。

（二）形态特征

土体厚度为 50～145cm；构型为 $O-A-AB_q-B_q-C$ 型。凋落物层（O）厚 3～10cm，上部为枯枝落叶及草本植物残体；其下为半腐解凋落物，有机物残体的形状已很难分辨，松散，呈棕黑色（7.5YR3/1）或暗棕色（7.5YR3/4）。腐殖质层（A）厚 25～55cm，棕黑色（7.5YR3/1）或橄榄黑色（5Y3/2），团粒状结构，下部结构表面偶有硅粉淀积；向下逐渐过渡。过渡层（AB_q）厚 20～35cm，棕黑色或暗橄榄棕色（2.5Y3/2～3/3），有少量硅粉淀积。淀积层（B_q）厚 25～50cm，灰黄色（2.5Y6/2）或浊黄棕色（10YR5/4），块状或棱块状结构，硅粉淀积明显，结构面上有较弱的铁锰胶膜，使土体呈现暗棕色。母质层（C）棕色（10YR4/4）或灰黄色（2.5Y6/2），石块表面有硅粉淀积，偶见铁锰胶膜和石灰斑纹。通体无石灰反应（个别剖面底部有石灰反应）。表土层多为粒状或屑粒状结构，结构不十分稳固。剖面中部黏粒有所增加，淀积层黏粒含量高于腐殖质层和母质层。土壤呈微酸到中性，pH 5.5～7.0。

土壤养分含量较高，表层有机质含量为 60～150g/kg，淀积层有机质仍在 23.6g/kg，从上到下逐渐降低。腐殖质胡富比一般为 1.5～2。全氮、全磷含量均较高，有明显的表聚现象，生物积累作用显著。微量元素除钼 0.129mg/kg 低于临界值外，其他几种微量元素（硼 0.58mg/kg、锌 0.75mg/kg、锰 21.69mg/kg、铜 0.72mg/kg、铁 61.44mg/kg）均较丰富。

五、棕壤

棕壤又称为棕色森林土或山东棕壤。是在湿润暖温带落叶阔叶林下，形成的具有腐殖质表层及黏化 B 层，通体无石灰反应的土壤。有潮棕壤、棕壤和棕壤性土 3 个亚类。

蒙古高原的棕壤是华北棕壤带的北缘，它往往与褐土或栗褐土构成山地土壤垂直带谱。在内蒙古主要集中于赤峰市南部和西部的七老图山和努鲁儿虎山地，一般出现于海拔 800m 以上的山体或山间谷地。这里山峦起伏，海拔多在 900～1600m，切割破碎，相对高差达 300～500m。属暖温带北缘，为季风性气候，湿润而温和。自然植被大部已遭破坏，多数演变为生草环境和次生林。水源较好。人类的生产活动，特别是耕地的开垦，使枯枝落叶层缺失，腐殖质层变薄，有机质含量降低。冀北的燕山部分有较大面积分布（海拔 600m 以上，降水 670～790mm，≥10℃积温 3000～4000℃）。

具有强烈的黏化特征和盐基淋洗特征及腐殖质累积特征。

剖面构型为 O-A-B-C 型。自然植被下有不明显的凋落物层（O），厚 2～4cm，半分解状态，色杂，松软。腐殖质层（A），厚度一般在 21～32cm，暗棕色（7.5YR3/4）或棕色（7.5YR4/4），粒状或团粒状结构，耕作后表土层变为耕作熟化层（A$_1$）。淀积层（B$_t$），为黏化层，厚 25～35cm，平均厚 31cm，红棕（5YR4/6）、黄棕色（10YR5/8），块状或棱块状结构，结构面上往往有棕褐色铁锰胶膜，有些结构体中可见铁锰结核，发育在黄土母质上的棕壤明显。母质层（C），颜色较杂，因母质不同而异，但以棕黄色（2.5Y4/4）居多，结构为碎块状或不明显，残坡积物母质多含砾石。黄土母质上棕壤往往在腐殖质层下出现过渡层（AB），在土体薄的残坡积物上，多数缺乏母质层，甚至出现腐殖质层下即为基岩，形成了 A-R 构型。呈微酸至中性，pH 6～7。

棕壤有机质含量变异较大，自然土壤枯枝落叶层有机质含量高达 100g/kg 以上；腐殖质层有机质含量一般为 30～50g/kg，胡敏酸/富里酸为 0.29～0.84。有机质含量、全氮和全磷随剖面深度增加而减少，而全钾在剖面中无明显分异。速效磷（4mg/kg）极为缺乏，氮也不足，速效钾（210mg/kg）较为丰富。20 个土样表层微量元素平均有效含量：硼 0.48mg/kg、钼 0.186mg/kg、锌 0.81mg/kg，接近临界值，锰 26.40mg/kg、铜 0.80mg/kg、铁 30.73mg/kg，较丰富。而耕地由于水土流失严重，土壤养分明显低于自然土壤，有机质含量锐减，仅含 15g/kg 左右。

六、暗棕壤

暗棕壤是在温带湿润地区针阔叶混交林下发育的地带性土壤，又称为暗棕色森林土，曾被称为灰棕壤、棕色灰化土或灰棕色森林土。是内蒙古面积最大的森林土壤类型（占土壤总面积的 7.0%）。上（北）接棕色针叶林土，下（南）接棕壤、黑土、黑钙土或暗栗钙土。该区暗棕壤有暗棕壤、灰化暗棕壤、草甸暗棕壤、暗棕壤性土 4 个亚类。其主要分布区在 WRB 的亚洲土壤图中被划入了山地棕色森林土，主要分布在东北与华北。

（一）成土条件

内蒙古暗棕壤主要分布在大兴安岭东南麓 300～1300m 的中、低山及丘陵上的夏绿阔叶蒙古栎林和部分兴安落叶松、蒙古栎组成的针阔混交林下。北部的低山丘陵区，由于山势浑圆，起伏不大，暗棕壤可分布在整个漫岗或丘状地形上。中南段主要分布在山地阳陡坡的中上部或阴坡。成土母质多系基岩风化的残坡积物，还有黄土状物质及洪冲积物。比棕壤地区冷凉湿润。土壤冻结期长，冻结深度可达 2m 以上。

形成特点：具有森林植被有机质积累和弱酸性淋溶的特征，在部分暗棕壤分布地区也存在着弱（隐）灰化、白浆化、草甸化等特征。

（二）形态特征

剖面构型为 O-A-AB-B$_t$-C 型。半分解的凋落物层（O），厚 3～5cm，常为褐色，有较多的白色菌丝体，森林植被破坏后缺乏此层。腐殖质层（A），厚 10～37cm，一般为暗棕色（5YR2.5/1）至灰棕色（5YR4/1），具有粒状或团粒状结构，有大量密集的草本植物根系；有蚯蚓聚居。腐殖质层下面有时可有厚约 20cm 的过渡层（AB），呈灰棕色或黄棕色，较紧实。淀积层（B$_t$）呈棕色或暗棕色，质地偏重，黏粒有轻微积聚现象，并呈核块状结构，结构面上有铁锰胶膜及二氧化硅粉末。母质层（C）大多为各种岩石的风化壳，以棕色花岗岩的碎屑堆积物最为普遍。整个剖面一般均含有石砾，且往下递增，通体无石灰反应。

暗棕壤腐殖质层有机质含量高，平均为 70.6g/kg，耕垦后下降；表层胡敏酸碳与富里酸碳的比值为 1.1～1.5；碳氮比为 12 左右。土壤表层全磷量和全钾量都较丰富，速效养分中氮和钾丰富，速效磷差异较大，有的小于 5mg/kg，极缺，向下急速降低，见表 5-17。

表 5-17 暗棕壤土剖面养分

层次	厚度（cm）	项目	有机质（g/kg）	全氮（g/kg）	全磷（g/kg）	全钾（g/kg）	碳酸钙（g/kg）	pH	代换量[cmol（+）/kg]
O	4	均值	110.7		1.30		0.9	5.4～5.8	
		样本数	1		1		1		
A	25	均值	70.5±31.1	3.18±1.3	1.02±0.5	20.2±6.7	—	5.1～6.8	27.10±7.87
		样本数	139	139	136	125			113
AB	25	均值	46.5±13.1	2.22±0.7	0.72±0.3	18.8±6.2	—	5.0～6.3	19.24±6.44
		样本数	33	33	33	31			23
B$_t$	28	均值	21.9±7.6	1.13±0.3	0.43±0.2	17.8±6.3	—	5.1～6.2	20.76±7.59
		样本数	76	75	75	71			52
C	48	均值	11.1±4.1	0.65±0.2	0.40±0.2	16.5±7.3	0.7	5.1～6.5	17.80±8.95
		样本数	61	61	61	57	1		40

表层微量元素平均有效含量：硼 0.35mg/kg、钼 0.154mg/kg、锌 0.70mg/kg，处于缺乏的临界值左右，锰 23.85mg/kg、铜 0.48mg/kg、铁 53.15mg/kg，较丰富。

典型剖面：薄层泥质暗棕壤，位于呼伦贝尔市扎兰屯市卧牛河镇 5km 阴坡中部，海拔 380m，母质为泥页岩残积物，植被有柞树、胡枝子、羊草、白蒿等，为林业用地。剖面的矿物化学组成见表 5-18，理化性质见表 5-19。

表 5-18　薄层泥质暗棕壤土矿质全量表

土层 （cm）	烧失量 （g/kg）	SiO₂ （g/kg）	Al₂O₃ （g/kg）	Fe₂O₃ （g/kg）	TiO₂ （g/kg）	MnO （g/kg）	CaO （g/kg）	MgO （g/kg）	K₂O （g/kg）	Na₂O （g/kg）	P₂O₅ （g/kg）	$\frac{SiO_2}{R_2O_3}$
2～16	65.0	650.0	141.8	40.5	10.0	0.81	11.9	12.5	28.3	29.4	0.52	6.60
16～37	63.2	637.0	152.5	45.2	9.8	0.71	10.5	14.5	28.6	19.1	0.45	5.99
37～62	52.6	651.5	147.9	42.9	9.4	0.55	10.5	13.7	28.6	20.6	0.47	6.32
62～110	48.4	654.0	147.0	41.1	9.3	0.74	10.5	14.5	28.6	21.6	0.66	6.43

表 5-19　薄层泥质暗棕壤亚类剖面理化性质

层次	碱解氮 （mg/kg）	速效磷 （mg/kg）	速效钾 （mg/kg）	pH	代换量 [cmol（+）/kg]	颗粒组成（g/kg）					
						>2.0mm	2～0.2mm	0.2～0.02mm	0.02～0.002mm	<0.002mm	>0.02mm
A	82.9	2.5	273	6.02	15.01	14.0	68.0	356.0	299.0	263.0	438.0
Bₜ	82.6	2.9	263	5.94	16.90	199.0	53.0	262.0	218.0	268.0	514.0
BC	41.9	11.9	178	5.52	16.79	181.0	48.0	343.0	234.0	194.0	572.0
C				5.68	15.90	273.0	44.0	268.0	199.0	216.0	585.0

2～16cm（A）：暗棕色（7.5YR3/3），腐殖质层，少砾质壤质黏土，核状结构，少量石块，稍紧，润，多根系。

16～37cm（Bₜ）：黄棕色（10YR5/6），淀积层，多砾质砂质黏土，核块状结构，有少量石块，紧，润，少根系。

37～62cm（BC）：浊黄色（2.5Y6/3），过渡层，多砾质砂质黏壤土，核块状结构，中量石块，润，紧，少根系。

62～110cm（C）：浊黄色（2.5Y6/4），母质层，多砾质砂质黏壤土，块状结构，有多量石块，紧，润，无根系。

七、棕色针叶林土

棕色针叶林土是寒温带湿润季风气候区针叶林植被下弱度发育的地带性淋溶土壤。曾被称为棕色灰化土、棕色泰加林土及寒棕壤等。

（一）分布与形成特征

在内蒙古集中分布于大兴安岭北段山地，以楔形向南延伸，南端呈岛状退缩到 1200m 以上山脊顶部，北部海拔 500m 左右，南部个别山峰可达 1700m 以上；平均海拔不足 900m。地下岩层基本由火成岩构成，以酸性结晶岩分布最为广泛。成土母质以这些岩石的物理风化残积物、坡积物为主，风化不彻底，母质粗糙，碎石、角砾多。

土层很薄。阿尔泰山海拔 1800～2400m 处有分布。其在大兴安岭的主要分布区，在《中国土壤》（1978 年）中标的是漂灰土；这一基本相同的区域在 WRB 中标的是山地灰化土（Горные пдзолстые и кислые неоподзоллнные）；该灰化土在蒙古高原北部广泛分布，包括肯特山–博尔朔夫山、萨彦岭及乌考克高原（包括俄罗斯阿尔泰山）；在 Cryosols（Kimble，2004）中该区域大部分划为冻土分布区。

主导成土过程是在寒温带针叶林条件下的腐殖质积累过程、酸性淋溶过程和活性铁铝聚积过程。局部成土条件的差异，产生了附加过程，有灰化过程、潜育化过程和白浆化过程，从而产生了一系列亚类。地下水对土壤发育影响不大，冻层水却起着十分重要的作用。

（二）形态特征

土体浅薄，厚度很少超过 50cm；剖面构型为 O-H-A-B-C 型。未分解的凋落物层（O），厚度为 2～8cm，褐色，疏松而具弹性，由枯枝落叶、球果等凋落物构成，常与藓类混合。半分解的凋落物层（H）厚度为 1～6cm，平均厚 5cm，黑褐色，较上层紧实，呈毡状，含较多白色菌丝体和植物根。腐殖质层（A），为黑色半泥炭化的粗腐殖质层。由半分解的凋落物层随分解程度增加过渡而成，因此与 H 层没有明显界限，有机质分解差，部分剖面难以单独划出；厚度极薄，一般为 5～10cm，在草类落叶松林下因生草作用该层相对较厚，可达 20cm 以上，平均 17cm；颜色深暗，上深下浅，下部呈暗灰色。粒状结构，疏松，大量木质根系，可见白色菌丝体。淀积层（B），厚度变化较大，平均 31cm，呈淡棕（10YR7/6）至棕色，团块或稍具核状结构，较紧实，少量根系，多含有较多石块，一般无明显物质淀积现象。母质层（C），棕色（7.5YR5/4）同母岩，寒冻风化碎石为主，石块底面可见铁锰胶膜。土壤水分偏多，经常处于过湿状态。分层不明显，《中国土壤》给出的剖面构型为 O-H（Ho-He-Hi）-AB-C 型。

腐殖质层有机质含量极高，个别可达 300g/kg 以上，向下急剧减少，碳氮比在 14 左右。表土层腐殖质胡敏酸/富里酸在 0.5～0.8。表层养分平均含量：有机质含量为 119.6g/kg、全氮含量为 3.54g/kg、速效磷含量为 22.1mg/kg、速效钾含量为 330mg/kg。微量元素平均有效含量，除硼 0.39mg/kg 在临界值以下外，其余（钼 0.42mg/kg、锰 27.84mg/kg、锌 1.36mg/kg、铜 0.45mg/kg、铁 153.10mg/kg）不缺。

共分为棕色针叶林土、表潜棕色针叶林土及漂灰棕色针叶林土三亚类。

典型剖面：薄层石质棕色针叶林土，位于呼伦贝尔市鄂温克族自治旗全胜林场南偏东 35°，3.5km 低山北坡中下部。成土母质为酸性结晶岩残坡积物。植被为兴安落叶松、白桦、兴安杜鹃、越橘。

0～7cm：棕褐色未分解的松针及藓类残体。

7～10cm：棕黑色半分解凋落物层。

10～14cm：黑棕色，黏壤土，粒状结构，稍紧，中量根系，层次过渡整齐明显。

14～25cm：棕色，砂质壤土，粒状结构，稍紧，中量根系，含少量石块，层次过渡明显。

25～60cm：淡棕黄色，黏壤土，块状结构，紧，根系极少，含大量石块。

八、灰化土与漂灰土、白浆土

灰化土与漂灰土、白浆土都具有较高有机质含量的腐殖质层（A），甚至一般表层都有枯落物层（O），腐殖质层下是一层富含硅粉的灰白淋溶层（E 或 A₂）。通体酸性。

灰化土是在寒冷湿润气候条件针叶林植被下形成的具有铁铝淋溶与淀积的土壤。土体构型为 O-A-E-B-C 型。WRB 中强调其必有一层有机铝淀积层。蒙古国杭爱山、肯特山及唐努乌梁海、博尔朔夫山有大面积分布。

漂灰土是寒温带针叶林植被下，具酸性淋溶与漂洗作用的弱度发育土壤。所处地形部位较棕色针叶林土低湿，土温更低。以其白色的漂灰层（E_q）和寒冻的状态而区别于棕色针叶林土。腐殖质淀积不发育。剖面构型为 O-H-E_q-B-C 型。

白浆土是在温带半湿润、湿润气候，草甸或森林植被下，经过白浆化等成土过程形成的具有暗色腐殖质层、灰白色亚表层（白浆层，含有大量的 SiO_2）及暗棕色黏化淀积层的土壤。剖面构型为 A-E-B_t-C 型，白浆层下有明显的黏粒淀积，表层有草根层（A_s）或有机质层（O）。大兴安岭东坡海拔 200~600m 的漫岗及河谷阶地的 5°左右缓坡上有分布。

在《中国土壤》（1987 年，1998 年）、《内蒙古土壤》、《黑龙江土壤》及 HWSD 中都没有论及大兴安岭有灰化土，但很多材料中指出大兴安岭北部有灰化土，或认为漂灰土就是灰化土（朱鹤健等，1992）。白浆土曾被认为是灰化土（林培，1993）。

第六章　非地带性土壤类型与分布

第一节　风沙土等初育土

蒙古高原属初育土纲的土类有新积土、风沙土、龟裂土、石质土和粗骨土；及零星分布的黄绵土；除龟裂土分布于漠境、黄绵土分布于黄土高原外，其余均属广布土壤。初育土均处于成土的初级阶段，发育微弱，母质特征明显；没有形成鲜明的土壤发生层；成土特征均不明显。

一、风沙土

风沙土是以积沙为主体的土被，或者说是沙性母质上发育的土壤。是内蒙古面积第二大的土壤类型，占土壤总面积的 17.87%；也是内蒙古及整个蒙古高原面积最大的非地带性土壤。集中分布在几大沙地（漠）。

（一）成土条件

从西部漠境到大兴安岭东南侧都有分布，跨越几个生物气候带，湿润度差异极大。在干旱、半干旱区分布尤其广泛。往往分布于山前或盆地的河湖海岸水流的定向运移力锐减地域，流水携带的泥沙沉积下来，便成为沙源，这些河湖相沉积物或经风吹叠搬运后便成为风沙土的母质。漠境的风沙地貌，多为起伏大的密集沙丘或沙山；如巴丹吉林沙漠高大沙山55.3%高达333m 以上，其间尚有百余湖盆存在；由于气候干燥，流动沙丘是地貌的主体。草原生境风沙地貌，沙丘高度普遍低于30m，间距较宽，呈"坨、甸"相间格局，固定半固定沙丘比重占优势。在沿河湖低地的草甸风沙土，地貌更为平缓，多为低于10m的漫岗，由于受地下水的影响，水分条件较好。漠境降水量极少，但丘间形成了众多湖泊。漠境地下水及湖水矿化度较高；其余地区风沙土都有较好的水分补给条件。

风沙土地表森林、草原及裸地都有；植被组成既有传统认为的根系发达、耐旱、耐瘠、抗风沙的灌木、半灌木；也有比地带性植被更喜湿的植物。土壤由流动→半固定→固定风沙土的演化是指土壤发育程度在加强，大多是指土壤腐殖质层发育的程度。固定风沙土是指土壤有了较好的发育，在长期稳定的自然状况下，植被繁茂，剖面发育较好，腐殖质染色深，地表没有流沙；植被相对稳定，近于地带性相应部位的植被类型。稀疏的草本植物和灌木、乔木根系在松散的干燥沙层中死亡崩解成褐色残根碎屑，难以形成结持性很强的腐殖质层，森林下可以形成枯落物层，表层的腐殖质染色也很重，但往往很薄；茂密的草本植被下的土壤发育较好，腐殖质层深厚；阴坡较阳坡发育好。处于平缓地形或背风坡的风沙土，剖面常见埋藏层。固定风沙土一旦破坏后会重新变成流动风沙土，但流动风沙土是指土壤结构被破坏，没有了发育层次，并非总随风流动，如漠境的高大沙山就是流动风沙土在风的吹动下不断堆积而成，但沙丘相对长久稳定，有的可能上千年了。人类干扰往往使风沙土由固定转为流动。

（二）基本性状

流动风沙土，表土根际较母质颜色略暗，一经暴露，很快褪色而与母质无异，只有C层。半固定风沙土，腐殖质浸染层仍为松散状，与下层略显分异，地表一般有结皮。固定风沙土，腐殖质化过程变强，剖面多呈 A-C 构型。腐殖质层（A）厚 10～30cm，因植被不同而异，草本植被厚，森林植被薄。母质层（C）深厚，黄色、淡黄色或白色，单粒状。草甸风沙土剖面下部有锈纹锈斑。均缺乏典型的淀积层。

风沙土质地均一，通体以细沙为主，一般粒径>0.02mm 的粗砂和细沙占土壤颗粒的85%～90%，黏粒含量很少，几乎无>2mm 的砾石。随风沙土由流动到固定的发育，土壤中黏粒含量增加。

风沙土特殊性质对其水分状况有很大影响，一般流动风沙土表层有干沙层，新覆沙干沙层较厚，深层含水量变化较小，荒漠地区流动风沙土的干土层厚达 1m 以上，深层含水量也不超过 15g/kg；而草原区流动风沙土干沙层 9cm 左右，深层含水量常在 20～30g/kg 或更高，且有效性高；随着土壤的发育及植被的生长，土壤水分剖面特征会发生变化。图 6-1 是生长季浑善达克沙地土壤湿度的剖面特征，阳坡也是春夏秋三季的迎风坡，植被盖度<5%，进入土壤的降水只有重力下渗与地表蒸散流失，由于植被密度低，几乎没有蒸腾，蒸发作用只影响 10cm 以内的土层，所以深层长期稳定在重力水下渗后的含水量。阴坡生长着茂密的绣线菊及小叶锦鸡儿灌丛，地表基本见不到阳光，所以表层含水量较高，而根层则因蒸腾耗水，含水量较低。丘间是高大沙丘上的小丘之间，植被主要是沙生薹草，重牧压下，干季常有浮土，土壤有一定发育，表层土壤细土较多，也有一定量的有机质，所以表层土壤湿度较大；而 30～90cm 土层含水量低于流动风沙土，主要是蒸腾耗水造成的，另外，有一定发育的土壤因有机质及细土的增加毛管发育好，也会增加地表蒸发对下层水的消耗。

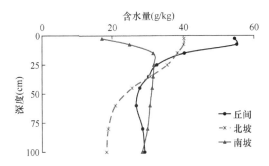

图 6-1 浑善达克沙地不同部位土壤湿度剖面特征

沙丘不但会降低流动风沙土的移动性，而且还会改变气候条件，造成植被分异，演化出超地带性植被；阳坡接受光热增加，干燥度加大，地表植物覆盖情况近于比所处地区更干旱的植被；而阴坡接受光热减少，湿润度增大，植被倾向于发育成较湿润区植被，如地处典型草原区的浑善达克沙地，其沙丘阴坡及其下缘往往发育成草甸草原、灌木林甚至乔木密林。乔、灌木林的形成得益于裸沙地深层较多的有效水，但成林后，在无雨季节深层土壤长期处于干沙状态（图6-1），长时间干旱，会造成林木的大面积死亡，所以成林后，应该有计划进行疏林。

2002年夏末秋初浑善达克沙地北部无有效降水，9月中旬以后大部分沙地植物叶片枯黄脱落，甚至干枯，造成杨树大面积旱死。说明此条件下的土壤水分条件已难以维持植物的生存。由于沙地中重力水下渗后，超过9cm的距离不会有水分的明显传输，因而表6-1中的干沙层厚度基本代表了植物根系利用土壤水的深度。

表6-1　久旱后浑善达克沙地植被下的干沙层

干沙层	沙竹	沙米	沙蒿	雾冰藜	绣线菊	虎榛子	大果榆	杨树	云杉
厚度（cm）	140	100	110	50	200～255	175	>320	150	190

长期干旱后，流动裸沙地，土壤湿度0～5cm土层一般在4g/kg左右，0～20cm土层随深度增加而增大，下层一般稳定在20～40g/kg。不同植物对土壤水影响也不同，沙米、雾冰藜及沙蒿群落下的土壤湿度表层同裸沙，深度增加，湿度增大，1m以下同裸沙地。沙竹下0～10cm土层含水量4g/kg左右，随深度增加，湿度增大，30～40cm土层达9g/kg左右，直到140cm土层变化不大，深层同裸沙地。云杉林、杨桦林、虎榛子、绣线菊及大果榆林下表层湿度较大（位于阴坡或有一定发育），干沙层湿度一般小于10g/kg。大果榆可见少量根（径粗2～3cm）下伸超过3.2m，2m深左右有大块润斑，直到3.2m仍是成层干沙。其余木本植物大量根系均近水平伸展，所以在2m左右便见湿沙层。

风沙土保水保肥性能差。有机质含量为2～20g/kg，风沙土土类的剖面化学性质统计见表6-2。表层微量元素平均有效含量：硼0.19mg/kg、钼0.033mg/kg、锰5.18mg/kg、锌0.52mg/kg、铜0.24mg/kg，低于或近于临界值，铁6.06mg/kg，较高。

表6-2　风沙土剖面化学性质统计表

层次	厚度（cm）	项目	有机质（g/kg）	全氮（g/kg）	全磷（g/kg）	全钾（g/kg）	碳酸钙（g/kg）	pH	代换量[cmol（+）/kg]
A	39	均值	6.6±6.4	0.36±0.3	0.38±0.2	20.5±6.2	14.0±16.3	6.5～9.1	7.00±4.80
		样本数	179	173	157	107	75		88
C	67	均值	2.5±2.0	0.17±0.2	0.31±0.2	20.2±5.0	51.9±47.3	6.9～9.3	52.4±6.80
		样本数	175	167	149	112	76		67

（三）亚类及属性

划分3个亚类。亚类下又根据固定程度分为流动、半固定、固定及林灌固定等土属。

1. 草原风沙土

草原风沙土，遍布降水量250～400mm的干草原区。由于有较长的稳定成土过程，半固定、固定风沙土面积占较高的比例。固定草原风沙土腐殖质染色层较明显，平均厚度38cm，颜色较暗，而且多褐色残根崩解碎屑物，一般结持性很差，无结构特征；但发生在林缘下的草原风沙土，腐殖质层有机质含量较高。锌、铜、铁则稍高于临界值。鄂尔多斯高原的风沙土 pH 高于阴山北部的草原风沙土，后者大多接近中性。

典型剖面一：流动草原风沙土，位于鄂托克前旗吉拉苏木，风积沙丘，地下水位 3 ～ 5m，植物有沙蒿、柠条、牛心朴子，盖度 9%。

0～15cm：灰白色（2.5Y8/2），壤质砂土，无结构，干，松散，根系极少，无明显石灰反应。

15～150cm：灰白色（2.5Y8/2），壤质砂土，无结构，松散，稍润，无植物根系，无石灰反应。

典型剖面二：半固定草原风沙土，位于锡林郭勒盟洪格尔苏木，植物有黄柳、沙蒿、小叶锦鸡儿及杂类草，盖度 30%。

0～10cm：灰白色（2.5Y8/2），砂土，松，无结构，润，根系中量，无石灰反应。

10～100cm：灰白色（5Y8/2），砂土，松，无结构，润，无根系，无石灰反应。

典型剖面三：固定草原风沙土，位于海拉尔区奋斗镇，地形为砂质平地，海拔 640m，植物为羊草、针茅、沙蒿，盖度 60%，高度 15cm。

0～15cm：淡黄色（5Y7/3），壤质砂土，松，无结构但略呈复粒状，植物根系多，无石灰反应。

15～65cm：浅淡黄色（5Y8/3），壤质砂土，松，有少量根系，无结构，无石灰反应。

65～120cm：灰白色（5Y8/2），砂土，无结构，松散，无植物根系，无石灰反应。

典型剖面四：林灌固定草原风沙土，位于锡林郭勒盟白音锡勒十二连北约 3km，海拔 1340m 左右，沙丘北坡上部，植被为虎榛子密灌丛（37 株/m²），下有极少日荫营伴生。2002 年 9 月 26 日采集（陈有君）。

0～2cm（O）：未分解的凋落物层，逐渐过渡。

2～10cm（A）：浅黑，壤质砂土，松、软、干，无结构，根系大量，上部有密集白菌丝，过渡明显。

10cm 以下（C）：10～32cm，暗黄，沙、干、紧，根多；32～127cm，极松散，有褐色有机颗粒，根多；127～177cm，黄白色，沙、松、干、有根；177cm 以下：黄白色，沙、湿、松，无根。

2. 荒漠风沙土

蒙古高原荒漠风沙土集中分布在阿拉善盟和巴彦淖尔市西部的乌拉特后旗、磴口县西部，主要由巴丹吉林、腾格里、乌兰布和等沙漠构成。地貌堆积形成于古地理荒漠时期，沙丘起伏大，最高的巴丹吉林沙山，相对高度近 500m；向东延伸高度逐渐降低，并多格状沙丘，丘间距离变宽，新沙化地也产生了一些平缓沙地。荒漠风沙土是风沙土中发育程度最差的亚类，剖面基本无分异或略呈 A（C）-C 构型，一般表层颜色与下层无区别，有植被的表土颜色略深。

3. 草甸风沙土

草甸风沙土是风沙地貌中平缓低地受地下水影响发育的风沙土类型，集中分布在科尔沁沙地、浑善达克沙地与毛乌素沙地的坨间低地，及各河流沿岸低地也有少量草甸风沙土，地下水 1～5m，植物生长茂密。占风沙土土类的 16.1%。草甸风沙土具有表层生草化特征和下部氧化还原特征。

二、新积土

新积土是新近堆积的形成时间较短的非地带性的幼年土壤。过去曾被划为"泛滥地层状草甸土""河漫滩冲积性草甸土"等。分布于河流沿岸的漫滩及沙洲（尤其是河流的中下游面积较大）、山麓洪积扇、山地及丘陵区的谷地、沟道两侧或沟坝地等。成土物质来源复杂，属性差异较大；河流冲积物来源于上游，经水力分选，造成沙、壤及黏等质地分异，流速快、沉积物粗，流速缓、沉积物细；坡积物及洪积物来源于附近高处，质地及粒级混杂；人工堆积物差异更大。只有弱腐殖化过程。

（一）基本性状

新积土剖面构型为（A）-C 型或 C 型，由于形成时间较短又反复冲刷沉积，没有明显的发育层次，只可见到明显的沉积层次。各层次质地也不尽相同，下层有时出现粗砂和砾石。层次之间的颜色也不一样，土色较杂，但以棕黄色为主。黄河、西辽河流域的新积土，砂、壤、黏土多次交叉沉积，质地层次复杂。内蒙古高原新积土通体均含碳酸钙，各层含量均为 20～60g/kg，显石灰反应。整个剖面属弱碱性至碱性，pH 偏高，为7.3～9.0。

内蒙古地区新积土大多比较贫瘠，有机质、全氮、全磷、全钾含量均低，并且各层次间的含量变化不大，表层微量元素平均（10 个土样）有效含量：钼 0.099mg/kg、锰 6.09mg/kg、锌 0.50mg/kg，低于临界值，硼 0.80mg/kg，稍高于临界值，铜 0.61mg/kg、铁 8.13mg/kg，含量较高。化学性质见表 6-3。

表 6-3 新积土剖面化学性质

层次	厚度（cm）	项目	有机质（g/kg）	全氮（g/kg）	全磷（g/kg）	全钾（g/kg）	碳酸钙（g/kg）	pH	代换量[cmol(+)/kg]
表土层	26	均值	8.00±3.6	0.42±0.10	0.98±0.50	19.10±1.6	32.40±31.4	7.5～8.7	10.14±3.75
		样本数	29	29	28	27	27		28
心土层	33	均值	8.00±3.5	0.47±0.20	0.93±0.50	19.90±1.9	39.60±0.1	8.0～8.9	10.51±3.92
		样本数	24	24	23	21	22		15
底土层	64	均值	9.70±7.7	0.56±0.40	1.06±0.50	18.30±2.2	48.90±31.2	7.3～9.0	13.54±6.16
		样本数	18	18	17	13	17		8

（二）新积土类型及属性

按堆积类型，划分为新积土和冲积土两个亚类。

1. 新积土亚类

新积土是新近洪积、坡积、塌积、人工搬运堆积或海潮沉积的土壤物质。内蒙古主要分布在呼和浩特市郊区、土默特左旗、包头市郊区、土默特右旗 4 个地区的山前倾斜平原上。发育在山前洪积扇的洪积物母质上，该亚类是由近代山洪携带的大量泥沙、砾石淤积而成。淤积层的质地、厚度、颜色不同，层次有别，有的在土体中形成夹砾石层，而底土多由粒径不等的卵石或砾石组成。通体均有石灰反应。在距山洪出口较远的扇缘及扇间洼地，淤积的土层厚，且质地细，多为壤土至黏壤土；而扇顶及扇轴却土层薄、质地粗，多为砾质或砂质，砾石含量多，并且养分含量也较低。

2. 冲积土亚类

发育在河流两侧的冲积物母质上，为河流近代泛滥冲积而成。沉积层理明显。地下水位一般在 1～3m，但随季节的变化而变化；受地下水影响，心底土层可见锈纹锈斑。西辽河及黄河的河漫滩上均有分布。该亚类土壤水分条件较好，多生长一些草甸植物。

三、龟裂土

龟裂土是极端干旱的环境条件下，发育在荒漠地区山前细土洪积平原或古老冲积平原上的幼年土壤。内蒙古集中于阿拉善盟的阿拉善右旗和额济纳旗境内。

(一) 龟裂土的形成条件

在漠境地带，稀少的降水多以暴雨形式出现，造成突然的地表径流。径流携带的细土粒在低洼地聚积，并不断淤积黏重的物质；再加上低平地形原有的古湖相沉积黏土物质，构成了龟裂土形成发育的母质。强烈的蒸发使水分很快蒸发掉，地表变成坚硬而龟裂的状态。径流还带来了易溶性盐分，伴随易溶盐的积累与脱盐过程出现盐碱化。所以常呈湿时泥泞、干时坚硬龟裂的景观。经常处于干燥坚硬状态，植物着生十分困难，一般情况呈光板地或生长极少量旱生灌木及盐生灌木或地衣及藻类，因此，生物作用微弱，有机质积累少。

(二) 基本性状

地形平坦，地表灰白色，无砾石；龟裂结皮层，厚 1～3cm，呈蜂窝状孔隙，雨后暴晒常形成龟裂片，边缘卷曲，中间微凹，脆而硬。结皮层下为鳞片状层，比较疏松。亚表层铁质化未发育，棕褐色，棱块状，紧实坚硬，通透性差。其下为块状结构层和冲积母质层，母质层可见锈纹锈斑。剖面基本构型为 A_{zn}-C_{jz}-C_z 型。土壤通体呈碱性，pH 8.3～10.3，盐基代换量较高从上至下逐渐降低。

龟裂土由于土壤质地比较黏重，物理性状不良，土壤结构紧密，水分渗透性能差；含有较高的易溶性盐分，并且碱化现象十分突出。硅、铁及铝的含量均较高。十分贫瘠，有机质、氮、磷含量极低，钾较丰富。碳酸钙表聚十分明显，含量>80g/kg。土层中石膏含量<50g/kg。表层微量元素有效含量：锰 2.6mg/kg、锌 0.31mg/kg，低于临界值，硼

4.02mg/kg、钼 0.472mg/kg、铜 0.40mg/kg、铁 4.30mg/kg，较丰富。地区性差异大。只龟裂土一个亚类。

典型剖面：采自阿拉善右旗笋布尔苏木，地形为洪积低平地，地下水位深，植物以盐爪爪为主，覆盖度为5%～10%，地表有明显龟裂纹。盐分见表6-4。

表 6-4 龟裂土盐分含量

土层 （cm）	全盐 （g/kg）	CO_3^{2-} [cmol(+)/kg]	HCO_3^- [cmol(+)/kg]	SO_4^{2-} [cmol(+)/kg]	Cl^- [cmol(+)/kg]	Ca^{2+} [cmol(+)/kg]	Mg^{2+} [cmol(+)/kg]	K^++Na^+ [cmol(+)/kg]	代换性钠 [cmol(+)/kg]
0～10	6.63	2.907	0.684	2.274	8.386	0.204	0.102	13.945	8.70
10～20	2.30	1.368	0.812	0.239	0.827	0.204	0.102	2.940	6.74
30～40	1.62	0.684	0.812	0.061	0.472	0.204	0.102	1.723	3.54
60～70	1.31	0.599	0.812	0.008	0.472	0.204	0.102	1.636	2.99

0～19cm（A_{zn}）：鳞片状层，浊棕色（7.5YR6/3），壤质黏土，鳞片状结构，疏松，无根系，干，石灰反应强烈。

19～43cm（C_{jz}）：浊黄橙色（10YR7/3），壤质黏土，块状结构，紧实，无根系，干，石灰反应强烈，有碱化特征。

43～68cm（C_z）：浊黄橙色（10YR6/3），砂质黏壤土，块状结构，紧，无根系，润，石灰反应强烈。

68～90cm（C_3）：暗棕色，砂质黏壤土，碎块结构，紧，无根系，润，石灰反应强烈。

四、石质土

发育在各种基岩风化残积物上或次生薄层堆积物上的幼年土壤。土层薄且多含砾石，其下为基岩。分布广而零散，常与地带性土壤、粗骨土等形成复合土被结构。

（一）成土条件与特征

跨越不同生物气候带。成土母质类型复杂多样。主要分布在玄武岩台地、山地及侵蚀或剥蚀残丘上。地形部位多处于中低山区的山脊和石质丘陵顶部及玄武岩台地台面上的阳坡、半阳坡上。坡度陡，地势高，温暖向阳，蒸发强烈，岩石的机械崩解作用强，并不断遭到外营力作用，侵蚀特别严重，水土流失严重，始终延续着近代成土过程。

除局部表层有微弱的腐殖质积累外，基本上保持了母质特征。

（二）形态特征

地表基岩裸露，土层极薄而且厚度极不均，一般<10cm，剖面构型为 A-R 型，局部植被好的地段可见 1～2cm 厚的 O 层。土壤颜色以黑棕色（7.5YR3/3）、浊棕色（7.5YR5/4）为主，大兴安岭山地以东地区由于降水量高，淋溶作用强，剖面中无或少石灰反应，而西部地区则均有石灰反应。

通体为砾石、砂粒组成。质地为砂质壤土或壤质砂土，粒状或屑粒状结构，>2mm

的砾石含量达 30%～50%，土壤通透性强，黏结力弱。西南部地区降水少，生物作用弱和受母质的影响，剖面中碳酸钙含量高，而有机质和其他养分含量均很低；而东部及北部地区由于降水量多，植被较好，生物作用强，土壤有机质及其他营养元素含量均较高，土壤肥力远远高于西部。石质土表层微量元素有效含量：硼 0.34mg/kg、钼 0.055mg/kg、锰 3.15mg/kg、锌 0.20mg/kg、铜 0.19mg/kg，均低于临界值；只有铁（6.55mg/kg）含量较高。土类的化学性质见表 6-5。

表 6-5　石质土剖面化学性质

层次	厚度（cm）	项目	有机质（g/kg）	全氮（g/kg）	全磷（g/kg）	全钾（g/kg）	碳酸钙（g/kg）	pH	代换量[mol（+）/kg]
A	12	均值	9.0±1.0	0.51±0.4	0.46±0.2	19.9±2.8	93.0±67.2	8.5	9.14±3.52
		样本数	14	14	14	14	12		9

（三）石质土亚类及属性

1. 中性石质土亚类

中性石质土亚类主要分布在气候湿润地区，年降水量多在 400mm 以上。其相邻的地带性土壤主要为棕色针叶林土、暗棕壤和棕壤。

成土母质为各种基岩残积物，坡度大，常与裸岩插花分布。质地以砂质壤土为主，屑粒至粒状结构。该土壤发育在山体的上部，土层极薄，大部分岩石裸露，水土流失严重。

土壤淋溶作用较强，土体中的碳酸钙已全部被淋失，剖面中无淀积层发育，通体无石灰反应，土壤呈中性，pH 6.5～7.5。土壤有机质含量相对较高，腐殖质层有机质含量一般>20g/kg，高者达 145.9g/kg，全氮含量为 1.32～6.27g/kg，全磷含量为 0.74g/kg，全钾含量为 26.8g/kg，速效磷含量为 25.5mg/kg，速效钾含量为 300mg/kg。

2. 钙质石质土亚类

钙质石质土亚类主要分布在干旱与半干旱区的山地、石质丘陵、玄武岩台地和侵蚀、剥蚀残丘上。土层薄，且普遍有石灰反应，碳酸钙含量高，碳酸钙含量>50g/kg（内蒙古平均93.0g/kg），碳酸钙淀积形态多为假菌丝状或粉末状，基岩表面往往形成石灰斑或石灰结壳。腐殖质层厚不足 10cm，砂壤土并夹有大量砾石，屑粒状结构，地表常有裸露的基岩。呈弱碱性至碱性反应，pH 8～9.5。

典型剖面一：钙质石质土，位于乌兰察布市察哈尔右翼中旗土城子乡董家营子村黑山子顶部，母质为玄武岩风化残积物，植被为蒿类杂类草。

0～15cm（A）：暗灰色（5Y4/1），砂壤夹砾，植物根系中量，石灰反应中度。

下为基岩层（R）。

典型剖面二：钙质石质土，位于阿拉善盟阿拉善右旗巴彦高勒苏木红塔圈正南1500m 的山腰下部，母质为基性岩风化残积物，中度水蚀，主要植物有珍珠、沙葱等，盖度 10%左右。

0～9cm（A）：淡灰色（10YR7/1），壤质砂土，粒状结构，松，干，植物根系少量，石灰反应强烈。

下为基岩层（R）。

3. 含盐石质土亚类

含盐石质土分布于干旱山区，表层可见盐分聚集，并以硫酸盐为主。

五、粗骨土

粗骨土是发育在各种基岩风化物上的幼年土壤。主要分布在高平原中的河谷、玄武岩台地及山地的陡坡及强度切割和剥蚀区域。

一般在地势高、坡度大的部位，表土经侵蚀后下泄流失，形成了较薄的腐殖质层。干燥多风，降雨或冻融，植被稀疏，盖度低，生物量小，都对粗骨土的形成发育起到了决定性的作用。成土母质差异很大，为松散的岩石碎屑或者基岩的残积–坡积物。

（一）形态特征

土层较石质土厚，剖面构型为 A-C 型或 A-D 型，基本上保持了母岩特性。腐殖质层薄（10～25cm），质地粗，颜色浊红棕色（2.5YR4/2）或棕色（7.5YR4/4）；质地以砂质壤土或壤质砂土居多，粒状–屑粒状结构，含有大量的砾石。向下直接过渡到母质层。母质多为岩石碎屑层，20～50cm 不等。剖面中砾石含量>35%，无淀积层发育；西南部剖面中具有较强的石灰反应，大兴安岭以东地区一般全剖面无石灰反应，土壤呈中性，pH 为 6.5～7.5，而大兴安岭以西地区，钙积特征明显，pH 均在 7.5 以上。土壤养分状况也是东部高于西部。表层硼、钼、锰、锌的有效含量均低于临界值，铜近于临界值，铁高于临界值。土类的化学性质见表 6-6。

表 6-6 粗骨土剖面化学性质统计表

层次	厚度（cm）	项目	有机质（g/kg）	全氮（g/kg）	全磷（g/kg）	全钾（g/kg）	碳酸钙（g/kg）	pH	代换量[cmol（+）/kg]
A	15	均值	20.4±25.8	1.10±1.3	0.85±1.3	19.0±7.2	44.4±50.8	6.5～8.5	14.05±6.73
		样本数	64	63	62	31	35		34
C	51	均值	11.2±11.7	0.65±0.8	0.58±0.5	16.0±6.9	111.6±136.7	6.4～8.4	19.22±6.66
		样本数	31	32	30	9	19		15

（二）亚类及属性

划分两个亚类。

1. 中性粗骨土亚类

中性粗骨土主要分布在半干旱半湿润地区的山地和石质丘陵上的淋溶型及少部分半淋溶型土壤地区。淋溶作用强，土壤中的碳酸钙完全淋失。加上地形部位高，坡度大，植被盖度低，水土流失严重，成土过程始终处于不稳定的环境中，土体中夹杂大量的砾石，形成粗骨性土壤。

厚度一般 30～50cm。腐殖质层（A），棕色（7.5YR4/3）为主，质地为壤质砂土或砂壤土并含有大量砾石，粒状结构，通体无石灰反应，土壤呈中性。母质层（C 或 D）多为基岩风化残积、坡积物。土壤质地普遍较粗，土壤养分含量较高，腐殖质层土壤有机质含量平均为 45.5g/kg，代换量为 17.72cmol（+）/kg。母质层虽然养分剧减，但尚有部分供给植物利用的营养物质。

2. 钙质粗骨土亚类

钙质粗骨土分布极其广泛，跨越半干旱、干旱、极干旱等不同气候带，土壤淋溶作用弱，成土时间短。主要分布在大兴安岭以西的山地、高平原、石质丘陵和玄武岩台地上，大兴安岭以东地区由于受气候、母质等影响也有零星分布。钙质粗骨土常与钙层土、干旱土、漠土等非淋溶型土壤类型构成复区。

腐殖质层厚度平均 16cm，棕色（7.5YR4/6）、亮红棕色（5YR5/6），质地粗，砂质壤土或壤质砂土并夹有大量砾石，粒状或散粒状结构，石灰淀积呈粉末状或斑状。母质层厚度平均为 41cm，多为基岩风化物碎屑层。土壤呈弱碱性至碱性反应，表层碳酸钙含量平均为 63.0g/kg，母质层为 134.7g/kg，普遍呈中至强度石灰反应。土壤肥力较中性粗骨土低，表层有机质含量平均为 14.0g/kg，代换量为 13.30cmol（+）/kg，母质层有所降低。

第二节　半水成土纲与水成土纲

水成土与半水成土都是在高水条件下形成的隐域性土壤，通气性差、氧化还原电位低，有利于有机质积累，甚至形成泥炭；潴育化与潜育化过程明显。也有把两个土纲合并称为湿成土纲的（朱鹤健和何宜庚，1992）。

一、草甸土等半水成土

半水成土是在地下水位较高，地下水毛管前锋浸润地表，土体下层经常处于潮润状态下形成的土壤。

（一）草甸土

草甸土是直接受地下水浸润，在草甸植被下发育而成的半水成土壤。主要发育在河湖沿岸、山间谷地及丘间滩地的冲洪积物、湖积物母质上，浅层地下水接近地面，土壤保持相对湿润。土壤质地从砂砾质到黏质都有。

成土过程基本为土壤上层的有机质积累；潴育化；或有盐化和碱化。

1. 基本形态

土层分异明显，腐殖质层（A）的厚度一般为 20～50cm，少数可达 100cm，有机质储量高，干态颜色呈暗棕灰–浊黄橙色；多为团粒状结构；松软，多根。向下逐渐过渡。

锈色斑纹层（B_g、C_g），干态颜色黄橙色–灰黄橙色；若潜水位变化在 1m 左右，此层从 20cm 即可出现，40~50cm 可见大量锈斑，有的还具铁锰结核，若最高潜水位 2m，则土体下层方能出现锈色斑纹。土体下部长期为地下水所浸渍，形成青灰色的还原层（潜育层）。一般河流上游或近河处颗粒粗，下游或远河流处颗粒细；洪积物母质地区，土层通体含有大量的砂砾石。发生层间未见有明显的物质转移，硅铁铝率变化不大，只有石灰性草甸土下部土层 CaO 稍多些。东部碳酸盐和易溶性盐分含量较低，多呈非盐化或弱盐化状态，pH 一般在 6.5~7.5，呈中性反应；中西部区则碳酸盐和易溶性盐分累积较高，盐碱化较普遍，pH 在 8.5 以上，呈弱碱性至强碱性反应，盐分组成普遍含有苏打。代换量低于 10cmol（+）/kg。土壤易发生盐渍化，一般盐分集中层的含盐量为 1~7g/kg。栗钙土区的石灰性草甸土和灰色草甸土，阴离子以 HCO_3^- 为主，代换性钠含量平均在 2cmol（+）/kg 以上，普遍有碱化的趋势，盐化草甸土多属苏打类型。

有机质、氮及钾含量均较高，全磷低（表 6-7）。表层微量元素平均（205 个土样）有效含量：硼 0.62mg/kg、钼 0.161mg/kg、锌 0.73mg/kg，稍高于临界值；锰 10.98mg/kg、铜 0.98mg/kg、铁 28.44mg/kg，较高。

表 6-7　草甸土剖面化学性质

层次	厚度（cm）	项目	有机质（g/kg）	全氮（g/kg）	全磷（g/kg）	全钾（g/kg）	碳酸钙（g/kg）	pH	代换量[cmol（+）/kg]
A	31	含量	26.1±17.1	1.48±1.2	0.49±0.4	20.1±7.2	44.3±38.4	6.4~8.3	19.96±10.01
		样本数	442	449	446	393	253		360
B_g	35	含量	14.2±11.6	0.82±0.8	0.44±0.4	19.9±7.8	51.6±66.6	6.5~8.5	18.41±9.01
		样本数	339	332	332	298	192		181
C_g	50	含量	9.5±8.9	0.55±0.5	0.34±0.3	19.4±7.9	46.3±70.7	6.7~8.4	16.02±7.89
		样本数	339	334	326	295	207		125

2. 亚类及典型剖面

划分为草甸土、石灰性草甸土、盐化草甸土、碱化草甸土及白浆化草甸土亚类。

典型剖面：砂质草甸土，位于克什克腾旗红山子乡将军泡子南 800m，湖盆边缘，母质为湖相沉积物，现为草牧场。

0~31cm：湿，浊黄棕色（10YR4/3），粒状结构，较松，根系密集，无石灰反应，过渡不明显。

31~74cm：湿，浊黄棕色（10YR5/4），结构不明显，较松，中量根系，有大量锈斑锈纹，无石灰反应，逐渐过渡。

74~118cm：湿，黄灰色（2.5YR6/1），无结构，较紧，根系极少，无石灰反应。

（二）其他半水成土

1. 山地草甸土

山地草甸土是在森林线以内的平缓山地顶部喜湿性植被及草甸灌丛矮林下形成的

半水成土。属垂直带分布的土壤。在内蒙古分布范围主要在大青山和蛮汉山、大兴安岭等海拔 1900～2300m 的平缓山顶或分水岭地形平坦开阔处。气候冷凉,土壤水分条件好,灌丛或草甸植被,或为森林破坏后的草灌植被。母质为残积–坡积物。

成土特征:具有明显的腐殖质及有机质积累,明显的潴育化和缓慢的矿物风化作用,微弱淋溶特征。

土体厚 80～110cm,构型为 A_d-A_h-B_g-C 型或 A_d-A_h-C 型或 A_d-A_h-C_g 型。草毡或草根层(A_d),根系交织成网状,松软、有弹性;厚度一般<10cm,或为 2～3cm 半分解的凋落物。腐殖质层(A_h),平均厚度44cm,浅黑色、灰褐色;粒状、团粒状结构,湿润,松软,盘根较多,质地一般为壤土、黏壤土。淀积层(B),厚度38cm左右,棕色、暗棕色;粒状、团块状结构,润,稍紧,根系中量,黏壤土,局部地区有锈纹锈斑。母质层(C),因母质种类不同而颜色与形态各异,仅局部地区剖面的底部有微弱石灰反应。呈酸性,pH 4.5～6,表层略高。

山地草甸土质地轻,颗粒粗,且多含砾石;孔隙度较大,容重小,结构较好,心土层质地偏重,保水保肥性能强,潜在肥力很高。有机质及 N、P、K 含量高。表层微量元素平均有效含量:钼 0.110mg/kg、锌 0.44mg/kg,低于临界值;硼 0.95mg/kg、锰 8.85mg/kg,稍高于临界值;铜0.49mg/kg、铁 26.14mg/kg,较高。内蒙古只有山地草原草甸土亚类,其他还有山地草甸土与山地灌丛草甸土亚类。

2. 林灌草甸土

林灌草甸土是在荒漠地区河流沿岸地下水溢出带,胡杨、柽柳林下发育成的半水成土壤。分布在阿拉善盟额济纳旗额济纳河沿岸阶地和湖盆洼地上,并且与沿河两岸的风沙土、灰棕漠土、潮土等构成复区。

成土特征:腐殖质积累随地上植被演替(受河流影响)而变;轻度潴育化;盐碱化。

林灌草甸土的基本土体构型为 O-A-B_g-C 型。O 层只是在秋季落叶时短暂存在。腐殖质层(A)厚30cm左右,灰黄色(2.5Y7/2),不明显的粒状结构,壤质砂土、砂壤土、壤土或壤质黏土。氧化还原层(B_g)一般出现在 50cm 以下,厚度 30～35cm,浅黄色(2.5Y7/4),小块状、粒状或无结构,壤质砂土、壤土、黏壤土,有锈纹锈斑出现。母质层(C),灰黄色(2.5Y6/3),无结构,壤质砂土、砂壤土,并夹有石砾。

分为林灌草甸土和盐化林灌草甸土两个亚类;盐化林灌草甸土地表有盐结皮层(A_z)。

3. 潮土

潮土是发育在近代河流沉积物上,受地下水活动的影响,积累少量有机质,经耕作熟化而成的半水成土壤。是中国特定的土壤类型,曾被称为冲积土、原始褐土、浅色草甸土或淤黄土等。主要分布在河套平原、土默特平原、无定河、老哈河及西拉木伦河等河流冲积平原,以及局部引洪灌溉地段,大、小湖泊周围,高平原、沙地、丘陵区中的洼地。大部分母质为近代河流沉积物,少部分为洪、湖积物。地下水埋深一般均<3m,70%以上小于 2.5m。潜水矿化度一般<3g/L,局部地区矿化度较高(>20g/L)。有机质积累量较草甸土要少。

多样性的沉积造成土体质地构型的多样性；明显的潴育化特征；弱腐殖质积累与耕作熟化特征。

表土层（耕作层 A$_p$），疏松多孔，厚度一般为 20cm 左右，颜色变化在红棕至暗灰黄色之间，多数为灰棕色或浊棕色；结构以团块状居多，其次为粒状或块状结构。黏粒和粉砂粒含量较高的土壤，在耕作层底部可形成数厘米厚紧实的犁底层。氧化还原特征层，厚度一般<50cm，结构以块状、团块状为主，黏粒含量高者多为棱块状、核状；有锈纹锈斑。母质层（C$_g$），沉积层理明显，质地层次变化很大，土壤紧实，结构较差，颜色杂，潴育化特征明显，可见潜育化特征。

内蒙古自治区的潮土划分为潮土、脱潮土、盐化潮土、碱化潮土、灌淤潮土 5 个亚类。

二、水成土纲

水成土纲包括沼泽土与泥炭土，是在地面积水或土层长期水饱和状态（长年积水或季节性积水的条件下）、生长喜湿与耐湿植被（湿生或水生植物）下形成的非地带性土壤。具有深厚泥炭层。均广泛分布，主要形成于浅水湖泊和渍水洼地，如平原低洼地或山区局部低洼地。一般分布在河漫滩、山间宽谷、湖滨低地、沙丘间甸子地及洪积扇扇缘洼地等低湿地。地下水位很高，一般都<1m 或接近地表，排水较困难，常有季节性或常年积水现象，促使沼泽植物残体堆积物泥炭化并进一步积累。成土母质多为河湖冲积淤积物，颗粒细小，质地一般较黏重，<0.002mm 黏粒含量占 25%～64%，粉粒含量也高；也有较粗的砂层。常与草甸土或盐渍化土壤呈复区分布。沼泽土与泥炭土的差别在于泥炭层厚度，沼泽土泥炭层厚<50cm，泥炭土泥炭层厚度≥50cm。也有把泥炭土作为沼泽土的一个亚类的（熊毅和李庆逵，1987；朱鹤健和何宜庚，1992）。具沼泽植被及沼泽化草甸植被。

水成土的形成特点包括土体上部有机质积累与泥炭化或腐泥化过程和潜育化过程。

（一）沼泽土

剖面完整构型为 A$_d$-H-H$_a$-G 型。草根层（A$_d$）由沼泽植被草根盘结所致，有的高出地面呈墩状，根系密集含有极少量的矿质土粒，厚 20～30cm，主要是未分解的沼泽植物残体；浅棕色。泥炭层（H）一般呈棕褐色，松软，含水较多，混有多量半分解的植物残体和草根，厚度<50cm。腐殖质层颜色暗灰，常呈粒状或团块状结构，含有草根。腐泥层（H$_a$）则为充分分解的有机物质颗粒与无机物质混合物，因泥砂含量较高，有机质含量较泥炭层低得多；常在草根层下出现，水分较多，软烂无结构，干时呈块状。潜育层（G）呈灰蓝色或浅灰色，质地黏重；具有大量锈斑或灰斑，并有铁锰结核。一般下部为潜育层，潜育层上或为泥炭层（H-G），或为腐殖质层（腐泥层）（H$_a$-G），或为泥炭层与腐殖质层（H$_e$-H$_a$-G）。

有机质丰富，表层含量可达 30～200g/kg，平均含量 72.8g/kg，各亚类之间有较大差异，泥炭沼泽土、沼泽土的有机质含量要高于腐泥土和草甸沼泽土，剖面向下有机质急剧减少，潜育层有机质含量降至 10～30g/kg。腐殖质胡富比为 1.5～2.8。碳氮比也较宽（12～15）。代换性吸收能力很强，阳离子代换量平均为 30.64cmol（+）/kg，以泥炭层和草根层代换量最高。在湿润森林地区土壤反应呈酸性至微酸性，pH 5～6，在半干旱草原地区土壤反应中性到碱性，pH 7～8.5，分布在盐渍化地区的沼泽土 pH 可在 9 以上。全量养分含量丰富。

共分沼泽土、腐泥沼泽土、泥炭沼泽土、草甸沼泽土、盐化沼泽土 5 个亚类。

（二）泥炭土

泥炭土的剖面特征基本同沼泽土，只是泥炭层（H）厚度≥50cm，一般厚 1～2m，为黄棕色、黑褐色半分解的植物残体所组成，含有极丰富的有机质；根据泥炭分解度及色泽，再续分 H_i 层（纤维状泥炭层）、H_e 层（半分解泥炭层）和 H_a 层（高分解泥炭层）。

泥炭层中矿物质颗粒以粒径 0.02～0.2mm 细砂为主，可达 60%～70%，粉砂含量为 12%～22%，黏粒含量为 11%～13%，质地多为砂质壤土，在底层黏粒<0.002mm 颗粒含量有所提高。某些泥炭土其泥炭层可被深厚的冲积沙层覆盖。一般低位泥炭容重为 0.25～0.50g/cm^3。潜育层容重可达 1.35g/cm^3。

泥炭土有机质含量为 160～980g/kg，泥炭中腐殖酸的含量多数在 27.2～641.4g/kg，腐殖质以胡敏酸为主。泥炭土呈微酸性–中性反应，阳离子代换量较高。全氮及碱解氮含量丰富，速效磷、钾含量不高，微量元素较丰富。

第三节 高 山 土 纲

高山土纲主要是在高山冰雪带下与山地森林上线之间的广阔无林地带发育的土壤。

一、黑毡土

黑毡土是发育在亚高山环境条件下的垂直带土壤，是在寒冷、高湿气候环境，矮化草甸（嵩草为主）植被下所发育的具有黑棕色毡状草皮层的土壤，又名亚高山草甸土；内蒙古仅一个亚类，即棕黑毡土（亚高山灌丛草甸土及林灌草甸土）；集中分布于贺兰山山地顶部，即森林线以上地形平缓之处，海拔为 3000～3500m，下与灰褐土相接。阿尔泰山 1800（2100）～2500m，杭爱山、肯特山、萨彦岭及乌考克高原均有分布。亚类还有黑毡土（亚高山草甸土，阿尔泰山有分布）及薄黑毡土（亚高山草原草甸土）、湿黑毡土。

成土过程主要是腐殖质累积过程，滞水冻融氧化还原交替的潜育化过程。嵩草草甸植被。地形多为浑圆状、平缓山地顶部，母质为变质岩、砂砾岩残积物。

剖面基本构型为 A_d-A-AB-B（BC）-C_g 型。毡状草皮层（A_d）由密集根茎组成，柔韧而具有弹性；为毡状粗腐殖质层，平均厚约 10cm；紧密度不大，容重多在 1g/cm^3 以下；黑棕色为主，也有暗棕色（10YR2/2）或棕色等；有机质多以根系原形积累起来，多呈屑粒状或粒状结构，个别鳞片状；密集林灌下或为枯落层代替，或二者重叠。A层棕色为主，也有黑棕、暗棕和浊黄棕等颜色；平均厚度为18cm左右，粒状或团块状结构。腐殖质下为过渡层（AB或CB），颜色较杂，以黄棕色与浊黄棕色为主；多为块状结构，有较多铁、锰斑纹。最下为母质碎屑层。土体一般较浅薄，平均厚约40cm。土体滞水层有青灰色。土壤质地多以壤质土为主，中下层变粗。微酸至中性，pH 5～7。

自然肥力较高，有机质积累比较丰富，表层养分含量有机质、全氮、速效磷含量均较高；速效钾较贫乏。

二、草毡土

草毡土是高原或高山寒冷嵩草草甸植被下发育的土壤，又名高山草甸土。表层颜色呈浅棕色或棕褐色（10YR6/4或10YR5/6），比黑毡土颜色淡。蒙古高原有草毡土（高山草甸土）、薄层草毡土（高山草原草甸土）及棕草毡土（高山灌丛草甸土）等亚类。分布于阿尔泰山东南部2500（2800）～3300m山地，杭爱山、肯特山等高山。主要成土过程为强生草腐殖质积累过程、弱冻融氧化还原过程及弱风化淋溶过程。

草毡土剖面为 A_d-A-AB/BC-C 型。土体厚度近50cm。草毡层（A_d）根系交织似毛毡状，轻韧而有弹性，一般干态颜色为暗棕色至黑棕色，多为屑粒状结构，厚度为8～12cm。腐殖质层（A）干态颜色以棕色为主，多为粒状结构，间或有鳞片状结构，厚度为10～15cm。淀积层（B）不明显。过渡层常有铁锰斑纹和片状、鳞片状结构发育；部分剖面的AB层颜色较A层深暗，即"暗色层"，据测定，此层的有机质含量往往高于A层。土体中下部常夹有大量石块和砾石。pH 6～7。

三、寒钙土与冷钙土

冷钙土是在亚高山、温凉半干旱气候条件、草原植被下发育的具有明显的腐殖质层与钙积层的土壤，曾被称为亚高山草原土、巴嘎土；在阿尔泰山（青河山、北塔山等）2100（2500）～2800m等山地有分布。上承草毡土或寒钙土，下接灰色森林土、灰褐土或黑钙土。剖面构型为 A-B_k-C 型。腐殖质层（A）厚10～20cm，棕色或灰棕色；屑粒状或粒状、团块状或块状结构；有的剖面具有双腐殖质层，可能与堆积有关。钙积层（B_k）一般紧接A层，也有出现在80cm土层的，$CaCO_3$淀积以假菌丝状为主。通体石灰反应；微碱性，pH 7.5～8.5。

寒钙土是在高山半干旱寒冷气候条件、草原植被下发育的土壤，曾被称为高山草原土。具有浅薄的暗棕色（10YR5/3）或灰棕色（10YR5/2），稍有粒状或团块结构的腐殖质层和不太明显的钙积层。剖面构型为 A-AB-BC-C-R 型。pH 8～9。

寒漠土是高山干寒条件下形成的土壤，曾被称为高山漠土。冷漠土是在亚高山干寒条件下形成的土壤，曾被称为亚高山漠土。

寒冻土是高山冰川冰缘或雪线以下具有寒冻风化和弱有机质积累的原始土壤。曾被称为高山寒漠土，是分布海拔最高的土壤，在阿尔泰山海拔3000m以下有分布。

土体浅薄,有机质含量极低,通体含大量砾石,发育微弱,剖面分化不明显,略显 A-(AC)-C-R 构型。

第四节 盐碱土纲、灌淤土

一、盐碱土纲

盐碱土是指含有可溶盐类——K、Na 与 Mg 的氯化物、硫酸盐、重碳酸盐等的土壤。亦称为盐渍土,蒙古高原有盐土、漠境盐土及碱土 3 类。盐土及碱土零星分布于蒙古高原的湖盆、大小河流冲积平原、河谷阶地及山前洼地的径流携带的可溶盐的汇集区。盐分随蒸腾上升水向局部微小地形的高处聚积。灌溉加速高处积盐。

盐碱土发育的母质,基本上是第四纪全新统的洪积、冲积和湖积物质。

盐碱地的植被以盐生植物为主,主要有盐爪爪、碱蓬、红砂、红柳、白茨、芨芨草、鸡爪芦苇等。盐生植物为盐碱土的指示植物。

(一)盐土

盐土又称为草甸盐土,是土壤中可溶盐类的含量足以使作物不能生长的土壤。在蒙古高原广泛分布。

成土特征:主要是盐化过程,还会伴有潜育化或潴育化过程。盐土的特征是土体与地下水共同的特征。土体雨季脱盐、旱季积盐、冬季稳定;一般有两脱、两积。

地表旱季可见白色盐霜(盐积皮或盐结壳);盐分的种类不同地表色泽不同,如含钙、镁氯化物等吸湿盐类较多的情况下,地表常现潮湿景象。生长稀疏的耐盐植物或光板地。

积盐期盐土的剖面可分为盐结皮层、积盐层、过渡层和母质层。盐结皮层(A_{lz})厚5~12mm,呈白色或棕黄色,具较脆硬盐斑、结皮或蓬松的盐晶层,含盐量为 11.6~380g/kg,pH 8.0~10.6,有的盐土无盐结皮。积盐层是盐分集中积聚的层次,通常含盐量为 10g/kg,高者可>200g/kg。过渡层厚 40~60cm,盐分升降运动经过的层次,一般含盐量低于10g/kg。母质层多为河湖沉积物。心土层或母质层可见到锈纹锈斑,在脱盐期则观察不到盐结皮和积盐层。

盐分在剖面中的垂直分布,是随季节变化而变化的。在积盐期,盐分剖面呈上大下小;在脱盐期,盐分剖面呈上小下大,或上下小、中间大。

内蒙古地区主要亚类为草甸盐土(有盐结皮与盐霜,盐分组成中阴离子主要是硫酸根与氯,阳离子以钠为主,镁次之,钙少)与碱化盐土(又称为苏打盐土,盐分组成以碳酸钠和重碳酸钠或碳酸镁为主,表层有灰白色、厚 2~3cm、易与下层分离的 SiO_2 和盐分混合结皮,结皮下多为棕色块状结构的碱化层)两个亚类;荒漠区还有结壳盐土(盐生植被,含盐量极高);洼地边缘季节性积水区还有沼泽盐土(盐分主要是硫酸盐,其次为氯化物;阳离子主要是钠,镁高于钙)。

（二）漠境盐土

漠境盐土是在极端干旱的漠境条件下土体中积聚了大量盐的土壤。在高盐的径流及地下水的作用下，土壤大量积盐，全剖面可见白色的盐结晶，往往形成盐壳、盐盘或盐晶簇。植被为盐生灌丛，盖度为 3%～8%；或为光板地。内蒙古有干旱盐土（占土类面积的 85.48%）和漠境盐土两个亚类；新疆还有残余盐土亚类。

地表形成起伏不平的盐结皮或结壳，干旱盐土的剖面基本构型为 A_{lz}（盐结皮层）-A（淡腐殖质层）-B_z（心土层或称为盐分淀积层）-C（母质层）型。1m 土体内可溶盐含量平均>20g/kg，最高达 189g/kg；30cm 土层平均含盐最高达 450g/kg。盐分组成复杂。

（三）碱土

碱土呈强碱性（pH>9），含有大量的交换性钠（含较多 Na_2CO_3），钠饱和度在 20%以上；含盐量并不高。其形成就是土体碱化过程，即 Na^+ 置换土壤胶体中的 Ca^{2+} 与 Mg^{2+} 使胶体中 Na^+ 增加的过程。

碱土比盐土和盐化草甸土处于较高的地形部位。

典型构型为 A_h-（E）-B_{tn}-B_{yz}-C_g。表层（A_h）暗灰棕色（10YR4/3），在表土下均有一碱化层（B_{tn}），呈灰棕色或暗灰棕色，黏重，很紧实，呈圆顶形的棱柱状或柱块状结构，有裂隙，往往有 SiO_2 粉末附于上部的结构体外部。脱碱层（E），由于脱碱化淋溶，R_2O_3 下移，颜色较浅。

内蒙古有草甸碱土、草原碱土和龟裂碱土三个亚类；其他地区还有盐化碱土和荒漠碱土两个亚类。

1. 草甸碱土亚类

草甸碱土的主要代表是苏打草甸碱土土属，多集中分布于西辽河流域灰色草甸土区内。硫酸盐和氯化物苏打草甸碱土土属，多分布在栗钙土区域内的地形低洼处，与碱化盐土呈复域存在。

地表多为光板地，干涸后，形成棕褐色的卷曲状结皮（“瓦碱”或“牛皮碱”）；结皮或结壳层厚 0.5～3cm，灰白色，紧实干滑；结壳背面有灰白色硅粉（SiO_2）。结壳下 2～3cm 处，土壤多呈小蜂窝状构造，4cm 以下是一个杂色土层，浅棕色的土壤中掺杂有大量灰白色粉砂及红棕色胶泥形成的条斑。向下即为颜色比较均一的盐化层与非盐碱化底土层。母质层（C_g），多见明显的锈纹锈斑。

典型剖面：苏打草甸碱土，采于呼伦贝尔市新巴尔虎左旗甘珠日花西北乌兰套勒盖北偏东 20° 5.2km 处，地形为古河滩地，主要植物有星星草、碱蒿、羊草等，盖度 50%左右，母质为河湖相沉积物，现为放牧场。剖面盐分含量见表 6-8。

0～18cm：亮棕色（7.5YR5/6），砂质黏壤土，粒状结构，稍紧实，润，较多根系，中度石灰反应，过渡明显。

18～35cm：浅棕灰色（7.5YR7/2），黏土，块状结构，紧实，润，少根系，强石灰反应，过渡明显。

表 6-8　苏打草甸碱土盐分含量

土层 (cm)	pH	全盐 (g/kg)	CO_3^{2-} (g/kg)	HCO_3^- (g/kg)	SO_4^{2-} (g/kg)	Cl^- (g/kg)	Ca^{2+} (g/kg)	Mg^{2+} (g/kg)	K^++Na^+ (g/kg)	代换性钠 [cmol (+) /kg]	碱化度 (%)
0~18	10.5	4.2	1.863	1.035	0.680	1.012	0.100	0.080	4.410	2.34	89.0
18~35	10.4	4.4	1.553	2.484	1.100	1.350	0.400	0.300	5.787	24.35	91.9
35~46	10.2	4.7	0.414	0.828	4.400	1.320	0.600	0.800	5.562	24.35	89.1
46~81	9.8	2.8	1.656	0.787	0.960	0.943	0.080	0.060	4.211	9.89	85.3
81~112	7.7	3.2	0	0.124	4.420	0.223	1.230	0.990	2.552	0.43	17.3

35~46cm：棕灰色（10YR5/1），黏土，块状结构，较紧实，润，少根系，强石灰反应，过渡明显。

46~89cm：浅灰色（2.5Y7/1），黏土，块状结构，较紧实，潮，无根，强石灰反应，锈斑纹明显，过渡明显。

89~112cm：棕灰色（10YR6/1），砂质壤土，无结构，松，湿，无根系，无石灰反应，大量锈斑锈纹。

2. 草原碱土亚类

草原碱土分布在内蒙古自治区呼伦贝尔市、锡林郭勒盟和乌兰察布市，面积 5.7 万亩。在黑钙土、栗钙土、棕钙土地带中呈零星斑状与地带性土壤构成复区。与草甸碱土的区别是地下水埋深大于 5m，土壤已完全脱离地下水的影响。成土条件与地带性土壤相似。

地表生长高大茂盛的草本植被，如羊草、芨芨草、贝加尔针茅及星星草等，盖度50%~60%。地面有碱斑。腐殖质层（A_h）颜色及组成与地带性土壤接近；厚度数厘米，随干燥度增大而变薄；但发育较地带性土壤弱，有机质少；结构为片状或鳞片状，有的为粒状。碱化层（B_{tn}）明显，pH 高达 9 左右，甚至 10 以上，结构面上有淋淀形成的黏粒和腐殖质胶膜。整层内有大量死根及舌状腐殖质斑。盐化层（B_z），可溶性盐分含量比较高，有白色假菌丝或斑点。母质层含较高含量碳酸盐。

3. 龟裂碱土亚类

龟裂碱土亚类主要分布在阿拉善盟、鄂尔多斯市和巴彦淖尔市半荒漠-荒漠区。龟裂碱土的特点：地面一般为光板，质地黏重，结皮层厚度 1~2cm，呈片状或鳞片状结构。碱化层呈棕红色或棕褐色，碱化层下即是盐化层，盐分聚积量很高。龟裂碱土因土质黏重，多为黏土，当地表径流汇集时，湿时泥泞，水分蒸发后，地表呈多角形龟裂状的地面景观。

二、灌淤土

灌淤土是经过长期用含泥沙量较高的水灌溉落淤和不断耕作施肥而形成的具有 >50cm 厚的灌淤土层的土壤。属人为土纲。主要分布在巴彦淖尔市黄河套内平原。

灌淤耕层（A$_p$）15～20cm，土色均匀，多为灰棕色或暗灰棕色（7.5YR3/4、5/4 或 10YR5/4），多为壤质土，土壤结构较一致，多为粒状或碎块状结构，疏松或稍紧，中到强石灰反应。心土层（A$_{p2}$ 或 B）厚>40cm，灌淤而成或自然冲积而成，颜色多样，质地为砂土、黏质壤土或壤质黏土不等，为单粒结构或块状结构，松或紧实，中到强石灰反应，或有锈纹锈斑。最下为母质层（C 或 C$_b$），为河流冲积物，质地和颜色多样，多有锈纹锈斑，中度石灰反应。

易溶盐有一定积聚，但全盐量小于10g/kg，表层有机质和全氮含量较低，速效磷不足，含量仅为 1.2～6.9mg/kg，速效钾较丰富，含量为 105～475mg/kg，碳酸钙含量为 1.5～133.5g/kg，pH 7.5～8.5。从典型剖面矿物全量分析结果看，除心土层 CaO 稍高于表、底土外，其他成分均未有明显淋移和淀积现象。划分为潮灌淤土和盐化灌淤土两个亚类。

第七章　蒙古国主要土壤类型特征

1990 年俄罗斯的土壤类型图中有 60 种类型，其中 33 种在蒙古国有分布。而 WRB 的 32 类中蒙古国大约有 16 种。中国土壤发生学分类系统的 12 个土纲 61 个土类中，蒙古国约有其中 11 个土纲 35 个土类。本章重点介绍蒙古国的几种主要土壤类型。

第一节　黑　钙　土

黑钙土占蒙古国国土面积的比例，不同资料数值不同，有研究人员认为是 5.9%，其中山地黑钙土占 5.3%，平原黑钙土占 0.6%。一般小面积分布于较高地势和缓坡（大部分分布于冻土地带，春季变暖迟，秋季变凉早）。另有研究人员认为蒙古国黑钙土分布于高山（库苏泊、肯特山、杭爱山、蒙古国阿尔泰等山脉）的北坡，林间旷地及山体下线 1400～1600m 的缓坡。其他研究人员则认为黑钙土大致分布于山的 1600～2000m 高处和平原 800～1500m 高地段。黑钙土土壤肥力高，植被茂盛，主要作为割草场和放牧场。

典型剖面：位于乌兰巴托纳来哈区（49°54′49.6″N、107°25′38.6″E，海拔 1463m）（图 7-1），肯特山支脉的山地森林草原。植被盖度为 70%～80%，群落为禾草–杂类草群落，建群种为针茅属（*Stipa*）、早熟禾属（*Poa*）、落草属（*Koeleria*）植物。

图 7-1　黑钙土

0～5cm（A_d）：该剖面颜色不纯，浅黑色（5YR4/1）；根交织、多；团粒结构，湿润，中等黏壤，疏松，碎石<1%；过渡不明显。

5～46cm（A）：暗黑色（5RY3/2）；中等粗及细根遍布，中黏壤，偶见小石块（<1%），有根系孔隙，疏松；团粒结构，湿润；分层颜色清晰，波状过渡。

46～60cm（AB）：颜色不均，浅黑色（7.5RY5/2）带黑色，面积中黑色占 40%、浅色占 60%；根系中量，黑色部分多，浅色部分少；有粒状结构，稍湿润，中黏壤土，小石块约占 30%，冰冻危害小；比上层稍硬；无碳酸钙；以植物根系分层，过渡缓而呈波状。

60～110cm（B）：不匀的淡黄色（7.5RY7/2），根少，稍硬，稍湿润，中黏壤土，小石块占 45.0%，无盐酸反应。

110～134cm（BC）：淡浅黄色（7.5YR7/3），根少，具层状结构，稍润，较硬，根系未扎透，弱盐酸反应，过渡层虽直但不明显。

135cm 以下（C）：浅黄色（7.5RY8/3），无根，粒状，更硬，潮湿，有碳酸钙，亚黏土中等，强盐酸反应；粗砂多，碎石占 60%，它与黏土混合在一起变硬，有淋溶现象；过渡层整齐，与 BC 层有明显的色差。

从肯特山和杭爱东部地区图布哈如勒图土样的理化性质（表 7-1）可以看出，黑钙土剖面中的腐殖质含量普遍高，表土呈弱酸性，往下呈中性；碳酸钙只在下层分布且量少。小石块含量不多，而往下有增多的趋势。黑钙土具有土壤湿润、较低温、腐殖质层较厚、机械成分重等特点。

表 7-1 黑钙土的某些理化特征

土层（cm）		pH	腐殖质（g/kg）	全氮（g/kg）	CO_2（g/kg）	碎石（g/kg）	黏粒（<0.01mm）（g/kg）
肯特山	0～5	6.5	124			25.3	204
	15～20	7.0	67			12.5	444
	45～50	7.0	28			49.9	465
	60～70	7.0	13		0.5	60.5	544
	95～100	7.0			20.8		
图布哈如勒图	0～5	6.5	107	4.8			
	5～10	6.4	73	3.7			
	10～20	6.6	56	3.2			
	20～30	6.9	42	2.8			
	30～40	6.9	30	2.4			
	40～50	7.0	23	2.0			

第二节 山地草甸土

山地草甸土分布于山地，一般在顶部北坡。主要特征是植被茂盛，土壤湿润，腐殖质层厚度达 40～60cm。土壤 2～4cm 中植物根系密集，腐殖质层（A）湿润、暗黑色、粒状结构，混有少量沙子和石砾、中黏壤土等机械成分。B 层为浅棕色，厚度为 30～40cm，颜色渐变为暗棕色，石块含量增多。下层为母质。山地草甸土营养较丰富，5～15cm 土层中腐殖质含量为 50～75g/kg，全氮含量为 2～3.5g/kg，越往下含量越少。一般为弱酸至中性，但上层 pH<7。机械成分为中等或重黏壤土，土层中 0.01～0.05mm 的粗土粒及

0.001mm 的细黏土粒多；黏粒含量：0～20cm 层为（295±15.2）g/kg、20～30cm 层为（266±17.2）g/kg、30～40cm 层为（260±17.2）g/kg、40～50cm 层为（264±28.4）g/kg。山地草甸土为优良的牧场与割草场。

典型剖面：位于后杭爱山省伊和塔米尔苏木（47°36′65.3″N、101°13′34.9″E、海拔 1660m）（图 7-2）。山背后山口上游处，地表起伏，一侧有大块石块，分布很多旱獭洞穴土堆。植被有冰草属（*Agropyron*）植物、落草属（*Koeleria*）植物、针茅属（*Stipa*）植物、冷蒿（*Artemisia frigida*）等，有些地段地表有枯草层。

图 7-2　山地草甸土（后杭爱山省伊和塔米尔苏木）

0～3cm（A_0）：暗黑色，稍湿润，疏松，有沙子，松软的团粒结构、用手挖土时松软，根少；过渡清晰。

3～15cm（A_1）：均匀的暗栗色，潮湿，疏松，有团粒结构、多沙、轻亚黏土；根很多，有根迹宽缝隙（孔），时而有小石块；过渡不清晰。

15～32cm（A_2）：黑色、栗色，潮湿有团粒结构、比上层稍硬，多沙、轻黏壤土，根少、往下石块增多。

32～52cm（AB）：暗栗色，潮湿、沙质，根少、具多而细小的狭条碎石片、石缝间夹沙；具不少大空隙；过渡缓而清晰。

52～106cm（B）：淡暗色，干燥，具许多大石块、缝隙挤满沙子，偶见根系；过渡清晰。

100cm 以下（C）：棕黑色，具石块的残积特征明显。

第三节　平原地区的栗钙土

根据 1960～1990 年蒙古国土地规划部门对逐个苏木调查制图的结果，在蒙古国，栗钙土（包括平原、山地及草甸）占国土面积的 50%。但也有不同的报道，如 39.55%、40%（Mandakh，2016）。栗钙土在色度标准上为 7.5R3/2，亚类之间色度不同。

许多蒙古国土壤学者的著作中把在蒙古国大面积分布的栗钙土看作俄罗斯前贝加尔湖、图瓦、阿尔泰地区干旱草原栗钙土形成的一部分。蒙古国的栗钙土处于从黑钙土向淡栗钙土至戈壁棕色土过渡的地域，呈条状分布。北界为48°～50°N，南界为46°～45°N，西部窄，与荒漠化草原混生，东部宽阔，南北宽350～450km，东西绵延1700km，海拔700～2800m。西界在蒙古国阿尔泰山的哈尔黑拉山，从大湖盆地经蒙古国东方平原沿国境到达满洲里草原，海拔平均为1200～1300m的高原是主要分布区。在蒙古国东北部分布最广，在山地、平原大量分布。该土分布区的东部和北部地势较低，南部及西南部海拔在1600～2300m。栗钙土不仅分布于干旱草原，也分布于森林毗邻草原的陡坡处。研究人员认为，其分布区在杭爱山、肯特山脉以南的平原、缓坡地、低山及秃山，山脉南坡栗钙土垂直分布至2500～3000m处。

蒙古国栗钙土可分为暗栗钙土、栗钙土和淡栗钙土三个亚型，但不像苏联和欧洲部分分类那样清楚。北部区的气候湿润、冷凉，向南变为戈壁的干旱气候，这种变化的中间地带是真栗钙土的草原。栗钙土多分布于该土壤带的北部山区、坡地、宽谷地、平地，而淡栗钙土多分布于该带南部的高地势处。栗钙土从蒙古国东方平原经哈拉哈的中部高原至大湖盆地的荒漠草原。下缘直接与荒漠草原连接。盐碱化栗钙土、盐渍地、盐碱土多见于洼地、河漫滩、湖盆及干涸湖。该区内部的高地南坡出现荒漠土，向南更多。

蒙古国栗钙土具有机械成分轻、矿物质分化弱而少、没有盐碱化特性、土壤剖面中与残积层有关的碳酸钙层薄、层中腐殖质含量低等特征。这些特点与其分布区的生物、气候及母质条件有关，栗钙土所处地的降水量少，生长周期短，冬季严寒，春季干旱。

蒙古国的山地及平原栗钙土并不表现出差异，干旱草原宽阔盆地的栗钙土、山地山坡的栗钙土剖面发育完整，形成特征明显。

蒙古国栗钙土剖面深度1～1.5m，由腐殖质、碳酸钙的残积层及母质岩、疏松石层构成。栗钙土有季节性冻土特征，在北部地区，冻土层达3～4m，南部地区也达1.5～2.5m，土壤表层温度的季节性变化明显，一年中长时间处于0℃以下，生物作用活跃期短而弱，物理作用强，因而蒙古国地区栗钙土主要受气候和水作用的物理特性明显，水冲刷作用使土壤浅层的石砾、石块增多，土壤多出现轻机械成分和碎石块，因而具有土层薄、黏土积累有限的特点。湿度和温度对栗钙土中有机物的积累和分解具有很大的影响；腐殖质在5～8月的雨季形成，只有在夏季多雨、土壤水分充分时栗钙土的腐殖质才得以积累增加；只有在第一场雨后枯草才得以有效分解，从9月开始有机物的分解减少，10月至翌年5月完全停止。土壤剖面几乎没有石膏和易溶性盐的积累。在干草原地区中，栗钙土典型剖面中盐渍现象少见或不存在，这与其具轻机械成分、地势高、含碳酸钙、母质中不含易溶盐等有关。

蒙古国栗钙土中钠钾之和（K_2O+Na_2O）达60～70g/kg，SiO_2、R_2O_3和黏土成分均匀分布于各层，各层次的矿物质成分变化不大；此外有机物大部分被黏土紧密充斥，使腐殖质重量增加，黏土矿物成分蒙脱石多。土壤溶液中含微量的碱，弱碱性，水溶液pH为6.9～8.8，有的达9.5。栗钙土的形成特点是残积层中含有碳酸钙，但钙积层出现的位置（上或下）及厚度、含量各有差异，从土表至150cm均出现盐酸反应，钙积层厚20～150cm，其含量为5～12g/kg（CO_2）。

土壤机械成分对碳酸钙的含量影响很大，在轻壤质土壤中含碳酸钙土层厚但含量低，重壤质土中则相反。钙积层中碳酸钙也不是均匀分布的，重壤土中呈块状，轻壤土中呈粉状。土壤中碳酸钙层厚度与强度对土壤的水分和根系分布影响很大，该层比较坚实、阻碍水分渗透，再则该层位于 30～50cm 处，土壤吸收层薄。草甸盐渍土草原化过程中可能变为弱盐渍化的栗钙土。这种土分布于盐湖，干涸湖周围，以及水干后露出的湖底。

栗钙土之间不仅母质不同，而且土层厚度、机械成分的轻重、石块情况、盐渍程度等方面具有差异。根据栗钙土土壤的腐殖质及腐殖质发育阶段来确定其亚类型；同时还要依据土壤侵蚀度、机械成分的轻与重、含石状况等，这就增加了野外确定亚类的难度。

栗钙土剖面结构特征如下。

A——腐殖质层：暗栗色、栗色、淡栗色；有颗粒状或松软团粒结构，一般具碎石块，层次的下界清晰，过渡明显；厚度差异较大（从 6～12cm 至 35～40cm）。

B——过渡层（中间）：肝栗红色至淡红色或其他色；较硬，不同团粒结构；因母质和机械成分的不同而厚度不同（一般 10～40cm）；过渡较明显。

B_k（BC_k）——碳酸钙累积层：从该层过渡到母质层；色度不均匀，随碳酸钙含量增加而从浅黄色到白色等各种颜色；碳酸钙以粉末状均匀分布于该层；石块的下面存在不少碳酸钙的新生薄层；过渡到母质层的界限不明显；有时土壤剖面中不存在碳酸钙，只有 B 层。

C——母质层：一般有沙子或沙质类机械成分，黏土成分不多；这与土壤的变化、物质的运送及积累有关；因为栗钙土多分布于丘陵顶部及其缓坡和坡脚。

栗钙土的亚类（暗栗钙土、栗钙土与淡栗钙土）之间在腐殖质厚度和腐殖质平均含量上存在差异（表 7-2）。

表 7-2　栗钙土亚类型土壤各层中腐殖质含量

项目	样本数	轻黏壤土				样本数	沙质及沙子			
		A 层		AB 层			A 层		AB 层	
		均值	范围	均值	范围		均值	范围	均值	范围
类型		具粉状碳酸钙，暗栗钙土					具粉状碳酸钙，暗栗钙土			
厚度（cm）	26	24	9～40	13	10～40	4	21	15～30	15	15～25
腐殖质（g/kg）	16	32	23～61	13	5～29	4	29	12～40	18	18～23
类型		具粉状碳酸钙，栗钙土					具粉状碳酸钙，栗钙土			
厚度（cm）	25	13	8～25	18	10～25	15	14	3～25	19	5～35
腐殖质（g/kg）	8	27	22～30	23	14～42	15	16	6～25	14	2～22
类型		具粉状碳酸钙，淡栗钙土					具粉状碳酸钙，淡栗钙土			
厚度（cm）	9	7	4～12	14	10～23	25	10	6～12	9	7～12
腐殖质含量（g/kg）	9	14	5～18	11	4～17	5	10	3～17	9	1～19

资料来源：Уфимцева，1984

从暗栗钙土至淡栗钙土，存在腐殖质层变薄且含量下降，机械成分变轻，碎石含量增大等规律。在栗钙土中 AB 层的腐殖质含量比 A 层多也常见，研究人员认为这种情况是古代湿润期的栗钙土保留的特征。

淡栗钙土因矿物质成分的不同表现出的性状也不同。其中包括含或不含盐分及盐分含量多或少，分布层次等有较大差异。淡栗钙土一般不含盐分，然而在轻母质层上形成的淡栗钙土含有易溶性盐分，在重母质层上形成的淡栗钙土则相反，有碱性性状。

无盐渍化淡栗钙土与戈壁棕色土之间很多主要特征相似。淡栗钙土分布区植被覆盖度不超过30%。裸露地段地表被大粒沙子、碎石，有时是细粉覆盖。表明地表上多发生风力及水力作用。淡栗钙土中有明显的腐殖质层是由植被及其丰富的植物根系导致，而在荒漠棕色土中没有发现这种性状。淡栗钙土和荒漠棕色土在本质上无差异，但从分类角度上还是有区别的，原因主要是其所产生的自然地理不同而分类有所不同。淡栗钙土分布于荒漠化草原的北部及向荒漠草原的过渡地域，而荒漠棕色土主要分布于草原化荒漠及荒漠北部。

典型剖面一：中等厚度轻黏壤质栗钙土（图 7-3）。地点：中央省阿日格郎图苏木（МБМХ的试验场）。山间开阔盆地的南缘、山梁北面缓坡的下段。位于 47°56′047″N、105°54′875″E，海拔 1252m。地势缓平而微地形变化大，鼠洞多。地下水位深、不影响土壤形成和性状。从西侧和东侧向北有水土流失现象。生长有东北丝裂蒿（A. adamsii）、隐子草、冷蒿等。退化草场，地表上风、水作用力严重。取样地域地表粉土多，汽车行驶的旧土路很多。地表上碎石零星分布或成片。机械组成见表 7-3。

A$_0$：0～7cm，栗色（7.5YR3/2），有些湿润，具轻黏壤质机械成分和碎石，根多，渐渐过渡到下层。

A$_1$：7～31cm，普通栗色（5YR3/3），稍润，非常坚实，轻黏壤，偶见小石块，大团粒结构，细根多，过渡明显。

B$_k$：31～66cm，具均匀浅暗色（10YR5/4），有些湿润，轻壤，有疏松的团粒结构，强盐酸反应；碳酸钙均匀分布于全层、细根比上层少，全层有石块，逐渐过渡。

图 7-3　栗钙土（阿日格朗特苏木）

表 7-3　中等厚度轻黏壤质栗钙土土壤机械成分

土层 (cm)	颗粒所占比例（%）							质地
	1～0.25mm	0.25～0.05mm	0.05～0.01mm	0.01～0.005mm	0.005～0.001mm	<0.001mm	<0.01mm	
0～10	14.8	45.8	18.7	6.4	7.7	6.6	20.7	具中粒沙子多的轻黏壤土
10～20	13.3	39.3	22.0	9.5	7.9	8.0	24.7	轻黏壤土
20～30	13.4	41.1	24.0	7.3	5.8	8.4	21.4	轻黏壤土
40～50	12.1	45.9	16.8	8.8	6.8	9.6	25.2	轻黏壤土
70～80	11.2	47.0	16.7	5.0	11.9	8.2	29.1	含黏土多的轻黏壤土
100～110	17.3	29.3	16.0	11.5	14.5	11.4	37.4	中黏壤土
120～130	18.1	46.6	2.4	9.4	9.7	13.8	32.9	中黏壤土

B_kC_k：66～116cm，全层暗栗色（10YR6/4），比上层稍湿润、碎石相对少，中黏壤质，碳酸钙分布不均，具似羊粪蛋结构，偶有细根，过渡不明显。

C_k：116cm 以下，浅黑色，干燥，具明显而坚硬羊粪蛋结构，这种情景在照片上可以看出。碳酸钙、矿物质沉积中黏壤土结构等均是崩积物的残留。

典型剖面二：中等厚度中黏壤质栗钙土（图 7-4）。地点：中央省阿日格朗特苏木的毛勒朝克沙谷地，乌兰巴托西 75km。位于 47°48′45″N、105°51′12″E，海拔 1294m。低山间开阔盆地的边缘，小山坡的下段。山岗下缓坡（10°）、微地形变化大。方位：104°。气候条件：冷凉。土层 50cm 深处温度 14℃，土表 2.5cm 深处 17.8℃。样地在农场旁边的放牧场。土壤至 60cm 深度湿润（说明：剖面描述中土层下标的意义，注：w—水分；k—具碳酸钙）（记录者：С.Гордон、О.Холжин、Д.Аваадорж）。理化性质见表 7-4 与表 7-5。

图 7-4　栗钙土

表 7-4　中等厚度中黏壤质钙栗土 <2mm 部分机械成分

（单位：g/kg）

取样深度(cm)	土壤层次	颗粒分类			黏土		细土				沙子		
		黏土 <0.02mm	细土 0.02~0.5mm	沙子 0.5~2mm	细黏粒 <0.0002mm	细粒 0.002~0.0002mm	细粒 0.002~0.02mm	粗粒 0.02~0.05mm	极细 0.05~0.10mm	细 0.10~0.25mm	中粒 0.25~0.50mm	粗粒 0.5~1.0mm	更粗 1.0~2.0mm
0~10	A_1	109	308	583	0	109	124	184	213	270	38	29	33
10~23	A_2	118	268	614	0	118	108	160	203	304	45	30	32
23~38	B_w	124	256	620	10	114	102	154	212	315	43	23	28
38~60	B_k	199	274	527	117	82	131	143	183	211	57	33	43
60~86	C_1	148	262	590	53	95	124	138	204	173	85	61	67
86~118	C_2	278	271	451	132	146	159	112	154	142	70	47	38

表 7-5　土壤化学成分

取样深度(cm)	腐殖质含量 碳含量	碳所占比例[a](%) 总计	总氮含量比	水洗100g土壤中的阴离子[a](mg) Fe	Al	Mn
0~10	1.69	1.51	0.164	0.9	未离出	未离出
10~23	1.06	0.97	0.121	0.5		未离出
23~38	0.92	0.98	0.116	0.4		未离出
38~60	0.61		0.076	0.4		未离出
60~86	0.33		0.040	0.5	0.1	未离出
86~118	0.24		0.034	0.6		未离出

取样深度(cm)	用 CH₃COO-NH₄ 溶液提取				合计(mg/100g土壤)	碳酸钙(CaCO₃)(%)	容重(g/cm³)	pH	
	Ca (mg/100g土壤)	Mg (mg/100g土壤)	K (mg/100g土壤)	Na (mg/100g土壤)				CaCl₂(1:2[b])	H₂O(1:1[c])
0~10	6.6	1.6	1.1	未离出	9.3		1.35	6.5	7.2
10~23	8.5	1.9	0.2	未离出	10.6		1.42	6.6	7.1
23~38		2.6	0.2	0.1	2.9	1	1.42	7.5	7.9
38~60		8.4	0.2	1.5	10.1	23	1.43	8.0	8.3
60~86		13.0	0.2	2.7	15.9	13		8.5	8.8
86~118		15.3	0.1	4.2	19.6	25	1.44	8.7	9.0

注：a. 土壤颗粒小于 2mm 部分；b. 土与 CaCl₂ 溶液体积比；c. 土与水体积比。

A_1：0～10cm，暗栗色（7.5YR3/2）、轻壤，棕色（10YR5/3）。湿润；圆团粒结构，松软而不黏。具细根和中等粗的根。中度直径的或断或被填的缝隙偶尔出现。白色或黄色的石英砂粒多而没有包膜。过渡明显。土壤 pH 7.3，无盐酸反应。

A_2：10～23cm，栗色（5YR3/3）、轻黏壤，栗色（7.5YR5/3）。湿润；圆团粒结构，非常松软而不黏。细根丰富而中等根也多。少数中度直径的缝隙。有白色或黄色石英砂粒。波状过渡，有的线可延伸 16～30cm。弱碱性，pH 7.4，没有盐酸反应。

B_w：23～38cm，栗色（10YR4/3）、轻黏壤，显栗色（10YR5/3）。湿润；圆团柱结构，松软、不黏；细根丰富而中等粗根少，中等直径的缝隙少。2～7.5mm 大的石块粗粒占机械成分的 2%。无盐酸反应。弱碱性，pH 7.5。缝隙相连，白色或黄色石英砂粒多。过渡清晰。在 36～48cm 出现大量 8mm×15mm 至 6mm×8mm 的动物洞穴，这一段湿润颜色为 7.5YR3/4、干燥显 7.5YR4/4。

B_k：38～60cm，淡栗色愈发浅（10YR7/3）、轻黏壤质，淡栗色（10YR 8/3）。干燥；圆团结构，疏松、稍坚实、不发黏，细根及中等粗根少。具为数不多的细缝隙。黄棕色黏土（10YR6/6）占 10%，而 2～7.5mm 大小的石粒占 8%。强盐酸反应。中度碱性，pH 8.4。缝隙相互不连，不见石英砂粒，碳酸钙片状散布，过渡线为 56～70cm。

C_1：60～86cm，浅黄棕色（10YR6/4），具石砾的黏壤土，淡棕色（10YR7/3）。干燥；坚实、不发黏，细根少，2～7.5mm 大小的石粒占 18%。强盐酸反应。强碱性，pH 8.8。缝隙相互不连。白色或黄色石英砂粒多。逐渐过渡。

C_2：86～118cm，浅黄棕色（10YR5/4）、重黏壤土，显淡棕色（10YR8/2、10YR7/4）。干燥；坚实、稍发黏，没有根系，更强盐酸反应。强碱性，pH 8.8。

第四节　山地栗钙土

杭爱山、肯特山及戈壁阿尔泰山的山地栗钙土与平原栗钙土都有相同的发生发展特征（土层厚度 1～2m，腐殖质层厚度 20～60cm，钙积层厚度 50～60cm），从而难以区分山地栗钙土与平原栗钙土。但山地栗钙土与平原栗钙土所处的条件、地理位置及形成上都有差异。

山地栗钙土的特征如下所述。

（1）土层薄（平均厚 10～40cm），土层未充分发育。

（2）比平原土石块含量多，0～10cm 土层中石块含量达 10%～20%、深层处达 50% 或更高。

（3）处于坡地的土壤，其表层常发生变化。

（4）山地与平原栗钙土之间的差异取决于所处位置高度、坡度及延伸。

（5）一般由腐殖质层、多石层两个土层构成，研究中没有 B 层，若有则断断续续。

（6）无完整的土层结构，表层偶见石块，土壤片状分布，表现山地土壤弱形成性质。

（7）土层中粉土比例小，土壤中腐殖质含量高。石块缝间植物根系横卧生长挤成一团。

蒙古国在中或大比例土壤图中不分山地土壤或平原土壤。下面介绍山地暗栗钙土和栗钙土的剖面特征。

典型剖面一：山地暗栗钙土（图 7-5）。地点：巴彦洪格尔省吉日嘎郎图苏木。矮山南坡中段，海拔 1870m，坡度 20°，微地形多样，多巨石。植物群落为苔原羊茅（*Festuca lenensis*）、洛草（*Koeleria cristata*）、柄状薹草（*Carex pediformis*）。植被覆盖度为 17.0%，基部覆盖度为 10.0%。

图 7-5　山地暗栗钙土（巴彦洪格尔省吉尔嘎郎图苏木）

A$_d$（生草层）：0~2cm，栗色，有些潮湿，沙子多而轻黏壤质，根系盘结，枯草层片状分布。小石块占 10%。具松软团块结构或粉土结构。过渡不明显。

A：2~20cm，暗栗色，湿润，具中黏壤质机械成分。有团粒结构，细粉土少。根系密集，碰石块弯曲。石块多，占 60%左右。全层有碳酸钙。石块部分显青黑色，为片岩。

典型剖面二：在纯岩石上形成的山地栗钙土（图 7-6）。地点：东方省艾日格苏木。植被中有戈壁针茅（*Stipa tianschanica* var. *gobica*）、隐子草属（*Cleistogenes*）植物、锦鸡儿属（*Caragana*）植物、冷蒿（*A. frigida*）蒿属（*Artemisia*）等植物。群落覆盖度为 10.0%，基部覆盖度为 5.0%左右。土表被风蚀。锦鸡儿丛周围有土堆积。

图 7-6　山地栗钙土（东方省艾日格苏木）

A_0：0～3cm，具不均匀淡栗色，表层覆有粗粒沙子，干燥，土层结构不清晰，疏松。根少。过渡明显。

A_1：3～17cm。栗色均匀，具轻黏壤质结构，小石子多，具团粒结构。根多。过渡明显。

A_1B：17～22cm。栗色不均匀，具浅灰色碳酸钙层。层次间断、干燥、轻黏壤、团块结构、疏松。小石子多。过渡明显。

C：纯花岗岩。

第五节　草甸化沼泽土壤

蒙古国冲积层上的草甸化沼泽土一般分布于大河沿岸台地、河床，在蒙古国北部尤其广泛。草甸化沼泽及冲积地生草土在干旱地带的小河、小溪、绿洲也有分布。草甸化沼泽土土层虽不厚，但腐殖层厚达 30～35cm，腐殖质含量一般为 60～34g/kg。土层一般为灰黑色，有时存在细砂及砾石层。呈弱酸性。草甸化沼泽的另外一个状况为地表不平，有土丘、草丘，这是热胀冷缩的作用引起的。

典型剖面：潜育土壤（图7-7）。地点：色楞格省沙马儿苏木的他比郎格套海，МБМХ的试验地。河漫滩地草甸，低盆地，起伏不平的微型地表。放牧与打草场、略退化。植被组成中有剪股颖属（*Agrostis*）植物、薹草属（*Carex*）植物、毛茛属（*Ranunculus*）植物、蓟属（*Cirsium*）植物等。

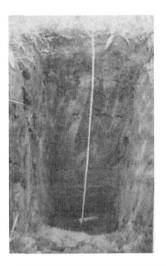

图 7-7　潜育土壤（色楞格省沙马儿苏木）

A_0：0～5cm，灰黑色，潮湿、疏松，植物根盘结、形成草皮层，根比重大。团粒结构。重黏壤质。根据根系分布来确定向下层的过渡，过渡缓而不明显。

A_1：5～28cm，均匀暗灰色，潮湿、发黏、中黏壤质，下部有白色沙子斑点。根系比上层少很多。过渡不清晰。

AB：29～55cm，灰色，偶有根，从缝隙多有灰色沙流入、潮湿、中黏壤质、间沙。

全层含有碳酸钙。过渡缓而不清晰。

BC：55～140cm，浅灰色，湿润、轻黏壤，呈层状分布。由亚铁盐形成的锈潜育斑点多。土粘锹，往下挖很困难。未见到纯母质。

第六节　盐渍土壤

土壤的盐渍化现象在蒙古国各自然带都有发生，盐渍土壤在内陆河流域的低地大量分布，有时在高山平顶、缓坡上也能见到。盐渍土壤占蒙古国国土面积比例为10.5%。在干旱草原及荒漠地带盐渍土壤面积达 70～100km²，分布于许多低洼地。其中大部分分布于湖岸、干涸湖、淤泥地段等。盐渍土壤分为盐渍土、盐土和碱土。

盐碱土在戈壁区（前阿尔泰、后阿尔泰、戈壁中部）广泛分布，而在蒙古国东方草原少量分布，在大湖盆地极少量分布。碱土在戈壁的满都拉戈壁东南、南，赛罕善达–赛音山达西南，阿尔泰前戈壁，嘎拉巴戈壁，中蒙边境等地有大面积分布；在蒙古国东部草原从古尔班扎嘎拉向马塔德的东和南部延至苏赫巴托省的夏日戈壁等地，大湖盆地的乌布苏湖的周围及其东部有分布。然而 Уфимцов（1984）等认为蒙古国碱土不多，只在蒙古国的东部和大湖盆地分布广些。在蒙古国盐土愈发少，分布于蒙古国荒漠地区淡棕色土壤带的低洼地。碱土和强盐渍化的土壤分布于干旱、荒漠化草原的开阔盆地的中央、低势地及湖周围。

盐土中的易溶盐分浓度从表层至下层呈降低趋势。然而在大部分盐渍土的表土盐分浓度低，这是干旱条件下形成的盐薄皮被风带走吹散或在荒漠干燥地带深层盐分不能通过毛细管上升所致；与平原上地表的细土被吹走，留下粗砂覆盖土表及毛细管被切断等也有关系。蒙古国的盐土一般含有氯、硫阴离子和钠阳离子，因而它有蓬松、起皮层等特征。牧民把干旱地区盐土地域称为呼布尔（松软地段）。一般境况下盐土中易溶性盐分的浓度加大时，硫化物的浓度大于氯化物的浓度。阳离子中钠为主，钙和镁次之，钙盐以碳酸钙状态分布。

一般母质、水分、矿物质等状况、程度决定盐碱土的类型。蒙古国荒漠地区年均降水量100～150mm，南部有时只有30mm或不到；然而蒸发量比降水量高出2～10倍，因而可形成盐、碱土。它与含盐的疏松母岩有关。

碱土特征：A层各有差异，但一般厚度不超过10cm，用胶体冲洗时呈淡栗色。B层（潜育层）较厚、红栗色、很紧实（用锹挖不动），有柱状结构且根系密集。碱土下层通气差而低价铁、锰累积以至有污秒的锈斑点。盐土一般具易溶性盐存在于上层、向下减少的特点。这是由于该类土壤的矿物质化水分分布浅（1～1.5m）及与其蒸发有关。

典型剖面：在湖底盐化黏壤土上形成的中黏壤质碱土（图7-8）。地点：中央省巴彦洪格尔乌力吉淖尔北部。位于46°05′10″N、106°05′14″E，海拔1328m。盆底平地处微地形明显。坡度1°。湖盆地、有沼泽、有湖盐沉积物。地下水位53cm。植被有芨芨草属（Achnatherum）植物、偃麦草（Elytrigia repens）、鸢尾属（Iris）植物、蒿属（Artemisia）植物等。土壤50cm深处土温12.7℃；20cm深处15.5℃；地表温度22.2℃。除土表外，各层土壤潮湿。土表中盐分起皮比较多、厚度达 0～5cm；土表大部有白色盐积累斑块。水从周围高处向此处流入，补充土壤水分。芨芨草草丛周围堆有虚土。理化性质见表 7-6～表 7-8。记录者：С.Гордон、О.Холжин、Д.Аваадорж（АНУ 1995-07-25）。

图 7-8　碱土剖面（乌力吉淖尔）

A_z：0～9cm，浅黄棕色（10YR5/4），多沙，壤质，湿润处棕色（10YR4/3）。具圆块及团粒状结构、松软、不黏。细根及中等粗的缝隙不多。多水溶盐结晶。过渡缓，有的下延 7～12cm。强碱性，有盐酸反应。

B_{z1}：9～30cm，棕色（10YR5/3），潮湿处灰棕色（10YR4/3），重黏壤。具小圆块结构、松软、黏。细根多，偶有粗根。细缝隙多而比上层宽。水溶盐结晶多。间断延伸至 17～35cm。强碱性，弱盐酸反应。过渡明显。

B_{z2}：30～53cm，棕色（10YR5/3），潮湿处灰棕色（2.5Y5/2），重黏壤，具发育弱的柱状结构和圆块结构，疏松、黏；细及中等粗根少，有细而宽的缝隙，可溶盐结晶多，下部 50～53cm 处有所不同，小石子（砾石）占 10%。强碱性，弱盐酸反应。逐渐过渡。

B_{kzt1}：53～92cm，颜色不均，灰白色（2.5Y6/2），潮湿时显灰棕色（2.5Y5/2）、灰黄棕色（2.5Y6/4）。有小石块，轻黏壤，具大粒沙子。脆弱的柱状结构和圆块结构、发黏。具少量缝隙和细根。有盐结晶和锈斑。下部有所不同，其厚度达 76～96cm；灰色层在 40～50cm 处；石块下面有碳酸钙积聚。具大量灰浅棕色石块，石块含量达 25%。有盐酸反应，强碱性。过渡缓慢。

B_{kzt2}：92～130cm，灰白色（2.5Y7/2），湿润显灰棕色（2.5Y5/2）至灰色（5Y6/1）、灰黄色（2.5Y6/4）斑点多。石块多、砂质黏壤，中等粗粒砂。柱状和圆块状结构。具少量细缝隙和根，偶有可溶性盐晶。有锈斑点。该层的 40～50cm 处显灰色、具成层的碳酸钙积累物；砾石下面有冲刷余留的少量石灰物。根缝隙中有不少有机物斑点。有浅灰棕色（2.5Y3/2）石块。强盐酸反应。碎石含量达 30%；中度碱性。土粘锹，加之有水不能再往下挖。在蒙古国，乌力吉湖的泥土大量用作药物。

表 7-6　碱土（<2mm 部分）机械成分

（单位：g/kg）

取样深度(cm)	土层	容重(g/cm³)	土壤颗粒组成 黏土 <0.002mm	土壤颗粒组成 细土 0.002~0.05mm	土壤颗粒组成 沙子 0.05~2mm	细土 黏土 <0.0002mm	细土 黏土 细黏土 0.002~0.02mm	细土 细粒 0.02~0.05mm	细土 较细粒 0.05~0.10mm	细土 细砂 0.10~0.25mm	砂子 中砂 0.25~0.50mm	砂子 粗砂 0.5~1.0mm	砂子 更粗 1.0~2.0mm
0~0.5	A_z	—	245	297	458	17	182	115	200	145	65	37	11
0.5~9	A_z	1.34	208	242	550	21	146	96	230	195	80	38	7
9~30	B_{J1}	1.44	383	255	362	107	170	85	156	119	47	31	9
30~53	B_{J2}	1.44	331	292	377	90	195	97	138	117	57	36	29
53~92	B_{ka1}	1.51	327	221	452	201	157	64	79	105	100	95	73
92~130	B_{ka2}	—	306	216	478	189	149	67	86	106	105	95	86

表 7-7　碱土（<2mm 部分）化学分析结果

深度(cm)	pH^a CaCl₂(1:2)	pH^a H₂O(1:1)	含量(g/kg) 腐殖质	含量(g/kg) CaCO₃	含量(g/kg) 总氮
0~5	8.8	8.7	38	40	2.60
5~9	8.9	8.9	18	20	1.34
9~30	8.9	8.9	11	160	1.06
30~53	8.8	8.9	7	130	0.92
53~92	8.8	9.1	4	280	0.58
92~130	8.5	9.0	3	140	0.50

表 7-8　碱土水溶液中阴离子、阳离子量

水洗分离出的阴离子（mg/100g 土壤）

深度(cm)	Fe	Al	Mn
0~5	0.8	0.1	未离出
5~9	0.9	0.1	未离出
9~30	0.6	未离出	未离出
30~53	0.8	0.3	未离出
53~92	0.7	未离出	未离出
92~130	0.7	0.1	未离出

（单位：mg/L）

土层(cm)	CO₃²⁻	HCO₃⁻	F⁻	Cl⁻	SO₄²⁻	NO₂⁻	NO₃⁻	K⁺	Na⁺	Mg²⁺	Ca²⁺
0~5	—	25.4	0.5	55.6	1006.4	—	—	9.0	718	402.0	19.3
9~30	—	2.9	—	18.5	183.8	—	—	1.7	134.2	79.2	1.2
30~53	—	2.7	—	23.5	141.4	—	—	0.8	100.6	73.0	1.3
53~92	—	3.1	0.6	4.4	22.4	0.3	1.1	0.2	17.5	12.5	0.6
92~130	—	3.5	0.6	1.2	13.1	0.1	0.4	0.1	8.7	8.7	0.9

黏壤土成分中云母、高岭石、白云石、方解石等的含量少至中等。土壤表层云母、高岭石比较多，而往下方递减，白云石、方解石等增多。这种土壤中蒙脱石、蛭石等较少，而沙类矿物质的石英、正长石含量占优势。

第七节　半荒漠的棕色土（棕钙土）

前阿尔泰的超干旱特征不仅表现于景观结构，也表现在其土壤特征中。这里沿纬度分布有戈壁棕色土和超干旱荒漠土两个土壤类型，而沿河、溪及绿洲分布着湿润的土壤类型。棕色土的北部是具粉状碳酸钙的淡栗钙土，南部有超干旱的荒漠灰棕色土。淡棕色土分布在荒漠中心地带，而戈壁棕色土位于荒漠北部的草原化荒漠区。Беспалов 认为戈壁棕色土占蒙古国国土面积的 17.27%；而 Доржготов 认为占 12.9%。

戈壁棕色土自东戈壁省南部向西经杭爱山和戈壁–阿尔泰山中间、多湖谷地至大湖盆地低地分布；在荒漠的高山上部以带状分布。多湖谷地的中央分布有棕色土，其边缘分布有盐碱地。

戈壁棕色土性状相似于淡栗钙土，但更接近淡棕色土。戈壁棕色土与淡栗钙土相比，具有钙积层浅、腐殖质层薄（几乎没有，只在淀积层上部有一些）、腐殖质含量少等特点。大部分含碎石，而且沙化；这种性状对土壤湿度有很大影响，渗透到土壤下层的水分不会从土壤毛细管蒸发掉。这种荒漠土壤缝隙多，而其大缝隙占多数，薄石层下面土壤动物群栖息。再往下是薄的 B 层（淀积层），紧实铁化、具多个大的圆结构、红色。

典型剖面：棕色土，地表有零散的沙子覆盖物（图 7-9）。覆盖不匀且不稳定。灌丛周围堆积 10cm 以上厚浮土；A_{11}—硬皮层；A_{12}—硬皮层下面层；（A）—不清晰、少（采集者：Н.А.Ноина、Ю.Г.Евстифеев 和 О.Баттулга，2011）。

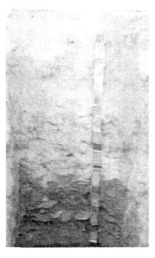

图 7-9　戈壁棕色土（南戈壁省布拉根苏木）

r：0～0.5cm，表层有粗粒沙子、碎石不均匀分布、疏松。

A_{11}：0～1cm，棕黄色，干燥、坚硬。沙质、脆粒状结构、疏松。细缝隙多。过渡清晰。

A_{12}：1～4cm，淡棕色，干燥、稍坚硬。沙质、成层的发脆结构、大粒沙子及碎石多。层次清晰而过渡明显。

（A）B：4～11cm，棕色，干燥、更加坚硬。轻黏壤质，具脆圆块结构，碎石和植物细根多。过渡明显。

B：11～18cm，比上层稍灰，坚实、沙质。具大圆块、有被破坏的痕迹，根稀少、具砾石和碎石。过渡明显。

B_k：18～60cm，浅黄色，色度及硬度不匀。碳酸钙虽以粉状分布，但有时集聚呈斑状、根少、砾石及大石块多。盐酸强烈反应。层次清晰和过渡明显。

BC：60～70cm，浅灰色，干燥、更坚硬、与碳酸钙一起变硬。砾石和大石块多。层次清晰和过渡明显。

C：70～92cm，黄色，干燥、沙质、成层。具淤泥沉积物。

轻黏壤质戈壁棕色土容重表层为 1.59g/cm³、腐殖质层为 1.50～1.52g/cm³、母质层为 1.64～1.65g/cm³；土壤孔隙度在表层为 38.8%、腐殖质层为 42.4%～43.2%，而在钙积层及母质层降至 34.2%～40.4%；湿度在腐殖质层为 100.6～123g/kg、碳酸钙层为 114～118g/kg；受孔隙度影响而土壤水分持水度达 194～293g/kg；植物萎蔫湿度在腐殖质层中因机械成分不同而异，为 12～15g/kg；戈壁棕色土的水分渗透率为 0.6～0.9mm/min，属于水分渗透力中等级别。

第八章　土壤理化性质

蒙古高原的地理位置决定了其特殊的气候条件，决定了其土壤种类及很多特性具有东北–西南渐变的特点，而且越往西南，土壤的大多数性质越不适合植物生长。其成因主要是降水的减少与温度的升高。蒙古高原总体上周围高、中部低，尤其是南北高中间低，所以土壤特性又有向中部逐渐过渡的特点。

第一节　土壤化学性质

一、土壤矿质全量组成

土壤矿质成分中硅含量最高，SiO_2 含量为 290～900g/kg，风沙土中最高。在剖面中的分布大多与母质有关，除灰色森林土及黑土因硅淋溶淀积在心土层略高、有钙积层的土壤在钙积层略低外，其余各类土壤的 SiO_2 含量在土层之间分异不明显。铁铝锰在剖面中的分布与硅相似，只是灰褐土、黑土、灰化棕色针叶林土等有淋溶与淀积现象；棕壤、暗棕壤、棕色针叶林土、褐土、灰褐土、灰色森林土及黑土均有铁锰形成的胶膜或核块状物质而呈现棕、褐色；Al_2O_3 含量为 40～190g/kg、Fe_2O_3 含量为 14～80g/kg、MnO_2 含量大多为 0.2～3.5g/kg（个别剖面达 11g/kg）。钾（K_2O 占 11～34g/kg，平均 24g/kg）、钠（Na_2O 占 5～30g/kg，平均 19g/kg）除灰漠土和灰棕漠土表层较高，盐碱土在表层或亚表层聚集外，其他各类土壤在剖面各层次之间没有明显分异。P_2O_5 含量大多在 0.2～3g/kg，枯落物层有达到 8g/kg 左右的。TiO_2 含量约为 10g/kg。烧失量（有机质和矿物中的结晶水等）平均约 100g/kg。CaO 含量为 4～200g/kg，平均 47g/kg；MgO 含量为 7～100g/kg，平均 16g/kg；除黑土、灰色森林土、棕壤、暗棕壤、棕色针叶林土及新成土的 CaO 与 MgO 含量均在 20g/kg 左右，各土层之间没有明显差异外，其余各土类会有不同程度的钙积层，此层钙明显增加，存在状态为碳酸盐或硫酸盐。

内蒙古草地土壤有机碳含量东高西低，草甸草原>典型草原>荒漠草原。但估算的含量不同方法有差异，草甸草原、典型草原与荒漠草原的碳含量分别为 0～20cm 土层 6.65kg C/m^2、3.41kg C/m^2 与 0.27kg C/m^2（戴尔阜等，2014）或 0～30cm 土层 6.97kg C/m^2、4.08kg C/m^2 与 2.46kg C/m^2（Yang，2010）。典型草原与草甸草原表层土壤有机碳变化主要受控于降水量变化，荒漠草原则主要受控于温度变化（郭灵辉等，2016）。

二、土壤酸碱度

蒙古高原土壤酸碱性差异也很大（表 8-1），但总体而言 pH 有从东北向西南增高的趋势，如风沙土的 pH，荒漠风沙土大于 9，草原风沙土 6.5～9.1，草甸风沙土 6.5～8.5，这主要是受气候影响造成的。地带性土壤 pH 与湿润度及降水量之间均具有极显著相关关系（图 8-1）；随湿润度的下降 pH 直线升高（$r=0.973$）；随降水量的下降 pH 呈抛物线状增加（$r=0.980$）。降水量<100mm 似乎对 pH 影响较小。湿润度 1.27 或降水 345mm 左右为土壤酸碱性的转换点，湿润度>1.27（或蒙古高原气候下，降水>345mm），土壤为酸性；这主要是因为土壤矿物质在风化中释出的盐基，在含碳酸和生物残落物产生的有机酸的水分淋洗下，从土壤中淋失，土壤胶体吸附的阳离子中盐基离子（Ca^{2+}、Mg^{2+}、K^+、Na^+等）逐渐减少，H^+特别是 Al^{3+} 的积累，导致土壤酸化。

表 8-1 蒙古高原各土类表土层 pH 范围

土类	pH	土类	pH	土类	pH	土类	pH
棕色针叶林土	4.7~6.7	黑钙土	6.3~8.6	沼泽土	5.2~8.7	林灌草甸土	8.9~9.8
暗棕壤	5.1~6.8	栗钙土	7.3~8.7	泥炭土	6.0~7.0	盐土	7.5~10.8
棕壤	6.0~6.8	栗褐土	7.5~8.3	风沙土	6.5~9.1	漠境盐土	8.6~9.2
黑土	5.4~7.7	棕钙土	8.1~8.8	石质土	6.5~8.5	龟裂土	8.6~10.2
灰色森林土	5.6~6.9	灰钙土	8.5~8.8	粗骨土	6.5~8.5	碱土	8.5~10.8
山地草甸土	7.1~8.1	灰漠土	8.1~9.1	草甸土	6.4~8.3	亚高山草甸土	7.9
褐土	7.0~8.5	灰棕漠土	8.3~9.5	潮土	7.8~9.7		
灰褐土	7.0~8.4	新积土	7.5~8.7	灌淤土	6.8~8.4		

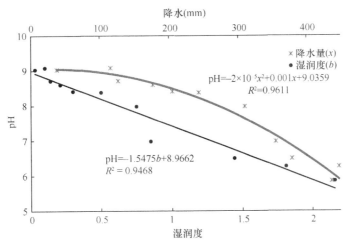

图 8-1 土壤 pH 与湿润度及降水量之间的关系
根据《内蒙古土壤》数据绘制

土壤中碳酸钙的含量与 pH 之间存在着相互制约关系，pH 的高低是决定碳酸钙溶解度的重要因素；高含量的碳酸钙，也会使土壤 pH 维持在碱性条件下。蒙古高原上土壤含碳酸钙多，pH 也较高，土壤 pH 与碳酸钙含量的对数值之间具有极显著的相关关系，碳酸钙含量为 10~20g/kg 时所对应的 pH（8）是一个转折点，低于此值，pH 随碳酸钙含量减小而急剧降低，变为中性、弱酸性和酸性；而碳酸钙含量大于此值，pH 呈弱碱性和碱性，pH 8.5 左右。其中 pH 高于 8.5 的土壤，除碳酸钙外还可能有碳酸钠或碳酸氢钠存在。土壤 pH 与碳酸根含量（CO_3^{2-}+HCO_3^-含量）、残余碱（CO_3^{2-} 和 HCO_3^-物质的量

浓度与 Ca^{2+} 和 Mg^{2+} 物质的量浓度的差）、ESP（代换性钠饱和度）的对数值均有良好的相关性。

土壤酸碱度与地形–水文条件密切有关，山地土壤 pH 低于邻近的平地，低洼的汇水区常有较高 pH。局部地区与母质关系较大，基性岩母质及富含碳酸钙的母质也有较高的 pH。母质类型对淋溶和半淋溶土纲的土壤 pH 的影响较大，黄土及黄土状母质上的土壤盐基饱和，pH 稍高；碱性和强碱性的土壤与母质中富含交换性钠及苏打有关。

第二节　土壤物理性状

一、土壤质地

蒙古高原土壤质地较轻，壤质砂土、砂质壤土及粉质壤土占有相当大的面积；土壤质地西部轻粗、东部细重。大兴安岭山地、阴山山地、赤峰南部山地及大兴安岭东西两侧低山丘陵，母质主要为残积–坡积物；土壤表层多为壤质黏土，心土层质地多为粉砂质黏土或壤质黏土，底土层多为砂质壤土或壤土，主要土壤类型为棕色针叶林土、棕壤、暗棕壤、灰色森林土、黑土及少量灰褐土。呼伦贝尔高原中部、兴安盟南部、赤峰南部丘陵地区，土壤质地多为砂质黏土，主要土壤类型为褐土、栗褐土、黑钙土和暗栗钙土等。锡林郭勒高原大部、乌兰察布高原北部及鄂尔多斯高原中部地区，质地较粗，质地剖面分异不显著，多数为砂质壤土，少数为粉质壤土，土壤类型以栗钙土、棕钙土、灰钙土为主。西部阿拉善荒漠地带、鄂尔多斯南部沙漠和沙地、中东部地区的浑善达克沙地、科尔沁沙地和呼伦贝尔沙地属风积沙母质，土壤质地以砂土或壤质砂土为主，主要土壤类型有风砂土、灰漠土、灰棕漠土等。

锡林河流域栗钙土的质地受到母质类型、区域风化特征及风蚀沙化的影响，总的特征是质地较轻，以砂土、砂壤土、粉砂壤土为主（表 8-2），在淡栗钙土的表层或亚表层有时还含有少量的砾石，为砾质砂土或砾质砂壤土。在颗粒组成中以砂粒（1～0.05mm）为主，占 60%～90%，其中又以细砂、极细砂、粗粉粒（0.25～0.05mm）占优势。残余黏化现象也是该区栗钙土形成中的一个重要特征，剖面中黏粒含量变动范围在 10%～20%，在 30～60cm 或更深处含量有所增加，通常与钙积层重合（李绍良和陈有君，1999）。由黑钙土–暗栗钙土–栗钙土，土壤中粗粒成分增加，质地也变轻（李绍良，1988）。

表 8-2　锡林河流域土壤质地

土层 (cm)	颗粒含量（g/kg）							质地
	1～0.25mm	0.25～0.05mm	0.05～0.01mm	0.01～0.005mm	0.005～0.001mm	<0.001mm	<0.01mm	
黑钙土								
0～31	1.2	456.7	276.5	56.3	56.3	153.6	266.2	轻壤
31～70	1.3	442.1	254.2	40.8	82.3	179.4	302.5	中壤
70～92	1.3	440.2	251.1	41.1	81.9	184.5	307.5	中壤
92 以下	0.5	403.2	267.3	51.4	87.4	190.3	329.1	中壤

土层 （cm）	颗粒含量（g/kg）							质地
	1～0.25mm	0.25～0.05mm	0.05～0.01mm	0.01～0.005mm	0.005～0.001mm	<0.001mm	<0.01mm	
暗栗钙土								
0～13	91.8	445.8	193.5	45.9	48.0	174.4	265.3	轻壤
13～41	81.9	526.6	142.1	20.3	29.5	192.2	242.0	轻壤
41～82	82.6	548.6	136.1	21.4	06.1	205.2	231.7	轻壤
82～120	98.5	552.4	136.4	28.6	08.2	226.0	262.7	轻壤
栗钙土								
0～30	132.8	440.5	184.6	39.7	36.7	165.2	241.6	轻壤
30～58	74.7	385.3	209.6	40.9	62.4	226.9	330.2	中壤
58～90	64.1	375.0	230.0	38.9	64.5	226.9	330.3	中壤
90 以下	233.9	443.4	76.1	25.4	21.4	200.0	246.8	轻壤

黄土丘陵区，土壤母质多以黄土或黄土状沉积物为主，土体深厚，质地较均一，土壤质地多为粉质壤土或砂质黏土，局部剖面层次中存在夹黏土层，主要土壤类型为栗褐土。

河套平原、土默特平原、西辽河平原、嫩江倾斜西岸平原及各河谷两侧地区多为冲积、湖积和洪积物母质，土壤质地往往呈现多样化，各种质地类型相间分布。阴山及其他地区的山前洪积平原为砂质壤土并夹有砾石，土壤类型主要为新积土等；冲积平原物质组成相对较细，以砂质黏土为主，冲积平原外围地段多为黏土类，靠近河谷段也有砂质壤土分布，主要土壤类型有潮土、草甸土、灌淤土、盐土、碱土、泥炭土和沼泽土等。

二、土壤容重与孔隙度

东部地区或高海拔山区土壤因有机质含量高、土壤结构好及质地细而容重小，孔隙大（表 8-3），表土层容重普遍小于心土层和底土层（表 8-4）。

表 8-3 内蒙古主要土类表土层平均容重与孔隙度

土类	容重（g/cm³）	孔隙度（%）	土类	容重（g/cm³）	孔隙度（%）
棕壤	1.0～1.45	58	栗褐土	1.37	48
暗棕壤	0.92～1.24	56	灰褐土	1.29	51
棕色针叶林土	1.05	60.38[a]	潮土	1.2～1.4	48.0～56.0
灰色森林土	1.1～1.45	55～60	草甸土	1.22～1.58	40.3～54.0
褐土	1.30～1.45	51	新积土	1.40	47
黑土	0.98～1.18	55.01～61.61	盐土	1.46	45
黑钙土	0.82～1.30	50.94～69.06	碱土	1.50	44
栗钙土	1.28～1.46	39.6～51.7	沼泽土	0.23～0.48	81～91
棕钙土	1.47～1.52	42.7～44.6	泥炭土	0.25～0.50	60
灰钙土	1.2～1.5	40～52[b]	风沙土	1.42～1.55	42～47
灌淤土	1.2～1.5	44.86～54.35			

注：a. 数据来自《新疆土壤》；b. 数据来自《中国土壤》

栗钙土的表层结构多为团块状、粒状，而心底土以块状、棱块状为主，结构的稳定性与有机质、黏粒及碳酸钙的含量有密切关系。栗钙土具有良好的孔度状况，表土总孔度 52%～58%，从上向下逐渐变小，心底土为 45%～53%。与土壤容重变化相一致，孔度与固相比为 0.9～1.4，表土通气孔隙一般>10%，有利于水、气运行及植物根系的生长。锡林河流域栗钙土表层土壤容重变动在 1.09～1.21，心底土容重逐渐加大，由 1.24 增加到 1.35，最高达 1.47（表 8-4），这种上松下紧的状态，对植物生长是十分有利的（李绍良和陈有君，1999）。土壤容重与有机质含量之间具有极显著的相关关系（Steffens et al.，2008）。

表 8-4　锡林河流域栗钙土空隙与容重

土层（cm）	比重（g/cm³）	容重（g/cm³）	总孔度（%）	毛管孔度（%）	通气孔度（%）
暗栗钙土					
0～13	2.59	1.09	58.87	41.89	16.98
13～41	2.61	1.20	54.02	43.34	10.68
41～82	2.66	1.24	53.38	41.63	11.75
82～120	2.64	1.35	48.11	37.50	10.07
栗钙土					
0～30	2.61	1.21	53.64	42.12	11.52
30～58	2.63	1.25	52.47	41.47	11.00
58～90	2.63	1.37	49.91	42.66	5.25
90 以下	2.69	1.47	45.35	28.05	17.30

注：根据李绍良（1985）整理

三、土壤水分物理性状

蒙古高原东部、北部及高海拔处的土壤水分好，如灰色森林土常年土体水分状况良好，自然含水量表层一般在 450g/kg 以上；漠境土的含水量常年维持在 10～30g/kg 的水平。锡林郭勒高原 0～10cm 土层含水量多年平均：黑钙土为 271g/kg，暗栗钙土为 141g/kg 左右，两者均随深度增加而下降；栗钙土为 103g/kg 左右，流动风沙土为 17g/kg 左右，这两者最大湿度均出现在 10～20cm。

质地对土壤的水分特征曲线有很大的影响，用 $w=ax^{-b}$（式中，w 为含水量，x 为吸力，a、b 为常数）形式的关系式对不同质地土壤的吸力与含水量进行回归的结果表明，土壤由松砂土到中壤土常数 a 增大，b 则变小（表 8-5）。土壤中黏粒的含量松砂土<紧砂土<砂壤土<轻壤土<中壤土，可见随着土壤黏粒增加，土壤吸力增大。在吸力相同的条件下，黏粒越多，土壤含水量越大（李绍良和陈有君，1999）。栗钙土不同土层的土壤含水量与吸力之间的关系也不尽相同（表 8-5）。

土壤有机质含量对土壤持水力也具有很大的影响，尤其是含沙量小的壤质土，土壤水分吸力与土壤有机质含量之间具有极显著的正相关关系（表 8-6）。

表 8-5　土壤的含水量与吸力（x）的关系

不同质地土壤质量含水量（w）			栗钙土各层容积含水量（y）		
质地	回归方程	相关系数	土层（cm）	回归方程	相关系数
松砂土	$w=1.961x^{-0.3421}$	−0.883	0～15	$y=3.164(x-0.006)^{-0.62}+10.955$	−0.986
紧砂土	$w=4.6804x^{-0.2749}$	−0.965	15～28	$y=3.423(x-0.008)^{-0.57}+10.4$	−0.988
砂壤土	$w=6.5510x^{-0.2678}$	−0.968	28～56	$y=3.423x^{0.56}+9.85$	−0.994
轻壤土	$w=13.7372x^{-0.264}$	−0.989	56～94	$y=11.28(x-0.002)^{-0.37}+6.6$	−0.997
中壤土	$w=31.7837x^{-0.1449}$	−0.981	94～120	$y=4.714(x-0.0145)^{-0.40}+7.4$	−0.994

注：相关均达极显著水平（$p<0.01$）
资料来源：李绍良，1988；陈有君等，1992

表 8-6　不同质地土壤持水力（X）与有机质含量（V）的相关性

土壤水分吸力（$\times10^5$Pa）	松砂土 r	砂壤土 r	轻壤土 r	方程	中壤土 r	方程
0.02	−0.015	0.782	0.609**	$X=32.58+4.27V$	0.799*	$X=38.49+2.16V$
0.3	−0.359	0.293	0.986**	$X=3.87+5.16V$	0.947**	$X=13.39+3.04V$
1.0	−0.344	0.324	0.987**	$X=5.96+2.5V$	0.972**	$X=10.82+2.43V$
8.0	−0.143	0.477	0.988**	$X=5.25+2.04V$	0.971**	$X=7.60+2.21V$
15.0	−0.195	0.651	0.987**	$X=4.65+1.85V$	0.982**	$X=6.37+2.04V$
样本数	6	6	10		7	

注：*、**分别为 0.05 和 0.01 水平上显著
资料来源：李绍良，1988

田间持水量和萎蔫系数是说明土壤水分有效性的两个重要参考常数（表 8-7）。萎蔫系数一般认为是植物可利用土壤含水量的下限，土壤吸力在 15×10^5Pa 左右，但实测结果表明，萎蔫系数远小于吸力 15×10^5Pa 下的土壤含水量。另外，很多干草原植物在含水量很低的条件下仍能存活，如针茅在含水量 20～40g/kg 下仍能生存，这相当于 3×10^6Pa 左右。田间持水量被认为是一个不稳定的量，但目前作为说明土壤水分可用的上限仍然是一个很好的参考值，一般认为田间持水量下的土壤吸力为 $(1\times10^4)\sim(3\times10^4)$ Pa。实测的田间持水量与 1×10^4Pa 下的土壤含水量更接近（李绍良和陈有君，1999）。这表明栗钙土水分可利用范围比较宽。

表 8-7　土壤水分常数对比

土壤类型	土层（cm）	水分含量（g/kg）				
		田间持水量	1×10^4Pa	3×10^4Pa	萎蔫系数	15×10^5Pa
暗栗钙土	0～13	254.7	276.4	178.4	63.2	113.4
	13～41	196.9	218.3	119.8	58.8	70.4
	41～82	188.4	193.1	105.9	52.8	61.5
	82～120	179.1	264.0	148.2	54.3	80.2
栗钙土	0～30	244.0	232.3	138.6	60.0	92.8
	30～58	219.0	243.8	154.5	63.7	88.5
	58～90	197.9	256.3	173.8	73.5	77.9
	90～120	140.0	141.8	107.2	55.2	60.7

资料来源：李绍良，1985

　　从 1981～2005 年的土壤水分动态的平均状况看（图 8-2），锡林河流域栗钙土水分收支平衡可以分为 6 个阶段：①土壤湿度较高而相对稳定阶段，3～4 月；前一年秋末冬初少量的降水入渗土壤，得以保存，冬季降雪在春季融化后也会对土壤水有所补充，土壤含水量较高，但此阶段气温低，所以湿度变化小。②迅速失水阶段，5 月初至 6 月上旬；气温迅速上升，多风少雨，土壤蒸发处于一年最强烈的时期，土壤水分迅速降低，在 6 月 10 日前后降到最低值。③迅速增水阶段，6 月中下旬；雨季来临，土壤水分得到补给。④土壤收支相当阶段，7 月初至 8 月底；进入雨季，降水量大，但气温高，蒸散发也强烈，一般一次降水，在 10 天左右便被蒸散掉，土壤含水量波动剧烈；加之土壤水在土层之间的分配和相对后延，所以土壤湿度没有出现像降水那样明显的峰。⑤缓慢失水阶段，9 月中上旬；气温还较高，但降水补给减少。⑥缓慢增水阶段，9 月下旬至封冻或翌年融冻后；气温下降，草叶枯落，蒸散发减小，降水入土得以保存。这一水分收支平衡造就了该地区土壤具有"两干两湿"的动态特点（陈有君，2006）：①冻融湿润阶段，前一年 10 月初至 4 月底。表层含水量可较长时间维持在 100～250g/kg，这一阶段含水量的高低主要与上年秋冬季降水量的多少有关。②夏初干旱阶段，5 月初到 6 月中旬。③雨季干—湿强烈变化阶段，6 月下旬至 8 月底。从栗钙土亚类湿度多年平均结果看，该时段土壤湿度维持在 100g/kg 左右，而实测的表层土壤湿度却是在 2～250g/kg 剧烈变动。④秋初干旱阶段，9 月至结冻前。

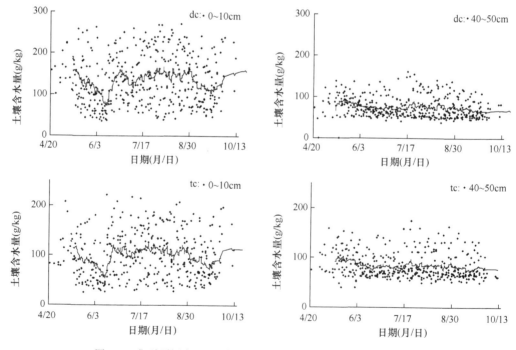

图 8-2　典型栗钙土（tc）与暗栗钙土（dc）土壤湿度的季节动态

　　土壤湿度年度间会有差异，但大多数年份均会表现出类似的动态特征。这一特征在蒙古高原可能具有一定的普遍性，因为降水集中是蒙古高原的普遍现象，2/3 的降水往往集中在雨季的 3 个月中，所以雨季的土壤湿润阶段是高原的普遍现象；融冻返浆现象也是高原地区的普遍现象，黑钙土及土默特平原的潮土也有返浆现象。但魏宝成等（2016）利用遥感技术对2013年内外蒙古地区的表层土壤水分分析发现，高湿土壤主要集中在3个区域：①蒙古国萨彦岭东部山间盆地及肯特山脉的森林、森林草原地区，②大兴安岭中东段及呼伦贝尔高原至科尔沁沙地北部边缘地带，③阴山山脉西段狼山–大青山及其南麓河套平原灌溉区；湿润地区土壤湿度变化较大，最湿润地区土壤湿度最大的时期是7～8月，单峰（图8-3），但8月具有高湿土壤的面积远小于7月；最干旱地区土壤湿度几乎周年无变化，但6月、9月较高，4月较低，土壤水干旱地区主要是大湖盆地、蒙古戈壁及阿拉善西部。

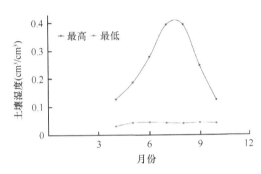

图 8-3　内蒙古与蒙古国2013年高湿与低湿地区表层土壤湿度生长季变化
根据魏宝诚等（2016）数据绘制

雨季恰是气温高的季节，所以雨季的土壤湿润对植物生长具有重要意义，秋冬春的融冻湿润阶段除对植物的早春萌发，尤其是草地的返青有影响外，对植物的生长作用较小；6月10日前的严重干旱对植物生物量的积累具有很大的影响。相关分析表明对于栗钙土，6月中旬至8月初是土壤水分影响年度最高生物量形成的一个重要时期，6月底以前与7月初以后土壤水分对地上最高生物量形成可能具有一定的补充作用（陈有君等，1994）。栗钙土与暗栗钙土影响植物生物量的主要储水层为0～30cm或0～40cm土层（陈有君等，1994，1993），这是因为植物的根系主要集中在这个深度[0～30cm（0～40cm）土层占100cm土层内根量百分比：栗钙土–针茅群落，63.3%（74.6%）；暗栗钙土–羊草群落，59.4%（68.0%）]（黄德华等，1987）。比较土壤湿度动态（图8-2）与地上（刘钟龄与李忠厚，1987；王义凤，1985；杨持等，1985）、地下（刘钟龄与李忠厚，1987；陈佐忠与黄德华，1988）生物量动态可以看出6月10日前后的土壤干旱对植物生物量有很大影响，地上部分生物量在6月中旬出现拐点，地下生物量出现了负增长。说明对于严重干旱，根系比地上部分更敏感，或许在干旱胁迫下，植物采取优先地上部分的策略。

雨季土壤干湿交替频繁剧烈、湿润主要表现在表土层，对土壤特征的形成影响有限。但秋冬春的融冻湿润阶段，含水量高、持续时间长及影响土层深，对土壤特征的形成，尤其是钙积层的位置，可能具有重要意义。

第九章　土壤利用与保护

蒙古高原的土壤利用方式除少量建筑（房屋、道路及厂矿）外，主要有 3 种：农田、草原及森林。周锡饮等（2012）根据卫星遥感资料判读，我国内蒙古与蒙古国面积总和为 271 万 km²（内蒙古 114 万 km²，蒙古国 156 万 km²），其中，草原占 44.77%、裸地占 39.43%、林地约占 8%、耕地占 5%。第二次土壤普查公布的内蒙古自治区土地面积为 115.634 万 km²，其中，耕地占 6.31%，林地占 14.17%，草地占 60.80%，其余为建筑（包括交通）用地及水域和未利用土地（表 9-1）。蒙古国土地总面积约为 156.7 万 km²，21 世纪初的土地利用方式为耕地占 0.7%，林地占 11.2，草地占 47.6%，未利用的土地占 37.2%（表 9-2）；1992~2005 年这 13 年间，耕地、林地面积均不同程度的减少（魏云洁等，2008）。近 30 年来蒙古高原上土地利用方式发生了很大变化：裸地、耕地和林地分别增加了 5.241 万 km²（蒙古国增加了 1.362 万 km²，我国内蒙古增加了 3.880 万 km²）、0.934 万 km²（蒙古国增加了 0.079 万 km²，我国内蒙古增加了 0.854 万 km²）和 0.938 万 km²（我国内蒙古增加了 1.219 万 km²，蒙古国减少了 0.281 万 km²），草地大幅度减少（我国内蒙古减少了 5.67 万 km²，蒙古国减少了 1.37 万 km²）；其中草地的减少主要是变成了裸地或植被盖度低的土地，林地的增加主要源于草地和一小部分耕地转成林地，耕地的增加主要来源于草地的开垦，尤其是内蒙古的巴彦淖尔市、呼和浩特市和锡林郭勒盟等地区（周锡饮等，2012）。内蒙古草原退化、沙化、盐渍化面积近 47 万 km²，坡耕地和沙化耕地面积近 4 万 km²，土壤侵蚀面积占全区土地总面积的 62.96%（王友军等，2012）或 67.9%（刘永宏等，2002）；面积大、遍布全区各地、类型多（风蚀、水蚀及风水复合侵蚀等）及强度大[侵蚀模数大于 5000t/（km²·a）的极强度以上水蚀面积为 1.42 万 km²]（刘永宏等，2002）。

表 9-1　内蒙古自治区土地利用变化情况　　　　（单位：万 km²）

年份	耕地	林地	草地	建筑交通	水域	未利用	总面积
1988[a]	7.302	16.389	70.305	2.425	1.407	17.806	115.634
2001[b]	7.091	18.666	68			18.667	>112.424
2016[c]	9.258	27.347	54.231				>90.836
2009[d]	9.168	23.694	49.658	2.228		30.707	115.455

注：a. 《内蒙古土壤》。

b. 内蒙古政府 2004 年公布（http://www.seac.gov.cn/gjmw/zzdf/2004-07-13/1165370092759585.htm）。

c.《内蒙古自治区第三次全区农牧业普查主要数据公报》（内蒙古统计局，http://www.nmg.gov.cn/art/2018/2/23/art_1622_113126.html）.《内蒙古自治区 2016 年国民经济和社会发展统计公报》（内蒙古统计局，http://www.nmg.gov.cn/art/2017/3/22/art_1622_150755.html）的数据是农作物播种面积 7.924 万 km²，森林面积 24.879 万 km²。2015 年内蒙古自治区农牧业厅网站公布耕地：9.13 万 km²，草地：88 万 km²；内蒙古林业厅公布林地：24.87 万 km²；总面积 122 万 km²。

d. 王友军等，2012

表 9-2　1992 年、2002 年和 2005 年蒙古国土地利用类型的面积变化

年份	土地利用类型	耕地	林地	草地	水域	建筑	未利用
1992	面积（万 km²）	1.37	18.30	74.07	1.78	3.36	57.77
	百分比（%）	0.87	11.68	47.28	1.13	2.15	36.89
2002	面积（万 km²）	1.20	17.50	74.50	1.57	3.68	58.20
	百分比（%）	0.77	11.18	47.56	0.99	2.35	37.15
2005	面积（万 km²）	0.68	15.30	73.78	1.55	3.79	61.55
	百分比（%）	0.43	9.76	47.10	0.99	2.42	39.30

注：根据魏云洁等（2008）

蒙古国风蚀的潜在风险为荒漠与半荒漠地区 15～2 t/（hm²·a）、干草原（dry steppe）区 10～15t/（hm²·a）、草原（steppe）区 5～10 t/（hm²·a）（Mandakh，2016）。

第一节　耕地及其保护

蒙古高原上土地的垦殖有悠久的历史，在敖汉旗发现了 8000 年前的粟，说明该地区史前便可能有了农耕，但在人类历史上蒙古高原很多地区经历了多次的垦殖与弃耕的反复，有几个重要的垦殖高峰期——春秋后期至秦汉、唐至辽及清末至今，尤其以清末以来的开垦规模最大。这种变化有社会、政治及战争等因素，更主要的是自然因素。这些土地较肥沃，气候温和，很适宜旱作农耕，好的年份也能获得好收成；但严重缺水，产量不稳，且开垦后土壤肥力下降严重，所以难以持续发展。

一、耕种状况

蒙古高原的耕地主要位于高原的南部及大兴安岭的两侧，即所谓的农牧交错带。耕地面积最大的土类为栗钙土（表 9-3），其次为栗褐土，栗褐土也是开垦率排第三的土类；开垦率最高的是灌淤土（因垦殖而成的土壤类型），其次为新积土。新积土也是自然土壤中开垦率最高的土类，主要是冲积与洪积土，尤其是冲积土，开垦率较高，因为其集中分布在河套平原与西辽河平原，水热条件好，且肥沃，适宜耕种。蒙古高原上农耕活动主要集中在河套平原与西辽河平原。

表 9-3　内蒙古自治区各类土壤开垦情况

土纲	土壤类型	面积（km²）	占全区比例（%）	耕地（km²）	开垦率（%）
淋溶土	棕壤	4 682.7	0.4	362	7.7
	暗棕壤	80 060	7	2 182	2.72
	棕色针叶林土	56 538.7	4.95	2.27	0.004
半淋溶土	褐土	2 175.3	0.19	794.7	36.5
	灰褐土	12 261.3	1.07	2 516.7	20.53
	黑土	10 753.3	0.94	2 922	27.17
	灰色森林土	26 920	2.36	212.7	0.79

续表

土纲	土壤类型	面积（km²）	占全区比例（%）	耕地（km²）	开垦率（%）
钙层土	黑钙土	47 660.7	4.17	3 994.7	8.38
	栗钙土	243 492.7	21.32	29 744.7	12.22
	栗褐土	18 768.7	1.6	6 766.7	39.4
干旱土	棕钙土	106 234	9.3	163.3	0.15
	灰钙土	2 259.3	0.2	62	2.74
漠土	灰漠土	25 630	2.24	68.7	0.27
	灰棕漠土	93 073.3	8.15		
初育土	新积土	1 208.7	0.1	718	59.4
	龟裂土	197.3	0.017 3		
	风沙土	205 950	18.04	1 517.3	0.74
	石质土	37 188	3.26		
	粗骨土	37 604.7	3.29	444	1.18
半水成土	草甸土	59 870	5.24	1 055.5	17.63
	山地草甸土	980.5	0.09	182.1	18.58
	林灌草甸土	1 908.3	0.11	27.07	1.4
	潮土	16 452	1.44	5 038	6.92
高山土	亚高山草甸土	13.3	0.000 12		
水成土	沼泽土	29 173.3	2.6	384	1.3
	泥炭土	6.56	0.000 6	1.95	30
盐碱土	盐土	12 539.3			
	漠境盐土	994	0.09		
	碱土	2 386	0.23		
人为土	灌淤土	4 842.7	0.42	3 720.7	76.83

二、开垦后对土壤的影响

蒙古高原上的土壤开垦后肥力很快下降,锡林郭勒高原原生草地开垦5年后的耕地,0～20cm土层有机质、全氮降为原来的1/3左右, 全磷降为原来的一半左右;阴山北连续耕种几十年后, 土壤有机质及全氮降为原来的1/4左右, 全磷降为原来的一半左右;毛乌素沙地连续耕种5年后0～20cm土层有机质、全氮降为原来的一半左右。第二次全国土壤普查资料还显示, 耕地土壤营养普遍低于非耕地, 一般东部土壤因湿润度高、土壤有机质含量高, 耕地土壤有机质及氮磷钾含量都比非耕地低;只有干旱地区棕钙土、灰钙土及灰棕漠土耕地的有机质略高于非耕地。从第二次土壤普查到测土施肥这20多年, 大兴安岭两侧的耕地土壤都发生了很大变化(表9-4), 大多数土壤的有机质、全氮及速效钾都有明显下降, 尤其是沼泽土开垦后有机质下降明显(张玉珠等, 2015;程利等, 2014;郝桂娟等, 2009)。随耕种年限增加, 河北坝上的干润均腐土(栗钙土)N、

P、K 及有机质下降、容重增大，保水保肥能力降低（肖洪浪等，1998）。黑龙江望奎县的黑土，原始耕地土壤有机质含量 83g/kg，第二次土壤普查下降到 55g/kg，2009 年土壤有机质含量为 31g/kg；除有效磷增加了近 30%外，N、K、B、Zn、Mn、Cu 及 Fe 都有不同程度的下降；pH 升高（孙明辉，2009）。海伦等地黑土的有机质及氮含量均有逐年下降的趋势（陆访仪等，2012）。石羊河是发源于祁连山流入蒙古高原的内陆水系，其流域内耕地（灰漠土、灰棕漠土和风沙土为主）的有机质及氮含量均低于草地及林地，磷及钾均高于草地与林地（杨万祯，2011）。这说明蒙古高原土壤开垦后会造成营养明显下降，因为耕地一般都是开垦的肥沃土地，东部虽然土地肥沃，但因长期连年垦种，土壤肥力下降严重；而干旱地区，土壤比较贫瘠，较高肥力的土壤开垦后种植年限短，土壤可能还没有发生明显变化。

表 9-4 耕地表层土壤营养变化情况

土壤类型	有机质（g/kg）		全氮（g/kg）		有效磷（mg/kg）		速效钾（mg/kg）	
	普查值	监测值	普查值	监测值	普查值	监测值	普查值	监测值
多伦县（程利等，2014）								
沼泽土	128	24.01	4.69	1.31	6.00	9.01	153	117.16
灰色森林土	61.23	28.33	3.06	1.5	4	8.81	188.3	122.4
草甸土	43.68	24.3	1.66	1.28	15.77	15.07	178.34	118.71
黑钙土	41.32	36.94	2.32	1.83	4.6	9.88	202.6	131.72
栗钙土	24.88	24.46	1.07	1.27	3.52	9.13	137.2	116.14
风沙土	13.4	25.38	0.76	1.33	1	8.5	94	117.52
平均	52.08	27.24	2.26	1.42	5.82	10.07	158.91	120.60
科尔沁右翼中旗（张玉珠等，2015）								
沼泽土	66.1	30.3	3.2	1.6	5	8.5	147	128
暗棕壤	42.8	40.5	1.9	2.1	4	10.6	165	145
草甸土	19	23.2	1.2	1.3	3	8	132	118
黑钙土	45.1	40	2.3	2.1	6	12.7	199	157
栗钙土	30.1	32.1	2.2	1.8	2	7.9	141	123
粗骨土	43.1	40.1	2.1	2.1	5	9.8	178	161
风沙土	12.6	15.9	0.9	1	2	6.9	123	104
平均	37	31.7	2	1.7	3.9	9.2	155	134

坝上地区的栗钙土开垦后因不当耕种使钙积层被翻露地表或钙积层变浅，表土层碳酸钙含量增大，作物及树木不能生长，不得不弃耕（王殿武和肖凯，1995）。阴山北麓草原坡地开垦第 1 年，土壤侵蚀量增加 5 倍以上，肥力下降 30%，开垦第 4 年，土壤肥力下降约 50%，已经不适合继续耕种，被大量撂荒（高天明等，2014）。开垦后还伴有风蚀沙化、盐碱化、水土流失、水源枯竭等现象。1990～1998 年蒙古国的 1.24 万 km² 农田，已有 46.9%受到侵蚀，其中，中度 18.9%，重度 13.4%（Энхтуяа，2009）。哈拉河流域土壤侵蚀干草原为 2～3 Mg/（hm²·a），农田为 15Mg/（hm²·a）（Priess et al.，2015）。农业扩张成为蒙古国土壤退化的主因（Hickmann，2006）。

三、耕地的培肥与保护

一些土壤因精耕细作、灌溉、施肥等措施，部分营养元素也有增加的趋势。近些年由于大量的施肥土壤磷素大量增加，速效磷含量增加了 1 倍左右，是耕地肥力变化的一个普遍现象。阿拉善左旗耕地有机质及速效磷含量由 1985 年（第二次土壤普查）的 4.03g/kg 及 3.44mg/kg 分别变为 9.82g/kg 及 7.56g/kg（2008 年配方施肥测土），全氮含量变化不大，速效钾含量由 180.51mg/kg 变为 167.81mg/kg（袁永年等，2011）。耕种风沙土的 N、P、K 及有机质等营养成分基本上都有增加。科尔沁沙地南缘的辽宁彰武县从第二次土壤普查到测土施肥 20 多年间土壤有机质平均增加了 1.53g/kg；但也有部分土地有机质含量下降。西安郊区自 1983 年后，大田秸秆还田率提高 60%～70%，有机肥施用量提高 20%，化肥用量提升 60%～80%，到 2009 年，81.75%的耕地有机质含量明显提升。

坝上地区栗钙土施用有机肥和/或 NP 肥后土壤有机质、腐殖质及 N、P 含量都有所提高（与不施肥比），易氧化有机质比例增加（刘树庆等，1995）；从这一结果还可以看出施肥后，较肥沃的草甸栗钙土的有机质与氮的增加幅度低于坡梁地栗钙土，但速效氮、全磷增幅高。施入牛粪或秸秆有机物后，土壤活性有机质、N、P 及 K 含量均增加（张丽娟等，2003）；要维持土壤有机质较高的含量，需每年每公顷施入数吨至 30 多 t 的秸秆或农家肥。

四、退耕还林还草

退耕可以起到恢复土壤肥力、减少水土流失、保护环境的作用。退耕在整个蒙古高原一直都在不断发生着。过去主要是因为农田开垦后管理不当，加之气候及环境的影响，土壤逐渐贫瘠化后，没有了耕种价值，不得不撂荒地被动退耕。有些土地耕垦后因严重的水土流失，永远丧失了再耕种的价值，这在干旱、多风地区有很多例子，如毛乌素沙地的扩大，乱垦被认为是重要原因。中国政府出于保护环境、绿化及营造用材林等目的，出台政策进行主动退耕。这对内蒙古地区的土壤性状有很大影响。

退耕后土壤会随地表植被的变化发生很大变化。黑钙土在退耕十年左右，肥力恢复到可以重新开垦的程度（宋达泉，1955）。但栗钙土在退耕还草后，经过 12 年，0～20cm 土层的有机质与全氮虽然在逐年增加，但还是低于自然草地（Zhang et al.，2013）。

第二节 森 林 土 壤

蒙古高原上天然乔木林下的土壤主要有褐土、灰褐土、灰色森林土、棕壤、棕色针叶林土及黑土等；另有灌丛草原植被下的栗褐土。这些土壤一般土质肥沃，但大多处于山区，一旦森林受到破坏（开荒、野火及皆伐等），土壤会受到破坏，有机质层及腐殖质层消失，严重地造成水土流失，长期缺失有机质会导致其石漠化。但短期的森林缺失造成的土壤小面积破坏，在森林恢复后还是会得到一定恢复的，如七老图山区在清末—民国期间因开荒及野火等破坏森林后，山地出现了很多 4～5m 的深沟，在 1949 年以后因封山育林，这些冲蚀沟最深处也不足 1m 了。

木本植物对土壤的作用有双重性，尤其是密林，一方面，它对表层土壤非常有益，这是因为木本植物一般高大、坚挺，可以在很大范围内降低风速，减少风蚀；大量的枯枝落叶还会增大降水的入渗，再加上地上植株，可以大幅度减小水蚀，因而具有很好的抗侵蚀和保护作用；强大的蒸腾作用，可以使林下土壤湿度大幅度消耗，而使土壤含水量降低，便于接纳更多降水，减少径流。大青山封山育林后，灰褐土表层堆积了 2～6cm 厚的有机质，容重变小、孔隙度增大、蓄水能力增强，降水量<120mm 条件下没有明显径流，大大减少了水蚀（白育英等，2008）。大量的枯落物还可以给表层土壤带来大量有机质及各种无机营养物质、降低土壤 pH 条件，促进土壤向有益于植物生长方向发展。另一方面，在特定条件下木本植物还可能对深层土壤产生不利影响，如大兴安岭北部的棕色针叶林土因酸性淋溶而出现下层土壤缺乏某些营养元素。大青山不同纯林下土壤腐殖质的成分与稳定性有很大差异，全量 Cu、Fe、Zn 含量与腐殖质含量呈负相关，这也可能与络合淋溶有关。乔木纯林可能造成土壤的退化与极化（张晓曦等，2014）。姜丽娜（2011）发现随着林带密度增大，柠条、杨树及樟子松林下土壤的粗砂含量增加、黏粒及微生物数量减少。在浑善达克沙地中也观察到林下（尤其是乔灌密林）土壤，尽管地表有机质层达几到十几厘米，但十多厘米以下沙层基本没有染色；而草本植被下，尽管表层没有有机质层，但发育较好的植被下，土壤有较好的发育，染色深至数十厘米。

林木储水作用主要是靠拦蓄降水，本身并不生水；相反林木，尤其是乔木往往是耗水器，干旱草原区造林活动有防风、美化环境的作用，但缺少过多的降水拦蓄，只剩蒸腾耗水作用了，所以干旱区造林可能会使土壤更加干旱化。

近些年来因防风、固沙及景观绿化等需要，林业用地扩大到草原甚至漠境，草原区树木生长缓慢，乔木长成灌木，一遇持续干旱有些乔木就开始死亡（胡式之，1984；肖龙山等，1981）。2002 年夏末秋初干旱，浑善达克沙地大面积的杨树林死亡，甚至草甸类型土壤处于较高位置上的杨树也被旱死。在降水 250～350mm 的地区（栗钙土）有营造榆树林的，开始还能生长，但逐渐变为"小老头树"，一遇稍旱年代，大片枯死（胡式之，1981；邱宏，1983；段文标等，2003）；草原上也有局部地点植树造林成功的，如地面径流积水的洼地上或有灌溉条件的土地上的小片人工矮林、有些旱涸河床（地下水位 1～2m）的榆树疏林等，以及行道树、可接受坡上径流积水的平缓阴坡上坑植小叶杨，树木生长高达 4～5m，难以成林（胡式之，1981）。宁夏西吉与海源（降水>400mm）种植杨树生长缓慢；盐池县种植的榆树，生长 27 年树高才 3～4m，胸径 4～6cm，成为"小老头树"；但山杏、锦鸡儿及酸枣等灌木生长良好（胡式之，1984）。

在草原区除河湖沿岸水源丰富处外，大部分地区土壤水都不足以维持高大树木的生存；所以，除在河湖沿岸或低洼汇水区、高大阴坡上比暗栗钙土湿润的土壤或有灌溉条件的地区，可以适地适树营造乔木林外，其余地区土壤及气候均比较干旱，造林树种应选较耐干旱的白榆、枸杞、白柠条、小叶锦鸡儿、山杏、蒙古扁桃（李伯勇，1984；胡式之，1984）、梭梭等。对于典型栗钙土及更干的土壤一般只能因地制宜造旱生灌木林。

对乔木林，尤其是用材林应适当灌溉，以维持其生存外，要注意整地、在旱季或旱季来临前要清除林下草灌，成林后要适当疏林；盐碱土要适当改良与适地适树。

有人把在钙层土上植树遇到的"小老头树"的现象归因于根系难以穿透较硬的钙积层，而影响树木成活及生长，因此，有大量的工作致力于破除钙积层整地（李保国等，1990；孙国臣，1999；王晓江等，2001；段文标等，2003）。这虽然在短期内提高了成活率（孙国臣，1999）和生长量（段文标等，2003）；但总体看意义不大，因为，除地下水位较高的土壤亚类外，钙积层下没有多少植物可用的物质，既缺水又少营养，即使根系穿透了钙积层也得不到多大益处。其实根系是可以穿透钙积层的（胡式之，1981；肖龙山，1981；林品一等，1984；马元等，2002），之所以有些植物根系不向穿透钙积层方向生长，是其趋水生长的结果，肖龙山（1981）及林品一等（1984）所观察的根系分布状态证明了这一点。总之，钙层土造林难，易成"小老头树"，并非是钙积层硬到根系难以穿过，而是缺水（胡式之，1981），这些土壤上造林，即使是苗期可以成活、生长；当树木生长到一定高度，或达到一定大小后，必定会因缺水而生长受到限制，难以长高。

第三节　草　原　土　壤

草原是蒙古高原的主体，人类在蒙古草原的放牧活动已经持续数千年了，所以现代的蒙古高原土壤是自然与人类活动共同作用的结果。但近现代以来，由于缺乏科学的管理，加上无度的利益追求，蒙古高原土壤受到了严重破坏。出现了大面积风蚀沙化现象，表土损失严重（《中国畜牧业》编辑部，2016）。内蒙古草地持续性严重超载过牧（Akiyama and Kawamura，2007）；近90%的草地出现不同程度的退化（张新时等，2016），72%的草地被划为退化草地（Tong et al.，2004）。草原土壤受到了严重的破坏，如鄂尔多斯高原20世纪80年代至21世纪初退化、沙化、盐渍化草原面积逐年增加，进入21世纪以来虽然草地面积及其植物生产力有所恢复，但沙化趋势依然严峻（《中国畜牧业》编辑部，2016）。

一、草地利用对物理性质的影响

放牧会使土壤硬度增大（图9-1）、容重增加（表9-5），浅层土壤温度升高、昼夜温差增大，降雨后水分入渗减慢、减少，造成土壤湿度（尤其是春季的浅层土壤湿度）降低；长期放牧的栗钙土与暗栗钙土及开垦多年的黑钙土0~20cm土层湿度下降（陈有君，2006）。割草后秋季及翌年返青期土壤湿度低（仲延凯等，2012）。割草（仲延凯等，2012）与放牧（陈有君，2006）减少地表植被后，土壤温度上午升高快、下午降低也快，变化幅度大而剧烈。杨红善等（2009）研究发现，随着放牧强度的增加，土壤容重逐渐增加和土壤含水量降低。Baasandorj等（2015）发现离居住点（mountain forest steppe、steppe）距离增加，土壤容重减小。Wang和Batkhishig（2014）发现过度放牧会使表层土壤（栗钙土）温度、容重及硬度升高，含水量降低。在蒙古高原的南缘也发现随放牧强度增高，土壤（栗钙土）容重增高，含水量下降（Xu et al.，2014）。随放牧强度增加，暗栗钙土及栗钙土的硬度及容重增大，孔隙度及毛管持水量下降（贾树海等，1997a，b）。这些表明牲畜践踏对土壤造成压实作用（容重增加、硬度增大、孔隙度下降）。造成容重增加的原因除压实后空隙减少外，含沙量增加、有机质减少也是重要的因素，因为土壤容重与有机质含量之间具有极显著的相关关系（Steffens et al.，2008）。

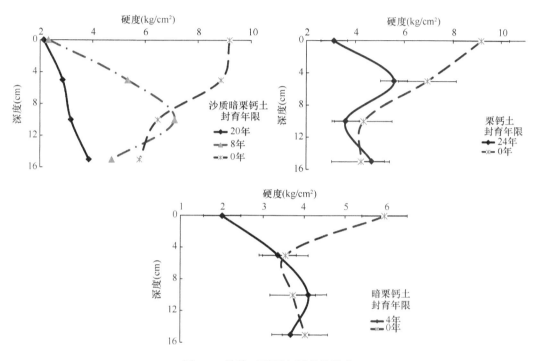

图 9-1　放牧对栗钙土硬度的影响

表 9-5　放牧引起的土壤容重及硬度变化

土壤	禁牧年限	容重（g/cm³）		硬度（kg/cm²）	湿度（g/kg）
		0～10cm	10～20cm	地表	0～5cm
栗钙土	0	1.401±5.9A	1.354±0.054a	9.17±3.56aA	135.7
	24	1.275±0.071B	1.265±0.075b	3.14±1.06bB	188.2
暗栗钙土	0	1.294±0.052A	1.301±0.057a	6.72±2.02aA	204.1
	4	1.254±0.046A	1.322±0.054a	2.67±0.60bB	235.1
	24	1.086±0.054B	1.251±0.072b	2.33±0.63cB	261.7
沙质暗栗钙土	0	1.329±0.043aA	1.448±0.042	9.18±3.08aA	158.9
	8	1.278±0.100aAB	1.457±0.048	2.32±0.85bB	
	20	1.168±0.062bB	1.415±0.031	2.14±0.54bB	254.6

注：栗钙土及暗栗钙土样地围封前为打草场，放牧强度极轻；沙质暗栗钙土样地围封前为高强度放牧的退化草地。表中 t 检验只是对同种土壤、不同禁牧时间所造成的土壤硬度或容重之间的差异进行比较，字母相同，则差异不显著，字母不同表示差异显著（小写字母）或极显著（大写字母）

　　放牧干扰会引起土壤机械组成的变化，尤其是高牧压下，会使土壤颗粒变粗。砂质成分增加（康师安等，1997；顾新运和李淑秋，1997；Schneider et al.，2008）；粉粒与黏粒总量减少（顾新运和李淑秋，1997）。但禁牧 10 年的栗钙土（顾新运和李淑秋，1997）和暗栗钙土（吕贻忠等，1992）及禁牧 6 年与 26 年的暗栗钙土（Schneider et al.，2008）黏粒含量低而粉粒含量高于放牧样地；如果这些差异不是因样地背景差异造成，那就说明放牧对粉粒影响更大，其次是黏粒。关于这种变化的机理研究得较少，尤其是有关黏粒与粉粒的来源（禁牧后的增加）与去向（放牧引起的减少）值得关注，风水侵蚀与落尘是原因之一，但不会造成放牧样地的粉粒减少、黏粒增加；另外，侵蚀与落尘往往只影响表层，有研究结果表明这种差异深层（康师安等，1997；顾新运和李淑秋，1997；吕贻忠等，1992），甚至整个剖面也存在。

放牧使土壤微团粒含量减少，石英粒增加，土壤胶结作用弱；黏土矿物表面有机物膜被减少（顾新运和李淑秋，1997）。

二、草地利用对土壤化学性质的影响

连续割草 11 年后，暗栗钙土土壤有机质（0～20cm 降低 18.19%，20～40cm 降低 23.68%）、总氮（0～20cm 降低 14.74%，20～40cm 降低 32.13%）、铵态氮（0～10cm 降低 26.29%，10～20cm 降低 47.02%，20～30cm 降低 29.91%）及硝态氮（0～10cm 降低 12.73%，10～20cm 降低 16.66%，20～30cm 降低 23.38%）含量均下降；全磷与速效磷含量没有明显变化；速效钾含量则升高（0～10cm 升高 52.72%，10～20cm 升高 63.20%，20～30cm 升高 227.38%）。全钾及 Ca、Mg、Fe、Mn 含量均因割草而略下降（仲延凯等，2012）。

高牧压对栗钙土中的微生物生物量、活性及原生动物丰度有负面影响，而对线虫丰度有正面影响（Qi et al.，2011）。放牧可以显著降低典型草原与荒漠草原的氮循环功能群的丰度，但对草甸草原没有影响（Ding et al.，2015）。典型草原土壤氮储量随草地退化程度的加剧而减少（白云晓等，2015；Li et al.，2016），这种影响随土层增加而渐弱（Li et al.，2016）。栗钙土中的有机碳、N、P 等营养物质含量都随退化程度的加剧或牧压增大而降低（安渊等，1999；关世英等，1997；康师安等，1997；Baasandorj et al.，2015）。荒漠草原土壤有机碳和微生物碳含量均随草地退化程度增加而减小（吴永胜等，2010）。自由放牧加速了草地土壤有机碳和全氮的损失（杨勇等，2015），过度放牧使土壤的 C、N 等营养元素减少，土壤生产性能降低（安慧和李国旗，2013；Zhao et al.，2007；Wang and Batkhishig，2014；Xu et al.，2014；Zhang et al，2014）。随着放牧强度的加大淡栗钙土有机碳含量呈现出减少的趋势（李有威等，2012），过度放牧使锡林河流域羊草草原暗栗钙土表层（0～20cm）中碳贮量下降了约 12.4%（李凌浩，1998）。Steffens 等（2008）也发现，随着放牧强度增加，锡林河流域栗钙土有机质、总氮含量显著降低。与未放牧草地相比，放牧草地土壤 0～60cm 碳、磷储量分别损失了 24.1%和 24.9%；0～100cm 碳、磷储量损失了 23%和 21%（李香真，2001）。Zhao 等（2015）估计内蒙古土壤 C 密度在 1961～1990 年表现为减少趋势,损失速率为 0.004kg C/(m²·a)。Xie 等（2007）估算了近 20 年来中国北方草地土壤丢失了约有 3.47Pg C。但 Yang 等（2010）根据 20

世纪 80 年代的全国二次土壤普查数据和 2001～2005 年的实测数据，评估了近 20 年中国北方草地土壤有机碳库的动态变化，认为未发现显著变化，基本保持平衡状态。戴尔卓等（2014）则认为 1982～2012 年，内蒙古的草甸草原和典型草原表层土壤有机碳储量增加，荒漠草原则表现为减少。郭灵辉等（2016）认为 1981～2010 年内蒙古草原土壤碳增幅年均约 0.22%，草甸草原增幅大、荒漠草原增幅小。Markus 等（2005）发现随离水源的距离增加（放牧强度降低）土壤 C、N 与 P 的含量下降。

仍处于半游牧状态的蒙古国南部的荒漠草原，放牧对土壤有机碳、N、K、Ca 及 Mg 没有明显影响，只有磷在禁牧条件下略高（差异不显著）（Weschea et al.，2010）。但对于退化的阿拉善地区的荒漠草原，禁牧后土壤 0～20cm 土层全氮、全磷及有机碳显著增加，土壤有效氮及有效磷以禁牧 2 年最低（Pei et al.，2008）。

蒙古国近 60 年来草场和土壤已经逆向变化或正在逆向变化的现象无可争论。在干旱草原的栗钙土地区，1948 年、1949 年随处可打草备用；可是 20 世纪 70 年代后不可能打草备用了。过去冬季把雪融化后捞去上面的枯草后即可饮用；现在则不同，雪融化后下面是一层土。那时随时随地可搂起枯草备用于老弱病畜的补饲；可现在土地裸露、尘土飞扬司空见惯。在山区土层变薄；在平原疾风吹走表土、土地沙化、背风处浮土堆积很普遍。图 9-2 和图 9-3 展示了山地土壤和平原土壤退化状况。

图 9-2　被冲刷破坏的山地（东戈壁省额尔德尼　　图 9-3　退化裸露的草地（前杭爱省嘎特苏木阿
　　　　苏木毫宝根山）　　　　　　　　　　　　　　　尔拜草地）

草场土壤变紧实、孔隙减少、旱化、失去黏壤土、沙化现象正在加剧，土壤结构被破坏、腐殖质层变薄、腐殖质含量降低，从而不能满足植物生长所需的营养。

目前的草地土壤状态，如果持续发展下去，不仅使草地的生产性能下降，生产经营难以为继，而且还可能造成生态灾难。因此引起各方面的重视，中国出台了退牧及退耕还草政策及鼓励休牧与轮牧、补播和休牧，对遏制草地退化、恢复草地功能起到了积极的作用。在科尔沁沙化草地，围封 10 年土壤有机质含量增加，土壤容重减小。但与植被相比，围封后土壤恢复需要一个更缓慢的过程（苏永中和赵哈林，2003）；禁牧后土壤有机碳、全氮、细砂粒及黏粒、无机碳、矿质元素（包括重金属）含量增加，粗砂及 SiO_2 含量降低，降低土壤 pH；还降低 S、Zn 和 Mo 的有效性（Li et al.，2011）。围封草地土壤有机质、全氮含量均显著高于放牧地（Wolde et al.，2007）。围封补播使土壤含水量、有机碳和全氮含量显著提高，土壤容重则降低（许中旗等，2006；蒋德明等，2013）。一方面大量凋落物的归还增加了土壤的碳贮量；另一方面群落状况的改善使土壤受到的侵蚀减少，保护了有机碳含量较高的表层土壤，提高了土壤有机碳的含量（闫玉春等，2009；李强等，2014）。

在蒙古国的中央省阿日格郎图试验基地进行的草场退化土壤恢复试验结果（表9-6）可以看出，对退化草场进行4年或14年禁牧后，其土壤物理特性有所变化。禁牧后土壤孔隙增多、结构疏松、营养性能改善、透水性能增强、湿度增加。退化土壤的恢复时间主要取决于土壤的营养性、耐用性能及土壤退化程度等。蒙古国地区草场土壤偏于耐用性及恢复能力弱，所以恢复时间相对较长。禁牧14年的土壤孔隙度（0～5cm土层）达61.9%～68.3%，比不禁牧（对照）大幅度增加。土壤的透水性能2004年和2014年分别高于对照达48.6%和125%。禁牧以后出现的一种现象是禁区外的老鼠等到禁区内打洞居住，这表明禁牧以后生态条件有所改善。2004～2014年对照区草场土壤处于退化趋势。试验观察期，土壤的化学性能腐殖质含量、pH等没有明显变化。这次试验表明，蒙古国地区栗钙土草场面临退化，需隔年放牧。另外禁牧可恢复土壤，但需要一段时间。

表9-6 恢复栗钙土物理性状

项目	取样深度（cm）	围栏内		围栏外	
		2004年	2014年	2004年	2014年
孔隙度（%）	0～5	55.7±4.4	65.1±3.2	48.9±6.0	47.8±4.7
	5～10	48.0±3.7	54.2±2.3	49.3±3.4	50.2±4.1
硬度	0～5	4.1±0.9	3.0±0.4	6.8±1.3	5.9±1.2
	5～10	6.9±1.4	5.6±1.5	7.1±2.7	7.0±3.0
	10～20	11.3±2.7	11.0±1.1	12.3±4.6	13.1±4.0
渗水性（mm/h）	—	201.9±26.9	282.2±21.0	135.3±34.3	125.4±22.3
土壤完好率（%）	0～10	48.2～50.8	53.0～55.7	—	40.0～43.7
	10～20	45.4～49.3	50.0～51.7	—	37.6～41.0
样地空气湿度（%）	12	—	14.7		12.6
	22	—	13.4		11.7

参 考 文 献

安慧, 李国旗. 2013. 放牧对荒漠草原植物生物量及土壤养分的影响. 植物营养与肥料学报, 19(3): 705-712.
安渊, 徐柱, 阎志坚, 等. 1999. 不同退化梯度草地植物和土壤的差异. 中国草地, (4): 31-36.
白育英, 樊文颖, 葛莉莉, 等. 2008. 内蒙古大青山生态脆弱带封山育林效果调查研究. 干旱区资源与环境, 22(3): 178-193.
白云晓, 李晓兵, 王宏等. 2015. 草地退化过程中典型草原氮储量的变化——以内蒙古锡林浩特市典型草原为例. 草业科学, 32(3): 311-321.
蔡义. 2011. 彰武县耕地土壤有机质含量变化分析. 现代农业科技, (6): 296-297.
陈有君. 2006. 典型草原区土壤湿度的时序特征. 内蒙古农业大学博士学位论文.

陈有君, 李立民, 李绍良, 等. 1993. 大针茅草原生物量动态与土壤贮水量关系模型的研究. 内蒙古农牧学院学报, 4: 1-6.

陈有君, 李绍良, 李立民, 等. 1994. 大针茅草原地上最高生物量与土壤贮水量的相关分析. 中国草地, 1: 29-34.

陈有君, 李绍良, 王芳玖. 1992. 典型草原栗钙土的水分动态与大针茅群落生物量的关系. 作物与水分关系研究. 北京: 中国科学技术出版社: 169-180.

陈佐忠, 黄德华. 1988. 内蒙古锡林河流域羊草草原与大针茅草原地下部分生产力和周转值的测定. 草原生态系统研究, 第 2 集. 北京: 科学出版社: 132-138.

陈佐忠, 汪诗平. 2000. 中国典型草原生态系统. 北京: 科学出版社: 59-65.

程利, 王晓玲, 胡玉敏, 等. 2014. 多伦县耕地土壤养分变化趋势分析及配方施肥研究. 中国农学通报, 30(15): 146-151.

戴尔阜, 翟瑞雪, 葛全胜, 等. 2014. 1980s—2010s 内蒙古草地表层土壤有机碳储量及其变化. 地理学报, 69(11): 1651-1660.

段文标, 陈立新, 孙龙. 2003. 整地对栗钙土物理性质和杨树人工林苗木生长的影响. 山地学报, 21(4): 473-481.

高天明, 张瑞强, 黄建国. 2014. 开垦对阴山北麓农牧交错区草原坡地的破坏作用. 中国农业科技导报, 16(1): 125-130.

顾新运, 李淑秋. 1997. 放牧强度对草原土壤超显微特征的影响. 草原生态系统研究, 第 5 集. 北京: 科学出版社: 80-87.

关世英, 齐沛钦, 康师安, 等. 1997. 不同放牧强度对草原土壤养分含量影响初析. 草原生态系统研究, 第 5 集. 北京: 科学出版社.

郭灵辉, 高江波, 吴绍洪, 等. 2016. 1981—2010 年内蒙古草地土壤有机碳时空变化及其气候敏感性. 环境科学研究, 29(7): 1050-1058.

郝桂娟, 任天志, 张贵龙, 等. 2009. 大兴安岭旱作丘陵区耕地肥力演变研究. 植物营养与肥料学报, 15(3): 559-566.

河北省土壤普查办公室. 1999. 河北土壤. 石家庄: 河北科学技术出版社.

胡式之. 1981. 从植物生态学角度论 "三北" 防护林体系规划的原则. 水土保持通报, (1): 28-32.

胡式之. 1984. 从生态学论 "三北" 防护林在宁夏的规划原则. 植物生态学与地植物学丛刊, 8(2): 156-163.

黄德华, 陈佐忠, 张鸿芳. 1987. 内蒙古锡林河中游不同类型草原根系生物量的比较研究. 植物学集刊, (2): 67-82.

贾树海, 崔学明, 李绍良, 等. 1997a. 牧压梯度上土壤物理性质的变化. 草原生态系统研究, 第 5 集. 北京: 科学出版社: 12-22.

贾树海, 李绍良, 陈有君, 等. 1997b. 草场退化与恢复过程中土壤物理性质和水分状况初探. 草原生态系统研究, 第 5 集. 北京: 科学出版社.

姜丽娜. 2011. 低覆盖度行带式固沙林促进带间土壤、植被修复效应的研究. 内蒙古农业大学博士学位论文.

蒋德明, 苗仁辉, 押田敏雄, 等. 2013. 封育对科尔沁沙地植被恢复和土壤特性的影响. 生态环境学报, 22(1): 40-46.

蒋梅茵, 许冀泉. 1966. 中国土壤胶体研究——Ⅶ. 内蒙暗栗钙土的粘土矿物. 土壤学报, 14(1): 73-78.

康师安, 齐沛钦, 何婕平, 等. 1997. 退化草场土壤性状变化的研究. 草原生态系统研究, 第 5 集. 北京: 科学出版社.

李保国, 栾景仁, 张金柱. 1990. 爆破整地对土壤理化性质的影响. 河北林学院学报, (4): 336-339.

李佃勇. 1984. 按照自然规律发展锡林郭勒盟干旱草原的林业生产. 干旱地区农业研究, (4): 70-73.

李凌浩. 1998. 土地利用变化对草原生态系统土壤碳贮量的影响. 植物生态学报, 22(4): 300-302.

李强, 杨劼, 宋炳煜, 等. 2014. 不同围封年限对退化大针茅草原生产力和土壤碳、氮贮量的影响. 生态学杂志, 33(4): 896-901.

李绍良, 陈有君. 1999. 锡林河流域栗钙土及其物理性状与水分动态的研究. 中国草地, 3: 71-76.

李绍良. 1985. 草原土壤水分状况与植物生物量关系的初步研究. 草原生态系统研究, 第一集. 北京: 科学出版社.

李绍良. 1988. 锡林河流域土壤持水特性的评价. 干旱区资源与环境, 2(2): 52-62.

李香真. 2001. 放牧对暗栗钙土磷的贮量和形态的影响. 草业学报, 10(2): 28-32.

李有威, 刘源, 于娜, 等. 2012. 不同放牧强度下荒漠草原土壤有机碳的空间变异特征. 内蒙古农业科技, (1): 58-60.

林培. 1993. 区域土壤地理学. 北京: 北京农业大学出版社.

林品一, 陈秀英. 1984. 树木根系分布与钙积层关系的调查. 内蒙古林业科技, (4): 32-35.

刘树庆, 霍习良, 林恩勇, 等. 1995. 施用有机无机肥料对旱地栗钙土腐殖质组成及其性质的影响. 河北农业大学学报, 18(增刊): 70-77.

刘永宏, 曹建军, 姚建成, 等. 2002. 内蒙古水土流失现状与治理对策. 内蒙古林业科技, 1: 39-46.

刘增文, 段而军, 刘卓玛姐, 等. 2009. 黄土高原半干旱丘陵区不同树种纯林土壤性质极化研究. 土壤学报, 46(6): 1110-1120.

刘钟龄, 李忠厚. 1987. 内蒙古羊草 +大针茅草原植被生产力的研究——群落总生产量的分析. 干旱区资源与环境, 1(3-4): 13-33.

陆访仪, 赵永存, 黄标, 等. 2012. 近 30 年来海伦市耕地土壤有机质和全氮的时空演变. 土壤, 44 (1): 42-49.

吕贻忠, 赵玉萍, 夏荣基. 1992. 内蒙古锡林河流域栗钙土腐殖质特性的研究: 1. 围栏封育与自由放牧条件下土壤腐殖质特性的变化. 草原生态系统研究, 第 4 集. 北京: 科学出版社.

马元, 师春祥, 李菊英, 等. 2002. 北醇葡萄根系在白干淡栗钙土中的生长优势和应用前景. 内蒙古科技与经济, 2: 93-96.

邱宏. 1983. 黑钙土造林技术的调查研究. 林业科技, 3: 9-10.

宋达泉. 1955. 我国东北的黑钙土. 生物学通报, 4: 40-44.

苏永中, 赵哈林. 2003. 持续放牧和围封对科尔沁退化沙地草地碳截存的影响. 环境科学, 24(4): 23-28.

孙国臣, 钟贵庭, 赵立军, 等. 1999. 呼盟草原栗钙土造林技术试验研究. 林业科技通讯, 3: 24-25.

孙明辉. 2009. 东北平原北部耕地黑土退化及治理研究. 中国园艺文摘, 9: 169-170.

汪久文, 蔡蔚祺. 1988. 锡林河流域土壤的发生类型及其性质的研究. 草原生态系统研究, 3: 23-83.

汪永基. 2014. 内蒙古敖汉出土 8 千年前碳化颗粒系黍粟栽培起源. http: //news. cssn. cn/zx/zx_gjzh/zhnew/201406/t20140605_1198198. shtml [2014-06-05].

王殿武, 肖凯. 1995. 坝上地区栗钙土白干土层埋深和土壤水分调控的关系及其改良利用. 河北农业大学学报, 18(增刊), (01): 39-44.

王殿武, 张丽娟, 刘树庆, 等. 2001. 栗钙土施肥土壤有机碳特性与平衡调控研究. 麦类作物学报, 21(1): 39-44

王晓江, 赵雨森, 段玉玺, 等. 2001. 典型草原栗钙土造林技术研究. 内蒙古林业科技, (1): 36-41.

王义风. 1985. 内蒙古地区大针茅草原中主要种群生物量季节动态的初步观察. 草原生态系统研究, 第 1 集. 北京: 科学出版社: 64-74.

王友军, 于艳华, 邢晓芹. 2012. 内蒙古自治区土地利用与保护研究. 内蒙古师范大学学报(哲学社会科学版), 41(1): 102-105.

魏宝成, 银山, 贾旭, 等. 2016. 蒙古高原植物生长期土壤水分时空变化特征. 干旱区研究, 33(5): 467-475.

魏云洁, 甄霖, 刘雪林, 等. 2008. 1992—2005 年蒙古国土地利用变化及其驱动因素. 应用生态学报, 19(9): 1995- 2002.

吴永胜, 马万里, 李浩, 等. 2010. 内蒙古退化荒漠草原土壤有机碳和微生物生物量碳含量的季节变化. 应用生态学报, 21(2): 312-316.

肖洪浪, 赵雪, 赵文智. 1998. 河北坝缘简育干润均腐土耕种过程中的退化研究. 土壤学报, 35(1): 129-134.

肖龙山. 1981. 谈谈白干土的造林问题——乌兰察布高原栗钙土钙积层对林木生长的影响. 内蒙古林业, 3: 7-10, 19.

肖龙山, 李一功. 1981. 干旱草原与半荒漠毗邻地带的造林. 林业科学, 2: 209-216.

新疆维吾尔自治区农业厅, 新疆维吾尔自治区土壤普查办公室. 1996. 新疆土壤. 北京: 科学出版社.

熊毅, 李庆逵. 1987. 中国土壤. 2 版. 北京: 科学出版社.

许中旗, 闵庆文, 王英舜, 等. 2006. 人为干扰对典型草原生态系统土壤养分状况的影响. 水土保持学报, 20(5): 38-42.

闫玉春, 唐海萍, 辛晓平, 等. 2009. 围封对草地的影响研究进展. 生态学报, 29(9): 5039-5046.

杨持, 李永宏, 燕玲. 1985. 羊草草原主要种群地上生物量与水热条件定量关系初探. 草原生态系统研究, 第 1 集. 北京: 科学出版社: 24-37.

杨红善, 那·巴特尔, 周学辉, 等. 2009. 不同放牧强度对肃北高寒草原土壤肥力的影响. 水土保持学报, 23(1): 150-153.

杨万祯, 韦春, 连兵, 等. 2011. 石羊河流域不同土地利用方式的土壤肥力特征. 甘肃农业大学学报, 46(4): 112-117.

杨勇, 宋向阳, 咏梅, 等. 2015. 不同干扰方式对内蒙古典型草原土壤有机碳和全氮的影响. 生态环境学报, 24(2): 204-210.

袁永年, 刘云生, 王河银, 等. 2011. 阿拉善左旗耕地土壤养分现状及变化规律. 内蒙古农业科技, (6): 64-65.

张丽娟, 李彦慧, 张金柱, 等. 2003. 冀西北栗钙土有机质分解及土壤速效养分变化的研究. 中国生态农业学报, 11(2): 64-66.

张维理, 徐爱国, 张认连, 等. 2014. 土壤分类研究回顾与中国土壤分类系统的修编. 中国农业科学, 47(16): 3214-3230. doi: 10.3864/j. issn. 0578-1752.2014.16.009.

张晓曦, 刘增文, 邴塬皓, 等. 2014. 内蒙半干旱低山区不同纯林土壤腐殖质分异特征及其与其他生物化学性质的关系. 应用生态学报, 25(10): 2819-2825.

张新时, 唐海萍, 董孝斌, 等. 2016. 中国草原的困境及其转型. 科学通报, 61(2): 165-177.

张玉珠, 冯建军, 包春花, 等. 2015. 科尔沁右翼中旗耕地土壤有机质及大量元素养分现状. 内蒙古农业科技, 43(5): 32-34.

张毓庄, 张赓, 郑家烷. 1987. 山西栗褐土山西农业大学学报, 7(2): 237-247.

赵业婷, 常庆瑞, 李志鹏, 等. 2013.1983—2009 年西安市郊区耕地土壤有机质空间特征与变化. 农业工程学报, 29(2): 132-140, 296.

《中国畜牧业》编辑部. 2016.2015 年全国草原监测报告. 中国畜牧业, 6: 19-35.

中国科学院内蒙古宁夏综合考察队, 中国科学院南京土壤研究所. 1978. 内蒙古自治区与东北西部地区土壤地理. 北京: 科学出版社.

中国土壤普查办公室. 1998. 中国土壤. 北京: 中国农业出版社.

仲延凯, 包青海, 孙维. 2012. 内蒙古草原割草地动态生态学实验研究. 呼和浩特: 内蒙古大学出版社. 261-264, 345-352.

周锡饮, 师华定, 王秀茹, 等. 2012. 蒙古高原近 30 年来土地利用变化时空特征与动因分析. 浙江农业学报, 24(6): 1102-1110.

朱鹤健, 何宜庚. 1992. 土壤地理学. 北京: 高等教育出版社.

Addison J, Friedel M, Brown C, et al. 2012. A critical review of degradation assumptions applied to Mongolia's Gobi Desert The Rangeland Journal, 34: 125-137. http: //dx. doi. org/10.1071/RJ11013.

Akiyama T, Kawamura K. 2007. Grassland degradation in China: methods of monitoring, management and restoration. Japanese Society of Grassland Science, 53: 1-17.

Baasandorj Y, Khishigbayar J, Fernandez-Gimenez M E, et al. 2015. Changes in soil properties along grazing gradients in the mountain and forest steppe, steppe and desert steppe zones of Mongolia. Proceedings of the Trans-disciplinary Research Conference: Building Resilience of Mongolian Rangelands, Ulaanbaatar Mongolia, June 9-10.

Brady C, Weil R. 2002. The nature and properties of soils. 13th Edition. Agroforestry Systems, 54(3): 249.

Cui X Y, Wang Y F, Niu H S, et al. 2005. Effect of long-term grazing on soil organic carbon content in semiarid steppes in Inner Mongolia. Ecol Res, 20: 519-527.

Ding K, Zhong L, Xin X P, et al. 2015. Effect of grazing on the abundance of functional genes associated with N cycling in three types of grassland in Inner Mongolia. J Soils Sediments, 15: 683-693.

Dorjgotov D. 2003. Soils of Mongolia. Ulaanbaatar: Admon Publisher.

Fernandez-Gimenez M E, Allen-Diaz B. 2001. Vegetation change along gradients from water sources in three grazed Mongolian ecosystems. Plant Ecol., 157: 101-118.

Hickmann S. 2006. Conservation agriculture in northern Kazakhstan and Mongolia. Food and Agriculture Organization of the United Nations (FAO), Rome.

HWSD (Harmonized World Soil Database v1.2). http: //www. fao. org/soils-portal/soil-survey/soil -maps-and-databases/harmonized-world-soil-database-v12/en/ [2019-6-23].

IUSS Working Group WRB. 2015. World Reference Base for Soil Resources 2014, update 2015 International soil classification system for naming soils and creating legends for soil maps. World Soil Resources Reports No. 106. FAO, Rome. http: //www. fao. org/3/a-i3794e. pdf.

Johston A, Darmaar J F, Smoliak S. 1971. Long-term grazing effects on *Fescue* grassland soils. J. Range Manage, 24: 185-188.

Karsten W, Katrin R, Vroni R, et al. 2010. Effects of large herbivore exclusion on southern Mongolian desert steppe. Acta Oecologica, 36: 234-241.

Kimble J M. 2004. Cryosols Permafrost Affected Soils. Berlin Heidelberg: Springer-Verlag: 231-290.

Li F R, Zhao W Z, Liu J L, et al. 2009. Degraded vegetation and wind erosion influence soil carbon, nitrogen and phosphorus accumulation in sandy grasslands. Plant Soil, 317: 79-92.

Li X B, Li R H, Li G Q, et al. 2016. Human-induced vegetation degradation and response of soil nitrogen storage in typical steppes in Inner Mongolia, China. Journal of Arid Environments, 124: 80-90.

Li Y Q, Zhao H L, Zhao X Y, et al. 2011. Effects of grazing and livestock exclusion on soil physical and chemical properties in desertified sandy grassland, Inner Mongolia, northern China. Environ Earth Sci, 63: 771-783.

Liu M, Liu GH, Wu X, et al. 2014. Vegetation traits and soil properties in response to utilization patterns of grassland in Hulun Buir City, Inner Mongolia, China. Chinese Geographical Science, 24: 471-478.

Nandintsetseg B, Shinoda M. 2013. Assessment of drought frequency, duration, and severity and its impact on pasture production in Mongolia. Nat Hazards, 66: 995-1008.

Natsagdorj E, Renchin T, Kappas M, et al. 2017. An integrated methodology for soil moisture analysis using multispectral data in Mongolia, Geo-spatial Information Science, 20: 1, 46-55.

Nyamtseren M, Jamsran T, Doljin D, et al. 2016. Spatial assessment of soil wind erosion using WEQ approach in Mongolia. J Geogr Sci, 26(4): 473-483.

Pei S F, Fu H, Wan C G. 2008. Changes in soil properties and vegetation following exclosure and grazing in degraded Alxa desert steppe of Inner Mongolia, China. Agriculture, Ecosystems and Environment, 124: 33-39.

Priess J A, Schweitzer C, Batkhishig O, et al. 2015. Impacts of agricultural land-use dynamics on erosion risks and options for land and water management in Northern Mongolia. Environ Earth Sci,73: 697-708.

Schneider K, Huismanb J A, Breuer L, et al. 2008. Ambiguous effects of grazing intensity on surface soil moisture: a geostatistical case study from a steppe environment in Inner Mongolia, PR China. Journal of Arid Environments, 72: 1305-1319.

Schroeder D. Bodenkunde in Stichworten, Kiel 1969. 144 Seiten mit 22 Tabellen, 53 Abbildungen and 1 Far btefel kwt

Sha Q, Zheng H X, Lin Q, et al. 2011. Effects of livestock grazing intensity on soil biota in a semiarid steppe of Inner Mongolia. Plant Soil, 340: 117-126.

Steffens M, Kölbl A, Totsche K U, et al. 2008. Grazing effects on soil chemical and physical properties in a semiarid steppe of Inner Mongolia (P. R. China). Geoderma, 143(1/2): 63-72.

Stumpp M, Wesche K, Retzer V, et al. 2005. Impact of grazing livestock and distance from water source on soil fertility in southern Mongolia. Mountain Research and Development, 25(3): 244-251.

Tong C, Wu J, Yong S, et al. 2004. A landscapescale assessment of steppe degradation in the Xilin River Basin, Inner Mongolia, China. Journal of Arid Environments, 59: 133-149.

Wang Q X, Ochirbat B. 2014. Impact of overgrazing on semiarid ecosystem soil Properties: a case study of the eastern Hovsgol Lake Area, Mongolia. Journal of Ecosystem Ecography, 4(1): 1-7.

Wolde M, Veldkamp E, Mitiku H. 2007. Effectiveness of exclosures to restore degraded soils as a result of overgrazing in Tigray Ethiopia. Journal Arid Environment, 69: 270-284.

Xie Z B, Zhu J G, Liu G, et al. 2007. Soil organic carbon stocks in China and changes from 1980s to 2000s. Global Change Biology, 13(9): 1989-2007.

Xu M Y, Xie F, Wang K. 2014. Response of vegetation and soil carbon and nitrogen storage to grazing intensity in semi-arid grasslands in the agropastoral zone of northern China. PLoS ONE 9(5): e96604. doi: 10.1371/journal. pone. 0096604.

Yang Y H, Fang J Y, Ma W H, et al. 2010. Soil carbon stock and its changes in northern China's grasslands from 1980s to 2000s. Global Change Biol., 16(11): 3036-3047.

Zhang G, Kang Y M, Han G D, et al. 2011. Grassland degradation reduces the carbon sequestration capacity of the vegetation and enhances the soil carbon and nitrogen loss, Acta Agriculturae Scandinavica, Section B. Soil & Plant Science, 61: 4, 356-364.

Zhang Z H, Li X Y, Jiang Z Y, et al. 2013. Changes in some soil properties induced by re-conversion of cropland into grassland in the semiarid steppe zone of Inner Mongolia, China. Plant Soil, 373: 89-106.

Zhao D S, Wu S H, Dai E F, et al. 2015. Effect of climate change on soil organic carbon in Inner Mongolia. Int J Climatol, 35: 337-347.

Zhao Y, Peth S, Krummelbein J, et al. 2007. Spatial variability of soil properties affected by grazing intensity in Inner Mongolia grassland. Ecological Modelling, 205(1/2): 241-254.

第三篇　蒙古高原动植物区系

第十章　蒙古高原植物区系

第一节　蒙古高原植物区系的起源和发展史

　　每一个植物区系都有其发生、发展的历史过程。把某一地区地理、气候的变化史和与其相应的植物区系的发生发展结合时才能理清该地区的植物区系。研究植物区系的发生发展就像著名科学家 Н.Олзийхутаг（1989）在其著作中提到的采用古植物残留物、孢子、花粉等进行研究。

　　关于蒙古高原植物区系的起源诸学者有各种假说及提法。其中 В.Л.Комаров（1908）根据 Э.Зюсс（1901）提出"在亚洲中部的杭爱存在过清澈的水域"的说法，他认为这一水域干涸以后附近山上的植物移到此处，蒙古高原的植物区系就此产生。

　　В.И.Грубов 认为二叠纪时期产生大陆，白垩纪时期干旱气候主导大陆气候，此时蒙古的植物区系开始发生（Даариймаа，2014），特别是一些单种属、寡种属都是古老的残遗种属，反映了植物区系的古老性特点。Синицын（1964）认为，新世纪喜马拉雅山、天山、昆仑山和大兴安岭等急剧上升耸立，中亚的气流被挡住，降水量发生变化，气候变干，产生了中亚荒漠草原。

　　刘慎愕等（1959）、吴征镒（1979）、王荷生（1979）也分析了蒙古区系中含有的古老种类及其演化的历史，说明了蒙古植物区系的复杂性和多方面的联系。

　　蒙古高原古陆和地貌的形成，与西伯利亚板块、蒙古海洋板块和中国板块密切相关，在古生代末期之前，中国板块与西伯利亚板块之间是宽度在 4000km 以上的蒙古海。早古生代（54 亿～5.7 亿年前）加里东运动，在西伯利亚板块边缘形成大兴安岭北部山地和阿尔泰山及蒙古国北部山脉。晚古生代（2.5 亿～4 亿年前），蒙古海洋板块再次俯冲于西伯利亚板块之下，西伯利亚板块与中国板块相碰撞，合成亚洲板块，在中国板块的边缘形成天山、北山和阴山陆缘山系，古生代末是蒙古高原海水消灭、完全成陆的重要变革时期。

　　蒙古高原四周的山地自石炭纪开始形成和抬升，在经历历次造山运动至白垩纪为形成现代山脉奠定了最重要的基础，但在此过程中蒙古国北部的杭爱、肯特山山体已基本定形至中等山体。白垩纪初期蒙古高原中部为沉积区，其中分布有低山。中生代蒙古高原的气候虽然也发生过不同程度的干湿波动，但基本上是湿润温暖的，属于暖温带，甚至在南部地区为亚热带气候。因此，这一时期植物相当繁茂，以裸子植物占优势，组成的森林是当时的主要植被类型。白垩纪后期随着蒙古高原地区进一步抬升，气候趋于旱化，此时期戈壁的大湖、河岸出现喜湿的针叶林和阔叶林或针阔混交林，И.А.Шилкина 的研究证明了这一情况（Н.Өлзийхутаг，1988），这时山地上仍为针叶林。

　　新生代的喜马拉雅运动对欧亚大陆的地理环境产生了巨大的影响，蒙古高原受这次地质运动的影响，不仅形成了今天的地质、地貌格架，同时对气候的变化和生物的发展、演化也产生了深刻的影响。自新生纪以来杭爱、肯特山脉抬升很高，阿尔泰、萨彦等山脉急剧上升耸立，从那时起山顶的气候变得寒冷（Очирбат，2008）。中新世以来蒙古国杭爱、库苏泊、达里干嘎（达里岗格）和内蒙古大青山东端的灰腾梁、察哈尔右翼后旗乌兰哈达、集宁、凉城县岱海地区、阿巴嘎旗、达里诺尔等地火山活动频繁，使这个地带的地面受到很大影响。随着气候进一步旱化，晚第三纪是荒漠和草原在蒙古高原的高平原上发展和散布的时期。

第四纪为冰冻时期，蒙古高原北部的山地，蒙古阿尔泰、杭爱、库苏泊、肯特等大山被封冻，许多大河流带着冰雪从山上倾流至盆地形成了清澈的湖泊。在寒冷、湿润气候下山坡、高平地上喜冷凉湿润的针叶林、混合林大量出现，北方泰加林的代表植物云杉、冷杉、落叶松森林在蒙古地区形成，大谷地、沿河形成阔叶林（Губанов，1984）。在蒙古高原中部和西部，由于季风难于抵达，冬春季受西伯利亚高原控制，气候变得干旱而寒冷，地表干燥，剥蚀作用强烈，在高原南部外围形成一系列沙地、沙漠，这一时期，蒙古高原荒漠化最为突出，草原、荒漠扩大，蒙古高原从疏林草原变为草原、从草原变为荒漠等方向演化，森林仅在冷凉地区以斑块分布保留下来。蒙古高原南部身居内陆，又有北部多重山脉的阻隔，冰川始终未能到达，故在东阿拉善–西鄂尔多斯地区保留了一批古老的第三纪干热气候条件下发育的物种，同时在新的地质环境和气候影响下，演化出一批适应新环境的新类群。

全新世以来，随着永久性冻土的逐渐消融，气温转暖，蒙古高原北部、东部、南部降雨增加，荒漠逐渐被草原代替，现代蒙古高原景观格局形成。

蒙古高原在植物区系地理上主要属于古地中海植物区，但其北与泛北极植物区中的欧洲–西伯利亚泰加林区相邻，东、南与东亚植物区相连，因此，上述两区域的区系成分在蒙古高原邻近地区也是很常见的，如分布在蒙古高原东北部和东部沙地中的东西伯利亚分布种樟子松（*Pinus sylvestris* var. *mongholica*）、分布于达乌里–蒙古地区的兴安落叶松（*Larix gmelinii*）、分布于蒙古国阿尔泰等地区的西伯利亚成分西伯利亚红松（*Pinus sibirica*）；再如分布在东蒙古地区锡林郭勒浑善达克沙地和阿拉善贺兰山等地的华北成分油松（*Pinus tabuliformis*）、虎榛子（*Ostryopsis davidiana*）等。蒙古高原与地中海地区间断分布的古老属、种有裸果木属（*Gymnocarpos*）、单刺蓬属（*Cornulaca*）、半日花属（*Helianthemum*）、瓣鳞花属（*Frankenia*）、锁阳属（*Cynomorium*）、驼舌草属（*Goniolimon*）、红砂属（*Reaumuria*）、郁金香属（*Tulipa*）等，共有种有胡杨（*Populus euphratica*）、花花柴（*Karelinia caspia*）、骆驼蓬（*Peganum harmala*）、芨芨草（*Achnatherum splendens*）、甘草（*Glycyrrhiza uralensis*）等，均说明蒙古高原植物区系与古地中海植物区系的联系。

蒙古高原还分布有一批古老的与中亚荒漠区共有的物种，如霸王（*Zygophyllum xanthoxylum*）、球果白刺（*Nitraria sphaerocarpa*）、膜果麻黄（*Ephedra przewalskii*）及柽柳属（*Tamarix*）、猪毛菜属（*Salsola*）等物种。另外，蒙古高原也分布有一批自身特有的类群，古老的类群有绵刺（*Potaninia mongolica*）、四合木（*Tetraena mongolica*）、革苞菊（*Tugarinovia mongolica*）、沙冬青（*Ammopiptanthus mongolicus*）等，相对年轻

的类群有沙芥属（*Pugionium*）、百花蒿（*Stilpnolepis centiflora*）、紊蒿（*Elachanthemum intricatum*）植物等。

第二节　蒙古高原维管植物的研究概况

根据对蒙古高原植物区系研究主力的不同，将蒙古高原植物区系研究历史划分为三个阶段。

一、非本土植物学者为主的植物考察与采集阶段（第一时期：1724～1919 年）

这一阶段主要是一些商人、旅行家从猎奇角度采集标本，后来有专门的研究人员参与其中。最早是通过来自欧洲贩卖大黄的商人，将蒙古高原的特有植物沙芥（*Pugionium cornutum*）带到欧洲并得到植物学家林奈的研究而载入他的《植物种志》中。

在蒙古高原地区有确切年代记载的标本采集活动是德国学者 Б.Г.Мессершмит。1724 年，他接受俄国彼得大帝的派遣对西伯利亚进行研究时，从苏联达乌里地区进入蒙古国东北部鄂嫩河、乌勒兹河谷及中国内蒙古达赉湖（呼伦湖）地区进行收集（Губанов，1984）。

1830～1840 年俄罗斯帝国学者 Н.С.Турцанинов、А.А.Бунге、Н.М.Прежевальский、Г.Н.Потанин、А.Клеменц、И.В.Палибин、П.К.Козлов 和 Г.И.Грумм-Гржимайло、M.V.Ladijenski、I.Kuznetsov、G.Rosov 等收集了 4000 余份标本。这些标本为研究蒙古高原植物区系奠定了基础（Θлзийхутаг，1989）。

著名的植物分类学家 Н.С.Турцанинов、А.А.Бунге、Э.Р.Траутфеттер、Э.А.Регель、ф.И.Рипрект 和 К.И.Максимовин 对以前从蒙古采集的标本进行整理鉴定并报道。К.И.Максимовин（1859）发表了包括 489 种植物的蒙古植物名录（Губанов，1984）。之后，他进北京时从蒙古人民共和国东部开辟新路线的途中又进行采集。Э.Р.Траутфеттер（1872）对这些标本进行鉴定，与第一批名录合并，发表了包括 529 种植物的第二批蒙古植物名录（Губанов，1984）。

19 世纪后期到 20 世纪初由俄国地理学会组织的探险活动中，A. Batalin、D. A. Klementz、E. N. Klementz、P. N. Klylov 等，特别是 N. M. Przhevalsky、G. N. Potanin、M. B. Pevtsov 和 P. K. Kozlov 先后在亚洲中部（包括蒙古高原）探险活动（1870～1926 年）中采集了大量的植物标本。这些考察、采集活动奠定了俄罗斯学者在蒙古高原乃至亚洲中部植物区系、植物地理等研究领域的国际地位。期间，Maximovicz（1889，1890）等整理发表了一系列蒙古高原植物区系研究成果，如在 1899 年出版了《蒙古及毗邻中国、土耳其斯坦植物名录》。在此基础上，结合历次亚洲中部探险活动采集的标本，Komarov 于 1908 年发表了《中国及蒙古植物区系引论》，对蒙古植物进行了首次分区研究，阐述了关于蒙古植物区系的划分、起源和发展史的几点看法。由于当时奥地利的科学家 Зюсс 的 "在三世纪中亚地区大量存在清澈水域" 观点的盛行，认为蒙古的植物从毗邻地区游来而后形成。后来地理与植物学家的大量研究结果否定了这一说法。

这一时期，除了俄罗斯学者对蒙古高原进行了广泛的植物区系采集和研究外，特别是在蒙古高原南部地区，欧美采集者也进行了一定规模的标本采集和研究，如法国神父 A. David、耶稣教会士 E. Licent、德国学者 K. Futterer、美国学者 A. de C. Soweby、瑞典旅行家 Sven-Hedin 等采集活动均涉及蒙古高原南部地区。具体成果主要体现在法国植物学家 A. Franchet 1883~1888 年出版的《David 在中国所采集的植物》、奥地利植物学家 H. Handel-Mazzeti 的《中国植物地理分区》等著作中。随着日本对中国的侵略，20 世纪前半叶，日本人对蒙古高原的东部地区和南部地区也进行了广泛的植物区系采集、研究。具体工作体现在矢部吉祯 1912 年编著的《南满洲植物名录》、1916 年编著的《东蒙古牧草和杂草》报告Ⅰ和《东蒙古植物名录Ⅰ》，兴业部务农课 1915 年编写的《满蒙牧草》，三浦密成 1925 年编著的《满蒙植物目录》和 1937 年编著的《满洲植物志》、佐藤润平 1934 年编著的《满蒙植物照片辑》和《东乌珠穆沁植物调查报告》，1934~1936 年陆续出版的《第一次满蒙学术调查研究报告》第四部（1934 年的第一编、1935 年的第二编、1936 年的第三编）。这些标本主要集中保存在日本京都帝国大学，后北川政夫在研究上述标本的基础上，结合自己 13 年间在东北、内蒙古所采集的标本和保存在俄国人在哈尔滨博物馆收藏的标本，并参考 V. Komarov 的《满洲植物志》，于 1939 年出版了《满洲植物考》，在 1979 年又出版了《新满洲植物考》。

二、本土学者参与采集、研究阶段（第二时期：1919~1949 年）

这一时期随着社会变革、现代科学思潮的影响，本土学者开始用现代植物分类学的方法研究本土的植物区系，这些植物学者在培养人才和建立研究基地的同时，以参与外国组织的学术考察团或与外国学者共同组织学术考察团或自己组织学术考察团独立进行考察，由于政治原因，蒙古高原植物区系的研究分为南北两部分各自进行研究。

最早到蒙古高原南部进行植物区系考察、采集的中国学者有秦仁昌教授（1923 年），之后有刘慎谔、郝景盛、夏纬英、白荫元、耿以礼、吴征镒、崔友文等，以及 1927~1929 年原绥远省立归绥农科职业学校的田畇、李藻和张守仁曾带领学生对内蒙古西部进行了植物标本采集、宁夏省林务局 1941 年组织的贺兰山森林调查工作、1944 年年初组织的川康宁农业调查队，均涉及了蒙古高原南部不同地区的植物区系调查和收集。

在蒙古高原北部，这一时期随着蒙古国家各方面改革发展，为科学技术的发展提供了很好的机会。1924 年蒙古人民共和国图书出版社成立，为各种图书的出版创造了条件。当时该出版社的森林研究者 A. Гнадеберг 和水利工程师 В. Л. Лисовский 于 1922~1924 年研究了肯特山脉的植物；1923~1926 年 П. Козлов 领导苏联地理协会在蒙古进行三次考察，考察组成员 Н. В. Павлов 1924 年对杭爱山脉的植被、植物进行考察研究。1926 年 Н. В. Павлов 领导的考察队与 Я. И. Проханов 和 Н. П. Иконнков-Галицкий 合作，在杭爱山脉、库苏泊的南部、鄂尔浑–色楞格河流域草原采集了万余份标本，并进行整理鉴定。1929 年该项研究结果以英文出版成书，囊括肯特的 826 种植物和戈壁–阿尔泰的 428 种植物。

1930~1931 年 В. И. Баранов 带领土壤农业考察队在蒙古西部的蒙古阿尔泰大湖盆

地进行工作，收集千余份标本并整理鉴定，做了"蒙古西部桦树种类"报道，其中包括了数个桦树新种和亚种。

1930 年 В. Л. Комаров 领导的科学院蒙古协会成立，该协会在蒙古进行的研究工作中起到很重要的作用。同年，Е. Г. Победимова 在与蒙古–阿尔泰毗邻国家和马勒戈壁进行研究工作，绘制了该地区植被概图；1931 年在东戈壁、达日岗地区收集了大量标本；1935 年对蒙古–阿尔泰中部地区的植被进行了研究与报道，附录里包括 380 种植物名录。

1940 年以 И. А. Цаценкин 领导的苏联土地农业协会的全苏饲料作物研究所在蒙古的放牧场与打草场进行研究。当时参加该项工作的 А. А. Юнатов 走遍蒙古人民共和国，收集 16 000 余份标本，确定了蒙古植被的基本概况及蒙古植被区和带的基本特征，出版了许多研究论文和专著（Энхтуяа，2007）。

这些学者在该阶段研究内容与结果如下：И. А. Цаценкин 和 А. А. Юнатов 针对蒙古戈壁、荒漠地区的草场种类、范围、产量动态及草场中优势植物的多度、产量和频度进行研究，确定了利用的方式方法，撰写了《蒙古人民共和国戈壁东部地区草场饲用资源》；1946 年 А. А. Юнатов 总结了多年在蒙古人民共和国的研究工作撰写了《研究蒙古植物的二十五年》一书；1947~1951 年在 Е. М. Лавренко 领导的蒙古农牧业考察工作中参加考察十年之久的由 А. А. Юнатов、А. А. Калинина 和 В. И. Грубов 等总结工作后撰写了《蒙古人民共和国植被基本特征》（1950）、《蒙古人民共和国放牧场与打草场的饲用植物》（1954）和《蒙古人民共和国北部戈壁的戈壁荒漠草原》（1974）等书籍（Өлзийхутаг，1989；Өлзийхутаг，2004）。

这些著作中阐述了蒙古地区植被区、带的特征，植被环境的生态条件，植被的结构、组成、变化状态，植物区系的基本特征、起源、发展史及植物地理区系划分。特别是对蒙古人民共和国天然草场的 550 种饲用植物的一般特征、分布、适口性、营养性等方面进行详细描述，又做了"蒙古名称与拉丁名称的对照名录"。这些工作对我国名词术语的确定研究有启迪作用。

在《蒙古人民共和国北部戈壁的戈壁荒漠草原》一书中指出，处于中亚荒漠北部的所谓"戈壁"的荒漠化草原植被的组成、植被的基本特征区别于哈萨克斯坦的半荒漠，无论从植被带的形成、荒漠草原的结构或从组成方面具有其他地方没有的独有特征。

1947~1948 年植物区系研究科学家 В. И. Грубов 在蒙古人民共和国西部和南部工作的基础上，又对俄罗斯帝国科学家从 1800 年开始收集收藏于苏联科学院植物标本馆的 100 000 余份标本进行鉴定整理，对蒙古人民共和国的 97 科 552 属 1877 种植物的分布、生境进行描述，把蒙古人民共和国植物分为 16 个分布区，撰写了《蒙古人民共和国植物纲要》（1955）。该书是蒙古人民共和国植物区系特点、发展、区系划分方面的第一部著作，其意义不言而喻（Даариймаа，1988，2014）。

В. И. Грубов 在研究整理鉴定过程中发现了 20 余种新植物，对蒙古人民共和国数百个植物属进行统计整理。Н. Олзийхутаг 认为，这一时期是苏联科学家系统研究独自完成的阶段。这一时期学术著作之多、掌握的材料之多均为研究与实际工作的工作手册，这个时期为蒙古人民共和国培养了许多科学工作者（Өлзийхутаг，1989）。

三、本土学者为主要研究力量阶段（第三时期：1949 年后）

（一）中国境内（内蒙古）的蒙古高原部分植物区系研究

新中国成立以来，中国境内的蒙古高原部分的植物区系在国家、地方组织的多次大规模考察中得到了全面、系统的采集和研究。

1950 年，中国科学院组织的"黄河中下游水土保持考察"，考察者在内蒙古鄂尔多斯、河套地区、贺兰山及甘肃乌鞘岭等地区，采集了大量的植物标本。

1952 年 6~8 月，中央和内蒙古有关部门组织了牧区调查团，对锡林郭勒草原进行了考察。共采集植物标本 418 号，262 种植物。

1955 年，由中央畜牧兽医学会、中央农业部、内蒙古农牧业厅组织的"内蒙古伊克昭盟草原调查队"对杭锦旗、鄂托克旗进行了重点调查，收集了该地区的植物标本。

1956 年，北京大学生物系实习队在内蒙古呼伦贝尔谢尔塔拉一带进行了草原调查，绘出了 1/25 000 的植被图，并写出《呼伦贝尔盟谢尔塔拉种畜场植被调查报告》。

1956~1958 年，中国科学院又组织了"中国科学院黄河中游水土保持综合考察队"考察了蒙古高原南部地区的鄂尔多斯、阿拉善盟及宁夏和甘肃张掖地区。由于中国科学院黄河中游水土保持综合考察队邀请了苏联专家彼得洛夫等参加，所以彼得洛夫采集的 2500 余号标本全部运送到苏联柯马洛夫植物研究所亚洲中部标本室。中国科研人员采集的标本分别保存在中国科学院植物研究所标本室和兰州沙漠研究所标本室。

1958 年，中国科学院组织的"甘青地区综合考察队"对祁连山区、河西走廊、柴达木盆地及内蒙古自治区西部（贺兰山以西）等地区进行调查，采集了大量的标本，现主要保存于中国科学院植物研究所标本室（PE）。

1957~1959 年，内蒙古畜牧厅草原勘测总队组织了全区的草原勘测，对呼伦贝尔新巴尔虎右旗、新巴尔虎左旗、陈巴尔虎旗及乌兰察布盟牧业三旗、鄂尔多斯牧业三旗、锡林郭勒盟所有牧业旗、阿拉善盟等 19 个牧业旗县进行勘测，这次共采集到标本 9000 余号。马毓泉在此基础上写出了《内蒙古锡林郭勒盟植物区系考察报告》，草原局刊印了《内蒙古主要野生饲用植物简介》，朱宗元编出《内蒙古野生种子植物名录》（手稿），包括种子植物 110 科 574 属 1947 种 163 变种，这批标本除少量保存在内蒙古大学植物标本室和内蒙古自治区草原工作站外，大部分没有保存下来。

1958~1960 年，内蒙古自治区科学技术委员会组织了全区资源植物普查工作。经过三年考察、采集，共获得 10 000 余号标本，600 余种，于 1961 年由马毓泉、富象乾、杨锡麟等编写了《内蒙古经济植物手册》，记载经济植物 467 种。

1959~1963 年，中国科学院组织了大规模的沙漠考察，内蒙古大学、内蒙古师范大学、内蒙古林业厅等单位参加了这次考察。他们考察了中国西北部的几个著名大沙漠，其中包括蒙古高原南部的所有沙漠和毛乌素、浑善达克沙地。在此基础上，内蒙古大学治沙组编写了《内蒙古荒漠区植被考察初报》，陈山编写了《内蒙古西部戈壁及巴丹吉林沙漠植物》（手稿）。

1961～1964 年，中国科学院组织了内蒙古、宁夏综合考察队，对内蒙古进行了全面、系统的考察，植物组刘钟龄、王义凤、雍世鹏、孔德珍、赵献英、朱宗元编写了《内蒙古植被》，该书前一部分为植物区系，介绍了内蒙古维管植物区系科属组成、物种的区系地理成分及内蒙古植物区系分区，书中共记载内蒙古 128 科 691 属 2271 种维管植物。此次采集的标本主要保存在中国科学院综合考察委员会，部分标本保存在内蒙古大学标本室。

1973～1977 年，中国科学院组织了黑龙江省土地资源考察队，当时属于黑龙江的呼伦贝尔盟也在考察范围之内，同时对新巴尔虎右旗、新巴尔虎左旗、陈巴尔虎旗、鄂温克旗的草原也进行了调查，考察中采集的大量标本由赵一之全面整理编写了《呼伦贝尔盟、大兴安岭、嫩江地区植物名录》（油印稿），共记载了 114 科 499 属 1581 种植物。

除上述规模较大的考察活动外，各科研院所和大专院校从不同角度对不同地区进行了不同规模的采集、调查活动。在内蒙古东部，中国科学院沈阳生态应用研究所（原中国科学院林业土壤研究所）在刘慎谔教授的组织下，对蒙古高原内蒙古部分的东部地区进行了深入的调查、采集，成果集中体现在《东北木本植物图志》、《东北草本植物志》和《东北植物检索表》等著作中。在内蒙古西部地区，中国科学院植物研究所、中国科学院兰州沙漠研究所、陕西省中国科学院西北植物研究所、西北大学生物系、宁夏大学、兰州大学、西北师范大学等单位进行了深入广泛的采集。

这一时期，内蒙古各高等院校和科研部门也进行了广泛深入的采集和调查，并建立了一批标本馆，如内蒙古大学植物标本馆、内蒙古师范大学植物标本馆、内蒙古农业大学植物标本馆、中国农业科学院草原研究所植物标本馆等，并从 1976 年开始组织编写《内蒙古植物志》，于 1985 年出版了第一版，之后由于行政区域的调整，内蒙古植物志编写委员会立即做出决定，编写《内蒙古植物志》第二版，于 1998 年全部出版。《内蒙古植物志》第三版于 2019 年 10 月全部出版。《内蒙古植物志》的编写出版极大地促进了对蒙古高原植物区系的采集研究，为进一步研究蒙古高原的植物奠定了良好的基础。

1. 内蒙古维管植物统计

内蒙古维管植物的研究成果集中体现在《内蒙古植物志》中。由表 10-1 可以看出，随着采集、考察的深入，内蒙古维管植物的研究也在不断地深入。

表 10-1　《内蒙古植物志》出版时间和记载的类群多样性

	科	属	种
《内蒙古植物志》第一版（1977～1985 年）	131	660	2167
《内蒙古植物志》第二版（1989～1998 年）	134	681	2270
《内蒙古植物志》第三版（2020 年）	144	734	2590

2. 内蒙古特有植物

内蒙古共计有特有种 145 个，有特有属 1 个：四合木属（*Tetraena*）。内蒙古没有特有科。

3. 内蒙古珍稀植物

《内蒙古珍稀濒危植物图谱》记载内蒙古有珍稀、濒危植物 95 种，其中，一类保护植物有 8 种，二类保护植物有 26 种，三类保护植物有 46 种，四类保护植物有 15 种。

（二）蒙古国境内的蒙古高原植物区系研究

1958～1962 年，蒙古农业部开展全国草场水利资源的考察与勘查，收集了不少植物标本。在这一时期，苏联为蒙古国培养了许多高等院校人才，这些人回国后成为高等院校、科研单位的骨干力量，也开始独自承担植物学研究工作。1962 年、1964 年，在 Ц. Баважамц 和 X. Bёme 领导下蒙古人民共和国与民主德国合作考察了蒙古人民共和国植物，收集了 8000 余份标本。

蒙古人民共和国的学者 Б. Данзрагц、Н. Олзийхутаг、Ц. Санцир、Ц. Даваажамц、И. А. Губанов、Э. Ганболд 和 Ш. Даариймаа 等从 1960 年开始，对 В. И. Грубов 的"蒙古人民共和国植物纲要"补充研究，发现了许多新记录，发表了许多研究论文和著作。

1955～1965 年，В. И. Грубов 在研究基础上撰写了《中亚植物》一书。这一著作中阐述了蒙古植物在中亚植物中的地位，提出了许多新观点（Даариймаа，2014）。

1961 年在 Ц. Даважамц、Ц. Санцир 和 Н. Олзийхутаг 的主持下成立了蒙古人民共和国科学院植物研究所植物标本馆，1963 年 Ц. Жамсран 和 Н. Олзийхутаг 主持成立了蒙古国立大学植物标本馆。这两个标本馆分别进入了世界标本馆统计行列，被认定为世界中等标本馆，馆藏十万余份标本。这些标本的收集、整理中 Б. А. Клеменц、А. А. Юнатов、В. И. Грувов、А. В. Калинина、Б. Банзрагн、Ц. Даважамц、Б. Дашням、Н. Олзийхутаг 和 Ц. Санцир 等科学家做出了重要贡献。

1964 年、1966 年 Б. Бадам 针对中学教师编写了《认识植物读本》，Н. Олзийхутаг 针对大学及科研工作者编写了《蒙古植物科分类检索表》，Ц. Жамсран 编写了《植物结构》，1979 年 Ц. Жамсран、Н. Олзийхутаг 和 Ц. Санцир 等编写了包括 77 科 311 属 689 种高等植物的《乌兰巴托周围植物》、Г. Цэрэнбалжид 编写了包括 42 科 164 属 361 种杂草的《蒙古地区农田杂草》一书。1955～1974 年 В. И. Грубов 在蒙古地区收集植物进行 8 次增补和修改，1982 年出版了包括 113 科 599 属 2239 种的《蒙古维管束植物》。

1989 年 Н. Олзийхутаг 编写出版了《蒙古植物区系概况》，阐述了蒙古植物的起源、发展史和植被区、带的特征，植物地理分布及特点，把蒙古植物分为 5 个部分含 122 科 625 属 2443 种，对含 40 种以上 15 个科进行排序，其中豆科、禾本科、十字花科、莎草科、百合科、藜科、毛茛科等含 412 属（占蒙古植物属的 65.9%）1793 种（占蒙古植物种数的 73.4%）（Өлзийхутаг，1989）。

蒙古植物区系组成上，与前（南）西伯利亚、阿尔泰、图瓦与中亚、高加索相似。在荒漠草原种类多的藜科植物比西伯利亚、高加索种类少，而相当于中亚、图瓦的种类。植物区系成分的差异也表现于杭爱的泰加林、山地森林草原和高山植被，这里有西伯利亚泰加林成分、阿尔泰萨彦成分，而在戈壁、荒漠草原这些成分减少，与中亚草原、荒漠有联系。上述这些状况在 Н. Өлзийхутаг 的著作中有详细描述。

Н. Өлзийхутаг 把蒙古植物组成按生态及生活类型进行了分类：在 2443 种维管束植物中湿生植物 393 种（占 16.09%）、旱生植物 262 种（占 10.72%）、旱石生植物 330 种（占 13.51%）、冷凉型植物 117 种（占 4.79%）、湿冷凉型植物 152 种（占 6.22%）、冷凉石生植物 159 种（占 6.51%）、沼湿生植物 135 种（占 5.53%）、沼生植物 123 种（占 5.03%）、水生植物 57 种（占 2.33%）、沙生植物 73 种（占 2.99%）。从以上可以看出蒙古国的植物种类大部分分布于北部山区，受山地、冷凉、湿润气候的影响，以湿润、冷凉、石生、草甸、沼泽植物为主，向南过渡时旱生、石生、盐生、沙生植物占主流。从生活型上乔木、灌木有 348 种（占 14.24%）、草本植物有 2095 种（占 85.76%）。高大树木分布于泰加林、山地森林带，灌木、半灌木多数分布于山地森林、泰加林，草原和荒漠草原虽分布不多，但参与植物群落，起建群作用。一、二年生植物在泰加林不分布，但从山地草原越往南越多参与群落。用种子繁殖的一、二年生植物在温暖草原和荒漠草原带降水量多时大量生长。

1. 蒙古维管束植物大科、大属的研究

1970 年苏联与蒙古人民共和国的生物综合考察涉及全国各地区。参加这次考察工作的蒙古植物学家 Н. Өлзийхутаг、Ш. Даариймаа 和 Г. Цэрэнбалжид 等与苏联的科学家 В. И. Грубов 等采集收集了 10 000 份植物标本的同时对植物的大科、大属进行了研究。

Ч. Санчир（1976）对锦鸡儿属（*Caragana*）、针茅属（*Stipa*）、麻黄属（*Ephedra*）和十字花科分类及分布进行了研究。研究锦鸡儿属时发表了戈壁锦鸡儿（*C. gobica*）等 4 个新种。同时进一步研究了世界锦鸡儿属植物，提出世界上有 3 个系 15 族、15 亚族 92 种锦鸡儿。对锦鸡儿属的起源和分布进行研究后推断出，锦鸡儿属起源于西伯利亚南部白垩纪中期，由类似于树锦鸡儿祖先演化而来（Санчир，1967，1969）。

Н. Олзийхутаг 对蒙古人民共和国和世界的棘豆属（*Oxytropis*）植物的分类及分布进行了研究，研究结果表明蒙古国有 5 个亚属 17 系 79 种，世界有 6 个亚属 29 系 370 种。蒙古国有 14 个新分布种。蒙古国的棘豆属植物归类为 5 个系 4 个族，发现了 4 个新种（Өлзийхутаг，1974）。他认为棘豆起源于第三纪始新世，由分布于亚洲中部的萨王纳草原（阿拉善戈壁）区的古老祖先进化而来，起源的第二中心是亚洲中部山区。Н. Өлзийхутаг（1974）认为从亚洲中部发现的大丛棘豆说明，棘豆、黄芪、锦鸡儿属有亲缘关系。

Н. Өлзийхутаг 研究亚洲中部的黄耆属（*Astragalus*）植物，整理认定 384 种，制定检索表，作为《亚洲中部植物》的系列丛书之一，2000 年俄联邦彼得堡标本馆用俄文出版，2002 年在印度新德里用英文出版。

1996 年《蒙古地区豆科植物（名称、分布、发展史）》用英文出版，被英国皇家植物园（邱园）作为《欧亚北部豆科植物》丛书，2003 年在乌兰巴托用俄文出版。这使得蒙古国的植物研究工作向世界展示，影响和效果不言而喻。

植物学家 Ш. Даариймаа 研究了蒙古国的蒿属（*Artemisia*）植物，确定了 3 个亚属 28 个系 69 种蒿属植物，并编写了分类检索表，确定 6 个分类单位（2 个种 4 个亚种）（Даариймаа and Губанов，1990；Даариймаа，2014）。

Г. Цэрэнбалжид 长期研究蒙古地区"伴人植物"的分类、生态特征、分布、危害及防治方法。1979 年出版了包括 42 科 164 属 361 种的《蒙古地区农业杂草植物》一书（Цэрэнбалжид，1971，1979）。1995～1996 年在原有工作基础上，将蒙古地区的"伴人植物"增加到 49 科 212 属 438 种。发现蒙古地区 8 个新分布种，即白苋（*Amaranthus albus*）、北美苋（*A. blitoides*）、香薷（*Elsholtzia ciliata*）、芹叶牻牛儿苗（*Erodium cicutarium*）、草木樨（*Melilotus officinalis*）、假狼紫草（*Nonea caspica*）、野萝卜（*Raphanus raphanistrum*）和图瓦黄芩（*Scutellaria tuvensis*）等（Цэрэнбалжид，1995）。

И. А. Губанов（古班诺娃）在鉴定整理了 1978～1991 年俄罗斯与蒙古人民共和国联合研究中的 40 000 余份标本的基础上出版了《外蒙古维管植物区系大纲》一书，该书包括 128 科 662 属 2823 种植物，比《蒙古人民共和国植物纲要》（Грубов，1955）超出近 1000 种（Губанов，1996）。

2. 蒙古国具体地点的研究和植物组成

有关学者对蒙古国植物的具体科属进行研究，对具体地区的植物也进行过研究。考察研究工作在以下具体地点进行。南戈壁的布拉根、巴彦洪格尔的母亲河、苏赫巴托尔省的图门朝克图；И. Санчир 在后杭爱省的图布希如勒赫；И. А. Губанов、Э. Ганболд 在中央省的温珠勒、色楞格省的沙玛尔；И. Санчир、Ш. Даариймаа 等在各自的研究地点进行工作，在当地植物研究方面做了不少工作，并发表了相关论文。И. Санчир（1971）在南戈壁的布拉根地区获取 50 科 192 属 339 种植物资料；Ш. Даариймаа 和 Н. Өлзийхутаг（1977）在中央省温珠勒获取 51 科 174 属 315 种植物资料；Э. Ганболд（1973）在后杭爱省的图布希如勒赫获取 62 科 232 属 494 种植物（Ганболд，1987；Грубов，1955）、色楞格省的沙玛尔得到 76 科 293 属 577 种植物标本（Өлзийхутаг and Даариймаа，1977）。

苏联和蒙古人民共和国的生物综合考察过程中我国各学者不仅专对大科大属植物研究外，对具体地区的植物也进行了考察研究。Б. Банзрагч、З. В. Карамышева、Э. Ганболд、С. Монхбаяр 等考察了杭爱高山；Е. И. Рачковская 和 Е. А. Волкова 等考察了阿尔泰前戈壁、准噶尔戈壁的植物；У. Бекет 和 З. В. Карамышева 考察了蒙古阿尔泰山的植物和植被；Е. А. Волкова 考察了戈壁阿尔泰的植物和植被；Х. Буян-Орших 考察了大湖盆地的植被；Б. Дашням 考察了蒙古东方植物、植被。各学者在各具体地点的考察获得许多资料，出版了许多论文著作，提出过宝贵的想法和建议。例如，1974 年 Б. Дашням 出版了《蒙古东部植物、植被》一书。该书中 В. А. Обручёв 写到 Онг 河以东森林、泰加林、山地草原、干草原、戈壁、荒漠植被交替变化；Е. М. Лавренко 描述了山地草原、山地草甸、干草原（大针茅、隐子草为优势）。В. И. Грубов、А. А. Юнатов（1952）和 В. И. Грубов（1955）等确定了包括蒙古–达乌里、兴安、蒙古东方及哈拉哈中部等广阔区域的植物区系由西伯利亚泰加林成分、满洲成分、中央戈壁成分混合组成。

1972 年整理列宁格勒植物研究所中亚植物标本馆标本时，蒙古国的植物有 100 科 2094 种，其中 89 科 1102 种植物分布于蒙古国东部的草原区。而 68%～85%的科、44%～60%的属、32%～63%的种分布于泛北极区的库苏泊、肯特、杭爱山区，其余的分布于草原和荒漠区域。

蒙古东方 4 个区域的面积（占总面积的 28.83%）虽小，但它们所具有的植物科、种数比其他地区多很多，与这个地区开展的研究工作多有关。

从 Б. Дашням 的研究可以看出蒙古东方的蒙古达乌里区的植物种数比其他地区多 2 倍，他认为这与该地区半环绕肯特山区有关。植物种类本来就比东方草原少的中部哈拉哈的植物种类反而比东方草原多，原因归结于以下几点：①把处于蒙古达乌里与中部哈拉哈交界处的昭尔高勒海尔汗山归于中哈拉哈区；②把处于杭爱与中部哈拉哈交界处的本来属于杭爱东部的大吐和木、内外扎尔嘎朗图区归于中哈拉哈区；③本属于东蒙古草原的克鲁伦河岸的大部分区域归到中哈拉哈区等。

达喜宁木（Б. Дашням）在对东方四区的植物进行的研究中得出：该区的植物中戈壁区的植物种类少（0%～16%），荒漠草原和泰加林的成分为中等（16%～25%）、草原、森林草原的比较多（26%～50%）。与东戈壁、奥兰湖谷地、大湖盆地荒漠草原差异大。根据蒙古-达乌里-满洲成分从兴安岭西北沿国境线向东南的低山分布状况，扩大兴安区的分布范围，调整了蒙古达乌里、中哈拉哈、蒙古东方和兴安4个区的分布界线。同时他根据中亚的典型成分假木贼、珍珠猪毛菜、梭梭的分布，认为从蒙古国东方、中哈拉哈、杭爱的南部画一条线，线以外确定的中亚的"荒漠草原"是合理的。

根据 Б. Дашням 在1974年对蒙古国东部4个植物区植物种的排序，前十位是典型草原种的禾本科、毛茛科、菊科、百合科和蔷薇科等的种群，它们的种群数量占首位（表10-2）。然而高山和森林中分布多的莎草科、杨柳科、十字花科和虎儿草科等植物的数量不多。

表10-2　草原4个区分布的主要科、属

区名称	科排序	含种数	所占比例（%）	属排序	含种数	所占比例（%）
蒙古达乌里	Compositae	101	11.8	*Artemisia*	28	3.3
	Gramineae	82	9.6	*Potentilla*	20	2.3
	Leguminosae	66	7.7	*Carex*	17	2.0
	Ranunculaceae	52	6.1	*Polygonum*	17	2.0
	Rosaceae	51	6.0	*Astragalus*	16	1.9
	Cruciferae	37	4.3	*Salix*	12	1.4
	Cyperaceae	32	3.7	*Oxytropis*	11	1.3
	Polygonaceae	29	3.4	*Ranunculus*	10	1.2
	Scrophulariaceae	26	3.0	*Allium*	10	1.2
	Chenopodiaceae	24	2.8	*Pedicularis*	9	1.1
	主要科含种数	500	58.5	主要属含种数	150	17.5
	小区植物种数	855	100	小区植物种数	855	100
蒙古东方	Gramineae	76	16.7	*Artemisia*	21	4.6
	Compositae	65	14.3	*Potentilla*	15	3.3
	Leguminosae	36	7.9	*Carex*	14	3.1
	Chenopodiaceae	30	6.6	*Allium*	12	2.6
	Rosaceae	24	5.3	*Oxytropis*	10	2.2
	Cyperaceae	23	5.1	*Poa*	8	1.8
	Labiatae	20	4.4	*Astragalus*	8	1.8
	Liliaceae	19	4.2	*Polygonum*	7	1.5
	Ranunculaceae	13	2.9	*Stipa*	6	1.3
	Cruciferae	12	2.6	*Chenopodium*	6	1.3
	主要科含种数	318	69.9	主要属含种数	107	23.5
	小区植物总数	455	100	小区植物总数	455	100

续表

区名称	科排序	含种数	所占比例（%）	属排序	含种数	所占比例（%）
中哈拉哈	Gramineae			Artemisia		
	Compositae			Oxytropis		
	Leguminosae			Potentilla		
	Chenopodiaceae			Carex		
	Rosaceae			Astragalus		
	Cruciferae			Polygonum		
	Labiatae			Stipa		
	Cyperaceae			Allium		
	Scrophulariaceae			Chenopodium		
	Ranunculaceae			Saussurea		
	主要科含种数	327	68.8	主要属含种数	104	21.9
	小区植物总数	475	100	小区植物总数	475	100
兴安	Compasitae	59	14.3	Carex	19	4.6
	Gramineae	50	12.1	Potentilla	13	3.1
	Leguminosae	30	7.3	Artemisia	11	2.7
	Rosaceae	31	7.5	Allium	7	1.7
	Cyperaceae	21	5.1	Polygonum	7	1.7
	Ranunculaceae	20	4.8	Oxytropis	7	1.7
	Liliaceae	18	4.4	Poa	6	1.5
	Caryophyllaceae	11	2.7	Saussurea	5	1.2
	Chenopodiaceae	11	2.7	Gentiana	5	1.2
	Polygonaceae	11	2.7	Vicia	4	1.0
	主要科含种数	262	63.4	主要属含种数	84	20.3
	小区植物种数	413	100	小区植物总数	413	100

根据学者的研究，在中亚戈壁、荒漠带中进入植物排序前十的藜科植物种类在蒙古东方、中哈拉哈地区的比较多，说明这一地区受荒漠的影响大。而含种类多的蒿属、薹草属（Carex）、委陵菜属（Potentilla）、黄耆属、棘豆属、蔷薇属（Rosa）、蓼属（Polygonum）植物在各植物区进入前十位，说明这些植物区趋于草原化或草甸化。

戈壁、荒漠地区的植物碱韭（Allium polyrhizum）、红砂（Reaumuria songarica）、盐爪爪（Kalidium foliatum）、驼绒藜（Krascheninnikovia ceratoides）和白刺（Nitraria tangutorum）在蒙古东方的盐碱地与芨芨草（Achnatherum splendens）、羊草（Leymus chinensis）形成群落，该群落可分布至马塔德附近，奥尔洪岛及贝加尔湖岸边。中亚的旱生植物如此分布到内贝加尔湖地区说明白垩纪时期荒漠干燥气候统治亚洲大陆很长时间。

Дашням（1965）和 Грубов（1971，1972）从蒙古东方的兴安区采集到满洲成分的铃兰（Convallaria majalis）、有斑百合（Lilium concolor var. pulchellum）、单花鸢尾（Iris uniflora）、北方蓼（Polygonum valerii）、兴安毛茛（Ranunculus smirnovii）、假升麻（Aruncus sylvester）、细叶蚊子草（Filipendula angustiloba）、柳叶芹（Czernaevia laevigata）、齿叶

风毛菊（*Saussurea neoserrata*）等植物，增补了格鲁鲍夫的《蒙古人民共和国植物纲要》（Дашням，1965）。

满洲植物成分分布在从蒙古东部至贝加尔湖附近的西伯利亚地区，说明地质年代二叠纪蒙古东部及中国北部没有高大山脉，太平洋季风自由到达西伯利亚地区而 Тугай 植物成分可渗入这些地区（Даариймаа，2014）。

满洲植物成分在兴安植物区比较多，其次为蒙古达乌里、蒙古东方植物区，但在中哈拉哈植物区不多。

В. И. Грубов（1955）在蒙古人民共和国考察时发现，在南西伯利亚的达乌里森林、森林草原、山地草原的灰株洛草（*Koeleria glauca*）、兴安白头翁（*Pulsatilla dahurica*）、白八宝（*Hylotelephium pallescens*）、旋果蚊子草（*Filipendula ulmaria*）、蒙菊（*Chrysanthemum mongolicum*）、草原丝石竹（*Gypsophila davurica*）、紫萼丝石竹（*G. patrinii*）在蒙古东方草原上有分布。Б. Дашням 等在蒙古东方草原上采集到克鲁伦葱（*Allium kerulenicum*）、西疆韭（*A. teretifolium*）、蒙古短舌菊（*Brachanthemum mongolicum*）、哈拉哈菊（*Chrysanthemum chalchingolicum*）新种和新分布种。

Э. Ганболд 在蒙古杭爱山区多年研究基础上，2010 年出版了《蒙古北方植物》。他在著作中提到从 17 世纪就有外国学者研究蒙古北方的植物。Д. Г. Мессершмдт 是首位研究蒙古植物的学者，1724 年起他在蒙古东北部地区进行收集研究。后来 1903 年、1907 年、1910 年 П. С. Михно 和 В. И. Дорогостайский 进行考察采集。1901～1915 年，Л. И. Прасолов 领导的土壤考察工作中参与的 В. И. Смирнов 和 М. П. Томин 采集了 2000 份植物标本。1923～1926 年 П. К. Козлов 领导的地理协会第三考察队的 Н. В. Павлов、Н. П. Иконников 和 Я. И. Проханов 等在蒙古北部采集到许多植物标本。其中 Н. В. Павлов 在 1924 年采集 1000 份、1926 年采集 2000 份标本，整理鉴定后出版了《蒙古北部、中部植物纲要》一书，该书中包括 950 种植物，发现了 11 个新种（Голубева，1976）。

Э. Ганболд 研究了蒙古北部的杭爱、肯特、库苏泊和二连板山区的植物，在其原著作的基础上使北部地区的植物增加至 95 科 490 属 1885 种，并对这些植物的分类、生态型及生活型进行了分析与确定。他指出虽然杭爱地区的面积只占 17.6%，但该地区植物种类非常丰富，有 1428 种植物，占植物总数的 75.7%；肯特地区有 1229 种植物，占总数的 65.1%，其中，菊科 148 种，占 12%；禾本科 76 种，占 6.2%；莎草科 58 种，占 4.7%；毛茛科 54 种，占 4.4%。

从表 10-3 中可以看出，在蒙古北方植物中菊科有 253 种，占总数 13.4%，其次为禾本科 193 种，占 10.2%，豆科 175 种，占 9.2%，莎草科 117 种，占 6.2%，蔷薇科 106 种，占 5.6%，毛茛科 97 种，占 5.1%，十字花科 78 种，占 4.1%，玄参科 58 种，占 3.0%，百合科 57 种，占 3.0%，石竹科 52 种，占 2.7%。

表 10-3　蒙古北部植物中主要科所占比例　　　　　（单位：%）

序号	科	蒙古北方	杭爱	肯特	库苏泊	二连板
1	Compositae	13.4	12.5	12.0	11.5	12.6
2	Gramineae	10.2	10.1	10.0	9.1	11.0
3	Leguminosae	9.2	9.9	7.4	6.3	8.1

续表

序号	科	蒙古北方	杭爱	肯特	库苏泊	二连板
4	Cyperaceae	6.2	6.0	6.7	6.9	4.3
5	Rosaceae	5.6	6.1	5.5	5.0	6.8
6	Ranunculaceae	5.1	5.0	6.0	6.4	5.2
7	Brassicaceae	4.1	4.3	3.4	5.3	3.4
8	Scrophulariaceae	3.0	2.5	2.3	1.4	1.2
9	Liliaceae	3.0	2.5	3.1	3.0	3.4
10	Caryophyllaceae	2.7	3.1	3.3	4.1	3.0
	总计	62.3	62.0	59.7	59.0	59.0

表 10-4　蒙古北部植物主要属种所占比例（Ганболд，2010）　　　（单位：%）

序号	属	蒙古北方		杭爱		肯特		库苏泊		二连板	
		种数	比例（%）	种数	比例（%）	种数	比例（%）	种数	比例（%）	种数	比例（%）
1	*Carex*	887	44.6	59	44	247	22	45	55.4	222	22.8
2	*Artemisia*	70	43.7	45	33	18	12	21	22.5	334	44.3
3	*Oxytropis*	63	33.3	50	34	20	12	23	22.7	119	22.4
4	*Astragalus*	46	22.4	36	23	10	0.8	9	10.4	114	11.8
5	*Potentilla*	42	22.2	41	23	13	11	19	22.4	119	22.4
6	*Salix*	36	21.9	28	22	14	11	24	22.9	114	11.8
7	*Allium*	33	11.7	22	12	13	11	15	11.8	111	11.4
8	*Saussurea*	30	11.5	24	12	9	0.7	16	11.9	110	11.2
9	*Pedicularis*	28	11.4	23	12	12	11	17	22	77	0.9
10	*Polygonum*	228	11.4	119	11	118	1.4	112	0.6	113	0.6

表 10-5　蒙古北方植物生活型（Ганболд，2010）

序号	类别	杭爱		肯特		库苏泊		二连板	
		种数	比例（%）	种数	比例（%）	种数	比例（%）	种数	比例（%）
1	多年生草木	1086	76.0	965	78.2	659	78.6	578	74.5
	乔木	22	1.5	29	2.3	17	2.0	19	2.0
	灌木	83	5.8	71	5.8	55	6.6	46	5.9
	类灌木	20	1.4	12	1.0	11	1.3	8	1.0
	半灌木	9	0.6	15	1.2	9	1.1	5	0.6
	类半灌木	7	0.4	9	0.7	6	0.6	7	0.9
2	一年生草木	146	10.2	94	7.7	55	6.6	80	10.3
3	二年生草木	33	2.3	29	2.3	19	2.3	20	2.5
4	水生植物	23	1.6	16	1.3	19	1.6	10	1.2

　　在蒙古北方排名前十植物属中植物种数有所不同（表 10-4）。在二连板地区植物组成中蒿属、棘豆属、黄耆属、委陵菜属、柳属、葱属和风毛菊属（*Saussurea*）的种类多；肯特地区薹草属植物种类多。这是由于杭爱的南部和蒙古达乌里肯特的西南部与隶属于

中亚草原的干草原相接壤有关（Ганболд，2010）。植物生长的环境不同而草原旱生植物种类在杭爱数量多，而肯特地区相对少，库苏泊地区最少。森林、草甸植物种类在肯特区最多。高山冻原植物除二连板外，其他几个地区都有分布。Э. Ганболд（2010）认为在蒙古北方各地区的植物种类有差异除取决于地理位置、土壤、气候条件外，还在于它们的起源与进化不同而已。

从植物生活型上（表 10-5），多年生植物占 78.2%、一年生植物占 8.8%、半灌木占 0.6%～1.2%、类半灌木占 0.4%～0.9%。禾本科植物中乔木有 4 科、灌木有 15 科、半灌木与类半灌木有 9 科，多年生植物有 75 科、二年生植物有 14 科、一年生植物有 26 科、水生植物 7 科。

杭爱、肯特、库苏泊、二连板这 4 个区的植物种类分布的不同取决于气候寒冷程度及雪的覆盖度（Ганболд，2010）。

蒙古俄罗斯-蒙古阿尔泰生物综合考察的学者 У. Бекет 在蒙古人民共和国工作 14 年，收集万余份标本，对 2800 种植物的地理方面进行了整理，出版了《蒙古阿尔泰北部植被》及《蒙古阿尔泰植被、利用及保护》两部著作。其著作里包括了 70 科 357 属 1101 种植物，发现了 20 种新记录。他指出，在与其他地区（俄罗斯、中国、哈萨克斯坦阿尔泰）相同生态条件下比较，蒙古阿尔泰的植物种类不是很多。在 У. Бекет 的工作基础上，И. А. Губанов（1996）出版了《外蒙古植物概要》。蒙古阿尔泰山脉植物种类已达 89 科 440 属 1501 种。

与 У. Бекет 一起从事蒙古阿尔泰山脉植被、植物研究工作的有俄罗斯学者 Р. В. Камелин、Е. А. Волкова、Г. Н. Огуреева，蒙古国学者 Х. Буян-Оршихын、С. Мохбаяр、Ц. Шайрэбдэмба、Ш. Даариймаа、Э. Ганболд、Ц. Жамсрран 等。

1987 年俄罗斯阿尔泰大学的 Н. В. Ревякина 教授攀登到阿尔泰宝格达峰，研究冰川附近的植物，在包大宁冰川（郝泊德河发源地）采集到 30 科 72 属 136 种植物。这些植物中 43.5% 是亚洲成分，11.7% 是特有种。生态类型中 52.2% 是旱生，30% 是湿生植物。该教授还发现了 9 种冰川型新种（图 10-1，图 10-2）。

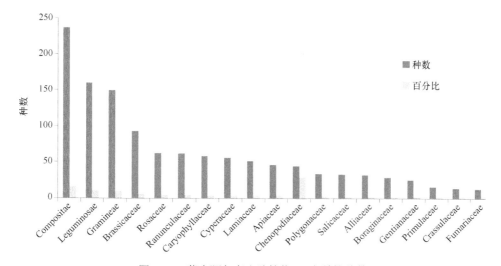

图 10-1　蒙古阿尔泰山脉植物 20 大科的种数

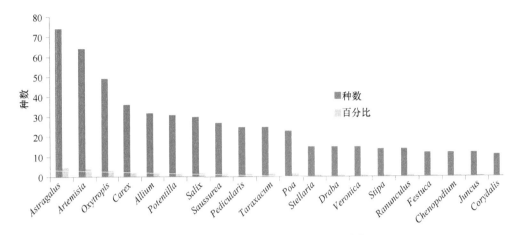

图 10-2　蒙古阿尔泰山脉植物大属的种数

Х. Буян-Оршихын 的著作《大湖盆地沙地植物、植被》（1981）和《乌布苏省植被》（1994）中也包括了蒙古阿尔泰植物。他指出大湖盆地的波热格德勒沙地、宝日哈尔沙地、蒙古勒沙地等沙地按 А. А. Юнатов（1950）属北戈壁荒漠区，属于大湖盆地地区（Юнатов and Грубов et al.，1955，1959，1963）。这些沙地植物种类受其毗邻的植物区中亚、准噶尔戈壁的影响。

在这些沙地地区有 47 科 299 种植物。沙地地区植物种类比较丰富，一则在于沙间有许多小河、小溪、湖及从沙地边缘流过较大的河流，为植物提供了充足的水分，再则与植物种类丰富的杭爱山脉毗邻而居有关。波热格德勒沙区向北延伸至杭爱山脉较深处，因此其植物种类最多。其次为宝日哈尔沙地，蒙古勒沙地受荒漠影响植物种类最少。大湖盆地植物中杭爱成分占 69.2%，蒙古阿尔泰和戈壁成分占 63.9%。

Х. Буян-Орших 排序沙地植物大科前十位的是菊科、禾本科、藜科、豆科、十字花科、石竹科、蔷薇科、莎草科、百合科和伞形科。它们的种类数占种总数的 71.9%（表 10-6）；排前十名的属分别为蒿属、薹草属、葱属（Allium）、委陵菜属、针茅属、早熟禾属（Poa）、藜属（Chenopodium）、棘豆属、柳属（Salix）和麻黄属等，占总数的 28.8%（表 10-7）。前十位中杭爱成分居多，同时荒漠与草原成分也进入前十位表明，它们也受到荒漠与草原的影响。按生态与生活型划分，总体上旱生沙生的禾草、灌木、半灌木为优势种。具体而言，在波热格德勒沙地上草原中旱生或沙生旱生植物本氏锦鸡儿（Caragana bungei）、矮锦鸡儿（Caragana pygmaea）、克氏针茅（Stipa krylovii）、荒漠草原旱生的沙生针茅（Stipa glareosa）、冷蒿（Artemisia frigida）、草麻黄（Ephedra sinica）、沙生半灌木蒙古沙地蒿（Artemisia klementzae）为优势植物。宝日哈尔沙地上疏叶锦鸡儿、克氏针茅、旱生丛生禾草糙隐子草（Cleistogenes squarrosa）、沙生灌木根蘖型黄绿蒿（Artemisia xanthochroa）、白砂蒿（Artemisia sphaerocephala）、蒙古岩黄耆（Corethrodendron fruticosum var. mongolicum）、沙鞭（Psammochloa villosa）等中亚典型植物为优势种。沙地能够保证需水强烈植物的水分需求，中生植物种类占植物种类的 44.4%，多数为沙生旱生植物。在沙地，由北往南旱生化渐强，蒙古勒沙地旱生植物占优势。

表 10-6　沙地区大科植物及其种类

No.	沙地区 科	属	种	比例 (%)	其中 波热格德勒沙地 科	属	种	比例 (%)	宝日哈尔沙地 科	属	种	比例 (%)	蒙古勒沙地 科	属	种	比例 (%)
1	Compositae	19	51	17.1	Gramineae	18	35	16.8	Compositae	15	34	18.1	Compositae	12	29	23.4
2	Gramineae	21	43	14.4	Compositae	13	30	14.4	Gramineae	18	32	17.0	Gramineae	15	21	16.9
3	Chenopodiaceae	12	23	7.7	Chenopodiaceae	10	14	6.7	Chenopodiaceae	9	17	9.0	Leguminosae	6	14	11.3
4	Leguminosae	8	21	7.0	Leguminosae	7	14	6.7	Leguminosae	7	15	8.0	Chenopodiaceae	9	12	9.7
5	Cruciferae	9	16	5.4	Cruciferae	8	12	5.8	Caryophyllaceae	6	10	5.3	Cyperaceae	3	6	4.8
6	Caryophyllaceae	6	15	5.0	Caryophyllaceae	5	11	5.3	Liliaceae	2	9	4.8	Liliaceae	2	4	3.2
7	Rosaceae	5	14	4.7	Cyperaceae	1	11	5.3	Rosaceae	2	9	4.8	Ephedraceae	1	3	2.4
8	Cyperaceae	3	13	4.3	Rosaceae	5	10	4.8	Polygonaceae	5	8	4.3	Polygonaceae	3	3	2.4
9	Liliaceae	2	10	3.3	Salicaceae	2	6	2.9	Cruciferae	7	7	3.7	Cruciferae	3	3	2.4
10	Umbelliferae	5	9	3.0	Ranunculaceae	4	6	2.9	Cyperaceae	2	4	2.1	Zygophyllaceae	3	3	2.4
	十个科的属、种数	90	215	71.9		73	149	71.6		73	145	77.1		57	98	79.0
	合计	149	299	100		118	208	100		109	188	100		78	124	100

资料来源: X. Буян-Орших, 1981

表 10-7　沙地区大属植物及其种类

No.	沙地区 属	种数	比例 (%)	其中 波热格德勒沙地 属	种数	比例 (%)	宝日哈尔沙地 属	种数	比例 (%)	蒙古勒沙地 属	种数	比例 (%)
1	Artemisia	23	7.7	Artemisia	13	6.3	Artemisia	17	9.0	Artemisia	16	12.9
2	Carex	11	3.7	Carex	10	4.8	Allium	8	4.3	Oxytropis	5	4.0
3	Allium	9	3.0	Stipa	6	2.9	Potentilla	8	4.3	Carex	4	3.2
4	Potentilla	9	3.0	Salix	5	2.4	Chenopodium	5	2.7	Ephedra	3	2.4
5	Stipa	7	2.3	Potentilla	5	2.4	Ephedra	4	2.1	Leymus	3	2.4
6	Poa	6	2.0	Poa	4	1.9	Stipa	4	2.1	Allium	3	2.4
7	Chenopodium	6	2.0	Leymus	4	1.9	Leymus	4	2.1	Corispermum	3	2.4
8	Oxytropis	6	2.0	Caragana	4	1.9	Oxytropis	4	2.1	Caragana	3	2.4
9	Salix	5	1.7	Oxytropis	4	1.9	Agropyron	3	1.6	Plantago	3	2.4
10	Ephedra	4	1.3	Agropyron	3	1.4	Corispermum	3	1.6	Stipa	2	1.6
	十个属种数	86	28.8		58	27.9		60	31.9		45	36.3
	沙地种数	299	100		208	100		188	100		124	100

资料来源: X. Буян-Орших, 1981

生活型上沙地植物中灌木、半灌木、类灌木、类半灌木、一年生植物占 33.9%，波热格德勒沙地 16.2%、宝日哈尔沙地 25%、蒙古勒沙地 31.1%。在这个地区荒漠、草原及沙生植物占据优势地位，证明了许多学者的白垩纪时期荒漠干旱气候长时间统治亚洲大陆的观点。

沙地植物中蒙古岩黄耆（*Corethrodendron fruticosum* var. *mongolicum*）、山竹岩黄耆（*Corethrodendron fruticosum*）、蒙古沙拐枣（*Calligonum mongolicum*）、小花蝇子草（*Silene borysthenica*）、多枝石竹（*Dianthus ramosissimus*）、蒙古虫实（*Corispermum mongolicum*）、翅果沙芥（*Pugionium pterocarpum*）、假球蒿（*Artemisia globosoides*）是本地种；蒙古沙地蒿（*Artemisia klementzae*）、黄沙蒿（*Artemisia xanthochroa*）、白砂蒿（*Artemisia sphaerocephala*）、大赖草（*Leymus racemosus*）、沙鞭（*Psammochloa villosa*）、长穗虫实（*Corispermum elongatum*）、沙蓬（*Agriophyllum squarrosum*）是中亚荒漠种；针茅（*Stipa capillata*）、瑞士羊茅（*Festuca valesiaca*）、圆锥丝石竹（*Gypsophila paniculata*）、金丝桃叶绣线菊（*Spiraea hypericifolia*）、肋果蓟（*Ancathia igniaria*）等是哈萨克斯坦–黑海种。

《蒙古地区草原植被》（Тувшинтогтох，2014）中把除位于西伯利亚南部的蒙古北部（库苏泊、肯特）、中亚荒漠、高山冻原带外都称为蒙古草原。把草原分为 6 个亚型：高山草原、山地草原、草甸草原、干草原、荒漠化草原和荒漠草原等。

从表 10-8 中看出，植物种类最丰富的为草甸草原，最少为高山草原。因气候寒冷而高山草原带植物种类少，其他地区虽温暖，但水分不足而不如草甸草原种类多。按生态类型，旱生–冷凉型植物在高山草原占 20.9%，旱生植物在荒漠草原中占 53.6%，旱中生、中生植物在草甸草原中占 40.1%。按生活型多年生植物占 50%～90%。高山草原中灌木–半灌木、类半灌木比例很小。

表 10-8　蒙古亚类型草原的植物

草原亚类型	高山草原	山地草原	草甸草原	干草原	荒漠化草原	草原化荒漠
科	18	37	44	36	26	27
属	48	124	143	120	78	69
种	89	260	307	250	157	142

资料来源：И. Тувшинтогтох，2014

3. 21 世纪的蒙古植物

从 1996 年至今 20 余年的时间里对原有蒙古植物尚未修订、增补。这些年我国植物工作者发现了许多新种。

2003 年 Ш. Даариймаа 总结了多年研究结果，发现新分布类群有：蕨类植物 1 种，禾本科 2 个属的 6 种、薹草属 4 种、鸢尾属 1 种、藜芦属 1 种、勿忘草属 1 种和菊科的 23 属 48 种。这样有 10 余科 20 属的 130 多种新分布记录的植物。蒙古维管束植物应为 134 科 700 余属 2950 种植物（Ургамал，2009）。

近年来蒙古国正在编撰二十卷的《蒙古植物志》。2009 年第十卷（伞形科–山茱萸科）、第十七卷（莎草科）、第十四卷（菊科）已出版。第十卷的主编为 M. Ургамал（2009）；

Б. Нямбаяр（2009）编写第十七卷；Ш. Даариймаа（2014）编写第十四卷。第十卷中包括 2 科 36 属 72 种 72 亚种；第十七卷中莎草科有 13 属 132 种；第十四卷中菊科有 2 个亚科（舌状花亚科 Cichorioideae、管状花亚科 Carduoideae）的 4 族、2 个亚族的 35 属 208 种。编写内容包括植物名称（蒙文名、拉丁名称）、属和种的分类检索表及种的描述、生境、分布（国内外）等。

М. Ургамал 从 1996 年开始研究蒙古区系的成分、组成、分布等方面。他重视当前世界上正在研究的"被子植物系统发育分类"（Angiosperm Phylogeny Group APG Ⅲ），并且在各方面进行了论述及报道。按该思路，重新研究了 В. И. Грубов（1982）、И. А. Губанов（1996）的著作和观点，加以综合分析写出了《蒙古维管植物纲要》（*Conspectus of the vascular plants of Mongolia*），包括 3127 种及亚种植物（Urgamal et al.，2014）。

М. Ургамал 等（2014）认为蒙古国有 39 系 112 科 683 属 3127 种、亚种植物。对植物组成进行分析，结果为含种类最多为菊科，有 478 种，其次为豆科 356 种，禾本科 259 种。从属的含种数而言，黄耆属含 132 种，蒿属 104 种，棘豆属 99 种，薹草属 92 种。比 И. А. Губанов 1996 年出版的书增加了 1 科 20 属 412 种（表 10-9），比 В. И. Грубов 1982 年出版的书增加了 887 种。增加的科为菊科 80 种、豆科 54 种。

表 10-9　各学者出版的蒙古植物种类

各学者及版类	科	属	种（亚种）
В. И. Грубов（1955）	97	555	1897
В. И. Грубов（1982）	103	599	2239
Н. Өлзийхутагб，1989	122	625	2443
И. А. Губанов（1996）	128	662	2823
Virtual Flora of Mongolia（Flora GREIF，Germany，2013）	128	669	2871
Б. Оюунцэцэг，М. Ургамал，2013	112	676	3014
М. Ургамал，Б. Оюунцэцэг，Д. Нямбаяр，2013	112	679	3053
Г. Цэрэнбалжид，2014	—	—	3100
М. Ургамал，Ч. Санчир，2014	112	683	3113
Conspectus of the Vascular Plants of Mongolia，2014	112	683	3127

资料来源：Ургамал，2014

М. Ургамал 按 APG Ⅲ分类系统，对 62 属 480 种植物予以新的命名，对 1200 种植物中增补了 2700 个新分布点。

从表 10-10 中可以看出，最大科为菊科含 478 种，其次为豆科 356 种，禾本科 259 种。最大属为黄耆属含 132 种，其次为蒿属 104 种，棘豆属 99 种。

表 10-10　蒙古植物区系的大科、属（Ургамал，2014）

序号	科	植物种数	比例（%）	序号	属	植物种数	比例（%）
1	Compositae	478	15.28	1	*Astragalus*	132	4.22
2	Leguminosae	356	11.38	2	*Artemisia*	104	3.32
3	Poaceae	259	8.28	3	*Oxytropis*	99	3.16
4	Rosaceae	161	5.14	4	*Carex*	92	2.94

序号	科	植物种数	比例（%）	序号	属	植物种数	比例（%）
5	Brassicaceae	160	5.11	5	*Potentilla*	73	2.33
6	Ranunculaceae	138	4.41	6	*Taraxacum*	57	1.82
7	Cyperaceae	132	4.22	7	*Saussurea*	53	1.69
8	Amaranthaceae	105	3.35	8	*Allium*	52	1.66
9	Lamiaceae	103	3.29	9	*Salix*	43	1.37
10	Caryophyllaceae	97	3.10	10	*Pedicularis*	36	1.15
11	Apiaceae	74	2.36	11	*Poa*	31	0.99
12	Boraginaceae	66	2.11	12	*Stipa*	27	0.86
13	Polygonaceae	66	2.11	13	*Ranunculus*	26	0.83
14	Orobanchaceae	59	1.88	14	*Viola*	23	0.73
15	Amaryllidaceae	52	1.66	15	*Aconitum*	24	0.76
16	Salicaceae	49	1.56	16	*Silene*	24	0.76
17	Plantaginaceae	46	1.47	17	*Vicia*	23	0.73
18	Gentianaceae	34	1.08	18	*Hedysarum*	22	0.70
19	Juncaceae	31	0.99	19	*Juncus*	21	0.67
20	Papaveraceae	29	0.92	20	*Festuca*	21	0.67

В. И. Грубов 对新发现的 412 种按科进行分析。增加最多的科为菊科，新增 80 种，占新增种数的 19.4%；豆科新增 54 种，占新增种数的 13.1%；十字花科新增 30 种，占新增种数的 7.3%；禾本科新增 25 种，占新增种数的 6.1%；蔷薇科新增 24 种，占新增种数的 5.8%（表 10-11）。

表 10-11　В. И. Грубов（1996）公布后新增种类（412 种）各科中的种数（Ургамал，2014）

序号	科	种数	序号	科	种数
1	Adoxaceae	1	17	Elaeagnaceae	1
2	Amaranthaceae	13	18	Ericaceae	5
3	Amaryllidaceae	4	19	Euphorbiaceae	5
4	Apiaceae	9	20	Leguminosae	54
5	Apocynaceae	3	21	Gentianaceae	2
6	Asparagaceae	3	22	Geraniaceae	1
7	Compositae	80	23	Iridaceae	7
8	Boraginaceae	19	24	Juncaceae	2
9	Brassicaceae	30	25	Lamiaceae	16
10	Campanulaceae	2	26	Liliaceae	4
11	Caprifoliaceae	5	27	Linaceae	2
12	Caryophyllaceae	14	28	Lythraceae	2
13	Crassulaceae	2	29	Nitrariaceae	1
14	Cyperaceae	6	30	Onagraceae	2
15	Cystopteridaceae	1	31	Onocleaceae	2
16	Dryopteridaceae	1	32	Orchidaceae	1

序号	科	种数	序号	科	种数
33	Orobanchaceae	7	41	Ranunculaceae	23
34	Papaveraceae	5	42	Rhamnaceae	1
35	Phrymaceae	1	43	Rosaceae	24
36	Pinaceae	1	44	Rubiaceae	2
37	Plantaginaceae	7	45	Scrophulariaceae	2
38	Graminae	25	46	Thymelaeaceae	1
39	Polygonaceae	2	47	Typhaceae	2
40	Primulaceae	2	48	Violaceae	8

М. Ургамал（2014）把蒙古植物区系划分 16 个区。按区来说，蒙古阿尔泰、科布多、蒙古北部的杭爱、肯特、蒙古达乌里、库苏泊山区等区植物种类最丰富，有1041～1636 种植物，干旱区的阿拉善戈壁、外阿尔泰戈壁、湖谷、东戈壁等区植物种类贫瘠，有 272～481 种植物。他与 θлзийхутагб（1989）的研究相结合得出以上结论。

从表 10-12 可以看出，蒙古植物种类新增 1228 种，各植物区中蒙古阿尔泰区种类最多，为第一位，以下为杭爱山区森林草原区、蒙古达乌里森林草原区。

表 10-12 蒙古植物地理分布

序号	植物区	按 М. Ургамал（2014）分布				按 θлзийхутагб（1989）分布		
		新增种数	区内种数	占总数比例（%）	位置排列	区内种数	一种植物所占面积比例（%）	位置排列
1	库苏泊泰加林	73	1078	31.4	Ⅴ	886	87.5	Ⅴ
2	肯特泰加林	108	1266	40.4	ⅠⅤ	977	48.72	Ⅲ
3	杭爱山区森林草原	75	1547	49.4	Ⅱ	1214	226.46	ⅩⅠ
4	蒙古达乌里森林草原	90	1307	41.7	Ⅲ	946	109.29	ⅤⅡ
5	兴安草原	39	846	27.0	ⅩⅠ	461	29.35	Ⅰ
6	科布多山地荒漠化草原	86	1041	33.2	ⅤⅠ	657	47.03	Ⅱ
7	蒙古阿尔泰山地草原	246	1636	52.3	Ⅰ	1020	107.58	ⅤⅠ
8	中哈拉哈草原	65	791	25.3	ⅩⅡ	509	354.39	ⅩⅠⅤ
9	东蒙古草原	69	971	31.0	ⅤⅡ	539	259.06	ⅩⅡ
10	大湖盆地荒漠化草原	88	897	28.6	ⅤⅢ	666	143.45	Ⅹ
11	湖谷荒漠化草原	39	481	15.3	ⅩⅢ	346	143.37	ⅠⅩ
12	戈壁阿尔泰山地荒漠化草原	62	888	28.3	ⅠⅩ	710	110.57	ⅤⅢ
13	东戈壁荒漠化草原	32	480	15.3	ⅩⅠⅤ	327	446.93	ⅩⅤ
14	准噶尔戈壁荒漠	96	865	27.6	Ⅹ	483	52.61	ⅠⅤ
15	外阿尔泰戈壁荒漠	26	383	12.2	ⅩⅤ	326	274.1	ⅩⅢ
16	阿拉善戈壁荒漠	34	272	8.6	ⅩⅤⅠ	183	549.45	ⅩⅤⅠ

按 Н. θлзийхутаг（1989）的统计蒙古有 2439 种植物，对各植物区的排序是不按植物种类多少而是按植物种在一个区中占有的面积来排序，也就是面积中有多少的植物种

类来排序。比如，杭爱山区森林草原面积虽小，但有 461 种植物而排第一位。

杭爱、肯特、阿尔泰西伯利亚泰加林、阿尔泰萨彦区植物种类多，而戈壁、草原区以中亚草原及荒漠植物为优势，植物种类比较少而古时期荒漠种类比较多。

M. Ургамал（2014）认为蒙古植物的成分复杂，有达乌里–蒙古、南西伯利亚、图瓦–蒙古、中哈萨克斯坦–前阿尔泰–准噶尔戈壁、蒙古戈壁等成分参与。他认为蒙古植物是受西伯利亚湿润寒冷、东西的湿润温暖、中亚的干燥炎热等气候的影响独立进化而形成的独一无二的植物区系。

4. 蒙古古特有、新特有种植物

许多学者的研究得出蒙古的植物区系中没有特有科、属，而特有种不少。

В. И. Грубов（1996）指出蒙古有 77 种古特有种（ancient endemic species）（占 3.7%）、74 种新特有种（neoendemic species）（占 3.5%）。Н. Θлзийхутаг（1981）指出有 96 种古特有种、80 种新特有种。Н. Θлзийхутаг（1989）在其《蒙古植物区系概况》中指出蒙古的古特有植物有 145 种（占 5.94%），沿边境地区分布有 197 种新特有植物（占 8.06%），这样蒙古的特有植物有 342 种（14%）。含特有种多的属有棘豆属、黄耆属、软紫草属（*Arnebia*）、蒿属、风毛菊属、委陵菜属等，按科分类比较，豆科、菊科、十字花科中特有种最多（Θлзийхутаг，1989）。

按发生年代划分了古特有种、新特有种。古特有种起源于古荒漠、古草原，而新特有种主要分布于阿尔泰、杭爱等山区。古特有种有：合头藜（*Sympegma regelii*）、蒙古短舌菊（*Brachanthemum mongolicum*）、蒙古扁桃（*Prunus mongolica*）、绵刺（*Potaninia mongolica*）、沙冬青（*Ammopiptanthus mongolicus*）、革苞菊（*Tugarinovia mongolica*）、北方枸杞（*Lycium chinense* var. *potaninii*）、矮角蒿（*Incarvillea potaninii*）、霸王（*Sarcozygium xanthoxylon*）等。新特有种有：肯特委陵菜（*Potentilla chenteica*）、漠委陵菜（*P. ikonnikovii*）、美羊茅（*Festuca venusta*）、光柄羽衣草（*Alchemilla krylovii*）、杭爱匹菊（*Pyrethrum changaicum*）等（Θлзийхутаг，1989；Юнатов，1950）。

特有种在杭爱、戈壁阿尔泰、蒙古阿尔泰山区比其他地区多，新特有种在库苏泊、科布多、蒙古达乌里、肯特区分布的比较多。

在蒙古国濒危植物有百余种。古残遗种为沙冬青（*Ammopiptanthus mongolicus*）、霸王（*Sarcozygium xanthoxylon*）、膜果麻黄（*Ephedra przewalskii*）、红砂（*Reaumuria songarica*）、绵刺（*Potaninia mongolica*）、戈壁藜（*Iljinia regelii*）、假芸香（*Haplophyllum dauricum*）及三叠纪河漫滩森林的残遗种胡杨（*Populus euphratica*）、家榆（*Ulmus pumila*）、沙枣（*Elaeagnus angustifolia*）、盐豆木（*Halimodendron halodendron*）、多枝柽柳（*Tamarix ramosissima*）。古稀树草原残遗种有雪莲花（*Saussurea involucrata*）、阿尔泰葱（*Allium altaicum*）、西伯利亚冷杉（*Abies sibirica*），三叠纪湖水残遗种有睡莲（*Nymphaea tetragona*）、萍蓬草（*Nuphar pumila*）等（Θлзийхутаг，1989）。

从表 10-13 中看出，豆科、菊科、蔷薇科古特有种最多，而豆科、菊科、十字花科、禾本科、蔷薇科中新特有种也很多。

表 10-13　蒙古国各科植物中古特有种和新特有种数及比例（Ургамал，2014）

序号	科	古特有种数	比例/%	序号	科	新特有种数	比例/%
1	Fabaceae	47	1.50	1	Fabaceae	117	3.74
2	Asteraceae	32	1.02	2	Asteraceae	94	3.00
3	Rosaceae	17	0.54	3	Brassicaceae	30	0.95
4	Brassicaceae	8	0.25	4	Poaceae	26	0.83
5	Ranunculaceae	7	0.22	5	Rosaceae	22	0.70
6	Lamiaceae	6	0.19	6	Boraginaceae	18	0.57
7	Papaveraceae	6	0.19	7	Lamiaceae	17	0.54
8	Caryophyllaceae	5	0.15	8	Ranunculaceae	17	0.54
9	Juncaceae	3	0.09	9	Amaranthaceae	16	0.51
10	Plumbaginaceae	3	0.09	10	Apiaceae	13	0.51
11	Amaranthaceae	2	0.06	11	Amaryllidaceae	13	0.41
12	Plantaginaceae	2	0.06	12	Violaceae	10	0.31
13	Solanaceae	2	0.06	13	Caryophyllaceae	8	0.25
14	Apocynaceae	1	0.03	14	Plantaginaceae	7	0.22
15	Bignoniaceae	1	0.03	15	Iridaceae	6	0.19
16	Campanulaceae	1	0.03	16	Orobanchaceae	6	0.19
17	Caprifoliaceae	1	0.03	17	Zygophyllaceae	5	0.12
18	Cleomaceae	1	0.03	18	Grassulaceae	4	0.12
19	Euphorbiaceae	1	0.03	19	Euphorbiaceae	4	0.09
20	Gentianaceae	1	0.03	20	Liliaceae	3	0.09
21	Orobanchaceae	1	0.03	21	Gentianaceae	2	0.06
22	Polygonaceae	1	0.03	22	Grossulariaceae	2	0.06
23	Rubiaceae	1	0.03	23	Nitrariaceae	2	0.06
24	Scrophulariaceae	1	0.03	24	Plumbaginaceae	2	0.06
25	Zygophyllaceae	1	0.03	25	Polygonaceae	2	0.06
				26	Salicaceae	2	0.06
				27	Campanulaceae	1	0.03

第三节　蒙古高原维管植物的基本特征

　　蒙古高原虽然四周高山环绕，但内部相对平缓，受第三纪以来的地质过程和季风气候的影响，成为亚洲中部地带性规律表现最明显、最突出的一个自然单元，水、热分异明显且规律性极强，由西向东水分逐渐增加，依次为极端干旱、干旱、半干旱、半湿润气候，而热量相对递减；水热的规律性分异最终使蒙古高原植物多样性中水平地理替代分布现象非常明显。第三纪以来，蒙古高原环境在总体干旱的趋势下，冰期与间冰期气候的交替变化，使蒙古高原植物多样性与周边区域既有紧密联系又独具特色。

一、植物区系地理上蒙古高原的范围

关于蒙古高原植物区系地理分区的研究,曾有不少学者从不同角度进行过探讨,特别是俄罗斯学者 Grubov,在论述亚洲中部植物区系地理学区划时,对蒙古高原的植物区系地理分区有较详细的论述。本节所划定的北部边界基本采用 Grubov 的,其中增加的杭爱山地区和蒙古–达乌里地区是采用其在《蒙古维管束植物检索表》(1982)中提出的,俄罗斯境内的蒙古–达乌里地区边界是参考雍世鹏(1983)提出的。在此基础上,根据各地区的主导植物科属组成及优势植物分布型、生活型和生态类型等因素的相似性与相异性,将蒙古高原按植物区、植物地区、植物州三级进行划分论述。

北界西起蒙古阿尔泰最高峰博格多山,向东沿赛柳格姆岭达唐努乌拉山、萨彦岭(库苏古尔山脉)、肯特山、雅布洛诺夫山脉(外贝加尔山脉)南麓,额尔古纳河与俄罗斯石勒喀河交汇处,向南折向大兴安岭西坡。

南界为祁连山北坡。

东界及东南界北起额尔古纳河与俄罗斯石勒喀河交汇处,向西南沿大兴安岭西坡至其南端黄岗梁向南穿过浑善达克沙地至滦河分水岭(多伦、太仆寺旗北部)到达阴山山脉东端,沿北坡至大青山西端折向南,沿昆都仑河从包头昆区过黄河至达拉特旗树林召,沿东胜梁地至杭锦旗四十里梁向南至伊金霍洛旗旗政府至乌兰木伦镇进入陕西,沿毛乌素沙地南缘古长城北向西经陕西定边县定边镇至宁夏盐池县大水坑镇西北、甘肃省环县西北甜水镇、宁夏同心下马关镇和同心县城至屈吴山北麓至甘肃省白银市,沿乌鞘岭北坡至南界祁连山北坡。

西界北起蒙古阿尔泰山最高峰博格多山,沿西南麓至阿哲博格达山脉,向南过诺敏戈壁西段,沿卡尔雷克塔格(特莫尔特山)北麓,到达北山西端,沿北山西端止于疏勒河谷。

二、蒙古高原植物区系分区系统

I 欧亚草原植物区
(1) 科布多地区
(2) 蒙古阿尔泰地区
(3) 杭爱山地区
(4) 达乌里–蒙古地区
(5) 中哈拉哈地区
(6) 东蒙古地区
    a 乌兰察布州
    b 鄂尔多斯州
    c 乌拉山州
    d 罗山州
(7) 东戈壁地区

　（8）　大湖盆地区
　（9）　湖谷地区
　（10）　戈壁阿尔泰地区
Ⅱ 亚非荒漠植物区
　（11）　阿拉善戈壁地区
　　　　　a 西鄂尔多斯–东阿拉善州
　　　　　b 西阿拉善州
　　　　　c 贺兰山州
　（12）　河西地区
　（13）　中戈壁地区

三、蒙古高原维管植物区系组成分析

物种多样性是生物多样性研究的基础和核心内容，它既能体现出区域多样性演化的轮廓，又能反映出多样性本身的区域特征。

通过实地采集、考察，结合已有的标本、资料统计，蒙古高原共有维管植物 3932 种（其中包括 30 个亚种、163 个变种、16 个变型），隶属于 743 属 131 科。其中蕨类植物 65 种（包括种下分类群），隶属于 25 属 16 科；裸子植物 28 种（包括种下分类群），隶属于 7 属 3 科；被子植物 3839 种（包括种下分类群），隶属于 711 属 112 科（表 10-14）。

表 10-14　蒙古高原维管植物统计表

	科	比例/%	属	比例/%	种	亚种	变种	变型	比例/%
蕨类植物	16	12.21	25	3.36	61	—	3	1	1.65
裸子植物	3	2.29	7	0.94	27	—	1	—	0.71
双子叶植物	95	72.52	578	77.79	2895	15	141	13	77.92
单子叶植物	17	12.98	133	17.90	740	15	18	2	19.71
总计	131	100.00	743	100.00	3723	30	163	16	100.00

由表 10-15 可知，所含种类最多的是菊科（94 属，551 种），其他依次为豆科（27 属，381 种）、禾本科（70 属，362 种）、蔷薇科（26 属，199 种）、毛茛科（20 属，185 种）、十字花科（68 属，169 种）、莎草科（13 属，163 种）、石竹科（20 属，144 种）、藜科（27 属，126 种）、玄参科（19 属，120 种）、唇形科（28 属，118 种）、百合科（13 属，109 种）、伞形科（35 属，95 种）、蓼科（8 属，88 种）、杨柳科（2 属，88 种），紫草科（24 属，75 种）、龙胆科（10 属，55 种）、虎耳草科（7 属，51 种），以上 18 科所含属数占该地区总属数的 68.78%，所含物种数占该地区物种总数的 78.31%。

由表 10-16 可知，在蒙古高原，所含种类最多的属为黄耆属，其他依次是蒿属、薹草属、棘豆属、风毛菊属、委陵菜属、柳属、葱属、马先蒿属、早熟禾属、蓼属、蒲公英属、披碱草属、繁缕属，上述 14 属所含物种数为 1014 种，占整个蒙古高原维管植物总数的 25.79%，这些属主要是属于世界分布属、温带分布属或北温带分布属，但它们的分布中心不乏是古地中海或东亚，这充分体现了蒙古高原植物区系多样性的区域特征。

表 10-15　蒙古高原维管植物优势科的组成特征

科名	所含属数	占总属数的比例（%）	所含种数	占总种数的比例（%）
1 菊科 Compositae	94	12.65	551	14.01
2 豆科 Leguminosae	27	3.63	381	9.69
3 禾本科 Gramineae	70	9.42	362	9.21
4 蔷薇科 Rosaceae	26	3.50	199	5.06
5 毛茛科 Ranunculaceae	20	2.69	185	4.70
6 十字花科 Cruciferae	68	9.15	169	4.30
7 莎草科 Cyperaceae	13	1.75	163	4.15
8 石竹科 Caryophyllaceae	20	2.69	144	3.66
9 藜科 Chenopodiaceae	27	3.63	126	3.20
10 玄参科 Scrophulariaceae	19	2.56	120	3.05
11 唇形科 Labiatae	28	3.77	118	3.00
12 百合科 Liliaceae	13	1.75	109	2.77
13 伞形科 Umbelliferae	35	4.71	95	2.42
14 蓼科 Polygonaceae	8	1.08	88	2.24
15 杨柳科 Salicaceae	2	0.27	88	2.24
16 紫草科 Boraginaceae	24	3.23	75	1.91
17 龙胆科 Gentianaceae	10	1.35	55	1.40
18 虎耳草科 Saxifragaceae	7	0.94	51	1.30
合计	511	68.78	3079	78.31

表 10-16　蒙古高原优势属组成特征

属名	种数	占该地区物种数的比例（%）
1 黄耆属 Astragalus	139	3.54
2 蒿属 Artemisia	114	2.90
3 薹草属 Carex	109	2.77
4 棘豆属 Oxytropis	103	2.62
5 风毛菊属 Saussurea	79	2.01
6 委陵菜属 Potentilla	74	1.88
7 柳属 Salix	70	1.78
8 葱属 Allium	64	1.63
9 马先蒿属 Pedicularis	55	1.40
10 早熟禾属 Poa	46	1.17
11 蓼属 Polygonum	45	1.14
12 蒲公英属 Taraxacum	43	1.09
13 披碱草属 *Elymus	37	0.94
14 繁缕属 Stellaria	36	0.92
合计	1014	25.79

* 包括鹅观草属（Roegneria）植物

四、蒙古高原维管植物属的分布区类型

参考吴征镒等（2006，2011）中国种子植物属的分布区类型系统，结合研究区的实际区系地理特征，确定蒙古高原维管植物属分布区类型有 14 个、变型有 31 个，共计 45 个。这里我们没有把中国特有单独列出，而是根据其具体分布范围放在了相应的分布区类型中，如四合木属只局限分布于内蒙古西鄂尔多斯草原化荒漠区，我们将其作为蒙古高原特有分布处理，而未作中国特有分布（吴征镒等，2011）处理。

由表 10-17 可知，蒙古高原维管植物属分布区类型谱中世界广布类型属占该地区总属数的 11.84%。有较多的水生、沼生植物，如茨藻属（*Najas*）、香蒲属（*Typha*）、慈姑属（*Sagittaria*）、角果藻属（*Zannichellia*）、睡莲属（*Nymphaea*）、金鱼藻属（*Ceratophyllum*）、狐尾藻属（*Myriophyllum*）、杉叶藻属（*Hippuris*）、莕菜属（*Nymphoides*）、狸藻属（*Utricularia*）、眼子菜属（*Potamogeton*）、川蔓藻属（*Ruppia*）、水莎草属（*Juncellus*）、灯心草属（*Juncus*）、水麦冬属（*Triglochin*）、芦苇属（*Phragmites*）等；也包含一些广泛分布于典型草甸和盐化草甸的植物，如剪股颖属（*Agrostis*）、甜茅属（*Glyceria*）、碱蓬属（*Suaeda*）等；还包含一些伴人杂草植物，如苋属（*Amaranthus*）、荠属（*Capsella*）、酢浆草属（*Oxalis*）、车前属（*Plantago*）等。

表 10-17　蒙古高原维管植物属的分布型及变型

分布型及变型	数量	比例（%）	单型属	寡型属	多型属	合计	比例（%）
1. 世界广布	88	11.84	1	3	84	88	11.84
2. 泛热带分布	39	5.25	—	—	39	40	5.38
2-2（6）. 热带亚洲、非洲和中至南美洲间断分布	1	0.13	—	—	1		
3. 热带亚洲和热带美洲间断分布	1	0.13	1	—	—	1	0.13
4. 旧世界热带分布	7	0.94	—	1	6	10	1.34
4-1. 热带亚洲、非洲和大洋洲间断分布	3	0.40	—	—	3		
5. 热带亚洲和热带大洋洲分布	2	0.27	—	—	2	2	0.27
6. 热带亚洲至热带非洲分布	3	0.40	—	—	3	3	0.40
7. 热带亚洲（印度、马来西亚）分布	1	0.13	—	—	1	2	0.26
7-1. 爪哇（或苏门答腊）、喜马拉雅至华南、西南间断或星散分布	1	0.13	—	—	1		
8. 北温带分布	122	16.42	5	12	105	245	32.97
8-1. 环极（环北极）分布	4	0.54	2	2	—		
8-2. 北极–高山分布	15	2.02	2	5	8		
8-3. 北极–阿尔泰和北美间断分布	1	0.13	—	—	1		
8-4. 北温带和南温带（全温带）间断分布	84	11.31	—	—	84		
8-5. 欧亚和温带南美洲间断分布	3	0.40	—	—	3		
8-7. 东古北极（温带亚洲）和北美间断分布	2	0.27	—	—	2		
8-8. 北温带–温带南美洲间断分布	13	1.75	—	1	12		

分布型及变型	数量	比例（%）	单型属	寡型属	多型属	合计	比例（%）
8-9. 北温带–南部非洲分布	1	0.13	—	—	1		
9. 东亚和北美间断分布	21	2.83	1	7	13	22	2.96
9-1. 东亚和墨西哥美洲间断分布	1	0.13	—	—	1		
10. 古北极分布（旧世界温带）	82	11.04	5	5	72	112	15.08
10-1. 地中海区、西亚（或中亚）和东亚间断分布	8	1.08	—	2	6		
10-2. 地中海和喜马拉雅间断分布	3	0.40	—	—	3		
10-3. 欧亚和南非洲（有时也在大洋洲）间断分布	19	2.56	—	—	19		
11. 东古北极分布（温带亚洲）	37	4.98	7	11	19	37	4.98
12. 古地中海分布（地中海、西亚、中亚至亚洲中部）	69	9.27	11	10	48	81	10.88
12-1. 地中海至中亚和南部非洲、大洋洲间断分布	4	0.54	—	2	2		
12-2. 地中海至中亚–亚洲中部和墨西哥间断分布	2	0.27	—	—	2		
12-3. 地中海至温带、热带亚洲、大洋洲和南美洲间断分布	3	0.40	—	—	3		
12-5. 地中海至北非、中亚、北美西南、南部非洲、智利和大西洋间断分布（泛地中海）	2	0.27	—	1	1		
12-6. 地中海至中亚、热带非洲、华北和华东、金沙江河谷间断分布	1	0.13	—	—	1		
13. 中亚–亚洲中部分布	21	2.83	2	8	11	66	8.89
13-1. 亚洲中部分布（中亚东部）	15	2.02	6	7	2		
13-2. 中亚至喜马拉雅分布和华西南分布	8	1.08	2	2	4		
13-4. 中亚、亚洲中部至喜马拉雅–阿尔泰和太平洋北美间断分布	2	0.27	—	1	1		
13-5. 哈萨克斯坦–蒙古分布	2	0.27	2	—	—		
13-6. 蒙古高原分布	11	1.48	5	6	—		
13-7. 青藏高原分布	6	0.81	4	2	—		
13-8. 祁连山分布	1	0.13	1	—	—		
14. 东亚（喜马拉雅–日本）分布	14	1.88	2	4	8	34	4.58
14-1. 中国–喜马拉雅	12	1.62	2	3	7		
14-2. 中国–日本	4	0.54	2	—	2		
14-3. 华北分布	2	0.27	2	—	—		
14-4. 东北–华北分布	2	0.27	2	—	—		
总计	743	100.00	67	95	581	743	100.00

　　蒙古高原维管植物属的分布型谱中，热带成分[包括泛热带分布、热带亚洲和热带美洲间断分布、旧世界热带分布、热带亚洲和热带大洋洲分布、热带亚洲至热带非洲分布、热带亚洲（印度、马来西亚）分布及其分布变型]占 7.78%。这些属分布中心在热带不同区域，属中只有 1 个或数个分布到研究区的南部和西南部热量相对较好的局部生境中，在群落中仅为伴生种、偶见种而很少为常见种。例如，粟米草属（*Mollugo*）、朴属（*Celtis*）、马齿苋属（*Portulaca*）、山柑属（*Capparis*）、蒺藜属（*Tribulus*）、枣属（*Ziziphus*）、

木槿属（*Hibiscus*）、凤仙花属（*Impatiens*）、刺芹属（*Eryngium*）、醉鱼草属（*Buddleja*）、牡荆属（*Vitex*）、野古草属（*Arundinella*）、九顶草属（*Enneapogon*）、薯蓣属（*Dioscorea*）等，逸生植物有铁苋菜属（*Acalypha*）、苘麻属（*Abutilon*）、假酸浆属（*Nicandra*）、曼陀罗属（*Datura*）、白酒草属（*Conyza*）、穆属（*Eleusine*）等。

蒙古高原维管植物属的分布型谱中，温带成分（包括北温带分布、东亚和北美间断分布、古北极分布、东古北极分布及它们各自的变型）所占比例最大，为 55.99%，其中，北温带及其分布变型占32.97%，古北极分布（旧世界温带分布）及其变型占15.08%，东古北极分布（温带亚洲分布）占 4.98%，东亚和北美间断分布及其变型仅占2.96%。这些分布成分在研究区的草原植被、荒漠、沙地植被、草甸、山地灌丛、森林中常可以起到建群或优势种的作用，如针茅属、赖草属（*Leymus*）、落草属（*Koeleria*）、委陵菜属、碱茅属（*Puccinellia*）、细柄茅属（*Ptilagrostis*）、嵩草属（*Kobresia*）、隐子草属（*Cleistogenes*）、榆属（*Ulmus*）、杨属（*Populus*）、柳属、桦木属（*Betula*）、栎属（*Quercus*）、绣线菊属（*Spiraea*）、锦鸡儿属、驼绒藜属（*Ceratoides*）等。

蒙古高原维管植物属的分布型谱中，古地中海成分[包括古地中海分布（地中海、西亚、中亚至亚洲中部）、中亚–亚洲中部分布及它们各自的变型]占19.77%，其中，古地中海分布（地中海、西亚、中亚至亚洲中部）及其分布变型占10.88%，中亚–亚洲中部分布及其变型占 8.89%，其中包括 0.81%的青藏高原分布属和 0.13%的祁连山分布属，总计0.94%，在吴征镒等（2011）研究中将其包括在东亚分布型内统计的。这一类型中的物种常常在荒漠植被中起着重要作用，如梭梭属（*Haloxylon*）、盐爪爪属（*Kalidium*）、白刺属（*Nitraria*）、绵刺属（*Potaninia*）、霸王属（*Sarcozygium*）、沙冬青属（*Ammopiptanthus*）、四合木属、合头草属（*Sympegma*）、红砂属、短舌菊属（*Brachanthemum*）、紫菀木属（*Asterothamnus*）等。

蒙古高原维管植物属的分布型谱中，东亚成分仅占4.58%。这一类型中，主要是东亚森林区的成分沿着外围山地、沙地分布到蒙古高原的有限的物种。在东部东亚成分，尤其是东北成分可以沿着大兴安岭山地分布到达乌里–蒙古地区和东蒙古地区，如柳叶芹属（*Czernaevia*）、珍珠梅属（*Sorbaria*）等；在南部东亚成分尤其是华北成分可以沿着阴山山脉、浑善达克沙地分布到东蒙古、东戈壁地区，如脐草属（*Omphalotrix*）、虎榛子属（*Ostryopsis*）等；而在西南部，东亚成分，尤其是横断山成分、华北成分可沿着贺兰山、龙首山、祁连山分布到阿拉善戈壁地区，如黄缨菊属（*Xanthopappus*）、合耳菊属（*Synotis*）、阴山荠属（*Yinshania*）、针喙芥属（*Acirostrum*）、虎榛子属、文冠果属（*Xanthoceras*）等；西部可以沿青藏高原北部外缘山地沿天山、阿尔泰山分布到杭爱山地区，如微孔草属（*Microula*）。这些类群在蒙古高原植被中所起的作用均较小，它们多数只局限分布于一些特殊的生境中，但它们的存在，足以说明蒙古高原植物区系与东亚植物区系的相互联系。

五、蒙古高原维管植物区系特有成分分析

特有类群是相对于广域分布类群而言的，区系中特有类群最能表现相应地区的区系特征，同时可以不同程度地反映出该区域的地理、环境变化特征，所以，深入、细致地

对区系中的特有成分进行剖析，对于揭示区系起源、分化、扩散，区域地理、环境变化有重要的意义。

（一）特有属的分析

根据目前已掌握的资料分析可知，分布于蒙古高原的特有属或近特有属共 11 个。分别是沙芥属、小柱芥属（*Microstigma*）、连蕊芥属（*Synstemon*）、绵刺属、四合木属（*Tetraena*）、脓疮草属（*Panzerina*）、芯芭属（*Cymbaria*）、紊蒿属（*Elachanthemum*）、百花蒿属（*Stilpnolepis*）、革苞菊属（*Tugarinovia*）、沙鞭属（*Psammochloa*），占蒙古高原植物属数的 1.48%，特有性相对较低。

1. 沙芥属 *Pugionium* Gaertn.

属于十字花科。其短角果大、不开裂、两侧具长而宽的翅，果核表面有不规则齿、刺或三角状突起，种子 1，在十字花科中较为特殊，系统位置孤立。

该属自建立以来，共发表了 5 种 1 变种，包括沙芥（*P. cornutum*）（1791）、斧翅沙芥（*P. dolabratum*）（1880）、距果沙芥（*P. calcaratum*）（1932）、鸡冠沙芥（*P. cristatum*）（1932）、翅果沙芥（*P. pterocarpum*）（1932）、宽翅沙芥（*P. dolabratum* var. *latipterum*）（1981）。

《内蒙古植物志》第二版第三卷（1989）将鸡冠沙芥和宽翅沙芥作为斧翅沙芥的异名处理，认为沙芥属含 4 个种。

张秀伏（1995）认为宽翅沙芥和翅果沙芥均具有"翅比果室宽"的特征，应为同一个种，且前者为后者的晚出异名。

赵一之（1999）同意张秀伏（1995）意见，同时也赞同《内蒙古植物志》第二版第三卷（1989）将宽翅沙芥作为斧翅沙芥的异名处理，所以将翅果沙芥也作为斧翅沙芥的异名处理，同时将距果沙芥也作为斧翅沙芥的异名处理。所以他认为沙芥属只包括 2 种。

Flora of China 第八卷（2001）也将距果沙芥（1932）作为斧翅沙芥的异名，认为沙芥属含 3 个种。

沙芥属具翅的不开裂短角果类型在十字花科中确实是特殊，但在属内角果的翅变异非常大，这已被研究者观察到，并且有的研究者依据它们的变化划分了上述不同的种或者将不同的种进行合并，使得这一属包含的种在 2～5 种变化。

那么，沙芥属植物有哪些具体的特征呢？首先，这类植物生活型是一年生植物或典型的二年生植物，其中，沙芥是典型的二年生植物，而其余的物种是一年生植物。其次，叶裂片宽，条状披针形（如沙芥）或茎生叶宽，为距圆状披针形，不裂而边缘仅具不规则的粗齿[如翅果沙芥]；而另外一种类型是，茎生叶羽状全裂，裂片丝状条形，宽 1～3mm[如斧翅沙芥、鸡冠沙芥、距果沙芥、宽翅沙芥]。最后，短角果两侧翅的形状，一种类型是两翅上举呈钝角，末端渐尖，如沙芥；另一种类型是两翅近平举，先端锐尖或斜截形、截形或近圆形，具不均匀齿，其他种类均属于这一类型；在这一类型中，翅果沙芥的短角果两侧的翅宽显著大于长而明显不同于其他类群（翅长大于翅宽或长宽近相等）。

沙芥为二年生沙生旱中生草本，分布于蒙古高原南部外围沙地，如科尔沁沙地（克什克腾旗、翁牛特旗）、浑善达克沙地（西乌珠穆沁旗、苏尼特左旗、正蓝旗）、库布齐沙地（准格尔旗、杭锦旗）、毛乌素沙地（伊金霍洛旗、乌审旗、鄂托克前旗、榆林市、盐池）、腾格里沙漠（中卫），为蒙古高原南部沙地分布种。

宽翅沙芥为一年生沙生旱中生草本，分布于蒙古高原中西部的干旱区域的沙质环境中，如内蒙古达拉特旗、杭锦旗的库布齐沙漠，内蒙古鄂托克旗、鄂托克前旗、乌审旗和宁夏平罗、灵武境内的毛乌素沙地，内蒙古磴口县乌兰布和沙漠，内蒙古狼山北部的乌拉特后旗、宁夏中卫境内的腾格里沙漠，内蒙古阿拉善右旗境内的巴丹吉林沙漠，甘肃临泽地区的河西走廊沙地，蒙古国东戈壁、阿拉善戈壁、戈壁阿尔泰地区、湖谷地区。为东戈壁–阿拉善分布种。

翅果沙芥为一年生沙生旱中生草本，分布于蒙古国大湖盆地区的沙地上，为大湖盆分布种。

因此，沙芥属为蒙古高原沙地、沙漠区的特有分布属。

2. 小柱芥属 *Microstigma* Trautv.

属于十字花科。该属常常被放在长角果的类群中，实际上角果的长宽比例不超过 4，应属于短角果类群，《中国沙漠植物志》第二卷（1987）也持同样的观点。

该属含有 3 个种，分别是短果小柱芥（*M. brachycarpum*）、尤纳托夫小柱芥（*M. junatovii*）、曲折小柱芥（*M. deflexum*）。

短果小柱芥为二年生旱生草本，分布在蒙古高原南部的荒漠地带的干燥山坡，如内蒙古阿拉善右旗和甘肃河西走廊地区永昌、临泽的合黎山、龙首山。为河西走廊北山分布种。

尤纳托夫小柱芥，*Flora of China* 第八卷（2001）将其作为短果小柱芥是不恰当的。为二年生旱生草本，分布于内蒙古阿拉善左旗苏宏图附近的石质残丘上、乌拉特后旗；蒙古国的戈壁阿尔泰省朝格特苏木（属蒙古国外阿尔泰戈壁的一部分）。为阿拉善戈壁–中戈壁分布种。

曲折小柱芥为多年生旱生草本，分布于蒙古国的科布多、蒙古阿尔泰，俄罗斯阿尔泰。为阿尔泰–科布多分布种。

该属在塔赫塔金的《世界植物区系区划》（1978）中被确定为阿尔泰中部的单种特有属，而在同一本书中又将其确定为仅分布于中国内蒙古和蒙古国的伊朗–土兰区的特有属。这显然是矛盾的和不确切的。

因此，小柱芥属是蒙古高原荒漠区的特有分布属。

3. 连蕊芥属 *Synstemon* Botsch.

属于十字花科。该属包括 2 个种，分别是连蕊芥（*S. petrovii*）和陆氏连蕊芥（*S. lulianlianus*）。

连蕊芥为一年生旱生草本，分布于甘肃兰州、榆中、临泽、永昌，宁夏青铜峡、中卫，内蒙古阿拉善右旗。属于南戈壁分布种。

陆氏连蕊芥为二年生旱生草本，模式标本是依据 F. Dushendenko 于 1909 年 4 月 22 日采自甘肃 Tam-Zhi（near railroad station）的 156 号标本发表的，目前已有专家在内蒙古鄂尔多斯杭锦旗巴拉贡及鄂托克旗蒙西地区采集到了该种。由于"Tam-Zhi"目前不知具体指的是甘肃的什么地方，所以该种区系地理成分初步确定为阿拉善戈壁分布种。

因此，可以确定连蕊芥属是蒙古高原南部荒漠区边缘的特有分布属。

4. 绵刺属 *Potaninia* Maxim.

属于蔷薇科。该属仅含 1 种，即绵刺（*P. mongolica*）。超旱生小灌木，主要分布于蒙古高原的荒漠区，向东可以分布到荒漠化草原区的边缘，可分布在山前平原、山间谷地或平原浅洼地上，是沙砾质荒漠的主要建群种之一，可形成大面积的绵刺荒漠群落。

分布于蒙古国湖谷地区的翁金河、东戈壁、戈壁阿尔泰、阿拉善戈壁；内蒙古乌拉特后旗、狼山西部、磴口县、杭锦旗、鄂托克旗、阿拉善左旗、阿拉善右旗，甘肃民勤县北山、高台县西北部、张掖北部。为东戈壁西部–阿拉善分布。

5. 四合木属 *Tetraena* Maxim.

属于蒺藜科。该属仅含 1 种，即四合木。为超旱生小灌木，分布于内蒙古鄂尔多斯杭锦旗西部、鄂托克旗西北部、乌海市，宁夏石嘴山北部。为东阿拉善分布成分。

可以在高平原的覆沙地、丘陵区的冲沟、石质低山、残丘或山前平原典型灰漠土形成四合木荒漠群落。

6. 脓疮草属 *Panzerina* Soják

属于唇形科。该属含 2 种，分别是：脓疮草（*P. lanata* var. *alaschanica*）和灰白脓疮草（*P. canescens*）。

脓疮草为多年生旱生草本，分布于中国内蒙古苏尼特左旗北部、四子王旗北部、乌拉特前旗、乌拉山、达拉特旗、准格尔旗、伊金霍洛旗、乌审旗、杭锦旗、鄂托克旗、鄂托克前旗、五原县、磴口县、阿拉善左旗、贺兰山，宁夏石嘴山市、平罗县、贺兰县、银川市、青铜峡市、中卫市，陕西榆林地区，甘肃古浪、武威，新疆阿尔泰山，天山东部低山带石质山坡；蒙古国肯特、杭爱、达乌里–蒙古、科布多、蒙古阿尔泰、中哈尔哈、东蒙古、大湖盆地区、湖谷、东戈壁、戈壁阿尔泰、准噶尔戈壁、阿拉善戈壁；俄罗斯的东西伯利亚地区的安加拉河–萨彦植物州的东部、达乌里地区。为蒙古高原分布种。

灰白脓疮草为多年生旱生草本，分布于中国新疆阿尔泰山，蒙古国科布多、蒙古阿尔泰山、大湖盆地区的乌兰固木周围、戈壁阿尔泰山（伊赫包格德山）；俄罗斯西西伯利亚地区的阿尔泰。为戈壁–蒙古分布种。

因此，可以确定脓疮草属分布中心在蒙古高原，向外可以扩展到邻近的达乌里地区和阿尔泰地区，所以是蒙古高原的近特有分布属。

7. 芯芭属 *Cymbaria* L.

属于玄参科。该属含 2 种，分别是：达乌里芯芭（*C. daurica*）和蒙古芯芭（*C. mongolica*）。

芯芭为多年生旱生草本，分布于中国内蒙古呼伦贝尔市大兴安岭西部的额尔古纳市、牙克石市、新巴尔虎左旗、新巴尔虎右旗、满洲里市、鄂温克旗、陈巴尔虎旗、海拉尔，兴安盟科尔沁右翼前旗、科尔沁右翼中旗、乌兰浩特市、扎赉特旗，通辽市科尔沁左翼后旗、扎鲁特旗、阿鲁科尔沁旗，赤峰市的巴林右旗、克什克腾旗、翁牛特旗、喀喇沁旗、敖汉旗，锡林郭勒盟的东乌珠穆沁旗、西乌珠穆沁旗、锡林浩特市、阿巴嘎旗、苏尼特左旗、苏尼特右旗、镶黄旗，乌兰察布市的四子王旗、商都县、化德县、凉城县，包头市达尔罕茂明安联合旗（简称达茂旗）、呼和浩特市武川县、和林格尔县、呼和浩特市、清水河县，巴彦淖尔市乌拉特前旗、乌拉特中旗，鄂尔多斯市准格尔旗、东胜区、伊金霍洛旗；山西省浑源县，辽宁省建平县，吉林省双辽市，黑龙江西部，河北张家口二道沟、锡儿山，蔚县小五台山，北京市延庆区；蒙古国杭爱、蒙古–达乌里、大兴安岭地区、中哈尔哈、东蒙古、大湖盆地区（蛮汗苏木）、湖谷、东戈壁、戈壁阿尔泰；俄罗斯东西伯利亚的叶尼塞河流域、勒拿–科累马河流域、安加拉河–萨彦区、达乌里地区。该种是分布于北方泰加林、东亚针阔混交林、阔叶落叶林带外围，也就是蒙古高原东北、东部、南部草原区及其周边森林草原区的一个特有种，为蒙古高原–黄土高原草原分布种。

蒙古芯芭为多年生旱生草本，分布于中国内蒙古包头市，鄂尔多斯达拉特旗、准格尔旗、鄂托克旗（桌子山）、伊金霍洛旗、乌审旗，阿拉善盟阿拉善左旗（贺兰山水磨沟）；宁夏贺兰山（苏峪口洪积扇村头）、南华山、香山、固原市、盐池县、海原（马万山）；河北蔚县小五台山、张家口元宝山、康宝；山西省中阳县（柏洼山）、忻县、中阳（苍湾）、垣曲、五寨（三岔至管家湾沿途）、离山（峪口郭家坪到水泉湾）、兴县（张家坪至洛峪口）、阳高（大泉山）；陕西省榆林县、白水至纵目镇、绥德县（二十里铺、辛店沟）、吴堡县（康家滩）、吴起；甘肃定西市（安家沟）、兰州市（皋兰山）、泾川县（瑶池）、积石山保安族东乡族撒拉族自治县大河家镇、皋兰县（西岔乡）、张掖（九龙江）、合水县（马连河川）、隆德县、会宁（稍岔沟牛家庄）；青海西宁市（南山、西山植物园后山、馒头山）、共和县（恰卜恰镇、廿地乡拉龙山、龙羊峡峡谷北岸）、循化县（文都乡康木寺）、化隆回族自治县（甘都拉目村、孟达乡转塘村）、乐都县（曲坛乡）、尖扎县、循化撒拉族自治县（孟达自然保护区）、民和回族自治县、泽库县、平安县、同仁县（麦秀林场）、贵南县（军马场木格滩），为黄土高原–蒙古高原南部分布种。

所以，芯芭属可以确定为蒙古高原近特有属，或者为蒙古高原–黄土高原草原区特有属。

8. 紊蒿属 *Elachanthemum* Ling et Y. R. Ling

属于菊科。该属含 2 种，分别是：紊蒿（*E. intricatum*）和多头紊蒿（*E. polycephalum*）。

紊蒿为一年生旱生草本，分布于中国内蒙古苏尼特左旗、苏尼特右旗西北部、四子王旗北部、达茂旗、乌拉特前旗、乌拉特中旗、乌拉特后旗及大青山、乌拉山、狼山、鄂托克旗、杭锦旗、乌审旗、伊金霍洛旗、阿拉善左旗，宁夏贺兰山、中卫、青铜峡、盐池，青海省循化撒拉族自治县、西宁市，甘肃张掖（南山大野沟口）、古浪县至武威县、玉门市（西 10km），新疆伊吾县，山西阳高、天镇，河北怀安、张家口；蒙古国杭爱、蒙古阿尔泰、东蒙古（达里岗嘎）、大湖盆地区、湖谷、东戈壁、戈壁阿尔泰、外阿尔泰戈壁。属于蒙古高原近分布种。

多头紊蒿为一年生旱生草本，分布于甘肃省肃北蒙古族自治县公婆泉、内蒙古额济纳旗西部。为中戈壁分布种。

所以，该属为蒙古高原特有分布属。

9. 百花蒿属 *Stilpnolepis* Krasch.

属于菊科。该属含 1 种，即百花蒿（*S. centiflora*）。为一年生旱生草本，分布于陕西定边（马莲滩）、内蒙古杭锦旗、鄂托克旗、鄂托克前旗、阿拉善左旗、阿拉善右旗，宁夏灵武、中卫，甘肃高台。*Flora of China* 记载蒙古国有百花蒿分布，经查阅有关资料未见蒙古国有该种分布，属于错误记载。鄂尔多斯–南阿拉善分布种。

所以该属属于蒙古高原南部沙地、沙漠特有分布属。

10. 革苞菊属 *Tugarinovia* Iljin

属于菊科。该属含 1 种、1 变种。分别是革苞菊（*T. mongolica*）和卵叶革苞菊（*T. mongolica* var. *ovatifolia*）。

革苞菊为多年生超旱生草本，分布于内蒙古达茂旗（红旗牧场）、乌拉特中旗（狼山北部、狼山南坡低山、丘陵区）、乌拉特后旗、阿拉善左旗（巴彦诺日公苏木），蒙古国分布于湖谷、东戈壁、戈壁阿尔泰、阿拉善戈壁。属于东戈壁–北阿拉善分布种。

卵叶革苞菊为多年生超旱生草本，分布于内蒙古鄂托克旗桌子山、乌海市、阿拉善左旗西南丘陵区，宁夏三关口山前冲积平原、丘陵区。为西鄂尔多斯–东阿拉善分布变种。

所以，该属为蒙古高原荒漠草原和荒漠区的特有分布属。

11. 沙鞭属 *Psammochloa* Hitchc.

属于禾本科。该属仅含 1 种，即沙鞭（*P. villosa*）。该种为多年生旱生根茎型草本，主要生长在沙地、沙漠及其周边覆沙地，分布于内蒙古克什克腾旗、锡林浩特市、阿巴嘎旗、苏尼特左旗、苏尼特右旗、正蓝旗、正白旗（伊克淖尔）、察哈尔右翼后旗、达茂旗、托克托县、和林格尔县、准格尔旗、伊金霍洛旗、乌审旗、鄂托克旗、鄂托克前旗、临河区、磴口县、杭锦旗、阿拉善左旗、阿拉善右旗，陕西神木、榆林、靖边、定边，宁夏陶乐农场、中卫市，甘肃高台、古浪、肃南裕固族自治县，青海都兰、乌兰；蒙古国杭爱地区西南部的包格德河谷、东蒙古（达里岗嘎）、大湖盆地区、湖谷、东戈壁、戈壁阿尔泰、阿拉善戈壁。*Flora of China* 记载新疆有该种分布，但我们没有找到相关的资料，可能属于误记或引种栽培。属于蒙古高原分布种。

所以，该属为以蒙古高原沙地、沙漠为分布中心，向周边沙地、沙漠稍有扩散分布的蒙古高原近特有属。

（二）特有种的分析

由表 10-18 可知，蒙古高原维管植物特有种有 240 种、特有变种有 13 种、近特有种有 83 种、近特有变种有 2 种，总计 338 种（包括种下单位），占蒙古高原维管植物总数的 8.60%。

蒙古高原维管植物中，含特有种类最多的是豆科（75 种），主要受黄耆属和棘豆属两个大属在干旱区多样性增加的影响；其次为菊科（59 种），在温带干旱、半干旱地区，该科的春黄菊族种类和菜蓟族种类，特别是风毛菊属种类的高度分化有关；排在第三位

表 10-18 蒙古高原特有、近特有种统计表

科	种	变种	近特有种	近特有变种	总计
豆科	54	1	20	—	75
菊科	47	2	10	—	59
蔷薇科	20	—	4	—	24
十字花科	16	—	8	—	24
毛茛科	14	3	3	—	20
石竹科	16	—	3	—	19
藜科	8	—	4	1	13
禾本科	6	2	4	1	13
百合科	7	—	4	—	11
唇形科	6	1	4	—	11
伞形科	3	—	6	—	9
蓼科	5	—	—	—	5
白花丹科	4	—	1	—	5
罂粟科	2	—	3	—	5
杨柳科	3	1	1	—	5
玄参科	2	—	2	—	4
桔梗科	3	—	—	—	3
蒺藜科	2	—	1	—	3
柽柳科	2	—	1	—	3
紫草科	1	—	2	—	3
大戟科	2	—	—	—	2
槭树科	—	2	—	—	2
列当科	2	—	—	—	2
茜草科	2	—	—	—	2
莎草科	2	—	—	—	2
鸢尾科	1	—	1	—	2
麻黄科	1	—	—	—	1
桦木科	1	—	—	—	1
荨麻科	1	—	—	—	1
檀香科	—	—	1	—	1
山柑科	1	—	—	—	1
虎耳草科	—	1	—	—	1
芸香科	1	—	—	—	1
报春花科	1	—	—	—	1
茄科	1	—	—	—	1
紫葳科	1	—	—	—	1
败酱科	1	—	—	—	1
灯心草科	1	—	—	—	1
合计	240	13	83	2	338

的分别是蔷薇科（24种）和十字花科（24种），蔷薇科在蒙古高原维管植物中特有种类的增加，主要受委陵菜属在蒙古高原地区高度分化的影响；十字花科特有种在蒙古高原的增加，进一步说明蒙古高原植物区系与古地中海植物区系的亲缘关系的密切性，与其相似的科还有石竹科、藜科、唇形科、伞形科、白花丹科等。蒙古高原维管植物特有成分的组成充分体现了蒙古高原植物区系的温带性质与古地中海区系的密切关系。

第十一章　蒙古高原动物区系

第一节　内蒙古哺乳动物（啮齿动物除外）的生态分布

内蒙古地域辽阔，位于 37°24′～53°20′N、97°10′～126°09′E，总面积 118.3 万 km²。内蒙古的地貌主要由高原、平原和山地组成。高原为主体地貌，包括黄河以北的内蒙古高原及黄河以南的鄂尔多斯高原。由大兴安岭、阴山山系、北山山系三大山系环绕，组成一个弧形隆起带，包围而形成内蒙古高原，它向北直达中蒙、中俄边界，为亚洲中部蒙古高原的东南部。内蒙古高原海拔为 700～1400m。黄河在内蒙古的西南部形成一个"几"字形大弯，弯内即为鄂尔多斯高原，其海拔为 1100～1500m。平原主要有松辽平原和河套平原。松辽平原位于大兴安岭南麓（为松辽平原西部边缘地带），海拔一般为 150～250m，最低海拔 81.8m。河套平原位于阴山以南，海拔 1000m 左右。内蒙古境内的山地主要有大兴安岭、阴山山系、贺兰山、北山山系和冀北山地等。

此外，内蒙古还有大小河流千余条，10 多个大中型湖泊及星罗棋布的水泡子，西部荒漠地带分布有乌兰布和沙漠、腾格里沙漠、巴丹吉林沙漠、库布齐沙漠，以及位于草原地区的毛乌素沙地、浑善达克沙地、科尔沁沙地、乌珠穆沁沙地、呼伦贝尔沙地。内蒙古独特的地形地貌及复杂多样的生态环境，为众多哺乳动物提供了适宜栖息地。

内蒙古南北跨度约 1700km，由南向北太阳入射角不同引起太阳辐射能的梯度差异，自北向南分别为寒温带、中温带、暖温带；东西相距约 2400km，受海陆格局影响，由东北向西南分为湿润区、半湿润区、半干旱区、干旱区和极端干旱区。内蒙古的地带性植被亦自东北向西南演化为森林、草原和荒漠。各植被带内的哺乳动物经历了与环境的协同演替，形成独特的群落。除地带性植被外，山地、湿地、沙地等地貌也影响动物的分布。

一、森林哺乳动物

内蒙古的森林主要分布于各大山脉。

（一）大兴安岭哺乳动物

大兴安岭在内蒙古北起呼伦贝尔市北端，向西南延伸约 1400km，至赤峰市克什克腾旗境内，与阴山山脉东段和冀北山地北部相衔接。大兴安岭大约以 47°N 的阿尔山为界划分为岭北和岭南。

1. 大兴安岭北部哺乳动物

大兴安岭北部的寒温带针叶林是我国的冷湿中心，年平均气温在 0℃ 以下，土壤的多年冻土层广布，植物生长期不足 100 天，年均降水量 450～550mm，年蒸发量仅约 1000mm，年均相对湿度大于 70%，湿润度系数 1.0 以上。优势树种为兴安落叶松，伴生有蒙古栎、樟子松、沙地云杉、赤杨、白桦等，林间有草甸灌丛，为俄罗斯东西伯利亚山地南泰加林向南的延续部分。

寒温带气候为适应在寒冷及雪地生活的哺乳动物提供了条件。哺乳动物群落中食虫类有中鼩鼱（*Sorex caecutiens*）、细鼩鼱（*Sorex gracillimus*）、长爪鼩鼱（*Sorex unguiculatus*）、栗齿鼩鼱（*Sorex daphaenodon*）等，它们以昆虫、蚯蚓、蜈蚣、蜗牛等小型无脊椎动物为食，喜在潮湿及腐殖质较厚的环境中活动。原始针叶林的乔木、灌木、草本生长茂盛，为大型兽类提供食物和隐蔽条件。狼（*Canis lupus*）和豺（*Cuon alpinus*）在林中出没，捕食有蹄类动物。豺在大兴安岭已经极为罕见。在采伐迹地，林木稀疏，杂草茂盛，大型兽类退缩在原始森林内，啮齿类及其天敌小型食肉类种类增加。棕熊（*Ursus arctos*）是有蹄动物的重要捕食者，也采食植物性食物，9～11 月换上冬毛，晚秋选择背风向阳、土质干燥的坡地挖掘冬眠洞穴，洞内铺以树叶、干草等物。小型食肉类有紫貂（*Martes zibellina*）、香鼬（*Mustela altaica*）、白鼬（*Mustela erminea*）、小艾鼬（*Mustela amurensis*）、伶鼬（*Mustela nivalis*）、黄鼬（*Mustela sibirica*），它们营穴居生活，筑巢于石缝、树洞、树根、倒木及植物根部下，冬季毛皮丰满，有储存食物的行为。白鼬冬季体色变白，形成极好的保护色。亚洲狗獾（*Meles leucurus*）前后肢具有长而利的弯爪，善于挖洞，冬季集群挖洞冬眠，冬眠前脂肪丰厚，还有储存食物的行为。中型食肉兽类有貂熊（*Gulo gulo*）和猞猁（*Lynx lynx*）。貂熊是典型的寒温带林栖种类。它们无固定的巢穴，常栖于其他动物遗弃的洞穴或筑巢于岩峰、树根、沼泽地的倒木及枯树空洞中，冬季不冬眠或少数半冬眠。喜食大型兽类的尸肉，也捕食大型食草动物的雌兽和幼仔及狐狸、狍子、麝、水獭及啮齿类等，处于食物链的顶级位置。猞猁适应于森林、草原、荒漠等多种生境，捕食鹿类、野猪、野兔、松鸡、鱼类、蛙类甚至昆虫类等，野兔、小型有蹄类动物很大程度上决定其分布。水獭（*Lutra lutra*）筑巢于江河、湖泊沿岸，冬季依赖于流动的水面捕食。豹猫（*Prionailurus bengalensis*）善于爬树，以鸟类为主要食物，毛绒丰厚耐寒。驯鹿（*Rangifer tarandus*）、美洲驼鹿（*Alces americanus*）、马鹿（*Cervus elaphus*）、原麝（*Moschus moschiferus*）、西伯利亚狍（*Capreolus capreolus*）等有蹄类动物取食木本植物嫩枝叶、林下草本、地衣、苔藓等。驯鹿不但主蹄宽大，而且侧蹄也着地，蹄趾间长有浓密的趾间毛，便于在雪上行走，冬季用蹄和角挖掘雪下的地衣和苔藓。

大兴安岭岭北东麓山前丘陵地带植被为针阔混交林、夏绿阔叶林。动物种类组成表现出过渡特征，既有泰加林种类美洲驼鹿，又有刺猬（*Erinaceus amurensis*）、缺齿鼹（*Mogera wogura*）、黄喉貂（*Martes flavigula*）、野猪（*Sus scrofa*）等生活于阔叶林、针阔混交林的种类。

2. 大兴安岭南部哺乳动物

大兴安岭南部为温带落叶阔叶林，位于 47°N 的阿尔山以南的大兴安岭南部山地。历史上岭南地区也曾覆盖着泰加林，后逐渐被白桦、山杨、蒙古栎替代，伴有少量落叶松、虎榛子、兴安杜鹃等灌丛。与岭北山地相比，岭南山地气候相对温和干燥，年均温2～3.8℃，年均降水量约 400mm，蒸发量 1900mm，湿润度系数 0.45～0.8，属半湿润温寒气候。岭南山地地形复杂，有海拔超过 2000m 的陡峻山峰，也有由流水深切而成的河谷、阶地及高山峡谷。主要的地带性植被是以蒙古栎为建群种的夏绿阔叶林，南部低山可见黑桦林、榛子灌丛等，林下草本层也很茂密，植物种类丰富。

岭南哺乳动物群落中具有与岭北寒温带针叶林共有的种类，如美洲驼鹿、马鹿、猞猁等。马鹿喜食栎树的种子，数量明显多于美洲驼鹿。常见种类还有野猪、西伯利亚狍、黑熊（*Ursus thibetanus*）、亚洲狗獾、赤狐（*Vulpes vulpes*），也有貉（*Nyctereutes procyonoides*）、梅花鹿（*Cervus nippon*）、中华斑羚（*Naemorhedus griseus*）、豹猫的分布。貉栖息于阔叶林中邻近水源的开阔地，利用其他动物废弃的洞穴或树洞等栖身，冬季在洞中睡眠，但在天气较温暖时也外出活动。黑熊冬季在树洞中冬眠，主要吃植物性食物。中华斑羚为典型的林栖兽类，四肢短，体型小，蹄狭窄而强健，出没在密林间的悬崖绝壁和深山幽谷之间，在崖石旁、岩石缝隙中隐蔽。梅花鹿栖息于林间或林缘草坡，食性广泛，以青草、树叶、嫩芽、树皮、果实、苔藓和蘑菇等为食，数量极少，近年未有记录，是否有野生个体有待调查研究。该区小型食肉类还有白鼬、香鼬、伶鼬、黄鼬等。

（二）冀北山地哺乳动物

冀北山地位于内蒙古赤峰市南部，属燕山山系北部的七老图山和努鲁儿虎山地区，海拔 1300～1600m，年均温 7.3℃，年均降水量 350～400mm，无霜期 100～150 天，年均干燥度系数 1.0～1.3，属湿润半湿润地带，是暖温型夏绿阔叶林带沿山地向北延伸的边缘部分，地带性植被以蒙古栎、辽东栎为优势种。高海拔地带分布有油松林及由油松、白桦、山杨等组成的针阔叶混交林，在中低山有虎榛子、土庄绣线菊灌丛及次生草原群落片段等，共同组成多样的自然环境。在该区栖息的兽类有赤狐、西伯利亚狍、原麝、貉、猪獾（*Arctonyx collaris*）、豹猫等。

（三）阴山山脉哺乳动物

阴山山脉横亘于内蒙古中西部，西起巴彦淖尔市的狼山，向东绵延 1000 多 km 至赤峰市克什克腾旗境内的滦河上游山地，跨越草原化荒漠、荒漠草原和典型草原。狼山位于西部荒漠地区，植被类型较为简单，山脉多高峰而陡峻，最高海拔为 2365m。北山羊（*Capra sibirica*）、岩羊（*Pseudois nayaur*）栖息于狼山山地。它们四肢短，蹄狭窄而强健，蹄缘富有弹性，对山石有抓附力，善于攀登和跳跃。大青山北坡平缓，逐渐没入内蒙古高原，除了在海拔较高处阴坡可见有小片白桦林片段外，整个坡面由草原植被覆盖。山南多为断崖，南坡基带处为冲积平原，地带性植被为暖温型草原。由于山体的垂直阻挡，气候相对比较温暖，植被垂直发育明显，从山麓到山顶依次为草原、灌丛、森林、亚高山草甸。常见兽类有西伯利亚狍、赤狐、亚洲狗獾等，也有中华斑羚、狼、马鹿的分布，但数量较少。

（四）贺兰山哺乳动物

贺兰山呈南北走向，位于内蒙古高原西部，是内蒙古自治区与宁夏回族自治区的界山，西坡属内蒙古管辖。贺兰山平均海拔 1150m，最高达 3556m。年均降水量约 160mm，蒸发量达 3400mm，干燥度系数 5.0 以上，≥10℃积温 3650℃，已进入暖温带，基带植被为草原化荒漠。山地植被垂直带分异明显，习惯上分为南、北、中三段，中段山体高大，动物类群丰富。马鹿主要分布于中段森林及林缘地带，内蒙古所辖西坡地势平缓，马鹿数量较多。马麝（*Moschus chrysogaster*）分布在林线以上，目前数量稀少。岩羊是贺兰山优势种，分布广泛，在东坡裸岩地带数量丰富，不进入林线以上。此外，还有赤狐、猞猁、亚洲狗獾、石貂（*Martes foina*）等的分布。

（五）北山山系哺乳动物

内蒙古境内阿拉善盟南部的龙首山、合黎山、马鬃山等相互衔接组成北山山系，构成河西走廊的北墙，隔河西走廊与祁连山相望。北山山系坐落于典型荒漠，年均降水量约 60mm，干燥度系数 AI >16.0。山体基带为荒漠。随海拔升高草本植物成分增加，出现荒漠草原及山地草原生境。因暴晒和昼夜温差大，植物稀疏，岩石风化强烈，形成砾石荒坡。适应干旱山地生境的种类在该区较常见。荒漠猫（*Felis bieti*）、野猫（*Felis silvestris*）、雪豹（*Uncia uncia*）、北山羊、盘羊（*Ovis ammon*）等见于马鬃山地区。赤狐、猞猁、岩羊也见于北山山系。

二、草原哺乳动物

内蒙古境内的草原属欧亚草原的东南翼，从东北向西南延伸，由于水热差异，草原植被出现区域分异，分别为草甸草原（森林草原）、典型草原和荒漠草原。不同类型的草原，哺乳动物的群落组成不同。

（一）草甸草原哺乳动物

草甸草原是森林和草原间的过渡地带，森林与草原植被共存，阳坡为草原，阴坡多为森林。湿润度 HI 值为 0.7～0.9。内蒙古境内的森林草原位于大兴安岭针叶林带的西部边缘，为不足百千米宽的狭长地带，在阿尔山以南弯向东北部的夏绿阔叶林南缘。

大兴安岭西麓多为浑圆的低山丘陵和宽阔的丘间谷地，北部海拔 700～950m，最南部海拔 900～1200m，年均温-1.5～3.1℃，年均降水量 350～500mm。森林植被主要是落叶松、白桦及白桦-山杨林，多出现在海拔较高或坡度较陡的低山与丘陵阴坡上，形成零散的森林岛屿。森林片段外围，往往还有一些柳灌丛和绣线菊灌丛。无林地段是以贝加尔针茅为主的杂草草甸草原，其主要成分有贝加尔针茅、羊草等。在这里分布的兽类主要有中鼩鼱、赤狐、小艾鼬、伶鼬、马鹿、西伯利亚狍等。

大兴安岭东南山麓的森林草原处在夏绿阔叶林的南部，主要是洮儿河流域及其以北地区。这一地区的热量较高，年均温 2.0～4.0℃，年均降水量 400～450mm。植被的优势种为蒙古栎、西伯利亚杏、大果榆、达乌里胡枝子。该地水资源较丰富，具有草甸和湿地。环境的多样化使动物群落组成复杂，森林动物、草原动物、湿地动物都能找到理想的栖息地。该区常见种类有马鹿、西伯利亚狍、东北刺猬、缺齿鼹等。

小型食肉类艾鼬（*Mustela eversmanii*）、香鼬、黄鼬、白鼬在大兴安岭西麓及东南山麓都有分布。

（二）典型草原哺乳动物

内蒙古的典型草原从东北的呼伦贝尔草原斜伸到鄂尔多斯高原东部，它的北部和东北部与蒙古国及俄罗斯的外贝加尔典型草原相连，成为亚洲中部典型草原的重要组成部分，是中国境内面积最大的欧亚草原。湿润度 HI 值为 0.3～0.6。分布于典型草原的哺乳动物主要有大耳猬属（*Hemiechinus*）、鼬属（*Mustela*）、獾属（*Meles*）等中小型动物。它们以穴居和昼伏夜出适应草原环境，这样既可以在洞穴周围或地下获得足够的食物，又可以有效地躲避天敌。体型较大的蒙原羚（*Procapra gutturosa*）、狼以长距离的奔跑能力在草原上活动。

内蒙古的典型草原分为中温型典型草原和暖温型典型草原。中温型典型草原主要分布于呼伦贝尔市的西部、锡林郭勒盟、赤峰市及通辽市，南至阴山山脉，属温带半干旱气候，年均温 1～4℃，年均降水量 300～400mm。建群植物为大针茅，还有克氏针茅、羊草、线叶菊等，伴生有禾本科、豆科、百合科植物，以及较少的小叶锦鸡儿、狭叶锦鸡儿、冷蒿、达乌里胡枝子等灌木和小半灌木。该地动物群由耐寒和对湿度要求相对较高的动物组成。典型草原哺乳动物常见种类有达乌尔猬（*Mesechinus dauricus*）、麝鼹（*Scaptochirus moschatus*）、狼、赤狐、沙狐（*Vulpes corsac*）、艾鼬、虎鼬（*Vormela peregusna*）、兔狲（*Felis manul*）、蒙原羚。浑善达克沙地由于人类活动较少，有西伯利亚狍隐身于沙地疏林之中。

中温型典型草原东南部是西辽河平原。地势由西向东逐渐倾斜下降，海拔从西部的 700m 左右下降到 200m 以下。自然景观与内蒙古高原差异很大，境内广泛覆沙，各种沙生植被和低湿地植被占了很大面积，形成沙地或坨甸地。地带性的草原植被主要处于西拉木伦河河岸、大兴安岭山前，标志性植物有大针茅、克氏针茅、羊草及西伯利亚杏灌丛，还杂有大果榆、达乌里胡枝子、虎榛子等东亚植物成分。适应在该生境栖息的哺乳动物有原麝、大麝鼩（*Crocidura lasiura*）、沙狐、伶鼬、豹猫等。

暖温型草原分布在大青山南坡及其以南的平原和丘陵地区，西南达鄂尔多斯高原中部。这里是我国暖温型草原的最北端，年均温 5～8℃，≥10℃积温 2700～3200℃，年均降水量 350～450mm。地带性植被为本氏针茅，伴生植物有隐子草、达乌里胡枝子、百里香、冷蒿等。境内毛乌素沙地以固定和半固定沙丘为主，沙丘间分布有几十个大小不等的淖尔及低湿草甸，发育着沙生、中生及湿生植被，如油蒿、白草、沙生冰草、牛心卜子等，夹杂有一些中间锦鸡儿灌丛、薹草草甸、芨芨草盐化草甸及柳湾等。暖温型草原地形较复杂，有山地、丘陵、高原及沙地等，植被类型多，动物群组成相对多样复杂，常见兽类大多数为草原及半荒漠动物，如大耳猬（*Hemiechinus auritus*）、达乌尔猬、麝鼹、沙狐、艾鼬、虎鼬、兔狲等。毛乌素沙地、库布齐沙漠及丘陵地带的沙丘的草甸和柳湾，为亚洲狗獾、丛林猫（*Felis chaus*）提供了栖息场所。黄喉貂、石貂从黄土高原扩展到该区南部边缘地带，丰富了该地哺乳动物群的成分。

（三）荒漠草原哺乳动物群

荒漠草原是从草原到荒漠的过渡地带，位于典型草原以西，是草原但又显现出荒漠的某些特征。内蒙古境内荒漠草原的范围东起苏尼特左旗，西至乌拉特中旗中部，向南跨过阴山山脉、库布齐沙漠，进入鄂尔多斯高原，西以贺兰山为界。荒漠草原已进入内陆干旱地区。阴山以北为中温带，年均降水量150～250mm，湿润度HI 0.15～0.3，年均气温2～5℃；阴山以南为暖温带，年均气温约7℃，湿润度HI不超过0.25。荒漠草原植被的优势成分为戈壁蒙古荒漠草原种及亚洲中部荒漠草原种，因水热条件不同，阴山北部的建群种以戈壁针茅、石生针茅、短花针茅为主，鄂尔多斯的建群种则以短花针茅、蒿类为主。

三、荒漠哺乳动物

内蒙古境内的荒漠分为草原化荒漠和典型荒漠，总面积7000多万hm^2，均处于暖温带。

（一）草原化荒漠哺乳动物

内蒙古境内的草原化荒漠包括鄂尔多斯高原西北隅、黄河后套平原及东阿拉善地区，该地区地貌主要为砂质、砂砾质高平原和沙漠（包括库布齐沙漠、乌兰布和沙漠、腾格里沙漠），以及狼山、桌子山和贺兰山西坡等干燥剥蚀山地及黄河河套冲积–湖积平原。草原化荒漠地区，年均气温6～9℃，年均降水量150mm左右，湿润度HI仅为0.06～0.13。自然气候条件比荒漠草原严酷，但是荒漠植被的群落类型比较多样，有藏锦鸡儿荒漠、红砂荒漠、珍珠柴荒漠、绵刺荒漠、霸王荒漠、沙冬青荒漠、四合木荒漠等，并伴有沙生针茅、短花针茅、戈壁针茅、无芒隐子草、碱韭等荒漠草原成分，使荒漠呈现出草原化特征。

草原化荒漠是典型荒漠与草原之间的过渡地带，但比荒漠化草原更接近荒漠。栖息在这里的哺乳动物群大多为耐干旱种类。它们通过穴居、冬眠、藏粮、选择相对湿润的生境及最佳繁殖时期、生理性减少对水的需求等生理生态特征来适应环境，或是以提高快速奔跑能力，加大活动范围，寻找水源、食物及逃避天敌的捕杀，度过最恶劣的季节。兽类中的代表种类有大耳猬、达乌尔猬、小齿猬（*Mesechinus miodon*）、沙狐、蒙古野驴（*Equus hemionus*）、塔里木鹅喉羚（*Gazella subgutturosa*）、野猫、猞猁。

（二）典型荒漠哺乳动物

内蒙古的典型荒漠处于雅布赖山以西的阿拉善高原西部，与广大的南疆荒漠相连，北面与蒙古国的戈壁阿尔泰山以南的荒漠连为一体。境内由沙漠、戈壁、湖盆、丘陵、山地等多种环境组成，是内蒙古最干旱、热量最高的地区，年均气温7～9℃，年均降水量仅 30~100mm，湿润度 HI 0.01~0.06。植被以超旱生的灌木、半灌木和耐盐植物为优势成分。稀疏的红砂荒漠、珍珠柴荒漠是主要类型。梭梭荒漠主要分布在湖盆外围的覆沙地上。盐化荒漠、白刺荒漠、盐爪爪荒漠主要分布于额济纳河冲积平原及居延海外围等地，河两岸生长着胡杨林及柽柳林。巴丹吉林沙漠在境内面积最大，植物极为稀少，动物生存条件严酷。

兽类中代表性的有大耳猬、野骆驼（*Camelus bactrianus*）、蒙古野驴、野猫。

由于典型荒漠自然环境严酷，隐蔽条件差，大型珍稀动物大部分分布在人烟稀少、适于生存的局部地区，如马鬃山邻近地区分布有野骆驼、蒙古野驴、塔里木鹅喉羚、沙狐、赤狐。中蒙边境地区是蒙古野驴、塔里木鹅喉羚出没的地方。巴丹吉林沙漠腹地的水泡子及其周围绿洲则是塔里木鹅喉羚的栖息地。

蒙古国有各种类型的自然地理带，其中大部分被利用作为放牧地。换言之，在泰加林、草原、戈壁荒漠和高山、水域沼泽等处，都可见到可利用的草场。放牧地这个概念是广义的，虽然涉及家畜的问题，而 D. Bazarguur 于 2005 年从畜牧地理学的观点提出了畜牧业草地生态适宜区的概念。他认为，在生态地理条件下，把放牧地生态区域与牧民的智慧和劳动中所创造的游牧方式结合起来协调考虑，提出家畜的四季区域性"生态适宜区"的概念。在放牧地中很多种野生动物与家畜共存，有些野生动物在草场外自由生活，而在家畜适宜生存的生态环境中它们也是与牲畜争夺草场的竞争对象。因此，可把这些草食性野生动物看成争夺草场的动物类群。另外，草场又是草食性鸟类、哺乳类（放牧地内生活的其他无脊椎动物除外）的栖息地。就鸟类而言，不能把它单纯看成草场的竞争者，而也应将其视为与家畜同级共存的放牧者。鸟类中的有些类群由于某些原因如筑巢条件不适、生活条件不良而栖息环境被破坏，它们不得不离开自己的栖息环境。

第二节　内蒙古啮齿动物区系

分布在内蒙古的啮齿动物约为 54 种，隶属于 6 科 31 属，占全国啮齿动物总种数（238种）的 22.7%。组成内蒙古啮齿动物区系的主要鼠种大多数是中亚型的草原和荒漠成分，但无固有种和特有种，与我国西部高原动物区系具有共同的区系成分和类似的生态习性。根据各地自然条件和鼠种分布的差异，大致可将全区划分为如下各级动物区系。

Ⅰ　东北区

ⅠA　大兴安岭亚区

大兴安岭亚区包括内蒙古东部洮儿河以北的呼伦贝尔市大兴安岭和兴安盟阿尔山、宝格达山地区，主要位于草原地带以东，在动物区系中归属于ⅠA₁大兴安岭山地省。气候酷寒，植物种类少，生长期短，植被以亚寒带针叶林为主，是西伯利亚亚寒带针叶林带的边缘，故两地的啮齿动物也比较相似，甚至有些还是彼此共有的种类。代表动物有雪兔（*Lepus timidus*）、东北兔（*Lepus mandshuricus*）、高山鼠兔（*Ochotona alpina*）、林旅鼠（*Myopus schisticolor*）、棕背䶄（*Myodes rufocanus*）、红背䶄（*Myodes rutilus*）、大林姬鼠（*Apodemus peninsulae*）和小飞鼠（*Pteromys volans*）等。

II 华北区

IIA 黄土高原亚区

该区包括乌兰察布市南部的大青山南麓高平原，周围分别与山西、河北两省相接，因与华北区的华北平原及其西部黄土高原的动物区系组成上尚有所不同，故暂划称为阴山南麓高平原省。

IIA₁ 阴山南麓高平原省

该省位于蒙古高原之南，地势起伏不大，海拔约为 1000m，大青山东西横贯其北，主峰九峰山高达 2800m 左右。南部与华北丘陵平原连接，西边以黄河与鄂尔多斯高原分界。年降水量在 350mm 以上，蒸发量超过 1000mm，是半干旱的农业地区。春季干而风大，与黄土高原一样，风蚀作用严重地影响着水土保持。该省都是以农为主和农牧并举的地区，森林少而分散，面积广大的平原和坡地被耕田代替，森林鼠种少，东北区的林区啮齿动物只在大青山上发现花鼠、红背䶄、棕背䶄、巢鼠等少数鼠种。然而，耕地开拓却招致了大量的华北鼠种在此滋生繁盛，广布在田野和沟壑之间，如黑线仓鼠（*Cricetulus barabensis*）、长尾仓鼠（*Cricetulus longicaudatus*）、大仓鼠（*Tscherskia triton*）、中华鼢鼠（*Myospalax fontanieri*）、棕色田鼠（*Lasiopodomys mandarinus*）和社鼠（*Niviventer niviventer*）等。

由于该省北部是草原地带，山的南北又有大青山中断的缺口作为沟通，所以，也能见到一些蒙新区北迁来此的长爪沙鼠（*Meriones unguiculatus*）、蒙古黄鼠（*Spermophilus dauricus*）、五趾跳鼠（*Allactaga sibirica*）和少数子午沙鼠（*Meriones meridianus*）等。因此，该省的鼠类区系是由东北、蒙新和华北三区的种类组成，基本上反映出华北区平原地带的区系面貌，也可视为是由华北区向蒙新区过渡的一个地带，至于林区种类则只在局部地区的小生境中出现。原来被看作是蒙新区最典型的沙鼠和五趾跳鼠，因其适应性强和分布地区极为广阔，已成为华北、东北和西北诸省各种环境中的常见种类，故在内蒙古南部鼠类区系划分时，并无其代表性。

III 蒙新区

蒙新区在内蒙古境内有着辽阔的疆域，东起大兴安岭西麓的锡林郭勒草原，往西延伸连接乌兰察布市北部、河套地区、鄂尔多斯高原和巴彦淖尔市全境，与宁夏、青海、新疆及陕西、甘肃两省的北部合成蒙新区。

该区包括草甸草原、干草原、荒漠草原和荒漠等各种自然环境，并表现出由东往西一系列逐渐干旱的演变情况，与之相应的是啮齿动物的区系组成上也显示出互不一致的成分。

IIIA　东部草原亚区

IIIA₁ 大兴安岭西麓草甸草原省

该省主要是指西乌珠穆沁旗和东乌珠穆沁旗东部的锡林郭勒草原，位于盆地之中，从历史情况看来，省内河流沼泽密布，牧草丛生。然而，目前除主要河道——乌拉盖河之外，几乎很少有流水情形，该河河床两旁为沼泽，再往外是草甸，而平地上的草原实际上已与干草原的植被相差无几，仅在相对比较时可称为草甸草原。降水量较多，为 400～450mm，土壤肥沃，牧业资源价值也大，是内蒙古单位面积产草量最多的草原。

兴安岭山地的鼠种在此地已是殊为罕见，只有花鼠（*Tamias sibiricus*）及大林姬鼠等，但湿润的草地使适于这里生活的蒙古旱獭（*Marmota sibirica*）、黑线毛足鼠（*Phodopus sungorus*）和沼泽田鼠（*Microtus limnophilus*）等得到充分的发展。此外，由于西边接近干草原地带，所以，渐次增加了草原黄鼠和布氏田鼠（*Lasiopodomys brandtii*）等。华北平原上的大仓鼠、长尾仓鼠和社鼠等显然因被大兴安岭山地所隔、不同地带的限制和由草原鼠种形成的生物障碍，未能越过而分布到该省，使之构成由森林山地至干草原之间的一种过渡性动物区系面貌。值得注意的是布氏田鼠，近年来数量激增，正在迅速地向东扩大其分布区，为草原鼠害中不容忽视的动向。

IIIA₂ 东部内蒙古干草原省

该省包括大兴安岭以西的呼伦贝尔草原、东乌珠穆沁旗西部、锡林郭勒盟其他各旗（阿巴哈纳尔旗、阿巴嘎旗、苏尼特左旗、镶黄旗、正镶白旗、多伦、太仆寺旗等）、乌兰察布市北部（化德、商都和四子王旗南部）、包头市达茂旗南部，以及西辽河南、北的通辽市、赤峰市和兴安盟东南面，东边邻接松辽平原。海拔高 1000～1200m，小腾格里沙带位于该省中部，除东部和沿河、湖的湿润处有丰美的水草外，一般都是缺水的干草原。草原黄鼠、草原鼢鼠、达乌尔鼠兔（*Ochotona dauurica*）、布氏田鼠是主要鼠种，较典型的尚有五趾跳鼠和狭颅田鼠（*Microtus gregalis*）。仅分布在东乌珠穆沁旗、阿巴嘎旗、苏尼特左旗三旗北部的有银色高山䶄（*Alticola argentata*）和高山鼠兔（*Ochotona alpina*）。西拉木伦河北部草原还有山地森林南下出现的小飞鼠、大林姬鼠、红背䶄、棕背䶄等林栖种类；西拉木伦河的南部与华北平原连接，故岩松鼠（*Sciurotamias davidianus*）也可北上参与该地啮齿动物区系的组成。

河、湖附近的植被覆盖度较高的沙丘阴坡，有喜湿的东方田鼠（*Microtus fortis*）、莫氏田鼠（*Lasiopodomys maximowiczii*）、黑线仓鼠、大林姬鼠；小腾格里沙带和沙丘阳坡则有三趾跳鼠（*Dipus sagitta*）和小毛足鼠（*Phodopus roborovskii*）等。显然，这些鼠类和岩松鼠、红背䶄、棕背䶄等并非地带性动物，只是由于地形变化而在局部生境中出现的种类。

IIIA₃ 东部鄂尔多斯干草原省

该省位于鄂尔多斯市东部包括达拉特旗、东胜、准格尔旗、伊金霍洛旗和乌审旗。沿着黄河南岸是一狭长、潮湿的河岸阶地。有典型的栗钙土土壤，生长着中生性的沙柳、乌柳和沙蒿、柠条（多种锦鸡儿）等灌木，有以寸草和芨芨草为主的滩地。

分布于此的优势种鼠类有草原黄鼠、长爪沙鼠和鼹形田鼠（*Ellobius tancrei*）等。东方田鼠的分布区狭长，是仅见于黄河河岸阶地的鼠种，数量很大。鼹形田鼠为该省南部的常见鼠类，主要栖息在作物耕田附近的沙质撂荒地，虽然地下洞道较浅，然而却极远长，曲折绕行可达一二十米。南部有毛乌素沙地，故也有为数甚多的三趾跳鼠、子午沙鼠、小毛足鼠和麝鼠（*Ondatra zibethicus*），后者是由陕北刀兔海子放养而北上入境的鼠种，增添了该省鼠类区系的成分。维诺格拉道夫于1926年曾报道在鄂尔多斯沙漠（毛乌素沙地）捕得小地兔（*Alactagulus pumilio*），但自此之后尚无他人重获该鼠。

华北区的鼠种（大仓鼠、长尾仓鼠、社鼠）大多已不复再见，而黑线仓鼠在该省也成为稀见的种类。

ⅢB 西部内蒙古半荒漠、荒漠亚区

ⅢB₁ 中部内蒙古荒漠草原省

该省包括集二线北段的二连浩特、苏尼特右旗、苏尼特左旗西部和达茂旗、四子王旗两旗的北部，往西直到巴彦淖尔市的河套和乌拉特中旗。地形相当平坦，只在局部呈现低坡丘陵景色。冬季气候寒冷而干燥，年降水量仅200mm，四季多风、气温变化大，最低为–41℃，最高达38℃，土壤为棕钙土。

分布在该省的代表性啮齿动物有赤颊黄鼠（*Spermophilus erythrogenys*）、子午沙鼠、短尾仓鼠（*Cricetulus eversmanni*）、黄兔尾鼠（*Eolagurus luteus*）、羽尾跳鼠（*Stylodipus telum*）、五趾心颅跳鼠（*Cardiocranius paradoxus*）、小毛足鼠、巨泡五趾跳鼠（*Allactaga bullata*）和鼹形田鼠等典型荒漠草原的种类。同时，在其东缘地区有干草原来此的鼠种（如草原鼠兔、黑线毛足鼠）与荒漠草原的种类混杂出现。近年来，分布在北部的赤颊黄鼠和黄兔尾鼠有排挤草原黄鼠及草原鼠兔的情况，分布区也有大幅度地南推到苏尼特右旗和达茂旗百灵庙的现象，所以，是必须引起注意的鼠种。较为特殊的是河套地区的鼠类区系，除有子午沙鼠、小毛足鼠和鼹形田鼠外，几无典型的荒漠草原鼠种，且其数量也少，这种情况显然是该地区内大部已被开垦、地下水位高、土壤盐渍化严重等条件所造成的结果。

ⅢB₂ 西部鄂尔多斯荒漠草原省

位于鄂尔多斯市的西部，以一较明显的界线与东部鄂尔多斯干草原相隔，这条界线，西起陕西定边县的盐池附近，往东北方向延伸，沿着鄂托克旗西缘迤斜而上，绕过杭锦旗的东面而止于达拉特旗西部的黄河岸畔。主要包括杭锦旗（西北部的阿拉布素山区除外）和鄂托克旗，并与宁夏及古长城以南的陕北地区相连，为一广大的沙质-砾质平原；土壤为棕栗钙土；无沙柳、乌柳灌木植物群落；湖泊盐渍化严重，故滩地大多是长有盐生植物的芨芨草滩，常见的植物优势种是白刺、猫头刺、柠条、针茅和木蓼等，天然植被因放牧轻、载畜量少而保留良好。因此，覆盖度较高。界线的划分除了自然因素和植物区别，还根据这条界线的西边分布有五趾心颅跳鼠、羽尾跳鼠、短尾仓鼠、鼹形田鼠和子午沙鼠等优势鼠种或代表性种类，与中部内蒙古荒漠草原省相比则缺乏赤颊黄鼠、巨泡五趾跳鼠和黄兔尾鼠等。

ⅢB₃　阿拉善荒漠省

这一荒漠地带是由中央的叙利亚、约旦往东延伸到内蒙古西部，是亚洲荒漠的东缘部分。东起乌拉特后旗西部，经乌兰布和沙漠和巴丹吉林沙漠到阿拉善盟的额济纳旗，同时还包括了鄂尔多斯市西北部的库布齐沙漠。雨雪少，气候极其干旱，风蚀作用强烈；土层贫瘠，植物稀疏，以旱生的灌木、小半灌木为主。分布在该省的啮齿动物大多是适应干旱环境的沙生鼠类，常见的有三趾跳鼠、蒙古羽尾跳鼠（*Stylodipus andrewsi*）、小毛足鼠、短尾仓鼠、大沙鼠（*Rhombomys opimus*）、子午沙鼠、黄兔尾鼠、五趾心颅跳鼠、灰仓鼠、长耳跳鼠（*Euchoreutes naso*）、柽柳沙鼠（*Meriones tamariscinus*）、短耳沙鼠（*Brachiones przewalskii*）等。其中最有代表性的是大沙鼠、灰仓鼠、三趾心颅跳鼠、长耳跳鼠、柽柳沙鼠和短耳沙鼠。

第三节　内蒙古的昆虫

本节重点介绍了内蒙古 81 种主要牧草害虫的形态特征和生活习性及其分布；在第四节中附录了内蒙古草地害虫的主要天敌昆虫 8 目 43 科 335 种的种类、分布和寄主。

一、内蒙古草地害虫多样性

（一）直翅目 Orthoptera

1. 癞蝗科 Pamphagidae

贺兰山疙蝗 *Pseudotmethis alashanicus* Bei- Bienko
分布：内蒙古（阿拉善盟阿拉善左旗），甘肃，宁夏。
寄主：禾本科牧草。

红缘疙蝗 *P. rubimarginis* Li
分布：内蒙古（阿拉善盟阿拉善左旗），宁夏。
寄主：针茅。

短翅疙蝗 *P. brachypterus* Li
分布：内蒙古（阿拉善盟阿拉善左旗）。
寄主：针茅。

笨蝗 *Haplotropis brunneriana* Saussure
分布：内蒙古（呼和浩特市土默特左旗、和林格尔县，包头市土默特右旗、固阳县，兴安盟科尔沁右翼中旗，乌兰察布市察哈尔右翼前旗、察哈尔右翼后旗，巴彦淖尔市乌拉特中旗，阿拉善盟阿拉善左旗），黑龙江，吉林，辽宁，河北，河南，山西，山东，宁夏，陕西，甘肃，江苏，安徽；俄罗斯西伯利亚。

寄主：禾本科牧草。

内蒙古笨蝗 *H. neimongolensis* Yin

分布：内蒙古（锡林郭勒盟白音锡勒牧场、阿拉善盟阿拉善左旗）。

寄主：禾本科牧草。

突鼻蝗 *Rhinotmethis hummeli* Sjostedt

分布：内蒙古（锡林郭勒盟白音锡勒牧场），陕西。

寄主：禾本科牧草。

百灵突鼻蝗 *R. bailingensis* Xi et Zheng

分布：内蒙古（包头市达尔罕茂明安联合旗、锡林郭勒盟白音锡勒牧场）。

寄主：禾本科牧草。

2. 锥头蝗科 Pyrgomorphidae

长额负蝗 *Atractomorpha lata*（Motschoulsky）

分布：内蒙古（通辽市科尔沁左翼中旗、科尔沁左翼后旗，赤峰市敖汉旗、巴林右旗），河北，北京，山东，陕西，广西，广东，上海，湖北；朝鲜，日本。

寄主：豆科及禾本科牧草。

短额负蝗 *A. sinensis* Bolivar

分布：内蒙古（赤峰市巴林左旗、巴林右旗、翁牛特旗、敖汉旗、阿鲁科尔沁旗、克什克腾旗、宁城县，阿拉善盟阿拉善左旗），全国各地均有分布。

寄主：玉米、豆科及禾本科牧草。

锥头蝗 *Pyrgomorpha conica*（Olivier）

分布：内蒙古（阿拉善盟阿拉善左旗），甘肃，新疆。

寄主：禾本科牧草。

3. 斑腿蝗科 Catantopidae

短星翅蝗 *Calliptamus abbreviatus* Ikonnikov

分布：内蒙古（呼和浩特市和林格尔县、土默特左旗，包头市达尔罕茂明安联合旗、土默特右旗，兴安盟突泉县、科尔沁右翼前旗、科尔沁右翼中旗，赤峰市翁牛特旗、巴林左旗、克什克腾旗，锡林郭勒盟阿巴嘎旗、东乌珠穆沁旗、西乌珠穆沁旗、太仆寺旗、多伦县，乌兰察布市凉城县、察哈尔右翼后旗、察哈尔右翼中旗，巴彦淖尔市乌拉特前旗、乌拉特中旗，阿拉善盟阿拉善左旗），黑龙江，吉林，辽宁，河北，山西，山东，陕西，甘肃，湖北，四川，贵州，江西，安徽，江苏，浙江，广东，广西；俄罗斯，蒙古国，朝鲜。

寄主：委陵菜、羊草、冰草、隐子草、冷蒿、艾蒿、小叶锦鸡儿等禾本科、莎草科、豆科牧草。

黑腿星翅蝗 *C. barbarus*（Coata）

分布：内蒙古（巴彦淖尔市乌拉特前旗、乌拉特中旗、乌拉特后旗，阿拉善盟阿拉善左旗），陕西，宁夏，甘肃，青海，新疆；亚洲南部，阿富汗，蒙古国，俄罗斯，西欧，北非。

寄主：芦苇等禾本科、莎草科、豆科牧草。

无齿稻蝗 *Oxya adentata* Willemse

分布：内蒙古（赤峰市巴林左旗、巴林右旗、喀喇沁旗、宁城县，巴彦淖尔市乌拉特前旗、阿拉善盟阿拉善左旗），黑龙江，吉林，辽宁，河北，山西，宁夏，陕西，甘肃，青海，云南，西藏。

寄主：玉米、芦苇、燕麦等禾本科、豆科牧草。

中华稻蝗 *O. chinensis*（Thunberg）

分布：内蒙古（赤峰市翁牛特旗、敖汉旗、宁城县），黑龙江，吉林，辽宁，北京，天津，河北，河南，山西，山东，陕西，四川，湖北，湖南，江西，上海，江苏，浙江，安徽，福建，贵州，云南，广东，广西，香港，海南，台湾；朝鲜，日本，越南，泰国。

寄主：蒿类、茅草及多种禾本科牧草。

长翅稻蝗 *O. velox*（Fabricius）

分布：内蒙古（赤峰市喀喇沁旗、宁城县），西藏。

寄主：玉米等禾本科、莎草科牧草。

长翅幽蝗 *Ognevia longipennis*（Shiraki）

分布：内蒙古（呼和浩特市，兴安盟扎赉特旗、突泉县、科尔沁右翼前旗，赤峰市郊区、喀喇沁旗），黑龙江，吉林，河北，山西，西藏，新疆；蒙古国，俄罗斯，朝鲜，日本。

寄主：禾本科及豆科牧草。

翘尾蝗 *Primnoa primnoa* Fischer-Waldheim

分布：内蒙古（呼伦贝尔市满洲里市、牙克石市、额尔古纳市，兴安盟科尔沁右翼前旗），黑龙江；蒙古国，俄罗斯，朝鲜。

寄主：豆科及羊草、冰草等禾本科牧草。

4. 斑翅蝗科 Oedipodidae

亚洲飞蝗 *Locusta migratoria migratoria* Linnaeus

分布：内蒙古（呼和浩特市武川县、土默特左旗、和林格尔县，包头市土默特右旗，通辽市，赤峰市巴林右旗、翁牛特旗，锡林郭勒盟正镶白旗、东乌珠穆沁旗、阿巴嘎旗，乌兰察布市察哈尔右翼前旗、察哈尔右翼后旗、丰镇市、凉城县、卓资县、化德县、商都县，鄂尔多斯市准格尔旗、达拉特旗，巴彦淖尔市临河区、乌拉特前旗、杭锦后旗、磴口县），黑龙江，吉林，辽宁，河北，甘肃，青海，新疆；蒙古国。

寄主：玉米、芦苇、狗尾草、三棱草、大画眉草等禾本科、莎草科牧草。

鼓翅皱膝蝗 *Angaracris barabensis*（Pallas）

分布：内蒙古（呼和浩特市土默特左旗、和林格尔县、清水河县，包头市达尔罕茂明安联合旗，呼伦贝尔市新巴尔虎右旗，赤峰市克什克腾旗，锡林郭勒盟正镶白旗、正蓝旗、镶黄旗、太仆寺旗，乌兰察布市凉城县、察哈尔右翼前旗、察哈尔右翼中旗，巴彦淖尔市乌拉特前旗、乌拉特中旗），黑龙江，河北，山西，宁夏，甘肃，青海；俄罗斯，蒙古国，哈萨克斯坦。

寄主：羊草、画眉草、绿蒿、冷蒿、艾蒿及委陵菜等禾本科、菊科、百合科、蔷薇科植物。

红翅皱膝蝗 *A. rhodopa*（Fischer-Waldheim）

分布：内蒙古（呼和浩特市土默特左旗、武川县、和林格尔县，包头市达尔罕茂明安联合旗，呼伦贝尔市新巴尔虎右旗、新巴尔虎左旗、鄂温克族自治旗，兴安盟科尔沁右翼前旗、科尔沁右翼中旗，锡林郭勒盟正镶白旗、正蓝旗、镶黄旗、太仆寺旗、多伦县，巴彦淖尔市乌拉特前旗、乌拉特中旗、乌拉特后旗，阿拉善盟阿拉善左旗），黑龙江，河北，北京，陕西，山西，宁夏，甘肃，青海；俄罗斯，蒙古国。

寄主：禾本科、菊科、百合科、蔷薇科植物。

白边痂蝗 *Bryodema luctuosum luctuosum*（Stoll）

分布：内蒙古（呼和浩特市清水河县，包头市达尔罕茂明安联合旗，锡林郭勒盟阿巴嘎旗、正镶白旗、正蓝旗、镶黄旗、太仆寺旗、多伦县），黑龙江，河北，山西，甘肃，青海，西藏。

寄主：冷蒿、羊草、针茅、赖草。

科氏痂蝗 *B. kozlovi* Bey-Bienko

分布：内蒙古，宁夏；蒙古国。

寄主：长芒草、三芒草、赖草、狗尾草等禾本科植物。

蒙古痂蝗 *B. mongolicum* Zubowskiy

分布：内蒙古（巴彦淖尔市磴口县、乌拉特前旗、乌拉特中旗、乌拉特后旗），新疆。

寄主：禾本科牧草。

黑翅痂蝗 *B. nigroptera* Zheng et Gow

分布：内蒙古（阿拉善盟阿拉善左旗），宁夏，甘肃。

寄主：长芒草、三芒草、赖草、狗尾草等禾本科植物。

绿纹蝗 *Aiolopus thalassinus*（Fabricius）

分布：内蒙古（呼和浩特市郊区、乌兰察布市凉城县），甘肃，新疆。

寄主：禾本科牧草。

小赤翅蝗 *Celes skalozubovi* Adelung

分布：内蒙古（呼和浩特市，呼伦贝尔市额尔古纳市，兴安盟扎赉特旗、突泉县、科尔沁右翼前旗、科尔沁右翼中旗，赤峰市阿鲁科尔沁旗、敖汉旗、巴林左旗、巴林右旗、克什克腾旗、林西县，锡林郭勒盟，阿拉善盟阿拉善左旗），黑龙江，吉林，辽宁，山西，山东，甘肃，宁夏，陕西，湖北，青海，四川；俄罗斯，蒙古国。

寄主：草木樨、冷蒿及禾本科牧草。

大赤翅蝗 *C. akitanus*（Shir）

分布：内蒙古（赤峰市宁城县、克什克腾旗、巴林右旗、翁牛特旗），青海。

寄主：冷蒿及禾本科牧草。

大胫刺蝗 *Compsorhipis davidiana*（Saussure）

分布：内蒙古（呼和浩特市和林格尔县，锡林浩特市巴音锡勒牧场，阿拉善盟阿拉善左旗，巴彦淖尔市磴口县、乌拉特前旗、乌拉特中旗、乌拉特后旗），河北，宁夏，甘肃，陕西，新疆。

寄主：禾本科牧草及菊科植物。

大垫尖翅蝗 *Epacromius coerulipes*（Ivanov）

分布：内蒙古（呼和浩特市土默特左旗、和林格尔县，包头市土默特右旗、达尔罕茂明安联合旗，兴安盟科尔沁右翼中旗，乌兰察布市察哈尔右翼前旗、察哈尔右翼后旗、四子王旗，阿拉善盟阿拉善左旗），黑龙江，吉林，辽宁，河北，河南，山东，山西，宁夏，甘肃，陕西，青海，新疆，江苏，安徽；俄罗斯，日本。

寄主：玉米、羊草等禾本科牧草及苜蓿等豆科牧草。

小垫尖翅蝗 *E. tergestinus tergestinus*（Charpentier）

分布：内蒙古（呼和浩特市和林格尔县、土默特左旗、清水河县、武川县，包头市土默特右旗，锡林郭勒盟巴音锡勒牧场，乌兰察布市丰镇市、察哈尔右翼前旗、察哈尔右翼后旗、化德县、商都县、卓资县、凉城县，阿拉善盟阿拉善左旗），甘肃，新疆；蒙古国，俄罗斯，西欧。

寄主：苜蓿、草木樨及禾本科牧草。

甘蒙尖翅蝗 *E. tergestinus extimus* Bei-Bienko

分布：内蒙古（兴安盟科尔沁右翼中旗，赤峰市克什克腾旗、巴林左旗、敖汉旗，巴彦淖尔市磴口县、乌拉特前旗、乌拉特中旗、乌拉特后旗），吉林，陕西，甘肃，新疆。

寄主：禾本科牧草。

细距蝗 *Leptopternis gracilis*（Eversmann）

分布：内蒙古（阿拉善盟阿拉善左旗），宁夏，甘肃，新疆。

寄主：禾本科牧草。

黄胫异痂蝗 *Bryodemella holdereri holdereri*（Krauss）

分布：内蒙古（包头市达尔罕茂明安联合旗，呼伦贝尔市鄂温克族自治旗，兴安盟科尔沁右翼中旗，赤峰市阿鲁科尔沁旗、巴林左旗、巴林右旗，锡林郭勒盟，巴彦淖尔市乌拉特前旗、乌拉特中旗、乌拉特后旗，阿拉善盟阿拉善左旗），黑龙江，吉林，辽宁，河北，山西，山东，陕西，宁夏，甘肃，四川，西藏，新疆，青海；俄罗斯，蒙古国。

寄主：菊科及禾本科牧草。

轮纹异痴蝗 *B. tuberculatum dilutum*（Stoll）

分布：内蒙古（呼和浩特市土默特左旗、和林格尔县，包头市土默特右旗，兴安盟扎赉特旗、科尔沁右翼前旗、科尔沁右翼中旗，乌兰察布市察哈尔右翼前旗、察哈尔右翼中旗、察哈尔右翼后旗），黑龙江，吉林，辽宁，河北，山西，山东，陕西，青海，新疆；俄罗斯，蒙古国。

寄主：蒿属、玉米、碱蓬及苜蓿等豆科牧草。

沼泽蝗 *Mecostethus grossus*（Linnaeus）

分布：内蒙古（赤峰市克什克腾旗、巴林左旗、巴林右旗，锡林郭勒盟锡林浩特市），黑龙江，河北，四川，青海，新疆；西欧，俄罗斯。

寄主：禾本科牧草。

亚洲小车蝗 *Oedaleus decorus asiaticus* Bei-Bienko

分布：内蒙古（呼和浩特市和林格尔县，包头市达尔罕茂明安联合旗，呼伦贝尔市新巴尔虎右旗，兴安盟扎赉特旗、科尔沁右翼前旗、科尔沁右翼中旗，锡林郭勒盟阿巴嘎旗、正镶白旗、正蓝旗、镶黄旗、太仆寺旗、多伦县，阿拉善盟阿拉善左旗，巴彦淖尔市磴口县、乌拉特前旗、乌拉特中旗、乌拉特后旗），河北，山西，山东，宁夏，甘肃，青海，陕西；俄罗斯，蒙古国。

寄主：羊草、隐子草、针茅、冰草、玉米等禾本科、豆科牧草。

黄胫小车蝗 *O. infernalis* Saussure

分布：内蒙古（呼和浩特市和林格尔县、土默特左旗、武川县，呼伦贝尔市新巴尔虎右旗、鄂温克族自治旗，兴安盟突泉县、科尔沁右翼前旗、科尔沁右翼中旗，赤峰市克什克腾旗、巴林左旗、巴林右旗、阿鲁科尔沁旗、翁牛特旗、喀喇沁旗，锡林郭勒盟太仆寺旗、多伦县，乌兰察布市察哈尔右翼前旗、察哈尔右翼后旗、丰镇市、卓资县、商都县、化德县，巴彦淖尔市乌拉特前旗、乌拉特中旗，鄂尔多斯市达拉特旗，阿拉善盟阿拉善左旗），黑龙江，吉林，北京，河北，山西，山东，宁夏，甘肃，青海，陕西，江苏。

寄主：羊草等禾本科牧草及碱蓬、蒲公英。

草绿蝗 *Parapleurus alliaceus*（Germar）

分布：内蒙古（呼伦贝尔市，锡林郭勒盟正镶白旗），河北，陕西，甘肃，新疆，湖南，四川。

寄主：禾本科、豆科牧草。

贝氏束颈蝗 *Sphingonotus bey-bienkoi* Mistshenko

分布：内蒙古（鄂尔多斯市鄂托克旗、鄂托克前旗，阿拉善盟阿拉善右旗、额济纳旗），甘肃，新疆。

寄主：禾本科牧草。

雅丽束颈蝗 *S. elegans* Mistshenko

分布：内蒙古（鄂尔多斯市鄂托克旗、鄂托克前旗，阿拉善盟阿拉善右旗、额济纳旗），新疆；俄罗斯。

寄主：禾本科牧草。

蒙古束颈蝗 *S. mongolicus* Saussure

分布：内蒙古（呼和浩特市，兴安盟科尔沁右翼前旗、科尔沁右翼中旗，赤峰市翁牛特旗、敖汉旗、克什克腾旗，巴彦淖尔市乌拉特中旗、乌拉特后旗，阿拉善盟阿拉善左旗），黑龙江，吉林，辽宁，河北，山西，山东，甘肃，陕西；俄罗斯，蒙古国，朝鲜。

寄主：禾本科牧草。

宁夏束颈蝗 *S. ningsianus* Zheng et Gow

分布：内蒙古（阿拉善盟阿拉善左旗），宁夏，陕西，甘肃。

寄主：禾本科牧草。

黑翅束颈蝗 *S. obscuratus latissimus* Uvaron

分布：内蒙古（阿拉善盟阿拉善左旗），甘肃，新疆；蒙古国，俄罗斯。

寄主：禾本科牧草。

瘤背束颈蝗 *S. salinus*（Pallas）

分布：内蒙古（巴彦淖尔市，阿拉善盟），新疆；俄罗斯。

寄主：禾本科牧草。

盐池束颈蝗 *S. yenchihensis* Cheng et Chiu

分布：内蒙古（锡林郭勒盟锡林浩特市，鄂尔多斯市鄂托克前旗，阿拉善盟阿拉善左旗），陕西，宁夏，甘肃。

寄主：禾本科牧草。

疣蝗 *Trilophidia annulata*（Thunberg）

分布：内蒙古（阿拉善盟阿拉善左旗），黑龙江，吉林，辽宁，河北，山东，宁夏，甘肃，陕西，四川，贵州，云南，西藏，江西，江苏，安徽，浙江，福建，广东，广西；朝鲜，日本，印度。

寄主：禾本科牧草。

蒙古疣蝗 *T. annulata mongolia* Saussure

分布：内蒙古（兴安盟科尔沁右翼中旗，通辽市扎鲁特旗），河北，陕西，甘肃，山东，江苏，安徽，浙江，福建，江西，广东，广西，云南，西藏。

寄主：禾本科牧草。

5. 网翅蝗科 Arcypteridae

隆额网翅蝗 *Arcyptera coreana* Shiraki

分布：内蒙古，黑龙江，吉林，辽宁，河北，陕西，甘肃，山东，江苏，湖北，江西，四川，新疆；朝鲜。

寄主：禾本科牧草。

白膝网翅蝗 *A. fusca albogeniculata* Ikonnikov

分布：内蒙古（赤峰市克什克腾旗，锡林郭勒盟锡林浩特市），吉林，辽宁；俄罗斯，蒙古国。

寄主：大针茅、克氏针茅、羊草、冰草等禾本科牧草及冷蒿。

网翅蝗 *A. fusca fusca*（Pallas）

分布：内蒙古（呼伦贝尔市鄂温克族自治旗、额尔古纳市，兴安盟扎赉特旗、科尔沁右翼前旗、科尔沁右翼中旗），吉林，新疆；俄罗斯，蒙古国。

寄主：大针茅、克氏针茅、羊草、冰草等禾本科牧草及冷蒿。

黑翅雏蝗 *Chorthippus aethalinus*（Zubovsky）

分布：内蒙古（兴安盟扎赉特旗、科尔沁右翼前旗、科尔沁右翼中旗，阿拉善盟阿拉善左旗），黑龙江，吉林，河北，山西，宁夏，甘肃，陕西；俄罗斯。

寄主：禾本科牧草。

白边雏蝗 *Ch. albomarginatus*（De Geer）

分布：内蒙古（呼伦贝尔市新巴尔虎右旗，兴安盟扎赉特旗、突泉县、科尔沁右翼前旗、科尔沁右翼中旗，锡林郭勒盟正镶白旗），黑龙江，新疆。

寄主：苜蓿、羊草、大针茅、赖草、小旋花、糙隐子草、冷蒿、茵陈蒿。

白纹雏蝗 *Ch. albonemus* Cheng et Tu

分布：内蒙古（阿拉善盟阿拉善左旗），宁夏，甘肃，陕西。

寄主：禾本科牧草。

中宽雏蝗 *Ch. apricarius*（Linnaeus）

分布：内蒙古（呼伦贝尔市牙克石市），黑龙江，吉林，辽宁，新疆；俄罗斯，哈萨克斯坦，蒙古国。

寄主：禾本科牧草。

异色雏蝗 *Ch. biguttulus*（Linnaeus）

分布：内蒙古（阿拉善盟阿拉善左旗），黑龙江，吉林，辽宁，河北，甘肃，宁夏，青海，新疆，西藏；哈萨克斯坦，伊朗，巴勒斯坦，蒙古国，欧洲，非洲。

寄主：禾本科牧草。

褐色雏蝗 *Ch. brunneus*（Thunberg）

分布：内蒙古（包头市达尔罕茂明安联合旗，兴安盟科尔沁右翼中旗，锡林郭勒盟锡林浩特市，巴彦淖尔市磴口县、乌拉特前旗、乌拉特中旗、乌拉特后旗），黑龙江，吉林，辽宁，河北，北京，山西，宁夏，甘肃，陕西，新疆，青海，西藏。

寄主：禾本科牧草。

中华雏蝗 *Ch. chinensis* Tarbinsky

分布：内蒙古（阿拉善盟阿拉善左旗），甘肃，陕西，四川，贵州。

寄主：禾本科牧草。

大兴安岭雏蝗 *Ch. dahinganlingensis* Lian et Zheng

分布：内蒙古（呼伦贝尔市），黑龙江。

寄主：禾本科牧草。

狭翅雏蝗 *Ch. dubius*（Zubovsky）

分布：内蒙古（呼和浩特市郊区，锡林郭勒盟太仆寺旗，巴彦淖尔市乌拉特前旗、乌拉特中旗，阿拉善盟阿拉善左旗），黑龙江，吉林，辽宁，河北，山西，陕西，甘肃，青海，四川；俄罗斯，格鲁吉亚，哈萨克斯坦，蒙古国，欧洲。

寄主：禾本科、莎草科牧草。

小翅雏蝗 *Ch. fallax*（Zubovsky）

分布：内蒙古（呼和浩特市，兴安盟扎赉特旗、突泉县、科尔沁右翼前旗、科尔沁右翼中旗，锡林郭勒盟锡林浩特市，阿拉善盟阿拉善左旗），河北，山西，甘肃，宁夏，陕西，青海，新疆；俄罗斯，哈萨克斯坦，蒙古国。

寄主：草木樨、苜蓿及禾本科、莎草科牧草。

根河雏蝗 *Ch. genheensis* Li et Yin

分布：内蒙古（呼伦贝尔市根河市）。

寄主：禾本科牧草。

北方雏蝗 *Ch. hammarstroemi*（Miram）

分布：内蒙古（兴安盟扎赉特旗、科尔沁右翼前旗、科尔沁右翼中旗），黑龙江，北京，河北，山西，山东，甘肃，宁夏，陕西。

寄主：禾本科牧草。

黑龙江雏蝗 *Ch. heilongjiangensis* Lian et Zheng

分布：内蒙古（呼伦贝尔市），黑龙江。

寄主：禾本科牧草。

夏氏雏蝗 *Ch. hsiai* Cheng et Tu

分布：内蒙古（锡林郭勒盟锡林浩特市、阿拉善盟阿拉善左旗），宁夏，甘肃，陕西，青海。

寄主：禾本科牧草。

呼城雏蝗 *Ch. huchengensis* Xia et Jin

分布：内蒙古（呼和浩特市郊区），河北，甘肃，陕西。

寄主：禾本科牧草。

东方雏蝗 *Ch. intermedius*（Bei-Bienko）

分布：内蒙古（兴安盟扎赉特旗、科尔沁右翼前旗、科尔沁右翼中旗，锡林郭勒盟巴音锡勒牧场、阿拉善盟阿拉善左旗），黑龙江，吉林，辽宁，河北，山西，甘肃，宁夏，陕西，青海，西藏，四川；俄罗斯，蒙古国。

寄主：禾本科牧草。

青藏雏蝗 *Ch. qingzangensis* Yin

分布：内蒙古（阿拉善盟阿拉善左旗），黑龙江，河北，宁夏，甘肃，山西，青海，新疆，西藏。

寄主：长芒草、三芒草、赖草、狗尾草等禾本科牧草。

蒙古蚍蝗 *Eremippus mongolicus* Ramme

分布：内蒙古（鄂尔多斯市乌审旗、伊金霍洛旗、鄂托克前旗），陕西，宁夏，甘肃；蒙古国。

寄主：禾本科牧草。

邱氏异爪蝗 *Euchorthippus cheui* Hsia

分布：内蒙古（呼伦贝尔市海拉尔市、鄂温克族自治旗、陈巴尔虎旗、额尔古纳市，兴安盟科尔沁右翼中旗，锡林郭勒盟），甘肃，宁夏，陕西。

寄主：禾本科牧草。

黑膝异爪蝗 *E. fusigeniculatus* Jin et Zhang

分布：内蒙古（呼伦贝尔市满归镇），黑龙江，吉林，河北。

寄主：禾本科牧草。

绿异爪蝗 *E. herbaceus* Zhang et Jin

分布：内蒙古（呼伦贝尔市满归镇），黑龙江。

寄主：禾本科牧草。

素色异爪蝗 *E. unicolor*（Ikonnikov）

分布：内蒙古（呼和浩特市土默特左旗、武川县、和林格尔县，包头市土默特右旗，呼伦贝尔市额尔古纳市，赤峰市巴林左旗，乌兰察布市丰镇市、化德县、商都县，巴彦淖尔市乌拉特中旗，阿拉善盟阿拉善左旗），黑龙江，吉林，辽宁，河北，山西，甘肃，宁夏，陕西，青海。

寄主：禾本科牧草。

红腹牧草蝗 *Omocestus haemorrhoidalis*（Charpentier）

分布：内蒙古（呼和浩特市，呼伦贝尔市海拉尔区、新巴尔虎右旗、新巴尔虎左旗、鄂温克族自治旗、额尔古纳市，兴安盟扎赉特旗、突泉县、科尔沁右翼前旗、科尔沁右翼中旗，锡林郭勒盟阿巴嘎旗、正镶白旗、正蓝旗、镶黄旗），山西，甘肃，青海，新疆，西藏。

寄主：禾本科牧草。

曲线牧草蝗 *O. petraeus*（Brisout-Barneville）
分布：内蒙古（呼伦贝尔市海拉尔区、阿拉善盟阿拉善左旗），陕西，新疆。
寄主：禾本科牧草。

红胫牧草蝗 *O. ventralis* Zetterstedt
分布：内蒙古（包头市达尔罕茂明安联合旗），河北，新疆。
寄主：苜蓿、草木樨、沙打旺及禾本科牧草。

绿牧草蝗 *O. viridulus*（Linnaeus）
分布：内蒙古（呼伦贝尔市海拉尔区、额尔古纳市，兴安盟乌兰浩特市），新疆。
寄主：苜蓿、沙打旺及禾本科牧草。

宽翅曲背蝗 *Pararcyptera microptera meridionalis*（Ikonnikov）
分布：内蒙古（呼和浩特市土默特左旗、和林格尔县、武川县，包头市土默特右旗、固阳县，呼伦贝尔市新巴尔虎右旗、额尔古纳市，兴安盟扎赉特旗、科尔沁右翼前旗、科尔沁右翼中旗，赤峰市克什克腾旗、翁牛特旗、敖汉旗、喀喇沁旗，锡林郭勒盟太仆寺旗、多伦县，乌兰察布市察哈尔右翼前旗、察哈尔右翼后旗、卓资县、丰镇市、商都县、化德县、兴和县），黑龙江，吉林，辽宁，河北，山西，山东，甘肃，青海，陕西；俄罗斯，蒙古国。
寄主：羊草、冰草、隐子草、大针茅、小叶锦鸡儿。

狭翅跃度蝗 *Podismopsis angustipennis* Zheng et Lian
分布：内蒙古，黑龙江。
寄主：禾本科牧草。

短尾跃度蝗 *P. brachycaudata* Zhang et Jin
分布：内蒙古（呼伦贝尔市满归镇），黑龙江。
寄主：禾本科牧草。

呼盟跃度蝗 *P. humengensis* Zheng et Lian
分布：内蒙古（呼伦贝尔市根河市）。
寄主：禾本科牧草。

条纹草地蝗 *Stenobothrus lineatus*（Panzer）
分布：内蒙古，新疆；俄罗斯，哈萨克斯坦，中亚。
寄主：禾本科牧草。

肿脉蝗 *Stauroderus scalaris scalaris*（Fischer-Waldheim）
分布：内蒙古，黑龙江，吉林，辽宁，青海，新疆，西藏；俄罗斯，哈萨克斯坦，蒙古国。
寄主：禾本科牧草。

6. 槌角蝗科 Gomphoceridae

宽隔蛛蝗 *Aeropedellus ampliseptus* Liang et Jia

分布：内蒙古（呼伦贝尔市额尔古纳市，阿拉善盟阿拉善左旗）。

寄主：禾本科牧草。

黑肛蛛蝗 *A. nigrepiproctus* Kang et Chen

分布：内蒙古（锡林郭勒盟巴音锡勒牧场）。

寄主：禾本科牧草。

毛足棒角蝗 *Dasyhippus barbipes*（Fischer-Waldheim）

分布：内蒙古（呼和浩特市土默特左旗、和林格尔县，包头市土默特右旗、达尔罕茂明安联合旗，呼伦贝尔市新巴尔虎右旗、兴安盟扎赉特旗、乌拉特前旗、乌拉特中旗，赤峰市克什克腾旗、巴林左旗、巴林右旗、阿鲁科尔沁旗、翁牛特旗，锡林郭勒盟锡林浩特市，乌兰察布市察哈尔右翼前旗、察哈尔右翼后旗），黑龙江，吉林，甘肃，新疆；蒙古国，俄罗斯，朝鲜。

寄主：苜蓿、莎草、绿蒿及羊草、冰草、隐子草、大针茅等禾本科牧草。

北京棒角蝗 *D. peipingensis* Chang

分布：内蒙古（呼和浩特市，兴安盟扎赉特旗、科尔沁右翼前旗、科尔沁右翼中旗、突泉县，赤峰市克什克腾旗、巴林左旗、巴林右旗、阿鲁科尔沁旗），吉林，河北，山西，山东，甘肃。

寄主：禾本科牧草。

李氏大足蝗 *Gomphocerus licenti*（Chang）

分布：内蒙古（呼和浩特市郊区，兴安盟扎赉特旗、科尔沁右翼前旗、科尔沁右翼中旗，锡林郭勒盟巴音锡勒牧场，阿拉善盟阿拉善左旗），河北，山西，陕西，宁夏，甘肃，青海，西藏。

寄主：禾本科牧草。

西伯利亚大足蝗 *G. sibiricus*（Linnaeus）

分布：内蒙古（兴安盟扎赉特旗、科尔沁右翼前旗，赤峰市巴林右旗、喀喇沁旗，乌兰察布市察哈尔右翼前旗），黑龙江，吉林，甘肃，新疆；蒙古国，俄罗斯，朝鲜。

寄主：禾本科及莎草科牧草。

宽须蚁蝗 *Myrmeleotettix palpalis*（Zubowsky）

分布：内蒙古（兴安盟扎赉特旗、科尔沁右翼前旗、科尔沁右翼中旗，锡林郭勒盟锡林浩特市，巴彦淖尔市乌拉特前旗、乌拉特中旗、乌拉特后旗，阿拉善盟阿拉善左旗），河北，山西，甘肃，青海，新疆；蒙古国，俄罗斯。

寄主：禾本科牧草。

7. 剑角蝗科 Acrididae

短翅直背蝗 *Euthystira brachyptera*（Ocskay）

分布：内蒙古（呼伦贝尔市鄂温克族自治旗、额尔古纳市，赤峰市巴林左旗，阿拉善盟阿拉善左旗），黑龙江，吉林；西欧，俄罗斯。

寄主：禾本科牧草。

条纹鸣蝗 *Mongolotettix vittatus*（Uvarov）

分布：内蒙古（呼和浩特市，呼伦贝尔市额尔古纳市，兴安盟扎赉特旗、科尔沁右翼前旗、科尔沁右翼中旗，赤峰市巴林左旗、巴林右旗、阿鲁科尔沁旗、喀喇沁旗、宁城县，锡林郭勒盟锡林浩特市，阿拉善盟阿拉善左旗），黑龙江，吉林，河北，北京，甘肃，陕西；蒙古国。

寄主：禾本科牧草。

中华剑角蝗（中华蚱蜢）*Acrida cinerea*（Thunberg）

分布：内蒙古（呼和浩特市土默特左旗、和林格尔县，包头市达尔罕茂明安联合旗，赤峰市克什克腾旗、巴林右旗、巴林左旗、翁牛特旗、敖汉旗，乌兰察布市四子王旗，巴彦淖尔市乌拉特中旗，鄂尔多斯市东胜区、达拉特旗，阿拉善盟阿拉善左旗），河北，北京，陕西，山西，宁夏，甘肃，山东，江苏，安徽，浙江，福建，湖北，湖南，江西，广东，云南，贵州，四川。

寄主：狗尾草、羊草、冰草、早熟禾等禾本科及豆科牧草。

8. 蚱科 Tetrigidae

日本蚱 *Tetrix japonica*（Bolivar）

分布：内蒙古（呼伦贝尔市扎兰屯市、莫力达瓦达斡尔族自治旗、阿荣旗，兴安盟科尔沁右翼中旗，通辽市霍林郭勒市、扎鲁特旗、科尔沁左翼中旗、科尔沁左翼后旗、库伦旗、奈曼旗，赤峰市阿鲁科尔沁旗、翁牛特旗，锡林郭勒盟正蓝旗、多伦县，乌兰察布市兴和县、卓资县、凉城县），黑龙江，吉林，辽宁，河北，山东，江苏，安徽，福建，台湾，西藏，广西，云南，贵州，四川，重庆，广东，陕西，宁夏，青海，甘肃，新疆，湖南，河南，湖北，浙江；日本，朝鲜，俄罗斯。

寄主：禾本科及唇形科牧草。

9. 螽斯科 Tettigoniidae

中华草螽 *Conocephalus chinensis* Redtenbacher

分布：内蒙古（呼伦贝尔市陈巴尔虎旗、阿荣旗、莫力达瓦达斡尔族自治旗、鄂伦春族自治旗，兴安盟突泉县、科尔沁右翼前旗、科尔沁右翼中旗，通辽市科尔沁左翼中旗、科尔沁左翼后旗、库伦旗、扎鲁特旗），吉林，辽宁，河北，陕西，山东，江西，江苏，浙江，河南。

寄主：芦苇及禾本科牧草。

中华戈棘螽 *Damalacantha vacca sinica* Bey-Bienko

分布：内蒙古；蒙古国。

寄主：菊科、豆科、禾本科牧草。

北方硕螽（懒螽）*Deracantha onos* Pallas

分布：内蒙古（呼和浩特市武川县，包头市达尔罕茂明安联合旗，呼伦贝尔市扎兰屯市、新巴尔虎左旗，兴安盟扎赉特旗，通辽市扎鲁特旗，锡林郭勒盟正蓝旗、东乌珠穆沁旗、西乌珠穆沁旗，乌兰察布市察哈尔右翼中旗、商都县），吉林，辽宁，河北，陕西，山东；蒙古国。

寄主：玉米等禾本科牧草。

小硕螽 *Deracanthella verrucosa*（Fischer-Waldheim）

分布：内蒙古（呼和浩特市武川县，包头市达尔罕茂明安联合旗，呼伦贝尔市新巴尔虎左旗，兴安盟扎赉特旗，锡林郭勒盟镶黄旗、正蓝旗、东乌珠穆沁旗、阿巴嘎旗，乌兰察布市化德县、察哈尔右翼前旗、察哈尔右翼中旗、察哈尔右翼后旗、卓资县）；蒙古国。

寄主：菊科、百合科牧草。

长翅鸣螽 *Gampsocleis buergeri* De Hann

分布：内蒙古，黑龙江，吉林，辽宁，河北，山西，陕西，山东，江苏。

寄主：豆类、玉米等禾本科牧草。

乌苏里鸣螽 *G. ussuriensis* Adelung

分布：内蒙古（赤峰市巴林右旗，呼伦贝尔市扎兰屯市、满洲里市、阿荣旗，兴安盟科尔沁右翼前旗、科尔沁右翼中旗，通辽市扎鲁特旗，乌兰察布市凉城县），河北，陕西，甘肃，山东。

寄主：豆科、禾本科牧草。

阿拉善懒螽 *Mongolodectes alashanicus* Bey-Bienko

分布：内蒙古（阿拉善盟阿拉善左旗），宁夏；蒙古国，俄罗斯。

寄主：白茨、沙蒿及禾本科牧草。

北方尖头螽 *Ruspolia nitidula* Scopoli

分布：内蒙古（呼伦贝尔市扎兰屯市、阿荣旗、莫力达瓦达斡尔族自治旗，通辽市科尔沁左翼后旗），辽宁，河北，山东，新疆。

寄主：禾本科牧草。

阿拉善棘硕螽 *Zichya alashanica* Bey-Bienko

分布：内蒙古（阿拉善盟阿拉善右旗）。

寄主：针茅、蒿类、沙葱、骆驼刺。

皮柯懒螽 *Z. piechockii* Cejchan

分布：内蒙古（包头市达尔罕茂明安联合旗，呼伦贝尔市新巴尔虎左旗、陈巴尔虎旗，二连浩特市，锡林郭勒盟镶黄旗、东乌珠穆沁旗、阿巴嘎旗、苏尼特左旗、苏尼特右旗，巴彦淖尔市乌拉特中旗），宁夏；蒙古国。

寄主：骆驼蓬。

10. 蟋蟀科 Gryllidae

双斑大蟋（双斑蟋）*Gryllus bimaculatus* De Geer
分布：内蒙古（阿拉善盟阿拉善左旗、阿拉善右旗、额济纳旗），江西，福建，广东，台湾。

寄主：禾本科牧草。

蟋蟀 *G. chinensis* Weber
分布：内蒙古（鄂尔多斯市乌审旗），河北，北京，陕西，山东，江苏，浙江，福建，江西，广东，台湾。

寄主：豆科牧草。

南方油葫芦 *G. testaceus* Walker
分布：内蒙古（呼和浩特市、包头市），黑龙江，吉林，辽宁，河北，北京，陕西，山西，甘肃，江苏，安徽，浙江，福建，河南，湖北，湖南，江西，广东，云南，台湾；日本，印度，印度尼西亚，马来西亚，斯里兰卡，缅甸。

寄主：豆科牧草。

多伊棺头蟋 *Loxoblemmus doenitzi* Steiner
分布：内蒙古（呼和浩特市），北京，河北，辽宁，陕西，江苏，上海，浙江，山西，山东，安徽，河南，湖南，广西，四川，贵州。

寄主：禾本科、莎草科及蔷薇科牧草。

切培针蟋（淡褐金铃小圆针蟋）*Nemobius chibae* Shiraki
分布：内蒙古（赤峰市克什克腾旗），北京，河北，江苏，浙江，福建，台湾。

寄主：禾本科牧草。

全北褐蟋（北方褐蟋）*Tartarogryllus burdigalensis*（Latreille）
分布：内蒙古（包头市达尔罕茂明安联合旗，呼伦贝尔市额尔古纳市，巴彦淖尔市乌拉特后旗，阿拉善盟额济纳旗）。

寄主：狗尾草及豆类、十字花科牧草。

霸王蟋（银川油葫芦）*Teleogryllus infenalis*（Saussure）
分布：内蒙古（呼伦贝尔市扎兰屯市、莫力达瓦达斡尔族自治旗，通辽市奈曼旗），黑龙江，吉林，辽宁，河北，北京，山西，甘肃，宁夏，青海。

寄主：甘草等豆科植物。

日本油葫芦 *T. yeozoemma* Ohmachi et Matschulsky
分布：内蒙古（呼和浩特市和林格尔县，鄂尔多斯市乌审旗），陕西，宁夏，新疆。

寄主：豆类、禾本科牧草。

11. 蝼蛄科 Gryllotalpidae

非洲蝼蛄 *Gryllotalpa africana* Palisot de Beauvois
分布：内蒙古（呼和浩特市、包头市、呼伦贝尔市、通辽市、赤峰市）及全国各地；亚洲，非洲地区及澳大利亚。
寄主：玉米。

东方蝼蛄 *G. orientalis* Burmeister
分布：内蒙古（呼伦贝尔市阿荣旗，通辽市库伦旗、扎鲁特旗，乌兰察布市察哈尔右翼前旗、鄂尔多斯市乌审旗），黑龙江，吉林，辽宁，河北，北京，天津，上海，山东，江苏，浙江，福建，河南，湖北，湖南，江西，广东，广西，海南，云南，贵州，四川，西藏；朝鲜，日本，菲律宾，俄罗斯，马来西亚，印度尼西亚，新西兰，澳大利亚。
寄主：禾本科牧草。

华北蝼蛄 *G. unispina* Saussure
分布：内蒙古（呼和浩特市，包头市，锡林浩特市，乌兰察布市，鄂尔多斯市，巴彦淖尔市乌拉特中旗，阿拉善盟阿拉善右旗、额济纳旗），吉林，辽宁，河北，陕西，宁夏，甘肃，新疆，山东，江西，江苏，安徽，河南，湖北，西藏；俄罗斯。
寄主：禾本科及十字花科牧草。

（二）半翅目 Hemiptera

1. 角蝉科 Membracidae

黑圆角蝉 *Gargara genistae*（Fabricius）
分布：内蒙古（锡林郭勒盟正镶白旗，巴彦淖尔市乌拉特中旗），陕西，山西，宁夏，山东，江西，浙江，四川；蒙古国。
寄主：黄蒿及苜蓿、锦鸡儿、沙打旺等豆科牧草。

2. 沫蝉科 Cercopidae

鞘翅圆沫蝉 *Lepyronia coleopterata*（Linnaeus）
分布：内蒙古（呼伦贝尔市扎兰屯市，兴安盟扎赉特旗、科尔沁右翼前旗、科尔沁右翼中旗），黑龙江，吉林，辽宁，山西，陕西，湖北，贵州；蒙古国。
寄主：禾本科牧草。

3. 叶蝉科 Cicadellidae

黄绿短头叶蝉 *Bythoscopus chlorophana*（Melichar）
分布：内蒙古（乌兰察布市四子王旗，鄂尔多斯市东胜区、达赉特旗、准格尔旗、伊金霍洛旗、乌审旗、鄂托克旗、杭锦旗）。

寄主：柠条。

小绿叶蝉 *Empoasca flavescens*（Fabricius）

分布：内蒙古，黑龙江，吉林，辽宁，河北，陕西，甘肃，山东，江苏，安徽，浙江，福建，湖北，湖南，广东，广西，四川，台湾；朝鲜，日本，俄罗斯，印度，斯里兰卡，土耳其，非洲，西欧，北美。

寄主：豆类、十字花科及禾本科牧草。

双纹斑叶蝉 *Erythroneura limbata*（Matsumura）

分布：内蒙古（鄂尔多斯市鄂托克前旗），安徽。

寄主：禾本科牧草。

黄面横脊叶蝉 *Evacanthus interruptus*（Linnaeus）

分布：内蒙古，宁夏，四川；日本，西欧地区，俄罗斯。

寄主：艾蒿。

二点叶蝉 *Cicadula fasciifrons*（Stal）

分布：内蒙古，黑龙江，吉林，辽宁，河北，江苏，安徽，浙江；日本，朝鲜，西欧，北美，俄罗斯。

寄主：大麦。

稻叶蝉 *Deltocephalus oryzae* Matsumura

分布：内蒙古，黑龙江，吉林，辽宁，河北，山西，安徽，浙江。

寄主：大麦等禾本科牧草。

黑尾叶蝉 *Nephotettix cincticeps*（Uhler）

分布：内蒙古（呼伦贝尔市额尔古纳市、海拉尔区、新巴尔虎右旗、陈巴尔虎旗，兴安盟扎赉特旗），全国各地均有分布；朝鲜，日本。

寄主：禾本科牧草。

条沙叶蝉 *Psammotettix striatus*（Linnaeus）

分布：内蒙古（乌兰察布市丰镇市、卓资县、兴和县、四子王旗、察哈尔右翼前旗），宁夏，安徽，四川，西藏，台湾，新疆；朝鲜，日本，印度尼西亚，马来西亚，缅甸，印度，欧洲，北美。

寄主：艾蒿。

白边大叶蝉 *Ishdaella albomarginata*（Signoret）

分布：内蒙古（兴安盟扎赉特旗、科尔沁右翼前旗、科尔沁右翼中旗），黑龙江，吉林，辽宁，河北，江苏，浙江，福建，广东，四川，台湾。

寄主：禾本科牧草。

大青叶蝉 *Tettigella viridis*（Linnaeus）

分布：内蒙古（兴安盟扎赉特旗、科尔沁右翼前旗），黑龙江，吉林，辽宁，河北，陕西，山西，青海，新疆，山东，江苏，安徽，浙江，福建，河南，湖北，湖南，江西，四川，台湾；朝鲜，日本，俄罗斯，加拿大，西欧。

寄主：禾本科、豆科、十字花科、蔷薇科牧草。

黑纹片角叶蝉 *Idiocerus koreanus* Matsumura

分布：内蒙古，宁夏，河南，甘肃；朝鲜，日本。

寄主：艾蒿。

三带脊冠叶蝉 *Aphrodes bifasciata*（Linnaeus）

分布：内蒙古，宁夏。

寄主：禾本科牧草。

褐脊匙头叶蝉 *Parabolocratus prasinus* Matsumura

分布：内蒙古（兴安盟科尔沁右翼中旗），河北，福建，广东。

寄主：禾本科牧草。

4. 飞虱科 Delphacidae

大褐飞虱 *Changeondelphax velitchkovski*（Melichar）

分布：内蒙古（呼伦贝尔市满洲里市，通辽市奈曼旗），黑龙江，吉林，辽宁，陕西，宁夏，甘肃，江苏，安徽；俄罗斯，日本，韩国。

寄主：芦苇等禾本科牧草。

黑希普飞虱 *Criomorphus niger* Ding et Zhang

分布：内蒙古（呼伦贝尔市），吉林。

寄主：禾本科牧草。

阿尔泰齿臀飞虱 *Delphacinoides altaicus* Vilbaste

分布：内蒙古（赤峰市），新疆；俄罗斯。

寄主：禾本科牧草。

疑古北飞虱 *Javesella dubia* Kirschbaum

分布：内蒙古（呼伦贝尔市牙克石市），黑龙江，吉林，甘肃，新疆；俄罗斯，乌克兰、保加利亚、塞尔维亚等欧洲国家。

寄主：鹅冠草及莎草科牧草。

古北飞虱 *J. pellucida* Fabricius

分布：内蒙古（锡林郭勒盟），黑龙江，吉林。

寄主：禾本科牧草。

暗黑库氏飞虱 *Kusnezoviella chalchica* Emeljanov

分布：内蒙古（呼伦贝尔市满洲里市）；蒙古国。

寄主：禾本科牧草。

半黑库氏飞虱 *K. dimidiatifrons*（Kusnezov）

分布：内蒙古（呼伦贝尔市牙克石市，兴安盟乌兰浩特市，通辽市奈曼旗，赤峰市，巴彦淖尔市乌拉特中旗），吉林，宁夏，甘肃，青海；俄罗斯，蒙古国。

寄主：鹅冠草、冰草。

灰飞虱 *Laodelphax striatellus*（Fallén）

分布：内蒙古（呼伦贝尔市），黑龙江，吉林，陕西，甘肃，宁夏，河北，山西，浙江，江苏，安徽，福建，江西，山东，河南，湖北，湖南，广东，广西，海南，四川，贵州，云南，西藏，新疆；朝鲜，日本，菲律宾，印度尼西亚，俄罗斯，西欧。

寄主：早熟禾等禾本科牧草。

黑光额飞虱 *Metropis nigrifrons*（Kusnezov）

分布：内蒙古（包头市，呼伦贝尔市满洲里市、牙克石市，赤峰市，乌海市，巴彦淖尔市临河区、乌拉特中旗），宁夏，甘肃，青海、新疆；蒙古国。

寄主：鹅冠草、冰草。

褐飞虱 *Nilaparvata lugens*（Stal）

分布：内蒙古（赤峰市翁牛特旗、敖汉旗），吉林，辽宁，河北，陕西，山西，甘肃，山东，江苏，安徽，浙江，福建，河南，湖北，湖南，江西，广东，广西，云南，贵州，四川，台湾；俄罗斯，韩国，日本，东南亚，澳大利亚。

寄主：禾本科牧草。

东方派罗飞虱 *Paradelphacodes orientalis* Anufriev

分布：内蒙古（呼伦贝尔市）；俄罗斯。

寄主：禾本科牧草。

名黎氏飞虱 *Ribautodelphax notabilis* Logvinenko

分布：内蒙古（乌海市），宁夏，甘肃，新疆；俄罗斯。

寄主：玉米、冰草等禾本科牧草。

白背飞虱 *Sogatella furcifera*（Horvath）

分布：内蒙古，河北，山西，陕西，甘肃，宁夏，浙江，江苏，安徽，福建，江西，山东，河南，湖北，湖南，广东，广西，四川，贵州，云南，西藏，台湾；朝鲜，日本，菲律宾，印度尼西亚，马来西亚，印度，斯里兰卡，俄罗斯，澳大利亚。

寄主：禾本科、芸香科植物。

白脊飞虱 *Unkanodes sapporona*（Matsumura）

分布：内蒙古（锡林郭勒盟正镶白旗），吉林，辽宁，河北，陕西，甘肃，山东，江苏，安徽，浙江，福建，河南，湖北，湖南，江西，广东，广西，云南，贵州，四川，西藏；俄罗斯，韩国，日本。

寄主：玉米、白茅等禾本科牧草。

5. 象蜡蝉科 Dictyopharidae

中华象蜡蝉 *Dictyophara sinica* **Walker**
分布：内蒙古（呼和浩特市和林格尔县，兴安盟科尔沁右翼前旗、科尔沁右翼中旗、突泉县，鄂尔多斯市鄂托克旗），陕西，浙江，广东，四川，台湾。
寄主：禾本科牧草。

6. 粉虱科 Aleyrodidae

烟粉虱 *Bemisia tabaci*（**Gennadius**）
分布：内蒙古，全国各地；日本，印度，马来西亚，非洲，北美。
寄主：豆科及十字花科牧草。

7. 瘿绵蚜科 Pemphigidae

菜豆根蚜（甜菜根蚜）*Smynthurodes betae* **Westwood**
分布：内蒙古。
寄主：十字花科及禾本科牧草。

秋四脉绵蚜 *Tetraneura akinire* **Sasaki**
分布：内蒙古（包头市），北京，天津，上海，黑龙江，辽宁，河北，山西，甘肃，山东，江苏，浙江，河南，湖北，云南，台湾，新疆。
寄主：玉米、芦苇等禾本科牧草。

8. 蚜科 Aphididae

苜蓿无网蚜 *Acyrthosiphon kondoi* **Shinji et Kondo**
分布：内蒙古（锡林郭勒盟正镶白旗），吉林，辽宁，北京，河北，山西，甘肃，西藏，河南，浙江；日本，朝鲜，印度，巴基斯坦，以色列，美国，澳大利亚，非洲。
寄主：苜蓿、草木樨等豆科牧草。

豌豆蚜 *A. pisum*（**Harris**）
分布：内蒙古，全国各地；世界各地。
寄主：苜蓿、草木樨属等豆科植物及牧草。

豆蚜（苜蓿蚜）*Aphis craccivora* **Koch**
分布：内蒙古，全国各地；世界各地。
寄主：苜蓿等豆科牧草。

洋槐蚜 *A. robiniae* **Macchiati**
分布：内蒙古（呼和浩特市、包头市），全国各地。
寄主：锦鸡儿。

甘蓝蚜 *Brevicoryne brassicae*（**Linnaeus**）
分布：内蒙古（呼和浩特市，包头市，通辽市，乌兰察布市，巴彦淖尔市临河区、杭锦后旗、磴口县），吉林，辽宁，河北，宁夏，湖北，台湾，新疆。

寄主：十字花科牧草。

披碱草二尾蚜 *Diurophis*（Holcaphis）*elymophila* **Zhang**

分布：内蒙古（呼伦贝尔市海拉尔市）。

寄主：披碱草。

冰草二尾蚜 *D.*（*H.*）*agropyronophaga* **Zhang**

分布：内蒙古（乌兰察布市丰镇市）。

寄主：冰草。

玉米蚜 *Rhopalosiphum maidis*（**Fitch**）

分布：内蒙古，黑龙江，吉林，辽宁，河北，宁夏，山东，江苏，浙江，台湾。

寄主：玉米、狗尾草等禾本科牧草。

禾谷缢管蚜 *Rh. padi*（**Linnaeus**）

分布：内蒙古，全国各地；朝鲜，日本，约旦，埃及，新西兰，欧洲，北美。

寄主：榆叶梅、大麦、黑麦、玉米、莎草等禾本科、莎草科、香蒲科植物及牧草。

麦二叉蚜 *Schizaphis graminum*（**Rondani**）

分布：内蒙古，黑龙江，辽宁，北京，河北，河南，山西，宁夏，青海，陕西，甘肃，新疆，云南，江苏，浙江，福建，台湾；朝鲜，日本，印度，中亚，北非，东非，地中海地区，美洲。

寄主：大麦、黑麦、狗牙根、狗尾草及莎草科植物。

9. 旌蚧科 Ortheziidae

菊旌蚧 *Orthezia urticae*（**Linnaeus**）

分布：内蒙古（呼伦贝尔市扎兰屯市，赤峰市克什克腾旗、喀喇沁旗，鄂尔多斯市乌审旗、伊金霍洛旗），西藏，云南；俄罗斯，伊朗，日本，蒙古国，朝鲜。

寄主：沙蒿、荨麻及伞形花科、唇形科牧草。

艾旌蚧 *O. yasushii* **Kuwana**

分布：内蒙古（呼伦贝尔市扎兰屯市，赤峰市巴林右旗），台湾。

寄主：艾蒿、冰草、胡枝子。

10. 珠蚧科 Margarodidae

甘草胭珠蚧 *Porphyrophora sophorae*（**Archangelskaya**）

分布：内蒙古（包头市固阳县，锡林郭勒盟苏尼特左旗，乌兰察布市化德县、察哈尔右翼中旗、察哈尔右翼后旗，鄂尔多斯市鄂托克前旗、鄂托克旗、杭锦旗、乌审旗、伊金霍洛旗），宁夏。

寄主：甘草、花棒等豆科牧草。

乌苏里胭珠蚧 *P. ussuriensis* **Borchsenius**

分布：内蒙古（锡林郭勒盟东乌珠穆沁旗、正镶白旗）。

寄主：白花点地梅、粗糙隐子草、星毛委陵菜。

远东胭珠蚧 *P. villosa* **Danzig**

分布：内蒙古（鄂尔多斯市乌审旗）。

寄主：冰草。

11. 粉蚧科 Pseudococcidae

鞘竹粉蚧 *Antonina crawii* **Cockerell**

分布：内蒙古（赤峰市克什克腾旗），北京，上海，山西，山东，江苏，安徽，浙江，福建，湖南，广东，广西，云南，四川，台湾；美国，法国，亚洲东部。

寄主：大针茅。

草竹粉蚧 *A. graminis*（**Maskell**）

分布：内蒙古（呼和浩特市土默特左旗，呼伦贝尔市扎兰屯市），福建，广东，云南，四川，香港；日本，朝鲜，印度，斯里兰卡，美国。

寄主：羊草、针茅。

朝鲜竹粉蚧 *A. vera* **Borchsenius**

分布：内蒙古（呼伦贝尔市鄂温克族自治旗、新巴尔虎左旗）；蒙古国，朝鲜。

寄主：糙隐子草。

蓍草黑粉蚧 *Atrococcus achilleae*（**Kiritshenko**）

分布：内蒙古（呼和浩特市土默特左旗），宁夏，山西；欧洲，亚洲。

寄主：蓍属及艾蒿。

内蒙古黑粉蚧 *A. innermongolicus* **Tang**

分布：内蒙古（赤峰市喀喇沁旗），宁夏。

寄主：猪毛蒿、青蒿。

吉兰泰丝粉蚧 *Caulococcus jartaiensis* **Tang**

分布：内蒙古（阿拉善盟阿拉善左旗）。

寄主：砂引草。

冰草丝粉蚧 *C. shutorae* **Danzig**

分布：内蒙古（通辽市扎鲁特旗，赤峰市巴林左旗）。

寄主：羊草。

艾蒿巧粉蚧 *Chorizococcus artemisiphilus* **Tang**

分布：内蒙古（包头市）。

寄主：艾蒿。

内蒙古巧粉蚧 *Ch. innermongolicus* Tang

分布：内蒙古（锡林郭勒盟东乌珠穆沁旗）。

寄主：阿尔泰狗娃花。

单刺巧粉蚧 *Ch. monocerarius* Tang

分布：内蒙古（鄂尔多斯市伊金霍洛旗）。

寄主：脓疮草。

大豆巧粉蚧 *Ch. soja*（Siraiwa）

分布：内蒙古（鄂尔多斯市伊金霍洛旗）。

寄主：猪毛菜。

蒙根瘤粉蚧 *Chnaurococcus mongolicus* Danzig

分布：内蒙古（锡林郭勒盟正镶白旗，鄂尔多斯市伊金霍洛旗）；蒙古国。

寄主：冰草、万年蒿、羊草。

多腺粉蚧 *Ch. polymultiloculus* Tang

分布：内蒙古（通辽市扎鲁特旗）。

寄主：羊草。

禾类草粉蚧 *Euripersia caulicola* Tereznikova

分布：内蒙古（赤峰市巴林右旗，锡林郭勒盟阿巴嘎旗、苏尼特左旗，鄂尔多斯市伊金霍洛旗）。

寄主：羊草。

蒙古草粉蚧 *E. mongolica* Danzig

分布：内蒙古（呼和浩特市土默特左旗，锡林郭勒盟东乌珠穆沁旗、正镶白旗，鄂尔多斯市伊金霍洛旗）；蒙古国。

寄主：羊草、薹草、草木樨。

草粉蚧 *E. tshadevae* Danzig

分布：内蒙古（鄂尔多斯市伊金霍洛旗）；蒙古国。

寄主：羊草。

半球草粉蚧 *E. pseudoglobosus* Tang

分布：内蒙古（阿拉善盟阿拉善左旗）。

寄主：光颖芨芨草。

刺孔胶粉蚧 *Glycycnyza coraria* Tang

分布：内蒙古（包头市达尔罕茂明安联合旗，鄂尔多斯市乌审旗）。

寄主：冰草、小叶锦鸡儿。

内蒙古壤粉蚧 *Humococcus innermongolicus* Tang

分布：内蒙古（锡林郭勒盟正蓝旗）。

寄主：羊草。

赤峰长粉蚧 *Longicoccus chifengensis*（**Tang**）

分布：内蒙古（兴安盟阿尔山市，赤峰市克什克腾旗）。

寄主：冰草、地肤。

白草长粉蚧 *L. circulus*（**Tang**）

分布：内蒙古（呼和浩特市土默特左旗）。

寄主：白草。

刺孔长粉蚧 *L. cerarius*（**Danzig**）

分布：内蒙古（锡林郭勒盟东乌珠穆沁旗）。

寄主：羊草。

中国小粉蚧 *Mirococcopsis artomisiphilus* **Tang**

分布：内蒙古（呼伦贝尔市鄂温克族自治旗）。

寄主：羊草。

羊茅美粉蚧 *Metadenopus festucae* **Sulc**

分布：内蒙古（赤峰市巴林右旗）。

寄主：羊草、阿尔泰狗娃花。

长绵粉蚧 *Phenacoccus elongates* **Kanda**

分布：内蒙古（赤峰市）。

寄主：羊草。

狼尾草绵粉蚧 *Ph. pennisetus* **Tang**

分布：内蒙古（巴彦淖尔市五原县）。

寄主：羊草。

贺兰山粉蚧 *Ripersiella helanensis* **Tang**

分布：内蒙古（阿拉善盟阿拉善左旗）。

寄主：艾蒿。

冰草条粉蚧 *Trionymus agropyronicola* **Tang**

分布：内蒙古（赤峰市巴林左旗、克什克腾旗，锡林郭勒盟苏尼特右旗）。

寄主：冰草。

达布条粉蚧 *T. dapoensis* **Tang**

分布：内蒙古（鄂尔多斯市乌审旗）。

寄主：羊草。

孤独跳粉蚧 *T. singularis* **Schmutterer**

分布：内蒙古（鄂尔多斯市杭锦旗）。

寄主：羊草。

羊草条粉蚧 *T. tomlini*（**Green**）
分布：内蒙古（锡林郭勒盟锡林浩特市）；波兰，匈牙利。
寄主：羊草、冰草、羊茅。

12. 毡蚧科 Eriococcidae

欧洲喀毡蚧 *Greenisca glyeriae*（**Green**）
分布：内蒙古（赤峰市克什克腾旗，锡林郭勒盟苏尼特左旗）。
寄主：粗糙隐子草、羊草、早熟禾。

碱草根毡蚧 *Rhizococcus iljiniae* **Danzig**
分布：内蒙古（阿拉善盟阿拉善右旗）；蒙古国。
寄主：细枝盐爪爪。

东方根毡蚧 *Rh. orientalis*（**Danzig**）
分布：内蒙古（赤峰市阿鲁科尔沁旗、巴林左旗，鄂尔多斯市乌审旗）。
寄主：油蒿、苜蓿、达乌里胡枝子。

13. 蚧科 Coccidae

羊茅绒茧蚧（大绒蚧） *Eriopeltis festucae*（**Fonscolombe**）
分布：内蒙古（包头市）。
寄主：羊草。

14. 个木虱科 Triozidae

沙枣个木虱 *Trioza magnisetosa* **Loginova**
分布：内蒙古（呼和浩特市和林格尔县、武川县，包头市，乌兰察布市集宁区、丰镇市、兴和县、凉城县、四子王旗，巴彦淖尔市临河区、磴口县、五原县、乌拉特前旗、杭锦后旗，鄂尔多斯市东胜区、达赉特旗、准格尔旗、伊金霍洛旗、杭锦旗、鄂托克旗、乌审旗，乌海市，阿拉善盟阿拉善左旗），河北，陕西，山西，宁夏，甘肃，青海，新疆；欧洲。
寄主：沙枣。

15. 盲蝽科 Miridae

三点盲蝽 *Adelphocoris fasciaticollis* **Reuter**
分布：内蒙古（呼和浩特市，包头市，兴安盟，通辽市，赤峰市，锡林郭勒盟，鄂尔多斯市），北京，天津，黑龙江，吉林，辽宁，河南，宁夏，甘肃，河北，陕西，山西，山东，四川，湖北，江苏，安徽。
寄主：玉米、向日葵、苜蓿等豆科牧草。

苜蓿盲蝽 *A. lineolatus*（Goeze）

分布：内蒙古，黑龙江，吉林，辽宁，北京，天津，河北，山西，宁夏，陕西，甘肃，青海，新疆，湖北；蒙古国，欧洲。

寄主：苜蓿、草木樨等豆科及玉米等禾本科牧草。

黑头苜蓿盲蝽 *A. melanocephalus* Reuter

分布：内蒙古，辽宁，北京，天津，河北，山西，宁夏，甘肃。

寄主：艾蒿。

黑唇苜蓿盲蝽 *A. nigritylus* Hsiao

分布：内蒙古（呼伦贝尔市，兴安盟，通辽市，赤峰市，锡林郭勒盟），黑龙江，吉林，辽宁，北京，天津，河北，河南，山东，陕西，宁夏，陕西，甘肃，四川，贵州，江苏，江西，安徽，海南。

寄主：艾蒿。

四点苜蓿盲蝽 *A. quadripunctatus*（Fabricius）

分布：内蒙古，黑龙江，辽宁，天津，河北，山西，宁夏，甘肃，青海，新疆，四川，安徽；西伯利亚，欧洲。

寄主：苜蓿。

淡须苜蓿盲蝽 *A. reicheli*（Fieber）

分布：内蒙古（呼伦贝尔市，兴安盟，赤峰市），黑龙江，河北，宁夏，山东。

寄主：荨麻。

中黑苜蓿盲蝽 *A. suturalis*（Jakovlev）

分布：内蒙古（呼和浩特市，呼伦贝尔市，兴安盟，锡林郭勒盟），黑龙江，吉林，天津，河北，河南，山东，甘肃，陕西，四川，贵州，湖北，上海，江苏，浙江，安徽，江西，广西；朝鲜，日本，俄罗斯。

寄主：豆科、菊科、伞形花科、十字花科、唇形花科、石竹科等牧草。

三环苜蓿盲蝽 *A. triannulatus*（Stal）

分布：内蒙古（呼和浩特市，呼伦贝尔市，兴安盟，赤峰市），黑龙江，吉林，宁夏，甘肃；西伯利亚。

寄主：豆科、禾本科牧草。

阿拉善草盲蝽 *Lygus alashanensis* QiBaoying et Nonnaizab

分布：内蒙古（呼和浩特市，包头市，乌兰察布市，鄂尔多斯市，巴彦淖尔市，阿拉善盟），宁夏，甘肃。

寄主：蒿、草木樨。

青绿草盲蝽 *L. gemellatus*（Herrich-Schaeffer）

分布：内蒙古，陕西，山西，宁夏，甘肃，新疆；欧洲，叙利亚，土耳其，伊朗，俄罗斯，阿尔及利亚，埃及。

寄主：紫花苜蓿、益母草、荨麻、草木樨等牧草。

牧草盲蝽 *L. pratensis*（Linnaeus）

分布：内蒙古，黑龙江，吉林，辽宁，北京，河北，河南，山东，山西，陕西，甘肃，青海，四川，新疆，安徽；欧洲，美洲。

寄主：苜蓿、花棒等豆科牧草及玉米等禾本科牧草。

斑草盲蝽 *L. punctatus*（Zetterstedt）

分布：内蒙古（呼伦贝尔市，赤峰市，乌兰察布市，阿拉善盟），黑龙江，吉林，甘肃，河北；俄罗斯西伯利亚，欧洲。

寄主：蒿属植物。

长毛草盲蝽 *L. rugulipennis*（Poppius）

分布：内蒙古（乌兰察布市以东地区），黑龙江，辽宁，河北，宁夏，甘肃，新疆；日本，朝鲜，俄罗斯。

寄主：禾本科牧草。

西伯利亚草盲蝽 *L. sibiricus* Aglyamzyanov

分布：内蒙古，甘肃，河北，黑龙江，吉林，四川，陕西，青海；朝鲜，蒙古国，俄罗斯。

寄主：沙打旺。

卡氏黄盲蝽 *Orthops kalmii* Linnaeus

分布：内蒙古（阿拉善盟）。

寄主：伞形科植物。

柠条植盲蝽 *Phytocoris caraganae* Nonnaizab et Jorigtoo

分布：内蒙古（乌兰察布市，鄂尔多斯市，阿拉善盟），宁夏，陕西；蒙古国。

寄主：柠条。

砂地植盲蝽 *P. desertorum* Nonnaizab et Jorigtoo

分布：内蒙古（锡林郭勒盟，鄂尔多斯市，阿拉善盟）。

寄主：柠条。

红楔异盲蝽 *P. cognatus*（Fieber）

分布：内蒙古，北京，天津，黑龙江，山西，陕西，甘肃，新疆，山东，河南。

寄主：紫花苜蓿、披碱草、蒿、荨麻、猪毛菜、苍耳、夏枯草等植物。

二刺狭盲蝽 *Stenodema calcarata* Fallen

分布：内蒙古（呼伦贝尔市），黑龙江，吉林，新疆。

寄主：白茅、冰草等禾本科牧草。

砂地狭盲蝽 *S. deserta* Nonnaizab et Jorigtoo

分布：内蒙古（呼和浩特市，包头市，呼伦贝尔市，兴安盟，乌兰察布市，鄂尔多斯市，巴彦淖尔市，阿拉善盟），新疆。

寄主：白茅、草木樨。

光滑狭盲蝽 *S. laevigata*（Linnaeus）

分布：内蒙古，甘肃；土耳其，欧洲，西欧，北非。

寄主：禾本科牧草。

西伯利亚狭盲蝽 *S. sibirica* Bergroth

分布：内蒙古（呼伦贝尔市，兴安盟），吉林，黑龙江；蒙古国，朝鲜，俄罗斯。

寄主：禾本科牧草。

三刺狭盲蝽 *S. trispinosum* Reuter

分布：内蒙古（呼和浩特市，呼伦贝尔市，兴安盟，赤峰市，阿拉善盟），宁夏，新疆；蒙古国。

寄主：披碱草。

条赤须盲蝽 *Trigonotylus coelestialium*（Kirkaldy）

分布：内蒙古，黑龙江，吉林，辽宁，河北，山西，陕西，河南，宁夏，新疆；朝鲜，俄罗斯，欧洲，北美。

寄主：紫花苜蓿、草木樨及赖草、披碱草等禾本科牧草。

小跳盲蝽 *Halticidea pusillus* Herrich-Schaeffer

分布：内蒙古。

寄主：紫花苜蓿。

藜盲蝽 *Labopidea algens* Vinokurov

分布：内蒙古（呼和浩特市，赤峰市，鄂尔多斯市），陕西；俄罗斯。

寄主：藜科植物。

黑色微翅盲蝽 *Campylomma diversicorne* Reuter

分布：内蒙古（呼和浩特市，包头市，通辽市，赤峰市，乌兰察布市，阿拉善盟）。

寄主：藜科植物，蒿属植物，柠条。

16. 网蝽科 Tingidae

内蒙古小网蝽 *Agramma neimongolicum* QiBaoying

分布：内蒙古（呼伦贝尔市，兴安盟，通辽市，赤峰市，鄂尔多斯市）。

寄主：委陵菜、薹草。

长喙网蝽 *Derephysia folliacea*（Fallen）

分布：内蒙古（呼伦贝尔市鄂温克族自治旗、额尔古纳市，兴安盟扎赉特旗，赤峰市阿鲁科尔沁旗、喀喇沁旗、克什克腾旗，锡林郭勒盟锡林郭勒市，赤峰市宁城县，阿拉善盟阿拉善左旗），河北，青海，四川。

寄主：蒿属、车前属、百里香属、藜属、薹草属等多种牧草。

紫无孔网蝽 *Dictyla montandoni*（Horvath）

分布：内蒙古（呼伦贝尔市鄂温克族自治旗，兴安盟科尔沁右翼中旗，通辽市奈曼旗、开鲁县、科尔沁左翼后旗，赤峰市翁牛特旗，鄂尔多斯市达赉特旗、准格尔旗、鄂托克旗，巴彦淖尔市乌拉特前旗，阿拉善盟吉兰泰），天津。

寄主：砂引草及紫丹属植物。

丽粒角网蝽 *Dictyonota pulchricornis*（Kerzhner et Josifov）

分布：内蒙古（呼伦贝尔市鄂温克族自治旗、海拉尔市，赤峰市阿鲁科尔沁旗，锡林郭勒盟正蓝旗，鄂尔多斯市鄂托克旗、乌审旗）；蒙古国。

寄主：小叶锦鸡儿。

粒角网蝽 *D. tricornis*（Schrank）

分布：内蒙古（呼伦贝尔市新巴尔虎左旗）；蒙古国。

寄主：百里香属、景天属、苜蓿属、山柳菊属等牧草。

短贝脊网蝽 *Galeatus affinis*（Herrich-Schaeffer）

分布：内蒙古（包头市固阳县，呼伦贝尔市额尔古纳市，兴安盟乌兰浩特市，赤峰市阿鲁科尔沁旗，锡林郭勒盟二连浩特市，鄂尔多斯市乌审旗，阿拉善盟阿拉善左旗、阿拉善右旗）。

寄主：赖草、莎草等牧草。

半贝脊网蝽 *G. decorus* Jakovlev

分布：内蒙古（呼和浩特市土默特左旗，兴安盟突泉县、科尔沁右翼中旗，锡林郭勒盟镶黄旗），北京，天津，浙江；蒙古国，俄罗斯，日本，朝鲜，美国，加拿大，中亚，欧洲。

寄主：赖草、莎草等牧草。

菊贝脊网蝽 *G. spinifrons*（Fallen）

分布：内蒙古（包头市固阳县，呼伦贝尔市扎兰屯市、鄂温克族自治旗，兴安盟扎赉特旗、阿尔山市伊尔施，赤峰市阿鲁科尔沁旗，锡林郭勒盟二连浩特市，巴彦淖尔市乌拉特前旗，阿拉善盟阿拉善右旗），北京，天津，吉林，河北，陕西，山西，山东，浙江，福建，湖北，广西，云南，四川，台湾；俄罗斯，哈萨克斯坦，保加利亚，匈牙利，罗马尼亚。

寄主：赖草、益母草、蒙古糙苏及山柳菊属、苜蓿属等牧草。

细刺网蝽 *Lasiacantha gracilis*（Herrich-Schaeffer）

分布：内蒙古（呼和浩特市土默特左旗，兴安盟科尔沁右翼中旗）；蒙古国，俄罗斯，西欧。

寄主：蓝刺头及蒿属、百里香属植物。

小板网蝽 *Monosteira discoidalis*（Jakovlev）

分布：内蒙古（鄂尔多斯市乌审旗、鄂托克旗，阿拉善盟阿拉善左旗、阿拉善右旗、额济纳旗），宁夏，甘肃，新疆；蒙古国，俄罗斯，塔吉克斯坦，土库曼斯坦，乌兹别克斯坦，哈萨克斯坦，阿富汗，伊朗，伊拉克。

寄主：苜蓿、粉藜、沙旋覆花、骆驼刺等植物。

奇球网蝽 *Sphaerista paradoxa*（Jakovlev）

分布：内蒙古（兴安盟科尔沁右翼前旗、科尔沁右翼中旗，赤峰市喀喇沁旗、克什克腾旗）、宁夏；蒙古国，俄罗斯。

寄主：蒿属植物。

卷毛裸菊网蝽 *Tingis crispata*（Herrich-Schaffer）

分布：内蒙古（呼和浩特市土默特左旗，兴安盟扎赉特旗、科尔沁右翼中旗，通辽市科尔沁右翼后旗，赤峰市阿鲁科尔沁旗、喀喇沁旗，巴彦淖尔市乌拉特前旗）。

寄主：狭叶青蒿。

锦鸡儿裸菊网蝽 *T. lusitanica* Rodrigues

分布：内蒙古（阿拉善盟阿拉善左旗）；葡萄牙。

寄主：小叶锦鸡儿。

长毛裸菊网蝽 *T. pilosa* Hummel

分布：内蒙古（呼和浩特市土默特左旗，包头市固阳县，呼伦贝尔市扎兰屯市，兴安盟科尔沁右翼前旗、科尔沁右翼中旗，通辽市大清沟、奈曼旗，赤峰市喀喇沁旗，锡林郭勒盟正蓝旗，阿拉善盟阿拉善右旗、阿拉善左旗吉兰泰），北京，天津，陕西，山西，湖北，新疆；蒙古国，俄罗斯，西欧。

寄主：益母草、狭叶青蒿及小苏属等植物。

短毛裸菊网蝽 *T. pusilla*（Jakovlev）

分布：内蒙古（呼和浩特市托克托县，包头市固阳县，兴安盟科尔沁右翼中旗，赤峰市阿鲁科尔沁旗，巴彦淖尔市乌拉特前旗，阿拉善盟阿拉善左旗、阿拉善右旗），新疆；蒙古国，俄罗斯。

寄主：沙旋覆花、粉藜及蒿属等植物。

圆领裸菊网蝽 *T. rotundicollis*（Jakovlev）

分布：内蒙古（兴安盟科尔沁右翼中旗）；俄罗斯，中亚。

寄主：狭叶青蒿、猪毛菜等植物。

17. 皮蝽科 Piesmatidae

黑头皮蝽 *Piesma capitatum*（Wolff）

分布：内蒙古（呼伦贝尔市鄂温克族自治旗、陈巴尔虎旗，兴安盟科尔沁右翼前旗、科尔沁右翼中旗，通辽市科尔沁左翼后旗，赤峰市克什克腾旗、喀喇沁旗），天津，甘肃，四川，新疆；古北区分布。

寄主：藜科、苋科植物。

砂地皮蝽 *P. deserta* Nonnaizab et Sar-na

分布：内蒙古（通辽市科尔沁左翼后旗）。

寄主：藜科、苋科植物。

克氏皮蝽 *P. kerzhneri* Heiss et Pericart

分布：内蒙古（通辽市科尔沁左翼后旗，赤峰市，阿拉善盟阿拉善右旗）；蒙古国。

寄主：粉藜。

藜皮蝽 *P. kolenatii atriplicis*（Frey-Gessner）

分布：内蒙古（鄂尔多斯市乌审旗、阿拉善盟阿拉善右旗）。

寄主：粉藜。

黑斑皮蝽 *P. maculatum*（Laporte）

分布：内蒙古（呼和浩特市，呼伦贝尔市海拉尔区、鄂温克族自治旗，兴安盟科尔沁右翼前旗），天津；古北区分布。

寄主：藜科植物。

方背皮蝽 *P. quadratum*（Fieber）

分布：内蒙古，天津，新疆；古北区分布。

寄主：灰菜等藜科及石竹科植物。

宽胸皮蝽（猪毛菜皮蝽）*P. salsolae*（Becker）

分布：内蒙古（包头市固阳县，呼伦贝尔市海拉尔区，兴安盟科尔沁右翼前旗、科尔沁右翼中旗、扎赉特旗、突泉县，通辽市库伦旗，赤峰市阿鲁科尔沁旗，巴彦淖尔市乌拉特前旗，阿拉善盟阿拉善左旗、阿拉善右旗），北京，天津，四川；古北区分布。

寄主：猪毛菜、碱蓬。

18. 长蝽科 Lygaeidae

横带红长蝽 *Lygaeus equestris*（Linnaeus）

分布：内蒙古（呼伦贝尔市海拉尔区），辽宁，甘肃，山东，江苏，云南；土耳其，伊朗，伊拉克，以色列，塞浦路斯，阿富汗，俄罗斯，哈萨克斯坦，蒙古国，日本，朝鲜，北非，西欧。

寄主：锦鸡儿。

小长蝽 *Nysius ericae*（Schilling）

分布：内蒙古（呼和浩特市，包头市达尔罕茂明安联合旗，呼伦贝尔市额尔古纳市、鄂温克族自治旗，兴安盟科尔沁右翼前旗，通辽市奈曼旗、科尔沁左翼后旗，赤峰市翁牛特旗，锡林郭勒盟正蓝旗、太仆寺旗，乌兰察布市卓资县，阿拉善盟阿拉善左旗、阿拉善右旗），北京，天津，河北，陕西，河南，四川，西藏；土耳其，塞浦路斯，伊朗，伊拉克，沙特阿拉伯，土库曼斯坦，乌兹别克斯坦，俄罗斯，哈萨克斯坦，蒙古国，北非，西欧。

寄主：狗尾草、独行菜及豆科牧草。

高粱狭长蝽 *Dimorphopterus spinolae*（Signoret）

分布：内蒙古（呼和浩特市，包头市，锡林郭勒盟，乌兰察布市凉城县），吉林，辽宁，山东，福建，湖南，江西，广东，四川。

寄主：芦苇、荻。

斑膜线缘长蝽 *Lamprodema maurum*（Fabricius）

分布：内蒙古（鄂尔多斯市杭锦旗，阿拉善盟阿拉善左旗，巴彦淖尔市临河区），西藏，新疆；土耳其，阿塞拜疆，伊朗，以色列，伊拉克，约旦，土库曼斯坦，乌兹别克斯坦，阿富汗，俄罗斯，哈萨克斯坦，蒙古国，北非，欧洲。

寄主：紫花苜蓿。

淡边地长蝽 *Rhyparochromus adspersus*（Mulsant et Rey）

分布：内蒙古（包头市土默特右旗、固阳县，呼伦贝尔市海拉尔区、额尔古纳市，兴安盟科尔沁右翼前旗，赤峰市翁牛特旗、阿鲁科尔沁旗、克什克腾旗，锡林郭勒盟多伦县、太仆寺旗、正蓝旗，乌兰察布市凉城县），河北，陕西，山西，甘肃，湖北，新疆；俄罗斯，蒙古国，西欧。

寄主：豆科牧草。

19. 尖长蝽科 Oxycarenidae

巨膜长蝽 *Jakowleffia setulosa*（Jakovlev）

分布：内蒙古（呼和浩特市土默特左旗，包头市达尔罕茂明安联合旗，呼伦贝尔市陈巴尔虎左旗，阿拉善盟额济纳旗、阿拉善左旗、阿拉善右旗），北京，河北，新疆；蒙古国，中亚。

寄主：粉藜、沙旋覆花。

20. 蛛缘蝽科 Alydidae

欧蛛缘蝽 *Alydus calcaratus*（Linnaeus）

分布：内蒙古（呼伦贝尔市鄂伦春族自治旗，赤峰市克什克腾旗，锡林郭勒盟阿巴嘎旗，阿拉善盟阿拉善左旗），西藏，新疆；蒙古国。

寄主：豆科牧草。

黑长缘蝽 *Megalonotus junceus*（Scopoli）

分布：内蒙古（呼伦贝尔市，兴安盟扎赉特旗、科尔沁右翼前旗、科尔沁右翼中旗，赤峰市阿鲁科尔沁旗、喀喇沁旗），北京，山东，江苏。

寄主：禾本科、菊科牧草。

赭长缘蝽 *M. ornaticeps*（Stal）

分布：内蒙古（呼伦贝尔市鄂伦春族自治旗，兴安盟科尔沁右翼中旗，赤峰市阿鲁科尔沁旗、克什克腾旗，锡林郭勒盟西乌珠穆沁旗、正蓝旗、多伦县），新疆；蒙古国。

寄主：禾本科牧草。

21. 姬缘蝽科 Rhopalidae

粟缘蝽 *Liorhyssus hyalinus*（Fabricius）

分布：内蒙古（呼和浩特市，鄂尔多斯市乌审旗、鄂托克前旗，巴彦淖尔市磴口县，阿拉善盟阿拉善左旗、阿拉善右旗、额济纳旗），北京，天津，黑龙江，河北，江苏，安徽，湖北，江西，广东，广西，云南，贵州，四川。

寄主：向日葵及禾本科牧草。

细角迷缘蝽 *Myrmus glabellus* Horvath

分布：内蒙古（包头市固阳县，呼伦贝尔市，兴安盟科尔沁右翼中旗，锡林郭勒盟正镶白旗，鄂尔多斯市鄂托克旗，阿拉善盟阿拉善左旗）。

寄主：冰草、针茅、芨芨草。

黄边迷缘蝽 *M. lateralis* Hsiao

分布：内蒙古（呼伦贝尔市根河市、额尔古纳市、鄂伦春族自治旗、鄂温克族自治旗，兴安盟扎赉特旗、科尔沁右翼前旗、科尔沁右翼中旗，通辽市科尔沁左翼后旗，赤峰市阿鲁科尔沁旗、林西县），北京，河北，山东；俄罗斯，朝鲜。

寄主：针茅。

短毛迷缘蝽 *M. miriformis gracilis* Lindberg

分布：内蒙古（呼伦贝尔市额尔古纳市）。

寄主：白草、羊草、无芒雀麦、针茅。

蒙古猎缘蝽 *Agrathopus mongolicus* Jakovlev

分布：内蒙古（阿拉善盟额济纳旗）。

寄主：芦苇等禾本科植物。

短头姬缘蝽 *Brachycarenus tigrinus*（Schilling）

分布：内蒙古（阿拉善盟阿拉善左旗、阿拉善右旗）。

寄主：菊科植物。

离缘蝽 *Chorosoma macilentum* Stal

分布：内蒙古（包头市固阳县，呼伦贝尔市海拉尔区、根河市、额尔古纳市、满洲里市、鄂温克族自治旗、新巴尔虎左旗，兴安盟扎赉特旗、科尔沁右翼前旗、科尔沁右翼中旗，通辽市科尔沁左翼后旗，赤峰市阿鲁科尔沁旗、克什克腾旗，锡林郭勒盟东乌珠穆沁旗、西乌珠穆沁旗、正蓝旗，乌兰察布市卓资县、凉城县），山西，陕西，新疆。

寄主：披碱草、白茅、碱草等禾本科牧草。

欧姬缘蝽 *Corizus hyosciami*（Linnaeus）

分布：内蒙古（呼伦贝尔市）。

寄主：菊科蒲公英、叉枝鸦葱、风毛菊等牧草。

亚姬缘蝽 *C. tetraspilus* Horvath

分布：内蒙古（赤峰市阿鲁科尔沁旗），黑龙江，山西，贵州，西藏；蒙古国。

寄主：苜蓿、铁杆蒿。

荷环缘蝽 *Stictopleurus abutilon*（Rossi）

分布：内蒙古（包头市九峰山，阿拉善盟阿拉善左旗、额济纳旗）。

寄主：飞廉、大蓟等。

棕环缘蝽 *S. crassicornis*（Linnaeus）

分布：内蒙古（阿拉善盟阿拉善左旗）。

寄主：火绒草。

开环缘蝽 *S. minutes* Blote

分布：内蒙古（兴安盟阿尔山市、阿拉善盟阿拉善左旗）。

寄主：白砂蒿、欧亚旋覆花等。

欧环缘蝽 *S. punctatonervosus*（Goeze）

分布：内蒙古（包头市九峰山，鄂尔多斯市准格尔旗、乌海市，阿拉善盟阿拉善左旗、阿拉善右旗、额济纳旗）。

寄主：小蓬草、猪毛蒿、荒野蒿、千叶蓍、亚洲蓍等。

赛环缘蝽 *S. sericeus*（Horvath）

分布：内蒙古（呼和浩特市，包头市九峰山，呼伦贝尔市，兴安盟科尔沁右翼中旗，赤峰市，锡林郭勒盟正蓝旗，鄂尔多斯市准格尔旗、乌审旗，乌海市，巴彦淖尔市磴口县，阿拉善盟额济纳旗、阿拉善左旗、阿拉善右旗）。

寄主：白砂蒿、芨芨草等禾本科、十字花科植物。

闭环缘蝽 *S. viridicatus*（Uhler）

分布：内蒙古（阿拉善盟阿拉善左旗、阿拉善右旗、额济纳旗）。

寄主：白莎蒿、风毛菊、山柳菊、梭梭树等。

点伊缘蝽 *Rhopalus latus*（Jakovlev）

分布：内蒙古（通辽市大清沟）。

寄主：燕麦、黄花蒿。

黄伊缘蝽 *Rh. maculatus*（Fieber）

分布：内蒙古（呼伦贝尔市、乌海市、阿拉善盟额济纳旗）。

寄主：火绒草。

22. 龟蝽科 Plataspidae

双痣圆龟蝽 *Coptosoma biguttula* Motschulsky

分布：内蒙古（呼伦贝尔市满洲里市、鄂伦春族自治旗，兴安盟扎赉特旗、科尔沁右翼前旗、科尔沁右翼中旗，通辽市科尔沁左翼后旗，赤峰市阿鲁科尔沁旗、喀喇沁旗），北京，黑龙江，山西，浙江，福建，四川，西藏；朝鲜，日本。

寄主：胡枝子。

盾圆龟蝽 *C. scutellatum*（Geoffrey）

分布：内蒙古（呼伦贝尔市鄂温克族自治旗，兴安盟科尔沁右翼前旗）。

寄主：锦鸡儿属、苜蓿属、三叶草属、黄花属、草木樨属、甘草属等豆科牧草。

23. 土蝽科 Cydnidae

根土蝽 *Stibaropus formosana*（Takado & Yamagihara）

分布：内蒙古（呼和浩特市，通辽市科尔沁左翼中旗，赤峰市，乌兰察布市，鄂尔多斯市，巴彦淖尔市），天津，吉林，辽宁，陕西，山西，山东，江西，台湾。

寄主：玉米、向日葵及豆科牧草等。

黑伊土蝽 *Aethus nigritus*（Fabricius）

分布：内蒙古（呼和浩特市，包头市，乌兰察布市，巴彦淖尔市），北京，天津，山东，云南，西藏；蒙古国。

寄主：豆科牧草。

白斑边土蝽（三点边土蝽）*Legnotus triguttula* Motschulsky

分布：内蒙古（呼和浩特市土默特左旗，包头市固阳县，赤峰市阿鲁科尔沁旗，锡林郭勒盟），北京，天津，河北，陕西，浙江，云南，四川。

寄主：益母草等唇形科牧草。

24. 盾蝽科 Scutelleridae

扁盾蝽 *Eurygaster testudinarius*（Geoffroy）

分布：内蒙古（呼和浩特市，呼伦贝尔市鄂温克族自治旗，兴安盟扎赉特旗、科尔沁右翼前旗、科尔沁右翼中旗，赤峰市阿鲁科尔沁旗、喀喇沁旗、克什克腾旗，锡林郭勒盟西乌珠穆沁旗、多伦县，乌兰察布市凉城县、卓资县），黑龙江，河北，山西，陕西，山东，江苏，浙江，湖北，江西，四川；蒙古国，伊朗，俄罗斯，塔吉克斯坦。

寄主：禾本科牧草。

西伯利亚绒盾蝽（长毛蝽）*Irochrotus sibiricus* Kerzhner

分布：内蒙古（呼伦贝尔市根河市、鄂温克族自治旗、鄂伦春族自治旗，赤峰市阿鲁科尔沁旗、克什克腾旗、喀喇沁旗），新疆；蒙古国。

寄主：无芒雀麦等禾本科牧草。

25. 蝽科 Pentatomidae

华麦蝽 *Aelia fieberi* Scott

分布：内蒙古（呼伦贝尔市，兴安盟扎赉特旗，通辽市科尔沁左翼后旗，赤峰市阿鲁科尔沁旗），河北，天津，北京，黑龙江，吉林，辽宁，山东，陕西，甘肃，山西，江苏，浙江，福建，江西，河南，湖北，四川，云南。

寄主：禾本科牧草。

西北麦蝽 *A. sibirica* Reuter

分布：内蒙古，山西，宁夏，新疆。

寄主：小麦、羊草、无芒雀麦等禾本科植物。

邻实蝽 *Antheminia lindbergi*（Tamanini）

分布：内蒙古（呼和浩特市土默特左旗、和林格尔县，包头市固阳县，呼伦贝尔市，兴安盟科尔沁右翼中旗，通辽市科尔沁左翼后旗、开鲁县、库伦旗，赤峰市阿鲁科尔沁旗，锡林郭勒盟二连浩特市、正蓝旗、苏尼特右旗，乌兰察布市四子王旗，鄂尔多斯市杭锦旗，巴彦淖尔市乌拉特前旗），山西，陕西，甘肃，青海；蒙古国。

寄主：紫花苜蓿、蓝刺头。

实蝽 *A. pusio longiceps*（Reuter）

分布：内蒙古（呼和浩特市土默特左旗，包头市固阳县，呼伦贝尔市鄂温克族自治旗、鄂伦春族自治旗，兴安盟扎赉特旗、科尔沁右翼前旗、科尔沁右翼中旗，通辽市科尔沁左翼后旗、库伦旗，赤峰市阿鲁科尔沁旗、克什克腾旗，锡林郭勒盟正蓝旗，鄂尔多斯市乌审旗），河北。

寄主：柠条、向日葵。

苍蝽 *Brachynema germarii*（Kolenati）

分布：内蒙古（呼和浩特市和林格尔县，锡林郭勒盟二连浩特市，鄂尔多斯市东胜区、鄂托克前旗、鄂托克旗、乌审旗、准格尔旗，巴彦淖尔市乌拉特后旗，阿拉善盟阿拉善左旗、阿拉善右旗、额济纳旗），北京。

寄主：向日葵、锦鸡儿、沙蒿、骆驼蓬。

果蝽 *Carpocoris coreanus* Distant

分布：内蒙古（呼和浩特市清水河县，包头市固阳县，鄂尔多斯市杭锦旗、乌审旗，巴彦淖尔市乌拉特前旗，阿拉善盟阿拉善左旗、阿拉善右旗、额济纳旗），陕西，甘肃，青海，新疆；蒙古国。

寄主：紫花苜蓿、柠条、沙拐枣。

宽圆果蝽 *C. fuscispinus*（Boheman）

分布：内蒙古（呼伦贝尔市鄂温克族自治旗，兴安盟阿尔山市），新疆；蒙古国。

寄主：地榆、水杨梅。

紫翅果蝽 *C. purpureipennis*（De Geer）

分布：内蒙古（呼和浩特市土默特左旗，呼伦贝尔市海拉尔区、鄂温克族自治旗、鄂伦春族自治旗，兴安盟扎赉特旗、科尔沁右翼前旗，通辽市科尔沁左翼后旗，赤峰市阿鲁科尔沁旗、喀喇沁旗、克什克腾旗，锡林郭勒盟正蓝旗，乌兰察布市凉城县、卓资县），吉林，辽宁，河北，宁夏，山东，甘肃，新疆；蒙古国，朝鲜，日本，印度，土耳其，伊朗。

寄主：骆驼蓬。

东亚果蝽 *C. seidenstuckeri* **Tamanini**

分布：内蒙古（呼和浩特市土默特左旗，呼伦贝尔市，兴安盟扎赉特旗、科尔沁右翼前旗，锡林郭勒盟锡林浩特市，乌兰察布市凉城县），吉林，辽宁，河北，陕西，山东；俄罗斯，蒙古国，日本，西欧。

寄主：水杨梅、铁线菊、骆驼蓬。

大漠曼蝽 *Desertomenida albula* **Kiritshenko**

分布：内蒙古（阿拉善盟额济纳旗、阿拉善右旗），新疆；蒙古国。

寄主：梭梭树。

斑须蝽 *Dolycoris baccarum*（**Linnaeus**）

分布：内蒙古，黑龙江，吉林，辽宁，河北，山西，陕西，宁夏，甘肃，青海，山东，江苏，浙江，福建，湖北，江西，广东，广西，云南，四川，西藏，新疆；蒙古国，日本，俄罗斯，印度，巴基斯坦，土耳其，阿拉伯，叙利亚，埃及。

寄主：玉米、燕麦、披碱草、无芒雀麦、赖草及苜蓿等豆科牧草。

菜蝽 *Eurydema dominulus*（**Scopoli**）

分布：内蒙古（呼伦贝尔市鄂伦春族自治旗、鄂温克族自治旗，兴安盟科尔沁右翼前旗，赤峰市喀喇沁旗），各省均有分布；俄罗斯，西欧。

寄主：十字花科牧草。

横纹菜蝽 *E. gebleri* **Kolenati**

分布：内蒙古，北京，天津，黑龙江，吉林，辽宁，河北，陕西，山西，甘肃，山东，江苏，安徽，湖北，四川，新疆；哈萨克斯坦，蒙古国，朝鲜。

寄主：荨麻、羊草，蒿属，十字花科牧草。

新疆菜蝽 *E. maracandicum*（**Oschanin**）

分布：内蒙古（呼和浩特市，锡林郭勒盟锡林浩特市，巴彦淖尔市临河区、乌拉特前旗、乌拉特后旗，阿拉善盟阿拉善左旗、额济纳旗），新疆；蒙古国。

寄主：苜蓿、羊草、粉藜等植物。

宽碧蝽 *Palomena viridissima*（**Poda**）

分布：内蒙古（呼和浩特市土默特左旗，包头市固阳县，呼伦贝尔市，兴安盟扎赉特旗、科尔沁右翼中旗，通辽市科尔沁左翼后旗，赤峰市阿鲁科尔沁旗、喀喇沁旗，乌兰察布市凉城县、卓资县，阿拉善盟阿拉善左旗），黑龙江，河北，陕西，山西，甘肃，青海，山东；蒙古国。

寄主：蒿属植物。

沙枣润蝽 *Rhaphigaster brevispina* **Horvath**

分布：内蒙古（鄂尔多斯市鄂温克族自治旗、鄂伦春族自治旗，兴安盟扎赉特旗、科尔沁右翼前旗，赤峰市喀喇沁旗、克什克腾旗、阿鲁科尔沁旗，锡林郭勒盟西乌珠穆沁旗、多伦县，乌兰察布市凉城县、卓资县），北京，天津，黑龙江，吉林，辽宁，河北，江苏，浙江，湖北，江西，四川；蒙古国。

寄主：沙枣、梭梭。

（三）缨翅目 Thysanoptera

1. 纹蓟马科 Aeolothripidae

蒙古纹蓟马 *Aeolothrips mongolicus* Pelikan

分布：内蒙古（乌兰察布市四子王旗，鄂尔多斯市鄂托克前旗，巴彦淖尔市乌拉特中旗，阿拉善盟阿拉善左旗、额济纳旗），宁夏。

寄主：紫花苜蓿、草木樨、石竹，伞形花科植物。

变色纹蓟马 *A. versicolor* Uzel

分布：内蒙古（锡林郭勒盟二连浩特市、苏尼特右旗，阿拉善盟额济纳旗）。

寄主：白刺、沙蓬、臭蒿。

新疆纹蓟马 *A. xinjiangensis* Han

分布：内蒙古（锡林郭勒盟苏尼特右旗，巴彦淖尔市乌拉特前旗、乌拉特后旗、杭锦后旗，阿拉善盟额济纳旗），宁夏，新疆。

寄主：白刺、盐爪爪、地肤，豆科牧草。

横纹蓟马 *A.*（*Coleothrips*）*fasciatus*（Linnaeus）

分布：内蒙古（呼和浩特市，包头市，呼伦贝尔市陈巴尔虎旗，赤峰市，锡林郭勒盟二连浩特市、苏尼特左旗、苏尼特右旗，乌兰察布市丰镇市、四子王旗，鄂尔多斯市东胜区、达拉特旗、鄂托克前旗、鄂托克旗、杭锦旗、乌审旗、乌海市，巴彦淖尔市五原县、临河区、磴口县、乌拉特前旗、乌拉特中旗、杭锦后旗，阿拉善盟阿拉善左旗、阿拉善右旗、额济纳旗），北京，辽宁，河北，宁夏，甘肃，新疆，山东，浙江，河南，湖北，江西，云南；日本，朝鲜，蒙古国，欧洲。

寄主：紫花苜蓿、向日葵、翠菊、黄花菊、阿尔泰狗娃花、甘草、沙蒿、灰蒿、芨芨草、白草、冰草、羊草、盐爪爪、白刺、地肤。

间纹蓟马 *A.*（*Coleothrips*）*intermedius*（Bagnall）

分布：内蒙古（包头市达尔罕茂明安联合旗，赤峰市，乌兰察布市四子王旗，巴彦淖尔市乌拉特中旗、乌拉特后旗），辽宁，河北，宁夏，新疆；蒙古国，印度，西亚，欧洲。

寄主：百脉根、苜蓿、蜀葵、大花萱草、沙蒿。

2. 蓟马科 Thripidae

玉米黄呆蓟马 *Anaphothrips obscurus*（Muller）

分布：内蒙古（呼和浩特市，包头市，锡林郭勒盟二连浩特市、西乌珠穆沁旗，鄂尔多斯市达拉特旗、鄂托克前旗、鄂托克旗、乌审旗、伊金霍洛旗，乌海市，巴彦淖尔市磴口县、临河区、乌拉特前旗、乌拉特中旗、乌拉特后旗、杭锦后旗，阿拉善盟阿拉善左旗、额济纳旗），辽宁，吉林，河北，陕西，山西，宁夏，甘肃，新疆，山东，江苏，浙江，福建，河南，广东，海南，贵州，四川，西藏，台湾；朝鲜，日本，马来西亚，蒙古国，埃及，摩洛哥，爱沙尼亚，俄罗斯，美国，加拿大，新西兰，澳大利亚，西欧。

寄主：玉米、芦苇、骆驼蓬、万寿菊、向日葵、油蒿、苜蓿、白草、沙蓬、地肤、蒿、芨芨草、白刺、阿尔泰狗娃花、芦草、狗尾草。

芒缺翅蓟马 *Aptinothrips stylifes* Trybom
分布：内蒙古（阿拉善盟阿拉善左旗），宁夏，新疆，西藏；爱沙尼亚，俄罗斯，冰岛，美国，西欧。

寄主：沙蒿。

袖指蓟马 *Chirothrips manicatus*（**Haliday**）
分布：内蒙古（呼和浩特市和林格尔县、武川县，包头市固阳县、达尔罕茂明安联合旗，赤峰市敖汉旗，锡林郭勒盟二连浩特市、苏尼特左旗、苏尼特右旗、多伦县，乌兰察布市化德县、四子王旗，鄂尔多斯市东胜区、鄂托克前旗、乌审旗、伊金霍洛旗，巴彦淖尔市磴口县、乌拉特前旗、乌拉特中旗、杭锦后旗），北京，黑龙江，吉林，辽宁，河北，陕西，山西，宁夏，河南，江西，台湾；朝鲜，日本，蒙古国，阿根廷，澳大利亚，新西兰，欧洲，北美洲。

寄主：芨芨草、白草、冰草、针茅、白刺、羊草、燕麦、冷蒿、盐爪爪。

花蓟马 *Frankliniella intonsa*（**Trybom**）
分布：全国各地；朝鲜，韩国，日本，蒙古国，印度，土耳其，欧洲各地。
寄主：苜蓿、草木樨、金盏菊、地黄、玉米。

禾蓟马 *F. tenuicornis*（**Uzel**）
分布：内蒙古，黑龙江，吉林，辽宁，北京，河北，河南，山西，陕西，甘肃，四川，贵州，安徽，湖北，湖南，江苏，江西，福建，广东，广西，台湾，新疆；朝鲜，日本，蒙古国，土耳其，欧洲，北美。

寄主：委陵菜、狗尾草、苜蓿、白蒿、蟋蟀草、狼尾草、玉米、蜀葵。

丝大蓟马 *Megalurothrips sjoestedti*（**Trybom**）
分布：内蒙古（阿拉善盟阿拉善左旗），河北，宁夏，河南，湖北。
寄主：苜蓿。

牛角花齿蓟马 *Odontothrips loti*（**Haliday**）
分布：内蒙古（呼和浩特市，包头市，巴彦淖尔市乌拉特后旗，阿拉善盟阿拉善右旗、额济纳旗、阿拉善左旗），河北，河南，山西，宁夏，陕西，甘肃；日本，蒙古国，美国，欧洲各地。

寄主：苜蓿、黄花草木樨。

苜蓿齿蓟马 *O. phaleratus* Haliday
分布：内蒙古。
寄主：苜蓿、三叶草、羊草、披碱草。

塔六点蓟马 *Scolothrips takahashii* Priesner
分布：内蒙古（呼和浩特市，包头市，通辽市，乌海市），北京，上海，吉林，辽宁，河北，山西，宁夏，山东，江苏，浙江，福建，河南，湖北，江西，广东，广西，海南，云南，四川，台湾。
寄主：玉米、益母草。

苜蓿黑尾红蓟马 *Sussericothrips melilotus* Han
分布：内蒙古，河北，河南，山西，宁夏，陕西，甘肃。
寄主：草木樨、苜蓿。

八节黄蓟马 *Thrips flavidulus*（Bagnall）
分布：内蒙古，辽宁，河北，河南，山东，宁夏，陕西，甘肃，四川，西藏，云南，贵州，湖北，湖南，江苏，江西，浙江，福建，广东，广西，海南，台湾；朝鲜，日本，尼泊尔，斯里兰卡，东南亚。
寄主：苜蓿、三叶草、蔷薇、向日葵、黄花蒿、绣线菊、万寿菊、夏枯草、野地黄。

大蓟马 *Th. major* Uzel
分布：内蒙古（呼和浩特市和林格尔县，包头市达尔罕茂明安联合旗，呼伦贝尔市额尔古纳市，锡林郭勒盟苏尼特左、太仆寺旗，乌兰察布市四子王旗，鄂尔多斯市东胜区、鄂托克前旗、伊金霍洛旗，巴彦淖尔市乌拉特前旗、乌拉特中旗、杭锦后旗，阿拉善盟阿拉善左旗），吉林，辽宁，宁夏，甘肃，河南，新疆；蒙古国，俄罗斯，西欧。
寄主：无芒雀麦。

烟蓟马 *Th. tabaci* Lindeman
分布：内蒙古（呼和浩特市，包头市，呼伦贝尔市海拉尔区、陈巴尔虎旗，兴安盟乌兰浩特市、阿尔山市、突泉县，通辽市，赤峰市，锡林郭勒盟二连浩特市、苏尼特左旗、苏尼特右旗、东乌珠穆沁旗、太仆寺旗，乌兰察布市四子王旗、集宁区，鄂尔多斯市东胜区、达拉特旗、鄂托克前旗、鄂托克旗、乌审旗、伊金霍洛旗，乌海市，巴彦淖尔市磴口县、临河区、乌拉特前旗、乌拉特中旗、乌拉特后旗、杭锦后旗，阿拉善盟阿拉善左旗、额济纳旗），吉林，辽宁，河北，河南，山东，山西，宁夏，陕西，甘肃，新疆，西藏，四川，云南，贵州，湖北，湖南，江苏，广东，广西，海南，台湾；朝鲜，日本，蒙古国，印度，菲律宾。
寄主：苜蓿、红豆草、三叶草、沙打旺、草木樨、车菊、苦蒿。

普通蓟马 *Th. vulgatissimus* Haliday
分布：内蒙古（包头市固阳县、达尔罕茂明安联合旗，锡林郭勒盟太仆寺旗、正蓝旗，乌兰察布市四子王旗，阿拉善盟阿拉善左旗），甘肃，宁夏，青海，新疆，西藏，四川；蒙古国，乌克兰，美国，加拿大，新西兰，欧洲。

　　寄主：苜蓿、野蔷薇、紫云英、荞麦。

3. 管蓟马科 Phlaeothripidae

稻管蓟马 *Haplothrips aculeatus*（Fabricius）

　　分布：内蒙古（呼和浩特市，包头市，呼伦贝尔市海拉尔区、满洲里市、扎兰屯市、牙克石市、根河市、鄂伦春族自治旗、陈巴尔虎旗，通辽市科尔沁左翼后旗，赤峰市，锡林郭勒盟二连浩特市、西乌珠穆沁旗、太仆寺旗、正蓝旗，乌兰察布市集宁区、丰镇市、四子王旗，鄂尔多斯市东胜区、达拉特旗、准格尔旗、鄂托克前旗、鄂托克旗、乌审旗、伊金霍洛旗，乌海市，巴彦淖尔市磴口县、临河区、乌拉特前旗、乌拉特后旗、乌拉特中旗、杭锦后旗，阿拉善盟阿拉善左旗、阿拉善右旗、额济纳旗），北京，上海，黑龙江，吉林，辽宁，河北，陕西，山西，宁夏，甘肃，新疆，山东，江苏，安徽，浙江，福建，河南，湖北，湖南，江西、广东，广西，海南，云南，贵州，四川，西藏，台湾；朝鲜，日本，蒙古国，欧洲。

　　寄主：玉米、大麦、燕麦、向日葵、白草、羊草、芨芨草、苜蓿、狗尾草、盐爪爪、阿尔泰狗娃花、大花萱草。

华简管蓟马 *H. chinensis* Priesner

　　分布：内蒙古（包头市固阳县，呼伦贝尔市海拉尔区、根河市、鄂温克族自治旗、陈巴尔虎旗，通辽市奈曼旗，乌兰察布市察哈尔右翼前旗、集宁区，鄂尔多斯市东胜区、达拉特旗，巴彦淖尔市乌拉特前旗），北京，上海，吉林，辽宁，河北，陕西，宁夏，新疆，山东，江苏，安徽，浙江，福建，河南，湖北，湖南，江西，广东，广西，海南，云南，贵州，四川，西藏；朝鲜，日本。

　　寄主：玉米、三叶草、小旋花、夏枯草。

支简管蓟马 *H. defractus* Klimt

　　分布：内蒙古（呼伦贝尔市根河市，锡林郭勒盟二连浩特市，巴彦淖尔市乌拉特后旗、杭锦后旗，阿拉善盟阿拉善左旗、额济纳旗）。

　　寄主：苜蓿、白刺、火绒草、锦鸡儿。

黑角简管蓟马 *H. niger*（Osborn）

　　分布：内蒙古（呼和浩特市，包头市）。

　　寄主：苜蓿、绣线菊。

尖毛简管蓟马 *H. reuteri*（Karny）

　　分布：内蒙古（呼和浩特市和林格尔县，包头市达尔罕茂明安联合旗，呼伦贝尔市扎兰屯市，通辽市，锡林郭勒盟东乌珠穆沁旗，鄂尔多斯市鄂托克前旗，巴彦淖尔市乌拉特前旗、乌拉特中旗、乌拉特后旗，阿拉善盟阿拉善左旗、阿拉善右旗、额济纳旗），吉林，辽宁，山西，宁夏，甘肃，新疆，河南，湖南；蒙古国，俄罗斯，印度，也门，巴勒斯坦，伊朗，苏丹，埃及，欧洲。

寄主：籽蒿、狗尾草、锦鸡儿、盐爪爪、白刺、小叶忍冬、黄刺梅、黄花蒿。

麦简管蓟马 *H. tritici*（**Kurdjumov**）

分布：内蒙古（呼和浩特市和林格尔县，呼伦贝尔市满洲里市，鄂尔多斯市鄂托克前旗，巴彦淖尔市乌拉特前旗、乌拉特后旗），黑龙江，吉林，辽宁，甘肃，新疆；摩洛哥，西亚，俄罗斯，欧洲。

寄主：燕麦、芦苇、冰草、白草、狗尾草、苜蓿、甘草。

（四）鞘翅目 Coleoptera

1. 步甲科 Carabidae

谷婪步甲 *Harpalus*（*Pardileus*）*calceatus*（**Duftschmid**）

分布：内蒙古（呼伦贝尔市阿荣旗，锡林郭勒盟正镶白旗、西乌珠穆沁旗，巴彦淖尔市乌拉特前旗，阿拉善盟阿拉善左旗），黑龙江，吉林，辽宁，福建，新疆；西伯利亚。

寄主：狗尾草。

毛婪步甲 *H.*（*Pseudophonus*）*griseus*（**Panzer**）

分布：内蒙古（呼和浩特市和林格尔县、清水河县，兴安盟科尔沁右翼前旗、扎赉特旗，通辽市库伦旗，巴彦淖尔市乌拉特前旗，阿拉善盟阿拉善右旗），黑龙江，吉林，辽宁，河北，陕西，山西，甘肃，新疆，山东，江苏，安徽，浙江，福建，河南，湖北，江西，湖南，广西，云南，贵州，四川，台湾；日本，朝鲜，蒙古国，越南，阿富汗，北美，北非，亚洲东部，欧洲。

寄主：玉米、狗尾草。

中华婪步甲 *H. sinicus* Hope

分布：内蒙古（锡林郭勒盟正镶白旗），全国各地；朝鲜，日本，越南，俄罗斯。

寄主：无芒雀麦。

2. 叩甲科 Elateridae

细胸锥尾叩甲（细胸沟叩头虫） *Agriotes subvittatus* Motscholsky

分布：内蒙古，黑龙江，吉林，辽宁，河北，山西，陕西，宁夏，甘肃，青海，山东，江苏，福建，河南，湖北。

寄主：玉米、向日葵及苜蓿等豆科牧草。

宽背锦叩甲 *Aphotistus latus*（**Fabricius**）

分布：内蒙古，黑龙江，新疆。

寄主：豆科牧草。

沟叩头虫 *Pleonomus canaliculatus*（**Feldermann**）

分布：内蒙古（锡林郭勒盟正镶白旗），黑龙江，吉林，辽宁，河北，陕西，山西，甘肃，青海，山东，江苏，安徽，河南，湖北。

寄主：大麦、玉米、向日葵、苜蓿。

3. 芜菁科 Meloidae

黄边豆芜菁 *Epicauta ambusta* Pallas

分布：内蒙古（呼伦贝尔市，乌兰察布市）。

寄主：锦鸡儿等豆科牧草。

中华豆芜菁 *E.*（*Epicauta*）*chinensis*（Laporte）

分布：内蒙古（呼和浩特市，包头市，赤峰市，锡林郭勒盟，乌兰察布市），黑龙江，辽宁，吉林，北京，天津，河北，河南，山东，山西，宁夏，陕西，甘肃，新疆，四川，湖北，湖南，江苏，安徽，江西，台湾；朝鲜，韩国，日本。

寄主：玉米及紫花苜蓿等豆科牧草。

疑豆芜菁 *E.*（*Epicauta*）*dubia*（Fabricius）

分布：内蒙古（乌兰察布市），黑龙江，吉林，辽宁，北京，河北，山西，宁夏，青海，陕西，甘肃，四川，西藏，湖北，江苏，江西；蒙古国，朝鲜，韩国，日本，俄罗斯，哈萨克斯坦。

寄主：玉米及苜蓿等豆科牧草。

豆芜菁 *E.*（*Epicauta*）*gorhami*（Marseul）

分布：内蒙古（巴彦淖尔市），北京，天津，河北，河南，山东，山西，陕西，四川，贵州，湖北，湖南，江苏，安徽，江西，浙江，福建，广东，广西，海南，台湾，香港；韩国，日本。

寄主：苜蓿等豆科牧草。

大头豆芜菁 *E.*（*Epicauta*）*megalocephala*（Gebler）

分布：内蒙古（呼和浩特市，包头市，呼伦贝尔市，兴安盟，通辽市，赤峰市，锡林郭勒盟正镶白旗、正蓝旗、镶黄旗、太仆寺旗、多伦县，乌兰察布市，巴彦淖尔市，阿拉善盟），黑龙江，吉林，辽宁，北京，河北，河南，山西，宁夏，陕西，甘肃，青海，新疆，四川，安徽；蒙古国，韩国，俄罗斯，哈萨克斯坦。

寄主：苜蓿、沙蓬、锦鸡儿。

暗头豆芜菁 *E.*（*Epicauta*）*obsccurocephala* Reitter

分布：内蒙古（包头市，兴安盟，赤峰市，巴彦淖尔市），吉林，辽宁，北京，天津，河北，河南，山东，山西，宁夏，陕西，甘肃，青海，湖北，江苏，安徽，江西，浙江，上海。

寄主：苜蓿等豆科牧草。

西伯利亚豆芜菁 *E.*（*Epicauta*）*sibirica*（Pallas）

分布：内蒙古（呼和浩特市，包头市，赤峰市，锡林郭勒盟正镶白旗、正蓝旗、镶黄旗、太仆寺旗、多伦县，乌兰察布市），黑龙江，吉林，辽宁，北京，河北，河南，山西，宁夏，陕西，甘肃，青海，新疆，四川，湖北，江西，浙江，广东；蒙古国，日本，俄罗斯，哈萨克斯坦，越南，印度尼西亚。

寄主：玉米、向日葵、骆驼蓬，苜蓿等豆科牧草。

凹胸豆芫菁 *E.*（*Epicauta*）*xantusi* Kaszab

分布：内蒙古（呼和浩特市武川县），辽宁，北京，河北，山西，宁夏，甘肃，陕西，四川，湖北，江苏，江西，上海，广西。

寄主：苜蓿等豆科牧草。

绿芫菁 *Lytta*（*Lytta*）*caraganae*（Pallas）

分布：内蒙古，黑龙江，吉林，辽宁，北京，河北，河南，山东，山西，宁夏，陕西，甘肃，青海，新疆，湖北，湖南，上海，江苏，浙江，安徽，江西；蒙古国，朝鲜，日本，俄罗斯。

寄主：苜蓿、柠条、锦鸡儿等豆类。

绿边芫菁 *L.*（*Lytta*）*suturella* Motschulsky

分布：内蒙古（锡林郭勒盟正镶白旗，乌兰察布市），黑龙江，吉林，辽宁，北京，河北，河南，山西，宁夏，青海，新疆，贵州，江苏，上海，广西；韩国，日本，俄罗斯，塔吉克斯坦。

寄主：锦鸡儿。

曲角短翅芫菁 *Meloe*（*Meloe*）*proscarabaeus proscarabaeus* Linnaeus

分布：内蒙古（锡林郭勒盟正镶白旗，乌兰察布市），甘肃，西藏，四川，云南，湖北，安徽；朝鲜，蒙古国，俄罗斯，伊朗，伊拉克，叙利亚，欧洲，北非。

寄主：豆科、藜科牧草。

阔胸短翅芫菁 *M.*（*Euryrneloe*）*brevicollis brevicollis* Panzer

分布：内蒙古（呼伦贝尔市，锡林郭勒盟正镶白旗，乌兰察布市），黑龙江，河北，甘肃，江西；蒙古国，朝鲜，阿富汗，伊朗，约旦，土耳其，俄罗斯，吉尔吉斯斯坦，塔吉克斯坦，西欧。

寄主：豆科、藜科牧草。

毛斑短翅芫菁 *M. centripubens* Reitter

分布：内蒙古（巴彦淖尔市）。

寄主：豆科、藜科牧草。

短翅芫菁 *M. coanotalu* Marseul

分布：内蒙古（包头市、乌兰察布市、巴彦淖尔市）。

寄主：豆科、藜科牧草。

圆胸短翅芫菁 *M.*（*Euryrneloe*）*corvinus* Marseul

分布：内蒙古（赤峰市、乌兰察布市），黑龙江，吉林，辽宁，河北，河南，甘肃，浙江；朝鲜，韩国，日本，俄罗斯。

寄主：藜科牧草。

原蜓短翅芫菁 *M. proscarabaeus* Linnaeus

分布：内蒙古（赤峰市，乌兰察布市）。

寄主：藜科牧草。

苹斑芫菁 *Mylabris*（*Eumylabris*）*calida* Pallas

分布：内蒙古，黑龙江，吉林，辽宁，北京，河北，河南，山东，山西，宁夏，陕西，甘肃，青海，新疆，湖北，江苏，浙江；蒙古国，朝鲜，中亚，中东，东非，北非，西欧，俄罗斯。

寄主：锦鸡儿、益母草。

蒙古斑芫菁 *M.*（*Chalcabris*）*mongolica*（Dokhtouroff）

分布：内蒙古（锡林郭勒盟正镶白旗，乌兰察布市，阿拉善盟），河北，河南，宁夏，甘肃，陕西，新疆；蒙古国。

寄主：豆科牧草。

西伯利亚斑芫菁 *M.*（*Micrabris*）*sibirica* Fischer-Waldheim

分布：内蒙古（兴安盟，乌兰察布市），河北，山西，宁夏，甘肃，陕西，新疆；土耳其，俄罗斯，乌克兰，哈萨克斯坦，吉尔吉斯斯坦。

寄主：锦鸡儿。

小斑芫菁 *M.*（*Chalcabris*）*splendidula*（Pallas）

分布：内蒙古（赤峰市，锡林郭勒盟正镶白旗，乌兰察布市），吉林，河北，宁夏，陕西，甘肃，青海，新疆，四川；蒙古国，俄罗斯，哈萨克斯坦，吉尔吉斯斯坦。

寄主：豆科牧草。

丽斑芫菁 *M.*（*Chalcabris*）*speciosa*（Pallas）

分布：内蒙古（呼伦贝尔市，兴安盟，锡林郭勒盟正镶白旗，乌兰察布市，鄂尔多斯市，阿拉善盟），黑龙江，吉林，辽宁，河北，天津，宁夏，陕西，甘肃，青海，新疆，江西；朝鲜，蒙古国，阿富汗，俄罗斯，乌兹别克斯坦，哈萨克斯坦。

寄主：豆科、十字花科牧草。

4. 拟步甲科 Tenebrionidae

尖尾东鳖甲 *Anatolica*（*Anatolica*）*mucronata* Reitter

分布：内蒙古（鄂尔多斯市鄂托克前旗，乌海市，阿拉善盟阿拉善左旗、阿拉善右旗），宁夏，陕西，甘肃；蒙古国。

寄主：沙蒿、骆驼蓬、沙米。

纳氏东鳖王 *A.*（*Anatolica*）*nureti* Schuster et Reymond

分布：内蒙古（阿拉善盟阿拉善左旗），宁夏，甘肃；蒙古国。

寄主：沙生植物。

波氏东鳖甲 *A.（Anatolica）pottanini* Reitter

分布：内蒙古（巴彦淖尔市磴口县，鄂尔多斯市鄂托克前旗，阿拉善盟阿拉善左旗、阿拉善右旗），宁夏，甘肃，四川，陕西，新疆；蒙古国。

寄主：沙米、沙蒿。

小型掘甲 *Netuschilia hauseri* Reitter

分布：内蒙古（巴彦淖尔市杭锦后旗）。

寄主：玉米。

中华刺甲 *Oodescelis chinensis* Kaszab

分布：内蒙古（锡林郭勒盟正镶白旗），新疆。

寄主：禾本科牧草。

蒙古漠王 *Platyope mongolica* Faldermann

分布：内蒙古（呼和浩特市和林格尔县，包头市达尔罕茂明安联合旗，呼伦贝尔市陈巴尔虎旗，锡林郭勒盟苏尼特左旗，巴彦淖尔市乌拉特中旗、乌拉特后旗），宁夏，甘肃；俄罗斯。

寄主：沙蒿、骆驼蓬。

泥脊漠甲 *Pterocoma（Parapterocoma）vittata* Frivaldsky

分布：内蒙古（鄂尔多斯市，阿拉善盟），宁夏，陕西，甘肃，新疆，青海。

寄主：沙生植物。

弯齿琵甲 *Blaps（Blaps）femoralis femoralis* Fischer-Waldheim

分布：内蒙古（鄂尔多斯市鄂托克旗，阿拉善盟阿拉善左旗），河北，山西，陕西，甘肃，宁夏；蒙古国。

寄主：沙蒿、骆驼蓬。

异距琵甲 *B.（Blaps）kiritshenkei* Semenov et Bogatshev

分布：内蒙古（包头市），甘肃，宁夏；蒙古国。

寄主：骆驼蓬、沙蒿、刺棘豆。

波氏真土甲 *Eumylada potanini*（Reitter）

分布：内蒙古（鄂尔多斯市，阿拉善盟阿拉善右旗），宁夏，甘肃。

寄主：沙生植物。

网目土甲（蒙古土潜）*Gonocephalum reticulatum* Motschulsky

分布：内蒙古，黑龙江，辽宁，吉林，北京，天津，河北，山东，山西，宁夏，陕西，甘肃，青海，江苏；蒙古国，俄罗斯，朝鲜。

寄主：藜科牧草等。

类沙土甲 *Opatrum（Opatrum）sabulosum sabulosum*（Linnaeus）

分布：内蒙古，黑龙江，吉林，辽宁，北京，天津，河北，河南，山西，宁夏，陕西，甘肃，青海，新疆，西藏；蒙古国，俄罗斯，哈萨克斯坦，塔吉克斯坦，土库曼斯坦，土耳其，西欧。

寄主：豆科牧草。

暗圆鳖甲 *Scytosoma opacum*（Reitter）

分布：内蒙古（鄂尔多斯市），北京，河北，山西，新疆。

寄主：苜蓿。

小圆鳖甲 *S. pygmaeum*（Gebler）

分布：内蒙古，宁夏；蒙古国，俄罗斯远东地区。

寄主：沙生植物。

突角漠甲指名亚种 *Trigonocnera pseudopimelia pseudopimelia*（Reitter）

分布：内蒙古，宁夏，甘肃。

寄主：沙生植物。

5. 鳃金龟科 Melolonthidae

马铃薯鳃金龟 *Amphimallon solstitialis*（Linnaeus）

分布：内蒙古（呼和浩特市和林格尔县，赤峰市阿鲁科尔沁旗、巴林左旗，锡林郭勒盟正镶白旗、太仆寺旗、多伦县，鄂尔多斯市鄂托克旗），黑龙江，吉林，辽宁，河北，甘肃，青海，新疆。

寄主：向日葵及豆科牧草。

福婆鳃金龟 *Brahmina faldermanni* Kraatz

分布：内蒙古（呼和浩特市土默特左旗，锡林郭勒盟，乌兰察布市察哈尔右翼中旗），辽宁，河北，甘肃，山西，山东。

寄主：豆科牧草。

毛婆鳃金龟 *B. rubetra*（Faldermann）

分布：内蒙古（呼和浩特市土默特左旗，乌兰察布市察哈尔右翼中旗）。

寄主：三叶草、苜蓿。

介婆鳃金龟 *B. intermedia*（Mannerheim）

分布：内蒙古（呼和浩特市清水河县，赤峰市阿鲁科尔沁旗）。

寄主：豆科、禾本科牧草。

东北大黑鳃金龟 *Holotrichia diomphalis*（Bates）

分布：内蒙古，黑龙江，吉林，辽宁，陕西，福建，河南，湖北。

寄主：向日葵及豆科牧草。

暗黑鳃金龟 *H. morosa* Waterhouse

分布：内蒙古（赤峰市宁城县），黑龙江，吉林，辽宁，河北，青海，山东，江苏，浙江，安徽，河南，湖北，四川。

寄主：玉米。

华北大黑鳃金龟 *H. oblita*（Faldermann）

分布：内蒙古（赤峰市，巴彦淖尔市磴口县），辽宁，北京，天津，河北，山西，宁夏，陕西，甘肃，青海，安徽，江西，江苏，浙江，河南；俄罗斯。

寄主：玉米及豆科牧草。

棕色鳃金龟 *H. titans*（Reitter）

分布：内蒙古（赤峰市），吉林，辽宁，河北，山西，陕西，宁夏，甘肃，山东，江苏，浙江，河南，云南。

寄主：豆科牧草。

斑单爪鳃金龟 *Hoplia aureola*（Pallas）

分布：内蒙古（呼和浩特市，包头市，呼伦贝尔市额尔古纳市、牙克石市，兴安盟扎赉特旗、科尔沁右翼前旗，锡林郭勒盟正蓝旗，乌兰察布市），黑龙江，吉林，辽宁，宁夏，山西，甘肃，河北，江苏；蒙古国，俄罗斯，朝鲜。

寄主：艾蒿及禾本科牧草。

围绿单爪鳃金龟 *H. cincticollis*（Faldermann）

分布：内蒙古（赤峰市阿鲁科尔沁旗、翁牛特旗，锡林郭勒盟正镶白旗、正蓝旗、苏尼特左旗、多伦县），黑龙江，吉林，辽宁，宁夏，山西，甘肃，河北，山东，河南。

寄主：草木樨、小叶锦鸡儿。

大栗鳃金龟 *Melolontha hippocastani mongolica* Menetries

分布：内蒙古，河北，陕西，山西，甘肃，四川；蒙古国。

寄主：玉米及豆科牧草。

小灰鳃金龟 *M. trater* Arrow

分布：内蒙古（赤峰市林西县）。

寄主：玉米及豆科牧草。

鲜黄鳃金龟 *Metabolus tumidifrons* Brenske

分布：内蒙古（锡林郭勒盟正镶白旗），辽宁，河北，山东，江苏，浙江，河南，江西。

寄主：禾本科牧草。

朝鲜鳃金龟 *Miridiba koreana* Niijima et Kinioshita

分布：内蒙古（赤峰市），黑龙江，吉林，辽宁。

寄主：玉米及豆科牧草。

白云鳃金龟 *Polyphylla alba vicaria* Semenov

分布：内蒙古，宁夏，甘肃，陕西，新疆。

寄主：牧草。

小云鳃金龟 *P. gracilicornis* Blanchard
分布：内蒙古，宁夏，山西，青海，甘肃，河北，陕西，河南，四川。
寄主：豆科、禾本科牧草。

黑皱鳃金龟 *Trematodes tenebrioides*（Pallas）
分布：内蒙古（呼和浩特市，包头市，通辽市，赤峰市，锡林郭勒盟，乌兰察布市，鄂尔多斯市，巴彦淖尔市），黑龙江，吉林，辽宁，北京，天津，河北，河南，山东，山西，宁夏，陕西，甘肃，青海，湖南，江苏，安徽，江西，台湾；蒙古国，俄罗斯。
寄主：玉米、车前及苜蓿等豆科牧草。

东方绢金龟 *Serica orientalis* Motschulsky
分布：内蒙古，黑龙江，辽宁，吉林，北京，天津，河北，河南，山东，山西，宁夏，陕西，甘肃，青海，四川，贵州，湖北，江苏，安徽，浙江，福建，台湾；蒙古国，日本，朝鲜，俄罗斯。
寄主：沙蒿、向日葵、柠条等玉米，苜蓿、豆科牧草。

6. 丽金龟科 Rutelidae

黄褐异丽金龟 *Anomala exotela* Faldermann
分布：内蒙古（呼和浩特市清水河县，包头市，通辽市扎鲁特旗，赤峰市，锡林郭勒盟，鄂尔多斯市东胜区、杭锦旗、伊金霍洛旗，巴彦淖尔市），黑龙江，辽宁，北京，天津，河北，河南，山东，山西，宁夏，陕西，甘肃，青海，江苏，安徽。
寄主：苜蓿等豆科牧草及玉米。

拟异丽金龟 *A. luculenta smaragdina* Dhause
分布：内蒙古（呼伦贝尔市，赤峰市敖汉旗、巴林左旗、宁城县），黑龙江，吉林，辽宁，河北，陕西，山西，山东。
寄主：玉米及豆科牧草。

褐条丽金龟 *Btitopertha pallidipennis* Reitter
分布：内蒙古（兴安盟科尔沁右翼前旗，赤峰市），黑龙江，辽宁，甘肃。
寄主：禾本科、豆科牧草。

弓斑丽金龟 *Cyriopertha arcuata* Gebler
分布：内蒙古（呼和浩特市清水河县，呼伦贝尔市，锡林郭勒盟），黑龙江，吉林，辽宁，河北，陕西，山西，宁夏，甘肃，青海，山东，河南。
寄主：豆科牧草。

中华弧丽金龟 *Popillia quadriguttata*（Fabricius）
分布：内蒙古（兴安盟科尔沁右翼前旗，通辽市科尔沁左翼中旗，鄂尔多斯市准格尔旗），黑龙江，吉林，辽宁，河北，河南，山东，山西，宁夏，陕西，甘肃，青海，四川，云南，贵州，湖北，江苏，安徽，江西，浙江，福建，广东，广西，台湾；朝鲜，越南。

寄主：玉米及苜蓿等豆科牧草。

7. 犀金龟科（独角仙科）Dynastidae

阔胸禾犀金龟 *Pentodon mongolicus* Motschulsky
分布：内蒙古，黑龙江，吉林，辽宁，河北，陕西，山西，宁夏，甘肃，青海，山东，江苏，浙江，河南。
寄主：禾本科牧草。

8. 花金龟科 Cetoniidae

暗绿花金龟 *Cetonia*（*Eucetonia*）*viridiopaca*（Motschulsky）
分布：内蒙古（呼和浩特市，兴安盟扎赉特旗、科尔沁右翼前旗），黑龙江，宁夏，山西，河北；俄罗斯，朝鲜。
寄主：沙蒿、刺蓬、骆驼蓬、苜蓿、玉米。

白星花金龟 *Protaetia*（*Liocola*）*brevitarsis*（Lewis）
分布：内蒙古（呼和浩特市，包头市固阳县，呼伦贝尔市，兴安盟扎赉特旗、科尔沁右翼前旗，通辽市科尔沁左翼后旗、开鲁县，赤峰市巴林左旗、阿鲁科尔沁旗、敖汉旗、林西县，锡林郭勒盟正镶白旗、苏尼特右旗，鄂尔多斯市达拉特旗，巴彦淖尔市乌拉特前旗、乌拉特中旗，阿拉善盟），黑龙江，吉林，辽宁，北京，河北，河南，山东，山西，宁夏，陕西，甘肃，青海，西藏，四川，云南，湖北，湖南，江苏，安徽，江西，浙江，福建，台湾；日本，朝鲜，俄罗斯，蒙古国。
寄主：玉米、苜蓿、骆驼蓬、沙蒿、刺蓬。

9. 斑金龟科 Trichiidae

褐翅格斑金龟 *Gnorimus subopacus* Motsch
分布：内蒙古（兴安盟科尔沁右翼中旗）。
寄主：禾本科牧草。

短毛斑金龟 *Lasiotrichius succinctus*（Pallas）
分布：内蒙古（兴安盟科尔沁右翼前旗），北京，黑龙江，吉林，辽宁，河北，陕西，山西，山东，江苏，浙江，福建，河南，广西，云南，四川。
寄主：向日葵及玉米等禾本科牧草。

凹背臭斑金龟 *Osmoderma barnabita* Motschulsky
分布：内蒙古（兴安盟科尔沁右翼中旗）。
寄主：禾本科牧草。

10. 天牛科 Cerambycidae

大牙土天牛 *Dorysthenes paradoxus*（Faldermann）
分布：内蒙古（呼和浩特市武川县，锡林郭勒盟正镶白旗、镶黄旗、苏尼特右旗，乌兰察布市丰镇市，巴彦淖尔市乌拉特中旗），宁夏，河北，山西，辽宁，浙江，安徽，江西，陕西，山东，河南，四川，甘肃，青海；俄罗斯，西欧。

寄主：禾本科牧草。

红缘天牛 *Asias halodendri*（**Pallas**）

分布：内蒙古（兴安盟科尔沁右翼前旗，锡林郭勒盟，乌兰察布市卓资县，阿拉善盟阿拉善左旗），黑龙江，吉林，辽宁，宁夏，河北，山西，山东，江苏，浙江，山东，河南，甘肃；朝鲜，蒙古国，俄罗斯。

寄主：沙蒿、锦鸡儿。

苜蓿多节天牛 *Agapanthia amurensis* **Kraatz**

分布：内蒙古（兴安盟扎赉特旗、科尔沁右翼前旗，通辽市扎鲁特旗），北京，上海，黑龙江，吉林，河北，陕西，山东，江苏，浙江，江西，福建。

寄主：苜蓿。

红缝草天牛 *Eodorcadion chinganicum* **Suvorov**

分布：内蒙古（锡林郭勒盟正镶白旗），黑龙江，吉林，辽宁。

寄主：披碱草。

密条草天牛 *E. virgatum*（**Motschulsky**）

分布：内蒙古（呼和浩特市武川县，锡林郭勒盟正镶白旗、正蓝旗，乌兰察布市察哈尔右翼前旗、察哈尔右翼中旗、察哈尔右翼后旗、卓资县、四子王旗，阿拉善盟阿拉善左旗），北京，天津，黑龙江，吉林，辽宁，河北，山西，陕西，甘肃，湖南，浙江，上海；蒙古国，朝鲜，俄罗斯。

寄主：芨芨草、碱草、披碱草等禾本科牧草。

11. 负泥虫科 Crioceridae

水稻负泥虫 *Oulema oryzae*（**Kywayama**）

分布：内蒙古（赤峰市翁牛特旗、敖汉旗），黑龙江，吉林，辽宁，陕西，浙江，福建，湖北，湖南，广东，广西，云南，贵州，四川，台湾。

寄主：大麦、玉米、芦苇、白茅、碱草等禾本科植物。

谷子负泥虫 *O. tristis*（**Herbst**）

分布：内蒙古（兴安盟扎赉特旗、科尔沁右翼中旗，赤峰市翁牛特旗），北京，黑龙江，辽宁，河北，陕西，甘肃，山东。

寄主：大麦、玉米。

12. 叶甲科 Chyrysomelidae

沙蒿金叶甲 *Chrysolina aeruginosa*（**Faldermann**）

分布：内蒙古（呼伦贝尔市新巴尔虎右旗，兴安盟，通辽市库伦旗，锡林郭勒盟正蓝旗、东乌珠穆沁旗，鄂尔多斯市乌审旗、鄂托克旗，巴彦淖尔市乌拉特前旗、乌拉特中旗，阿拉善盟阿拉善左旗），黑龙江，吉林，辽宁，河北，宁夏，甘肃，青海，西藏，四川；朝鲜，俄罗斯。

寄主：黑沙蒿、白砂蒿等蒿属植物。

蒿金叶甲 Ch. aurichalcea（Mannerheim）

分布：内蒙古（呼伦贝尔市扎兰屯市、额尔古纳市、陈巴尔虎旗、莫力达瓦达斡尔族自治旗，兴安盟科尔沁右翼前旗），黑龙江，吉林，辽宁，河北，河南，山东，陕西，甘肃，新疆，四川，云南，贵州，湖北，湖南，浙江，福建，广西；越南，俄罗斯。

寄主：蒿属植物。

麦茎异跗萤叶甲 Apophylia thalassina（Faldermann）

分布：内蒙古（兴安盟扎赉特旗、科尔沁右翼前旗、科尔沁右翼中旗，赤峰市巴林右旗，锡林郭勒盟西乌珠穆沁旗，乌兰察布市），吉林，辽宁，河北，山西，陕西，甘肃。

寄主：大麦、玉米。

白茨粗角萤叶甲 Diorhabda rybakowi Weise

分布：内蒙古（阿拉善盟阿拉善右旗），宁夏，陕西，甘肃，青海，新疆，四川；蒙古国。

寄主：白茨、苜蓿。

沙葱萤叶甲 Galeruca daurica（Joannis）

分布：内蒙古（呼伦贝尔市，兴安盟，锡林郭勒盟，乌兰察布市卓资县），甘肃，新疆；蒙古国，俄罗斯。

寄主：沙葱、锦鸡儿、针茅、艾蒿等牧草植物。

黑脊萤叶甲 G. nigrolineata Mannerheim

分布：内蒙古，新疆；蒙古国，哈萨克斯坦，吉尔吉斯斯坦。

寄主：蒿属植物。

双斑长跗萤叶甲 Monolepta hieroglyphica（Motschulsky）

分布：内蒙古（呼和浩特市清水河县，呼伦贝尔市扎兰屯市、额尔古纳市、阿荣旗，通辽市扎鲁特旗、科尔沁左翼中旗，乌兰察布市凉城县、卓资县、察哈尔右翼后旗，鄂尔多斯市乌审旗、伊金霍洛旗、达拉特旗），黑龙江，吉林，辽宁，河北，陕西，山西，宁夏，甘肃，江苏，浙江，福建，湖北，湖南，江西，广东，广西，云南，贵州，四川，台湾。

寄主：禾本科、十字花科、豆科牧草。

二黑条叶甲 M. nigrobilineata Motschulsky

分布：内蒙古（呼和浩特市，包头市，通辽市科尔沁左翼中旗、科尔沁左翼后旗，赤峰市阿鲁科尔沁旗、喀喇沁旗，乌兰察布市集宁区）。

寄主：豆科牧草。

阔胫萤叶甲 *Pallasiola absinthii*（Pallas）

分布：内蒙古（呼和浩特市清水河县、武川县，呼伦贝尔市扎兰屯市、额尔古纳市、新巴尔虎左旗、新巴尔虎右旗、莫力达瓦达斡尔族自治旗，兴安盟扎赉特旗、科尔沁右翼前旗，乌兰察布市丰镇市、卓资县、察哈尔右翼前旗，巴彦淖尔市乌拉特前旗，阿拉善盟阿拉善左旗），黑龙江，吉林，辽宁，河北，山西，陕西，甘肃，新疆，西藏，四川，云南；蒙古国，吉尔吉斯斯坦，俄罗斯。

寄主：藜科及蒿属植物。

双带窄缘萤叶甲 *Phyllobrotica signata*（Mannerheim）

分布：内蒙古（呼伦贝尔市，兴安盟扎赉特旗、科尔沁右翼前旗，赤峰市阿鲁科尔沁旗，锡林郭勒盟西乌珠穆沁旗），黑龙江，吉林，辽宁，河北，山西，山东，甘肃；蒙古国，俄罗斯，朝鲜。

寄主：蒿属。

凋凹胫跳甲 *Chaetocnema aridula costulata* Motschulsky

分布：内蒙古（呼伦贝尔市）。

寄主：禾本科牧草。

麦凹胫跳甲 *Ch. hortensis*（Geoffroy）

分布：内蒙古，吉林，河北，宁夏，新疆，江苏。

寄主：苜蓿。

黄宽条菜跳甲 *Phyllotreta humilis* Weise

分布：内蒙古（呼和浩特市，包头市，呼伦贝尔市满洲里市，赤峰市，乌兰察布市，巴彦淖尔市乌拉特前旗、乌拉特中旗、杭锦后旗、磴口县、五原县，鄂尔多斯市东胜区、达拉特旗），黑龙江，吉林，河北，山西，陕西，甘肃，青海，新疆，山东，江苏；俄罗斯，蒙古国。

寄主：十字花科牧草。

黄曲条菜跳甲 *Ph. striolata*（Fabricius）

分布：内蒙古，全国各地；朝鲜，日本，越南。

寄主：禾本科牧草。

黄狭条菜跳甲 *Ph. vittula*（Redtenbacher）

分布：内蒙古（呼和浩特市，包头市，呼伦贝尔市，通辽市科尔沁左翼后旗、科尔沁左翼中旗、开鲁县，赤峰市，乌兰察布市集宁区，巴彦淖尔市乌拉特前旗，鄂尔多斯市达拉特旗），黑龙江，吉林，河北，河南，山东，山西，陕西，甘肃，新疆；俄罗斯，亚洲，西欧。

寄主：十字花科植物。

13. 肖叶甲科 Eumolpidae

亚洲切头叶甲 *Coptocephala asiatica* Chujo
分布：内蒙古（呼和浩特市清水河县，包头市达尔罕茂明安联合旗，呼伦贝尔市海拉尔区、新巴尔虎左旗、新巴尔虎右旗，兴安盟扎赉特旗、科尔沁右翼前旗、科尔沁右翼中旗，通辽市科尔沁左翼中旗，赤峰市巴林左旗、巴林右旗、克什克腾旗、翁牛特旗，锡林郭勒盟，乌兰察布市，巴彦淖尔市乌拉特后旗，阿拉善盟阿拉善左旗），北京，黑龙江，吉林，河北，陕西，山西，青海。

寄主：蒿属植物。

东方钳叶甲 *Labidostomis orientalis* Baly
分布：内蒙古（呼伦贝尔市扎兰屯市、陈巴尔虎旗、鄂伦春族自治旗，兴安盟扎赉特旗、科尔沁右翼前旗、科尔沁右翼中旗），黑龙江，辽宁。

寄主：艾蒿。

黑斑隐头叶甲 *Cryptocephalus agnus* Weise
分布：内蒙古（呼伦贝尔市新巴尔虎右旗、陈巴尔虎旗，兴安盟扎赉特旗、科尔沁右翼中旗，通辽市库伦旗，赤峰市阿鲁科尔沁旗、巴林右旗，锡林郭勒盟），黑龙江，吉林，辽宁，河北，山西，新疆。

寄主：艾蒿。

艾蒿隐头叶甲 *C. koltzei* Weise
分布：内蒙古（兴安盟扎赉特旗、科尔沁右翼前旗），黑龙江，吉林，辽宁，河北，陕西，山西，甘肃，江苏，湖北。

寄主：蒿属植物。

花背短柱叶甲 *Pachybrachys scriptidorsum* Marseul
分布：内蒙古（呼伦贝尔市海拉尔区、扎兰屯市、额尔古纳市、新巴尔虎左旗、莫力达瓦达斡尔族自治旗，兴安盟扎赉特旗、科尔沁右翼前旗、科尔沁右翼中旗，通辽市科尔沁左翼中旗，赤峰市阿鲁科尔沁旗，锡林郭勒盟正蓝旗、东乌珠穆沁旗、西乌珠穆沁旗，乌兰察布市卓资县，鄂尔多斯市达拉特旗、准格尔旗，阿拉善盟阿拉善左旗），北京，黑龙江，河北，陕西，山西，山东。

寄主：胡枝子，蒿属。

褐足角胸叶甲 *Basilepta fulvipes*（Motschulsky）
分布：内蒙古（呼伦贝尔市额尔古纳市、新巴尔虎左旗、陈巴尔虎旗，兴安盟扎赉特旗、科尔沁右翼前旗、科尔沁右翼中旗），北京，黑龙江，吉林，辽宁，河北，陕西，山西，宁夏，山东，江苏，浙江，福建，湖北，湖南，江西，广西，云南，贵州，四川，台湾。

寄主：玉米，蒿属。

中华萝摩叶甲 *Chrysochus chinensis* Baly

分布：内蒙古（呼伦贝尔市鄂温克族自治旗、新巴尔虎左旗、新巴尔虎右旗，兴安盟扎赉特旗、科尔沁右翼前旗、科尔沁右翼中旗，锡林郭勒盟正蓝旗、阿巴嘎旗、苏尼特右旗、多伦县，乌兰察布市凉城县，鄂尔多斯市伊金霍洛旗，巴彦淖尔市乌拉特中旗，阿拉善盟阿拉善左旗、阿拉善右旗、额济纳旗），黑龙江，吉林，辽宁，河北，河南，山东，山西，宁夏，甘肃，陕西，青海，云南，江苏，江西，浙江；朝鲜，日本，西伯利亚。

寄主：黄芪。

二点钳叶甲 *Labidostomis bipunctata*（Mannerheim）

分布：内蒙古（兴安盟扎赉特旗、科尔沁右翼前旗，阿拉善盟阿拉善左旗），宁夏，北京，河北，山西，辽宁，黑龙江，山东，陕西，青海，甘肃；朝鲜，俄罗斯。

寄主：胡枝子、柠条、锦鸡儿。

栗鳞斑肖叶甲 *Pachnephorus lewisii* Baly

分布：内蒙古（通辽市科尔沁左翼后旗，赤峰市，乌兰察布市察哈尔右翼前旗，巴彦淖尔市乌拉特前旗、乌拉特中旗、杭锦后旗、临河区、五原县、磴口县，鄂尔多斯市达拉特旗、准格尔旗），河北，辽宁，吉林，黑龙江，宁夏，福建，湖北，广东，海南，甘肃，新疆，台湾；俄罗斯，日本，越南，老挝，柬埔寨，泰国，印度，缅甸，尼泊尔。

寄主：豆科牧草。

14. 铁甲科 Hispidae

黑条龟甲 *Cassida lineola* Cneutzer

分布：内蒙古（呼和浩特市武川县，呼伦贝尔市扎兰屯市、新巴尔虎右旗，兴安盟扎赉特旗、科尔沁右翼前旗、科尔沁右翼中旗，通辽市科尔沁左翼中旗，赤峰市，锡林郭勒盟西乌珠穆沁旗），河北，陕西，山西，江苏，浙江，福建，湖北，江西，广东，广西，云南，台湾。

寄主：蒿属。

15. 豆象科 Bruchidae

锦鸡儿豆象 *Kytorhinus caraganae* T. Minacian

分布：内蒙古（锡林郭勒盟正镶白旗），黑龙江，吉林，辽宁。

寄主：锦鸡儿。

柠条豆象 *K. immixtus* Motschulsky

分布：内蒙古（鄂尔多斯市，锡林郭勒盟），宁夏，陕西，甘肃；俄罗斯。

寄主：柠条等锦鸡儿属植物。

甘草豆象 *Bruchidius ptilinoides* Fahraeus

分布：内蒙古，北京，宁夏，新疆。

寄主：甘草。

16. 象甲科 Curculionidae

短毛草象 *Chloebius psittacinus* Boheman

分布：内蒙古（呼和浩特市清水河县，锡林郭勒盟正镶白旗、西乌珠穆沁旗、苏尼特右旗，鄂尔多斯市东胜区、达拉特旗、杭锦旗、鄂托克前旗、伊金霍洛旗，巴彦淖尔市磴口县、乌拉特前旗、乌拉特中旗、乌拉特后旗，阿拉善盟阿拉善左旗），河北，宁夏，甘肃，新疆；俄罗斯，蒙古国，中亚，西亚。

寄主：苜蓿、沙枣。

峰喙象 *Stelorrhinoides freyi*（Zumpt）

分布：内蒙古（呼和浩特市清水河县，呼伦贝尔市新巴尔虎左旗、新巴尔虎右旗，兴安盟扎赉特旗、科尔沁右翼前旗、科尔沁右翼中旗，锡林郭勒盟正蓝旗、正镶白旗、西乌珠穆沁旗、苏尼特左旗、多伦县、太仆寺旗，鄂尔多斯市准格尔旗），北京，黑龙江，吉林，河北，陕西，山西，青海。

寄主：高粱。

亥象 *Heydenia crassicornis* Tournier

分布：内蒙古（呼和浩特市和林格尔县、清水河县，兴安盟扎赉特旗、科尔沁右翼前旗、科尔沁右翼中旗，赤峰市阿鲁科尔沁旗、克什克腾旗，锡林郭勒盟正镶白旗、正蓝旗、多伦县，乌兰察布市卓资县、凉城县、兴和县，鄂尔多斯市达拉特旗、准格尔旗、鄂托克前旗，阿拉善盟阿拉善左旗），河北，山西，甘肃，青海。

寄主：茵陈蒿。

金绿球胸象 *Piazomias virescens* Boheman

分布：内蒙古（呼伦贝尔市扎兰屯市、阿荣旗，兴安盟扎赉特旗、科尔沁右翼前旗、科尔沁右翼中旗，通辽市霍林郭勒市、扎鲁特旗，赤峰市阿鲁科尔沁旗、巴林左旗、巴林右旗，锡林郭勒盟正蓝旗、东乌珠穆沁旗、西乌珠穆沁旗、多伦县、太仆寺旗），北京，黑龙江，吉林，河北，陕西，山西。

寄主：锦鸡儿。

甜菜象 *Bothynoderes punctiventris*（Germai）

分布：内蒙古（呼和浩特市土默特左旗，包头市土默特右旗，兴安盟科尔沁右翼中旗，锡林郭勒盟正镶白旗），黑龙江，北京，河北，山西，宁夏，陕西，甘肃，青海，新疆；俄罗斯，土耳其，西欧。

寄主：藜科及苋科牧草。

黑斜纹象甲 *Chromoderus declivis*（Olivier）

分布：内蒙古（兴安盟科尔沁右翼中旗，锡林郭勒盟正镶白旗、多伦县，乌兰察布市察哈尔右翼后旗，阿拉善盟阿拉善左旗），宁夏，北京，河北，黑龙江，甘肃；朝鲜，蒙古国，俄罗斯，匈牙利。

寄主：骆驼蓬、赖草、刺蓬、草木樨。

甜菜毛足象 *Phacephorus umbratus* **Faldermann**
分布：内蒙古，宁夏，北京，河北，甘肃，青海，新疆；蒙古国。
寄主：藜科、苋科、蓼科牧草。

苜蓿叶象 *Hypera postica*（**Gyllenhal**）
分布：内蒙古，甘肃，新疆；英国，中亚细亚，北美洲。
寄主：苜蓿、三叶草。

（五）鳞翅目 Lepidoptera

1. 巢蛾科 Yponomeutidae

苹果巢蛾 *Hyponomeuta malinella* **Zeller**
分布：内蒙古（中东部各盟市）。
寄主：禾本科、蔷薇科牧草。

2. 鞘蛾科 Coleophoridae（Eupistidae）

艾直鞘蛾 *Coleophora artemisiella* **Scott**
分布：内蒙古（赤峰市），黑龙江，陕西，青海，四川。
寄主：蒿属植物。

野蒿鞘蛾 *C. granulatella* **Zeller**
分布：内蒙古（赤峰市），陕西，青海。
寄主：蒿属植物。

3. 菜蛾科 Plutellidae

小菜蛾 *Plutella xylostella* **Linnaeus**
分布：内蒙古，全国各地；世界各地。
寄主：十字花科牧草。

4. 谷蛾科 Tineidae

褐斑谷蛾 *Homalopsycha agglutinata* **Meyrick**
分布：内蒙古，吉林，辽宁，河北，宁夏，甘肃，青海，新疆，山东，江苏，河南，广东，广西，湖南。
寄主：麦类植物。

5. 木蠹蛾科 Cossidae

沙柳木蠹蛾 *Holcocerus arenicola*（**Stgudinger**）
分布：内蒙古（呼和浩特市和林格尔县，包头市固阳县，鄂尔多斯市，巴彦淖尔市），陕西，宁夏，甘肃，新疆。
寄主：沙棘、柠条。

沙蒿木蠹蛾 *H. artemisiae* **Chou et Hua**

分布：内蒙古（巴彦淖尔市，鄂尔多斯市，阿拉善盟），宁夏，陕西。

寄主：黑沙蒿、骆驼蓬、白砂蒿。

6. 小卷叶蛾科 Olethreutidae

豆小卷蛾 *Matsumuraeses phaseoli* **Matsumura**

分布：内蒙古（锡林郭勒盟正镶白旗），东北，西北。

寄主：草木樨、紫花苜蓿等豆科植物。

7. 卷蛾科 Tortricidae

棉双斜卷蛾 *Clepsis pallidana*（**Fabricius**）

分布：内蒙古（赤峰市，呼伦贝尔市阿荣旗），北京，黑龙江，吉林，河北，山东，新疆，青海，四川；日本，朝鲜，俄罗斯，西欧。

寄主：苜蓿、绣线菊、锦鸡儿。

8. 螟蛾科 Pyralidae

柠条坚荚斑螟 *Asclerobia sinensis*（**Caradja**）

分布：内蒙古，宁夏，陕西，辽宁，广东，广西。

寄主：柠条、小叶锦鸡儿。

红云翅斑螟（苜蓿螟）*Nephopteryx semirubella*（**Scopoli**）

分布：内蒙古（呼和浩特市，呼伦贝尔市额尔古纳市、新巴尔虎左旗、陈巴尔虎旗，赤峰市巴林右旗，乌兰察布市兴和县，阿拉善盟阿拉善左旗、阿拉善右旗），北京，黑龙江，吉林，河北，江苏，浙江，湖南，江西，广东，云南。

寄主：紫花苜蓿、百脉根。

柠条豆荚螟 *Etiella zinckenella*（**Treitschke**）

分布：内蒙古（锡林郭勒盟正镶白旗），北京，安徽，宁夏，陕西，辽宁，广东，广西，河北，河南，山东，山西，湖北，云南，台湾；日本，朝鲜，印度，西伯利亚，欧洲，北美。

寄主：豆科牧草。

二点螟 *Chilo infuscatellus* **Snellen**

分布：内蒙古，吉林，辽宁，河北，陕西，山西，甘肃，山东，河南，广东，广西，台湾；朝鲜，印度，马来西亚。

寄主：玉米、狗尾草。

银光草螟 *Crambus perellus*（**Scopoli**）

分布：内蒙古（包头市达尔罕茂明安联合旗，呼伦贝尔市额尔古纳市、新巴尔虎右旗、陈巴尔虎旗，兴安盟扎赉特旗，乌兰察布市丰镇市，阿拉善盟阿拉善左旗），黑龙江，吉林，山西，山东，甘肃，青海，新疆，四川；日本，英国，意大利，西班牙，北非。

寄主：苜蓿、红豆草、沙打旺、披碱草、银针草。

草地螟 *Loxostege sticticalis*（Linnaeus）

分布：内蒙古，吉林，北京，河北，山西，宁夏，陕西，甘肃，青海，江苏；朝鲜，日本，印度，俄罗斯，美国，加拿大，西欧。

寄主：苜蓿、向日葵及玉米等禾本科牧草。

黄草地螟 *L. verticalis* Linnaeus

分布：内蒙古（呼伦贝尔市陈巴尔虎旗，呼和浩特市清水河县，鄂尔多斯市准格尔旗），宁夏，陕西，新疆，黑龙江，江苏，四川，云南，山东。

寄主：豆科牧草。

麦牧野螟 *Nomophila noctuella*（Denis et Schiffermuller）

分布：内蒙古（呼和浩特市和林格尔县，阿拉善盟阿拉善右旗），吉林，北京，河北，河南，山东，陕西，甘肃，青海，西藏，四川，云南，湖北，湖南，江苏，广东，台湾；日本，印度，俄罗斯，西欧，北美。

寄主：苜蓿、紫花苜蓿。

亚洲玉米螟 *Ostrinia furnacalis*（Guenee）

分布：内蒙古，黑龙江，吉林，辽宁，河南，山西，宁夏，甘肃，四川，海南；亚洲，大洋洲。

寄主：多种牧草及玉米。

玉米野螟 *O. nubilalis*（Hubner）

分布：内蒙古，黑龙江，吉林，辽宁，河北，陕西，山西，山东，江苏，安徽，浙江，福建，河南，湖北，湖南，广东，广西，江西，台湾。

寄主：玉米、大麦、芦苇、向日葵、艾蒿。

9. 枯叶蛾科 Lasiocampidae

榆枯叶蛾 *Phyllodesma ilicifolia* Linnaeus

分布：内蒙古（包头市达尔罕茂明安联合旗，鄂尔多斯市），黑龙江，吉林，辽宁，河北，山西；乌克兰，俄罗斯，西欧。

寄主：柠条。

天幕毛虫 *Malacosoma neustria testacea*（Motschulsky）

分布：内蒙古，黑龙江，吉林，辽宁，北京，河北，河南，山东，宁夏，陕西，甘肃，青海，新疆，四川，云南，湖北，湖南，江苏，安徽，江西，浙江；俄罗斯，朝鲜，日本，西欧。

寄主：沙枣、柠条。

10. 尺蛾科 Geometrida

沙枣尺蠖（春尺蠖）*Apocheima cinerarius*（Erschoff）

分布：内蒙古（呼和浩特市土默特左旗、和林格尔县、托克托县、清水河县，包头市，巴彦淖尔市杭锦后旗、磴口县，鄂尔多斯市准格尔旗、达拉特旗）、黑龙江，吉林，辽宁，北京，天津，河北，河南，山东，山西，宁夏，陕西，甘肃，青海，新疆。

寄主：沙枣、柠条等豆科牧草。

山枝子尺蛾 *Aspitates geholaria* Oberthur

分布：内蒙古（呼伦贝尔市额尔古纳市、陈巴尔虎旗，鄂尔多斯市准格尔旗），吉林，天津，北京，河北，河南，山东，山西，陕西，甘肃。

寄主：山枝子、草木樨。

11. 灯蛾科 Arctiidae

白雪灯蛾 *Chionarctia niveus*（Meneries）

分布：内蒙古，黑龙江，吉林，辽宁，河北，陕西，山东，浙江，福建，河南，湖北，湖南，江西，广西，云南，四川；日本，朝鲜。

寄主：车前。

12. 夜蛾科 Noctuidae

麦奂夜蛾 *Amphipoea fucosa*（Freyer）

分布：内蒙古（呼和浩特市武川县，呼伦贝尔市海拉尔区、额尔古纳市、新巴尔虎左旗、新巴尔虎右旗、陈巴尔虎旗、阿荣旗、鄂伦春族自治旗，兴安盟科尔沁右翼前旗，赤峰市巴林右旗、阿鲁科尔沁旗，乌兰察布市丰镇市、察哈尔右翼前旗、四子王旗，巴彦淖尔市乌拉特前旗，阿拉善盟阿拉善左旗），黑龙江，河北，青海，新疆，湖北；日本。

寄主：大麦、玉米等禾本科植物。

修秀夜蛾 *Apamea oblonga*（Horwath）

分布：内蒙古（阿拉善盟阿拉善左旗），黑龙江，宁夏，青海，新疆；欧洲。

寄主：禾本科牧草。

秀夜蛾（麦穗夜蛾）*A. sordens*（Hufnagel）

分布：内蒙古（呼和浩特市，包头市，锡林郭勒盟，乌兰察布市，巴彦淖尔市），黑龙江，河北，陕西，甘肃，青海，新疆，西藏，四川，云南；土耳其，蒙古国，日本，俄罗斯，加拿大，西欧。

寄主：无芒雀麦。

辉刀夜蛾 *Simyra albovenosa*（Goeze）

分布：内蒙古（呼伦贝尔市新巴尔虎右旗），新疆，云南，贵州；欧洲。

寄主：禾本科牧草。

甜菜夜蛾 *Spodoptera exigua*（Hubner）

分布：内蒙古（赤峰市翁牛特旗），宁夏，河北，河南，山东，陕西，甘肃，青海，新疆，东北；日本，印度，缅甸，亚洲西部，大洋洲，欧洲，非洲。

寄主：藜科、蓼科、苋科、菊科、豆科等牧草。

粘虫 *Leucania separata* Walker

分布：内蒙古，全国各地；世界各地。

寄主：玉米等禾本科植物。

八字地老虎 *Xestia c-nigrum*（Linnaeus）

分布：内蒙古，全国各地；日本，朝鲜，印度，欧洲，美洲。

寄主：玉米等禾本科植物。

显纹地夜蛾 *Agrotis conspicua*（Hubner）

分布：内蒙古，甘肃，新疆；中亚，亚洲西部，欧洲。

寄主：蒿属植物。

警纹地夜蛾（警纹地老虎）*A. exclamationis*（Linnaeus）

分布：内蒙古（呼和浩特市武川县、清水河县，包头市，呼伦贝尔市额尔古纳市、鄂温克族自治旗、新巴尔虎旗、陈巴尔虎旗，兴安盟科尔沁右翼前旗、科尔沁右翼中旗、通辽市扎鲁特旗，赤峰市阿鲁科尔沁旗，锡林郭勒盟正镶白旗、正蓝旗、多伦县，乌兰察布市察哈尔右翼前旗、四子王旗、兴和县，鄂尔多斯市准格尔旗、乌审旗，巴彦淖尔市临河区、乌拉特中旗、乌拉特后旗，阿拉善盟阿拉善左旗、阿拉善右旗、额济纳旗），宁夏，甘肃，青海，新疆，西藏；俄罗斯，中亚，西欧。

寄主：玉米等禾本科植物。

黄地老虎 *A. segetum*（Denis et Schiffermuller）

分布：内蒙古，黑龙江，吉林，辽宁，北京，天津，河北，河南，山东，山西，甘肃，青海，新疆，湖北，湖南，江苏，安徽，江西，浙江；欧洲，亚洲，非洲。

寄主：玉米等禾本科植物。

大地老虎 *A. tokionis* Butler

分布：内蒙古，全国各地；日本，俄罗斯。

寄主：玉米等禾本科植物。

三叉地夜蛾 *A. trifurca* Eversmann

分布：内蒙古（呼和浩特市清水河县，呼伦贝尔市扎兰屯市、额尔古纳市、新巴尔虎旗、阿荣旗、莫力达瓦达斡尔族自治旗，兴安盟，通辽市，赤峰市巴林左旗，锡林郭勒盟正镶白旗，乌兰察布市丰镇市、卓资县），黑龙江，青海，新疆；俄罗斯。

寄主：玉米、苍耳、车前。

小地老虎 *A. ypsilon*（Rottemberg）

分布：内蒙古，全国各地；世界各地。

寄主：紫花苜蓿。

角线研夜蛾 *Aletia conigera*（Denis et Schiffermuller）
分布：内蒙古，黑龙江，河北，甘肃，青海；日本，俄罗斯，西欧。
寄主：禾本科牧草。

仿爱夜蛾 *Apopestes spectrum*（Esper）
分布：内蒙古，河北，宁夏，甘肃，新疆，西藏，四川；阿富汗，伊朗。
寄主：柠条。

双轮切夜蛾 *Euxoa birivia*（Denis et Schiffermuller）
分布：内蒙古（赤峰市克什克腾旗，乌兰察布市察哈尔右翼前旗、化德县），黑龙江，青海，甘肃，新疆；欧洲，亚洲西部。
寄主：禾本科牧草。

白边切夜蛾 *E. oberthuri*（Leech）
分布：内蒙古（呼和浩特市武川县，赤峰市巴林右旗、翁牛特旗，锡林郭勒盟正镶白旗、正蓝旗、太仆寺旗、多伦县，乌兰察布市丰镇市、察哈尔右翼前旗、察哈尔右翼中旗、兴和县），黑龙江，吉林，河北，宁夏，甘肃，青海，西藏，四川，云南；朝鲜，日本。
寄主：苜蓿、玉米、苍耳、车前。

黑麦切夜蛾 *E. tritici* Linnaeus
分布：内蒙古（阿拉善盟阿拉善左旗），黑龙江，河北，西藏，新疆；俄罗斯，蒙古国，土耳其，西欧。
寄主：车前、黑麦等属。

棉铃虫 *Heliothis armigera* Hubner
分布：内蒙古（呼和浩特市，通辽市奈曼旗、库伦旗，巴彦淖尔市临河区，阿拉善盟阿拉善右旗），全国各地；世界各地。
寄主：苜蓿、三叶草、玉米。

苜蓿实夜蛾 *H. viriplaca*（Hufnagel）
分布：内蒙古（呼和浩特市和林格尔县，包头市土默特右旗，呼伦贝尔市扎兰屯市、阿荣旗、莫力达瓦达斡尔族自治旗，通辽市奈曼旗、科尔沁左翼中旗、库伦旗、扎鲁特旗，赤峰市，锡林郭勒盟正镶白旗，巴彦淖尔市临河区、乌拉特前旗，阿拉善盟阿拉善左旗），黑龙江，辽宁，吉林，天津，河北，河南，宁夏，陕西，甘肃，新疆，青海，云南，江苏；印度，缅甸，日本，叙利亚，欧洲。
寄主：玉米及苜蓿等豆科牧草。

白茨夜蛾 *Leiometopon simyrides* Staudinger
分布：内蒙古，宁夏，甘肃，新疆。
寄主：白茨。

甘蓝夜蛾 *Mamestra brassicae*（Linnaeus）

分布：内蒙古，黑龙江，吉林，辽宁，河北，河南，山东，山西，宁夏，陕西，甘肃，青海，新疆，西藏，四川，湖北，湖南，江苏，安徽，浙江，广西；日本，朝鲜，俄罗斯，印度，欧洲，北非。

寄主：玉米及藜科、十字花科、豆科牧草。

白杖研夜蛾 *Leucania l-album* Linnaeus

分布：内蒙古（阿拉善盟阿拉善左旗、额济纳旗），甘肃，福建，云南；印度，欧洲，非洲北部。

寄主：禾本科牧草。

白脉黏夜蛾 *L. venalba* Moore

分布：内蒙古（锡林郭勒盟正镶白旗），河北，甘肃，湖北，福建，海南；印度，斯里兰卡，新加坡，大洋洲。

寄主：玉米及禾本科、豆科牧草。

谷黏夜蛾 *L. zeae*（Duponchel）

分布：内蒙古（呼和浩特市），新疆；埃及，欧洲。

寄主：玉米。

红棕灰夜蛾 *Polia illoba*（Butler）

分布：内蒙古（呼和浩特市，赤峰市阿鲁科尔沁旗、巴林左旗），黑龙江，河北，江苏，江西，宁夏；日本，朝鲜，俄罗斯（西伯利亚）。

寄主：苜蓿等豆科牧草。

蒿冬夜蛾 *Cucullia fraudatrix* Eversmann

分布：内蒙古（呼伦贝尔市额尔古纳市，锡林郭勒盟正镶白旗），黑龙江，吉林，辽宁，浙江，河北，新疆；日本，欧洲。

寄主：蒿属植物。

淡文夜蛾 *Eustrotia bankiana*（Fabricius）

分布：内蒙古（呼伦贝尔市额尔古纳市、陈巴尔虎旗），黑龙江，江苏，新疆；伊朗，欧洲。

寄主：早熟禾等。

银纹夜蛾 *Argyrogramma agnata*（Staudinger）

分布：内蒙古（锡林郭勒盟），全国各地；日本，朝鲜，俄罗斯。

寄主：苜蓿、红豆草及十字花科牧草。

黑点丫纹夜蛾 *Autographa nigrisigna*（Walker）

分布：内蒙古（呼伦贝尔市额尔古纳市，通辽市扎鲁特旗，赤峰市翁牛特旗，巴彦淖尔市乌拉特中旗，阿拉善盟阿拉善左旗），黑龙江，吉林，辽宁，河北，河南，宁夏，陕西，甘肃，青海，西藏，四川，江苏，台湾；日本，印度，俄罗斯，西欧。

寄主：苜蓿等豆科牧草。

13. 毒蛾科 Lymantriidae

柠条毒蛾 *Dasychira gascelina* Linnaeus

分布：内蒙古（包头市达尔罕茂明安联合旗，乌兰察布市四子王旗）。

寄主：柠条。

黄斑草毒蛾 *Gynaephora alpherakii* Gru-Grschimailo

分布：内蒙古（乌兰察布市丰镇市），宁夏，甘肃，青海，西藏，四川。

寄主：莎草科、禾本科、豆科、蔷薇科等各种牧草。

灰斑古毒蛾（沙枣毒蛾）*Orgyia ericae* Germar

分布：内蒙古（呼和浩特市，呼伦贝尔市，兴安盟扎赉特旗、科尔沁右翼中旗，通辽市扎鲁特旗，赤峰市翁牛特旗，鄂尔多斯市，巴彦淖尔市），宁夏，北京，河北，辽宁，黑龙江，陕西，甘肃，湖北，江苏，上海，青海；欧洲。

寄主：梭梭、沙枣、柠条。

14. 弄蝶科 Hesperiidae

白斑赭弄蝶 *Ochlodes subhyalina* Bremer et Grey

分布：内蒙古（呼伦贝尔市，巴彦淖尔市乌拉特前旗），浙江，江西。

寄主：莎草。

小赭弄蝶 *O. venata*（Bremer et Grey）

分布：内蒙古（呼伦贝尔市，兴安盟，巴彦淖尔市），黑龙江，吉林，陕西，山西，甘肃，山东，福建，河南，江西，四川，西藏。

寄主：莎草科牧草。

直纹稻弄蝶 *Parnara guttata* Bremer et Grey

分布：内蒙古（兴安盟，巴彦淖尔市），黑龙江，河北，宁夏，甘肃，陕西，山东，江苏，安徽，浙江，福建，河南，湖北，湖南，江西，广东，广西，云南，贵州，四川，台湾。

寄主：芦苇等禾本科牧草。

15. 蛱蝶科 Nymphalidae

小环蛱蝶 *Neptis hylas emodes* Moore

分布：内蒙古（呼伦贝尔市，兴安盟，乌兰察布市，鄂尔多斯市）。

寄主：豆科牧草。

16. 灰蝶科 Lycaenidae

蓝灰蝶 *Everes argiades*（Pallas）

分布：内蒙古（呼伦贝尔市，兴安盟，赤峰市巴林右旗，锡林郭勒盟），黑龙江，河北，陕西，山东，浙江，福建，河南，江西，海南，云南，四川，西藏，台湾；蒙古国，朝鲜，日本，印度，欧洲，北美洲。

寄主：豆科牧草。

银灰蝶 *Glaucopsyche lycormas* Butler

分布：内蒙古（呼伦贝尔市，赤峰市巴林右旗）。

寄主：豆科牧草。

红灰蝶 *Lycaena phlaeas*（Linnaeus）

分布：内蒙古（呼伦贝尔市，鄂尔多斯市，巴彦淖尔市），宁夏，北京，河北，黑龙江，吉林，浙江，江西，福建，河南，贵州，西藏，甘肃；朝鲜，日本，欧洲，非洲。

寄主：羊蹄草，蓼科牧草。

豆灰蝶 *Plebejus argus*（Linnaeus）

分布：内蒙古（呼和浩特市和林格尔县，锡林郭勒盟正镶白旗，阿拉善盟阿拉善左旗、阿拉善右旗、额济纳旗），宁夏，黑龙江，吉林，辽宁，河北，山东，山西，河南，陕西，甘肃，青海，湖南，四川，新疆。

寄主：苜蓿、沙打旺、紫云英、甘草等豆科牧草及赖草等禾本科牧草。

17. 眼蝶科 Satyridae

牧女珍眼蝶 *Coenonympha amaryllis*（Gramer）

分布：内蒙古（呼伦贝尔市，兴安盟科尔沁右翼前旗，赤峰市，锡林郭勒盟，乌兰察布市，巴彦淖尔市，鄂尔多斯市），宁夏，黑龙江，吉林，浙江，河南，甘肃，青海，新疆；朝鲜。

寄主：香附子、油莎草等莎草科牧草。

多眼蝶 *Kirinia epaminondes*（Staudinger）

分布：内蒙古（兴安盟科尔沁右翼前旗，巴彦淖尔市），北京，黑龙江，辽宁，陕西，山西，甘肃，山东，浙江，福建，河南，湖北，江西，四川。

寄主：禾本科牧草。

白眼蝶 *Melanargia halimede*（Menetries）

分布：内蒙古（呼伦贝尔市扎兰屯市、鄂温克族自治旗、新巴尔虎左旗、阿荣旗，兴安盟扎赉特旗、突泉县、科尔沁右翼前旗、科尔沁右翼中旗，赤峰市克什克腾旗，锡林郭勒盟，乌兰察布市，巴彦淖尔市乌拉特前旗、乌拉特后旗），黑龙江，吉林，辽宁，河北，陕西，山西，宁夏，甘肃，青海，山东，河南，湖北；蒙古国。

寄主：禾本科牧草。

18. 粉蝶科 Pieridae

斑缘豆粉蝶 *Colias erate*（Esper）

分布：内蒙古（呼和浩特市和林格尔县，包头市达尔罕茂明安联合旗，乌兰察布市四子王旗、凉城县，阿拉善盟阿拉善左旗），宁夏，山西，黑龙江，吉林，辽宁，江苏，浙江，福建，江西，河南，湖南，云南，西藏，陕西，甘肃，青海，新疆，台湾；国外从东欧到日本都有分布。

寄主：毛条、苜蓿、百脉根等豆科牧草，蝶形花科植物。

菜粉蝶 *Pieris rapae*（Linnaeus）

分布：内蒙古，北京，河北，辽宁，吉林，黑龙江，上海，江苏，浙江，安徽，福建，江西，山东，河南，湖北，湖南，广东，广西，海南，四川，贵州，云南，西藏，陕西，甘肃，青海，宁夏，新疆，香港，台湾；从美洲北部到印度北部。

寄主：草木樨属，芸薹属等十字花科植物。

（六）双翅目 Diptera

1. 水蝇科 Ephydridae

稻水蝇 *Ephydra macellaria* Egger

分布：内蒙古，辽宁，河北，宁夏，新疆。

寄主：禾本科牧草。

麦叶毛眼水蝇 *Hydrellia griscola* Fallen

分布：内蒙古（巴彦淖尔市乌拉特前旗）。

寄主：大麦。

2. 种蝇科 Hylemyidae

麦种蝇 *Delia coarctata*（Fallen）

分布：内蒙古（包头市达尔罕茂明安联合旗，呼伦贝尔市根河市，赤峰市，锡林郭勒盟苏尼特右旗，乌兰察布市化德县），黑龙江，吉林，山西，宁夏，甘肃，新疆，青海；亚洲，欧洲地区。

寄主：禾本科牧草。

灰地种蝇 *D. platura*（Meigen）

分布：内蒙古，北京，上海，黑龙江，辽宁，河北，山西，陕西，甘肃，青海，新疆，江苏，安徽，浙江，福建，河南，贵州，四川，西藏，台湾。

寄主：麻，十字花科植物。

3. 蝇科 Muscidae

稻芒蝇 *Atherigona oryzae* Malloch

分布：内蒙古（赤峰市宁城县），上海，辽宁，河北，山西，江苏，浙江，福建，河南，广东，广西，海南，云南，台湾；日本，菲律宾，马来西亚，印度尼西亚，缅甸，孟加拉国，斯里兰卡，尼泊尔，印度，巴布亚新几内亚，澳大利亚，新喀里多尼亚，新赫布里底，萨摩亚，汤加，加罗林群岛。

寄主：玉米及狗尾草属。

4. 潜蝇科 Agromyzidae

豌豆彩潜蝇 *Chromatomyia horticola* Goureau

分布：内蒙古，全国各地；澳大利亚，亚洲，非洲，欧洲，北美洲。

寄主：豆科牧草。

美洲斑潜蝇 *Liriomyza sativae*（Blanchard）

分布：内蒙古，吉林，辽宁，北京，天津，河北，河南，山东，山西，陕西，甘肃，新疆，四川，贵州，重庆，湖北，湖南，安徽，浙江，福建，广东，广西，海南；美国，加拿大，南美洲。

寄主：豆科、十字花科、旋花科、伞形科、藜科等牧草。

5. 秆蝇科 Chloropidae

黄须麦秆蝇 *Meromyza pratorum* Meigen

分布：内蒙古（兴安盟科尔沁右翼前旗，锡林郭勒盟正镶白旗，巴彦淖尔市乌拉特前旗、杭锦后旗），全国各地；古北区，新北区。

寄主：碱草等禾本科牧草。

麦秆蝇 *M. saltatrix*（Linnaeus）

分布：内蒙古（呼和浩特市土默特左旗，包头市土默特右旗、固阳县，呼伦贝尔市，通辽市科尔沁左翼中旗，赤峰市，锡林郭勒盟太仆寺旗、正镶白旗、多伦县，鄂尔多斯市达拉特旗、准格尔旗，巴彦淖尔市乌拉特前旗），河北，河南，山东，山西，宁夏，陕西，甘肃，青海，新疆，四川，云南，广东；蒙古国，欧洲，北美洲。

寄主：大麦、燕麦等。

瑞典蝇 *Oscinella pusilla*（Meigen）

分布：内蒙古（呼和浩特市土默特左旗，包头市土默特右旗，乌兰察布市凉城县，巴彦淖尔市），河北，山西，宁夏，陕西，甘肃，青海。

寄主：燕麦等禾本科牧草。

（七）膜翅目 Hymenoptera

广肩小蜂科 Eurytomidae

锦鸡儿广肩小蜂 *Bruchophagus neocaraganae*（Liao）

分布：内蒙古（呼和浩特市，包头市固阳县，锡林郭勒盟，鄂尔多斯市，巴彦淖尔市），北京，河北，宁夏，陕西，甘肃。

寄主：锦鸡儿、柠条。

苜蓿籽蜂 *B. roddi*（Gussakovsky）

分布：内蒙古（呼伦贝尔市，赤峰市，鄂尔多斯市），河北，辽宁，河南，山东，山西，陕西，甘肃，新疆；土耳其，西伯利亚，新西兰，加拿大，美国，智利，法国，罗马尼亚，德国，捷克，斯洛伐克，伊拉克，以色列，匈牙利，欧洲，中亚，大洋洲。

　　寄主：苜蓿、三叶草、紫云英、百脉根、骆驼刺等豆科牧草，醉马草等。

（八）内蒙古牧草害虫所占比重

　　本节记录的内蒙古 519 种草地害虫（表 11-1）各目所包括的种类数量由高到低

表 11-1　牧草害虫在昆虫纲各目、科阶元中所占比重

目	科	种（数量）	百分比
直翅目 Orthoptera	癞蝗科 Pamphagidae	7	1.35%
115（22.16%）	锥头蝗科 Pyrgomorphidae	3	0.58%
	斑腿蝗科 Catantopidae	7	1.35%
	斑翅蝗科 Oedipodidae	30	5.77%
	网翅蝗科 Arcypteridae	36	6.92%
	槌角蝗科 Gomphoceridae	7	1.35%
	剑角蝗科 Acrididae	3	0.58%
	蚱科 Tetrigidae	1	0.19%
	螽斯科 Tettigoniidae	10	1.92%
	蟋蟀科 Gryllidae	8	1.54%
	蝼蛄科 Gryllotalpidae	3	0.58%
半翅目 Hemiptera	角蝉科 Membracidae	1	0.19%
184（35.45%）	沫蝉科 Cercopidae	1	0.19%
	叶蝉科 Cicadellidae	13	2.5%
	飞虱科 Delphacidae	14	2.69%
	象蜡蝉科 Dictyopharidae	1	0.19%
	粉虱科 Aleyrodidae	1	0.19%
	绵蚜科 Pemphigidae	2	0.38%
	蚜科 Aphididae	10	1.92%
	旌蚧科 Ortheziidae	2	0.38%
	珠蚧科 Margarodidae	3	0.58%
	粉蚧科 Pseudococcidae	31	5.96%
	毡蚧科 Eriococcidae	3	0.58%
	蚧科 Coccidae	1	0.19%
	个木虱科 Triozidae	1	0.19%
	盲蝽科 Miridae	27	5.19%
	网蝽科 Tingidae	16	3.08%
	皮蝽科 Piesmatidae	7	1.35%
	长蝽科 Lygaeidae	5	0.96%
	尖长蝽科 Oxycarenidae	1	0.19%
	蛛缘蝽科 Alydidae	3	0.58%
	姬缘蝽科 Rhopalidae	18	3.46%
	龟蝽科 Plataspidae	2	0.38%
	土蝽科 Cydnidae	3	0.58%
	盾蝽科 Scutelleridae	2	0.38%
	蝽科 Pentatomidae	16	3.08%

续表

目	科	种（数量）	百分比
缨翅目 Thysanoptera 25（4.82%）	纹蓟马科 Aeolothripidae	5	0.96%
	蓟马科 Thripidae	14	2.69%
	管蓟马科 Phlaeothripidae	6	1.15%
鞘翅目 Coleoptera 113（21.77%）	步甲科 Carabidae	3	0.58%
	叩甲科 Elateridae	3	0.58%
	芫菁科 Meloidae	21	4.04%
	拟步甲科 Tenebrionidae	15	2.88%
	鳃金龟科 Melolonthidae	18	3.46%
	丽金龟科 Rutelidae	5	0.96%
	犀金龟科 Dynastidae	1	0.19%
	花金龟科 Cetoniidae	2	0.38%
	斑金龟科 Trichiidae	2	0.38%
	天牛科 Cerambycidae	5	0.96%
	负泥虫科 Crioceridae	2	0.38%
	叶甲科 Chyrysomelidae	15	2.88%
	肖叶甲科 Eumolpidae	9	1.73%
	铁甲科 Hispidae	1	0.19%
	豆象科 Bruchidae	3	0.58%
	象甲科 Curculionidae	8	1.54%
鳞翅目 Lepidoptera 70（13.49%）	巢蛾科 Yponomeutidae	1	0.19%
	鞘蛾科 Coleophoridae	2	0.38%
	菜蛾科 Plutellidae	1	0.19%
	谷蛾科 Tineidae	1	0.19%
	木蠹蛾科 Cossidae	2	0.39%
	小卷叶蛾科 Olethreutidae	1	0.19%
	卷蛾科 Tortricidae	1	0.19%
	螟蛾科 Pyralidae	10	1.92%
	枯叶蛾科 Lasiocampidae	2	0.38%
	尺蛾科 Geometrida	2	0.38%
	灯蛾科 Arctiidae	1	0.19%
	夜蛾科 Noctuidae	30	5.77%
	毒蛾科 Lymantriidae	3	0.58%
	弄蝶科 Hesperiidae	3	0.58%
	蛱蝶科 Nymphalidae	1	0.19%
	灰蝶科 Lycaenidae	4	0.77%
	眼蝶科 Satyridae	3	0.58%
	粉蝶科 Pieridae	2	0.38%
双翅目 Diptera 10（1.93%）	水蝇科 Ephydridae	2	0.38%
	种蝇科 Hylemyidae	2	0.38%
	蝇科 Muscidae	1	0.19%
	潜蝇科 Agromyzidae	2	0.38%
	秆蝇科 Chloropidae	3	0.58%
膜翅目 Hymenoptera 2（0.39%）	广肩小蜂科 Eurytomidae	2	0.38%

依次为半翅目 Hemiptera（184 种，35.45%）>直翅目 Orthoptera（115 种，22.16%）>鞘翅目 Coleoptera（113 种，21.77%）>鳞翅目 Leoidoptera（70 种，13.49%）>缨翅目 Thysanoptera（25 种，4.82%）>双翅目 Diptera（10 种，1.93%）>膜翅目 Hymenoptera（2 种，0.39%）。

科级所包括的种类数量由高到低依次为网翅蝗科 Arcypteridae（36 种，6.92%）>粉蚧科 Pseudococcidae（31 种，5.96%）>夜蛾科 Noctuidae（30 种，5.77%）=斑翅蝗科 Oedipodidae（30 种，5.77%）>盲蝽科 Miridae（27 种，5.19%）>芫菁科 Meloidae（21 种，4.04%）>鳃金龟科 Melolonthidae（18 种，3.46%）=姬缘蝽科 Rhopalidae（18 种，3.46%）>蝽科 Pentatomidae（16 种，3.08%）=网蝽科 Tingidae（16 种，3.08%）等，上述 10 个科所包括的种类在 519 种害虫中的所占比率均在 3%以上。

二、内蒙古草地害虫区系结构

（一）内蒙古草地害虫在世界动物区系中的分布格局

中国科学院（1979）《中国自然地理》一书中把世界昆虫区系划分为古北界、东洋界、新北界、澳洲界、新热带界和埃塞俄比亚界（非洲界）。本节记载的内蒙古 498 种草地害虫，在世界各动物区系中的分布格局见表 11-2。

表 11-2　内蒙古草地害虫在世界动物区系中的分布格局

古北界	新北界	东洋界	澳洲界	埃塞俄比亚界	新热带界	种数	百分比
+						359	69.17%
+		+				108	20.81%
+	+	+				12	2.31%
+	+					7	1.35%
+	+	+	+	+	+	7	1.35%
+				+		5	0.96%

根据表 11-2，内蒙古草地害虫在世界动物区系中的比重：古北界（359 种，69.17%）>古北界+东洋界（共有种 108 种，20.81%）>古北界+新北界+东洋界（共有种 12 种，2.31%）>古北界+新北界（共有种 7 种，1.35%）>古北界+埃塞俄比亚界（共有种 5 种，0.96%）。

（二）内蒙古草地害虫在中国动物区系中的分布格局

张荣祖（2004）在《中国动物地理》一书中，将中国动物地理区系归属于世界动物地理区划中的古北界和东洋界两大界，古北界区划为东北区、华北区、蒙新区和青藏区；东洋界区划为西南区、华中区和华南区。本节记载了内蒙古草地害虫共包括 7 目 79 科519 种，它们在中国各动物区系中的分布格局见表 11-3。

表 11-3　内蒙古草地害虫在中国动物区系中的分布格局

蒙新区	东北区	华北区	青藏区	华中区	华南区	西南区	种数	比例
+							176	33.91%
+	+	+	+	+	+	+	40	7.71%
+	+	+	+	+			30	5.78%
+	+	+	+				24	4.62%
+	+	+		+			21	4.05%
+		+					20	3.85%

　　根据表 11-3，内蒙古草地害虫在中国动物区系中的比重：蒙新区（176 种，33.91%）＞蒙新区+东北区+华北区+青藏区+华中区（共有种 30 种，5.78%）＞蒙新区+东北区+华北区+青藏区（共有种 24 种，4.62%）＞蒙新区+东北区+华北区+华中区（共有种 21 种，4.05%）＞蒙新区+华北区（共有种 20 种，3.85%）。

三、内蒙古主要草地害虫的形态特征及生活习性

（一）直翅目 Orthoptera

1. 癞蝗科 Pamphagidae

笨蝗 *Haplotropis brunneriana* Saussure

成虫：体长雄性 28～37mm，雌性 34～49mm。体黄褐色、褐色或暗褐色。头较短，后头常具不规则的网状隆线，前胸背板在前后端各具 1 个较大的黑色斑；后足股节内侧及底侧黄色，上侧具 3 个暗色横纹，后足胫节内侧及底侧黄色，后足胫节上侧青蓝色，底侧黄褐色或淡黄色，上侧具 3 个暗色横纹。一年发生 1 代，以卵在土中越冬。在内蒙古地区卵于 5 月下旬开始孵化，7 月中旬成虫开始出现，7 月下旬和 8 月上旬羽化盛期，并在向阳山坡及田埂上产卵。危害禾本科牧草。

分布：内蒙古（呼和浩特市土默特左旗、和林格尔县，包头市土默特右旗、固阳县，兴安盟科尔沁右翼中旗，乌兰察布市察哈尔右翼前旗、察哈尔右翼后旗，巴彦淖尔市乌拉特中旗，阿拉善盟阿拉善左旗），黑龙江，吉林，辽宁，河北，河南，山西，山东，宁夏，陕西，甘肃，江苏，安徽；西伯利亚。

2. 斑腿蝗科 Catantopidae

短星翅蝗 *Calliptamus abbreviatus* Ikonnikov

成虫：体长雄性 12.5～21mm，雌性 25～32.5mm，前翅长雄性 7.8～12.2mm，雌性 13.8～19.5mm。头略大，前胸背板 3 条横沟均明显，仅后横沟切断中隆线，前翅具有黑色小斑点，前翅较短，不到达或刚到达后足股节的顶端；后足股节上侧具 3 个暗色斑纹，侧隆线上具明显的细齿，外侧下隆线具 1 列小黑点，内侧红色，具 2 个不完整的黑点横纹，后足胫节红色，顶端具内端刺。一年发生 1 代，以卵在土中越冬。越冬卵于 6 月中旬孵化，孵化期可延长至 7 月上旬。成虫 7 月末开始羽化，8 月中旬达到盛期，8 月下

旬至 9 月间交尾产卵,产卵末期可延至 10 月底。危害委陵菜、羊草、冰草、隐子草、冷蒿、小叶锦鸡儿等蔷薇科、禾本科、莎草科、菊科、豆科牧草。

分布:内蒙古(呼和浩特市和林格尔县、土默特左旗,包头市达尔罕茂明安联合旗、土默特右旗、兴安盟突泉县、科尔沁右翼前旗、科尔沁右翼中旗,赤峰市翁牛特旗、巴林左旗、克什克腾旗,锡林郭勒盟阿巴嘎旗、东乌珠穆沁旗、西乌珠穆沁旗、太仆寺旗、多伦县,乌兰察布市凉城县、察哈尔右翼后旗、察哈尔右翼中旗,巴彦淖尔市乌拉特前旗、乌拉特中旗,阿拉善盟阿拉善左旗),黑龙江,吉林,辽宁,河北,山西,山东,陕西,甘肃,湖北,四川,贵州,江西,安徽,江苏,浙江,广东,广西;俄罗斯,蒙古国,朝鲜。

3. 斑翅蝗科 Oedipodidae

亚洲飞蝗 *Locusta migratoria migratoria* Linnaeus

成虫:体长雄性 25~50mm,雌性 45~55mm。群居型前胸背板中隆线较平直或微凹,前缘近圆形,后缘呈钝圆形,前翅较长,超过腹部末端,后足股节较短,胫节淡黄色,略带红色;散居型前胸背板中隆线呈弧形隆起,呈屋脊形,前缘锐角向前凸出,后缘呈直角形,前翅较短,略超过腹部末端。一年发生 1 代,以卵在土壤中越冬。亚洲飞蝗的散居型广泛分布于我国的黑龙江、内蒙古及河北、陕西、宁夏等省的北端,甘肃北部,青海和新疆的滨湖沿河谷地苇草丛生的地带。危害玉米、芦苇、狗尾草、三棱草、大画眉草等禾本科及莎草科牧草。

分布:内蒙古(呼和浩特市武川县、土默特左旗、和林格尔县,包头市土默特右旗,通辽市,赤峰市巴林右旗、翁牛特旗,锡林郭勒盟正镶白旗、东乌珠穆沁旗、阿巴嘎旗,乌兰察布市察哈尔右翼前旗、察哈尔右翼后旗、丰镇市、凉城县、卓资县、化德县、商都县,鄂尔多斯市准格尔旗、达拉特旗,巴彦淖尔市临河区、乌拉特前旗、杭锦后旗、磴口县),黑龙江,吉林,辽宁,河北,甘肃,青海,新疆。

白边痂蝗 *Bryodema luctuosum luctuosum*(Stoll)

成虫:雄性体长 26~32mm,前翅长 35~43mm,雌性体长 15~20mm,前翅长 25~38mm。雌性短粗,笨拙,灰褐色、红褐色或暗灰色。前胸背板颗粒状突起和短隆线明显,雄性前后翅达后足胫节顶端,雌性体粗短,翅短缩,到达或略超过后足股节顶端,前翅布小斑,后翅基部暗色,内侧及底侧暗黑色,后足胫节暗蓝色或蓝紫色,跗节黄褐色。一年发生 1 代,以卵在土中越冬。内蒙古 5 月上旬开始孵化,6 月中旬始见成虫,6月下旬进入羽化盛期,7 月上旬开始交配,7 月中旬交配盛期并开始选择植被稀疏、地表光硬的场所产卵。危害冷蒿、羊草、碱草、针茅、赖草。

分布:内蒙古(呼和浩特市清水河县,包头市达尔罕茂明安联合旗,锡林郭勒盟阿巴嘎旗、正镶白旗、正蓝旗、镶黄旗、太仆寺旗、多伦县),黑龙江,河北,山西,甘肃,青海,西藏;蒙古国。

黄胫小车蝗 *Oedaleus infernalis* Saussure

成虫:雄性体长 21~27mm,前翅长 22~26mm,雌性体长 30.5~39mm,前翅长

26.5～34mm。体黄褐色带绿色，有深褐色斑，前胸背板中部略窄，中隆线仅被后横沟切断，背板上方具淡色"X"形纹，前翅端部之半较透明，布黑色斑纹，基部斑纹大而宽，后翅基部浅黄色，中部的暗色带纹常到达后缘，雄性后翅顶端略暗，后足股节底侧红色或黄色，后足胫节基部黄色，部分常杂红色。一年发生1代，以卵在土中越冬。危害羊草等禾本科牧草及碱蓬、蒲公英等。

分布：内蒙古（呼和浩特市和林格尔县、土默特左旗、武川县，呼伦贝尔市新巴尔虎右旗、鄂温克族自治旗，兴安盟突泉县、科尔沁右翼前旗、科尔沁右翼中旗，赤峰市克什克腾旗、巴林左旗、巴林右旗、阿鲁科尔沁旗、翁牛特旗、喀喇沁旗，锡林郭勒盟太仆寺旗、多伦县，乌兰察布市察哈尔右翼前旗、察哈尔右翼后旗、丰镇市、卓资县、商都县、化德县，巴彦淖尔市乌拉特前旗、乌拉特中旗，鄂尔多斯市达拉特旗，阿拉善盟阿拉善左旗），黑龙江，吉林，北京，河北，山西，山东，宁夏，甘肃，青海，陕西，江苏；蒙古国。

亚洲小车蝗 *O. decorus asiaticus* Bei-Bienko

成虫：雄性体长21～24.7mm，前翅长20～24.5mm，雌性体长31～37mm，前翅长28.5～34.5mm。前胸背板后缘略呈圆弧形，背板上方具明显的淡色"X"形纹，前后翅均发达，前翅端半部透明，具小型黑色斑，基部具大型黑色斑，后翅中部具黑褐色轮状纹，但不到达后缘，后足股节顶端黑色，上方和内侧具3个黑色斑纹，后足胫节红色，基部淡色不明显，常混有红色。一年发生1代，以卵在土中越冬。5月中、下旬越冬卵开始孵化，7月中、下旬为成虫盛期，7月下旬至8月上旬开始产卵。危害羊草、隐子草、针茅、冰草、玉米等禾本科植物和豆科牧草。

分布：内蒙古（呼和浩特市和林格尔县，包头市达尔罕茂明安联合旗，呼伦贝尔市新巴尔虎右旗，兴安盟扎赉特旗、科尔沁右翼前旗、科尔沁右翼中旗，锡林郭勒盟阿巴嘎旗、正镶白旗、正蓝旗、镶黄旗、太仆寺旗、多伦县，阿拉善盟阿拉善左旗，巴彦淖尔市磴口县、乌拉特前旗、乌拉特中旗、乌拉特后旗），河北，山西，山东，宁夏，甘肃，青海，陕西；俄罗斯，蒙古国。

大垫尖翅蝗 *Epacromius coerulipes*（Ivanov）

成虫：雄性体长14.5～18.5mm，前翅长13～16.5mm，雌性体长23～29mm，前翅长17～27mm。体色变化大，前胸背板具不明显的"X"形单色花纹，前翅狭长，具黑褐色细小斑点，后足股节底侧玫瑰色，顶端暗色，上方和内侧常具3个暗色斑纹，后足胫节黄色，具3个不完整的淡色环纹，跗节爪间中垫较长，其顶端超过爪的中部。一年发生1代，以卵在土中越冬。成虫发生期为6月中、下旬至9月上、中旬。危害玉米、羊草等禾本科及苜蓿等豆科牧草。

分布：内蒙古（呼和浩特市土默特左旗、和林格尔县，包头市土默特右旗、达尔罕茂明安联合旗，兴安盟科尔沁右翼中旗，乌兰察布市察哈尔右翼前旗、察哈尔右翼后旗、四子王旗，阿拉善盟阿拉善左旗），黑龙江，吉林，辽宁，河北，河南，山东，山西，宁夏，甘肃，陕西，青海，新疆，江苏，安徽；俄罗斯，日本。

鼓翅皱膝蝗 *Angaracris barabensis*（Pallas）

成虫：体长雄性 22～26mm，雌性 26～30mm，前翅长雄性 24～30mm，雌性 23～30mm。体黄褐色。前胸背板具颗粒状突起和短隆线，后翅基部淡绿色或淡黄色，透明无色，后足股节内侧和底侧黑色，具 2 个橘红色横带纹，后足胫节橙红色或橙黄色，基部上侧具平行的细皱纹。一年发生 1 代，以卵在土中越冬。5 月上旬开始孵化，7 月上旬成虫始现，8 月上、中旬成虫达到盛期，中、下旬开始产卵。危害羊草、画眉草等禾本科牧草，绿蒿、冷蒿、艾蒿等菊科植物，百合科及委陵菜等蔷薇科植物。

分布：内蒙古（呼和浩特市土默特左旗、和林格尔县、清水河县，包头市达尔罕茂明安联合旗，呼伦贝尔市新巴尔虎右旗，赤峰市克什克腾旗，锡林郭勒盟正镶白旗、正蓝旗、镶黄旗、太仆寺旗，乌兰察布市凉城县、察哈尔右翼前旗、察哈尔右翼中旗，巴彦淖尔市乌拉特前旗、乌拉特中旗），黑龙江，河北，山西，宁夏，甘肃，青海；俄罗斯，蒙古国，哈萨克斯坦。

红翅皱膝蝗 *A. rhodopa*（Fischer-Waldheim）

成虫：体长雄性 23～29mm，雌性 28～30mm，前翅长雄性 23～31mm，雌性 23～32mm。体黄褐色，后翅基部玫瑰红色，其余部分透明无色，后足股节内侧和底侧黑色，具 2 个橘红色横带纹，后足胫节橙红色或橙色，基部上侧具平行的细皱纹。一年发生 1 代，以卵在土中越冬。成虫发生期为 7 月上旬至 9 月中、下旬。危害禾本科牧草及菊科、百合科、蔷薇科植物。

分布：内蒙古（呼和浩特市土默特左旗、武川县、和林格尔县，包头市达尔罕茂明安联合旗，呼伦贝尔市新巴尔虎右旗、新巴尔虎左旗、鄂温克族自治旗，兴安盟科尔沁右翼前旗、科尔沁右翼中旗，锡林郭勒盟正镶白旗、正蓝旗、镶黄旗、太仆寺旗、多伦县，巴彦淖尔市乌拉特前旗、乌拉特中旗、乌拉特后旗，阿拉善盟阿拉善左旗），黑龙江，河北，北京，陕西，山西，宁夏，甘肃，青海；俄罗斯，蒙古国。

轮纹异痂蝗 *Bryodemella tuberculatum dilutum*（Stoll）

成虫：体长雄性 29～39mm，雌性 34～38mm，前翅长雄性 30～38mm，雌性 29～36mm。体暗褐色，前胸背板具大刻点及甚多短隆线和颗粒，前翅布暗色斑点，后翅基部玫瑰色，中部具暗色横纹，后足股节上方具 3 个黑色斑纹，股节内侧及底侧黑色，后足胫节污黄色。一年发生 1 代，以卵在土中越冬。成虫最早可以在 7 月初羽化，7 月中、下旬进入羽化盛期。危害玉米、碱蓬，蒿属植物及苜蓿等豆科牧草。

分布：内蒙古（呼和浩特市土默特左旗、和林格尔县，包头市土默特右旗，兴安盟扎赉特旗、科尔沁右翼前旗、科尔沁右翼中旗，乌兰察布市察哈尔右翼前旗、察哈尔右翼中旗、察哈尔右翼后旗），黑龙江，吉林，辽宁，河北，山西，山东，陕西，青海，新疆；俄罗斯，蒙古国。

4. 网翅蝗科 Arcypteridae

褐色雏蝗 *Chorthippus brunneus*（Thunberg）

成虫：体长雄性 12.6～14.9mm，雌性 17.0～20.3mm，前翅长雄性 10.3～13.0mm，雌性 13.3～15.5mm。体色变异大，常为黑褐色、黄褐色或黄绿色，前胸背板中隆线在中段呈钝角形弯曲，前翅较长，顶端超出后足股节端部，后足股节内侧具黑色斜纹，后足胫节黄褐色，鼓膜孔较狭。腹部末端几节棕红色。一年发生 1 代，以卵在土中越冬。危害禾本科牧草。

分布：内蒙古（包头市达尔罕茂明安联合旗，兴安盟科尔沁右翼中旗，锡林郭勒盟锡林浩特市、巴彦淖尔市磴口县、乌拉特前旗、乌拉特中旗、乌拉特后旗），黑龙江，吉林，辽宁，河北，北京，山西，宁夏，甘肃，陕西，新疆，青海，西藏。

素色异爪蝗 *Euchorthippus unicolor*（Ikonnikov）

成虫：体长雄性 15.5～17.1mm，雌性 20.2～23mm，前翅长雄性 8.5～9.7mm，雌性 8.7～11.5mm。体黄褐色或暗褐色，前、后翅短缩，雄性到达肛上板基部，雌性到达后足股节中部，后足股节黄褐色，内侧基部缺暗色斜纹，后足胫节黄褐色，跗节顶端爪左右不对称。一年发生 1 代，以卵在土中越冬，成虫发生期为 8 月中、下旬。危害禾本科牧草。

分布：内蒙古（呼和浩特市土默特左旗、武川县、和林格尔县，包头市土默特右旗，呼伦贝尔市额尔古纳市，赤峰市巴林左旗，乌兰察布市丰镇市、化德县、商都县，巴彦淖尔市乌拉特中旗，阿拉善盟阿拉善左旗），黑龙江，吉林，辽宁，河北，山西，甘肃，宁夏，陕西，青海。

红腹牧草蝗 *Omocestus haemorrhoidalis*（Charpentier）

成虫：体长雄性 11～13mm，雌性 16～19mm，前翅长雄性 9～10mm，雌性 12～13mm。体绿色或黑褐色，前胸背板侧隆线前半段外侧及后半段内侧具黑色带纹，后足股节内侧、底侧黄褐色，末端褐色，后足胫节黑褐色。一年发生 1 代，以卵在土中越冬。成虫发生期在 6 月上旬至 9 月上旬。危害禾本科牧草。

分布：内蒙古（呼和浩特市，呼伦贝尔市海拉尔区、新巴尔虎右旗、新巴尔虎左旗、鄂温克族自治旗、额尔古纳市，兴安盟扎赉特旗、突泉县、科尔沁右翼前旗、科尔沁右翼中旗，锡林郭勒盟阿巴嘎旗、正镶白旗、正蓝旗、镶黄旗），山西，甘肃，青海，新疆，西藏；俄罗斯，蒙古国。

宽翅曲背蝗 *Paracyptera microptera meridionalis*（Ikonnikov）

成虫：体长雄性 23.2～28mm，雌性 35～39mm，前翅长雄性 18～21mm，雌性 17～20.5mm。体褐色或黄褐色，前胸背板具淡色"X"形纹，前翅黄褐色，散布黑色斑纹，前翅前缘脉域具浅色纵条纹，后翅无色透明，雄性后足股节底侧鲜红色，上侧具 3 个暗色斑纹，端部黑色，后足胫节鲜红色，基部具一不明显的淡色纹。一年发生 1 代，以卵在土中越冬。成虫发生期在 7 月上旬至 8 月下旬。危害羊草、冰草、隐子草、大针茅等禾本科牧草及小叶锦鸡儿。

分布：内蒙古（呼和浩特市土默特左旗、和林格尔县、武川县，包头市土默特右旗、固阳县，呼伦贝尔市新巴尔虎右旗、额尔古纳市，兴安盟扎赉特旗、科尔沁右翼前旗、科尔沁右翼中旗，赤峰市克什克腾旗、翁牛特旗、敖汉旗、喀喇沁旗，锡林郭勒盟太仆寺旗、多伦县，乌兰察布市察哈尔右翼前旗、察哈尔右翼后旗、卓资县、丰镇市、商都县、化德县、兴和县），黑龙江，吉林，辽宁，河北，山西，山东，甘肃，青海，陕西；俄罗斯，蒙古国。

5. 槌角蝗科 Gomphoceridae

毛足棒角蝗 *Dasyhippus barbipes*（Fischer-Waldheim）

成虫：体长雄性 10.8～19.3mm，雌性 18.2～21.4mm，前翅长雄性 11.2～12.7mm，雌性 11.8～14.8mm。体黄褐色，触角顶端明显膨大呈槌形，前翅前缘脉域基部具白色条纹，后足胫节黄褐色，基部缺黑色环，雄性前足胫节膨大，底侧具较密的细长绒毛，后足股节黄褐色，基部内侧具暗色斜纹。一年发生 1 代，以卵在土中越冬。越冬卵 5 月初开始孵化，5 月下旬大部分蝗蝻进入 3～4 龄，6 月初有少量成虫羽化，到 6 月中旬成虫大量羽化。7 月初到 7 月中旬交尾产卵。危害羊草、冰草、隐子草、大针茅等禾本科牧草及苜蓿、莎草和蒿属植物等。

分布：内蒙古（呼和浩特市土默特左旗、和林格尔县，包头市土默特右旗、达尔罕茂明安联合旗，呼伦贝尔市新巴尔虎右旗，兴安盟扎赉特旗、乌拉特前旗、乌拉特中旗，赤峰市克什克腾旗、巴林左旗、巴林右旗、阿鲁科尔沁旗、翁牛特旗，锡林郭勒盟锡林浩特市，乌兰察布市察哈尔右翼前旗、察哈尔右翼后旗），黑龙江，吉林，甘肃，新疆；蒙古国，俄罗斯，朝鲜。

西伯利亚大足蝗 *Gomphocerus sibiricus*（L.）

成虫：体长雄性 21～22mm，雌性 23.5～25.5mm，前翅长雄性 14～16mm，雌性 15～17mm。体暗褐色，头侧窝四角形，雄性前胸背板明显呈圆形隆起，中隆线弧形，雌性前胸背板较平，前翅较长到达或超过后足股节顶端，雄性前足胫节极膨大，雌性正常，后足胫节黄色。一年发生 1 代，以卵在土中越冬。7 月初可见成虫。危害禾本科及莎草科牧草。

分布：内蒙古（兴安盟扎赉特旗、科尔沁右翼前旗，赤峰市巴林右旗、喀喇沁旗，乌兰察布市察哈尔右翼前旗），黑龙江，吉林，甘肃，新疆；蒙古国，俄罗斯，朝鲜。

宽须蚁蝗 *Myrmeleotettix palpalis*（Zubowsky）

雄虫体长 12～13mm，雌虫体长 15～16mm。体黄褐色至黑褐色。触角丝状，雄性顶端膨大呈棒状，雌性触角较短，端部膨大甚微，但不呈锤状，前翅前缘较直，暗褐色，有时散布黑色小斑点，后足股节黄褐色，内侧基部具黑色斜纹，后足胫节黄褐色，膝部黑色。一年发生 1 代，以卵在土中越冬。在内蒙古地区最早孵化出现在 5 月中旬，孵化盛期约在 5 月中、下旬。最早羽化约在 6 月中旬，羽化盛期在 6 月下旬至 7 月上旬。产卵初期约在 6 月下旬，盛期在 7 月上、中旬。成虫可存活到 8 月、9 月。危害禾本科牧草。

分布：内蒙古（兴安盟扎赉特旗、科尔沁右翼前旗、科尔沁右翼中旗，锡林郭勒盟锡林浩特市，巴彦淖尔市乌拉特前旗、乌拉特中旗、乌拉特后旗，阿拉善盟阿拉善左旗），河北，山西，甘肃，青海，新疆；蒙古国，俄罗斯。

6. 剑角蝗科 Acrididae

中华剑角蝗（中华蚱蜢）*Acrida cinerea*（Thunberg）

成虫：体长雄性 36～47mm，雌性 58～81mm，前翅长雄性 30.5～36.5mm，雌性 65～67mm。体绿色或黄褐色，触角剑状，复眼后下方具 2 个单色纵条纹，前胸背板具小颗粒，中隆线和侧隆线呈淡红色，几乎平行，后足股节上侧淡红色，沿上隆线具黑色斑点，外侧绿色，内侧和底侧的基部黄绿色，后足胫节绿色，基部淡红色。成虫发生期为 6 月下旬至 9 月中旬。危害狗尾草、羊草、冰草、早熟禾等禾本科牧草及豆科牧草。

分布：内蒙古（呼和浩特市土默特左旗、和林格尔县，包头市达尔罕茂明安联合旗，赤峰市克什克腾旗、巴林右旗、巴林左旗、翁牛特旗、敖汉旗，乌兰察布市四子王旗，巴彦淖尔市乌拉特中旗，鄂尔多斯市东胜区、达拉特旗，阿拉善盟阿拉善左旗），河北，北京，陕西，山西，宁夏，甘肃，山东，江苏，安徽，浙江，福建，湖北，湖南，江西，广东，云南，贵州，四川。

7. 蝼蛄科 Gryllotalpidae

东方蝼蛄 *Gryllotalpa orientalis* Burmeister

体长 30～35mm。体型较华北蝼蛄小，灰褐色，前胸背板中央有长心脏形小斑，凹陷明显，末端近纺锤形，股节内侧外缘较直，缺刻不明显，胫节背侧内缘有 3～4 个能动的棘刺。生活史较短，华中及南方一年发生 1 代，华北、西北和东北地区两年左右完成 1 代，以成虫及若虫在土穴内越冬。第二年 4～5 月越冬成虫开始危害早春作物并交配产卵，此时越冬代若虫也羽化为成虫。危害禾本科牧草。

分布：内蒙古（呼伦贝尔市阿荣旗，通辽市库伦旗、扎鲁特旗，乌兰察布市察哈尔右翼前旗，鄂尔多斯市乌审旗），黑龙江，吉林，辽宁，河北，北京，天津，上海，山东，江苏，浙江，福建，河南，湖北，湖南，江西，广东，广西，海南，云南，贵州，四川，西藏；朝鲜，日本，菲律宾，俄罗斯，马来西亚，印度尼西亚，新西兰，澳大利亚。

8. 蟋蟀科 Gryllidae

南方油葫芦 *Gryllus testaceus* Walker

体长雄虫 26～27mm，雌虫 27～28mm，翅长雄虫 17mm，雌虫 17mm。体黄褐色。前胸背板前缘隆起，与两复眼相接，头顶"八"字形黄纹微弱不显。发音镜大，略圆形，其前框大弧形。一年发生 1 代，以卵在土内越冬。卵翌年 4～5 月孵化，若虫蜕皮 6 次，于 5 月中旬至 8 月初羽化成虫，雌虫比雄虫略晚，9～10 月交尾后 2～6 日开始产卵。卵散产于杂草多而向阳田埂处，深约 2cm 处。危害豆科牧草。

分布：内蒙古（呼和浩特市，包头市），黑龙江，吉林，辽宁，河北，北京，陕西，山西，甘肃，江苏，安徽，浙江，福建，河南，湖北，湖南，江西，广东，云南，台湾；日本，印度，印度尼西亚，马来西亚，斯里兰卡，缅甸。

（二）半翅目 Hemiptera

同翅亚目 Homoptera

1. 叶蝉科 Cicadellidae

二点叶蝉 *Cicadula fasciifrons*（Stal）

体长 3.5～4.4mm。体黄绿色。头冠向前宽圆凸出，中央略呈角状，头冠与颜面均为黄绿色，在头冠后部接近后缘处有 2 个明显的黑色圆点，前部具有 2 对黑色横纹，其中前 1 对位于头冠前缘，与颜面额唇基的两侧区黑色横纹相接并列；颜面额唇基区的黑色横纹有数对，常常在横纹间还有 1 条暗色纵纹。复眼黑褐色，单眼淡黄色。前胸背板黄绿色，中后部隐现出暗色。小盾板鲜黄绿色，基缘近两侧角处各有 1 个三角形黑斑。前翅淡灰黄色，腹部背面黑色。足淡黄色，股节与胫节上具有黑色条纹，后足胫节刺基部具黑点。一年发生 4～5 代，在华北以成虫在冬小麦上越冬，开春后先在麦上危害，而后侵入稻田。危害大麦等禾本科植物。

分布：内蒙古，黑龙江，吉林，辽宁，河北，江苏，安徽，浙江；日本，朝鲜，俄罗斯，欧洲，北美。

大青叶蝉 *Tettigella viridis*（Linnaeus）

体长 7.2～10.1mm。体绿色。头部呈三角形黄色，复眼暗绿色，单眼间有 2 黑点，前胸背板黄绿色，有绿色三角形大斑。前翅绿色，前缘淡白色，端部透明，后翅烟黑色，半透明，腹部背面黑色，腹面黄绿色，足黄色，胫节有小刺，爪褐色。一年发生 3 代，各世代出现时期为第一代 4～7 月，第二代 6～8 月，第三代 7～11 月。以卵在树枝表皮内越冬。危害玉米等禾本科和豆科、十字花科、蔷薇科牧草。

分布：内蒙古（兴安盟扎赉特旗、科尔沁右翼前旗），黑龙江，吉林，辽宁，河北，陕西，山西，青海，新疆，山东，江苏，安徽，浙江，福建，河南，湖北，湖南，江西，四川，台湾；朝鲜，日本，俄罗斯，加拿大，欧洲。

2. 蚜科 Aphididae

豆蚜（苜蓿蚜）*Aphis craccivora* Koch

有翅蚜：体长 1.5～2mm。体紫黑色。触角基部 2 节及端节黑色，其余为黄色，第 3 节有感觉孔 6 个。复眼紫褐色。前胸两侧各有乳突，中胸背板黑色，后端有 2 个突起，小盾片及后胸背板黑色。腹部紫褐色。两侧各有黑斑 4 个。腹管黑，比触角第 3 节约长 1/3；尾片乳突状，上有刚毛 6～7 根。各足腿节端部、胫节端部及跗节黑色，余为黄白色。无翅蚜：体黑紫色。一年发生数代。5～7 月危害蚕豆颇重，使植株呈现黑褐色而枯萎，是蚕豆生产区的一大害虫。危害苜蓿等豆科牧草。

分布：世界广布种。

3. 飞虱科 Delphacidae

灰飞虱 *Laodelphax striatellus*（Fallen）

长翅型：体长雄性 1.8～2.1mm，雌性 2.1～2.5mm。前翅长：雄性 2.7～3.1mm，雌性 3.0～3.3mm。短翅型：体长雄性 2.0～2.3mm，雌性 2.3～2.6mm。中间型：体长雄性 1.8mm。头顶各脊与基室、面部各脊与触角、前胸背板与中胸小盾片端部、各足（除去基节）及腹部各骨板后缘为淡黄褐色或污黄白色，虫体其余各部分均为黑褐色，一般在前胸背板侧脊外侧方及复眼后有一新月形黑褐斑，有些个体整个侧脊外侧区呈黑褐色。复眼黑褐色，单眼棕褐色；前翅微具淡黄褐色，几乎透明，翅脉与翅面同色而微暗，翅斑黑褐色。一年发生 3～5 代，以 3～4 龄若虫在越冬寄主基部、枯叶下及土缝内等处越冬。越冬若虫翌年春季 3 月取食麦苗和杂草，羽化后多为短翅型成虫，再繁殖一代后，出现长翅型成虫。危害早熟禾等禾本科牧草。

分布：内蒙古（呼伦贝尔市），黑龙江，吉林，陕西，甘肃，宁夏，河北，山西，浙江，江苏，安徽，福建，江西，山东，河南，湖北，湖南，广东，广西，海南，四川，贵州，云南，西藏，新疆；朝鲜，日本，菲律宾，印度尼西亚，俄罗斯，西欧。

白背飞虱 *Sogatella furcifera*（Horvath）

长翅型：体长雄性 2.0～2.4mm，雌性 2.7～3.0mm；短翅型：体长雄性 2.5mm，雌性 3.5mm。雄虫大部分黑褐色，雌虫大部分灰黄褐色。前胸背板侧区有一新月形暗褐色斑，整个面部黑色，前翅淡黄褐色，透明，翅斑黑褐色，短翅型似长翅型。触角圆筒形，第 1 节长大于宽，第 2 节约为第 1 节的 2 倍。后足胫距薄，后缘具齿。阳基侧突末端分 2 小叉。每年发生 2 代，在 25℃ 下完成一世代约 26 天。发生区分别在 6 月中旬至 8 月中旬危害禾本科植物。危害禾本科、芸香科牧草。

分布：内蒙古，河北，山西，陕西，甘肃，宁夏，浙江，江苏，安徽，福建，江西，山东，河南，湖北，湖南，广东，广西，四川，贵州，云南，西藏，台湾；朝鲜，日本，菲律宾，印度尼西亚，马来西亚，印度，斯里兰卡，俄罗斯，澳大利亚。

异翅亚目 Heteroptera

1. 盲蝽科 Miridae

三点盲蝽 *Adelphocoris fasciaticollis* Reuter

成虫体长 5～7mm，宽 2.4～2.7mm。体褐色或浅褐色，被白色细毛，头三角形，紫褐色，头顶光滑，复眼较大，凸出；触角 4 节，略短或等于体长，各节端部色较深，喙 4 节，黄褐色，端部黑，伸达中足基节处。前胸背板梯形，紫褐色，近后端具 1 黑色横纹，胝区具 2 长方形黑斑，小盾片黄绿色，与前翅黄绿色，和三角形楔片合成 3 个楔形斑点，故称之为三点盲蝽。前翅革片黄褐色，爪片、膜片褐色，腿节具黑色斑，胫节具稀疏黑色粗毛，跗节 2 节，爪黑色，腹部褐色。一年发生 3 代，以卵越冬，越冬卵 4 月下旬至 5 月初开始孵化；第一代成虫 5 月下旬开始孵化，6 月上旬为羽化盛期；6 月中旬第二代若虫孵化，7月上旬成虫羽化，并交配产卵；第三代若虫7月中旬开始孵化，8月初为孵化盛期，8月中、下旬成虫羽化并陆续产卵越冬，因成虫产卵期较长而又不整齐，故有世代重叠现象。危害苜蓿等豆科牧草及玉米、向日葵。

分布：内蒙古（呼和浩特市，包头市，兴安盟，通辽市，赤峰市，锡林郭勒盟，鄂尔多斯市），北京，天津，黑龙江，吉林，辽宁，河南，宁夏，甘肃，河北，陕西，山西，山东，四川，湖北，江苏，安徽。

苜蓿盲蝽 *A. lineolatus*（Goeze）

成虫体长 7.5～9mm，宽约 2.6mm。体黄褐色，被金黄色细毛。头褐色，头顶光滑，复眼黑色，喙 4 节，后伸超过中足基节；触角 4 节，棕黄色。前胸背板梯形，暗黄色，胝区常具 2 个短黑纹，后部具 2 个圆形黑斑，小盾片暗褐色，有"T"形黑纹，前翅革片黄褐色，爪片褐色，膜片黑褐色，足黄褐色，腿节具黑褐色小斑点，胫节具稀疏黑色粗毛，跗节 3 节，爪黑色，腹部褐色。一年发生 3 代，主要以卵在苜蓿茬茎秆或干草茎秆内越冬，在没有苜蓿的地区，凡枯朽的草秆、干草、蒿草等茎秆内均有卵粒越冬。危害苜蓿、草木樨等豆科牧草及玉米等禾本科牧草。

分布：内蒙古，黑龙江，吉林，辽宁，北京，天津，河北，山西，宁夏，陕西，甘肃，青海，新疆，湖北；蒙古国，欧洲。

四点苜蓿盲蝽 *A. quadripunctatus*（Fabricius）

成虫体长 9.5～10.5mm。体褐色，布黑色短毛。头小，两复眼间具黑色斑，触角细长，第 3 节与第 4 节基部有时具短白色环纹；喙伸达后足基节，前胸背板前缘窄，具领，后缘宽，胝区微显，后段具 4 个黑色斑，形状变化较大，中间 2 斑圆形，两侧有时呈纵带状，有时亦呈圆形，小盾片平，具横皱，小盾片 2 后角间宽约 0.8mm。前翅革片后半中央具黑色纵带。生活史同苜蓿盲蝽。危害苜蓿。

分布：内蒙古，黑龙江，辽宁，天津，河北，山西，宁夏，甘肃，青海，新疆，四川，安徽；西伯利亚，欧洲。

中黑苜蓿盲蝽 *A. suturalis*（Jakovlev）

成虫体长 5.5～7.0mm，宽 2.1～2.6mm。体狭椭圆形，污黄褐色至淡锈褐色。头额区可具略深色的若干成对的平行横纹，毛淡色，较稀，唇基或整个头的前半部黑色。触角黄褐色，第 2 节略带红褐色，第 3、4 节污红褐色。前胸背板盘域两侧在胝后不远处各有 1 黑色较大的圆斑，小盾片黑褐色，具横皱纹，爪片沿接合缘有平行的黑褐色宽带，与黑色的小盾片致使体中线呈宽黑带状，故名中黑苜蓿盲蝽。爪片与革片毛淡色，楔片末端黑褐色，膜片黑褐色，刻点甚细密而浅。后足股节具黑褐色及一些成行的红褐色点斑。一年发生 4～5 代，以卵在苜蓿秆和杂草秆内越冬。一般 5 月下旬在棉田危害，9月开始产卵越冬。危害苜蓿等豆科牧草及菊科、伞形花科、十字花科、唇形花科、石竹科等牧草。

分布：内蒙古（呼和浩特市，呼伦贝尔市，兴安盟，锡林郭勒盟），黑龙江，吉林，天津，河北，河南，山东，甘肃，陕西，四川，贵州，湖北，上海，江苏，浙江，安徽，江西，广西；朝鲜，日本，俄罗斯。

牧草盲蝽 *Lygus pratensis* (Linnaeus)

成虫体长约 6mm，宽 3.2mm。体浅绿褐色。头短三角形，褐色，各节端部色较深，复眼黑褐色。前胸背板绿褐色，中央具 2 个小黑色横带，表面密布细刻点，小盾片小，三角形，淡黄绿色，前翅绿褐色，翅面具小棕色斑点，膜片透明，浅黄色，足绿褐色，腿节端半部常具 1 个或 2 个深褐色环状斑，跗节末端及爪黑褐色。腹面淡绿褐色。一年发生 4 代，以成虫在枯枝落叶、树皮裂缝内、藜科植物下越冬，越冬代成虫 3 月中旬至 4 月中旬开始取食并产卵，成虫寿命也最长。危害苜蓿、花棒等豆科牧草及玉米等禾本科牧草。

分布：内蒙古，黑龙江，吉林，辽宁，北京，河北，河南，山东，山西，陕西，甘肃，青海，四川，新疆，安徽；欧洲，美洲。

2. 姬缘蝽科 Rhopalidae

粟缘蝽 *Liorhyssus hyalinus* (Fabricius)

成虫体长 6.0~8.2mm。体窄椭圆形，黄褐色至灰褐色，具光泽，有时呈血红色，被较密的淡色长毛，头、前胸背板、小盾片及胸腹面中央具不规则的黑斑纹，触角及足均具棕黑色斑点，头三角形，眼较大，明显凸出。前胸背板梯形，具刻点，前翅革片中脉末端具 1 个四边形翅室。腹部背面及侧接缘各节端半部黑色。一年发生 2~3 代，以成虫在草堆、树皮下越冬。一头雌虫产卵 40~60 粒，卵期 3~5 天，若虫期 10~15 天。危害向日葵和禾本科牧草。

分布：内蒙古（呼和浩特市，鄂尔多斯市乌审旗、鄂托克前旗，巴彦淖尔市磴口县，阿拉善盟阿拉善左旗、阿拉善右旗、额济纳旗），北京，天津，黑龙江，河北，江苏，安徽，湖北，江西，广东，广西，云南，贵州，四川。

离缘蝽 *Chorosoma macilentum* Stal

成虫体长 13~18mm，宽 1.4~1.9mm。体细长，草黄色。复眼黑褐色，单眼红褐色，喙伸至近中足基节，顶端及背面中央黑色，触角微带红色。前胸背板具刻点，小盾片呈长三角形，基角及近侧缘黑色，前翅仅达第 4 腹节前部或中部，透明，革片翅脉略带红色，后翅更短。腹部背面具 2 条黑色纵纹。一年发生 1 代，以成虫越冬，翌年 5 月中、下旬外出活动，6 月若虫盛发，7 月中、下旬羽化，8 月下旬起逐渐越冬。危害披碱草、白茅等禾本科牧草。

分布：内蒙古（包头市固阳县，呼伦贝尔市海拉尔区、根河市、额尔古纳市、满洲里市、鄂温克族自治旗、新巴尔虎左旗，兴安盟扎赉特旗、科尔沁右翼前旗、科尔沁右翼中旗，通辽市科尔沁左翼后旗，赤峰市阿鲁科尔沁旗、克什克腾旗，锡林郭勒盟东乌珠穆沁旗、西乌珠穆沁旗、正蓝旗，乌兰察布市卓资县、凉城县），山西，陕西，新疆。

3. 长蝽科 Lygaeidae

横带红长蝽 *Lygaeus equestris* (Linnaeus)

成虫体长 12.5~14mm，宽 4~4.5mm。体朱红色，头三角形，前端、后缘、下方及复眼内侧黑色，复眼半球形，褐色，单眼红褐色；触角 4 节，黑色，喙黑色，伸达中足基节。前胸背板梯形，朱红色，前缘黑色，后缘常具 1 个双驼峰形黑纹，小盾片三角形，黑色，两侧稍凹，前翅革片朱红色，爪片中部具 1 圆形黑斑，顶端暗色，革片近中部具 1 条不规则的黑横带，膜片黑褐色，基部具不规则的白色横纹，中央具 1 圆形白斑，边缘灰白色，足及胸部下方黑色，爪黑色。腹部朱红色。一年发生 1～2 代，以成虫在土中越冬，翌年 5 月中旬开始活动，6 月上旬交配并产卵，6～8 月为发生盛期，各态并存，成虫具群集性，10 月中旬陆续越冬。危害锦鸡儿。

分布：内蒙古（呼伦贝尔市海拉尔区），辽宁，甘肃，山东，江苏，云南；土耳其，伊朗，伊拉克，以色列，塞浦路斯，阿富汗，俄罗斯，哈萨克斯坦，蒙古国，日本，朝鲜，北非，西欧。

小长蝽 *Nysius ericae*（**Schilling**）

成虫体长 3.5～4.5mm，宽 1.4～1.7mm。体暗褐色，头、前胸背板和小盾板密布粗大刻点和白色微毛。头暗红色，复眼内侧由触角基部到单眼各有 2 条黑色斜纹，头顶中央从前端向后有 2 条略呈平行的黑色纵纹；触角 4 节，褐色。前胸背板梯形，近前缘有 "T" 形黑纹，近后缘有 4 个近三角形黑斑，小盾片基部和中部黑色，两侧暗红色，边缘和末端黄褐色。翅革质部淡黄褐色，膜片近无色透明。足黄褐色，有黑褐色斑纹。一年发生 4～5 代，生活史不整齐，世代重叠，各虫态都能越冬。春季主要危害杂草和牧草，5 月、6 月后大量迁入农田。成虫交尾后产卵在土缝中或植物上，5～8 月都可见到卵。此虫在干热的气候条件下发生较多。危害独行菜及狗尾草等多种禾本科和豆科牧草。

分布：内蒙古（呼和浩特市，包头市达尔罕茂明安联合旗，呼伦贝尔市额尔古纳市、鄂温克族自治旗，兴安盟科尔沁右翼前旗，通辽市奈曼旗、科尔沁左翼后旗，赤峰市翁牛特旗，锡林郭勒盟正蓝旗、太仆寺旗，乌兰察布市卓资县，阿拉善盟阿拉善左旗、阿拉善右旗），北京，天津，河北，陕西，河南，四川，西藏；土耳其，塞浦路斯，伊朗，伊拉克，沙特阿拉伯，土库曼斯坦，乌兹别克斯坦，俄罗斯，哈萨克斯坦，蒙古国，北非，西欧。

4. 土蝽科 Cydnidae

根土蝽 *Stibaropus formosana* **Takado & Yamagihara**

雄虫体长 4.2～4.6mm，宽 2.7～3.5mm，雌虫体长 4.9～5.3mm，宽 3.1～3.4mm。体椭圆形，黄褐色或褐色。头具稀疏浅色直立毛，中叶具横皱纹，顶端有 2 根短刺，侧叶各侧具 9～10 根短刺。复眼小，黄褐色，单眼凸起。触角 4 节，黄褐色，被半直立浅色毛。喙伸达中足基节。前胸背板鼓，具横皱纹，小盾片大，舌状，具横皱纹，末端钝圆。前翅黄褐色，布浅色刻点，两侧缘有直立浅色长毛，革片端缘弯曲，后翅白色。足黄色，基节大，腿节短，胫节扁，镰刀状，跗节细，位于胫节中部，中足腿节香蕉状，后足腿节背腹面多毛，胫节马蹄形，顶端多毛及短刺，跗节极短，臭腺沟长。腹部黄褐色，具直立浅色毛。两年发生 1 代，以成虫或若虫于 10 月中旬钻入 60～90cm 深土层中蛰伏，成虫 5 月初或 6 月上旬开始交配，6～9 月均能见到交配的成虫，6 月中旬开始产卵，7～8 月为产卵盛期，雨后成虫大量出土，爬到高处或作物秆上。危害植物根部，是一类地下害虫。危害玉米、向日葵及豆科牧草等。

分布：内蒙古（呼和浩特市，通辽市科尔沁左翼中旗，赤峰市，乌兰察布市，鄂尔多斯市，巴彦淖尔市），天津，吉林，辽宁，陕西，山西，山东，江西，台湾。

5. 盾蝽科 Scutelleidae

扁盾蝽 *Eurygaster testudinarius*（Geoffroy）

成虫体长 8.0～10.9mm。体椭圆形，体色较多变，灰黄褐色至暗棕色，被相对集中的棕色或黑色密刻点，构成不规则斑纹状。头三角形，头侧叶不在头前端接触，触角黄褐色至棕黑色，喙黄褐色至棕褐色，伸达后足基节。前胸背板前段常具刻点组成的 2～4 条褐色纵带。小盾片发达，舌状，超过腹部末端，有时中央有"Y"形斑纹。腿节具暗棕色斑，胫节具棕色小刺。腹部腹面刻点棕红色。一年发生 1 代，以成虫越冬，6 月中旬至 8 月中、下旬为若虫期，8 月上旬开始羽化。危害禾本科牧草。

分布：内蒙古（呼和浩特市，呼伦贝尔市鄂温克族自治旗，兴安盟扎赉特旗、科尔沁右翼前旗、科尔沁右翼中旗，赤峰市阿鲁科尔沁旗、喀喇沁旗、克什克腾旗，锡林郭勒盟西乌珠穆沁旗、多伦县，乌兰察布市凉城县、卓资县），黑龙江，河北，山西，陕西，山东，江苏，浙江，湖北，江西，四川；蒙古国，伊朗，俄罗斯，塔吉克斯坦。

蝽科 Pentatomidae

华麦蝽 *Aelia fieberi* Scott

成虫体长 8～9.5mm，宽 3.5～4.5mm。体近菱形，黄褐色至污黄褐色，密布黑刻点。头三角形，触角 5 节，触角基部 2 节黄色，末端 3 节渐红，喙伸达腹部第 3 节。前胸背板及小盾片具纵中线，两侧具由黑刻点组成的宽黑带，前翅爪片及革片色暗，刻点黑色，膜片具 1 黑色纵纹，延伸到革片端缘上，各足腿节端半部具 2 个显著的黑斑。一年发生 1 代，4 月初开始活动，6～8 月危害盛期，9 月开始以成虫在向阳处的麦田、杂草根际越冬。危害禾本科牧草。

分布：内蒙古（呼伦贝尔市，兴安盟扎赉特旗，通辽市科尔沁左翼后旗，赤峰市阿鲁科尔沁旗），河北，天津，北京，黑龙江，吉林，辽宁，山东，陕西，甘肃，山西，江苏，浙江，福建，江西，河南，湖北，四川，云南。

斑须蝽 *Dolycoris baccarum*（Linnaeus）

成虫体长 8～13.5mm，宽 5.5～6.5mm。体椭圆形，黄褐色或紫色，密被白色绒毛和黑色小刻点。复眼红褐色，单眼位于复眼后侧，触角 5 节，第 1～4 节基部及末端黄色，第 5 节基部黄色，其余黑色；喙伸至后足基节，前胸背板浅黄色，小盾片三角形，黄白色，前翅革片淡红褐色或暗红色，膜片黄褐色，透明；足黄褐色至褐色，腿节、胫节密布黑色刻点，腹部黄褐色，具黑色斑点。一年发生 2 代，以成虫在田间杂草、枯枝落叶、植物根基、树皮及屋檐下越冬，成虫 4 月初活动，4 月中旬产卵，第 1 代成虫 6 月初羽化，第 2 代 8 月下旬羽化。危害玉米、燕麦、披碱草、无芒雀麦、赖草及苜蓿等豆科牧草。

分布：内蒙古，黑龙江，吉林，辽宁，河北，山西，陕西，宁夏，甘肃，青海，山东，江苏，浙江，福建，湖北，江西，广东，广西，云南，四川，西藏，新疆；蒙古国，日本，俄罗斯，印度，巴基斯坦，土耳其，阿拉伯，叙利亚，埃及。

横纹菜蝽 *Eurydema gebleri* Kolenati

成虫体长 6～9mm，宽 3.5～5mm。体椭圆形，黄色或红色，具黑斑，全体密布刻点。头蓝黑色略带闪光，复眼、触角、喙黑色，单眼红色。前胸背板红黄色，具 4 个大黑斑，小盾片蓝黑色，有黄色"Y"形纹，其末端两侧各具 1 黑斑。前翅革片蓝黑色，末端具 1 横的红黄色斑，膜片棕黑色；腿节端部背面、胫节两端及跗节均为黑色，胸、腹部腹面各具 4 条纵列黑斑，腹末节前缘处具 1 横的大黑斑。一年发生 1～2 代，以成虫在蔬菜地附近、河沟两岸石块下或土洞中越冬。危害荨麻、羊草和蒿属植物及十字花科牧草。

分布：内蒙古，北京，天津，黑龙江，吉林，辽宁，河北，陕西，山西，甘肃，山东，江苏，安徽，湖北，四川，新疆；哈萨克斯坦，蒙古国，朝鲜。

苍蝽 *Brachynema germarii*（Kolenati）

成虫体长 11～12.5mm，宽 5.0～6.0mm。体长椭圆形，粉绿色，密被绿色刻点。头三角形，平直，长 1.9mm，宽 2.3mm。复眼黑色，球状，约与前胸背板前缘等宽，单眼红色。头下方黄绿色，布浅色刻点。喙 4 节，顶端黑色，伸达中足基节间。触角 5 节，位于头下方复眼内侧，第 1～2 节暗绿色，第 3～5 节黑色，布浅色短细毛。前胸背板前缘凹，后缘直，小盾片长三角形，基部上拱，顶端尖，浅色。前翅革片前侧缘呈宽的黄白边，超过小盾片末端，端缘直，膜片白，半透明。足黄褐色，布绿色斑点，胫节端半部及跗节黑色，布浅色短细毛，爪黑色。腹部背面暗绿色，腹面黄绿色，布绿刻点，各节外端角具黑斑，侧接缘青白色，气门浅色。一年发生 1 代，7、8 月成虫发生危害，9 月以成虫越冬。危害向日葵、锦鸡儿、沙蒿、骆驼蓬。

分布：内蒙古（呼和浩特市和林格尔县，锡林郭勒盟二连浩特市，鄂尔多斯市东胜区、鄂托克前旗、鄂托克旗、乌审旗、准格尔旗，巴彦淖尔市乌拉特后旗，阿拉善盟阿拉善左旗、阿拉善右旗、额济纳旗），北京。

（三）缨翅目 Thysanoptera

1. 纹蓟马科 Aeolothripidae

新疆纹蓟马 *Aeolothrips xinjiangensis* Han

成虫体长雌性约 1.9mm。体暗棕色，胸、腹部呈红色，触角第 2 节端部、第 3 节基半部、第 4 节基 1/4～3/4 黄白色外，其余各部分灰棕至暗棕色。前翅底色白，有 2 个后缘相连而较短的暗色带，暗色带前缘短于后缘。前足胫节淡黄白色，但边缘大部暗色，中足胫节端部 1/4、后足胫节端部 1/7 淡白色，各足跗节色暗。发生世代各地区不同。危害白刺、盐爪爪、地肤及豆科牧草。

分布：内蒙古（锡林郭勒盟苏尼特右旗，巴彦淖尔市乌拉特前旗、乌拉特后旗、杭锦后旗，阿拉善盟额济纳旗），宁夏，新疆。

横纹蓟马 *A.*（*Coleothrips*）*fasciatus*（**Linnaeus**）

成虫体长雌性 1.7～1.8mm。体及足淡至暗棕色，触角第 2 节端部淡棕色，第 3 节基部 8/10～9/10 黄白色至白色，其余各节棕色，第 3 节端部棕色部分通常不超过该节的宽度。前翅底色白，近中部和近端部有互相分离的 2 个暗色带，后翅白色。雄性触角第 2 节端半部淡棕色，第 3 节较暗，足及腹部第 2～6 节较淡。春季成虫开始活动，以 6～7 月发生量大，尤以苜蓿种植区最多。在田间雄性常见，常在寄主植物上交配。危害紫花苜蓿、向日葵、翠菊、黄花菊、阿尔泰狗娃花、甘草、沙蒿、灰蒿、芨芨草、白草、冰草、羊草、盐爪爪、白刺、地肤。

分布：内蒙古（呼和浩特市，包头市，呼伦贝尔市陈巴尔虎旗，赤峰市，锡林郭勒盟二连浩特市、苏尼特左旗、苏尼特右旗，乌兰察布市丰镇市、四子王旗，鄂尔多斯市东胜区、达拉特旗、鄂托克前旗、鄂托克旗、杭锦旗、乌审旗，乌海市，巴彦淖尔市五原县、临河区、磴口县、乌拉特前旗、乌拉特中旗、杭锦后旗，阿拉善盟阿拉善左旗、阿拉善右旗、额济纳旗），北京，辽宁，河北，宁夏，甘肃，新疆，山东，浙江，河南，湖北，江西，云南；日本，朝鲜，蒙古国，欧洲地区。

2. 蓟马科 Thripidae

大蓟马 *Thrips major* Uzel

成虫雌性体长 1.1～1.5mm，宽 0.3～0.35mm。体黄棕色，头、胸黄褐色或橘红色。触角 7 节，第 3 节及各足胫节、跗节色略淡，第 3～4 节有 1 叉状感觉锥，第 5～6 节各有 2 个感觉锥，前侧 1 根长，第 7 节内侧有 1 根显毛。前胸横宽，与头约等长，前角鬃各 2 根，较短，后角鬃各 2 根，较长，后缘鬃 3 对，显短于后角鬃。前翅暗黄至淡棕色，各足黄色，后足腿节基半部褐色。腹部第 1～7 节前部有深棕色横纹。雄虫同雌虫，雄虫体型较小。发生世代各地区不同。危害无芒雀麦。

分布：内蒙古（呼和浩特市和林格尔县，包头市达尔罕茂明安联合旗，呼伦贝尔市额尔古纳市，锡林郭勒盟苏尼特左旗、太仆寺旗，乌兰察布市四子王旗，鄂尔多斯市东胜区、鄂托克前旗、伊金霍洛旗，巴彦淖尔市乌拉特前旗、乌拉特中旗、杭锦后旗，阿拉善盟阿拉善左旗），吉林，辽宁，宁夏，甘肃，河南，新疆；蒙古国，俄罗斯，巴基斯坦，土耳其，西欧。

烟蓟马 *Th. tabaci* Lindeman

成虫雌性体长 0.9～1.1mm，宽 0.23～0.3mm。体暗黄至淡棕色，鬃褐色。触角第 1 节较淡，第 3～5 节淡黄棕色，第 4、5 节端部较暗，其余灰棕色。翅淡黄或褐色，后翅白色。足胫节端部和跗节色较淡。腹部第 2～8 节背片较暗，前缘线栗棕色。前胸长，背片布满横纹，背片鬃约 36 根，无显著粗而长的鬃。孤雌生殖，雄虫极罕见。一年约发生 10 代，世代历期 9～23 天。成虫多在寄主植物嫩叶反面取食和产卵。危害苜蓿、红豆草、三叶草、沙打旺、草木樨、车菊、苦蒿。

分布：内蒙古（呼和浩特市，包头市，呼伦贝尔市海拉尔区、陈巴尔虎旗，兴安盟乌兰浩特市、阿尔山市、突泉县，通辽市，赤峰市，锡林郭勒盟二连浩特市、苏尼特左旗、苏尼特右旗、东乌珠穆沁旗、太仆寺旗，乌兰察布市四子王旗、集宁区，鄂尔多斯市东胜区、达拉特旗、鄂托克前旗、鄂托克旗、乌审旗、伊金霍洛旗，乌海市，巴彦淖尔市磴口县、临河区、乌拉特前旗、乌拉特中旗、乌拉特后旗、杭锦后旗，阿拉善盟阿拉善左旗、额济纳旗），吉林，辽宁，河北，河南，山东，山西，宁夏，陕西，甘肃，新疆，西藏，四川，云南，贵州，湖北，湖南，江苏，广东，广西，海南，台湾；朝鲜，日本，蒙古国，印度，菲律宾。

玉米黄呆蓟马 *Anaphothrips obscurus*（Muller）

体长雌性 1.0～1.2mm。体暗黄色，胸部有不定形的暗灰色斑，腹部背片较暗。头前缘较圆，后部有横纹。触角第 1 节淡白色，第 2～4 节黄色，但渐变暗色，第 5～8 节暗灰棕色。口锥端部棕色。前翅灰黄色，足黄色，股节和胫节外缘略暗色。腹端鬃较暗。行动迟缓，成虫对玉米苗造成严重危害。主要危害叶背面，被害叶面出现银白色条斑。干旱有利于大发生，危害期为 6 月中旬左右。危害玉米、芦苇、骆驼蓬、万寿菊、向日葵、油蒿、苜蓿、白草、沙蓬、地肤、蒿、芨芨草、白刺、阿尔泰狗娃花、狗尾草。

分布：内蒙古（呼和浩特市，包头市，锡林郭勒盟二连浩特市、西乌珠穆沁旗，鄂尔多斯市达拉特旗、鄂托克前旗、鄂托克旗、乌审旗、伊金霍洛旗，乌海市，巴彦淖尔市磴口县、临河区、乌拉特前旗、乌拉特中旗、乌拉特后旗、杭锦后旗，阿拉善盟阿拉善左旗、额济纳旗），辽宁，吉林，河北，陕西，山西，宁夏，甘肃，新疆，山东，江苏，浙江，福建，河南，广东，海南，贵州，四川，西藏，台湾；朝鲜，日本，马来西亚，蒙古国，埃及，摩洛哥，爱沙尼亚，立陶宛，俄罗斯，美国，加拿大，新西兰，澳大利亚，西欧。

花蓟马 *Frankliniella intonsa*（Trybom）

成虫体长雌性约 1.4mm。体棕色，头、胸部稍淡，前足股节端部和胫节淡棕色。触角第 3、4 节和第 5 节基半部黄色，第 1、2 节和第 6～8 节棕色。前翅微黄色。腹部第 1～7 节前缘线暗棕色。体鬃和翅鬃暗棕色。危害苜蓿、草木樨、刺茅、金盏菊、地黄、玉米。

分布：全国各地；朝鲜，韩国，日本，蒙古国，印度，土耳其，欧洲各地。

（四）鞘翅目 Coleoptera

1. 花金龟科 Cetoniidae

白星花金龟 *Protaetia*（*Liocola*）*brevitarsis*（Lewis）

成虫体长 17～24mm，宽 9～12mm。椭圆形，光亮或略具光泽，古铜色至青铜色，有时足绿色，全体散布众多不规则白绒斑。触角深褐色，复眼凸出，前胸背板两侧弧形，白绒斑 2～3 对，排列不规则，鞘翅宽大，近长方形，遍布粗大刻纹，肩突内、外侧刻纹密集，横向波浪形白绒斑稠密，主要集中于翅中后部，臀板短宽，密布皱纹和黄绒毛，每侧有三角形排列的 3 个白绒斑。一年发生 1 代，以 3 龄幼虫越冬，成虫在我国北方 5 月上旬出现，6～7 月为发生盛期。危害玉米、苜蓿、骆驼蓬、沙蒿、刺蓬。

分布：内蒙古（呼和浩特市，包头市固阳县，呼伦贝尔市，兴安盟扎赉特旗、科尔沁右翼前旗，通辽市科尔沁左翼后旗、开鲁县，赤峰市巴林左旗、阿鲁科尔沁旗、敖汉旗、林西县，锡林郭勒盟正镶白旗、苏尼特右旗，鄂尔多斯市达拉特旗，巴彦淖尔市乌拉特前旗、乌拉特中旗，阿拉善盟），黑龙江，吉林，辽宁，北京，河北，河南，山东，山西，宁夏，陕西，甘肃，青海，西藏，四川，云南，湖北，湖南，江苏，安徽，江西，浙江，福建，台湾；日本，朝鲜，俄罗斯，蒙古国。

2. 丽金龟科 Rutelidae

黄褐异丽金龟 *Anomala exoleta* Faldermann

体长 12.5～17mm，宽 7.2～9.7mm。体长卵形，体背面赤褐色或黄褐色，光亮，体腹面色泽明显较淡，呈淡黄褐色或淡黄色。复眼甚大而鼓凸，触角 9 节，棒状部 3 节。前胸背板密布刻点，前、后角钝角形，小盾片短阔，密布刻点，鞘翅刻点密，纵肋可见，臀板疏被长毛，胸下密被绒毛。前足 2 爪仅端部微分裂，中足 2 爪明显分为 2 支。腹部每腹板有成排刺毛。一年发生 1 代，以幼虫越冬，成虫盛发期在 5 月下旬至 6 月中旬，或 7 月下旬至 8 月上旬，傍晚活动最盛，成虫有强趋光性。危害苜蓿等豆科牧草和玉米。

分布：内蒙古（呼和浩特市清水河县，包头市，通辽市扎鲁特旗，赤峰市，锡林郭勒盟，鄂尔多斯市东胜区、杭锦旗、伊金霍洛旗，巴彦淖尔市），黑龙江，辽宁，北京，天津，河北，河南，山东，山西，宁夏，陕西，甘肃，青海，江苏，安徽。

3. 鳃金龟科 Melolonthidae

马铃薯鳃金龟 *Amphimallon solstitialis*（Linnaeus）

体长 14.2～17.4mm，宽 7.2～9.5mm。体较狭长，头、胸部、腹部腹面深栗褐色。头密被粗糙具长毛刻点，额中部常下陷成一短纵沟，头顶与后头间有横脊。触角 9 节，棒状部 3 节组成，雄虫扁阔长大，雌虫短小。前胸背板两侧及盘区呈 3 条黄褐纵带，盘区毛较密，中纵部毛最密，盘区侧方有较短细斜生灰白绒毛，构成灰白色斜带，四缘有边框，前侧角圆钝，后侧角钝角形，小盾片半椭圆形，密被具毛刻点。鞘翅狭长，基部有密而端部稀的长毛刻点，1～4 缝肋及纵肋清楚，缘褶阔。足较纤弱，中、后足股节后部有粗强刺毛，前足胫节外缘 3 齿，内缘距发达，爪纤长，爪下部有 1 小齿。2 年完成 1 代，以幼虫越冬。危害豆科牧草及向日葵。

分布：内蒙古（呼和浩特市和林格尔县，赤峰市阿鲁科尔沁旗、巴林左旗，锡林郭勒盟正镶白旗、太仆寺旗、多伦县，鄂尔多斯市鄂托克旗），黑龙江，吉林，辽宁，河北，甘肃，青海，新疆。

东北大黑鳃金龟 *Holotrichia diomphalis*（Bates）

体长 16.2～21mm，宽 8～11mm。体黑褐色或栗褐色，最深为栗褐色，以黑褐色个体为多，腹面色略淡，油亮。体阔而扁圆，后方微阔。唇基密布刻点，前缘微中凹，刻点较稀。触角 10 节，棒状部 3 节组成，雄虫棒状部长而大，明显长于前 6 节长之和；雌虫棒状部短小。前胸背板侧区密布脐形刻点，侧缘弧形。小盾片三角形，后端钝圆，基部散布少量刻点。鞘翅表面微皱。胸下密被绒毛。前足胫节内缘距约与中齿对生，后足第 1 跗节短于第 2 跗节，爪齿位于中部之前，长大于爪端。2 年发生 1 代，以成虫、幼虫隔年交替越冬。越冬代成虫于 4 月下旬开始出土，5 月活动盛期，9 月中旬开始越冬，成虫夜出取食、交尾，食性杂而多。危害向日葵和豆科牧草。

分布：内蒙古，黑龙江，吉林，辽宁，陕西，福建，河南，湖北。

4. 步甲科 Carabidae

毛婪步甲 *Harpalus*（*Pseudophonus*）*griseus*（Panzer）

体长 9～11.6mm，宽 3.5～4.5mm。头、前胸背板有光泽，前胸背板基部、鞘翅全部被淡黄色毛。体一般为黑色，腹面褐黄色，鞘翅有时棕黄色或棕褐色。头较前胸为狭，无刻点，唇基两侧各有 1 根毛。触角达前胸基缘。前胸背板宽大于长，两侧缘稍膨出，前角圆形，后角大于直角，端部不锐，侧缘在中部之前有 1 根毛；中纵沟细，在基部前消失，两侧基凹浅，基部 1/4 处密被刻点，后侧角上刻点间隆起，背板前段大部无刻点。鞘翅有 9 条沟，沟间平坦，密被刻点。前足胫节外端角具 4～5 根刺，端距近中部稍膨扩，跗节背面有毛及刻点。危害玉米、狗尾草等多种禾本科牧草。

分布：内蒙古（呼和浩特市和林格尔县、清水河县，兴安盟科尔沁右翼前旗、扎赉特旗，通辽市库伦旗，巴彦淖尔市乌拉特前旗，阿拉善盟阿拉善右旗），黑龙江，吉林，辽宁，河北，陕西，山西，甘肃，新疆，山东，江苏，安徽，浙江，福建，河南，湖北，江西，湖南，广西，云南，贵州，四川，台湾；日本，朝鲜，蒙古国，越南，阿富汗，北美，北非，亚洲东西部，欧洲。

5. 叶甲科 Chyrysomelidae

黄狭条菜跳甲 *Phyllotreta vittula*（Redtenbacher）

体长 1.5～1.8mm。体黑色。头部及前胸背板具绿色金属光泽。触角基部 6 节棕黄色，极光亮，其余各节渐深，至末端呈黑褐色。足股节多为棕褐色，胫节、跗节棕色，后者色泽更浅。鞘翅中央有 1 条黄色直形纵纹，甚狭小，只占翅面宽的 1/3，前端近鞘翅基部外侧端略呈一直角形凹曲，其末端向内略弯。头顶具细小刻点，触角之间不甚高耸，脊纹也不尖锐。鞘翅两边平行，基部约与前胸背板等宽，末端呈阔圆形，表面刻点排列成行。东北、华北地区一年发生 4～5 代，成虫寿命长，世代重叠，发生期不整齐。危害十字花科植物。

分布：内蒙古（呼和浩特市，包头市，呼伦贝尔市满洲里市，赤峰市，乌兰察布市，巴彦淖尔市乌拉特前旗、乌拉特中旗、杭锦后旗、磴口县、五原县，鄂尔多斯市东胜区、达拉特旗），黑龙江，吉林，河北，山西，陕西，甘肃，青海，新疆，山东，江苏；俄罗斯，蒙古国。

沙蒿金叶甲 *Chrysolina aeruginosa*（Faldermann）

成虫体长 5～8mm，宽 4.6～5.3mm。体卵圆形，翠绿色至紫黑色，有金属光泽。触角黑褐色，着生白色微毛，端半部各节较膨大，前胸背板横宽，密列短白毛，背面密布细刻点。头、胸及腹部密被黄褐色毛，腹端有 1 黑色尖刺。一年发生 1 代，主要以老熟幼虫在深层沙土中越冬，个别还以蛹或成虫越冬。越冬幼虫翌年 4 月化蛹，5 月上旬羽化成虫，5 月中旬成虫大量出土，并爬到植株上危害，6 月中旬开始交配，7 月下旬开始产卵，直到 10 月下旬，8 月上旬幼虫开始孵化，11 月中旬老熟幼虫陆续入土越冬。危害黑沙蒿、白砂蒿等蒿属植物。

分布：内蒙古（呼伦贝尔市新巴尔虎右旗，兴安盟，通辽市库伦旗，锡林郭勒盟正蓝旗、东乌珠穆沁旗，鄂尔多斯市乌审旗、鄂托克旗，巴彦淖尔市乌拉特前旗、乌拉特中旗，阿拉善盟阿拉善左旗），黑龙江，吉林，辽宁，河北，宁夏，甘肃，青海，西藏，四川；朝鲜，俄罗斯。

白茨粗角萤叶甲 *Diorhabda rybakowi* Weise

雄虫体长 5～8mm，宽 2.5mm。雌虫体长 8～12mm，宽 4～6mm。体深黄色，被白色绒毛。头部后缘具"山"字形黑斑，触角、复眼、小盾片、腿节端部、胫节基部和端部、爪、跗节均黑褐色。前胸背板有一"小"字形黑斑，每个鞘翅中央有 1 条狭窄的黑色纵纹。前胸背板和鞘翅刻点大小一致。雌虫小盾片黄色，腹部 4 节外露，每节中央有 1 个黑色横斑，周围黄白色。一年发生 2 代，以成虫在沙土中越冬。翌年 4 月底白茨发芽时成虫出蛰取食、交配、产卵，5 月下旬第一代幼虫孵化，6 月中旬化蛹，6 月下旬第一代成虫羽化，7 月中旬产卵，7 月下旬第二代幼虫孵化，9 月上旬化蛹，9 月中旬成虫羽化，10 月下旬越冬。危害白茨、苜蓿。

分布：内蒙古（阿拉善盟阿拉善右旗），宁夏，陕西，甘肃，青海，新疆，四川；蒙古国。

沙葱萤叶甲 *Galeruca daurica*（Joannis）

体长 9～13mm，宽 6～8mm。褐色。头长形，有皱纹和明显中沟。触角略超过鞘翅肩角，褐色。前胸背板宽大于长，侧缘基半部直，端半部圆，前缘明显凹洼，盘区具凹洼，4 个角有明显的毛孔，从中伸出 1 根刚毛。小盾片舌形，有较稀疏的刻点。鞘翅基部较窄，中部之后明显横阔，密布刻点，有发达的脊，第 1 条脊基部明显，第 2 条脊近达端部，第 3～4 条脊退化。腹部腹面及足浅色。一年发生 1 代，以卵越冬。呼伦贝尔市 5 月中旬卵孵化，5 月为孵化盛期，6 月初幼虫发生期，老熟幼虫 6 月末化蛹，7 月上旬成虫出现。危害沙葱、锦鸡儿、针茅和艾蒿等牧草。

分布：内蒙古（呼伦贝尔市，兴安盟，锡林郭勒盟，乌兰察布市卓资县），甘肃，新疆；蒙古国，俄罗斯。

6. 叩甲科 Elateridae

沟叩头虫 *Pleonomus canaliculatus*（Feldermann）

雄虫体长 14～18mm，宽 4mm；雌虫体长 16～17mm，宽 5mm。雄虫瘦狭，背面扁平；雌虫较阔状，背面拱隆。体色由棕红色至深栗褐色。触角、前胸背板两侧、鞘翅侧缘和足为棕红色，而前胸和鞘翅盘区色泽较暗，体密被金黄色半直立细毛。头部刻点相当粗密深刻，头顶中央低凹。雄虫触角细长，雌虫触角短粗。前胸背板长明显大于宽，无边框，或仅具极细的脊纹，基部较鞘翅为狭，后角尖锐，被密长毛，无隆脊，刻点粗密。小盾片略呈心脏形。雄虫较肥阔，末端钝圆，表面拱突，刻点较头、胸部为细，翅面略具沟痕。雄虫足细长，雌虫明显较粗短。3 年多完成 1 代，老熟幼虫于 8 月间在土中做土室化蛹，20 天后羽化为成虫。危害大麦、玉米、向日葵、苜蓿。

分布：内蒙古（锡林郭勒盟正镶白旗），黑龙江，吉林，辽宁，河北，陕西，山西，甘肃，青海，山东，江苏，安徽，河南，湖北。

7. 芫菁科 Meloidae

豆芫菁 *Epicauta*（*Epicauta*）*gorhami*（Marseul）

成虫体长 10.5～18.5mm，宽 2.6～4.6mm。体和足黑色，头红色，具 1 对光亮黑瘤，触角黑色，基部 4 节红色。前胸背板中央和每个鞘翅中央各具 1 条由灰色白毛组成的宽纵纹。一年发生 1 代，以 5 龄幼虫在土中越冬，翌年春蜕皮为 6 龄虫，后化蛹。危害苜蓿等豆科牧草。

分布：内蒙古（巴彦淖尔市），北京，天津，河北，河南，山东，山西，陕西，四川，贵州，湖北，湖南，江苏，安徽，江西，浙江，福建，广东，广西，海南，台湾，香港；韩国，日本。

绿芫菁 *Lytta*（*Lytta*）*caraganae*（Pallas）

体长 11.5～17mm，宽 3～5.5mm。体金属绿色或蓝绿色，鞘翅具铜色或铜红色光泽，体光亮无毛。头部刻点稀疏，额中央具 1 个橙红色小斑，触角念珠状，腹面、胸部和足毛十分细短。前胸背板宽短，光滑，前角隆起凸出，在前端 1/3 处中间有 1 个圆凹，后缘中央前有 1 个横凹，后缘稍呈波浪状弯曲，鞘翅具细小刻点和细皱纹。一年发生 1 代，成虫一般在 7 月上旬出现，7 月中旬交尾产卵。危害苜蓿、锦鸡儿等豆科牧草。

分布：内蒙古，黑龙江，吉林，辽宁，北京，河北，河南，山东，山西，宁夏，陕西，甘肃，青海，新疆，湖北，湖南，上海，江苏，浙江，安徽，江西；蒙古国，朝鲜，日本，俄罗斯。

苹斑芫菁 *Mylabris*（*Eumylabris*）*calida* Pallas

成虫体长约 17mm，宽 6mm。头、胸、腹蓝黑色，有光泽，密生较长毛，头明显向下，足和触角均为黑色，触角丝状，末端数节略大，长于头、胸长之和。一年发生 1 代，一般以幼虫越冬，成虫于 3 月底至 4 月上旬出现，5 月下旬至 6 月间盛发，至 9 月底继续发生，9 月中旬以后数量渐减。危害锦鸡儿、益母草。

分布：内蒙古，黑龙江，吉林，辽宁，北京，河北，河南，山东，山西，宁夏，陕西，甘肃，青海，新疆，湖北，江苏，浙江；蒙古国，朝鲜，中亚，中东，东非，北非，西欧，俄罗斯。

8. 天牛科 Cerambycidae

红缝草天牛 *Eodorcadion chinganicum* Suvorov

体长 13～17mm，宽 5～7mm。体卵圆形或长卵形，头部具膜质唇基，额前缘平直，触角大多略扁，或稍肿大，前胸背板宽大于长，具侧刺突，中部两侧各具 1 条短狭的酱红色绒毛纵斑，或部分黑色，小盾片半圆形或宽三角形，末端钝圆。鞘翅肩部较前胸宽，背面拱起，肩部后和中缝旁各有较宽的灰白色或灰黄色绒毛条纹，中间具 4 条以上细狭的绒毛条纹，中缝红色，愈合，肩部或翅表常具纵脊，后翅缺或极小。一年发生 1 代，以幼虫越冬。4～5 月羽化，卵 6 月上旬初孵幼虫。危害披碱草。

分布：内蒙古（锡林郭勒盟正镶白旗），黑龙江，吉林，辽宁。

9. 豆象科 Bruchidae

柠条豆象 *Kytorhinus immixtus* Motschulsky

成虫体长 35～55mm，宽 18～27mm。体椭圆形，黑色，鞘翅、足黄褐色。头密布细小刻点，被灰白色毛。触角 11 节，雌虫触角锯齿状，约为体长的一半；雄虫触角栉齿状，与体等长。前胸背板前端狭窄，布刻点，被灰白色与污黄色毛。中央稍隆起，近各缘中间有 1 条细纵沟。小盾片长方形，后缘凹入，被灰白色毛，鞘翅具纵刻点 10 条，鞘翅末端圆形，翅为黄褐色，基部中央为深褐色，被污黄色毛，基部近中央处有 1 束灰白色毛，两侧缘间略凹，两端向外扩展，臂板与腹部背板外露，布刻点，被灰白色毛。一年发生 1 代，以老熟幼虫在被害豆粒内越冬。翌年 4 月中、下旬化蛹，5 月上、中旬成虫羽化，5 月中、下旬产卵于豆荚上，一般在一个豆荚上产卵 3～4 粒。幼虫孵化后，即在卵壳钻入荚内，再蛀入嫩豆粒危害，6 月下旬柠条豆荚成熟期间，幼虫在豆粒内亦达老熟。危害柠条等锦鸡儿属植物。

分布：内蒙古（鄂尔多斯市，锡林郭勒盟），宁夏，陕西，甘肃；俄罗斯。

（五）鳞翅目 Lepidoptera

1. 小卷叶蛾科 Olethreutidae

豆小卷蛾 *Matsumuraeses phaseoli* Matsumura

成虫体长 6～7mm，翅展 14～23mm。雄虫灰黄色，雌虫灰褐色。头部灰褐色。复眼黑褐色。触角灰褐色，达前翅之半。雄虫前翅灰黄色，前缘中部有灰褐色纵长斑，有多条黑褐色短斜纹，中室端有 1 黑褐色斑点，近翅尖有 2 个小黑点，臀角前方有 4 个小黑点，其中 3 个排成直线，后缘有十余个黄白色小点；后翅灰褐色，翅脉黑褐色，缘毛内层灰褐色，外层黄褐色；雌虫前翅褐色，翅尖多黄白色鳞片，小黑点明显，其余斑纹较模糊。胸背灰褐色，腹部灰黑色。一年发生 2～4 代，以老熟幼虫在土茧中越冬，第二年 4 月间化蛹羽化，雌成虫先在草木樨、苜蓿上产卵，幼虫孵化后危害牧草。老熟幼虫入土做土茧化蛹。危害草木樨、紫花苜蓿等豆科植物。

分布：内蒙古（锡林郭勒盟正镶白旗），东北地区，西北地区。

2. 螟蛾科 Pyralidae

草地螟 *Loxostege sticticalis*（Linnaeus）

成虫体长 8～12mm，翅展 12～28mm。体暗褐色，前翅灰褐色至暗褐色，翅中央稍近前方有 1 近似方形淡黄色或浅褐色斑，翅外缘为黄白色，后翅黄褐色或灰色，沿外缘有 2 条平行的黑色波状条纹。草地螟以老熟幼虫在土壤表层内结茧越冬。一年 2 代，越冬代成虫始见于 6 月下旬，6 月为盛发期，7 月上旬为末期，田间幼虫于 6 月中旬至 7

月上旬危害，大多数幼虫直接越冬，只有少数幼虫于 7 月上旬至 8 月中旬化蛹，羽化为第一代成虫，盛发期不明显，而陆续羽化一直到 8 月下旬或 9 月上旬，幼虫数量减少。危害苜蓿、向日葵及禾本科植物等，据记载，危害 250 多种植物。

分布：内蒙古，吉林，北京，河北，山西，宁夏，陕西，甘肃，青海，江苏；朝鲜，日本，印度，俄罗斯，美国，加拿大，西欧。

柠条坚荚斑螟 *Asclerobia sinensis*（Caradja）

体长 9～11mm，翅展 19～20mm。头顶鳞片及下唇须为浅黄色，复眼黑色，有白色网状花纹，触角丝状，胸部背面浅黄色，前翅灰黑色、灰白色、黄色鳞片相间分布，前翅外缘的鳞片端部白色，在前翅中部有 1 横向由灰白色和灰黑色鳞片组成的突起鳞片带，后翅淡灰色，一年发生 1 代，个别一年发生 2 代，老龄幼虫结茧在土中越冬，翌年 4 月上旬化蛹，5 月上旬成虫出现。危害柠条、小叶锦鸡儿。

分布：内蒙古，宁夏，陕西，辽宁，广东，广西。

柠条豆荚螟 *Etiella zinckenella*（Treitschke）

体长 7～10mm，翅展 15～23mm。体灰褐色。复眼黄色，触角黄褐色。头顶鳞片向前超过颜面，后头鳞片黄色，向后平覆。前翅灰褐色，前缘白色，端部杂生灰色鳞片，近翅基 1/3 处有 1 条黄色宽横带，其内侧着生 1 列深褐色拱起的长鳞，凸出翅面。后翅灰白色，翅缘黑褐色，缘毛内层灰色，外层白色。一年发生 1 代，以老熟幼虫在锦鸡儿灌木根部附近的沙土中结茧越冬。翌年 4 月下旬开始化蛹，5 月成虫出现。成虫多在晚间羽化出土，白天静伏枝下、叶背和杂草上。7 月上旬老熟幼虫在荚皮上咬孔外出或随荚果的提前开落至地面入沙土结茧越冬。危害豆科牧草，尤其是锦鸡儿属牧草。

分布：内蒙古（锡林郭勒盟正镶白旗），北京，安徽，宁夏，陕西，辽宁，广东，广西，河北，河南，山东，山西，湖北，云南，台湾；日本，朝鲜，印度，西伯利亚，欧洲，北美。

3. 木蠹蛾科 Cossidae

沙蒿木蠹蛾 *Holcocerus artemisiae* Chou et Hua

雄虫体长 18～21mm，翅展 38～45mm；雌虫体长 22～29mm，翅展 40～60mm。体灰褐色。触角褐色扁绒状。头顶、翅基片及胸前部褐灰色，后部有 2 条黑褐色横带，腹部浅灰褐色。前翅灰褐色，前缘黄黑相间，翅脉黑褐色而较明显，翅基和中室暗褐色，中室下方有 1 明显的白色区，外半部各脉之间散布暗色条点。雄虫亚外缘线有时显著黑褐色，各脉端至缘毛为黑色。后翅灰褐色，翅反面灰褐色，前翅前缘黑点列较明显。各跗节基部暗褐色，后足胫节距 2 对，第 1 跗节膨大。两年发生 1 代，以不同龄期幼虫在寄主根部越冬。老熟幼虫在地表根冠中作茧化蛹，6 月初至 7 月中旬为成虫发生期。危害黑沙蒿、骆驼蓬、白砂蒿。

分布：内蒙古（巴彦淖尔市，鄂尔多斯市，阿拉善盟），宁夏，陕西。

4. 夜蛾科 Noctuidae

苜蓿实夜蛾 *Heliothis viriplaca*（Hufnagel）

体长 14～16mm，翅展 25～38mm。成虫头部及胸部淡灰褐色，微带霉绿色，腹部淡褐色，各节背面有微褐色横条。前翅淡灰褐色，微带霉绿色，后翅淡黄褐色。一年发生 2 代，以蛹在土中越冬。越冬成虫一般在 6 月上旬出现，产卵于叶背面，2 龄之后常自叶缘向内蚕食，8 月第一代成虫出现，9 月第二代老熟幼虫入土化蛹越冬。危害苜蓿等豆科牧草及玉米。

分布：内蒙古（呼和浩特市和林格尔县，包头市土默特右旗，呼伦贝尔市扎兰屯市、阿荣旗、莫力达瓦达斡尔族自治旗，通辽市奈曼旗、科尔沁左翼中旗、库伦旗、扎鲁特旗，赤峰市，锡林郭勒盟正镶白旗，巴彦淖尔市临河区、乌拉特前旗，阿拉善盟阿拉善左旗），黑龙江，辽宁，吉林，天津，河北，河南，宁夏，陕西，甘肃，新疆，青海，云南，江苏；印度，缅甸，日本，叙利亚，欧洲。

秀夜蛾（麦穗夜蛾）*Apamea sordens*（Hufnagel）

体长 15mm 左右，翅展 42mm。体灰褐色，雌雄触角均为丝状，前翅灰褐色，前翅基从前缘向后有 1 短条黑色眉形剑纹，后翅浅褐色，翅反面外内横线间中脉处有 1 黑色小斑。一年发生 1 代，以幼虫在土中越冬。越冬幼虫 4 月上、中旬开始出土活动，4 月下旬陆续化蛹，6 月上、中旬大量羽化成虫，中、下旬为产卵盛期，中旬即发生当年幼虫。危害无芒雀麦。

分布：内蒙古（呼和浩特市，包头市，锡林郭勒盟，乌兰察布市，巴彦淖尔市），黑龙江，河北，陕西，甘肃，青海，新疆，西藏，四川，云南；土耳其，蒙古国，日本，俄罗斯，加拿大，西欧。

甘蓝夜蛾 *Mamestra brassicae*（Linnaeus）

体长 18～25mm，翅展 45～50mm。体灰褐色，前翅从前缘向后缘有许多不规则的黑色曲纹，亚外缘线单条，白色，内横线和亚基线黑色，双重，均为波状，近翅顶角前缘有 3 个小白点，后翅灰色，无斑纹。每年发生的世代数各地不同，均以蛹在被害作物根际附近土壤中越冬，越冬蛹一般在翌年羽化出土。危害玉米及藜科、十字花科、豆科牧草。

分布：内蒙古，黑龙江，吉林，辽宁，河北，河南，山东，山西，宁夏，陕西，甘肃，青海，新疆，西藏，四川，湖北，湖南，江苏，安徽，浙江，广西；日本，朝鲜，俄罗斯，印度，西欧，北非。

甜菜夜蛾 *Spodoptera exigua*（Hubner）

体长 11mm，翅展 35mm 左右。体和前翅灰褐色，前翅外缘线由 1 列黑色三角形小斑组成，外横线与内横线 2 色双线，均为黑白色，肾状纹与环状纹均为黄褐色，有黑色轮廓线，后翅白色，略带粉红闪光。每年发生的世代数各地不同。一年发生 5 代，各代常重叠发生。危害藜科、蓼科、苋科、菊科、豆科等牧草。

分布：内蒙古（赤峰市翁牛特旗），宁夏，河北，河南，山东，陕西，甘肃，青海，新疆，东北；日本，印度，缅甸，亚洲西部，大洋洲，欧洲，非洲。

小地老虎 *Agrotis ypsilon*（Rottemberg）

体长 17～23mm，翅展 40～54mm。头部暗褐色，胸部背面暗褐色，足褐色，前足胫节与跗节外缘灰褐色，中后足各节末端有灰褐色环纹。前翅棕褐色，前缘区黑棕色，外线以内多暗棕色，基线淡褐色双线波浪形不显，内线双线黑色波浪形，环纹黑色，有 1 圆灰环，肾纹黑色黑边，其外方有 1 黑纵条纹，剑纹褐色黑边，中线暗褐色波浪形，外线褐色，双线波浪形，亚端线灰色不规则锯齿形，其内缘在中脉之间有 3 尖齿，亚端线与外线间在各脉上有小黑点，端线黑色，外线与亚端线间淡褐色，亚端线以外黑褐色，后翅灰白色，纵脉及缘线褐色。腹部背面灰色。华北一年发生 3～4 代，华南 5～6 代，长江流域 4 代，在北京以蛹越冬，在长江流域及华南以蛹及幼虫越冬。危害紫花苜蓿。

分布：世界广布种。

黄地老虎 *A. segetum*（Denis et Schiffermuller）

体长 14～19mm，翅展 31～43mm。头胸淡褐灰色，下唇须灰白色，两侧呈褐色，雄蛾触角双栉形。前翅灰褐色，基线双线，内线双线褐色，波浪形，外线较显著，剑纹很小不显著，环纹暗褐色黑边，圆形或微呈椭圆形，肾纹棕褐色黑边，较大，中室下角至翅后缘微有 1 褐黑色斜影，外线褐色，锯齿形，亚端线内缘褐色外缘灰色，端区各脉间有三角形黑点，后翅白色半透明，前缘、后缘、端区微呈褐色，翅脉褐色。危害玉米等禾本科植物。

分布：内蒙古，黑龙江，吉林，辽宁，北京，天津，河北，河南，山东，山西，甘肃，青海，新疆，湖北，湖南，江苏，安徽、江西、浙江；欧洲，亚洲，非洲。

白茨夜蛾 *Leiometopon simyrides* Staudinger

体长 12mm 左右，翅展 30mm 左右。头、胸部灰白色带褐色，有黑色细点，额白色，颈板基部白色。前翅白色带淡褐色，翅脉黑褐色，亚中褶基部有 1 黑色纵纹，其后方亦带黑褐色，内线不明显，细波浪形外弯，在亚中褶处内弯，然后外斜，后端几与外线相遇，肾纹为 1 黑色窄斜条，外线黑褐色，向外弯曲，细锯齿形，亚端线不明显，微黑色，与外线间约成 1 暗带，缘毛白色，基部 1 暗线，后翅淡褐色，缘毛白色。腹部灰褐色，各节端部白色。危害白茨。

分布：内蒙古，宁夏，甘肃，新疆。

麦奂夜蛾 *Amphipoea fucosa*（Freyer）

体长 13～16mm，翅展 30～36mm。头、胸及前翅黄褐色，前翅各横线褐色，内线、外线均双线，前者波浪形，后者锯齿形，剑纹小，红褐色，环纹及肾纹黄色带锈红色，亚端线细弱；后翅浅褐黄色。腹部灰黄色。一年发生 1 代，以卵越冬。翌年 5 月上、中旬孵化，5 月下旬至 6 月上旬进入孵化盛期，5 月上、中旬幼虫开始危害小麦幼苗，5 月下旬至 6 月下旬进入危害盛期。老熟幼虫 6 月下旬化蛹，7 月上、中旬成虫出现，8 月上旬进入发蛾高峰。危害大麦、玉米及其他禾本科植物。

分布：内蒙古（呼和浩特市武川县，呼伦贝尔市海拉尔区、额尔古纳市、新巴尔虎左旗、新巴尔虎右旗、陈巴尔虎旗、阿荣旗、鄂伦春族自治旗，兴安盟科尔沁右翼前旗，赤峰市巴林右旗、阿鲁科尔沁旗，乌兰察布市丰镇市、察哈尔右翼前旗、四子王旗，巴彦淖尔市乌拉特前旗，阿拉善盟阿拉善左旗），黑龙江，河北，青海，新疆，湖北；日本。

银纹夜蛾 *Argyrogramma agnata*（Staudinger）

体长 15～17mm，翅展 32～36mm。头部、胸部及腹部灰褐色。前翅深褐色，外线以内的亚中褶后方及外区带金黄色，基线、内线银色，2 脉基部 1 褐心银斑，其外后方 1 银斑，肾纹褐色，外线双线褐色波浪形，亚端线黑褐色锯齿形，缘毛中部有 1 黑斑，后翅暗褐色。东北、华北地区一年发生 2～3 代，以蛹越冬。危害苜蓿、红豆草及十字花科牧草。

分布：内蒙古（锡林郭勒盟），全国各地；日本，朝鲜，俄罗斯。

5. 尺蛾科 Geometrida

沙枣尺蠖（春尺蠖）*Apocheima cinerarius*（Erschoff）

成虫雌雄异型，雄虫体长 10～16mm，前翅长 14～16mm，雌虫体长 9～19mm，无翅。体灰褐色。雌虫后胸及腹部 1～2 节背板，雄虫腹部 1～4 节背面具成排的黑刺 1～2 列。雄蛾前翅外横线和内横线均明显，中横线较模糊。雄蛾触角黄色，羽状，雌蛾触角丝状。一年发生 1 代，以蛹在土中越冬、越夏。3 月间成虫羽化，一雌蛾可产卵 800～1000 粒，卵期 20 余天，4 月中旬幼虫大量孵化，5 月中、下旬入土化蛹。危害柠条、沙枣。

分布：内蒙古（呼和浩特市土默特左旗、和林格尔县、托克托县、清水河县，包头市，巴彦淖尔市杭锦后旗、磴口县，鄂尔多斯市准格尔旗、达拉特旗），黑龙江，吉林，辽宁，北京，天津，河北，河南，山东，山西，宁夏，陕西，甘肃，青海，新疆。

6. 粉蝶科 Pieridae

菜粉蝶 *Pieris rapae*（Linnaeus）

体长 15～19mm，翅展 35～55mm。雄蝶粉白色，额区密被白色及灰黑色长毛；眼赭褐色。触角两侧有白鳞组成的纵线纹各 1 条，断续呈竹节状。胸背部底色深黑色，布满灰白色长绒毛，胸足黄褐色，侧背面有黑纵线 1 条。前翅长三角形，翅面纯白色，密被白鳞，近基部被黑色鳞，前角区有 1 枚大型三角形黑斑，外缘全白，第 3 及第 1b 两翅室中部各有 1 枚黑斑，后翅略呈卵圆形，白色，基部布稀疏黑色鳞。雌蝶体型较雄蝶略大，翅面淡灰黄白色，斑纹排列同雄蝶，但色深浓，1b 翅室斑发达，在其下方有 1 条黑褐色带状纹，沿着后缘伸向翅基，翅反面黄色鳞片颜色更深。腹部深黑色，密被白鳞。一年发生 4～5 代，以蛹越冬。翌年 4 月中、下旬越冬蛹羽化，5 月达到羽化盛期。羽化的成虫取食花蜜，交配产卵，第一代幼虫于 5 月上、中旬出现，5 月下旬至 6 月上旬是春季危害盛期。2～3 代幼虫于 7～8 月出现，此时因气温高，虫量显著减少。至 8

月以后，随气温下降，又是秋菜生长季节，有利于此虫生长发育，8～10月是4～5代幼虫危害盛期，秋菜可受到严重危害，10月中、下旬老熟幼虫陆续化蛹越冬。危害草木樨属植物及芸薹属等十字花科植物。

分布：内蒙古，北京，河北，辽宁，吉林，黑龙江，上海，江苏，浙江，安徽，福建，江西，山东，河南，湖北，湖南，广东，广西，海南，四川，贵州，云南，西藏，陕西，甘肃，青海，宁夏，新疆，香港，台湾；从美洲北部到印度北部。

（六）双翅目 Diptera

潜蝇科 Agromyzidae

豌豆彩潜蝇 *Chromatomyia horticola* Goureau

体小，似果蝇。雌虫体长2.3～2.7mm，翅展6.3～7.0mm；雄虫体长1.8～2.1mm，翅展5.2～5.6mm。体暗灰色，有稀疏刚毛。复眼椭圆形，红褐色至黑褐色，眼眶间区及颅部的腹面黄色，触角黑色，分3节，第3节近方形，触角芒细长，并分2节，其长度略大于第3节的2倍，额向前凸出，上眶鬃2根等长，触角窝棕褐色至黑色。小盾片灰黑色。腿节灰黑色，有时端部黄色。雌蝇主要在叶片正面产卵，叶缘产卵数多于叶中部，卵多散产。产卵处出现白色圆点形产卵痕。幼虫潜入寄主叶片表皮下，曲折穿行，取食绿色组织，造成不规则的灰白色线状隧道。危害严重时，叶片组织几乎全部受害，叶片上布满蛀道，尤以植株基部叶片受害为最重，甚至枯萎死亡。老熟幼虫在叶片潜道内化蛹，并将前气门露于叶表。蛹色变化与气温有关，由淡黄色至黑褐色。以蛹在寄主叶片内越冬，翌年气温回升时，越冬蛹落入土中或附在叶表皮上羽化。危害豆科牧草。

分布：内蒙古，全国各地；澳大利亚，亚洲，非洲，欧洲，北美洲。

（七）膜翅目 Hymenoptera

广肩小蜂科 Eurytomidae

锦鸡儿广肩小蜂 *Bruchophagus neocaraganae*（Liao）

雄虫体长2～2.2mm。体黑色略带紫蓝色。头横宽。复眼朱红色，光滑无毛。触角略呈棒状，柄节、足转节、膝节、中足胫节末端以下均红色，前、后足肉白色。翅透明无色、翅脉火红色。头颜面略膨胀，单眼排列呈钝三角形。头、胸具脐状刻点及白毛，前胸背板几与中胸等长，中胸盾纵沟明显。雌虫体长1.6～2mm，体黑色。触角索节5节，棒节2；各鞭节具3～8个长感觉器及2排白长束毛。一年发生2代，以幼虫在种子内越冬，翌年5月上旬出现第1代成虫，6月下旬出现第2代成虫，世代重叠。成虫羽化当天交尾、交尾当天或第2天产卵，一般产卵5～8粒。幼虫共5龄。危害锦鸡儿、柠条。

分布：内蒙古（呼和浩特市，包头市固阳县，锡林郭勒盟，鄂尔多斯市，巴彦淖尔市），北京，河北，宁夏，陕西，甘肃。

苜蓿籽蜂 *Bruchophagus roddi*（Gussakovsky）

雌蜂体长 1.2mm。全体黑色。头大，有粗刻点，复眼酱紫色，单眼微带棕色。触角10节，柄节最长，第7、8节较粗，自第3节起，各节有整齐的感觉圈。胸部特别隆起，刻点粗大，无光泽。胸足基节呈黄色，转节、腿节、胫节中间部分黑色，跗节及爪淡棕色。腹部侧扁，腹末腹板呈梨形。雄蜂体长 1.4～1.8mm。触角较长，9节，柄节基半部淡棕色，端部膨大，为黑色，第3节3～4圈有较长细毛。一年发生1～3代，在适宜条件下可发生4～5代。以幼虫在豆科牧草的种子内越冬。越冬场所为田间植物残株，路旁、田边自生植株的种荚内，收割时掉落的种子，以及储存种子的仓库内。危害苜蓿、三叶草、紫云英、百脉根、骆驼刺等豆科牧草及醉马草等。

分布：内蒙古（呼伦贝尔市，赤峰市，鄂尔多斯市），河北，辽宁，河南，山东，山西，陕西，甘肃，新疆；土耳其，西伯利亚，新西兰，加拿大，美国，智利，法国，罗马尼亚，德国，捷克，斯洛伐克，伊拉克，以色列，匈牙利，欧洲，中亚，大洋洲。

四、内蒙古草地主要天敌昆虫物种多样性

（一）蜻蜓目 Odonata

差翅亚目 Anisoptera

1. 蜻科 Libellulidae

红蜻 *Crocothemis servilia* Drury

分布：内蒙古（包头市，通辽市，锡林郭勒盟多伦县、正蓝旗、正镶白旗、西乌珠穆沁旗，巴彦淖尔市临河区、乌拉特前旗、乌拉特中旗、磴口县、杭锦后旗、五原县），北京，江苏，福建，江西，广东，广西，云南。

成虫捕食鳞翅目、双翅目昆虫。

白尾灰蜻 *Orthetrum albistylum* Selys

分布：内蒙古（呼和浩特市和林格尔县，呼伦贝尔市新巴尔虎右旗，兴安盟科尔沁右翼中旗，通辽市扎鲁特旗，阿拉善盟额济纳旗），北京，河北，江苏，浙江，河南，湖北，广东，海南，云南，四川。

成虫捕食鳞翅目、双翅目昆虫。

黄蜻 *Pantala flavecens* Fabricius

分布：内蒙古（通辽市库伦旗，赤峰市阿鲁科尔沁旗，锡林郭勒盟正镶白旗，巴彦淖尔市乌拉特后旗），北京，河北，浙江，福建，河南，湖北，江西，广西，云南。

成虫捕食鳞翅目、双翅目昆虫。

秋赤蜻 *Sympetrum frequens* Selys

分布：内蒙古（呼伦贝尔市扎兰屯市、新巴尔虎左旗、新巴尔虎右旗、陈巴尔虎旗、阿荣旗，兴安盟扎赉特旗、科尔沁右翼前旗，通辽市科尔沁左翼后旗、库伦旗、扎鲁特

旗，赤峰市阿鲁科尔沁旗、敖汉旗，鄂尔多斯市鄂托克旗，巴彦淖尔市乌拉特后旗，阿拉善盟阿拉善左旗、阿拉善右旗），北京。

成虫捕食鳞翅目、双翅目昆虫。

黄腿赤蜻 *S. imitans* Selys

分布：内蒙古（呼伦贝尔市新巴尔虎左旗、新巴尔虎右旗、阿荣旗、扎赉特旗、突泉县、科尔沁右翼前旗、科尔沁右翼中旗，通辽市科尔沁左翼后旗、库伦旗、扎鲁特旗，赤峰市阿鲁科尔沁旗、巴林右旗，乌兰察布市察哈尔右翼前旗、四子王旗、兴和县，鄂尔多斯市乌审旗、鄂托克旗、鄂托克前旗，巴彦淖尔市磴口县、乌拉特前旗、乌拉特中旗、乌拉特后旗），北京。

成虫捕食鳞翅目、双翅目昆虫。

褐带赤蜻 *S. pedemontanum* Allioni

分布：内蒙古（呼伦贝尔市扎兰屯市、新巴尔虎左旗、陈巴尔虎旗、阿荣旗，兴安盟扎赉特旗、突泉县、科尔沁右翼前旗、科尔沁右翼中旗，通辽市，赤峰市巴林右旗，锡林郭勒盟西乌珠穆沁旗、多伦县、正镶白旗），黑龙江，辽宁，新疆。

成虫捕食鳞翅目、双翅目昆虫。

束翅亚目 Zygoptera

2. 色蟌科（河蟌科）Agriidae

豆娘 *Agrion quadrigerum* Selys

分布：内蒙古（呼和浩特市和林格尔县、武川县、清水河县，包头市达尔罕茂明安联合旗，锡林郭勒盟正镶白旗、正蓝旗、多伦县、太仆寺旗、苏尼特右旗、西乌珠穆沁旗，乌兰察布市集宁区、丰镇市、察哈尔右翼前旗、察哈尔右翼后旗、察哈尔右翼中旗、四子王旗、卓资县、凉城县、兴和县）。

成虫捕食鳞翅目、双翅目昆虫。

3. 蟌科 Coenagriidae

沼狭翅蟌 *Aciagrion hisope*（Selys）

分布：内蒙古（呼伦贝尔市根河市、新巴尔虎左旗、新巴尔虎右旗、陈巴尔虎旗，兴安盟科尔沁右翼前旗，通辽市扎鲁特旗，阿拉善盟阿拉善右旗），福建，湖北，江西，云南，四川。

成虫捕食鳞翅目、双翅目昆虫。

（二）直翅目 Orthoptera

1. 硕螽科 Bradyporidae

笨棘颈螽 *Deracantha grandis*（Lucas）

分布：内蒙古，北京，河北，黑龙江；蒙古国，俄罗斯。

偶尔能捕食草地害虫。

2. 螽斯科 Tettigoniidae

中华寰螽 *Atlanticus sinensis* Uvarov

分布：内蒙古，北京，河北，山西，辽宁，河南，湖北，陕西，甘肃，宁夏。

有时能捕食草地害虫。

优雅蝈螽 *Gampsocleis gratiosa* Brunner et Wattenwyl

分布：内蒙古，北京，天津，河北，山西，山东，河南，陕西，甘肃；朝鲜，俄罗斯。

偶尔能捕食草地害虫。

长翅鸣螽 *G. buergeri* De Hann

分布：内蒙古，河北，山西，辽宁，吉林，黑龙江，江苏，山东，河南，湖北；俄罗斯，朝鲜，日本。

偶尔能捕食草地害虫。

乌苏里鸣螽 *G. ussuriensis* Adelung

分布：内蒙古（赤峰市巴林右旗，呼伦贝尔市扎兰屯市、满洲里市、阿荣旗，兴安盟科尔沁右翼前旗、科尔沁右翼中旗，通辽市扎鲁特旗，乌兰察布市凉城县），河北，陕西，吉林。

偶尔能捕食草地害虫。

（三）缨翅目 Thysanoptera

1. 纹蓟马科 Aeolothripidae

横纹蓟马 *Aeolothrips*（*Coleothrips*）*fasciatus*（Linnaeus）

分布：内蒙古（呼和浩特市，包头市，呼伦贝尔市陈巴尔虎旗，赤峰市，锡林郭勒盟二连浩特市、苏尼特左旗、苏尼特右旗，乌兰察布市丰镇市、四子王旗，鄂尔多斯市东胜区、达拉特旗、鄂托克前旗、鄂托克旗、杭锦旗、乌审旗，乌海市，巴彦淖尔市五原县、临河区、磴口县、乌拉特前旗、乌拉特中旗、杭锦后旗，阿拉善盟阿拉善左旗、阿拉善右旗、额济纳旗），北京，辽宁，河北，宁夏，甘肃，新疆，山东，浙江，河南，湖北，江西，云南；日本，朝鲜，蒙古国，欧洲地区。

捕食小型蚜虫、蓟马、螨类。

2. 蓟马科 Thripidae

塔六点蓟马 *Scolothrips takahashii* Priesner

分布：内蒙古（呼和浩特市，包头市，通辽市，乌海市），北京，上海，吉林，辽宁，河北，山西，宁夏，山东，江苏，浙江，福建，河南，湖北，江西，广东，广西，海南，云南，四川，台湾。

捕食小型蚜虫、蓟马、螨类。

玉米黄呆蓟马 *Anaphothrips obscurus*（Müller）

分布：内蒙古（呼和浩特市，包头市，锡林郭勒盟二连浩特市、西乌珠穆沁旗，鄂尔多斯市达拉特旗、鄂托克前旗、鄂托克旗、乌审旗、伊金霍洛旗，乌海市，巴彦淖尔市磴口县、临河区、乌拉特前旗、乌拉特中旗、乌拉特后旗、杭锦后旗，阿拉善盟阿拉善左旗、额济纳旗），辽宁，吉林，河北，陕西，山西，宁夏，甘肃，新疆，山东，江苏，浙江，福建，河南，广东，海南，贵州，四川，西藏，台湾；朝鲜，日本，马来西亚，蒙古国，埃及，摩洛哥，爱沙尼亚，立陶宛，俄罗斯，瑞士，瑞典，阿尔巴尼亚，法国，荷兰，罗马尼亚，匈牙利，意大利，奥地利，波兰，芬兰，德国，捷克，英国，丹麦，美国，加拿大，新西兰，澳大利亚。

捕食小型蚜虫、蓟马、螨类。

烟蓟马 *Thrips tabaci* Lindeman

分布：内蒙古（呼和浩特市，包头市，呼伦贝尔市海拉尔区、陈巴尔虎旗，兴安盟乌兰浩特市、阿尔山市、突泉县，通辽市，赤峰市，锡林郭勒盟二连浩特市、苏尼特左旗、苏尼特右旗、东乌珠穆沁旗、太仆寺旗，乌兰察布市四子王旗、集宁区，鄂尔多斯市东胜区、达拉特旗、鄂托克前旗、鄂托克旗、乌审旗、伊金霍洛旗，乌海市，巴彦淖尔市磴口县、临河区、乌拉特前旗、乌拉特中旗、乌拉特后旗、杭锦后旗，阿拉善盟阿拉善左旗、额济纳旗），吉林，辽宁，河北，河南，山东，山西，宁夏，陕西，甘肃，新疆，西藏，四川，云南，贵州，湖北，湖南，江苏，广东，广西，海南，台湾；朝鲜，日本，蒙古国，印度，菲律宾。

捕食小型蚜虫、蓟马、螨类。

（四）半翅目 Hemiptera

1. 猎蝽科 Reduviidae

淡带荆猎蝽 *Acathaspis cincticrus* Stal
分布：内蒙古（呼和浩特市，包头市，兴安盟科尔沁右翼中旗，通辽市科尔沁左翼后旗），北京，山西，河北，河南，山东；日本，印度，缅甸。

捕食性，捕食鳞翅目、半翅目、鞘翅目、双翅目、膜翅目等多种昆虫。

伏刺猎蝽 *Reduvius testaceus*（Herrich-Schaeffer）
分布：内蒙古（鄂尔多斯市杭锦旗，巴彦淖尔市乌拉特前旗，阿拉善盟阿拉善左旗），甘肃，宁夏；欧洲南部。

捕食性，捕食鳞翅目、半翅目、鞘翅目、双翅目、膜翅目等多种昆虫。

黑腹猎蝽 *R. fasciatus* Reuter
分布：内蒙古（赤峰市宁城县），北京，山东，甘肃。

捕食性，捕食鳞翅目、半翅目、鞘翅目、双翅目、膜翅目等多种昆虫。

环足普猎蝽 *Oncocephalus annulipes* Stal

分布：内蒙古（阿拉善盟额济纳旗），天津，山西，上海，福建；印度尼西亚，斯里兰卡，印度。

捕食性，捕食鳞翅目、半翅目、鞘翅目、双翅目、膜翅目等多种昆虫。

双刺胸猎蝽 *Pygolampis bidentata* Goeze

分布：内蒙古（兴安盟扎赉特旗、科尔沁右翼前旗），北京，河北，山西，山东，黑龙江，广西；欧洲。

捕食性，捕食鳞翅目、半翅目、鞘翅目、双翅目、膜翅目等多种昆虫。

枯猎蝽 *Vachiria clavicornis* Hsiao et Ren

分布：内蒙古（兴安盟科尔沁右翼中旗，通辽市开鲁县、库伦旗、科尔沁左翼后旗，赤峰市，锡林郭勒盟二连浩特市，呼和浩特市清水河县，鄂尔多斯市鄂托克旗），北京，天津，河北，山东。

捕食性，捕食鳞翅目、半翅目、鞘翅目、双翅目、膜翅目等多种昆虫。

砂地枯猎蝽 *V. deserta*（Becker）

分布：内蒙古（鄂尔多斯市乌审旗，阿拉善盟阿拉善左旗、阿拉善右旗、额济纳旗）；蒙古国，俄罗斯。

捕食性，捕食鳞翅目、半翅目、鞘翅目、双翅目、膜翅目等多种昆虫。

亮钳猎蝽 *Labidocoris pectoralis*（Stal）

分布：内蒙古，北京，天津，上海，陕西，甘肃，山东，江苏，浙江，江西；日本。

捕食性，捕食鳞翅目、半翅目、鞘翅目、双翅目、膜翅目等多种昆虫。

黄纹盗猎蝽 *Peirates atromaculatus*（Stal）

分布：内蒙古，北京，天津，河北，陕西，山东，江苏，湖北，浙江，江西，湖南，福建，广西，四川，贵州，海南，云南；越南，也门，印度，斯里兰卡，缅甸，印度尼西亚，菲律宾。

捕食性，捕食鳞翅目、半翅目、鞘翅目、双翅目、膜翅目等多种昆虫。

污黑盗猎蝽 *P. turpis* Walker

分布：内蒙古，北京，天津，河北，甘肃，陕西，山东，河南，江苏，湖北，浙江，江西，广西，四川，贵州，云南，香港；日本，越南。

捕食性，捕食鳞翅目、半翅目、鞘翅目、双翅目、膜翅目等多种昆虫。

天土猎蝽 *Coranus dilatatus*（Matsumura）

分布：内蒙古，河北，山西。

捕食性，捕食鳞翅目、半翅目、鞘翅目、双翅目、膜翅目等多种昆虫。

大土猎蝽 *C. magnus* Hsiao et Ren

分布：内蒙古（呼和浩特市土默特左旗，兴安盟扎赉特旗、科尔沁左翼前旗，通辽市科尔沁左翼后旗，赤峰市阿鲁科尔沁旗），黑龙江，河北，陕西。

捕食性，捕食鳞翅目、半翅目、鞘翅目、双翅目、膜翅目等多种昆虫。

显脉土猎蝽 *C. hammarstroemi* Reuter

分布：内蒙古（呼伦贝尔市鄂温克族自治旗、新巴尔虎左旗，兴安盟科尔沁右翼中旗，赤峰市克什克腾旗、喀喇沁旗，锡林郭勒盟阿巴嘎旗），山西，四川，新疆；蒙古国，俄罗斯。

捕食性，捕食鳞翅目、半翅目、鞘翅目、双翅目、膜翅目等多种昆虫。

草地土猎蝽 *C. stenopygus* Puchkov

分布：内蒙古（呼和浩特市土默特左旗，呼伦贝尔市新巴尔虎左旗，兴安盟科尔沁右翼前旗，锡林郭勒盟正蓝旗）；蒙古国。

捕食性，捕食鳞翅目、半翅目、鞘翅目、双翅目、膜翅目等多种昆虫。

蒙土猎蝽 *C. aethiops* Jakovlev

分布：内蒙古（通辽市科尔沁左翼后旗，呼伦贝尔市鄂温克族自治旗）；蒙古国，俄罗斯。

捕食性，捕食鳞翅目、半翅目、鞘翅目、双翅目、膜翅目等多种昆虫。

双环真猎蝽 *Harpactor dauricus*（Kiritschenko）

分布：内蒙古（锡林郭勒盟阿巴嘎旗），山西，河北，四川，甘肃；蒙古国，俄罗斯。

捕食性，捕食鳞翅目、半翅目、鞘翅目、双翅目、膜翅目等多种昆虫。

独环真猎蝽 *H. altaicus*（Kiritshenko）

分布：内蒙古（呼和浩特市土默特左旗，兴安盟科尔沁右翼中旗、扎赉特旗，赤峰市阿鲁科尔沁旗、喀喇沁旗），北京，河北，陕西；蒙古国。

捕食性，捕食鳞翅目、半翅目、鞘翅目、双翅目、膜翅目等多种昆虫。

红缘真猎蝽 *H. rubromaginatus*（Jakovlev）

分布：内蒙古（呼和浩特市土默特左旗，包头市固阳县，呼伦贝尔市鄂伦春族自治旗、鄂温克族自治旗，兴安盟科尔沁右翼前旗，锡林郭勒盟正蓝旗），黑龙江，吉林；朝鲜，俄罗斯。

捕食性，捕食鳞翅目、半翅目、鞘翅目、双翅目、膜翅目等多种昆虫。

斑缘真猎蝽 *H. sibiricus*（Jakovlev）

分布：内蒙古（兴安盟扎赉特旗、科尔沁右翼前旗），黑龙江，吉林；俄罗斯。

捕食性，捕食鳞翅目、半翅目、鞘翅目、双翅目、膜翅目等多种昆虫。

2. 瘤蝽科 Phymatidae

中国螳猎蝽 *Cnizocoris sinensis* Kormilev

分布：内蒙古，北京，天津，河北，宁夏，甘肃，山西，陕西，浙江。

捕食性，捕食鳞翅目、半翅目、鞘翅目、双翅目、膜翅目等多种昆虫。

3. 盲蝽科 Miridae

1）盲蝽亚科 Mirinae

克氏点盾盲蝽 *Alloeotomus kerzhneri* Qi et Nonnaizab

分布：内蒙古，北京，天津，河北，山西，山东，吉林，湖北，陕西。

捕食性，捕食蚜虫、蚧虫、其他盲蝽等。

2）齿爪盲蝽亚科 Deraeocorinae

斑楔齿爪盲蝽 *Deraeocoris ater*（Jakovlev）

分布：内蒙古（呼和浩特市和林格尔县、武川县，乌兰察布市化德县小井沟，呼伦贝尔市扎兰屯市、鄂伦春族自治旗、陈巴尔虎旗，兴安盟阿尔山市、科尔沁右翼中旗、扎赉特旗，赤峰市阿鲁科尔沁旗、巴林右旗、克什克腾旗、喀喇沁旗，锡林郭勒盟西乌珠穆沁旗、正镶白旗、正蓝旗，包头市达尔罕茂明安联合旗，巴彦淖尔市），甘肃，宁夏，湖北，四川；哈萨克斯坦，日本，朝鲜，俄罗斯。

捕食蚜虫、蚧虫、其他盲蝽等。

大齿爪盲蝽 *D. olivaceus*（Fabricius）

分布：内蒙古（呼和浩特市和林格尔县、武川县，乌兰察布市化德县小井沟，呼伦贝尔市，赤峰市阿鲁科尔沁旗、巴林左旗，锡林郭勒盟正蓝旗）；奥地利，比利时，保加利亚，白俄罗斯，克罗地亚，捷克，法国，英国，德国，希腊，匈牙利，意大利，立陶宛，卢森堡，马其顿，荷兰，波兰，罗马尼亚，斯洛伐克，斯洛文尼亚，乌克兰，塞尔维亚，黑山，哈萨克斯坦，日本，朝鲜，蒙古国，俄罗斯。

捕食蚜虫、蚧虫、其他盲蝽等。

黄齿爪盲蝽 *D. pallidicornis* Josifov

分布：内蒙古（赤峰市阿鲁科尔沁旗、巴林左旗，锡林郭勒盟太仆寺旗、正蓝旗，阿拉善盟阿拉善左旗）；日本，朝鲜，俄罗斯。

捕食蚜虫、蚧虫、其他盲蝽等。

红盾齿爪盲蝽 *D. scutellaris*（Fabricius）

分布：内蒙古（呼伦贝尔市扎兰屯市，兴安盟阿尔山市伊尔施镇、科尔沁右翼中旗，赤峰市克什克腾旗，锡林郭勒盟正蓝旗，阿拉善盟阿拉善左旗），湖北；俄罗斯，捷克，丹麦，爱沙尼亚，芬兰，英国，德国，爱尔兰，意大利，拉脱维亚，马其顿，摩尔多瓦，荷兰，挪威，波兰，罗马尼亚，斯洛伐克，瑞典，塞尔维亚，黑山，阿塞拜疆，亚美尼亚，土耳其，格鲁吉亚，蒙古国。

捕食蚜虫、蚧虫、其他盲蝽等。

艳盾齿爪盲蝽 *D. ventralis* Reuter

分布：内蒙古（兴安盟科尔沁右翼中旗，赤峰市阿鲁科尔沁旗、巴林右旗、克什克腾旗、翁牛特旗、喀喇沁旗）；阿尔巴尼亚，保加利亚，克罗地亚，捷克，土耳其，德国，希腊，匈牙利，马其顿，罗马尼亚，乌克兰，塞尔维亚，黑山，阿塞拜疆，哈萨克斯坦，亚美尼亚，吉尔吉斯斯坦，俄罗斯，乌兹别克斯坦。

捕食蚜虫、蚧虫、其他盲蝽等。

3. 姬蝽科 Nabidae

泛希姬蝽 *Himacerus*（*Himacerus*）*apterus*（Fabricius）

分布：内蒙古（呼和浩特市大青山，包头市固阳县，呼伦贝尔市，兴安盟扎赉特旗，通辽市科尔沁左翼后旗，赤峰市阿鲁科尔沁旗，锡林郭勒盟多伦县、正镶白旗、正蓝旗，乌兰察布市凉城县），北京，黑龙江，辽宁，宁夏，甘肃，青海，河北，山西，陕西，山东，河南，湖北，广东，海南，四川，云南，西藏；俄罗斯，朝鲜，日本，西欧，北非。

捕食性，捕食蚜虫、蚧虫、蓟马、粉虱、鳞翅目幼虫、盲蝽等其他半翅目昆虫。

柽姬蝽 *Nabis*（*Aspilaspis*）*pallidus* Fieber

分布：内蒙古（鄂尔多斯市乌审旗、达拉特旗，巴彦淖尔市磴口县，阿拉善盟阿拉善左旗、额济纳旗），天津，陕西，甘肃，宁夏，新疆；欧洲，中亚。

捕食性，捕食蚜虫、蚧虫、蓟马、粉虱、鳞翅目幼虫、盲蝽等其他半翅目昆虫。

广捺姬蝽 *N.*（*Dolichobabis*）*americolimbata*（Carayon）

分布：内蒙古（呼伦贝尔市海拉尔市），甘肃；蒙古国，俄罗斯，加拿大，美国。

捕食性，捕食蚜虫、蚧虫、蓟马、粉虱、鳞翅目幼虫、盲蝽等其他半翅目昆虫。

缘捺姬蝽 *N.*（*Dolichobabis*）*limbatus* Dahlbom

分布：内蒙古（呼伦贝尔市海拉尔区、鄂伦春族自治旗，兴安盟科尔沁右翼前旗、扎赉特旗），黑龙江；俄罗斯，朝鲜，蒙古国，阿尔及利亚，西欧。

捕食性，捕食蚜虫、蚧虫、蓟马、粉虱、鳞翅目幼虫、盲蝽等其他半翅目昆虫。

黑纹捺姬蝽 *N.*（*Dolichobabis*）*nigrovittatus nigrobittatus* J. Sahlberg

分布：内蒙古（呼伦贝尔市海拉尔区、鄂温克族自治旗，赤峰市阿鲁科尔沁旗、克什克腾旗，巴彦淖尔市临河区，阿拉善盟阿拉善左旗、阿拉善右旗），河北，青海，宁夏，四川；俄罗斯，蒙古国，美国，加拿大。

捕食性，捕食蚜虫、蚧虫、蓟马、粉虱、鳞翅目幼虫、盲蝽等其他半翅目昆虫。

源海姬蝽 *N.*（*Halonabis*）*sareptanus* Dohrn

分布：内蒙古（呼伦贝尔市陈巴尔虎旗，兴安盟扎赉特旗，赤峰市阿鲁科尔沁旗，鄂尔多斯市，阿拉善盟额济纳旗），新疆，宁夏；意大利，突尼斯，埃及，西班牙，阿尔及利亚，约旦，伊朗，蒙古国，阿富汗，巴基斯坦。

捕食性，捕食蚜虫、蚧虫、蓟马、粉虱、鳞翅目幼虫、盲蝽等其他半翅目昆虫。

北姬蝽 *N.*（*Milu*）*reuteri* Jakovlev

分布：内蒙古（呼伦贝尔市，赤峰市，锡林郭勒盟正镶白旗），北京，天津，黑龙江，吉林，河北，山东，陕西，甘肃；朝鲜，日本，俄罗斯。

捕食性，捕食蚜虫、蚧虫、蓟马、粉虱、鳞翅目幼虫、盲蝽等其他半翅目昆虫。

黄缘捺姬蝽 N.（*Nabicula*）*flavomarginata* Scholtz

分布：内蒙古（呼伦贝尔市海拉尔区、鄂温克族自治旗、鄂伦春族自治旗，兴安盟科尔沁右翼前旗、扎赉特旗，通辽市，赤峰市阿鲁科尔沁旗、克什克腾旗，锡林郭勒盟西乌珠穆沁旗、阿巴嘎旗，乌兰察布市卓资县，巴彦淖尔市），河北，黑龙江，辽宁，陕西，宁夏，甘肃，青海，新疆，四川；蒙古国，俄罗斯，朝鲜，日本，加拿大。

捕食性，捕食蚜虫、蚧虫、蓟马、粉虱、鳞翅目幼虫、盲蝽等其他半翅目昆虫。

原姬蝽 N.（*Nabis*）*ferus*（Linnaeus）

分布：内蒙古（呼和浩特市，呼伦贝尔市海拉尔区，兴安盟扎赉特旗，通辽市，赤峰市阿鲁科尔沁旗，巴彦淖尔市，阿拉善盟阿拉善右旗），吉林，山西，甘肃，宁夏，青海，四川，云南，西藏；欧洲，日本，蒙古国。

捕食性，捕食蚜虫、蚧虫、蓟马、粉虱、鳞翅目幼虫、盲蝽等其他半翅目昆虫。

塞姬蝽 N.（*Nabis*）*intermedius* Kerzhner

分布：内蒙古（呼伦贝尔市鄂温克族自治旗，赤峰市克什克腾旗，乌兰察布市凉城县、卓资县），黑龙江，辽宁，甘肃，新疆，四川；蒙古国，俄罗斯，朝鲜。

捕食性，捕食蚜虫、蚧虫、蓟马、粉虱、鳞翅目幼虫、盲蝽等其他半翅目昆虫。

类原姬蝽亚洲亚种 N.（*Nabis*）*punctatus mimoferus* Hsiao

分布：内蒙古，北京，天津，河北，黑龙江，吉林，河南，山东，陕西，甘肃，宁夏，新疆，四川，贵州，云南，西藏；中亚细亚，俄罗斯。

捕食性，捕食蚜虫、蚧虫、蓟马、粉虱、鳞翅目幼虫、盲蝽等其他半翅目昆虫。

华姬蝽 N.（*Nabis*）*sinoferus sinoferus* Hsiao

分布：内蒙古，北京，天津，河北，黑龙江，吉林，河南，山东，陕西，甘肃，宁夏，青海，新疆，湖北，广西；阿富汗，蒙古国，乌兹别克斯坦，吉尔吉斯斯坦，塔吉克斯坦。

捕食性，捕食蚜虫、蚧虫、蓟马、粉虱、鳞翅目幼虫、盲蝽等其他半翅目昆虫。

暗色姬蝽 N.（*Nabis*）*stenoferus* Hsiao

分布：内蒙古（通辽市大青沟，赤峰市宁城县），北京，天津，河北，黑龙江，吉林，辽宁，山西，河南，山东，陕西，甘肃，宁夏，新疆，安徽，浙江，江苏，江西，福建，湖北，四川，云南；日本，朝鲜，俄罗斯。

捕食性，捕食蚜虫、蚧虫、蓟马、粉虱、鳞翅目幼虫、盲蝽等其他半翅目昆虫。

4. 花蝽科 Anthocoridae

乳白仓花蝽 *Xylocoris galactinus*（Fieber）

分布：内蒙古（赤峰市阿鲁科尔沁旗），新疆；奥地利，比利时，白俄罗斯，克罗地亚，捷克，卢森堡，丹麦，爱沙尼亚，芬兰，法国，英国，德国，希腊，匈牙利，西班牙，瑞典，瑞士，意大利，土耳其，乌克兰，阿尔及利亚，荷兰，挪威，波兰，摩洛哥，突尼斯，阿富汗，亚美尼亚，以色列，日本，俄罗斯，沙特阿拉伯，塔吉克斯坦，美国，加拿大。

捕食性，捕食蚜虫、蚧虫、蓟马、粉虱、螨类。

蒙古仓花蝽 *X. mongolicus* **Kerzhner et Elov**

分布：内蒙古（呼和浩特市，锡林郭勒盟正镶白旗，阿拉善盟阿拉善左旗）。

捕食性，捕食蚜虫、蚧虫、蓟马、粉虱、螨类。

黑头叉胸花蝽 *Amphiareus obscuriceps*（**Poppius**）

分布：内蒙古（呼和浩特市土默特左旗，兴安盟阿尔山市，锡林郭勒盟二连浩特市，巴彦淖尔市杭锦后旗）；白俄罗斯，匈牙利，哈萨克斯坦，伊朗，日本，朝鲜，塔吉克斯坦，尼泊尔。

捕食性，捕食蚜虫、蚧虫、蓟马、粉虱、螨类。

蒙新原花蝽 *Anthocoris pilosus*（**Jakovlev**）

分布：内蒙古（呼和浩特市，包头市，鄂尔多斯市杭锦旗、乌审旗、东胜区，锡林郭勒盟正镶白旗，阿拉善盟阿拉善左旗、阿拉善右旗），甘肃，新疆；奥地利，比利时，白俄罗斯，克罗地亚，捷克，芬兰，法国，德国，希腊，匈牙利，意大利，马其顿，荷兰，挪威，波兰，罗马尼亚，俄罗斯，西班牙，瑞典，瑞士，乌克兰，阿塞拜疆，阿富汗，哈萨克斯坦，亚美尼亚，土耳其，伊朗，黎巴嫩，蒙古国。

捕食性，捕食蚜虫、蚧虫、蓟马、粉虱、螨类。

西伯利亚原花蝽 *A. sibiricus* **Reuter**

分布：内蒙古（呼和浩特市和林格尔县，包头市达尔罕茂明安联合旗，兴安盟科尔沁右翼中旗、阿尔山市伊尔施镇，巴彦淖尔市，阿拉善盟阿拉善左旗），甘肃；蒙古国，俄罗斯。

捕食性，捕食蚜虫、蚧虫、蓟马、粉虱、螨类。

混色原花蝽 *A. confusus* **Reuter**

分布：内蒙古（呼和浩特市大青山）；奥地利，比利时，保加利亚，匈牙利，白俄罗斯，克罗地亚，捷克，丹麦，芬兰，法国，德国，英国，希腊，意大利，拉脱维亚，卢森堡，马其顿，荷兰，挪威，波兰，罗马尼亚，俄罗斯，西班牙，瑞典，瑞士，乌克兰，南斯拉夫，突尼斯，阿塞拜疆，哈萨克斯坦，亚美尼亚，土耳其，伊朗，以色列，日本，蒙古国，俄罗斯，加拿大。

捕食性，捕食蚜虫、蚧虫、蓟马、粉虱、螨类。

小原花蝽 *A. chibi* **Hiura**

分布：内蒙古（呼和浩特市）；日本，朝鲜，俄罗斯。

捕食性，捕食蚜虫、蚧虫、蓟马、粉虱、螨类。

乌苏里原花蝽 *A. ussuriensis* **Lindberg**

分布：内蒙古（呼和浩特市土默特左旗，包头市，兴安盟科尔沁右翼中旗、科尔沁右翼前旗、扎赉特旗，赤峰市巴林左旗，锡林郭勒盟西乌珠穆沁旗、正蓝旗、正镶白旗，乌兰察布市卓资县，阿拉善盟阿拉善左旗）；朝鲜，蒙古国，俄罗斯。

捕食性，捕食蚜虫、蚧虫、蓟马、粉虱、螨类。

黑色肩花蝽 *Tetraphleps aterrimus* Sahlberg

分布：内蒙古（呼和浩特市和林格尔县，包头市达尔罕茂明安联合旗，兴安盟阿尔山市，赤峰市阿鲁科尔沁旗）；芬兰，德国，俄罗斯，哈萨克斯坦，日本，朝鲜，蒙古国。

捕食性，捕食蚜虫、蚧虫、蓟马、粉虱、螨类。

黑翅小花蝽 *Orius agilis*（Flor）

分布：内蒙古（呼和浩特市，包头市，通辽市，兴安盟，锡林郭勒盟，赤峰市，乌兰察布市，鄂尔多斯市，阿拉善盟），甘肃，新疆；俄罗斯，奥地利，捷克，芬兰，德国，拉脱维亚，波兰，哈萨克斯坦，蒙古国，塔吉克斯坦。

捕食性，捕食蚜虫、蚧虫、蓟马、粉虱、螨类。

东亚小花蝽 *O. sauteri*（Poppius）

分布：内蒙古（兴安盟科尔沁右翼中旗、阿尔山市伊尔施镇，通辽市大青沟）；日本，朝鲜，俄罗斯。

捕食性，捕食蚜虫、蚧虫、蓟马、粉虱、螨类。

邻小花蝽 *O. vicinus*（Ribaut）

分布：内蒙古（呼和浩特市大青沟、和林格尔县、托克托县，包头市达尔罕茂明安联合旗、土默特右旗，通辽市奈曼旗，兴安盟科尔沁右翼中旗，赤峰市，阿拉善盟阿拉善左旗、阿拉善右旗），甘肃，新疆；奥地利，比利时，保加利亚，克罗地亚，捷克，丹麦，法国，德国，英国，希腊，瑞典，瑞士，乌克兰，塞尔维亚，黑山，阿尔及利亚，阿塞拜疆，哈萨克斯坦，亚美尼亚，土耳其，蒙古国，叙利亚，塔吉克斯坦，乌兹别克斯坦。

捕食性，捕食蚜虫、蚧虫、蓟马、粉虱、螨类。

荷氏小花蝽 *O. horvathi*（Reuter）

分布：内蒙古（呼和浩特市土默特左旗、和林格尔县，包头市达尔罕茂明安联合旗，兴安盟阿尔山市、科尔沁右翼中旗，通辽市，赤峰市阿鲁科尔沁旗，锡林郭勒盟正蓝旗、西乌珠穆沁旗，乌兰察布市凉城县，鄂尔多斯市准格尔旗、东胜区、伊金霍洛旗、鄂托克旗，阿拉善盟阿拉善左旗、阿拉善右旗、额济纳旗），甘肃，新疆；奥地利，保加利亚，白俄罗斯，克罗地亚，捷克，丹麦，哈萨克斯坦，土耳其，芬兰，法国，德国，希腊，匈牙利，意大利，波兰，罗马尼亚，俄罗斯，西班牙，瑞士，乌克兰，塞尔维亚，黑山，埃及，摩洛哥，阿塞拜疆，塞浦路斯，伊朗，蒙古国，塔吉克斯坦，乌兹别克斯坦。

捕食性，捕食蚜虫、蚧虫、蓟马、粉虱、螨类。

微小花蝽 *O. minutus*（Linnaeus）

分布：内蒙古（呼和浩特市，呼伦贝尔市扎兰屯市、鄂温克族自治旗，兴安盟科尔沁右翼中旗，通辽市奈曼旗，赤峰市翁牛特旗、巴林左旗，鄂尔多斯市东胜区、伊金霍洛旗，阿拉善盟阿拉善左旗）；阿尔巴尼亚，奥地利，比利时，保加利亚，白俄罗斯，克罗地亚，捷克，丹麦，哈萨克斯坦，法国，英国，德国，希腊，意大利，拉脱维亚，立陶宛，卢森堡，荷兰，波兰，俄罗斯，西班牙，瑞士，瑞典，乌克兰，塞尔维亚，黑山，阿塞拜疆，亚美尼亚，日本，朝鲜，蒙古国，加拿大，美国。

捕食性，捕食蚜虫、蚧虫、蓟马、粉虱、螨类。

5. 长蝽科 Lygaeidae

大眼长蝽亚科 Geocorinae

沙地大眼长蝽 *Geocoris arenarius*（Jakovlev）

分布：内蒙古（呼和浩特市土默特左旗，包头市，鄂尔多斯市乌审旗，赤峰市克什克腾旗，呼伦贝尔市额尔古纳市、鄂温克族自治旗，阿拉善盟阿拉善左旗，巴彦淖尔市临河区，兴安盟科尔沁右翼中旗、科尔沁右翼前旗、扎赉特旗），新疆，西藏；乌兹别克斯坦，俄罗斯，哈萨克斯坦，蒙古国，西欧。

捕食性，捕食蚜虫、鳞翅目幼虫。

黄纹大眼长蝽 *G. ater*（Fabricius）

分布：内蒙古（呼和浩特市土默特左旗，呼伦贝尔市额尔古纳市、鄂温克族自治旗，赤峰市克什克腾旗，通辽市大青沟，乌兰察布市凉城县、卓资县，锡林郭勒盟太仆寺旗，兴安盟科尔沁右翼中旗），新疆；西欧，土耳其，伊朗，伊拉克，阿塞拜疆，以色列，叙利亚，乌兹别克斯坦，塞浦路斯，亚美尼亚，阿富汗，俄罗斯，哈萨克斯坦，蒙古国，北非。

捕食性，捕食蚜虫、鳞翅目幼虫。

黑胸大眼长蝽 *G. desertorum*（Jakovlev）

分布：内蒙古（呼和浩特市土默特左旗，包头市，赤峰市阿鲁科尔沁旗，阿拉善盟阿拉善左旗、阿拉善右旗，兴安盟科尔沁右翼中旗，呼伦贝尔市鄂温克族自治旗）；亚美尼亚，土库曼斯坦，乌兹别克斯坦，俄罗斯，哈萨克斯坦，蒙古国，北非，西欧。

捕食性，捕食蚜虫、鳞翅目幼虫。

小黑大眼长蝽 *G. dispar*（Waga）

分布：内蒙古（呼和浩特市，赤峰市克什克腾旗、喀喇沁旗，呼伦贝尔市海拉尔区、陈巴尔虎旗、额尔古纳市、鄂温克族自治旗，阿拉善盟阿拉善左旗、额济纳旗，巴彦淖尔市，乌兰察布市凉城县，兴安盟科尔沁右翼中旗、阿尔山市）；俄罗斯，蒙古国。

捕食性，捕食蚜虫、鳞翅目幼虫。

白边大眼长蝽 *G. grylloides*（Linnaeus）

分布：内蒙古（呼和浩特市土默特左旗，呼伦贝尔市海拉尔区、额尔古纳市、鄂温克族自治旗，赤峰市克什克腾旗、喀喇沁旗，通辽市大青沟、科尔沁左翼后旗，锡林郭勒盟太仆寺旗，兴安盟科尔沁右翼中旗、扎赉特旗）；土耳其，伊朗，亚美尼亚，俄罗斯，哈萨克斯坦，蒙古国，西欧。

捕食性，捕食蚜虫、鳞翅目幼虫。

黑大眼长蝽 *G. itonis* Horvath

分布：内蒙古（呼和浩特市土默特左旗，包头市固阳县，呼伦贝尔市额尔古纳市、鄂温克族自治旗，赤峰市喀喇沁旗、克什克腾旗、阿鲁科尔沁旗，巴彦淖尔市乌拉特中旗，兴安盟科尔沁右翼中旗、科尔沁右翼前旗、扎赉特旗），北京，辽宁，河北，陕西，山西，四川；俄罗斯，哈萨克斯坦，蒙古国，朝鲜，日本。

捕食性，捕食蚜虫、鳞翅目幼虫。

6. 蝽科 Pentatomidae

黑胫捉蝽 *Jalla subcalcarata* Jakovlev

分布：内蒙古（锡林郭勒盟白音锡勒牧场，乌兰察布市凉城县），北京，河北，四川，西藏，黑龙江，吉林，新疆，甘肃；俄罗斯，蒙古国，土耳其，哈萨克斯坦，吉尔吉斯斯坦。

捕食鳞翅目幼虫、鞘翅目幼虫。

双刺益蝽 *Picromerus bidens* Linnaeus

分布：内蒙古（呼和浩特市土默特左旗，呼伦贝尔市鄂温克族自治旗，兴安盟科尔沁右翼中旗，通辽市科尔沁左翼后旗，锡林郭勒盟正蓝旗，赤峰市阿鲁科尔沁旗），河北，黑龙江，吉林，安徽，北京，陕西，江苏，浙江，江西，湖南，福建，四川，广西；日本，朝鲜。

捕食鳞翅目幼虫、鞘翅目幼虫。

蠋蝽 *Arma chinensis* Fallou

分布：内蒙古（呼和浩特市土默特左旗，兴安盟扎赉特旗、科尔沁右翼前旗、科尔沁右翼中旗，通辽市科尔沁左翼后旗，赤峰市喀喇沁旗、阿鲁科尔沁旗，乌兰察布市凉城县），黑龙江，吉林，辽宁，河北，山西，山东，陕西，新疆，江苏，浙江，湖北，江西，四川，甘肃，云南，贵州；朝鲜，日本，俄罗斯，西欧。

捕食鳞翅目幼虫、鞘翅目幼虫。

蓝蝽 *Zicrona caerula*（Linnaeus）

分布：内蒙古（呼和浩特市土默特左旗，呼伦贝尔市鄂温克族自治旗，兴安盟扎赉特旗、科尔沁右翼中旗，锡林郭勒盟阿巴嘎旗，乌兰察布市凉城县，鄂尔多斯市鄂托克前旗），黑龙江，辽宁，河北，天津，山西，陕西，山东，甘肃，新疆，江西，浙江，江西，湖北，四川，贵州，广东，广西，云南，台湾；日本，缅甸，印度，马来西亚，印度尼西亚，欧洲，北美。

捕食鳞翅目幼虫、鞘翅目幼虫。

（五）鞘翅目 Coleoptera

1. 虎甲科 Carabidae

芽斑虎甲 *Cicindela gemmata* Falderman
分布：内蒙古，北京，河北，四川，湖南，湖北，河南，云南，甘肃，黑龙江，福建，山东。
捕食性，主要捕食蚜虫、蚧虫、鳞翅目幼虫、鞘翅目幼虫。

库页岛虎甲 *C. sachalinensis* Morawitz
分布：内蒙古，河北，四川；俄罗斯，日本。
捕食性，主要捕食蚜虫、蚧虫、鳞翅目幼虫、鞘翅目幼虫。

贝加尔虎甲 *C. transbaicalica* Motschulsky
分布：内蒙古，北京，河北，四川，山东，青海，宁夏，新疆；蒙古国，俄罗斯。
捕食性，主要捕食蚜虫、蚧虫、鳞翅目幼虫、鞘翅目幼虫。

多型虎甲红翅亚种 *C. coerulea nitida* Lichtenstein
分布：内蒙古，北京，河北，山西，江苏，安徽，山东，甘肃，新疆，东北；朝鲜，俄罗斯。
捕食性，主要捕食蚜虫、蚧虫、鳞翅目幼虫、鞘翅目幼虫。

星斑虎甲 *Cylindera kaleea*（Bates）
分布：内蒙古，北京，天津，河北，四川，山东，福建，甘肃，广西，贵州，河南，湖南，江西，江苏，上海，台湾，浙江，陕西，云南。
捕食性，主要捕食蚜虫、蚧虫、鳞翅目幼虫、鞘翅目幼虫。

云纹虎甲 *C. elisae*（Motschulsky）
分布：内蒙古，北京，河北，山西，江苏，浙江，安徽，福建，江西，山东，河南，湖北，广东，四川，云南，西藏，甘肃，宁夏，新疆，台湾；日本，朝鲜，蒙古国，俄罗斯。
捕食性，主要捕食蚜虫、蚧虫、鳞翅目幼虫、鞘翅目幼虫。

蒙古虎甲 *C. mongolica*（Faldermann）
分布：内蒙古，河北。
捕食性，主要捕食蚜虫、蚧虫、鳞翅目幼虫、鞘翅目幼虫。

优雅虎甲 *C. gracilis*（Pallas）
分布：内蒙古，北京，河北，山东。
捕食性，主要捕食蚜虫、蚧虫、鳞翅目幼虫、鞘翅目幼虫。

斜斑虎甲 *C. obliquefasciata*（Adams）
分布：内蒙古，河北。

捕食性，主要捕食蚜虫、蚧虫、鳞翅目幼虫、鞘翅目幼虫。

膨边虎甲 *Calomera angulata*（Fabricius）

分布：内蒙古，河北，四川，安徽，广东，云南，山东。

捕食性，主要捕食蚜虫、蚧虫、鳞翅目幼虫、鞘翅目幼虫。

白唇虎甲 *Cephalota chiloleuca*（Fischer et Waldheim）

分布：内蒙古，北京，河北，甘肃，河南，辽宁，浙江，香港，云南。

捕食性，主要捕食蚜虫、蚧虫、鳞翅目幼虫、鞘翅目幼虫。

花斑虎甲 *Chaetodera laetescripta*（Motschulsky）

分布：内蒙古，北京，河北，福建，江西，四川，浙江；日本，蒙古国。

捕食性，主要捕食蚜虫、蚧虫、鳞翅目幼虫、鞘翅目幼虫。

断纹虎甲 *Lophyra striolata* Illiger

分布：内蒙古，北京，河北，山东，浙江，广西，台湾，四川，云南。

捕食性，主要捕食蚜虫、蚧虫、鳞翅目幼虫、鞘翅目幼虫。

2. 步甲科 Carabidae

光斑步甲 *Anisodactylus mandschuricus* Jedlicka

分布：内蒙古，河北，黑龙江。

捕食性，主要捕食蚜虫、蚧虫、鳞翅目幼虫、鞘翅目幼虫。

麦穗斑步甲 *A. signatus*（Panzer）

分布：全国广布；蒙古国，朝鲜，日本，俄罗斯，吉尔吉斯斯坦，哈萨克斯坦，巴基斯坦，塔吉克斯坦，土库曼斯坦，乌兹别克斯坦，西欧。

捕食性，主要捕食蚜虫、蚧虫、鳞翅目幼虫、鞘翅目幼虫。

雕步甲 *Carabus glyptopterus* Fischer-Waldheim

分布：内蒙古，河北，黑龙江，山西。

捕食性，主要捕食蚜虫、蚧虫、鳞翅目幼虫、鞘翅目幼虫。

耶屁步甲 *Pheropsophus jessoensis* Morawits

分布：内蒙古，北京，河北，辽宁，江苏，浙江，福建，江西，山东，湖北，广东，广西，四川，贵州，云南，台湾；印度，缅甸，马来西亚，菲律宾，印度尼西亚。

捕食性，主要捕食蚜虫、蚧虫、鳞翅目幼虫、鞘翅目幼虫。

黑股猛步甲 *Cymindis densaticollis* Fairmaire

分布：内蒙古，北京，河北，山东，河南，湖北，陕西，甘肃，宁夏，东北；朝鲜，日本，蒙古国，俄罗斯，东南亚。

捕食性，主要捕食蚜虫、蚧虫、鳞翅目幼虫、鞘翅目幼虫。

边圆步甲 *Omophron limbatum* Fabricius

分布：内蒙古，河北，贵州。

捕食性，主要捕食蚜虫、蚧虫、鳞翅目幼虫、鞘翅目幼虫。

通缘步甲 *Poecilus gebleri*（Dejean）

分布：内蒙古，北京，河北，辽宁，吉林，黑龙江，福建，四川，云南，甘肃，青海，宁夏；蒙古国，朝鲜。

捕食性，主要捕食蚜虫、蚧虫、鳞翅目幼虫、鞘翅目幼虫。

强足通缘步甲 *P. fortipes*（Chaudoir）

分布：内蒙古，北京，河北，云南，宁夏；朝鲜，蒙古国，日本，俄罗斯。

捕食性，主要捕食蚜虫、蚧虫、鳞翅目幼虫、鞘翅目幼虫。

蒙古通缘步甲 *P. mongoliensis*（Jedlicka）

分布：内蒙古，河北。

捕食性，主要捕食蚜虫、蚧虫、鳞翅目幼虫、鞘翅目幼虫。

齿星步甲 *Calosoma denticolle* Gebler

分布：内蒙古，河北，黑龙江，宁夏；蒙古国，哈萨克斯坦。

捕食性，主要捕食蚜虫、蚧虫、鳞翅目幼虫、鞘翅目幼虫。

亮星步甲 *C. nvestigator* Illiger

分布：内蒙古，河北，黑龙江，新疆；蒙古国，俄罗斯，欧洲。

捕食性，主要捕食蚜虫、蚧虫、鳞翅目幼虫、鞘翅目幼虫。

毛青步甲 *Chlaenius pallipes* Gebler

分布：内蒙古，河北，山西，辽宁，吉林，黑龙江，江苏，浙江，福建，江西，山东，河南，湖南，广西，四川，贵州，云南，甘肃，青海，宁夏；日本，朝鲜，蒙古国，俄罗斯。

捕食性，主要捕食蚜虫、蚧虫、鳞翅目幼虫、鞘翅目幼虫。

后斑青步甲 *Ch. posticalis* Motschulsky

分布：内蒙古，河北，山西，辽宁，吉林，黑龙江，江苏，安徽，山东，河南，湖北，广西，四川，云南，宁夏；朝鲜，日本，西伯利亚。

捕食性，主要捕食蚜虫、蚧虫、鳞翅目幼虫、鞘翅目幼虫。

黄缘青步甲 *Ch. spoliatus*（Rossi）

分布：内蒙古，河北，福建，江西，河南，湖北，湖南，广西，四川，贵州，宁夏，新疆；日本，朝鲜，印度尼西亚，伊朗，西欧，摩洛哥。

捕食性，主要捕食蚜虫、蚧虫、鳞翅目幼虫、鞘翅目幼虫。

黄斑青步甲 *Ch. micans*（Fabricius）

分布：内蒙古，北京，河北，辽宁，江苏，安徽，福建，江西，山东，河南，湖北，湖南，广东，广西，四川，贵州，云南，陕西，青海，宁夏，台湾。

捕食性，主要捕食蚜虫、蚧虫、鳞翅目幼虫、鞘翅目幼虫。

麻青步甲 *Ch. junceus* Andrewes

分布：内蒙古，河北，河南，辽宁，吉林，黑龙江，荷兰。

捕食性，主要捕食蚜虫、蚧虫、鳞翅目幼虫、鞘翅目幼虫。

宽青步甲 *Ch. stschukini* Menetries

分布：内蒙古，北京，河北，黑龙江。

捕食性，主要捕食蚜虫、蚧虫、鳞翅目幼虫、鞘翅目幼虫。

大头婪步甲 *Harpalus capito* Morawitz

分布：内蒙古，河北，山西，辽宁，吉林，黑龙江，江苏，浙江，安徽，福建，江西，山东，河南，湖北，湖南，陕西，甘肃，宁夏，台湾；日本，朝鲜。

捕食性，主要捕食蚜虫、蚧虫、鳞翅目幼虫、鞘翅目幼虫。

毛婪步甲 *H. griseus*（Panzer）

分布：全国广布；日本，朝鲜，蒙古国，越南，亚洲，北美，北非。

捕食性，主要捕食蚜虫、蚧虫、鳞翅目幼虫、鞘翅目幼虫。

黄鞘婪步甲 *H. pallidipennis* Morawitz

分布：内蒙古，北京，河北，福建，甘肃，吉林，辽宁，宁夏，陕西，山西，云南，浙江，河南，四川。

捕食性，主要捕食蚜虫、蚧虫、鳞翅目幼虫、鞘翅目幼虫。

直角婪步甲 *H. corporosus*（Motschulsky）

分布：内蒙古，北京，河北，甘肃，黑龙江，吉林，辽宁，宁夏，四川，陕西，山西。

捕食性，主要捕食蚜虫、蚧虫、鳞翅目幼虫、鞘翅目幼虫。

强婪步甲 *H. crates* Bates

分布：内蒙古，北京，甘肃，黑龙江，香港，江苏，江西，宁夏，四川，陕西，山东，山西。

捕食性，主要捕食蚜虫、蚧虫、鳞翅目幼虫、鞘翅目幼虫。

圆角婪步甲阴山亚种 *H. amputatus inschanicus* Breit

分布：内蒙古，北京，河北，陕西，甘肃。

捕食性，主要捕食蚜虫、蚧虫、鳞翅目幼虫、鞘翅目幼虫。

棒婪步甲 *H. bungii* Chaudoir

分布：内蒙古，北京，黑龙江，辽宁，四川，陕西，山西。

捕食性，主要捕食蚜虫、蚧虫、鳞翅目幼虫、鞘翅目幼虫。

直隶婪步甲 *H. pastor* Motschulsky

分布：内蒙古，河北，福建，甘肃，广东，广西，黑龙江，湖北，江苏，辽宁，四川，上海，山东，山西，浙江。

捕食性，主要捕食蚜虫、蚧虫、鳞翅目幼虫、鞘翅目幼虫。

红角娄步甲 *H. amplicollis* **Menetries**

分布：内蒙古，北京，河北，辽宁，宁夏，山西，新疆；哈萨克斯坦。

捕食性，主要捕食蚜虫、蚧虫、鳞翅目幼虫、鞘翅目幼虫。

列穴娄步甲 *H. lumbaris* **Mannerheim**

分布：内蒙古，甘肃，北京，辽宁，宁夏，山西，新疆；哈萨克斯坦。

捕食性，主要捕食蚜虫、蚧虫、鳞翅目幼虫、鞘翅目幼虫。

巨胸娄步甲 *H. macronotus*（**Motschulsky**）

分布：内蒙古，河北，吉林，陕西，东北。

捕食性，主要捕食蚜虫、蚧虫、鳞翅目幼虫、鞘翅目幼虫。

梯胸娄步甲 *H. davidianus davidianus* **Tschitscherine**

分布：内蒙古，北京，河北，黑龙江，吉林，辽宁，陕西，山西。

捕食性，主要捕食蚜虫、蚧虫、鳞翅目幼虫、鞘翅目幼虫。

红缘娄步甲 *H. froelichii* **Sturm**

分布：内蒙古，北京，河北，甘肃，黑龙江，宁夏，陕西，山西，新疆；中亚。

捕食性，主要捕食蚜虫、蚧虫、鳞翅目幼虫、鞘翅目幼虫。

大劫步甲 *Lesticus magnus*（**Motschulsky**）

分布：内蒙古，北京，河北，辽宁，山西，四川，山东，江苏，贵州，湖南，江西，浙江，广西，台湾；朝鲜，日本。

捕食性，主要捕食蚜虫、蚧虫、鳞翅目幼虫、鞘翅目幼虫。

雅暗步甲 *Amara congrua* **Morawitz**

分布：内蒙古，北京，河北，福建，甘肃，黑龙江，香港，吉林，江西，辽宁，四川，陕西，上海，山西，台湾，云南，浙江；日本，东洋区。

捕食性，主要捕食蚜虫、蚧虫、鳞翅目幼虫、鞘翅目幼虫。

点翅暗步甲 *A. majuscula*（**Chaudoir**）

分布：内蒙古，北京，河北，甘肃，四川，新疆；欧洲。

捕食性，主要捕食蚜虫、蚧虫、鳞翅目幼虫、鞘翅目幼虫。

巨短背步甲 *A. gigantea*（**Motschulsky**）

分布：内蒙古，北京，甘肃，河北，黑龙江，江苏，吉林，辽宁，四川，陕西，上海，山东，山西，浙江；东亚。

捕食性，主要捕食蚜虫、蚧虫、鳞翅目幼虫、鞘翅目幼虫。

大背短胸步甲 *A. macronota* **Solsky**

分布：内蒙古，北京，天津，河北，福建，甘肃，广东，贵州，黑龙江，河南，湖北，江苏，吉林，江西，辽宁，四川，陕西，上海，山东，山西，云南，浙江。

捕食性，主要捕食蚜虫、蚧虫、鳞翅目幼虫、鞘翅目幼虫。

A. magnicollis Tschitscherine

分布：内蒙古，北京，甘肃，黑龙江，辽宁，四川；蒙古国。

捕食性，主要捕食蚜虫、蚧虫、鳞翅目幼虫、鞘翅目幼虫。

A. biarticulata Motschulsky

分布：内蒙古，北京，甘肃，辽宁，四川，新疆；东亚。

捕食性，主要捕食蚜虫、蚧虫、鳞翅目幼虫、鞘翅目幼虫。

A. obscuripes Bates

分布：内蒙古，北京，福建，广西，黑龙江，江西，辽宁，陕西，上海，浙江；东洋区。

捕食性，主要捕食蚜虫、蚧虫、鳞翅目幼虫、鞘翅目幼虫。

A. sericea Jedlicka

分布：内蒙古，北京，甘肃，辽宁，四川。

捕食性，主要捕食蚜虫、蚧虫、鳞翅目幼虫、鞘翅目幼虫。

A. microdera Chaudoir

分布：内蒙古，北京，河北，甘肃，黑龙江，辽宁，陕西。

捕食性，主要捕食蚜虫、蚧虫、鳞翅目幼虫、鞘翅目幼虫。

A. sinuaticollis Morawitz

分布：内蒙古，北京，河北，甘肃，黑龙江，江苏，吉林，江西，四川，陕西，云南。

捕食性，主要捕食蚜虫、蚧虫、鳞翅目幼虫、鞘翅目幼虫。

A. fodinae Mannerheim

分布：内蒙古，河北，甘肃，黑龙江，吉林，陕西，山西。

捕食性，主要捕食蚜虫、蚧虫、鳞翅目幼虫、鞘翅目幼虫。

A. sifverbergi Hieke

分布：内蒙古，北京，甘肃，黑龙江。

捕食性，主要捕食蚜虫、蚧虫、鳞翅目幼虫、鞘翅目幼虫。

尖角暗步甲 *A. aurichalcea* Germar

分布：内蒙古，北京，河北，黑龙江，吉林，辽宁，四川，陕西，山西，新疆，云南；蒙古国。

捕食性，主要捕食蚜虫、蚧虫、鳞翅目幼虫、鞘翅目幼虫。

点胸暗步甲 *A. dux* Tschischerine

分布：内蒙古，河北，辽宁；朝鲜，蒙古国。

捕食性，主要捕食蚜虫、蚧虫、鳞翅目幼虫、鞘翅目幼虫。

婪胸暗步甲 *A. harpaloides* Dejean

分布：内蒙古，甘肃，河北，黑龙江，四川，山西；蒙古国，哈萨克斯坦。

捕食性，主要捕食蚜虫、蚧虫、鳞翅目幼虫、鞘翅目幼虫。

毛跗通缘步甲 *Pterostichus setipes* Tschitscherine

分布：内蒙古，北京，河北，黑龙江，上海。

捕食性，主要捕食蚜虫、蚧虫、鳞翅目幼虫、鞘翅目幼虫。

小头通缘步甲 *P. microcephalus*（Motschulsky）

分布：内蒙古，北京，河北，黑龙江，吉林，辽宁，山西，江苏，浙江，安徽，湖北，湖南，江西，福建，贵州，广东，广西；俄罗斯，日本，蒙古国，朝鲜，韩国。

捕食性，主要捕食蚜虫、蚧虫、鳞翅目幼虫、鞘翅目幼虫。

***Bradycellus koltzei* Reitter**

分布：内蒙古，北京，河北，甘肃，山西，四川。

捕食性，主要捕食蚜虫、蚧虫、鳞翅目幼虫、鞘翅目幼虫。

蒙古伪葬步甲 *Pseudotaphoxenus mongolicus* Jedlicka

分布：内蒙古，北京，陕西；蒙古国。

捕食性，主要捕食蚜虫、蚧虫、鳞翅目幼虫、鞘翅目幼虫。

皱翅伪葬步甲 *P. rugipennis* Faldermann

分布：内蒙古，河北，山西；蒙古国。

捕食性，主要捕食蚜虫、蚧虫、鳞翅目幼虫、鞘翅目幼虫。

***Reflexisphodrus reflexipennis depressipennis* Jedlicka**

分布：内蒙古，北京，河北；蒙古国。

捕食性，主要捕食蚜虫、蚧虫、鳞翅目幼虫、鞘翅目幼虫。

***R. refleximargo*（Reitter）**

分布：内蒙古，河北。

捕食性，主要捕食蚜虫、蚧虫、鳞翅目幼虫、鞘翅目幼虫。

3. 隐翅虫科 Staphylinidae

***Stenus paradoxus* Bernhauer**

分布：内蒙古，北京，黑龙江，吉林，辽宁，山西。

杂食性，部分种类捕食双翅目等小型昆虫。

***Philonthus kaingsiensis* Bernhauer**

分布：内蒙古，北京，河北，山西，江西，四川。

杂食性，部分种类捕食双翅目等小型昆虫。

***Lathrobium wuesthoffi* Koch**

分布：内蒙古，北京，河北；俄罗斯。

杂食性，部分种类捕食双翅目等小型昆虫。

4. 瓢虫科 Coccinellidae

连斑小毛瓢虫 *Scymnus inderihensis* Mulsant
分布：内蒙古，北京，河北，山西，河南，山东，陕西，宁夏，新疆；中亚。
捕食性，捕食蚜虫、蚧虫、粉虱、鳞翅目幼虫、鞘翅目幼虫等昆虫。

环斑弯叶毛瓢虫 *Nephus incinctus* Mulsant
分布：内蒙古，北京，新疆；蒙古国，哈萨克斯坦。
捕食性，捕食蚜虫、蚧虫、粉虱、鳞翅目幼虫、鞘翅目幼虫等昆虫。

黑缘红瓢虫 *Chilocorus rubidus* Hope
分布：内蒙古，北京，河北，山西，黑龙江，吉林，辽宁，宁夏，甘肃，陕西，河南，山东，浙江，湖南，四川，福建，海南，贵州，云南，西藏；日本，俄罗斯，朝鲜，印度，尼泊尔，澳大利亚。
捕食性，捕食蚜虫、蚧虫、粉虱、鳞翅目幼虫、鞘翅目幼虫等昆虫。

厚缘四节瓢虫 *Lithophilus kozlovi* Barovshy
分布：内蒙古，北京。
捕食性，捕食蚜虫、蚧虫、粉虱、鳞翅目幼虫、鞘翅目幼虫等昆虫。

展缘异点瓢虫 *Anisosticta kobensis* Lewis
分布：内蒙古，北京，天津，河北，黑龙江，陕西，河南，山东，江苏，浙江；日本，朝鲜，俄罗斯。
捕食性，捕食蚜虫、蚧虫、粉虱、鳞翅目幼虫、鞘翅目幼虫等昆虫。

北方异瓢虫 *Hippodamia arctica*（Schneider）
分布：内蒙古，北京，河北，新疆；俄罗斯，蒙古国，哈萨克斯坦，尼泊尔，美洲。
捕食性，捕食蚜虫、蚧虫、粉虱、鳞翅目幼虫、鞘翅目幼虫等昆虫。

十三星瓢虫 *H. tredecimpunctata*（Linnaeus）
分布：内蒙古，北京，天津，河北，山西，黑龙江，新疆，宁夏，甘肃，吉林，江西，江苏；伊朗，阿富汗，哈萨克斯坦，蒙古国，俄罗斯，日本，朝鲜，西欧。
捕食性，捕食蚜虫、蚧虫、粉虱、鳞翅目幼虫、鞘翅目幼虫等昆虫。

七斑长足瓢虫 *H. septemmaculata*（De Geer）
分布：内蒙古，河北，新疆；蒙古国，俄罗斯，西欧。
捕食性，捕食蚜虫、蚧虫、粉虱、鳞翅目幼虫、鞘翅目幼虫等昆虫。

多异瓢虫 *H. variegata*（Goeze）
分布：内蒙古，北京，河北，甘肃，河南，山东，陕西，山西，吉林，福建，云南，辽宁，宁夏，新疆，西藏；印度，非洲。
捕食性，捕食蚜虫、蚧虫、粉虱、鳞翅目幼虫、鞘翅目幼虫等昆虫。

中国双七瓢虫 *Coccinula sinensis*（Weise）

分布：内蒙古，北京，河北，黑龙江，吉林，辽宁，新疆，甘肃，宁夏，山西，陕西，山东，河南，江西，四川；日本，欧洲。

捕食性，捕食蚜虫、蚧虫、粉虱、鳞翅目幼虫、鞘翅目幼虫等昆虫。

灰眼斑瓢虫 *Anatis ocellata*（Linnaeus）

分布：内蒙古，河北，黑龙江，吉林，辽宁，山西，浙江；亚洲，欧洲。

捕食性，捕食蚜虫、蚧虫、粉虱、鳞翅目幼虫、鞘翅目幼虫等昆虫。

黑中齿瓢虫 *Myzia gebleri*（Crotch）

分布：内蒙古，河北，甘肃，宁夏；日本。

捕食性，捕食蚜虫、蚧虫、粉虱、鳞翅目幼虫、鞘翅目幼虫等昆虫。

二星瓢虫 *Adalia bipunctata*（Linnaeus）

分布：内蒙古，北京，河北，吉林，辽宁，宁夏，西藏，新疆，甘肃，河南，山东，陕西，江苏，浙江，四川，福建，云南；亚洲，欧洲，非洲，南美洲。

捕食性，捕食蚜虫、蚧虫、粉虱、鳞翅目幼虫、鞘翅目幼虫等昆虫。

方斑瓢虫 *Propylea quatordecimpunctata*（Linnaeus）

分布：内蒙古，河北，北京，山西，黑龙江，辽宁，新疆，甘肃，陕西，江苏，贵州，云南，新疆；古北区。

捕食性，捕食蚜虫、蚧虫、粉虱、鳞翅目幼虫、鞘翅目幼虫等昆虫。

菱斑巧瓢虫 *Oenopia conglobata*（Linnaeus）

分布：内蒙古，河北，北京，山西，河南，山东，新疆，甘肃，宁夏，陕西，四川，贵州，福建；蒙古国，阿富汗，印度，俄罗斯，西欧，北非。

捕食性，捕食蚜虫、蚧虫、粉虱、鳞翅目幼虫、鞘翅目幼虫等昆虫。

拟九斑瓢虫 *Coccinella magnifica* Redtenbacher

分布：内蒙古，北京，山东，新疆；古北区。

捕食性，捕食蚜虫、蚧虫、粉虱、鳞翅目幼虫、鞘翅目幼虫等昆虫。

横斑瓢虫 *C. transversoguttata* Faldermann

分布：内蒙古，山西，黑龙江，甘肃，青海，新疆，陕西，河南，四川，云南，西藏；亚洲，欧洲，北美。

捕食性，捕食蚜虫、蚧虫、粉虱、鳞翅目幼虫、鞘翅目幼虫等昆虫。

横带瓢虫 *C. trifasciata* Linnaeus

分布：内蒙古，河北，甘肃，黑龙江，吉林，辽宁，宁夏，陕西，新疆，西藏。

捕食性，捕食蚜虫、蚧虫、粉虱、鳞翅目幼虫、鞘翅目幼虫等昆虫。

神雕瓢虫 *C. hieroglyphica* Linnaeus

分布：内蒙古，河北，黑龙江，新疆；蒙古国，俄罗斯，中亚，北美。

捕食性，捕食蚜虫、蚧虫、粉虱、鳞翅目幼虫、鞘翅目幼虫等昆虫。

异色瓢虫 *Harmonia axyridis*（**Pallas**）

分布：内蒙古，全国广布；蒙古国，朝鲜，俄罗斯，日本。

捕食性，捕食蚜虫、蚧虫、粉虱、鳞翅目幼虫、鞘翅目幼虫等昆虫。

六斑异瓢虫 *Aiolocaria hexaspilota*（**Hope**）

分布：内蒙古，北京，河北，吉林，辽宁，宁夏，新疆，甘肃，西藏，河北，河南，山东，陕西，四川，江西，湖北，贵州，福建，云南，台湾；印度，尼泊尔，缅甸，俄罗斯，朝鲜。

捕食性，捕食蚜虫、蚧虫、粉虱、鳞翅目幼虫、鞘翅目幼虫等昆虫。

5. 花萤科 Cantharidae

棕翅花萤 *Cantharis brunneipennis* **Heyden**

分布：内蒙古，北京，河北，山西，黑龙江，山东，湖北，四川，西藏，陕西，甘肃，青海，宁夏；蒙古国，俄罗斯。

捕食性，成虫捕食隐翅虫等小型昆虫。

毛胸异花萤 *Lycocerus pubicollis*（**Heyden**）

分布：内蒙古，北京，河北，山东，四川，陕西，甘肃，青海。

捕食性，成虫捕食隐翅虫等小型昆虫。

立氏丝角花萤 *Rhagonycha licenti* **Pic**

分布：内蒙古，河北，山西，甘肃，青海。

捕食性，成虫捕食隐翅虫等小型昆虫。

黑斑丽花萤 *Themus stigmaticus*（**Fairmaire**）

分布：内蒙古，北京，河北，山西，江苏，四川，西藏，陕西，甘肃，青海，宁夏，香港。

捕食性，成虫捕食隐翅虫等小型昆虫。

6. 郭公虫科 Cleridae

条斑类猛郭公 *Tilloidea notate*（**Klug**）

分布：内蒙古，河北，浙江，江西，福建，台湾，广东，广西，四川，云南；朝鲜，日本，印度，菲律宾，印度尼西亚，马达加斯加。

捕食性，捕食小蠹、天牛等钻蛀性昆虫。

普通郭公 *Clerus dealbatus*（**Kraatz**）

分布：内蒙古，北京，河北，山西，黑龙江，辽宁，吉林，陕西，山东，上海，江苏，浙江，福建，广东，四川，贵州，云南，西藏；俄罗斯，朝鲜，印度。

捕食性，捕食小蠹、天牛等钻蛀性昆虫。

中华毛郭公 *Trichodes sinae* **Chevrolat**

分布：内蒙古，北京，天津，河北，宁夏，辽宁，吉林，山西，陕西，甘肃，青海，浙江，安徽，上海，江苏，福建，河南，湖北，湖南，广东，广西，四川，重庆，贵州，云南，西藏；蒙古国，俄罗斯，朝鲜。

捕食性，捕食小蠹、天牛等钻蛀性昆虫。

（六）脉翅目 Neuroptera

1. 草蛉科 Chrysopidae

丽草蛉 *Chrysopa formosa* **Brauer**

分布：内蒙古，河北，吉林，黑龙江，辽宁，北京，宁夏，甘肃，青海，新疆，陕西，山西，山东，河南，江苏，安徽，浙江，湖北，江西，湖南，福建，广东，四川，贵州，云南，西藏；蒙古国，俄罗斯，朝鲜，日本，西欧。

捕食性，捕食蚜虫、叶螨等。

大草蛉 *Ch. pallens*（**Rambur**）

分布：内蒙古，河北，北京，山西，辽宁，吉林，黑龙江，江苏，浙江，安徽，福建，江西，山东，河南，湖北，湖南，广东，广西，海南，四川，贵州，云南，陕西，甘肃，宁夏，新疆，台湾；俄罗斯，日本，朝鲜，西欧。

捕食多种蚜虫、叶螨、叶蝉、鳞翅目昆虫卵及低龄幼虫。

普通草蛉 *Chrysoperla carnea*（**Stephens**）

分布：内蒙古，河北，北京，山西，上海，安徽，山东，河南，湖北，广东，广西，四川，云南，陕西，新疆；古北区。

捕食棉蚜、黑蚜、拐枣蚜、榆叶蝉、棉铃虫卵和幼虫。

2. 褐草蛉科 Hemerobiidae

全北草蛉 *Hemerobius humuli*（**Linnaeus**）

分布：内蒙古，河北，山西，吉林，辽宁，江苏，湖北，江西，四川，陕西，甘肃，宁夏；朝鲜，日本，俄罗斯，西欧，北美，全北区。

捕食蚜虫、介壳虫。

3. 蚁蛉科 Myrmeleontidae

中华东蚁蛉 *Euroleon sinicus*（**Naras**）

分布：内蒙古，华北，东北，西北；蒙古国。

捕食多种小型害虫。

条斑次蚁蛉 *Deutoleon lineatus*（**Fabricius**）

分布：内蒙古，吉林，辽宁，河北，山西，山东。

捕食小型害虫。

追击大蚁蛉 *Heoclisis japonica*（Maclachlan）

分布：内蒙古（呼伦贝尔市额尔古纳市、陈巴尔虎旗，通辽市科尔沁左翼后旗、奈曼旗，赤峰市巴林左旗、巴林右旗、宁城县），辽宁，河北，山东，河南，湖北，江西。

捕食地老虎、金龟甲、蝼蛄等昆虫。

三斑纹蚁蛉 *Myrmecaelurus trigrommus* Hagen

分布：内蒙古（呼和浩特市和林格尔县、清水河县，呼伦贝尔市额尔古纳市、扎兰屯市，巴彦淖尔市乌拉特前旗、乌拉特中旗、乌拉特后旗、磴口县，阿拉善盟阿拉善左旗、阿拉善右旗）。

捕食小型昆虫。

4. 蝶角蛉科 Ascalaphidae

黄脊蝶角蛉 *Hybris subjacens* Walker

分布：内蒙古，江苏，浙江，台湾，广东，广西；朝鲜，日本。

幼虫秋季在植物上捕食小型害虫。

（七）双翅目 Diptera

1. 长足虻科 Dolichopodidae

钝角长足虻 *Dolichopus agilis* Meigen

分布：内蒙古，河北，宁夏，甘肃；蒙古国，瑞典，法国，德国，英国，奥地利，瑞士，比利时，波兰，荷兰，丹麦，捷克，塞尔维亚，黑山，意大利。

捕食性，捕食双翅目等潮湿环境中的小型昆虫。

马氏长足虻 *D. martynovi* Stackelberg

分布：内蒙古，河北，黑龙江，吉林，宁夏，陕西，新疆；蒙古国，俄罗斯。

捕食性，捕食双翅目等潮湿环境中的小型昆虫。

羽鬃长足虻 *D. plumipes*（Scopoli）

分布：内蒙古，河北，黑龙江，河南，山西，新疆，青海，西藏；蒙古国，俄罗斯，乌兹别克斯坦，吉尔吉斯斯坦，土库曼斯坦，西欧，美洲。

捕食性，捕食双翅目等潮湿环境中的小型昆虫。

羽跗长足虻 *D. pulmitarsis* Fallen

分布：内蒙古，北京，河北，黑龙江，新疆；瑞典，芬兰，英国，荷兰，奥地利，捷克，保加利亚，意大利，爱沙尼亚，白俄罗斯，俄罗斯。

捕食性，捕食双翅目等潮湿环境中的小型昆虫。

黄基长足虻 *D. linearis* Meigen

分布：内蒙古，北京，吉林，黑龙江，甘肃，新疆，青海；蒙古国，欧洲。

捕食性，捕食双翅目等潮湿环境中的小型昆虫。

密毛小异长足虻 *Chrysotus cilipes* **Meigen**

分布：内蒙古，天津，河北，宁夏，山东，山西，吉林；古北区。

捕食性，捕食双翅目等潮湿环境中的小型昆虫。

2. 舞虻科 Empididae

粗腿驼舞虻 *Hybos grossipes*（**Linnaeus**）

分布：内蒙古，河北，山西，吉林，宁夏，甘肃，陕西，河南，四川；俄罗斯，德国，英国，丹麦，瑞典，芬兰，挪威。

捕食性，捕食双翅目等潮湿环境中的小型昆虫。

3. 食虫虻科 Asilidae

长棘背食虫虻 *Acanthopleure longimanus* **Loew**

分布：内蒙古（阿拉善盟阿拉善左旗），河北，陕西，山东。

捕食黏虫、蝗虫、金龟甲。

虎斑食虫虻 *Astochia virgatipes* **Coguillcet**

分布：内蒙古，黑龙江，河北。

捕食黏虫、蝗虫、金龟甲。

卷鬃额食虫虻 *Neomochtherus helictus* **Tsacas**

分布：内蒙古。

捕食小型昆虫。

4. 食蚜蝇科 Syrphidae

侧宽长角蚜蝇 *Chrysotoxum fasciolatum*（**De Geer**）

分布：内蒙古，河北，四川；俄罗斯，日本，西欧，北美。

幼虫为捕食性，捕食蚜虫、蚧虫等。

八斑长角蚜蝇 *Ch. octomaculatum* **Curtis**

分布：内蒙古，河北，黑龙江，甘肃，浙江，湖北，江西，湖南，四川；俄罗斯，西欧。

幼虫为捕食性，捕食蚜虫、蚧虫等。

红盾长角蚜蝇 *Ch. rossicum* **Becker**

分布：内蒙古，河北，黑龙江；俄罗斯，蒙古国。

幼虫为捕食性，捕食蚜虫、蚧虫等。

西伯利亚长角蚜蝇 *Ch. sibiricum* **Loew**

分布：内蒙古，河北，甘肃，青海，新疆；俄罗斯，蒙古国，朝鲜。

幼虫为捕食性，捕食蚜虫、蚧虫等。

方斑墨蚜蝇 *Melanostoma mellinum*（Linnaeus）

分布：内蒙古，河北，黑龙江，吉林，辽宁，甘肃，青海，新疆，浙江，湖北，江西，湖南，福建，海南，广西，四川，贵州，云南，西藏；俄罗斯，蒙古国，日本，伊朗，阿富汗，欧洲，北非，北美洲。

幼虫为捕食性，捕食蚜虫、蚧虫等。

东方墨蚜蝇 *M. orientale*（Wiedemann）

分布：内蒙古，河北，吉林，青海，新疆，浙江，湖北，湖南，福建，广西，四川，贵州，云南，西藏；俄罗斯，日本，东洋区。

幼虫为捕食性，捕食蚜虫、蚧虫等。

梯斑墨蚜蝇 *M. scalare*（Fabricius）

分布：内蒙古，河北，甘肃，新疆，山东，浙江，湖北，江西，湖南，福建，台湾，四川，贵州，云南，西藏；日本，俄罗斯，蒙古国，阿富汗，新几内亚，东洋区，非洲区。

幼虫为捕食性，捕食蚜虫、蚧虫等。

圆斑宽扁蚜蝇 *Xanthandrus comtus*（Harris）

分布：内蒙古，北京，吉林，江西，浙江，福建，广东，四川，台湾；俄罗斯，蒙古国，朝鲜，日本，西欧。

幼虫为捕食性，捕食蚜虫、蚧虫等。

双色小蚜蝇 *Paragus bicolor*（Fabriucius）

分布：内蒙古，河北，甘肃，青海，新疆，山西，山东，江苏；俄罗斯，蒙古国，伊朗，阿富汗，西欧，北非，北美。

幼虫为捕食性，捕食蚜虫、蚧虫等。

短舌小蚜蝇 *P.compeditus* Wiedemann

分布：内蒙古，河北，甘肃，新疆，西藏；伊朗，阿富汗，欧洲南部，北非。

幼虫为捕食性，捕食蚜虫、蚧虫等。

刻点小蚜蝇 *P. tibialis*（Fallen）

分布：内蒙古，河北，吉林，甘肃，新疆，江苏，浙江，湖北，湖南，福建，台湾，广东，海南，广西，四川，贵州，云南，西藏；古北区，东洋区，新北区。

幼虫为捕食性，捕食蚜虫、蚧虫等。

切黑狭口食蚜蝇 *Asarkina ericetorum*（Fabricius）

分布：内蒙古，河北，甘肃，浙江，江西，福建，台湾，广东，云南；东洋区，欧洲区。

幼虫为捕食性，捕食蚜虫、蚧虫等。

狭带贝食蚜蝇 *Betasyrphus serarius*（Wiedemann）

分布：内蒙古，河北，黑龙江，吉林，辽宁，甘肃，江西，浙江，湖北，江西，湖南，福建，台湾，广东，海南，广西，四川，贵州，云南，西藏；俄罗斯，朝鲜，日本，大洋洲。

幼虫为捕食性，捕食蚜虫、蚧虫等。

三带毛食蚜蝇 *Dasysyrphus tricinctus*（Fallen）

分布：内蒙古，河北，北京，黑龙江；俄罗斯，蒙古国，日本，西欧。

幼虫为捕食性，捕食蚜虫、蚧虫等。

离缘垂边食蚜蝇 *Epistrophe grossulariae*（Meigen）

分布：内蒙古，河北；俄罗斯，蒙古国，日本，西欧，北美洲。

幼虫为捕食性，捕食蚜虫、蚧虫等。

黑带食蚜蝇 *E. balteatus*（De Geer）

分布：内蒙古，全国广布；亚洲，欧洲，北非，大洋洲。

幼虫为捕食性，捕食蚜虫、蚧虫等。

大灰优食蚜蝇 *Eupeodes corollae*（Fabricius）

分布：内蒙古，河北，黑龙江，吉林，辽宁，甘肃，新疆，河南，湖北，江西，江苏，浙江，湖南，福建，台湾，广西，四川，贵州，云南，西藏；俄罗斯，日本，蒙古国，西欧，北非。

幼虫为捕食性，捕食蚜虫、蚧虫等。

宽条优食蚜蝇 *E. latifasciatus*（Macquart）

分布：内蒙古，河北，新疆，四川，云南；俄罗斯，蒙古国，印度，阿富汗，叙利亚，西欧，北美。

幼虫为捕食性，捕食蚜虫、蚧虫等。

黄盾壮食蚜蝇 *Ischyrosyrphus glaucius*（Linnaeus）

分布：内蒙古，北京，吉林，黑龙江，甘肃；俄罗斯，蒙古国，日本，西欧。

幼虫为捕食性，捕食蚜虫、蚧虫等。

暗颊美蓝食蚜蝇 *Melangyna lasiophthalma*（Zetterstedet）

分布：内蒙古，河北，吉林，四川，云南，甘肃；俄罗斯，蒙古国，日本，西欧。

幼虫为捕食性，捕食蚜虫、蚧虫等。

斜斑鼓额食蚜蝇 *Scaeva pyrastri*（Linnaeus）

分布：内蒙古，河北，黑龙江，辽宁，甘肃，青海，新疆，山东，河南，江苏，四川，云南，西藏；俄罗斯，蒙古国，日本，阿富汗，西欧，北美，北非。

幼虫为捕食性，捕食蚜虫、蚧虫等。

叉叶细腹食蚜蝇 *Sphaerophoria taeniata*（Meigen）

分布：内蒙古，河北，甘肃；俄罗斯，蒙古国，日本，西欧。

幼虫为捕食性，捕食蚜虫、蚧虫等。

绿色细腹食蚜蝇 *S. viridaenea* Brunetti

分布：内蒙古，河北，黑龙江，甘肃，新疆，台湾，广东，四川，云南，西藏；俄罗斯，蒙古国，朝鲜，印度，阿富汗。

幼虫为捕食性，捕食蚜虫、蚧虫等。

夜光缩颜蚜蝇 *Pipiza noctiluca*（Linnaeus）

分布：内蒙古，河北，吉林，甘肃，青海，湖北，湖南；俄罗斯，西欧。

幼虫为捕食性，捕食蚜虫、蚧虫等。

普通缩颜蚜蝇 *P. familiaris* Matsumura

分布：内蒙古，河北，甘肃；日本。

幼虫为捕食性，捕食蚜虫、蚧虫等。

长角斜额蚜蝇 *Pipizella antennata* Violovitsh

分布：内蒙古，河北，甘肃，山西，山东；俄罗斯。

幼虫为捕食性，捕食蚜虫、蚧虫等。

多色斜额蚜蝇 *P. varipes*（Meigen）

分布：内蒙古，河北，吉林，宁夏，新疆，山西，西藏；蒙古国，俄罗斯，西欧。

幼虫为捕食性，捕食蚜虫、蚧虫等。

金绿斜额蚜蝇 *P. virens*（Fabricius）

分布：内蒙古，河北，甘肃，山西，江苏，四川，云南；蒙古国，俄罗斯，西欧。

幼虫为捕食性，捕食蚜虫、蚧虫等。

5. 斑腹蝇科 Chamaemyiidae

银白齿小斑腹蝇 *Leucopis argentata* Heeger

分布：内蒙古，河北；奥地利。

幼虫捕食蚜虫。

6. 蝇科 Muscidae

帽儿山秽蝇 *Coenosia mandschurica* Hennig

分布：内蒙古，北京，辽宁，黑龙江，陕西，贵州。

成虫捕食双翅目等小型昆虫。

斑纹蝇 *Graphomya maculate*（Scopoli）

分布：内蒙古，河北，吉林，辽宁，山西，新疆；亚洲，欧洲，大洋洲。

成虫捕食双翅目等小型昆虫。

显斑池蝇 *Limnophora tigrina*（Am Stein）

分布：内蒙古，河北，黑龙江，辽宁，宁夏，新疆，山西；俄罗斯，塔吉克斯坦，伊朗，西欧，北非。

成虫捕食双翅目等小型昆虫。

吸溜蝇 *Lispe consanguinea* **Loew**
分布：内蒙古，河北，北京，黑龙江，吉林，辽宁，宁夏，山西，陕西，山东，上海，重庆；日本，伊朗，土耳其，欧洲，北非。
成虫捕食双翅目等小型昆虫。

中华溜蝇 *L. sinica* **Hennig**
分布：内蒙古，北京，黑龙江，辽宁。
成虫捕食双翅目等小型昆虫。

大洋翠蝇 *Neomyia laevifrons*（**Loew**）
分布：内蒙古，河北，黑龙江，吉林，辽宁，宁夏，甘肃，山西，山东；日本，俄罗斯，朝鲜，蒙古国。
成虫捕食双翅目等小型昆虫。

蓝翠蝇 *N. timorensis*（**Robineau- Desvoidy**）
分布：内蒙古，河北，辽宁，陕西，宁夏，甘肃，河南，山东，江苏，浙江，安徽，湖北，湖南，四川，重庆，福建，台湾，广东，广西，香港；日本，越南，缅甸，印度，孟加拉国，斯里兰卡，印度尼西亚，尼泊尔，泰国，菲律宾，马来西亚。
成虫捕食双翅目等小型昆虫。

白线直脉蝇 *Polietes domitor*（**Harris**）
分布：内蒙古，河北，黑龙江，吉林，辽宁，新疆，山西，陕西；日本，蒙古国，俄罗斯，西欧。
成虫捕食双翅目等小型昆虫。

肖腐蝇 *Muscina levida*（**Harris**）
分布：内蒙古，河北，北京，黑龙江，吉林，辽宁，宁夏，新疆，山西；俄罗斯，日本，叙利亚，西欧，北美。
成虫捕食双翅目等小型昆虫。

牧场腐蝇 *M. pascuorum*（**Meigen**）
分布：内蒙古，河北，黑龙江，吉林，辽宁，新疆，山西，山东，江苏，浙江，云南；朝鲜，日本，蒙古国，俄罗斯，西欧，非洲北部，北美。
成虫捕食双翅目等小型昆虫。

厩腐蝇 *M. stabulans*（**Fallen**）
分布：内蒙古，北京，天津，黑龙江，吉林，辽宁，甘肃，宁夏，新疆，青海，西藏，山西，陕西，山东，江苏，上海，浙江，湖北，四川，重庆，云南；亚洲，欧洲，美洲，大洋洲。
成虫捕食双翅目等小型昆虫。

7. 麻蝇科 Sarcophagidae

线纹折麻蝇 *Blaesoxipha campestris*（Robineau-Desvoidy）

分布：内蒙古（呼和浩特市土默特左旗，赤峰市阿鲁科尔沁旗、克什克腾旗，乌兰察布市凉城县），黑龙江，吉林，辽宁，新疆，山东，江苏，河南。

寄生于飞蝗、意大利蝗、西伯利亚蝗、黑条小车蝗、黑赤翅蝗、绿纹蝗、大垫尖翅蝗、草绿蝗。

菲利折麻蝇 *B. filipjevi* Rohdendorf

分布：内蒙古，北京，新疆。

寄生于飞蝗、意大利蝗、西伯利亚蝗。

宽角折麻蝇 *B. gladiatrix*（Pandelle）

分布：内蒙古（鄂尔多斯市准格尔旗，巴彦淖尔市乌拉特前旗），吉林，辽宁，新疆。

幼虫寄生于蝗虫的若虫和成虫体内，主要有意大利蝗、白边雏蝗和小车蝗属、绿纹蝗属、蛛蝗属、束颈蝗属。

亚菲折麻蝇 *B. rufipes*（Macquart）

分布：内蒙古，辽宁，广东，云南，四川。

幼虫寄生于蝗虫科的荒地蚱蜢、绿纹蝗、意大利蝗、大垫尖翅蝗、亚洲飞蝗、沙漠蝗及小车蝗属。

单色折麻蝇 *B. unicolor* Villeneuve

分布：内蒙古（赤峰市克什克腾旗），辽宁。

幼虫寄生于直翅目蝗科的蛛蝗属、意大利蝗、雏蝗属、束颈蝗属及西伯利亚蝗、黑条小车蝗。

宽须膜腹麻蝇 *Gymnosoma sylvaticum*（Zimin）

分布：内蒙古。

寄生在半翅目昆虫体内。

股斑麻蝇 *Sarcotachinella sinuata*（Meigen）

分布：内蒙古（包头市），黑龙江，辽宁，陕西，青海。

寄生在赤腿蜢若虫和成虫。

宽阳折麻蝇 *Servaisia erythrura*（Meigen）

分布：内蒙古（乌兰察布市集宁区），辽宁，山西，新疆。

幼虫寄生于多种雏蝗和牧草蝗属。

8. 寄蝇科 Tachinidae

毛短尾寄蝇 *Aplomyia confinis* Fallen

分布：内蒙古（赤峰市阿鲁科尔沁旗），北京，黑龙江，辽宁，山西，陕西，青海，云南，西藏。

寄主小灰蝶、玉米螟。

善飞狭颊寄蝇 *Carcelia kockiana* Townsend

分布：内蒙古（乌兰察布市商都县、凉城县），北京，上海，黑龙江，山东，江苏，浙江，福建，河南，广东，广西，云南，台湾。

寄生草地螟及多种鳞翅目昆虫。

双斑膝芒寄蝇 *Gonia bimaculata* Wiedemann

分布：内蒙古（呼和浩特市，包头市达尔罕茂明安联合旗，乌兰察布市四子王旗，乌海市，巴彦淖尔市乌拉特前旗），北京，上海，河北，山西，甘肃，青海，新疆，山东，江苏，浙江，福建。

寄生于小地老虎、三化螟。

阔额膝芒寄蝇 *G. capitata*（Degeer）

分布：内蒙古（阿拉善盟阿拉善左旗），北京，山西。

寄生于小地老虎。

黑腹膝芒寄蝇 *G. picea* Robineau-Desvoidy

分布：内蒙古（锡林郭勒盟东乌珠穆沁旗、西乌珠穆沁旗、正蓝旗，阿拉善盟阿拉善左旗），北京，上海，黑龙江，辽宁，山西，陕西，新疆，江西，安徽，四川，西藏。

寄生于夜蛾科。

双斑截尾寄蝇 *Nemorilla maculosa*（Meigen）

分布：内蒙古（巴彦淖尔市杭锦后旗、乌拉特前旗，鄂尔多斯市鄂托克前旗），北京，河北，新疆，江苏，浙江，福建，湖南，广东，广西，台湾。

寄生于松梢螟、银纹夜蛾、黄绿巢蛾、黄谷蛾、苹果小卷蛾、茉莉螟蛾、稻纵卷叶螟、柑橘褐黄卷蛾、茶毒蛾。

黄额拟膝芒寄蝇 *Pseudogonia rufifrons* Wiedmann

分布：内蒙古（赤峰市林西县，巴彦淖尔市乌拉特前旗），北京，上海，河北，新疆，山东，江苏，浙江，福建，河南，广东，海南，云南。

寄生于粘虫、斜纹夜蛾、棉铃虫、小地老虎、金花虫。

宽颊膜腹寄蝇 *Gymnochaeta mesnili* Zimin

分布：内蒙古（阿拉善盟阿拉善左旗）。

寄生于半翅目蝽科昆虫。

斑腿透翅寄蝇 *Hyalurgus sima* Zimin

分布：内蒙古（呼伦贝尔市额尔古纳市），吉林，甘肃，云南。

寄生于落叶松毛虫（西伯利亚松毛虫）。

查禾短须寄蝇 *Linnaemya altaica* Richter

分布：内蒙古（呼和浩特市，呼伦贝尔市扎兰屯市，锡林郭勒盟西乌珠穆沁旗，乌兰察布市凉城县，阿拉善盟额济纳旗），北京，黑龙江，吉林，辽宁，河北，青海，新疆，福建，云南，四川，西藏。

寄生于粘虫、地老虎。

黑角长须寄蝇 *Peleteria rubescens* Robineau-Desvoidy

分布：内蒙古（呼和浩特市，赤峰市，锡林郭勒盟西乌珠穆沁旗、多伦县，乌兰察布市察哈尔右翼前旗、凉城县），黑龙江，新疆。

寄生于黄地老虎、翠纹夜蛾。

刺拍寄蝇 *Peteina erinaceus* Fabricius

分布：内蒙古（包头市达尔罕茂明安联合旗，兴安盟，锡林郭勒盟西乌珠穆沁旗、苏尼特左旗、多伦县，乌兰察布市集宁区，巴彦淖尔市乌拉特前旗），吉林，山西。

寄生于小地老虎。

弥寄蝇 *Tachina micada* Kirby

分布：内蒙古，北京，黑龙江，吉林，辽宁，河北，陕西。

寄生于麦穗夜蛾幼虫。

笨长足寄蝇 *Dexia vacua* Fallen

分布：内蒙古（呼和浩特市，乌兰察布市凉城县），辽宁，甘肃。

寄生于金龟子幼虫。

（八）膜翅目 Hymenoptera

1. 姬蜂科 Ichneumonidae

舞毒蛾黑瘤姬蜂 *Coccygomimus aethiops*（Curtis）

分布：内蒙古（包头市，呼伦贝尔市新巴尔虎右旗，通辽市，赤峰市，锡林郭勒盟），黑龙江，吉林，辽宁，河北，山西，陕西，宁夏，甘肃，山东，江苏，安徽，浙江，福建，河南，湖南，江西，云南，贵州，四川，西藏。

寄生于黄翅缀叶野螟、亚洲玉米螟、落叶松尺蠖、山楂粉蝶、菜粉蝶、多点菜粉蝶。

古北黑瘤姬蜂 *C. instigator*（Fabricius）

分布：内蒙古（呼伦贝尔市，通辽市，赤峰市），黑龙江，宁夏，甘肃，青海，新疆，河南，湖南，台湾。

寄生于松茸毒蛾、山楂粉蝶、青海草原毛虫。

黑基长尾姬蜂 *Ephialtes capulifera*（Kriechbaumer）

分布：内蒙古，黑龙江，河北，山西，甘肃，湖南，四川，台湾。

寄生于银杏大蚕蛾、山楂粉蝶、喙蝶、小喙蝶。

甘蓝夜蛾拟瘦姬蜂 *Netelia*（*Netelia*）*ocellaris*（Thomson）

分布：内蒙古（呼伦贝尔市陈巴尔虎旗，锡林郭勒盟正镶白旗、正蓝旗、东乌珠穆沁旗、多伦县、太仆寺旗，乌兰察布市察哈尔右翼后旗、兴和县，巴彦淖尔市乌拉特前旗），辽宁，山西，甘肃，江苏，浙江，福建，河南，广东，云南，台湾。

寄生于甘蓝夜蛾、粘虫、棉铃虫、小地老虎。

镰形栉姬蜂 *Banchus faleatorius* Fabricius

分布：内蒙古。

寄生于黄地老虎。

地老虎细颚姬蜂 *Enicospilus rossicus* Kokujev

分布：内蒙古（呼和浩特市，呼伦贝尔市满洲里市，锡林郭勒盟苏尼特右旗），北京，黑龙江，吉林，辽宁，陕西，宁夏，甘肃，新疆。

寄生于小地老虎。

夜蛾瘦姬蜂 *Ophion luteus*（Linnaeus）

分布：内蒙古（呼和浩特市清水河县，呼伦贝尔市莫力达瓦达斡尔族自治旗，通辽市扎鲁特旗，赤峰市翁牛特旗、阿鲁科尔沁旗，锡林郭勒盟镶黄旗、正镶白旗，乌兰察布市察哈尔右翼中旗，鄂尔多斯市，阿拉善盟额济纳旗），黑龙江，吉林，辽宁，河北，山西，青海，新疆，山东，江苏，浙江，云南，西藏，台湾。

寄生于小地老虎、大地老虎、棉铃虫。

朝鲜盾脸姬蜂 *Metopius*（*Tylopius*）*coreanus* Uchida

分布：内蒙古，黑龙江，辽宁，新疆。

寄生于粘虫。

桑夜蛾盾脸姬蜂 *M.*（*Ceratopius*）*dissectorius*（Panzer）

分布：内蒙古（兴安盟扎赉特旗），吉林，江苏，浙江，台湾。

寄生于粘虫蛹。

中华肿跗姬蜂 *Anomalon chinensis* Kokujev

分布：内蒙古（呼伦贝尔市新巴尔虎左旗），新疆。

寄生于拟步甲幼虫。

地蚕大铗姬蜂 *Eutanyacra picta*（Schrank）

分布：内蒙古（锡林郭勒盟正镶白旗，乌兰察布市察哈尔右翼后旗），黑龙江，吉林，辽宁，河北，山西，宁夏，甘肃，新疆，江苏，湖北，广西，云南，贵州，四川。

寄主于黄地老虎幼虫。

粘虫白星姬蜂 *Vulgichneumon leucaniae*（Uchida）

分布：内蒙古（通辽市开鲁县），北京，辽宁，山东，江苏，浙江，湖北，江西。

寄生于粘虫。

2. 茧蜂科 Braconidae

螟蛉绒茧蜂 *Apanteles affinas*（Uees von Esenbek）

分布：内蒙古，北京，黑龙江，上海，吉林，辽宁，河北，陕西，江苏，安徽，浙江，福建，河南，湖北，江西，广东，广西，云南，贵州，四川，台湾。

寄生于小地老虎、粘虫、劳氏粘虫、棉铃虫、玉米螟幼虫。

螟长距茧蜂 *Macrocentrus linearis*（Nees）

分布：内蒙古，北京，吉林，河北，山东，浙江，河南。

寄生于棉铃虫、玉米螟幼虫。

粘虫悬茧蜂 *Meteorus gyrator*（Thunberg）

分布：内蒙古，浙江，湖北，广西，四川。

寄生于粘虫幼虫。

优虎悬茧蜂 *M. rubens* Nees

分布：内蒙古，吉林，陕西，山西，河南，云南，贵州，四川。

寄生于小地老虎、大地老虎、八字地老虎、棉铃虫、甜菜夜蛾、甘蓝夜蛾。

褐斑内茧蜂 *Rogas fuscomaculatus* Ashmead

分布：内蒙古，吉林。

寄生于粘虫。

蚜茧蜂科 Incubidae

燕麦蚜茧蜂 *Aphidius avenae* Haliday

分布：内蒙古（锡林郭勒盟正镶白旗），北京，上海，吉林，辽宁，陕西，新疆，山东，江苏，安徽，浙江，河南，湖北，四川。

寄生于麦长管蚜、玉米蚜、麦叉蚜、禾谷缢管蚜。

长经侧脊蚜茧蜂 *Lipolexis scutellaris* Mackarer

分布：内蒙古。

寄生于豆蚜。

翼蚜茧蜂 *Praon volusre* Mali

分布：内蒙古（乌兰察布市凉城县）。

寄生于多种蚜虫。

3. 小蜂科 Chalcididae

无脊大腿小蜂 *Brachymeria excarinata* Gahan

分布：内蒙古，黑龙江，吉林，辽宁，河北，陕西，宁夏，甘肃，青海，江苏，浙江，福建，湖北，江西，广东，四川，台湾。

寄生于小菜蛾、菜粉蝶、梨小食心虫、稻纵卷叶螟、显纹纵卷叶螟、稻螟蛉、三化螟、螟蛉内茧蜂、稻纵卷叶螟绒茧蜂。

广大腿小蜂 *B. lasus*（Walker）

分布：内蒙古（包头市固阳县），全国各地。

寄生于菜粉蝶、稻纵卷叶螟、棉大叶螟、棉夜蛾、竹螟、桑螟、桑尺蠖、松毛虫、榆毒蛾。

4. 金小蜂科 Pteromalidae

黑青小蜂 *Dibrachys cavus* Walker
分布：内蒙古（包头市），上海，陕西，山西，山东，江苏，安徽，浙江，湖北，湖南，四川。
寄主于榆小蠹、姬蜂、榆长翅卷蛾。

米象金小蜂 *Lariophagus distinguendus*（Forster）
分布：内蒙古，黑龙江，辽宁，河北，陕西，宁夏，山东，江苏，浙江，湖北，湖南，江西，广东，广西，云南，贵州，四川。
寄生于野豌豆象的幼虫或蛹体内。

蚜虫宽缘金小蜂 *Pachyneuron aphidis* Bouche
分布：内蒙古（包头市），北京，山西，河南。
寄生于麦蚜。

蚧宽缘金小蜂 *P. concolor* Forster
分布：内蒙古（包头市）。
寄生于邹大球蚧、杨瘿棉蚜、杜松绒蚧。

凤蝶金小蜂 *Pteromalus puparum*（Linnaeus）
分布：内蒙古（包头市，呼伦贝尔市新巴尔虎右旗，锡林郭勒盟正镶白旗），北京，天津，上海，黑龙江，吉林，辽宁，山西，甘肃，新疆，江苏，安徽，福建，河南，湖北，江西，广东，贵州，云南，四川，西藏。
寄生于菜粉蝶、东方粉蝶、云斑粉蝶。

底诺金小蜂 *Thinodytes cyzicus*（Walker）
分布：内蒙古（呼和浩特市），北京，吉林，辽宁，河北，宁夏，甘肃，山东，海南。
寄生于油菜潜叶蝇、豌豆潜叶蝇。

5. 跳小蜂科 Encyrtidae

蚜虫跳小蜂 *Aphidencyrtus aphidivorus*（Mayr）
分布：内蒙古（呼伦贝尔市，兴安盟），黑龙江，河北，山东，浙江，河南，广东，四川。
寄生于棉蚜、苜蓿蚜、麦蚜、桃粉蚜、刺槐蚜、豆蚜、椰蚜、洋麻蚜、茧蜂。

地老虎多胚跳小蜂 *Litomastix peregrinus* Mercet
分布：内蒙古（锡林郭勒盟太仆寺旗、正镶白旗）。
寄生于白边地老虎。

6. 赤眼蜂科 Trichogrammatidae

松毛虫赤眼蜂 *Trichogramma dendrolimi* Matsumura
分布：内蒙古，全国各地。
寄生于枯叶蛾科、夜蛾科、卷叶蛾科、灯蛾科、蚕蛾科、毒蛾科、螟蛾科、刺蛾科、弄蝶科、舟蛾和尺蛾科等昆虫的卵。

暗黑赤眼蜂 *T. euproctidis*（Girault）
分布：内蒙古，辽宁，山西，新疆。
寄生于棉铃虫、玉米螟、黄地老虎、梨夜蛾卵。

广赤眼蜂 *T. evanescens* Westwood
分布：内蒙古，北京，辽宁，山西。
寄生于枯叶蛾科、螟蛾科、卷额科、灯蛾科、粉蝶科、食蚜蝇科等昆虫的卵。

7. 黑卵蜂科 Scelionidae

粘虫黑卵蜂 *Telenomus cirphivorus* Liu
分布：内蒙古，北京，黑龙江，吉林，辽宁。
寄生于黏虫卵。

8. 蜾蠃科 Eumenidae

三斑蜾蠃 *Eumenes（E.）iripunctatus*（Christ）
分布：内蒙古；亚洲（北部）。
捕捉鳞翅目幼虫。

赤足拟蜾蠃 *Pseudepipona（P.）aherrichii*（Saussure）
分布：内蒙古，河北，江苏；欧洲（南部）。
捕捉鳞翅目幼虫。

宽全盾蜾蠃 *Allodynerus mandschuricus* Bluthgen
分布：内蒙古。
捕捉鳞翅目幼虫。

橙羽蜾蠃 *Pterocheilus quaesitus*（Morawitz）
分布：内蒙古；俄罗斯，蒙古国。
捕捉鳞翅目幼虫。

9. 马蜂科 Polistidae

角马蜂 *Polistes antennalis* Perez
分布：内蒙古，河北，新疆，山西，吉林，甘肃，江苏，浙江，安徽，贵州，福建；法国，意大利，西班牙，土耳其，俄罗斯，北非，巴尔干半岛。
成虫捕食多种昆虫，捕食鳞翅目幼虫。幼虫依赖成虫提供食物。

10. 胡蜂科 Vespidae

德国黄胡蜂 *Vespula germanica*（Fabricius）

分布：内蒙古，河北，黑龙江，新疆，河南，江苏；亚洲，非洲，大洋洲，欧洲，北美洲。

成虫捕食多种昆虫，捕食鳞翅目幼虫。幼虫依赖成虫提供食物。

11. 方头泥蜂科 Crabronidae

花小唇泥蜂 *Larra anathema*（Rossi）

分布：内蒙古，北京，河北，山东；埃及，突尼斯，欧洲。

捕食鳞翅目幼虫、直翅目等昆虫。

黑色脊小唇泥蜂 *Liris niger*（Fabricius）

分布：内蒙古，北京，河南；哈萨克斯坦，俄罗斯，斯洛伐克，西欧。

捕食鳞翅目幼虫、直翅目等昆虫。

小腹捷小唇泥蜂西伯利亚亚种 *Tachytes etruscus sibiricus* Gussakovskij

分布：内蒙古，北京，黑龙江，陕西；日本，俄罗斯，韩国。

捕食鳞翅目幼虫、直翅目等昆虫。

古北捷小唇泥蜂 *T. obsoletus*（Rossi）

分布：内蒙古，北京，河北；德国，俄罗斯，西班牙，意大利。

捕食鳞翅目幼虫、直翅目等昆虫。

欧洲捷小唇泥蜂东方亚种 *T. panzer orientis* Pulawski

分布：内蒙古，北京，河北，辽宁，黑龙江，甘肃；俄罗斯，西欧。

捕食鳞翅目幼虫、直翅目等昆虫。

退臀快足小唇泥蜂 *Tachysphex erythropus*（Spinola）

分布：内蒙古，北京，山西，山东，新疆；保加利亚，印度，埃塞俄比亚，阿曼，土库曼斯坦，埃及，欧洲。

捕食鳞翅目幼虫、直翅目等昆虫。

单色快足小唇泥蜂 *T. unicolor*（Panzer）

分布：内蒙古，北京，山东，新疆；俄罗斯，中亚，奥地利，德国，阿尔及利亚。

捕食鳞翅目幼虫、直翅目等昆虫。

黑琴完眼泥蜂日本亚种 *Lyrod nigra japonica* Iwata

分布：内蒙古，北京，陕西；韩国，日本，俄罗斯。

捕食鳞翅目幼虫、直翅目等昆虫。

鞭角异色泥蜂 *Astata boops*（Schrank）

分布：内蒙古，全国广布；世界广布（除大洋洲区）。

捕食鳞翅目幼虫、直翅目等昆虫。

厚突节腹泥蜂 *Cerceris adelpha* Kohl
分布：内蒙古，河北，黑龙江，宁夏；俄罗斯，韩国，蒙古国。
捕食鳞翅目幼虫、直翅目等昆虫。

红足节腹泥蜂 *C. bicincta* Klug
分布：内蒙古，北京，河北，黑龙江，四川，宁夏；欧洲，亚洲。
捕食鳞翅目幼虫、直翅目等昆虫。

黑突节腹泥蜂 *C. rubidae*（Jurine）
分布：内蒙古，河北，北京，新疆；欧洲，中亚，北非。
捕食鳞翅目幼虫、直翅目等昆虫。

瘤节腹泥蜂双齿亚种 *C. tuberculata evecta* Shestakov
分布：内蒙古，河北，浙江，山东，山西，甘肃，江苏，江西；蒙古国，俄罗斯。
捕食鳞翅目幼虫、直翅目等昆虫。

阿拉善方头泥蜂 *Crabro alashanicus* Marshakov
分布：内蒙古，河北；俄罗斯。
捕食鳞翅目幼虫、直翅目等昆虫。

黄斑缨角泥蜂 *Crossocerus flavopictus*（Smith）
分布：内蒙古，北京，浙江，青海，台湾，福建；日本，印度，尼泊尔。
捕食鳞翅目幼虫、直翅目等昆虫。

纵皱切方头泥蜂 *Ectemnius fossorius* Linnaeus
分布：内蒙古，河北，山东；挪威，德国，法国，意大利，比利时，俄罗斯，吉尔吉斯斯坦，蒙古国，西班牙，土耳其，日本，朝鲜。
捕食鳞翅目幼虫、直翅目等昆虫。

毛足椴方头泥蜂 *Lindenius albilabris*（Fabricius）
分布：内蒙古，河北，黑龙江，新疆；蒙古国，朝鲜，中亚，欧洲。
捕食鳞翅目幼虫、直翅目等昆虫。

皇冠大头泥蜂 *Philanthus coronatus*（Thunberg）
分布：内蒙古，河北，北京，黑龙江，山东，青海，宁夏，新疆；欧洲。
捕食鳞翅目幼虫、直翅目等昆虫。

山斑大头泥蜂 *Ph. triangulum*（Fabricius）
分布：内蒙古，河北，山西，山东，宁夏，新疆；欧洲，中亚，北非。
捕食鳞翅目幼虫、直翅目等昆虫。

丽大唇泥蜂 *Stizus pulcherrimus*（Smith）
分布：内蒙古，河北，北京，黑龙江，江苏，浙江；日本，朝鲜，蒙古国，俄罗斯。
捕食鳞翅目幼虫、直翅目等昆虫。

12. 泥蜂科 Sphecidae

北方沙泥蜂 *Ammophila borealis* Li et Yang

分布：内蒙古，河北，吉林。

捕食鳞翅目幼虫、直翅目等昆虫。

平领沙泥蜂 *A. planicollaris* Li et Yang

分布：内蒙古，河北。

捕食鳞翅目幼虫、直翅目等昆虫。

多沙泥蜂骚扰亚种 *A. sabuosa infesta* Smith

分布：内蒙古，河北，北京，山西，辽宁，山东，陕西，甘肃，宁夏。

捕食鳞翅目幼虫、直翅目等昆虫。

齿爪长足泥蜂蒙古亚种 *Podalonia affinis ulanbaatorensis*（Tsuneki）

分布：内蒙古，河北，山东，宁夏；蒙古国，俄罗斯。

捕食鳞翅目幼虫、直翅目等昆虫。

安氏长足泥蜂 *P. andrei*（Morawitz）

分布：内蒙古，河北，北京，山西，青海，宁夏；蒙古国。

捕食鳞翅目幼虫、直翅目等昆虫。

高加索长足泥蜂 *P. caucasica*（Mocsary）

分布：内蒙古，河北，宁夏。

捕食鳞翅目幼虫、直翅目等昆虫。

淡黄长足泥蜂 *P. flavida*（Kohl）

分布：内蒙古，河北，山东，青海；蒙古国。

捕食鳞翅目幼虫、直翅目等昆虫。

角斑沙蜂绣亚种 *Bembix niponica picticollis* Morawitz

分布：内蒙古，河北，浙江，山西，江苏；蒙古国。

捕食鳞翅目幼虫、直翅目等昆虫。

日本蓝泥蜂 *Chalybion japonicum*（Gribodo）

分布：内蒙古，河北，北京，黑龙江，浙江，辽宁，山东，山西，江苏，江西，湖南，四川，台湾，福建，广东，海南，广西，贵州；日本，朝鲜，泰国，印度。

捕食鳞翅目幼虫、直翅目等昆虫。

潜隐短柄泥蜂 *Diodontus insidiosus* Spooner

分布：内蒙古，北京；乌兹别克斯坦。

捕食鳞翅目幼虫、直翅目等昆虫。

显阔额短柄泥蜂 *Passaloecus insignis*（Vander Linden）

分布：内蒙古，北京，河北，吉林，陕西，山东，上海，浙江，云南；日本，韩国，欧洲。

捕食鳞翅目幼虫、直翅目等昆虫。

形异短柄泥蜂 *Pemphredon lethijer*（Shuckard）

分布：内蒙古，北京，吉林，新疆，陕西，山东，福建，浙江，贵州；美国，亚洲，欧洲。

捕食鳞翅目幼虫、直翅目等昆虫。

网皱短柄泥蜂 *P. rugifer*（Dahlbom）

分布：内蒙古，北京，河北，黑龙江，陕西，江苏，云南；美国，亚洲，欧洲。

捕食鳞翅目幼虫、直翅目等昆虫。

异狭额短柄泥蜂 *Polemistus abnormis*（Kohl）

分布：内蒙古，河北，新疆，山东，河南，浙江，云南。

捕食鳞翅目幼虫、直翅目等昆虫。

侧点米短柄泥蜂 *Mimesa punctipleuris*（Gussakovskij）

分布：内蒙古，河北，黑龙江；蒙古国，哈萨克斯坦。

捕食鳞翅目幼虫、直翅目等昆虫。

凹角米木短柄泥蜂 *Mimumesa atratina*（Morawitz）

分布：内蒙古，北京，黑龙江，新疆，吉林，陕西，山西；加拿大，亚洲，欧洲。

捕食鳞翅目幼虫、直翅目等昆虫。

滨米木短柄泥蜂 *M. littoralis*（Bondroit）

分布：内蒙古，北京，河北，新疆，甘肃，山东，河南，上海，江苏，浙江，四川，贵州，云南；欧洲，亚洲。

捕食鳞翅目幼虫、直翅目等昆虫。

蓬足脊短柄泥蜂 *Psenulus pallipes*（Panzer）

分布：内蒙古，北京，黑龙江，辽宁，吉林，山东，甘肃，陕西，湖北；欧洲。

捕食鳞翅目幼虫、直翅目等昆虫。

第四节　蒙古国哺乳动物的生态分布

蒙古国西部、中部和东部地区有多条大小河流、湖泊，其水域沿岸生长着很多种植物，在干旱年代这些地区是牲畜很重要的放牧地，而且水域也是鸟类繁殖、产卵、孵化的主要场所。取食河岸嫩草的草食性鸟类，如大天鹅（*Cygnus cygnus*）、斑头雁（*Anser indicus*）、灰雁（*Anser anser*）、鸿雁（*Anser cygnoides*），由于牲畜的侵入而破坏了它们安宁生活的环境，尤其是长时间的干旱，使多数守护着水域的牧民延迟了夏季倒场时间，造成了对鸟类不利的情况。2005～2010 年伊和淖尔盆地和河谷遭遇了特大干旱，牲畜不断进入河岸的芦苇及芨芨草滩，如奥日格河、布根查干河、哈日乌苏河、哈日淖尔、艾拉格湖及苏格淖尔湖岸的面积已逐渐缩小（哈尔乌苏、哈尔湖内退 200~300m），水域近处的草滩也被牲畜践踏，严重影响了岸边栖息鸟类的繁殖，鸟类数量出现了大幅度减少，迫使很多鸟类迁移到他处（Boldbaatar，2010，2013）。蒙古阿尔泰山脉的乌日格、阿奇特，杭爱山北部的奥义根、台勒门、桑根达来，中部的沙日嘎、策根、艾日罕、特日亥查干、岗根淖尔，东部的呼和、贝尔湖、塔什根淖尔和科布多、宝彦图、扎布汗、特斯、伊德尔、德力格尔牧仁、色楞格、图拉河、克尔伦、哈拉哈、讷木勒格河及其流域由于干旱而河岸干涸，这些区域又是牲畜的夏营地，很显然破坏了鸟类的繁殖场所。这并不说明野生动物与牲畜在争夺草场，而是牲畜影响了野生动物生存的一种生物学效应。与鸟类有关的草场问题简述在此，下面较详细介绍几种主要草食性哺乳动物的概况。为阐述草场哺乳动物的有关论述，应参考 A.A.尤纳托夫（1950），N.乌力吉胡图嘎（1989）的论著及有关划分我国植被带的文章，应以动物地理学作为理论依据，注重与哺乳动物分布密切相关的条件。同时也应参考生物群落与草场相关的植物地理的划分、植被带的分带及生物群落中的植物种类。蒙古国的哺乳动物地理划分为 10 个大区（库苏布尔、杭爱、肯特、西北蒙古、达斡尔草原、蒙古草原、兴安岭、东部区、阿尔泰南戈壁、戈壁阿尔泰）（Bannikov，1954）。西北蒙古区应划为蒙古阿尔泰区较合理。分布于这些区域中的大部分指示性哺乳动物被认为是"草场的有害动物"，包括兔形类和啮齿类动物。虽然杭爱区的大部分被包括在泰加林省，但部分区域仍属于山地草原和森林草原，其优势种动物为银白高山䶄（*Alticola argentatus*）、普通田鼠（*Microtus arvalis*）、狭颅田鼠（*Microtus gregalis*）、达乌尔鼠兔（*Ochotona daurica*）、蒙古鼠兔（*Ochotona pallasi*）、长尾黄鼠（*Spermophilus undulatus*）、蒙古旱獭（*Marmota sibirica*）。换言之，动物地理学的划分应以该地理区域中分布的代表性、优势动物的分布界限来确定。在蒙古国野生动物生存的"无主"草场很多，如人畜无法居住的高山、泰加林深处和无水的广阔草地。这些地区的生物群落中以偶蹄类、奇蹄类等啮齿动物和兔形类动物占优势。但近些年来，因草场短缺而在无水草场中打井补水，牲畜头数增多而造成野生动物栖息地面积逐渐缩小，所以对草场上分布的动物而言，也要考虑动物长久生活的环境与其他生物群落之间的关系，这里包括森林、草原、戈壁荒漠及沼泽等处的生物群落，在此不必一一叙述。本节中所用的名词术语均以"国家语言文字工作委员会"批准，以 S.Dulmasuren（1980）关于"哺乳动物分类学、名词术语"及 A.Bold 等专家所写的"蒙古国鸟类十种文字名称"等作为依据。

一、蒙古国草地哺乳动物的研究概况

关于动物与牲畜、植物之间的自然–经济关系，在哺乳动物的研究历史中已有阐述，少数学者在文章中已提到，有关牲畜与动物间争夺草场的动物生态和草场载畜量的负荷问题必须综合考虑。蒙古国哺乳动物的研究从 12 世纪前就已开始，13 世纪至 14 世纪初、15 世纪至 18 世纪前期、18 世纪后期、20 世纪初至今大致分为 5 个阶段（Adiyaa，2010）。对哺乳动物的研究，20 世纪末才开始了对资料的整理和搜集工作，此后，蒙古族科学家的不断涌现，高质量文章也已开始陆续发表，现发展到较高水平。在这些资料中，

A.G.Bannikov（1958）的专著《蒙古人民共和国哺乳动物检索表》一书尤为突出。该书首次叙述了蒙古国哺乳动物的基本概况、分类学和生态学等，已成为研究蒙古国哺乳动物的主要参考书。在书中首次提到了有关草场野生动物的问题，从此以后，学者们又陆续增补了有关分布于草场的哺乳动物的新类群及影响畜群生存的多种啮齿类动物，而这些动物被称为"草场的有害啮齿动物"，而且开始对它们采取防治措施。在这些动物中首先提到的是布氏田鼠，有关它的生物学、生态学的研究如今已达到新的水平。在这一研究领域中 O. Shagdarsuren（1972）和 D. Abirmed（2003）等学者的专著《布氏田鼠》、D. Abirmed（1989）《布氏田鼠生态学与对草原生物群落的影响》及《蒙古国布氏田鼠》等专著起着重要的指导作用。围绕这一课题学者们召开过多次学术会议，蒙古国植物保护研究所完成了很多实质性的试验工作。关于分布于草场其他哺乳动物的研究中 S. Dulmatseren（1970）《蒙古国哺乳动物鉴定手册》、《肯特、杭爱山森林地区偶蹄类动物生态与狩猎的关系》（1989），《蒙古国的麝 *Moschus moschiferus* L.1758》（2005），D. Tsevermid、D. Tsendjav《蒙古国兔》（2004），J. Botbold、J. Batsur《蒙古国旱獭》（1995），Yan. Adyaa《蒙古国旱獭》（2000），N.I. Litvinov、D. Bazardorz《库苏布尔地区的哺乳动物》（1992）等著作包括在其中。在这些著作中他们详细记述了草场哺乳动物所涉及的方方面面的问题。

二、山地森林草原生物群落和草场动物

地处蒙古国北部的山地森林生物群落带是潮湿而且植物种类十分繁茂的地域，降水量丰富、冬季雪多，冻土层明显，分布着落叶松+雪松、落叶松+桦树和云杉等常绿树和其他落叶植物。蒙古国山地森林生物群落分布于库苏布尔、杭爱山、肯特山、蒙古阿尔泰森林和森林草原地区。森林草原延伸到北部的很多山间、河谷腹地，可以明显看出高山深处森林植被带的特征。在这一生物群落中有以下几个植被带：库苏布尔、肯特山泰加林、杭爱山森林草原、蒙古阿尔泰山草原区等，但真正归属于森林草原带的只有高山泰加林和山地泰加林区。生物群落中出现的森林型植物有高山杜鹃（*Rhododendron lapponicum*）、笃斯越橘（*Vaccinium uliginosum*）及苔藓类[塔藓属（*Hylocomium*）、皱蒴藓属（*Aulacomnium*）]，灌木[杜香（*Ledum palustre*）、越橘]；山间有西伯利亚落叶松（*Larix sibirica*）、厚叶岩白菜（*Bergenia crassifolia*）、兴安杜鹃（*Rhododendron dauricum*）及松树类；落叶松原始林有草本植物+垂枝藓属（*Rhytidium*）；越橘+羽藓属（*Thuidium*）；苔藓+落叶松[西伯利亚落叶松、兴安杜鹃、阿尔泰羊茅（*Festuca altaica*）、球穗薹草（*Carex amgunensis*）、垂枝藓属、羽藓属（*Thuidium*）]等原始林；还有松树[西伯利亚落叶松、欧洲赤松（*Pinus sylvestris*）]、白桦（*Betula platyphylla*）、膨柱薹草、柄状薹草（*Carex pediformis*）、紫苞鸢尾（*Iris ruthenica*）、矮山黧豆（*Lathyrus humilis*）、贝加尔野豌豆（*Vicia baicalensis*）等原始型植物。应注意到在这一群落中野生动物与植物地理、植被带与植物型并没有直接重叠。A.G.Bannikov 根据动物类群的特征把森林生物群落的差异分为独立的几个区。为方便起见，将分别对每一分布区的哺乳动物予以介绍。

库苏布尔区是真正显示泰加林特征的区域。但山地中部以下的林间空地、河床及山

地草原应归属于草原带，其中草原和大部草原化地区位于达尔哈特盆地。该盆地是被高山环绕的独特低洼地区，此处虽然湖泊、河流多，但陆地的基本部分仍是良好的放牧地，放牧地也被不同自然环境分隔成较多孤立的草场，在这些孤立宽敞的草场边缘栖息的狍子（*Capreolus capreolus*）不包括在内，在草场上其他野生偶蹄类动物从不与家畜混群觅食。

狍属于偶蹄类（Artiodatyla）鹿科（Cervidae）动物，是森林草原区的主要类群，也是蒙古国鹿科动物中体型比麝略大的动物，雄狍和雌狍均有角。在这些鹿科动物中蒙古国有 5 种[原麝（*Moschus moschiferus*）、狍子、马鹿（*Cervus elaphus*）、驼鹿（*Alces alces*）、驯鹿（*Rangifer tarandus*）]，其中除麝无角外，其他动物均有角，并且这些动物的角每年能周期性脱落并长出新角。麝在草场上一般不与牲畜相遇，只有春、夏两季每天黄昏时走出林缘处取食，其他时间躲进深山老林中隐居。据 1970 年统计，在蒙古国密林深处有 6 万～8 万头麝，最多时 1000hm^2 林中平均 35 头（肯特山），到 2000 年每平方千米仅有 0.2～1.2 头（Tsendjav，2002）。蒙古国库苏古尔圈北部属吉德山系大部分区域均被森林及泰加林覆盖。这里有林缘草地、河谷、山间和森林草原，山间草场是草食性野生动物的基本活动场所。虽然如此，如今一些河谷仍成了哺乳动物取食的草场。在莫尧河、塔尔八嘎台河、布拉河等封闭的河谷内，除狍子外也能见到安静生活的罕达罕，类似环境在肯特山北部（夏尔朗河、敏吉河、扎哈林河等）也有多处。在库苏布尔北部的乌兰-泰加林深处只分布草食性动物驯鹿，没有和它竞争的其他野生动物，因为这里是其他动物难以生存的沼泽地，唯独驯鹿能适应这一环境。狍子广泛分布于蒙古国森林及森林草原，1990 年以前马鹿与驯鹿同时生活在同一草场上，因而出现相互争夺草场的现象，由于非法狩猎，马鹿的数量现已出现明显减少。虽然蒙古国森林及森林草原条件恶劣，但高山坡地仍栖息着为数不多的岩羊（*Pseudois nayaur*）、盘羊（*Ovis ammon*）等野生动物。它们不同于分布在蒙古阿尔泰、戈壁阿尔泰、杭爱山山地的马鹿，这里生活的马鹿不与牲畜争夺草场。栖息在库苏布尔东部吉丁山脉的马鹿的生活是比较安宁的。库苏布尔地区分布的麝、驯鹿、罕达罕及岩羊、盘羊等野生动物已写入蒙古国红皮书中（1987，1997，2013）。驯鹿现分布在库苏布尔湖东侧的吉丁山脉，头数较为稳定（Boldbaatar，1994），从目前情况看，肯特山西段胡斯台自然保护区的草场已遭到野马、驯鹿等动物的破坏。肯特山地区的自然条件与库苏布尔很相似，属于泰加林特征，但动物地理区系不属于上述区系，而是属于一个独立的区系（Bannikov，1954）。在库苏布尔和肯特山地区栖息的动物有西伯利亚鼹鼠（*Talpa altaica*）、棕熊（*Ursus arctos*）、紫貂（*Martes zibellina*）、驯鹿等，而杭爱山区有驯鹿、马鹿等，但西伯利亚鼹鼠不分布在杭爱山。在泰加林区栖息着狍子、马鹿、罕达罕等动物，该山地的西、南及东部的山口、谷地与蒙古草原相连，因此出现野生动物与家畜争夺草场的现象。在林缘地区及河谷只生存着偶蹄类动物狍子，而在草原上分布着鼢鼠（*Myospalax aspalax*）、达乌尔鼠兔（*Ochotona daurica*）、蒙古旱獭（*Marmota sibirica*）、长尾黄鼠（*Spermophilus undulatus*）、布氏田鼠（*Lasiopodomys brandtii*）、长爪沙鼠（*Meriones unguiculatus*）、五趾跳鼠（*Allactaga sibirica*）等草食性啮齿动物。上述动物中长尾黄鼠、布氏田鼠、长爪沙鼠等属于草原有害鼠类，是草原"二级"有害哺乳动物，草场的"一级"有害动物应该是野生羊群。牧民错误把草场上长期居住的动物认为是"有害"动物，采取了不当的防治措施。布氏田鼠是广泛分布于蒙古国的啮齿动物。在一些草场因布氏田鼠猖獗发生而连续采用了化学农药进行防治，同时分布于草场的其他动物，甚至捕食性有益动物、鸟类也惨遭毒杀，因此，防治草原鼠害必须制止化学农药的滥用。根据统计，蒙古国为防治草原鼠害，从 1964 年开始连续 40 年施用磷化锌近 340 万 t 喷洒于草场，由于剧毒农药的施用，金雕（*Aquila chrysaetos*）、大鵟（*Buteo hemilasius*）、猎隼（*Falco cherrug*）、灰雁（*Anser anser*）、赤麻鸭（*Tadorna ferruginea*）、蓑羽鹤（*Anthropoides virgo*）、银鸥（*Larus argentatus*）、云雀（*Alauda arvensis*）等有益鸟类已大批死亡，沙狐（*Vulpes corsac*）、赤狐（*V. vulpes*）等肉食性哺乳动物也惨遭毒死，如此惨景在布氏田鼠分布的很多草场上都可见到。布氏田鼠广泛分布于杭爱山区。杭爱山南部的山间地域广阔，草地生态环境延伸至山间深处，较干燥的草原环境明显占据了河谷间的广阔地域，南坡是没有林木裸露的草原化地区，因此杭爱山南部伊德尔、Orhon、Tamir 河、Ogin 淖尔谷地间的草场经常遭受布氏田鼠的危害。同时此处草场因载畜量大、畜群以山羊为主，结构比例严重失调，牧民不得不迁居他处游牧生活。杭爱山山口、山谷、林缘，沿河流域谷地、山谷及山间的牧民居定点过于集中，大面积草场被开垦，由于土壤被破坏，不仅是野生动物，就是家畜也难以找到舒适的生存环境。

布氏田鼠是繁殖率很高的动物，平均每窝产仔 7~9 只，最高达 9 只。密度过大时草场上见不到牲畜甚至黄羊、野兔、蒙古旱獭、长尾黄鼠、达乌尔鼠兔和跳鼠等野生动物，很多牧民因此而移居他乡。布氏田鼠消长规律一般在 10~11 年为一个周期，有时这一周期被自然周期间隔，在一个长周期间不达上线及下线时又分成 2 个短期，相近的两个周期又合为一个长的周期，这也是布氏田鼠数量消长的主要原因之一。根据多年的观察，布氏田鼠的数量沿横轴线由东向西两方向交替上升。2005~2015 年蒙古国西半部的布氏田鼠数量为过分增加期，之后数量在逐渐回落已降低到最低限度，达到几乎消失的状况。但 2018 年后肯特山南部、中戈壁北部、苏赫巴托尔省、南戈壁及中央省出现布氏田鼠新的发源地，并出现发展蔓延趋势。

杭爱山南部的草原除分布布氏田鼠外，也有达乌尔鼠兔、高山鼠兔、蒙古旱獭、长尾黄鼠和其他小型啮齿类动物。杭爱山的分支山脉塔日布格山地区，与家畜在同一个草场生活的还有长尾黄鼠。

蒙古国高山地区栖息的哺乳动物有岩羊、盘羊，泰加林地区有麝，森林和森林草原地区有狍子、马鹿等动物。杭爱山主脉、Subrag 山地、敖特根腾格里等高山带及呼和淖尔湖周围的山地上一些野生动物与牦牛同在一个草场生活，对生活在林缘空地的岩羊、盘羊等野生动物的生存已造成了威胁。

杭爱山南部地区的情况与上述有些不同，因为该地区本身属于山地草原、草原和草原化荒漠地区，南部与北戈壁毗邻，很少有偶蹄类动物的分布，而栖息着为数不多的岩羊、盘羊，而 Hurexin 山脉以南的地区有少数的鹅喉羚（*Gazella subgutturosa*），在扎布汗河、包彦图河、Baidrag 河、图音河及翁金河（Ongin Gol）等的河谷地是家畜放牧的良好牧场，没有遭到其他野生哺乳动物的骚扰。

森林带生物群落的另一区域为蒙古阿尔泰、西勒格姆山的分支山脉哈尔希拉、图尔根及阿尔坦呼欣的部分森林地区。蒙古阿尔泰森林地区动物区系总的特征与库苏布尔、肯特山很相似，属于泰加林地区系，除少数紫貂、棕熊外没有罕达罕的分布。阿尔坦呼欣山脉北侧有零星分布的落叶松林地，其中分布有马鹿；蒙古阿尔泰、哈尔希拉、图尔根森林带分布有狍子、马鹿，因数量不多而不出现与家畜争夺草场的问题。

三、高山山地生物群落和草场动物

蒙古国高山生态系统包括蒙古阿尔泰、戈壁阿尔泰和其他的分支山脉，色楞格山脉的分支山脉及杭爱山系的主脉、坡地如罕呼和支脉及库苏布尔高山。蒙古阿尔泰和戈壁阿尔泰两个山系在起源上有区别，而且有其各自的特点：偶蹄类动物多分布于蒙古阿尔泰包括塔本包格达、查木巴嘎日布、呼和斯日和、孟和海日罕、Gitsene、益和包格达等高山；戈壁阿尔泰包括小包格达、阿日查包格达、戈壁古日本赛罕、Sebrei、套斯图、额木格图、斯格斯查干包格达、额尔敦山脉等。阿哲博格达山和阿塔斯山脉及 Yingensi 山脉也有偶蹄类动物的分布，从这点看蒙古阿尔泰和戈壁阿尔泰两大山系很相近。从植物地理学分省角度看，库苏布尔山脉的泰加林、蒙古阿尔泰山的草原区、戈壁阿尔泰的荒漠区、杭爱山地的森林草原应从高山生态系统中分出归属于草原带。从植物分带看，高山草原应隶属于高山泰加林区，因为这些地区的雪地高山是植被稀疏的平顶山脉，其上分布着地衣类[岛衣属（*Cetraria*）、石蕊属（*Cladonia*）]、苔藓类[皱蒴藓属（*Aulacomnium*）、塔藓属（*Hylocomium*）]、灌丛[（垂柳（*Salix babylonica*）、四蕊朴（*Celtis tetrandra*）、扁毛菊（*Allardia glabra*））]等；在蒙古阿尔泰山稀疏的垫状偃卧繁缕（*Stellaria decumbens* var. *pulvinata*）植被地区是岩羊和盘羊栖息的良好草场；在夏季栖息于高山草地的高山鼠兔（*Ochotona alpina*）、鼹形田鼠（*Ellobius tancrei*）、灰旱獭（*Marmota baibacina*）和岩羊、盘羊等常与牲畜争夺草场。居住在乌布苏、巴彦乌力盖、科布多、戈壁阿尔泰、巴彦洪格尔、扎布汗等省 2500m 以上戈壁、湖边的牧民为躲避吸血虻、蚊虫的骚扰和炎热的天气常迁居于高山坡地，因此又增加了草场的双重压力；这些草场有时也遭受脊翅蝗属（*Eclipophleps*）蝗虫的危害，使大面积草原退化和荒漠化。偶蹄类动物的幼体也因遇到人、畜受到惊吓而躲进山间峡谷。近些年，莫斯图、孟和海日罕和罕呼和山脉坡地的大面积草场发生蝗灾，再加上遇到干旱天气，动物遇到了前所未有的困境，地球气候变暖和草场牲畜超载等生物和非生物不良因素的影响也是野生动物种群数量减少的原因之一。

岩羊和盘羊隶属于偶蹄目（Artiodactyla）牛科（Bovidae）动物，是蒙古国红皮书（1987，1997，2013）中记载的需保护的物种，而盘羊已被《世界自然保护联盟濒危物种红色名录》（IUCN Red List）列为近危，列入《濒危野生动植物种国际贸易公约》（CITES）附录 II；其中，西藏盘羊是中国一级重点保护野生动物；阿尔泰盘羊、哈萨克盘羊、天山盘羊和帕米尔盘羊为中国二级重点保护野生动物。上述动物雌雄均有角，而且它们的角随年龄增加而增长。盘羊是国外狩猎爱好者来蒙古国狩猎的重要动物。近些年来，盘羊的基础头数出现逐年减少、种群结构发生变化、雌雄比例失调等现象。目前，保护、利用和管理偶蹄类动物的课题已摆在面前。这些动物除高山地区外在杭爱山、草原地区也有零星分布。盘羊虽然属于高山带动物,但与岩羊不同的是它并不生活在山崖陡壁的山岗,而多生活在低山、宽阔的山谷、平伏的山坡、丘陵及有植物分布的山地(Dulmaa et al.,1972)。

四、草地生物群落和草场动物

蒙古草原是降水量少、风大、干旱、针茅和其他禾本科植物丛生的广阔地域,这里栖息的主要动物以穴居和偶蹄类的黄羊(*Procarpa gutturosa*)为主。动物地理区域分为达斡尔草原和蒙古草原两大区域,由于这两大区域间分布的草地哺乳动物有很多相似之处,因此可以看成一个系统。蒙古国的草地主要分布在肯特山以西绕行沿鄂尔浑河谷以北至国界、西部由杭爱山南坡至吐印河谷;南界为杭爱山各分支山脉的南麓、北戈壁以东并向东延伸,东南包括锡林包格达山附近的草原、东部为塔马苏格及塔什干山脉,再沿德格河以北至哈拉哈河谷地至蒙古国东部边境线到肯特山脉北界再绕回、向西沿图拉河谷平原至鄂尔浑草原间的广阔地域。换言之,从植物地理学分省角度看,蒙古国草原隶属于蒙古-达斡尔山地森林草原、中哈拉哈干草原、东蒙古干草原相重叠的草原地区(蒙古国红皮书,2013),根据植被带,可分为山地草原,锦鸡儿+隐子草+针茅[克氏针茅(*Stipa krylovii*)、糙隐子草(*Cleistogenes squarrosa*)、冰草(*Agropyron cristatum*)、小叶锦鸡儿(*Caragana microphylla*)];灌丛[长梗扁桃(*Prunus pedunculata*)、楼斗菜叶绣线菊(*Spiraea aquilegiifolia*)、毛叶老牛筋(*Arenaria capillaris*)];针茅+锦鸡儿[新疆针茅(*Stipa sareptana*)、克氏针茅、瑞士羊茅(*Festuca valesiaca*)、新麦草(*Psathyrostachys juncea*)];隐子草+针茅[石生针茅(*Stipa tianschanica* var. *klemenzii*)、克氏针茅、戈壁针茅(*Stipa tianschanica* var. *gobica*)、糙隐子草、白皮锦鸡儿(*Caragana leucophloea*)];冷蒿+针茅[石生针茅、戈壁针茅、克氏针茅、冷蒿(*Artemisia frigida*)、盐爪爪(*Kalidium foliatum*)、红砂(*Reaumuria soongarica*)、碱韭(*Allium polyrhizum*)]等类型(蒙古国地图,2011)。草原生物群落中常见的主要野生动物有达斡尔鼠兔、蒙古旱獭、长尾黄鼠、小毛足鼠(*Phodopus roborovskii*)、黑线毛足鼠(*Phodopus sungorus*)、黄羊及布氏田鼠等。布氏田鼠的主要发生地为图拉河、克鲁伦河谷地、肯特省、东方省、苏赫巴特尔省、东戈壁省、中戈壁省和中央省及其邻近的苏木。在其分布范围内有些地区的数量很多,而另外一些地区的数量趋于减少,并向草场压力大的地区蔓延。这种现象曾被误认为是布氏田鼠从一处迁移到另一处,而实际上发生地内数量猛增而向外扩散,由于数量过分增加,在生物和非生物等各种条件的限制下,发生地鼠的数量出现了波动,处于动态平衡状态。除布氏田鼠外其他优势动物为隶属于兔形目(Lagomorpha)鼠兔科(Ochotonidae)的短尾鼠兔、兔科(Leporidae)的蒙古兔,这两种兔形类动物不仅在山地草原和草原地区分布较多,而且蒙古兔的数量在高茇茇草滩和锦鸡儿草场也很多。过去所谓"黄羊之乡"的黄羊群现几乎所剩无几,如胡斯台山脉南麓、巴迪河谷、沙日海草原、北呼斯台山、小杭爱、巴彦吉日嘎郎、查干德力格尔等地区现仅分布着一些零星的种群,另外一些地区的情况更为严峻。这是因为除与牲畜放牧有关外,与旅游、猎人的干扰也有关。黄羊之所以生存,除它们的分布环境为地形险要崎岖不平的丘陵、小山岗外，黄羊本身具备了很强的绕廻、躲避能力，在自然选择中产生了新的适应特性。黄羊是狩猎动物中数量最多的偶蹄类动物，已被列入蒙古国国家计划狩猎的野生动物之一。1970 年以来，蒙古国允许每年收购 10 000 只黄羊，这也是黄羊数量明显下降的原因（Dulma et al., 1972）。除此之外，口蹄疫的传染引起很多黄羊生病死亡，但现在也有人提出黄羊不一定是口蹄疫的传播者。黄羊是迁移生活的偶蹄类动物，据观察，黄羊一天能迁移 60km 的距离。成千上万的黄羊群居在荒无人烟的东方省莫能大草原低山小丘、广阔的草原、山谷平原上，它们喜食蒿类及针茅、隐子草等禾本科牧草及喜欢生活在土层坚硬、丘陵、坡地的草原上。东方省莫能草原地域辽阔，不存在黄羊与牲畜争夺草场的问题。但近些年来，由于在莫能草原、塔木斯克谷地大面积开发石油，黄羊栖息地面积在缩减，严重影响了黄羊群体数量的增加。现在蒙古国有 100 多万只黄羊（蒙古国红皮书，2013）。铁路建设不仅阻碍了黄羊的迁移路线，而且计划修建的铁路、公路等同样影响着它们的正常生活。如果不认真研究黄羊迁移路线和出入关口问题，现世界上仅存的黄羊群可能会全军覆没。

蒙古国草地生物群落东部以哈拉哈河、诺木日格河为界，这一区域的生态环境与蒙古国其他地区有很大差异。该处显示出独特的森林草原特点，栖息有满洲动物区系的代表物种野猪、狍子、罕达罕、马鹿等偶蹄类野生动物。罕达罕的角及体形特征较为特殊。在该草场上也分布着鼢鼠的另一物种东北鼢鼠（*Myospalax psilurus*），也有分布于泰加林林区相似的种类如狍达罕、熊等动物，因此从动物地理角度应把它看做是一个独立的区系——兴安区系。

五、戈壁荒漠地区的生物群落和草场动物

蒙古国的戈壁荒漠是具有气候非常干旱、降水量少、沙化，夏季酷热，春季风大等自然特点的辽阔地域。根据植物地理学，该地区植物群落与伊和淖尔盆地的荒漠草原、Olon 淖尔河谷的荒漠草原、南戈壁的荒漠草原及准格尔戈壁、阿尔泰南戈壁、阿拉善戈壁非常相似，属于荒漠草原及荒漠植被类型，但植物类型则有所区别。北戈壁的植被带属于荒漠类型，分布有葱属-针茅（戈壁针茅、沙生针茅、碱韭），灌丛-针茅[戈壁针茅、沙生针茅、菊状亚菊（*Ajania achilleoides*）、内蒙古旱蒿（*Artemisia xerophytica*）、短叶假木贼（*Anabasis brevifolia*）]，旱蒿-针茅[沙生针茅、木根蒿、黄沙蒿（*Artemisia xanthochroa*）]，针茅-半灌丛[驼绒藜（*Krascheninnikovia ceratoides*）、短叶假木贼、红砂、戈壁针茅、沙生针茅]等优势种植物，但赫尔格斯湖盆地的植被则与上述有所不同。该区的动物区系分为阿尔泰南和阿尔泰北两大区系。北戈壁沿山谷、南部由阿尔泰山、北部以杭爱山南坡的山地所环绕、向西北与伊和淖尔盆地延连至波热格德勒沙地，并与东部的阿尔泰沙地与库苏布尔盆地相接。由于伊和淖尔盆地常年积水而形成了吉尔吉斯湖泊及乌布苏湖两大湖泊，湖泊阻碍了啮齿类、偶蹄类及奇蹄类动物的分布。乌布苏湖腹地的特斯河河谷林地分布有狍子、野猪（*Sus scrofa*）等大型动物。蒙古国的野猪则是野猪的亚种，定名为黑足野猪亚种（*Sus scrofa* subsp. *nigripes*）。2012 年蒙古国认定其为被保护的稀有动物，列入世界自然保护会员会规定的濒危动物清单中，并列入世界将要

灭绝或区域性不可灭绝的物种名录之内。野猪生活在乌布苏湖谷地及特斯河河谷，它与牲畜共同生活在同一个草场，由于近年来非法猎捕而数量逐渐趋于减少，所以并不视它与牲畜在争夺草场。吉尔吉斯湖腹地情况与此有所不同，该湖由蒙古阿尔泰山深处起源经浩腾湖、胡旰湖再流至哈日乌苏湖；科布多河由阿尔泰东部起源并流至哈日乌苏湖；由巴彦郭勒河起源的大小河流汇集成了哈日乌苏及图日根湖，并经过特勒河流至艾拉格湖。艾拉格湖汇集扎布汗、浑贵河的水流再经吉尔吉斯湖湖谷流入并汇集成大的吉尔吉斯湖。在这些湖泊和河流交织处形成了许多大小不等的环岛，它是野猪生活的良好场所。芦苇野猪栖息在哈日乌苏、哈日淖尔、德尔根淖尔、科布多河等河流交织形成的较大的环岛及达尔维湖芦苇滩中。根据 1988 年统计，在上述水域形成的环岛中现只生存 50 只野猪（Shar，1998）。分布于荒漠草原的啮齿动物对草场的影响并不大于家畜，但也有一定的危害性。子午沙鼠（*Meriones meridianus*）和长爪沙鼠等啮齿类虽然对草场危害不明显，但与布氏田鼠共同发生时则对草场的危害性显然严重。

蒙古羚羊（*Saiga borealis*）是蒙古国稀有的哺乳动物，分布于哈日乌苏湖以南的蒙古阿尔泰山坡，也分布于灰森戈壁及钱德曼草原，是马鹿的种群分布区。根据 2014 年的记录，该种动物也分布在乌布苏湖盆地、伊和淖尔盆地、众湖谷地的荒漠草原（蒙古国红皮书，2013）。它被列入世界自然保护联盟对区域性濒危动物的名单中。过去曾被命名为塔塔尔羚羊（*Saiga tatarica*）（Dulantseren，2003），于 2010 年在乌兰巴托召开的国际会议上，来自羚羊分布区的各级政府、科学研究机构、有关国际学术单位、非政府机关代表们把该种更名为蒙古羚羊，定为一个独立的种。在北戈壁或伊和淖尔盆地及山间谷地，除上述偶蹄类动物外还分布着鹅喉羚等哺乳动物，近几年来，在淖敏谷地也开始驯养了普氏野马（*Equus ferus*），如今野马的头数在逐日增多。

蒙古阿尔泰和戈壁阿尔泰以南地区的野生动物种类比北戈壁地区丰富。植物地理分省属于准格尔戈壁、阿尔泰南戈壁（荒漠）、阿拉善戈壁省，植被带为荒漠植被带类型。这里分布的主要植物有优若藜、无叶假木贼、膜果麻黄（*Ephedra przewalskii*）、盐生假木贼（*Anabasis salsa*）、展枝假木贼（*A. truncata*）、梭梭（*Haloxylon ammodendron*）、木本猪毛菜（*Salsola arbuscula*）、珍珠柴（*S. passerina*）、合头草（*Sympegma regelii*）、短叶假木贼（*Anabasis brevifolia*）、球果白刺（*Nitraria sphaerocarpa*）、霸王（*Sarcozygium xanthoxylon*）等。

偶蹄类及奇蹄类动物是准格尔戈壁、阿尔泰南戈壁动物区系中特殊的代表性动物，前述地区也是长爪沙鼠、大沙鼠（*Rhombomys opimus*）的栖息故地。在戈壁也栖息着原始状态的野马、蒙古野驴（*Equus hemionus*）、鹅喉羚等野生动物，它们一直生活到现在。野马现已迁回到自己的本土塔很夏尔山脉、浩宁乌苏戈壁草场，并且已分布到了毕吉河河谷、塔很草原。17～18 世纪，分布于蒙古国戈壁地区的野马头数较多，但到了 19 世纪末蒙古阿尔泰南坡的野马数量已开始减少，到了 1950 年已全部消失。蒙古国从 2000 年年初在肯特山脉西南端小山胡斯泰山区开始驯养野马，现已分布到塔很草原、淖敏草原。野马是中亚地区特有物种，到 20 世纪末已分布到准格尔戈壁的天山山脉北侧至蒙古阿尔泰南坡、向东至阿吉博格达山脉间的塔很夏尔山脉、呼和温都尔、哈瓦塔格山脉、拜塔格山、贡塔木格、浩宁乌苏、塔很乌苏戈壁、毕吉、博东奇、乌音奇，布尔干河流末端地区。另外一种偶蹄类动物是野驴，现有三大野驴种群分布在准格尔戈壁、阿尔泰南戈壁和南戈壁省、东戈壁地区。野驴在一些地区沿河流域与家畜共同栖息在同一草场，牧民认为它是破坏草场的野生动物，从而常非法狩猎、驱赶。根据统计，2000 年年初蒙古国有 19 000 头野驴。蒙古国的另外一种特有哺乳动物为野骆驼（*Camelus bactrianus*），属于世界性的濒危动物，被认定为不可灭绝的野生动物。它的外形与家养骆驼很相似，但驼峰较小、体形细高等特征易于区别。在阿尔泰山以南气候干旱、植物稀少、水量缺乏、草场有限等恶劣条件下，野驴、野马、鹅喉羚等野生动物仍维持生活到现在。野骆驼现分布到阿吉宝格达山以东至额尔敦山脉南坡的斯格斯查干山脉，南段至那塔斯、尹格斯山脉为界的国境线一带。蒙古国现有 500～800 峰野骆驼。少数骆驼冬季由原栖息地向东迁移至较远的南戈壁省的讷莫格亭狭谷和英根霍布尔狭谷、色博热音南戈壁等地。栖息在准格尔戈壁、阿尔泰南戈壁地区的野骆驼因人和家畜的骚扰而逃离了原栖息地。如今由于戈壁自然保护区绿色带的建立、人畜骚扰的减少，骆驼头数也有所上升。在这一广阔的区域内绿色自然带的建立为上述稀有有蹄类动物的生活创造了良好的条件，因为绿色自然保护带建成后，有了充足的水源和饲草料，对野驴、野马、野骆驼、鹅喉羚、岩羊、盘羊等野生动物的保护和挽救起了很好的作用。

戈壁荒漠生物群落的另一个部分是连接北戈壁和南戈壁的宽阔的戈壁滩。换言之，南部为草原、荒漠化草原，也是蒙古国南部的戈壁及戈壁中的绿色保护带，在该戈壁区的北疆草原上栖息着较多的黄羊，另外在古尔班赛罕戈壁的南端、东至胡热格山脉、宝格达山等地也栖息着数量较多的野驴、鹅喉羚等动物。这一地区是植物稀少、严重缺水及人畜占用草场面积较多的戈壁地区，由于当地居民驱赶并非法狩猎野生动物等严重影响了野生动物的正常生活。

在蒙古国很多草场上家畜与野生动物共存，因此，计算草场的载畜量时必须把野生动物的头数也计算在内。如果只研究草场与牲畜的关系，忽略了草食性动物尤其是大型哺乳动物如偶蹄类、奇蹄类动物和数量多的啮齿动物对草场的作用，那么这些野生动物有可能面临灭绝的危险。

第五节　蒙古国的昆虫

蒙古国昆虫研究史分以下 4 个阶段（Kerzhner and Tsendsuren，1974）。

第一阶段（1830～1870 年）

外国旅行者、传教士来蒙古地区搜集昆虫标本时期，1830～1831 年居住在中国的传教士 A.A.Bunge 来蒙古地区采集过标本，德国人 F.Felderman 对其标本进行了整理、鉴定，共鉴定出甲虫 64 种。

第二阶段（1870～1917 年）

这一阶段与俄罗斯中亚地理学会的研究有密切相关，他们对蒙古地区的自然、地理、历史及种族进行研究的同时，还进行过昆虫的研究工作。G. N. Potanin（1877，1879，1880）从蒙古西北部、P. K. Kozlov（1990，1905，1909）在蒙古阿尔泰、中央省，E. M.

Klements（1894～1898）在杭爱山、肯特山森林草原地区都进行过昆虫标本的采集。B.S.Sapojinkov（1906）组织的考察队在蒙古西部科布多附近地区、德国学者 G. Leder（1890）、匈牙利学者 E. Chiki（1901），Faguoren J.Shaffonjin，Shazo（1894～1986）在蒙古的杭爱山、肯特山及在蒙古西部旅游的同时都进行过昆虫标本的采集。

第三阶段（1917～1958 年）

这一阶段 O. Bamberg（1908），法国学者 R. Gammarshter、K. Enberg（1885）等的工作及蒙古人民共和国科学院、苏联科学院（1925）组织的科考会的成立，对蒙古国昆虫的研究有了历史性进展。在这些科考队中 P. K. Kozlov（1924～1926）、A. N. Kiritshenko（1926）、A.Ya. Tugarinov（1926，1928）、P. P. Tarasov（1944～1947）等的工作尤为突出。K. A. Kazanski（1928～1930）及其他科考队对蒙古国北部及肯特山地区的草地蝗虫、布氏田鼠的分布和危害，同时对草地蝗虫的防治都进行过研究。B. P. Grechkini（1956～1957）和蒙古国学者 A.Tsendsuren 参加的科考队对蒙古国针叶林害虫如西伯利亚松毛虫 *Dendrolimus sibiricus* 和舞毒蛾 *Lymantris dispas* 及其他森林害虫的防治进行了详细的研究。1942 年蒙古国国立大学生物系的建系开始培养了一批动物学科技人才，为蒙古国后来的研究工作奠定了基础。

第四阶段（1959 年至现在）

从这一时期开始敞开了蒙古国昆虫学研究工作的大门。1960 年起蒙古国动物学研究工作有了史无前例的发展。苏联学者 B. G. Shurobenkov 于 1960 年、蒙古国学者 L. Chogsomjav 于 1961～1963 年组织的科考队对蒙古国草地蝗虫的种类及分布进行了调查；匈牙利、德国、波兰、捷克等国组成的 20 多个科考队对蒙古国昆虫进行了广泛的采集。匈牙利学者 Z. Kazab 于 1963～1968 年曾组织了 6 次科考队，采集了486 342 头各种动物标本，其中大部分是昆虫标本，并把这些标本分送到世界各国，有关学者进行了鉴定，共发表学术论文 450 多篇。苏联、蒙古国两国组织的科考工作于 1967～1969 年、1970～1984 年分为两次进行，在昆虫考察中苏联的科学家有E. I. Gureba、I. M. Kerzhner、M. A. Kozlov、G. S. Medvedev、E. P. Narchuk、B. F. Zaitsev、B. N. Yanovski 等，蒙古国的科学家有 L. Chogsomjav、A. Tsendsuren、B. Namkhaidorj、D. Myagmarsuren、J. Putsadulam、KH. Jantsantombo. D. Tegshjargal、K. Ulykpan、R. Tserendolgor 等学者，他们采集了大量的昆虫标本，出版了《蒙古昆虫》一书十一卷，撰写论文 400 余篇，发现新属 66 个，新种 819 种。2009～2012 年由中国科学院动物研究所和蒙古国植物保护研究所联合组成的考察队对蒙古高原森林草原、草原带、戈壁、荒漠地区进行了动物多样性的研究。中国科学院动物研究所参加考察队的有梁洪斌、陈军、石成民、白明、陈富强、孟和巴雅尔、姜丽云、张奎艳、张丽丽、张斌等及内蒙古师范大学有能乃扎布教授、乌日图那顺、包钢、伟军、林晨等；蒙古国植物保护研究所参加的专家有 Ch. Chuluunjav、Kh. Batnaran、D. Dorjdrem、D. Altanchimeg 等，本次考察队已编写出版《蒙古高原昆虫》一书并撰写了 20 余篇学术论文。在这次考察中采集了同翅目、半翅目、鞘翅目、鳞翅目、直翅目、双翅目、膜翅目等昆虫上万号标本。

蒙古国草地动物以节肢动物门 Artropoda 为主，其中主要是昆虫纲动物。昆虫对草场植物的生长、恢复和提高土壤肥力、加快土壤的物质循环、净化草场等起很大作用。根据资料，在森林草原地区土壤中的虫口密度为每平方米 500～600 头、草原地区 300～400 头、植物种类少而植被稀疏的高山及荒漠草原地区土壤昆虫达 200 头左右则对土壤有利（Galkin，1982）。

蒙古国草地昆虫占整个动物种类的 2/3。包括了昆虫纲原尾目（Protura）、弹尾目（Collembola）、双尾目（Diplura）、缨尾目（Thysanura）、蜉蝣目（Ephemeroptera）、蜻蜓目（Odonata）、蜚蠊目（Blattodea）、螳螂目（Mantodea）、襀翅目（Plecoptera）、直翅目（Orthoptera）、革翅目（Dermaptera）、食毛目（Mallophaga）、虱目（Anoplura）、蚤目（Siphonaptera）、啮虫目（Psocoptera）、鞘翅目（Coleoptera）、同翅目（Homoptera）、半翅目（Hemiptera）、缨翅目（Thysanoptera）、捻翅目（Strepsiptera）、脉翅目（Neuroptera）、蛇蛉目（Raphidioptera）、广翅目（Megaloptera）、毛翅目（Trichoptera）、鳞翅目（Lepidoptera）、膜翅目（Hymenoptera）、双翅目 Diptera 等 28 个目 347 科 15 000 种，其中 70%的昆虫的发育的某一阶段在草地土壤中进行。富有暗栗钙土或黑钙土为主的森林草原地区，植物 28%被昆虫、23%被啮齿类、48%被牲畜吃掉（Zelotin，1975）。

根据 Stebaev 于 1964 年在蒙古国西北部的邻国图瓦所做的实验结果来看，每年每平方米草场上平均拥有拟步甲（Tenebrionidae）+蝗虫类（Acaridae）昆虫 150～200kg/hm²。

K. Ulykpan、L. N. Medvedev（1972～1982）、Z. Kazab 等在蒙古国西部地区发现了无翅亚纲昆虫的棘跳虫科（Onchiuridae）、紫跳虫科（Hypogastruidae）、节跳虫科（Isotomidae）、圆跳虫科（Sminthuridae）4 科 26 种，其中 24 种为新种。在弹尾目昆虫中已鉴定出广布的 *Kaszabellina minima*、朝氏圆跳虫（*Sminthurus chogsomjavi*）、*Onychiurus taimyricus* 等种类，但在蒙古国对该目昆虫至今没有人进行过深入的研究。匈牙利学者 Z. Kaszab、P. Wygdzinsky（1997）等在研究蒙古国缨尾目（Thysanura）昆虫时发现了 *Machitanus bufarius* Wyg.、*M. intergerivus* Wyg.、*M. confaratus* Wyg.、*M. ciliatus* Wyg.、*M. kerzhneri* Kap. 和衣鱼科（Lepismatidae）中发现了 *Ctenolepisma kaszabi* Wyg.、*Aptoryskenoma gobiensis* Kap.等特有种昆虫。这些种类中有些取食植物残渣、苔藓及真菌，也有些种类则蛀食图书、纸张等。蒙古国发现的新种昆虫一般都分布在戈壁荒漠地区的岩石下，而 *M.ciliaotus* W.却生活在草原、杭爱山山地草原。

蜉蝣目昆虫主要生活在河流、湖泊等水域附近。成虫仅生活几天或几小时。Baikoba、Bareihanova、Chernova（1987）等在蒙古国发现了等蜉科（Isonychiidae）、细蜉科（Caenidae）、小蜉科（Ephemerellidae）、扁蜉科（Heptageniidae）、短丝蜉科（Siphlonuridae）、蜉蝣科（Ephemeridae）、河花蜉科（Potamanthidae）等科的 41 种蜉蝣目昆虫。它们是鱼类的主要饵料。Dashdorj、Belshev 等记录了蒙古国蜻蜓目 2 个亚目 6 科 20 余属的 60 余种。记录了蜻蜓目差翅亚目（Zygoptera）色螅科（Calopterygidae）、丝螅科（Lestidae）、Coenagrionidae 等科的昆虫 22 种，其中广布于森林草原的有褐色灰蜻（*Orthetrum brunneum* Fon.）、*O.cancellatum* L.、白尾灰蜻（*O. albistylum* S.）、四斑斑蜻（*Libellula quatrimaculata*）等种和分布于草甸草原静水湖附近的东方斑蜻（*Libellula orientalis*）。蜻蜓是捕食吸血虻、蠓、蚋等害虫，并调节其数量和分布的有益代表性天敌昆虫。

我国有蜚蠊目（Blattodea）3 种，其中，2 种为卫生害虫，另一种中华真地鳖（*Eupolyphagus sinensis*）生活在戈壁、荒漠草原区。Chogsomjav（1974，1975）、Gunter（1970）曾分别记载过蒙古国螳螂目昆虫。蒙古虹螳（*Iris polysticta mongolica*）、薄螳螂（*Mantis religiosa*）、短翅薄螳（*Bolivaria branchyptera*）、瓦氏刺眼螳（*Oxyothospis wagneri*）等被发现于蒙古国 Khuisiin 戈壁地区，是蒙古国特有种，*Armene psill* 是在蒙古国阿尔泰、伊和淖尔盆地发现的新种昆虫。Jiltsova（1972）在我国鉴定出 40 余种襀翅目（Plecoptera）昆虫，同时记录了它们的分布。中亚区系的典型种 *Filchneria mongolica* 分布于肯特山山地，*Phasganophora undata* 分布于肯特山、杭爱山特斯河流域。在伊和淖尔盆地发现了 *Skwala asiatica*；乌兰巴托市附近采到 *Mesopelina potanini*，这些都是蒙古国的特有种昆虫。

对草场有害的昆虫：同翅目（Homoptera：Cicadia）害虫有 600 多种。蜡蝉科（Dictyopharidae）昆虫分布于喜光性植物多的草原地区。Klimashevski 记载了蒙古国木虱科（Psyllina）昆虫 183 种，平头木虱科（Liviidae）、蚜科（Aphalaridae）、木虱科（Psyllidae）、尖翅木虱科（Trioridae）4 科的昆虫主要危害藜科、蔷薇科植物。

Binkler、Kerzhner（1977），Kerzhner（1972，1979，1984）等对蒙古国半翅目昆虫进行过较详细的研究。记录了划蝽科（Corixidae）、仰蝽科（Notonectidae）、蝎蝽科（Nepidae）、尺蝽科（Hydrometridae）、固蝽科（Veliidae）、水黾科（Gerridae）、跳蝽科（Saldidae）、鞭蝽科（Dipsocoridae）、姬蝽科（Nabidae）、花蝽科（Anthocoridae）、臭蝽科（Cimicidae）、盲蝽科（Miridae）、网蝽科（Tingidae）、猎蝽科（Reduviidae）、扁蝽科（Aradidae）、跷蝽科（Berytidae）、长蝽科（Lygaeidae）、红蝽科（Pyrrhocoridae）、缘蝽科（Coreidae）、姬缘蝽科（Rhopalidae）、同蝽科（Acanthosomatidae）、土蝽科（Cydnidae）、盾蝽科（Scutelleridae）、蝽科（Pentatomidae）等 25 个科 176 个属 396 种昆虫，其中，盲蝽科 37 属 66 种、网蝽科 13 属 60 余种、长蝽科 19 属 49 种，它们广布于森林草原、草甸草原，并危害各种牧草。

Emelyanov 于 1982 年对蒙古国同翅目昆虫进行了研究，共记载了同翅目昆虫 600 余种，叶蝉总科（Cicadoidea）包括了大叶蝉科（Tettigarctidae）、叶蝉科（Cicadidae）2 个科，在戈壁有 *Melamsalta musiva*、*Cicadatra guerula*，肯特省北部莎草科植物分布的草地林区有 *Cicadatra yezoensis*，东方省草原地区有 *Cicadatra prasino* 等昆虫，在飞虱科（Delphacidae）中包括的种类最多。分布于森林草原的菱蜡蝉科（Cixiidae）；草原地区的菱蜡蝉 *Cixius*；草原、荒漠地区的 *Pentastiridius*、*Reptulus* 的昆虫主要危害灌丛植物。蝉科中 3 个属的种类主要分布于蒙古国的泰加林、草原及荒漠草原地区，其中广泛分布于东方省草原并危害针茅的有 *Dorycephalus hunnorum*、*Chiocthea mongolica*、*Dutanus junatovi*，危害灌丛植物的有 *Rossenus* spp.，危害隐子草的有 *Aconurella diplachnis*、*Philaila jassariforma*，危害早熟禾的有 *Coelestinus incertus*、*Kaszabinus burjata*，危害冰草的有 *Kazachastanicus volgensis* 等多种害虫。

荒漠草原区的优势种昆虫为 *Anargella praennuntia*、*Gobicuellus dzadagadus*、*Achaetica basidis* 等。

俄罗斯学者 A. H. Kiritsenko、I. M. Kerzhner，波兰学者 Josifov 分别记录了蒙古国半

翅目昆虫 25 科 178 属 452 种，其中盲蝽科（Miridae）、蝽科（Pentatomidae）中的一些种类如麦盾蝽（*Eurygaster maura*）、*Chorochroa fascipinus*、西伯利亚麦蝽（*Aelia sibirica*）、细毛蝽（*Dolycoris baccarum*）、草盲蝽（*Lygus pratensis*）、赤须盲蝽（*Trigonotylus ruficornis*）、苜蓿盲蝽（*Adelphocoris linealatus*）、横纹菜蝽（*Eurydema gebleri*）等昆虫危害禾本科、豆科植物，影响牧草的生长和种子的产量。

直翅类：该类昆虫中分布较广的有螽斯科（Tettigonidae）60 多种昆虫，主要分布于戈壁、荒漠、草原、森林草原，当地有些种类因严重发生而影响牧草的生长发育。在戈壁、荒漠地区小棘螽斯（*Deracanthina deracanthinae*）、卡氏小棘螽（*D. kaszabi*）、毕氏棘硕螽（*Zichya piechockii*）等种类大发生时严重危害禾本科及葱属等多年生植物。螽斯科中蒙古大螽斯属（*Mongologectes*）、石硕螽属（*Eulitoxenus*）、贝硕螽属（*Bienkoxenus*）等属的螽斯是我国的特有种，在森林草原、草原地区分布的泛古北种大黑螽斯（*Decticus verrucivorus*）、山地盾螽（*Platycleis montana*）、塞氏鸣螽（*Gampsoclies sedakovi*）、*G. dlabra*等，严重危害该地区多年生禾本科植物。

南杭爱省哈拉哈干草原地区分布的北方硕螽（*Deracantha onos*）、小硕螽（*Deracanthella verrucosa*）、短翅迷螽（*Metrioptera brachyptera*）等种类属于有害的螽斯类昆虫。

直翅目（Orthoptera）中蟋蟀亚目（Grylloidea）的树蟋（*Oecanthus pellucens*）、*Modicoryllus burdigaliensis*、*Gryllodinus maropterus*、蝼蛄（*Gryllotalpa unispina*）等种类分布在艾蒿等蒿类及驼绒藜等植物生长的戈壁地区。

蚱科（Tetrigidae）中的钻形蚱（*Tetrix subdulata*）分布于 Onen、克鲁伦、Datmin 草甸及北杭爱省、库苏布尔地区。仿蚱（*Tetrix simulans*）、二斑蚱（*T. bipunctata*）、*T. nutans*、*T. pisarskii*、*T. nutans antennata* 等种类分布在库苏布尔、肯特省、东方省多条河流河岸的草丛中。蒙古国草地直翅目昆虫包括蝗科（Acrididae）、斑腿蝗科（Catantopidae）、癞蝗科（Pamphagidae）、锥头蝗科（Pyrgomorphidae）4 科，蝗亚科（Acridinae）、皱腹蝗亚科（Egnatiinae）、槌角蝗亚科（Gomphoceninae）、黑蝗亚科（Melanoplinae）、斑翅蝗亚科（Oedipodinae）、斑腿蝗亚科（Catantopinae）、蠢蝗亚科（Thrinchinae）、癞蝗亚科（Pamphaginae）、锥头蝗亚科（Pyrgomaorphinae）等 10 个亚科，蝗族（Acridini）、短星翅蝗族（Calliptomini）、皱腹蝗族（Engatini）、绿洲蝗族（Chrysochraontini）、戟纹蝗族（Dociostaurini）、槌角蝗族（Gomphocerini）、盲蝗族（Hypernephiini）、草地蝗族（Stenoborthrnini）、黑蝗族（Melanoplini）、跃度蝗族（Podisimini）、翘尾蝗族（Primnini）、痂蝗族（Bryodemini）、尖翅蝗族（Epacromiini）、飞蝗族（Locustini）、小车蝗族（Oedipodini）、草绿蝗族（Parapleurini）、束颈蝗族（Sphingonotini）、笨蝗族（Haplotropiini）、锥头蝗族（Pyrgomorphini）等 20 个族 50 个属 11 个亚属 159 个种。癞蝗科（Pamphagidae）5 属中有 7 个种分于蒙古国戈壁、荒漠地区；笨蝗属（*Haplotropis*）、贝蝗属（*Beibienkio*）、鸣蝗属（*Mongolotmethis*）、突鼻属（*Rhinotmethis*）等属的大部分是蒙古国特有种或亚特有种。锥头蝗蒙古亚种（*Pyrgomorpha pispinosa mongolica*）只分布于阿尔泰南戈壁地区，脊翅蝗属（*Eclipophleps*）的 8 个种为蒙古国特有种。蒙古痂蝗（*Bryodema gebleri mongolicum*）、蒙古束颈蝗（*Spingonotus mongolicus*）等为特有种，数量有增加的可能。

这些蝗虫中约 10 种是多年生牧草的主要害虫。在适宜的温度和湿度条件下迅速繁殖蔓延易造成灾害，举例如下。

（1）西伯利亚蝗（*Aeropus sibiricus*）分布于杭爱、肯特省山地草原，阿尔泰山脉北部森林地区及其南部牧草密度较高的地区。在 Takhin shar 山脉、Baidag bogd 山脉及东方省草原、Jargalant、锡林宝格达山附近常造成蝗灾，伴随发生的蝗虫还有异蛛蝗（*Aeropedellus variegtus*）、宽须蚁蝗（*Myrmeleotetix palpalis*）及 *Gampsoleis sedakovi*。

（2）宽翅曲背蝗（*Pararcyptera microptera*）主要分布于杭爱省、肯特省、蒙古阿尔泰、戈壁阿尔泰山谷及山间草地，1971 年东方省草原及贝尔湖附近的草原曾发生过严重的蝗灾，其主要蝗虫为宽翅曲背蝗。伴随发生的蝗虫有宽须蚁蝗（*Myrmeleotetix palpalis*）及 *Gampsoleis sedakovi*。

（3）脊翅蝗属（*Eclipophleps* Ser. Tarb.）中的鲍氏脊翅蝗（*Eclipophleps bogdanovi*）、塔氏脊翅蝗（*E. tarbinskii*）、*E. glacialis*、克氏脊翅蝗（*E. kerzhneri*）分布于蒙古阿尔泰地区，大发生年代在戈壁阿尔泰、科布多、巴彦乌力盖、乌布苏等省的 36 个苏木 500 万 hm² 草地或干草原地区，使牧草产草量降低 1.5%～2.4%，是造成草原荒漠化的主要因素之一。鲍氏脊翅蝗（*E. bogdanovi*），塔氏脊翅蝗（*E. tarbinskii*），*E. similis*，克氏脊翅蝗（*E. kerzhneri*），*E. glacialis*，*E. lucida*，*E. confinis levis*，*E. confinis confinis* 等种类为蒙古国特有种蝗虫。

（4）轮纹痂蝗（*Bryodema tuberculatum dilutum*）广泛分布于蒙古国各地，但主要分布于干草原地区，严重危害禾本科牧草。该种在戈壁阿尔泰山间草地与小翅曲背蝗（*Pararcyptera microptera*）、宽翅曲背蝗（*P. meridionalis*）同时发生时对草原造成很大危害，与此同时，与鼓翅皱膝蝗（*Angaracris barabensis*）、黄胫痂蝗（*Bryodema holderari*）共同分布时对草场也造成大面积灾害。

（5）网翅蝗（*Arcyptera fusca*），该蝗虫分布于蒙古国森林草原，对割草场造成严重危害。该蝗虫生活在潮湿的环境中，与异色雏蝗（*Chorthippus biguttulus*）、肿脉蝗（*Stauroderus scalaris*）、东方雏蝗（*Chorthippus intermedius*）及 *Metroptera bicolor* 等种类伴随发生。

（6）白边雏蝗（*Chorthippus albomarginatus*）多分布于蒙古国森林草原的潮湿地带，对草甸及沿河谷的草场造成很大危害。伴随发生的蝗虫有 *Chorthippus dichrous*，*Ch. dorsatus* 等，有的年份亚洲小车蝗、宽翅曲背蝗等蝗虫的伴随发生，对草场同样造成危害。

（7）亚洲小车蝗（*Oedaleus asiaticus* Bei-Bienko.）分布于较潮湿的草原地区，是危害牧草的主要害虫。在植被稀疏的 Khirgas、哈日乌苏湖盆地常造成灾害。在戈壁地区春季干旱时发生数量较多，蝗虫的发生数量和危害状况以带形形式出现。伴随发生的蝗虫有 *Eclipophleps confinis* 等脊翅蝗和棘螽（*Deracanthina deracanthoides*），蝗虫大发生时在 Khan huhin 山脉南部的 Khirgas、玛拉沁、那仁布力格苏木的草场产草量可降低 0.05%（Chuluunjav，2004）。

（8）蒙古痂蝗（*Bryodema gebleri mongolica* Zub.）是戈壁、荒漠地区的主要害虫。

因在森林草原地区不常见,很少大量繁殖而造成危害。在荒漠地区常与蟊斯(*Dercanthina deracanthina*)伴随发生。

(9)短星翅蝗(*Calliptomus abbreviates*)分布于森林草原的山间草地、荒漠草原,发生数量多时可造成危害。

(10)小翅雏蝗(*Chorthippus fallax*)分布于杭爱、肯特山区森林草原植被密的草原地区,对牧草和农作物造成危害。伴随发生的种类有宽须蚁蝗(*Myrmeleotettix palpalis*),东方雏蝗(*Chortippus intermedius*)和 *Metroptera bicolor*。

(11)亚洲飞蝗(*Locusta migratoria*)分布于戈壁、荒漠草原绿洲带或芦苇多的湖边。很多学者记载,亚洲飞蝗分布于额金河、沙尔布日嘎森布拉格、扎灰、古尔班特斯苏寒特、昂奇海尔汗、乌兰湖、翁金河、胡力木图河、乌布苏淖尔、特斯河等地的草原地区。Tsedeb(1968,1970),Uulikpan(1975)等记载,南戈壁省的乌兰湖、翁金河岸芦苇丛中栖息着群居的飞蝗。蝗虫啃食了湖边的芦苇是造成这些湖泊干涸的原因之一。Pakina(1964)记录,1hm^{2}蝗虫一生取食375kg草,相当于2个羊一年中夏季3个月的牧草取食量。L.Chogsomjav(1987)记载,一只蝗虫在一个发育期内可吃掉不少于300g牧草,可见它对牧草的危害性。蒙古阿尔泰西部巴彦乌列盖省阿尔泰苏木发生的脊翅蝗(*Eclipophleps*)于1999年、2001年、2002年按每平方米平均头数400只计算,238 300hm^{2}草场的牧草产草量损失90%,将近2264.4000公担(1公担=2100kg)牧草被损失,当时近损失111 320捆牧草、折合蒙币16 698.0万图克。根据Z. Doson在总结中写道,2001年因草场牧草减产8600头大畜(占牲畜的10.1%)、2002年4498头(占5.8%)、2003年前半年5900头死亡,因此122户牧民遭了灾。根据蒙古国农业部参谋Kudriashov(1969)在总结报告中写道,脊翅蝗(*Eclipophleps* sp.)严重发生的草场,变为一片荒凉,如似成为荒漠,见不到一株绿色的植物。为治理蝗虫的分布与危害,蒙古国1965～1981年对8 032 000hm^2、2010～2014年对5 966 000 hm^{2}草场进行了化学农药的防治。

鞘翅目(Coleoptera):蒙古国森林草原、草原、戈壁、荒漠带有30多科鞘翅目昆虫,仅叩甲科(Elateridae)中就有46属90多种草原和农作物害虫,如宽背亮叩甲(*Selatosomus latus*),*S. spretus*,暗叩甲(*Agreotes abscurus*),*A. sputator*,直条叩甲(*A. lineatus*),*A. meticulosus* 等,可使牧草和农作物减产25%～30%,严重影响牧草、粮食的产量和质量。Kerzhner(1972)等学者的论文中详细记述过蒙古国叶甲科(Chrysomelidae)的几种主要害虫。俄罗斯学者Medvedev(1982)对蒙古国叶甲科昆虫进行了详细研究,对草地有害叶甲的分布和习性进行了记载,其中包括了分布于山地草原、干草原、荒漠草原地区危害蔷薇科植物的21～30种主要叶甲、锦鸡儿等豆科牧草的7～22种害虫、禾本科牧草的5～7种害虫、藜科植物的1～7种害虫及柳树为主的山地-草甸潮湿地区的20多种害虫。在他们的论文中共记载蒙古国叶甲科昆虫82属378种。叶甲科昆虫是杂食性昆虫,多数种类是牧草害虫。蒙古国的特有种叶甲有:*Phachybrachys parvissinus*,*Thelyterotarsus mongolicus*,*Th. alticus*,*Th. medvedevi*,*Chrysolina*(*Allohypericis*)*perforata changaiensis*,*Chrysolina*(*Arctolina*)*dubeshkoae*,*Crosita kaszabi*,*C. chementzae atasica*,*C. elegans*,*Oreomela*(*Entomomela*)*arnoldii*,

Aphthona kaszabi，*A. chalchica*。

伪步甲科（Tenebrionidae），蒙古国记录有伪步甲科昆虫 34 属 161 种，其中 20 种危害多年生植物的嫩芽、幼苗，在农作物苗期大发生时可使农作物产量减少 15%～20%。43% 的伪步甲分布在蒙古国中亚地区的荒漠戈壁带，其幼虫危害牧草和农作物茎、叶及干枯部分。有些伪步甲是家畜寄生虫的中间宿主，是家畜线虫的主要传播者。危害牧草返青期嫩芽的主要伪步甲有以下 6 种。

（1）蒙古背毛甲（*Epitrichia mongolica*）分布于戈壁、荒漠地区，取食梭梭的嫩芽，影响梭梭的生长发育。幼虫生活在草本植物和灌木根际附近，危害植物的支根系。

（2）磨光东鳖甲（*Anatolica polita borealis*）分布于荒漠草原芨芨草滩，危害芨芨草根茎及白茨果实。

（3）波氏东鳖甲（*Anatolia potanini*）分布于戈壁草原带，危害肉苁蓉花序及白茨的果实。

（4）德氏长足甲（*Adesmia dejeani*）分布于戈壁、荒漠地区、阿尔泰南部戈壁的沙地土壤中，危害多种早春开花的植物及芨芨草。

（5）中华砚甲（*Cyphogenia chinensis* Fald.）、紫奇扁漠甲（*Sternoplax ziz* Csiki.）、光滑胖漠甲（*Trigonoscelis sublaevigata* Gra.）、异距琵甲（*Blaps kiritshenkoi* Semetbag）等种类同样分布在戈壁、荒漠地区，危害梭梭的嫩枝及红砂的花序。可以把该种看成戈壁和荒漠地区的指示性昆虫。

（6）弯齿琵甲（*Blaps femoralis* Med.）、皱纹琵甲（*B. rugosa* Gebl.）、弯背琵甲（*B.rellexa* Gebl.）分布于戈壁带，危害锦鸡儿、针茅、糙隐子草、冰草及雀麦属、薹草属等植物。在蒙古国很少分布于森林草原地区。

芫菁科（Meloidae）：该科包括 10 属 29 种。芫菁科昆虫生活在植物丰富的森林草原、草原地区，而在植物稀疏的戈壁地区数量则很少。蒙古国芫菁科昆虫的优势种为西伯利亚芫菁（*Epicaota sibirica*），大头豆芫菁（*E.megalocephala*）、绿芫菁（*Lytta caraganae*）、丽斑芫菁（*Mylabris specosa*）、*M.crosota* 取食多种多年生豆科牧草（苜蓿）的花序。森林草原、草甸草原地区芫菁把卵产在蝗虫卵鞘内，因取食蝗虫卵对草原生态平衡有一定作用。在自然界中由于芫菁科昆虫体内含有丰富的芫菁素，当苜蓿开花期骆驼混食苜蓿花与芫菁时可引起中毒或严重时死亡。根据分析，在 250g 干标本中一些种类如斑芫菁（*Mylabris* sp.）中含芫菁素 1.3%、西伯利亚豆芫菁（*Epicouta sibirica*）含 0.45%、绿芫菁（*Litta caragana*）含 0.14%，上述芫菁体内也含有生育维生素酶的化合物。芫菁是我国马铃薯的主要害虫，可造成马铃薯减产 50%～70%。

豆象科（Bruchidae）：该科包括 27 种豆象，分布于戈壁、草原带。例如，*Bruchidus halodentri*、臀瘤豆象（*B. tuberculicauda*）、*B. atomarius*、西伯利亚豆象（*B. sibiricus*）等，危害锦鸡儿及很多豆科牧草的种子。

鳞翅目昆虫：蒙古国分布多种蛾类和蝶类昆虫，P. E. Fahalle 记载，螟蛾科 Pyralidae 包括 27 种，分布于森林草原和草原地区。危害各种牧草的主要害虫如草地螟（*Loxostege sticticalis*）就属于该科。草地螟（*Loxostege sticticalis*）成虫期取食花蜜，在春季、夏初潮湿而温暖并且十字花科和蔷薇科植物开花较早的年份，当年草地螟发生面积较广和危害也较严重，在这种严重发生年份可使苜蓿等豆科牧草的产草量减少 50%～60%。草地螟成虫生活的最佳气温为 17～23℃，如牧草开花期提前则蛾子活动能力增强，幼虫发育的有效积温在 230～380℃、昼夜温度 20.1～21℃，蛹期所需温湿度系数为 0.9～1.9，成虫期为 1.2～1.5，蛹体脂肪积累多于 35mg 时则羽化率高。

蒙古国森林草原带分布有 7 目 56 科 168 属 315 种害虫，危害林木、灌木。其中分布于杭爱山、阿尔泰山脉、库苏布尔山地的有西伯利亚松毛虫（*Dendrolimus sibiricus*）、舞毒蛾（*Ognevia dispar*）、古毒蛾（*Orgyia antiqua*）、梨豹毒蛾（*Zeuzera purina*）、藏黄毒蛾（*Euproctis chysorthea*）、黄褐天幕毛虫（*Malacosoma neutria*）、樟子松墨天牛（*Monochamus galloprovincialis*）、灰长角天牛（*Acanthocinus aedilis*）、黄角大树峰（*Urocerus gigas*）、松四凹点吉丁（*Anthaxia quadripunetata*）、黑条木小蠹（*Trypodendron lineatus*）、中穴坑小蠹（*Pityogenes chalcogradphus*）等林木害虫。根据食性可分为取食木材的害虫 142 种，占 45.1%；食叶害虫 136 种，占 43.2%；根际害虫 16 种，占 5.1%；果实害虫 19 种，占 6.0%。危害乔木和灌木的害虫：落叶松 119 种，松树 72 种，杨树 26 种，云杉 26 种，榆树 7 种，柳树、梭梭树及灌木 62 种。

枯叶蛾科（Lasiocampidae）：该科主要包括森林害虫西伯利亚松毛虫（*Dendrolimus sibiricus*），主要分布于蒙古国库苏布尔、布尔干、中央省、肯特省，后杭爱省及杭爱、肯特山脉，在 6～8 年连续发生时，其危害面积达数千公顷。根据 Ya.K.Viidalin 和 B.P.Solyanikov 等的研究，蒙古国的尺蛾科（Geometridae）昆虫 196 种，45%为林木害虫，25%分布在草原地区，其中雅氏落叶松尺蠖（*Erannis jacobsoni* Djak.）分布于乌兰巴托市宝格达山及肯特山地区主要危害落叶松林。

毒蛾科（Lymanstridae）：该科包括 10 种害虫，分布于杭爱、肯特山地区危害针叶树，危害面积达 20 000～60 000hm²。该科中的主要害虫为古毒蛾（*Orgyia antiqua* L.）和舞毒蛾（*Ognevia dispar*）等，幼虫取食针叶，影响林木的生理作用，阻碍树木的生长，如树梢严重受害时林木干枯而死亡。

双翅目（Diptera）：Zaitsev（1972）、Grunin（1972）、Myagmarsuren（1975～1982）及其他学者记录了蒙古国双翅目昆虫 30 余科 1500 多种，发现了蒙古国新记录 25 种、新种 200 多种，其中大蚊科（Tipulidae）包括了 54 种，认为 *Tipula paludosa* L.是一种危害禾本科牧草、蔬菜的害虫。蚊科（Culicidae）包括了按蚊（*Anopheles*）、脉毛蚊（*Culiseta*）、库蚊（*Culex*）、伊蚊（*Aedes*）4 个属的 22 种。蚋科（Simulidae）包括了 15 属 59 种，其中优势种为郝氏吉蚋（*Gnus cholodkovskii*）、华丽短蚋（*Odagmia ormata*）。虻科（Tabanidae）包括了瘤虻属（*Hybomitra*）、斑虻属（*Chrysops*）、虻属（*Tabanus*）、麻虻属（*Haematopota*）、黄虻属（*Atylotus*）5 属 49 种，其中包括了 13 新种、4 个新亚种。一头雌性牛虻一次能吸 200mg 血，如此计算，70 头牛虻一瞬间可吸掉 4000 只蚋的吸血量。吸血昆虫除影响牲畜膘情和活动能力外在吸血期可传播西伯利亚炭疽病、鼠疫、疟疾等疾病。因吸血昆虫的骚扰，奶牛的产奶量能降低 15%～20%。森林草原带有 35 种，优势种为黑角瘤虻（*Hybomitra nigricornis*）、累泥瘤虻（*H.montana*）、鹰瘤虻（*H.asutur*）、小井瘤虻（*H.koidzumi*）、双斑瘤虻（*H.bimaculata*）；草原带分布的优势种为骚扰黄虻（*Atylotus miser*）、累泥瘤虻（*Hybomitra montana morgana*）、黑带瘤虻东方亚种（*H. expollicata orientalis*）、鹰瘤虻（*H.astur*）、亚沙虻（*Tabanus sabsabuletorum*）、沙地麻虻（*Haematopota desertorum*）、土耳其斯坦麻虻（*H. turkestanica*）、娌斑虻（*Chrysopa ricardoae*）；荒漠草原带有 17 种，优势种为亚沙虻（*Tabanus sabsabuletorum*）、土耳其斯坦麻虻（*Haematopota turkestanica*）、累泥瘤虻（*H. montana morgana*）、娌斑虻（*Chrysopa ricardoae*）、淡黄虻（*Atylotus pallitarsus*）、猎黄虻（*A.quatrifarius*）等种类。

黄潜蝇科（杆蝇科）（Chlorophididae）：该科昆虫分布于森林草原带、草原带。危害禾本科植物的有：燕麦蝇（*Oscinella pusilla*）、*Chlorops pumilionis*、麦秆蝇（*Meromyza saltatris*）、黑腹麦秆蝇（*M. nigriventris*）等种类。

皮蝇科（Hypodermatidae）：蒙古国分布的该科昆虫有鹿皮蝇属（*Oedemagen*）、皮蝇属（*Oestromya*）、帕拉蝇属（*Pallasiomyia*）、普皮蝇属（*Przhewalskiana*）等 5 属 11 种。分布于森林草原和草原带的种类有：牛皮蝇（*Hypoderma bovis*）、纹皮蝇（*H. lineatum*），戈壁分布的种有纹皮蝇（*H. lineatum*）。除此之外，寄生在长尾黄鼠（*Citellus undulates*）体内的有兔啮齿皮蝇和异颜皮蝇（*Oestromyia leporine*）；达乌里鼠兔（*Ochotona daurica*）体内的有异颜皮蝇（*Oestromyia prodigiosa*）；黄羊（*Gazella gutturoza*）体内的有裸皮蝇（*Oestromyia pricie*）、黄羊普皮蝇（*Przhewalskiana aenigmatica*）；麋鹿（*Oedemagena tarandi*）体内的有 *Hypoderma capreola* 等种类，另外肠胃蝇（*Gasterophilus intertinalis*）及羊狂蝇（*Oestrus ovis*）等种类也广泛分布于蒙古国。

参 考 文 献

白文辉, 徐绍庭, 宋银芳, 等. 1985. 内蒙古草原昆虫名录. 中国草原, (1): 41-47.
彩万志, 庞雄飞, 花保祯, 等. 2001. 普通昆虫学. 北京: 中国农业大学出版社.
蔡邦华. 1957. 昆虫分类学(上册). 北京: 财政经济出版社.
蔡邦华. 1973. 昆虫分类学(中册). 北京: 科学出版社.
蔡邦华. 1985. 昆虫分类学(下册). 北京: 科学出版社.
葛钟麟. 1966. 中国经济昆虫志(第十册)同翅目 叶蝉科. 北京: 科学出版社.
郭元朝. 1994. 内蒙古芫菁科昆虫的种类与分布. 内蒙古农业科技, (1): 4, 22.
韩运发. 1997. 中国经济昆虫志(第五十五册)缨翅目. 北京: 科学出版社.
何俊华. 1996. 中国经济昆虫志(第五十一册)膜翅目 姬蜂科. 北京: 科学出版社.
花保祯, 周尧, 方德齐, 等. 1990. 中国木蠹蛾志(鳞翅目 木蠹蛾科). 西安: 天则出版社.
李强. 1990. 内蒙古沙泥蜂属四新种. 昆虫分类学报, 7(3/4): 259-266.
刘爱萍, 陈红印, 何平. 2006. 草地害虫及防治. 北京: 中国农业科学技术出版社.
刘慎谔, 冯宗炜, 赵大昌. 1959. 关于中国植被区划的若干原则问题. Journal of Integrative Plant Biology, (2): 87-105.
刘媖心. 1987. 中国沙漠植物. 第 2 卷. 北京: 科学出版社: 178-180.
马耀. 1991. 内蒙古草地昆虫. 西安: 天则出版社.
马毓泉. 1989. 内蒙古植物志. 2 版. 第 3 卷. 呼和浩特: 内蒙古人民出版社.
马毓泉. 1990. 内蒙古植物志. 2 版. 第 2 卷. 呼和浩特: 内蒙古人民出版社.
马毓泉. 1993. 内蒙古植物志. 2 版. 第 4 卷. 呼和浩特: 内蒙古人民出版社.

马毓泉. 1994. 内蒙古植物志. 2 版. 第 5 卷. 呼和浩特: 内蒙古人民出版社.

马毓泉. 1998. 内蒙古植物志. 2 版. 第 1 卷. 呼和浩特: 内蒙古人民出版社.

能乃扎布. 1988. 内蒙古昆虫志半翅目-异翅亚目. 呼和浩特: 内蒙古人民出版社.

能乃扎布. 1992. 中国长蝽科新记录种. 动物分类学报, 17(3): 375.

能乃扎布. 1994. 内蒙古盲蝽科三新种和中国新纪录记述(半翅目: 盲蝽科). 动物学研究, 15(1): 17-22.

能乃扎布. 1999. 内蒙古昆虫. 呼和浩特: 内蒙古人民出版社.

庞雄飞. 1979. 中国经济昆虫志(第十四册)鞘翅目 瓢虫科(二). 北京: 科学出版社.

齐宝瑛. 1994. 中国内蒙古齿爪盲蝽亚科新种和新记录种(半翅目: 异翅亚目: 盲蝽科). 动物分类学报, 19(4): 458-464.

齐宝瑛. 1996. 盲蝽科一新属及二新种记述(半翅目: 盲蝽科). 昆虫学报, 39(3): 298-305.

任国栋. 1994. 中国西北拟步甲的新种和新纪录(鞘翅目). 昆虫学研究, 1: 87-90.

谭娟杰. 1980. 中国经济昆虫志(第十八册)鞘翅目 叶甲总科(一). 北京: 科学出版社.

王荷生. 1979. 中国植物区系的基本特征. 地理学报, (3): 224-237.

魏鸿钧. 1989. 中国地下害虫. 上海: 上海科学技术出版社.

吴燕如. 1996. 中国经济昆虫志(第五十二册)膜翅目 泥蜂科. 北京: 科学出版社.

吴征镒, 孙航, 周浙昆, 等. 2011. 中国种子植物区系地理. 北京: 科学出版社: 109-319.

吴征镒, 周浙昆, 孙航, 等. 2006. 种子植物分布区类型及其起源和分化. 昆明: 云南科技出版社: 60-136.

吴征镒. 1979. 论中国植物区系的分区问题. 云南植物研究, (1): 1-20.

夏凯龄. 1994. 中国动物志(第四卷)昆虫纲 直翅目 蝗总科. 北京: 科学出版社.

旭日干. 2016. 内蒙古动物志(第六卷)哺乳纲. 呼和浩特: 内蒙古大学出版社: 4-10.

杨定, 张泽华, 张晓. 2013. 中国草原害虫名录. 北京: 中国农业科学技术出版社.

杨星科. 1990. 内蒙古草蛉研究(Ⅰ)五新种及二新记录种. 昆虫分类学报, 7(3/4): 225-234.

杨星科. 1990. 内蒙古草蛉研究(Ⅱ)一新种及四新记录种(脉翅目: 草蛉科). 昆虫分类学报, 7(3/4): 235-238.

雍世鹏. 1983. 蒙古植物区系研究动态. 西北植物研究, (1): 77-83.

张荣祖. 2004. 中国动物地理. 北京: 科学出版社.

张秀伏. 1995. 宽翅沙芥的订正. 植物分类学报, 33(5): 502.

赵肯堂. 1981. 内蒙古啮齿动物. 呼和浩特: 内蒙古人民出版社: 252-261.

赵肯堂. 1996. 内蒙古啮齿动物及其区系划分. 内蒙古大学学报, (1): 57-64.

赵养昌. 1978. 内蒙古西部甜菜象虫的区系调查. 昆虫学报, 21(1): 57.

赵一之, 赵利清. 2014. 内蒙古维管植物检索表. 北京: 科学出版社.

赵一之. 1999. 沙芥属的分类校正及其区系分析. 内蒙古大学学报(自然科学版), 30(2): 197-199.

赵一之. 2012. 内蒙古维管植物分类及其区系生态地理分布. 呼和浩特: 内蒙古大学出版社: 297.

郑哲民. 1998. 中国动物志(第十卷)昆虫纲 直翅目 蝗总科. 北京: 科学出版社.

中国科学院. 1979. 中国自然地理. 北京: 科学出版社.

中国科学院动物研究所. 1983. 拉英汉昆虫名称. 北京: 科学出版社.

Bannikov A G. 1958. 蒙古人民共和国哺乳动物检索表. 北京:科学出版社.

Urgamal M, Oyuntsetseg B, Nyambayar D, et al. 2014. Conspectus of the vascular plants of Mongolia. Ulaanbaatar: 333.

Wu Z Y, Raven P H, Hong D Y. 1994—2013. Flora of China. Beijing: Science Press；St. Louis: Missouri Botanical Garden Press.

Ганболд Э. 1987. Флора Хангая. -Автореф. Канд. биол. наук. Л., 18.

Голубева Л В. 1976. Растительность Северо-Восточной Монголии в плейстоцене и голоцене -Структура и динамика основных экосистем МНР. Л.

Голубкова Н С. 1983. Конспект флоры лишайников Монгольской Народной Республики. -

Биологические русурсы и природные условия МНР. т. XYI. Л., Наука.

Горная лесостепь Восточного Хангая (МНР). 1983. Природные условия (Сомон Түвшрүүлэх) - Биологические русурсы и природные условия МНР. т. XIX. Л., Наука.

Грубов В И. 1955. Конспект флоры Монгольской Народной Республики. -Тр. Монг. Комиссии АН СССР, 67: М., -Л.

Грубов В И. 1972. Допольнение к списку флоры Монгольской Народной Республики. -Ботан. журн. №11: 56.

Грубов В И. Допольнение к списку флоры Монгольской Народной Республики. -Ботан. журн. №12: 57.

Губанов И А. 1984. Новые материалы по флоре Монголии. –Бюл. моск. о-ва Испытателей природы отд. Биологии. т. 80, вып. 3: 80-96.

Губанов И А. 1996. Конспект флоры Внешней Монголии. (Сосудистые растения): 36.

Даариймаа Ш, Губанов И А. 1990. География полыней в Монгольской Народной Республике. –Бюлл. МОИП, т. 95, №39, ст. 98-111.

Даариймаа Ш. 1988. Система видов подродов Artemisia и Dracunculus рода Artemisia (Asteraceae) Монгольской Народной Республики. -Бот. журн. т. 73, №10, ст. 1467-1470.

Даариймаа Ш. 2014. Монгол орны ургамлын аймаг (Asteraceae). Боть 14а: 136. Улаанбаатар.

Дашням Б. 1965. О дополнениях к флоре Восточной Монголии. Бот. журн. №50.

Өлзийхутаг Н, Даариймаа Ш. 1977. Өнжүүл сумын ургамалжилт, ургамлын аймгийн зарим онцлог. Бот. хүр. бүтээл. № 3.

Өлзийхутаг Н. 1974. Oxytropis DC в Монгольской Народной Республике (системакика, география, экология, филогения и хозяйственное значение). Автореф. канд. дисс. биол. наук, Улаанбаатар.

Өлзийхутаг Н. 1989. Монгол орны ургамлын аймгийн тойм. 205 х. Улаанбаатар.

Өлзийхутаг Н. Astragalus. L - Төв Азийн ургамал. 2004. Боть 8b. Enfield (NH), USA, UK, Science publishers Inc.: 1-258.

Нямбаяр Д. 2009. Монгол орны ургамлын аймаг (Cyperaceae) боть 17: 136. Улаанбаатар.

Очирбат Г. 2008. Монгол орны балт ургамлын нөөц. Улаанбаатар: 298.

Санчир Ч. 1967. Монгол орны ургамлын аймагт шинээр нэмэгдэх ургамлууд ба шинэ нутаг. Биол. хүр. бүтээл, №2. Улаанбаатар.

Санчир Ч. 1969. Дорнод Монголын ургамлын зарим шинэ олдвор. ШУА-ийн мэдээ, №3. Улаанбаатар.

Синицын М В. 1964. Палеогеография Азии. М., Географ.

Ургамал М. 2009. Монгол орны ургамлын аймаг (Apiaceae, Cornaceae) Боть 10: 130. Улаанбаатар.

Цэрэнбалжид Г. 1971. Сорная флора Орхон-Селенгийского района МНР и биологическое обоснование мер борьбы с нею. Автореф. дисс. канд. наук. Уфа.

Цэрэнбалжид Г. 1979. Монгол орны тариалангийн хог ургамал таних бичиг. Улаанбаатар.

Цэрэнбалжид Г. 1995. Монголын ургамлын аймаг дахь хөл газрын ургамлын шинэ зүйлс. УУА-ийн мэдээ, №2: 63-70.

Энхтуяа О. 2007. Богдхан уулын хагийн аймаг, агаарын бохирдол. Улаанбаатар: 232.

Юнатов А А. 1950. Основные черты растительного покрова Монгольской Народной республики. –Тр. Монг. Комиссии. АН СССР: 56.

第四篇　蒙古高原草原植被类型与地理分布

第十二章　蒙古高原植被地带研究概述

第一节　蒙古高原（中国）植被地带研究概述

一、内蒙古植被、草场的考察研究

国外对内蒙古植物的采集和描述是从 17 世纪以后开始的，其中多为商人和传教士，在他们的考察报告中有一部分是关于内蒙古植物方面的报道。西欧国家在 19 世纪上半叶，一些外国传教士、大使馆人员对该区植物进行过采集，并把标本带到欧洲，随后，采集工作的范围不断扩大。1866 年法国学者 P. A. David 访问了内蒙古呼和浩特、包头、乌拉山及其附近的黄河沿岸沙地等地区，进行了大量的植物采集工作，其中许多是内蒙古境内新发现的新种甚至新属，如贺兰山、乌拉山等低山地带所特有的和荒漠草原中的优势种等。1864 年，俄国在圣彼得堡建立地理学协会，在该机构的支持下，很多地理学家来到内蒙古及蒙古国做科学旅行，来过该区的主要有 H. M. 普拉哲瓦里斯基、鲍塔宁、奥布鲁切夫及科兹洛夫等，其中科兹洛夫曾 3 次横穿该区。这些旅行家们采集了大量植物标本，并对植被特征进行了描述。日俄战争后，日本逐渐控制了内蒙古东部地区，在 1906～1907 年以鸟居龙藏为首的学术调查队搜集了内蒙古东部的植物，后来成立的南满洲铁道株式会社和伪满大陆科学院先后对内蒙古东部进行了多次考察，并对考察区域的植被类型进行划分。

俄国著名的亚洲东部植物区系学家马克西莫维奇在内蒙古采集植物标本后，第一次做出了较完整的植物名录，并发表了几个新的蒙古植物属，并且基于旅行家们的工作，科马洛夫完成了蒙古高原的第一次植物分区。科马洛夫后，对蒙古高原的植物研究进入一个新的时期，开始了植物地理及地区性植被研究。美国人罗依 1940～1941 年对亚洲中部荒漠亚区进行了研究，绘制的 1∶700 万植被类型图，分出 7 个类型，其中包括了内蒙古的西部地区。

我国植物学家在该区开始的工作时间也很早，1926 年，秦仁昌先生穿越贺兰山到达巴音浩特，沿途采集了植物标本。1934 年，刘慎谔先生从包头经吉兰泰到新疆，著有《中国北部及西部植物地理概论》一文，文中对内蒙古植被性质作了阐述。这个阶段的资料和国外的考察资料一样，概括性强，偏于零碎。对内蒙古地区植被的深入研究还是在新中国成立以后。新中国成立后，为了发展内蒙古自治区的畜牧业和林业，中央及地方的有关部门多次派遣专业调查队，深入内蒙古各地进行考察，积累了大量的植被方面的资料。

1952 年中央和内蒙古有关部门联合组织的牧区调查团对锡林郭勒盟考察，将草场地貌划分为 5 个类型，并报道了 40 余种主要牧草的形态与习性、化学成分、利用率等。

1956 年北京大学生物系植物实习队对呼伦贝尔谢尔塔拉一带进行调查,第一次绘制出内蒙古草原 1/25 000 的大比例尺植被图。1957~1959 年,内蒙古畜牧厅草原管理局组织草原勘查,主要包括测量、土壤、植物、畜牧和经济方面,绘制调查区 1/20 万植被图和土壤图,采集了大量植物标本,是对内蒙古草原区植被首次较为全面的认识,并对调查区草地资源进行初步估算。1958~1960 年,内蒙古科学技术委员会组织资源植物普查,经过 3 年普查,摸清了全区 600 余种资源植物,采集标本 1 万余号,为全区资源植物的开发利用和植物区系研究奠定良好基础。1958 年,中国科学院甘青综合考察队的固沙分队,调查了鄂尔多斯沙地、腾格里沙漠、巴丹吉林沙漠、小腾格里沙地、乌兰布和沙漠和库布齐沙地,队中的苏联专家彼得洛夫根据此次调查资料,撰写了《亚洲中部的荒漠植被及分布特点》一文,对鄂尔多斯、阿拉善和北山的植被进行了详细描述,这是对该区植被第一次较为详细的报道。1959 年,中国科学院又组织规模庞大的治沙队,对全国荒漠地区进行大面积的考察。其中,主要包括了内蒙古西部戈壁及巴丹吉林沙漠、库布齐沙漠等。

二、地质地貌条件对植被的影响

中国温带草原区域属于欧亚大陆草原区域的东翼。按照国内外学者对温带草原植被地理学的研究成果(Лавренко,1954,1970a/b;吴征镒,1980;侯学煜,1982;中国科学院内蒙古宁夏综合考察队,1985;雷明德等,1999),欧亚草原区域可分为东部的亚洲内陆中部草原区域、西部的黑海–哈萨克草原区域及南部的青藏高原草原区域。中国北方温带草原与蒙古国的草原紧密相连都属于亚洲内陆中部草原区域(VIA),中国北方的温带草原在行政区域中,分属于内蒙古自治区、黑龙江省西南部、吉林省西部、辽宁省西部、河北省北部、山西省、陕西省北部、宁夏回族自治区、甘肃省东部、青海省东部及新疆维吾尔自治区北部,总面积约 145 万 km^2。

中国北方温带草原和蒙古国的草原连成一体,其四周有一系列山地围绕,东有长白山、张广才岭、小兴安岭、大兴安岭,往北是蒙古国境内的肯特山、杭盖山、阿尔泰山,东南侧有燕山、太行山,西南有贺兰山与祁连山东段。在群山环抱的中国北方温带草原区域内,地质构造上是华夏构造带和纬向构造带的交叉区,东北–西南走向的大兴安岭和东西走向的阴山山脉把全区分割为几个不同的自然地理单元,并使多项自然要素和生物地理格局表现出从东南向西北过渡的弧形带状分异,也反映了大地构造的形迹。

大兴安岭和小兴安岭山地从黑龙江右岸的漠河一带至西拉木伦河左岸,全长约1350km,宽 100~300km。大兴安岭山地最北部海拔约 1000m,地带性植被是落叶针叶林占优势,属于温带针阔叶混交林和针叶林区域。大兴安岭山地中部和南部都与草原区域交替分布,海拔 1500~1900m。第三纪后期的新构造运动使山岭西侧随蒙古高原海拔升高而抬升,坡降较小,高差 400~600m;山岭东侧下降到松辽平原的坡降达 1000m 以上,是松辽平原和蒙古高原的分水界。随着山地的地形部位、高度和坡向的不同,植被类型的分布有明显差异,形成了山地森林、灌丛和草原群落复合分布的植被区。

松辽平原位于大兴安岭以东，东侧又有长白山等几个山地环绕，是中生代燕山运动随两侧山地隆起而形成的华夏沉降带，第三纪以来继续下沉，成为半封闭的大盆地，平原总面积约 35 万 km^2，平均海拔 100～250m。发源于周围山地的嫩江、松花江与辽河构成了外流水系，平原中部是广漫的冲积平原，有较多的湿地与盐化低地分布，构成了草原与隐域性植被交错分布的景观生态格局。平原西南部是第四纪以来风积形成的科尔沁沙地，沙丘与丘间滩地及湖泊相间分布，构成多种沙生植物群落的复合植被。松辽平原四周的各山前倾斜平原上，发育了良好的黑土与黑钙土，形成了草甸草原与五花草甸的优势分布。因土质肥沃，适于耕种，经长期的农业垦种，草原、草甸及丘陵低山的灌丛和疏林等天然植被保存不多，残存的草原与草甸植被多是受人为活动影响的次生植被，多分布在松辽平原西部。

大兴安岭山脉以西的蒙古高原是亚洲大陆中部的内陆腹地，其东南半壁是我国的内蒙古高原。北部是呼伦贝尔高平原，海拔 700～900m，源出大兴安岭的根河、海拉尔河、伊敏河与来自蒙古国肯特山的克鲁伦河构成了额尔古纳河外流水系。往南，越过蒙古国东端的哈拉哈河-贝尔湖流域的草原，进入我国内蒙古的乌珠穆沁盆地，海拔 800～1000m，由乌拉盖河及其支流组成了盆地内流水系。内蒙古高原中部的阿巴嘎熔岩台地，是晚第三纪多次喷发形成的玄武岩火山地貌，海拔 1000～1200m。由此往西进入干旱区的乌兰察布高原，这是阴山北麓逐级下降的层状高平原，海拔 1000～1200m，向北有发源于阴山的多条季节性内流河在中蒙国境一带潜入地下。阿巴嘎熔岩台地以南，是集中分布的浑善达克沙地，总面积约 3 万 km^2，是第四纪以来在阴山北侧的向斜构造基底上风积形成的沙区。由沙生植被与滩地草甸组成草原半干旱风成沙区的独特景观。

阴山山地向东延至燕山山地，成为内蒙古高原南侧的外缘山地，是内蒙古高原内流区与鄂尔多斯高原及黄土高原外流区之间的分水岭，海拔 1500～2300m。山脉从西向东分为狼山、乌拉山、大青山、蛮汗山、苏木山、马头山、桦山等山地。大青山及以西各山地的山体脉络分明，其南侧形成明显断层，高差达 800～1000m，北侧平缓下降到高平原。东部各山地的地形较紊乱，山地与玄武岩台地及山间盆地相间分布，海拔 1500～1700m。随阴山山脉的地形分异，形成了森林、灌丛、草甸与草原的生态多样性景观，在植被区划中可作为一个山地森林-草原区。

位于阴山山地以南的鄂尔多斯高原，是在古老的华北陆台上经中生代沉降形成的向斜构造盆地，沉积着深厚的中生代砂岩与砂砾岩。在新构造运动中，剥蚀作用加强，地表广泛形成第四纪冲积物与风积物，海拔 1000～1500m。高原的中西部为剥蚀平原，并有许多剥蚀残丘与湖盆洼地，往西海拔较高，最西部是桌子山，主峰海拔 2100m。高原南部是第四纪沙层最集中的毛乌素沙区，属半干旱气候，沙丘与丘间滩地相间分布，固定、半固定沙丘较多，滩地水分条件良好，也有不少人为活动造成的流动沙地。高原北缘，沿黄河南岸形成一条狭长的库布齐沙带，其西段气候干旱，是以流动沙地为主的沙漠景观，东段是以草原半干旱气候区的半固定沙地为主。高原的东部是流水侵蚀强烈的薄覆黄土丘陵与基岩裸露区。由于鄂尔多斯高原长期经受强烈剥蚀与侵蚀堆积作用，典型地带性植被难以广泛分布，适应于常态侵蚀作用的半灌木、灌木及沙生植物群落分布最广。

冀北、晋北、陕北、宁夏和陇东、陇中的黄土高原是第四纪风成的地貌类型，形成了塬、梁、峁、黄土台地及沟谷等多种地貌单元的组合。长期的农业开发已使这里的天然草原大多消失，并造成严重的水土流失，成为黄河泥沙的来源。残存的草原植被片段也多是次生的群落。目前已列为退耕还林还草工程的重点治理区，将会在保障生态安全的前提下形成农牧林、种养加综合经营的自然–人文景观。

贺兰山与桌子山是北方温带草原区西部的边缘山地，两山在构造上相连，呈南北走向。贺兰山海拔在 3000m 以上，最高峰 3556m，相对高差 1500~2000m，山体垂直带的分化比较完整，上部有亚高山带植被的发育，其分水岭是温带草原区与温带荒漠区的界线。桌子山是一个断块山地，海拔 1600~2000m，山体的干燥剥蚀强烈，山坡陡峭，下部形成坡积裙，构成山地荒漠景观，山体顶部发育成山地草原。六盘山是温带草原区南部边缘山地，山势险峻，海拔 2500m 以上。黄河水系的泾河、清水河等发源于六盘山，流经草原地区。

三、气候条件对植被的影响

温带草原区域因处在中纬度的内陆或接近内陆的地区，所以具有温带大陆性气候特点，自东向西跨越了我国北方半湿润、半干旱和干旱气候区。草原区冬季均受到蒙古高压气团的控制，从大陆中心向沿海移动的寒潮频繁盛行。夏季受东南海洋季风的波及影响，但因草原区外围有长白山脉、燕山山地、太行山脉、吕梁山地在东南面的包围，又有区内大兴安岭、阴山山脉的阻隔，海洋季风的势力由东南向西北渐趋削弱，不能强劲地影响草原区的气候。海陆分布和地形结构影响下的大气环流特点决定了草原气候因素按东北–西南走向形成弧形带状分布的格局。

草原区域的热量分布虽然与不同纬度地区的太阳辐射强度直接相关，但是地形和下垫面等因素的影响又使热量分布从东北向西南逐渐增加。草原区域内的南部边缘和西部地区已接近或达到了暖温带的热量指标，≥10℃积温在 3200~3600℃及以上；而最北部的大兴安岭地区年积温 1500℃，达到了寒温带指标；内蒙古高原中部地区年积温 1800~2400℃。热量因素的地带性差异对植物分布组合具有十分显著的影响。

日照丰富也是草原区气候条件的重要特点，各地全年日照总时数为 2500~3400h，日照百分率为 55%~78%，是我国日照丰富的地区之一。这对于温度偏低、无霜期短促的北方草原地区，意义更为重要，是草原植物生长发育和农业生产的有利条件。

大气降水量的地理分布主要取决于东南海洋气流的作用。因此，距离海洋越近的地区，年降水量越大，而远离海洋的内陆中心则降水量最少。特别是由于山地的阻挡，大兴安岭以东、阴山以南的降水量显然高于山地西北的内蒙古高原地区。并且随着向内陆深入，降水逐渐减少。大兴安岭北部及其东麓，年降水量 400~450mm；西辽河流域、阴山南麓的山前平原和丘陵区、鄂尔多斯高原的东部等地区降水也较多，一般不少于 50mm。但是大兴安岭以西的呼伦贝尔–锡林郭勒高原和鄂尔多斯高原的中部降水量一般只有 250～300mm。由此往西，降水量则逐渐下降到 200mm。大气降水是草原区域植被和一切生物生存的根本水源，其他形式的水分来源都是由大气降水转化而来，因此降水的多寡是决定景观生态面貌的重要物质条件。年降水量的季节分配也是具有重要意义的生态因素。草原区域的降水大多集中在夏秋季节，即 7～9 月，这一时期的降水往往占了全年降水的 80%～90%，日温 ≥10℃ 期间的平均气温约达 20℃，因此，有利于植物的生长发育。但是春季干旱是相当普遍的现象，这对于草原植物的返青是一项不利因素。

与同纬度的东北及华北森林区域相比，草原区域的绝对湿度是较低的。它也与降水量的分布一样，是从东南向西北逐渐减低的。而且全年最高值出现在夏季，最低值出现在冬季。相对湿度是受绝对湿度和气温制约的，所以相对湿度自东向西逐渐降低的趋势更加明显。大兴安岭山区年相对湿度在 70% 以上，内蒙古高原的广大地区都在 60% 以下。大兴安岭以东和阴山山脉以南的地区，全年相对湿度最高值往往是在夏季多雨的月份内出现。而高原内部，则多出现在冬、春季，这显然是与冬、春季的低温条件相联系的。春季是草原区降水普遍较少的季节，加之春风强大，气温回升又快，空气中的水汽大量消耗，所以内蒙古高原区的相对湿度的最低值一般均常出现在春季。

蒸发量大大超过降水量，是干旱、半干旱地区自然条件的一项重要特征。总体来说，草原区的年蒸发量相当于年降水量的 3～5 倍，不少地区超过 8 倍。草原区域各地的蒸发量也是由东而西随温度的增高、湿度的减低、云量的减少、日照的增加而递增。除大兴安岭地区年蒸发量少于 1200mm 以外，大部分地区都在 1200～3000mm，最西部可达 4600mm。

根据以上所述，可以看出草原区域在水热分布上有两个突出的特点，一是水、热的空间分布不平衡，二是同一地区内，降水多集中在最热的季节，使水、热在时间上集中在一起。热量分布的趋向是从东北向西南逐渐升高，而降水量却由东北往西南逐渐减少，因而导致热量最丰富的地区，水分很少，而热量不高的地区，水分却较多，形成截然不同的水、热组合条件。所以不同地区植物的生长发育常常遇到热量或水分成为限制因素，不能使水、热都充分发挥有效的作用。例如，热量很低的大兴安岭北部地区，暖温型的植物种属成分受到极大限制，喜暖的农作物也难以适应。广大的半干旱与干旱地区却成为旱生植物占优势的世界，喜湿的或中生植物则不能普遍分布。另外，由于降水多集中在夏季高温时期，所以对植物生长发育是很有利的。在荒漠草原中有许多一年生草类能充分利用多雨高温的季节完成其生命周期，在多雨年，荒漠草原群落中可形成生物量占优势的一年生植物层片。

多风也是草原气候的重要特点，冬、春季节在蒙古高压控制下，大风尤为频繁。全年内风向的变化主要取决于冬、夏季风的变换。冬季盛行西北风，夏季多偏南风和东南风。大部分地区年平均风速在 3m/s 以上，也有些地区超过 4m/s。在干旱、半干旱地区，风力往往是塑造自然景观的重要动力因素。沙漠、沙地及黄土地貌的形成都是与风力作用密切相关的。草原区域之内各沙区的地貌结构与当地的主风向多是一致的。黄土丘陵地区也经常处于风力侵蚀和堆积的过程中。由于常态的风蚀和风积作用，地面基质处于不稳定的状态，所以草原区的沙地与黄土侵蚀地区往往形成了特殊的植物群落变型。强大的风暴是破坏草原景观、危害农牧业生产和居民生活的自然灾害。由于草原沙化和地表侵蚀的加剧，沙尘天气不仅在草原地区经常发生，而且波及北京、天津等北方各地。

气候因素是影响草原类型分化、草原景观结构和草原生产力的能量与物质条件。热量与干湿程度的时空差异构成了不同的水热组合条件，是影响草原各项生态地理特征的主导因素。草原植被与景观地带的分异大体上是与气候带的分布相吻合的。温带草原区域北部，是热量偏低的中温带，南部是暖温带，草原的植物组成与植被类型都有地带性差异。温带草原区域的半湿润气候区，是森林、灌丛与草原随生境差异而组成的植被交错地带，其中的草原植被是以草甸草原占优势。在半干旱气候区，地带性植被是以典型草原植物群系占优势。进入干旱气候区，是以耐旱性更强的小型针茅草原为主的荒漠草原地带。由于温带草原区域东部与西部的地理环境和气候节律不同，长期选择适应的植物种属成为不同的区系地理成分和不同的生态类群，使植被的群系类型也必然发生分化。因此，温带草原区域的植被区划应分为东部（VIA）和西部（VIB）两个亚区域。

第二节　蒙古高原（蒙古国）植被、放牧场和打草场研究概况

古往今来畜牧业是蒙古民族的基础实体，是民生最可靠的保证。畜牧业的支撑者为天然放牧场与打草场。蒙古国的天然草场有 $1.2 \times 10^{10} hm^2$，包括"三带三区"草场的 600 余种草本、半灌木、灌木和乔木饲用植物。

一、蒙古国植被、草场的考察研究

苏联地理协会于 1922～1935 年调查研究了蒙古部分地区的植被，为以后的工作奠定了基础。由 Козлов（1976）领导的蒙古-西藏科考队成员 Павлов（1925）对蒙古杭爱山区的植物区系、植被起源及形成，放牧场与打草场分类及牧草资源方面进行了广泛深入的研究；Победимова（1933，1935）对蒙古东部戈壁，即赛音山达至浑善达克的沙地植被，也包括蒙古-阿尔泰、沙日格戈壁植被进行了研究；由 Баранов（1925）牵头的土地与农业考察队对蒙古国大湖盆地大范围内的植被进行了研究与类型划分，确定了放牧场与打草场的基本类型及其分布面积、饲草储量。苏联学者们的这些研究工作，使研究和认识植被及草场有了良好的开端。应蒙古国政府要求，1940 年后全苏饲料研究所组成了以 И.В.Лавренко 领导的蒙古国科考队。科考队成员 А.А.Юнатов 对蒙古国放牧场、打草场的饲用植物的研究和利用做出了卓越贡献。同时他还对中国新疆、前阿尔泰和天山地区进行了考察研究，也考察研究了苏联哈萨克斯坦草原、荒漠草原。А.А.Юнатов 是当时最著名的植物学家，1940～1950 年他走遍全蒙古国草原，对蒙古国的植被、草地进行全面考察研究。其研究工作对蒙古国学者的培养成长起到模范带头和指导作用。А.А.Юнатов（1954）确定了沿纬度分布的植被区和以生物气候分布的植被带，并且确

定了区与带内分布的植被按地理区系进行划分的分类系统。并根据野外考察研究并结合其他研究，绘制了"蒙古国植被区划图"。

20世纪50年代末期按国家总体规划，蒙古国水利规划设计研究所与苏联相关单位进行合作，1964~1968年开展了草原水利化研究，绘制了蒙古国苏木（公社）的1/200万（1∶2 000 000）图和CAA的1/20万（1∶200 000）草场图。

20世纪70年代蒙古国-苏联科学家组成的生物综合考察团对蒙古国进行全面细致考察研究，完成了1/100万（1∶1 000 000）图。

在著名科学家 А.А.Юнатов 的建议和蒙古国国家支持下，20世纪50年代起开始培养蒙古国植物学基础研究人才，为以后蒙古国科学的发展和进步培养了一批杰出的科学家。1950~1990年进行的研究主要有：Ц.Даважаммц（1954）的杭爱山区、Г.Эрдэнжав（2005）的阿尔泰后戈壁、Ж.敖其尔（1965）的肯特西部山区、Б.达西奈玛（1966，1974）的达乌里-蒙古草原、У.毕克特（2000）的蒙古阿尔泰山区、X.宝音奥尔希（1977，1981）的大湖盆地沙地、Ю.М.米尔钦、H.玛尼巴扎尔等（1980）学者的蒙古河流河漫滩草甸、И.А.Коротков、Ч.都格尔扎布等的森林植被等对植被及其分类的研究工作，为蒙古国植被的认识、研究和利用作出了不可磨灭的贡献。

俄罗斯著名植物学家 В.И.Грубов（1982）对蒙古国全面进行考察后编著了《蒙古维管植物纲要》，该书包括蒙古国分布的103科599属2239种维管束植物。H.乌力吉胡吐克（1985）对蒙古国放牧场、打草场的植物进行研究，编著了《蒙古人民共和国放牧场、打草场饲用植物》，该书包括广布于蒙古国放牧场、打草场的73科379属1234种饲用植物。

二、蒙古放牧场、打草场的定位研究

蒙古国为合理利用与保护天然放牧场与打草场，开展了定位研究工作。苏联科学家 Калинина（1954）在蒙古国开创了半定位研究工作。从那时至20世纪60年代，蒙古学者进行了定位研究工作，其中，Д.班茨日格其（1967）开展了杭爱东南部山区的森林草原的研究；Ж.敖其尔（1965）、M.巴达玛（1965）开展了肯特西部山区草场的研究工作。

1968年蒙古国成立了"草原与饲料研究所"。该研究所的科研人员与现在的俄罗斯联邦国和德国的学者合作研究，将科研水平及试验仪器设备均提高到一个新的水平。土壤与地植物研究室的学者们从蒙古国三个区、三个带的草场中选取代表类型，对草场植被的结构、组成、变化及产量动态按月、按年进行多年持续研究，得出放牧场与打草场合理利用和保护的科学依据，分析草场退化的原因，为合理保护草场资源提出科学建议。包括以下具体研究内容：H.勒哈格巴布（1977，2011）、Д.宝勒日玛（2004）、C.图希瓦克（1989）等对哈拉哈中部地区的草场研究；C.斯仁达西（1980，1996）在鄂尔浑-色楞格河流域草场15年的基础研究；H.勒哈格巴扎布（2011）对杭盖东北山区草原10年的研究；H.勒哈格巴扎布（2000）在杭爱高山带10年的研究；Д.朝克（1990）在肯特西部山区森林草原的研究；阿拉坦珠勒（2002）在荒漠草原、荒漠带的研究等工作。

蒙古国科学院植物研究所设在苏赫巴托省吐门朝克图苏木的草原研究工作至今还在进行中，该研究工作监测草原植被的结构、组成、产量的动态及生态环境。

蒙古国苏联生物科学综合考察队在杭爱东部建立了定位研究站，从 1970 年开始经十多年的植被结构、组成等方面的研究，得出了许多指导性结果（Горная лесостепь Восточного Хангая，1986；Степи Восточого Хангая，1986；Сухие степи Монгольской Народной Республики，1984）。参加这一工作的 O.朝格（1975，1981）报道了因草场不合理利用而出现的植被结构、组成变化及草场退化，并得出草场植被演化规律等。Ж.奈姆道日吉（1980）对草场施肥的效果进行了研究。2004 年与联合国共同行动的"草原绿色金子"纲领和蒙古国草原管理协会开始培训青年科技人才，这些青年科技人员经技术与外语培训，后成为技术骨干。

第十三章 蒙古高原（中国）植被类型及地理分布

东部草原亚区域位于松辽平原、内蒙古高原、黄土高原及经过蒙古国的草原区往西延续到我国新疆的阿尔泰山地，是亚洲大陆中部草原区域内的东部、南半部和最西端。我国的东部草原亚区域总面积大约占亚洲大陆中部草原区域的48%。该亚区域的植物组成以东亚植物区系成分与达乌里-蒙古区系成分为主。草原植被的主要群系是分别由禾本科针茅属光芒组（Sect. *Leiostipa* Dum.）的贝加尔针茅（*Stipa baicalensis*）、大针茅（*Stipa grandis*）、克氏针茅（*Stipa krylovii*）、本氏针茅（*Stipa bungeana*），羽针组（Sect. *Smirnovia* Tzvel.）的小针茅（*Stipa klemenzii*）、沙生针茅（*Stipa glareosa*）、戈壁针茅（*Stipa gobica*）和须芒组（Sect. *Barbatae* Junge）的短花针茅（*Stipa breviflora*）为建群种。草原植物群落及其演替变型的菊科蒿属优势植物主要以龙蒿亚属（Subgen. *Dracunculus*）及蒿亚属（Subgen. *Artemisia*）的柔毛蒿（*Artemisia pubescens*）、裂叶蒿（*Artemisia tanacetifolia*）、白莲蒿（*Artemisia sacrorum*）、菱蒿（*Artemisia giraldii*）、茵陈蒿（*Artemisia capillaris*）、冷蒿（*Artemisia frigida*）、蒙古蒿（*Artemisia mongolica*）、狭叶青蒿（*Artemisia dracunculus*）等为代表。此外，东部草原亚区域的降水节律是集中在夏秋季（7~8月），所以在荒漠草原及一些典型草原群落中，常出现夏季一年生植物层片，取代了西部草原亚区域的短生植物层片。

东部草原亚区域，大体上以长城与阴山为界，南北的热量等气候条件有明显不同，草原植被型与植物区系及景观生态结构等也都有相应的地带差别。应划分为中温带草原地带和暖温带草原地带。在这两个地带内，随着降水量和气候湿润系数自东向西变化，按照草原植被和景观要素的分异，再各自划分为三个亚地带。

第一节 中温带东部草原地带（ⅥAi）

一、中温带东部森林草原亚地带（ⅥAia）

森林草原亚地带处于典型草原亚地带与森林地带之间的过渡位置上，是以草甸草原和森林植被的共存为特征的亚地带，其地域包括松辽平原和大兴安岭中部的东西两麓。根据植被组合与主要植物群系类型划分为以下三个植被区。

（一）松嫩平原森林草原区（ⅥAia-1）

该植被区的地域范围是松辽平原北半部地区，即松辽分水岭以北的平原及周边的山前丘陵与台地，在44°~48°N，121°~126°20′E。嫩江以西是大兴安岭东麓新第三纪侵蚀切割形成的山前低丘漫岗区，发源于大兴安岭的多条河流由此注入嫩江干流。较大的河流有那都里河、古里河、多布库尔河、欧肯河、甘河、诺敏河、阿伦河、雅鲁河、莫莲河、绰尔河、洮儿河、霍林河等,这些河流在嫩江右岸交互形成宽阔的阶地与河漫滩。平原中部与东部源自小兴安岭和张广才岭的嫩江支流有讷谟尔河、乌裕尔河,松花江支流有安肇河、通肯河、呼兰河、拉林河、第二松花江及其支流饮马河与伊通河等。这些河流在松嫩平原的蜿蜒曲流构成密布的河网,发育了广阔的河滩湿地及排水不畅的沼泽与湖泊。从周边的低山丘陵到中部的平原与低湿地,在该区形成了森林、灌丛、草甸、草原和盐化草甸与沼泽等植被类型的复合生态系统。

在温带草原区域中,该区是海拔最低、距离太平洋比较近的一区,受海洋季风气候的影响相对较强,属于温凉半湿润气候区。北部及东西两侧的山前地带气温较低,年平均气温 0~2℃,1 月均温-24~-20℃,7 月均温 18~22℃,全年≥10℃积温 2200~2600℃;松花江以南,年均温 2~4℃,1 月均温-22~-18℃,7 月均温 22~24℃,全年≥10℃积温 2500~2800℃。年平均降水量是北高南低,北部约 450mm,南部约 400mm,全区的湿润系数 0.5~0.8,在地带性生境中可形成草甸草原植被和森林、中生灌丛与五花草甸植被。

在半湿润气候条件下,大面积的平原与台地形成的土壤是黑钙土与黑土,在东部的丘陵与低山上发育成棕壤,大兴安岭东麓的丘陵地带主要是森林灰化土,平原中部的低湿地与盐化低地上是草甸土、草甸黑土与盐化草甸土组成的复区。这些土壤类型大都可作为良好的宜农土地和宜林土地。

该区的植物区系组成比较复杂,兼有达乌里-蒙古植物区系、长白区系及东亚植物区系和亚洲中部区系成分,在隐域性植被中还有欧亚大陆温带成分。其中,草原植被的建群植物贝加尔针茅、大针茅、羊草(*Leymus chinensis*)、线叶菊(*Filifolium sibiricum*)是达乌里-蒙古植物区系的代表。组成森林植被的优势植物蒙古栎(*Quercus mongolica*)、紫椴(*Tilia amurensis*)、胡桃楸(*Juglans mandshurica*)、黄檗(*Phellodendron amurense*)、毛榛(*Corylus mandshurica*)、二色胡枝子(*Lespedeza bicolor*)等是东亚与长白植物区系成分。组成灌丛植被的主要植物山杏(*Armeniaca sibirica*)、山刺玫(*Rosa davurica*)、东北接骨木(*Sambucus williamsii*)等也属于东亚成分。在草甸植被组成中,欧亚大陆温带成分的代表植物有拂子茅(*Calamagrostis epigejos*)、老芒麦(*Elymus sibiricus*)、大叶章(*Deyeuxia langsdorffii*)、野黑麦(*Hordeum brevisubulatum*)、黄花苜蓿(*Medicago falcata*)、山野豌豆(*Vicia amoena*)、野火球(*Trifolium lupinaster*)等。

森林、灌丛、草甸、草原与沼泽等多种植被类型在该区内所形成的生态组合,是景观生态多样性与异质性的突出特点。而且该区各地的植被类型与分布格局也各有不同。

西部的大兴安岭山麓地带,残存的森林植被主要是萌生的蒙古栎矮林、山杨白桦林和黑桦林。林间有毛榛灌丛与二色胡枝子灌丛,阳坡多分布山杏与大果榆灌丛。东部丘陵地带除次生的蒙古栎林、黑桦林之外,还有残生的椴树林与槭、榆、黄檗等组成的混交林等。

平原与低丘漫岗的黑土地上分布的五花草甸是由多种双子叶杂类草与禾草薹草类组成的中生性植被。群落的覆盖度可达 70%~90%,高度 80~100cm。植物组成十分丰富,菊科、豆科、蔷薇科、毛茛科、百合科、鸢尾科与禾草类的植物较多,成为多优势种植物群落。主要植物种有地榆(*Sanguisorba officinalis*)、裂叶蒿(*Artemisia tanacetifolia*）、大叶野豌豆（*Vicia pseudorobus*）、歪头菜（*Vicia unijuga*）、野火球、全缘橐吾（*Ligularia mongolica*）、莓叶委陵菜（*Potentilla fragarioides*）、芍药（*Paeonia lactiflora*）、大花翠雀（*Delphinium grandiflorum*）、无芒雀麦（*Bromus inermis*）、毛秆野古草（*Arundinella hirta*）、羊草、日阴菅（*Carex pediformis*）、黄花菜（*Hemerocallis citrina*）、射干鸢尾（*Iris dichotoma*）、狭叶沙参（*Adenophora gmelinii*）、蓬子菜（*Galium verum*）等。五花草甸是该区土质肥沃的宜农土地，作为我国北方的粮农基地已被广泛开发。

在平原与丘陵阳坡地上分布的草甸草原植被是由羊草草原、贝加尔针茅草原和线叶菊草原组成的生态系列。羊草草原占据平原与坡麓，贝加尔针茅草原分布在丘坡，线叶菊草原在丘陵上部。这些草甸草原的群落组成含有一些东亚植物区系成分，如野古草、大油芒（*Spodiopogon sibiricus*）、多叶隐子草（*Cleistogenes polyphylla*）、中国委陵菜（*Potentilla chinensis*）等。在农业开发历史过程中，该区绝大部分草甸草原已被垦殖，目前只有少量残存。在原生群落中，羊草草原含有丰富的中生性杂类草，构成羊草群系的一个亚群系。贝加尔针茅草原和线叶菊草原的群落组成也比较丰富，物种饱和度可达 $25\sim30$ 种/m^2。

松嫩平原的低湿地广泛分布着多样化的隐域性植被，主要类型是禾草草甸、盐化草甸、沼泽草甸与草本沼泽、灌丛木本沼泽、盐生植被等。禾草草甸的代表性群系有小糠草草甸（Form. *Agrostis gigantea*）、拂子茅草甸（Form. *Calamagrostis epigeios*）、无芒雀麦草甸（Form. *Bromus inermis*）、草地早熟禾草甸（Form. *Poa pratensis*）、扁穗牛鞭草草甸（Form. *Hemarthria compressa*）等。盐化草甸类型的星星草草甸（Form. *Puccinellia tenuiflora*）、野黑麦草甸（Form. 短芒大麦）分布较多。该区草本沼泽的主要群系有乌拉草沼泽（Form. *Carex meyeriana*）、芦苇沼泽（Form. *Phragmites australis*）、小叶章沼泽（Form. *Deyeuxia angustifolia*）、香蒲沼泽（Form. *Typha orientalis*）与小香蒲沼泽（Form. *Typha minima*）等。在低山丘陵的沟谷及河滩地上，柳灌丛沼泽是木本沼泽的主要群系组，越桔柳（Form. *Salix myrtilloides*）、兴安柳（Form. *Salix hsinganica*）、三蕊柳（Form. *Salix triandra*）、五蕊柳（Form. *Salix pentandra*）和卷边柳（Form. *Salix siuzevii*）等群系是分布较多的类型。柴桦灌木沼泽（Form. *Betula fruticosa*）也是该区常见的木本沼泽。

鉴于该区有开阔的平原与低丘等地形条件，有比较湿润的温凉气候条件，又有土层深厚肥沃的土壤及草甸草原等植被类型，构成了生产力较高的复合生态系统。土地资源、水利资源、生物资源等为现代化农业提供了良好的环境与资源保障，现已成为我国重要的农业基地。五花草甸、草甸草原与部分森林等天然植被已被大量开发，主要农作物与农田栽培植被是玉米、大豆、马铃薯及水稻等。在今后的发展中，必须实行农林牧综合发展，加强生态保育和环境保护，不宜耕种的土地和退化的草原应退耕还林还草还牧，要按照中国科学院与工程院院士们的最新研究与建议："土地资源利用要坚持耕地总量不宜再增加，林、草、湿地不应再减少，城市和工矿用地要合理规划"，"水资源必须合理配置，要确保生态用水"（雷明德等，1999）。这是维护生态健康与环境友好、实现可持续发展的保障。

（二）辽河平原森林草原区（ⅥAia-2）

该区位于松辽分水岭以南，辽东丘陵与辽西丘陵之间的辽河平原北部地区，是松辽沉降带的一部分，沉积了白垩系、第三系与第四系地层，第四纪以来形成辽河冲积平原。中更新世晚期，随着松辽分水岭的隆起，原有的古松辽大湖消失，辽河由内陆河变成注入渤海的外流水系，并在平原上残留了许多沼泽湿地与小型湖泊。

该区的地域范围在 42°～44°30′N，122°～125°E，是温带草原区域之中海拔最低、距离海洋最近的植被区，海拔高程 50～150m，东距渤海约 500km。以辽河干流为中轴，东北部是东辽河及辽河支流招苏台河的冲积平原；西侧是西辽河末端的冲积平原与更新世以来形成的沙地，有秀水河、养息牧河、柳河等支流汇入辽河。辽河干、支流在平原上组成较密集的树枝状河网，由于河流比降很小，形成许多曲流，沿河的河滩地十分宽阔，并有许多牛轭湖分布，造成了大量星散分布的隐域性生境。

冬夏受大陆与海洋季风的交替作用，形成半湿润向半干旱过渡的中温带季风气候。年平均气温 3～6℃，1 月均温–18～–12℃，7 月均温 21～25℃，全年≥10℃积温 2500～3200℃；多年平均降水量 350～450mm，湿润系数 0.4～0.8。20 世纪的百年来，平均气温一直呈上升的趋势，增幅 1.3℃；近百年降水量有下降趋势，下降 20～30mm，而且波动很大，近 20 年的波动更显著，表现出向半干旱气候过渡的征兆（雷明德等，1999）。

地带性生境的原生植被以草甸草原为主，土壤是黑钙土与暗栗钙土。东部的丘陵与低山的次生林下有森林棕壤的分布。西部沙区的沙丘与丘间低地上，是风沙土与沙质草甸土的复合分布区，形成疏林草地、灌丛和沼泽化草甸等生态多样性结构。在河滩与沼泽湿地上，草甸土、盐化草甸土、盐碱土、沼泽土与灌淤土都有分布，除残存的草甸植被片段外，已广泛开发为耕地，成为大宗农作物玉米的主要产区。

该区植物区系是达乌里–蒙古植物种属占优势、以长白植物区系成分为特色，兼有华北植物区系、东亚植物区系、亚洲中部区系与欧亚大陆温带成分。草甸草原植被的优势植物是贝加尔针茅、羊草、线叶菊、冰草等。分布在东部低山的森林优势植物以蒙古栎、糠椴（Tilia mandshurica）、蒙椴（Tilia mongolica）为代表，外来树种刺槐（Robinia pseudoacacia）也已成为常见的优势树种。组成灌丛植被的主要植物有大果榆（Ulmus macrocarpa）、山杏、绢毛绣线菊（Spiraea sericea）与华北植物区系的虎榛子（Ostryopsis davidiana）等。在沙地的疏林草地与灌丛植被中，有蒙古栎、元宝槭（Acer truncatum）、榆（Ulmus pumila）、黑榆（Ulmus davidiana）、刺榆（Hemiptelea davidii）、旱柳（Salix matsudana）、黄柳（Salix gordejevii）、小叶锦鸡儿（Caragana microphylla）、差不嘎蒿（Artemisia halodendron）等优势植物。河湖湿地和沙丘间滩地的草甸与沼生植物有朝鲜柳（Salix koreensis）、大黄柳（Salix raddeana）、越桔柳等乔灌木及无芒雀麦、拂子茅、老芒麦、野黑麦、荻（Triarrhena sacchariflora）等草本植物。该区西南部的大青沟是保存了多种植物生态多样性的隐蔽性生境，汇集了长白植物区系和东亚植物区系的一些种属，如胡桃楸、黄檗、春榆、小叶朴（Celtis bungeana）、杞柳（Salix integra）、朝鲜柳等植物。

冲积平原、丘陵区与沙区的多种植被类型在该区内构成独特的植被生态多样性格局。其中，地带性生境占据的总面积较少，而且草甸草原与草甸等原生植被已经被广泛开垦为耕地。现有的次生天然植被只保存在少量的丘陵、湿地与大面积的沙地上。

东辽河与招苏台河上游山前丘陵地带残存的植被主要是刺槐林与绣线菊灌丛、山杏大果榆灌丛、虎榛子灌丛等。大面积丘陵缓坡地已成为种植玉米、小麦与杂粮等多种作物的农田。

西辽河下游平原的覆沙区，以蒙古栎与元宝槭、榆树与春榆为优势种，并混生小叶朴、蒙桑（*Morus mongolica*）组成乔木层，由冰草、隐子草与蒿类组成草本层的疏林草地群落，以及固定沙地的山杏灌丛、刺榆灌丛和半固定沙地的黄柳灌丛等植被类型，曾在 20 世纪 60 年代还保持大量分布，目前已大部分消失。近 40 多年来的农业与畜牧业生产经营活动对草地与水土资源的超负荷利用使沙地植被退化演替成为半固定与半流动沙地的沙蒿半灌木群落、一年生植物群落与裸沙地。沙丘间滩地原有的草甸植被也已普遍被开垦，成为种植玉米等一年生农作物为主的农田，大部分耕地的土壤冬季裸露。生态系统的这些变化，必然导致沙地植被的防风固沙功能和环境效益严重受损。

目前，该区已是我国东北粮食生产基地的组成部分，但生产经营比较粗放，农业生产体系结构单一，对植被和生态系统的保护不善，土地生产力正在衰退，水资源也日益紧缺。为此，必须调整与改善产业结构，建立农林牧、种养加综合生产体系。加强植被保育，促进植被的恢复演替，利用本地生物多样性和植物资源的优势，改善沙区和丘陵区的植被组合，建立起良好的生态防护体系，为区域和谐发展提供保障。

（三）大兴安岭西麓森林草原区（ⅥAia-3）

位于大兴安岭西侧的低山丘陵与山前平原地带，东面与松嫩平原森林–草原区毗连，西面与蒙古高原东部典型草原区相接，东北面是寒温带针叶林区域的大兴安岭北部兴安落叶松林区，西北边是中俄两国的界河额尔古纳河，越过国界与外贝加尔地区的森林–草原区相连，该区处在 45°30′~50°40′N，119°~121°E。

由于该区的基岩主要由花岗岩、安山岩、石英粗面岩等火成岩组成，岩性比较均一，所以久经剥蚀、丘陵浑圆、地形起伏平缓。海拔由东向西逐渐下降，并且有南高北低的趋势，北部海拔为 700~900m，南部达 950~1200m。源出于大兴安岭的根河、海拉尔河、特尼河、伊敏河等一些河流流经该区，形成较密的河网及宽阔的河滩与沼泽湿地。

该区处于半湿润温寒气候地带，年平均气温为–3~–1℃，1 月均温–26~–20℃，7 月均温 18~22℃，全年≥10℃积温 1600~2200℃，无霜期 90~110 天，仅能满足春麦类、马铃薯及油菜等种植的需要。年降水量 350~450mm，湿润度 0.5~1.0，可基本满足农业旱作的条件。地带性土壤为黑钙土、淋溶黑钙土及岛状森林下发育的灰色森林土。

在植物区系组成中，起主导作用的成分是达乌里–蒙古种，贝加尔针茅、羊草、线叶菊等均为草甸草原群系的建群植物。其次是欧亚大陆温带成分和东亚森林与草甸成分，如地榆、裂叶蒿、野火球、歪头菜、大叶野豌豆、沙参、黄花菜、无芒雀麦、日阴菅等都是五花草甸的主要植物，白桦（*Betula platyphylla*）、樟子松（*Pinus sylvestris* var. *mongolica*）、兴安落叶松（*Larix gmelinii*）是组成该区森林的主要优势树种。

目前，该区的草甸草原等天然植被保存较多，根河冲积平原及特尼河流域有集中开垦的耕地。该区东、西部的植被组合状况有所不同。东部靠近森林区的低山地区，阴坡多分布白桦林与白桦山杨林，山顶及阳坡上部为线叶菊草原，大面积缓坡多为地榆等多种中生杂类草组成的五花草甸，沟谷及河漫滩分布了中生杂类草和薹草类组成的沼泽化草甸及沼泽植被。往西，在靠近典型草原区的低丘漫岗与平原地区，森林分布很零散，仅在局部海拔较高、坡度较大的阴坡有小团块状的白桦山杨林分布。大部分丘陵阴坡分布着五花草甸和小面积的兴安柳灌丛。丘顶和阳坡上部分布着线叶菊草原及少量羊茅草原，坡地中部是贝加尔针茅草原集中分布形成一个狭带，坡地下部及漫岗上广泛分布了羊草草原。谷地与河滩地有禾草草甸、杂类草草甸、塔头沼泽及河岸柳灌丛、杂木灌丛等多种植被的组合分布。在该区的红花尔基一带，有大片沙地的分布，沙地上形成了大面积的樟子松林，生长得比较疏散，林下有发达的草本层，并以草原成分为主。这是一类独特的草原化沙地松林，是十分珍贵的森林种源基地。半个世纪以来，该区的樟子松林一直得到较好的保育，有些已发育成密林。

贝加尔针茅草原是占据典型地带性生境的草甸草原群系，分布在丘陵坡地的中部，土壤为中壤质黑钙土。群落的种类组成以中旱生禾草与杂类草为主，属于草甸草原的特征植物。贝加尔针茅草原的群落面积往往并不太大，在该区的总分布面积也不大，群落类型的分化也不多，常见的群落有贝加尔针茅+线叶菊草原、贝加尔针茅+丛生小禾草草原、贝加尔针茅+羊草+杂类草草原、贝加尔针茅+日阴菅+杂类草草原等。

线叶菊草原也是该区的主要草原群系之一，分布面积比较大。常见的群落类型有线叶菊+贝加尔针茅草原、线叶菊+日阴菅+杂类草草原和线叶菊+羊草草原等。但因多占据低山丘陵上部或顶部的粗骨性土壤，所以生产力比较低，作为放牧场的质量也较差。

羊草草原是该区分布最广的草原类型。它所占据的丘间宽谷、丘陵坡麓、丘坡下部等生境都可承受一定的径流水分补给，土壤水分条件较好。土壤为厚层黑钙土，土质肥沃，是较好的宜垦地。群落组成中，除中旱生植物以外，往往含有中生杂类草，种类成分相当丰富。最主要的群落类型是羊草+贝加尔针茅+杂类草草原、羊草+丛生小禾草+杂类草草原、羊草+日阴菅+杂类草草原、羊草+中生杂类草草原等。这些群落中都有多种杂类草层片，常见种有沙参、蓬子菜、直立黄芪（Astragalus adsurgens）、达乌里龙胆（Gentiana dahurica）、日阴菅、山韭（Allium senescens）、黄花菜、射干鸢尾等，生长茂密，生产力很高，每公顷可产干草 2000～4000 kg，质量也很好，为多种家畜所喜食，是优良的割草场与牧场。

五花草甸是该区及与它相邻的森林区所共有的一类植被，分布面积仅次于羊草草原和线叶菊草原。由多种中生杂类草组成，草群茂密，种类成分丰富，生产力很高，每公顷可收割青草 3000～5000 kg。由于大量的有机物质每年以枯枝落叶及死亡的根系部分归还于土壤中，所以形成肥沃深厚的淋溶黑钙土，腐殖质层厚度可达 60～80cm，是草原区最肥沃的土壤类型，可作为良好的宜农土地。

山地森林植被在该区内只限于阴坡，呈岛状分布，每一片段的面积都不大。白桦、山杨为群落优势种，其他树种极为少见。这些森林岛屿的分布对本地环境有重要作用，是当地的一项森林资源，对农、牧业生产有防护功能，也可提供抚育采伐的小径木材。

总之，由于该区是森林区与草原区的交错地带，森林、林缘草甸、草甸草原及其他隐域性植被交替分布，使植被类型组合比较复杂，生产力也较高。既有大面积优良天然草场和一定面积的天然林，又有集中分布的农垦地，适于机耕农业生产。因此，为农、牧、林业生产的综合经营提供了有利的资源条件。近 50 年来，已建立了一批机耕农牧场进行农垦与农牧业生产，因为是半湿润气候区，年降水量较高，旱作农业可以基本上保证稳产。但是温度低和无霜期短的气候特点又限制了许多作物的生长和成熟，只能种植春小麦、油菜、马铃薯等短生长期的作物。该区天然草场广阔，生产力较高、牧草质量良好，既有放牧场又有广大的天然割草场，著名的家畜优良品种三河牛、三河马、巴尔虎羊均原产于该区，形成了以牛、羊为主的畜牧生产基地。从这些植被资源特点及其所反映的自然条件来看，今后必须坚持农、牧、林结合的根本方向。大力种植饲料作物与多年生牧草，既要增加优质饲草料来源，又可恢复土壤肥力，建立起适合该区条件的草田轮作制度，实现种、养、加等各业高度结合的产业体系。畜牧业以养牛（奶牛与肉用牛）、养羊为主，多种饲养业全面发展。实行集约化经营，以夏牧冬饲和半舍饲为宜，并可推行冬季异地育肥，既能充分利用天然草场进行夏季放牧，又能发挥种养结合提供优质饲料的效益，使生产走向产业化的发展目标。

二、中温带东部典型草原亚地带（ⅥAib）

这一亚地带东起西辽河流域的半干旱区，经大兴安岭南部山地到内蒙古高原东部，并与蒙古国境内的典型草原地带直接相连。地带性植被是以典型草原的主要群系为标志，作为半干旱气候区的山地、沙地及湿地也形成多种植被类型的生态格局。根据地区间植被组合的差异，从东到西可分为以下三个植被区。

（一）西辽河平原草原区（ⅥAib-1）

西拉木伦河横贯东西，将该区分割为南北两部分，北部是河流北岸冲积洪积平原和低丘漫岗区，南部是沙丘与丘间滩地组成的坨甸地区，即科尔沁草原沙区。两个地域的生态地理条件有明显差异，所以植被类型及其分布组合也不同。

河流以北地区与大兴安岭南部山地连接，海拔 300～500m，由西北向东南倾斜下降。发源于大兴安岭山地的呼虎尔河、乌尔吉木伦河、查干木伦河等河流都是注入西辽河与西拉木伦河的支流，均形成宽阔的河漫滩与阶地，大多已被开垦为农田，隐域性植被保存不多。这个地区的冲积洪积平原与低丘漫岗是以显域性地境为主，沙地分布较少。气候湿润度较南部地区略高，但热量略低于南部，全年≥10℃积温 2600～3000℃，年均降水量 300～400mm。地带性土壤为暗栗钙土，多含有中细砂与砾石的沙质、沙砾质土壤。

西拉木伦河以南的平原地区，主要是坨甸地景观，缺乏显著生境。由风沙土构成的下垫面使地上辐射热量较高，气候较温暖，≥10℃积温 2700～3100℃。但气候干旱程度略高于该区北部，而且由东往西逐渐加剧。气候干旱程度的东西差异也表现出坨甸地貌类型及其组合状况有明显不同。东部的教来河下游地区，年均降水量约 350mm，湿润度约 0.45，半固定与固定沙地较多，沙丘间滩地的数量和面积也较大。从教来河往西至老哈河之间，年均降水量可保持在 300mm 之上，湿润度下降到 0.4，流动、半流动沙丘较多，丘间滩地面积少于东部。老哈河以西是较为干旱的地区，年均降水量为 250～300mm，湿润度 0.3～0.4，流动、半流动沙丘较多，自然植被的总被率较低，沙丘间滩地较少。上述空间差异在沙区构成了东西向的气候与环境渐变的生态梯度。

虽然该区具备典型草原的气候条件，但因地表松散沙质沉积物的大面积覆盖，植被和土壤的发育不能普遍达到草原植被的顶极。在西拉木伦河以北的平原地区及大兴安岭东南麓的山前地带是草原植被最好的地方。占优势的群系是克氏针茅草原、大针茅草原、羊草草原、沙生冰草草原及线叶菊草原。但由于强烈的放牧垦殖，有许多草原植被已退化演替为冷蒿占优势的次生草原群落。在砾石性较强的草原土壤上，白莲蒿群落分布较多，沙质栗钙土上，山杏灌丛化草原是比较发达的群落类型，沙生冰草草原也是适应沙质土壤的群落类型。局部丘陵坡地上，山杏大果榆灌丛、蒙古栎萌生矮林是常见的群落类型。河漫滩上，有残存的禾草与杂类草组成的草甸及沼泽化草甸植被，如小糠草草甸、拂子茅草甸等。

该区沙地植被的群落类型及其分布格局的生态多样性与空间异质性也很突出。沿着东西向的生态地理梯度，在教来河流域的沙地上植物群落类型与组合较为复杂多样。榆树疏林草地、山杏灌丛、黄柳灌丛、差不嘎蒿群落、狼尾草群落等都比较发达。沙丘间滩地已广泛开垦种植玉米等作物，残存的草甸植被与莎草类沼泽草甸零散分布，人工营造的杨、柳林已形成林网，使坨甸地的植被组合呈现出比较茂密的景观。教来河以西至老哈河之间的沙地，除沙蒿类群落占优势外，榆树疏林也有一些分布，人工杨、柳林也有成活。翁牛特旗的松树山是西拉木伦河南岸的一个孤立残山，发育着一些灌丛及森林植被的片段。老哈河以西的沙地，流动、半流动沙丘较多，光沙蒿（*Artemisia oxycephala*）、乌丹蒿（*Artemisia wudanica*）等组成的沙生半灌木群落及一年生草本植物群落是主要的沙地植被，灌丛与疏林都不发达。

西拉木伦河沿岸的河漫滩与河流故道的低湿地相当宽阔，是草甸植被、沼泽草甸及河滩灌丛的良好生境。但现存的天然草甸及沼泽植被已保留不多，大部分均已被开垦为农田。残存的天然植被主要有拂子茅草甸、芦苇草甸、柳灌丛等。人工建造的防护林也已发挥功效，主要树种是几种杨树、柳树与榆树等。

该区植被及其生境类型的多样性，为农牧林业生产提供了各种较好的土地资源和生物资源，这是实行多种经营、综合发展的有利条件。大兴安岭东南麓山前丘陵平原地区的天然草原是良好的牧场，如巴林右旗、阿鲁科尔沁旗的南部地区，在长期历史上有经营放牧畜牧业的传统，今后仍宜以畜牧业生产为主实行农牧结合。南部草甸地区，适于耕种的土地资源较少。在沙丘上依其植被类型的不同，分布着腐殖质染色程度不同的白沙土、黄沙土、灰沙土、栗沙土等原始土壤，均未能形成稳定的土壤结构，开垦后种植一年生作物，1、2 年后即肥力明显丧失引起沙化。该地农民流传的"迁沙种植"，就是耕种 1、2 年后，即行撂荒的粗放经营方式。因此使许多沙丘迟迟不能达到固定，土壤不能持续发育，植被也不能演替到比较稳定的群落。沙丘间低湿地上分布着浅色草甸土，其肥力较上述风沙土为优，但常因土地盐渍化产量不能保持稳定。有些草甸，如赖草（*Leymus secalinus*）草甸、野黑麦草甸、拂子茅草甸、芦苇草甸都可作为天然割草场或放牧场利用。开垦过多，会影响冬春牧草储备，并加重放牧场的负荷。鉴于土地资源的上述特点，该区的农业种植面积不宜过大，而且急需改进耕作制度，保持适度规模的经营。由于天然草场资源较多，而且坨甸相间分布，形成了放牧场和割草场的一定自然比例，是养牛为主的畜牧业生产较好的条件。如再提倡人工种植多年生优良牧草，则条件更为改善。该区作为农牧交错地区，今后仍宜于发展养牛为主的畜牧业生产。还应培育扩大天然榆树疏林及柳林，在流沙泛滥的地方，营造固沙灌丛。在合理利用资源、防治沙漠化、改善环境的基础上，寻求科学发展的模式。

（二）大兴安岭南段山地森林–灌丛–草原区（ⅥAib-2）

该区是宝格达山往南的大兴安岭山地，北接大兴安岭西麓森林草原区，西北面与蒙古高原东部典型草原区相连，东南侧下降到西辽河平原草原区及辽河平原草原区。大兴安岭南部山地呈东北–西南走向，按山体高度属于中山与低山，其北部海拔 1000～1400m，西南部 1200～2000m。山地两侧是不对称的，西北麓坡降平缓，相对高差一般小于 500m，东南麓坡降很显著，高差达 1000m 以上。源出于该区山地流向东南的河流有西拉木伦河及其支流呼虎尔河、乌尔吉木伦河、敖尔盖、查干木伦河等，还有向西北流入乌珠穆沁盆地的内陆河流乌拉盖河、彦吉卡河、巴拉盖尔河、吉林河等。这些河流源头在山地的分布，表明了水源涵养对控制山地两麓的径流状况和调节气候都有重要作用。因此该区山地的利用，必须坚持以保持水土、涵养水源为首要原则。

山地的气候条件也随海拔变化而有差异，中山地区气候比较湿润、寒冷，湿润度 0.6以上，≥10℃积温一般为 2000℃。低山地区的气候比较温暖、干燥一些，湿润度 0.5～0.6，≥10℃积温约 2500℃。年平均气温 3～5℃，7 月均温 17～24℃，1 月均温–15℃上下。年均降水量 400～500mm，其中 7 月、8 月的降水量占全年降水量的 50%以上，而且多地形雨，积雪厚度可达 15～20cm，积雪期长达 5 个月。在最高的山顶有局部的多年冻土块状分布。

由于山地地形及生态条件的特异性，植物区系成分有多方汇合的特点，包括北方针叶林成分、华北区系成分及达乌里-蒙古草原成分等，植被类型及其组合也形成了错综复杂的格局。山地森林植被的组成及群落类型是多样化的，山体上部的阴坡是最湿润的立地条件，一般均发育形成白桦林、黑桦（Betula dahurica）林及山杨（Populus davidiana）林，或桦、杨混生林等。由于历史上不断地砍伐，所以中幼龄林居多。山地中、下部，蒙古栎林有最广泛的分布，但一般均形成较稀疏的矮林及萌生林，并与各种山地灌丛交替分布。在黄岗梁等局部山地，海拔较高，有少量的小片针叶林分布，其中有兴安落叶松林、红皮云杉（Picea koraiensis）林及白扦（Picea meyeri）林片段等。

各种中生灌木组成的灌丛群落也是很重要的一类山地植被，不同类型的生境中，发育不同的灌丛群落。低山带常见的群落类型是山杏-大果榆灌丛、虎榛子灌丛、楼斗叶绣线菊（Spiraea aquilegifolia）灌丛等。中山带则有照白杜鹃（Rhododendron micranthum）灌丛、金露梅（Dasiphora fruticosa）灌丛、银露梅（Dasiphora glabra）灌丛等。山地沟谷，中山带的阳坡与山顶的林间空地上还有各类草甸植被的分布。常见的群落类型有草地早熟禾（Poa pratensis）草甸、小糠草草甸、薹草类草甸、杂类草草甸等。有些草甸群落含有山地植物种类成分，如异燕麦（*Helictotrichon schellianum*）、野青茅（*Deyeuxia arundinacea*）、银穗草（*Leucopoa albida*）、银老梅等。

草原植被也是该区十分发达的植被类型，不仅在低山带有广泛分布，而且在中山带也充分占据了阳坡与山顶的一些干旱生境。反映出大兴安岭南部山地是坐落在半干旱气候的草原地带内部的山地，它的森林、灌丛、山地草甸等植被的分布是山地垂直带效应的表现。草原植被的群系类型也是多样的，中山带的代表群系是贝加尔针茅草原、线叶菊草原、羊茅草原等，山地顶部还有银穗草草原的少量分布，这些草原往往含有丰富的中生杂类草及山地成分，属于山地草甸草原类型。低山带的草原植被广泛占据着比较干燥的山地阳坡，以大针茅草原及羊草草原为代表。白莲蒿组成的草原半灌木群落是砾石质坡地最常见的群落类型。在基岩出露的干燥山坡上往往还有山蒿（*Artemisia brachyloba*）群落分布，野古草、大油芒、中国委陵菜（*Potentilla chinensis*）等东亚植物区系成分在草原群落中常有混生。

在该区的植被组合中，虽然森林覆被率只占 8%～9%，但它是草原区难得的重要森林资源，对于涵养水源有重要功能。因此，应加强森林的保护和抚育，对于幼龄林和针叶林更应列为保护的重点，加速森林生长与更新。黄岗梁、大局子、罕山等林区海拔1400m 以上残存的云杉林及落叶松林片段天然更新良好，这就证明了在同样的立地条件下有可能扩大针叶林的分布。应该保护好现有的针叶林，利用它作为育林种源地。对草原化的蒙古栎矮林也应加强抚育，提高其生产效益。各类山地草原、草甸及灌丛植被大多是经营畜牧业的良好牧场与草场，按照合理利用自然资源的原则，该区以从事林业及特色畜牧业生产为宜。可以适度经营养鹿，也可发展药用植物的种植。除了部分水土条件比较良好、土壤已经熟化的河谷滩地及坡度很小的山麓地带的农田应进行耕种以外，不宜扩大开垦农田。对于选地不当、地处高寒或易引起水土流失的耕地，应该停耕，迫切需要恢复森林和草原、草甸植被，使该区成为西辽河流域的水源涵养及生态防护带。

（三）蒙古高原东部草原区（ⅥAib-3）

典型草原植物群落及其演替变型是该区大面积连续分布的地带性植被，所以成为中温带东部典型草原亚地带最有代表性的一区。东面与大兴安岭西麓森林草原区和大兴安岭南段森林灌丛草原区相接，南面直达阴山山地的北侧，并以山地分水岭与黄土高原草原为界，西边是乌兰察布高原荒漠草原区。该区主要包括呼伦贝尔及锡林郭勒两个开阔平缓的波状高平原区，两者均与蒙古国东部的典型草原区连为一体，构成蒙古高原草原区的整体。

该区的地貌结构大体上是从阴山北麓丘陵逐渐向北部的高平原倾斜下降。北部的呼伦贝尔高平原是地势最低的区域，海拔 650～800m，地形呈波状起伏，其西部有一些低矮的石质丘陵，地面剥蚀明显，土层比较浅薄。呼伦贝尔高平原的沉积物以厚度不等的沙层或沙砾层为主，沿海拉尔河南岸及其以南的地区还有不少沙地的断续分布。这一高平原的地表水系由海拉尔河、伊敏河、辉河、乌尔逊河、克鲁伦河等河流组成，两岸都有较宽阔的河滩草甸与沼泽，呼伦湖与贝尔湖周围也有盐化滩地的分布。锡林郭勒高原的海拔为 1000～1200m，但它的外缘有丘陵低山隆起。北面是巴龙马格龙丘陵，东南有大兴安岭西北麓的山前丘陵，南面还有阴山山系的察哈尔丘陵与低山。高原的东部是以乌拉盖河水系为中心的乌珠穆沁盆地，西部有玄武岩台地和许多火山锥的分布，台地上土层比较浅薄；南部的浑善达克沙地沿东西走向形成一条连续的沙带横贯该区。这些生态地理环境的异质性为各种植被类型提供了各自适应的生境，形成了以大针茅草原及克氏针茅草原占优势的植被生态格局。

由于大气环流直接承受蒙古高压的强烈影响，所以形成了典型的内陆半干旱气候。全年平均气温-2.0～2.0℃，7月均温18.0～21.0℃，1月均温-28.0～-18.0℃，≥10℃积温1800～2300℃，年降水量250～400mm，湿润度0.3～0.6。这种中温带半干旱气候的热量与雨量都集中在夏季，使草原植被形成明显的夏季生长高峰。

在植被的群落组成中有一组典型草原的特征植物，其中，最主要的种类是大针茅、克氏针茅、糙隐子草（Cleistogenes squarrosa）、米氏冰草（Agropyron michnoi）、落草（Koeleria cristata）、寸草薹（Carex duriuscula）、黄囊薹草（Carex korshinskyi）、双齿葱（Allium bidentatum）、矮韭（Allium anisopodium）、细叶韭（Allium tenuissimum）、星毛委陵菜（Potentilla acaulis）、大委陵菜（Potentilla nudicaulis）、菊叶委陵菜（Potentilla tanacetifolia）、扁蓿豆（Melilotoides ruthenica）、草木樨状黄芪（Astragalus melilotoides）、乳白花黄耆（Astragalus galactites）、多叶棘豆（Oxytropis myriophylla）、红柴胡（Bupleurum scorzonerifolium）、达乌里芯芭（Cymbaria dahurica）、白婆婆纳（Veronica incana）、火绒草（Leontopodium leontopodioides）、阿尔泰狗娃花（Heteropappus altaicus）、麻花头（Serratula centauroides）、冷蒿、小叶锦鸡儿等。这些都是典型草原旱生植物，在相邻的荒漠草原区和草甸草原区出现的不多，或有近亲的地理替代种。

大针茅草原是该区地带性植被的主要群系，广泛分布在排水良好的平原上，形成大面积的群落。土壤多是轻壤或砂壤质的厚层暗栗钙土与栗钙土。因生境不同，也有多种群落类型的分化，最常见的类型是大针茅+羊草+杂类草草原、大针茅+糙隐子草+冷蒿草原及小叶锦鸡儿灌丛化的大针茅草原等。这种灌丛化群落是蒙古高原典型草原带的特征。克氏针茅草原也是该区草原植被的基本类型，它比大针茅草原的旱生性强，分布也比较普遍，在经常放牧的草场和交通线附近，克氏针茅草原占优势，这是大针茅草原所发生的演替类型。在该区西部，由于气候湿润度下降，克氏针茅草原取代了大针茅草原成为优势群系，这是克氏针茅草原的原生类型，其土壤也逐渐向淡栗钙土过渡。克氏针茅草原的群落组成中，缺乏中旱生杂类草的混生，旱生杂类草、小半灌木及荒漠草原成分可形成层片。小叶锦鸡儿灌丛化克氏针茅草原、含有冷蒿或荒漠草原成分的克氏针茅草原都比较常见。除上述两种针茅草原群系占据典型的地带性生境以外，该区东部的高平原及丘陵坡麓、干谷地等水分条件较好的生境中，羊草草原多分布在海拔较高的丘陵低山上部，线叶菊草原、羊茅草原也有分布。在砂质土壤上的米氏冰草群落、糙隐子草群落和冷蒿群落都是在强烈放牧利用条件下发生的演替变型群落，目前在该区已有大量分布。

非地带性生境的河滩、沟谷、丘间洼地、盐化低地等生境中，有各种草甸与沼泽草甸植被的分布。其中最多见的是芨芨草（Achnatherum splendens）盐化草甸、马蔺（Iris lactea）盐化草甸、寸草薹与杂类草组成的轻盐化矮草草甸。非盐化的草甸有拂子茅草甸、小糠草草甸、无芒雀麦草甸及芦苇沼泽草甸等。浑善达克沙区及呼伦贝尔草原地区的沙地上，沙生植被都很发达。因土壤发育程度低，基质松散，稳固性很差，所以沙生植被的稳定性也处于不同阶段，并形成沙生演替系列。其中包括沙生草本先锋植物群落：沙米（*Agriophyllum pungens*）群落、沙鞭（*Psammochloa villosa*）群落，沙生半灌木褐沙蒿（*Artemisia intramongolica*）群落，黄柳灌丛、小叶锦鸡儿灌丛群落及沙地榆树疏林等。浑善达克沙地最东部有白扦林，呼伦贝尔草原东部的沙地有樟子松林分布。石质丘陵与低山为草原砾石生群落变型及山地灌丛的适生条件。常见的群落类型有山蒿群落、百里香（*Thymus serphyllum*）群落、楼斗叶绣线菊（*Spiraea aquilegiifolia*）灌丛、黄刺玫（*Rosa xanthina*）灌丛、长梗扁桃（*Prunus pedunculata*）灌丛等。

由于典型草原植被的群落类型占优势，所以历史上该区早已成为草原放牧畜牧业地区。长期的生产过程中，培育出几种耐粗放饲养的放牧型家畜品种：蒙古马、蒙古黄牛、乌珠穆沁羊等。并形成了逐水草而居的游牧生产方式。由于该区是半干旱区，年降水量偏低而且不稳定，蒸发强度又高，所以旱作农业不能保证稳定的收成。又因为总热量不高，喜温作物不能完全成熟，适于种植的作物也较少。因此，该区是不宜大规模进行旱作农业的地区，应该坚持以畜牧为主的产业结构。近 50 年来，在畜牧业的发展中随着家畜数量不断增多，形成了超载过牧的局面，原生的大针茅草原、羊草草原等已全面退化。草原退化使生产力显著下降，生态功能严重受损，生物种群发生演变，并引起环境恶化和许多灾害，进入 21 世纪，正在寻求新的科学发展之路。

在该区的经济、文化与社会的和谐发展中，草原生产力与功能不能满足环境与发展的需要。所以草原保育改良和人工饲料基地建设已成为迫切的需求。应积极进行科学实验研究，为提高草原生产力寻求各种有效途径。为了保证草原的正常更新，防止草原退化，必须保持合理的利用强度，试行科学的轮牧、休牧和封育制度。为了克服冬、夏草场饲料的不均衡，需要开辟割草场，增加冬春料的储备，推行夏牧冬饲和冬季异地育肥。该区分布的羊草草原是优质高产的天然草场，可进行松耙与合理用火改良，促进羊草的繁殖，提高草原的质量与产量。选择天然草群中的优质牧草，实行人工驯化栽培。以及对优良的自然群落进行生态模拟研究，都是创建优质高产人工群落组合所必须采用的方法。为了改变产业结构单一的状况，应该选择低湿草甸，用地下水实行补灌，有计划地建立人工草地与饲料基地，在草原区建立起新型产业体系。

三、中温带东部荒漠草原亚地带（ⅥAic）

这一亚地带从阴山山地以北的苏尼特–乌兰察布高平原地区向北进入蒙古国，沿着戈壁阿尔泰山和蒙古阿尔泰山北麓一直向西延续到蒙古萨彦山地和中国新疆境内的阿尔泰山地东部。东西绵延长约 1900km，是属于干旱气候区的草原地带，蒙古国植被的研究者 A. A.尤纳托夫称为"北戈壁荒漠草原地带"。他阐述了这一地带的荒漠草原植被以一组小型针茅为特征种，标志着这是一个独立的植被地带。也是与温带西部（哈萨克地区）荒漠草原缺乏特征植物的重要区别。根据植被类型的生态地理特征，可在内蒙古和新疆划分为两个植被区。

（一）苏尼特–乌兰察布高原荒漠草原区（ⅥAic-1）

这是蒙古高原荒漠草原地带在内蒙古境内的一区，东面与蒙古高原东部典型草原区相毗连。西边与阿拉善荒漠区相接。往南，越过阴山山脉的乌拉山，是鄂尔多斯荒漠草原区。

该区地形比较单调，全境处于阴山山脉以北的层状高平原地区，地势南高北低，呈层状逐级下降，由海拔 1500m 往北下降到 1000m 左右。中间有强烈剥蚀的石质丘陵沿东西方向分布。二连浩特附近有一些沙地分布，但起伏很小，形成低缓的沙岗是浑善达克沙区向西伸延的一端。该区的地表水系很不发达，只有一些季节性内陆河发源于阴山山地，流向北部，注入洼地、盐湖。平时河床干涸，只有夏季雨后可以成流。

苏尼特–乌兰察布高原的大气环境直接受蒙古高压支配，海洋季风影响很弱，属于内陆干旱区的范围，是气候最干旱的草原地区。夏季，受东南季风的微弱影响，也能形成一定的雨量，各地年均降水量 150～250mm，因蒸发作用强烈，气候湿润度为 0.15～0.3。热量高于东面的典型草原区，年平均气温 2～5℃，7 月均温 19～22℃，1 月均温-18～-15℃，≥10℃积温 2200～2600℃。气候的另外一个特点是全年多风，这不仅是加剧地面水分蒸发的因素，而且是造成地表侵蚀作用的动力条件，该区也是沙尘天气与沙尘暴频发的地区。

地带性土壤是轻壤质棕钙土，表土含有粗砂及小砾石。石质丘陵上形成粗骨土与砾石质棕钙土。二连浩特一带普遍分布着砂质与砂壤质棕钙土。干河滩与盐化低地上多发育成盐化草甸棕钙土。这些土壤类型均与植被的分布密切相关。

组成该区荒漠草原的植物种类成分，是以戈壁蒙古荒漠草原种和亚洲中部荒漠草原种为主。羽针组的小针茅、沙生针茅、戈壁针茅（Stipa gobica）和须芒组的短花针茅及无芒隐子草（Cleistogenes songorica）、碱韭（Allium polyrhizum）、蒙古葱（Allium mongolicum）均为荒漠草原的优势种。其中小针茅是该区最主要的建群种，短花针茅是从暖温带草原地带扩展分布到该区的建群种。旱生小半灌木菴状亚菊（Ajania achilloides）也是荒漠草原的优势成分。另外还有不少常见的荒漠草原特征植物种类，如冬青叶兔唇花（Lagochilus ilicifolius）、荒漠丝石竹（Gypsophila desertorum）、叉枝鸦葱（Scorzonera muriculata）、戈壁天门冬（Asparagus gobicus）、大苞鸢尾（Iris bungei）、燥原荠（Ptilotrichum canescens）、牛枝子（Lespedeza potaninii）、刺叶柄棘豆（Oxytropis aciphylla）、骆驼蓬（Peganum harmala）、中间锦鸡儿（Caragana davazamcii）、矮锦鸡儿（Caragana pygmaea）、狭叶锦鸡儿（Caragana stenophylla）等。有些典型草原成分，如克氏针茅、糙隐子草、冷蒿、银灰旋花（Convolvulus ammannii）、草芸香（Haplophyllum dauricum）等均可在荒漠草原群落中经常遇到。也有一些荒漠旱生植物分别沿着盐化低地和石质丘陵进入荒漠草原，如琵琶柴（Reaumuria songarica）、珍珠猪毛菜（Salsola passerina）、松叶猪毛菜（Salsola laricifolia）、短叶假木贼（Anabasis brevifolia）、盐爪爪（Kalidium foliatum）、小果白刺（Nitraria sibirica）、藏锦鸡儿（Caragana tibetica）等。这些东来的典型草原成分、西来的荒漠成分及南来的暖温型草原成分，反映了该区与相邻地区植物区系的密切联系。

　　上述几种小型针茅，分别组成了不同的群系，小针茅草原显然是占优势的地带性草原群系，其余 3 种群系的分布比较局限。沙生针茅草原是在砂壤质和砂质棕钙土上发育的群落类型，而且多形成锦鸡儿灌丛化的沙生针茅草原群落。戈壁针茅草原是在石质丘陵形成小面积的群落片段，不呈大面积的连续分布。短花针茅草原在该区的分布完全限于南部地区，它在阴山山地以南的黄土高原草原是最主要的荒漠草原群系。小针茅草原不仅分布最多，而且有多种不同群落的分化。分布较多的是含有糙隐子草、冷蒿的小针茅草原及含有无芒隐子草的小针茅草原。另外，含有葱类层片、小半灌木层片、锦鸡儿灌木层片的几类小针茅草原群落也有不少分布。在地表强烈剥蚀的地段上菁状亚菊可建群组成群落，并与小针茅草原形成群落复合体。在该区西北部还有一些藏锦鸡儿与小针茅共同组成的草原化荒漠群落。

　　湖盆洼地及干河谷等隐域性生境的植被有两类，一类是芨芨草盐化草甸和赖草草甸植被，另一类是盐化荒漠植被。主要群落有琵琶柴、珍珠猪毛菜、小果白刺、盐爪爪。

　　荒漠草原植被低矮稀疏，草群高度 10～20cm，盖度 15%～20%。形成半郁闭的矮草草原群落外貌和荒凉的景观，由于气候干旱的严格限制，旱作农业不能进行。在长期历史上是以养羊为主，养驼、养马为辅的草原畜牧业地区。荒漠草原是生物产量很低的草场类型，比典型草原的单位面积产草量低 50%～60%，平均干草产量 600～1000kg/hm²。但草群物质组成中粗蛋白、粗脂肪及灰分含量百分率较高，而水分含量低。所以牧民对这一类牧草的饲用质量评价颇高，很适于羊群放牧采食，有利于羊群抓膘育肥。根据长期的历史经验，该区应该坚持适度规模养羊为主的畜牧业生产方向，保护本地肉用羊的著名优良品种苏尼特羊的遗传品质，作为名优产品经营。多年来，随着牲畜数量的逐年增多，草场的利用强度不断加重，草场生产力已严重退化，有些已变成不毛之地。今后必须控制家畜数量和放牧利用强度，保证草群的正常更新和草场生产力的恢复。也应推行夏季适度放牧，基础母畜冬季舍饲，周转畜冬季转出育肥。荒漠草原的大面积人工改良是一项十分艰巨的工作。气候干旱、水资源缺乏限制了植物的引种。所以草原改良的途径必须以旱生植物为材料，在不连续开垦土地的条件下进行补种改良。例如，本地所分布的旱生半灌木：驼绒藜（*Krascheninnikovia ceratoides*）、木地肤（*Kochia prostrata*）及灌木中间锦鸡儿等植物，耐旱性很强，饲用价值也较好，可在荒漠草原中试行间隔的狭带状播种，改造群落的结构和组成，提高草场生产力。

（二）东南阿尔泰山地草原区（ⅥAic-2）

　　该区位于中温带东部草原地带的最西端，在阿尔泰山富蕴以东的山区西侧，以山地分水岭为界，东侧是蒙古国境内的阿尔泰山地草原区。富蕴以西是西北阿尔泰山地草原区，属于中温带西部草原地带。该区正处于草原地带东、西部交接的位置上，从山地西南侧下降到准噶尔盆地北部的半灌木荒漠区，又表现出以荒漠为基带的山地垂直带谱。阿尔泰山的富蕴以东山势逐渐下降，从青河段的海拔 3000m 以上，至阿尔曼大山降低到 2100m 上下。从山脊向下呈阶梯状断裂结构，并形成几级夷平面，按海拔表现出地貌的垂直分异。2400m 以上，有明显的冰蚀地貌；1500～2400m 以流水侵蚀为主；1500m 以下是干燥剥蚀地貌。山地的径流水系比较发达，乌伦古河主要发源于该区，大小支流在山地上形成河网，在山前散失，干流在准噶尔盆地注入福海盆地。

与阿尔泰山西北段相比，该区承受西风环流的大西洋水汽显著减少，气候比较干旱。年均降水量随海拔上升而增加，为 200～450mm，而且西北部高于东南部，降水的季节分配特点是夏季降雨约占 50%，春、秋少雨，冬季降雪也较多，海拔 2000m 以上积雪较厚，积雪期长达 5～7 个月。该区气温较低，年均温低于 0℃，且垂直梯度差异明显，年变幅也较大。

山地自上而下的土壤垂直分布系列是高山与亚高山草甸土、落叶松林下的灰色森林土、生草灰化土、黑钙土、栗钙土、棕钙土等，山地下部为粗骨性草原土壤。

山地植被有明显的垂直地带结构，带谱自上而下依次是高山薹草、嵩草草甸带，亚高山羊茅草甸草原带，山地落叶松林草原带，山地灌丛草原或羊茅、针茅草原带，小型针茅荒漠草原带，山前倾斜平原荒漠草原与荒漠植被复合分布带。该区东南端的山地，气候更加干旱，森林已经消失，灌丛草原和山地草原带直接与高山、亚高山嵩草草甸带相接。

该区主要地带性植被是荒漠草原，分布在阿尔泰山地下部与山麓地带，向东南直至阿尔曼大山的山前平原，下限在 1200m 上下，往东延续至蒙古国境内。建群植物多属蒙古成分，主要是针茅属羽针组的沙生针茅、戈壁针茅、东方针茅（*Stipa orientalis*）和葱属的碱韭，以及旱生性很强的小半灌木小蓬（*Nanophyton erinaceum*）与蒿类。植物群落组成比较贫乏，结构比较稀疏，覆盖度小于 20%，与阿尔泰山西北部的不同特点是缺少短生植物层片，代之以一年生植物层片。主要有小甘菊（*Cancrinia discoidea*）、刺沙蓬（*Salsola ruthenica*）、三芒草（*Aristida adscensionis*）、小画眉草（*Eragrostis minor*）等。荒漠草原群落类型的分化与土壤性状相关，砂壤质淡栗钙土与棕钙土上分布着沙生针茅、戈壁针茅和冷蒿组成的群落；在沙砾质土壤上，群落中出现碱韭、小蓬、驼绒藜等；山麓地带的石质土壤上，可以见到盐生假木贼（*Anabasis salsa*）荒漠群落与荒漠草原交替分布。

山地的高山草甸带分布在海拔 3000m 以上，以嵩草属与薹草属植物为主，组成不同的群落类型，主要优势种有细叶嵩草（*Kobresia filifolia*）、西伯利亚嵩草（*Kobresia sibirica*）、少花藏薹草（*Carex thibetica* var. *pauciflora*）、黑花薹草（*Carex melanantha*）、黑穗薹草（*Carex atrata*）等。2600m 以上是亚高山草甸草原带和落叶松林草原带，主要是羊茅属和早熟禾属的植物占优势，如紫羊茅（*Festuca rubra*）、羊茅（*Festuca ovina*）、寒生羊茅（*Festuca kryloviana*）、阿尔泰早熟禾（*Poa altaica*）、西伯利亚早熟禾（*Poa sibirica*）、高山早熟禾（*Poa alpina*）等，群落中伴生杂类草也较多。较湿润的谷坡与阴坡有成片的西伯利亚落叶松（*Larix sibirica*）林。阳坡与较干旱地段可见到圆柏（*Sabina pseudosabina*）群落片段和灌丛化草甸草原。其中，灌木种类有多刺蔷薇（*Rosa spinosissima*）、金丝桃叶绣线菊（*Spiraea hypericifolia*）、新疆忍冬（*Lonicera tatarica*）、小叶忍冬（*Lonicera microphylla*）等，草本植物有羊茅、假梯牧草（*Phleum phleoides*）、窄颖赖草（*Leymus angustus*）、铃香（*Anaphalis hancockii*）等。山地 1600～2600m，是较宽广的山地草原与荒漠草原带，草原植被的群落类型多样。其上部与阴坡仍有羊茅、早熟禾等植物组成的草甸草原群落分布，在阳坡上，沟叶羊茅（*Festuca sulcata*）和克氏针茅建群的草原和灌丛草原较发达。群落中的杂类草与其他禾草主要有多叶棘豆

（*Oxytropis myriophylla*）、甘新黄芪（*Astragalus lioui*）、黄花苜蓿（*Medicago falcata*）、叉分蓼（*Polygonum divaricatum*）、火绒草、绢毛蒿（*Artemisia sericea*）、异燕麦（*Helictotrichon schellianum*）等；灌木种类有刺蔷薇（*Rosa acicularis*）、异果小檗（*Berberis heteropoda*）、单花栒子（*Cotoneaster uniflorus*）、兴安栒子（*Cotoneaster daurica*）、黑果栒子（*Cotoneaster melanocarpus*）、狭叶锦鸡儿及圆柏等。在海拔 2000m 以下，由小型针茅建群的荒漠草原群落有广泛分布。

在山地草原带的河谷中，有欧山杨（*Populus tremula*）和垂枝桦（*Betula pendula*）生长，在山地下部的河谷两岸有苦杨（*Populus laurifolia*）和多种柳类丛生，形成走廊式河滩林；宽阔的河漫滩上分布着高草草甸，群落结构密集，植物种类丰富，多是营养价值高的优良牧草。主要植物种有老芒麦、野黑麦、鸭茅（*Dactylis glomerata*）、准噶尔看麦娘（*Alopecurus soongaricus*）、虉草（*Phalaris arundinacea*）、红三叶草（*Trifolium pratense*）、白三叶草（*Trifolium repens*）、黄花苜蓿、白花草木樨（*Melilotus albus*）、黄花草木樨（*Melilotus suaveolens*）、广布野豌豆（*Vicia cracca*）、准噶尔乳菊（*Calatella soongarica*）、准噶尔橐吾（*Ligularia songarica*）、大叶橐吾（*Ligularia macrophylla*）、丛薹草（*Carex caespitosa*）、黑鳞薹草（*Carex melanocephala*）等。这类草甸是良好的夏秋牧场，也是冬储饲草的重要割草场。

该区的山地草原与草甸面积广阔，草场资源丰富多样，牧草饲用价值优良，畜群可在春、夏、秋三季放牧抓膘，是重要的畜牧业生产基地之一。但目前山地草原牧场利用过度，生产力明显下降，水源附近的草场退化更为严重。亚高山和高山带的草场，因牧程过远，夏日短暂，不能充分利用。今后应依据牧场环境和饮水源的分布等条件，加强草原保护，实行合理的分区放牧制度。该区的西伯利亚落叶松林，是重要的森林资源，具有涵养水源、维护区域环境的生态功能，对于成熟林和过熟林，应进行合理采伐，促进天然更新。

第二节　暖温带东部草原地带（VIAii）

一、暖温带东部森林草原亚地带（VIAiia）

暖温带东部森林草原亚地带是东起冀北辽西山地，西至祁连山东部，沿着北东–南西方向，即长城沿线一带延续约 1800km 的狭长植被地带。北面与中温带草原地带相接，南面与暖温带落叶阔叶林区域交界，向西进入暖温带典型草原亚地带。森林草原亚地带的特点是暖温性草原和草甸草原与暖温性森林及灌丛等多种植被类型各自占据不同生境共同构成生态多样性的地理格局。按照东、西各地占优势的植物群落及其生态组合的差异，在亚地带内划分了以下 5 个植被区。

（一）冀北辽西山地森林草原区（VIAiia-1）

这是暖温带森林草原亚地带最东部的一区，位于冀北辽西山地北侧及其山麓的黄土丘陵地区。北面与西辽河流域草原区相接，南侧是冀北辽西山地丘陵落叶阔叶林与灌丛的几个植被区。该区的山地属于燕山山系，西接阴山山脉的东端，主体山地有努鲁尔虎山、七老图山、大马群山等石质中、低山地，海拔 1000～1800m。山体下部多为黄土覆盖，各山地之间与坝上高地形成许多盆地和谷地，山地北麓与山间为黄土丘陵地貌。各山地丘陵均受强烈剥蚀，地形切割比较明显，景观十分破碎。山地、丘陵与河谷等地貌类型的组合分布，是造成多种植被类型交错分布的基本因素。发源于该区山地的河流水系比较密集，东部的主要河流是属于西辽河水系的老哈河及其多条支流：羊肠子河、英金河、锡伯河等，西部是滦河上源的闪电河。各条河流流经山地与平原的河道地形各异，但河漫滩与阶地已普遍开发为耕地。

因该区位置偏东，可承受东南海洋季风的一定影响，所以气候比较温和。年平均气温 6～8℃，1 月均温–14～–12℃，7 月均温 23℃上下，≥10℃积温 3000～3200℃，年降水量 350～500mm，湿润度为 0.4～0.5，构成了暖温带北部的半湿润气候条件。土壤类型的分布随地形部位及其植被的性质不同而异，山地土壤有褐色土与棕色森林土分布，在丘陵坡地上，原生土是黑垆土，这是发育暖温性草甸草原植被的生境。

由于该区正处于华北森林区向草原区过渡的地带，来自各方的植物种类沿着特定的生境相互渗透，因而形成了植物区系的混杂性。既包含了较多的达乌里-蒙古成分及亚洲中部成分等草原区系成分，又含有丰富的东亚区系和华北区系的植物种类，这些区系成分的汇合，成为植被类型分化与组合的基础。地带性植被类型以草原为主，也分布着多种山地中生灌丛和一些山地森林植被。人类农业耕种活动的长期影响使草原植被保持得不多，尤其缺乏原生的草原群落。

本氏针茅草原（Form. *Stipa bungeana*）和白羊草草原（Form. *Bothriochloa ischaemum*）是地带性草原的代表群系，但目前只有残存的群落片段零星出现在山地阳坡与丘陵坡地上，有些夹杂在农田及其他次生植物群落之间。代替本氏针茅草原而广泛分布的演替类型是百里香（*Thymus mongolicus*）建群的小半灌木草原群落。这是土壤经常受到侵蚀的条件下所形成的草原变型群落。由于表土的侵蚀与堆积作用，破坏着丛生型禾草等地面芽植物的正常生长与分蘖。而百里香是一种匍匐茎十分发达的小半灌木，靠匍匐茎进行营养繁殖的能力很强，这正是适应表土侵蚀与堆积的有利特性，因而成为黄土坡地上保持优势的群落类型，在群落组成中，白莲蒿、冷蒿、达乌里胡枝子（*Lespedeza davurica*）、本氏针茅、多叶隐子草等常为重要伴生植物。白莲蒿群落也是耐旱的小半灌木植被，在低山丘陵阳坡的沙砾质坡地上，是广泛分布的主要群落类型。群落中也伴生许多草原植物种类，是山地砾石质土壤的草原植被变型。线叶菊草原只限于海拔 1400m 以上的玄武岩台地及山地上部才有分布，显然是山地植被垂直分布系列的组成部分。连片的羊草草原极为少见，可能是已经被开垦。

各种灌丛植被是丘陵与山地上保存较多的天然植被。虎榛子灌丛是分布很广的类型，可见于海拔 800m 以上的低山与丘陵阴坡，一般多为薄层土壤的砾石质坡地，是比较耐瘠薄的一类山地中生灌丛。三裂绣线菊（*Spiraea trilobata*）灌丛、黄刺梅灌丛、荆条（*Vitex negundo* var. *heterophylla*）灌丛是山地上常见的中生灌丛植被。照白杜鹃灌丛是山地森林带局部分布的林缘灌丛。在山地落叶阔叶林间，可遇到多种中生灌木组成的灌丛，其中常有花木蓝（*Indigofera kirilowii*）、荒子梢（*Campylotropis macrocarpa*）、紫丁香（*Syringa oblata*）、酸枣（*Ziziphus jujuba* var. *spinosa*）、小叶鼠李（*Rhamnus parvifolia*）、鸡树条荚蒾（*Viburnum opulus* var.*calvescens*）、桃叶卫矛（*Euonymus bungeanus*）、稠李（*Prunus padus*）、山荆子（*Malus baccata*）、全缘栒子（*Cotoneaster integerrimus*）、黄芦木（*Berberis amurensis*）等。

山地森林植被分布在海拔 1000m 以上的山地上部，而且只见于阴坡，形成不连续的森林垂直带。主要森林类型是山杨、白桦林，椴树林，以及小片的油松（*Pinus tabuliformis*）林等。近几十年来，实行封山育林，并进行人工造林，所以森林覆被率有所扩大，人工营造的油松林也取得了成林效果。

该区的河谷滩地，大多开辟为农田，所以天然草甸植被也保留得极少，但有不少人工营造的河滩杨、柳林作农田防护林。热量较高和雨热同季的气候特点是农业生产的有利条件，在河谷滩地上所开发的农田，可以进行多种作物的旱作种植，能保持基本稳定的收成。但是在黄土丘陵坡地上往往发生干旱的威胁，难以保证稳产。而且开垦丘陵坡地，发生水土流失，造成许多地方沟壑纵横，限制了农业生产的正常进行，也造成环境恶化。因此在农业生产中必须严格控制农田的坡度，在坡地上积极建立水平梯田或施行其他田间水保工程与生物措施，陡坡地必须停耕种草、种树，实现水土保持。长期以来的畜牧业生产是以养羊为主，大牲畜很少。今后可以考虑结合水土保持，实行坡地种植多年生牧草，如在丘陵坡地上用梯田和轮作的形式种植紫花苜蓿或多年生牧草混播，不但可以收到水土保持的效果，而且能产出优良牧草。再进一步实行适于本地条件的草田轮作，生产多种牧草与饲料作物，就可以为养牛、养猪等创造良好的条件，从而促进本地农业与畜牧业生产的结合。木本油料、木本粮食与果树，如文冠果（*Xanthoceras sorbifolium*）、山杏、杏、桃等可利用不宜农耕的坡地进行培植。

（二）晋北山地丘陵森林草原区（ⅥAiia-2）

晋北山地丘陵森林草原区是以恒山、管涔山为主体山地，包括中间的大同盆地、北部的阳高（南洋河）盆地和管涔山西麓的黄土丘陵地区。北边至岱海盆地以南的马头山，西边以黄河为界。该区是由山地、山间盆地、台地及黄土丘陵构成错综的地貌格局。恒山是太行山支脉，为东西走向，海拔在 1300m 以上，最高峰 2017m。管涔山坐落在该区之内，为单斜构造山体，呈北东-南西走向，海拔 1500~2100m，这些山地成为森林与灌丛植被的主要立地。大同盆地位于两山之间，以桑干河谷地为中心，由洪积倾斜平原和冲积平原组成，盆地边缘为断裂构造线，形成砂质黄土台地，盆地海拔 1000~1200m，天然植被在盆地中保存很少，以农田与人工植被为主。该区西北部为黄土梁峁丘陵，早已广泛开垦种植，草原植被只有残存的次生群落。南洋河与桑干河及其支流御河、恢河、浑河等是永定河的上源，构成了该区主要的河流水系，黄河干流及源出管涔山的偏关河、县川河等入黄的小支流成为黄土丘陵区的地表水系，这些河流均塑造了隐域性植被的生境和农业土地资源。

因该区位于太行山以西，海洋季风的影响有所减弱，但仍属半湿润气候。年均降水量 350~450mm，湿润度为 0.3~0.5。年平均气温 7~9℃，1 月均温-12~-10℃，7 月均温 20~22℃，≥10℃积温 3000~3300℃。山地与丘陵的不同高度和不同坡位上，土壤类型有明显差异，各自的主要土类是山地褐色土、山地棕色森林土，平原与丘陵的栗钙土和黑垆土，形成暖温带北部山地和黄土丘陵的森林、灌丛、草原及人工植被的生态分布系列。

华北植物区系与东亚植物区系成分在该区的植被组成中占有重要地位，表明了与华北暖温带落叶阔叶林地带的密切联系。草原植被虽然是达乌里-蒙古区系的物种占优势，但华北成分也比较多，这是暖温带草原区别于蒙古高原草原植被的特点。

代表地带性生境的黄土丘陵坡地，所分布的自然植被主要是各种不同年龄阶段的撂荒地植被。其中，在撂荒时间较长、植被发育比较稳定的地段上，可以形成以本氏针茅为建群种，并含有多叶隐子草、达乌里胡枝子、茵陈蒿（*Artemisia capillaris*）、白莲蒿、冷蒿等植物种的次生草原群落。在幼年期的撂荒地上，往往是一年生草类阶段及根茎禾草与杂类草阶段。此外，适应于表土侵蚀与堆积作用的百里香半灌木群落也在黄土丘陵上有较多分布。随着表土侵蚀强度的不同，百里香群落的组成、结构及外貌等特征也有明显差别。侵蚀作用程度越深，则百里香群落的成分越单纯，伴生植物种类数量越少，而且百里香植丛的剥蚀残墩（阜丘）也愈加明显突出。丘陵区的侵蚀沟谷很多，沟坡上和低山丘陵的陡坡地上，往往有半灌木群落与稀疏灌丛植被分布。含有禾草与杂类草的白莲蒿群落与茭蒿群落是草原群落的土壤演替变型。荆条灌丛、大果榆灌丛、酸枣灌丛、三裂绣线菊灌丛、沙棘（*Hippophae rhamnoides*）灌丛等在山地与丘陵有较多分布，小叶鼠李、杠柳（*Periploca sepium*）、文冠果等灌木也可组成稀疏灌丛。山地的多种森林群落类型零散分布，主要的阔叶林有白桦林、山杨林等，针叶林有油松林、白皮松（*Pinus bungeana*）林、侧柏（*Platycladus orientalis*）林、杜松（*Juniperus rigida*）林等。在盆地中，组成农田栽培植被的作物比较多样，主要有玉米、高粱、谷子、春小麦等，比较高亢的土地有马铃薯、莜麦、亚麻等作物的种植。农田防护林以多种杨树为主，人工种植的林木有河柳、榆、槐（*Sophora japonica*）、刺槐、臭椿（*Ailanthus altissima*）等。

由于该区垦殖耕种的历史悠久，土壤侵蚀相当严重，土地荒漠化已成为重大威胁。因此，水土保持和生态系统保育，是土地利用与农牧林业生产的基础和保障。促进森林与草原植被的恢复演替和营建人工林与人工草地是水土保持和生态系统保育的基本途径。国家已确定了在此类地区，对不宜耕种的土地，实行退耕还林还草的政策，必将改善区域环境质量，合理配置农牧林业生产。鉴于该区的土地类型比较多样，经济应该全面发展。目前保持的草原、灌丛及疏林地可作放牧场与割草场，使畜牧业占有一定比例。天然草场的保护及合理利用是畜牧业的重要基础，而且要进行多年生牧草栽培，建立人工草地和饲料地。在该区的黄土坡地上种植苜蓿已有一定的经验，应进一步改进和提高。粮、油作物的种植，目前产量不高不稳，又有自然灾害的威胁，所以必须大力加强农田基本建设和防护林建设。把滩地及土层深厚的平缓梁地等良好的农田建为基本农田，陡坡地退耕种草种树，建立农牧林综合经营的生态产业格局。

（三）陕北黄土丘陵草原区（ⅥAiia-3）

该区是陕北长城沿线以南，黄河以西，西至白于山地的低山丘陵草原区。东边隔黄河与晋北山地森林草原区相接，北面与鄂尔多斯高原草原区毗连，向南逐渐过渡到暖温带落叶阔叶林地带。该区以黄土丘陵为主要地貌类型，在中生代及第三纪红土层古地貌的基础上广泛覆盖了厚度为 50～190m 的风成黄土，经第四纪以来的侵蚀切割形成黄土梁峁丘陵及沟壑等地貌。黄土的粒级较粗，缺乏黏粒，结持力小，易受降雨侵蚀，特别是暴雨冲刷，造成地形切割及景观的破碎化。该区东部边缘地带和黄河峡谷的侵蚀强烈，基岩出露，呈石质丘陵形态，入黄的大小支流呈梳状排列，使东南亚季风易于在区内产生影响。西部的白于山是海拔 1300～1700m 的低山，最高点 1906m，地形多平梁、涧地与塬地，形成了该区西高东低和中部隆起的地势。该区的河流水系均属黄河的支流，东北部有窟野河与秃尾河直接入黄。中部的无定河水系是区内最大的过境河流，包括榆林河及大理河等支流。洛河源头各支流在西部的白于山地区形成河网。这些河流的沿岸形成了较好的农业土地资源，现已广泛开发，建成农田和防护林、园林等人工栽培植被，也是草甸与盐生植物分布的生境。

该区属于暖温性半湿润气候区，但气候的时空波动变化较大，东部的降水量与热量高于西部，降水多集中在夏秋季的 7～9 月，春季干旱。年均降水量 350～550mm，湿润度 0.4～0.6，年均温 8～10℃，1 月均温−10～−7℃，7 月均温 23～26℃，全年≥10℃积温 2800～3600℃。在不同耕作条件下和不同的地形部位与不同植被下的土壤类型也明显不同。多年耕作的土壤是黄绵土，其有机质含量较低，水土流失严重。草原土壤有黑垆土、栗钙土，局部有红胶土，在覆沙地段分布有砂质栗钙土和风沙土，低湿洼地生境中有草甸土、盐化草甸土与草甸盐土。

植被的优势植物种类多属蒙古区系成分和亚洲中部成分，多年生草类、半灌木和灌木是植被组成的主要生活型。代表性的优势植物有本氏针茅、大针茅、冰草（*Agropyron cristatum*）、多叶隐子草、糙隐子草、冷蒿、白莲蒿、茭蒿、茵陈蒿、甘草（*Glycyrrhiza uralensis*）、达乌里胡枝子、百里香等。主要灌木种类有酸枣、荆条、黄蔷薇（*Rosa hugonis*）、黄刺玫、柔毛绣线菊（*Spiraea pubescens*）、枸杞（*Lycium chinense*）、灌木铁线莲（*Clematis fruticosa*）、沙棘、杠柳、河朔荛花（*Wikstroemia chamaedaphne*）、细叶小檗（*Berberis poiretii*）、狼牙刺（*Sophora viciifolia*）、小叶锦鸡儿等。针叶乔木树种侧柏、杜松、油松可小片成林。散生或栽培树种有榆、青杨（*Populus cathayana*）、小叶杨（*Populus simonii*）、河柳、臭椿、槐、刺槐、桑（*Morus alba*）、枣（*Ziziphus jujuba* var. *inermis*）、杏（*Prunus armeniaca*）、桃（*Prunus persica*）等。

由于长期的广泛开垦，原生草原植被保存不多。除了本氏针茅群系广泛分散分布以外，百里香、白莲蒿、茭蒿等群系分布较多。本氏针茅草原为主要代表性群系，可在黄土梁峁顶部与沟坡边缘形成小面积的分布，因生境的差异，分别与达乌里胡枝子、白莲蒿、茭蒿等多种植物组成不同群落，有些群落含有灌木。百里香群系在该区东北部及白于山地区较缓的坡地上分布较多，适应于地表土壤面蚀作用较强的生境，仍以达乌里胡枝子、本氏针茅、白莲蒿、冷蒿等为次优势植物。白莲蒿群系在侵蚀坡地上分布很多，常与本氏针茅群落、茭蒿群落的片段组成复合分布。茭蒿群落多出现在较陡的丘陵与低山阳坡上，东部的茭蒿群落伴生植物较多，有达乌里胡枝子、本氏针茅、白羊草等混生，西部的群落中，糙隐子草、冷蒿等旱生植物成为主要伴生植物。白羊草草原群落在区内分布较少，主要见于东南部的丘陵坡地上，有些是白羊草与本氏针茅的混生群落。

　　灌丛植被的群落类型在该区东部较多。黄蔷薇灌丛、酸枣灌丛、三裂绣线菊灌丛是丘陵坡地的粗骨土上分布的灌丛植被，群落中伴生细叶小檗、木本铁线莲、沙棘、杠柳、狼牙刺等灌木及达乌里胡枝子、白羊草等。河蒴荛花灌丛在东部的丘陵坡地上比较常见，群落中半灌木与草本植物居多，主要有白莲蒿、茭蒿、本氏针茅、达乌里胡枝子等。黄刺玫疏灌丛也是草本与半灌木层片比较发达的灌丛群落。

　　针叶林多在东部及海拔较高的低山上部有小面积的片段分布，有侧柏林、油松林、杜松林等，但以疏林为多，也有人工油松林、落叶松林等。天然阔叶林几乎完全消失，但在砂质黄土坡地上有残留的榆树疏林片段，也有一些散生树木和不同生境中的人工林、防护林及果树园林等。

　　农作物的种类比较多样，谷子、糜子、薯类是种植较多的作物，其次是小麦、高粱、玉米、豆类，东部有棉花的少量种植。鉴于水热匹配的生物气候条件较好，土地类型多样，但因长期耕种，加剧了水土流失，所以单一的耕作农业已不适于该区现有的生态地理环境，必须寻求农林草畜综合经营的模式，不宜耕种的低产土地要退耕还林还草，加强植被保育、水土保持和农田建设，探索农林牧、种养加互补协调发展的生态农业新路。

（四）陇东陇中黄土高原中部森林草原区（ⅥＡiia-4）

　　该区从陕北的白于山往西，经陇东的环江上游、宁夏南部的六盘山区，进入陇中的祖厉河流域，西至马衔山地，占据了黄土高原中部广大地域。六盘山以东，为连续覆盖的厚层黄土高原，其堆积顶面海拔 1000～1300m，地貌类型以梁峁和沟谷为主，间有黄土涧的分布。六盘山以西，黄土覆盖增厚，高原海拔上升到 1600～2000m，呈波状起伏的岭谷地形。西部的马衔山沿着北西–南东走向分布，是主峰海拔为 3670m 的高山，成为该区西南界的边缘山地。中部的六盘山是该区隆起的最高部位，是北西–南东走向的山地，两个最高峰海拔分别为 2942m 和 2928m，山体上部具有亚高山特征。该区北接宁夏中部黄土丘陵典型草原区与宁甘黄土丘陵荒漠草原区，向南过渡到暖温带落叶阔叶林地带。分布在区内的河流均属黄河水系，陇东的环江、蒲河南流出境入泾河，六盘山东西两麓的清水河与祖厉河及西边的洮河均北流直入黄河。这些河川均由大量侵蚀沟谷汇集而成，径流不丰。汛期暴雨冲刷，使沟下切、河水泥沙含量很大，因而不利于植被的稳定演替，也不利于农业生产。

　　气候条件仍属温暖的半湿润气候，但随地形与位置变化有一定差异，黄土丘陵的西北部略偏干旱，山地的上部有森林带湿润气候的特点。该区的年均温 6～9℃，1 月均温 –10～–7℃，7 月均温 22～25℃，全年≥10℃积温 2400～3300℃。年均降水量 350～550mm，湿润度 0.5～0.6。最广泛分布的土壤类型是黄绵土，在草原植被覆盖下的土壤有栗钙土、黑垆土、灰褐土。在山麓地带及河谷中有发育程度很低的冲积土，山地中上部有褐色土与棕色森林土的分布，亚高山与高山带有高山草甸土。

　　植物区系除亚洲中部成分、蒙古成分、东亚与华北成分外，出现了青海高原与高山植物种类，如山地上分布的青海云杉（*Picea crassifolia*）、青扦（*Picea wilsonii*）、祁连圆柏（*Sabina przewalskii*）、华山松（*Pinus armandii*）、高山嵩草（*Kobresia pygmaea*）、矮生嵩草（*Kobresia humilis*）、甘青针茅（*Stipa przewalskyi*）、异针茅（*Stipa aliena*）、紫

花针茅（*Stipa purpurea*）等。这些植物种类在山地植被和草原植被组成中丰富了物种多样性，也成为该区植被的特征植物。

草原植被是黄土丘陵及山地下部的主要地带性植被，长期的农耕历史和强烈的水土侵蚀，使原生的草原植被已消失殆尽，目前只有残存在丘陵顶部和陡坡地上的群落片段，或在撂荒地上恢复的次生草原群落。本氏针茅草原是占优势的主要群系，多与白莲蒿、茭蒿等组成群落。白羊草草原在山地阳坡及砾石质丘陵上分布较多，是该区暖温性草甸草原的代表性群系，常见的群落有荆条、白羊草灌丛草原群落，白羊草、白莲蒿群落等。大针茅草原与克氏针茅草原是黄土丘陵残存的两个典型草原群系。甘青针茅草原分布不多，主要见于马衔山地。小尖隐子草草原是分布较广的次生性草原群落，是退耕多年的黄土坡地上恢复演替的类型，群落中也含有白莲蒿、本氏针茅等伴生植物。在土壤面蚀与堆积作用强烈的许多黄土丘陵坡上有大量分布的百里香草原群落变型。适应于砾石质低山与丘陵坡地的白莲蒿群系与茭蒿群系是分布总面积最大的草原生态变型。

六盘山与马衔山植被垂直带的分化增加了植物群落类型的多样性，山麓草原带是垂直带的基带，山体下部是灌丛与草原植被带，主要群落类型是虎榛子灌丛、黄蔷薇灌丛、水栒子（*Cotoneaster multiflorus*）灌丛、沙棘灌丛、秦岭小檗（*Berberis circumserrata*）灌丛、狼牙刺灌丛等。在山地森林带分布的针叶林有青扦林、青海云杉林、华山松林、油松林、祁连圆柏林等。落叶阔叶林有辽东栎（*Quercus liaotungensis*）林、锐齿槲栎（*Quercus aliena* var. *acuteserrata*）林、山杨林、白桦林、红桦（*Betula albo-sinensis*）林、刺槐林等。由多种杂类草组成的林间草甸也是重要的山地植被类型，优势植物有地榆、裂叶蒿、日阴菅、白茅（*Imperata cylindrica*）等。亚高山与高山带的植被包括高山灌丛和高山草甸，主要植物群落有金老梅灌丛、鬼箭锦鸡儿（*Caragana jubata*）灌丛、匍匐水柏枝（*Myricaria prostrata*）灌丛，高山嵩草草甸、矮生嵩草草甸、小嵩草–异针茅草甸等。

该区作为黄土高原的北部地区，在华夏文明的发展和长期的农业开发历史过程中，由于时代的局限，逐渐形成了千沟万壑地形破碎的景观。水土冲刷使熟化的土壤不断流失，造成了环境恶化与土地退化的严峻局面。在社会生产力低下的旧时代，水土流失的治理只能由当地民众进行很小规模的局部防治。20世纪50年代以来，国家政府依靠科学，组织民众逐步开展了全面的综合治理，在广泛实践和科学研究中取得了成功的经验，确定了以生物治理措施为主，工程措施与生物措施相结合的方针。必须把植被建设与保护作为最根本的措施，以小流域为单元，大力植树造林种草，改善土地利用结构与农业生产方式。区内的植物种类多样性与生态多样性是植被建设的宝贵资源和科学技术发展的源泉。

（五）青海黄土高原西部森林草原区（ⅥAiia-5）

该区是暖温带森林草原亚地带西端的一区，位于祁连山脉东端的达坂山、拉脊山与河湟谷地，形成了高原两山夹一谷的地理格局。该区海拔平均2800～3500m，达坂山地最高峰海拔4354m，拉脊山东西两个高峰海拔分别为4485m、4469m；是黄土高原向青藏高原过渡地区。西边越过日月山，北边越过冷龙岭进入温带东部荒漠地带，南邻暖温带落叶阔叶林地带的西端和青藏高原东部高寒灌丛草甸地带，西南侧与青藏高原东部高寒草原地带相接，因此该区成为 5 个植被地带彼此交汇的地区。境内的河流均属黄河水系，黄河主流的刘家峡水库以上河段流经该区南部。河湟纵谷中的湟水是区内的黄河支流，其上游与中、下游的大小支流很多，形成羽状水系。源于达坂山的北川河与来自日月山的西川河是湟水中上游的主要支流，湟水下游有大通河注入。因而使湟水流域有灌溉之利，沿河成为农业区。

气候条件从谷地到山地不同海拔有明显差异。湟水谷地年均温 3~6℃，年均降水量 400~450mm。西宁河谷冲积平原年均温 5~6℃，1 月均温-9~-8℃，7 月均温 17~19℃，年降水量约 400mm。山地中山带以下具半干旱气候特点，年均温 2~4℃，年降水量 300~400mm；中山带为半湿润气候，年均温 0~2℃，年降水量 400~500mm；亚高山与高山带属高寒气候，年均温-5~-3℃，年降水量 600mm 以上。随气候的垂直差异，形成了植被与土壤垂直带结构。土壤类型及其分布与植被和气候条件是相对应的。山地下部与丘陵地带以栗钙土为主。往上，在阳坡上有山地黑土与栗钙土，阴坡是山地森林灰褐土。再往上，是高山草甸土和高山灌丛草甸土，局部有高山寒漠土。

组成植被的植物区系成分比较丰富复杂，东亚植物区系、华北区系、亚洲中部及蒙古区系、古地中海区系和青藏高原植物区系等都有优势物种组成高原、山地与低湿地的多种植被类型。该区的主要地带性植被在黄土高原与低山丘陵地区是草原和灌丛草原植被占优势，在中山带形成针叶林与落叶阔叶林带，从亚高山到高山带形成高山灌丛和高寒草甸带。

草原是分布最广的植被类型，因处于高原的交错过渡地区，草原的群系比较多样。本氏针茅草原在黄土丘陵分布最多，也可分布到山地下部。短花针茅草原、克氏针茅草原、大针茅草原可在丘陵与低山比较干旱的地段出现。紫花针茅草原也有较多分布，见于海拔 3000m 之上的山地。异针茅（*Stipa aliena*）草原、座花针茅（*Stipa subsessiliflora*）草原多零散分布。芨芨草草原和青海固沙草（*Orinus kokonorica*）草原也是广泛分布的主要群系。

达坂山与拉脊山山地植被的群落类型十分丰富，反映出交错地带生物多样性的特征。在山地森林带，青海云杉林和祁连圆柏林是针叶林的主要群系，也有少量的青扦林和油松林的局域分布。阔叶林的主要类型有山杨林、白桦林、川白桦（*Betula platyphylla* var. *szechuanica*）林、红桦，分布较少的辽东栎林、麻栎（*Quercus acutissima*）林、栓皮栎（*Quercus variabilis*）林等都表明了该区与暖温带森林和华北植物区系演化上的联系。山地灌丛是山地森林带与山地草原带的植被组合，沙棘灌丛、黄蔷薇灌丛、全缘栒子灌丛等在森林带阳坡分布，中间锦鸡儿灌丛是山地草原带的旱生化灌丛类型。亚高山与高山灌丛的类型多样，有金老梅灌丛、头花杜鹃（*Rhododendron capitatum*）灌丛、黄毛杜鹃（*Rhododendron rufum*）灌丛、吉拉柳（*Salix gilashania*）灌丛、毛枝山居柳（*Salix oritrepha*）灌丛、沙地柏（*Sabina vulgaris*）灌丛等。高山草甸植被也有许多不同群落的分化，高山嵩草草甸多与紫花针茅或异针茅组成群落，矮嵩草常与薹草组成草甸群落，细叶嵩草草甸也有多种群落类型。高山带的珠芽蓼（*Polygonum viviparum*）、圆穗蓼（*Polygonum sphaerostachyum*）群落也是高山植被的特征。高山垫状植被由藓状雪灵芝

（*Arenaria bryophylla*）、红景天（*Rhodiola rosea*）等植物组成。亚高山与高山带的生态多样性和物种多样性，是该区在暖温带森林草原亚地带各植被区之中的突出特点。

黄河及湟水、大通河等河谷滩地和冲积平原上，拂子茅草甸、赖草草甸、芨芨草草甸、芦苇草甸等植物群落只有残存的零星片段。但土地资源具有良好的耕作与灌溉条件，成为集中的农业生产区。沿河的民和、乐都、平安、大通、互助、西宁、湟源、化隆、循化、贵德等都是良好的农业基地。主要农作物有小麦、青稞、糜子、豌豆、油菜、向日葵、芜菁等，形成了农业栽培植被。

该区是多民族聚居的高原农牧区，随着生产的发展，人为活动的影响加大，已出现了草原等植被退化的趋势。今后在各项产业的发展中必须注重植被生态保育，这是区域和谐发展的环境与资源保障。

二、暖温带东部典型草原亚地带（ⅥAiib）

暖温带东部典型草原亚地带是在暖温带森林草原亚地带以西，以鄂尔多斯高原东部为中心，北部包括阴山山地，南部是宁夏中部的黄土高原，往西进入暖温带荒漠草原亚地带。在这一亚地带之内，典型草原植被是主要的地带性植被；阴山山地形成森林、灌丛、草甸和草原等多种植被类型的组合；鄂尔多斯高原东部是草原植被与沙区植被组成的生态格局；南部的宁夏黄土高原，植被类型比较单一，除局部的山地植被组合和人工栽培植被以外，典型草原植被及其生态变型占明显优势。据此，划分为三个植被区。

（一）阴山山地森林–草原区（ⅥAiib-1）

阴山山地坐落在暖温带草原地带的北部，为一东西走向的山脉，主体为大青山，包括向南伸展的蛮汗山、苏木山及向西延伸的乌拉山与狼山。阴山山脉是一个断层山地，南北两侧是不对称的。北侧向蒙古高原缓缓下降，南侧山势陡峻，高差达1000m上下。能够承受东南海洋季风的影响，使山地植被垂直分布不仅具有草原区植被的基本特色，而且具有华北暖温带落叶阔叶林区的植被类型与特点，从而成为暖温带草原地带与中温带草原地带的分水岭。

山区的气候条件属于半湿润温凉气候，年平均降水量350～500mm，湿润度0.4～0.6，年平均气温2～4℃，1月均温-15～-12℃，7月均温18～22℃，全年≥10℃积温约2800℃。山地的土壤类型有栗钙土与黑钙土、草甸黑土、褐色土与棕色森林土，山地上部的粗骨土等。

阴山山地的植物区系是比较丰富的，共有高等植物1000种以上。其中，东亚森林区系成分与亚洲中部草原区系成分起主导作用，并联系着干旱区的植物种属。因此，阴山山地鉴于其位置，是华北、蒙古高原及我国西北干旱区植物区系的联系通道。

阴山山地植被垂直带谱的结构中，草原植被及其变型仍为主要类型，它占据着山麓地带和山地下部，并且在海拔1700m以上的一些山丘顶上还有线叶菊草原等山地草原群落类型的发育。其次是各种中生性的山地灌丛植被，主要分布在山体的中部。森林植被也有多种类型，大多出现在山体上部的阴坡上。在海拔2000m以上的顶部还有亚高山草甸的局部分布。

草原植被在该区所出现的群落类型是相当丰富多样的，山地南麓的代表群系是本氏针茅草原，并且大量分布着草原小半灌木植被百里香群落及白莲蒿群落，这是暖温型草原植被的生态变型。克氏针茅草原与大针茅草原及贝加尔针茅草原的群落片段在山地阳坡均有分布，它们各自占据着水分状况略有差异的不同生境。戈壁针茅所组成的草原群落片段常在土壤很薄、基岩出露的干燥山坡上出现，并可与线叶菊混生组成山地草原的特异群落片段。羊茅草原也是局部出现的山地草原群落片段。线叶菊草原分布在山地上部的砾石质土壤上，是山地草原的主要群落类型。羊草草原可在山地沟谷中见到小片的群落。总之，阴山山地草原区兼有蒙古高原草原区与黄土高原草原区的大多数草原群系类型，对于两区之间草原植被的过渡联系也起着中间桥梁的作用。

阴山山地森林植被的主要类型是落叶阔叶林，代表性的群系是辽东栎林，这是华北落叶阔叶林区最典型的森林群系，但因遭受人为影响，所以分布不多，而且多是比较稀疏的矮林。其次是次生的山杨、白桦林及蒙椴林，均限于山地阴坡分布，大多是近几十年来恢复形成的中幼年林。郁闭度较高，构成茂密的林分，而且是山地分布最多的森林类型。油松林只有在庙宇附近受到保护的地方尚有残存的片段，但说明了油松林是阴山山地森林植被的重要原生类型。如果进行人工造林，也是有前途的树种。海拔1700m以上，有少量云杉林分布，也为山地造林提供了良好树种和种源林。杜松是山地阳坡散生的针叶树种，有时也可形成稀疏的林分。山地中生灌丛多属次生性植被，主要群落类型有三裂绣线菊灌丛、虎榛子灌丛、黄刺梅灌丛、柄扁桃灌丛及多种灌木混生的杂木灌丛等。这些灌丛植被在山地植被组合中也占有较大的比例，并有不可代替的重要生态功能。

鉴于阴山山地的气候条件尚可保证森林植被的发育，现有森林的天然更新也比较正常，因此，山地生产应以林业为中心。封山育林和山地造林都是扩大森林覆被面积的有效方法，可积极进行试验与推广。阴山山地森林植被的发展对于调节气候、涵蓄水源都有积极作用，因此可以有效地改善山地以南地区的农业生产和城市的气候环境。目前在山地利用中，盲目乱砍薪柴、任意挖取药材及不合理的放牧与开垦等情况必须严加制止，促进山地植被的恢复。也可以利用山地的适宜生境，培植木本油料和淀粉等树种，如栎树（橡实）、松树（松籽）、山杏、榛子、文冠果等。应该有计划地进行广泛的试验研究，寻找和引种良好的树种，为山区生产创造有效的途径。阴山山脉是中国北方的一道自然地理分界线和天然屏障，山地草原与森林等植被的恢复和营建，对于维护和改善北方的环境必将发挥重要功能。应在"三北"防护林体系的建设中，把阴山山地作为重点地区之一。

（二）鄂尔多斯高原东部典型草原区（ⅥAiib-2）

该区的东部包括阴山山脉以南、黄河以东的土默特平原和黄土丘陵，向南延伸到鄂尔多斯高原南部的毛乌素沙区。黄河干流贯穿全境，地貌组合错综复杂。北部的土默特平原是黄河之滨的大青山山前洪积冲积平原，海拔约1000m，由北向南微倾斜下降，中间有大黑河流入黄河。这是一个地下水位较高的低湿平原，形成了许多隐域性植被的生境。土默特平原与蛮汗山以南是丘陵与低山地形为主的间山盆地地区，在长期人为活动影响下，丘陵坡地的表土冲刷流失现象比较严重，使地带性原生草原植被保留得很少，局部的低山上，可形成零星的森林与灌丛植被。黄河西南岸的鄂尔多斯高原东部（准格尔—东胜地区），是侵蚀切割极其剧烈的黄土丘陵地区，有不少地方土层十分浅薄，甚至基岩裸露；是岩性十分疏松的紫红色砂岩，所以基岩侵蚀也很严重，使植被和土壤的发育均受到限制和破坏。该区南部的毛乌素沙区，其基岩也以白垩纪砂岩为主，这种胶结十分疏松、耐风化力很弱的砂岩是鄂尔多斯高原形成沙地的重要地质条件。毛乌素沙区海拔一般为 1100～1400m，沙丘与丘间滩地相间分布，沙丘相对高度约 10m，多为固定、半固定沙地，流动沙地呈新月形沙丘或形成新月形沙丘链。沙区的这些生境中发育了沙生植被与低湿滩地植被，并且形成比较复杂的植被组合，但缺乏典型地带性植被的生境。

气候类型属于暖温性半干旱气候，年平均温度 5～8℃，1 月均温–13～–8℃，7 月均温 20～23℃，全年≥10℃积温 3000～3300℃，年降水量 300～450mm，湿润度 0.3～0.45。热量与湿润度的这种组合特点是形成暖温带典型草原植被的基本要素。所以植被的原生面貌应以典型草原植被占优势。但因广泛的地表强烈侵蚀，人类垦殖活动的历史也比较长久，使原生草原植被几乎破坏无遗。沙地和低湿滩地的大面积分布，也限制了地带性草原植被的发育。因此，现存的草原植被是很少的。

黄土丘陵所分布的自然植被主要是各种不同年龄阶段的撂荒地植被。其中，在撂荒时间较长、植被发育比较稳定的地段上，可以形成以本氏针茅为主，并含有隐子草、达乌里胡枝子及蒿类等植物种的次生草原群落，在幼年期的撂荒地上，往往是一年生草类阶段及根茎禾草和杂类草阶段。此外，适应于表土侵蚀与堆积作用的百里香半灌木群落也在黄土丘陵上有广泛的分布。随着表土侵蚀强度的不同，百里香群落的组成、结构及外貌等特征也有明显差别。侵蚀作用的程度越大，则百里香群落的成分越单纯，伴生植物种类数量越少，而且百里香植丛的剥蚀残墩也愈加明显突出。

丘陵区的侵蚀沟谷很多，沟坡上往往还有很稀疏的灌丛或半灌木植物的分布，如大果榆、酸枣、小叶鼠李、杠柳、文冠果、三裂绣线菊、中间锦鸡儿等灌木及白莲蒿、茭蒿等生长。个别的低山山地上有小片白桦、杨树林，杂木林和沙棘灌丛等。

毛乌素沙区，基质松散而不稳固的沙地上，形成了沙生植被的生态系列。其中，以黑沙蒿（*Artemisia ordosica*）建群的沙生半灌木群落最为发达，占据了大部分沙丘和沙墚地。群落组成中常含有沙鞭、沙生冰草（*Agropyron desertorum*）、沙芦草（*Agropyron mongolicum*）、白草（*Pennisetum centrasiaticum*）、冷蒿、木岩黄芪（*Hedysarum fruticosum*）、苦豆子（*Sophora alopecuroides*）、砂珍棘豆（*Oxytropis racemosa*）、牛心朴子（*Cynanchum komarovii*）、砂蓝刺头（*Echinops gmelini*）及多种一年生草类。沙生植被系列中，常见的灌丛群落有中间锦鸡儿灌丛、北沙柳（*Salix psammophila*）灌丛、沙地柏灌丛、柳叶鼠李（*Rhamnus erythroxylon*）灌丛等。流动沙丘上，植物生长极少，只有沙米、碟果虫实（*Corispermum patelliforme*）及沙鞭等可组成先锋植物群落。沙丘间的低湿滩地上，生境条件比较多样，常有各种草甸、草本沼泽及沼泽化乌柳（*Salix cheilophila*）灌丛等许多不同的植物群落类型。

土默特平原，水土条件良好，是早已开发的农业地区，农田连片分布，自然植被保留不多。局部地区可以看到零星的羊草草原次生群落片段及盐化滩地上所保持的盐化草甸群落，如芨芨草、野黑麦草甸，马蔺草甸，赖草草甸和寸草薹、杂类草组成的矮草草甸（寸草滩）等。农田中种植的主要农作物是春小麦、大麦、玉米、高粱、谷子等。人工栽培的树木有小叶杨、加拿大杨（*Populus canadensis*）、箭杆杨（*Populus nigra* var. *thevestina*）、河柳、榆、油松、侧柏、杜松等，但目前多是栽植的散生树木，初步建成了一部分农田防护林。有些华北常见的木本植物，如臭椿、刺槐、丁香、桃叶卫矛等也可栽培成活越冬，显示了该区与阴山以北蒙古高原草原区的气候差别。

由于该区垦殖耕种的历史悠久，土壤侵蚀相当严重，还存在着土地沙化的威胁，因此水土保持、防风固沙是农牧林业生产和土地利用的基本关键。要合理利用土地资源，就必须把各项生产与生态保育结合起来。保护植被是改造和保护自然环境的基本途径，只有切实遵循这一原则，才能合理配置农牧林业生产。鉴于该区的生物资源和土地类型比较多样，经济上应该全面发展。目前保持的自然植被多是放牧场和割草场，畜牧业占有一定比例，特别是毛乌素沙区更是以牧业为主体。但牧业生产水平的提高，必须有优质高产的牧草饲料来源，天然草场的保护、改良和合理利用是重要基础，而且还要进行多年生牧草栽培，建立人工草地和饲料基地。在该区的黄土坡地上种植苜蓿已有一定的经验，应进一步改进和提高。粮、油作物的种植，目前产量不高不稳，还存在着自然灾害的威胁，所以必须大力加强农田基本建设。把滩地及土层深厚的平缓梁地等良好的农田建为基本田，丘陵坡地农田应适当地逐年缩小面积，陡坡农田更应退耕。并且积极种草、种灌木、种树，建立农田防护林和防风固沙的生物措施。土默特平原农业生产条件比较优越，随着农田水利、肥料供应和农业机械化的发展，农业产量潜力将会进一步发挥。如果种植各种饲料作物，可发展养牛、养猪，建立乳牛基地。

（三）宁夏中部黄土丘陵典型草原区（ⅥAⅡb-3）

该区位于陕北的白于山以西，陇东的环江上源以北，西至清水河中游，北抵长城沿线；占据宁夏中部黄土丘陵地区。北面是鄂尔多斯高原东部典型草原区，向西过渡到宁甘黄土丘陵荒漠草原区，东南侧与暖温带森林草原亚地带相邻接。该区的地貌格局是由北部的台地和中部的山地及山间盆地与谷地构成。各地的海拔1300～1700m，中部的大罗山主峰海拔2624m，是该区的最高点。台地、盆地与丘陵均为第四纪风成黄土覆盖，水土侵蚀与风蚀过程塑造了破碎的地貌景观，形成了一些沙地、丘间洼地与盐湖等中小地貌单元。这些地貌类型的不同部位，成为植被生态多样性的立地生境。区内的河流比较稀少，源于南部山地的苦水河与清水河流经该区中、西部，向北流入黄河。苦水河上游由区内的苦水沟与甜水河汇合而成。清水河中下游的冲积平原和大罗山山前平原是耕地集中的地域。

该区属暖温性半干旱气候，年均温7～10℃，1月均温-10～-8℃，7月均温20～24℃，全年≥10℃积温3000～3400℃，年降水量300～350mm，湿润度0.3～0.4。原生的地带性土壤是黑垆土与灰钙土，在河谷低地有草甸土、盐化草甸土与盐土，北部有风沙土的局域分布，大罗山上部的林地与灌丛中有棕色森林土与褐色土分布。

典型草原植被在丘陵与台地为主的地带性生境广泛分布。本氏针茅草原是主要的代表性群系，在苦水沟与甜水河流域有较多分布。群落中多含有小半灌木层片，如冷蒿、百里香、白莲蒿等植物。境内西部的本氏针茅草原多与短花针茅共同组成群落，或与短花针茅群系交替分布。此外，大针茅草原、克氏针茅草原在土层较深的地段也有分布。在西部的砂壤质灰钙土上有沙生针茅草原与短花针茅及冷蒿群落的交错分布，这是向荒漠草原亚地带过渡的标志。大罗山中下部阳坡以本氏针茅草原、短花针茅草原与次生的冷蒿群落为主，在山地砾质土壤上被茭蒿与白莲蒿群落占据。在黄土丘陵撂荒地上有草原的演替变型：百里香群落、冷蒿群落等。北部地区的风沙土上形成油蒿群落、中间锦鸡儿灌丛群落和沙地先锋植物群落的生态系列。总之，该区的草原植被以次生群落类型为主，在沟谷与侵蚀坡地上植物覆盖十分稀少，急需加强草原植被生态保育。

大罗山上部形成了山地针阔叶林带，青海云杉林在海拔 2300～2600m，油松林在2100m 以上，侧柏林有零星分布，阔叶林有山杨林与白桦林。山体中部有灌丛植被分布，主要群落是虎榛子灌丛、三裂绣线菊灌丛、黄刺梅灌丛、沙棘灌丛、荆条灌丛等。在灌丛分布带有小面积的白羊草群落，或混生到灌丛群落中。山地沟谷中有柳类灌丛与杂类草草甸等。草原区内的这些山地植物群落具有涵养水源、改善环境的生态功能。

清水河与苦水河等河谷低地上，草甸植被已消失殆尽，只有残存的盐生植物群落和零星的芨芨草、马蔺、苦豆子、盐生植物等群落片段。清水河中下游及大罗山山前冲洪积平原，已建成完善的水利灌排系统，成为灌溉农业区。可实现轮作和两年三熟农作制，农作物品种比较丰富多样，以小麦、水稻、玉米等为大宗，兼种糜、谷、荞麦等杂粮与豆类，油料作物有胡麻、向日葵等，饲用植物有紫花苜蓿、三叶草和燕麦等的少量种植，还有枸杞、葡萄、果蔬等经济作物。田边与渠旁种植青杨、小叶杨、新疆杨、箭杆杨、河柳与榆、槐等树种，农田防护林已初具规模，形成了完整的农田栽培作物与树木的人工复合植被。

区内的草原是传统的牧区，在历史上培育了著名的滩羊，这是一项重要的家畜品种资源，已成为当地草原生态系统的特产。在今后的区域经济协调发展和产业结构调整中，应制止草原的盲目开垦，建立农牧林业与加工业全面发展的产业体系，改进草原利用制度和放牧方式，促进草原植被恢复，扩大人工草地面积与饲料生产，对名优特种生物资源和产品必须着重加以保护和增产，这是生态系统保育和生物多样性保护的重要内容。

三、暖温带东部荒漠草原亚地带（ⅥAiic）

暖温带东部荒漠草原亚地带是草原地带最西部的亚地带，占据鄂尔多斯高原西部、宁夏西北部和陇西黄土高原地区。东边是典型草原亚地带，向西过渡到荒漠地带。北面隔阴山山脉西段的狼山与蒙古高原的中温性荒漠草原亚地带相邻。黄河上游的兰州-西山咀段贯穿这一亚地带全境，成为沿黄河干流分布跨度最长的草原亚地带。适应干旱区气候的小型丛生禾草草原：短花针茅群系、沙生针茅群系及小半灌木草原是地带性植被的主要群落类型。黄河沿岸的河滩与冲积平原又为隐域性植被及农田开发提供了良好环境。根据植被生态地理格局的分异可分为两个植被区。

（一）鄂尔多斯高原西部荒漠草原区（ⅥAiic-1）

该区以西鄂尔多斯高原为主体，北部包括黄河以北的河套平原及黄河南岸的库布齐沙带西段，南边到长城沿线与宁甘黄土丘陵荒漠草原区相接，西面以桌子山为界与荒漠区相连，是草原向荒漠过渡的地带。海拔1200～1500m，在鄂尔多斯古陆台的前震旦系基底上，覆盖着白垩纪、侏罗纪砂岩及第四纪沙层与黄土等沉积物，成为广阔的剥蚀高平原，毛乌素沙区的西缘也跨入该区内。由于基岩由石英、长石等颗粒组成的疏松砂岩易受物理风化而分解成沙粒为主的基质，形成沙砾质及砂质高平原及许多大小不同的剥蚀洼地。黄河河套平原是冲积湖积平原，已建成引黄灌溉农业基地。该区内的河流除黄河干流外，只有一条流量很小的都思图河从毛乌素沙地西部直接入黄，此外有一些小型冲沟在雨后携带泥沙流入黄河，在河套水利灌区有引水渠与排水渠出入黄河。

该区是热量较高、日照丰富，但降水量较低的干旱区暖温性气候类型。年均温6～8℃，1月均温−10～−7℃，7月均温22～24℃，≥10℃积温3000～3300℃，年降水量200～250mm，湿润度0.2～0.8，年日照时数2800～3000h。全年多风，特别是冬春多西北风。由于基质松散，表土风蚀与风积作用比较强烈。区内的库布齐沙漠以流动、半流动沙丘为主，毛乌素沙地的西缘也形成一些裸沙地。地带性土壤是棕钙土与灰钙土，沙地上是风沙土。黄河沿岸的河滩地多已改造成耕作土壤，原生土壤主要是盐化草甸土与盐土。

地带性荒漠草原植被的代表群系是短花针茅草原和沙生针茅草原，但不能形成大面积的连续分布，只有残存的小片段出现在平缓的坡地或墚地上。适应表土侵蚀和流动性基质的植物群落类型广泛分布，主要有冷蒿群落、菁状亚菊群落、油蒿群落和草麻黄（*Ephedra sinica*）群落等。冷蒿群落与菁状亚菊群落都是在剥蚀高平原上发育的草原小半灌木群落，是荒漠草原的生态变型。在群落中，短花针茅、沙生针茅及糙隐子草等丛生小禾草仍为恒有伴生成分，其他常见种尚有碱韭、蒙古葱、细叶葱、牛枝子、刺叶柄棘豆、银灰旋花、兔唇花等。冷蒿与菁状亚菊的枝条具有匍匐性，所以常在植丛下形成圆形风积小丘，直径50～70cm，隆起的高度约10cm，小丘之间地面侵蚀洼陷，往往在雨季时一年生植物可形成层片。油蒿群落是沙生半灌木群落，多见于毛乌素沙区西缘的沙地上，但它比该区以外的毛乌素沙地中部的油蒿群落植物种类贫乏，结构比较稀疏，生产力也较低。区内的库布齐沙地流动沙丘上，只有疏散生长的柠条锦鸡儿（*Caragana korshinskii*）、白砂蒿（*Artemisia sphaerocephala*）、沙拐枣（*Calligonum mongolicum*）、沙米等少数植物生长，不能形成连续的植被覆盖。因该区与荒漠区相邻接，藏锦鸡儿群落、驼绒藜群落常渗透分布到该区境内的砂质及沙砾质高平原上。桌子山东麓的山前地带有藏锦鸡儿群落的集中连续分布，这是草原与荒漠过渡带的重要生态地理标志。琵琶柴荒漠群落则在一些盐化低地外缘有零星分布。芨芨草盐生草甸、盐爪爪盐生荒漠及一年生盐生植物群落等植被也见于盐化低地生境中。

黄河以北的河套平原是布满灌溉渠系的农田，农作物以春小麦为主，兼种高粱、玉米、豆类、向日葵、瓜类、甜菜等，实行一年一熟制。沿着渠道建成了以杨树为主的农田防护林，也在渠边种植梨、杏等果树。在局部低洼盐碱地上有残生的盐生植物群落和芨芨草群落片段。在低河漫滩上常有多枝柽柳（*Tamarix ramosissima*）灌丛沿河分布，具有护岸的生态功能。

虽然该区日照和热量条件较好，但因气候干旱，只能在河套平原与黄河沿岸的冲积平原与滩地上经营灌溉农业。为了防风固沙、防止土地沙化、减缓土壤侵蚀、有效改善环境、维护灌溉农业的正常生产和畜牧业经营，必须把保护植被列为一项根本任务。严禁盲目开垦与樵采，应是对该区的基本要求。天然放牧场的饲用植物是以半灌木及小半灌木蒿类为基本成分，其次是一年生草类及杂类草等，缺乏丰富的多年生禾草。在这类饲料植物与气候条件下，根据实践经验，应以饲养绒山羊、滩羊为主，但必须按照草畜平衡的原则确定养畜数量。为了改善饲料牧草供应，也可在沿黄河滩地建立饲料基地，种植饲料作物与牧草，作为放牧场的饲料补充。实行夏秋放牧、冬季补饲。要在鄂尔多斯地区工业化的经济环境中探索畜牧业集约化和产业化的经营模式。

（二）宁甘黄土丘陵荒漠草原区（ⅥAiic-2）

宁甘黄土丘陵荒漠草原区占据了黄河上游的黄土高原地区，北起银川平原，南至陇西黄土高原，东面与宁夏中部典型草原区相接，西面以贺兰山为界与荒漠区相邻。南北跨越 36°～39°18′N，海拔 1100～1500m。在地质构造上，北部属鄂尔多斯陆台的西部边缘。基底是前震旦系，上覆以古生代、中生代及第四纪沉积，地势较平缓；南连北祁连山地槽的东端和中祁连地轴，基底均为火成岩，上覆沉积岩，最上层覆以第四纪黄土，地势较为高峻。黄河银川平原为平坦肥沃的冲积平原，东侧接毛乌素沙地西缘，西侧的贺兰山海拔 1600～2200m，主峰 3556m，为该区最高峰，山体上形成植被垂直带的分布。陇西黄土高原被黄河及其支流分割成丘陵与山地，一般海拔 1100～1600m。强烈的侵蚀使丘陵地形破碎。高出于黄土丘陵之上的山地，海拔多在 2000m 以上。哈思山的主峰大峁槐山 3017m，香山 2356m，屈吴山北部也在该区内，海拔 2200～2500m。黄河除银川平原外，大部在峡谷中穿行，支流只有苦水河与清水河的下游和古浪河流经该区入黄，此外也有若干间歇性河流与冲沟入黄，地表水资源贫乏。由于降水少、径流低、蒸发强，地下水也相当缺乏。

该区西接荒漠区，海洋季风影响极弱，已过渡到干旱区东缘，荒漠化的气候特点显著。年均气温 5～9℃，1 月均温-10～-8℃，7 月均温 22～24℃，全年≥10℃积温 2500～3200℃，年降水量 200～260mm，7～9 月降水占全年降水的 70%，湿润度 2.0～0.3，年日照 2600～3000h。

地带性土壤主要为棕钙土和灰钙土。在银川平原上有发育在冲积母质上的盐化草甸土，山间盆地、丘陵间洼地有盐土，山地上主要有灰褐土的分布。棕钙土具有草原和荒漠两种成土过程的特点，一方面具有腐殖质积累和碳酸钙淀积的过程，另一方面又有表土砾质化、砂质化和假结皮的出现。灰钙土是暖温型荒漠草原条件下形成的。母质为黄土性物质，腐殖层棕黄带灰色，有机质含量不高，且下渗较深。

因处于向干旱气候过渡的地带，生态条件较严酷，因而植物种类成分很贫乏，但荒漠草原的特有成分及特征植物十分突出，如短花针茅、沙生针茅、菁状亚菊、碱韭、刺叶柄棘豆、牛枝子等。由于接近荒漠区，也有若干荒漠植物，如藏锦鸡儿、琵琶柴、珍珠猪毛菜、木本猪毛菜等在特异生境中组成群落，也有一些典型草原植物的生长，如克氏针茅、沙生冰草、糙隐子草等。

短花针茅草原是原生草原植被的主要代表群系，多分布在典型的棕钙土或灰钙土上，组成群落的主要伴生植物有糙隐子草、碱韭、细叶葱、冷蒿、银灰旋花、牛枝子、狭叶锦鸡儿及一年生小禾草等，群落结构稀疏，覆盖度小于 20%，物种饱和度约 10 种/m^2。沙生针茅草原是砂质棕钙土上荒漠草原的主要群系，群落中常见的特征植物有无芒隐子草、沙芦草、蒙古葱、沙兰刺头、刺叶柄棘豆、中间锦鸡儿及一年生草类，也是覆盖度小于 20% 的稀疏群落。小针茅草原在壤质棕钙土上有少量零散分布。短花针茅草原与沙生针茅草原目前在区内都缺少大面积连续分布的群落，这是长期人为扰动下土壤侵蚀作用加剧造成的。经强烈侵蚀的沙砾质丘陵坡地上分布的簇状亚菊小半灌木群落是最多见的演替变型。但在群落中仍分别包含着短花针茅、沙生针茅、小针茅、戈壁针茅、糙隐子草、无芒隐子草、沙芦草、葱类等荒漠草原的主要植物种，反映出原生群落与小半灌木群落之间的演替轨迹。琵琶柴占优势的草原化荒漠群落在贺兰山山前洪积平原及盐化棕钙土上有片段分布。在局部的覆沙淡棕钙土上偶有藏锦鸡儿群落出现。

银川的黄河冲积平原、低阶地、河漫滩经多年开发建设，已成为完备的引黄灌溉农业基地。种植的作物以小麦与水稻为主，同时还有谷子、玉米、高粱、蚕豆、向日葵、胡麻、甜菜、瓜类和多种果蔬与经济作物。以杨、柳为主的农田防护林网已基本建成，形成了农业生产与环境效益兼备的人工灌溉植被。黄河及其支流沿岸的其他河谷平原与滩地上，土地面积与经营规模都小于银川平原，但也是该区的灌溉农业区。由于气候干旱，区内不能进行旱作农业，所以完全依赖灌溉农业生产。

河谷平原中局部的盐渍化低地上，因盐化程度不同，分别残生着芨芨草、马蔺、寸草薹与金戴戴（*Halerpestes ruthenica*）等盐生草甸群落及白刺、盐爪爪、角果碱蓬（*Suaeda corniculata*）、盐角草（*Salicornia europaea*）等盐生植物群落。

该区内的几个山地，因位置与相对高度不同，其植被类型与垂直分布也有所不同。贺兰山的相对高差约 2000m，山地基带是短花针茅草原为主的荒漠草原。海拔 1600～1900m 是山地草原带，以本氏针茅草原为代表。1900～2400m 是以灰榆为标志的疏林灌丛带。2400～2900m 是森林带，下部有油松林，上部为青海云杉林，阔叶林有辽东栎林与桦杨林。2900m 以上为高山灌丛带。其他山地也有油松林或青海云杉林、山地灌丛及山地草原等植被类型的垂直分布。

该区大部分地区是以牧为主的半农半牧区，草原是多种牲畜的生产基地，有著名的宁夏滩羊、中卫山羊、中宁沙毛山羊等家畜地方品种和畜牧业的经营传统。今后应按照产业化与集约化经营的目标把畜牧业作为草原的优势与特色纳入该区的产业结构和经济系统中。

第三节　西部草原亚区域（ⅥB）

中国温带草原西部亚区域位于新疆北部额尔齐斯河流域的阿尔泰山、萨吾尔山与塔尔巴哈台山等山区。这是欧亚大陆草原区域西部亚区域（黑海哈萨克亚区域）东端的一个狭小的山地森林草原区，局限分布在北方寒温带针叶林区域和亚洲荒漠区域之间，成为连通欧亚大陆草原区域东西两个亚区域的一条通道。

西部草原亚区域的草原植物种类组成与哈萨克草原的植物种类是一致的。但因处于东、西两个亚区域的过渡位置上，也出现一些东部（蒙古）草原亚区域的植物种类。山地典型草原的主要群系：针茅属的光芒组（Sect. *Leiostipa* Dum.）针茅群系（Form. *Stipa capillata*）、中亚针茅群系（Form. *Stipa sareptana*）和须芒组（Sect. *Barbatae* Junge）的列兴针茅群系（Form. *Stipa lessingiana*）、吉尔吉斯针茅群系（Form. *Stipa kirghisorum*）及沟叶羊茅草原（Form. *Festuca sulcata*）都是西部草原亚区域的主要群系，在东部草原亚区域没有分布。在荒漠草原中，羽针组（Sect. *Smirnovia* Tzvl.）的沙生针茅群系（Form. *Stipa glareosa*）是东、西两个亚区域所共有的，但群落的植物组成有多种差异。西部草原亚区域的小蒿（*Artemisia gracilescens*）、展枝假木贼（*Anabasis truncata*）、盐生假木贼（*Anabasis salsa*）、小蓬等旱生小半灌木都是荒漠草原群落的常见植物。西部草原亚区域的另外一个重要特色是草原群落中具有短生植物层片。例如，荒漠草原群落中的厚柱薹草（*Carex pachystilis*）、囊果薹草（*Carex physodes*）是短生植物的代表种。中国境内的西部草原亚区域，组成了以荒漠为基带、以荒漠草原带和典型草原带为主，往上是泰加林带、亚高山灌丛带与高山草甸带的山地植被垂直带谱，这是植被生态地理格局的显著特征。

我国的西部草原亚区域，地域范围不广，完全处于中温带草原地带之内，也只划分出以下一个森林–草原区。

中温带（西部）草原地带（VIBi）

西北阿尔泰山地森林–草原区（VIBi-1）

该区包括额尔齐斯河流域南北两侧的阿尔泰山、萨吾尔山与塔尔巴哈台山东部等山地，越过西边的国界与哈萨克斯坦的草原相连，东北一侧以阿尔泰山分水岭与蒙古国为界，共同构成阿尔泰山系的山地森林草原地带。

阿尔泰山地，是在喜马拉雅运动中隆升与断裂形成的准平原阶梯式山地，至今保持着较平缓的准平原地形特点。山地的海拔多在2000~3000m，相对高度达1500~2500m，北部边境的友谊峰海拔4374m。山地的母岩多为酸性变质岩和花岗岩，母岩的风化产物多为粗颗粒物质，又因地处风影区，缺乏黄土状物质堆积，所以山区的砂质与沙砾质土壤基质较多。土壤与植被具有明显的垂直分带现象。在山麓平原的基带为荒漠草原棕钙土或淡栗钙土带，往上过渡到山地典型草原栗钙土带。再往上是灰色森林土和灌丛草原与灌丛草甸黑土带，森林土壤有明显的灰化现象。进入亚高山带，以山地草甸土为主。最上部的高山草甸带，有高山草甸土和轻微灰化的草甸土，在几个高峰之下有薄层泥炭化的冰沼土。阿尔泰山以南的萨吾尔山与塔尔巴哈台山东段（西段属于哈萨克斯坦的国土）地形比较平缓，有4~5级阶梯状准平原，最高的准平原海拔在2000m上下，个别山峰达2500m以上。植被与土壤垂直带的结构比阿尔泰山地垂直带简单，没有发达的森林带，自下而上是：荒漠草原淡栗钙土带，典型草原、灌丛草原栗钙土带，山地绣线菊灌丛与草甸黑土带，亚高山与高山薹草、嵩草草甸及刺蔷薇灌丛草甸土带。阿尔泰山区的河谷水系比较密集，出山口后在平原地区汇聚成额尔齐斯河，向西流入哈萨克斯坦境内的斋桑泊。塔尔巴哈台山东段的河流较少，东部只有白杨河等几条内流小河，西部有额敏河向西南流入哈萨克斯坦境内的阿拉湖。沿河的滩地与冲积平原已成为重要的农业开发区。

　　阿尔泰山区深居欧亚大陆中央，距海洋遥远，受准噶尔荒漠和斋桑荒漠干燥气候的影响，山区中下部具有中温带半干旱至干旱气候的特点。又因海拔升高，地处中纬带北部，所以气候比较寒冷。随着山地海拔的上升，气候条件也有明显差异。哈巴河、布尔津、阿勒泰、富蕴、和布克赛尔等地代表了海拔 1200m 以下的山前和山麓地区的气候，年均温 2~6℃，7 月均温 18~22℃，1 月均温–20~–12℃，全年≥10℃积温 2500~2900℃，年均降水量 150~250mm，塔尔巴哈台山麓地区年均降水量可达 280mm，海拔升高到 1500~2000m 的中山地带，年均降水量为 350~500mm。区内各地全年降水量的季节分配比例大约是春季占 20%，夏季占 32%，秋季占 30%，冬季占 18%。降水的季节分配比较均匀是不同于东部草原亚区域的气候特点。占全年 18%与 20%的冬、春季降水是草原植物群落中春季短生植物层片繁生的水分保障。

　　该区草原植被的植物区系组成比较复杂，是欧洲–哈萨克斯坦区系成分与蒙古草原成分交汇的地区，又有戈壁准噶尔荒漠成分和中亚短生植物种类的侵入。阿尔泰山前平原和低山草原带广泛分布的沙生针茅草原就是与东部草原亚区域的蒙古草原、黄土高原草原所共有的草原群系。但是该区的沙生针茅草原等群落中又有中亚成分的短生和类短生植物组成层片。山地典型草原与灌丛草原中的优势种又反映出与东部草原亚区域明显的差异。

　　阿尔泰山前平原到低山带，海拔 800~1500m，沙生针茅+小蓬荒漠草原、沙生针茅+冷蒿+囊果薹草荒漠草原、沟叶羊茅+针茅+小蒿草原、沟叶羊茅+列兴蒿（*Artemisia lessingiana*）或亚列兴蒿（*Artemisia sublessingiana*）草原都有分布，表现了东、西部草原亚区域之间的过渡性特点。这些群落多有珠芽早熟禾（*Poa bulbsa* var. *vivipara*）、齿稃草（*Schismus arabicus*）、准噶尔郁金香（*Tulipa schrenkii*）、鸢尾蒜（*Ixiolirion tataricum*）、多裂阿魏（*Ferula dissecta*）、角果藜（*Ceratocarpus arenarius*）、抱茎独行菜（*Lepidium perfoliatum*）、荒漠庭荠（*Alyssum desertorum*）、四齿芥（*Tetracme quadricornis*）、舟果芥（*Tauscheria lasiocarpa*）、小车前（*Plantago minuta*）等短生与类短生植物组成的层片，又体现出西部草原亚区域的特征。阿尔泰山海拔 1500~2100m 的中山带，阳坡是山地灌丛草原、典型草原及草甸草原植被，主要群系有针茅草原、沟叶羊茅+针茅草原、吉尔吉斯针茅草原。灌丛草原群落类型多样，有兔儿条绣线菊、金雀锦鸡儿（*Caragana frutex*）、新疆丽豆（*Calophaca soongorica*）、塔城扁桃（*Prunus ledebouriana*）、针枝蓼（*Atraphaxis frutescens*）等，分别与沟叶羊茅、针茅、吉尔吉斯针茅、长舌针茅（*Stipa macroglossa*）组成稳定的灌丛草原群落。中生灌丛植被也是中山带广为分布的植被类型，有刺玫、新疆忍冬、兔儿条绣线菊建群的密灌丛等。许多灌丛群落中含有许多中生草本植物，如草地早熟禾、鸭茅、无芒雀麦、亚洲异燕麦（*Helictotrichon asiaticum*）、亮叶蓼（*Polygonum nitans*）、牛至（*Origanum vulgare*）、块根糙苏（*Phlomis tuberosa*）等，组成草甸化灌丛群落。阿尔泰山中山带至亚高山带以下的阴坡,从海拔 1200m 开始出现西伯利亚落叶松(*Larix sibirica*)林,1500m 以上成为大面积的西伯利亚落叶松和西伯利亚云杉(*Picea obovata*)混交林,西北角有西伯利亚冷杉(*Abies sibirica*)和西伯利亚红松(*Pinus sibirica*)林分布。从阿尔泰山中部到塔尔巴哈台山与萨吾尔山的海拔 1800m 以上至亚高山带,杂类草草甸、禾草草甸分布比较宽广,嵩草与薹草亚高山草甸也有分布。杂类草草甸群落的植物组成丰富,季相华丽。主要植物种有丘陵老鹳草(*Geranium collinum*)、准噶尔乌头(*Aconitum soongaricum*)、阿尔泰金莲花(*Trollius altaicus*)、羽衣草(*Alchemilla vulgaris*)、垂花青兰(*Dracocephalum nutans*)、亮叶蓼、准噶尔橐吾等。禾草草甸的主要优势植物有草地草熟禾、无芒雀麦、准噶尔看麦娘等。嵩草与薹草亚高山草甸由高山嵩草、西伯利亚嵩草、斯米尔嵩草(*Kobresia smrnovii*)与薹草、黑穗薹草等组成群落。

该区是新疆的主要畜牧业基地之一,其天然草场有效利用面积约占新疆草场的 1/5,草场载畜能力占全新疆的 1/4。但是,高海拔的山地草场约占 75%,低山与平原草场只占 25%,因而四季草场不平衡,冬季的家畜饲草料供应不足。塔尔巴哈台山区的低山与平原草场较多,有利于家畜过冬,但家畜冬季营养明显不足。在今后的畜牧业向科学化、产业化发展中,建立稳定高产的人工草地与饲料基地将是发展的基本保障。要寻求畜牧业与农业种植业协同生产的模式,也要探索夏秋季放牧冬季补饲与舍饲的经营方式,推动畜牧业逐步向集约化方向转变。该区的山前平原等地也是新疆的粮食等多项农产品生产基地之一。该区的环境与水土生物资源优势,是新型工业化与农牧林业现代化发展的物质基础。阿尔泰山区又是新疆的国土生态屏障,为此,必须把植被与生物多样性保护作为根本任务才能实现区域可持续发展。

第十四章　蒙古高原（蒙古国）植被类型及地理分布

蒙古国国土从北到南 1260km，从西到东 2368km，山地占国土面积的大部分。就气候而言从低向高提升时气温逐渐下降，植物物候期缩短。从北向南年降水量逐渐减少，干燥程度明显。库苏泊、肯特、蒙古阿尔泰山地草地植被垂直分布，沿纬度 10°跨度出现山地干草原，且从荒漠化向中亚荒漠的景观随纬度变化而交替出现。根据自然地理及建群种、生态条件相关的海拔划分为高山群落、山地泰加林群落和山地森林草原三个植被带，同时从北向南形成草原、荒漠化草原和荒漠三个区。

研究蒙古国草场植被的分类、分布时结合植物区系虽有其科学性，但有些著作中对植物区系的划分比较粗略，没有详细的说明。

文中叙述的蒙古国草场植被类型与"三带三区"植被紧密对接，同时阐述了非自然带分布的草甸与沙地植被。研究草场植被的分类、结构时要选择广泛分布且具代表性的草地类型及其参与种，同时参考和运用了有关资料。

第一节　高　山　带

高山带包括蒙古国高大山脉，即库苏泊地区山脉、肯特山脉、杭爱山脉、蒙古-阿尔泰山脉、戈壁阿尔泰山脉地区，占蒙古国国土面积的 1/3。该带下线为库苏泊、肯特地区，海拔 2000～2200m，或上升到海拔 2500～2700m 的杭爱、蒙古-阿尔泰的干旱带或更高。

嵩草高山草甸草场的群落由嵩草（*Kobresia bellardii*）、矮嵩草（*K. humilis*）、西伯利亚嵩草（*K. sibirica*）等建群种组成。其优势种为细柄茅（*Ptilagrostis mongholica*）、蒙古异燕麦（*Helictotrichon mongolicum*）、珠芽蓼（*Bistorta vivipara*）、高山唐松草（*Thalictrum alpinum*）、黑花薹草（*Carex melanantha*）、狭果薹草（*C. stenocarpa*）和圆囊薹草（*C. orbiculare*）等组成。低矮灌木、半灌木圆叶桦（*Betula rotundifolia*）、刺叶柳（*Salix berberifolia*）、扁圆柳（*S. nummularia*）和念珠柳（*S. torulosa*）少有参与。

高山带草地是大陆性气候长期严寒干旱条件下形成的植被群落。

一、高山放牧场

高山放牧场包括三大草场类型。

（一）地衣–苔藓、苔藓–地衣放牧场

这类草场分布于库苏泊山区、肯特山脉及蒙古-阿尔泰山脉西部高山山体斜坡、山间的新生土壤上。石蕊属（*Cladonia*）、冰岛衣属（*Cetraria*）、树发属（*Alectoria*）和 *Strecgulon*

属等以小块分布。分布面积在高山放牧场上最大，年平均产草量 1.0～2.0 公担/hm²。库苏泊地区使用这类草场放养驯鹿。

（二）苔藓、苔藓–薹草低温草甸的高山放牧场

这类草地小面积分布于库苏泊、杭爱、蒙古-阿尔泰山地的山坡、山麓低湿草甸土及山地的低湿草甸土上。建群种为北方薹草（*Carex bigelowii*）、甸生桦（*Betula humilis*）、灰蓝柳（*Salix glauca*）和小叶杜鹃花（*Rhododendron parvifolium*）等。年均产草量 1.0～2.0 公担/hm²。夏季放牧牦牛，库苏泊放养驯鹿。

（三）灌木、乔木草场

这类草场大面积分布于库苏泊山区，肯特及杭爱山区的北部高山的黄壤土壤上也有少量分布。在森林带以上灌木状圆叶桦（*Betula rotundifolia*）、瘦桦（*B. exilis*）等生长，有时金露梅（*Dasiphora fruticosa*）、欧杞柳（*Salix caesia*）和刺叶柳（*S. berberifolia*）形成矮小树林。草本群落中嵩草、矮嵩草、薹草属及阿尔泰羊茅、珍珠蓼等及其他草本植物参与建群。森林上线处，山崖附近生长的多种植物各具特色，有高山桧（*Juniperus sibirica*）、新疆圆柏（*J. sabina*）、灰蓝柳（*Salix glauca*）、阿尔泰忍冬（*Lonicera altaica*）、西伯利亚小檗（*Berberis sibirica*）、刺蔷薇（*Rosa acicularis*）、鬼箭锦鸡儿（*Caragana jubata*）、金露梅（*Dasiphora fruticosa*）等灌木植物。草本植物群落中嵩草（*Kobresia bellardii*）、西伯利亚嵩草（*K. sibirica*）、线叶嵩草（*K. filifolia*）、阿尔泰羊茅（*Festuca altaica*）、羊茅（*F. ovina*）、阿尔泰葱（*Allium altaicum*）和北葱（*A. schoenoprasum*）等主要参与建群。年均产草量为 2～3 公担/hm²，夏季放养牛和牦牛。

二、高山草甸放牧场

主要以高山草甸的嵩草草场和薹草草场为代表。

另外还有薹草–嵩草草场、嵩草-薹草草场、杂类草-嵩草草场。该类草场在高山地区所占面积及作用均占首位。嵩草是生长于各种生态条件、适应于严寒干旱气候条件的多年生建群种。它在水分条件干燥状态下可形成独特的植物群落，同时也参与山地草原和草原的植被群落。

（一）嵩草草场

嵩草草场广布于库苏泊、杭爱、蒙古-阿尔泰、戈壁-阿尔泰高山草甸的黄壤土及山地草甸土，山地分水岭、山梁、各类山坡、较低山谷的湿润草甸土及洼地。

草本植物组成中嵩草（*Kobresia bellardii*）、线叶嵩草（*K. capillifolia*）、纤细嵩草（*K. capilliformis*）、西伯利亚嵩草（*K. sibirica*）等起主要作用。线叶嵩草（*K. filifolia*）、西伯利亚嵩草（*K. sibirica*）等进入库苏泊、杭爱山间草甸。除上述各种嵩草外，薹草属的圆囊薹草（*Carex orbicularis*）、黑花薹草（*C. melanantha*）、头状薹草（*C. capitata*）、圆穗薹草（*C. angarae*）、小刺薹草（*C. microglochin*）也参与群落组成。禾草中蒙古细柄

茅（*Ptilagrostis mongholica*）、穗三毛草（*Trisetum spicatum*）、阿尔泰早熟禾（*Poa altaica*）、西伯利亚早熟禾（*P. sibirica*）、高山香茅（*Hierochloe alpina*）、苔原羊茅（*Festuca lenensis*）、紫羊茅（*F. rubra*）、蒙古异燕麦（*Helictotrichon mongolicum*）等也起主要作用。杂类草中珠芽蓼（*Polygonum viviparum*）、高山唐松草（*Thalictrum alpinum*）、美丽蚤缀（*Arenaria formosa*）、高山龙胆（*Gentiana algida*）、美丽毛茛（*Ranunculus pulchellus*）、耐寒委陵菜（*Potentilla gelida*）、雪白委陵菜（*P. nivea*）、沼泽虎耳草（*Sexifraga hirculus*）和高山紫菀（*Aster alpinus*）也大量分布。产草量为 2.0～8.5 公担/hm²，为牦牛的四季草场。

（二）高山薹草沼泽化草甸草场

这类草场大体分布于山地湿润草甸及蒙古-阿尔泰、库苏泊、西部杭爱山区具冻土层的含腐殖质的黄壤地带，其中主要分布于库苏泊山区。

植被群落中狭果薹草（*Carex stenocarpa*）、黑花薹草（*C. melanantha*）、圆囊薹草（*C. orbicularis*）、圆穗薹草（*C. angarae*）、石薹草（*C. rupestris*）等起主要作用，矮羊胡子草（*Eriophorum humile*）、纤叶嵩草（*Kobresia filifolia*）、沼泽虎耳草（*Saxifraga hirculus*）、北葱（*Allium schoenoprasum*）、高山龙胆（*Gentiana algida*）、山岩黄耆（*Hedysarum alpinum*）、水泽马先蒿（*Pedicularis uliginosa*）和珠芽蓼（*Polygonum viviparum*）等稳定参与。草场年均产草量 5.0～8.0 公担/hm²，为牦牛的夏季放牧场。草场上没有土丘、草丘等地方可作为打草场。

三、高山草原放牧场

包括禾草–嵩草、禾草–杂类草等草场类型。主要分布于高山地区向阳坡，具有草原与高山特色相互混合的草原草场特色。这一地区草原特征较为突出而高山特色弱化从而嵩草草原大面积分布。高山草原主要分布于杭爱山北部草原地区和山地草甸草原轻壤质土壤地区，南部地区少量分布。

植被群落苔原羊茅（*Festuca lenensis*）、西伯利亚羊茅（*F. sibirica*）、蒙古异燕麦（*Helictotrichon mongolicum*）、渐尖早熟禾（*Poa attenuata*）和落草（*Koeleria cristata*）等植物为优势种，冷嵩（*Artemisia frigida*）、猪毛嵩（*A. commutata*）、高山紫菀（*Aster alpinus*）、星毛委陵菜（*Potentilla acaulis*）、黄白火绒草（*Leontopodium ochroleucum*）、白花点地梅（*Androsace incana*）、兴安蚤缀（*Arenaria capillaris*）、锥柴胡（*Bupleucum bicaule*）、线棘豆（*Oxytropis filiformis*）、斜升龙胆（*Gentiana decumbens*）、蓝花白头翁（*Pulsatilla bungeana*）及狭叶蓼（*Polygonum angustifolium*）等各种杂类草和豆科植物及莎草科柄状薹草（*Carex pediformis*）等参与建群。年均产草量 5.0～6.0 公担/hm²。除骆驼外，一年四季各种家畜均利用，夏季主要放养羊和马。

第二节　山地泰加林带

这一带按植物地理区系属于欧亚针叶林区，而库苏泊地区属于曹音山（Соён）针叶

林。肯特山的大部分属于欧亚针叶林区的前贝加尔湖针叶林。该带占蒙古国土地面积的
4.10%，分布于库苏泊和肯特山区中部地区海拔不低于 1700m 的地带。在杭爱山区北部
分支，即塔尔巴嘎泰山脉地区有少量分布，在蒙古-阿尔泰山区不分布。植被群落中金
发藓（*Polytrichum commune*）、匍生桦（*Betula humilis*）+灰蓝柳（*Salix glauca*）群落和
西伯利亚松（*Pinus sibiricas*）+西伯利亚落叶松（*Larix sibirica*）针叶林群落在蒙古国分
布面积不大。这一类群中包括具草本植物的森林和具灌木的森林两个类型的草场。该类
型占有面积不超过 2240 万 hm^2。

森林草原的建群种是西伯利亚落叶松、白桦（*Betula platyphylla*）、肯特桦（*B.
hippolytii*）、欧洲赤松（*Pinus sylvestris*）、欧洲山杨（*Populus tremula*）、甜杨（*P. suaveolens*）、
苦杨（*P. laurifolia*）等乔木和柴桦（*Betula fruticosa*）、匍生桦、沙杞柳（*Salix kochiana*）、
白背五蕊柳（*S. pseudopentandra* var. *intermedia*）、金露梅（*Dasiphora fruticosa*）等灌木。
这些草地与茂密的泰加林隔开，沿中低山山坡间断分布，单独或混在一起形成疏林放牧
场。从草本植物组成上对地势、湿润程度要求不同的薹草（*Carex* sp.）、禾草及各种杂类
草进入群落组成。

一、草本植物疏林草场

该类草场分布于杭爱、肯特泰加林南面森林草原带。西伯利亚落叶松、白桦、肯特
桦、欧洲赤松、欧洲山杨、甜杨和苦杨等这些植物单独或混生为疏林。这类草场包括以
下几种。

（一）草本植物–桦树、落叶松疏林、桦树–松树林放牧场

分布于具森林土的中山北坡麓，主要分布于杭爱、肯特山山地草原。草本植物大叶
章（*Calamagrostis purpurea*）、*Carex amellii*、圆囊薹草（*C. orbicularis*）、牧地香豌豆
（*Lathyrus pratensis*）、长毛银莲花（*Anemone crinita*）、宽瓣金莲花（*Trollius asiaticus*）、
小唐松草（*Thalictrum minus*）、草地老鹳草（*Geranium pratense*）、西伯利亚老鹳草（*G.
sibiricum*）、东方草莓（*Fragaria orientalis*）、圆叶鹿蹄草（*Pyrola rotundifolia*）、刺蔷薇
（*Rosa acicularis*）和柳叶绣线菊（*Spiraea salicifolia*）等植物参与群落组成。

（二）草本植物–落叶松疏林放牧场

森林放牧场中被利用最多的一类草场。广泛分布于杭爱山地（后杭爱、扎布汗、中
央等省多分布），森林草原的其他地区，如肯特、乌布苏等省分布较少。主要见于森林
淡、暗土及山地砾石黑土的山北坡、盆地及草甸化地带。金丝桃叶绣线菊（*Spiraea
hypericifolia*）、耧斗菜叶绣线菊（*S. aquilegifolia*）、刺蔷薇（*Rosa acicularis*）、白背五蕊
柳（*Salix pseudopentandra*）和短脚柳（*S. brachypoda*）等广泛见于森林下部边缘。禾草
的钝拂子茅（*Calamagrostis obtusata*）、羊茅（*Festuca ovina*）、异燕麦（*Helictotrichon
schellianum*）、西伯利亚早熟禾（*Poa sibirica*）、紊披碱草（*Elymus confusus*）及薹草属中
柄状薹草（*Carex pediformis*）、膨柱薹草（*C. amgunensis*）大量出现外，杂类草中蓝花老

鹳草（*Geranium pseudosibiricum*）、小唐松草（*Thalictrum minus*）、山岩黄耆（*Hedysarum alpinum*）、疏忽岩黄芪（*H. neglectum*）、宽瓣金莲花（*Trollius asiaticus*）、黄花白头翁（*Pulsatilla sukaczevii*）、瞿麦（*Dianthus superbus*）、缬草（*Valeriana officinalis*）、勿忘草（*Myosotis silvatica*）和返顾马先蒿（*Pedicularis resupinata*）等也起主要作用。年均产草量 5.0～8.0 公担/hm²。夏季放牧牛、马，产草量好的林缘及林间地也作为打草场。

（三）桦树与柳树林放牧场

这是采伐或火灾后形成的次生林。这类草场广泛分布于肯特山地的森林草原，少量出现于杭爱山区的森林草原中。年均产草量 4.0～6.0 公担/hm²。夏秋两季适合于放牧牛、马。

二、灌丛林放牧场

（一）灌丛、乔木林放牧场

该草场大量分布于肯特山脉的西部及东部分支、少量分布于杭爱山地的周围。生长于山后的淡色或暗色森林土的草甸及河流上游或下游的低地草甸。在草地群落中以柴桦（*Betula fruticosa*）、矮桦（*B. humilis*）、白桦（*B. platyphylla*）、沙杞柳（*Salix kochiana*）、白背五蕊柳（*Salix pseudopentandra*）等桦树和柳灌丛为主，下部地段有金露梅（*Dasiphora fruticosa*）、高山绣线菊（*Spiraea alpina*）等生长。在河谷地带有西伯利亚落叶松（*Larix sibirica*）的片状林。草本植物群落中种类比较多，建群种为西伯利亚嵩草（*Kobresia sibirica*）、库地薹草（*Carex curaica*）、丛生薹草（*C. caspitosa*）、箭叶薹草（*C. ensifolia*）和美丽薹草（*C. delicata*）等几种组成。年均产草量 2.0～6.0 公担/hm²。一年四季适合放养牛、马。

（二）金老梅等禾草–杂类草–薹草放牧场

这类草场分布于库苏泊、杭爱、肯特山黑上山脚边缘。植物群落中除金露梅外，柄状薹草（*Carex pediformis*）起主导作用。羊茅（*Festuca ovina*）、长毛银莲花（*Anemone crinita*）、大花银莲花（*A. sylvestris*）、宽瓣金莲花和地榆（*Sanguisorba officinalis*）等大量参与建群。年均产草量 4.0～6.0 公担/hm²。一年四季适合于放牧牛、马。值得一提的是，蒙古国西部边陲，即特斯河、科布多河、伯赫木伦河的沿岸砾石质地带，生长有多刺锦鸡儿（*Caragana spinosa*），大湖盆地边缘沙地间低山丘陵上分布有疏叶锦鸡儿（*C. bungei*）灌丛。年均产草量 1.8～4.0 公担/hm²。夏秋季适宜放牧牛、马，大盆地适宜适合放牧骆驼。

第三节　山地森林草原（山地草原）带

按植物地理区系蒙古国的草原属于欧亚草原区，区内又划分为蒙古阿尔泰草原、杭爱山地草原、达乌里–蒙古草原，但 В.И.Грубов 把达乌里–蒙古草原按植物区系称为达乌里–蒙古森林草原省，Д.Банзраг 又提出杭爱森林草原的界线应前移的想法。这样杭爱森林草原的北界为埃尔其木山，东北界为布特勒山脉，以杭爱山为界，往北为欧亚针叶林。

蒙古国传统上把该草原带称为杭爱草原，占蒙古国北方土地面积的 25.1%。山地草原分布于海拔高于 1000m 的肯特、杭爱、蒙古阿尔泰及兴安岭附近中低的森林草原地区。

该带的气候条件相对温和，但从地势而言，中低山以宽窄不同的山谷条状分割，无论从气候条件或从生态条件都独具特色，从而不同生态类型及中生、中旱生和旱生植物大量混生。生态类型的优势决定了群落类型。从森林草原的本身特征而言，其建群种为苔原羊茅（*Festuca lenensis*）、落草（*Koeleria cristata*）、渐尖早熟禾（*Poa attenuata*）、异燕麦（*Helictotrichon schellianum*）和冷蒿（*Artemisia frigida*）等具有干草原特色的植物。因所处环境不同而中旱生植物也成为优势种。该带由山地森林草甸草原类的草本植物稀疏林、杂类草草甸草原和杂类草–禾草草甸草原三类草场组成。这三类草场在森林草原带中所占面积达 99%。在草甸草原中杂类草–羊茅、杂类草–落草–羊茅起主导作用，面积占 90%。在森林草原地区干草原的代表建群种植物针茅沿干燥地段伸入形成杂类草–针茅，小型丛生禾草–针茅群落时而出现。

一、山地草甸草原杂类草–禾草放牧场

这类草场分布于杭爱、肯特的山地草原，见于这些山脉的开阔山坡、山崖阶地的山地草甸土、山地草甸–山地草原轻壤土上，有时分布于沙砾质或石质沙土地段，为山地草原最大的放牧场。植物群落中禾草的苔原羊茅、落草、渐尖早熟禾，杂类草的高山紫菀（*Aster alpinus*）、戈壁百里香（*Thymus gobicus*）、蓬子菜（*Galium verum*）、兴安蚤缀（*Arenaria capillaris*）、白婆婆纳（*Veronica incana*）、小唐松草（*Thalictrum minus*）、狼毒（*Stellera chamaejasme*）、黄白火绒草（*Leontopodium ochroleucum*），蒿属的冷蒿（*Artemisia frigida*）、灰绿蒿（*A. glauca*）、杭盖蒿（*A. changaica*）、裂叶蒿（*A. laciniata*），豆科植物的小黄芪（*Astragalus tenuis*）、白花黄芪（*A. galactites*），莎草科的柄状薹草（*Carex pediformis*）、寸草薹（*C. duriuscula*）等植物参加群落组成。除上述植物外，羊草（*Leymus chinensis*）、异燕麦、无芒雀麦（*Bromus inermis*）、针茅（*Stipa capillata*）等禾本科植物大量出现。并且刺蔷薇（*Rosa acicularis*）、蒙古扁桃（*Amygdalus mongolica*）等灌木也能见到。参与群落组成的这些植物显示出了当地的山地地理特征。例如，高山石质土壤的羊茅群落密度不大、植物种类个体数量减少，然而耐旱的阿尔泰地蔷薇（*Chamaerhodos altaica*）、地蔷薇（*Ch. erecta*）、戈壁百里香、刺前胡（*Peucedanum hyserix*）等个体数量增多。说明因各种条件作用，植被中会出现与描述特征不同的情况。

总体而言，这类草场植被稀疏，年均产草量 3.2～7.6 公担/hm^2，除骆驼外，其他家畜一年四季均可放牧利用。

二、杂类草–薹草放牧场

该草场分布于肯特山西部，杭爱山的北部，占该草原面积的 5.5%。在杭爱及肯特南部及鄂尔浑-色楞格河流域河谷地带也有少量分布。生长于山坡、山麓、山间谷地、丘陵草甸–草原黑土及暗栗钙土、栗钙壤土或砂壤土上，有时也生长于沙砾质土壤上。该草场见有针叶林、羊茅–杂类草草场，以及不适宜放牧的石头山。草原群落中薹草起建群作用，此外禾草的冰草、渐尖早熟禾、草地早熟禾、异燕麦、野大麦、羊茅、紫羊茅；豆科的黄华属及达乌里黄芪、白花黄芪、黄耆（*Astragalus membranaceus*）；薹草属的寸草薹、大穗薹草（*C. macrogyna*）；杂类草的林庭荠（*Alyssum lenense*）、细叶白头翁（*Pulsatilla turczaninovii*）、杭爱龙蒿（*Artemisia dracunculus* var. *changaica*）、高山紫菀、杉叶藻（*Hippuris vulgaris*）、狭叶蓼（*Polygonum angustifolium*）、蓬子菜、狼毒、白花点地梅（*Androsace incana*）、星毛委陵菜、白婆婆纳、锥叶柴胡（*Bupleurum bicaule*）等参与草场群落，并且豆科的小叶锦鸡儿（*Caragana microphylla*）、矮锦鸡儿（*C. pygmaea*）也零星分布。草场的年均产草量 3.0～8.0 公担/hm²，一年四季均适合各种家畜放牧。

三、杂类草–早熟禾草场

分布于杭爱、肯特山的土层薄、壤土或含沙砾质暗栗钙土、栗钙土的山间干谷、山坡等。分布面积小，占杂类草–早熟禾草场面积的 3.6%。

草场群落中渐尖早熟禾为建群种，也有薹草、冰草、针茅、羊草参与群落。杂类草中高山紫菀、星毛委陵菜、冷蒿、杭爱龙蒿、杉叶藻、柳叶风毛菊（*Saussurea salicifolia*）、沙前胡（*Peucedanum rigidum*）、锥叶柴胡（*Bupleurum bicaule*）、木贼麻黄（*Ephedra equisetina*）、花荵（*Polemonium racemosum*）、斜茎黄芪（*Astragalus laxmannii*）和披针叶野决明（*Thermopsis lanceolata*）等植物也有生长。草场年平均产草量为 3.0～8.0 公担/hm²。除骆驼外，一年四季各种家畜放牧利用。

四、杂类草–冰草草场

该草场在草原带草场中所占面积较小（0.5%）。该草场大致分布于阿尔泰和戈壁阿尔泰、杭爱、肯特山脉南部低山石质土壤地区。草场群落建群种为冰草。薹草和渐尖早熟禾大量生长。此外阿尔泰狗娃花、白婆婆纳、冷蒿、黄白火绒草（*Leontopodium ochroleucum*）、火绒草、星毛委陵菜、寸草薹等也有分布。冰草是除荒漠、荒漠草原外，还广泛分布于其他植被带、地区的植物之一，生长于较高高山石质向阳坡，甚至参与泰加林草原的群落组成。草场年均产草量 4.0～7.5 公担/hm²，除骆驼外，一年四季均可放牧各种家畜。

五、砂砾质、石质土壤上的杂类草–禾草、禾草–杂类草草场

该类草场在草原带的森林草原蒙古东部南面及哈拉哈中部的低矮山、丘陵地区的浅层、砾质栗钙土土壤上有少量分布。草场群落禾草有苔原羊茅、冰草、渐尖早熟禾、异燕麦、菭草、糙隐子草，杂类草中细叶白头翁、绢毛委陵菜（*Potentilla sericea*）、兴安前胡（*Peucedanum baicalense*）、黄囊薹草（*Carex korshinskii*）、灌木的矮锦鸡儿、狭叶锦鸡儿（*Caragana stenophylla*）、黑果枸子（*Cotoneaster melanocarpus*）、楼斗菜叶绣线菊（*Spiraea aquilegifolia*）、长梗扁桃（*Prunus pedunculata*）等也有生长。年均产草量 3.0～6.0 公担/hm²，一年四季适宜各种家畜放牧，冬、春季最适宜于放牧小家畜。

第四节 草 原 带

蒙古国草原带按植物地理区系属欧亚草原区，占据蒙古国东方省及中哈拉哈的全部，往西沿杭爱山脉南缘以窄条状断断续续延伸至乌布苏湖盆地东缘，占国土面积的26.1%。草原带草场中禾草的克氏针茅、针茅、贝加尔针茅、大针茅等高大丛生植物及糙隐子草、半灌木冷蒿、灌木小叶锦鸡儿和矮锦鸡儿起建群作用。包括干草原的两个草场，杂类草–禾草草场和杂类草–禾草–灌木草场。其中，隐子草–针茅草场、杂类草–隐子草–针茅草场占草原带草场的 22.2%，杂类草–针茅草场、杂类草–冷蒿–针茅草场占30.2%，锦鸡儿–针茅草场占12.2%。森林草原带与草原带的东方省草原的杂类草–禾草–柄状薹草草场的面积也不小。

针茅与小型禾草的草场除放牧利用外，冬春营地部分草场也刈割利用。羊草–针茅草场、针茅–羊草草场在东方省的草原也大面积分布。

一、草原的杂类草-禾草草场类型

（一）隐子草–针茅草场和杂类草–隐子草–针茅草场

这两个草场按地理分布包括蒙古国东部、哈拉哈东部及兴安岭附近，向西包括杭爱山脉南缘及支系至乌布苏山脉的东支及蒙古和戈壁阿尔泰低山区草原（按行政划分包括中央、肯特、东方、苏赫巴托尔、中央戈壁、东戈壁、前杭爱、巴彦洪格尔、扎布汗、戈壁阿尔泰、乌布苏等省大面积分布，科布多、色楞格、布尔干、乌布苏湖面积不大，后杭爱、巴彦乌列盖等省也有少面积分布）。该草场生长于砂壤质栗钙土、砂砾暗栗钙土的平原、低山坡地、山间沟谷地。该草场有时也与针茅–冷蒿草场、针茅–锦鸡儿草场混合分布。

克氏针茅、贝加尔针茅、糙隐子草分布于不同地区起建群作用。冰草、大花菭草、羊草、苔原羊茅和渐尖早熟禾为恒有种。杂类草的高山紫菀、矮韭、双齿葱、星毛委陵菜、二裂委陵菜、达乌里芯巴、锥叶柴胡、林庭荠、草麻黄、杉叶藻、银灰旋花、伏毛五蕊梅、蓬子菜、麻花头、冷蒿、杭爱蒿、泽蒿及火绒草等植物参与群落。此外豆科植

物达乌里黄华、兔黄芪、细叶黄芪、白花黄芪、小叶锦鸡儿、狭叶锦鸡儿，西部有疏叶锦鸡儿也参与群落。

年均产草量 3.0～7.0 公担/hm²，一年四季适宜于各种家畜放牧。糙隐子草作为建群种，虽然草场冬春季其枯草不好保留，但其他禾草保存良好，因此不影响利用。针茅（*S. capillata*）颖果成熟以后，如果进行放牧，会影响羊毛的质量，有时也会刺伤皮肤，尤其对细毛羊伤害较大，应采取预防措施。

（二）杂类草-针茅草场、杂类草-洽草-针茅草场、杂类草-隐子草-针茅草场

这些草场分布于杭爱、肯特山脉的东、西及南缘，蒙古及戈壁阿尔泰的中、低山间谷地，哈拉哈中部，生长于石质栗钙土、轻壤栗钙土及淡钙土地带。

草场群落建群种为克氏针茅、洽草、糙隐子草，冰草、渐尖早熟禾、羊草也大量出现。杂类草的冷蒿、星毛委陵菜、高山紫菀、林庭荠、兴安葶缀、矮韭、双齿葱、细叶白头翁、旱蒿、蓬子菜、木贼麻黄和狭叶锦鸡儿也参与建群。因地理位置、地势地貌、土壤条件的不同，群落结构也出现差异。在东方平原的低山丘陵地区西伯利亚针茅（*Stipa sibirica*）、线叶菊（*Filifolium sibiricum*）、蒙古黄芪（*Astragalus mongholicus*）、林庭荠、小叶锦鸡儿和柄扁桃等进入草场。

杭爱、肯特山脉的南缘及支系低山丘陵生长有贝加尔针茅、喜石的西伯利亚针茅、莎菀（*Arctogeron gramineum*）、三裂地蔷薇（*Chamaerhodos trifida*）、野罂粟（*Oreomecon nudicaulis*）、绢毛委陵菜（*Potentilla sericea*）、费菜（*Sedum aizoon*）、小叶锦鸡儿、狭叶锦鸡儿、黑果枸子（*Cotoneaster melanocarpus*）、蝼斗菜叶绣线菊（*Spiraea aquilegifolia*）和楔叶茶藨（*Ribes diacantha*）等植物。

哈拉哈中部丘陵石质土壤上生长有兴安葶缀、黄花瓦松（*Orostachys spinosa*）、叉歧繁缕、莎菀、芸香叶蒿（*Artemisia rutifolia*）、蒙古莸（*Caryopteris mongholica*）、戈壁百里香、矮锦鸡儿和小叶锦鸡儿等植物。草场年均产草量 2.5～7.0 公担/hm²。一年四季适宜于各种家畜放牧。

（三）星毛委陵菜-针茅草场、星毛委陵菜-隐子草-针茅草场

这类草场广泛分布于杭爱山脉的南部、大湖盆地的东北部、戈壁阿尔泰及肯特山脉西、南、东面，生长于低山、丘陵地区的坡麓、谷地土壤质栗钙土、暗栗钙土壤上。针茅、克氏针茅、糙隐子草、星毛委陵菜为建群种或次建群种。苔原羊茅、渐尖早熟禾、冰草、高山紫菀、蓬子菜、双齿葱、蒙古白头翁、冷蒿、黄耆（*Astragalus membranaceus*）、兔黄芪（*A. laguroides*）、矮锦鸡儿和小叶锦鸡儿等大量生长。当星毛委陵菜在群落中数量增加由次建群种变为建群种时，则说明草场处于退化状态，这是不合理利用造成的。草场年均产草量 3.0～5.0 公担/hm²，一年四季适宜于各种家畜放牧利用。

（四）羊草-针茅草场、羊草草场

蒙古国东方平原、哈拉哈中部北面大量分布，哈拉哈中部南面及色楞格河河谷少量分布。生长于起伏的低山、丘陵的坡麓、谷地的轻壤质、砂壤质暗栗钙土、栗钙土及淡

栗钙土及盐渍土壤地段。羊草属于生态广域种，生长于山地草甸及低湿草甸的碱化草甸土、柱状碱土上，分布于干草原、荒漠化草原，并且在低湿地和湖边形成薹草-羊草、羊草-薹草群落。

草场群落中针茅、糙隐子草、无芒隐子草、洽草、冰草和渐尖早熟禾也大量生长。一年中常利用的草场上冷蒿大量生长，同时白婆婆纳、红柴胡、菊叶蒿、狭叶青蒿、蒙古白头翁、蓬子菜、狼毒、兴安石竹、草原石头花、黄芩、矮葱、高山紫菀、红茎委陵菜、蒙古黄芪、西伯利亚红豆草、扁蓿豆、野火球、小叶锦鸡儿和狭叶锦鸡儿等植物在草场上分布。草场年均产草量 4.0～8.0 公担/hm²，产量高、营养也好。一年四季适宜放牧，尤适宜于牛、马放牧。

（五）杂类草参与的冷蒿–隐子草–针茅草场

分布于蒙古国的山地草原和草原的大部分地区，生长于具砂质、壤质栗钙、淡栗钙土的低山丘陵坡麓、谷地。针茅属、隐子草属起建群作用，但在退化草场上冷蒿起建群作用。草场群落除上述三种建群种外，还有渐尖早熟禾、洽草、冰草、羊草、高山紫菀、锥柴胡、蓬子菜、火绒草、狼毒、双齿葱、矮葱、星毛委陵菜、兴安蚤缀、达乌里黄华、小唐松草、寸草薹、戈壁百里香、白婆婆纳等大量生长。小叶锦鸡儿、狭叶锦鸡儿、柄扁桃等灌木片状分布。在退化严重的草场上东北丝裂蒿（Artemisia adamsii）大量生长。该草场年均产草量 3.0～6.0 公担/hm²，适宜于一年四季放牧，尤其冬、春季适宜利用。

（六）具锦鸡儿或羊草的羊茅–洽草–针茅草场

该草场分布于蒙古国东方草原、杭爱山脉的南部和西部支系及肯特山脉的南部和西部支系、大湖盆地的东北部、哈拉哈中部草原。生长于低山、丘陵的坡麓及起伏平原。土壤为具石的砂质轻壤栗钙土，土层薄。

草场群落中克氏针茅、洽草和苔原羊茅为建群种。此外糙隐子草、渐尖早熟禾、冰草、羊草等大量生长，其他杂类草冷蒿、星毛委陵菜、木地肤、木贼麻黄、兴安蚤缀、林庭荠、旱蒿、杭盖蒿、矮葱、锥柴胡、高山紫菀、小唐松草、白花点地梅、达乌里芯巴、二裂委陵菜、白婆婆纳、小叶锦鸡儿、狭叶锦鸡儿等植物的多度也不小。该草场年均产草量 2.6～7.0 公担/hm²。一年四季适宜于各种家畜放牧利用。

（七）针茅–线叶菊草场、杂类草–线叶菊草场

该类草场分布于蒙古国东方草原的北部、肯特山脉的南部及西支系，主要分布于乌勒吉河谷、兴安地区。此外也分布于鄂尔浑-色楞格河流域河谷和杭爱山脉的东南部草原区。见于起伏平原、低山南坡的砂质轻壤栗钙土地段，有时也见于含石头薄土层的黑土上。据 Б.达西奈布记载，该草地与俄罗斯布里亚特共和国的贝加尔草原连接，与中国内蒙古的巴尔虎草原和满洲里草原接壤。由于地理地势、土壤差异，针茅–杂类草草场、针茅–洽草–羊茅草场交替出现。草场群落的建群种为线叶菊，贝加尔针茅、大针茅、杉叶藻等大量生长。此外，洽草、冰草、苔原羊茅、渐尖早熟禾、糙隐子草、无芒隐子草、羊草、星毛委陵菜、白婆婆纳、双齿葱、狭叶毛茛、冷蒿、狼毒、蓬子

菜、麻花头、细叶白头翁、兴安石竹、小唐松草、草原石头花、蒙古黄芪、黄花苜蓿和狭叶锦鸡儿等数量也不少。草场年均产草量 3.5～7.0 公担/hm²。一年四季适宜于各种家畜放牧利用。

（八）矮葱-薹草-针茅草场、薹草-杂类草-针茅草场

分布于蒙古国东方、哈拉哈中部。生长于平原、低矮山间谷地及山坡麓。土壤为碳酸盐、碱化壤质栗钙土。在草场群落中优势植物为克氏针茅、贝加尔针茅、寸草薹，有时也有短柄薹、矮葱、双齿葱、北葱（Allium schoenoprasum）等为优势植物。此外，糙隐子草、冷蒿、羊草、木地肤、戈壁针茅、银灰旋花、防风（Saposhnikovia divaricata）、叉枝鸦葱（Scorzonera divaricata）、二裂委陵菜、小叶锦鸡儿、狭叶锦鸡儿大量生长。

草场年均产草量 3.0～6.0 公担/hm²，为中等以上草场资源。一年四季适宜于放牧小牲畜（绵、山羊）和马，尤其适合于夏季放牧利用。

（九）杂类草-异燕麦草场

分布于杭爱山脉东南草原，见于山坡麓、山间谷地。土壤为山地栗钙土。草场群落中柔毛异燕麦、异燕麦为建群种。此外，苔原羊茅、渐尖早熟禾、落草、克氏针茅、星毛委陵菜、冷蒿、阿尔泰狗娃花、矮葱和银灰旋花等大量生长。草场年均产草量 4.0～5.0 公担/hm²。一年四季均适宜于各种家畜放牧利用。

（十）杂类草-禾草-绣线菊草场、羊茅-绣线菊草场、针茅-绣线菊草场

绣线菊草场与隐子草-针茅草原比较更喜湿，为中生化草场。据 А.А.Горшкова（1973）研究，该草场有其分布上的独特性，除在俄罗斯布里亚特共和国贝加尔湖南部与蒙古国北部地区分布外，其他地方见不到这种草场。绣线菊草原分布于蒙古国东方省北部，鄂嫩河、乌勒吉河、兴安岭附近，肯特山脉东及东北部也有大面积分布，杭爱山脉的东南部有零星分布。线叶菊（Filifolium sibiricum）为建群种。此外，贝加尔针茅、针茅、苔原羊茅、渐尖早熟禾、异燕麦、冰草、落草、羊草、糙隐子草、冷蒿、变蒿（Artemisia commutata）、矮葱、双齿葱、白婆婆纳、窄叶蓝盆花（Scabiosa comosa）、射干鸢尾（Iris dichotoma）、黄芩、防风、狼毒、棉团铁线莲（Clematis hexapetala）、小黄花菜、星毛委陵菜、细叶白头翁、兴安石竹、展枝唐松草（Thalictrum squarrosum）、山丹（Lilium pumilum）、细叶蓼、高山紫菀、蒙古黄芪、狭叶锦鸡儿等大量分布。寸草薹和短柄薹也能见到。年均产草量 5.0～7.0 公担/hm²。适合于冬、春、秋季放牧马、羊。

二、草原和草甸草原杂类草-禾草-灌木草场类型

该类型包括三种草场。

（一）杂类草-灌木草场

该草场中西伯利亚杏（Prunus sibirica）和长梗扁桃（Prunus pedunculata）参与形成

杂类草–薹草–禾草群落。分布于肯特山区的西部、南杭爱山区的东北支系、哈拉哈中部南面、戈壁阿尔泰山区草原。见于低山石质南北坡，土壤为石质栗钙土。草场植物群落中除西伯利亚杏和柄扁桃大量出现外，还有楼斗菜叶绣线菊、黑果枸子及树锦鸡儿等灌木丛林出现。细裂叶莲蒿（*Artemisia santolinifolia*）、变蒿、铁杆蒿、短柄薹、西伯利亚针茅、贝加尔针茅、西伯利亚羊茅、苔原羊茅、糙隐子草、蒙古莸（*Caryopteris mongholica*）、矮葱和双齿葱等植物大量分布。年均产草量 3.0～4.0 公担/hm²。一年四季均适宜放牧各种家畜，最适合绵羊、山羊冬、春季利用。

（二）锦鸡儿–针茅草场、针茅–锦鸡儿–落草草场、针茅–冷蒿–锦鸡儿草场、锦鸡儿–禾草–杂类草草场

这类草场主要建群种为小叶锦鸡儿、矮锦鸡儿、狭叶锦鸡儿和白皮锦鸡儿。其中小叶锦鸡儿分布面积最广，主要见于低山、丘陵、起伏平原小土包的砂质栗钙土地段。

小叶锦鸡儿主要在针茅–隐子草草场群落、隐子草–针茅草场群落中起作用。它可以形成高 40～60cm、直径为 1～3m 的灌丛土丘，不仅能降低风速，也能保持水分，在草本植物的生活中起重要作用。小叶锦鸡儿广布于蒙古国东方、哈拉哈中部草原，往北延伸至鄂尔浑–色楞格河流域形成隐子草–针茅–锦鸡儿草场、针茅–隐子草–锦鸡儿草场。哈拉哈中部草原的南段矮锦鸡儿向西延伸至大湖盆地和蒙古阿尔泰，后被疏叶锦鸡儿（*Caragana bungei*）替代。

受地理地势条件影响，锦鸡儿草场的草本植物分布有所不同，但糙隐子草、落草、渐尖早熟禾、冰草、羊草、寸草薹、阿尔泰狗娃花、狗娃花、星毛委陵菜、矮葱、冷蒿和猪毛蒿随其分布。草原带北部和东部贝加尔针茅、麻花头、蓬子菜、白婆婆纳、灰白委陵菜（*Potentilla strigosa*）、红柴胡，草原带南部克氏针茅、伏毛五蕊梅（*Sibbaldianthe adpressa*）和银灰旋花等植物参与建群。草场年均产草量 2.5～6.0 公担/hm²。一年四季均适宜于放牧各种家畜。

（三）疏叶锦鸡儿草场

该草场分布于蒙古国西部蒙古阿尔泰、大湖盆地、杭爱山脉的西部，杭爱山脉北部特斯河中段及该河支流的河谷地带。蒙古阿尔泰南部往西的河谷地带至近分水岭处有分布。郝伯德河及其支流、乌布斯湖流入其小河河谷也有大面积分布。疏叶锦鸡儿具中等饲用价值。骆驼及羊采食嫩枝、叶。年均产草量 2.0～2.5 公担/hm²。一年四季骆驼、羊不定时利用该草场。

第五节　荒漠草场区

按植物地理蒙古国荒漠区属于欧亚草原区北戈壁荒漠草原省，按蒙古国传统说法称之为戈壁。蒙古国的戈壁位于中亚大荒漠的南缘，从蒙古国的东戈壁，包括东戈壁向西北延伸经蒙古阿尔泰与杭爱山脉间湖盆地再往西北经大湖盆地至乌布苏湖，占国土面积的 27.2%。代表荒漠草原特征的建群种为沙生针茅（*Stipa glareosa*）、克里门茨针茅（*Stipa* klemenzii）、碱韭（*Allium polyrhizum*）、蒙古葱（*A. mongolicum*）。戈壁针茅、沙生针茅、碱韭、蒙古葱及半灌木猪毛菜属（*Salsola*）、蒿属（*Artemisia*）等参与形成具有特色的稀疏草本植物群落。荒漠草原草场年均产草量 1.0～2.0 公担/hm²，虽然产量低，但其营养价值高，为其他地区草场不可比拟。荒漠地区广泛分布的有戈壁针茅草场、隐子草–戈壁针茅草场、碱韭–戈壁针茅草场、假木贼–戈壁针茅草场及多石地区的猪毛菜–戈壁针茅草场等。

荒漠草场区包括 4 个类型草场。

一、北方荒漠草原小针茅草场类型

该类型草场主要分布在蒙古国荒漠北部地区，包括以下 4 种基本草场。

（一）小针茅草场、隐子草–小针茅草场

该类草场位于从东戈壁向西经戈壁阿尔泰荒漠至大湖盆地和谷地，也伸入到蒙古阿尔泰的草原带。分布于平原、山坡、低山丘陵，生长于砂质栗钙土或棕钙土地段。草场植被普遍稀疏、贫瘠。荒漠草原北部的砂质栗钙土地带以克里门茨针茅、冷蒿群落为主，荒漠草原南部沙生针茅、碱韭起作用外，戈壁针茅、无芒隐子草、寸草薹、丛蒿（*Artemisia caespitosa*）、蓍状亚菊（*Ajania achilloides*）、短叶假木贼（*Anabasis brevifolia*）、矮锦鸡儿大量生长。银灰旋花、狗娃花、燥原荠（*Ptilotricum canescens*）、荒漠石头花、驼绒藜（*Krascheninnikovia ceratoides*）、刺叶柄棘豆（*Oxytropis aciphylla*）、单叶黄芪（*Astragalus monophyllus*）也有分布。草场年均产草量 1.7～4.0 公担/hm²。适宜各种家畜放牧利用。

（二）亚菊–针茅草场、蒿类–针茅草场

该类草场位于东戈壁、阿尔泰北湖盆地、杭爱山大湖盆地及戈壁阿尔泰山荒漠草地。在荒漠带北部淡栗钙土的山地及丘陵坡麓上蓍状亚菊、白皮锦鸡儿、冰草、兴安蚤缀、木地肤等生长，而在石砾质淡栗钙土上戈壁针茅、冷蒿、丛蒿生长。荒漠带的南部和众湖谷地、杭爱山大湖盆地的棕土上戈壁针茅、沙生针茅、旱蒿为优势植物，无芒隐子草、驼绒藜、红砂（*Reaumuria songarica*）、寸草薹等也生长。草场年均产草量 2.0～3.2 公担/hm²。适宜于各种家畜冬春放牧利用。

（三）蒿类–小针茅草场、小针茅–蒿类草场

该类草场位于东戈壁、阿尔泰湖谷地、杭爱大湖盆地及戈壁阿尔泰荒漠北部地区。分布于山、丘间谷地、盆地的黏壤质盐碱化棕土地带。

植物组成上戈壁针茅、沙生针茅起主要作用外，戈壁蒿（*Artemisia gobica*）、纤蒿（*Seriphidium gracilescens*）、球状蒿（*Artemisia globosa*）、旱蒿、碱韭、蒙古葱、短叶假木贼、单叶黄芪（*Astragalus monophyllus*）、驼绒藜、矮锦鸡儿、小叶锦鸡儿等植物伴生。草场产草量 1.5～3.5 公担/hm²。一年四季适宜于马、羊放牧利用。

（四）石生针茅-克氏针茅草场

该草场分布于东戈壁、大湖盆地、戈壁阿尔泰荒漠草地。生长于砂质栗钙土的山、丘陵坡麓、谷地、起伏平原。草场植物中干草原和荒漠草原植物混生，克氏针茅和石生针茅是优势植物，糙隐子草、无芒隐子草、冷蒿、旱蒿、阿尔泰狗娃花、银灰旋花、燥原荠、箸状亚菊、短叶假木贼、碱韭、蒙古葱等伴生。草场年均产草量 1.0～3.5 公担/hm²。一年四季均适宜于各种家畜放牧利用。

二、南部荒漠草地小针茅草场类型

该类型草场分布于蒙古戈壁向南延伸的边缘，包括以下基本草场。

（一）碱韭-小针茅草场、碱韭-隐子草-小针茅草场

该草场分布于东戈壁、阿尔泰湖谷及阿尔泰戈壁的荒漠草原，杭爱大湖盆地少量分布。该草场占这一类型草场面积的23%。见于盐化的淡栗钙土的平原、山间谷地、盆地和石砾质棕钙土的山坡、丘陵。植物组成中戈壁针茅、沙生针茅起优势作用，碱韭、蒙古葱起次优势作用。无芒隐子草及干草原向荒漠化草原过渡地带糙隐子草较多分布。无叶假木贼（*Anabasis aphylla*）、冷蒿、旱蒿、篦齿蒿、红砂、寸草薹和银灰旋花等也参与建群。草场年均产草量 1.0～3.0 公担/hm²，一年四季适宜于马、羊放牧利用。

（二）假木贼-针茅草场

该草场占所属类型面积的31.5%，分布于东戈壁、戈壁省、大湖盆地和戈壁阿尔泰荒漠草原。见于起伏平原、山丘坡麓、盆地边缘、山间谷地的砾质、碳酸钙化的轻度黏土或砂质淡棕色或棕色土地带。植物组成中戈壁针茅、沙生针茅、短叶假木贼起优势作用。此外，碱韭、蒙古葱、冷蒿、旱蒿、篦齿蒿、驼绒藜、银灰旋花、蒙古大戟（*Euphorbia mongolica*）、三芒草、红砂和珍珠柴（*Salsola passerina*）等植物也是主要的参与种。草场年均产草量 1.0～3.0 公担/hm²。夏、秋季节为羊和骆驼的放牧场。年幼的短叶假木贼有毒性，牧民称之为假木贼毒。

（三）猪毛菜类-针茅草场、针茅-猪毛菜类多石草场

该草场占所属类型草场面积的34.1%，分布于东戈壁、阿尔泰盆地、大湖盆地、戈壁阿尔泰荒漠草原、蒙古阿尔泰低山带。见于具沙砾、薄层棕色土的山坡麓、高平原、丘陵。植被稀疏，植物组成中戈壁针茅、沙生针茅起优势作用，旱蒿、红砂、碱韭、蒙古葱等植物参与建群。由于地理地势、土壤不同而出现不同群落特征。例如，戈壁-阿尔泰的北部、东戈壁、阿尔泰湖谷地的荒漠草原有灌木状亚菊、短叶假木贼、驼绒藜、白皮锦鸡儿、矮锦鸡儿；然而在戈壁-阿尔泰南部的中低山地带有短叶假木贼、松叶猪毛菜（*Salsola laricifolia*）、合头草（*Sympegma regelii*）、中亚细柄茅（*Ptilagrostis pelliotii*）；蒙古阿尔泰山区荒漠草原有密丛偃麦草（*Agropyron nevskii*）、高加索针茅（*Stipa caucasica*）、柄扁桃等参与草场植物群落。草场年均产草量 1.0～2.5 公担/hm²。一年四季适宜羊、骆驼放牧利用。

（四）驼绒藜–针茅草场

该草场属于荒漠草原小针茅草场类型，占该类型草场面积不大，但东戈壁、阿尔泰湖谷地、大湖盆地等地有分布，见于谷地边缘、低山丘陵北坡的含砾石的砂质荒漠棕色土上。草场植被组成中优势种为戈壁针茅、沙生针茅，驼绒藜为次优势种。此外，无芒隐子草、霸王（*Zygophyllum xanthoxylon*）、石生霸王（*Z. rosowii*）、绵刺（*Potaninia mongolica*）、碱韭、蒙古葱、三芒草、细叶鸢尾（*Iris tenuifolia*）等植物也出现。草场年均产草量 1.5～3.0 公担/hm²。适宜于夏、秋季放养骆驼。

（五）珍珠柴–针茅草场、针茅–珍珠柴草场

该草场属于荒漠草原小针茅草场类型，占地面积不大，主要分布于东戈壁。见于盐化黏土棕色土壤的平原低地、洼地边缘台地、山包脚。

沙生针茅为优势种、珍珠柴为次优势种。此外，短叶假木贼、无芒隐子草、碱韭、寸草薹等参与建群，红砂、木地肤、菴状亚菊、小画眉草、三芒草等也有一定数量。草场年均产草量 1.0～3.0 公担/hm²。冬、春季宜放养羊和骆驼。

（六）小蓬–针茅草场、小蓬–驼绒藜–针茅草场

该草场分布于大湖盆地、戈壁–阿尔泰荒漠草原、阿尔泰湖荒漠草原。见于具砾石的黏土棕色土壤的山间宽阔谷地、山包坡上。

草场植被中沙生针茅、东方针茅（*Stipa orientalis*）、小蓬（*Nanophyton erinaceum*）为优势种。此外，短叶假木贼、菴状亚菊、红砂、蒙古葱、荒漠石头花、燥原荠、冬青叶兔唇花（*Lagochilus ilicifolius*）、钩叶委陵菜（*Potentilla ancistrifolia*）、狭果鹤虱（*Lappula semiglabra*）、刺叶柄棘豆也参与建群。草场年均产草量 1.5～3.0 公担/hm²。一年四季均适宜于放牧各种家畜，尤其适宜于冬、春季放养骆驼和羊。

（七）红砂–针茅草场

主要分布于东戈壁，阿尔泰盆地和蒙古国东方平原草原少量分布。见于具盐化棕色土的山包间狭谷地、低地及洼地边缘。红砂为建群种，戈壁针茅、沙生针茅、无芒隐子草、糙隐子草、碱韭、蒙古葱和短叶假木贼等植物也参与建群。草场年均产草量 1.2～3.3 公担/hm²。一年四季均适宜于放牧骆驼和羊。

三、荒漠化草原的灌木草场类型

（一）锦鸡儿–小针茅草场

该草场分布于东戈壁、阿尔泰湖谷地、大湖盆地荒漠草原、戈壁-阿尔泰山地荒漠草

原。见于具轻黏土或砂质的棕色或淡栗钙土的起伏平地、山包坡地。草场植被中戈壁针茅、沙生针茅、小叶锦鸡儿、狭叶锦鸡儿、多刺锦鸡儿（*Caragana spinosa*）、白皮锦鸡儿为优势种。此外糙隐子草、无芒隐子草、冰草、寸草薹、冷蒿、丛蒿、旱蒿、戈壁短舌菊（*Brachanthemum gobicum*）、菭状亚菊、短叶假木贼、银灰旋花、蒙古葱、刺叶柄棘豆等植物大量参与。锦鸡儿灌丛稀疏、零星分布。锦鸡儿灌丛形成的沙堆上西伯利亚冰草、蒙古葱、羊草、猪毛菜（*Salsola australis*）、细叶鸢尾和蒙古虫实（*Corispermum mongolicum*）等植物生长。草场年均产草量 $1.6 \sim 3.6$ 公担/hm²。一年四季均适宜于放养各种家畜。

（二）短舌菊–针茅草场

该草场主要分布在戈壁湖的乌兰淖尔附近。戈壁霸王是该草场的常有种。戈壁针茅和沙生针茅是优势种。此外碱韭、蒙古葱、旱蒿、菭状亚菊、驼绒藜、刺叶柄棘豆、细叶鸢尾、砂蓝刺头（*Echinops gmelinii*）、藏牻牛儿苗（*Erodium tibetanum*）及燥原荠等植物也出现。

（三）霸王–针茅草场

该草场分布于东戈壁、戈壁-阿尔泰荒漠草原。见于具薄层碎石土壤的起伏平地。霸王是优势植物，白皮锦鸡儿和绵刺数量不少。此外沙生针茅、无芒隐子草、猪毛蒿、红砂和短叶假木贼稀疏分布。

（四）绵刺–针茅草场

该草场分布面积不大，东戈壁有小面积外，其他荒漠草原分布也有限。该草场单独或与珍珠柴草场混存。生长于具碎石的棕色土壤上。草场植物还有戈壁针茅、无芒隐子草、蒙古葱、珍珠柴和短叶假木贼。

灌木–针茅草场的年均产草量一般为 $1 \sim 2.5$ 公担/hm²。适宜放牧各种家畜。家畜不采食霸王。

四、盐碱低地草场

（一）一年生猪毛菜类草场

分布于荒漠草原的盐化棕色土的低湿地的珍珠柴草场。草场植被中珍珠柴是优势种。此外，红砂、短叶假木贼、碱韭混生。该草场适宜放养骆驼。

（二）珍珠柴草场

阿拉善及东戈壁荒漠草原低地开阔谷地的淡棕色土、荒漠草原的碱化棕色土上生长有珍珠柴，低山山坡、山脚生长的绵刺为优势种。红砂、霸王、木本猪毛菜（*Salsola arbuscula*）、鹰爪柴（*Convolvulus gortschakovii*）等灌木、半灌木参与建群。一年生植物三芒草、小画眉草、白茎盐生草（*Halogeton arachnoideus*）、盐生草（*Halogeton glomeratus*）、蒙古虫实、钩刺雾冰藜（*Bassia hyssopifolia*）及篦齿蒿、碱韭也有生长。适宜于骆驼、羊一年四季利用。

（三）假木贼草场

该草场广布于东戈壁、戈壁湖的荒漠草原，大湖盆地荒漠草原有少量分布。见于具碳酸钙淡棕色或棕色土的山间谷地、山中部及下部。

草场中短叶假木贼为优势种，稀疏生长分布。有时也生长木本猪毛菜、珍珠柴、鹰爪柴、菊蒿（*Tanacetum vulgare*）、刺叶柄棘豆、驼绒藜、篦齿蒿、旱蒿、蒙古葱等植物。砂质多的土壤地段绵刺生长。雨水多年份三芒草、小画眉草、蛛丝蓬、猪毛菜、北方冠芒草等一年生植物大量生长。有时也见到戈壁针茅、无芒隐子草、燥原荠和紊蒿（*Elachanthemum intricatum*）等。秋季时骆驼和羊有时取食。

（四）猪毛菜类–蒿类草场

该草场主要分布于东戈壁、戈壁湖谷地的具盐碱化、多砾石的黏土棕色土的起伏平原。有时在哈拉哈中部地区也能见到。草场植物组成中有珍珠柴、紊蒿、篦齿蒿等。一年四季适宜于放牧骆驼和羊。

（五）小蓬草场

该草场只分布于大湖盆地的荒漠草原。见于具砾石、沙粒、轻黏土的淡棕色、棕色土壤的起伏平原或小山丘的西、北山坡。小蓬（*Nanophyton erinaceum*）是优势植物。霸王、旱蒿、芸香叶蒿（*Artemisia rutifolia*）和沙生针茅参与建群。夏、春季骆驼中等采食小蓬，秋季后半期至整冬喜食；春季、夏季时羊和马不采食小蓬，而寒冷以后喜食。牧民认为春末后小蓬有催肥功能。

（六）合头草草场

该草场分布于蒙古阿尔泰荒漠草原、戈壁-阿尔泰荒漠草原、阿尔泰后戈壁，而且面积大。生长于石砾山丘的坡地、山脚及石质山谷的平地。草场中合头草（*Sympegma regelii*）是优势种，驼绒藜、沙生针茅和短叶假木贼也参与建群。山坡、谷地生长有银灰旋花、小画眉草、篦齿蒿和蒙古葱。一年四季最适宜放养骆驼。牧民认为合头草是骆驼的催肥牧草。

（七）碎石土壤的猪毛菜类草场

该草场主要分布于阿拉善、前阿尔泰、准噶尔荒漠。见于具碎石、薄土层的淡棕色土的山丘坡地。草场植被中松叶猪毛菜、合头草、短叶假木贼和膜果麻黄（*Ephedra przewalskii*）为优势种，野韭和碱韭也大量生长。夏、秋季适宜放养骆驼和羊。

（八）砂质土壤的盐爪爪草场

该草场主要分布于东戈壁荒漠草原区。见于砂质土壤丘陵地区。草场植被中细枝盐爪爪（*Kalidium gracile*）、刺沙蓬（*Salsola tragus*）、蒙古虫实、沙拐枣（*Calligonum mongolicum*）和黄沙蒿（*Artemisia xanthochroa*）为主要参与植物。一年四季适宜放养骆驼。

（九）盐碱地猪毛菜类草场

该草场分布于东戈壁、哈拉哈中部草原、戈壁奥兰湖盆地荒漠草原。见于盐碱化的湖周围及洼地。这类草场常与芨芨草滩及针茅-碱韭草场混合存在。草场植被中松叶猪毛菜、猪毛菜和木本猪毛菜为优势植物。营盘点附近有蒺藜（*Tribulus terrestris*）生长分布。沙生针茅、小果白刺（*Nitraria sibirica*）、蒙古葱、芨芨草和西伯利亚滨藜（*Atriplex sibirica*）等植物也参与建群。一年四季适宜于放牧骆驼。

（十）驼绒藜草场

该草场大致分布于戈壁奥兰湖谷地和大湖盆地荒漠草原。见于具砂质的棕色土壤的山坡地。草场植被中驼绒藜（*Krascheninnikovia ceratoides*）为优势种，狭叶锦鸡儿、白皮锦鸡儿、疏叶锦鸡儿、蒙古葱、无芒隐子草和三芒草也参与建群。一年四季适宜放牧骆驼。

（十一）猪毛菜类–蒿类草场

该草场分布于戈壁荒漠草原。见于具盐碱化黏土的棕色土的起伏平地。草场植被中旱蒿、珍珠柴、紊蒿和篦齿蒿等植物为主要参与者。一年四季适宜于放牧骆驼。

第六节 荒 漠 带

荒漠带位于蒙古国荒漠草原南部，即东戈壁、戈壁阿尔泰山脉至蒙古国国界，并与中亚大荒漠相连，占国土面积的14.5%。按植物地理划分，荒漠（戈壁）包括准噶尔荒漠与荒漠草原、阿尔泰后戈壁和阿拉善戈壁三个区。荒漠带植物组成中梭梭（*Haloxylon ammodendron*）、珍珠柴、短叶假木贼、木本猪毛菜、合头草、小蓬、红砂、密花地肤（*Bassia scoparia*）、霸王、膜果麻黄和白皮锦鸡儿等为建群种。此外，有雨水年份三芒草、盐生草（*Halogeton glomeratus*）和蛛丝蓬等一年生植物也出现。荒漠带植被种类贫乏、生长稀疏，草本植物、半灌木和灌木植物表现出中亚成分的特色。草场年均产草量不超过2.0公担/hm²，为骆驼群的基本放牧场。

一、戈壁梭梭草场类型

该类型草场面积1.6hm²。据土壤及周围环境可分为沙地、石砾、盐碱地三种类型草场。梭梭草场分布广、面积大而占据首位。

（一）沙地梭梭草场

该类型草场分布于蒙古国南部边境地区，阿拉善、准噶尔戈壁荒漠和荒漠草原的固定沙丘上。固定沙丘为三叠纪形成。梭梭林分散分布，沙拐枣和小果白刺常见，也生长一年生植物沙蓬（*Agriophyllum squarrosum*）、雾冰藜（*Bassia dasyphylla*）及蒙古虫实。草场年均产草量 1.0～1.5 公担/hm²，适宜骆驼群全年放牧利用。

（二）石砾地梭梭草场

该草场主要分布于后阿尔泰和准噶尔戈壁。生长于山间谷地、起伏的平原多石砾、碱化的砂质土壤上。这类草场的建群植物为株高不超过 2m 的梭梭，还有膜果麻黄、无叶假木贼、沙拐枣、木本猪毛菜、红砂和霸王等半灌木和灌木。此外，假紫草（*Arnebia guttata*）、燥原荠、扭果花旗杆（*Dontostemon elegans*）、短喙牻牛儿苗和矮大黄（*Rheum nanum*）等草本植物也有生长。

（三）盐碱地梭梭草场

该草场主要分布于阿拉善、阿尔泰后戈壁、准噶尔戈壁。生长于盐碱化低地，梭梭、红砂和小果白刺为优势植物。草场年均产草量 1.0～1.2 公担/hm²，全年适宜于放牧骆驼。

二、戈壁红砂草场类型

（一）红砂草场

分布于准噶尔戈壁、蒙古-阿尔泰山地平原、阿尔泰后戈壁、阿拉善戈壁。生长于平原低地、戈壁内陆湖周围的砂质、砂砾质、黏土盐碱化棕色土上。喜生长于盐碱地的红砂是建群种，珍珠柴也参与建群。驼绒藜、短叶假木贼、合头草、细枝盐爪爪、木本猪毛菜等数量不多。红砂从当年的 6 月开始生长，7 月开花，枯黄后老叶脱落，当年的叶片冬天在株上保存良好。红砂为中等饲用植物。骆驼在春季、夏季喜食其叶片，羊稍采食，缺少饲草的冬季中等采食，马在冬季中等采食。红砂的饲用价值在干旱年份升高。

（二）霸王草场

大量分布于蒙古-阿尔泰荒漠草原、阿尔泰后戈壁、阿拉善戈壁，少量分布于戈壁-阿尔泰荒漠草原及东戈壁荒漠草原。生长于低山坡地、砾石平原，土壤多为多砾石砂质土壤。霸王为建群种，表现出戈壁特征。同时梭梭、大花霸王（*Zygophyllum potaninii*）、翼果霸王（*Zygophyllum pterocarpum*）和膜果麻黄也参与建群。草场年均产草量 1.0～1.5 公担/hm²，夏、秋季适宜放牧骆驼。

（三）绵刺草场

该草场大量分布于阿尔泰后戈壁、阿拉善戈壁，东戈壁的面积也不小，戈壁-阿尔泰戈壁草原分布不多。生长于表土具沙子或砾石的平原。绵刺耐盐碱，有时与珍珠柴一起形成植被，霸王也参与建群。草场年均产草量 0.5～1.0 公担/hm²。牛不采食绵刺，全年适宜放牧羊、骆驼和马。

（四）白刺草场

该草场分布于阿尔泰后戈壁、东戈壁、戈壁-阿尔泰、阿拉善戈壁。见于盐碱化的盆地周围、湖边及小沙丘。草场植被中球果白刺（*Nitraria sphaerocarpa*）、小果白刺为优势植物。其空隙地有芨芨草、虎尾草（*Chloris virgata*）、猪毛菜、盐生草等植物。地下水位高而形成的盐碱化地块有细枝盐爪爪、红砂等大量生长。草场年均产草量 1.0～2.0 公担/hm²，全年适宜放牧骆驼。

（五）胡杨林草场

这类草场面积不大，分布于阿尔泰后戈壁、戈壁奥兰湖盆地、准噶尔戈壁荒漠及荒漠草原、阿拉善戈壁。见于地下水位高的干砾石地、盐碱化低地的边缘、小河附近。胡杨（*Populus diversifolia*）稀疏成行分布。胡杨林在戈壁形成一块一块绿洲，牧民把它们作为冬或夏营地。胡杨林下层有小果沙枣（*Elaeagnus angustifolia*）大量生长。草场植被中芦苇、大赖草（*Leymus racemosus*）、芨芨草、苦马豆（*Sphaerophysa salsula*）、苦豆子（*Sophora alopecuroides*）、戈壁天门冬（*Asparagus gobicus*）、骆驼蓬、大白刺（*Nitraria roborowskii*）、多枝柽柳（*Tamarix ramosissima*）、红砂等植物生长。草场年均产草量 1.0～2.0 公担/hm²，全年适宜于放牧各种家畜，尤其适宜于放牧骆驼。

第七节　非植被带草甸草场

草甸草场植被要求沼泽湿润、干燥化湿润和冲积土壤等各种土壤湿度，从生态上包括湿中生和盐中生植物。具备草甸植物条件的各个植被带均有草甸植被。一般分布于大、小河流河漫滩、山间湿润谷地、湖滨低地、湖盆洼地和丘间低地。

一、杂类草、禾草-杂类草、杂类草-禾草放牧场与打草场

这些草场分布于色楞格河、鄂嫩河、鄂尔浑河、克鲁伦河和哈拉河等河流河漫滩及汇流处河漫滩、各山间湿润谷地及低湿洼地。土壤为草甸栗钙土或草甸黑土。

植被中植物种类丰富。偃麦草（*Elytrigia repens*）、蒙古剪股颖（*Agrostis mongolica*）、羊草、草地早熟禾、华灰早熟禾、无芒雀麦、短芒大麦草、短穗看麦娘（*Alopecurus brachystachyus*）、山野豌豆（*Vicia amoena*）、广布野豌豆（*V. cracca*）、野火球（*Trifolium lupinaster*）、黄花苜蓿、牧地香豌豆（*Lathyrus pratensis*）、细齿草木樨（*Melilotus dentata*）、长毛银莲花（*Anemone crinita*）、缬草（*Valeriana officinalis*）、地榆、蓬子菜、箭头唐松草（*Thalictrum simplex*）、亚欧唐松草（*Th. minus*）、匍枝毛茛（*Ranunculus repens*）、臭毛茛（*R. acer*）、鹅绒委陵菜、亚洲蓍（*Achillea asiatica*）、珍珠蓼、森林勿忘草（*Myosotis sylvatica*）、酸模（*Rumex acetosa*）、禾叶繁缕（*Stellaria graminea*）、锥柴胡、大车前（*Plantago major*）、泽蒿（*Artemisia palustris*）、柄状薹草、丛生薹草（*Carex caespititia*）等植物为该草场的优势植物，冰草也广泛分布，为主要参与者。该

草场种类丰富、结构优良，30%～40%的草场作为打草场，打草场的年均产草量一般在 5.0～12.0 公担/hm²，产量高者达 10.0～30.0 公担/hm²。该草场适宜于全年利用，但夏、秋季节要围住打草场以免被破坏。

二、杂类草-薹草、禾草-薹草、薹草沼泽化或湿润草甸放牧场、打草场

该草场在上述草场所处范围的永久冻土层上，土壤湿度高的沼泽化土壤地区分布，沿着河流或与柳条灌丛或树木镶嵌出现。该草场植被群落中库地薹草（Carex curaica）、无脉薹草（C. enervis）、黑花薹草（C. melanantha）、褐黄鳞薹草（C. vesicata）、小刺薹草（C. microglochin）、小穗薹草（C. dichroa）、直穗薹草（C. orthostachys）等起优势作用，芒剪股颖、泽地早熟禾、毛茛（Ranunculus japonicus）、盐生车前（Plantago salsa）、大车前、蒲公英、单鳞苞荸荠（Eleocharis uniglumis）、红扁穗草（Blymus rufus）、梅花草（Parnassia palustris）、宽叶羊胡子草（Eriophorum latifolium）、毛脉酸模（Rumex gmelinii）、水泽马先蒿（Pedicularis uliginosa）、小灯心草（Juncus bufonius）和西伯利亚杨梅（Luzula sibirica）等植物也参与建群。高山、泰加林地带的沼泽化草甸中除薹草类植物外，嵩草、西伯利亚嵩草和珠芽蓼大量出现。

草甸草场年均产草量最低时为 6.5～12.0 公担/hm²，最高可达 10.0～20.0 公担/hm²。没有草墩平地可作为打草场，其他地方全年宜于牛、马的放牧利用。

三、有杨、柳的禾草草甸草场

分布于杭爱、肯特、阿尔泰支系的河漫滩、河湾处。有些河漫滩 4～5m 高的灌木丛条状分布。

群落中细穗柳（Salix tenuijulis）多出现，沙杞柳（S. kochiana）、沙棘（Hippophae rhamnoides）、亚洲稠李（Padus asiatica）、辽宁山楂（Crataegus sanguinea）等灌木少见。河漫滩高处苦杨（Populus laurifolia）和亚洲稠李偶见，草本植物特别贫乏。杭爱、肯特山区这类草场分布比较多，而在杭爱西部、蒙古阿尔泰区河漫滩上草甸植物组成有其特色，群落中杨、柳以外还有刺锦鸡儿参与。

随海拔上升，杨树-灌木林发生变化，杨树消失，海拔再上升则柳条灌丛中出现西伯利亚落叶松，形成森林草原景观，上升至河流上游处出现圆叶桦（Betula rotundifolia）的高山草原群落。

四、禾草草甸

该草场主要分布于杭爱、肯特山区森林草原带。见于林间低湿地草甸，土壤为黏土、砂质暗栗色或暗黑色土。草甸植被中禾草种类多。草甸群落中草地早熟禾、泽地早熟禾、华灰早熟禾、蒙古剪股颖、偃麦草、羊草、无芒雀麦、紫羊茅、短芒野大麦等为优势种。此外，大穗薹草（Carex macrogyna）、直穗薹草（C. orthostachys）、黑花薹草（C. melanantha）、鹅绒委陵菜、大车前、梅花草、勿忘草、宽瓣金莲花（Trollius asiaticus）、北方拉拉藤、

珠芽蓼、兴安牛独活（*Heracleum dissectum*）、箭头唐松草、臭毛茛、白三叶草、宽荚苜蓿、黄芪（*Astragalus membranaceus*）等参与建群，有时西伯利亚红豆草也出现。草场年均产草量为 5.0～11.0 公担/hm^2，该草场大部分作为打草场，夏天需保护打草场，刈割后可作为放牧场。全年宜于放牧牛和马。

五、河漫滩、下湿地盐碱化地段薹草、薹草-禾草放牧场与打草场

这类草场分布于鄂尔浑、扎布汗等河流的干草原带河漫滩及乌布苏等诸湖的周围。见于草甸盐碱土地段。除草本植物外，杨树及柳灌丛镶嵌分布。薹草类植物为优势植物，禾草及杂类草大量参与。无芒薹草、寸草薹、星星草（*Puccinellia tenuiflora*）、赖草、钝鳞拂子茅（*Calamagrostis obtusata*）、芒剪股颖、短芒野大麦、鹅绒委陵菜、盐生灯心草（*Juncus salsuginuosus*）、圆叶碱毛茛（*Halerpestes salsuginosa*）、长叶碱毛茛（*H. ruthenica*）、角果碱蓬（*Suaeda corniculata*）、海乳草、碱车前、白花蒲公英（*Taraxacum leucanthum*）和白花马蔺（*Iris lactea*）等植物根据其喜盐碱程度不同而进行分布。草场年均产草量 5.0～12.0 公担/hm^2，秋季适宜于放牧马群。

六、芨芨草草场

该草场分布于荒漠草原、草原。见于河岸台地、湖边、低地和洼地边缘，季节性河流、小溪岸边的盐碱地段，大量分布于蒙古国东方的盐碱地段。

草原带平原下湿地、沼泽台地的盐碱地上大量生长，株丛间的砂质土壤上寸草薹、羊草大量生长。芨芨草与其他植物形成杂类草-蒿类或杂类草-羊草群落。草场群落中还有丝叶蒿、大籽蒿、黑蒿、篦齿蒿、刺藜、尖头叶藜（*Chenopodium acuminathum*）、二裂委陵菜、冰草、绵毛脓疮草（*Panzerina lanata*）、糙隐子草等植物参与建群。地下水位比较高的盐碱地上芨芨株丛数量分布减少而布屯大麦、无脉薹草、盐生灯心草、差巴嘎蒿（*Artemisia halodendron*）、海乳草、长叶碱毛茛、匍碱蓬、裂叶风毛菊（*Saussurea laciniata*）等植物参与建群。大湖地区小河岸及下湿洼地芨芨草群落中毛穗赖草（*Leymus paboanus*）、小果白刺、红砂、盐爪爪、角果碱蓬等出现。

不同植被带的芨芨草草场的产量有所不同，年均产草量为 5.0～20.0 公担/hm^2。该草场适宜于放牧牛、马和骆驼。在灾年该草场为家畜保命的草场。在有白毛风的春天为避风场所。牧民也刈割芨芨草，用于冬季缺草时饲喂。

七、马蔺草场

分布于山地森林草原、草原带北部。见于河岸台地及河岸土壤水分不稳定的盐碱地、地下水位较高的小河河谷及湖附近的地段。

草场群落中马蔺是优势植物。羊草、布屯大麦、短芒大麦草、散穗早熟禾、白花蒲公英、鹅绒委陵菜、盐生灯心草、长叶碱毛茛、丝叶蒿、大籽蒿和黑蒿等植物参与建群。

草场年均产草量 4.0～6.0 公担/hm^2，全年适宜于放牧各种家畜。

八、芦苇打草场

该草场主要分布于大湖盆地（哈尔乌苏湖、哈尔湖、德勒湖、乌布苏湖）、戈壁湖谷地的荒漠草原，阿尔泰戈壁、蒙古东方草原（贝尔湖）周围生长分布。20 世纪 60 年代为制作压缩饲料大量刈割芦苇，使阿德格湖、乌兰湖干涸。草场年均产草量 8.0～20.0 公担/hm^2。

第八节　沙 地 草 场

蒙古国最大的沙地面积在大湖盆地荒漠草原区，即包括乌布苏湖东部的特斯、纳林高勒河岸的"波热格-德勒沙地"，沿亨吉勒河岸至吉尔吉斯湖的"宝日哈尔沙地"，从查干湖沿扎布汗河支流延伸至哈尔乌苏湖、德勒湖的"蒙古勒沙地"三个大沙地。学者 X.白音鄂尔西对大湖盆地三大沙地的植被、组成和饲用方面进行了研究，认为这些沙地是由古江、河冲积物形成的。大湖盆地植物区系有其独特的演化过程，具有荒漠、荒漠草原和草原及北方成分交汇的特色（波热格-德勒沙地），植物组成的 80.5%～85.7%是沙地、干旱成分，16.2%～31.1%由半灌木、类灌木、灌木和一年生植物组成，反映了中亚极干旱荒漠特色。据研究沙地草场 145 万 hm^2，总面积的 80.8%由沙垄（条）、沙丘、沙地及沙地平原组成。该草场杂类草丰富，岩黄耆属（*Hedysarum*）–沙鞭（*Psammochloa*）–沙生蒿属群落、沙鞭群落为优势种群。

一、杂类草–沙鞭–沙生蒿类草场

该草场分布于波热格-德勒沙地。细茎蒿（*Artemisia klementzae*）、蒙古岩黄芪（*Hedysarum mongolicum*）、大赖草（*Leymus racemosus*（Lam.）Tzvel.=*Elymus giganteus*）为优势种，此外圆锥石头花（*Gypsophila paniculata*）、急折百蕊草（*Thesium refractum*）、戈壁百里香等大量生长，有时成为次优势植物。宝日哈尔沙地和蒙古勒沙地的草场比上述地区植物种类贫瘠，黄沙蒿（*Artemisia xanthochroa*）、白砂蒿、蒙古岩黄芪、沙鞭为主要植物。草场年均产草量为 1.1～3.8 公担/hm^2。全年适宜于放牧羊和骆驼，因受水分条件影响，尤其适宜于冬、春季利用。

二、沙鞭草场

该草场分布于宝日哈尔沙地和蒙古勒沙地的沙垄（条）、沙丘及沙地。沙鞭是优势植物。常见的植物有沙生针茅、戈壁针茅、糙隐子草、篦穗冰草（*Agropyron pectinatum*）、黄沙蒿、蒙古岩黄芪、草麻黄、蒙古葱和碟果虫实（*Corispermum patelliforme*）等。年均产草量为 5.2 公担/hm^2，适宜于各种家畜全年利用，尤其适宜于夏季放牧羊群。

荒漠草原中具沙丘的起伏沙地平原，出现锦鸡儿–羽状针茅（小针茅）、冷蒿–羽状针茅（小针茅）草场，占总面积的 12%。锦鸡儿为疏叶锦鸡儿，年均产草量为 2.4～

3.8 公担/hm²。蒙古勒沙地植被稀疏，裸露沙地面积大，风吹沙流，毗邻草场和苏木所在地被沙埋的现象已出现。

沙地下层蕴藏着丰富而清澈的地下水，泉水出现的地方形成了许多绿洲，组成了独特的绿洲植被。

沙覆盖草场在蒙古国各地都有片状分布，面积最大的有哈拉哈、克鲁伦、嫩河、乌力吉等河河谷，蒙古国东方平原、南部、中央及戈壁奥兰湖盆地等地区。

根据植被带把沙地草场分为北部草原沙地草场和南部草原沙地草场两部分。

三、北部草原沙地草场

（一）禾草-杂类草沙地草场

在科布多荒漠草原、东方戈壁荒漠草原大量分布，蒙古-阿尔泰山地草原、戈壁-阿尔泰山地荒漠草原极少分布。

草场植被中戈壁针茅、针茅、大赖草（*Leymus racemosus*（Lam.）Tzvel.=*Elymus giganteus*）、冰草、蒙古岩黄芪、刺叶柄棘豆、蒙古黄芪、疏叶锦鸡儿、白皮锦鸡儿、戈壁百里香、蒙古虫实、旱蒿、蒙古葱、驼绒藜、麻花头、细叶鸢尾、寸草薹和沙地薹草（*C. sabulosa*）等植物参与建群。草场年均产草量为 1.5～3.5 公担/hm²，全年适宜于各种家畜放牧利用。

（二）灌木-杂类草-禾草沙地草场

这类草场大面积分布于北部戈壁荒漠草原、乌布苏湖荒漠草原、科布多荒漠草原、蒙古-阿尔泰东部山地草原、杭爱南部山地草原、达乌里-蒙古草原、杭爱北部山地草原、肯特西部山地草原、哈拉哈中部草原、肯特南部山地草原等地。见于山间谷地沙丘、河岸台地，有些山脚具 10%～30%裸露沙地地段出现针茅-锦鸡儿草场。草场植被中灌木、禾草为优势种。灌木中有小叶锦鸡儿、疏叶锦鸡儿、狭叶锦鸡儿、驼绒藜、蒙古岩黄芪、刺叶柄棘豆。禾草中有大赖草（*Leymus racemosus*（Lam.）Tzvel.=*Elymus giganteus*）、无芒隐子草、戈壁针茅、针茅、沙生冰草、箆穗冰草、菭草、羊草，豆科植物有短叶黄芪（*Astragalus brevifolius*）、中戈壁黄芪（*A. grubovii*）、戈壁百里香、蒙古虫实、麻花头、旱蒿、黄沙蒿、草麻黄、寸草薹、沙地薹草（*Corispermum sabulosa*）等植物参与建群。草场年均产草量 1.0～4.8 公担/hm²，适宜于放牧骆驼和羊。

四、南部草原沙地草场

（一）禾草-灌木沙地草场

东戈壁荒漠草原、戈壁-阿尔泰山荒漠草原、阿尔泰后戈壁荒漠草原、阿拉善戈壁分布多一些，蒙古-阿尔泰山草原分布不多。见于起伏平原的沙丘、沙条的固定沙地或流动沙地。

草场植被中大赖草（*Leymus racemosus*（Lam.）Tzvel.=*Elymus giganteus*）、披碱草、戈壁针茅、沙生冰草和沙蓬（*Agriophyllum squarrosum*）为优势种。此外，疏叶锦鸡儿、白皮锦鸡儿、驼绒藜、沙拐枣、梭梭、旱蒿、黄沙蒿、蒙古虫实、蒙古葱和绵刺也参与建群。草场年均产草量为 1.5～2.5 公担/hm²，全年适宜于放牧骆驼、马和羊。

（二）蒿类–灌木–禾草沙地草场

多分布于蒙古阿尔泰山地草原、大湖盆地、戈壁奥兰湖盆地荒漠草原、东戈壁荒漠草原，少量分布于戈壁阿尔泰荒漠草原。见于山间谷地、河谷沙丘、沙条的固定沙地或流动沙地。黄沙蒿–锦鸡儿、沙鞭–锦鸡儿草场多见。

草场植物中黄沙蒿、疏叶锦鸡儿、大赖草（*Leymus racemosus*（Lam.）Tzvel.=*Elymus giganteus*）、戈壁针茅为优势植物。此外，旱蒿、戈壁蒿、球状蒿（*Artemisia globosa*）、刺叶柄棘豆、蒙古黄芪、蛛丝蓬、草麻黄、沙生冰草、蒙古岩黄芪、蒙古葱、沙蓬等植物也参与建群。草场年均产草量为 1.5～3.5 公担/hm²。适宜于各种家畜全年利用，尤其适宜于骆驼、马和羊在秋、冬季利用。为防止沙化，应减少载畜量和隔年利用一次为好。

<h2 style="text-align:center">参 考 文 献</h2>

侯学煜. 1982. 中国植被地理及优势植物化学成分. 北京: 科学出版社: 188-202.

侯学煜. 1988. 中国自然地理——植物地理(下册)中国植被地理. 北京: 科学出版社: 205-238.

雷明德. 1999. 陕西植被. 北京: 科学出版社: 445-464.

李建东, 吴榜华, 盛连喜. 2001. 吉林植物. 长春: 吉林科学技术出版社: 292-299, 318-327.

钱正英. 2007. 东北地区有关水土资源配置、生态与环境保护和可持续发展的若干战略问题研究（综合卷）. 北京: 科学出版社.

王义风, 雍世鹏, 刘钟龄. 1979. 内蒙古自治区的植被地带特征. 植物学报, 21(3): 276-284.

吴征镒. 1980. 中国植被. 北京: 科学出版社: 917, 930-955.

中国科学院内蒙古宁夏综合考察队. 1985. 内蒙古植被. 北京: 科学出版社: 824-853.

中国科学院青藏高原综合科学考察队. 1988. 西藏植被. 北京: 科学出版社: 74-97, 182-194.

中国科学院新疆综合考察队. 1978. 新疆植被及其利用. 北京: 科学出版社: 75-91, 228-234.

中国科学院中国植被图编辑委员会. 2001. 中国植被图集. 北京: 科学出版社.

Ma Y Q, Liu Z L, Zhao Y Z, et al. 1998. The Characteristics of Steppe Region Flora in Inner Mongolia and its Relationship with East Asian Flora. Floristic characteristics and diversity of east Asian plants. Beijing: CHEP&Springer: 175-187.

Алтанзул Ц. 2002. Биологические основы рационального использования некотроых типов пастбищ пустынно-степной зоны Монголии.Автореферат диссертация на соиск.уч.степени доктора философии (сельское хозяйство).Улаанбаатар.

Бадам М. 1965. Поверхностное улучшение горностепных пасбищ МНР.Диссертация на соиск учен.степени.канд. био.наук.Ленинград.

Банзрагч Д, Карамышева З В. 1976. Оботанико-географическом районированний Хангая.Труды института ботаники АН МНР.№ 2. Стр 18-35.

Банзрагч Д. 1967. Динамика урожайности основных типов пастбищ северного Хангая (МНР). Диссертация на соиск учен.степени.канд. сель. хоз. наук. Уланбатор-Ленингорад.

Баранов В И. 1925. К изучению степей Юего-Восточного Алтая.Изв.Сиб.селхоз академии. т. 5.

Бекет У. 2000. Растительность Монгольского Алтая, проблем ее использования и охраны.

Автореферат диссертация на соиск.уч.степени доктора (ScD) био. наук.Улаанбаатар.

Болормаа Д, Отгонтуяа Л, бусад. 2011. Монгол орны гуурст дээд ургамлын хураангуйлсан нэрийн жагсаалт (Монгол-латин, Латин-монгол хэлээр). Сэлэнгэ экспресс- ХХК-ийн хэвлэх үйлдвэр. Улаанбаатар.

Болормаа Д. 2004. Урожайность патбищ Хустайн нуру. Автореферат диссертация на соиск.уч. степени доктора (PhD) сельское хозяйство.Улаанбаатар.

Буян-Орших X. 1977. Растительность и кормовые ресурсы песчаных массивов котловины больших озёр (МНР). Автореферат диссертация на соиск.уч.степени канд .био наук.Улаанбатор.

Буян-Орших X. 1981. Их нууруудын хотгорын элсний ургамлын аймаг, ургамалжилт.БНМАУ-ын ургамлын аймаг, ургамалжилтын судалгаа- номын дэд боть.Улаанбаатар.

Горная лесостепь Восточного Хангая.1986.Изд-во "Наука".Москва.стр 89-126.

Грубов В И. 1955. Конспекты флоры Монгольской Народной Республики.Труды Монг.комиссии АН СССР.Вып 67.Москва Ленинград.

Грубов В И. 1982. Определитель высших сосудистых растений Монголии.Изд-во "Наук". Ленинград.

Даваажамц Ц.1954. Пастбища и сенокосы северной части Убурхангайского аймака. Диссертация на соиск. учен.степени канд.био. наук.Ленинград.

Дашням Б. 1966. Растительность Восточного аймака МНР и ее хозяйственное использование. Диссертация на соиск.уч. степени канд .био наук.Ленинград.

Дашням Б. 1974. Дорнод монголын ургамлын аймаг, ургамалшил.ШУА-ийн хэвлэл.Улаанбаатар.

Дашням Б. 1976. Степная флора Восточной Монголии и некоторые вопросы ботанико-географического районирования.Труды института Ботаники АН МНР.Выпуск №1. Стр 142-155.

Калинина А В. 1954. Стационарные исследования пасстбищ Монгольской Народной Руспублики. Труды Монг.комиссии.Вып.60. Изд-во АН СССР.Москва, Ленинград

Коротков И А, Дугаржав Ч. 1976. Закономерности распределения лесов в Монгольской Народной Руспупблики.Труды института Ботаники АН МНР.Выпуск №1. Стр 162-183

Лавренко Е М. 1954. 欧亚大陆草原区的草原及其地理、动态和历史. 祝廷成译. 北京: 科学出版社.

Лавренко Е М. 1970a. Провинциальное разделение Центральноазиатской подобласти степной области Евразии СССР Бот. Журн. Т.55, No.12.

Лавренко Е М. 1970b. Провинциальное разделение Причерноморско-Казахстанской подобласти степной области Евразии СССР Бот. Журн. Т.55, No.5.

Өлзийхутаг Н. 1985. Бүгд Найрамдах Монгол Ард Улсын бэлчээр хадлан дахь тэжээлийн ургамал таних бичиг. Улаанбаатар.

Лхагважав Н. 1977. Жижиг үетэн-хялганат бэлчээрийг зохистой ашиглах онолын үндэс. Бэлчээр тэжээлийн эрдэм шинжилгээний хүрээлэнгийн бүтээл. №6. Хуудас 45-52

Лхагважав Н. 1986. Байгалийн бэлчээрийн үндсэн шинж (Системчилсэн эмхэтгэл). Малын тэжээлийн лавлах -номын хэсэг.Улаанбаатар. Хуудас 16-45.

Лхагважав Н. 2000. Хангайн өндөр уулын нөхцөлд бэлчээрийг зохистой ашиглах, бүтээмжийг нэмэгдүүлэх шинжлэх ухааны үндэслэл.Хөдөө аж ахуйн ухааны докторын (PhD) зэрэг горилсон бүтээл.Улаанбаатар.

Миркин Б М, Манибазар Н, Гареева Л М бусад. 1980. Растительность речных пойм Монгольской Народной Республики.Изд-во"Наук" Лениградское отделение.Ленинград.

Мөнхбаяр С. 1988. Растительность высокогорья Хангая и их хозяйственного использование. Автореферат диссертация на соиск.уч. степени канд .био наук.Улан-батор.

Нямдорж Ж. 1980. Экологические и фитоценотические закономерности влияния удобрений на сенокосы и пастбища северо-восточного Хангая. Автореферат диссертация на соиск.уч. степени канд .био наук.Улан-батор.

Очир Ж. 1965. Растительность и кормовые ресурсы западной части Хэнтийского нагорья МНР. Дисс. На соиск. уч. степени канд, селхоз.наук.Москва.

Павлов Н В. 1925. Типы и произвотительность кормовых угодей Прихангайского района Монголии (предв.отчет) Изв.Гос.геграф.общ.Т.57.Вып.1.

Павлов Н В. 1929. Введение в растительный покров Хангайской горной страны.Предв.отчет ботанич.экспедиции в Сев. Монголию за 1926 г. Материалы комисии по исследов.Монг. и Танну-Тувинской Нар.Респ. и Бурят-Монг.АССР.вып.2.

Победимова Е Г. 1933. Рекогносцирировочные ботанические исследования в Юго-Восточной Монголии.Тр.Монг.Комиссии.9.

Победимова Е Г. 1935. Растительность центр. части Монгольского Алтая.Тр.Монг.Комиссии 19.

Степи Восточого Хангая. 1986. Изд-во "Наука". Москва. стр 56-58, 63-64, 68-69.126-139.

Сухие степи Монгольской Народной Республики. 1984. Изд-во "Наука". Ленинградское отделение. Ленинград. стр 6-10, 87-93, 120-130.

Тусывахин С. 1989. Биологические основы рационального использования сухостепних пастбищ МНР. Дисс. На соиск. уч. степени канд, селхоз наук.Улаанбаатар.

Цэрэндаш С, Лхагважав Н, Алтанзул Ц. 2011.Бэлчээр судлал 50 жилд- эмхэтгэл. Улаанбаатар.

Цэрэндаш С. 1980. Динамика урожайности луговых и степных сообществ низовья бассейна р.Селенги (в пределах МНР). Автореферат диссертация на соиск.уч. степени канд .био наук.Улан-батор.

Цэрэндаш С. 1996. Структура, динамика и продуктивность северной части Монголии в пределах межгорной котловины бассейна рек Орхон и Селенги. Автореферат диссертация на соиск.уч. степени доктора (Sc.D) био. наук.Улаанбаатар.

Чогиний О. 1975. Основные закономерности пастбищной Чдигрессии и восстановления горностепных пастбищ Восточного Хангая.Автореферат диссертация.на соиск.канд.био.наук.Улан-батор.

Чогний О. 1981. Дорнод Хангайн бэлчээрийн өөрчлөгдөх, сэргэх үндсэн зүй тогтол. БНМАУ-ын ургамлын аймаг, ургамалжилтын судалгаа- номын дэд боть.Улаанбаатар хот.Хуудас 177-209.

Эрдэнэжав Г. 2005. Ботаник ургамлын аж ахуйн судалгааны асуудлын үр дүн ба хэтийн төлөв-ном. Улаанбаатар.Хуудасны тал 217-226, 243-250.

Юнатов А А, Дашням Б. 1979. БНМАУ-ын ургамалжлын 1: 1 000 000 –ны хэмжээст зураг.

Юнатов А А. 1946. Изучение растительности Монголы за 25 лет.Труды Комитета наук МНР.вып.2. Уланбатор.

Юнатов А А. 1948. О зонально-поясной расчлинении растительного покрова МНР.Изв. Госгеогр. Общ.6

Юнатов А А. 1950. Основные черты растительного покрова Монгольской Народной Республики. Труды Монг. Комиссии АН СССР.

Юнатов А А. 1954. Кормовые растения пастбищ и сенокосов Монгольской Народной Республики. Труды Монг.комиссии АН СССР.Вып.56.

Юнатов А А. 1974. Пустынные степи северной Гоби в Монгольской Народной Республике.Изд-во "Наука" Ленинградское отделение.Ленинград .

Юнатов А А. 1976. О состоянии и ближайших задачах ботанических иссдедований в Монгольской Народной Республике.Труды института ботаники.№1. стр 5-19.

第五篇　蒙古高原草原资源

第十五章　蒙古高原草原资源概况

蒙古高原草原资源丰富，是欧亚大草原的主要组成部分，在世界温带三大草原中居于首位，占有重要地位，世界闻名。

草原资源是一种可以更新的自然资源，是国土资源的重要组成部分，包含自然和经济两种属性，是具有数量、质量和时空分布的草原经营实体。草原资源包含草原类型、草原动植物资源。草原上的植物可以用来饲养家畜，生产人类所需的肉、奶、皮、毛等畜产品。有些植物可作为轻工业原料，如药用、造纸、酿蜜，具有很广泛的经济价值，草原还具有不可替代的生态功能，如调节气候、防风固沙、保持水土、涵养水源、改良土壤、培肥地力、净化空气、美化环境等。草原的旖旎形成了多彩的自然景观，是非常珍贵的旅游资源。草原具有强大的固碳作用，是发展低碳经济的重要基地。蒙古高原草原光能和风能资源非常丰富，是发展清洁能源的重要场所。

蒙古高原草原是草原家畜和草食动物的摇篮，这里孕育了种类繁多、形状各异的草食家畜和野生动物，如三河牛、三河马、蒙古马、乌珠穆沁肥尾羊、锡林郭勒细毛羊、敖汉细毛羊、双峰驼等优良草食家畜品种和黄羊、狍子、麋鹿、野驴等野生动物。

第一节　蒙古高原草原资源的研究历史与现状

对蒙古高原草原资源的研究最早是从草原资源的调查了解开始的。新中国成立之前，国内外有关方面的学者对蒙古高原草原饲用植物和植被类型进行了调查研究，先后有美国、瑞典、奥地利、英国、加拿大和苏联的学者从事过这方面的调查研究，发表过一些调查报告或专著。蒙古国独立及新中国成立后，在苏联专家的帮助下，进行了一些专项调查研究工作。例如，苏联学者 A.A.尤纳托夫（А.А.Юнатов）对蒙古人民共和国植被基本特征和饲用植物的调查研究，并于 1950 年和 1958 年分别出版了《蒙古人民共和国植被基本特性》和《蒙古人民共和国放牧地和割草地的饲用植物》等专著。但对天然草原资源的调查研究，据不完全了解，自蒙古国独立以来，没有进行过全面而系统的调查研究，关于不同天然草原的自然特点和经济特性缺乏相关的资料，特别是对不同草原的分布、面积、种类、生产性能、饲用价值都没进行详细的调查研究，而对草原类型学的研究也基本处于空白的状态。目前多借用植被的分类系统和方法。一般采用苏联学者按利用方式对天然草原的分类，即天然放牧地和天然刈草地。中国从 20 世纪 50 年代开始先后对内蒙古自治区范围内的草原资源进行过一系列的调查研究，如始于 1955 年中国畜牧兽医学会和农业部对蒙古高原鄂尔多斯的草原调查，内蒙古自治区畜牧厅对蒙古高原东部地区的草原调查；60 年代初中国科学院综合考察委员会对内蒙古和宁夏草原形成的自然条件、草原饲用植物的分布和种类、草原数量和质量及生产能力等方面进行了较为详细的调查研究，并提出了相应的调查报告和图件。其中《内蒙古自治区及其东西毗邻地区天然草原》是当时中国对蒙古高原草原资源分布研究的第一部专著。1964～1965 年，由国家科学技术委员会牵头，中国农业科学院草原研究所主持的"现代草原畜牧试验研究中心"的草原综合考察，被视为当时草原资源调查研究历史上调查精度最高、内容最全面的草原综合调查，被国家科学技术委员会称为科研、教学、生产相结合，试验、示范、推广三结合的典范。此次调查历时两年，涉及 18 个专业、31 个单位 220 名科技人员，另有高等院校高年级学生 251人，提出各专业图件 19 份，各类专业调查报告 36 件。根据 1978～1985 年全国科学技术发展规划进行的重点牧区草原资源调查研究，全国农业区划委员会和农业部在中国农业科学院草原研究所设立了全国重点牧区草原资源调查办公室，全面负责全国重点牧区草原资源调查的管理和技术指导工作，这一重点项目涉及蒙古高原中的呼伦贝尔草原、科尔沁草原、锡林郭勒草原和乌兰察布草原，编辑出版了《中国重点牧区草地资源及其开发利用》专著，对上述四大片草原类型、面积、饲用价值、生产能力等进行了详细的论述，为草原资源合理利用和科学开发提供了理论基础。60 年代初期，在苏联专家的帮助下，在蒙古高原中国境内不同草原类上设立了 5 个定位研究站，开展草原基础方面的研究，获得了一批重要成果。1964 年中国农业科学院草原研究所的建立，使草原科研走向了专业化轨道，取得了一批有价值的科研成果，对国土治理、环境保护、草业发展都具有重要的指导作用。

第二节　蒙古高原草原资源的特点

蒙古高原的草原位于欧亚大草原的中东部，是当今世界上天然草原连片分布面积最大、保存完好的草原，与其他温带草原相比有以下明显特点。

一、蒙古高原草原资源丰富，分布广泛

蒙古高原草原地域辽阔，草原资源丰富，据不完全统计，蒙古高原草原东西长，跨越 51 个经度，南北短，横跨近 12 个纬度带，蒙古高原拥有天然草原面积达 2.2 亿 hm^2，占蒙古高原总面积的 80%以上。其中，蒙古国草原面积为 1.4 亿 hm^2，占蒙古国国土面积的 89.5%，占蒙古高原草原总面积的 63.7%；中国部分草原面积为 0.8 亿 hm^2，占中国国土面积的 64.2%，占蒙古高原草原总面积的 36.3%。

二、草原类型多，地域性强

蒙古国境内既有高山、丘陵、盆地、谷地，又有平原绿洲、戈壁和沙漠。有海拔 4324m的高山，也有海拔 1000m 左右的高平原。如此多种多样的地形地貌条件，形成和发育了丰富多样的草原类型。据中国内蒙古自治区对中国部分蒙古高原的调查资料，有草原类型 8 个大类 21 个亚类 134 个组 476 个型。不仅有水平分布的平原草原类型，也有垂直

分布的山地草原类型，既有地带性分布的草原类型又有隐域性的草原类型，因此说蒙古高原草原类型是非常丰富的，为发展不同类型的家畜养殖提供了充实的饲料来源。由于蒙古高原草原处于欧亚大陆腹地，水、热条件差异显著，从东到西依次分布着草甸草原、典型草原、荒漠草原、草原化荒漠和荒漠等草原类型，在各大山系从上到下分布着山地草甸草原和山地草原、山地荒漠草原等类型。

三、牧草种类多，优良牧草丰富

据不完全统计，蒙古有饲用植物 937 种，分属于 53 个科 334 个属，其中中等以上的饲用植物达 119 种，占饲用植物总数的 12.7%。世界上公认的优良牧草在蒙古高原几乎都有，如羊草、无芒雀麦、鸭茅、草地早熟禾、鹅观草、落草、冰草、紫花苜蓿、黄花苜蓿、冷蒿、披碱草等。在天然草原上饲用价值最大的当属禾本科牧草，在蒙古高原草原的中国境内就有 56 属 163 种，分别占属、种总数的 16.7% 和 17.4%，蒙古国禾本科牧草 37 属 87 种，分别占属、种总数的 11.1% 和 9%。它们是构成草原类型的主体，其次是菊科饲用植物在草原上的优势度较大，中国和蒙古国分别有 45 属 134 种和 18 属 57 种；在温性荒漠类草原上藜科牧草优势度较大，在蒙古国有 20 属 40 种。其中具建群和优势作用的达 6 属 10 种。

四、放牧场多，打草场少

蒙古高原草原地势多为高平原，适合放牧利用，而且不受季节的限制，一年四季均可放牧利用。由于受地形和草群平均高度、草群覆盖度的影响，绝大多数的草原不适合打草利用。只在高原东部的平原草甸草原可作为割草地利用，因此在蒙古高原上可作为打草利用的草原较少。特别是蒙古国打草场更少，仅占蒙古国国土面积的 1.5%，只有 0.235 亿 hm²；而放牧场面积却很大，计有 1.38 亿 hm²，占国土面积的 88%。

五、草原生产力低而不稳

由于蒙古高原草原地处欧亚大陆的腹地，很少受到海洋气候的影响，属于典型大陆性气候，特别是西部荒漠类草原地区气候极度干旱，常年少雨，有的年份无雨，草群稀疏，覆盖度为 5%~15%，产草量极低，每公顷产牧草 300~1000kg。东部地区水热条件较好，草原生产力较高，每公顷产鲜草 1500~4500kg，不论东部或西部，因年度间的降水变化，产草量也有很大差别，一般丰、欠年产草量相差 30% 左右。典型草原丰、欠年相差 2 倍左右，荒漠草原相差 4 倍左右。生产力不仅表现在年度间的差异上，即使一年之中，由于季节间水、热条件变化，产草量亦有很大差异。例如，荒漠类草原，一年当中以秋季产草量最高，若以 100% 来计算，夏季为 70%~85%，冬季为 50%~60%，春季为 50%~55%，冬、春季节的产草量仅为秋季产草量的一半左右。这是影响草原畜牧业优质高产的一个重要因素。

六、草原生态系统脆弱，逆向演替严重

蒙古高原草原集中分布在半干旱和干旱地区，气候干旱，常年少雨，生态系统十分脆弱，特别是西部荒漠地区，年平均降水量不足50mm，有些极端干旱地区少于25mm，加之植被稀疏、低矮，土壤水分蒸发强烈，草原生态系统非常脆弱，加之人为活动的干扰，特别是超载过牧，草原逆向演替十分严重。目前整个蒙古高原草原普遍退化，即使是水、热条件较好的呼伦贝尔草原也发生了大面积的退化。例如，新巴尔虎左旗草原沙化面积由20世纪80年代的 $2.36×10^5 hm^2$，增加到2004年的 $7.47×10^5 hm^2$，占全旗草原面积总量的34.5%。90%的黑钙土草原都被垦为农田，由于破坏了原来的草被覆盖，在风沙的作用下，当地生态遭到严重破坏。

第三节　蒙古高原草原资源的功能

草原资源是一种可更新的资源，在陆地生态系统能量流动和物质循环的过程中，不仅能为人类持续不断地生产所需要的食物，其中有些植物还能药用、造纸、酿蜜，具有很大的经济生产潜力。特别值得重视的是，草原是陆地的生态屏障，对改善生态环境具有十分重要的作用，草原强大的固碳作用，必将成为发展低碳经济的重要基地。

一、草原资源的生态功能

草原是陆地上最大的生态系统，其生态功能包括调节功能和支持功能两大部分。调节功能是指人类从生态系统过程的调节作用中获取的服务功能和利益。草原资源的调节功能有以下几方面。

1. 调节气候

对气温、降水、湿度、蒸发等气象要素均有调节作用。大气层中二氧化碳浓度提高引起的温室效应，已成为全世界普遍关注的主要问题之一，而绿色植物在生长过程中，从土壤中吸收水分，通过叶面蒸腾，把水蒸气释放到大气中，可提高环境的湿度、云量和降水，减缓地表温度的变幅，增加水分循环的速度，从而影响太阳辐射和大气中的热量交换，起到调节气候的作用。由于草层的遮蔽作用，草层下面地表温度在夏季比裸地低3～5℃；而吸收的辐射热量不易对流和传导，使冬季的地面温度比裸地高6～6.5℃。草原上的草丛由于能遮光、避风和减少土壤中的水分蒸腾，所以对空气的湿度有直接影响。在水草丰美的草原周围地区，湿度较大，在草群茂密的草原上空，很容易形成降雨，改善环境，调节气候。

2. 调节空气质量

草原具有调节空气成分、净化环境的作用。绿色植物在进行光合作用时，可吸收

二氧化碳，放出氧气。据有关资料报道，地球上的绿色植物，每年大约向大气释放氧气 2700 亿 kg，可使大气中的二氧化碳和氧气保持平衡。因此，地球上存在相对稳定的草原面积和生物量，对人类的生存是极其重要的。草地还有减少噪声、释放负氧离子、吸附粉尘和除去空气中的污染物的作用。植物是一个大功率的消音器，能吸收或减弱 125~800Hz 的噪声；草地释放的负氧离子的数量可高达 200~1000 个/m^2；草地还是一个很好的大气过滤器，对空气中的一些有毒气体具有吸收或转化能力，如多年生黑麦草、狼尾草等就具有抗 SO_2 污染能力；草地还具有吸附尘埃、净化空气的作用，尤其有利于防止二次扬尘。据北京市环境保护科学研究院资料，在 3~4 级风的情况下，裸地空气中的粉尘浓度约为草地空气中粉尘浓度的 13 倍，草坪足球场附近地面的粉尘含量仅为裸露黄土地的 1/3~1/6。

3. 调节水资源

草原具有涵养水分、供应水分的作用。草原植物和土壤可以吸收和阻截降水，延缓地表径流的流速，渗入土壤中的水分通过无数微小通道下渗转变为地下水，构成地下径流，以补充江河的水源，起到涵养水分的作用，草原土壤的含水量一般比裸地高 20% 以上。大雨状态下的草地可减少地表径流量 47%~60%，减少泥土冲刷量 75%，生长二年的牧草拦蓄地表径流的能力为 54%，高于生长 3~8 年的森林。据有关资料介绍，黄河水量的 80%，长江水量的 30%，东北河流一半以上的水量均直接来源于草地。黄河上游主要植被是草地，由于人类的不合理利用，黄河变成一条含有大量泥沙的沙河。沼泽类草原上的泥炭层和草根层有很高的持水能力，可有效地减缓水中泥沙沉降，起到净化水源的作用。

4. 防风固沙，保持水土

当植被覆盖度为 30%~50% 时，近地面风速可削减 50%；草原可有效减少雨滴对土壤的冲击破坏作用，促进雨水渗入土壤，并阻挡和减缓地表径流的产生。牧草根系对土体有很强的穿透、缠绕、固结等作用，可防止土壤冲刷，增加土壤有机质，改良土壤结构，提高草地抗侵蚀的能力。草原上的牧草可有效降低近地面的风沙流速，减少或避免土壤表层被风吹蚀。有些旱生植物根系特别发达，在被沙埋的茎上能生出不定根，在暴露的根上能生出不定芽。有些植物种子轻而有翅，能随风沙飘移而不被深埋，这些特性已被草原科技工作者广泛应用在风沙治理工程中。

5. 固定氮、碳，培肥地力

草原植物通过光合作用把大量的碳储存在牧草组织和土壤中，对碳循环起着重要作用。草原储存的碳与森林相当，所不同的是草原储存的碳主要在地下，这是由于草原多分布在干旱和寒冷地区，根系密集而发达，地下生物量大于地上生物量。例如，高寒草甸类草原的地上地下生物量之比为（1∶10）~（1∶13）。草原对氨和甲烷也有重要的储存功能。豆科牧草根系上有大量的根瘤菌，可固定空气中游离的氮素并被植物直接吸收，对改善土壤理化性状、促进土壤团粒结构的形成具有重要作用。研究结果表明,生长3年的紫花苜蓿草地平均每公顷含氮素150kg,相当于330kg尿素的含氮量。

6. 草原是生物多样性的基因库,对维持生物物种与遗传多样性起重要作用

草原丰富的基因资源为人类提供了许多独特的物种和产品,而且也是培育动植物新品种、发展农业生物工程最宝贵的基因库。人类历史上大约有3000种植物被用作食物,几乎所有的谷类作物如小麦、燕麦、稻谷、大麦、谷子、玉米、黑麦、高粱等都来源于草地。草地也是有蹄类动物的故乡,几乎所有人工饲养的草食畜禽,如马、牛、牦牛、骆驼、绵羊、山羊、猪、兔、鹿、鹅、鸵鸟等也都源于草原,草原对当今和未来培育新的农作物良种、新医药和工业材料,培育家畜和牧草新品种,提供特殊的基因和物种将发挥更大的作用。例如,袁隆平育成的杂交水稻三系配套就是从野生稻中发现的;美国学者把紫花苜蓿的一种基因转移到马铃薯中,使转基因的马铃薯具有抗黄萎病的能力。

二、草原资源的社会功能

1. 草原对人类的进化和发展起着非常重要的作用

草原为生物栖息提供了基本的生存环境,也是人类赖以生存和发展的基础之一,特别是草原的逆向演替为人类可持续发展敲响了警钟。长期以来,人们单纯地把草原作为畜牧业生产的饲料来源,把草原视为天然牧场,是取之不尽、用之不竭的自然资源,对草原资源的整体性、气候的多变性、环境的严酷性、生态系统的脆弱性、生产力的有限性等草地的固有特性认识不足,对草地破坏性的利用和掠夺式的经营,使草地生态功能和经济功能两败俱伤,对人类生产和生活造成巨大影响,也对人类的可持续发展亮了红灯。世界范围内的草原逆向演替,这一惨痛的历史教训,要求人类加强草原资源保护,落实科学的草原生态经济发展观,实现人类和自然和谐共处,维护人类的可持续发展。

2. 草原孕育了多民族文化

在漫长的文化发展过程中,草原独特的自然环境、生产条件、动植物特点,创造了各游牧民族的特定习俗、生产和生活方式及性格特点,从而形成了各具特色的地方文化和民族文化。例如,青藏高原的草地是藏族文明的沃土,在高寒的气候环境下,形成了淳朴善良、乐于吃苦的民族性格,对草地有深厚的感情,从不破坏一草一木,不滥猎野生动物,不捕鱼类,养成了重视自然、爱护神灵、与大自然和谐相处的文明风尚。与藏族文明一样,蒙古族、哈萨克族、鄂伦春族等也同样具有各民族的一些特征。

3. 草原是国家食品安全的主要资源

实践证明,动物性食品可以减少人们对谷物性食品的依赖性。中国人口多、耕地少、草地资源丰富,但传统的食物生产将谷物生产和动物性产品割裂开来,极大地制约着食品安全的布局。蒙古高原草原资源农业生态系统的建立和实施,对解决中国的谷物生产不足和粮食安全问题具有重要作用。

4. 草原是社会稳定、国防安全的基础性资源

中国陆地边防线长达 2.28 万 km，其中分布在草原牧区的多达 1.4 万 km，占陆地边防线的 60% 以上。这里也是少数民族集中居住的地方，以蒙古族、哈萨克族、柯尔克孜族、塔吉克族、裕固族等为主的草地民族占全国牧区人口的 3/4，主要分布在内蒙古、西藏、青海、新疆、甘肃、黑龙江、四川等省（自治区）。草原放牧畜牧业是他们的主要生产方式。科学开发及合理利用草地资源，发展草地产业，对改善牧区生活条件、提高牧民生活水平、增强民族团结、创建和谐社会、巩固国防安全都具有十分重要的作用。

三、草原资源的经济功能

草原经济功能的多元化，正在被越来越多的人关注，它不仅为人类带来直接的经济利益，而且还为人类创造了良好的生存环境。以蒙古高原草原资源为基础的草业，已在中国内蒙古成为经济发展的支柱性产业，其经济效益十分可观。中国草业是近几年才发展起来的新兴产业，与世界平均水平还存在很大差距和发展空间。

（1）草原资源是现代农业资源的重要组成部分。在众多的绿色植物资源中，草原资源是覆盖面积最大、数量最多、更新速度最快、生产性能较高的一种再生性自然资源，是发展草食家畜和草食动物的主要饲料来源，全世界草原大约饲养着 30 多亿头草食家畜。中国的草原畜牧业早已成为内蒙古草原牧区国民经济的支柱性产业，畜牧业的产值占农业总产值的比例大幅度上升，为促进国民经济协调发展、提高牧民生活水平，发挥着不可替代的作用。中国饲草种植业正在全国形成，使草地畜牧业经济效益倍增。据有关资料证明，天然草地中每增加 1% 的人工草地，其天然草地生产水平就可提高 4%，当人工草地增加到 10% 时，天然草地的生产水平可提高 1 倍以上。

（2）草产品、牧草种子产业和草坪业是快速发展的新型产业。中国草种生产量从 20 世纪 80 年代末的 2.5×10^7 kg 提高到 2009 年的 2.06×10^8 kg，草种田面积达 1.49×10^6 hm²，据 2011 年统计仅紫花苜蓿的种子产量为 1.9×10^7 kg，面积达 5.4×10^4 hm²。尤其是随着城镇化和地区经济的发展，草坪业已成为草业中最为活跃和经济效益较好的产业之一。

（3）草原上的许多动植物是重要的药物来源，人类用野生动植物治疗疾病有着悠久的历史，形成了中国特有的中医药、蒙医药、藏医药。例如，蒙古高原上生产的苁蓉、列当、黄芪等名贵的中草药均产自天然草地。美国的 150 种处方药中有 24% 以上的药物来源于草地动植物。

（4）草原旅游业是近年发展起来的新兴企业。其中包括观光旅游、科学探险旅游和休闲度假旅游等。2003 年中国六大牧区的旅游业产值平均占到国民经济总产值的 30% 以上。例如，内蒙古自治区 2009 年旅游总人数达 128.96 万人次，旅游总收入达 611.35 亿元。随着人们生活水平的提高、居民收入的增加，用于旅游的支出亦水涨船高，草原旅游业将成为草原畜牧业之后草原地区经济支柱产业之一。

（5）草原是轻化工原料的重要产地之一。草原为人类提供了大量的动植物性原材料，如燃料、医药、纤维、皮毛和其他工业原材料等，促进了食品、纺织、医药、制革、化工、造纸、能源、农药等相关行业的发展。草原动物资源为人类提供的动物性产品，极

大地丰富了人类的生活，同时也产生了巨大的经济效益，特别是以草原资源为基础的草地农业生产系统，对推动国民经济持续发展将会起到越来越大的作用。

（6）草原是发展新能源的潜在基地。辽阔的天然草地蕴藏着丰富的生物质能、太阳能、风能和石化燃料，潜力巨大，并具有得天独厚的开发优势，是解决全球性能源危机的潜在出路，大规模地开发生物质能源，替代煤矿、石油等石化燃料，对减轻温室效应、促进生态良性循环具有重大战略和现实意义。例如，芦苇、象草等牧草可有效缓解二氧化碳的排放量，风能和太阳能是重要的清洁能源。这些资源在草原牧区有着巨大的发展潜力。

第十六章　蒙古高原草原分类

第一节　内蒙古草原分类概况

一、草原类型

　　草原类型是指在一定的时空范围内具有相同的自然和经济特征的草原单元。它是对天然草原不同生境条件下，饲用植物群体及这些群体的不同组合的高度抽象和概括。

　　草原类型的形成与变化，受自然因素（地形、气候、土壤、植被等）和社会经济条件（利用方式、利用特点等）及人为因素的影响，在空间上是一个面积大小不等的客观实体，并随着时间和自然条件等诸多因素的变化而变化。因此在天然草原上找到一片自然和经济特征完全相同的草原是相当困难的。草原类型中界定的自然和经济特征相同也是相对的，而不相同是绝对的。因此，我们把自然和经济特征相似的草原单元划分为一个类，类型与类型之间其自然和经济特征具有明显的差异性。草原单元有大小之分，草原单元的面积越大差异性亦越大，而单元面积较小的草原，相似性越高。

二、草原分类

　　草原分类的研究是对天然草原的自然条件和经济特点进行认识的过程，其分类的根本任务就是要全面系统地揭示草原自然特性和经济特性的实质。所谓自然特性就是指组成草原周围的生境条件，包括地形、土壤、水分及植被状况等；经济特性则包括现在和今后的利用方式和利用程度。组成草原的主要成分是牧草，也是进行草原评价的主要经济指标。因此草原分类必须对构成草原的牧草种类、草群密度、草群高度、产草量、适口性、营养价值和利用特点等进行全面的调查研究，同时对牧草生长密切相关的环境条件进行综合研究。

三、草原分类研究简况

　　中国对草原分类的研究较其他草原畜牧业发达国家起步晚，基本上是从 20 世纪 50 年代开始。王栋教授在中国第一部草原科学专著《草原管理学》中，根据英国草原的分类方法，将中国草原分为 6 个类型。1955 年贾慎修教授先将中国草原划分为内蒙古草原区、新疆草原区、青藏草原区和东北草原区 4 个大区，在大区内又划分若干类，如将内蒙古草原区划分为草甸草原、干草原、半荒漠和荒漠 4 个类型。对蒙古高原草原分类的研究，始于内蒙古农业大学章祖同教授，他于 1962 年针对呼伦贝尔草原，提出了类型纲、类型组、类型和变型 4 级分类系统，并提出了相应的原则和划分标准。根据上述分类原则和标准，将呼伦贝尔草原划分为 5 个类型纲，9 个类型组，18 个类型，变型因缺乏资料没有进行划分，对草原类型的自然和经济特性进行了较为全面的分析和描述。20 世纪 60 年代初，中国科学院综合考察队对内蒙古高原的草原（中国部分）进行了全面考察，并于 1980 年出版了《内蒙古自治区及其东西毗邻地区天然草场》专著，书中对内蒙古草原按类、组、型、变型 4 级分类系统划分 10 个类 50 个组 162 个型。第一级类反映地形和植被；第二级组从居于第一级，主要反映土壤基质条件及植物的生活型（草本、小半灌木、半灌木、小灌木和灌木）或植被亚型；第三级型依据植物群落组合的一致性进行划分。10 个类别是：山地草甸、山地草原、低山丘陵草原、低山丘陵荒漠草原、高平原草原、高平原荒漠、高平原荒漠草原、沙丘沙地植被、河泛地、低地草甸。草原变型没有一一列出。20 世纪 70 年代末 80 年代初，根据国民经济发展的需要，中国在全国范围内开展了农业区划和农业自然资源调查研究工作。重点牧区草原资源调查研究就是其中的主要项目之一。研究主要涉及蒙古高原的呼伦贝尔草原、科尔沁草原、锡林郭勒草原和乌兰察布草原四大片。由于调查研究工作的需要，全国对草原分类的研究提上了议事日程，当时以贾慎修教授为代表的植被生境分类法和以任继周教授为代表的综合顺序分类法最具代表性。他们的分类原则、系统和方法在不同的范围内进行了验证，但都没有提出完整的分类系统。贾慎修教授认为，在进行草原分类时，应依草地结构、发生和发展的自然条件，结合生产的要求，进行系统分类。按这一原则将草地分为类、组、型三级并制定了相应的标准。按上述分类系统，把全国草地分为 18 个大类，组和型没有具体划分。

任继周教授的综合顺序分类法，首先以生物气候为依据，将具有同一地带性农业生物气候特征的草原划分为类，若干类可归为一个类组，类之下根据土壤特征的不同可分为亚类，亚类之下按植物饲用价值和经营管理技术分为型。这一分类通常也被称为气候土壤植物顺序分类法。根据草原所处的热量级和湿润度级，将二者耦合成草原分类检索图，将天然草地分为 42 个草地类，另有 14 个非地带性草地类。根据生物气候指标，将现有草地类划分为 10 个类组。在类的基础上，根据土壤不同分为亚类。在亚类之下，根据植被不同划分为型、亚型或微型。

在全国草地资源调查研究的实践中，时任设在中国农业科学院草原研究所的北方草场资源调查办公室主任的刘起研究员在总结前人对草原分类经验的基础上，吸收了任继周教授综合顺序分类中气候指标和贾慎修教授植被地形分类中的植被指标，将中国重点牧区草原分为类、组、型三级。根据分类系统及相关指标，将上述 4 个重点牧区的草原分为温性草甸草原、温性典型草原、温性荒漠草原、温性草原化荒漠、温性荒漠、低地草甸、山地草甸和沼泽类。这一分类原则和分类系统，不仅对蒙古高原的四大片草原进行了全面实践，也为中国全国性草原分类提供了宝贵经验，并起到了示范作用。目前中国北方仍在按此分类原则和系统对草原资源进行调查和应用。在 20 世纪 80 年代，内蒙古自治区进行了第三次全区草原资源调查，在章祖同教授的主持下，根据全国草地分类的原则和系统，结合内蒙古草原资源调查的实际，将内蒙古草原划分为 8 个大类 21 个亚类 134 个组 476 个型，这是对内蒙古草原分类最全面的总结，一直沿用至今。

第二节 内蒙古草原分类原则与系统

随着科学技术与生产的发展，人们对草原自然和经济特性认识的逐步深化，特别是对草原发生发展的研究及对草原分类指导的需求，提高了科学进行草原分类的认识，要求在全面掌握不同草原的自然和经济特性、详细了解草原发生发展动态的基础上，科学地划分草原类型，就必须有简明扼要的分类标准。因此草原分类应包括分类原则、单位和标准。

一、草原分类原则

受人们对草原自然和经济特性认识程度不同的影响，在中国境内及在世界范围内，草原分类的原则和系统都有所不同。但是几乎所有的草原科技工作者都认为草原类型是草原自然和经济特性的综合体现，草原分类是为草原经营服务的，因此在进行草原分类时，必须遵循一定的原则，所提出的原则必须符合实际。刘起研究员根据长期从事草原调查研究的实践和经验，并在吸收前人研究成果的基础上提出以下分类原则。

（1）气候因素是草原形成与发展的主导因素，应是草原分类的主要依据之一。天然草地在形成与发展的过程中，受许多环境因素的综合影响，气候条件，特别是水热条件起决定性作用。水热条件不但是草原牧草生长发育的必需条件，而且直接影响着草原的生产力，在很大程度上决定着草原类型的形成与分布。也就是说在一定的气候条件下，必然发育着一定的草原类型。气候变化表现在大范围的区域上，在太阳辐射投向地球表面的过程中，形成了大致与纬度带平行的热量带，这与草原的形成及生产力关系密切，所以在草原分类中，首先考虑的就是热量地带性规律，根据草原分布的实际，在草原分类中采用了温性、暖温性、热性和高寒等气候类型。

（2）草原植被是构成草原资源的主体，应是草原分类的主要依据，并应在不同分类单位进行应用。草原资源属于农业自然资源，是人类长期以来经营草食家畜的主要基地。从这个意义上讲，草原分类不同于植被分类，其分类对象只能是为草食家畜直接提供饲料来源的植被类型，应包括植被中的草原、草甸、荒漠、沼泽和草灌草丛等，在不同的草原分类单位中，都不应离开草原植被这个主要对象。在具体分类中把植被型作为高级分类单位的指标，将牧草经济类群作为中级分类指标，将优势种作为基本单位分类指标。

（3）地形因素是草原分类单位的辅助性因素。地形因素具有直观的表象性特征，在具体划分草原类型时容易掌握。因此，在许多分类方案中，将地形作为高级分类单位的主要依据，在初期进行重点牧区调查时亦是如此，但在调查的实践中发现地形因素只有在改变水、热条件再分配的情况下，草原类型才发生变化。若机械地把地形因素作为高级分类单位的依据，不仅不能反映草原分类的实际，而且会造成不必要的类型重复，达不到分类的目的，地形因素因此作为辅助性指标。

（4）草原分类要充分体现草原经营和利用的特征，在草原分类的基本单位中，应特别注重草原的经济价值和利用价值。草原作为家畜饲养的主要饲料来源，与草食家畜紧密联系在一起，对于草原上的乔木及不可食的草本植物，尽管它们在草原中占有一定的优势，也不能作为草原分类的主要对象来对待，否则就会与植被分类相混淆。

（5）草原分类还须考虑到草原的相对独立性，特别是在基本分类单位划分时，更应当考虑到顶极或偏途顶极群落的概念。如果把正在演替过程中不稳定的草原群落视为草原型，就会使草原型变得庞杂而烦琐，亦达不到分类的目的。

二、草原分类单位和指标

（一）第一级草原类

根据草原分类的原则和分类系统，提出如下分类单位和指标，草原类是草原分类的高级单位。根据不同气候带内地带性或区域性植被的分异进行划分，各类之间在自然和经济性上具有质的差异，以气候加植被型或植被亚型命名，如温性草甸草原、温性典型草原、温性荒漠草原等。

（二）第二级草原组

草原组是草原分类的中级单位，它是在草原类或亚类的范围内，根据草原饲用植物的经济类群进行划分。各组之间在环境条件和经济利用上有所不同，经济类型的名称为草原组的名称，如高禾草组、杂类草组、半灌木组等。

（三）第三级草原型

草原型是草原分类的基础单位，它具体体现着草原高级分类单位的属性，在组的范围内，根据组成草原优势牧草相同、生境条件相似、利用方式一致来进行划分，各草地型之间有量的差异。但几乎所有的草原科技工作者都认为草原类型是草原自然和经济特性的综合体现，草原分类是为草原经营服务的，因此在进行草原分类时，必须遵循一定的原则。

第三节　蒙古国草原分类概况

一、高山草场（杭爱、西部区）

高山草场占蒙古国草场面积的一半，是蒙古国 4 个草场地区中最大的草场。两个草场地区创收占全国财政（4 个地区）的 20.6%。此区域年降水量 400～500mm，≥10℃积温大于 1500℃，无霜期 60～70 天，土壤为山地富含腐殖质的黑钙土或淡黑钙土。产草量为 100～670kg/hm^2（表 16-1）。

表 16-1　蒙古国草场自然条件

地带	年降水量/mm	≥10℃积温/℃	无霜期/天	海拔/m	土壤	优势植物	干草产量/(kg/hm²)	干草营养/(吸收蛋白质 g/kg)
高山带	400~500	>1500	60~70	肯特山脉 2000~2200 蒙古阿尔泰 2300~2400 戈壁阿尔泰 2700~2900 杭盖山脉 2300~2500 南杭盖 2700~2800	山地草原腐殖化土	冷季、冷季-旱生及冷季-湿生的显花植物稀少,嵩草、薹草、禾草占优势	100~670	
森林草原带	200~300	1700~2000	112~125	肯特山脉 840~1400 北杭爱 1000~1200 东杭爱 1400~1500 蒙古阿尔泰 1200~1800	碳酸盐黑土、黑壤土、阿尔泰山区为碳酸盐栗钙土		320~760	
草原带	125~250	2000~2500	112~125		碳酸盐栗钙壤土、砂壤质淡栗钙土	各种类型的草地	200~700	72~115
荒漠草原带	100~125	2500~3100	125~130		草原荒漠棕色土	疏丛型小禾草优势	100~400	47(冬天枯草为24)
荒漠带	>100	>3000	>130				100~300	40

高山草地积雪的山顶刺叶柳、扁圆柳、沙地柏等灌木和地衣、苔藓斑状分布。冰雪的缝隙砾石及岩壁处可偶见阿尔泰兔耳草、白景天。

林缘往下湿润植被带大部分由西伯利亚嵩草、嵩草、线叶嵩草、头状薹草、间穗薹草、小刺薹草、褐薹草、圆囊薹草、三苞灯心草等组成嵩草-薹草群落,但蒙古细柄茅、西伯利亚三毛草、阿尔泰羊茅、西伯利亚羊茅、阿尔泰洽草、高山香茅、蒙古异燕麦、库斯耳索夫棘豆、山岩黄耆等禾本科和豆科植物及酸模叶蓼、高山唐松草、叉分蓼、地榆、长毛银莲花、大花银莲花、单花风铃草、狭叶鸦葱、山马先蒿、雪白委陵菜等杂类草是群落的主要参与者。

二、森林草原带

该带包括蒙古国 4 个地区(西部区、东部区、杭爱区、中央区)的草场,占全国草地面积的 20.1%。4 个地区中杭爱、东部地区面积最大,占 4 个地区的 74.0%,西部、中央地区占 4 个地区的 25.1%(表 16-1)。

森林草原带的山顶、山北坡麓主要生长西伯利亚落叶松、石生桦,此外刺蔷薇、金老梅等伴生。

林间及林缘草本群落中大花飞燕草、轮叶沙参、细叶乌头、舟形乌头、草间荆、酸模叶蓼、假梯牧草、缬草、柄状薹草、西伯利亚红豆草、小画眉草、野火球、山野豌豆、蒲公英、芒剪股颖、菊叶委陵菜、窄叶蓝盆花、草地早熟禾等湿中生植物生长。

小山顶部、砾石山坡麓、盆地的干燥地段,苔原羊茅、纤溚草、渐尖早熟禾、星毛委陵菜、白婆婆纳、戈壁百里香、白花黄芪等生长。

山地草原的山脚、平缓的山坡主要生长冰草、火绒草、鞑靼狗娃花、狭叶青蒿、细叶鸢尾、勿忘草、草地风毛菊、葶苈等。

山背面湿润山口、沟谷地无芒雀麦、蓬子菜、草地早熟禾等植物大量生长。

沿河流、小溪的草甸上野大麦草、纤弱薹草、无脉薹草、鹅绒委陵菜、莲座蓟、草问荆、散穗早熟禾、沼泽早熟禾等大量生长。

三、草原带

草原带的放牧地占蒙古国草地面积的 20.8%。草原带包括 4 个地区。该带在 4 个地区中分布最大的是东部、中央及西部地区，占 80.8%，杭爱地区分布不大，只占 15.3%（表 16-1）。草原带分布于东部地区的大部、中央地区的中部。该带的林间、林缘有美丽蔍茶、楔叶蔍茶、柄扁桃、柳叶绣线菊、窄叶绣线菊、欧亚绣线菊、小叶锦鸡儿和金老梅等矮灌丛生长。绵羊、山羊喜食其叶及嫩枝。

处于发育阶段的栗钙土、淡栗钙土壤的山地阳坡上苔原羊茅、纤落草、冰草、渐尖早熟禾、刺前胡、西伯利亚针茅、线棘豆、冷蒿、白花黄芪、星毛委陵菜、细叶白头翁、线叶菊、锥叶柴胡、绢毛委陵茶、地蔷薇、伏毛五蕊梅等广泛分布。

山间盆地、沟谷湿润地段芒剪股颖、沼泽早熟禾、苇状看麦娘、柄状薹草、牧地香豌豆、地榆、酸模叶蓼等大量生长。

山间栗钙土草甸化平地上克氏针茅、大针茅、沙瑞登针茅、贝加尔针茅、蒙古针茅、沙生冰草、冰草、大花落草、糙隐子草、窄颖赖草、细叶黄芪、扁蓿豆、冷蒿、达乌里芯芭、北云香、银灰旋花等大量生长。

干河床及冲积湿地、草原化草甸上芨芨草、偃麦草、野大麦草、蒙古剪股颖、散穗早熟禾、灯心草、鹅绒委陵菜、蒲公英、草问荆、海乳草及薹草类、毛茛属等伴生。

四、荒漠草原带

荒漠草原占蒙古国草地面积的 28.3%。其中，中西部和中央区占该带的 75.2%，其次杭爱、东部区占 20.4%。该带包括乌布斯、郝伯特、扎布汗、中戈壁、东戈壁、苏赫巴托尔省的南部及东部、巴音洪格尔省的中部、戈壁阿尔泰的北部等荒漠化草原。这一带的丘陵、平缓谷地的主要植物有戈壁针茅、沙生针茅、克里门茨针茅、东方针茅、准噶尔隐子草、旱蒿、细裂叶莲蒿、戈壁蒿、珍珠柴、红砂、密花地肤、戈壁小艾菊、刺叶柄棘豆等。

碱湖周围、小河小溪及泉水的沙质草甸上生长有芨芨草、毛穗赖草、小花薹草、鹅绒委陵菜、布屯大麦、马蔺、珍珠柴、红砂、微药碱茅、白花马蔺等植物。

五、荒漠带

荒漠带沿蒙古国南部国境线分布，包括阿拉善戈壁、阿尔泰戈壁和准噶尔戈壁三个戈壁，占全国放牧场面积的 14.4%。

蒙古国的戈壁有 1516 种饲用植物，其中种数多的有菊科，含 213 种，禾本科含 158 种，豆科植物有 155 种。这一带的东部地区有 198 种植物的记录。

　　荒漠放牧场大体位于蒙古国南部的广袤盆地边缘，以无叶假木贼荒漠为主。在风蚀波状起伏的平缓地段分布有红砂、细枝盐爪爪、白刺、霸王等形成的植物群落。

　　低山丘陵间的平缓地段及山坡的沙砾质棕土上假木贼–戈壁针茅、假木贼–蒿类–匍根骆驼蓬、假木贼–红砂等戈壁群落起主导作用。

　　红砂荒漠群落的南部，砾质小山丘微盐化的地段红砂群落、假木贼–戈壁针茅–碱韭群落、假木贼–红砂群落、细枝盐爪爪–麦薲草属–红砂群落等伴生于绵刺、白刺、霸王、珍珠猪毛菜、密花地肤及盐生草属等。散生在砾石地段的榆树条状分布。偶见假木贼、红砂的少数株丛。

　　沙丘地段分布稀疏的植被群落。有沙鞭禾草群落、沙鞭–沙蒿–红砂群落及锦鸡儿–白刺–细枝盐爪爪–甘草群落等的固定沙地草场。

六、荒漠带

　　荒漠带是指沙地面积相对较少的地段，由梭梭与其他草本植物形成的稀疏植被带。荒漠带的中央、南部的包尔宗戈壁、胡仁和硕、西伯、查干套海、扎敏胡仁、苏海河、洪戈尔–哈尔察、特斯河、包格德、五棵怪柳口、哈察布钦阿木等地的低处砾石地段，与胡杨、怪柳、白刺、松叶猪毛菜、骆驼蓬等木本植物参与的梭梭林大量分布。

　　此处，幼龄及幼龄化的梭梭丛林虽有发育扩展的趋势，固沙的灌丛植物丝叶蒿、霸王、无叶假木贼、红砂、匍根骆驼蓬、沙拐枣、裸果木等或多或少出现。梭梭周围黑蒿、毛穗赖草、窄颖赖草、刺沙蓬、盐生草、兴安虫实等大量生长。

第十七章 草原类的基本特征

一、温性草甸草原类

温性草甸草原是在温带地区的半湿润气候条件下，由多年生中旱生禾草为主发育形成的一类较湿润的草原类型。

温性草甸草原类草地集中分布在蒙古高原的中东部地区，在中国境内主要分布在内蒙古自治区的呼伦贝尔草原、科尔沁草原和锡林郭勒草原的东部。在大兴安岭南端海拔1000～1600m 的山地和大青山海拔 1600m 以上的山地阴坡及贺兰山海拔 1800～2200m 的阴坡上均有草甸草原的分布。在蒙古国主要分布在靠近中国内蒙古的呼伦贝尔草原和锡林郭勒草原的兴安岭区，在贝尔湖南端的塔木察格布拉克和乔巴山市以北的广大地区有大片面积的分布，另外在杭爱山和肯特山海拔 1000～1500m 的山地上亦有零星的分布，常与稀疏的落叶松生长在一起，是草甸草原中特有的森林草原景观。

温性草甸草原分布区的地形多样，以高平原为主，在低山丘陵、山前坡麓地带岗地、台地、宽谷地及中低山带上。

温性草甸草原分布区处在温带半湿润、半干旱的气候区。年平均温度–4～22℃，年平均降水量为 350～450mm。湿润系数 0.6～1.0，干燥度 1～1.5。其水热条件在蒙古高原草原中是最好的。

温性草甸草原分布区的土壤主要以黑钙土为主，淡黑钙土、暗棕钙土、黑土、山地草甸土和风沙土亦有零星分布。该土壤一般土层较厚，土质肥沃，结构良好，腐殖质含量较高，为牧草生长创造了良好的生长环境和生存条件。

温性草甸草原是蒙古高原草原最好的天然草原。草原生产力和质量较高，不仅是当地的优质放牧场，而且也是当地最好的天然刈草场。温性草甸草原牧草资源丰富，种类繁多，并多为营养丰富、适口性好的优良牧草。构成草甸草原的主要成分多为根茎禾草和丛生禾草，代表性牧草有羊草（*Leymus chinensis*）、贝加尔针茅（*Stipa baicalensis*）、多叶隐子草（*Cleistogenes caespitosa*）、披碱草（*Elymus dahuricus*）等，其次是莎草类牧草，主要有柄状薹草（*Carex pediformis*）、大披针薹草（*C. lanceolata*）、黄囊薹草（*C. korshinskyi*）等。菊科的线叶菊（*Filifolium sibiricum*）、裂叶蒿（*Artemisia tanacetifolia*）、白莲蒿（*A. gmelinii*）等在草甸草原的构成中亦占有重要地位。草甸草原植物生长繁茂，草群较高，一般平均高度为 35～50cm，草群盖度平均为 60%～80%，有些地区草群覆盖度达 90%以上，因此产草量较高，一般平均为 800～1500kg/hm²，饲养一个羊单位需要草原 0.76hm²。

根据中国草地资源调查资料统计，蒙古高原草甸草原总面积中中国境内部分共有 9.0×10⁶hm²，其中可利用草原面积 7.9×10⁶hm²。理论载畜量为 1031.4 万个羊单位。

温性草甸草原是蒙古高原上唯一可以牧刈两用的天然草地。因地势多为平原和低山丘陵区，放牧不受季节限制，可全年放牧利用，有些高草区是该地区的优良打草场，特别是以羊草为主形成的草原类型，是当地的主要天然打草场。温性草甸草原适于牛、马、羊等各种家畜放牧利用。由于历年过度放牧和频繁刈割，许多地方草原退化、沙化或碱化，根据内蒙古自治区草原资源调查资料统计，仅蒙古高原中国境内分布的羊草草原退化面积就达 $5.0 \times 10^6 hm^2$，严重制约放牧草地畜牧业的发展，近年来中国推行退牧还草政策，许多严重退化地段采取封闭、松耙、划破草皮、施肥、灌溉等技术措施进行改良，收到了明显的效果。

根据《中国草地资源》的分类原则，按其地形、土壤基质和植被的差异，将温性草甸草原分为三个亚类，即平原丘陵草甸草原亚类、山地草甸草原亚类、沙地草甸草原亚类。各亚类草原的面积和生产力（中国部分）见表17-1。

表 17-1　草甸草原各亚类草原面积和生产力统计表

类型	草原面积/hm²	草原可利用面积/hm²	单产/（kg/hm²）	载畜能力/（羊单位/hm²）
平原丘陵草甸草原亚类	3 429 560	313 734	1 467	0.75
山地草甸草原亚类	5 367 249	4 688 815	1 469	0.82
沙地草甸草原亚类	161 169	145 634	1 204	1.29

二、温性典型草原类

温性典型草原类是在温带半干旱的气候条件下，由旱生的多年生禾草为主发育形成的一类天然草原类型。

温性典型草原类是蒙古高原草原的主体，也是欧亚大陆草原区的重要组成部分。在蒙古高原上集中分布于中部地区，即中国内蒙古境内的锡林郭勒地区和蒙古国的中喀尔喀区与东蒙古平原是该类型的集中分布区。在中国境内的呼伦贝尔高平原西部，沿大兴安岭南端，往西沿阴山北麓，越过阴山山脉，一直分布到鄂尔多斯高平原的东南部，呈一狭条状分布。在蒙古国东接中国的呼伦贝尔高平原，往西一直延至蒙古国中部，从乔巴山和埃伦察布之间，再往西沿杭爱山区的南缘呈楔形分布。在中国兴安岭东西两麓海拔 7000～1200m 处和阴山山地海拔 1000～1900m 处及蒙古国省特山、杭爱山、蒙古阿尔泰山海拔 1000～1500m 的外围部分亦有温性典型草原类草地的分布。

温性典型草原集中生长发育在高平原上，地势开阔、平坦、起伏不大，远望似高阜，近看似平地。此外，还有低山丘、熔岩台地和沙地的分布。海拔多为 900～1300m，整个地势由东向西、从南到北倾斜。

温性典型草原是在特定的半干旱气候条件下发育形成的一类草原。在蒙古高原的中国内蒙古范围内，年平均气温–2～8℃，≥10℃积温为 1800～3200℃；无霜期 80～130天；年平均降水量为 2500～4500mm，有 70%集中在 7～9 月，水热同期，有利于牧草的生长。在大兴安岭东南的山前地带年平均气温可达 3～6℃，无霜期也较高平原地区长，可达 135～145 天，湿润度为 0.4～0.5。

温性典型草原主要土壤为栗钙土，暗栗钙土和淡棕栗土亦有分布，此外还有风沙土和沙质栗钙土。

温性典型草原的牧草种类相对比较丰富，据内蒙古草地资源的资料统计，典型草原上共有各类牧草258种，其中禾草类牧草53种，占该类草原牧草总数的20.54%，其次是菊科类牧草36种，占13.95%；豆科类牧草28种，占10.85%；蔷薇科和藜科牧草较少，分别占9.30%和6.59%；其他类牧草占38.77%。在草群中占优势和有建群作用的牧草主要有大针茅（*Stipa grandis*）、克氏针茅（*S. krylovii*）、长芒草（*S. bungeana*）、糙隐子草（*Cleistogenes squarrosa*）、冰草（*Agropyron cristatum*）、羊草、洽草（*Koeleria cristata*）、早熟禾（*Poa annua*）、冷蒿（*Artemisia frigida*）、百里香（*Thymus serpyllum*）和小叶锦鸡儿（*Caragana micropylla*）等，伴生牧草主要有菊叶委陵菜（*Potentilla tanacetifolia*）、草木樨状黄芪（*Astragalus melilotoides*）、乳白花黄耆（*A. galactites*）、达乌里胡枝子（*Lespedeza davurica*）、阿尔泰狗娃花（*Heteropappus altaicus*）、细叶韭（*Allium tenuissimum*）、扁蓿豆（*Medicago ruthenica*）、木地肤（*Kochia prostrata*）、知母（*Anemarrhena asphodeloides*）、草麻黄（*Ephedra sinica*）、北柴胡（*Bupleurum chinense*）、砂珍棘豆（*Oxytropis gracillima*）、米口袋（*Gueldenstaedtia verna* subsp. *multiflora*）、异叶青兰（*Dracocephalum heterophyllum*）、糙叶黄芪（*Astragalus scaberrimus*）、狗尾草（*Setaria viridis*）、沙蓬（*Agriophyllum squarrosum*）等。1m² 牧草的饱和度为8~15种，多者可达20种以上。

温性典型草原由于处在半干旱的气候条件下，产草量一般偏低，平均每公顷产干草840~1700kg；草群平均高度为15~35cm，草群盖度为15%~40%。由于分布地区不同，同一类型产草量差异亦比较大，并随年度水热条件的变化而变化，变幅在5~7倍。

温性典型草原是重要的畜牧业生产基地，由于草质优良，适合牛、马、羊等家畜全年放牧利用，是中国北方和蒙古国的重要放牧场，但由于放牧利用过重，草原普遍退化、沙化，严重阻碍着畜牧业生产的发展。目前中国境内普遍采取休闲、退牧还草的措施，以恢复退化的草原。

根据中国草地资源调查资料，蒙古高原（中国部分）上的温性典型草原总面积为 $2.8 \times 10^7 hm^2$，其中可利用草原面积为 $2.4 \times 10^7 hm^2$。一个羊单位全年需草原面积为 $1.6 hm^2$。

根据中国草地分类原则，温性典型草原可分为三个亚类，即平原丘陵典型草原亚类、山地典型草原亚类和沙地典型草原亚类。其面积、生产力和载畜能力见表17-2。

表17-2　温性典型草原各亚类草原面积和生产力统计表

类型	草原面积/hm²	可利用面积/hm²	单产/（kg/hm²）	载畜能力/（羊单位/hm²）
平原丘陵典型草原亚类	189 014 856	17 388 356	1805	0.81
山地典型草原亚类	1 356 999	1 138 709	1056	1.68
沙地典型草原亚类	7 496 032	5 983 528	1111	1.64

三、温性荒漠草原类

温性荒漠草原类是在温带地区干旱气候条件下，由旱生多年生小禾草和旱生小半灌木为主形成的一类草原，处于蒙古高原的典型草原向荒漠的过渡地带，也是蒙古高原较干旱的类型。

温性荒漠草原主要集中分布在蒙古高原中部的偏西地区，东从中国内蒙古锡林浩特市的苏尼特左旗满都拉图镇，西到巴彦淖尔高原的东南部，再向西延伸到鄂尔多斯市的鄂托克旗、鄂托克前旗西部及杭锦旗的中西部，南至阴山山地北麓的低山丘陵，北与蒙古国戈壁中亚大荒漠地区相连，包括杭爱区和蒙古阿尔泰区之间的山间洼地，一直到蒙古国西部的大湖盆地区的乌布沙泊一带。另外在贺兰山北段海拔2000m以下的地带和蒙古国各大山脉的阴坡亦有分布，多处在温性典型山地草原之下部。

温性荒漠草原，地貌类型比较简单，主要由高平原、山地和沙地组成。其整体地势从东南向西北呈阶梯状逐渐升高，在内蒙古自治区境内因受阴山山脉隆起的影响，由阴山往北呈层状逐渐降低。阴山北麓地势比较平缓，海拔平均在1500~2000m，最北部与蒙古国石质丘陵相连，海拔在1200~1400m。沙地主要在内蒙古自治区境内毛乌素沙地的北缘，其他地区亦有零星分布。

温性荒漠草原的气候属于典型大陆性气候，由于受蒙古高压气团的支配，干旱少雨。但受东南方吹来的微弱海洋季风湿润气团的影响，也能形成一定的降水量。年平均降水量为150~200mm，分布非常均匀，60%~70%集中在7~9月。干燥度为2.5以上。年平均气温2~5℃，≥10℃积温2200℃以上。其水热组成的特点是：水分从东北向西南递减，热量则递增。冬季严寒漫长，夏季炎热短暂。全年风多、日照充足，蒸发量大亦是该类草原区气候的又一大特征。

温性荒漠草原的土壤主要有棕钙土、淡棕钙土、灰钙土和漠钙土。在山地上为山地棕钙土、山地灰钙土、山地栗钙土及少量的山地粗骨土和亚高山灌丛草原土，分布于沙地上的主要是风沙土。

温性荒漠草原的草群组成除矮禾草占优势外，半灌木，特别是蒿类半灌木亦占有较大比重。多年生旱生禾草的参与度，随着干旱程度的增强由东向西逐渐减少，半灌木和小灌木明显增多，在局部地区还会形成以锦鸡儿灌木占优势的灌丛化荒漠草原景观。多年生禾草主要有短花针茅（*Stipa breviflora*）、小针茅（*S. klemenzii*）、沙生针茅（*S. glareosa*）、无芒隐子草（*Cleistogenes songorica*），其他优势牧草还有冷蒿、碱韭（*Allium polyrhizum*）、蓍状亚菊（*Ajania achilleoides*）、灌木亚菊（*A. fruticulosa*）、女蒿等，灌木有蒙古扁桃（*Prunus mongolica*）、驼绒藜（*Krascheninnikovia ceratoides*）、柠条锦鸡儿（*Caragana korshinskii*）、狭叶锦鸡儿（*C. stenophylla*）、中间锦鸡儿（*C. intermedia*）。旱生灌木、小半灌木及荒漠植物等的渗入，充分体现了温性荒漠草原的过渡性特点。

由于生境条件的制约，温性荒漠草原草群的外貌呈现低矮、稀疏，季相十分单调的特征，草群高度一般为10~30cm，草群覆盖度为15%~45%，因此草原的生产力亦较低，平均产草量每公顷为455kg，在雨水好的年份最高可达每公顷1030kg，而干旱年份平均仅为172kg/hm^2。每个羊单位需草地平均为2.5~3.0hm^2。

温性荒漠草原在草原畜牧业中占有一定的地位，是山羊集中分布的饲养区，特别是绒山羊的集中生产基地，内蒙古的绒山羊品质优良，它所产的绒纤维柔软，具有丝光、强度好、伸展性大、净毛率高等特点，是毛纺工业的优质原料。对发展民族经济亦具有重要作用，温性荒漠草原由于利用过度，草原普遍退化，现已退牧还草，以休养生息。

根据中国草地资源的分类原则,温性荒漠草原可分为平原丘陵、山地和沙地荒漠草原三个亚类。三个亚类的草原面积和生产力见表 17-3。

表 17-3　温性荒漠草原各亚类草原面积及生产力统计表

类型	草地总面积/hm²	可利用面积/hm²	单产/（kg/hm²）	载畜能力/（羊单位/hm²）
平原丘陵荒漠草原	7 049 477	6 488 435	456	2.17
山地荒漠草原	321 349	255 976	362	2.54
沙地荒漠草原	1 448 630	1 221 731	776	2.19

四、温性草原化荒漠类

温性草原化荒漠是在温带干旱气候条件下,以旱生、超旱生的小半灌木、小灌木或灌木为优势,并混生有一定数量的强旱生多年生草本植物和一年生草本植物而形成的一类由草原向荒漠过渡的草原类型。

温性草原化荒漠一般出现在荒漠的右侧,与荒漠草原相邻,由于处于草原和荒漠的过渡地带,其水、热和土壤等自然条件较荒漠类优越。温性草原化荒漠集中分布在内蒙古高平原的西部,即乌兰察布高平原与阿拉善高平原东部一带,在鄂尔多斯高平原东部、西北部亦有分布。其走向由乌兰察布高平原西部开始,向西南超过狼山,跨过黄河,经鄂尔多斯高原西北部至贺兰山折向西北,呈"U"形曲线在阿拉善荒漠的外围。

温性草原化荒漠生长发育在海拔 1000~2000m 的低山丘陵、残丘和高平原上,土壤为砂质或壤质灰棕荒漠土、灰漠土、灰钙土、淡棕钙土。地表土层薄,岩石裸露。常常有薄厚不等的覆沙和小砾石,土壤结构多呈粉末状,钙积层部位较高,出现在腐殖质层之下,通体呈碱性反应,有机质含量较低,一般为 0.2~0.9g/kg。

温性草原化荒漠地处欧亚大陆腹地的干旱地区,远离海洋,气候干旱少雨,年降水量为 100~200mm,多集中在 7~9 月,占全年降水量的 70%以上,而蒸发量是降水量的 10~20 倍,湿润度为 0.17~0.05,干旱缺水是该类草原牧草生长发育的主要限制因素,因为温性草原化荒漠所处纬度较低,热量比较充足,年平均气温为 4~9℃,≥10℃积温 2600~3400℃。另外,全年多风沙也是该地区气候的一个特点。

温性草原化荒漠草群的种类组成较温性荒漠类草原丰富,1m² 内有牧草 10 种左右,最多不超过 20 种,但层次明显。一般由三种不同生活型的植物组成,其优势层片由强旱生灌木或小灌木组成;次优势层片由强旱生多年生丛生禾草组成,第三层由一年生草本和杂类草组成。它们随降水量的多少而变化,雨水好的年份,产草量超过灌木等优势层片,而干旱少雨的年份,产草量显著减少。温性草原化荒漠的生产力低而不稳,年度变化率大,丰欠年产草量相差 3 倍以上,平均产草量为 536kg/hm²。

温性草原化荒漠在草地畜牧业生产中占有一定地位,是骆驼、绒山羊和裘皮羊的生产基地。同时在该类草原上盛产发菜和一些珍贵的中药材,其经济价值和饲用价值都比较高。滥挖药材和滥搂发菜对草原破坏非常严重,草原普遍退化严重,也是引起沙尘暴的源地之一。

根据中国草地资源草原分类原则，温性草原化荒漠可分为沙砾质、壤质和砾石质草原化荒漠三个亚类。其面积和生产力见表17-4。

表 17-4 温性草原化荒漠各亚类草原面积和生产力统计表

类型	草原面积/hm²	可利用面积/hm²	产草量/（kg/hm²）	载畜能力/（羊单位/hm²）
沙砾质草原化荒漠	3 316 327	2 993 453	592	3.12
壤质草原化荒漠	944 620	873 373	567	3.05
砾石质草原化荒漠	1 125 540	925 953	379	4.36

五、温性荒漠类

温性荒漠类草原是在温带极端干旱与严重缺水的气候条件下，以旱生或强旱生的半灌木、灌木和小乔木为主形成的一类草原类型。

温性荒漠类草原位于亚洲中部荒漠区。包括中国内蒙古自治区的阿拉善盟、巴彦淖尔市的西北部、鄂尔多斯市杭锦旗西北部广大地区及蒙古国阿尔泰山脉和戈壁阿尔泰山脉以南的准噶尔戈壁区、外阿尔泰戈壁区和阿拉善戈壁区均有大面积的分布。

温性荒漠类草原由于长期受欧亚大陆干冷气候的影响，特别是受蒙古高原干冷气团的控制，气候条件非常严酷，常年处于干旱和缺水的状态。冷季严寒而漫长，最冷的低温期多在-20℃以下；而暖季特别干旱，显得极为干燥而炎热。年平均气温为 4～14℃，但在 6～7 月高温期间，气温高达 25℃以上。年降水量特别稀少，多在 100mm 左右，蒸发量 3050～4000mm；蒸发量是降水量的 27～109 倍，湿润度为 0.04～0.1，平均风速 4.3～5.3m/s。

温性荒漠类草原的土壤主要有漠钙土、灰棕荒漠土和风沙土。土壤发育差、土层薄、质地粗，有机质含量低，无明显腐殖层，土壤肥力较低。

温性荒漠类草原所处的地形主要是盆地，山前冲积、洪积扇地和大型洼地，起伏的高平原和高原盆地，海拔多在 1000～1500m，分布在低山丘陵及高原盆地的温性荒漠草原，海拔可上升到 2300mm 以上。

温性荒漠类草原的牧草种类组成比较简单，其优势成分主要由旱生、强旱生的灌木、小半灌木和特有的小乔木梭梭（*Haloxylon ammodendron*）组成。主要优势种和建群种有蒿叶猪毛菜（*Salsola abrotanoides*）、木本猪毛菜（*S. arbuscula*）、珍珠猪毛菜（*S. passerina*）、红砂（*Reaumuria soongarica*）、合头草（*Sympegma regelii*）、蒙古沙拐枣（*Calligonum mongolicum*）、沙冬青（*Ammopiptanthus mongolicus*）、霸王（*Zygophyllum xanthoxylum*）、小蓬（*Nanophyton erinaceum*）、驼绒藜、盐生假木贼（*Anabasis salsa*）、木地肤（*Kochia prostrata*）、绵刺（*Potaninia mongolica*）、唐古特白刺（*Nitraria tangutorum*）、小果白刺（*N. sibirica*）、白皮锦鸡儿（*Caragana leucophloea*）、藏锦鸡儿（*C.tibetica*）、刺叶柄棘豆（*Oxytropis aciphylla*）、盐爪爪（*Kalidium foliatum*）等。在降水较多的年份，有一年生禾草和杂类草混生，形成小片或斑块状灌木和草本组成的荒漠类型，但非常不稳定。常见的伴生牧草有雾冰藜、独行菜、荒漠庭荠、刺果鹤虱、虫子

草、冠芒草、三芒草、猪毛菜、叉毛蓬等。

温性荒漠类草原由于所处生境严酷，草群稀疏，每 100m² 内有植物 4～5 种，多者不超过 10 种。草群覆盖度为 10%～25%，产草量平均为 246kg/hm²，在雨水好的年份，由于一年生草本植物的加入，最高产草量可达 1115kg/hm²。饲养一个羊单位需 6.37hm²。

温性荒漠类草原是饲养骆驼的优良放牧场，但生态系统脆弱，易产生退化和沙化，因此在利用上要特别重视荒漠类草原的生态特殊性。

根据中国草地资源分类原则，温性荒漠类可分为土砾质荒漠、沙质荒漠和盐土质荒漠三个亚类。上述三个亚类的草原面积和生产能力见表 17-5。

表 17-5 温性荒漠类草原各亚类草原面积和生产力统计表

类型	草原面积/hm²	可利用面积/hm²	单产/（kg/hm²）	载畜能力/（羊单位/hm²）
沙质荒漠	1 339 330	813 092	786	12.8
土砾质荒漠	15 449 215	8 526 651	270	25.69
盐土质荒漠	136 273	127 802	1342	7.23

六、山地草甸类

山地草甸类草原是在气候湿润、大气降水充沛的环境条件下，以中生的多年生草本植物为主，在中山带和亚高山带上形成的一类草原类型。

山地草甸类草原在中国内蒙古境内的各大山地上均有分布，东部的大兴安岭、中部阴山山脉及西部贺兰山上海拔 2000～3000m 的垂直山上阴坡、采伐迹地、林间或林缘阳坡上亦有分布。在蒙古国的肯特山、杭爱山和蒙古阿尔泰山的海拔 2000～2500m 处或靠近主脉分水岭常有山地草甸的出现，多处于山体的上部。与森林带分布相衔接，是山地垂直带谱中重要的组成部分。

山地草甸类由于海拔升高、降水量增多，年降水量平均为 440～1000mm，加之气温不高，年平均气温为 10～18℃，从而保证了大气和土壤经常处在湿润状态，有利于中生植物生长发育，土壤主要有山地草甸土、山地灌丛草甸土和亚高山草甸土。土层较厚，富含有机质，肥力亦比较高。

山地草甸类草原牧草组成丰富，每平方米有植物 20～30 种，有的地方可高达 45 种以上。主要优势植物有披碱草、垂穗披碱草（*Elymus nutans*）、无芒雀麦（*Bromus inermis*）、草地早熟禾（*Poa pratensis*）、野古草（*Arundinella hirta*）、拂子茅（*Calamagrostis epigejos*）、假苇拂子茅（*C. pseudophragmites*）、野青茅（*Deyeuxia arundinacea*）、巨序剪股颖（*Agrostis gigantea*）、鹅观草（*Roegneria kamoji*）、菊叶委陵菜、防风（*Saposhnikovia divaricata*）、蓬子菜（*Galium verum*）、地榆（*Sanguisorba officinalis*）、婆婆纳（*Veronica polita*）、狭长花沙参（*Adenophora elata*）、风毛菊（*Saussurea japonica*）、荻（*Miscanthus sacchariflorus*）、异燕麦（*Helictotrichon schellianum*）、毛茛（*Ranunculus japonicus*）、牻牛儿苗（*Erodium stephanianum*）、野火球（*Trifolium lupinaster*）、阿尔泰狗娃花（*Heteropappus altaicus*）、糙苏（*Phlomoides umbrosa*）、山野豌豆（*Vicia amoena*）、火绒草（*Leontopodium leontopodioides*)、野罂粟（*Papaver nudicaule*）、歪头菜（*Vicia unijuga*）、展枝唐松草（*Thalictrum squarrosum*）等。草群平均高度为 30～70cm，高大禾草可达 150cm 以上，覆盖度为 60%～90%，平均每公顷产干草 1648kg。山地草甸类由于分布地域的环境条件优越，热量适中，水分充沛，又与森林或灌丛同处一垂直带上，构成乔、灌、草镶嵌分布，有利于涵养土壤中的水分，也为保证山地草甸类的产草量稳定起到重要作用。

山地草甸类草原多作为放牧利用，在内蒙古多作为夏秋季放牧场，以牛、羊为主，在平缓或宽谷地区亦可打草利用。

山地草甸类可分为中低山和亚高山山地草甸亚类，各亚类的草原面积和生产力见表 17-6。

表 17-6　山地草甸类各亚类草原面积和生产力统计表

亚类	草原面积/hm²	可利用面积/hm²	单产/（kg/hm²）	载畜能力/（羊单位/hm²）
中低山山地草甸	1 829 152	1 601 541	2000	0.52
亚高山山地草甸	31 811	26 968	1387	1.62

七、低地草甸类

低地草甸类草原是在土壤湿润或地下水丰富的生境条件下，以中生和湿中生多年生草本植物为主形成的一种隐域性草原类型。

低地草甸类草原由于受土壤水分条件的制约，在不同的气候植被带都有它的分布。尽管荒漠地区气候干旱，大气降水不足，但只要有地表径流汇集的低洼地，或地下水位较高的低平地上，就可形成草甸类草原。因此低地草甸不像其他草原类或荒漠类草原呈地域性分布，而是一种非地带性隐域型草原。

低地草甸生长发育的环境一般为地势低平，排水不畅，地下水位较高，地表常有季节性或临时性积水，特别是在雨季，地下水位显著升高，旱季地下水位下降，土壤中水分矿化度提升，出现不同的盐渍化现象，地表面出现盐霜、盐斑或盐结皮，在荒漠地区这一现象特别突出。喜盐、耐盐的中生植物在此比较发达，形成盐化低地草甸。

低地草甸类由于生长发育在地势低洼的环境中，土壤主要为草甸土、石灰性草甸土、白浆化草甸土、潜育草甸土、盐化草甸土、碱化草甸土和沼泽化草甸土。由于土壤过分潮湿，不利于有机物分解。土层较厚，生草化明显，腐殖质层较厚，肥力较高。

低地草甸类牧草种类比较丰富，以多年生禾草为优势的类型较多，其次为中生的杂类草。主要建群和伴生牧草有荻、野古草、拂子茅、芦苇（*Phragmites australis*）、大叶章（*Deyeuxia langsdorffii*）、巨序剪股颖、看麦娘（*Alopecurus aequalis*）、披碱草、羊草、牛鞭草（*Hemarthria altissima*）、鹅绒委陵菜（*Potentilla anserina*）、芨芨草（*Achnatherum splendens*）、碱茅、野大麦（*Hordeum brevisubulatum*）、马蔺（*Iris lactea* var. *chinensis*）、碱蓬（*Suaeda glauca*）、长叶碱毛茛（*Halerpestes ruthenica*）、海乳草（*Lysimachia maritima*）、碱地蒲公英（*Taraxacum borealisinense*）、水麦冬（*Triglochin palustris*）、碱韭（*Allium polyrhizum*）、草地风毛菊、寸草薹（*Carex duriuscula*）、藨草（*Scirpus triqueter*）、针蔺、

达香蒲（*Typha davidiana*）等。草群生长茂密，覆盖度为 70%～90%，有些类型呈郁闭状态。低地草甸草群较高，草层平均高 40～60cm，高者可达 100cm 以上，产草量比较稳定，平均产干草 1730kg/hm^2。

低地草甸不仅是优良的天然放牧地，有些也是优良的天然刈草地，适合各类家畜放牧利用。有许多良好的草甸被开垦为农田，有的由于利用不合理，发生退化和盐碱化，产草量显著下降。有条件的地方，在加强草原建设的同时，可建立人工草地以保证充足的饲料来源。

根据中国草地资源分类原则，按其水分条件、土壤盐碱化程度和主要优势植物经济类群的差异，将低地草甸类分为三个亚类，即低湿地草甸亚类、沼泽化草甸亚类和盐化草甸亚类。上述三个亚类的草原面积和生产力见表 17-7。

表 17-7　低地草甸类各亚类草原面积和生产力统计表

亚类名称	草原面积/hm^2	可利用面积/hm^2	单产/（kg/hm^2）	载畜能力/（羊单位/hm^2）
低湿地草甸	4 024 606	3 918 385	2456	0.58
沼泽化草甸	1 315 976	1 067 714	3349	0.42
盐化草甸	3 822 634	316 148	1345	1.05

八、沼泽类

沼泽类草原是在地势低洼、土壤过度潮湿、地表常年积水、地温较低并常有泥炭积累的生境条件下，以湿生的多年生草本植物为主形成的一种草原类型。

沼泽类草原主要集中分布在内蒙古草原中东地区，呼伦贝尔市、锡林浩特市、赤峰市和兴安盟境内面积较大，在蒙古国各湖泊外围、河流一级阶地和低洼地亦有分布。

沼泽类草原地势低平、排水不畅，大量泥沙和轻黏土等组成的堆积物形成融水层，影响水分渗漏，水分在地表长期积聚，加之丰富的大气降水无处排泄，使地下水非常丰富。在典型地段，地表上层积水深度一般在 20～80cm，土壤剖面大都有泥炭、草根层积累，从而导致土壤通气状况不良，微生物分解作用十分微弱和缓慢，土壤中养分含量虽然较高，但速效性养分含量则很低，下层潜育化现象明显，多呈现酸性反应，土壤为沼泽土和泥类沼泽土。

由于受生境条件的影响，沼泽类草原的牧草种类组成比较简单，种类亦比较贫乏。草群主要由禾草和莎草类牧草组成。常见的优势牧草和伴生成分主要有芦苇、菰（*Zizania caduciflora*）、漂筏薹草（*Carex pseudocuraica*）、乌拉草（*C. meyeriana*）、狭叶甜茅（*Glyceria spiculosa*）、菵草（*Beckmannia syzigachne*）、水葱（*Schoenoplectus tabernaemontani*）、香蒲、泽芹（*Sium suave*）、泽泻（*Alisma orientale*）、沼委陵菜（*Comarum palustre*）、两栖蓼（*Polygonum amphibium*）、驴蹄草（*Caltha palustris*）、眼子菜（*Potamogeton distinctus*）、杉叶藻（*Hippuris vulgaris*）等。草群高度由于组成种类不同而差异较大，如芦苇沼泽平均高度为 150～200cm 及以上，并常以单优势类型出现。而由莎草类牧草形成的沼泽，其草群高度平均为 30～50cm。草群生长繁茂、稠密，覆盖高，平均在 80%～100%，因而产草量较高，平均每公顷产干草 2183kg。

　　作为草原资源，沼泽类草原由于长期积水，严重地影响着利用方式和利用强度，许多沼泽类草原利用强度很轻，或常不被利用，以芦苇为主的草原在青嫩时多为割草利用，许多地方被用作造纸原料或编织原料。另外，沼泽类草原的牧草适口性普遍不好，家畜不愿采食，鲜嫩时家畜喜食，但到生长后期，茎秆纤维化程度升高，粗糙而坚硬，家畜一般不采食。

　　沼泽类草原面积为 $8.2 \times 10^5 \text{hm}^2$，其中可利用面积为 $6.4 \times 10^6 \text{hm}^2$，每个羊单位需草原 0.72hm^2。

第十八章 草原型的基本特征

一、羊草（*Leymus chinensis*）型

羊草型是欧亚大陆东部草原分布最广、面积最大、饲用价值最高的一个草地类型。其分布的自然带较广，在内蒙古高原东部有大片面积的集中分布区，其东部可延伸至东北平原的西部。在蒙古国境内的肯特省周围，沿鄂尔浑-色楞格河的阶地上往往能形成以羊草占绝对优势的草地型，羊草草地生境条件较好，主要发育在较开阔的平原低地、波状起伏高平原、丘陵坡地等排水良好的地段上。土壤多为黑钙土、暗栗钙土，一般土层厚、土质肥沃、通气性良好，有利于羊草地下根茎的发育。羊草草原约有种子植物537种，分属49科184属，其中以菊科蒿属植物、蔷薇科委陵菜属植物、百合科葱属植物、豆科黄芪属植物种类较多。禾本科一些属虽然种类较少，但个体数量较多，往往成为羊草草原的次优势成分，如针茅属植物、羊茅属植物、隐子草属植物等的某些种。羊草草原以旱生植物为主，包括中旱生植物在内，约占植物总数的56%，中生和旱中生植物占44%。羊草在草群中占绝对优势，优势度一般高达70%～90%，次优势植物主要有贝加尔针茅（*Stipa baicalensis*）、中华隐子草（*Cleistogenes chinensis*）、多叶隐子草（*Cleistogenes polyphylla*）、线叶菊（*Filifolium sibiricum*）、脚薹草（*Carex pediformis*）、裂叶蒿（*Artemisia tanacetifolia*）等。常见的伴生植物主要有直立黄芪（*Astragalus laxmannii*）、山野豌豆（*Vicia amoena*）、山黧豆（*Lathyrus quinquenervius*）、黄花苜蓿（*Medicago falcata*）、拂子茅（*Calamagrostis epigeios*）、芦苇（*Phragmites australis*）、野古草（*Arundinella hirta*）、风毛菊（*Saussurea japonica*）、蓬子菜（*Galium verum*）、裂叶荆芥（*Medicago falcata*）、黄芩（*Scutellaria baicalensis*）等。羊草草原植物种类组成丰富，一般每平方米20种左右，高者多达30种，最少的4～5种。草群繁茂，总盖度为60%～90%，草群平均高35～45cm，生殖枝高70～80cm。羊草草原分层明显，通常分为三个亚层，上层由羊草、贝加尔针茅构成，草层高60cm左右；中层多由杂类草组成，草层高30cm左右；下层由植株较矮的杂类草、薹草构成，草层高15cm以下。羊草草原面积（中国境内部分，下同）为 7 256 240hm²，其中可利用草地面积为6 635 754hm²，占羊草草地面积的91.45%。温性草原羊草草地平均每公顷产干草 937～2356kg，饲养一个绵羊单位年均需草地0.51～1.86hm²。羊草叶量多，营养丰富，草质好，适口性高。各类家畜一年四季均喜食。牧民认为羊草是很好的抓膘植物。羊草在花期以前，一般粗蛋白含量均在11%以上，分蘖期高达18%以上，且矿物质和胡萝卜素含量较丰富，营养期矿物质含量为5%～9%，胡萝卜素含量为48～98mg/kg。羊草根茎发达，穿透侵占能力极强，草地生产力年变幅较小，产草量较稳定，是蒙古高原草原中最好的天然放牧场，也是优良的天然割草地。羊草草地作为刈草利用，以7月初刈割最为适宜。此期间刈割的草不仅产草量高，且营

养价值高，一般调制良好的羊草干草，其粗蛋白可保持在 10%左右，且草的气味芳香、适口性好，耐贮藏。作为放牧地利用可不受时间的限制，就是在冬春枯草期间牲畜也喜食。羊草为根茎性植物，根茎上可产生大量的不定根，形成强大的根系网，盘结固持土壤能力很强，因此羊草还是很好的水土保持植物。羊草草原分布较广，有些地区因交通不便，利用亦不平衡。另外，在饲喂家畜的过程中浪费严重，损失干草率 20%以上。实践证明，过度放牧和频繁刈割均会造成草场退化，或沙漠化、盐碱化。据统计，中国内蒙古东部在近千万公顷的羊草草地中，约有 50%的草地明显退化。大量的试验表明，通过松耙、划破草皮、施肥、灌溉等技术措施均能达到改良退化羊草草地的目的。

二、贝加尔针茅（*Stipa baicalensis*）型

贝加尔针茅型是欧亚大陆草原东端森林草原地带的一个特有草地类型，也是蒙古高原草原中具有代表性的类型之一。贝加尔针茅草地主要分布于内蒙古呼伦贝尔、通辽市科尔沁、锡林郭勒等地区。在蒙古国的东部塔木察格布拉格和尤戈赫尔以南地区及贝尔湖南部亦有大面积的分布。贝加尔针茅草地生长在排水良好的丘陵坡地、台地和山前倾斜平原等地。土壤以黑钙土、淡黑钙土、暗栗钙土为主，亦见黑钙土型的沙土。贝加尔针茅能适应各种基质的土壤条件，但以肥沃深厚的壤质土发育为最好。贝加尔针茅草地以旱生和广旱生植物为主，中生、旱中生植物约占 1/3。其种类组成较为丰富，每平方米均有 20 种左右，最高达 37 种，据不完全统计，贝加尔针茅草地约有种子植物 169 种，分属 31 科 95 属，其中以菊科、豆科、禾本科植物种类较多。草群中贝加尔针茅占绝对优势地位，其优势度一般均在80%以上。次优势种有羊草、线叶菊、大针茅（*Stipa grandis*）、多叶隐子草、脚薹草、尖叶胡枝子（*Lespedeza hedysaroides*）等。主要伴生植物有中华隐子草、丛生隐子草（*Cleistogenes caespitosa*）、直立黄芪、红柴胡（*Bupleurum scorzonrerifolium*）、地榆（*Sanguisorba officinalis*）、知母（*Anemarrhena asphodeloides*）、黄芩（*Scutellaria baicalensis*）、多叶棘豆（*Oxytropis myriophylla*）、防风（*Saposhnikovia divaricata*）、拂子茅、落草（*Koeleria cristata*）、野豌豆（*Vicia sepium*）、万年蒿（*Artemisia gmelinii*）、裂叶蒿、菊叶委陵菜（*Potentilla tanacetifolia*）等。草群生长繁茂，层次明显，通常分三个亚层，上层由贝加尔针茅或与羊草和少量杂类草组成，草层高 40～50cm，生殖枝高 70cm 以上；中层由多年生杂类草和部分禾草组成，草层高 20～30cm；下层由薹草和矮杂类草组成，草层高 15cm 以下。草群盖度 60%～80%，草地生产力较高，且年变幅较小，每公顷产干草 1549～2222kg，其中可食牧草中禾草约占 60%，豆科牧草占 5.9%，菊科牧草占 8.7%，莎草科占 3.4%。其他科牧草占 22.2%。一个绵羊单位年均需草地 0.61～0.91hm²。贝加尔针茅草地面积共计 2 193 944hm²，其中可利用草地面积为 1 924 211hm²，贝加尔针茅草地质量中上等，是良好的放牧地和理想的打草场。贝加尔针茅草地在结实期前，各类牲畜都喜食，适口性良好，结实期芒针会刺伤家畜的口腔和皮肤，不宜放牧利用。打草以抽穗期至开花期为宜，此时营养价值较高，据对中国内蒙古呼伦贝尔的抽穗期的贝加尔针茅草地的分析，粗蛋白质含量占干重的 13.90%，粗脂

肪占 3.05%，粗纤维素占 31.70%，无氮浸出物占 33.95%，粗灰分占 8.20%，胡萝卜素为 84.00mg/kg。贝加尔针茅草地在过度放牧或频繁刈割的条件下，牧草的生长和繁殖会被抑制，草地发生退化，逐渐被草层较低的克氏针茅、小禾草和冷蒿所取代，如若继续强度利用，草地土壤变干、紧实、板结，直至变为盐碱裸地。今后应注意贝加尔针茅草地的合理利用和退化草地的培育改良。

三、大针茅（*Stipa grandis*）型

大针茅型草原是亚洲中部草原亚区特有的一个以丛生禾草为主的草原型。主要分布在中国内蒙古的锡林郭勒高原（海拔 1100～1200m）和呼伦贝尔高原（海拔 600～1200m），向西延伸至阴山东端的黄土丘陵地区，在蒙古国则集中分布在北部的草原区域内、北杭爱区、鄂尔浑、土拉河、色楞格河之间亦有分布。地形一般为开阔的高平原和平缓起伏的丘陵地。土壤以排水较好的栗钙土和暗栗钙土为主，土层一般较厚。大针茅草地以旱生植物占优势（占 66.7%），另有部分草甸中生植物。草地植物种类组成较丰富，每平方米 15～20 种，少的有 11～13 种，多的可达 30～40 种。据不完全统计，大针茅草地约有种子植物 162 种，分属 34 科 95 属，其中种数比较多的是菊科、禾本科、豆科、百合科的植物。草群中大针茅占绝对优势，次优势植物有羊草、贝加尔针茅、糙隐子草（*Cleistogenes squarrosa*）、克氏针茅（*Stipa krylovii*）、羊茅、线叶菊及冷蒿（*Artemisia frigida*）、小叶锦鸡儿（*Caragana microphylla*）等。主要伴生植物有冰草、落草、寸草薹（*Carex duriuscula*）、星毛委陵菜（*Potentilla acaulis*）、阿尔泰狗娃花（*Heterpappus altaicus*）、麻花头（*Serratula centauroides*）、细叶远志（*Polygala tenuifolia*）、细叶鸢尾（*Iris tenuifolia*）、乳白花黄耆（*Astragalus galactites*）、碱韭（*Allium polyrhizum*）等。草群生长较旺盛，分层结构因地而异，一般分三个亚层，上层由大针茅和一些高杂类草组成，草层高 40～50cm；中层多为丛生小禾草（糙隐子草等）和冷蒿等，草层高 15～30cm；下层由高度 10cm 以下的根茎型薹草、低矮的杂类草构成。草群盖度为 30%～60%，草地生产力相对较稳定，平均每公顷产干草 740～1359kg，饲养一个绵羊单位年均需草地 0.92～2.00hm^2。大针茅草地面积为 3 852 323hm^2，其中可利用草地面积为 3 492 213hm^2，大针茅草地是蒙古高原草原地带较重要的草地类型之一，草群牧草质量较高，优良牧草一般占 60%以上，有时高达 80%左右，属优质放牧场，适宜于放牧各类家畜，尤以马、羊最喜食。大针茅、羊草草原不仅是优质的放牧场，也是良好的天然割草场。大针茅草原利用价值与组成草群的优势成分有关，大针茅草原中羊草和糙隐子草参与度较高的地段，草质较好，经济利用价值大。应当注意的是大针茅果熟期时，芒针对家畜危害较大，尤其是小畜，应在果实成熟期避开放牧利用。

四、克氏针茅（*Stipa krylovii*）型

克氏针茅型是亚洲中部草原亚区特有的一个丛生禾草草原。主要分布在内蒙古呼伦贝尔高原西部、锡林郭勒高原中西部及阴山（大青山、狼山）山地北麓。在蒙古国多见

于蒙古国中部草原地带的杭爱区和东部地区塔姆察克布拉克地区。地形以高平原、山地和缓坡丘陵地为主。高平原为典型栗钙土，腐殖质层厚 30～50cm，有机质含量 2.0%～3.5%，一般土质较粗，多为壤质、砂壤质和砂砾质；新疆东天山克氏针茅草原分布在海拔 2200～2400m 的中山地带，多在阴坡，土壤为粗骨性的山地栗钙土。克氏针茅草地是蒙古高原草原中具有代表性的草地类型之一，它占据了温性草原的中西部，在荒漠区的山地上分布得也较广泛。克氏针茅草原以旱生植物为主，占该草原植物种的 80% 以上。植物种类组成较单纯，平均每平方米有植物 8～15 种。据不完全统计，克氏针茅草原有种子植物 104 种，分属 28 科 69 属，其中禾本科、菊科、豆科植物较多。除建群植物克氏针茅外，亚优势种有糙隐子草、羊草、短花针茅（Stipa breviflora）、小针茅（S. klemenzii）、羊茅（Festuca ovina）及冷蒿（Artemisia frigida）等。主要伴生植物有冰草、溚草、寸草薹、百里香、伏地肤、扁蓿豆（Melilotoides ruthenica）、星毛委陵菜、草芸香（Haplophyllum dauricum）、乳白花黄耆等。克氏针茅草原分层明显，一般分上、下两层，上层由克氏针茅和少量高杂类草构成，下层由糙隐子草和矮杂类草组成。克氏针茅草原草层较低（20cm 左右），覆盖度较小（20%～30%），生产力较低，平均每公顷产干草 574～1040kg，饲养一个绵羊单位年均需草地 1.17～2.51hm²。克氏针茅草原面积为 2 347 406hm²，其中可利用草原面积为 2 156 199hm²，克氏针茅草原是良好的天然放牧场，生长前期各种家畜均喜食，秋季果实成熟期，饲用价值明显降低，且芒针对家畜有危害，尤以小畜危害较重，既影响绒毛的质量，又会刺伤家畜皮肤、口腔，如若严重会造成家畜死亡。克氏针茅草原当前存在的主要问题是放牧利用过度，草地退化严重，且灌丛化加剧，草原的利用价值降低。

五、长芒草（*Stipa bungeana*）型

长芒草型草原广泛分布于亚洲中部草原和森林草原地带。在蒙古高原区，主要分布于阴山山脉以南地区、鄂尔多斯高原的中东部。长芒草主要分布区通常在海拔 1100～2000m。长芒草一般生长在干燥的丘陵坡地、低山丘陵坡地、石质坡地、撂荒地、田边、路旁等。其土类以黑垆土、淡黑垆土为主，还有褐土和淡灰钙土。生长于内蒙古集宁区等地势较高的石质坡地，常与亚优势种兴安胡枝子（Lespedeza davurica）、白莲蒿（A. gmelinii）共同构成草原型；在恒山以北的雁北山地及内蒙古鄂尔多斯南部黄土高原地区，常与短花针茅、牛枝子（L. potaninii）等亚优势植物组成群落。常见的伴生植物主要有糙隐子草、冰草、硬质早熟禾（Poa sphondylodes）、赖草、旱生杂类草星毛委陵菜、猪毛菜（Salsola collina）、阿尔泰狗娃花、小半灌木冷蒿、百里香、白莲蒿及灌木小叶锦鸡儿等。植物组成一般每平方米 13～18 种，最多达 33 种，最少 5 种。草群高 20～30cm，盖度 30%～60%，干草产量每公顷 401～1308kg，饲养一个绵羊单位年均需草地 0.59～3.22hm²。长芒草为植株较矮的丛生禾草，营养价值较高，据分析，花期至结实期粗蛋白含量占干物质的 11.13%～12.57%，粗脂肪占 2.98%～3.60%，且消化率较高，适口性好，绵羊、山羊喜食，牛乐食。长芒草常与一些优良的禾草、豆科牧草或蒿属植物组成长芒草草原，其草地的饲用价值较高。长芒草早春萌发较早，耐牧耐牲畜践踏，这在家

畜饲养中意义十分重要。长芒草草原是黄土丘陵区、低山丘陵区良好的天然放牧场。长芒草草原由于开垦和长期过度放牧,草场退化、沙漠化较为普遍。今后要严禁开垦,加强草地的科学合理利用与管理,对于退化、沙漠化草地,根据其具体情况采取相应的培育措施,如封育、补播、施肥、灌溉等措施。

六、沙生针茅(*Stipa glareosa*)型

沙生针茅型是亚洲中部草原区重要的矮禾草草原之一。主要分布于内蒙古高原的西部和北部,鄂尔多斯高原西部也有分布,并沿着狼山、卓资山、贺兰山进入荒漠区山地,在祁连山、北山、天山、阿尔泰山和西藏阿里地区均有分布。国外蒙古国、苏联均有分布。地形主要为波状高平原、砂砾质的干燥山地、坡麓、山前倾斜平原、沟谷及河流湖盆区等。土壤一般多为棕钙土、淡棕钙土,荒漠区一些浅覆沙洼地(风沙土)也有零星分布。沙生针茅草原一般植物种类组成较简单,草群高度较矮,盖度较小,生产力较低,分层结构因分布区不同而异。分布在内蒙古高原的沙生针茅草地,一般分布在海拔1100~1300m的波状高平原和干燥山地。草群分层明显,常具灌丛化特点。灌丛分布均匀,生长旺盛,灌丛主要有小叶锦鸡儿(*Caragana microphylla*)、矮锦鸡儿(*C. pygmaea*)、狭叶锦鸡儿(*C. stenophylla*),灌丛高一般为40~60cm,草本层由建群种沙生针茅和次优势植物戈壁针茅(*Stipa tianschanica* var. *gobica*)、无芒隐子草(*Cleistogenes songorica*)、女蒿(*Hippolytia trifida*)、蓍状亚菊(*Ajania achilloides*)、冷蒿及伴生植物杂类草等构成,草层高一般15~30cm,草地总盖度为20%~30%。沙生针茅草原一般平均每公顷产干草318~673kg,饲养一个绵羊单位年均需草地1.77~3.33hm^2。沙生针茅草原面积为283 994hm^2,其中可利用草原面积256 547hm^2,沙生针茅草原为温性草原类中优良的矮型放牧草地之一。沙生针茅草原一般营养价值较高,适口性良好,消化率较高。据分析,单优势种沙生针茅草地,生长期粗蛋白含量在20%以上,具锦鸡儿的沙生针茅草原,生长期粗蛋白含量为12.68%,粗脂肪2.55%,粗纤维28.13%,无氮浸出物49.53%,粗灰分7.11%。沙生针茅早春萌发早,冬季保存完好,各种家畜一年四季喜食,有抓膘(早春)和保膘(冬季)作用。沙生针茅植株较矮,适宜放牧绵羊、山羊等小畜,具锦鸡儿或其他灌木的沙生针茅草原,适于放牧骆驼。沙生针茅草原一般土质较疏松,放牧过度极易造成土壤侵蚀和沙漠化的发生,所以在利用上一定要严格控制放牧强度。

七、小针茅(*Stipa klemenzii*)型

小针茅型是亚洲中部温性草原中的主要建群植物种之一。主要分布于内蒙古锡林郭勒草原的西北部、乌兰察布草原等地。在蒙古国多出现在杭爱区,向西延伸至戈壁区,地形多为平坦开阔的层状高平原、山地草原的下部及砾石质的坡地和丘陵阳坡的上部。土壤以棕钙土为主体,也有淡栗钙土、淡棕钙土,土层较厚,有机质含量0.5%~1.5%,地表有少量粗砂和碎砾石;山地主要为山地棕钙土、山地淡栗钙土,在贺兰山山地有时也有漠钙土的出现,土壤质地粗,石质化程度高。以小针茅为建群植物的草地,高平原

次优势植物主要有无芒隐子草、冷蒿、菁状亚菊，伴生植物主要有碱韭、细叶韭（*Allium tenuissimum*）、木地肤、阿尔泰狗娃花、戈壁天门冬、草芸香、细叶鸢尾、虫实等；山地次优势植物有沙生冰草、菁状亚菊、刺旋花（*Convolvulus tragacanthoides*）、冷蒿，伴生植物主要有无芒隐子草、糙隐子草、蒙古韭、戈壁天门冬、糙叶黄芪、牛枝子、栉叶蒿等。小针茅草原植物种类组成尚多，每平方米平均 4～17 种，草群高 5～15cm，盖度为 10%～40%，其中山地盖度较高。小针茅草原每公顷产干草 292～514kg，一个绵羊单位年均需草原 2.86～5.83hm^2。小针茅草地面积 5 340 896hm^2，占温性草原总面积的 7.17%，其中可利用草原面积 4 950 145hm^2。小针茅为旱生的密丛型矮禾草，属优良牧草。其营养物质含量较丰富，生长期粗蛋白含量占干物质的 11.02%～21.39%，粗脂肪占 2.24%～4.47%，粗纤维占 22.42%～47.71%，无氮浸出物占 26.68%～38.63%，粗灰分占 3.58%～5.44%，胡萝卜素含量为 10.67～95.00mg/kg，可见营养价值很好。适口性高，马、羊最喜食，牛和骆驼喜食，且颖果成熟期对家畜伤害较少。加之小针茅草原多由丛生禾草（沙生针茅、糙隐子草等）和小半灌木冷蒿等优良牧草组成，所以小针茅草原属上等的放牧型草地。由于小针茅草原多分布在土壤侵蚀较强的剥蚀残丘和梁坡地，土壤中沙砾成分较多，过牧和侵蚀的条件下，壤质成分逐渐减少，小针茅发育受阻，草地退化，小针茅为建群种的草地逐渐演替为以冷蒿为建群植物的草地。为防止草地退化演替，要严格控制放牧强度，并在合理利用草地的同时，适当采取一些培育改良措施，如封育、补播等技术措施。

八、短花针茅（*Stipa breviflora*）型

短花针茅型是亚洲中部草原中具有代表性的类型之一。其分布中心是黄土高原地区，向西沿祁连山进入新疆天山、塔尔巴哈台山、喀什，向东至河北山地以北和内蒙古的赤峰地区，向北越过阴山山地至内蒙古高原南部，向南直至雅鲁藏布江以南地区。在蒙古国主要分布在阿尔泰区，面积不大。分布区地形主要为黄土丘陵、坡地、山地。土壤多为棕钙土、栗钙土、山地栗钙土，黄土高原为灰钙土。短花针茅草地种类组成较简单，草群高度、盖度、生产力相对较低。分布在不同地形、基质条件下的短花针茅草原差异较大。内蒙古高原短花针茅草原约有种子植物 51 种，分属 18 科 36 属，植物种类较多的有禾本科、豆科、菊科、藜科等植物，其中旱生植物占植物种数的 84.3%。建群植物为短花针茅，次优势大的植物主要有丛生禾草糙隐子草、无芒隐子草、克氏针茅、戈壁针茅，灌木小叶锦鸡儿、狭叶锦鸡儿、矮锦鸡儿，小半灌木冷蒿等。此外伴生植物还有草芸香、阿尔泰狗娃花、细叶鸢尾（*Iris tenuifolia*）、银灰旋花（*Convolvulus ammannii*）、达乌里芯芭（*Cymbaria dahurica*）、二裂委陵菜（*Potentilla bifurca*）、冬青叶兔唇花（*Lagochilus ilicifolius*）、冰草、碱韭、戈壁天门冬（*Asparagus gobicus*）、小车前（*Plantago minuta*）等。草群高度为 10～20cm，灌木层高达 20～35cm，盖度一般为 18%～25%。干草产量每公顷 248～717kg，饲养一个绵羊单位年均需草地 1.53～3.61hm^2。短花针茅草原面积为 869 244hm^2，其中可利用草地面积为 777 672hm^2，短花针茅草原草群多由优良的丛生禾草和灌木、小半灌木组成，是当地优良的放牧场之一。短花针茅营养价值较

高, 抽穗前马、骆驼喜食, 羊、牛乐食。抽穗后牧草渐变粗老, 适口性下降, 结实后颖果具尖锐基盘, 对细毛羊有危害; 果熟后进入果后营养期, 适口性又有提高。短花针茅草原是家畜春季恢复体况、夏末和秋季抓膘的重要牧地, 冬季保存率高, 枯草马、羊、骆驼均喜食, 因此它又是家畜冬季保膘的重要放牧草地。短花针茅草原一般基质条件较差, 开垦和过牧易造成草原退化、沙漠化和水土流失。

九、戈壁针茅（*Stipa tianschanica var. gobica*）型

戈壁针茅型主要分布在内蒙古自治区西部乌拉特中旗及狼山山地, 在贺兰山北段的浅山地带与祁连山山地均有小面积分布。在蒙古国常见于蒙古阿尔泰区东部和戈壁阿尔泰区。草原面积 308 069hm^2, 其中可利用面积 24 532hm^2。草群中常见伴生植物有沙生针茅、驼绒藜、碱韭、合头藜、小蓬等。草层高 5～15cm, 覆盖度为 20%～25%, 每公顷产干草 679kg, 每个羊单位需草地面积 2.14hm^2。适于小家畜全年放牧利用。

十、芦苇（*Phragmites australis*）型

芦苇型是草甸类中分布最广、面积最大的一种类型。总面积 509 837hm^2, 其中可利用面积 393 451hm^2。中国境内集中分布在前冲积平原、扇缘泉水溢出带、盆地、河流阶地、三角洲、河漫滩、平原与谷地低湿地和湖泊外围。分布海拔一般多在 1000m 以下。在蒙古国则集中分布在西部地区的乌布沙泊的边缘, 特别是在特斯河入口及哈尔乌苏湖和哈尔湖一带, 在邦察干湖和鄂罗克湖沿岸亦有少量分布。土壤为含各种类型盐分的盐化草甸土、草甸盐土和少量的典型盐土。地下水位 1～4m 不等。有些水分条件较好的固定沙地上也有分布。芦苇草地生境比较复杂, 随土壤含盐量、盐分种类和地下水源补给多寡的不同, 在草原种类的组成、盖度、高度、产草量及在草原的外貌上均表现出较大的生态变异。在地下水位较高（1～2m）、土壤含盐较轻的砂壤质盐化草甸土上, 常与假苇拂子茅（*Calamagrostis pseudophragmites*）、芨芨草、赖草等形成草群。草地盖度为 60%～80%, 草层高度为 80～150cm, 每公顷产干草 2300～2500kg, 最高每公顷可达 3216kg, 以芦苇组成的草原型, 在牧草贫乏的荒漠区具有重要的经营利用价值, 除了能够提供较高的牧草产量外, 是该生态区域内, 为数不多的能够刈割贮蓄冬草的几种牧草中最主要的一种。芦苇草原具有较强的利用季节, 在抽穗前草质鲜嫩, 各类家畜乐食, 抽穗结实后, 草质粗老, 家畜很少采食。在土壤盐分含量较高的草甸盐土上生长的芦苇, 体内含有较高盐分, 叶片坚韧粗硬, 家畜一般不愿采食。就其营养价值在禾本科牧草中属于中等。据在中国内蒙古的测定, 开花期平均粗蛋白含量为 13.67%, 粗脂肪 2.03%, 粗纤维 48.28%, 无氮浸出物 23.3%, 粗灰分 12.72%, 钙 1.44%, 磷 0.10%。芦苇草原是一类放牧、割草兼用的草地, 四季均可利用。该类草地目前普遍存在退化现象, 应严格控制载畜量。据内蒙古牧民对严重退化草地恢复的经验, 采用深翻、灌水或火烧等措施 2～3 年可以重新恢复草地生机, 草质也略有改善。芦苇秆是造纸优良原料, 也可用于人造纸和编织与建筑材料, 可作为经济植物资源开发利用。

十一、芨芨草（*Achnatherum splendens*）型

芨芨草型是盐化低地草甸中最重要的类型之一，总面积为 1 834 237hm²，其中可利用面积为 1 579 588hm²，在中国境内芨芨草型草地集中分布在蒙古高原东部的草原区，占到该区总面积的 83.84%，仅锡林郭勒盟就占到51.86%，西部荒漠区只占 16.16%。多生长在蒙古高原低洼地、干河谷、丘间闭合洼地及湖盆外围低地、地下水埋藏深度一般为 1~4（5）m。土壤盐分状况是制约草原形成与群落变异的决定性因素。在土壤含盐量较低、地下水供应充足的地段，主要植物有布顿大麦草（*Hordeum bogdanii*）、甘草（*Glycyrrhiza uralensis*）、苦豆子（*Sophora alopecuroides*）、大叶补血草（*Limonium gmelinii*）等。该地段草原草层高，群落密集，盖度可达 60%~80%，草层高度为 80~110cm。每公顷产干草 1042~1510kg，是该型草地中生产力及质量最高的一类。在中度含盐量的河阶地、湖盆外围，常形成以芨芨草为主的草地，有时多少混生有少量赖草，局部地区还混生有较多的耐盐、泌盐灌木盐豆木（*Halimodendron halodendron*）、小果白刺（*Nitraria sibirica*）、柽柳（*Tamarix chinensis*）等。草地生产力略低于前一类型。在土壤含盐量较高地段，芨芨草常与一些多汁盐柴类半灌木组成草地，如盐穗木、盐爪爪、囊果碱蓬。水分条件进一步趋于干旱，蒿类半灌木大量出现，草原盖度为 40%~60%，草层高度为 30~90cm，每公顷产干草 562~675kg。芨芨草草原多占据农田隙地、撂荒地、田埂、渠边等地段，水热条件好，草丛生长茂盛，生产力高，在发展农区畜牧业中具有重要地位。芨芨草属于中等品质的牧草，据在新疆对其内含化学成分的分析，抽穗期平均水分含量为 9.93%、粗蛋白 11.96%、粗脂肪 2.08%、粗纤维 22.67%、无氮浸出物 49.39%、粗灰分 3.97%、钙 0.67%、磷 0.12%。 此时其营养价值不低于一般的禾本科牧草。随着继续生长发育，营养价值逐渐降低，草丛茎叶质地变得粗老。在开花前各类家畜乐食，利用率可达 50%以上，花后除了骆驼、马多少采食外，小畜一般很少采食，利用率降低。芨芨草草甸在各地主要用作放牧，少部分作为割草利用。由于冷季残存好，植株高大，早春又萌发早，各地多作为春秋场或冬春场利用。目前草地普遍利用偏重，局部地段已严重退化。有些地区因环境变干，土壤盐渍化问题也随之逐渐严重，草地质量变差，应引起经营管理者的重视，切实做到用养结合。芨芨草具有耐盐、耐碱、耐旱的特点，特别对盐渍化环境具有较强的适应性，是盐化草甸草原建立植被的理想牧草。另外芨芨草的茎秆也是工业造纸、编织、扎捆扫帚优良的原料。

十二、小叶章（*Deyeuxia angustifolia*）型

小叶章型集中分布在东北三江平原、大兴安岭北部山地中沟谷低洼地及河流水泛地上。土壤多为潜育草甸土和沼泽化草甸土，土壤过湿，地表有临时性积水，但时间较短，通气状况尚好，因而腐殖质层较厚，一般可达 30cm 左右。肥力较高，为植物的生长发育提供了丰富的营养物质条件。小叶章草原种类组成较为简单，往往形成单优势型草地，伴生种类很少，常见的有假苇拂子茅、看麦娘（*Alopecurus aequalis*）、修氏薹草（*Carex schmidtii*)、细灯心草（*Juncus gracillimus*）、茵草（*Beckmannia syzigachne*）等，草群生长茂密，覆盖度 90%～100%，草群平均高度 70～130cm，高者可达 200cm 左右，平均每公顷产干草 2459～4129kg，每 0.13～0.26hm² 草地可饲养一个绵羊单位。小叶章草原在抽穗前期，草质鲜嫩，叶量丰富，有一股芳香气味，为牛、马所喜食，亦是当地放牧抓膘的优良草地，抽穗后，茎秆粗硬，纤维素增多，适口性降低，但刈割后的再生草，茎叶细嫩，为各类家畜所采食，仍属抓膘的优良牧草，晚秋枯黄后，纤维素含量增多，可用来造纸或作建筑原材料。据内蒙古自治区的分析资料，开花期粗蛋白含量为 7.35%，到结实期下降到 2.70%。该类草地因草群较高，既可放牧利用，又可割草利用。近年来，随青贮饲料的发展，黑龙江省利用小叶章青贮，再生草放牧利用，显著提高了小叶章利用率。小叶章是一种喜湿的中生植物，在土壤过湿或季节性积水的生境下，小叶章与芦苇、薹草等湿生植物形成不同的草地类型，亦可成为沼泽类草地的优势类型。

十三、赖草（*Leymus secalinus*）型

赖草型是盐化低地草甸常见类型之一。在中国，赖草型草原总面积 544 530hm²，其中可利用面积 473 899hm²。赖草属于耐盐的中生多年生根茎禾草，在干旱的地带性环境中，主要发育在有地下水源补给的河流阶地、河漫滩、扇缘泉水溢出带和湖滨边缘地带。地下水位深 1～3m，土壤多为砂壤质和壤质的盐化草甸土。由于各地区草地形成条件的差异，在不同地区，赖草的种类及群落特征有所不同。在中国以赖草为优势种，与其他草类组成草地。所处地形平缓，气候温暖、干旱，地势低洼的盐化草甸上平均分布海拔在 1500m 左右，伴生植物种类少，马莲、碱茅等形成不同的草地亚型。在蒙古国常与芨芨草生长在一起，在盐化的土壤上有马莲加入，形成赖草-马蔺草地型，该类型组成一般较为简单，草群盖度为 30%～50%，草层高度为 30～40cm。每公顷产干草 559～2217kg，产草量高者近 0.63hm² 草地养一个羊单位，低者需 1.54hm² 饲养一个羊单位。赖草在盐化草甸禾草类草原中，具有良好的饲用价值，与芦苇、芨芨草相比，茎秆纤细，草质柔软，适口性好，大小畜均可利用。据在内蒙古对其花期内含化学成分的分析测定，含粗蛋白 16.27%、粗脂肪 9.22%、粗纤维 33.32%、无氮浸出物 37.51%、粗灰分 8.67%。赖草草甸可放牧、割草兼用，特别是在干旱缺草的荒漠区，是难得的可刈草的优良草种。该类草地四季均可利用，在内蒙古主要用作冷季草场。目前草原普遍利用偏重，旱化、盐化逆行演替趋势日趋明显，应采取措施，防止草原的继续退化。赖草具有较强的耐旱、耐寒和耐盐的特点，是盐化低地草甸地区引种建植人工草地很有前途的野生优良牧草。

十四、拂子茅（*Calamagrostis epigeios*）型

拂子茅型是低地草甸类中的一个类型，分布比较普遍，在中国和蒙古国均有分布。多生长发育在河漫滩、浅沟、河谷和水泛地上。土壤主要为草甸土，在轻度盐渍化的土壤亦能很好地生长。种类成分比较丰富，除以多年生根茎禾草拂子茅占优势外，主要伴

生植物有假苇拂子茅（*Calamagrostis pseudophragmites*）、野古草、羊草、芦苇、地榆（*Sanguisorba officinalis*）、黄花苜蓿（*Medicago falcata*）、鹅绒委陵菜（*Potentilla anserina*）、蒲公英（*Taraxacum mongolicum*）等。在微盐渍化土壤上，还混生有驴耳风毛菊（*Saussurea amara*）、碱茅（*Puccinellia distans*）等；在比较潮湿的环境中，常伴生有小叶章（*Deyeuxia angustifolia*）、荆三棱（*Scirpus yagara*）等。草层高度为 40～110cm，盖度为 70%～80%。每公顷平均产干草 1734～3075kg，饲养 1 个绵羊单位需 0.37～0.49hm²。拂子茅草原面积 47 623hm²，其中可利用草原面积为 41 688hm²。拂子茅营养价值较高，据在中国内蒙古测定，抽穗期的粗蛋白含量 8.31%，粗脂肪 2.18%，粗纤维 34.55%，无氮浸出物 43.10%。种子成熟期营养价值显著下降，适口性也随之降低。在抽穗期前刈割晒制成青干草利用最佳，通常作割草利用，也作冬季放牧利用。

十五、大油芒（*Spodiopogon sibiricus*）型

主要分布在中国内蒙古大兴安岭以南阴山山地上，是山地草甸中的一个类型。大油芒草原的种类组成与草地形成的年限有密切关系，单优势的草地只见于黄土高原的森林地带，一般形成年限较长，其种的优势度可达 70% 以上。有些地区大油芒在草群中的分盖度可达 45% 以上。其伴生植物常见的主要有白莲蒿、茭蒿、黄背草、宽叶隐子草、山野豌豆、达乌里胡枝子、野菊、茜草、匍枝委陵菜等。草群中灌木及半灌木常见的有胡枝子、小叶悬钩子、三裂绣线菊。大油芒草原的层次分化较为明显，上层为散生的灌木；草本层可分为上、下两层，上层为大中型草本，平均高度多在 50cm 以上，下层为杂类草和小半灌木，平均高度 10～20cm。草群生长旺盛，覆盖度较高，一般多在 60% 以上，高者可达 90% 以上。产草量较高，一般每公顷产干草 1735kg，平均每 0.35hm² 草地可饲养一个绵羊单位。大油芒草原由于生长发育的水、热及土壤等环境条件优越，草群的种类组成亦较丰富，是当地良好的放牧地之一，在大油芒占绝对优势的地段亦可作割草地利用。不论是放牧还是割草，在幼嫩时草质最佳，各类家畜均喜食，尤其适于牛、马等大家畜利用。抽穗后，适口性下降。大油芒是一种以根茎为主进行无性繁殖的牧草，其地下根茎与根系可在地下 4～15cm 的土层中形成较密集的网状层，不仅能生长出大量的新植株，而且可以固定表层土壤免受风、水侵蚀。因此，大油芒为主的草原，在无人为因素的干扰时，一般 4～5 年可以恢复原来的植被。在干燥贫瘠的土壤条件下以大油芒为优势的草地亦只能保持 6～7 年。

十六、白草（*Pennisetum flaccidum*）型

以白草为建群种的草地，植物种类组成较少，一般平均每平方米有 6～14 种植物，草群高 30～60cm，盖度 20%～50%。亚优势植物有糙隐子草、冰草、牛心朴子、草木樨状黄芪和灌木小叶锦鸡儿、中间锦鸡儿等。常见的伴生种有达乌里胡枝子、披针叶黄华、苦豆子、猪毛菜、软毛虫实、沙蓬、小画眉草、三芒草等。广泛分布于内蒙古高原东部、乌兰察布高原、大青山、燕山北部丘陵、沙地、沙丘间低地、河谷地及田野、撂

荒地等。土壤多为栗钙土、风沙土等类型。白草草原平均每公顷产干草 506～998kg，饲养一个绵羊单位年均需草原 1.04～2.35hm²。白草草原面积为 395 518hm²，其中可利用草原面积为 294 348hm²，白草粗蛋白和矿物质含量较多，茎叶柔软，可食性较高，一般牛、马、羊、驼均喜食。因此白草草地是风沙区较重要的天然放牧场，也可刈草利用。白草为广旱生的根茎型禾草，繁殖萌蘖力强，再生性良好，防风固沙和护坡效果好。种子可榨油，根茎和种子入药有清热解毒、利尿、滋补健身之功效。白草草原局部地区放牧利用过度，致使流沙复活，应加强保护，注意合理利用。

十七、无芒雀麦（*Bromus inermis*）型

无芒雀麦型主要分布在内蒙古东北部的大兴安岭山地，土壤为山地黑钙土，土层较厚，有机质含量较高，土质疏松而肥沃，为草群发育创造了良好的条件。无芒雀麦草原的草群生长繁茂，覆盖度 80%～90%，个别地段可达 100%，草群平均高度 50～70cm。种类组成比较丰富，据调查统计，无芒雀麦草原常见的植物有 40 多种。主要有细叶早熟禾、草地早熟禾、拂子茅、三界羊茅、短柄草、看麦娘、假梯牧草、蒙古异燕麦、白尖薹草、地榆、青兰、草原老鹳草、千叶蓍、乌头、毛茛等，在内蒙古东部的无芒雀麦草地上还有羊草、散穗早熟禾、山野豌豆、异燕麦、黄花苜蓿等。该类型草原平均每公顷产干草 1697kg，其中，禾本科牧草占 42%，豆科牧草占 13%，杂类草占 42%，不可食植物占 3%，每 0.42hm² 草原可饲养一个绵羊单位。无芒雀麦草原面积 69 309hm²，其中可利用草原面积 69 216hm²。无芒雀麦草原是一种以根茎繁殖为主的草地类型，生长年限较长，通常在生长的第 5～6 年内产量较高，草群中经常有新的枝条萌发生长，生活力较强；加之地下根茎发达，草丛紧密而富有弹性，因此是放牧利用的最佳草地之一。该类型草原草质多柔嫩、叶量丰富、营养价值高，根据内蒙古草地资源调查资料，初花期粗蛋白含量占干物质的 11.26%，粗脂肪占 2.64%，粗纤维占 36.45%，粗灰分占 7.40%，无氮浸出物占 42.25%。适口性强，各类家畜一年四季均喜食。许多牧区已将野生的无芒雀麦栽培驯化，作为建立人工草地的优良草种，其产草量和品质均有很大提高。

十八、星星草（*Puccinellia tenuiflora*）型

星星草型主要分布在草原区的河滩地、沟谷洼地、沙丘间低地和湖滨周围的盐碱化草甸土上。地下水位较高，雨季有时地表有临时性的浅积水。群落面积一般较小，并多与其他类型呈复合分布。常见种类有芨芨草、芦苇、短芒大麦草（*Hordeum brevisubulatum*）和杂类草等。群落结构简单，盖度为 40%～50%，高度为 20～35cm，平均每公顷产干草 2658kg。饲养一个绵羊单位需草原 0.31hm²。星星草草原总面积 16 224hm²，其中可利用面积 6913hm²。星星草具有较好的饲用价值，据内蒙古自治区草地调查资料显示，花期粗蛋白可达 10.81%、粗脂肪 3.66%、粗纤维 36.94%、无氮浸出物 40.55%、粗灰分 8.05%、钙 0.27、磷 0.47。各种家畜四季喜食，尤以牛最喜食。花期放牧有增膘育肥效果。星星草草原可割草、放牧兼用。调制干草易干、少霉变、易保存，其适口性高于鲜

草，是冬季家畜补饲的良好饲料。星星草还具有极强的抗盐能力，在 pH 在 8.8 的碱土上，仍能良好生长发育，并能耐一定的低温，是盐化草地建立人工草地、改良土壤的优良种类。

十九、野古草（*Arundinella hirta*）型

野古草草原是低地草甸类草原中的一个主要类型。多集中分布在低平地和地势较低湿地带，并与土壤的干湿程度及土层厚薄有密切关系。多呈斑块状分布，各类组成比较丰富。常见的伴生植物主要有委陵菜、丛生隐子草、羊胡子薹草、披针薹草、石竹、地榆、射干鸢尾、拂子茅、硬质早熟禾、鹅观草、羊草等；草群平均高度为 40～70cm，有的高达 80cm 以上，覆盖度为 80%～95%，产草量每公顷在 1420～2323kg，平均 0.31～0.55hm² 草原可饲养一个绵羊单位。野古草草原面积为 1 512 537hm²，占温性灌草丛类草原总面积的 8.28%，其中可利用草原面积为 213 341hm²，野古草草原通常放牧利用，青鲜时牛采食，但抽穗后，质地粗老，适口性降低，营养成分含量，特别是粗蛋白和无氮浸出物的含量降低，不易消化的粗纤维含量增加，因而在分布地区内饲用价值不高，在有些地区可培育作打草地利用。为保证干草的质量，一般在抽穗前刈割为宜。

二十、冰草（*Agropyron cristatum*）型

冰草型在欧亚大陆草原有着十分广泛的分布，分布于东北、华北、西北各省。蒙古国、俄罗斯和北美洲也有分布。冰草多作为伴生成分或次优势种出现在针茅、羊草等草原类群中，但在有覆沙的地段和沙质草原或山地草原等可成为建群种。草原地带沙地、干旱地区、荒漠区山地及黄土丘陵坡地均有冰草草原的分布。其土壤较为复杂，地带性土壤以栗钙土和淡栗钙土为主，非地带性土壤有风沙土、黄绵土等类型。冰草草地旱生植物占绝对优势，草群组成以禾草、豆科牧草所占比重较大，通常 1m² 有种子植物 8～15 种，草群高 15～25cm，盖度 20%～60%，除建群植物冰草外，其他优势植物和伴生种与地形和土壤基质条件有关。一般分布于草原带沙地的冰草草原，次优势种和伴生植物有糙隐子草、沙生冰草、达乌里胡枝子、差巴嘎蒿（*Artemisia halodendron*）及针茅属植物等；冰草草地面积为 217 261hm²，平均每公顷产干草 172～2391kg，一个绵羊单位年均需草原 0.71～3.29hm²。冰草抗逆性强，适应范围广，饲草产量中等，草质良好，各种家畜一年四季喜食，且早春萌发较早，又耐践踏，加之冰草草原的构成多为丛生禾草和豆科牧草或冷蒿等优良牧草，所以冰草草原是草原地区良好的天然放牧地，很少刈草利用。冰草根系密集，具沙套，入土较深，固持土壤能力较强，因此，冰草是风沙干旱区较重要的防风固沙和水土保持植物。冰草根可作蒙药用。冰草草地由于基质条件较粗（风沙土、黄土等），加之放牧过度，草地退化、沙漠化、盐渍化严重。今后要从保护草地资源出发，对于"三化"草地要停止放牧利用，并根据草地"三化"程度，采取相应的技术措施进行培育改良，实践证明，通过封育、补播或飞播等措施，其效果良好。草地植被得到恢复的冰草草原，要在确定适宜载畜量的条件下，实行倒场轮牧或划小区

轮牧，以保证冰草草原资源永续不断的利用。

二十一、糙隐子草（*Cleistogenes squarrosa*）型

　　糙隐子草型广泛分布于欧亚草原区，一般作为伴生或次优势成分出现在草群中，在过度放牧影响下，糙隐子草可取代原生草地中的针茅而成为建群种。糙隐子草地主要分布在内蒙古高原中部，鄂尔多斯高原，松嫩平原西部及山西、陕西、甘肃、新疆等省份的草原地区或山坡地。在蒙古国该类型草原分布亦非常普遍，多集中在北部和中部杭爱区和肯特区，多生于砂质或砾质坡地、河湖附近、河流两侧的阶地及黄土丘陵台地。土壤为栗钙土，砂壤质或壤质。糙隐子草草原来源于不同的原生类型，因此它的植物种类组成较复杂，据 55 个典型样地的调查，有种子植物 103 种，分属于 33 科 79 属，以禾本科、菊科、豆科植物种类较多，其中旱生植物占绝对优势。据对内蒙古锡林郭勒草原调查，糙隐子草在草群中的优势度为 85%左右。次优势植物有克氏针茅、大针茅、羊草、冷蒿、达乌里胡枝子、狭叶锦鸡儿等。常见的伴生植物有早熟禾、冰草、山杏（*Prunus sibirica*）、阿尔泰狗娃花、草芸香（*Haplophyllum dauricum*）、防风（*Saposhnikovia divaricata*）、麻花头（*Serratula centauroides*）、女蒿、寸草薹等。糙隐子草草原一般草群高 15～30cm，覆盖度 30%～50%，干草产量每公顷 631～1063kg，饲养一个绵羊单位年均需草原 1.50～2.33hm²。糙隐子草草原面积为 2 546 752hm²，糙隐子草为优良牧草，生长期粗蛋白占干物质的 8.18%～19.31%，粗脂肪占 3.14%～5.73%，矿物质和氨基酸含量较高。草质柔嫩，适口性很高，各种家畜均喜食，尤以绵羊、山羊、马、驴最喜食。糙隐子草草原常由一些优良牧草构成，因此，糙隐子草草原属于草原优良放牧草地之一。但是，由于糙隐子草草地处于放牧退化阶段，草群低矮、稀疏，生产力不高。今后应加强糙隐子草草原的管理和合理利用，有条件的地区可适当采取一些培育改良措施，达到提高草地生产力的目的。

二十二、多叶隐子草（*Cleistogenes polyphylla*）型

　　多叶隐子草型分布于燕山北部、西辽河平原、大兴安岭南部山地、内蒙古高原东部和阴山山地等。内蒙古的兴安盟、通辽市、赤峰市、乌兰察布市均有分布。地形一般为山地、山前丘陵、波状起伏平原。土壤为暗栗钙土或多砾石质的暗栗钙土。多叶隐子草草原植物种类组成较简单，每平方米有 10 多种植物，除建群种多叶隐子草外，其他优势植物有灌木西伯利亚杏和草本植物尖叶胡枝子、达乌里胡枝子、脚薹草和小半灌木冷蒿等，伴生植物有荸草、大针茅、羊草、线叶菊、野菊（*Dendranthema indicum*）、裂叶蒿、白莲蒿、蒙古韭、委陵菜、鸢尾等。多叶隐子草草地一般草群高度 20～40cm，盖度 40%～80%，干草产量每公顷 1030～1184kg，饲养一个绵羊单位年均需草原 0.59～1.45hm²。多叶隐子草草原面积 388 988hm²，其中可利用草原面积 343 623hm²。多叶隐子草草原建群植物和优势种均为优良牧草，叶量丰富，草质柔软，各种家畜四季喜食，尤以马、羊最喜食。据内蒙古科尔沁地区的测定，生长期营养价值较高，粗蛋白占干物

质的 8.21%,粗脂肪占 3.35%,粗纤维占 27.34%,无氮浸出物占 46.55%,粗灰分占 7.24%。多叶隐子草草原缺点是冬季在草场上保存较差,所以它是春、夏、秋三季良好的放牧场。多叶隐子草草原由于局部地区放牧过度,草地退化较为严重。今后要在合理利用的前提下,适当采取必要的技术措施,培育改良多叶隐子草草地。

二十三、羊茅(*Festuca ovina*)型

华北各省均有分布。国外欧亚大陆和北美温带亦有分布。羊茅草地在各地的分布,其海拔差异很大。分布在大兴安岭中段的羊茅草原,多出现在海拔 1000~1200m 的阳坡,南段海拔上升到 1200~1500m;分布在内蒙古东部呼伦贝尔的羊茅草原,海拔高 620~900m;土壤多为山地栗钙土、山地黑钙土、山地草甸草原土等类型。一般地表多砾石,土层较浅薄,但表土有较好的粒状结构,通常无碳酸盐反应或反应微弱。在内蒙古以羊茅为建群种的草原,次优势植物主要有线叶菊、星毛委陵菜、多叶棘豆、糙隐子草、羊草、贝加尔针茅、大针茅、冰草、高山紫菀(*Aster alpinus*)及紫花针茅(*Stipa purpurea*)等高山植物种。常见的伴生植物有轮叶委陵菜、狭叶蓼(*Polygonum angustifolium*)、黄芩、细叶远志、细叶蓼、防风、柴胡、扁蓿豆(*Melilotoides ruthenica*)、草木樨状黄芪、阿尔泰狗娃花、山竹岩黄芪(*Corethrodendron fruticosum*)及细叶火绒草(*Leontopodium pusillum*)、异叶青兰(*Dracocephalum heterophyllum*)等高山植物种。羊茅草原植物种类组成较丰富,一般每平方米有种子植物 20 种左右,最高达 30 种以上。草群通常高 10~30cm,覆盖度为 20%~50%,最高达 70%左右。羊茅草原平均每公顷产干草 649~1263kg,一个绵羊单位年均需草原 0.88~1.64hm²。羊茅草原面积为 6741hm²,其中可利用草原面积 5055hm²,羊茅属植株较矮的密丛型禾草,分蘖力强,营养枝发达,基生叶丰富,抽穗期粗蛋白占干物质的 11.91%,粗脂肪占 2.29%,粗纤维占 35.07%,无氮浸出物占 29.20%,粗灰分占 10.10%,营养价值较高。羊茅适口性良好,牛、马、羊均喜食,尤以绵羊最喜食。羊茅春季返青早,秋季干枯晚,放牧利用时间长,是良好的暖季放牧场。牧民称羊茅为"硬草""上膘草""酥油草",加之耐牧、耐践踏,所以羊茅草原利用价值较大。羊茅根系发达,基生叶密集,且能形成具弹性的生草土,防蚀、固土作用良好。羊茅草地从早春至晚秋连续放牧,常出现草原退化现象,应合理规划,实行划区轮牧,以防草原利用过度。

二十四、大叶章(*Deyeuxia langsdorffii*)型

大叶章型主要分布在内蒙古自治区呼伦贝尔地区。集中生长发育在地势较低的洼地、河漫滩区、湖泊周围及古河道上。土壤为沼泽草甸土或泥炭草甸土。地表常有临时或季节性积水,致使土壤水分饱和或过盛,形成嫌气条件,有机质难于分解而大量积累,土壤肥力较高,草原面积 54 838hm²,其中可利用面积 42 126hm²。草群组成简单,伴生植物有乌拉草、灰脉薹草(*Carex appendiculata*)、瘤囊薹草(*C. schmidtii*)、寸草薹、海乳草、水芹(*Oenanthe javanica*)、扁杆蔍草等。草群平均高度 50~80cm,大叶章可高

达 150cm 以上，平均每公顷产干草 2877kg，一个羊单位需草原 0.21hm²。该类草地抽穗前叶量丰富、质地鲜嫩，各类家畜均喜食。此时亦可调制干草，结实后茎秆变坚硬，适口性下降，枯黄后家畜不采食。当地主要用来作薪柴或作建筑材料，亦可作为造纸原料。

二十五、无芒隐子草（*Cleistogenes songorica*）型

无芒隐子草型是温性荒漠草原亚类中具有代表性的类型之一。主要分布在内蒙古自治区乌拉特前旗、乌拉特中旗的高平原地区，在蒙古国主要分布在荒漠草原区和荒漠区，草群中优势度较高的尚有小针茅。草群比较稀疏，每平方米有植物 3～7 种，覆盖度为 20%～30%；草层平均高度为 10～16cm。该类型草原面积为 71 837hm²，其中可利用面积 64 137hm²，分别占该亚类草原面积的 0.74%和 0.73%，每公顷草原产干草 436kg。其中，饲用灌木占 1.7%，半灌木占 4.4%，多年生草本占 88.2%，一年生草本占 5.7%。载畜能力为每个羊单位需草原 2.82hm²。适合放牧小家畜。羊喜食、马乐食，很少为牛和骆驼所利用。据蒙古国分析资料，无芒隐子草结实期粗蛋白含量 7.6%，粗脂肪 1.43%，粗纤维 24.54%，无氮浸出物 55%～28%，粗灰分 7.06%。

二十六、脚薹草（*Carex pediformis*）型

脚薹草型草原在蒙古高原草原的山地上分布十分广泛，也是山地草原中主要的类型之一，在大兴安岭北部山地、南部山地及东、西两麓，内蒙古高原东部、贺兰山等地区的山地、丘陵坡地、湿沙地、林下、林缘等地均有生长。蒙古国、朝鲜和中亚、西伯利亚、远东均有分布。脚薹草草原土壤多为淋溶黑钙土、栗钙土及暗栗钙土等。脚薹草草原分布较广，为温性草原类草原在山地上较为重要的草地类型之一。脚薹草既是上述地带性草原的建群种或优势种，又是山地山杨林、白桦林的伴生植物。在内蒙古高原东部脚薹草草原植物种类组成较丰富，平均每平方米有植物 20 种左右，最多 25 种，最少 11 种。草群高度为 20～50cm，盖度为 40%～80%。主要伴生植物有羊草、线叶菊、拂子茅、尖叶胡枝子、大花棘豆（*Oxytropis grandiflora*）、黄芩、细叶韭、地榆、菊叶委陵菜、白头翁（*Pulsatilla chinensis*）、蓬子菜、西伯利亚杏、虎榛子（*Ostryopsis davidiana*）、野古草、狭长花沙参（*Adenophora elata*）、白莲蒿等。脚薹草草原每公顷平均产干草 1500～1583kg，一个绵羊单位年均需草原 0.88hm²。脚薹草草原面积为 699 203hm²，其中可利用草原面积为 626 586hm²。脚薹草草原多由根茎型薹草、根茎型禾草和丛生禾草及杂类草构成，该草原属饲用价值中等的放牧型草原。脚薹草一般生长前期适口性较高，牛、马、羊均喜食，后期草质粗老，适口性降低，采食性较差。通常作为春季牧场利用。脚薹草为根茎型牧草，根茎与根系形成草皮有弹性，耐牧性很强，不怕牲畜践踏，且具一定的水土保持作用。

二十七、大披针薹草（*Carex lanceolata*）型

大披针薹草型主要分布在大兴安岭北部山地和大兴安岭东、西麓，内蒙古高原东部地区及阴山、贺兰山等西部山地。东北、华北、西北及华东等地区均有分布。俄罗斯、

蒙古国、朝鲜和日本亦有分布。大披针薹草草原多见于丘陵山地阴坡、林下、林缘及山地草甸等地带。阴山中段的大青山山地，该型多分布在海拔 1400～2000m 的阴坡上。大披针薹草耐阴喜湿，喜气候凉爽的地区，因此它是温性草原类重要的建群种或优势植物之一。大披针薹草草原植物种类组成较多，一般每平方米有植物 15～20 种，草群高 15～25cm，盖度为 20%～55%。除建群种大披针薹草外，常见的伴生植物有裂叶蒿、火绒草、蓬子菜、菊叶委陵菜、落草、绣线菊、歪头菜（*Vicia unijuga*）、地榆、山菊花、尖叶胡枝子、白莲蒿及灌木虎榛子等。大披针薹草草原平均每公顷产干草 1326～3064kg，一个绵羊单位年均需草原 0.26～0.71hm²。大披针薹草草原面积为 383 366hm²，占温性草原类草原面积的 0.58%，其中可利用草原面积为 340 944hm²，大披针薹草草原为饲用价值中等的放牧型草原。据 7～11 月采样分析，大披针薹草粗蛋白占干物质的 5.77%～7.59%，粗脂肪占 2.08%～3.36%，粗纤维占 21.40%～27.04%，无氮浸出物占 47.23%～50.06%，粗灰分占 6.50%～8.42%，且钙、磷含量较其他薹草属牧草高，并含有较多的胡萝卜素（4.591～17.502mg/kg）和维生素 C（8.501～11.406mg/kg）。适口性幼嫩时牛、马、羊均喜食，大披针薹草草原是牲畜度过春乏理想的放牧草地。生育后期，草质粗老，适口性下降，利用性较差。只有羊利用较好，整个生长季节都喜食。通常作为春、夏季牧场利用。大披针薹草茎叶可作为造纸的原料；大披针薹草为根茎型牧草，根茎与根系盘结形成具弹性的草皮，耐牧性强，水土保持作用良好。

二十八、瘤囊薹草（*Carex schmidtii*）型

瘤囊薹草型主要分布在内蒙古自治区东部地区。在大兴安岭山地海拔 1100m 以下地带的沼泽边缘或宽谷低洼湿地，尤其在伊勒呼里山的南麓和北坡的塔河以东的河漫滩及沟谷边缘、甘河上游的加格达奇至阿里河之间的河漫滩较为发育。地表过湿，常雨季临时性或季节性积水，地下水位较高，一般距地表 30～50cm，土壤为草甸土或沼泽化草甸土，土层较厚，一般为 40～50cm，高者可达 100cm 以上。在泥炭层比较发育的地段，常形成以瘤囊薹草为主的沼泽草原。瘤囊薹草草群组成较为单纯，常见的伴生植物主要有灰脉薹草（*Carex appendiculata*）、乌拉草、无脉薹草（*Carex enervis*）、丛薹草（*C. caespitosa*）；杂类草主要有块根老鹳草（*Geranium wilfordii*）、蚊子草（*Filipendula palmata*）、山黧豆、齿叶风毛菊、紧穗三棱草、轮叶泽兰、沼委陵菜（*Comarum palustre*）等。草群生长茂密，覆盖度为 95%～100%，平均高度为 40～90cm，每公顷产干草 2370kg。其中，莎草类牧草占总重量的 85.3%，禾草占 5.1%，杂类草占 9.6%，每 0.26hm² 可养一个绵羊单位。瘤囊薹草草原受其生长地积水的限制，饲用价值不大，一般只能放牧利用，但利用率亦很低。只在生长前期牛与马喜食。枯黄后马、牛采食。瘤囊薹草草原面积为 203 000hm²，其中可利用草原面积为 167 000hm²。

二十九、灰脉薹草（*Carex appendiculata*）型

灰脉薹草草原主要分布在东北三江平原和大兴安岭海拔 900m 以下的山间谷地，

河流的河漫滩、阶地等处。在东部河滩低地和山前泉水露头处亦有零星分布。灰脉薹草草原多生长发育在地表常年积水或季节性积水的生境中，在常年积水的地段生长发育较旺盛，积水深度不等，一般平均为 10～20cm。水几乎不流动，呈锈色，表面浮有似油状的薄膜，呈酸性反应。在季节积水的地段，地下水位高，距地表仅 10～30cm，土壤多为泥炭沼泽土。往往形成大小不等、高低不平的草丘，当地群众称之为踏头墩子。灰脉薹草草原的种类组成比较简单，常见的伴生种类有乌拉薹草、修氏薹草、丛生薹草、小白花地榆（*Sanguisorba tenuifolia* var. *alba*）、沼泽委陵菜、水车前、耳叶蓼（*Polygonum manshuriense*）等。草群平均高度为 50～90cm，覆盖度为 100%；每公顷产干草 2139kg；每 0.29hm² 草原可饲养一个绵羊单位。灰脉薹草草原面积为 639 000hm²，其中可利用草原面积为 615 000hm²，灰脉薹草草地主要为放牧利用。由于受地表积水的影响，在利用时间上往往受到很大限制，一般只能在冬季或早春利用。在进入雨季后，地表积水较深，加之气温较高，蚊蝇及寄生虫滋生，不易放牧利用。但冬春季节，草质柔软，牛喜食，其营养价值亦比较高，据内蒙古自治区分析资料，6 月末灰脉薹草草原草群的粗蛋白含量为 17.23%，粗脂肪 4.91%，粗纤维 29.83%，无氮浸出物 45.01%，粗灰分 8.52%。

三十、蔗草（*Scirpus triqueter*）型

无大面积的集中分布地区，多呈零星分布。沼泽草地发育在常年积水、水分较多的生态环境之中，积水一般在 30～50cm，地表平缓无草丘形成。一般不形成泥炭，但腐殖质层较厚，常见的土壤为腐殖质沼泽土。蔗草草原的种类组成简单，除蔗草占绝对优势外，主要伴生植物有东北蔗草、扁秆蔗草（*Scirpus planiculmis*）、紧穗三棱草、中间型荸荠（*Heleocharis intersita*），禾草有芒（*Miscanthus sinensis*）、水甜茅（*Glyceria maxima*）、稗（*Echinochloa crusgalli*），杂类草有海韭菜（*Triglochin maritimum*）、小灯心草（*Juncus bufonius*）、细灯芯草（*J. gracillimus*）等。草群结构比较紧密，覆盖度为 40%～60%，草群高度为 30～50cm，无明显的层次分化，产草量每公顷平均为 1797kg，每 0.81hm² 草原可饲养一个绵羊单位。蔗草草原面积为 138 000hm²，占温性草原面积的 8.3%，其中可利用草原面积为 189 000hm²，可饲养 223 000 只绵羊单位。蔗草草原分布比较零散，成片面积不大，加之地势低洼，常年积水，因此饲用价值不大，只在冷季轻度利用。

三十一、北方嵩草（*Kobresia bellardii*）型

北方嵩草型主要分布在蒙古国的高山地带，集中分布在杭爱区、肯特区各大山的上部，在乌布苏湖区亦有分布。中国的大青山顶部亦有分布。土壤为高山草甸土。北方嵩草草地草群种类组成亦较丰富，草群中禾本科牧草的种类较上述几个以莎草为主的草地型多，常见的有高山茅香（*Anthoxanthum monticola*）、高山早熟禾（*Poa alpina*）、紫羊茅（*Festuca rubra*），其他牧草有黑穗薹草（*Carex atrata*）、雪地棘豆、乳白香青、火绒

草、酸模、大花青兰、多裂委陵菜、扁蕾、甘肃马先蒿、珠牙蓼、银莲花等。草群生长繁茂，覆盖度较高，平均为 60%～80%，高者可达 90%以上。草层平均高 15～20cm。产草量亦比较高，平均每公顷产干草 1044kg，每个羊单位需要草原面积 1.68hm²。北方嵩草草地由于生境条件优越于高山嵩草等草地类型，再生能力强，耐牧，营养价值亦高，生长期粗蛋白含量为 11.5%，粗脂肪 3.1%，无氮浸出物 48.5%，粗纤维 22.5%，马、牛和绵羊均喜食，新疆维吾尔自治区牧民认为是家畜抓膘的放牧地之一。

三十二、乌拉草（*Carex meyeriana*）型

乌拉草型主要分布在黑龙江省三江平原、四川省阿坝藏族羌族自治州及大兴安岭北段地区的河流沿岸、山谷低地、湖泊周围。地表有季节性或临时性积水，积水深度一般在 20～50cm，冬季多干涸。地表有草根层或泥炭层形成，土壤为沼泽草甸土或泥炭草甸土。地表面高度不平。由乌拉草形成的草丘高 20～50cm，草丘直径 30～80cm 不等。草原面积 1 113 257hm²，可利用面积 811 788hm²。该类型草原组成比较简单，常见伴生植物有灰脉薹草、胀囊薹草（*Carex vesicaria*）、瘤囊薹草、红穗薹草（*C. gotoi*）、藨草、针蔺、小白花地榆、海乳草等，草群平均高度为 50～90cm，覆盖度为 80%～95%，局部地段可达 100%。该类型草原很少作放牧利用，青嫩时草质较好，牛喜食。枯黄后，营养物含量下降，适口性随之降低，东北多作为造纸原料，因其具有保暖作用，当地多用来编织草鞋、草垫或作褥草之用。

三十三、大苞鸢尾（*Iris bungei*）型

大苞鸢尾型大多分布在内蒙古鄂尔多斯市的河边、湖泊旁等地下水埋藏较浅的盐化地段上，在宁夏回族自治区见于黄河以东地区海拔 1200～1360m 的平坦滩地和丘间平地上，地表多有覆沙。大苞鸢尾常与中亚白草（*Pennisetum centrasiaticum*）、芨芨草及刺叶柄棘豆生长在一起，并伴生有刺沙蓬（*Salsola ruthenica*）、锋芒草（*Tragus mongolorum*）、冠芒草（*Enneapogon desvauxii*）等一年生草本植物。每平方米有饲用植物 3～9 种。雨水好的年份可多达 16 种，覆盖度 20%～55%，草层高 10～30cm，每公顷草原产干草 617kg，其中，灌木占 11.6%，多年生草本占 80%，一年生草本占 8.4%，属三等草地，养一个绵羊单位需草原 2.27hm²。大苞鸢尾草原面积为 25 706hm²，其中可利用面积 22 448hm²。大苞鸢尾青嫩时家畜一般不予采食，只在霜后采食。因冬季保存率高可作为冬季放牧利用。

三十四、碱韭（*Allium polyrhizum*）型

碱韭型主要分布在内蒙古自治区锡林郭勒盟西部、乌兰察布市西北部，在蒙古国碱韭型草原广泛分布在荒漠草原地带，常生长在东戈壁和戈壁阿尔泰区的湖泊谷地。常见于生长在高平原的风蚀浅洼地及壤质、重壤质碱化棕钙土上。碱韭是一种旱生密丛型鳞茎植物，一般不呈大面积连续分布，而是与小针茅草地镶嵌出现，在草丛复合体中，小

针茅、无芒隐子草常形成背景，占据微起伏的突起部分。碱韭位于微型覆沙的洼地上。草群中常见的伴生种有阿尔泰狗娃花、冷蒿、燥原荠（*Ptilotrichum canescens*）、冠芒草、小画眉草（*Eragrostis minor*）等。种类比较丰富，每平方米有 9～14 种，覆盖度 21%～30%，草层高度 8～20cm。每公顷产干草 454kg，其中，葱属植物占 30%～50%，半灌木占 15%，多年生草本占 10%～20%，一年生草本占 20%～25%。养一个羊单位需草原面积 4.2hm²。该型草原面积 85 634hm²，其中可利用面积 81 011hm²。碱韭草地营养价值较高，适口性好，是当地优良的夏秋牧场之一。据当地牧民反映，碱韭草原可祛除羊肉的腥膻气，使肉味道鲜美。骆驼采食碱韭可促进驼毛生长，但马匹大量采食有害。根据蒙古国的资料，碱韭花期粗蛋白含量 24.76%，粗脂肪 11.58%，粗纤维 14.08%，无氮浸出物 40.68%，粗灰分 8.9%，饲用价值很高。

三十五、鹅绒委陵菜（*Potentilla anserina*）型

鹅绒委陵菜型分布范围较广，生长于土层深厚而疏松的草甸土上。多见于低湿的草甸类草地中，在亚高山地带也有成片分布，草地面积 349 038hm²，可利用面积 287 423hm²。草群的种类组成因生长地区不同而有所差异。例如，生长在四川省的该类型草地常见的伴生植物有：早熟禾、羊茅、垂穗披碱草（*Elymus nutans*）、短芒落草（*Koeleria litwinowii*）、风毛菊、珠芽蓼、圆穗蓼（*Polygonum macrophyllum*）、驴蹄草、银莲花等。草层高 10～15cm。覆盖度 60%～90%，局部地段可达 100%，呈郁闭状。每公顷草原产干草 1744kg，养一个羊单位需草原面积 0.95hm²。草原面积为 56 911hm²，其中可利用面积 50 074hm²，鹅绒委陵菜又被称为蕨麻委陵菜，其肉质块根营养丰富，经济价值超过地上部分。有"人参果"之美誉，人、畜均能食用，是优良饲料。7～8 月，开黄花，亦是当地的蜜源植物。

三十六、甘草（*Glycyrrhiza uralensis*）型

甘草草原主要分布在内蒙古自治区的敖汉旗、鄂托克旗、鄂托克前旗和杭锦旗境内的沙地上，是过度放牧或开垦弃耕后形成的一种次生草原类型。甘草草原总面积 209 833hm²，可利用面积 192 341hm²。甘草草原组成比较简单，每平方米有植物 5～12 种，伴生植物多为一年生植物：猪毛菜、虫实、狗尾草、地锦（*Euphorbia humifusa*）等。在干旱年份伴生植物较少，往往形成甘草占绝对优势的单一景观。甘草因家畜在生长期间不采食，生长比较旺盛，株高 20～50cm，草群盖度为 25%～30%，每公顷产干草 640kg，被评为四等草原，每个羊单位需草原 2.24hm²。甘草青绿时期，家畜不采食，立枯后采食，因此主要作冬春放牧利用。甘草是常用的药用植物，由于采挖过度，该类型草原受到严重破坏。

三十七、水麦冬（*Triglochin palustris*）型

水麦冬型分布十分广泛，多生长发育在溪岸河边低地、沼泽化草甸和高寒沼泽

草甸及湿润的轻度盐化草甸上。分布海拔幅度较大，为 500～4200m，最高可达 5100m。在西藏自治区仲巴县有较大面积的连片分布。草原面积 14 922hm²，其中可利用面积 7626hm²。草群中常见伴生植物有水葱、海乳草、海韭菜、水毛茛、矮生嵩草、长管马先蒿、云生毛茛等。草层高 20～50cm，覆盖度为 20%～60%。每公顷草地产草 256kg，养一个羊单位需草地 6.03hm²。营养价值较好，适口性中等，结实期水麦冬富含蛋白质，营养期粗蛋白含量可达 14%以上，有一定利用价值，作为冬季放牧场利用。

三十八、草麻黄（*Ephedra sinica*）型

草麻黄型集中分布在内蒙古阿鲁科尔沁旗、科尔沁左翼中旗、奈曼旗、扎鲁特旗、杭锦旗、鄂托克前旗境内，总面积 162 691hm²，其中可利用面积 122 406hm²。草群种类成分比较贫乏，每平方米内只有 2～4 种植物，伴生植物有赖草、砂珍棘豆（*Oxytropis racemosa*）、砂蓝刺头（*Echinops gmelinii*）和一年生虫实、沙蓬等。草群盖度 50%左右，草群平均高度为 40～50cm，每公顷产干草 2020kg，其中草麻黄占总重量的 25%以上。养一个羊单位需草原 0.9hm²。草麻黄青绿时家畜不采食，立枯后才采食。因此该类型主要用作冬春放牧场利用。草麻黄药用价值很高，是中药材的天然生产基地，有些地区因采伐严重退化，今后应合理开发。

三十九、女蒿（*Hippolytia trifida*）型

女蒿草原广泛分布在内蒙古苏尼特左旗、达茂旗、乌拉特中旗、四子王旗和杭锦旗的丘陵开阔地上，其生长环境与石质条件有密切联系。女蒿草原的伴生植物主要有冷蒿、燥原荠、冰草、无芒隐子草、赖草、达乌里胡枝子等，每平方米有植物 6～18 种，覆盖度为 25%～35%，每公顷产干草 567kg，其中，灌木占 10.5%，半灌木占 44.5%，多年生草本占 45%，为三等草地，每个羊单位需草原 2.53hm²。女蒿草原面积为 286 545hm²，其中可利用面积 257 830hm²。青鲜时家畜一般不喜食，霜后少量采食。

四十、褐沙蒿（*Artemisia intramongolica*）型

褐沙蒿型是内蒙古东部半固定沙地上的特有类型，集中分布在浑善达克沙地和嘎亥额勒苏沙地上。褐沙蒿草原草群中，褐沙蒿占绝对优势，其种的覆盖度达 23%～25%，每 100m² 有植株 168～276 丛。株高 24～32cm。次优势与伴生植物主要有木岩黄耆（*Corethrodendron lignosum*）、叉分蓼（*Polygonum divaricatum*）、扁蓿豆、沙鞭、沙芦草（*Agropyron mongolicum*）、沙生冰草、沙地雀麦、冷蒿、草地麻花头、菊叶委陵菜、阿尔泰狗娃花、小叶锦鸡儿等。每平方米有植物 12 种左右，草层覆盖度为 10%～30%，草层平均高度 60cm，平均每公顷草原产干草 1183kg。其中，灌木占 13.1%，半灌木占 52.6%，草本植物占 34.3%，为四等草地，每个羊单位需草地 1.59hm²。该类草原适口性较低，生长季节家畜一般不采食，只在早春或晚秋以后牛、羊采食。

当地主要作为冬春放牧场利用。

四十一、旱蒿（*Artemisia xerophytica*）型

旱蒿型主要分布在内蒙古自治区的乌兰布和沙漠和库布齐沙漠地带。该类型草地种类组成比较简单，驼绒藜常伴生并形成亚优势种，主要的伴生植物有沙拐枣（*Calligonum mongolicum*）、白刺（*Nitraria tangutorum*）、霸王（*Zygophyllum xanthoxylon*）、刺旋花（*Convolvulus tragacanthoides*）、砂蓝刺头（*Echinops gmelinii*）、补血草等。草群高度为10~45cm，覆盖度为15%~25%，每公顷产干草466kg，养一个羊单位需草原3.1hm²。旱蒿草原面积269 060hm²，其中可利用面积212 647hm²，多作为全年放牧场利用。

四十二、膜果麻黄（*Ephedra przewalskii*）型

该类型草原多生长发育在极为干旱的炎热气候条件下，具有形成地表径流的阴坡山脚和谷地、山前冲积堆和扇缘地带，在广阔的高平原和大小山地的阴坡数量较少，多呈小片或零星分布。在天山南坡中低山带和北坡山间小盆地、昆仑山北坡有较多的分布。内蒙古阿拉善高原、宁夏西北部、甘肃河西以北残丘地区亦有分布，土壤为富含钙质和石膏的棕漠土或灰棕漠土。该类型草原常见伴生种有天山猪毛菜（*Salsola junatovii*）、短叶假木贼、无叶假木贼（*Anabasis aphylla*）、红砂、灌木亚菊（*Ajania fruticulosa*）、刺旋花、沙拐枣、沙生针茅、准噶尔铁线莲、鹤虱（*Lappula echinata*）、四棱芥等。草群高度多为15~35cm，覆盖度10%~25%。每公顷产干草207kg，每个羊单位需草原5.86hm²。该类型草原面积1 558 258hm²，其中可利用面积782 514hm²。一般多用作冬春或全年放牧场利用。

四十三、木本猪毛菜（*Salsola arbuscula*）型

该类型主要分布在内蒙古的荒漠地区。该类型草群组成比较单纯，植物种类比较贫乏，草群中常见的伴生植物有合头藜、白茎绢蒿（*Seriphidium terrae-albae*）、白垩假木贼、无叶假木贼（*Anabasis aphylla*）、红砂、刺叶柄棘豆、刺旋花等。草群高度8~15cm，覆盖度10%~25%，每公顷产干草267kg，养一个羊单位需草原2.25hm²。该类草原面积338 347hm²，其中可利用面积243 560hm²。一般作为春秋或全年放牧场利用。

四十四、蒿叶猪毛菜（*Salsola abrotanoides*）型

蒿叶猪毛菜型主要分布在内蒙古的乌拉特后旗，该类型草地常与红砂生长在一起。主要伴生植物有矮锦鸡儿、灌木紫苑木、灌木亚菊、沙生针茅、冷蒿、沙蒿、柴达木猪毛菜（*Salsola zaidamica*）、木本猪毛菜、韭等。草群高度为10~35cm，覆盖度为10%~20%，每公顷产草量324kg，养一个羊单位需草地3.52hm²。该类型草原面积609 802hm²，其中可利用面积350 787hm²。多作为冬春放牧场利用。

四十五、蓍状亚菊（*Ajania achilleoides*）型

蓍状亚菊型多分布在内蒙古西部干旱地区，海拔在 1200～1670m 的低山丘陵阴坡或阳坡。土壤为灰钙土或栗钙土。蓍状亚菊草地常见伴生植物有阿尔泰狗娃花、碱韭、冷蒿、刺叶柄棘豆等。草群覆盖度为 30%～40%，最高可达 60%，草层高度为 6～24cm，每公顷产干草 340kg，养一个绵羊单位需草原 2.7hm²。蓍状亚菊草原面积 82 899hm²，其中可利用面积 70 747 hm²。多作为放牧场利用。

四十六、小蓬（*Nanophyton erinaceum*）型

小蓬型是在蒙古国荒漠类中的主要草地类型之一。主要分布在西部的荒漠区，占据着蒙古阿尔泰山地阳坡之间的广大山间空地和拜塔格博德伊赫哈布特格和塔欣沙尔山等地，在准噶尔戈壁区的砾质与壤质荒漠上也有分布。该类型草原除以小蓬占优势外，伴生植物主要有白茎绢蒿、盐生假木贼、博洛塔绢蒿、短叶假木贼、伊犁绢蒿、木地肤、红砂、角果藜（*Ceratocarpus arenarius*）、叉毛蓬、东方旱麦草（*Eremopyrum orientale*）、荒漠庭荠（*Alyssum desevtorum*）、舟果荠（*Tauscheria lasiocarpa*）、刺果鹤虱等。草群高度多在 8～15cm，覆盖度为 10%～25%；每公顷产草量 486kg，每羊单位需草原 2.81hm²。该类型草原面积 624 233hm²，其中可利用面积 464 413hm²，作为冬春或秋季放牧场利用。

四十七、沙拐枣（*Calligonum mongolicum*）型

沙拐枣型主要分布在内蒙古阿拉善地区。草群中常见的植物有大赖草（*Leymus racemosus*）、羽毛三芒草（*Aristida pennata*）、沙蒿、准噶尔无叶豆（*Eremosparton songoricum*）、蛇麻黄（*Ephedra distachya*）、梭梭、猪毛菜等。灌木层高达 50～75cm，草本层多在 10～35cm。覆盖度为 10%～35%，每公顷产干草 661kg，养一个羊单位需草原 2.33hm²。该类型草原面积 548 332hm²，其中可利用面积 367 066hm²。作为放牧场利用。

四十八、裂叶蒿（*Artemisia tanacetifolia*）型

裂叶蒿型集中分布在内蒙古的呼伦贝尔市和兴安盟境内的大兴安岭东、西两侧，海拔 800～1000m，在阴山山地海拔 2000m 的阴坡和半阴坡也有分布。草原面积 49 950hm²，其中可利用面积 41 164hm²。草群的种类组成通常比较简单，每平方米有植物 10 种左右，常见的伴生植物有细叶早熟禾、地榆、千叶蓍（*Achillea millefolium*）、斜茎黄芪、火绒草、酸模（*Rumex acetosa*）、扁蓿豆、裂叶荆芥（*Schizonepeta tenuifolia*）、细叶沙参（*Adenophora capillaris* subsp. *paniculata*）、蓬子菜等。草层平均高 15～25cm，覆盖度为 30%～60%。平均每公顷产干草 1174kg，养一个羊单位需草原 1.13hm²。生长季节因裂叶蒿气味浓郁，家畜一般不食，秋后少量采食利用价值不大。

四十九、线叶菊（*Filifolium sibiricum*）型

线叶菊型是欧亚大陆草原区东缘山地丘陵特有的一个草原类型。主要分布在大兴安岭东、西两麓的呼伦贝尔和锡林郭勒草原东部的低山丘陵和松嫩平原北部的森林草原地带。蒙古国北部、东西伯利亚和外贝加尔均有分布。线叶菊草地多生长在水分条件较好的山坡、山麓、丘陵缓坡等地。土壤以黑钙土、暗栗钙土为主。土层稍薄，具沙砾质，肥力较低。线叶菊为中旱生的多年生杂类草，耐寒力强，寿命长，生长发育缓慢。由线叶菊为主构成的线叶菊草原植物种类组成丰富，平均每平方米有植物 19～22 种，高者 30 种以上。草群盖度为 30%～60%，草层高 30cm 左右。据不完全统计，线叶菊草原共有种子植物 209 种，分属于 35 科 119 属，以菊科、豆科、禾本科、蔷薇科、百合科等植物种类较多。但其中中旱生、旱生植物占 61.7%，中生和旱中生占 38.3%。线叶菊草原亚优势植物有贝加尔针茅、羊草、大针茅、尖叶胡枝子等。伴生植物有多叶隐子草、糙隐子草、羊茅、扁蓿豆、裂叶蒿、麻花头、细叶白头翁（*Pulsatilla turczaninovii*）、多叶棘豆、棉团铁线莲（*Clematis hexapetala*）、柴胡、黄芩、沙参、防风、知母等。线叶菊草地成层性不甚明显，可分为三个草本层，第一层常由较高大的禾草和杂类草组成，草层高 30～40cm，生殖枝高 60cm，代表植物有贝加尔针茅、地榆、黄花菜、沙参、条叶百合（*Lilium callosum*）等；第二层比较发达，主要由建群植物线叶菊及柴胡、防风、黄芩等杂类草构成，草层高 20cm 以下，生殖枝高 45cm 左右；第三层由矮杂类草构成，如委陵菜、棘豆、还阳参属植物等。线叶菊草原面积为 3 185 205hm²，占温性草原类草原面积的 4.20%，其中可利用草原面积为 2 789 515hm²，占线叶菊草原面积的 87.6%。线叶菊草原属中下等草地。营养期线叶菊虽然含有较高的粗蛋白（13.33%），但适口性差，生长期牲畜一般不采食，只有在秋霜后马和羊采食，冬季和早春采食也很差。因此，线叶菊草原属于秋末放牧利用的草地，并随着草群中禾本科牧草和豆科牧草比例的增加，其利用价值增加。线叶菊草原平均每公顷产干草 1361～1991kg，饲养一个绵羊单位年均需草原 0.63～1.14hm²。中国境内的线叶菊草原因受地形起伏、气候寒冷和交通不便等原因影响，至今尚有一定数量的草原未能充分利用，具有一定的开发潜力。线叶菊草原植被组成中，有 80 多种可供药用的植物资源，还有食用和油料等植物资源，可根据国家经济建设的需要，有计划地科学合理地开发利用。线叶菊草原一般不易开垦种植，开垦易造成风蚀和水土流失。只有水土条件较好的线叶菊草地，才可开垦种植饲料作物或粮油作物。对于已开垦撂荒的土地，应积极采取措施，尽快恢复其植被。线叶菊草原在生长季节各类家畜均不吃食，只有在秋季霜冻后部分采食。

五十、马蔺（*Iris lactea* var. *chinensis*）型

马蔺型在蒙古高原是一种常见的盐化草甸类型。在杂类草草甸中，面积所占比重大。主要生长在地表与地下水丰富的河滩阶地、湖盆外缘、平坦谷地、丘间盆地、沙丘间滩地。土壤湿润，有轻、中度盐渍化。在中国内蒙古大面积分布于中、东部的典型草原区，荒漠区分布面积较小。草群中除马蔺占优势外，常见伴生植物有野大麦、羊草、星星草

（*Puccinellia tenuiflora*）、薹草、碱地风毛菊（*Saussurea runcinata*）、碱蓬等。草群盖度差异较大，为30%～70%，草层高度15～30cm，平均每公顷产干草1603kg。马蔺草原面积39.87万hm²，其中可利用面积34.98万hm²。马蔺草原属于中下等品质的草地，由于暖季带苦味，家畜很少采食，一般多作为冷季草场和刈割调干草利用，各类家畜乐食。马蔺富含纤维，可作为编织、造纸等工业原料开发利用，同时根、花、果可入药，还可作为花卉美化环境。

五十一、地榆（*Sanguisorba officinalis*）型

地榆型草原多集中在蒙古高原的草甸草原区，分布非常广泛，在大兴安岭山地林缘、林间空地和采伐迹地及燕山山地均有分布，其他地区亦有零星分布。地榆草地多生长发育在土壤水分条件较好的地段，土壤为山地草甸土、灰色森林土或黑钙土，土层较厚，一般均在50cm以上，结构性好，富含有机质，肥力高。地榆草原的种类组成丰富，每平方米有植物25种以上，多者可达35种以上。常见的有脚薹草、贝加尔针茅、针茅、线叶菊、裂叶蒿、千叶蓍、小黄花菜、蓬子菜、白头翁（*Pulsatilla chinensis*）、狭叶山黧豆、野罂粟（*Papaver nudicaule*）、山丹（*Lilium pumilum*）、细叶百合、叉分蓼、草原白头花、防风、野火球（*Trifolium lupinaster*）、歪头菜（*Vicia unijuga*）、野豌豆、展叶唐松草（*Thalictrum squarrosum*）等。在山地阴坡常有灌木如柳兰、土庄绣线菊、辽东栎、柳、野刺梅等在草群中形成灌丛化景观。草群平均高度为40～60cm，在山地上往往形成两层：灌木层和草本层。覆盖度为80%～95%。每公顷草原平均产干草2588～3022kg，每0.46～0.35hm²草原可饲养一个绵羊单位。地榆草原面积为175.2万hm²，占该类草原面积的4.18%，其中可利用草地面积为148.9万hm²。地榆草原草群生长繁茂，产草量较高，草群中植物种类较多，因而营养较全面。据内蒙古草地资源调查资料，开花期地榆粗蛋白含量占干物质的13.62%，粗脂肪占2.08%，粗纤维占15.04%，粗灰分占11.21%，无氮浸出物占57.69%，营养价值较高。各类家畜均喜食，是当地夏季的主要放牧地之一，有些地区亦可作为刈割草地利用。

五十二、差巴嘎蒿（*Artemisia halodendron*）型

差巴嘎蒿型草原主要分布于内蒙古东部的科尔沁沙地（海拔200～800m）、呼伦贝尔沙地（海拔600～700m），蒙古国也有分布。地形为波状起伏沙丘和河岸沙地，沙丘多浑圆状，相对高差5～15m，85%～90%的沙丘为固定和半固定沙丘。土壤为风沙土。差巴嘎蒿草原植物学成分差异较大，具家榆的差巴嘎蒿草原呈疏林草地景观，除家榆和差巴嘎蒿外，还有小叶锦鸡儿、西伯利亚杏、东北木蓼、木岩黄芪和小半灌木冷蒿及草本植物冰草、糙隐子草、羊草等；具灌木的差巴嘎蒿草地呈灌丛化草地景观，除建群植物差巴嘎蒿外，有灌木小叶锦鸡儿、中间锦鸡儿、黄柳（*Salix gordejevii*）、西伯利亚杏、东北木蓼（*Atraphaxis manshurica*）、三裂绣线菊（*Spiraea trilobata*）等及一些丛生禾草、杂类草等伴生植物。差巴嘎蒿在草群中优势度一般为80%左右，其高度40～60cm，平

均丛径 45cm，每 100m² 内有 30～50 丛，草群总盖度 30%～50%。差巴嘎蒿草原干草产量一般为 1036～1594kg/hm²，一个绵羊单位年均需草地 0.83～1.84hm²。差巴嘎蒿草原面积为 1 774 471hm²，占温性草原类草原面积的 2.38%，其中可利用草原面积为 1 343 305hm²，约占差巴嘎蒿草原面积的 75.71%。差巴嘎蒿草原为放牧型草地，是草原地带沙地较重要的冬、春牧场。差巴嘎蒿的粗蛋白、无氮浸出物、矿物质较丰富，而粗纤维含量较低，营养期分别占干物质的 16.34%、40.37%、12.37%、18.64%。适口性较高，但其饲用价值随季节的变化有明显的变化，春季返青后是羊的重要放牧饲草，对恢复体力和度过饲草淡季起着重要的作用，夏末花季，差巴嘎蒿体内散发出强烈的气味（挥发性物质），严重地影响牲畜采食，此时饲用价值低下；秋后气味减轻，适口性提高，羊和骆驼喜食，又值果熟期，粗蛋白含量高达 30.22%，平均 1kg 干草中含胡萝卜素 50mg，因此秋末差巴嘎蒿是家畜良好的放牧饲草。差巴嘎蒿防风固沙能力强，是良好的固沙先锋植物。差巴嘎蒿草原由于不合理的开垦和过度放牧，草地破坏严重，致使固定和半固定沙丘变为半流动和流动沙丘，植被更加稀疏，只有差巴嘎蒿、山竹岩黄芪、沙蓬等几种植物，半流动沙地盖度一般为 10%～30%，流动沙地为 10% 以下，饲草产量很低。通过 5 年飞播试验，流动沙地和半流动沙地成苗率分别达 68.5% 和 67.0%，其中以差巴嘎蒿成苗率最高（84.1% 和 78.7%），其次是山竹岩黄芪、小叶锦鸡儿、沙打旺。人工春季返浆期或雨季扦插差巴嘎蒿、补播豆科牧草、封沙育草和平茬等技术，都是治理草原地带沙地，获得良好经济效益、生态效益、社会效益的重要途径。

五十三、白莲蒿（*Artemisia sacrorum*）型

白莲蒿型草地分布很广，主要分布在大兴安岭东麓和南部山地（海拔 650～900m），在大青山山麓亦有小片面积分布。在蒙古国白莲蒿型草原主要分布在森林草原和典型草原地带，常出现在蒙古阿尔泰区和戈壁阿尔泰区，其生长地多碎石，亦生长在干河床的边缘。另外在朝鲜、日本和西伯利亚亦有分布。白莲蒿草地多见于石质低山丘陵坡地和黄土丘陵坡地，是温性草原类中重要的蒿属草地类型之一。土壤因分布区不同而异，多为暗栗钙土、栗钙土、灰褐土、黄棕土、黄绵土等。白莲蒿草原的其他优势种和伴生种各地差异较大。分布在内蒙古地区的白莲蒿草原，优势植物主要有达乌里胡枝子、冷蒿、百里香、大针茅、长芒草、糙隐子草。伴生植物主要有克氏针茅、火绒草、早熟禾、麻花头、委陵菜等。白莲蒿草原草群组成一般为每平方米 10～20 种植物，草群高度为 15～30cm，最高可达 60～80cm，甚至 100cm 以上；盖度 20%～40%，低的不足 10%，高的可达 60%～90%。白莲蒿草原每公顷产干草 629～1858kg，饲养一个绵羊单位需草原 0.57～1.67hm²。白莲蒿草原总面积为 1 809 705hm²，占该类草原面积的 2.43%，其中可利用草原面积为 1 587 293hm²，占白莲蒿草原面积的 87.71%。白莲蒿为饲用价值中等的植物，花期含有较高含量的粗蛋白（15.74%）、粗脂肪（5.35%）和较低含量的粗纤维（14.16%），但生长期适口性一般较差，只有羊、骆驼采食，牛、马不食；霜后适口性明显提高，羊、马、骆驼喜食。白莲蒿草原草群组成不同，其利用价值差异较大，以白莲蒿、禾草草地和白莲蒿、冷蒿草地及白莲蒿、豆科牧草草原利用价值较大。白莲蒿草原

一般为秋末、冬季、早春较好的放牧场。白莲蒿草原至今仍有部分草原未被充分利用，尚有一定的生产潜力可挖。在某些地区由于开垦和过牧，草场面积缩小，草地退化，牧草产量减少。今后应在合理规划的同时，加强草场保护、控制放牧强度，采取封育和补播等培育改良措施，达到恢复草地植被和防止草场退化的目的。

五十四、冷蒿（*Artemisia frigida*）型

冷蒿型草地是以小半灌木冷蒿为建群植物的一种草地类型。冷蒿草地多数是在过牧或强风蚀条件下形成的，生态幅度较广。在蒙古高原草原，在蒙古国边缘分布广泛，往往成为山地草原和典型草原优势类型之一，在荒漠草原地区亦有分布，但多集中分布在中部的高平原或缓坡丘陵地上。土壤以暗栗钙土、典型栗钙土、淡栗钙土为主，且地表多具沙砾或薄层覆沙。以冷蒿为建群种的草原，植物种类组成较丰富，有种子植物 140 种以上，分属 32 科 93 属，其中，旱生植物占 77.7%，中生植物占 22.3%。平均每平方米有植物 10～15 种，高者 20 种以上，草群高 15～30cm，盖度为 30%～50%。亚建群植物主要有克氏针茅、大针茅、糙隐子草、羊草、长芒草、小叶锦鸡儿等。主要伴生植物有多叶隐子草、冰草、沙芦草、乳白花黄耆、草木樨状黄芪、阿尔泰狗娃花、蒙古韭、碱韭、叉枝鸦葱（*Scorzonera divaricata*）、柴胡、麻花头、兔唇花（*Lagochilus ilicifolius*）、细叶鸢尾等。冷蒿耐干旱、耐践踏、耐土壤侵蚀，其生根萌蘖力强，在牲畜强度啃食或土壤侵蚀的条件下仍能继续繁殖更新，使草地维持一定的生产水平，平均每公顷产干草 427～1757kg，一个绵羊单位年均需草原 1.06～2.22hm^2。冷蒿草原面积为 2 686 635hm^2，其中可利用草原面积为 2 401 028hm^2，占冷蒿草原面积的 89.4%。冷蒿草原是温带地区重要的天然牧场。冷蒿具有营养丰富、适口性好、消化率高、饲用价值大的优点。据分析报道，花期和结实期粗蛋白含量分别占风干物质的 10.53% 和 9.24%，粗脂肪占 5.92% 和 4.48%，粗纤维占 36.96% 和 26.08%，无氮浸出物占 27.68% 和 34.68%，粗灰分占 6.11% 和 11.71%，因此，被认为是很好的抓膘、保膘和催奶的饲用植物。冷蒿草原多由丛生禾草、根茎型禾草和锦鸡儿属等植物构成，所以冷蒿草原属于良好的放牧型草地，不适宜刈草利用。温性草原地带的冷蒿草地，一般是由针茅草地或羊草草地退化演变而来的，如若继续过度利用，牲畜啃食和践踏超过了冷蒿草地的忍耐限度，草原将进一步退化演替，直至沦为沙漠化土地。因此，必须引起注意，加强冷蒿草原的保护和合理利用，有条件的地区可采取封育或雨季补播、施肥等培育改良措施，一般草原植被恢复和增产效果显著。

五十五、油蒿（*Artemisia ordosica*）型

油蒿型草地广泛分布于北方沙区，即东起内蒙古的浑善达克西部沙地，西至河西走廊东部，南到干（塘）武（威）铁路一线及宁夏灵武—陕西横山一线以北，北至蒙古国边境，东蒙古高原则集中分布在毛乌素沙地。油蒿草原多生长在起伏沙地、固定和半固定沙丘、覆沙梁地、沙砾地上。土壤类型为砂质原始栗钙土，以干旱、半干旱砂质壤土

分布较广。油蒿草原植物种类较丰富，据统计有 70 多种，其中除建群种油蒿外，禾本科、豆科、菊科植物居多数，其次为蒺藜科和藜科植物数量较多。油蒿草原植物种类组成和层片结构随分布地区不同而异。分布区域的西部，一般只有灌木、半灌木层片，草本层缺乏或发育不明显；分布区域的中部，除灌木、半灌木层片外，草本层发育渐趋明显，如沙生针茅、无芒隐子草、沙葱（Allium mongolicum）等常成为优势层片，雨水较多的年份，沙蓬（Agriophyllum arenarium）、虫实等一年生植物生长茂盛，也能构成优势层片；分布区域的东部，如毛乌素沙地，灌木、半灌木层片种类愈加丰富，出现了沙柳、冷蒿、甘草等层片，草本层发育良好。不同地区油蒿草地的生境条件、植物种类组成、生长高度、覆盖度、生产力差异较大。一般生长在半干旱地区生态条件较好的油蒿草地，植物种类较丰富，油蒿生长茂盛，通常株高 50～80cm，丛径 50～100cm，草原覆盖度 30%～50%，最高达 60%～70%；生长在干旱地区条件较差的油蒿草原植物种类较少，生长发育较差且稀疏，盖度 10%～15%或更低。油蒿草原一般平均每公顷产干草 391～886kg，饲养一个绵羊单位年均需草原 1.82～3.86hm^2。油蒿草原面积为 3 348 900hm^2，占温性草原类草地的 4.42%，其中可利用草地面积为 2 808 342hm^2，占油蒿草原面积的 83.9%。油蒿草原可供饲用的植物种类较多，营养价值和产草量尚高，是我国北方沙区重要的天然放牧场之一。油蒿的营养物质中，粗蛋白、粗纤维、粗灰分与冷蒿相近，粗脂肪、无氮浸出物高于冷蒿，营养价值较高，但适口性较差。早春绵、山羊采食，夏、秋季因气味浓，味道苦，只有骆驼采食，冬季枯草期骆驼、羊均喜食，加之冬季保存较好，所以它在家畜饲料平衡中意义十分重要，是骆驼的主要饲草之一。油蒿也可以刈割调制成干草、加工成草粉或青贮作为家畜补饲用。油蒿是优良的防风固沙植物，种子可榨油，含油率占种子干重的 27.4%，其根可入药。油蒿草原除放牧利用外，还可作燃料或利用油蒿作为修渠、筑坝、建水闸的材料，对草场破坏十分严重，其次在毛乌素沙地及乌兰布和沙漠地区，常把油蒿草原作为开垦对象，由于防护措施跟不上，一年需播种几次，有时连种子都收不回，结果弃耕沦为流动沙地。今后应严禁掠夺式的利用，加强油蒿草原的保护和合理利用，采取封育、补播、平茬等技术措施，达到恢复油蒿草地的目的。

五十六、百里香（*Thymus mongolicus*）型

百里香型草地广泛分布于欧亚大陆草原区的温性草原地带。主要分布在科尔沁地区的西拉木伦河、老哈河流域的低山丘陵和鄂尔多斯高原东部。百里香多生长在风蚀、冲刷较严重的山坡、砾石质丘陵坡地、固定沙地及黄土区的沟壑梁峁等地。土壤为多砾质、石质或砂质的栗钙土或黄土等类型。百里香草原植物种类组成较多，据调查约有种子植物 114 种，分属 29 科 81 属，其中旱生植物约占 74%，菊科、豆科、禾本科植物种类较多。一般每平方米有 9～14 种植物，最多可达 32 种，除建群种百里香在草群中占绝对优势外，起优势作用的植物还有长芒草、糙隐子草、羊草、冷蒿、达乌里胡枝子等。主要伴生植物有阿尔泰狗娃花、草木樨状黄芪、远志（*Polygala tenuifolia*）、苦荬菜（*Ixeris denticulata*）、黄花蒿（*Artemisia annua*）等。百里香草原分层明显，上层多由丛生禾草

本氏针茅、短花针茅构成，植丛稀疏，高度 40cm（生殖枝），中层由百里香、冷蒿和丛生小禾草糙隐子草等组成，下层一般由地衣和藻类构成。百里香草原一般草群较低，高度为 5～15cm，覆盖度为 20%～40%，干草产量每公顷 422～709kg，一个绵羊单位年均需草原 1.12～2.80hm²。其中百里香草原可利用草原面积为 1 053 125hm²，占百里香草原面积的 88.9%。百里香草地因草群组成的植物种类不同，其利用价值差异较大。一般由百里香与丛生禾草糙隐子草、针茅、冰草，小半灌木冷蒿，豆科牧草胡枝子等植物组成，且多分布在饲草较缺乏的半农半牧区，因此它的利用价值较大，是该地区较好的天然放牧场。百里香虽然粗蛋白含量较高（花期含量为 10%～13%），并含有 18 种以上的氨基酸，但适口性较差，幼嫩时绵羊、山羊和马乐食，孕蕾至枯黄期牲畜一般不采食，秋霜后小畜喜食枯草。百里香草原是适应地表风蚀和风积过程形成的一类特殊类型的草原。百里香适应干旱、风蚀、水蚀能力强，且具横走地下茎，遇雨能大量分枝，防蚀固土作用强。百里香还是较重要的蜜源、药用、香料植物资源之一。百里香草原原生植被多为丛生禾草大针茅、长芒草、糙隐子草等植物，在强烈风蚀、水蚀条件的影响下，逐渐演变为以百里香为建群种的百里香草原。由于长期超载过牧，草场退化极为普遍，有价值的草类逐渐减少，相反狼毒和劣质杂草大量滋生，草原的利用价值降低。因此，应采取必要的技术措施，着手保护和改良百里香草原。

五十七、梭梭（*Haloxylon ammodendron*）型

梭梭型草地是亚洲荒漠区中分布最广泛的一类草原，东蒙古高原上则主要分布在内蒙古海拔 1000～1500m 的阿拉善荒漠区固定、半固定沙地和北部银根盆地的壤质棕色碱土地及额济纳河以西的中央戈壁区较疏松的砾石戈壁上。在蒙古国梭梭草地分布广，生态幅度宽，植物种类组成、株丛高、生长发育状况和盖度随着土壤基质条件的变化而差异较大：①分布在河相或古湖相沉积的壤质或砂壤质的草原上，位于中蒙边境的西南侧阿拉善戈壁区、外阿尔泰戈壁和准噶尔戈壁区。壤质土上的草地，土壤为灰棕漠土或棕钙土，有不同程度的盐渍化。梭梭生长发育良好，株丛高 3～5m，一般有植物 10～15 种，总盖度为 30%～50%。主要伴生植物有白刺（*Nitraria tangutorum*）、盐爪爪（*Kalidium foliatum*）、红砂（*Reaumuria soongarica*）、盐生草（*Halogeton glomeratus*）、猪毛菜、角果藜（*Ceratocarpus arenarius*）、芦苇、黄花补血草等。②分布在沙漠中固定、半固定沙丘、丘间低地和沙漠湖盆边缘，土壤为风沙土的草地中。梭梭生长发育较好，株丛高 2～4m，盖度 10%～30%，伴生植物多达 20 种以上。有沙拐枣、沙竹、沙蓬、虫实、猪毛菜、沙生大戟及寄生植物肉苁蓉等。③分布在砾石戈壁地区，土壤为石质并含有石膏的灰棕漠土或棕漠土。梭梭生长发育差，植株低矮，株丛高 1m 以下，盖度常为 1%～2%，种类组成贫乏，一般不超过 5 种。主要伴生种有膜果麻黄、泡泡刺、霸王、红砂、珍珠、合头藜、戈壁藜（*Iljinia regelii*）等。梭梭草原每公顷产干草 158～744hm²，一个绵羊单位年均需草地 2.70～8.59hm²。梭梭草原面积为 2 596 404hm²，占荒漠草原面积的 11.71%，其中可利用草原面积为 1 254 990hm²，占梭梭草原面积的 48.3%。梭梭草原是荒漠生态条件下生产力较高的一个草原类型。梭梭与其他旱生、沙生或盐生灌木和半灌木构成的

草地是骆驼和羊良好的牧场。梭梭及混生植物沙拐枣、白刺、盐爪爪、霸王（*Zygophyllum xanthoxylon*）、红砂、绵刺等都是荒漠地区家畜重要的木本饲料，它们含有丰富的矿物质（15%～30%）和较多的粗蛋白（10%～20%）。一般适口性良好，骆驼四季采食，冬春达到喜食的程度，绵羊和山羊喜食早春萌生的嫩枝及秋季落地的枝叶和果实。梭梭草地多作为冬春场利用。除饲用外，还是重要的防风固沙植物。梭梭柴易燃且放热量高，为优良的薪柴，素有"沙漠活性碳"之称，是风沙干旱地区重要的燃料来源之一。另外，在生长发育良好的梭梭根部，寄生有名贵药材——肉苁蓉（*Cistanche deserticola*），为滋补强壮剂，故有"沙漠人参"之美称，为梭梭牧场中价值很高的副产品。梭梭草原破坏严重，尤其是大规模的砍伐薪柴、挖掘药材、开垦及无节制的放牧，致使可利用梭梭草地面积逐渐缩小，且梭梭株丛密度、高度、盖度、生产力下降。

五十八、红砂（*Reaumuria soongarica*）型

红砂型是亚洲中部荒漠区最重要的草地类型之一，主要分布于蒙古高原中国境内鄂尔多斯的西部。在蒙古国则主要分布在阿拉善戈壁区，准噶尔戈壁区亦有少量分布。红砂草原多生长于山地丘陵、剥蚀残丘、山麓淤积平原、山前沙砾质洪积扇等地区。土壤多为灰棕漠土、棕漠土，少为荒漠灰钙土。红砂草原的种类组成、草群结构、层片分化、盖度及株丛大小等均与分布地带和生境条件有关，且差异较大。典型荒漠红砂草原种类组成较单一，除建群种红砂外，伴生植物很少，常常构成纯红砂群落，在多数情况下，草本植物发育一般不明显，植被稀疏，盖度一般为 10%～30%，草层高 10～30cm。红砂草原虽然种类组成较单调，但因分布范围广，各地生境条件差异较大，所以构成红砂荒漠的植物种不少，据统计约有种子植物 118 种，分属 24 科 66 属，其中藜科、菊科和禾本科植物种类较多。常见的次优势植物和伴生种有梭梭、珍珠、泡泡刺、膜果麻黄（*Ephedra przewalskii*）、假木贼、刺旋花、四合木（*Tetraena mongolica*）、合头藜、沙冬青、霸王、沙生针茅、戈壁针茅、东方针茅（*Stipa orientalis*）、无芒隐子草、绵刺、碱韭、蒙古葱等。红砂草地一般每公顷产干草 189～413kg，饲养一个绵羊单位年均需草原 4.41～6.86hm^2。红砂草原面积为 4 228 442hm^2，占荒漠草原总面积的 14.58%，其中可利用草原面积为 1 568 290hm^2，占红砂草原面积的 37.09%。红砂草原是荒漠区骆驼和羊的重要天然放牧场，很少割草利用。红砂含有较多的粗蛋白和丰富的矿物质，生长期粗蛋白含量占风干物质的 10.59%～18.26%，矿物质占 5.83%～22.72%，并含有较多的胡萝卜素（22.25～204.99mg/kg），即使在冬季枯草期，粗蛋白含量仍可达 8.04%，可见红砂的营养价值较高。适口性以骆驼最好，一年四季喜食，绵羊、山羊冬季和早春喜食，夏季一般采食，牛、马采食少。红砂耐旱性强，在干旱缺草的年份，红砂就成为骆驼重要的度荒牧草。红砂体内盐分含量较高，在红砂草地上放牧，可以代替人工喂盐，对提高家畜采食量、增加食欲、育肥是有益的。红砂也是荒漠地区牧民日常燃料来源之一，枝叶可入药，也是良好的固沙植物。红砂草原较脆弱，一旦遭到破坏后就很难恢复，所以必须加强管理、保护，严防过度挖掘薪柴和过度放牧。

五十九、珍珠柴（*Salsola passerina*）型

珍珠柴型草地是亚洲中部荒漠区地带性的草地类型之一。主要分布于中国内蒙古西部的阿拉善荒漠区，在蒙古国主要分布在东戈壁区和阿拉善戈壁区，在倾斜坡地和戈壁低地几乎形成单优势的草地型。在阿尔泰戈壁区亦有少量生长在轻度盐碱的土地上。珍珠柴草原生境条件因地而异，分布在草原化荒漠地带的珍珠柴草原，多分布在高平原缓坡地、低洼地，土壤为壤质、黏壤质淡棕钙土，地面具砾石；分布在典型荒漠地带的珍珠柴草原，多出现在荒漠区山前切割丘陵或洪积平原及南部龙首山山麓及低山带，土壤为灰棕漠土，具大量砾石或薄层覆沙。珍珠柴草原植物种类组成贫乏，一般为100m^{2}样地内有植物3~5种。 草被稀疏，覆盖度一般为10%~20%，条件好的地区高达30%左右，最少只有1%~2%。草丛高一般为10cm左右，高者可达20~30cm。珍珠柴草地虽然种类组成贫乏，但与其他荒漠草原类型相比，因其分布范围广，所以构成珍珠柴草原的植物种类还是比较多的。据统计约88种，分属20科57属，其中以藜科、菊科、禾本科、蒺藜科、豆科、百合科的种类较多。常见的次优势种或伴生种有丛生禾草沙生针茅、短花针茅、戈壁针茅、无芒隐子草，葱属植物碱韭、蒙古葱，亚菊属、蒿属植物，灌木、半灌木短叶假木贼、合头藜、盐爪爪、红砂、泡泡刺、绵刺、猫头刺等。珍珠柴草原一般每公顷产干草322~459kg，饲养一个绵羊单位年均需草原3.27~4.70hm^2。珍珠柴草原面积为3 269 580hm^2，占荒漠草原总面积的4.25%，其中可利用草原面积为2 399 487hm^2，占珍珠柴草原面积的 73.39%。珍珠柴草原为荒漠地区典型的放牧型草地。珍珠柴具有较高的营养价值，生长期粗蛋白含量在11.13%~19.39%，粗灰分15.24%~34.22%，且钙质较丰富（1.38%~2.09%）。适口性以骆驼和绵羊、山羊最好，四季采食，冬春季最喜食，牛、马一般采食较差，所以珍珠柴草原是骆驼和羊的良好牧场，且为冬春季的保膘牧场。珍珠柴体内含有较多的盐分，秋季隔一定的时间，将畜群驱赶到珍珠柴草地上放牧，能增加食欲，有利于抓膘。珍珠柴种子含油率为17%，可作为工业用油的原料。珍珠柴草原利用过度易造成退化、沙漠化，因此，应注意草原的合理利用、保护和管理。

六十、驼绒藜（*Krascheninnikovia ceratoides*）型

驼绒藜型草原广泛分布在中国内蒙古西部的阿拉善东部贺兰山和狼山的山前平原及阿拉善中部沙砾质戈壁上。驼绒藜多生于沙地、丘陵坡地、多碎石的山地阳坡及戈壁等地。土壤有棕钙土、漠钙土、灰棕漠土、棕色荒漠土。基质为砂质、砾石质。驼绒藜草地种类组成较丰富，每平方米有植物3~10种。草群分层明显，上层为驼绒藜，一般层高20~50cm，高者可达60~90cm，下层为丛生禾草或垫状植物，草层高5~20cm。总盖度一般为15%~30%，最高达40%，低的10%以下。次优势种和伴生种有短花针茅、沙生针茅、无芒隐子草、灌木亚菊、木紫菀、细叶鸢尾、新疆绢蒿、女蒿、红砂、碱韭、冷蒿、柠条、绵刺、虫实、阿尔泰狗娃花等。驼绒藜草原一般每公顷产干草186~433kg，饲养一个绵羊单位年均需草原3.35~10.27hm^2。驼绒藜草地面积为2 480 220hm^2，占荒

漠草原总面积的 4.45%，其中可利用草原面积为 1 936 880hm²，占驼绒藜草原面积的
78.1%。驼绒藜草原是荒漠地区上等的放牧草地，骆驼、山羊、绵羊四季喜食，尤以秋
冬季节最喜食，牛的适口性较差。驼绒藜营养价值很高，属优等饲草，营养期粗蛋白含
量为 22.28%，花期为 18.39%，果期为 11.99%，且钙质丰富，无氮浸出物甚多，冬季保
存率高，尚含有较多的粗蛋白。消化率较高，各生育期粗蛋白的消化率为 57.45%～
76.89%，可见驼绒藜的饲用价值较高。驼绒藜可在开花期前刈割调制成干草，供冬春补
饲用。驼绒藜抗旱、耐寒，易于引种驯化，目前已有人工栽培。人工种植在草原与荒漠
过渡地带生境条件较好的地段，株丛高达 100cm 以上，丛径 80～120cm，分枝 25～41
个，现蕾期刈割干草产量为每公顷 1012～2250kg。驼绒藜抗侵蚀、耐沙埋，是良好的防
风固沙和水土保持植物；药用，治气管炎、肺结核。驼绒藜草原要注意合理利用与保护，
严禁乱砍乱挖和过度放牧，并且要充分利用驼绒藜适应性强、生产力高、饲用价值大的
特点，积极创造条件，在风沙干旱地区建立以驼绒藜为主的人工或半人工草地，以促进
该地区畜牧业生产的发展。

六十一、藏锦鸡儿（*Caragana tibetica*）型

藏锦鸡儿型草地是荒漠草原向荒漠过渡的一个地带，是草原化荒漠具有代表性的一
个草地类型。主要分布于内蒙古的鄂尔多斯市、巴彦淖尔市、阿拉善盟及乌兰察布市。
在蒙古国南部亦有分布。藏锦鸡儿草地分布区地形主要为层状高平原、山前平原、黄土
丘陵坡地、沙地及风积地形等。土壤为棕钙土，砂壤质或表层多有 10～15cm 的覆沙层，
藏锦鸡儿灌丛基部常堆积成高 40～50cm 的沙包，最高可达 100～150cm，丛径大小不一，
一般 100cm 左右。藏锦鸡儿草地一般水、土条件较好，年降水量为 150～200mm，干燥
度为 5 左右，土层厚 90～150cm，表层覆沙有抑制水分蒸发和保水的作用，多数植物生
长发育良好，种类组成较丰富，每平方米有植物 4～12 种，层片结构具明显的灌木和草
本两层，总盖度 10%～25%，高者达 30%～40%。灌木层高 15～20cm，草本层高 5～15cm。
草群由建群植物藏锦鸡儿与小针茅、冷蒿、红砂、驼绒藜（*Krascheninnikovia ceratoides*）、
蒙古莸（*Caryopteris mongholica*）等次优势种构成，主要伴生植物有狭叶锦鸡儿、短脚
锦鸡儿、中间锦鸡儿、猫头刺、三裂亚菊、薯状亚菊和葱属植物、针茅属植物、隐子草
属植物及沙生冰草、三芒草、冠芒草、小画眉草等。藏锦鸡儿草原一般每公顷产干草 844～
1115kg，饲养一个绵羊单位年均需草原 1.63～2.21hm²。藏锦鸡儿草原面积为
1 048 921hm²，占荒漠草原总面积的 1.86%，其中可利用草原面积为 926 554hm²，占藏
锦鸡儿草原面积的 88.3%。藏锦鸡儿草原利用价值与草群组成有关，一般与丛生禾草或
冷蒿构成的草原利用价值较高，与其他灌木类植物构成的草地利用价值相对较低。就一
般而言，藏锦鸡儿草原属饲料品质中等的放牧型草地。山羊、绵羊春季喜食嫩叶和花，
骆驼四季喜食，牛、马很少采食。灾年骆驼、山羊喜食，绵羊四季均采食，马、牛少量
采食。藏锦鸡儿粗蛋白含量较低，具密集的枝条和针状的叶轴，灰分含量高，为粗糙的
饲草，适宜于骆驼、山羊和裘皮羊放牧利用。藏锦鸡儿草原放牧过度易退化，开垦易造
成沙漠化，因此要严格控制放牧强度，禁止垦荒，对于已退化的草地要采取封育、补播

措施进行改良，对于已开垦的这类草地，要尽快封闭，积极培育，达到恢复植被的目的。

六十二、准噶尔沙蒿（*Artemisia songarica*）型

在中国内蒙古西部的阿拉善盟、巴彦淖尔市的乌拉特中旗和乌拉特后旗，鄂尔多斯市的杭锦旗和乌海市境内。准噶尔沙蒿草地分布的地形和基质条件为山前洪积-冲积平原、起伏不大的丘陵覆沙地、固定或半固定沙地、沙砾质戈壁等地。土壤为棕钙土、盐化棕钙土、风沙土等，基质松散，有机质含量少，富含盐分。准噶尔沙蒿草原植物种类组成因分布区不同而异，新疆阿勒泰地区种类组成相对较多，草群高 25～40cm，总盖度 20%～50%，生产力较高；内蒙古阿拉善地区，植物种类组成较少，100m² 内仅 3～4 种，草群高 15cm 左右，盖度 10%以下，生产力较低。以准噶尔沙蒿为建群种的草地，次优势植物主要有白茎绢蒿、白刺、霸王、红砂、沙冬青、沙鞭（*Psammochloa mongolica*）等。伴生植物有梭梭、白皮沙拐枣、短脚锦鸡儿、麻黄、白茅、无芒隐子草、虫实、猪毛菜、骆驼蓬、委陵菜、独行菜（*Lepidium apetalum*）等。准噶尔沙蒿草原平均每公顷产干草 481kg，饲养一个绵羊单位年均需要草原 4.19hm²。准噶尔沙蒿草原面积为 2 064 813hm²，其中可利用草原面积为 1 348 369hm²，占准噶尔沙蒿草原面积的 65.3%。准噶尔沙蒿草原多作为冬春放牧场，生长期各种家畜均采食，以骆驼和羊的适口性最好，营养价值较高，冬季保存良好，是较重要的冷季牧场。准噶尔沙蒿草原一般基质较粗、较松散，极易破坏，因此利用时要特别注意载畜量的控制，以防草原退化。

六十三、盐生假木贼（*Anabasis salsa*）型

盐生假木贼型草地分布在中国内蒙古和蒙古国西部的荒漠区，另外俄罗斯也有分布。盐生假木贼草原土壤为盐化或碱化的淡棕钙土和灰棕荒漠土，有的土壤中含有石膏层，机械组成以沙砾质为主，其次为砾石质、沙土质。盐生假木贼草原也是新疆地带性荒漠草地类型之一。以盐生假木贼为建群种的草地，植物种类组成每平方米 5～15 种不等，盐生假木贼常以单优种或与白茎绢蒿、伊犁绢蒿、驼绒藜、白滨藜等构成草地型。盐生灌木层一般高 30～50cm，草群下层高 10～20cm，总盖度 15%～30%。主要伴生种有木贼麻黄、木地肤、木本猪毛菜、木紫菀、刺旋花、驼绒藜、博乐塔绢蒿、纤细绢蒿、角果藜、霸王、沙拐枣、小蓬、碱韭及一年生草本植物等。盐生假木贼草原每公顷平均产干草 340kg，一个绵羊单位年均需草地 4.31hm²。盐生假木贼草原面积为 2 283 633hm²，其中可利用草原面积为 1 592 973hm²，占盐生假木贼草原面积的 69.8%。盐生假木贼的营养价值尚好，据新疆草原总站的分析，花期粗蛋白为 9.11%，粗脂肪为 2.24%，粗纤维为 12.41%，无氮浸出物为 48.25%，粗灰分为 19.92%。但因枝条粗糙，盐分含量高，只有骆驼喜食，羊少采食，牛、马不食，以季节而言，春季、夏季适口性差，秋季干枯后水分和盐分减少，适口性提高，所以盐生假木贼草原为秋冬季节放牧利用的草地。盐生假木贼虽然适口性较差，但由于该草地分布面积大，在饲草缺乏的干旱荒漠区仍有较重要的饲用价值。盐生假木贼极耐干旱、耐盐碱、耐粗劣的基质条件，因此它在风沙干

旱地区具有一定的防蚀保土作用。

六十四、合头藜（*Sympegma regelii*）型

合头藜型草原广泛分布于中国内蒙古西部的阿拉善荒漠区，中亚和蒙古国也有。合头藜草原多出现在荒漠区的石质山地及剥蚀残丘，山麓和干谷地带也有分布。土壤为棕漠土，沙砾质、砂质或砂壤质。在龙首山和马鬃山可分布到海拔 2000m 的山地上。合头藜常以单优势种或与灌木、小灌木，或与丛生禾草构成合头藜草原，草群高 10～30cm，最高达 50cm，盖度一般为 10%～30%，最高可达 40%，最低 3%左右。合头藜草原次优势种和伴生种主要有珍珠柴、短叶假木贼（*Anabasis brevifolia*）、驼绒藜、圆叶盐爪爪（*Kalidium schrenkianum*）、沙生针茅、碱韭及霸王、松叶猪毛菜（*Salsola laricifolia*）、菁状亚菊、中亚紫菀木、叉枝鸦葱（*Scorzonera divaricata*）、红砂、雾冰藜、旱蒿、高山绢蒿及猪毛菜等。合头藜草原平均每公顷产干草 313kg，饲养一个绵羊单位年均需草原 4.03hm²。合头藜草原面积为 2 983 219hm²，其中可利用草原面积为 2 365 582hm²，占合头藜草原面积的 79.3%。合头藜草原是骆驼良好的荒漠放牧场之一，也是骆驼重要的抓膘牧草。骆驼喜食当年生枝，尤以夏季最喜食。合头藜草地亦可放牧小畜，绵羊、山羊在青鲜时仅雨后采食，秋季干枯后喜食。合头藜含有较丰富的营养物质，幼果期粗蛋白含量占干物质的 18.40%，粗脂肪占 1.75%，粗纤维占 7.50%，无氮浸出物占 47.29%、粗灰分占 15.31%，灰分中钙占 3.39%。综合营养分析可见，合头藜的粗蛋白、无氮浸出物、矿物质，特别是钙质含量都较高，相反粗纤维含量很低，属于良等牧草。合头藜草原一般多作冬春牧场利用。合头藜亦为固沙植物，防风固沙性能良好。

六十五、绵刺（*Potaninia mongolica*）型

绵刺型草地分布于亚洲中部荒漠区的最东部，主要分布在内蒙古西部和宁夏北部，大致东起鄂尔多斯高原西北部的乌加庙（107°30′E），西至巴丹吉林沙漠以北哈日布力格（103°E），北至中蒙边境，南到阿拉善左旗瑙干陶力附近。在蒙古国主要分布在东戈壁区和阿拉善戈壁区的范围内，在戈壁阿尔泰区亦有少量分布。绵刺草原多生长在山前洪积扇、山间盆地、丘间谷地、坡地、冲刷沟和戈壁等地。土壤为灰棕荒漠土，质地为沙砾质。绵刺型草原分布区植物种类较丰富，据统计有 85 种，分属 21 科 56 属，其中作用最大的是蒿属、猪毛菜属、锦鸡儿属、白刺属、霸王属、黄芪属和针茅属的植物。草群分层明显，上层高 50cm 以上的灌木层，常以霸王为标志，中层小灌木和小半灌木，高 20～35cm，绵刺、红砂、珍珠居于这一层，下层为草本层，一般高度不超过 20cm。植物种在（4×4）m² 的样方内 4～12 种，草群盖度为 5%～20%。常见的优势种和伴生种有沙生针茅、小针茅、无芒隐子草、短花针茅、猫头刺、驼绒藜、霸王、短脚锦鸡儿（*Caragana brachypoda*）、狭叶锦鸡儿、红砂、珍珠、砂蓝刺头（*Echinops gmelinii*）、假木贼、合头藜、泡泡刺、刺旋花、蒙古韭等。绵刺常以单优势种或与灌木、小灌木、小半灌木和丛生草本植物构成绵刺荒漠草地。绵刺草原每公顷平均产干草 667kg，一个绵

羊单位年均需草原 7.56hm²。绵刺草原面积为 1 458 487hm²，其中可利用草原面积为 1 198 948hm²，占绵刺草原面积的 82.2%。绵刺草原是阿拉善东部荒漠和鄂尔多斯高原西北部家畜重要的天然放牧场。绵刺的营养价值较高，营养期与花期粗蛋白含量分别为 17.06%和 5.46%，粗脂肪为 2.40%和 3.63%，粗纤维为 24.36%和 44.62%，无氮浸出物为 46.29%和 32.13%，粗灰分为 7.86%和 7.92%。绵刺的适口性良好，马一年四季喜食，青绿时骆驼最喜食，牛、驴和羊喜食，绵刺休眠或冬春枯草期适口性下降，但长期在绵刺草原上放牧的牲畜依然采食。绵刺总消化率为 62.61%。可见绵刺的饲用价值较高。加之绵刺草原植物种类组成较丰富，尤其是与丛生禾草或锦鸡儿属植物构成的绵刺草原，其饲用意义更大。绵刺极耐干旱和盐碱，遇干旱年份呈假死状（休眠）而不枯死，主根入土较深，侧根发达，具有一定的防风固沙作用。

六十六、唐古特白刺（*Nitraria tangutorum*）型

唐古特白刺型草地分布甚广，分布于内蒙古的阿拉善，也进入鄂尔多斯高原和乌兰察布高原的北部。唐古特白刺是荒漠和半荒漠草地植被的重要建群种之一，常常生长在荒漠和半荒漠地带的湖盆边缘、河流阶地、低山残丘间宽谷低地、洪积扇和坡麓地带。土壤多为盐化沙土或覆沙的盐化壤土，以及堆积风积的龟裂土、结皮盐土和山前棕钙土。唐古特白刺草原分布区，约有种子植物 56 种，其中以藜科种类最多（16 种），其次是禾本科、菊科、蒺藜科、豆科等植物。唐古特白刺草原分层结构明显，上层由建群种唐古特白刺与沙冬青、霸王等灌木构成，灌木层一般高 30～60cm，唐古特白刺株丛基部往往形成隆起的风积沙堆，沙堆高 0.5～3m 或更高，丛径一般 2～3m，最大可达 10m 左右。下层一年生草类较丰富，主要有虎尾草（*Chloris virgata*）、滨藜（*Atriplex patens*）、猪毛菜、绵蓬、蒺藜（*Tribulus terrestris*）、车前及一年生蒿类植物等。多年生草类有沙生针茅、无芒隐子草、赖草、砂引草（*Messerschmidia sibirica*）、砂蓝刺头、披针叶黄华、骆驼蓬等。草层高 5～25cm，草群盖度为 10%～50%。唐古特白刺草原伴生植物除上述外，还有较高大的芨芨草、芦苇、沙鞭、黑沙蒿、甘草及细枝盐爪爪、苦豆子、蒙古韭等。唐古特白刺草原平均每公顷产干草 286kg，一个绵羊单位年均需草原 4.11hm²。唐古特白刺草原面积为 672 944hm²，其中可利用草原面积为 481 238hm²。唐古特白刺草原是荒漠区重要的放牧型草地之一，对该地区畜牧业饲料平衡有着极为重要的作用。唐古特白刺嫩枝叶粗蛋白、无氮浸出物、粗灰分含量较高，粗纤维含量较低，其营养价值较好。据中国农业科学院草原研究所的分析，营养期，枝叶中粗蛋白质含量为 12.32%，粗脂肪为 4.12%，粗纤维为 23.09%，无氮浸出物为 44.33%，粗灰分为 16.14%。虽然营养价值较高，但因其枝条粗硬、多刺、含盐高，适口性较差。骆驼四季均采食，夏、秋季乐食，羊也采食，牛、马一般不食，骆驼和羊喜食果实。综上所述，唐古特白刺饲用价值中等。其草原一般地势低平，水源条件较好，所以夏、秋、冬季均可放牧利用。唐古特白刺除饲用外，还有医疗保健、药用、工业原料、防风固沙、燃料等用途。唐古特白刺果素有"沙漠樱桃"的佳称，它含有较丰富的氨基酸（18 种）、微量元素（24 种）、糖类（占 26%）、维生素 C（每 100g 果实中含维生素 C 31.12mg），直接食用具有很好的

医疗保健作用，且是制作饮料的良好原料。白刺果可入药，味酸、性温，具健脾胃、助消化、安神解表、催乳等功能。白刺根上的寄生植物锁阳（*Cynomorium songaricum*）也可入药。另外，锁阳茎中含较多的淀粉，可供酿酒、制糕点或提取烤胶。当前唐古特白刺荒漠型草原人为破坏严重，尤以绿洲附近，滥牧、滥刨薪柴、滥挖药材和过度采摘，致使草地退化、沙漠化加剧，今后要合理放牧，严禁滥刨、滥挖，挖掘药材后要填埋，并采用补播或封育的办法达到恢复植被的目的。

六十七、泡泡刺（*Nitraria sphaerocarpa*）型

泡泡刺型荒漠是亚洲中部荒漠区具有代表性的一个灌木荒漠草地类型。它广泛分布于内蒙古的阿拉善高原，在蒙古国广泛分布在外阿尔泰戈壁和阿拉善戈壁区及戈壁阿尔泰区的传尔藏戈壁和加尔巴英戈壁。泡泡刺除我国内蒙古、新疆、甘肃有分布外，俄罗斯也有分布。泡泡刺荒漠型草地多出现在石质残丘、剥蚀石质准平原、山麓砾石洪积扇和干旱的山间低地、干河谷。土壤为灰棕荒漠土或棕漠土，表层多覆沙，土壤中富含石膏，在覆沙10cm的典型荒漠生境条件下，常常形成大面积的"纯"泡泡刺荒漠草地。泡泡刺型草地植物种类组成贫乏，100m² 样地内仅2～3种，结构极简单，常以单纯的泡泡刺草地出现，也有与次优势种构成群落。草群盖度为3%～15%，草群高20～50cm。伴生植物很少，有红砂、珍珠、沙拐枣、驼绒藜、木本猪毛菜、膜果麻黄、裸果木（*Gymnocarpos przewalskii*）、合头藜、沙蓬、虫实等。泡泡刺草原平均每公顷产干草133kg，饲养一个绵羊单位年均需草原13.34hm²。泡泡刺草原面积为2 566 605hm²，其中可利用草原面积为1 906 887hm²，占泡泡刺草原面积的74.2%。泡泡刺型草地是骆驼和山羊的放牧地，骆驼和山羊喜食其嫩枝叶，干枯后骆驼仍喜食，山羊适口性有所下降。营养期粗蛋白、无氮浸出物、钙质含量较高，粗纤维含量较低，营养价值较好。但草场植被稀疏，产草量低，载畜力不高。泡泡刺固沙性能良好，在株丛基部常常积成直径小于100cm的小沙堆，有一定的阻挡风沙的作用。泡泡刺草原要注意放牧适当，以防利用过度造成草地退化。

第十九章　内蒙古草原资源评价

草原资源是一种可以更新的自然资源，在陆地生态系统能量流动和物质循环的过程中，把人类不能利用的草本、半灌木和灌木等植物，经过草食家畜，转化为人类可以食用的肉、奶等畜产品，不仅可以缓解粮食生产的不足，而且对人类物质、文化生活，乃至生存环境都具有非常重要的作用。

草原资源评价就是在草原类型研究的基础上，从草原资源经济利用的角度，对草原不同用途的适宜程度和潜力再认识的过程。目前世界各国草原资源的用途以饲养功能最广泛，因此也是当前草原资源评价的基本内容。但随着科技进步和经济发展，近年来发达国家对草原的生态功能、社会功能、游憩功能进行了开发和评价，对指导草原资源合理利用和科学规划具有重要意义。

草原资源评价是认识和了解草地资源的一种手段，其目的既可为草原资源利用服务，也可以为草原管理服务。由于草原用途多种多样，千差万别，对于同一类型草原，因用途不同会有不同的评价结论，现结合中国境内的蒙古高原草原，以畜牧业生产功能为主进行如下评价。

第一节　产草量评价

草原产草量的高低受水热条件的影响，由于蒙古高原的草原降水从东北向西南逐渐减少，气温从东北向西南递增，各地带性草原的产草量呈相关的规律性变化。例如，单位面积产草量，草甸草原平均为 1176kg/hm²；典型草原为 580kg/hm²；荒漠草原为 280kg/hm²；草原化荒漠为 254kg/hm²；荒漠为 129kg/hm²。非地带性草原多零星分布在水分条件较好的地区，草群生长比较茂密，高度较高，因此产草量也较高。例如，山地草甸草原平均产草量为 1798.5kg/hm²，低地草甸为 1308kg/hm²，沼泽为 1024kg/hm²。根据蒙古高原草原产草量的现状，我们将平均产草量高于 2500kg/hm² 的草原列入高产草原，产草量为 500~2500kg/hm² 的草原称为中产草原，而低于 500kg/hm² 的草原为低产草原。经过对 824 个草地型评价的结果，低产草地有 45 个型，占全部草地型的 5.46%，集中分布在荒漠草原、草原化荒漠和荒漠类草原中，而高产的草原有 17 个型，占全部草原型的 2.06%，集中分布在低地草甸和沼泽类草原中，而绝大部分草原居于中产草原，共有 762 个型，占全部草地型的 92.48%。

第二节　草原质量评价

草原质量的好坏在很大程度上取决于草群中优良牧草种类的多寡和它们在草群中占据的重量比。一般情况下，优质牧草种类多或某种优良牧草在草群中所占的比重大草原质量较好，反之则草原质量较差。根据草原中牧草的适口性、营养价值及耐牧性和冷季在草原上的保存率等特性，将草原的牧草划分为优、良、中、低、劣 5 个等级，再按产草量中 5 种牧草产草量占总产量比重划分出五等草原，一等草原质量最好，五等草原质量最差。例如，蒙古高原草原中国部分有一等草原 8.1×10^6 万 hm^2，占草原总面积的 12.8%，主要分布在草甸草原和典型草原中，分别占一等草原总量的 18% 和 25%。二等草原总面积为 $1.9 \times 10^7 hm^2$，占草原总面积的 31%，主要分布在典型草原、荒漠化草原中，分别占二等草原的 56.1% 和 29.4%。三等草原总面积 $2.1 \times 10^7 hm^2$，占草原总面积的 33%，主要分布在典型草原、荒漠和草甸草原三个大类中，分别占该等草原总面积的 22.7%、19% 和 17.5%。四等草原 $1.3 \times 10^7 hm^2$，占草原总面积的 21%，集中分布在荒漠和低平地草甸两大类中，分别占该等草原面积的 41.6% 和 24.4%。五等草原面积 $1.48 \times 10^6 hm^2$，占草原总面积的 2.3%，集中分布在荒漠类草原中，占该等草原总面积的 76.52%。可以看出，蒙古高原中国境内的草原质量还是比较好的；三等以上的草原占草地总面积的 75% 以上，而质量最低草原面积只占该地草原面积的 2.3%。

第三节 草原营养评价

草原营养评价是按照草原草群中所含营养物质的种类和数量及对家畜营养需要的满足程度进行草原优劣评定的一种方法，草原营养评价可以反映草原营养供给的特点和草原适宜饲养家畜的类型，为草原合理安排畜种提供理论依据。

（1）干物质评价：草原牧草干物质的含量在很大程度上受地带性气候的影响，气候湿润（湿润系数大）则干物质含量低，反之则干物质含量高。草甸草原湿润系数最大，干物质含量最低，为 40% 左右，典型草原次之，干物质含量为 48% 左右，荒漠类草原湿润系数最小，干物质含量也最高，多在 58% 以上。干物质含量高适于饲养肉用家畜，而干物质含量低则适于饲养奶用家畜。

（2）粗蛋白评价：草原中粗蛋白是家畜获得蛋白质的主要来源之一，草原牧草粗蛋白的含量，直接影响家畜的生产能力和健康状况。草地中粗蛋白的含量以荒漠草原类最高，可达 9.17%，其次是典型草原为 8.8%，荒漠类草原为 8.6%，草甸草原为 6.9%。草原牧草粗蛋白的含量随季节的变化而变化，一般生长季节，抽穗（或现蕾）期到开花期含量较高，可满足不同家畜对粗蛋白的需要，牧草到枯黄季节后，粗蛋白含量显著下降，特别到冬春季，粗蛋白下降幅度很大，一般不能满足家畜正常生长发育的需要，因此必须采取补饲方式，补充一定量的蛋白质饲料，以满足家畜的需要。

（3）粗纤维评价：粗纤维是草食家畜不可缺少的营养物质，粗纤维具有吸水量大的特点，家畜采食后起到饱腹感的作用，同时对家畜的肠胃有一定的刺激作用，可促进家畜肠胃蠕动和便于排泄，粗纤维也是家畜需要的能量来源之一。粗纤维含量过高会影响家畜的正常消化，因此，掌握粗纤维含量的规律对适时利用草原有重要意义。草甸草原平均含粗纤维最多，达 32.12%，其次是典型草原为 31.02%，荒漠草原为 30.18%，荒漠为 29.01%。粗纤维随牧草生长季节变化而变化，营养期最低，枯黄后最高。另外，粗纤维含量高低还影响其他营养物质的消化率，有关资料证明，粗纤维含量越高，营养物质消化率越低，牧草的营养价值也随之降低，草原质量亦下降。例如，牧草中粗纤维含量为 10%～20% 时，粗蛋白和粗脂肪的消化率分别为 76.3% 和 59.8%，而粗纤维含量达 40%～45% 时，粗蛋白和粗脂肪的消化率下降至 58.9%～44.9%，分别下降了 21.5% 和 24.9%。

（4）无氮浸出物评价：无氮浸出物是草食家畜能量的主要来源。以沼泽类草地无氮浸出物含量最高，达 49.23%，其次是草甸类，平均为 48%，草甸草原为 44.4%，最低的荒漠为 35.56%。无氮浸出物的含量与生物气候密切相关，日照时数增加有利于无氮浸出物的合成，但气温升高不利于无氮浸出物的积累。草原无氮浸出物的含量与草原牧草的消化率呈正相关，即草原无氮浸出物含量越高，其消化率亦越高，一般情况下，消化率高的牧草，适口性亦好，家畜均喜食，草地的营养价值相对亦较高。因此，在草原其他营养成分含量相同或相近的情况下，草原无氮浸出物含量越高，其营养价值亦越高，草地质量亦越好。

（5）粗灰分评价：粗灰分是草原牧草中矿物质含量的总称，对草原生境条件有一定的指示作用。粗灰分是草原牧草和家畜体内不可缺少的重要元素。任何一种矿物质元素过量或缺乏时，都会引起牧草和家畜的不正常生长和发育。经调查研究表明，蒙古高原草原中，草甸草原的粗灰分含量最低，占干物质总量的 7.7%，典型草原粗灰分占 9.82%，荒漠草原为 11.98%，荒漠类草地粗灰分含量最高为 18.56%。从草甸草原到荒漠粗灰分呈递增趋势，这是由土壤基质和气候因素决定的。荒漠类草原地区气候干旱，降水量少而蒸发量大，牧草为了适应这种环境条件，体内必须有比较多的矿物质来保证自身的渗透压，以便从土壤中吸收水分和养分。同时为防止体内盐分过量积累，其泌盐能力亦大幅度提升。而草甸草原气候较湿润，降水量较高，蒸发低，因而粗灰分含量较低。

第四节　草原载畜量评价

草原载畜量是指草原在合理利用的前提下，保证让家畜正常生长和繁育，草原所能承载家畜的数量。它是表示草原生产能力高低的重要指标之一，可以准确地反映草地的经济性和综合生产能力，为科学合理地利用和管理草原提供理论依据，也是草原评价的重要内容之一。

草原类型所反映的自然特点和经济特征，就会以草原载畜量的形式体现在草原的生产综合能力上。由于不同地区各类草原产草量不同，草原载畜量的差异较大（表 19-1）。

表 19-1　各类草原载畜量统计表

草原类型	理论载畜量/羊单位	载畜能力/（羊单位/hm²）	占总载畜量比例/%
草甸草原	9 260 873	0.8	21.1
典型草原	14 470 968	1.7	32.8
荒漠草原	2 474 919	3.2	5.6
草原化荒漠	1 447 581	3.3	3.3
荒漠	1 594 844	5.9	3.6
山地草甸	2 547 024	5.1	5.8
低地草甸	11 296 931	6.6	25.1
沼泽类草原	897 479	7.2	2.1

从表 19-1 可以看出，典型草原载畜量最高，占总载畜量的 32.8%，沼泽类草原载畜量最低，占总载畜量的 2.1%。从载畜能力上看，草甸草原最高，每羊单位需草原面积 0.8hm²，而沼泽类草原因牧草利用率低则需 7.2hm²。

由于目前蒙古高原草原实际载畜量超过理论载畜量，草原普遍退化，产草量大幅度下降，草原生态环境急剧恶化，不仅严重地制约了草原畜牧业生产的发展，而且草原生态环境破坏给当今国民经济的发展也带来了一系列的问题。因此，国家非常重视草原退化问题，采取了一系列有关措施，如京津风沙源治理工程，退牧还草、退耕还林还草、草原建设等工程，以防止草原环境进一步恶化，使草原休养生息，更好地发挥其经济、生态和社会功能。

第二十章 蒙古国草原资源评价

第一节 天然草地的分布、产草量评价

为放牧提供的草地被称为放牧场，而严寒季节为家畜贮备饲草的草地被称为打草场。放牧场与打草场的利用牵涉社会、财政、人口、法律等许多方面。放牧场与打草场的科学研究包括生态理念、所有权与经营权、责任制等诸多问题。把 $1.2 \times 10^9 \text{hm}^2$ 的鸟瞰面积换算成平面，蒙古国的放牧场与打草场面积为 $1.47 \times 10^{10} \text{hm}^2$。

蒙古国森林草原与荒漠草原的占有面积最大，占草地面积的 26.5%～28.3%，而高山草地、草原、荒漠占 5.0%～20.9%，最小的为其他类型的草地，只占 4.9%。根据财政统计（按财政管理，蒙古国把草场分为东部、中央、杭爱、西部 4 个主要地区），中央区草场占 32.6%，占草场产草量的 22.2%；西部区占 27.0%，占产草量的 24.6%；杭爱区占 23.0%，占产草量的 27.5%；东部区占 17.2%，占产草量的 25.7%（表 20-1）。

表 20-1 放牧场分布及面积（财政地区 1990 年）

地区		总面积		占总面积的比例（%）					
		面积（hm²）	比例（%）	高山带	山地森林草原、草甸	草原带	荒漠草原	戈壁荒漠	其他
	全部放牧场	1.20×10^8	100	5.0	26.5	20.9	28.3	14.4	4.9
	西部	3.25×10^7	27.0	8.5	15.0	20.5	33.0	22.0	1.0
地区	杭爱	2.77×10^7	23.0	12.1	41.2	15.3	20.4	9.0	2.0
	中央	3.93×10^7	32.6	1.0	10.1	20.0	42.2	25.4	1.3
	东部	2.08×10^7	17.2	0.8	32.8	60.3	5.0	0.1	1.0
	乌兰巴托	0.2×10^6	0.2						

资料来源：Оюунцэцэг，2000

蒙古国 1993 年产草量为 $4.6 \times 10^9 \text{kg}$，其中，夏秋产量为 $2.6 \times 10^9 \text{kg}$，冬春为 $2.0 \times 10^9 \text{kg}$。2000 年达 $6.2 \times 10^9 \text{kg}$，比 1993 年增长 $1.6 \times 10^9 \text{kg}$，提高了 34.8%。2005 年增长 $2.8 \times 10^9 \text{kg}$，比 1993 年增长 60.9%，比 2000 年增长 45.2%。

上述产草量的不同在于除草场牧草生长影响外，与 2000 年草场面积扩大了 $5.3 \times 10^6 \text{hm}^2$ 和 2005 年却减少了 $1.08 \times 10^7 \sim 1.61 \times 10^7 \text{hm}^2$ 有关（表 20-2）。

表 20-2 放牧场牧草的供应状况

	1993 年	2000 年	2001 年	2002 年	2003 年	2004 年	2005 年	2010 年	2011 年	2012 年	1993～2012 年
放牧场、打草场面积（×10⁶hm²）	124.1	129.4	128.9	128.9	113.1	112.8	113.3	111.2	111.2	111.0	−13.1
牲畜头数（羊/100hm²）	43	48	39	35	41	44	46	49	53	60	+17

据 1993 年的统计数据，蒙古国饲草产量中杭爱地区占 47.6%，中央地区占 25.0%，西部地区占 16.3%，东部地区占 10.1%，乌兰巴托地区占 1.0%。而到 2000 年，则分别为 58.4%、17.0%、13.7%、10.4%、0.5%，可见 2000 年除杭爱地区提高 10.8% 外，其他地区减少 0.3%～8.0%。2005 年杭爱、中央地区提高了 0.8%～8.7%，东部、西部地区下降了 4.7%～11.5%。

放牧期，依据以公顷（hm^2）为单位的草场上能合理饲养牲畜的头数来表示放牧地的产草量，也称之为承载量。以 $100hm^2$ 草场能饲养羊的头数来确定饲草的供求状况。

根据蒙古国"国土地理信息图"，1993 年的国家可利用土地面积中蒙古国草地面积（放牧场、打草场）为 $1.47×10^{10}hm^2$。2012 年从天然草地中把 $1.14×10^9hm^2$ 划归于自然保护地。

蒙古国每百公顷放牧场与打草场的生态载畜量为 62 只羊。1993 年放牧场的载畜量为 43 只/$100hm^2$。然而放牧场面积减少 $1.3×10^9hm^2$ 状况下，2004～2005 年增加 3 只、2008～2012 年平均增至 11 只，在 2004～2012 年平均增至 9 只，至 2012 年载畜量达 60 只/$100hm^2$，比 1993 年增加了 17 只，载畜量达到了极高水平（表 20-2）。

蒙古国每个省的载畜量各异。根据 2012 年的统计，鄂尔浑省 857 只（羊单位/hm^2，下同），乌兰巴托 325 只，达尔汗乌勒省 270 只，宝拉根省 180 只，后杭爱省 174 只，库苏泊省 137 只，色楞格省 141 只，比国家制定的载畜量平均超出 4.8 倍（2～13.8）。1993 年，鄂尔浑省为 478 只，乌兰巴托 1155 只，达尔汗乌勒省 165 只，宝拉根省 85 只，后杭爱省 89 只，库苏泊省 81 只，肯特省 45 只，东方省 19 只，苏赫巴托尔省 39 只，色楞格省 57 只（表 20-3）。

表 20-3　草场分布、产草量（按财政地区、省）

排序	省名称	放牧场、打草场面积（×10^3hm^2）				放牧场、打草场牲畜头数（只/$100hm^2$）			
		1993 年	2000 年	2005 年	2012 年	1993 年	2000 年	2005 年	2012 年
A	西部区	32 205.3	35 582.5	28 731.2	28 843.7	47	48	46	48
1	巴彦乌勒盖	4 178.7	4 411.9	3 522.2	3584.9	43	49	57	59
2	戈壁阿尔泰	9 491.4	12 152.6	8 706.9	88.5.0	18	24	26	27
3	扎布汗	6 855.7	6 751.7	6 495.9	6925.3	56	53	49	49
4	乌布苏	5 684.4	5 690.1	4 790.3	4 336.5	54	46	62	69
5	郝泊德	5 995.1	6 576.2	5 215.8	5 192.1	52	48	55	57
Б	杭爱区	28 178.6	29 643.1	25 400.0	25 448.6	140	219	71	102
6	后杭爱	4 541.7	4 255.0	3 799.0	3 792.9	89	140	120	174
7	巴彦洪格尔	9 067.0	11 027.1	9 016.0	8 876.8	33	37	27	43
8	宝拉根	3 178.3	2 708.3	2 633.2	2 598.3	85	127	101	180
9	前杭爱	5 982.8	5 913.3	5 722.8	5 713.2	72	69	62	79
10	鄂尔浑	53.5	33.1	41.1	41.0	478	840	594	857
11	库苏泊	5 355.3	5 706.3	4 187.9	4 426.4	81	103	109	137
B	中央区	40 532.5	28 128.5	35 828.7	35 609.6	56	73	31	43
12	戈壁苏木贝尔	459.7	538.6	538.1	466.0	41	44	45	65
13	达尔汗乌勒	190.2	200.6	197.5	187.5	165	219	142	270

续表

排序	省名称	放牧场、打草场面积（×10³hm²）				放牧场、打草场牲畜头数（只/100hm²）			
		1993 年	2000 年	2005 年	2012 年	1993 年	2000 年	2005 年	2012 年
14	东戈壁	10 132.7	1 026.6	9 235.8	9 250.6	17	22	19	24
15	中央戈壁	7 377.9	7 364.6	7 136.2	7 163.5	38	30	39	31
16	前戈壁（南）	14 597.7	12 227.8	11 470.0	11 454.6	12	20	14	18
17	色楞格	1 946.0	1 566.3	197.5	1 753.9	57	93	67	141
18	中央	5 828.4	5 204.0	1 776.7	5 336.5	65	86	61	106
Г	东部区	23 134.0	26 516.0	23 124.6	22 609.7	34	41	38	50
19	东方	9 966.9	11 952.7	9 643.3	9 492.6	19	21	23	28
20	苏赫巴托尔	6 876.6	8 155.8	7 602.8	7 718.1	39	45	42	53
21	肯特	6 290.5	6407.5	5 878.6	5 398.9	45	58	58	83
Д	乌兰巴托	58.2	289.3	270.1	133.2	1 155	201	218	325
	总计	124 108.5	129 393.4	113 354.6	112 744.8	43	48	46	60

资料来源: Монгол улсын Үндэсний статистикийн эмхэтгэл МАА-н салбар, ХАА-н салбар .УБ（1986-1990，1991-1995，1996-2000，2001-2005，2008-2012）；Цэрэндаш（2003）

杭爱区 1993～2000 年载畜量最大达 179 只（140～219 只），比国家的平均水平超出 117 只，2005 年 71 只，而在东部地区 1993～2000 年载畜量比国家平均减少 24 只，2005～2012 年减少 18 只。中央、西部两个地区载畜量为 47～106 只，比国家平均值减少 11～15 只（表 20-3）。

1986～1990 年蒙古国全国生产的人工饲草料达 $9.94×10^8$kg。1990 年后大部分（约 300 家）国营饲料加工厂、奶牛场（20 余家）变成私营经济，加之原材料紧缺，1991～1995 年人工饲草料仅为 437 900 饲料单位；1996～2000 年为 348 900 饲料单位；2001～2005 年为 449 500 饲料单位；2008～2012 年为 593 200 饲料单位，1990～2012 年减少了 62.4%（41%～65%）。

2001～2005 年一年生及多年生栽培饲料生产大幅减少，几乎处于停业状态，取而代之的是粗饲料（草类）、手工饲料、矿物质饲料的制作。

1990～2012 年，从提供给每只羊 9.4（8.8～10.1）饲料单位的人工饲料已减少到每只羊只有 4.6 饲料单位的供应量。

放牧地牧草的营养物质、蛋白质等从当年的 10 月开始下降至翌年的春季返青期，从 10 月开始出现缺乏饲草、蛋白质。在这 240 天内牲畜只能采食枯草。

据研究（2000 年），在夏、秋季全天候放牧的蒙古国所有家畜需含 $1.2×10^9$kg 的可吸收蛋白质的 $1.19×10^{10}$kg 饲料单位饲草，才能保证其生理需要。冬春季则需补充 $3.1×10^9$kg 饲料。根据家畜生理指标，天然草场牧草可完全满足骆驼、马的生理需求，而蒙古牛、绵羊、山羊需求的 95%，乳牛的 30%，肉牛的 60%，细毛及半细毛羊的 75%，猪的 7% 可以从天然草场上得以满足。

第二节　放牧场牧草营养价值评价

一、牧草营养价值评价概述

1940~1950 年，苏联学者 A. A. 尤纳托夫研究了蒙古国放牧场饲用植物组成及营养状况，编著了《蒙古人民共和国饲用植物》。书中详细记述了蒙古国放牧场饲用植物的种类及其化学组成和被家畜利用状况。A. A. 尤纳托夫将对蒙古国放牧场与打草场 133 种重要饲用植物不同生育期营养特性进行的详细科学研究情况写入该书。

1940~1943 年，A. A. 尤纳托夫、И. A. 萨钦金等科学家对蒙古国的放牧场与打草场进行研究，1951 年编著了《蒙古人民共和国天然牧草资源》等著作。在这些著作中描述了放牧场与打草场饲用植物化学组成、饲用特征，对有些饲用植物的饲用价值用饲料单位表示出来。对蒙古国放牧场、打草场饲用植物的种类及营养特性方面，蒙古国的科学家们开展了卓有成效的工作。其中 Б.色德布教授研究了蒙古国天然草原的盐碱及微量元素组成，制作出许多种混合饲料的配方及确定了其有效作用。他开创了在蒙古国地区制作、生产混合饲料的事业，并亲自参与和指导。

P.斯仁都拉玛所著的《饲料的营养循环》一书中研究了蒙古国 50 多种植物的化学组成及营养成分，得出了 170 多条研究结论。

根据上述研究，蒙古国森林草甸草原放牧场夏季新鲜牧草中含 4.4%（3.2%~6.1%）的蛋白质。夏季时营养物质含量最高，1kg 干物质中含 0.9~1.0 饲料单位，而在冬、春季比夏季下降50%以上。

Ж.套格套于 1997 年报道，在森林草原的高山草甸放牧场中，夏季牧草的粗蛋白含量达 11.2%~11.7%，而在冬季干枯草中粗蛋白含量只为夏季的 34.8%~55.2%。

Ч.乌云其其格在 1991~1992 年间对前杭爱的羊茅-杂类草草场牧草营养成分进行研究，得出夏季粗蛋白含量为 9.6%，秋季则其含量为夏季的 38.39%，冬季则仅为夏季的 18.59%，而粗纤维含量渐渐提高，冬春季比夏季提高了 16.13%~40.76%。粗蛋白与粗纤维比例，夏季 1:25、秋季 1:8.8、冬季 1:19，冬季放牧场牧草蛋白质含量急剧下降。

森林草原的禾草-杂类草-薹草草场的 100kg 鲜干草中粗蛋白含量为 17.2%、脂肪为2.6%、粗纤维为 24.8%，每 100kg 干草具 73.6 饲料单位和 13.7kg 可吸收蛋白质。

P.斯仁都拉玛领导的草原牧草研究室的科学团队以"蒙古国放牧场潜力、生态、营养特性"为研究内容，总结分析了 1940 年以来蒙古国畜牧科学院草地学者们所进行的有关蒙古国饲用植物的营养特性及化学组成，并在整理的基础上首次把饲用植物的营养特性用总能量、太阳能及有效能研究表达。制作出包括饲用植物营养状况放牧场、打草场的百万分之一图谱，该图谱包括 201 种草场类型。并完成了 105 种草场类型的 87 种饲用植物的化学组成的确定。

从 1990 年开始 P.斯仁都拉玛及其团队用气体设备法测定太阳能。计算太阳能时用家畜体内被吸收的营养物质总量乘以 1g 营养物质产生的能量 18.47kJ，得出被吸收的能量。因各种家畜吸收能量不同，从而用不同的系数来确定不同家畜所吸收的太阳能。反刍家畜的系数为 0.84、马为 0.92、猪禽类为 0.9。近年来，世界各地普遍采用 "СИ" 系统的 J 单位来表示热能。

X.根达日玛已研究出 1kg 饲料在畜体内所被吸收的营养物质量乘以反刍动物用 15.51kJ、马用 160.9kJ、猪与禽类用 17.73kJ 等系数来确定太阳能的利用，这是一项确定太阳能被利用的快速而简便的方法。

因利用太阳能表示营养物质的功效时未能计入纤维素的消耗，所以其计算结果明显大于饲用单位的结果。

蒙古国天然草场在夏季时 1kg 鲜干草为 0.41～0.44 饲料单位、有效太阳能为 0.42～0.16MJ、可吸收蛋白质为 28～59g。

用饲料单位表示，在夏季高山草场 100kg 干草中具 80.6～82.3 饲料单位、11.2～11.5kg 可吸收蛋白质；山地草甸、草原干草的干物质中具饲料单位 72.3～90.6、可吸收蛋白质为 6.3～6.4g；荒漠草原及荒漠具 103.8～113.2 饲料单位、可吸收蛋白质为 10.6～12.2g。

从表 20-4 中可看出，荒漠高山放牧场牧草的营养性、太阳能较高。从森林草原向荒漠过渡时牧草的可吸收蛋白质增加，然而所含的总能量波动于 12.8～14.8MJ。放牧场牧草总能量在冬春干枯时期比夏季下降 3.0%～30%，因此，能量的贮藏量变化不大、保持相对较稳定，这样能保证家畜对能量的需求。虽然所需能量得以相对保证，但冬春干枯时期放牧场牧草营养价值却是夏季的 1/3～1/2、可吸收蛋白质含量是夏季的 1/4～1/3，所以各种家畜的体重在这季节显著下降。这样，一只成年绵羊在冬春季节体重下降 28%～36%，则其价值损失可达 38%～43%。

表 20-4　放牧场营养性（按地区每 100kg 的干草）

序号	放牧场类型	夏		秋	
		饲料单位（kg）	吸收蛋白（g）	饲料单位（kg）	吸收蛋白（g）
1	高山	82.3	11.2	—	—
2	高山森林	80.6	11.5	—	—
3	山地草甸草原	90.6	6.3	6.2	4.1
4	草原	72.3	6.4	65.9	4.4
5	荒漠草原	103.8	10.6	63.2	4.7
6	荒漠	113.2	12.2	—	—
7	梭梭草场	61.9	4.2	—	—
8	山谷草甸	84.4	9.6	51.2	5.2
9		66.5	8.6	76.5	3.5

资料来源：Цэрэндулам，1968

这是由于冬春干枯时期家畜每日的营养需求中，放牧场只能提供 40%～50% 的饲料单位、30%～35% 的可吸收蛋白质，另外家畜在 240 天时间内只能采食营养价值低的枯草。据研究，蒙古国全部家畜在夏秋季节从放牧场上获得 1.2×10⁹kg 可吸收蛋白质、1.19×10¹⁰kg 饲料单位或 1.95×10¹⁰kg 饲草。

冬春季节虽然缺乏可吸收蛋白质，但不同地区表现有所不同。例如，杭爱高山地区比戈壁地带早一个月需要补给可吸收蛋白质，也就是说，在90~240天需要补充饲料，即每日补给日食量的50%~70%饲料单位和40%~80%的可吸收蛋白质。

从放牧场类型来看，禾草–薹草–杂类草、针茅–隐子草、豆类–禾草–杂类草、禾草–杂类草草场1kg鲜草含0.36~0.54饲料单位、37~64g可吸收蛋白质、3.9~5.9MJ太阳能（表20-5）。在嵩草放牧场，牧草在抽穗至开花期1kg鲜草中含0.34饲料单位和38g可吸收蛋白质，种子成熟期含0.36饲料单位和24g可吸收蛋白质。显然随发育期推移其蛋白质含量下降。禾草–杂类草草场上抽穗期含0.25饲料单位、24g可消化蛋白质，开花期含0.35饲料单位、42g可消化蛋白质，成熟期含0.36饲料单位、35g可消化蛋白质。

表 20-5　蒙古国放牧场一些牧草总营养状况

饲草名称	100kg 饲草（燕麦单位）		1kg 饲草中			
			燕麦单位		太阳能（MJ）	可吸收蛋白质（g）
	饲料单位（kg）	可吸收蛋白质（g）	饲料单位（kg）	可吸收蛋白质（g）		
禾草–薹草–杂类草鲜草	35.8	5.87	0.36	59.0	3.9	59.0
针茅–隐子草草场鲜草	36.0	3.67	0.36	37.0	3.9	37.0
禾草–杂类草草场枯草	23.4	2.53	0.23	25.0	2.5	25.0
豆类–禾草–杂类草鲜草	51.5	6.42	0.51	64.0	5.6	64.0
禾草–杂类草鲜草	64.0	4.50	0.54	45.0	5.9	45.0

资料来源：Гэндарам，2009

碱韭–戈壁针茅放牧场枯草营养价值虽然比夏季下降一半、可吸收蛋白质含量下降到原来的1/3，但它的营养价值比其他放牧场的枯草的营养价值相对要好。

禾草–杂类草的山地草甸在开花期含0.35饲料单位、53g可吸收蛋白质，种子成熟期含0.37饲料单位、37g可吸收蛋白质，枯黄期含0.44饲料单位、36g可消化蛋白质，春季则含0.22饲料单位和10g可吸收蛋白质。

从草场牧草种类来看，羊草、羊茅、冰草、雀麦、针茅等禾草在夏季开花期1kg干物质中含0.61~0.92饲料单位、53~113g可吸收蛋白质，种子成熟期含0.43~0.77饲料单位、28~82g可吸收蛋白质，冬季的枯草中含0.43~0.60饲料单位、14~33g可吸收蛋白质。苜蓿、野豌豆、三叶草等豆科牧草含0.76~1.25饲料单位、52~213g可吸收蛋白质。

反刍动物（家畜）吸收消化鲜牧草的75%~80%的营养物质，而马吸收消化50%~60%，猪吸收消化40%~50%。

放牧场牧草不仅含有丰富的营养物质，而且易被吸收消化。在夏季，鲜草88.2%的蛋白质、82.0%的脂肪、83.2%的纤维素均能被吸收消化。

然而家畜对牧草的利用吸收受牧草种类及其生长发育阶段等各种要素的影响，其吸收利用率变化很大。冬春季对枯草的吸收利用是夏季的1/2~2/3。

二、加工饲料的种类及其营养评价

加工饲料包括为家畜提供营养物的植物、动物、矿物质、微生物制品及工业生产副产品。

从化学组成、营养价值、适口性、成本、耐贮性、是否促进家畜发育等方面评价加工饲料。

把加工饲料分为植物类、动物类、混合配制类、食品副产品、矿物类、生物激素类等。

植物类：包括粗饲料（草）、精饲料和青贮饲料。

植物来源的粗饲料，1kg 干物质中含有不到 0.5kg 的可吸收营养物质、低于 1MJ 的太阳能、高于 19% 的粗纤维，包括饲草、秸秆、谷物糠、松树针叶、多汁饲料等。

精饲料，1kg 干物质中含 0.5kg 以上可吸收营养物质、大于 7.1MJ 的太阳能、低于 19% 的粗纤维和 40% 以下的含水量，包括各种谷物籽粒、面粉及油料加工的副产品（表 20-6）。

表 20-6　补充饲料的营养

序号	饲料名称	饲料单位（kg）	可吸收蛋白质（g）
1	混合饲料　籽食不低于 60%	0.75～1.10	68～117
2	混合饲料　籽食 40%+草 60%	0.40～0.70	40～75
3	细麸皮	0.45～0.80	6～12
4	糠	0.70～0.90	—
5	酒糟（水 92%～94%/1kg 干物质）	0.78	159
6	加工马铃薯渣	0.52	100
7	加工食物渣	0.75	100
8	发霉种子烘干物	0.64	185
9	机器分离乳制品下脚料	0.13	31
10	浓缩物	0.17	38
11	液体	0.08	9
12	肉粉	1.50	590
13	肉及骨粉	0.86	400
14	胆粉	1.1	760
15	粗饲料（具豆科植物收获干草）	0.5	54
16	薹草+蘑草干草	0.43	40
17	燕麦秸秆	0.32	20
18	小麦秸秆	0.22～0.37	13～38
19	蘑草+混合饲料	0.3	33
20	含维生素的草粉	0.91	76
21	荨麻粉	0.87	80
22	碱韭粉	1.14	271
23	松针粉	0.89	69

资料来源：Гэндарам，2009

动物类：1kg 干物质中含约 11MJ 太阳能、500～700g 可吸收蛋白质，富含钙、磷、维生素 B 族。包括肉类加工业中的废肉、骨头、血粉，1kg 含有 1.4～3.3MJ 太阳能、9～35g 可吸收蛋白质的乳品加工业的废弃物，也包括 1kg 含有 7.7～15.4MJ 的太阳能及 120g 可吸收蛋白质的鱼类加工业的废品，如鱼油加工的废物、鱼头、鱼尾、鱼鳍等。

混合配制饲料，把几种饲料按各种规定配方混合制作的饲料。基本上压缩成颗粒或块状使用。1kg 干物质中含 0.75～1.10kg、68～117kg 可吸收蛋白质的作物混合料、含 0.70～0.90 饲料单位的麸皮、含 0.52～0.78kg 饲料单位及 100～159g 可吸收蛋白质的酒糟、马铃薯淀粉渣及加工粮食渣等都可用于配合饲料。

三、饲料蛋白质性质

家畜及动物饲料中必须具备而且不可替代的 10 种氨基酸合成的蛋白质被称为全价蛋白质。动物来源的蛋白质是良好的全价蛋白质。以豆科牧草为优势种的放牧场的鲜牧草也具有全价蛋白质。可利用下面公式来确定蛋白质的全价性。

$$X = 100 \, a / b$$

式中，X 为蛋白质的全价性（%）；a 为体内留下的氮（g）；b 为一定时期吸收的氮的总量（g）。

放牧地牧草所含氨基酸量随牧草生长发育阶段及季节变化而变化。例如，针茅-隐子草草场上氨基酸量夏季为 11.4g/kg、秋季为 84.7g/kg、春季为 48.3g/kg。

四、传统放牧的特点及其意义

根据自然气候条件、人们的传统及需求、草场的生产力及潜力、畜群种类、经营收益，放牧地上有传统和集约化利用两个系统，游牧、半定居、定居及牧场 4 种方式。

蒙古国的游牧与半定居方式较为普遍。

牧民有在一年四季兼顾草场休养生息的传统游牧方式。一般年份不必远走游牧，只在灾年（旱灾、雪灾）才去距 30～40km 远的草场上放牧。

Ц.达瓦扎木苏、Х.宝音奥日希等 1980 年，对扎布汗省的桑特马尔嘎茨、车臣乌拉两个苏木的牧民们利用沙地草场的方式进行研究。牧民们采用夏、秋两季进行游牧（倒场、敖特尔）、冬春季节划区利用两种方式来利用草场。

游牧时会遇到两个问题，第一，由于沙地草场植被稀疏、种类贫乏，在一个营盘上停留时间不能过久，如不采取分片放牧，易引起草场的退化。第二，由于沙地草场植被稀疏，土壤疏松，如果牲畜长期踩踏，使草场沙化植被愈发稀疏、利用面积缩小。

游牧的好处在于可充分利用远处的、水源缺乏的、寒冷季节不能利用的草场，使家畜抓好膘。

把冬春放牧场分为基础草场（包括远处和近处）、役马（骑乘）草场、奶牛草场等几块。初冬利用远处草场，春季利用近处草场。牧民们都有冬营盘和春营盘。当年的 11

月进驻冬营盘，翌年 2 月进驻春营盘至 4 月中旬。在利用放牧场时采取定居、半定居及游牧三种方式及随意和合理利用两种形式。合理利用则把草场以围栏分隔，按年、季节、月份进行轮换利用。

Ц.乌云其其格（1994～1995）在森林草原带进行了一年四季游牧的科学性方面的研究，得出了以下研究结果。

牧民根据放牧场所处位置、水源状况及牧户所有和集体所有情况，把放牧场分为冬春及夏秋两块，按年份轮换放牧来经营畜牧业。

分畜群种类利用季节性草场。一般在河谷、山北坡茂密高草处放牧大畜群，山前阳坡、干山谷草地上放牧羊群。

冬季选择海拔在 2300～2400m、天气温度比其他地方高 8～10℃，有小溪、泉水等饮水点、积雪少，以茂密禾草为主而背风地方作冬营盘（图 20-1）。

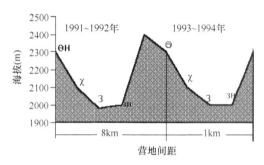

图 20-1　牧民营地轮换图（Оюунцэцэг，2000）
Θ. 冬营地；χ. 春营地；3. 夏营地；3н. 春秋营地

春天选择海拔在 2100～2200m，与冬营盘距 1～1.5km 远的背风、霜轻、牧草返青早的地方，有冷蒿、白头翁、星毛委陵菜、纤细委陵菜、羊茅、冰草、寸草薹等牧草，并且在这里牲畜易于舔碱（图 20-1）。

夏季则选择比其他地方稍低 4～6℃、凉爽、通风、开阔、蚊蝇少、略潮湿、生长有旱中生偃麦草、草地早熟禾、嵩草、柄状薹草、星星草、雀麦、芨芨草、黄芪，位于河流草甸及草原化草甸、具地表水的草场（图 20-1）。

秋季则选择距夏营盘 1.5～2.0km 而近于冬营地，生长有旱中生或中旱生的牧草，位于具小溪、泉水及易舔碱的平地、谷地草场（图 20-1）。

牧民以 5～6 户群居，称为浩特（小村落）。他们在两种草原地带，以冬春营地、夏营地、夏秋营地方式从海拔高处向海拔低处以椭圆形路线两年四次游牧，轮换利用放牧场，使放牧场得以休养生机。

浩特畜群载畜量，冬春季节平均为 35（14～55）只羊单位/100hm²、夏秋季节平均为 89（42～136）只羊单位/100hm²。冬春利用放牧场的 34.4%、其他季节利用 41.1%～41.6%。

夏季利用近处或中间草场最大利用率也只能到 36.4%～46.2%、秋季利用 55.5%、春季利用 53.9%，一般把近处草场留用于基础母畜和幼畜。

五、天然打草场资源

蒙古国的天然打草场面积为 $1.7\times10^6\sim1.9\times10^6hm^2$。1986～1990 年打草场收割 1.15×10^9kg 饲草、1991～2005 年收割 $6.88\times10^8\sim8.27\times10^8kg$ 饲草、2008～2012 年收割 1.09×10^9kg 饲草，比 22 年前减少了 $6.40\times10^7\sim4.66\times10^8kg$ 饲草。打草场面积中，草原地带占全国打草场面积的 43%、山地草甸草原占 24.8%。从地区而言，东部地区最大，有 $1.3\times10^6hm^2$ 打草场，占全部打草场面积的 65.0%，最小为西部地区，只占 4.0%，杭爱与中央地区占 13.0%～18.0%。

在天然放牧场、打草场进行施肥是提高草场产草量最有效的措施之一。施肥可改善植被群落组成，促进植物的生长发育，提高产草量。

对放牧场、打草场上进行施肥研究，可追溯到 1962～1964 年 M.巴德玛在宗哈拉地区进行的研究。在杂类草-冷蒿-小禾草草场、隐子草-冷蒿-冰草草场、羊茅-杂类草草场上施无机肥试验表明，磷肥、钾肥对植物生长没有作用，而氮肥（$60kg/hm^2$）使牧草产量增加 1080～1290kg/hm² 或提高 44.0%～49.0%。

施氮肥大幅度提高禾草的产量，使杂草的产量相对减少，而磷、钾肥等肥料作用不明显。然而，用全价的无机肥料时可提高牧草的粗蛋白含量 7.0%～8.6%，相反粗纤维、脂肪、钾、磷含量没有显著变化。

Ж.奈木道日吉（1979）在后杭爱的山地草甸草原打草场进行试验表明，用无机肥的全价肥料（N60P60K60）60kg/hm² 效果突出，增产 900～1950kg/hm²，草群组成上禾草增加 4.1%～9.9%，而薹草类减少 3.3%～8.8%，并且随地势变低而肥效降低。

Д.朝克（1990）在草原带的山地草甸（中央省巴特孙布尔苏木）上进行施肥结果表明，羊草-地榆-薹草打草场的产量提高 2.0～2.4 倍，河岸草甸的薹草-杂类草草场的产草量提高 29.6%～74.6%。

在草甸打草场根据牧草的生长发育阶段采取三年轮换的打草方式，可从每公顷打草场获得 25.4～82.0kg 饲料单位、4.8～7.5kg 可吸收蛋白质。然而按上述方式打草结合施肥时可获得 98.4～130.0 饲料单位、2.7～6.7kg 可吸收蛋白质。

在草甸打草场进行轮换打草时第一年 7 月 1 日至 8 月 25 日打草，第二年 8 月 21 日至 9 月 15 日打草。按牧草生长发育期、抽穗期、成熟期、开花期顺序安排打草是比较科学合理的做法。

Ч.乌云其期格（1979～1982）在森林草原的禾草-杂类草-薹草的草场上每年春季用氮、磷、钾肥料的 P60K40、N60P60K40、N60P60K40+N60 等不同组合施肥。4 年的研究表明，各种组合都表现出不同的效果，使放牧场的鲜草产量平均提高了 151.0%～365.2%。根据 4 年的平均效果，按每千克施肥量计算，施 1kg P60K40 可增产 8.3kg、施 1kg N60P60K40 增产 16.0kg、施 1kg N60P60K40+N60 可增产 19.4kg 鲜草。从以上结果看出所有组合都有增产效益，而最后追加施氮，虽然费用增加，但有利于牧草根系发育和再生草的生长（表 20-7）。

表 20-7 施化肥的效益

序号	不同组合	4 年的平均值	增产		
			产量/(kg/hm²)	1kg 的效益(kg)	其中 N 素(g)
1	对照	16.1	—	—	—
2	P60K40	24.3	415	8.3	—
3	N60P60K40	41.7	1280	16.0	28.8
4	N60P60K40+N60	58.8	2135	19.4	28.6

资料来源: Оюунцэцэг, 2000

根据研究,打草场牧草的粗蛋白、粗纤维、脂肪、无氮浸出物等与打草场牧草种类、气候、打草时间有密切关系。例如,山地草甸的杂类草-雀麦打草场 6 月下旬至 8 月初收获的干草粗蛋白含量为 7.6%～12.6%;以芦苇、早熟禾、偃麦草、薹草为优势打草场 8 月收获的干草粗蛋白含量为 4.94%,而 9 月中旬打的干草中粗蛋白含量为 3.09%。

早期刈割(现蕾、抽穗)的干草粗蛋白含量高到 12.6%～13.8%,成熟期或较后期刈割的干草粗蛋白含量低至 7.86%。牧草在盛花期的产草量比现蕾期或抽穗期高 10%～15%,但其营养物质含量却下降 15%～30%。

6 月下旬至 7 月中旬刈割的干草每千克含有 0.60～0.65 饲料单位、70～80g 可吸收蛋白质、不低于 50mg 的胡萝卜素,富含必需氨基酸(冬春季节补充基础母畜、幼畜的必要氨基酸),所以这种干草适合制作干草粉。

黄花苜蓿、西伯利亚红豆草、山野豌豆、黄花草木樨、无芒雀麦、草地早熟禾、地榆、蓬子菜等为优势种的豆科植物-杂类草打草场、杂类草-禾草打草场上可获得富含必需氨基酸的干草。也可种植一、二年生栽培牧草,获得富含必需氨基酸的干草。制作干草是保证家畜饲料平衡的必要措施。

Д.达西敦得格在 1990 年通过试验证明,用刈割干草 4～5kg、精饲料 3～4kg、青贮饲料 30～35kg 饲喂高产乳牛时,日产乳量 9.5～10.0L,1L 奶消耗 1.08～1.24 饲料单位。

P.斯仁都拉玛、П.达木丁普日布在 1976～1978 期间等开展了游牧法家畜抓膘增膘的研究。1978 年的研究结果表明,2.26×10^7 只牲畜经倒场(敖特尔)放牧,比往年牲畜头数增加了 4.3 倍,并且 88.9% 的牲畜有中等以上的膘情,只有 8.4% 的牲畜抓了中等膘。中等以上膘情的牲畜头数比 1977 年增加了 4.1 倍。

出栏体重达 120kg 目标育肥改良牛犊时采用多汁饲料+精饲料+粗饲料的组合,即每日日粮中 26.4%～38.0% 的精饲料、5.56% 的青贮饲料、15.7%～26.1% 的粗饲料的比例,日食量为 3.97～4.95 饲料单位、含 359～461g 可吸收蛋白质时育肥效果比较好。或日食量中具备 6.07 饲料单位、500～599g 可吸收蛋白质的人工草场上育肥时日食量提高到 6.32～6.40 饲料单位、可吸收蛋白质 564～759g 时效果也很好。

参 考 文 献

巴达尔胡.1989. 科尔沁草地资源. 杨陵: 天则出版社.

陈山.1994. 中国草地饲用植物资源. 沈阳: 辽宁民族出版社.

河北省畜牧局. 1990. 河北省草地资源. 石家庄: 河北科学技术出版社.

洪绂曾. 2011. 中国草业史. 北京: 中国农业出版社.

侯向阳. 2013. 中国草原科学院(上、下册). 北京: 科学出版社.

扈明阁. 1990. 赤峰草地. 北京: 农业出版社.

贾慎修. 1996. 中国草地资源. 北京: 中国科学技术出版社.

李博等. 1997. 内蒙古资源大辞典——草地资源分册. 呼和浩特: 内蒙古人民出版社.

刘起. 1982. 中国草场资源及开发利用. 呼和浩特: 内蒙古教育出版社.

刘起. 1989. 我国北方草场资源的发展潜力. 北京: 农业出版社.

刘起. 1995. 中国自然资源丛书——草地卷. 北京: 中国环境科学出版社.

刘起. 1999. 中国农业科技 50 年—草地科学. 北京: 中国农业出版社.

刘起. 2015. 中国自然资源通典草地卷. 呼和浩特: 内蒙古教育出版社.

卢欣石. 2002. 中国草情. 北京: 开明出版社.

内蒙古锡林郭勒盟草原工作站. 1988. 锡林郭勒草地资源. 呼和浩特: 内蒙古日报社.

任继周. 2008. 草业大辞典. 北京: 中国农业出版社.

吴征镒. 1980. 中国植被. 北京: 科学出版社.

徐柱. 2008. 中国的草原. 上海: 上海科学技术文献出版社.

尤纳托夫 A A. 1950. 蒙古人民共和国放牧地和刈草地的饲用植物. 黄兆华译. 北京: 科学出版社.

章祖同. 1990. 内蒙古草地资源. 呼和浩特: 内蒙古人民出版社.

章祖同, 刘起. 1992. 中国重点牧区草地资源及其开发利用. 北京: 中国科学技术出版社.

章祖同文集编委会. 2004. 章祖同文集. 呼和浩特: 内蒙古大学出版社.

中国呼伦贝尔草地编委会. 1992. 中国呼伦贝尔草地. 长春: 吉林科学技术出版社.

中国科学院宁蒙综合考察队. 1980. 内蒙古自治区及其东西毗邻地区天然草场. 北京: 科学出版社.

中国科学院宁蒙综合考察队. 1995. 内蒙古植被. 北京: 科学出版社.

中国农业年鉴编委会. 2014. 中国农业年鉴. 2011—2014 年. 北京: 中国农业出版社.

中国资源信息编委会. 2000. 中国自然资源信息. 北京: 中国环境科学出版社.

朱进忠. 2010. 草地资源学. 北京: 中国农业出版社.

Автореферат дисс.на соис.уч.степ. канд-та сель.хоз.наук. УБ.

Бадам М. 1965. Поверхностное улучшение горно-степных пастбищ МНР, Диссератация соиск.уч. степ.кан-та.биол.наук. Л.

Базаргүр Б. 1996. Бэлчээрийн мал аж ахуйн газар зүй, Дисс.на соис.уч степ. Доктора гео.гр-ких наук, УБ.

Банзрагч Д, Даваажамц Д. 1970. Бэлчээр ашиглах арга. ЭДМН. УБ.

Банзрагч Д. 1967. Динамика урожайности основных типов пастбищ северного Хангая (МНР), Автореферат.диссертация на соиск. уч.степ. кан-та.сель. хоз.наук, П.

Гэндарам Х. 2010. Мал амьтдыг тэжээхүйн ухаан, УБ.

Даваажамц Ц, Буян-Орших Х. 1980. Элсний бэлчээр ашигладаг зарим онцлог. ШУА сэтгүүл.№1. 29-р тал. УБ.

Даваажамц Ц. 1983. Өвөрхангай аймгийн хойт хэсгийн хадлан бэлчээр. БНМАУ-ын ургамлын аймаг, ургамалжилтын судалгаа. 4-р боть. УБ.

Дашдондог Д. 1970. Эрлийз үхрийн бэлчээрийн маллагааны зарим асуудал. БТЭШХ-ийн бүтээл №1. 39-р тал. УБ.

Жигжидсүрэн С, жонсон А D. 2003. монгол орны мальн тэжээлтин ургамал УБ.

Жигжидсүрэн С, Оюунцэцэг Ч. 1998. Бэлчээр ашигладаг уламжлал ба экосистем, тогтвортой хөгжил ба экотехнологи. Тогтвортой хөгжил ба экотехнологи товхимол. УБ.

Жигжидсүрэн С. 1975. Приемы коренного улучшения горно-степных пастбищ центральной части МНР. Автореферат диссертации соиск. уч. степ. кан-та. сель.хоз.

Лхагважав Н. 1985. Ойт хээрийн бүсэд бэлчээрийг зохистой ашиглах арга боловсруулах. Эрдэм шинжилгээний ажлын 5 жилийн тайлан. УБ.

МААЭШХүрээлэн. 2011. Малын тэжээл тэжээллэг судлал 50 жилд.УБ.

Монгол улсын Үндэсний статистикийн эмхэтгэл МАА-н салбар, ХАА-н салбар .УБ 1986-1990, 1991-1995, 1996-2000, 2001-2005, 2008-2012 (蒙古国统计年鉴)

Нацагдорж Л, Намхай А. 1992. Монгол орны уур амьсгалын өөрчлөлтийн зарим асуудал. УЦУШИ-ийн ЭШБ., № 16, УБ.

Нямбат Л, Энхмаа Б. 2009. Монгол орны хөрсний болон хөдөө аж ахуйн газрын үнэлгээ. УБ.

Нямдаваа Л, Чимэддорж Ч. 1976. Хадланг сайжруулах асуудал. БТЭШХ-ийн бүтээл №3. УБ.

Нямдорж Ж. 1980. Экологические и фитоценотические закономерности влияния удобрений на сенокосы и пастбища Северо-Восточного Хангая. Автореферат. дисс. на сойс. уч.степ. кан-та. биол.наук. УБ.

Очир Ж. 1963. Динамика продуктивности пастбищ в юго-запотное части Хэнтийского природного района МНР., Бот.жур №3.

Оюунцэцэг Ч, Цэрэндаш С нар. 2000. Монгол орны бэлчээрийн чадавх, экологи ба чанарын үнэлгээ, ШУТ-ийн нэгдсэн тайлан, УБ.

Оюунцэцэг Ч. 1983. Ойт хээрийн бүсийн давтагдсан бэлчээрийг хөцөөлж зохистой ашиглах сайжруулах арга боловсруулах, Эрдэм шинжилгээний ажлын 5 жилийн нэгдсэн тайлан. УБ.

Оюунцэцэг Ч. 2000. Ойт хээрийн бүсийн зарим төрлийн бэлчээрийг зохистой ашиглах арга. ХАА-н ухааны докторын зэрэг горилсон бүтээл.УБ.

Оюунцэцэг Ч. 2011. Аймаг дундын отрын бэлчээрийн ургаталын өнгөт цомог УБ.

Тогтох Ж. 1968. Мал сүргийг бэлчээрээр зохистой маллах асуудалд. Эдийн засаг сэтгүүл № 4. УБ.

Тогтох Ж. 1991-1995. Хангайн өндөр уулын бүсийн хонины бэлчээрийн маллагаа, тэжээллэг судлах сэдэвт ажлын тайлан

Тусивахын С. 1989. Биологические основы рационального ипользования сухостепных пастбищ МНР. стр. Автореферат дисс.на сойс.уч.степ. канд-та биол.наук. УБ.

Цогоо Д. 1990. БНМАУ-ын уулын ойт хээрийн бүслүүрийн нугын хадланг зохистой ашиглах арга.

Цэдэв Д. 1986. БНМАУ-д хивэгч малын багсармал тэжээл үйлдвэрлэн ашиглах шинжлэх ухаан практикийн үндэслэл, УБ.

Цэрэндаш С, Лхагважав Н, Алтанзул Ц. 2011. Бэлчээр судлал 50 жилд, УБ.

Цэрэндаш С, Тумуржав М, Гомбосүсрэн Ч. 2003. газхр бэлчээр мал. УБ.

Цэрэндаш С. 1983. Динамика урожайности луговых и степных сообществ низовых бассейна р. Селенги. стр. 46. Диссертации на сойс.уч.степ. канд-та. биол . наук. УБ.

Цэрэндулам Р. 1968. Төрөл бүрийн тэжээлийн шимт чанар, УБ.

Цэрэндулам Р. 1973. Кормовые ресурсы МНР. стр. 7. Диссертации на соиск. уч.степ. доктора сель. хоз. наук.

Цэрэндулам Р. 1980. Тэжээлийн шимт чанарын хүрд. УБ.

第六篇　蒙古高原饲用植物资源评价及利用

第二十一章　蒙古高原饲用植物资源

第一节　蒙古高原饲用植物研究的回顾

一、新中国成立以前

（一）外国学者人士对蒙古国植物的研究

1890 年以前，外国学者人士对蒙古国植物的研究是有好奇感随意采集，1890 年以后专业研究人员参与。在蒙古国地区最早进行采集的是 Б. Мессершмит，1724 年从蒙古国北部达乌里前贝加尔湖至鄂嫩河进行。1830～1831 年俄罗斯学者 Н.С.Турцанинов，А.А.Бунге，Н.М.Пржевальский，Г.Н.Пажанин，А.Клеменц，П.К.Козлов 等收集了 4000 余份标本，这些标本为研究蒙古高原植物奠定了基础。

К.Н.Максимович 于 1859 年发表了包括 489 种植物在内的 "蒙古植物名录"，之后 Э.Р.Траутфеттер 于 1872 年在第一批名录的基础上，发表了包括 529 种植物的第二批 "蒙古植物名录"（马毓泉，内蒙古植物志）。К.Н.Максимович 于 1899 年出版了《蒙古国及毗邻中国、土耳其斯坦植物名录》（第一辑），对莸属（*Caryopteris*）、绵刺属（*Potaninia*）、鸦葱属（*Scorzonera*）、鸢尾属（*Iris*）和骆驼刺属（*Alhagi*）等植物进行了报道。В.Л.Комаров 确定了蒙古国的锦鸡儿属（*Caragana*）、白刺属（*Nitraria*）的分类方法（马毓泉，内蒙古植物志）。

蒙古国革命胜利后对蒙古国植物的研究更加深入。1923～1926 年 П.К.Козлов 领导的俄罗斯地理协会在蒙古国进行三次考察，1924 年 Н. В. Павлов 对杭爱山脉的植被、植物进行考察研究。1926 年 Н. В. Павлов 等学者在杭爱山脉、库苏泊的南部，鄂尔浑和色楞格地区采集了万余份标本。在此工作基础上，1929 年出版了包括肯特的 826 种植物和戈壁阿尔泰山 428 种植物的英文著作。

之后 10 多年的时间，苏联学者对蒙古国的植物、植被及草场进行过数次调查研究。尤其突出的是 А.А.Юнатов，他在 1940 年后走遍蒙古国全境收集 16 000 余份标本，确定了蒙古国植被的基础概况及蒙古国植被区和带的特征。

В.И.Грубов（1955）整理、鉴定 10 万余份标本，编著了包括 99 科 555 属 1897 种的《蒙古人民共和国植物纲要》。1982 年出版的《蒙古人民共和国维管束植物纲要》包括 103 科 599 属 2239 种。А.А.Юнатов 在蒙古国考察研究 10 多年的基础上编写了《蒙古人民共和国植被》《蒙古人民共和国放牧场与割草场饲用植物》。书中对 554 种饲用植物的地理分布、生境、利用等方面进行了描述，对 135 种饲用植物的营养成分进行了分析。蒙古国的著名植物学家 Н. Олзийхутаг 编写了《蒙古植物科分类检索表》、《蒙古植物区系概况》（1989 年）、《蒙古人民共和国放牧场与打草场饲用植物》（1985 年）、《蒙古豆科植物》（2003 年），其中《蒙古人民共和国放牧场与打草场饲用植物》一书中包括 73 科 379 属 1234 种的饲用植物。《蒙古豆科植物》一书中包括 316 种豆科植物。还有 H. A. Губанов、Ч. Санчир 等对蒙古国植物资源作出了重要的贡献。

（二）外国学者或人士对内蒙古植物的研究

1698 年传教士 Damincus Parennin 把内蒙古产的欧李（*Prunus humilis*）介绍到欧洲，成为第一位把内蒙古植物介绍到欧洲的人。

内蒙古植物的采集，确实有年代记载的是从 1724 年开始的。这一年德国学者 D.G.Messerschmidt 到呼伦贝尔的呼伦池（达赉湖）采集标本，砂引草（*Messerschmidia sibirica*）就是为纪念此人而命名的。之后，比利时的 Artselaer、法国的 G. E. Simon 等也曾来内蒙古采集植物。其中，法国神父 A. David 的工作比较突出，在中国采集了 1174 种维管束植物，其中包含在内蒙古西部采集到的 360 多种，同时还发现了 40 多个新种。维也纳博物馆主任 H. Handl-Mazzeti 亦曾在中国进行过多年的植物采集、调查工作，是研究中国植物种质资源的著名专家。

1905～1908 年，美国农业部派遣美国学者 E. N. Meyer 调查中国农业情况及资源植物，尤其是大豆种质资源，因其搜集我国农作物品种甚多，受到了美国政府的奖励，颁予"国外植物引种"奖章。之后其他美国学者又到我国进行种质资源收集考察八次之多。

外国科学家中在我国包括内蒙古进行植物考察与采集最多的是俄罗斯学者，如我们熟悉的 Bunge、Komarov、Turczaninow、Maximowicz 等。植物学家 A.V. Bunge 在中国采集标本的过程中建立了 17 个属 152 个新种。N.S.Turczaninov 是达乌里区系的奠基人。他在 1848 年发表了《贝加尔和达乌里地区野生植物目录》，继而又发刊《贝加尔植物志》。另有众多俄罗斯植物学者和探险家，如 Kuznezov、G.Rosov、Goxski、Przewalski、G. N. Potanin 等也曾到内蒙古实地考察采集植物。

日本在日俄战争后代替沙俄取得了我国东北的控制权。一些日本学者相继来到我国东北地区和内蒙古东部地区进行考察。1909 年，日本在大连建立了"南满铁路株式会社"，该组织主要从事中国种质资源的各种调查、收集工作。这一时期至 1945 年最活跃的有中井猛元进（T. Nakai）、北川政夫（M. Kitagawa）、大井次三郎（J. Ohwi）等植物学家。日本学者的研究成果可见于《满蒙牧草植物调查》《热河省野生高等植物目录》《蒙疆牧草调查报告》《蒙疆浑善达克沙漠调查报告》《察绥植物目录》《满洲植物志》等书籍及刊物之中。

（三）我国学者对内蒙古植物的考察与研究

秦仁昌教授是最早一位来到内蒙古考察的学者。1923 年曾到阿拉善的巴音浩特和贺兰山调查，并于 1941 年发表了《内蒙古贺兰山植物的采集纪略》一文。刘慎谔教授 1931 年到额济纳调查，他的研究报告《中国北部和西北部地区植物地理概论》中确定了植物地理区系蒙古区的范围。1935 年耿以礼教授前往内蒙古百灵庙一带进行植物采集，撰写了《内蒙古考察记》等文。当时的植物工作者夏纬英、王作宾、白荫文等先辈，植物分类学泰斗吴征镒、崔友文老先生们也都曾来内蒙古进行植物采集与研究。

二、新中国成立后我国学者的植物采集与调查工作

（一）我国植物工作者的考察与研究

1950 年中国科学院组织了"黄河中下游水土保持的考察"。我国著名植物学家林镕、李继侗、吴征镒、侯学煜、蔡希陶等均参加了这次考察。考察者在内蒙古伊克昭盟（现鄂尔多斯市）、河套、贺兰山地区采集了大量标本。

1950 年 6～8 月我国著名草地经营学家王栋教授及李世英、许令妊等老师来到锡林郭勒盟的北部草地进行考察，采集了 131 种饲用植物并进行饲用价值评价，编制了《内蒙古锡林郭勒盟牧场饲料种类及其适口性调查表格》。之后从 1952～1977 年，在内蒙古曾进行过 11 次较大规模的考察。其中，1957～1959 年内蒙古畜牧厅草原勘察总队组织了全区的草原勘测。经调查编写材料《内蒙古植被》（初稿）、《内蒙古野生种子植物名录》、《内蒙古主要野生饲用植物简介》等。中国科学院也曾于 1959～1963 年组织了大规模的沙漠考察。内蒙古大学的李博先生执笔了《内蒙古荒漠植被考察初报》，内蒙古师范学院的陈山先生撰写了《内蒙古西部戈壁及巴丹吉林沙漠植物》等论著。

（二）专业课程、专业机构的相继设置

1949 年，牧草教学的创始人王栋教授在南京农学院开设牧草学课程，他的两部著作《牧草学通论》《牧草学各论》是我国牧草学工作者的指导性必修课教材。

1958 年，内蒙古农牧学院畜牧系设置草原专业，从此我国的草原事业有了独立的教学单位，培养草原科技人才。1957～1958 年，内蒙古畜牧厅在不同草原地带建立了 5 个草原试验站。1963 年继而成立了内蒙古草原科学研究所，为草原科学的发展提供了机构保证。

三、1978 年至今

（一）1978～1995 年，全国草地资源统一调查研究阶段

农牧渔业部畜牧局根据《1978—1985 年全国科学技术规划发展纲要》，从 1979 年下半年开始，以省为单位，开展了全国草地资源统一调查。内蒙古自治区在北方草场资源调查办公室（简称北草办）的指导与协调下开展了本区的草场资源调查。其中饲用植物资源是草场资源的主体组成。各盟（市）及科研教学单位广泛参与工作。在此基础上《内蒙古草地资源》《内蒙古饲用植物》《中国饲用植物志（1—6 集）》《中国草地饲用植物资源》《中国饲用植物》《内蒙古植被》等学术著作相继问世。

20 世纪 80 年代，中国农业科学院草原研究所牵头，内蒙古草原研究所、内蒙古农业科学院参与，全国的 9 个科研教学单位共同参加了农牧渔业部组织实施的《全国牧草饲料作物补充征集》项目。该项目中内蒙古草原研究所编写了《内蒙古牧草饲料作物品种资源名录》，包括 7 科 48 属 226 种牧草饲料作物。内蒙古农业科学院的农业研

究所编写了《中国燕麦品种名录》,包括了 1115 份燕麦品种材料,其中,皮燕麦国内 147 份,国外 443 份;裸燕麦国内 458 份,国外 15 份;有效保护了牧草饲料作物品种资源。

(二)科学研究的蓬勃发展

1. 成立相关的机构培养人才

20 世纪 70 年代后期随着我国对外开放脚步的加速,世界先进技术、先进思想的涌入,我国开始重视农作物种质资源研究工作。中国农业科学院在 1978 年成立了中国农业科学院作物品种资源研究所。翌年,中国农业科学院草原科学研究所成立了中国农业科学院草原研究所牧草品种资源研究室。对于这两个机构而言,中国农业科学院作物品种资源研究所统领全国农作物品种资源的科研与管理工作。中国农业科学院草原研究所的牧草品种资源研究室引领全国牧草种质资源科研项目。曾承担了全国典型草原(内蒙古锡林郭勒草原、新疆伊犁草原、贵州草山草坡、海南草山草坡)地区的牧草资源考察工作;全国牧草饲料作物品种资源补充征集项目;"七五""八五"国家科技攻关项目牧草品种资源课题等。经研究,1989 年建起了"国家种质多年生牧草圃"和"国家种质牧草中期保存库",使牧草种质资源保护、研究及管理进入国家作物种质资源保护体系并得以支撑。

2. 开展牧草种质资源的系统研究

1)牧草种质资源的专题考察与收集

20 世纪 90 年代对内蒙古草原资源调查,基本查清了内蒙古饲用植物资源分布。后专业研究所与学校又深入细致地考察与收集了内蒙古饲用植物资源。例如,中国农业科学院草原研究所考察了锡林郭勒草原禾本科饲用植物,发现新种内蒙古鹅观草(*Roegneria intramongolica*)并著写了《饲用禾草》(蒙文版)。

农牧渔业部牧草资源保护项目"内蒙古高原牧草资源保护"课题每年考察收集 200 余份牧草资源,逐步保存内蒙古牧草资源。

2)牧草种质资源的妥善保存

经过对牧草种子保存特性与技术的研究,解决了短寿种子的保存技术难题。保存方法与技术同国际农业磋商组织(CGIAR)植物遗传研究所和国家农作物种质资源库的做法接轨,掌握了牧草种质资源保存与管理的一套完整的技术和过程(图 21-1~图 21-3)。

3)积极开展牧草种质资源的鉴定与评价

这是牧草种质资源工作的核心内容,主要包括以下几项。

A. 牧草细胞染色体及其核型研究

研究分析了数百种草原野生牧草资源的染色体及核型,并将其应用于牧草品种鉴定和变异的研究。

B. 进行牧草主要类型性状及农艺性状的鉴定

通过研究确定与规范各种牧草的主要类型性状及农艺性状鉴定内容与方法。

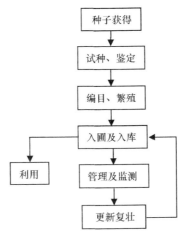

图 21-1　资源圃运行图

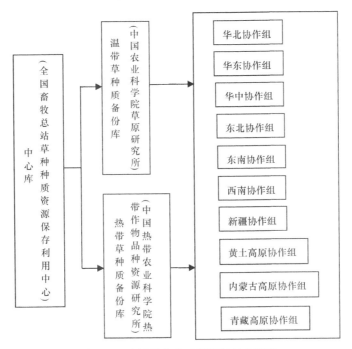

图 21-2　中国牧草种质资源保护体系图

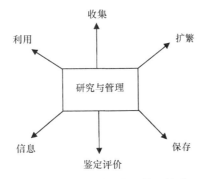

图 21-3　牧草种质资源管理体系

C. DNA 分子标记技术的应用研究

进行牧草重要性状的分子标记，如产量性状，品质性状，抗逆性（抗旱、抗寒、耐盐碱、抗病虫）等。

D. 抗逆性鉴定评价

根据全国畜牧兽医总站公布的抗逆性鉴定方法，组织开展了牧草的抗逆性鉴定，包括抗旱性、抗寒性、耐盐性、耐热性、耐重金属性及抗病虫性鉴定评价。

4）牧草种质资源实物与信息共享利用

研究与保护牧草种质资源的最终目的是为人类合理有效利用牧草种质资源提供实物与科技支撑及信息支撑。为此近年来大量投入科技力量进行牧草种质资源标准化和信息化建设。已对 110 个牧草经济类群及代表种进行描述规范、数据标准及数据质量控制规范的研制及验证，已出版标准和规范 40 余套。

5）开展饲用植物民族植物学研究

内蒙古师范大学民族植物学研究所 20 年来，对饲用植物民族植物学的研究取得了显著成绩，为研究游牧与草原文化积累了丰富的科技资料。

第二节　蒙古高原饲用植物资源概况

一、蒙古国饲用植物种的多样性

根据 A. A. Юнатов、H. Олзийхутаг 的调查研究，蒙古国的饲用植物有 73 科 379 属 1234 种，其中，饲用禾草有 131 种，豆科植物有 168 种。禾本科中针茅属（Stipa）（18 种）、早熟禾属（Poa）（12 种）种类较多。豆科中黄耆属（Astragalus）（41 种）、棘豆属（Oxytropis）（47 种）、锦鸡儿属（Caragana）（13 种）、野豌豆属（Vicia）（13 种）、岩黄耆属（Hedysarum）（10 种）种数较多。此外，含种较多的属有菊科的蒿属（Artemisia）（53 种）和风毛菊属（Saussurea）（11 种）、莎草科的薹草属（Carex）（37 种）、藜科的藜属（Chenopodium）（11 种）、蔷薇科的委陵菜属（Potentilla）（24 种）、百合科的葱属（Allium）（30 种）、蓼科的蓼属（Polygonum）（13 种）、鸢尾科的鸢尾属（Iris）（10 种）等。

二、内蒙古饲用植物种的多样性

植物界多样性包括基因多样性、种群多样性、群落多样性。目前，认识植物的基本单位是植物种。

根据内蒙古在 20 世纪 80 年代开展的草原调查及其他研究，内蒙古饲用植物包括 936 种种子植物，1 种地衣类植物，共 937 种，分属于 53 科 334 属。这些饲用植物主要隶属于禾本科（71 属 237 种）、菊科（65 属 215 种）、豆科（26 属 171 种）、藜科（21 属 77 种）、蔷薇科（20 属 70 种）、莎草科（10 属 54 种）、百合科（6 属 54 种）、蓼科（6 属 26 种）、十字花科（11 属 19 种）、杨柳科（2 属 16 种）等。这些科中属的数量占内蒙古饲用植物属的 72.2%，其他科的属占 27.8%。

上述这些植物科不仅所含植物种数有明显的优势，而且在植物种群组合上起主导作用。从总体而言，内蒙古天然草地饲用植物的组合是以禾本科居首位，菊科第二位，豆科、藜科分别是第三、第四位。但是不同地带植被组成中，饲用植物类的组合差异很大。在荒漠草原和荒漠区，其种类组合发生了明显的变化，菊科、藜科植物明显地增加（按参与组合的程度），而禾本科作用明显减弱，由原来的首位退居于第三或第四位。

以饲用植物为建群种、优势种的植物群落不仅是重要的放牧场和割草场，还是植被带的主要组成成分。据对内蒙古草原调查，各个植被带的建群种、优势种饲用植物有25科94属191种（表21-1）。分别占内蒙古自治区饲用植物科的47.17%，属的28.14%，种的19.73%。禾本科、菊科、豆科、莎草科、蔷薇科、藜科等组成内蒙古地区植被带的主导科。它们在不同的植被带起着不同的作用，使植物群落形成多个复杂的组合体。

表 21-1　植被带建群种、优势种饲用植物科的组成

森林草原			典型草原			荒漠草原			荒漠			草甸		
科别	属数	种数	科别	属数	种数	科别	属数	种数	科别	属数	种数	科别	属数	种数
禾本科	10	13	禾本科	11	24	禾本科	7	13	禾本科	4	6	禾本科	14	24
菊科	3	9	菊科	3	10	菊科	4	3	菊科	3	3	菊科	4	3
豆科	7	9	豆科	6	10	豆科	3	5	豆科	3	6	豆科	1	1
桦木科	3	5	桦木科	2	2	莎草科	1	2	蔷薇科	2	3	莎草科	5	15
莎草科	1	4	莎草科	1	3	蔷薇科	4	5	百合科	1	2	蔷薇科	4	4
蔷薇科	3	3	蔷薇科	4	5	杨柳科	1	3	藜科	2	3	木贼科	1	1
杨柳科	2	3	杨柳科	2	4	百合科	1	2	藜科	6	10	毛茛科	1	1
榆科	1	2	榆科	1	2	石竹科	1	1	蒺藜科	2	6	鸢尾科	1	1
百合科	1	2	百合科	1	2	藜科	1	1	柽柳科	1	2			
唇形科	1	1	唇形科	1	1	蒺藜科	1	1	胡颓子科	1	1			
石竹科	1	1	石竹科	1	1	芸香科	1	1	旋花科	1	2			
伞形科	1	1	伞形科	1	1	马鞭草科	1	1						
壳斗科	1	1	蓼科	1	2	旋花科	1	2						
			藜科	1	1									
			麻黄科	1	1									
			芸香科	1	1									
			马鞭草科	1	1									
			旋花科	1	1									
合计	35	54		40	72		27	40		26	44		31	50

资料来源：内蒙古草地资源编委会，1991

三、蒙古国饲用植物的分布差异性

学者们根据所处的地理位置、气候、地形把蒙古国植被区分为"三带三区"，即高原带、山地泰加林带、山地森林草原带；草原区，荒漠草原区、荒漠区。"三带三区"中饲用植物分布有所不同。高原带草甸中分布有嵩草属（*Kobresia*），如西伯利亚嵩草（*K. sibirica*）、嵩草（*K. bellardii*）、细叶嵩草（*K. filifolia*），薹草属（*Carex*）植物有黑花薹草（*C. melanantha*），细柄茅属（*Ptilagrostis*）植物有细柄茅（*P. mongholica*）等，早熟禾属（*Poa*）植物有阿尔泰早熟禾（*P. altaica*）、西伯利亚早熟禾（*P. sibirica*），杂类草中有高山唐松草（*Thalictrum alpinum*）、美丽蚤缀（*Arenaria formosa*）、花锚（*Halenia corniculata*），灌丛中有圆叶桦（*Betula rotundifolia*）、扁圆柳（*Salix nummularia*）、刺叶柳（*S. berberifolia*）。

山地泰加林带的植被类型是松（*Pinus*）及松-落叶松（*Larix*）群落。有欧洲赤松（*P. sylvestris*）、西伯利亚落叶松（*L. sibirica*）、西伯利亚冷杉（*Abies sibirica*）、偃松（*P. pumila*）、西伯利亚云杉（*Picea obovata*）。湿生型或湿冷型阔叶杂类草有圆叶鹿蹄草（*Pyrola rotundifolia*）、红花鹿蹄草（*P. incarnata*）、西伯利亚耧斗菜（*Aquilegia sibirica*）、山尖子（*Cacalia hastata*）、单花风铃草（*Campanula turczaninovii*）等及禾本科的钝拂子茅（*Calamagrostis obtusata*）、大叶章（*D. langsdorfii*）；灌丛有越桔（*Vaccinium vitis-idaea*）、高山桧（*Juniperus sibirica*）、阿尔泰忍冬（*Lonicera caerulea* var. *altaica*）、高茶藨子（*Ribes altissimum*）、欧亚绣线菊（*Spiraea media*）、杜香（*Ledum palustre*）等，这些植物是这一带的主要植物种类。

山地森林草原带中稀疏落叶松林、松林、桦树-落叶松-松混交林分布，有杂类草-禾草群落、针茅群落、针茅-隐子草群落、冷蒿-针茅群落、羊茅-冷蒿群落。在沙原与砾石地段有冰草（*Agropyron cristatum*）、落草（*Koeleria cristata*）群落出现。森林草原中禾本科的羊茅（*Festuca ovina*）、落草、渐尖早熟禾（*Poa attenuata*）、冰草、羊草（*Leymus chinensis*）、无芒雀麦（*Bromus inermis*）、异燕麦（*Helictotrichon schellianum*）、针茅（*Stipa capillata*）；莎草科的柄状薹草（*Carex pediformis*）、寸草薹（*C. duriuscula*）；杂类草的高山紫菀（*Aster alpinus*）、二裂委陵菜（*Potentilla bifurca*）、菊叶委陵菜（*Potentilla tanacetifolia*）、星毛委陵菜（*Potentilla acaulis*）等二十几种植物大量分布。

蒙古草原区位于欧亚草原的东端。草原带中禾草的克氏针茅、针茅、贝加尔针茅、大针茅等高大丛生禾草及糙隐子草、半灌木冷蒿、灌木小叶锦鸡儿和矮锦鸡儿起延群作用。这些建群种和其他植物构成不同的植被类型。冰草、大花落草、羊草、苔原羊茅和渐尖早熟禾为恒有种。杂类草的高山紫菀、矮韭、双齿葱、星毛委陵菜、二裂委陵菜、达乌里芯巴、锥叶柴胡、林庭荠、草麻黄、松叶藻、银灰旋花、伏毛五蕊梅、蓬子菜、麻花头、冷蒿、杭爱蒿、泽蒿及火绒草等参与群落。此外豆蔻植物的达乌里黄耆、兔黄耆、细叶黄耆、白花黄耆、小叶锦鸡儿、狭叶锦鸡儿及西部的疏叶锦鸡儿也参与群落。较喜湿的线叶菊（*Filifolium sibiricum*）也形成较大面积的草场。这类草场上贝加尔针茅、针茅、苔原羊茅、渐尖早熟禾、异燕麦、冰草、落草、羊草、糙隐子草、冷蒿、矮葱、双齿葱、白婆婆纳、窄叶蓝盆花、射干鸢尾、黄芩、防风、狼毒、棉团铁线莲、细叶白头翁、小黄花菜、兴安石竹、展枝唐松草、细叶蓼、蒙古黄耆、狭叶锦鸡儿等大量参与建群。

荒漠草原区的代表种为沙生针茅（*Stipa glareosa*）、克里门茨针茅（*S. klemenzii*）、碱韭（*Allium polyrhizum*）、蒙古葱（*A. mongolicum*）。戈壁针茅（*S. tianschanica* var. *gobica*）、沙生针茅、碱韭、蒙古葱及半灌木女蒿属（*Hippolytia*）、猪毛菜属（*Salsola*）、蒿属（*Artemisia*）

等植物参与形成具有特色的稀疏草本植物群落。无芒隐子草、寸草薹、矮丛蒿（*A. caespitosa*）、蓍状亚菊（*Ajania achilloides*）、短叶假木贼（*Anabasis brevifolia*）、矮锦鸡儿等大量生长。银灰旋花、狗娃花、燥原荠（*Ptilotricum canescens*）、荒漠石头花、驼绒藜（*Krascheninnikovia ceratoides*）、刺叶柄棘豆（*Oxytropis aciphylla*）、单叶黄耆（*Astragalus efoliolatus*）也有分布。同时红砂、珍珠柴（*Salsola passerina*）、松叶猪毛菜（*Salsola repens*）、白皮锦鸡儿、中亚细柄茅（*Ptilagrostis pelliotii*）、偃麦草（*Elytrigia nevskii*）、高加索针茅、霸王（*Zygophyllum xanthoxylon*）、石生霸王（*Z. rosowii*）、绵刺（*Potaninia mongolica*）、三芒草、小蓬（*Nanophyton erinaceum*）、戈壁短舌菊（*Brachanthemum gobicum*）、多刺锦鸡儿（*Caragana spinosa*）等植物也是主要植物种类。

荒漠区植物组成上梭梭（*Haloxylon ammodendron*）、珍珠柴、短叶假木贼、木本猪毛菜（*Salsola arbuscula*）、合头草、小蓬、红砂、绵刺、胡杨、密花地肤（*Kochia sieversiana*）、霸王、膜果麻黄（*Ephedra przewalskii*）、白皮锦鸡儿等为建群种。此外，有雨水年份三芒草、盐生草（*Halogeton glomeratus*）和蛛丝蓬等一年生植物也出现。同时，沙蓬（*Agriophyllum squarrosum*）、雾冰藜（*Bassia dasyphylla*）、大花霸王、翼果霸王、小果白刺、球果白刺、大果白刺、大赖草（*Leymus racemosus*）、芦苇、芨芨草、苦马豆、苦豆子、戈壁天门冬、粉杞柳（*Salix ledebouriana*）、小果沙枣（*Elaeagnus moorcroftii*）等在不同草场中出现。

非地带性草甸一般分布于大、小河流漫滩，山间湿润谷地，湖滨低地，湖盆洼地和丘间低地。草甸中植物种类丰富，有禾草中偃麦草（*Elytrigia repens*）、蒙古剪股颖（*Agrostis mongolica*）、羊草、草地早熟禾、华灰早熟禾、无芒雀麦、短芒大麦草、短穗看麦娘；豆科中山野豌豆（*Vicia amoena*）、广布野豌豆（*Vicia cracca*）、野火球（*Trifolium lupinaster*）、黄花苜蓿、牧地香豌豆（*Lathyrus pratensis*）、细齿草木樨（*Melilotus dentatus*）；杂类草中长毛银莲花（*Anemone narcissiflora* subsp. *crinita*）、地榆、蓬子菜及唐松草属（*Thalictrum* spp.）、毛茛属（*Ranunculus* spp.）、蓼属（*Polygonum* spp.）等多种植物分布。在沼泽化草甸上有薹草属的库地薹草（*Carex curaica*）、无脉薹草（*Carex enervis*）、黑花薹草（*Carex melanantha*）、泡薹草（*C. vesicata*）、小刺薹草（*C. microgchin*）、直穗薹草（*Carex orthostachys*）；禾草的芒剪股颖、泽地早熟禾；其他杂类草有盐生车前、大车前等。山地河流岸边草甸中有细穗柳、沙杞柳、沙棘（*Hippophae rhamnoides*）、亚洲稠李（*Padus asiatica*）等分布。

沙地草场中包括杂类草-沙鞭-沙生蒿类、沙鞭、禾草、杂类草、灌木-杂类草-禾草、禾草-灌木、蒿类-灌木-禾草等类型。主要草种有禾本科的戈壁针茅、针茅、大赖草、冰草、沙生冰草、箆穗冰草、落草；豆科的蒙古岩黄耆、刺叶柄棘豆、蒙古黄耆、疏叶锦鸡儿、白皮锦鸡儿、小叶锦鸡儿、狭叶锦鸡儿、短叶黄耆（*Astragalus brevifolius*）、荒漠黄耆（*A. gpubovii*）；其他杂类草与灌木有驼绒藜、绵刺、沙拐枣、梭梭、戈壁百里香、早蒿、黄沙蒿、戈壁蒿、球状蒿、草麻黄、蒙古葱、沙蓬、寸草薹等。

四、内蒙古饲用植物分布差异性

由于内蒙古横跨针叶林、夏缘阔叶林、草原与荒漠等几个自然带及受东北、华北和蒙古植物区系的相互渗透作用影响，内蒙古东西部饲用植物种类分布极不相同，如呼伦贝尔草原区与阿拉善荒漠区，无论从科的组成、排列及种类数量上都有很大的差别。呼伦贝尔草原约有 500 种饲用植物，约占内蒙古饲用植物的 51.7%，而阿拉善荒漠只有 307 种饲用植物，约占内蒙古饲用植物的 31.7%。从科的排列是，呼伦贝尔的饲用植物前 10 科分别为禾本科、菊科、豆科、蔷薇科、莎草科、藜科、蓼科、百合科、杨柳科、石竹科。而在阿拉善，藜科取代了豆科居第三位，蒺藜科、柽柳科取代了杨柳科和石竹科的作用。呼伦贝尔是以禾本科等主要科的草本植物组成的草地类型为主，以灌木或半灌木组成的草地类型为辅。而阿拉善荒漠是以菊科中的蒿类半灌木、豆科中的具刺锦鸡儿灌木及藜科、蒺藜科、柽柳科中的盐柴类半灌木、多汁半灌木、肉汁叶灌木、鳞叶灌木等为主的灌木、半灌木的草地类型，充分反映出荒漠的植物区系特征。它们在内蒙古各植被带的具体作用与差异如下所述。

（一）森林草原

森林草原饲用植物有 224 种，其中有 54 种是该草原植被带的建群种、优势种。羊草（*Leymus chinensis*）、贝加尔针茅（*Stipa baicalensis*）是该草原带的主导成分。大油芒（*Spodiopogon sibiricus*）、中华隐子草（*Cleistogenes chinensis*）、多叶隐子草（*C. polyphylla*）是山地林缘草地、山地次生灌木中的建群种。渐尖早熟禾（*Poa attennuata*）、硬质早熟禾（*P. sphondylodes*）多在砾石质山地阴坡组成群落。白草（*Pennisetum flaccidum*）、冰草（*Agropyron cristatum*）、额尔古纳早熟禾（*P. argunensis*）是沙地的建群种。万年蒿（*Artemisia gmelinii*）、线叶菊（*Filifolium sibiricum*）是组成山地的建群种。西伯利亚杏（*Prunus sibirica*）、山刺玫（*Rosa acicularis*）是山地灌丛的重要成分。地榆（*Sanguisorba officinalis*）常与贝加尔针茅组成林缘草甸群落。广布野豌豆（*Vicia cracca*）、山野豌豆（*V. amoena*）是杂类草甸、羊草草甸中的优势种。野火球（*Trifolium lupinaster*）是林缘草甸的优势种。尖叶胡枝子（*Lespedeza juncea*）是山地、丘陵草地的次优势种。胡枝子（*L. bicolor*）、榛子（*Corylus heterophylla*）是该草原植被带栎林下建群灌木。小红柳（*Salix microstachya* var. *bordensis*）是组成沙丘间低地、沿河两岸灌木林的建群种。大果榆（*Ulmus macrocarpa*）在山地和石质丘陵组成榆树疏林。

（二）典型草原

典型草原饲用植物有 271 种，其中 72 种是该草原植被的建群种、优势种。大针茅（*S. grandis*）是典型草原带的代表种。在草原带东部分布最广泛，面积最大。向西分布数量逐渐减少，被更耐旱的克氏针茅（*S. krylovii*）替代。长芒草（*S. bungeana*）是暖温型草原群落的建群种，在内蒙古集中分布在阴山山脉以南地区。糙隐子草（*C. squarrosa*）是针茅草原、羊草草原下层禾草优势种，在退化的草地上可形成优势度最大的演替群落。沙生冰草（*A. desertorum*）、冰草是沙质草原、砾石质草原的建群种或优势种，在针茅草原、羊草草原可形成次优势成分。差巴嘎蒿（*A. halodendron*）、黄柳（*S. flavidi*）是固定、半固定沙丘、沙地的建群植物。褐沙蒿（*A. intramongolica*）是浑善达克沙地特征建群种。岩蒿（*A. brachyloba*）在阴山山脉西段常形成大面积群落。小叶锦鸡儿（*Caragana microphylla*）

是该草原植被带沙丘、沙地的重要灌木成分，在沙砾质、沙丘质针茅草原也可形成灌木层片，成为明显的景观植物。亚洲百里香（*Thymus serpyllum*）主要分布在内蒙古鄂尔多斯东部黄土区和赤峰地区中部和南部的黄土丘陵。大果榆（*U. macrocarpa*）、榆树（*U. pumila*）在该草原的沙地形成榆树疏林草地。草麻黄（*Ephedra sinica*）、甘草（*Glycyrrhiza uralensis*）经常在覆沙草地形成大面积共建群落。三裂绣线菊（*Spiraea trilobata*）、长梗扁桃（*Amygdalus pedunculata*）是山地灌丛的优势种。

（三）荒漠草原

荒漠草原有 200 种饲用植物，其中有 40 种是该草原植被带的建群种、优势种。石生针茅（*S. tianschanica* var. *klemenzii*）是组成荒漠草原的基本成分，广布于剥蚀平原和台地。沙生针茅（*S. caucasica* subsp. *glareosa*）是砾石质、覆沙草地的建群种。短花针茅（*S. breviflora*）是喜温暖的类型，集中分布于内蒙古高原南部和阴山山脉以南地区，经常与克氏针茅草原交替出现。无芒隐子草（*C. songorica*）广布于各草地类型，是小针茅、小禾草草地的建群种或优势种。冷蒿（*A. frigida*）常与小针茅共建群落。油蒿（*A. ordosica*）是固定、半固定沙丘、沙地的建群种，鄂尔多斯高原是其分布中心。蓍状亚菊（*Ajania achilleoides*）、女蒿（*Ajania trifida*）也常与小针茅组成小半灌木群落。中间锦鸡儿（*Caragana liouana*）、狭叶锦鸡儿（*C. stenophylla*）主要分布于蒙古高原东部、乌兰察布高原、鄂尔多斯高原和阿拉善高原地区，是组成固定、半固定沙地的建群种，在覆沙质小针茅草原也可形成灌丛化草地，成为景观灌丛。碱韭（*Allium polyrhizum*）多在砂壤质小针茅地中为优势种。

（四）荒漠

荒漠有 149 种饲用植物，其中建群种、优势种有 44 种。石生针茅、沙生针茅、无芒隐子草在草原荒漠中可成为半灌木、灌木下层草本建群种或优势种，进入荒漠则成为这里的伴生成分。猫头刺（*Oxytropis aciphylla*）是干燥沙质荒漠的建群种。骆驼刺（*Alhagi sparsifolia*）是阿拉善西部沙质荒漠的优势种。柠条锦鸡儿主要分布于库布齐沙漠、乌兰布和沙漠。藏锦鸡儿（*Caragana tibetica*）主要在包头市达茂旗以西的乌兰察布高原向西到东阿拉善地区形成草原荒漠群落。珍珠猪毛菜（*Salsola passerina*）广泛分布于典型荒漠带的东部和草原荒漠地带。合头藜（*Sympegma regelii*）集中在阿拉善地区低山丘陵坡地形成群落。驼绒藜（*Krascheninnikovia ceratoides*）主要分布于乌兰察布高原的西部和阿拉善东部。梭梭（*Haloxylon ammodendron*）主要分布于库布齐沙漠的西端和阿拉善地区，是湖盆外缘沙地、沙砾质砾石戈壁和盐湿荒漠的建群种。绵刺（*Potaninia mongolica*）是阿拉善荒漠的特征植物，在砾质荒漠中常为建群种。四合木（*Tetraena mongolica*）多在东阿拉善地区与小针茅组成草原荒漠群落。霸王（*Zygophyllum xanthoxylon*）是沙砾质荒漠的主要建群种。沙拐枣（*Calligonum mongolicum*）是腾格里沙漠、乌兰布和沙漠、巴丹吉林沙漠的建群种。白砂蒿（*A. sphaerocephala*）是鄂尔多斯高原、阿拉善地区流动、半流动沙区的主要成分。沙蒿仅在阿拉善的西部沙丘、覆沙戈壁、干河床形成群落。

（五）草甸

草甸是隐域性植被，其分布广泛而类型复杂，有着丰富的饲用植物资源。据对内蒙古草场调查，有饲用植物 249 种，其中有 50 种建群种、优势种。不同类型的植被带的草甸或沼泽所分布的建群种、优势种饲用植物有所不同。嵩草（*Kobresia myosuroides*）、高山嵩草（*K. pygmaea*）是组成亚高山草甸的建群种，在内蒙古仅分布于贺兰山和大青山中段。细叶沼柳（*Salix rosmarinifolia*）、小红柳、兴安柳（*S. hsinganica*）、稠李（*Padus avium*）、山荆子（*Malus baccata*）等是组成河流两岸与水泛地草甸的乔、灌木草地的建群种。胡杨（*Populus euphratica*）、沙枣（*Elaeagnus angustifolia*）、柽柳（*Tamarix chinensis*）常在荒漠带河流两岸及地下水的冲积扇上建群。大叶章（*Deyeuxia langsdorffii*）、芦苇（*Phragmites australis*）、拂子茅（*Calamagrostis epigejos*）、巨序剪股颖（*Agrostis gigantea*）、歧序剪股颖（*A. divaricatissima*）、乌拉草（*Carex meyeriana*）、大穗薹草（*C. rhynchophysa*）等多是沼泽化草甸或沼泽的建群种。中间型荸荠（*Heleocharis intersita*）、扁秆藨草（*Scirpus planiculmis*）等所组成的草地，多发育在开流型湖边低湿洼地。芨芨草（*Achnatherum splendens*）、星星草（*Puccinellia tenuiflora*）、大药碱茅（*P. macranthera*）、短芒大麦草（*Hordeum brevisubulatum*）、寸草薹（*Carex duriuscula*）、马蔺（*Iris lactea* var. *chinensis*）等耐盐植物多是低地盐湿草甸的建群种。水葱（*Schoenoplectus tabernaemontani*）多是浅水沼泽的建群种。

五、内蒙古饲用植物利用多样性

（一）药用植物

民族民间传统医药不仅在历史上曾经对民族的生存和发展起到过重大作用，而且就目前而言，全世界相当一部分人口还完全依赖民族和民间传统医药作为他们健康的保证。蒙医药是我国传统医学的重要组成部分，形成至今已经有 740 多年的历史。民间传统说法有"是草都是药"，只是它的疗效和作用不同而已。内蒙古草原上蒙药有千余种。研究证明，草原上很多植物均有饲、药用兼用的功效。典型实例如下。

1. 内蒙古库伦旗蒙古族民间药用植物

在同一个旗里药用植物种类分布也有差异。库伦旗低山丘陵地区野生药用植物有 34 种，隶属于 26 科 31 属。而在沙窝地野生药用植物有 26 种，隶属于 19 科 25 属。其中人畜共用的药用植物有苦参（*Sophora flavescens*）、曼陀罗（*Datura stramonium*）、兴安石竹（*Dianthus chinensis* var. *versicolor*）、红柴胡（*Bupleurum scorzonerifolium*）等。

2. 内蒙古锡林郭勒草原蒙古族民间药用植物

锡林郭勒草原上民间药用、兽药用植物有 17 科 27 属 36 种。这些植物不仅有饲用价值还有人畜共用之功效。例如，麻叶荨麻（*Urtica cannabina*）具有祛风除湿、活血、解痉、解蛇毒之功效。芨芨草、麻花头（*Serratula centauroides*）、瓣蕊唐松草（*Thalictrum petaloideum*)、大籽蒿（*Artemisia sieversiana*）有清热解毒之功效。

3. 呼伦贝尔草原鄂温克民族民间药用植物

鄂温克族民间药用植物共有 18 种，隶属于 12 科 17 属。鄂温克牧民认为东北岩高兰（*Empetrum nigrum* var. *japonicum*）治肝炎有效，把尖叶假龙胆（*Gentianella acuta*）用作心脏药，把圆叶鹿蹄草（*Pyrola rotundifolia*）当作烫伤药。鄂温克牧民在夏季大量采集冷蒿、百里香，晒干后备用于感冒、咳嗽、肺热等常见多发病。

4. 额济纳草原土尔扈特蒙古族民间药用植物

土尔扈特蒙古族民间药用植物共有 20 种，隶属于 12 科 6 属。他们把额济纳草原的肉苁蓉（*Cistanche deserticola*）、锁阳（*Cynomorium songaricum*）、红柳当作常用药外，用冷蒿、沙冬青（*Ammopiptanthus mongolicus*）、膜果麻黄（*Ephedra przewalskii*）配制"人造圣水"，治疗腰腿疼等疾病。

（二）饮食植物

草原牧民在悠久的畜牧业经营中，除了将乳、肉作为主要饮食来源外，还利用草原上的植物作为辅料满足生活和生产上的需要。在长期历史发展过程中不同地区草原和不同部落的牧民，对土生土长的植物有各种各样的用法和需求。

1. 粮食植物

从科尔沁草原到额济纳的调查，内蒙古草原地区野生粮食植物有 29 种，隶属于 10 科 20 属。东部地区作为粮食的野生植物少于西部地区。东西两地通用的植物有沙蓬（*Agriophyllum squarrosum*）、反枝苋（*Amaranthus retroflexus*）、黄花蒿（*Artemisia annua*）、榆树（*Ulmus pumila*）、狗尾草（*Setaria viridis*）、金色狗尾草（*S. pumila*）6 种，而各地又有各地特色的粮用植物。科尔沁草地把苘麻（*Abutilon theophrasti*）、绳虫实（*Corispermum declinatum*）当作粮用植物；锡林郭勒牧民把苦荞麦（*Fagopyrum tataricum*）、野生大麻（*Cannabis sativa* f. *ruderalis*）当作粮用植物；鄂尔多斯牧民把白砂蒿、尖头叶藜（*Chenopodium acuminatum*）、稗（*Echinochloa crusgalli*）、小画眉草（*Eragrostis pilosa*）、平车前（*Plantago depressa*），各种针茅的颖果当作粮用植物；额济纳牧民把准噶尔沙蒿（*Artemisia songarica*）、盐爪爪（*Kalidium foliatum*）、蛛丝蓬（*Halogeton arachnoideus*）、矮大黄（*Rheum nanum*）当作粮用植物；库布齐沙漠的牧民把芨芨草、沙鞭（*Psammochloa villosa*）、大籽蒿、栉叶蒿（*Neopallasia pectinata*）、黄精（*Polygonatum sibiricum*）、盐地碱蓬（*Suaeda salsa*）当作粮用植物。

2. 蔬菜用植物

农耕文化没有到达草原以前，草原牧民采集适宜野生植物，当作蔬菜，改调口味，改善营养。根据内蒙古师范大学民族植物研究所的调查研究，内蒙古牧民对当地的野生蔬菜仍保持传统的认识与用法。从草甸草原到荒漠的不同草原地区 8 个旗的调查研究表明，阿鲁科尔沁和库布齐沙漠的野生蔬菜种类多，阿鲁科尔沁有 96 种，库布齐沙漠有

62 种。荒漠区的额济纳最少，只有 8 种。其他鄂温克、库伦、锡林郭勒、鄂尔多斯等草原上均未超过 30 种。

随着草原文化与农耕文化的渗透与交融的加深，对内蒙古野生蔬菜的认识越来越多。据调查，目前内蒙古野生蔬菜植物共有 311 种 1 亚种和 11 变种，隶属于 60 科 171 属。其中，菊科和百合科是构成内蒙古野生蔬菜资源最突出的两个科，而葱属是最突出的一个属。内蒙古蔬菜植物中一、二年生草本植物有 84 种，多年生草本植物有 207 种，木本植物有 32 种。内蒙古野生蔬菜在山地植被里有 132 种，在草原植被里有 115 种。

3. 水果类植物

根据调查研究，内蒙古野生水果类植物有 53 种 1 亚种和 3 变种，隶属于 23 科 39 属。草原牧民认识利用野生水果类既有共同点又有不同之处。从科尔沁草地到库布齐沙地的牧民把一年生的龙葵（*Solanum nigrum*）、地梢瓜（*Cynanchum thesioides*）均当作水果类植物。对野生灌木、乔木类水果基本通用，只要当地有分布，都当作水果类植物，如草麻黄、沙棘（*Hippophae rhamnoides*）、西伯利亚杏等。因当地所产的植物种类不同，各地分布的野生水果类植物种类数有所不同。例如，科尔沁草原库伦有 12 种野生水果类植物；阿鲁科尔沁有 9 种；库布齐沙地有 11 种；鄂尔多斯有 21 种；额济纳则只有 5 种。呼伦贝尔鄂温克牧民认可的野生水果类植物有 14 种。

4. 茶用野生植物

草原牧民在野生植物的茶用方面积累了丰富的传统知识和经验。草原牧民的奶茶是他们日常生活中不可缺少的饮品。半农半牧的牧民除了饮奶茶、红茶、花茶外，还从周围环境植物中选择一些植物，用作茶的代用品或添加品。

根据调查，内蒙古草地的野生茶用植物有 30 种，隶属于 20 科 30 属。从呼伦贝尔到库布齐沙地的牧民均认同的茶用植物有 11 种，即罗布麻（*Apocynum venetum*）、达乌里胡枝子（*Lespedeza davurica*）、牛枝子（*L. potaninii*）、黄芩（*Scutellaria baicalensis*）、列当（*Orobanche coerulescens*）、委陵菜（*Potentilla chinensis*）、鹅绒委陵菜（*P. anserina*）、二裂委陵菜（*P. bifurca*）、山荆子（*Malus baccata*）、叉分蓼（*Polygonum divaricatum*）、地榆、白桦（*Betula platyphylla*）、文冠果（*Xanthoceras sorbifolium*）等。各地均有其各具特色的茶用植物。呼伦贝尔的鄂温克牧民把芍药（*Paeonia lactiflora*）当作茶用植物。科尔沁牧民把山竹岩黄芪（*Corethrodendron fruticosum*）、东北木蓼（*Atraphaxis manshurica*）、色木槭（*Acer mono*）、土庄绣线菊（*Spiraea pubescens*）当作茶用植物。锡林郭勒牧民把瓦松（*Orostachys fimbriatus*）、巴天酸模（*Rumex patientia*）、金莲花（*Trollius chinensis*）当作茶用植物。鄂尔多斯牧民把乳苣（*Mulgedium tataricum*）当作茶用植物。库布齐牧民把车前（*Plantago asiatica*）、马齿苋（*Portulaca oleracea*）当作茶用植物。

5. 调味植物

内蒙古野生调味品植物有 21 种，隶属于 10 科 11 属。其中从呼伦贝尔草原到额济纳荒漠共同认同的调味品野生植物有 12 种，以百合科葱属为主。各地又有各地特定的调味品植物。呼伦贝尔的鄂温克牧民把防风（*Saposhnikovia divaricata*）当作调味植物。

锡林郭勒牧民把岩败酱（*Patrinia rupestris*）当作调味植物。西部区牧民把白砂蒿当作调味植物，把其种子碾成粉面，与各种面粉混用。额济纳牧民把胡杨碱当作面食的发酵粉。

六、蒙古高原草地饲用植物种质资源基本特点

（一）栽培牧草的野生祖先在蒙古高原分布众多

看麦娘属（*Alopecurus*）的苇状看麦娘（*A. arundinaceus*）和大看麦娘（*A. pratensis*），是原产于欧亚寒温带的野生种。18 世纪中叶在欧洲开始栽培驯化，美洲于 19 世纪 30 年代引入栽培，已成为低温地区建立人工草地的优良栽培草种。这两种牧草在内蒙古的森林草原带和草原带的河滩草地和潮湿地自然野生且长势良好，抗逆性强，可作为培育耐寒高产牧草品种的原始育种材料。虉草（*Phalaris arundinacea*）是原产于世界温带地区的野生优良牧草，1749 年最早在瑞典开始驯化栽培，1850 年开始在北欧其他地区栽培。之后加拿大和美国也相继栽培成功。现在南美洲的阿根廷、大洋洲的澳大利亚亦有栽培，且培育出一些优良品种。虉草在内蒙古森林草原的河滩草甸、沼泽草甸、水湿地野生生长，也有生态变异，是培育新品种的优良原始材料。白羊草（*Bothriochloa ischaemum*）原产于欧洲南部、地中海及亚洲温暖地带。近年来，美国从印度引进该草，已成为美国大平原上最适宜放牧利用的栽培草种。该草因是 C_4 植物，在美国颇受重视，正搜集世界各地种质资源进行育种研究。在内蒙古山地草原、灌丛，从阴山山脉至贺兰山均有分布，形成小面积的暖温型白羊草草原群落。新麦草（*Psathyrostachys juncea*）原分布于俄罗斯、中亚、蒙古国及中国。见于内蒙古荒漠带的干燥山坡，产于龙首山。美国从西伯利亚引入，已驯化栽培成特别适宜于北部平原种植的优良栽培牧草。冰草属（*Agropyron*）的冰草（*A. cristatum*）、沙生冰草（*A. desertorum*）、西伯利亚冰草（*A. sibiricum*）及米氏冰草（*A. michnoi*），俄罗斯 1896 年开始栽培驯化该属的上述几个种质取得了极大的成效。美国从 20 世纪初引入 3 种冰草，在美国西北部栽培，也取得成功。同时加拿大也栽培成功，育出了航道（Fairway）、诺丹（Nordan）、帕克韦（Parkway）、萨米特（Summit）等著名的品种。冰草属上述 4 种冰草、沙生冰草、西伯利亚冰草、米氏冰草在蒙古高原的蒙古国和我国内蒙古均有分布。草地早熟禾（*Poa pratensis*）是原产于北半球温带地区的优良草种，也是著名的草种。欧洲和北美洲已培育出了数十种草地早熟禾草坪品种。草地早熟禾生长于内蒙古森林带和草原带的草甸、草甸化草原、山地林缘及林下，在蒙古国亦有分布。禾本科著名的栽培牧草无芒雀麦（*Bromus inermis*）、紫羊茅（*Festuca rubra*）等的野生种在蒙古国和我国内蒙古均有分布。细弱剪股颖则分布于中国内蒙古。

豆科著名优良栽培牧草红三叶（*Trifolium pratense*）、白三叶（*T. repens*），在世界农业栽培历史上占重要地位。红三叶分布于小亚细亚和欧洲南部一带，于 1500 年由西班牙传入荷兰和意大利，1550 年传入德国，英国 1650 年从德国引入，之后由英国人带入美国。内蒙古的大兴安岭有自然野生，且种子成熟良好，抗逆性强，是培育红三叶新品种的宝贵原始材料。白三叶原产于欧洲，现在世界许多国家栽培作为放牧型牧草或草坪草，培育的品种很多。上述两种三叶草在蒙古高原同样有野生分布。草木樨（*Melilotus officinalis*）、白花草木樨（*M. albus*）是著名的栽培牧草和绿肥作物。在内蒙古森林草原

带、草原带及一直到荒漠带的额济纳的河滩、沟谷、湖盆洼地、盐碱地、草甸、路旁均有散生，其中草木樨在蒙古国也有野生分布。这两种植物的耐盐碱能力较强，是重要的野生种质资源。鸡眼草（*Kummerowia striata*）、长萼鸡眼草（*K. stipulacea*）原产于东亚，美国 1919 年由朝鲜引入长萼鸡眼草，从日本引入鸡眼草，培育出许多优良品种，对美国东南部农业发展起到重要作用。这两种在内蒙古散生于森林草原带、草原带的林下、田边、路旁，为常见杂草，是珍贵的种质资源。

（二）栽培牧草的近缘野生种分布多

在内蒙古草原上生长有不少与栽培牧草亲缘关系较近的野生饲用植物资源。它们包含有丰富的种质（基因）资源。

禾本科栽培牧草大看麦娘及苇状看麦娘的同属野生优良牧草短穗看麦娘（*A. brachystachyus*）、看麦娘（*A. aequalis*）及长芒看麦娘（*A. longiaristatus*）分布于内蒙古，草地看麦娘则分布于蒙古国。粮草兼用的燕麦（*Avena sativa*）其同属野燕麦（*A. fatua*）野生分布于蒙古国及中国内蒙古。栽培优良牧草无芒雀麦的同属优良牧草，喜沙的沙地雀麦（*Bromus ircutensis*）、波申雀麦（*B. paulsenii*）、紧穗雀麦（*B. pumpellianus*）在蒙古国及中国内蒙古均有分布，西伯利亚雀麦（*B. sibiricus*）、缘毛雀麦（*B. ciliatus*）、篦齿雀麦（*B. pectinatus*）仅在内蒙古有野生分布。禾本科各类栽培牧草的近缘野生植物还有：粮草兼用的大麦（*Hordeum vulgare*）的同属野生植物短芒大麦草（*H. brevisubulatum*）、小药大麦草（*H. roshevitzii*）、布顿大麦草（*H. bogdanii*）、内蒙古大麦草（*H. innermongolicum*），其中内蒙古大麦草仅在内蒙古地区有分布。栽培冰草、沙生冰草、西伯利亚冰草、沙芦草（*A. mongolicum*）等的多个野生变种脆冰草（*Agropyron fragile*）、篦齿冰草（*A. pectinatum*）分布于蒙古国，而多花冰草（*A. cristatum* var. *pluriflorum*）、光穗冰草（*A. cristatum* var. *pectinatum*）、毛沙生冰草（*A. desertorum* var. *pubiflorum*）、毛沙芦草（*A. mongolicum* var. *villosum*）则分布于内蒙古地区。栽培猫尾草同属的假梯牧草（*Phleum phleoides*）；栽培优良牧草硬叶偃麦草（*Elytrigia smithii*）、长穗偃麦草（*E. elongata*）、中间偃麦草（*E. intermedia*）、毛偃麦草（*E. trichophora*）等的同属植物偃麦草（*E. repens*）；我国热带地区引种栽培的象草（*Pennisetum purpureum*）同属的白草（*P. flaccidum*）；我国热带地区引种的大黍（*Panicum maximum*）同属的黍（*P. miliaceum*）；我国热带广泛引种的非洲狗尾草（*Setaria anceps* cv. kazungulu）同属的狗尾草（*S. viridis*）、金色狗尾草（*S. pumila*）、轮生狗尾草（*S. verticillata*）、断穗狗尾草（*S. arenaria*）等在内蒙古均有分布。

豆科栽培牧草红三叶、白三叶、草莓三叶草的同属野生牧草内蒙古有野火球（*Trifolium lupinaster*）；栽培牧草草木樨、白花草木樨的同属野生优良牧草细齿草木樨（*Melilotus dentatus*）在蒙古国及中国内蒙古均有分布；栽培山黧豆（*Lathyrus sativus*）同属的大山黧豆（*L. davidii*）、矮山黧豆（*L. humilis*）、山黧豆（*L. quinquenervius*）、毛山黧豆（*L. palustris* var. *pilosus*）、三脉山黧豆（*L. komarovii*）；紫花苜蓿同属牧草黄花苜蓿（*Medicago falcata*）、天蓝苜蓿（*M. lupulina*）、扁蓿豆（*M. ruthenica*）、细叶扁蓿豆（*M. ruthenica* var. *oblongifolia*）、阴山扁蓿豆（*M. ruthenica* var. *inschanica*）、黄花扁蓿豆（*M. ruthenica* var. *lutea*）等均在内蒙古有野生分布。

（三）特有的珍贵牧草种类多

禾本科饲用植物中有沙芦草（*Agropyron mongolicum*）、内蒙古大麦草（*Hordeum innermongolicum*）、小尖隐子草（*Cleistogenes mucronata*）、丛生隐子草（*C. caespitosa*）、薄鞘隐子草（*C. festucacea*）、多叶隐子草（*C. polyphylla*），内蒙古产的 23 种鹅观草中 18 种是中国特有种，如内蒙古鹅观草（*Roegneria intramongolica*）等都是特有的珍贵牧草。内蒙古珍稀濒危植物有 43 科 80 属 95 种。豆科饲用植物中有阿拉善苜蓿，是阿拉善特有种。细叶扁蓿豆、阴山扁蓿豆，前者生于内蒙古沙地，后者见于山地林缘，都是苜蓿远缘杂交的宝贵种质资源。塔落岩黄耆（*Hedysarum fruticosum* var. *laeve*）是优等饲用半灌木，生于覆沙地。

蒙古国古特有植物有 145 种，新特有植物有 197 种，总特有植物有 342 种。含特有种多的属有棘豆、黄耆、假紫草、蒿、风毛菊、委陵菜等。豆科、菊科、十字花科中特有种多。

第三节　蒙古高原饲用植物的评价与利用

一、饲用植物评价体系

我国的草原工作者与研究者为了更好地认识与利用牧草资源，在多年研究和实践的基础上，根据饲用植物被各种家畜、家禽和其他草食动物利用的状况，植物对水分的适应表现，植物体的表型特征，被人们归类认识与利用等方面将饲用植物分成若干类群，为饲用植物的科学研究、合理利用与开发制定出了数个基础指标，形成了饲用植物的评价体系。

（一）饲用植物的生活型

组成内蒙古饲用植物的生活型主要有：乔木、灌木、半灌木、多年生草本和一、二年生植物等基本类型群和 20 个生活型。

1. 乔木

（1）针叶乔木：是指秋季不落叶或落叶，叶为针状，常绿或落叶的乔本植物，如落叶松属（*Larix*）、樟子松（*Pinus sylvestris* var. *mongolica*）等。

（2）阔叶乔木：是指秋季落叶，以冬眠芽过冬的阔叶树种，如胡杨（*Populus euphratica*）、榆树（*Ulmus pumila*）、白桦（*Betula platyphylla*）等。

2. 灌木

灌木是指没有明显主干或丛生的矮高位芽或地上芽的木本植物，一般比乔木低矮。

（1）常绿灌木：是指裸子植物一类的常绿灌木，如杜松（*Juniperus rigida*）、叉子圆柏（*Sabina vulgaris*）。

（2）具刺灌木：枝条上生有硬刺（包括皮刺、枝刺、托叶刺、叶柄硬化成刺）的灌木。这类植物具明显的旱生结构和形态特征，如锦鸡儿属（*Caragana*）、绵刺属（*Potaninia*）、半日花属（*Helianthemum*）、旋花属（*Convolvulus*）的鹰爪柴（*C. gortschakovii*）等植物。

（3）盐生灌木：是指在含盐量很高的土壤上能够正常生长的木本植物，如多枝柽柳（*Tamarix ramosissima*）、长穗柽柳（*T. elongata*）等植物。

（4）肉质叶灌木：是指植物体内有贮水组织，而且叶片肉质化的木本植物，如球果白刺（*Nitraria sphaerocarpa*）、大白刺（*N. roborowskii*）、霸王（*Zygophyllum xanthoxylon*）、四合木（*Tetraena mongolica*）等植物。

（5）阔叶灌木：是指秋季落叶，以休眠芽越冬，叶片非肉质化，不具刺的阔叶灌木，如绣线菊属（*Spiraea*）、柳属（*Salix*）、栒子属（*Cotoneaster*）等。

3. 小型半乔木

小型半乔木是指植株高 2～4m，其主干较明显，每年秋天大批当年生枝条凋落，叶退化成鳞片状，绿色新枝成为同化器的半小乔木，如梭梭（*Haloxylon ammodendron*）。

4. 半灌木

半灌木是枝干在 1m 左右的植物，其植株上部枝草质，并在冬季枯萎，而下部茎木质化，多年生，以休眠芽越冬。

（1）退化叶半灌木：是指叶片退化，幼枝成为绿色同化器官，每年有大批幼枝枯死脱落的半灌木，如沙拐枣（*Calligonum mongolicum*）等。

（2）肉质叶半灌木：是指叶片肉质化的半灌木，如合头藜（*Sympegma regelii*）、盐爪爪（*Kalidium foliatum*）。

（3）旱生半灌木：有明显的旱生结构，叶片多为深裂，使面积缩小，而且具茸毛的半灌木，如蒿属（*Artemisia*）的多个种，冷蒿（*A. frigida*）、女蒿（*Hippolytia trifida*）、蓍状亚菊（*Ajania achilleoides*）等。

5. 多年生草本

多年生草本属于地面芽或地下芽植物，植物寿命 3 年以上。

（1）根茎型植物：属于地下芽植物。具有地下根茎，根茎节上生有更新芽，能长出地上新枝条和向下不定根，如羊草等根茎型禾草。

（2）丛生型植物：属于地面芽植物，根属须根，地面分蘖节上有多数更新芽，长出多数地上枝条，如针茅属等丛生禾草。

（3）轴根型植物：属于地面芽植物，其根系具明显的主根。大多数双子叶植物属于这一类，如豆科的黄耆属（*Astragalus*）、棘豆属（*Oxytropis*）及蔷薇科的委陵菜属（*Potentilla*）等。

（4）鳞茎型植物：属于地下芽植物，其更新芽着生于地下的鳞茎节上，如葱属（*Allium*）、百合属（*Lilium*）等。

（5）根蘖型植物：也属于地下芽植物，其主根的水平支根上能形成芽，从此芽上形成地上枝条，如甘草（*Glycyrrhiza uralensis*）、山野豌豆（*Vicia amoena*）、披针叶黄华（*Thermopsis lanceolata*）、苦豆子（*Sophora alopecuroides*）。

（6）草质藤本：是指地上茎不能自行直立，而依靠攀缘器官支撑或依附于其他物体上的草本植物，如鹅绒藤（*Cynanchum chinense*）、萝藦（*Metaplexis japonica*）等。

（7）匍匐茎型植物：是指地上茎横卧在地面，匍匐生长，不能直立，在茎上不仅能生长枝叶，而且可以生长不定根的植物，如鹅绒委陵菜（*Potentilla anserina*）、止血马唐（*Digitaria ischaemum*）等。

（8）蕨类植物：是指蕨类植物门所有植物，如问荆（*Equisetum arvense*）、木贼（*Equisetum hyemale*）等。

6. 一、二年生植物

一、二年生植物是指植株寿命只有一年或二年的植物，如常见的狗尾草属（*Setaria*）、虎尾草属（*Chloris*）植物。

（二）饲用植物的生态类型

饲用植物生长在不同自然地带和不同生态环境中，对环境条件的要求不尽相同。依据它们对水分条件、土壤盐分状况和地表组成物质等重要因素的要求，所表现出各种不同的适应方式和适应能力，可划分为不同的生态类群。

（1）水生植物：是指植物体全部或一部分淹没在水中而能正常发育生长的植物，如菹草（*Potamogeton crispus*）、眼子菜（*P. distinctus*）等。

（2）湿生植物：是指在水分供应充沛的条件下才能正常生长的植物，如狭叶甜茅（*Glyceria spiculosa*）、小灯心草（*Juncus bufonius*）等。

（3）湿生中植物：是指中生植物稍偏湿的植物，如茵草（*Beckmannia syzigachne*）、看麦娘（*Alopecurus aequalis*）等。

（4）中生植物：是指在水分条件适中的情况下生长的植物。这类植物不能耐过量的水淹，也不能抵抗强烈的干旱，如老芒麦（*Elymus sibiricus*）、拂子茅（*Calamagrostis epigejos*）等。

（5）旱中生植物：是指中生植物略偏旱生，如蓬子菜（*Galium verum*）、披碱草（*Elymus dahuricus*）、山野豌豆（*Vicia amoena*）等。

（6）旱生植物：是指有明显的旱生结构和生理特性，能忍耐长时间的水分亏缺，如小针茅类、溚草（*Koeleria cristata*）、冷蒿（*Artemisia frigida*）等。

（7）中旱生植物：是指旱生略偏中生的植物，如羊草、线叶菊（*Filifolium sibiricum*）、柴胡（*Bupleurum chinense*）。

（8）强旱生植物：是指能强度耐旱的植物，如合头藜（*Sympegma regelii*）、珍珠猪毛菜（*Salsola passerina*）、骆驼刺（*Alhagi sparsifolia*）、绵刺（*Potaninia mongolica*）等。

（三）饲用植物的适口性

饲用植物的适口性是指牲畜对饲用植物的食欲性、采食状态及程度。以跟群放牧、饲喂试验及采访牧民来确定饲用植物的适口性。根据国内外的研究，国内一般采用喜食、乐食、采食、稍食及不食5个等级。

喜食：是指各种家畜从草群中首先挑食；乐食：各种家畜喜食，但不挑食；采食：各种家畜均采食，但采食程度不及上两类；稍食：在饥饿情况下稍采食，采食时间不持续；不食：在任何情况下不触及。

（四）饲用植物经济类群

苏联著名草地科学家 A. M. 德米特里耶夫在 20 世纪 40 年代提出草地植物经济类群划分的标准。50 年代 A. A. 尤纳托对蒙古国的饲用植物的经济类群划分以来，我国草地学者如北京农业大学的贾慎修教授、甘肃农业大学的任继周教授在 60 年代也提出过草地饲用植物经济类群的划分法，之后内蒙古农牧学院的富象乾教授、新疆八一农学院的许鹏教授也提出了我国饲用植物经济类群的划分方法。农业部主持的全国草地资源调查，1988 年 3 月公布了《中国草地类型的划分标准和中国草地类型分类系统》，同时也公布了中国草地分类中采用的植物经济类群的名录。对经济类群的划分吸取了"在植物生活型基础上，结合植物学科组划分"的原则，共提出 24 个类群。内蒙古在 20 世纪 90 年代的内蒙古草地资源调查中采用了 8 个类群组 23 个类群的分类标准。

（五）饲用植物的综合评定

根据饲用植物的适口性、营养价值、利用性状进行综合考量，将饲用植物划分为优、良、中、低、劣 5 类。

优等牧草：各种家畜从草群中挑食；粗蛋白含量＞10%、粗纤维含量＜30%；草质柔软，耐牧性好，冷季保存率高。

良等牧草：各种家畜喜食；粗蛋白含量＞8%、粗纤维含量＜35%；耐牧性好，冷季保存率高。

中等牧草：各种家畜均采食，枯黄后草质迅速变粗硬或青绿期有异味，家畜不愿采食；精蛋白含量＜10%，粗纤维含量＞30%；耐牧性良好。

低等牧草：大多数家畜不愿采食，仅耐粗饲的骆驼或山羊喜食或草群中优良牧草采食完后才采食；粗蛋白含量＜8%，粗纤维含量＞35%；耐牧性较差，冷季保存率低。

劣等牧草：家畜不采食或很少采食，或只在饥饿时少量采食解馋；某季节有轻微毒害，仅在一定季节少量采食；营养物质含量与中、低等牧草无明显差异。

二、饲用植物经济类群的概述

1. 多年生禾草类

（1）根茎型禾草

这类草在天然草场中作用比较明显，其中羊草（*Leymus chinensis*）的作用最突出。它在草甸草原、典型草原，作为建群种形成多类草场，如羊草-贝加尔针茅（*Stipa baicalensis*）草场、羊草-野古草（*Arundinella hirta*）草场。甚至进入到荒漠草原的沙地，形成羊草-大针茅（*S. grandis*）-冷蒿草场。除羊草外，赖草（*Leymus secalinus*）、白草（*Pennisetum flaccidum*）、沙鞭（*Psammochloa villosa*），也可形成以它们为建群种的草场。

这一类草可分为高大型、中型和细小型三类。

高大型禾草：一般植株高度在 80cm 以上，多为中生、湿生型禾草。这一类草植株一般冬季残苗好，能避风雪，春季返青早，除刈割制干草外，由这类禾草组成的草地，又是良好的冬春营地，如芦苇、大叶樟在内蒙古东部地区作割草利用。而在内蒙古西部的荒漠草原地带，将沙鞭刈割利用。

中型禾草：植株高度一般在 50～70cm，多为中生、中旱生型禾草。这一类草营养价值高，适口性好，全年均被牲畜不同程度采食，也可刈割调制青干草，为内蒙古地区的优良牧草。羊草属于这类禾草，无芒雀麦（*Bromus inermis*）、沙地雀麦（*B. ircutensis*）、白草也是很重要的优良禾草。

细小型禾草：株高一般不超过 50cm，这类草适口性好，营养价值优良，一年四季各种家畜喜食，耐践踏，是放牧型禾草，如巨序剪股颖（*Agrostis gigantea*）、蒙古剪股颖（*A. mongholica*）、歧序剪股颖（*A. divaricatissima*）、草地早熟禾（*Poa pratensis*）、米氏冰草（*Agropyron michnoi*）、苇状看麦娘（*Alopecurus arundinaceus*）等。

（2）丛生型禾草

丛生类禾草中针茅属、隐子草属（*Cleistogenes*）牧草在天然草场中作用比较大。大型针茅在草甸草原、典型草原及山地草原中起建群作用，形成多类草场，如贝加尔针茅-线叶菊（*Filifolium sibiricum*）草场、大针茅-羊草草场、克氏针茅（*Stipa krylovii*）-冷蒿草场等。小针茅在荒漠化草原中也起建群作用，形成各类草场，如短花针茅（*Stipa breviflora*）-冷蒿草场，石生针茅（*S. tianschanica* var. *klemenzii*）-无芒隐子草（*Cleistogenes songorica*）草场等。隐子草属的中华隐子草（*C. hackelii*=*C.chinensis*）、多叶隐子草（*C. polyphylla*）、糙隐子草（*C. squarrosa*）在草甸草原、典型草甸、山地草原中有时也起建群作用。

丛生型禾草可分为高大型、中型、中生细小型和旱生细小型四类。

高大型丛生禾草：株高一般在 100cm 以上。这类植物植株高大，秆硬，品质中等或低等，是内蒙古地区冬春季节的主要放牧型饲草之一。对牲畜顺利度过严冬有一定价值。牧民常选择芨芨草（*Achnatherum splendens*）滩作冬春营地。

中型丛生禾草：株高一般在 60～100cm。该类草的大针茅、贝加尔针茅、克氏针茅是内蒙古草甸草原、典型草原地区重要的以放牧兼刈割饲草，虽果期对牲畜有害，但牧民在 7～8 月避开这类草放牧，是营养价值高、适口性好的优良牧草。此类草中披碱草属（*Elymus*）、鹅观草属（*Roegneria*）牧草也属于优良牧草，它们的许多种已被驯化栽培，广泛利用与推广。

中生细小型丛生禾草：这类草多分布于草甸、山地草甸和低湿盐化草甸。这一类草为放牧型牧草，其草质柔软，均为各种家畜喜食或乐食。其中碱茅属植物为泌盐性植物，有其特殊利用价值。在夏、秋抓膘季节里牧民常隔数日就将牲畜在有碱茅属牧草的地段进行放牧以增强牲畜采食牧草的食欲。碱茅属植物有耐牧、耐践踏和耐盐的特性，是改良盐碱地的好草种。

旱生细小型丛生禾草：这一类草是内蒙古天然草地的基本组成成分，是放牧地的主要牧草。其中冰草属（*Agropyron*）牧草为首选牧草，这些牧草草质柔软，叶量丰富，营养价值高，一年四季均为各种家畜喜食或嗜食。它们耐寒、耐旱，抗风沙，耐土壤贫瘠，是建立人工栽培草场的首选草种。隐子草属（*Cleistogenes*）牧草是秋季抓膘的主要牧草，是典型草原区、荒漠草原区的优等放牧型牧草。小针茅如石生针茅（*Stipa tianschanica* var. *klemenzii*）、沙生针茅（*S. glareosa*）、短花针茅（*Stipa breviflora*）是荒漠草原区和草原化荒漠区放牧场的主要牧草之一。

2. 多年生豆科牧草类

多年生豆科牧草类包括中生、旱生和低质豆科牧草三类。

中生豆科牧草：植株高度一般在 40cm 以上，属高大、中生豆科牧草，如黄花苜蓿（*Medicago falcata*），是牧草中首选的优良牧草。它在内蒙古草甸草原、典型草原的湿润地段可形成居群，是采集种质及原生境保护的基地。斜茎黄耆（*Astragalus laxmannii* = *A. adsurgens*），也是推荐优良牧草，是生长于草甸草原、典型草原及山地草原的偶见种，有时为伴生种，也散生生长于路旁或撂荒地。此外，扁蓿豆（*Medicago ruthenica*）也可以形成居群。野火球（*Trifolium lupinaster*）是世界著名栽培牧草红三叶（*T. pratense*）、白三叶（*T. repens*）等的近缘野生种，是育种创新的原始材料。草木樨状黄耆（*A. melilotoides*）虽然植株体叶片少，秆较粗硬，但抗旱、耐贫瘠，也是防风固沙、栽培草地、育种很好的原始材料。

旱生豆科牧草：这类牧草植株低矮，在草原群落中多为伴生种或偶见种。这类草包括的主要牧草有黄耆属（*Astragalus*）、棘豆属（*Oxytropis*）的许多种。这些牧草的营养价值高，适口性好，属于优良等级的牧草种数多，如白花黄耆（*A. galactites*）、糙叶黄耆（*A. scaberrimus*）、砂珍棘豆（*O. racemosa*）、二色棘豆（*O. bicolor*）等。

低质豆科牧草：是指在生长季节，植物体内含有对牲畜有害的物质或具特殊气味，而影响牲畜采食的豆科植物。例如，甘草（*Glycyrrhiza uralensis*）、苦马豆（*Sphaerophysa salsula*）、苦豆子（*Sophora alopecuroides*）、苦参（*S. flavescens*）、披针叶黄华（*Thermopsis lanceolata*）等。在内蒙古东部地区几乎不被利用，但在西部荒漠草原区以至荒漠区冬春季利用较多。鄂尔多斯地区的牧民，将甘草刈割制青干草用于冬春补饲牲畜。

3. 多年生杂类草

多年生杂草类在内蒙古分布的种类最多，主要包括具乳汁杂类草、多年生蒿类、鸢尾类、中生杂类草、旱生杂类草、鳞茎型杂类草 6 个类型。

具乳汁杂类草：是指菊科、萝藦科等植物内含有乳汁的种类。叉枝鸦葱（*Scorzonera divaricata*）、羊角子草（*Cynanchum cathayense*）骆驼喜食，能抓膘。苣荬菜（*Scorzonera wightianus*）、丝叶山苦荬（*Ixeris chinensis* subsp. *graminifolia*）、苦荬菜（*I. denticulata*）、抱茎苦荬菜（*I. sonchifolia*）羊喜食，并有败火之功效。细叶黄鹌菜（*Youngia tenuifolia*）、地梢瓜（*Cynanchum thesioides*）羊喜食，可提高产乳量。

多年生蒿类：是指菊科中蒿属和线叶菊属全部的多年生草本植物。线叶菊属的线叶菊（*Filifolium sibiricum*）在草甸草原、山地草甸草原起建群作用，可形成线叶菊、羊草等草场。蒿属中矮丛蒿（*Artemisia caespitosa*），生于荒漠草原带的石质或砾石质坡地，为小针茅草原的伴生种，亦可单独形成群落，成为建群种，各种家畜四季乐食。柳叶蒿（*A. integrifolia*）生于森林带和草原带的山地林缘、林下、山地草甸、河谷草甸，亦作为杂草地进入农田、路旁、村庄附近，春夏两季各种家畜喜食，秋季乐食。

总体而言，这类草的营养价值和适口性较差，属于中等或低等的饲用植物。

鸢尾类：是指鸢尾科中鸢尾属（*Iris*）全部植物。青鲜时家畜几乎不采食，只有秋霜后才能被牲畜利用。内蒙古西部荒漠草原地区利用得多。

中生杂类草：多分布于森林草原和草原区，常见于河谷低地草甸。这类饲用植物的种类较多，其饲用价值也各不相同。地榆（*Sanguisorba officinalis*）、细叶地榆（*S. tenuifolia*）在幼嫩时，牛喜食，羊、马一般地采食，干枯后牲畜乐食。中生型的委陵菜如莓叶委陵菜（*Potentilla fragarioides*）生于森林带和森林草原带山地林下、林缘、林间草甸、灌丛中，一般为伴生种，春季羊采食。匍枝委陵菜（*P. flagellaris*）为山地林间草甸及河滩草甸的伴生种，可在局部成为优势种，也可见于落叶松林及桦木林下的草本层中，绵羊、山羊乐食。蓬子菜（*Galium verum*）、龙芽草（*Agrimonia pilosa*）、叉分蓼（*Polygonum divaricatum*）等牲畜均不同程度地采食，以大畜利用最好，属中等或低等饲用植物。珠芽蓼（*P. viviparum*）、西伯利亚蓼（*P. sibiricum*）羊采食较好。额济纳牧民认为萹蓄（*P. aviculare*）、矮大黄（*Rheum nanum*）是绵羊、山羊的喜食植物，有抓膘的功效。蚊子草（*Filipendula palmata*）是猪的良好饲草。唐松草属（*Thalictrum*）、荆芥属（*Nepeta*）等属植物，冬季干枯后才能被牲畜少量利用，属于低等饲用植物。克什克腾牧民把野罂粟（*Papaver nudicaule*）采集晒干，春季喂体弱的牛，有恢复体力的功效。

旱生杂类草：比较低矮的一类牧草，以草原和荒漠草原分布最多。主要以小畜利用，有些是羊的抓膘牧草。北芸香（*Haplophyllum dauricum*）、冬青叶兔唇花（*Lagochilus ilicifolius*）、达乌里芯芭（*Cymbaria dahurica*）、燥原荠（*Ptilotrichum canescens*）、银灰旋花（*Convolvulus ammannii*）、木地肤（*Kochia prostrata*）等羊喜食，据调查可食性系数均在70%上下。阿尔泰狗娃花（*Heteropappus altaicus*）、二裂委陵菜（*Potentilla bifurca*）、星毛委陵菜（*P. acaulis*）、细叶鸢尾（*Iris tenuifolia*）、荒漠丝石竹（*Gypsophila desertorum*）、地锦草（*Euphorbia humifusa*）等也是羊喜食的牧草。细叶鸢尾的可食性系数可达60%。

鳞茎型杂类草：主要是指百合科的葱属和百合属植物，葱属植物在内蒙古各植被区均有分布。山葱（*Allium senescens*）在沙地草甸草原形成胡枝子（*Lespedeza bicolor*）-差巴嘎蒿（*Artemisia halodendron*）-山葱草场。碱韭（*A. polyrhizum*）和蒙古葱（*A. mongolicum*）在荒漠草原、草原化荒漠区形成碱韭-石生针茅-无芒隐子草草场、碱韭-蒙古葱草场、红砂（*Reaumuria songarica*）-大白刺（*Nitraria roborowskii*）-碱韭草场、珍珠猪毛菜（*Salsola passerina*）-石生针茅-碱韭草场、松叶猪毛菜（*S. laricifolia*）-碱韭草场等。碱韭有一定的抗盐碱性，在盐化草甸可形成红砂-羊草-碱韭草场。

葱属植物在草场中有特殊的经济价值。它能刺激牲畜的口腔黏膜，增强食欲，营养价值高，草质柔嫩多汁，适口性好，是良好的抓膘植物。从科尔沁草原到额济纳荒漠，牧民普遍认为碱韭、蒙古葱、山韭、野韭（*A. ramosum*）是骆驼、山羊、绵羊的抓膘牧草，抓膘快而膘情持久，并且这些植物有驱虫治病的疗效。当羊采食小花棘豆（*Oxytropis glabra*）中毒时，牧民用蒙古葱或碱韭来解毒。

4. 一、二年草本植物

包括一、二年生禾草，一、二年生豆科草和一、二年生其他杂类草。

（1）一、二年生禾草

一、二年生禾草生于各植被带，在饲草平衡中起着重要的作用，特别是荒漠和荒漠草原其效果更加显著。这类禾草生长迅速，生活周期短，其产量常由降雨量决定，在夏、秋雨水充沛时，常可形成"热草层"。内蒙古荒漠区牧民常根据一、二年生饲草的多少来确定牧业生产的丰欠年。

一、二生年禾草的适口性好，营养价值优良，为小畜所喜食，并能起到抓膘作用。有些种类，如虎尾草（*Chloris virgata*）、狗尾草（*Setaria viridis*）遇多雨年份，可进行刈割调制干草，用以解决冬春瘦弱牲畜和幼畜的补饲饲草。

（2）一、二年生豆科草

这类植物属于豆科草类中的短寿命植物，多为中生，极少为旱中生植物。达乌里黄耆（*Astragalus dahuricus*）、野大豆（*Glycine soja*）各种牲畜喜食或嗜食，是品质优等的饲用植物。白花草木樨（*Melilotus albus*）、细齿草木樨（*M. dentatus*）、草木樨（*M. officinalis*）幼嫩时是牲畜的良好饲草，开花后质地粗糙，有"香豆素"气味，影响牲畜采食，但一经习惯后，适口性较好，各种草木樨均是内蒙古良好的放牧兼打草型饲草。刈割应在初花期，刈割后的青干草应注意贮藏，避免腐烂、变质。天蓝苜蓿（*Medicago lupulina*）、长萼鸡眼草（*Kummerowia stipulacea*）、鸡眼草（*K. striata*）也是有价值的天然草地补播材料。

（3）一、二年生其他杂类草

这类植物包括肉质一、二年生杂类草，非肉质一、二年生杂类草（一、二年生禾草及豆科草除外）和一、二年生蒿类草。

1）肉质一、二年生杂类草。

该类草其茎、叶肉质多汁，多为藜科碱蓬属（*Suaeda*）、景天科瓦松属（*Orostachys*）。碱蓬（*S. glauca*）、角果碱蓬（*S. corniculata*）、盐地碱蓬（*S. salsa*）等在低地盐化草甸中形成群落，形成角果碱蓬-杂类草草场，碱蓬-碱蒿（*Artemisia anethifolia*）-杂类草草场。这类植物灰分含量高，一般为低等饲用植物，但科尔沁克什克腾牧民认为羊和骆驼喜欢采食角果碱蓬，起抓膘作用，把它晒干，冬季喂牛补充盐分。瓦松属植物，绵羊、山羊乐食。

2）非肉质一、二年生杂类草。

此类草分布甚为普遍，生境各异，饲用价值极不相同。主要包括藜科的猪毛菜属（*Salsola*）、藜属（*Chenopodium*）、虫实属（*Corispermum*）、滨藜属（*Atriplex*）、沙蓬属（*Agriophyllum*）、地肤属（*Kochia*），也包括蓼科、苋科、十字花科等科中的一些种类。猪毛菜属一年生植物，幼嫩时骆驼、羊采食，粗老后不食。虫实属的植物春鲜时骆驼采食，干枯以后骆驼喜食。牧民把虫实的种子收集，冬春季补饲瘦弱牲畜。额济纳牧民认为萹蓄（*Polygonum aviculare*）是骆驼的抓膘牧草。农民把藜（*Chenopodium album*）、苍耳（*Xanthium strumarium*）、反枝苋（*Amaranthus retroflexus*）鲜叶煮熟发酵喂猪，也把藜、反枝苋的种子煮熟后喂猪。此外，扁蓿、反枝苋、地肤（*K. scoparia*）等也是猪、鸡、鸭、鹅、兔的良好饲草。

3）一、二年生蒿类草。

这类植物分布较普遍，生长于内蒙古地区各植被带，在雨水多的年份常形成一、二年生蒿类层片，尤其是农业区撂荒地上最明显。饲用性较好的有猪毛蒿（*Artemisia scoparia*）、碱蒿（*A. anethifolia*）、莳萝蒿（*A. anethoides*），青鲜时羊、骆驼乐食，干枯后喜食或嗜食。克什克腾牧民认为在冬春季节，黄花蒿（*A. annua*）对牲畜有恢复体力、催乳作用。用大籽蒿（*A. sieversiana*）种子补饲牛，可恢复体力、催乳。

5. 水生杂类草

水生杂类草在内蒙古分布种类不多，有菹草（*Potamogeton crispus*）、眼子菜（*P. distinctus*）、穿叶眼子菜（*P. perfoliatus*）、单果眼子菜（*P. acutifolius*）、槐叶萍（*Salvinia natans*）等，主要用于饲养鱼、鸭、鹅，也可作鸡饲料。

6. 莎草类

包括大型莎草和小型莎草。

大型莎草：是指植物高达 50cm 以上的莎草科植物。常生于沼泽或沼泽化草甸。这一类饲草，植株高大，茎叶粗硬，粗纤维含量较高，如扁秆藨草（*Scirpus planiculmis*）、大穗薹草（*Carex rhynchophysa*）等。

小型莎草：是指株高在 50cm 以下的莎草科植物，广泛分布于森林、草甸草原以至荒漠及山地草甸。多为中生、旱中生、中旱生植物。小型莎草在草甸和沼泽中起建群作用，如薹草-杂类草草场。嵩草属植物在内蒙古亚高山草甸起建群作用，如嵩草-羊草草场。

小型莎草，草质柔软，营养较丰富，适口性较好，是草地良好的放牧型植物。这类草耐牧、耐践踏，再生力强，再生草能很好地被牲畜利用。寸草薹（*Carex duriuscula*）、砾薹草（*C. stenophylloides*）等春季萌发早，一般在 3 月下旬即可萌发，牲畜能尽早利用返青草，经秋霜干枯后残留良好。小型莎草，其植株较低矮细弱，绵羊、山羊、马四季喜食，尤以春季最喜食，牛、骆驼利用较差。嵩草（*Kobresia myosuroides*）、高山嵩草（*K. pygmaea*）、细叶嵩草（*K. filifolia*）等，主要为小畜所利用，并有抓膘作用。脚薹草（*C. pediformis*）、凸脉薹草（*C. lanceolata*）幼嫩时牛、马采食。

7. 半灌木类

包括无叶半乔木与半灌木、蒿类半灌木、盐柴类半灌木、多汁叶半灌木、阔叶半灌木 5 类植物。

无叶半乔木与半灌木：凡叶片退化，以同化小枝进行光合作用的半乔木或半灌木均属于此类。

梭梭（*Haloxylon ammodendron*）在荒漠区形成梭梭草场，梭梭–唐古特白刺（*Nitraria roborowskii=N. tangutorum*）草场，梭梭–蒙古沙拐枣（*Calligonum mongolicum*）–霸王草

场。梭梭是额济纳牧民用于骆驼抓膘的三种草之一,是牧民冬春营地的饲草。沙拐枣和阿拉善沙拐枣(*C. alashanicum*)羊乐食,骆驼一年四季均乐食。短叶假木贼(*Anabasis brevifolia*)也是额济纳用于骆驼抓膘的三种草之一。

蒿类半灌木:它是菊科植物中饲用价值最佳的一类。包括蒿属及其近缘属中所有半灌木。蒿类分布广泛,从草原、山地草原至荒漠都有其生长分布。无论从植被组成到饲用价值都拥有重要地位。差巴嘎蒿(*Artemisia halodendron*)在沙地草甸草原可形成差巴嘎蒿–羊草–杂类草草场,也在山地草原及沙地典型草原参与形成各类草场,如榆–冷蒿–差巴嘎蒿–白草(*Pennisetum flaccidum*)草场、黄柳(*Salix gordejevii*)–差巴嘎蒿草场等。油蒿(*A. ordosica*)可在沙地荒漠草原形成油蒿–沙鞭(*Psammochloa villosa*)草场、油蒿–杂类草草场等。白砂蒿(*A. sphaerocephala*)在荒漠区可形成白砂蒿–杂类草草场。冷蒿从草甸草原至荒漠草原均有分布,有时起建群作用。蓍状亚菊(*Ajania achilloides*)在荒漠草原有建群作用,如形成戈壁针茅(*Stipa tianschanica* var. *gobica*)–蓍状亚菊草场。

白砂蒿、油蒿、差巴嘎蒿、褐沙蒿(*A. intramongolica*)等半灌木其饲用特点具有明显的季节特色。青鲜时骆驼采食、山羊稍采食外其他牲畜均不采食。秋季下霜后及干枯后采食率提高,尤其在春季,这些半灌木在家畜的体力恢复上起重要作用。冷蒿具有一定的催肥、催乳作用,各种家畜喜食。额济纳牧民认为骆驼喜食冷蒿,并有抓膘功能。冷蒿春季萌发早,秋季枯黄晚,冬季仍保持湿润状态,延长了采食时间。内蒙古西部区牧民对冷蒿的评价甚好,认为春季母羊采后下奶又多又快,羔羊采食后体质健壮。旱蒿(*A. xerophytica*)与冷蒿有相似的饲用价值。蓍状亚菊、女蒿(*Hippolytia trifida*)的营养价值也高,适口性好。夏季青鲜时为绵羊和骆驼乐食,秋冬季喜食。春季返青早,冬季残留好。鄂尔多斯牧民认为蓍状亚菊对羊有抓膘的作用,冬季采食后可提高抗寒能力。山蒿(*A. brachyloba*)青鲜时采食率不高,但缺草的年份和雪灾时它的饲用价值倍增。

盐柴类半灌木:这类半灌木多为旱生或强旱生植物。主要生长于荒漠草原和荒漠。红砂(*Reaumuria songarica*)、珍珠猪毛菜(*Salsola passerina*)、松叶猪毛菜(*S. laricifolia*)、短叶假木贼(*Anabasis brevifolia*)参与荒漠草原、荒漠的植被组成,形成各类草场,如红砂–无芒隐子草(*Cleistogenes songorica*)–石生针茅(*Stipa tianschanica* var. *klemenzii*)–松叶猪毛菜–碱韭草场;珍珠猪毛菜–红砂草场;短叶假木贼-戈壁针茅(*S. tianschanica* var. *gobica*)草场等。

合头藜(*Sympegma regelii*)一年四季均为骆驼所喜食,对骆驼有抓膘作用,牧民将合头藜、梭梭、短叶假木贼作为骆驼的三大抓膘植物。珍珠猪毛菜青鲜或干枯后均为骆驼、绵羊、山羊所喜食。额济纳牧民认为红砂是骆驼的喜食植物,羊采食其嫩枝、叶,是骆驼、羊补盐的好牧草。

多汁叶半灌木:这类半灌木多分布于草原区与荒漠区的盐化碱土上,也进入芨芨草盐化草甸。这类植物有藜科的盐爪爪属(*Kalidium*)植物,可形成盐爪爪(*K. foliatum*)–红砂–杂类草草场等。这类植物含盐量高,饲用价值低,但牧民常隔数日把羊群赶到此类草场,让羊群补充盐分。青鲜时骆驼稍食,经秋霜后适口性有所提高,骆驼采食,山羊稍食。

阔叶半灌木:这类半灌木虽然在内蒙古种类不多,但在饲草组合中占重要的地位,如藜科的木地肤（*Kochia prostrata*）和驼绒藜属（*Krascheninnikovia*）、豆科的岩黄耆属（*Hedysarum*）、山竹子属（*Corethrodendron*）及胡枝子属（*Lespedeza*）的一些植物等。木地肤分布于内蒙古全区，在草原植被中起伴生作用。岩黄耆属的山岩黄耆（*H. alpinum*）、达乌里黄耆（*H. dahuricus*）为亚高山草甸伴生种、山地草甸草原伴生种。山竹子属的山竹子（*C. fruticosum* var. *fruticosum*）在荒漠草原形成山竹子-油蒿草场。

木地肤返青早，秋冬枝叶保存良好，是羊、骆驼喜食的牧草，结实后骆驼、羊、牛、马均喜食。荒漠区的牧民认为木地肤是骆驼、羊的抓膘饲草。驼绒藜（*K. ceratoides*）、华北驼绒藜（*K. arborescens*）、山竹子、羊柴（*C. fruticosum* var. *lignosum*=*Hedysarum laeve*）、达乌里胡枝子（*Lespedeza davurica*）、牛枝子（*L. potaninii*）、尖叶胡枝子（*L. juncea*）均为骆驼、绵羊、山羊喜食或乐食。荒漠区的牧民把此类草调制成干草，用于冬季补饲。

8. 灌木类

包括针叶灌木、鳞叶灌木、肉质叶灌木、阔叶灌木。

针叶灌木：分布于内蒙古西部、中部山地和沙地，有杜松、叉子圆柏等，其饲用价值不高，仅春季山羊采食一些，是野生禽类的良好栖息地。

鳞叶灌木：这种灌木的叶片呈鳞片状，当年生小枝纤细，鳞叶密集。多生于荒漠或荒漠草原带河滩或盐化低地。额济纳牧民认为细穗柽柳（*Tamarix leptostachys*）、长穗柽柳（*T. elongata*）是骆驼的好牧草，能补盐，羊也采食其嫩叶，可补盐。是水土保持、野生禽类栖息的良好植物。

肉质叶灌木：这类植物能忍耐荒漠区严酷的生境条件。叶肉贮存有大量水分和盐分，使枝叶肉多汁。此类植物虽然为数不多，但在荒漠地带的饲草组合中占有一定地位。额济纳牧民反映，骆驼、羊喜食小果白刺（*Nitraria sibirica*）、大白刺（*N. roborowskii*）的枝叶及果实。羊喜食粗茎霸王（*Zygophyllum loczyi*）、骆驼蹄瓣，骆驼也采食霸王（*Zygophyllum xanthoxylon*）和四合木（*Tetraena mongolica*）。

阔叶灌木：此类植物包括锦鸡儿类灌木、中生阔叶灌木、旱生阔叶灌木3类。

锦鸡儿类灌木：在内蒙古从草甸草原至荒漠地带均有分布。小叶锦鸡儿（*Caragana microphylla*）、中间锦鸡儿（*C. intermedia*）、狭叶锦鸡儿（*C. stenophylla*）参与植被组合，形成各类草场，如小叶锦鸡儿-驼绒藜草场；中间锦鸡儿-百里香（*Thymus serpyllum*）-长芒草（*Stipa bungeana*）草场等。在荒漠区可形成中间锦鸡儿-沙鞭草场等。柠条锦鸡儿（*C. korshinskii*）、藏锦鸡儿（*C. tibetica*）、垫状锦鸡儿（*C. ordosica*）、短脚锦鸡儿（*C. brachypoda*）等在草原化荒漠可形成各种草场，如短脚锦鸡儿-石生针茅（*Stipa klemenzii*）草场等。

锦鸡儿类灌木春季开花早，一般所含蛋白质较多，春季对山羊、绵羊的体力恢复及抓膘可起到很好的作用。骆驼对锦鸡儿类灌木也有良好的适口性，一年四季均乐食或喜食。

中生阔叶灌木：主要分布于水分条件好的山区、草原区的沙地。在内蒙古东部区山地种类较多，常常形成山地灌木丛草地。

这类灌木的嫩枝、叶可作牲畜饲草，其适口性中等。西伯利亚杏（*Prunus sibirica*）

的嫩枝、叶绵羊、山羊乐食。据阿鲁科尔沁牧民反映,羊误食西伯利亚杏未张开的芽或小叶时会引起中毒,应避开此期放牧。羊乐食柴桦(*Betula fruticosa*)、砂生桦(*B. gmelinii*)的嫩枝、叶。敖鲁古雅鄂温克牧民称,柴桦是驯鹿最喜食的三种植物之一。绣线菊属(*Spiraea*)植物仅山羊采食,绵羊稍食。小红柳(*Salix microstachya* var. *bordensis*)、黄柳(*S. gordejevii*)、乌柳(*S. cheilophila*)等骆驼和羊采食,饥饿时牛、马稍食。

旱生阔叶灌木:这类植物植株较低矮,为旱生、强旱生灌木,主要分布于荒漠草原、荒漠地带。这类植物包括菊科的紫菀木属(*Asterothamnus*)、短舌菊属(*Brachanthemum*)和蓼科的木蓼属(*Atraphaxis*)。短舌菊属植物在荒漠区参与群落组成,如形成蒙古短舌菊-霸王-刺叶柄棘豆(*Oxytropis aciphylla*)草场;蒙古短舌菊-驼绒藜草场等。

阿拉善牧民认为骆驼喜食中亚紫菀木(*A. centraliasiaticus*)、紫菀木(*A. alyssoides*)的嫩枝、叶,山羊乐食。木蓼(*A. frutescens*)、沙木蓼(*A. bracteata*)等枝、叶也为羊乐食,骆驼喜食。骆驼喜食蒙古短舌菊、戈壁短舌菊、星毛短舌菊,羊稍差。

9. 乔木类

阔叶乔木:多生于山地、丘陵、沙地和河岸等处。内蒙古东部地区饲草来源丰富,不太重视该种饲料来源。中西部地区饲草较缺乏,利用此类饲料比较好。大果榆(*Ulmus macrocarpa*)、榆树(*U. pumila*)、旱榆(*U. glaucescens*)的嫩枝、叶和落叶为绵羊、山羊、骆驼所乐食。牧民将榆树叶片和掉落的果实收集起来,备用于冬春羔羊补饲。沙枣(*Elaeagnus angustifolia*)和胡杨(*Populus euphratica*)是荒漠地区牧民最喜欢的饲料。阿拉善牧民认为羊喜食胡杨的落叶、花序及沙枣的叶片和果实。这两种植物对羊均起抓膘作用。骆驼也喜食胡杨的枝叶、花序及沙枣的枝条、叶片。西部牧民常把这些树木的落叶和果实收集,备用于冬春补饲。呼伦贝尔敖鲁古雅鄂温克牧民称,白桦是驯鹿最喜食的三种植物之一。

针叶乔木:包括松科的云杉属(*Picea*)、松属(*Pinus*)、落叶松属(*Larix*)和柏科的侧柏属(*Platycladus*)、圆柏属(*Sabina*)等植物种。这些植物广泛分布于内蒙古大兴安岭至贺兰山、龙首山的山地。

据《中国草地资源》(1996)记载:针叶乔木一般情况下很少有家畜采食,据有关资料介绍,它的针叶制成粉,富含维生素 A 及维生素 C,还有丰富的胡萝卜素和维生素 B 族,粗蛋白含量为 4.73%～12%,Co、Fe、Mn 含量也高于草本豆科植物和阔叶树的叶。将针叶草粉与其他饲料少量配合,饲喂家畜可提高生产力和繁殖力。马、牛的日饲喂量为 750g,羊和猪的日饲喂量为 150～200g,鸡为 5g,鹅为 30g,若超量饲喂会引起家畜中毒。

针叶乔木林既为野生动物提供食物,又是野生动物的良好栖息地。

10. 蕨类杂类草

在内蒙古蕨类植物中可饲用的不多。蕨类植物生长于森林、森林草原、山地草原的林下、沟谷坡地岩石缝、树皮。从兴安岭至燕山、阴山山脉、贺兰山均有分布。木贼科的植物生长于森林、森林草原、草原的林下、灌丛间湿地。有的种分布到荒漠地区。

内蒙古所产的 17 科蕨类植物中具饲用价值的有 7 科 10 属 15 种，但其饲用价值低，属低等饲用植物。一般被认可的是木贼科的草问荆（*Equisetum pratense*）、问荆（*E. arvense*）、节节草（*Equisetum ramosissimum*）、木贼（*E. hyemale*），但饲用价值一般，仅在夏季牛、马乐食。

11. 地衣苔藓类群

地衣苔藓类群：是指饲用孢子植物类，在植物分类系统上，包括地衣门（Lichenes）、苔藓植物门（Bryophyta）的一些饲用植物类。

地衣能生活在各种不同的生态环境中，特别能耐干旱、寒冷，在裸岩悬壁、树干、土面及极地苔原和高山寒漠皆有分布，是植物界的拓荒先锋。苔类植物，一般要求较高温度及湿度条件，多在热带、亚热带阴湿处的地土表、石面、树干或枝叶上成片生长，高山和极地亦有其少数种类的足迹。藓类是植物界中从水生生活到陆地生活的中间过渡类型，多数种类喜欢阴湿条件，对温度要求不高，适宜于酸性环境，生于沼泽、土面、树干及岩石上。

有研究者指出，饲用地衣及苔藓类植物，对养鹿业有着重要意义，但对其饲用价值尚缺系统研究，需系统研究揭示其饲用价值，并进一步发掘利用。

有文献报道，鹿特别喜食条状地衣（*Evenia prunastri*）、花松萝（*Usnea florida*）、松萝（*U. barbata*）及长松萝（*U. longissima*）；叉枝壳状地衣（*Parmelia vaganus*）为绵羊及山羊所喜食，马亦喜食。据调查，敖鲁古雅鄂温克牧民反映，雀石蕊（*Cladina stellaris*）是驯鹿最喜食的三种植物之一，如果采食不到会影响驯鹿繁殖与发育。同时文献报道，鹿喜食苔类植物的地钱（*Marchantia polymorpha*）、毛叶苔（*Ptilidium ciliare*）。内蒙古产的藓类植物有垂枝泥碳藓（*Sphagnum jensenii*）、中位泥碳藓（*S. magellanicum*）、偏叶泥碳藓（*S. subsecundum*）、塔藓（*Hylocomium splendens*）、赤茎藓（*Pleurozium schreberi*）、桧叶金发藓（*Polytrichum juniperinum*）、金发藓（*P. commune*）、大湿原藓（*Calliergonella cuspidata*）等是养鹿业的饲用植物。

12. 有毒植物

有毒植物是指凡在自然状况下放牧或收割的干草被家畜采食后，使家畜的正常生命活动发生障碍，从而引起牲畜生理上的异常现象，甚至由此而导致牲畜死亡的植物。根据有毒植物的毒害规律，可将有毒植物划分为常年性有毒植物和季节性有毒植物。

内蒙古有毒植物有 51 种。常年性有毒植物，绝大多数植物体内含有生物碱，个别种还含有光效能物质等。当牲畜中毒后，常可引起中枢神经系统和消化系统疾病，严重的则导致死亡。这类植物在内蒙古有草乌头（*Aconitum kusnezoffii*）、西伯利亚乌头（*A. barbatum* var. *hispidum*）、白屈菜（*Chelidonium majus*）、野罂粟（*Papaver nudicaule*）、沙冬青（*Ammopiptanthus mongolicus*）、变异黄耆（*Astragalus variabilis*）、小花棘豆（*Oxytropis glabra*）、毒芹（*Cicuta virosa*）、藜芦（*Veratrum nigrum*）、醉马草（*Achnatherum inebrians*）。

季节性有毒植物，是指在一季节内对牲畜有毒害作用，而在其他季节，其毒性基本消失或减弱的植物。这类有毒植物体内，一般都含有糖苷、皂素、植物毒蛋白、有机酸或挥发油等。常见的有照山白（*Rhododendron micranthum*）、杠柳（*Periploca sepium*）、海韭菜（*Triglochin maritimum*）、水麦冬（*T. palustris*）、白头翁（*Pulsatilla chinensis*）、展枝唐松草（*Thalictrum squarrosum*）、酢浆草（*Oxalis corniculata*）、酸模（*Rumex acetosa*）、麻黄（*Ephedra sinica*）、芹叶铁线莲（*Clematis aethusifolia*）等。

13. 有害植物

凡植物体内不含有毒素，但其有芒刺，可造成牲畜机械损伤、降低畜产品品质，或含有某些物质而使畜产品变质的都属于有害植物。内蒙古有害植物种类不多，只是在生长期内短时间对牲畜有一定危害。按危害状况，可分为具芒刺类和使畜产品变质类两类。

具芒刺类：主要是指其果实具针芒或刺，混入羊毛，降低羊毛品质或刺伤牲畜口腔、眼睛、头部、腹部、畜蹄等。个别严重者可能刺伤内腔，引起死亡的植物，如禾本科的针茅属（*Stipa*）、三芒草属（*Aristida*）、双子叶植物的鹤虱属（*Lappula*）、苍耳属（*Xanthium*）、蒺藜草属（*Cenchrus*）、琉璃草属（*Cynoglossum*）等。

使畜产品变质类：此类植物体内往往含有某些特殊物质，可使畜产品具有异味或变色。例如，某些葱属（*Allium*）植物，可使乳汁有不愉快的气味，蒿类植物使乳产品变苦，小酸模（*Rumex acetosella*）等使乳产品凝固等。据国外资料，用百脉根饲喂泌乳牛，使乳汁颜色变红。用湿地勿忘草（*Myosotis caespitosa*）饲喂，可使乳色变蓝或呈青灰色，独行菜（*Lepidium apetalum*）等能使乳产品变色、变味。

三、蒙古高原主要优良饲用植物

蒙古高原饲用植物在放牧场、割草场及人工草场上起主导作用的有禾本科、菊科、豆科、藜科、蓼科、莎草科、百合科等牧草。

（一）禾本科饲用植物

蒙古国禾本科饲用植物有 44 属 133 种，内蒙古禾本科饲用植物有 71 属 237 种。其中主要饲用植物有冰草属（*Agropyron*）、赖草属（*Leymus*）、披碱草属（*Elymus*）、针茅属（*Stipa*）、羊茅属（*Festuca*）、隐子草属（*Cleistogenes*）、碱茅属（*Puccinellia*）、剪股颖属（*Agrostis*）、雀麦属（*Bromus*）、大麦属（*Hordeum*）的牧草。它们当中许多种是草地放牧场或割草场的建群种或优势种，在饲草生产中起主导作用，甚至有些牧草，如羊草干草出口到日本、韩国。其中的一些牧草已经被引种驯化得以广泛栽培利用，如羊草、冰草、披碱草、老芒麦、无芒雀麦、碱茅等。并且用它们作育种原始材料，培育出许多新品种。内蒙古禾本科饲用植物中已培育出的新品种，包括地方品种和国家新品种共有20 个。

1. 羊草（*Leymus chinensis*）

在内蒙古从 20 世纪 60 年代发掘研究羊草以来对它的生态生物学特性基本认识清楚，并培育出羊草的新栽培品种 2 个。在生产利用上已进入我国东北羊草、苜蓿、沙打旺、胡枝子栽培区。

2. 无芒雀麦（*Bromus inermis*）

无芒雀麦受世界各国广泛关注。美国的保存名录（Plant inventory）即 PI 登记号中就有 1935 年从我国东北收集的无芒雀麦。它的生态生物基本特征已研究清楚。当今正研究其丰产特性、生产利用特性、抗逆等生理及基因特性和种质创新技术。内蒙古已培育出无芒雀麦新品种 1 个。无芒雀麦在生产利用上已进入黄土高原苜蓿、沙打旺、小冠花（*Coronilla varia*）、无芒雀麦栽培区。在蒙古国，与苜蓿混播，在灌溉条件下可获得 1800～2500kg/hm² 干草。

3. 冰草（*Agropyron cristatum*）

多年生旱生草本。生长于干草原、山坡、丘陵、沙地。在群落中可成为优势种或聚集成冰草片段。20 世纪 50 年代初王栋教授就认为它是有希望的草种，并采集样品测定其营养成分。至今基本研究清楚其生态生物学特征。在内蒙古用它的种质材料已经培养出冰草的 1 个栽培品种。科学家目前还在研究其生产性能、丰产性、抗逆生理特性、基因特性及种质创新技术。在我国及在内蒙古把冰草选定为沙地植被恢复的优良草种，并在内蒙古浑善达克沙地的治理中发挥作用。在蒙古国，与苜蓿混播，在灌溉条件下可获得 1940～2490kg/hm² 的饲草。

4. 老芒麦（*Elymus sibiricus*）

多年生中生疏丛型禾草。生长于山地森林草原带的林下、林缘、草甸、路旁、溪边，可形成小片聚群。一般大面积栽培，亩产干草达 300～800kg、种子产量 100～300kg。学者们正在研究其丰产性、抗逆生理特性及遗传和创新性。用其种质材料已培育栽培品种 2 个。它的不足之处是从栽培的第五年开始产量明显下降，并且其根容易腐烂。在我国已进入内蒙古高原苜蓿、沙打旺、老芒麦、山竹岩黄芪栽培区。在蒙古国是具有引进栽培良好前景的饲用植物，营养性如 1kg 干草中有 31g 的蛋白质。

披碱草属的另外一种披碱草（*E. dahuricus*）也是一种优良牧草。披碱草为旱中生高大疏丛型禾草，具抗寒、耐旱、耐碱、抗风沙能力，均较老芒麦强。但披碱草质地比老芒麦稍粗老，尤其是开花期后迅速粗老，其适口性随之下降。披碱草是我国沙地改良植被恢复的可选牧草之一。

（二）豆科饲用植物

蒙古国豆科饲用植物有 22 属 168 种，其中棘豆属（47 种）、黄耆属（41 种）的饲用植物为多。内蒙古饲用豆科植物有 26 属 171 种。其中主要饲用植物有苜蓿属、草木樨属、车轴草属、黄耆属、棘豆属、岩黄芪属、锦鸡儿属、胡枝子属和野豌豆属等属的牧草。这些属的许多种是放牧场、割草场中的优势种或参与种，也是建设人工草场的主要草种，同时也是培育豆科牧草栽培品种的优良种质材料。内蒙古已培育出豆科牧草栽培品种 28 个。

1. 紫花苜蓿（*Medicago sativa*）

紫花苜蓿来自近东和中亚。一般认为起源于"近东中心"，即小亚细亚、外高加索、伊朗和土库曼的高地。苜蓿主要栽培于温暖地区。在北半球大致呈带状分布。美国、加拿大、意大利、法国、中国和苏联的南部是主产区。

因其营养价值优良、产量高、适口性好，在世界广泛栽培，有"牧草之王"的美誉。世界栽培面积达 3200 万 hm^2。美国的种植面积达 1000 万 hm^2，居世界首位。中国的栽培面积约 150 万 hm^2，居世界第五位。中国苜蓿栽培品种已达 200 多个。内蒙古苜蓿栽培品种也有 15 个。在蒙古国广泛栽培的 'Burgaltai' 品种是 *M. sativa* 和 *M. falcata* 的杂交种，是蒙古国培育的品种。

中国启动实施"振兴奶业，发展苜蓿行动"的同时，内蒙古政府每年拿出 1 亿元的财政资金，用于高产优质苜蓿示范基地建设。现在每年建设高产优质苜蓿示范基地 17 000hm^2，截至 2013 年内蒙古苜蓿的种植面积达 53 万 hm^2，其中节水灌溉高产优质苜蓿基地 10 万 hm^2。

美国农学会所著的《苜蓿的科学与技术》（1972），耿华珠所著的《中国苜蓿》（1995），洪绂曾主编的《苜蓿科学》（2009）全面、系统地阐述了苜蓿的科学研究与技术。当前，继续深入研究苜蓿生理生化的同时应加强苜蓿的基因工程、品种创新、栽培技术的优化，繁殖体系的建立及种质的保存等研究工作。

2. 黄花苜蓿（*M. falcata*）

黄花苜蓿和紫花苜蓿亲缘关系极其相近，是可以与紫花苜蓿天然杂交的苜蓿种。在紫花苜蓿的进化发展中，起到了特别重要的作用。黄花苜蓿是一种耐寒类型，并具一系列广泛的适应性，在西伯利亚和欧洲大陆同样气候地区均有分布。俄罗斯学者 Sinkays 认为黄花苜蓿主要是一种干旱草原和森林草原地区的植物，同时也在半荒漠条件下生长（孙启忠等，2014）。在内蒙古可成为草甸化羊草草原的亚优势种。从呼伦贝尔到锡林郭勒草原都有分布。农业部曾在呼伦贝尔市设立过黄花苜蓿采种保护基地。

黄花苜蓿比紫花苜蓿抗寒和耐旱，亦能耐碱。它是改良紫花苜蓿良好的种质材料。内蒙古农业大学从 20 世纪 60 年代开始，用黄花苜蓿做亲本，与紫花苜蓿杂交培育出了'草原 1 号'和'草原 2 号'栽培品种，目前它的栽培品种已达 7 个。

3. 扁蓿豆（*M. ruthenica*）

20 世纪 70 年代后期黑龙江省畜牧研究所的科学家用它作亲本，与紫花苜蓿杂交培育出了栽培品种'龙牧 801 苜蓿'和'龙牧 803 苜蓿'。随后美国农业部考察团 90 年代初在内蒙古锡林郭勒盟至通辽市科尔沁左翼后旗收集扁蓿豆种质资源。美国农业部的 Campbell T. A.对这些材料进行研究，在国际学术刊物上发表了研究结果，并用这些材料培育出栽培品种。我国近年来也开始重视扁蓿豆的研究与利用。无论从研究生立题或研究单位立项都有扁蓿豆相关内容。内蒙古目前已经培育出扁蓿豆栽培品种 4 个，即直立型扁蓿豆、土默川扁蓿豆、中草 7 号扁蓿豆、科尔沁沙地扁蓿豆。该植物最大优点是抗旱、耐寒性均比紫花苜蓿强。植物株型伸缩性强，在肥沃湿润的良好土壤条件下，则茎叶肥大而柔软；在瘠薄干旱地茎叶矮小，叶片变厚而被毛增多，植株质地较粗，也耐风沙。是人工放牧地良好的混播草种和保护水土的优良草种。

4. 斜茎（直立）黄耆（*Astragalus laxmannii=A. adsurgens*）

多年生中旱生草本。在森林草原带和草原带中是草甸草原的重要伴生种或亚优势种，有的渗入河滩草、灌丛、林缘下层成为伴生种，少数进入森林带和草原带的山地。

在内蒙古地区广泛利用，主要研究其栽培品种沙打旺（*A. laxmannii* Jacq. cv. *Shadawang*）。沙打旺植物体含有生物碱、酮、酚、氰基等多种有毒成分，具有苦味，适口性差，尤以生长后期，茎枝粗硬，适口性更差。据研究表明，沙打旺的青草、干草和青贮饲料对反刍家畜牛和羊的饲养效果好，饲喂安全。

沙打旺目前已加入我国多年生牧草栽培区划的 4 个区划：①东北羊草–苜蓿–沙打旺–胡枝子栽培区；②内蒙古高原苜蓿–沙打旺–老芒麦–山竹岩黄芪栽培区；③黄淮海苜蓿–沙打旺–无芒雀麦–苇状羊茅（*Festuca arundinacea*）栽培区；④黄土高原苜蓿–沙打旺–小冠花–无芒雀麦栽培区。

5. 羊柴（塔落岩黄耆、木岩黄耆）（*Corethrodendron fruticosum* var. *lignosum=Hedysarum laeve*）

中旱生沙生半灌木。生长于森林草原带、典型草原带、荒漠草原及草原化荒漠带的沙丘和沙地及戈壁红土层冲刷沟沿砾石质地。根长入土深，能吸收深层土壤水分，故耐旱性很强。茎被流沙掩埋后，茎又生根，属根蘖的豆科植物，所以侵占性好，是良好的水土保持植物，也是优良的灌丛饲料。骆驼全年喜食，绵羊、山羊特别喜食其幼嫩枝叶及花和果实。内蒙古已培育出其栽培品种'内蒙古塔落岩黄耆''中草 1 号塔落岩黄耆'。栽培利用上已进入内蒙古治理浑善达克沙地行动中。

羊柴同属的细枝岩黄耆（花棒）（*C. scoparium=Hedysarum scoparium*）为旱生沙生半灌木，生长于荒漠带的流沙、半流沙和固定沙丘，为荒漠和半荒漠植被的优势种或伴生种。中国农业科学院草原研究所已培育出其栽培品种。栽培利用上已进入宁夏、甘肃、河西走廊苜蓿–沙打旺–柠条–细枝岩黄芪栽培区，饲用价值同羊柴。

6. 柠条锦鸡儿（*Caragana korshinskii*）

高大旱生灌木，分布于荒漠带和荒漠草原带的流动沙地及半固定沙地。属耐干旱喜沙植物。我国治沙的重要树种，近年的内蒙古治沙工作中批量使用柠条锦鸡儿种子，效果比较好。也是内蒙古荒漠地区重要的灌丛饲料，柠条锦鸡儿的幼嫩枝叶适口性好，绵羊、山羊、骆驼均喜食，特别喜食其春末的花。绵羊、山羊春季采食其幼嫩枝叶及花，夏、秋不食，霜后又开始采食。

生产利用上在我国多年生栽培草种区划中进入了内蒙古中北部披碱草–沙打旺–柠条栽培区，鄂尔多斯柠条–羊柴–沙打旺栽培区和宁夏、甘肃、河西走廊苜蓿–沙打旺–细枝山竹子（细枝岩黄芪）栽培区。

（三）菊科

蒙古国菊科饲用植物有 56 属 191 种，其中种数最多的是蒿属（*Artemisia*），含 53 种。该科饲用植物在内蒙古有 65 属 215 种，是内蒙古草原含饲用植物种类较多的科之一。为多年生、一年生草本，部分为灌木或半灌木。菊科植物的饲料价值绝大部分为中等以下牧草，只有一部分种类在早春和秋季为牲畜所喜食。菊科植物对于各种牲畜的适口性不一样，含有乳汁的种类猪喜食，骆驼和牛也喜食。蒿类植物是荒漠区很重要的饲用植物，骆驼、绵羊、山羊和马最喜食，牛不喜食。具刺和被毛的种类骆驼最喜欢采食，羊也吃一部分，牛和马很少采食。在内蒙古草原饲用价值较好的有蒿属（*Artemisia*）、线叶菊属（*Filifolium*）、蒲公英属（*Taraxacum*）、苦苣菜属（*Sonchus*）、莴苣属（*Lactuca*）、苦荬菜属（*Ixeris*）、鸦葱属（*Scorzonera*）、蓍属（*Achillea*）、紫菀木属（*Asterothamnus*）等。

1. 冷蒿（*Artemisia frigida*）

冷蒿为多年生轴根型旱生半灌木。春季返青早，3 月中旬至 4 月开始生长。根系发达，在正常利用条件下主根可深入 100cm 的土层中，侧根和不定根多，大量集中在 30cm 的土层内。根系入土深度超过株高的 4～5 倍，根幅大于冠幅的 2～3 倍。随利用过度、生境干旱程度加剧，植物体地下部分则大于植株高度的 10～20 倍，主根作用减弱，不定根大量出现，甚至发展到以不定根代替主根的作用。另外一个特点是枝条在适宜条件下能长出不定根。当植株受践踏后枝条脱离母株，亦能发育成为新个体，以此方式在退化草场上提高其覆盖度。

冷蒿是草原和荒漠草原地带放牧场上优良的饲用小半灌木。牧民对其评价极佳，认为是抓膘、保膘及催乳植物之一。羊、马四季均喜食其营养枝和生殖枝。秋季可食率达 80% 以上。牧民也认为采食冷蒿不仅抓膘而且有驱虫之效。母羊采食后奶量多，羊羔健壮。牛也喜食，增膘。夏季适口性降至中等。秋霜后适口性骤然上升，各种家畜均喜食，尤其上冻后其枝条仍保持湿嫩，提高了其适口性。骆驼终年喜食。

冷蒿因匍匐生长，其枝条容易形成不定根，被践踏切断后容易形成单株植物体，植物体不断延伸，不断形成新植株，从而提高其覆盖度，提高其生产价值，也可增强水土保持能力。目前，我国广阔的天然放牧场，已经逐渐成为单独的、非轮换的网格化草场，这样会加剧草场退化，所以冷蒿的放牧场作用会逐渐突显出来。

2. 白砂蒿（*A. sphaerocephala*）

沙生超旱生半灌木。生长于荒漠带和荒漠草原带的流动或半固定沙丘上，可成为沙生优势植物，并可组成单优种群落，是流动沙丘的先锋植物。具有耐沙埋、抗风沙、耐贫瘠、较抗旱、易于繁殖等特点。

白砂蒿属于浅根性植物。主根短小，不发达，侧根非常发达，5 年后白砂蒿的侧根可达 10m 长，根幅为冠幅的 7.5 倍，从而形成较大的吸水面积。种子有胶性，遇水后胶结沙粒，易在流沙上发芽，不被吹蚀，发芽率达 80% 以上。植株耐沙埋，只要 1/5 的植株体上端不埋于沙就不会死，而且被埋的枝条上能长出不定根。

荒漠与半荒漠地区，白砂蒿对饲养骆驼、羊有一定放牧价值。春季刚萌动时的枝条骆驼最喜食，其他季节也采食，早春羊也采食。马、牛采食不佳。秋霜后适口性提高。据牧民反映骆驼采食过量而饮水，易引起肚胀病。

因白砂蒿具有良好的适应于沙地的特征，是改良沙地的首选草种。在内蒙古治理浑善达克沙地中起着重要作用。

3. 油蒿（*A. ordosica*）

沙生旱生灌木。生长于典型草原带和荒漠草原带，也进入草原化荒漠带的固定沙丘、沙地和覆沙土壤。是草原地区沙地半灌木群落的重要建群植物。

具有发达的根系。主根一般扎很深，达 100～200cm，侧根分布土深 50cm 左右。随年龄增加其根深也加大。据研究，12 龄的油蒿的根深达 350cm，根幅 920cm，具有一定的再生性，在鄂尔多斯测定，一年刈割 2 次的产量最高。

油蒿是荒漠地区骆驼的主要饲草。气味浓并有苦味，适口性差，除骆驼外，其他家畜一般不采食，但在饲草缺乏时，如早春时山羊、绵羊也采食，冬季适口性有所提高，骆驼和羊均喜食。

油蒿抗风沙、耐沙埋，只要其生长点不被沙埋，就能存活生长，而且其枝条上能长不定根。所以它是生态建设治理沙地的首选草种之一。在治理浑善达克沙地工程中起着重要作用。

（四）藜科植物

蒙古国藜科饲用植物有 23 属 73 种，其中含种数多的属有藜属（11 种）、猪毛菜属（9 种）、虫实属（7 种）、假木贼属（6 种）。该科饲用植物内蒙古有 21 属 77 种。多为一年生草本、半灌木、灌木，藜科植物牧草是荒漠、荒漠草原草地的重要饲草组成部分。藜科饲用植物一般为中等以下牧草。其中饲用价值比较好的有驼绒藜属（*Krascheninni-kovia=Ceratoides*）、地肤属（*Kochia*）、虫实属（*Corispermum*）、合头藜属（*Sympegma*）等属的牧草。藜科植物的有些种在草地群落中起主要伴生种作用。例如，黄柳（*Salix gordejevii*）–差巴嘎蒿的沙地草场上，虫实属的多种，沙蓬（*Agriophyllum squarrosum*）也是主要伴生植物；沙生冰草（*Agropyron desertorum*）–糙隐子草（*Cleistogenes squarrosa*）–冷蒿的沙地草场上木地肤是主要伴生植物。

1. 梭梭（*Haloxylon ammodendron*）

强旱生盐生小半乔木。生长于荒漠区的湖盆低地外缘固定、半固定沙区砂砾质-碎石沙地，砾石戈壁及干河床。在阿拉善地区，形成高大株丛。为盐湿荒漠的重要建群种。在额济纳以西的中央戈壁，生长于平坦的碎石戈壁滩上，形成地带性群落，株丛矮化，仅 100cm 左右，也以伴生种成分进入其他荒漠群落，为国家二级重点保护植物。

根系发达，主根深 200cm 多，深者可达 400cm 以下的地下水层。当年新枝生长较快，一般年份平均生长 30～40cm，雨水多的年份可达 50cm 以上，但再生能力较弱。种子发芽很迅速，在适宜条件下，得到水分后 5h 即可发芽，发芽率达 85%～90%。

荒漠区的牧民称它为骆驼的"抓膘草"，骆驼终年喜食。羊秋后拣食落在地上的嫩枝和果实。

梭梭是重要的固沙植物，对防风固沙、治理沙漠具有重要作用。也是珍贵药材肉苁蓉（大芸）（*Cistanche deserticola*）的寄主。

生产利用上已进入我国多年生牧草栽培区划的内蒙古高原西部梭梭-沙拐枣栽培区。

2. 木地肤（*Kochia prostrata*）

旱生小半灌木。生态幅度很大，在小针茅、葱类草原区可成为优势种，亦进入草原化荒漠群落中。木地肤抗寒、抗热，耐盐碱性也较强。木地肤属于多叶型半灌木，茎叶比例一般为（1∶1.25）～（1∶2.20），分枝多，成株分枝一般在20条以上。秋冬季节能保持其枝条和叶片。刈割后再生能力强。它具有极强的抗旱能力，因它有节制蒸腾、夏季休眠、节水生长等特点，在极干旱条件下可顽强生存。

与其他藜科饲用植物比较，化学成分内灰分较少，粗蛋白含量较多，比禾本科植物高，与豆科饲用植物接近。

青鲜状态下，枝叶和花序为马、羊、骆驼所喜食。秋季对绵羊、山羊有催肥作用。其开花期刈割的干草被各种家畜喜食。

在生产利用上木地肤已进入我国多年生牧草种植区划的新疆的苜蓿、无芒雀麦、老芒麦、木地肤栽培区。内蒙古已培育出木地肤栽培品种'内蒙古木地肤'。

3. 驼绒藜（*Krascheninnikovia ceratoides*）

强旱生半灌木。生长于草原区的西部和荒漠区的沙质、沙砾质土壤，为小针茅草原的伴生种。在草原化荒漠向典型荒漠过渡地带可形成大面积的驼绒藜荒漠群落，也进入其他荒漠群落中。

驼绒藜抗旱能力很强，主根相当发达，入土深达300cm，侧根可达150cm左右。在极干旱年份，其他植物停止生长，驼绒藜则同样吸收水分，保持生机，在干旱炎热的夏季很少或没有休眠现象。

驼绒藜系多叶型丛生半灌木，当年生枝条数量很多，占60%以上。叶片多而大，占干重的15%～20%。枝条质地脆而酥松，顶部柔软，可食部分多。据测定，每株可食茎叶产量可达0.5～1.5kg，高者达2.5kg，驼绒藜适口性好，当年枝条及叶片为各类家畜终年喜食。幼嫩枝叶纤维素含量低，蛋白质和脂肪都丰富，是牲畜抓膘的优良牧草。

驼绒藜除饲用外还可用于防风固沙、保持水土。

目前内蒙古科技工作者培育、开发利用的还有同属植物华北驼绒藜（*K. arborescens*），为中国特有种。该植物叶量大，抗性强，结籽量多，也是防风固沙的好草种和优良牧草。它的栽培品种是'科尔沁型华北驼绒藜'。

上述两种驼绒藜在我国生态治理重点项目浑善达克沙地治理中起着重要作用。

（五）藜科植物

蒙古国藜科饲用植物有6属32种，其中含种数多的属有蓼属（13种）、针枝蓼属

（6 种）等。内蒙古蓼科饲用植物有 6 属 26 种。多分布于荒漠、荒漠草原和草甸。其蛋白质含量较高，纤维素含量较低，营养价值超过禾本科，但由于在草群中数量不多，饲用价值不如禾本科，只在高山与亚高山草甸及荒漠地区其饲用价值有所提高。

沙拐枣（*Calligonum mongolicum*）

沙生强旱生灌木，广泛生于典型荒漠带和荒漠草原带的流动、半流动沙地，覆沙戈壁、砂质或砂砾质坡地或干河床上，为沙质荒漠群落的重要建群种。在荒漠区可形成梭梭-沙拐枣-霸王草场，也经常散生于或群生于蒿类群落中为其常见伴生种。

沙拐枣的根系发达，有明显主根，侧根发达而多。根蘖能力强，沙埋后可生不定根，裸露的根系上能长出根蘖苗，生长成新植株。据研究，地上植株高 90.2cm 时，侧根达 1950cm，根长为株高 21 倍之多。尽管风蚀出一部分根系，但仍能正常生长。茂密的枝条易积沙，被沙埋后反而生长加速，当沙埋 150cm 时，其高度增长 100cm，同时在沙包顶上形成新的灌丛。

沙拐枣是沙漠草场区骆驼和羊的主要饲料之一。骆驼不仅喜食其当年嫩枝，除冬季外，亦乐食已木质化与较粗糙的小枝。绵羊、山羊在夏秋季乐食当年枝与小果。

在生产利用上，沙拐枣已进入了中国多年生牧草栽培区划的内蒙古西部梭梭-沙拐枣栽培区。它的栽培品种有'腾格里沙拐枣'。

沙拐枣具有强大的根系，抗风沙力强，生长迅速，是可治沙的固沙植物。

（六）莎草科植物

蒙古国莎草科饲用植物有 7 属 52 种，其中含种数多的属有薹草属（37 种）。嵩草属（*Kobresia*）虽有 4 种，但在高山草甸中往往起建群作用，为高山区重要天然饲草。内蒙古饲用的莎草科植物有 9 属 54 种，分布于草甸沼泽草场。饲用价值比较好的有薹草属、莎草属和嵩草属。

1. 寸草薹（*Carex duriuscula*）

多年生中旱草本。生于森林带和草原带的轻度盐渍低地。在盐化草甸和草原过牧地段可出现寸草薹占优势的群落片段。

寸草薹属细小薹草。根茎发达，分蘖力强，返青早，生态适应性广。在内蒙古 4 月上旬开始返青，是草原区最早生长的植物，为过冬后的家畜提供早春牧草，对适冬后接羔具有重要的生产意义。早春，草质柔软，含有丰富的养分，粗蛋白质含量高，适口性好，马、牛、羊、驴家畜喜食，骆驼也喜食，为优良的牧草。

由于寸草薹生长低矮，营养繁殖能力强，耐践踏，因此，又是我国北方绿化城市的草皮植物，不少城市已引种栽培成功。

2. 嵩草（*Kobresia myosuroides*）

多年生中生草本。生长于亚高山草甸及河边草甸、沼泽，可成为亚高山草甸草场的建群种。

嵩草的须根相当发达，与其他莎草科植物根系交织在一起，形成富有弹性的生草土。

因此，具有耐践踏、再生能力强、耐牧等特征。

嵩草草地草层高度 15~20cm，生长茂密，草质柔软，适口性好。各类家畜均喜食其茎叶、花果，是比较理想的夏季放牧植物。

（七）百合科植物

蒙古国百合科饲用植物有 8 属 45 种，其中葱属含植物种最多（30 种），其次为天门冬属（4 种）。内蒙古百合科饲用植物有 6 属 54 种。其中饲用价值较好的有葱属（*Allium*）、百合属（*Lilium*）和天门冬属（*Asparagus*）的一些种。葱属植物是内蒙古草原重要的饲用植物之一。葱属的一些种在山地草甸草原、典型草原、荒漠草原成为伴生植物，甚至碱韭和野韭构成鳞茎杂类草草场。

碱韭（*Allium polyrhizum*）

多年生强旱生草本。生长于荒漠带、半荒漠及草原带的壤质、沙壤质棕钙土、淡栗钙、石质残丘坡地上，是小针茅草原群落常见的成分，甚至可成为优势种，在适宜条件下，往往形成小片的纯群落。

碱韭是典型的旱生植物，对降雨反应十分敏感。在多雨的年份，地上部分发育旺盛，产量成倍增加，但遇干旱的年份，到了生长季节仍保持休眠状态，其萌发期可推迟到 8 月下旬，以避过干旱。碱韭适应盐碱能力强，据研究，在降水量多于 300mm 的草原地区，碱韭可生长于碱化或轻度盐化的土壤上。在松嫩草原，碱韭多生于碱斑地上，集中在封闭低地和碱湖外围，成为一种耐碱植物，故而得名"碱韭""碱葱"。

碱韭营养价值颇高，口味亦佳，各种家畜均喜食，利用率达 90% 左右，牧民认为碱韭是骆驼、羊的抓膘牧草，也具驱虫功效。采食碱韭的羊肉味更佳。碱韭也有解毒功能。当羊采食小花棘豆（*Oxytropis glabra*）中毒时可放牧于碱韭草场以解毒。牧民在碱韭的放牧利用上积累了经验。其一，对单一的碱韭地块不能放牧过长，否则引起中毒，有张嘴迎风走动现象；其二，有碱韭的草场，因葱类含水量高，可以减少牲畜的饮水次数；其三，夏天牧民把碱韭调制成碱韭饼块，于冬春饲喂弱畜和羔羊。

葱属植物中草原牧民认为像碱韭一样的优良饲草有蒙古葱（*A. mongolicum*）、山韭（*A. senescens*）、野韭（*A. ramosum*）、砂韭（*A. bidentatum*）、矮韭（*A. anisopodium*）、薤白（*A. macrostemon*）、细叶韭（*A. tenuissimum*）。

（八）其他科植物

上述七科饲用植物外，有必要时对藜科、怪柳科进行简要说明，因为这两科饲用植物在内蒙古西部广阔的荒漠草原至荒漠地区，无论组成荒漠群落或对畜牧业经济都有一定作用。

藜科植物在荒漠地区草地类型的 148 个草地型中参与 35 个草地型的群落组合，如在草原荒漠区形成柠条–泡泡刺（*Nitraria sphaerocarpa*）草场、霸王–沙冬青草场、盐爪爪–小果白刺（*N. sibirica*）草场等。荒漠区可形成小果白刺草场、泡泡刺–沙冬青草场等。虽然藜科植物的饲用价值中等至低等，对在严酷的荒漠条件下养殖骆驼、羊具有一定的生产价值，并在治理沙地的生态建设中也有重要价值。

　　柽柳科植物在内蒙古西部的荒漠化草原至荒漠地区的植物组成中也起一定作用。红砂（*Reaumuria songarica*）在该地区草地类型的 148 个草地型中参与 21 个草地型的群落组成，如在草原化荒漠形成红砂–石生针茅–无芒隐子草草地。在荒漠地区形成红砂–珍珠猪毛菜草场等，参与草甸群落的组成，在低地盐化草甸中形成红砂-杂类草草场。柽柳（*Tamarix chinensis*）在荒漠区的中低山可参与群落组合，如形成胡杨（*Populus euphratica*）–柽柳-杂类草草场，沙枣（*Elaeagnus angustifolia*）-柽柳-杂类草草场等。柽柳科植物虽然其饲用价值中下等，但在内蒙古饲草缺乏的西部地区的驼业、羊业养殖中有一定的生产价值。其中，如长叶红砂（*R. trigyna*）、柽柳、长穗柽柳（*T. elongata*）、短穗柽柳（*T. laxa*）、细穗柽柳（*T. leptostachya*）、红柳（*T. ramosissima*）是骆驼喜食的饲用植物。

第四节　牧草种质资源的保护

一、牧草种质资源保护的紧迫性

　　"敕勒川，阴山下，天似穹庐，笼盖四野。天苍苍野茫茫，风吹草低见牛羊"。这是北宋时期一首脍炙人口的草原民歌，不仅惟妙惟肖地描绘了草原的美，同时也生动形象地描绘出了草原的生产和文化，好似一幅无酒自醉的美丽画卷，是一曲对鬼斧神工大自然的赞歌。但是，近代以来"垦荒种田，掘地采矿"等人为破坏和气候变化的共同作用，一幅秀丽壮阔的画卷已变得千疮百孔，草原退化、沙化、盐碱化面积不断扩大，草原生产力不断降低，"风吹草低见牛羊"的美丽景色只能在梦里追寻了。

　　近年的日常生活和工作中随时随地可发现一种植物及其群体在一个地点或地段的消失。宁布研究员在中国农业科学院草原研究所试验基地发现了扁蓿豆的变种黄花扁蓿豆（*Medicago ruthenica* var. *luteus*），当年数百步可见，现在 330hm² 范围难以采到；20世纪 80 年代初呼和浩特市水沟旁可采到唇形科的甘露子（*Stachys sieboldii*），如今水沟没了，甘露子也随之不见；同样，在 80 年代初，呼和浩特昭君博物院附近有一小片苘麻（*Abutilon theophrasti*），现在亦看不到了。近年来，随气候变化、人类社会活动的加剧，动植物的生存面临巨大的挑衅和危机。蒙古国当今 5000 余条河流、小溪、泉水、湖泊、水库干涸或消逝，哺乳动物中 16% 濒临灭绝，2% 已经灭绝，11% 处于可能灭亡的状态。植物中 11% 已消逝，26% 处于可能灭亡的状态，37% 处于脆弱状态。科学家估计在地球上每天一个物种消失，一年内有 300 余物种消失。

二、保护牧草种质资源的行动

（一）政府出台一系列的法规与政策

　　近年来中国提出一系列法规政策保护草原植被与生态。国家颁布了《中华人民共和国草原法》；陆续实施了"西部大开发""退耕还林还草""草原植被保护工程""退牧还草工程""京津风沙源治理工程""草原生态保护补助奖励机制"等一系列政策措施。同时也颁布了"珍稀濒危植物国家级保护名录"。

内蒙古自治区政府也实行了"草畜双承包""草场有偿使用"等措施激起牧民保护草原的责任心。尤其政府成立草原监督机构,依法合理利用草原和监控草原变化动态。内蒙古政府也颁布了"内蒙古珍稀濒危植物名录"以提高人们保护植物资源的意识和责任心。

蒙古国科学院植物研究所修订了"蒙古红皮书",把192种植物写入该书。1995年蒙古国大呼拉分会议制定"保护天然植物"的法规。2012年重修了"保护自然环境""动物保护""植物保护""森林保护"及"利用自然资源的赔偿"等方面的法规条例。决定对31种动物、133种植物进行保护,恢复其种群。对353种植物(稀有、珍贵、濒危)限制利用,进行保护。

(二)建立自然保护区

1979年,中国农业部、中国科学院等八部门联合发出了《关于加强自然保护区管理、区划和科学考察的通知》,结束了我国从1956年成立自然保护区之后20多年没有草原类自然保护区的历史,并于1982年成立第一个宁夏云雾山国家级自然保护区。1985年,农业部和城乡建设环境保护部联合投资建立了内蒙古锡林郭勒草原自然保护区和山西小五台山国家级自然保护区。到2009年,内蒙古各类自然保护区数目达67个,其中,草原21个,荒漠15个,湿地31个。自然保护区的数目居我国第二位。

为了促进自然保护区的发展,中央和地方各级政府先后颁布了一系列政策法规和保护规划,如《中华人民共和国自然保护区管理条例》《全国自然保护区发展规划纲要》等。2010年9月1日又颁布实施了NY/T 1999—2010《草原自然保护区建设技术规范》标准,规定了草原自然保护区建设的原则和内容。

(三)内蒙古珍稀濒危植物的保护

珍稀濒危植物包括珍贵植物、稀有植物和濒危植物三个方面的内容。珍贵植物,是指经济上有一定的特殊价值,或在科学上具有重大意义的植物。稀有植物,是指只在某一区域分布而且个体数量很少,极为罕见的植物。濒危植物,是指受到严重的侵害(包括人为的、自然的因素),植物的个体数量明显减少和分布范围逐渐缩小,而处于渐危或濒于灭绝状态的植物。学者们把内蒙古珍稀濒危植物分为4类。内蒙古的一类保护植物,应为内蒙古特有的珍贵植物,系只在内蒙古境内分布,且较稀有、珍贵的濒危植物。内蒙古的二类保护植物,系指并非内蒙古特有,但其分布中心在内蒙古境内,且较珍贵稀有的濒危植物。内蒙古的三类保护植物,系指其分布中心不在内蒙古,而且其分布边界在内蒙古境内,且较珍贵稀有的濒危植物。内蒙古的四类保护植物,系指珍贵而不稀有,在内蒙古及毗邻地区分布较广,但在内蒙古境内受到危害而处于渐危或濒危的植物。

内蒙古政府已公布内蒙古珍稀濒危植物名录。根据研究与内蒙古政府的认可,内蒙古珍稀濒危植物有43科80属95种,其中,一类保护植物8种,二类保护植物26种,三类保护植物46种,四类保护植物15种。

对内蒙古境内珍稀濒危植物的保护，内蒙古已采取一系列的保护措施。①在珍稀濒危植物种类生长比较集中的地区建立了自然保护区，如四合木（*Tetraena mongolica*）自然保护区，樟子松（*Pinus sylvestris* var. *mongholica*）自然保护区。②在珍稀濒危植物种群聚居的地方设围栏保护点，其他零散分布的珍稀濒危植物采取设标立桩或挂牌等办法，以引起人们的注意，倍加爱护。③所有被列入内蒙古珍稀濒危植物名单中的植物逐步宣传推广，把它们分别引种栽培到植物园、资源圃，使这些植物得到可靠的保存，为人们深入研究提供方便的实验材料，如中国农业科学院草原研究所已把沙冬青（*Ammopiptanthus mongolicus*）、蒙古扁桃（*Amygdalus mongolica*）栽培到国家多年生牧草圃中。④制定野生珍稀濒危植物保护条例，并且与"国际野生动植物保护法"结合，作出惩罚与奖励的具体规定，以法律形式保护和发展这一行业。

（四）牧草种质资源的异地保存

牧草种质资源的保存有原生境（*in situ*）保护和异地（*ex situ*）保护等方法。上述建立自然保护区是原生境保护措施。异地保护是使种质离开原生境，把它们保存于人工设施，如基因库（gene bank）、资源圃（germplasm nursury）和植物园（botanic garden）等。把正统种子（orthodox）保存于低温、干燥的基因库，把顽拗（recalcitrant）种子保存于有湿度的低温条件，如试管苗保存。建于 1989 年的中国首家国家种质牧草中期保存库（National Medium term Gene Bank of Forage Germplasm）依托中国农业科学院草原研究所设在内蒙古呼和浩特，它是以中国国家长期库（National Long term Gene Bank）为核心，联结 1 个复份库 23 个中期库的国家种质保存体系的一环。该中期库目前保存材料已达近 2 万份，隶属于 39 科 261 属 825 种（含变种），每年以百余份的增量来保存中国温带地区的牧草种质。

除室内建立低温设施保存种质外，在田间用资源圃保存种质也是异地保存方法之一。1989 年在中国农业科学院草原研究所建立了国家种质多年生牧草圃（National Nersury of Perennial Forege Germplasm），它也是国家种质圃保存体系中的 18 个资源圃之一。

在多年生牧草圃中现保存有国内 15 个省及美国、加拿大、俄罗斯等 13 个国家的 600 多份材料，其中，野生材料 593 份，引进栽培材料 80 份，包括禾本科牧草有 15 属 79 种 423 份，豆科牧草有 6 属 11 种 150 份，占保存材料的 85%。

内蒙古自治区林业和草原种苗总站负责内蒙古高原牧草种质资源的保护工作。这一工作已进入到我国农业部的"国家畜禽牧草种质资源保存利用中心"的工作体系。该中心建立于 1997 年，负责我国 10 个地区（覆盖全国）和 1 个中心库及 2 个备份库的工作。内蒙古高原的牧草种质资源工作是其中一个地区的任务之一（图 21-2）。

从 1997 年加入该体系以来，内蒙古高原牧草种质资源保护工作稳步前行，已收集内蒙古高原的牧草种质 5000 余份并得以安全保存。

参 考 文 献

埃利奥特CR，博尔顿JL. 1982. 加拿大禾本科和豆科栽培牧草品种登记手册. 北京: 中国农业科学院
    科技情报研究所.

陈默君, 贾慎修. 2002. 中国饲用植物. 北京: 中国农业出版社.

陈山. 1994. 中国草地饲用植物资源. 沈阳: 辽宁民族出版社.

《陈山文集》编委会. 2016. 陈山文集. 赤峰: 内蒙古科学技术出版社.

侯向阳. 2013. 中国草原科学(上册). 北京: 科学出版社.

江用文. 2005. 国家种质资源圃保存资源名录. 北京: 中国农业科学技术出版社.

李鸿雁, 王宗礼. 2007. 农作物种质资源技术规范丛书: 苜蓿种质资源描述规范和数据标准. 北京: 中国农业出版社.

马毓泉, 富象乾, 陈山, 等. 1989-1994. 内蒙古植物志. 2 版. 1-5 卷. 呼和浩特: 内蒙古人民出版社.

内蒙古草地资源编委会. 1991. 内蒙古草地资源. 呼和浩特: 内蒙古人民出版社.

内蒙古农业科学院. 1981. 中国燕麦品种资源目录(讨论稿).

内蒙古自治区科学技术委员会. 1992. 内蒙古珍稀濒危植物图谱. 北京: 中国农业科学技术出版社.

全国草品种审定委员会. 2007. 中国审定登记草品种集(1999—2006). 北京: 中国农业出版社.

孙启忠, 王宗礼, 徐丽君. 2014. 旱区苜蓿. 北京: 科学出版社.

孙启忠, 张英俊. 2015. 中国栽培草地. 北京: 科学出版社.

王栋, 任继周. 1989. 牧草学各论. 南京: 江苏科学技术出版社.

赵景峰, 哈巴特尔, 梁东亮, 等. 2004. 加快我国北方优质草种植业产业化发展的建议. 草原与草业, 119(4): 3-6.

中国农业科学院草原研究所. 1983. 全国牧草饲料作物品种资源名录(名录资料).

中华人民共和国农业部畜牧兽医司. 1996. 中国草地资源. 北京: 中国科学技术出版社.

Өлзийхутаг Н. 1985. бүгд Найраймдах Монгол Ард улсын Бэлчээр Хадлан Дахь Тэжээлийн Ургамал Таних Бичиг УБ.

Жигжидсүрэн С, Жонсон Дуглас А. 2003. Монгол Орны малын Тэжээлийн Ургамал УБ.

Өлзийхутаг Н. 2003. Бобовые Монголии УБ.

Грубов в н. 1982. Опеделитэль Сосудистых Растений Монголии Ленинград. Наука. 1-441.

Самбуу Ж. 1987. Мал аж ахуйдаа Яаж ажиллах тухай ардад өгөх сануулга сургаал II дахь хэвлэл УБ.

Тэжээлийн Үет ургамал Өвөр монгол, хөххот 1985.

Юнатов А А. 1954. Кормовые растения Пастбиид и сенокосов монгольской Народной Республики издательство Академии Наук ссср москва-ленинград.

Нарантуяа Н. 2016. Монгол орны өндөрлөгийн бэчээрийн ургамалын аймаг (флора) (Бичмэл) УБ.

第七篇　蒙古高原草原退化与草原治理

第二十二章　草原退化的概念和评价体系、理论研究综述

第一节　草原退化的概念

草地资源是人类重要的生存基础，它不仅为人类提供了大量植物性和动物性原材料，而且在防风固沙、涵养水源、保持水土、净化空气等方面起着极为重要的作用。然而，长期以来，超载放牧、毁草开矿等破坏行为使草地植被退化、生物量锐减、土壤肥力减退、水土流失不断发展，草地沙化、盐碱化现象频繁发生。T.H.贝克斯基首次将"暖季放牧阶段由于不合理的利用放牧场，草场上的优良牧草的生长及繁殖能力受到抑制，然而耐践踏、耐采食而适口性差的植物的数量增多，草丛结构及成分发生改变"这种现象称为草地退化（digress）。

草地退化是荒漠化的主要形式之一（李博，1997b）。联合国在 1994 年签署的防治荒漠化公约中，把荒漠化定义为气候变化和人为活动导致的干旱、半干旱和偏干旱湿润地区的土地退化，主要表现为农田、草原、森林的生物或经济生产力和多样性的下降或丧失，包括土壤物质的流失和理化性状的变劣，以及自然植被的长期丧失。可见，土地退化是指土地物理因子和生物因子的改变所导致的生产力、经济潜力、服务性能和健康状况的下降或丧失。在长期的草地退化研究中，大都将草地退化作为一个整体概念来定义和解释（闫玉春和唐海萍，2008a）。通常谈及的草地退化（grassland degradation）就是指草地生态系统退化（grassland ecosystem degradation）。草地退化一般被认为是，由于放牧家畜或其他原因导致草地的植被产量与覆盖度减少，草群中优良牧草比例或种类降低，家畜生产性能下降，放牧率降低，土壤条件趋于恶化的现象。从生态系统演化的角度看，草地退化是指草地由比较稳定的正常状态向着不稳定状态的方向演替的各个过程或演替阶段（张文海和杨锢，2011）。

随着草地退化问题的加剧，草地退化已经成为人们所熟知的一个概念，但是由于研究者、研究对象和研究目的的不同，草地退化概念的内涵与侧重也不尽相同。例如，美国农业部土壤保护局于 1976 年将草地退化描述为草场上的优良多年生牧草的生长及繁殖能力受到抑制，而耐践踏、耐采食且适口性差的植物的数量增多（US Department of Agriculture and Soil Conservation Service，1976；Golley，1977）。李博（1990）认为，草地退化是指放牧、开垦和搂柴等人为活动下，草地生态系统远离顶极的状态；黄文秀（1991）将草地退化定义为草地承载牲畜的能力下降，进而引起畜产品生产力下降的过程；Thind 和 Dhillon（1994）认为草地退化包括可见的与非可见的两类，前者如土壤侵蚀和盐渍化，后者如不利的化学、物理和生物因素的变化导致的生产力下降；李绍良等（1997）认为草地退化既指草的退化，又指地的退化，其结果是整个草地生态系统的退化，破坏了草地生态系统物质的相对平衡，使生态系统逆向演替；陈佐忠和汪诗平（2000）

认为土壤沙化，有机质含量下降，养分减少，土壤结构性变差，土壤紧实度增加，通透性变差，有的向盐碱化方向发展，是草原地区土壤退化的指示；李博（1997b）将草地退化定义为，人为活动或不利自然因素所引起的草地（包括植物及土壤）质量衰退，生产力、经济潜力及服务功能降低，环境变劣及生物多样性或复杂程度降低，恢复功能减弱或失去恢复功能；陈敏（1998）也持有类似的观点，认为草地退化是指不合理的管理与超限度的利用，以及不利的生态地理条件所造成的草地生产力衰退与环境恶化的过程；王德利等（1996）认为草地退化表现为两个层面：一是草地植被的退化，反映于草地植被特征的许多方面，如植被的盖度、生产力、植物生物多样性等；二是草地土壤的退化，即土壤的物理、化学性质，包括土壤的动物与微生物等特征发生不利于植被生长的变化。Andrade 等（2015）指出草地退化是对于非退化状态而言，整合了土壤条件、生物多样性、生产力和社会经济应用等多方面变化的复杂的概念。

综上所述，所谓草地退化，从本质上而言就是草地生态系统中能量流动与物质循环的输入与输出之间失调，结构受损，功能下降，稳定性减弱，系统的稳定与平衡受到破坏。可见草地退化是多因素叠加耦合作用的结果。其主要表现是草地生物组成与植被退化、土壤退化、水文循环系统的恶化、近地表小气候环境的恶化等。过大的放牧压力和超负荷的收割，突破了草地一些植物的再生能力，使植被的生物量减少，群落稀疏矮化，利用价值优良的草群衰减，劣质草种增生。广义的草原退化包括草原植被退化、土地沙化、土地次生盐渍化和水土流失。狭义的草原退化专指草场植被退化，即草地产草量降低，草群质量变劣（王云霞，2010）。自然生态系统退化存在一个程度或梯度的问题，草地退化也是如此。草地退化的现象，在某些地区由于某一种或几种因素（生态因子）的强烈作用，出现极端退化状态。例如，在我国的东北松嫩平原上，特殊的地形条件及地质作用，草地表层土壤中积聚了大量盐碱成分，在草地退化达到一定程度时，就表现为草地的盐碱化（grassland salinization and alkalization）。再如，内蒙古的毛乌素草原，由于过度放牧，加之气候的连年干旱，导致草原沙漠化（grassland desertification）。无论是草地盐碱化，还是草地沙漠化，其植被与土壤特征的表现都是草地退化。所以，可以认为，草地盐碱化和草地沙漠化是草地生态系统退化的极端表现（张文海和杨锢，2011）。

第二节　草地退化的表征

草地退化是一个世界性的普遍问题。几乎所有的天然草原和人工草地，在利用不当时都可能出现这种现象。全球草地面积约为 $3.42 \times 10^9 \, hm^2$，约占陆地面积的 40%（LeCain et al.，2002；Conant and Paustian，2002）。我国草地面积近 $4 \times 10^8 \, hm^2$，占中国陆地面积的 41.7%，分别为耕地的 2.62 倍和林地的 1.95 倍（陈佐忠和汪诗平，2000），其中北方牧区和半农半牧区草地面积 $2.7 \times 10^8 \, hm^2$，范围涉及北方 12 个省份，草地面积占该区域总土地面积的 55.9%（李博，1997b）。它是中国牧区畜牧业发展的重要物质基础和北方最主要的生态屏障（刘玉杰等，2013），其功能的正常发挥对维持全球及区域性生态系统的平衡有着极其重要的作用。按照联合国粮食及农业组织 1997 年数据，各种人类活动影响全球土壤退化面积比例分别是：过度放牧 34.5%，森林破坏 29.5%，农业利用 28.2%，过度开发 6.8%，污染 1.7%。因而从全球范围来看，过度放牧是土壤退化的主要驱动因素之一（高英志等，2004）。

一些统计资料对我国不同生态系统进行了大致估计，草地生态系统的退化比例，比林地、农田等其他系统要高。《2006 年全国草原监测报告》显示，全国 90% 的草原存在不同程度的退化、沙化、盐渍化和石漠化，中度和重度退化草地超过一半（陈佐忠和江风，2003）。退化、沙化草原主要分布在北方干旱、半干旱草原区和青藏高原草原区。草原大面积退化已严重威胁着我国畜牧业生产和牧区人民的生活。《2011 年全国草原监测报告》显示，全国重点天然草原的牲畜超载率为 30%；全国 264 个牧区、半牧区县（旗）天然草原的牲畜超载率为 44%，其中，牧区牲畜超载率为 42%，半牧区牲畜超载率为 47%；草原虫害危害面积为 1765.8 万 hm^2，占全国草原总面积的 4.4%（徐瑶，2014）。我国现有草地的退化速度为每年 1.5%～3.0%。在不同的地区，草地退化的程度也有相当大的差异。在我国东北西部地区，正常的良好草地所占面积已经不足 26%，也就是说，大部分草地都处于退化状态，轻度、中度与重度退化的草地面积分别达到了 463.5 万 hm^2、481.0 万 hm^2 和 900.3 万 hm^2（张文海和杨韫，2011）。素以水草丰美著称的全国重点牧区呼伦贝尔草原和锡林郭勒草原，退化面积分别达 23% 和 41%，鄂尔多斯草原退化最为严重，面积达 68% 以上（李金花等，2002）。虽然近年来国家大力推行"退耕还草"、"围栏封育"与"禁牧舍饲"等草地保护与限制利用措施，大大地限制了草原地区的家畜放牧，部分草原生态环境得到恢复，但整体退化速度远远大于恢复速度，草原退化、沙化、盐渍化面积仍在不断扩大，自然和人为毁坏草原现象时常发生，草原生物多样性遭到破坏，草原灾害频繁发生，已成为制约草原牧区持续发展的主要障碍。过度放牧引起的草原退化，其特征表现在群落和土壤两个方面。

某一地区的草地退化，首先反映在草地的植被变化方面。植被的变化主要体现在植物群落结构与功能上。草地建群种和优势种逐渐减少或消失，而一些质量低劣的有毒草和杂草则大量侵入草群，使优良牧草减少，草群变矮、变稀，可食性牧草减少。例如，在山地干草原草场中，正常情况下，草群平均叶层高度为 16cm，而严重退化时则只有 4cm（王强和杨京平，2003）。在频繁的刈割条件下，东北松嫩羊草草甸草原的植物群落出现退化。在内蒙古的典型草原，不同放牧强度下大针茅草原的演替过程为大针茅+克氏针茅+冷蒿、冷蒿+糙隐子草；克氏针茅草原演替过程为克氏针茅+冷蒿、冷蒿+糙隐子草；羊草草原演替过程为羊草+克氏针茅+冷蒿、冷蒿+糙隐子草。典型草原过度放牧导致羊草（*Leymus chinensis*）、克氏针茅等禾本科植物盖度、生物量下降，而冷蒿（*Artemisia frigida*）、星毛委陵菜（*Potentilla acaulis*）的变化则相反（李俊生等，2000）。典型草原在连续多年的高强度放牧压力下演替为冷蒿小禾草草地（汪诗平和李永宏，1999），继续进行重牧或过牧，家畜喜食的植物种类将进一步减少，植物多样性指数降低而最终趋同于星毛委陵菜草地（Wang et al.，2001；Liu et al.，2006；Gao et al.，2009）。随退化程度增加，克氏针茅（*Stipa krylovii*）的重要值降低，冷蒿（*A. frigida*）的重要值增加，重度退化草地群落多样性最低（周翰舒等，2014）。由于草地群落优势种发生改变，生态系统结构变劣，导致草地生产力低下，产草量下降。

在各种导致退化的因素的作用下，或者草地植物被大量消耗，如频繁割草与连年高强度放牧，或者草地植物的生长能力受到抑制，像草地地域的气候处于持续干旱时，植物的光合生产能力降低。杜际增等（2015）分析了长江黄河源区各时期高寒草地生态系统各退化类型的空间分布特征，该地区草地退化以覆盖度的降低为主，其次是高寒草地的破碎化加剧及草地的干旱化和荒漠化。目前，我国平均产草量较 20 世纪 50 年代减少30%～50%，严重地区多达 60%～80%。从草地类型来看，正常草场的干草产量为 42.3kg/hm^2，而重度退化时则为 18.3kg/hm^2。正常情况下沙地草场，平均产干草量为 69.3kg/hm^2，而退化严重阶段仅为 2.6kg/hm^2（王强和杨京平，2003）。不同退化程度各类植物的生物量降低程度也有差异。在退化草地上有些植物，特别是一些有毒有害植物大多数情况下可能呈增加趋势，像退化的科尔沁草甸草原上的狼毒种群，但是，总体上草地植被的生产量呈下降趋势。另外，退化草地植被或草群的质量也呈下降变化。草地退化过程中，通常是一些有毒有害植物、杂类草等比例相对升高，这些植物家畜很少采食，只有在草地植物极端贫乏或者某些特殊阶段时被采食利用。相反，草群中的禾本科、豆科等优良牧草，由于家畜的过度采食消耗，它们在草群中的比例越来越低（伏洋和李凤霞，2007）。

由于草地植被与植被着生的土壤密切相关，一般来讲，植被或植物群落出现变化，必然会导致其生存环境中的土壤条件改变。草地退化的过程中，退化草地的土壤条件也随着植被的逆行演替出现变化。虽然草地土壤退化与植被退化关系密切，然而两者也有较大差异。草地退化过程中，土壤退化滞后于植被退化，即首先植被出现退化征兆，然后土壤条件发生改变，土壤也就开始衰退。草地退化过程中，植被的生产力、植被组成变化较快。例如，由于家畜的采食，植被生产力可能迅速降低到原来的一半，甚至是更低的水平。而土壤却具有相对的稳定性，因为土壤中资源条件，如 N、P 等营养元素不可能立刻降低，不会降低到不存在的水平。总之，土壤中资源条件的变化，在数量与质量方面的退化较植被慢些。

草地土壤退化的表现能够反映在土壤表层物理结构与化学性质等方面。例如，在内蒙古锡林郭勒草原退化过程中土壤的硬度、容重与孔隙度等物理结构出现不同程度的变化，退化土壤的硬度显著增加，重度退化可达轻度退化的数倍，土壤容重也有增大的趋势，相反，土壤的孔隙度却呈降低的趋势。显然，土壤硬度增加的结果是不利于草原植物根系的正常生长，而土壤容重和孔隙度的变化也对土壤中的通气性、透水性及营养物质的交换吸收有很大影响。草原土壤肥力在其退化过程中也发生变化。标志着土壤肥力高低的有机质含量，随着草地退化程度的加剧而逐渐降低。土壤有机质含量的降低，说明草原土壤的营养水平对植物的营养需求产生了限制作用，植物的根系与地上部生物量积累就不可能达到正常的水平（张文海和杨韬，2011）。

第三节　草地退化的评价体系

一、草地退化的诊断

任继周（1996）依据土壤稳定性和流域功能、营养和能流分配、恢复机制三个指标，提出了"三阈"即健康阈、警戒阈、不健康阈划分标准，建立了评价草地健康与功能和谐的尺度，并指出从健康阈向系统崩溃的发展就是草地退化的过程。找到从健康阈到警戒阈的分界线，和从警戒阈到不健康阈的分界线这两个阈值，是研究草地是否退化的关键所在。

　　草地退化到什么程度？退化后有什么表现？这是我们重点关心的基本问题。世界各国草地学家从不同角度提出了退化草地等级标准及生物环境条件在各个级别的表现。Humphrey（1949）的可利用牧草产量占总产量的百分比诊断；Dyksterhuis（1949）以减少种、增加种和侵入种反映植物群落的种类组成，以及它们的盖度或地上部分生物量所占比重反映植物群落的结构变化，后由美国土壤保持协会制作草地退化分级图解。任继周（1996）提出以草地植物经济类群和特征植物、地表状况、水土流失现象、土壤有机质和酸度为指标的综合判断法。王德利等（1996）在内蒙古呼伦贝尔盟羊草草地对不同放牧半径进行研究，运用演替度即植被演替阶段背离顶极群落的程度来指示草地退化的程度。刘钟龄等（1998）对内蒙古典型草原退化序列的监测和测定，将植物群落生物产量的下降率、优势植物衰减率、优质草种群产量下降率、可食植物产量下降率、退化演替指示植物增长率、株丛高度下降率、群落盖度下降率、轻质土壤侵蚀程度、中重质土壤容重硬度增高、可恢复年限10个指标作为退化程度的鉴定指标，并提出草地退化分级标准和体系。孟林和高洪文（2002）根据放牧过程中草地植物的负荷对策的表现提出草地退化的5个级别，即轻度退化、明显退化、严重退化、极度退化、彻底破坏，以及判断草地退化等级的标准和系统。

　　U. K.帕朝斯基研究了黑海附近的羊茅-针茅的退化，提出了5个划分等级。U.A.查钦斯基则分为7个等级，即初始、稍微、轻微、中度、半退化、退化及完全退化等。A.A.高尔什考瓦（1973）将后贝加尔湖地区放牧利用的强度，分为轻微、中度、重度及退化4个等级。A.A.尤那托夫（1950）认为有悠久经营畜牧业的蒙古放牧场是研究草场与畜牧相互关系的优选基地，并认为蒙古没有草场大量退化现象。1965～1966年俄蒙联合进行水利考察工作报道，畜牧集体化成立公社后，蒙古国山地森林草原放牧场的30%处于不同程度的退化（H.M.米若新钦克，1967）。D. 班兹日格其（Д.Банзрагч，1970）在其著作中反映，居民点及营盘附近草场重度退化，而远处的草场因不合理的利用或从来不用变成荒芜地或沼泽化，或利用率差的灌丛增多，降低了草场的质量。O.朝克（2001）对蒙古国山地草原、平原草原的退化进行改良与恢复的研究，把退化分为轻微、中度、重度三个等级。这些退化草地的等级标准及其生物环境指示在退化草地理论研究和实践应用中发挥着重要作用。

　　草地退化是在脆弱的生态地理条件下不合理的管理与超限度利用所造成的逆行生态演替，致使植被生产力衰退、生物组成更替、土壤退化、水文循环系统改变、近地表小气候与环境恶化。可见，草地退化是多因素叠加作用于草原生态系统的复杂过程（刘钟龄等，1998）。因此，对草地退化的研究也是多方面的。

　　从草地退化出现开始，人们关于草地退化判别、退化等级划分等方面的研究就没有停止过。传统的研究主要是针对不同的草地生态系统，依据一定的衡量标准，通过地面调查及一些观测数据建立草地退化指标，进而划分草地退化等级（刘钟龄等，1998；李博，1997b），这方面的研究为退化草地的监测及诊断提供了重要的依据。

二、草地退化的指标体系

草地退化不但范围广，而且导致退化的原因也不相同，所以关于制定退化指标体系的讨论有很多。李博（1997b）从天然放牧系统草地退化的角度，认为草地退化指标应该从 5 个方面来衡量：草地生态系统对太阳能的利用率及在系统内的转化效率应是衡量系统状态最重要的指标；草地质量主要是指草地植物的营养成分和适口性的高低，一般可由种类组成来衡量；草地环境的变化；草地生态系统的结构与食物链；以及草地自我恢复功能。自我恢复功能是草地生态系统是否健康的重要标志，在过度放牧的影响下，草地自我恢复功能会逐渐降低，直至完全丧失。

学者从不同角度提出了退化草地等级标准及生物环境条件在各个级别的表现，并通过这些标准对草地的退化状况进行诊断。朱兴运等（1995）提出了以草地植物经济类群和特征植物、地表状况、水土流失现象、土壤有机质和酸度为指标的综合判断法。王德利等（1996）通过对内蒙古呼伦贝尔盟羊草草地不同放牧半径的研究，提出运用演替度即植被演替阶段背离顶极群落的程度来指示草地退化的程度。李博（1997b）选取植物种类组成、地上生物量与盖度、地被物与地表状况、土壤状况、系统结构、可恢复程度等几个指标将草地退化划分为四级，即轻度退化、中度退化、重度退化与极度退化。内蒙古自治区畜牧厅提出了内蒙古自治区地方标准《内蒙古天然草地退化标准》，依据此标准，草群基本外貌、草地优势植物、退化指示植物、草地生产力及地表土壤等的变化情况均作为草地退化诊断的标准，并将内蒙古天然草地——草甸草原、典型草原、荒漠草原分别划分出轻度退化、中度退化、重度退化三种退化类型。

刘钟龄等（1998）、刘钟龄和王炜（1998）通过对内蒙古典型草原退化序列的监测和测定，将植物群落生物产量下降率、优势植物衰减率、优质牧草种群产量下降率、可食植物产量下降率、退化演替指示植物增长率、株丛高度下降率、群落盖度下降率、轻质土壤侵蚀程度、中重质土壤容重硬度、可恢复年限 10 个指标作为退化程度的鉴定指标，并提出草地退化分级标准和体系，将内蒙古退化草地划分为轻度退化、中度退化、强度退化和严重退化 4 个级别，又分别按照优势植物种群的衰减与更替、退化演替指示植物的出现率、群落中植物组成的放牧可食性对退化草地进行诊断。陈佐忠和汪诗平（2000）从生物和非生物的角度探讨了内蒙古典型草原区退化草地生态系统的基本特征，以地上生物量及盖度、地被物与地表状况、啮齿类动物指示、蝗虫类指示、土壤状况指示、土壤动物指示、土壤微生物指示、系统结构、可恢复程度 9 个指标将内蒙古锡林郭勒盟典型草原区的羊草草原和大针茅草原划分为轻度退化、中度退化、重度退化、极度退化 4 个退化等级。李永宏（1994）通过对退化草原恢复过程的研究表明：根茎禾草的恢复快于丛生禾草，群落恢复过程是单稳态的，且恢复演替动态与其牧压梯度上的空间变化相对应；内蒙古高原主要草原草场在持续放牧影响下均趋同于冷蒿（*A. frigida*）草原，冷蒿是最可靠的正定量放牧指示植物，但同时又是优良牧草和草原退化的阻击者。

蒙古高原草场的退化在植物种类、产量、质量、生态、生物学特性方面都发生了变化。退化的轻微和中度阶段植物种类变化不大。受放牧影响土壤表层含水量降低，土壤紧实变干，营养成分发生变化。植物群落变稀疏，植株矮化，土壤结构受损，干燥加速，群落趋于旱生化，即群落植物中旱中生、中旱生、中生植物减少，盐生旱生、旱生、冷旱生植物种类增多，并且植物的生长发育节律改变，早期开花植物种类减少，晚期开花植物种类增多（A.A.高尔什考瓦，1973）。除上述情况外，草场退化时不仅植物结构发生变化，生物形态特征也发生变化。森林草原和草原地带放牧强度加大时植物中有生殖枝条的株丛减少而有新枝条的株丛数量增多（O.朝克，2001）。高山、山地、森林草原（蒙古阿尔泰、杭爱大山）地区草原退化的指示植物有寸草薹、匍匐轴藜、冷蒿、灰绿藜、藜、白毛花旗竿、伏毛山梅草、锥叶柴胡、胶黄花状棘豆、丝叶蒿、狭叶青蒿、银灰旋花、星毛委陵菜和戈壁百里香等。草原地带退化的指示植物有箆齿蒿、黄蒿、猪毛蒿、小画眉草、草麻黄和寸草薹等。荒漠化草原中匍根骆驼蓬、田旋花和猪毛菜为指示植物。草原化草甸中狗娃花、二裂委陵菜、伏毛山梅草和北点地梅等为退化草场指示植物。同时，布氏田鼠的大量出现已成为退化草场的指示动物。

这些传统的退化草地判别标准及其环境指示生物在退化草地理论研究和实践应用中发挥了重要作用，但是，面对整个蒙古高原草地已经退化这样严峻的事实，仅仅依靠传统的监测方法不但要花费大量的人力、物力和财力，而且数据获取的周期很长，时效性很差，很难及时为草地经营管理服务。因此，利用"3S"技术大范围监测草地资源，评价草地退化状况，显得尤为重要。

第四节　退化过程和机制的基本理论

关于如何理解草地退化过程及其机制，出现了几种较有影响力的理论。

一、系统耦合和系统相悖理论

任继周于 20 世纪 90 年代提出了放牧生态系统草-畜系统耦合与系统相悖理论（任继周和万长贵，1994）。系统耦合是指两个或两个以上的具有耦合潜力的系统，在人为调控下，通过能流、物流和信息流在系统中的输入和输出，形成新的、高一级的结构-功能体，即耦合系统（任继周和万长贵，1994），它的一般功能是完善生态系统结构、释放生产潜力与放大系统的生态与经济效益（任继周和朱兴运，1995a，1995b）。系统相悖是两个或两个以上的系统，在进行系统耦合时，发生的系统性结构不完善结合和由此导致的功能的不协调运行，是系统耦合的对立面，是系统耦合的障碍，也是释放系统耦合生产潜力的关键（任继周和万长贵，1994）。系统相悖通俗地讲就是在不适宜的地区在不适宜的时间里，进行不适宜的动植物生产。系统相悖导致系统耦合的不完善运行，任何形式的系统相悖，都有可能同时孕育着生产潜势和机遇。草地农业系统中既含有系统相悖的负因素，又含有系统耦合的正因素。解决系统相悖的关键是建立和完善草地农业生态系统结构，促使子系统之间的耦合辅之以技术、经济（和行政）手段，促使各个子系统之间实现较为完善的系统耦合（任继周和朱兴运，1995b），该理论在河西走廊山地-绿洲-荒漠草地农业生态系统的研究中得到初步应用。

系统相悖是草地农业生态系统效益下降、草原退化的主要原因（任继周和朱兴运，1995b），总体体现为吞食关系、竞争关系、破坏关系。系统相悖是生态系统各部分间不相协调的现象，如牧草与地境之间、草食动物与草地之间存在的系统性不协调。在自然生态系统内部，可以通过自组织过程使之和谐、协调，但在人类活动不合理的干预之下，系统相悖往往愈演愈烈，不仅成为阻碍系统耦合、释放生产潜力的关键，还可能使生态系统受损，直到导致生态系统崩溃。对于草地生态系统而言，系统相悖主要是指植物生产系统和动物生产系统的结构性缺陷及由此导致的功能不协调。例如，家畜密度空间分布不协调的系统空间相悖是植物生产系统和动物生产系统最根本的相悖，是生态经济系统良性耦合的最大障碍。在草原畜牧区，现有牲畜大大超过最适宜的载畜量，必须减少牲畜密度，草食家畜密度减少之后，才能在大面积退化的草地、适当禁牧的基础上合理利用，尤其是冬春季节禁牧舍饲，是恢复草地生态和提高动物生产效率的关键途径。当务之急是如何减少家畜头数，减少家畜分布密度，利用和把握好系统耦合的大趋势，才能使我国农业畜牧业快速步入高效节能环保的可持续发展道路，早日实现我国农业的现代化。

二、演替理论

退化演替则是指草原群落生产力下降，并以优势种的更替为特征的演替过程（王炜等，1996）。退化草原恢复演替的特征表现为，①草原退化演替阶段是与一定强度的放牧压力保持平衡而相对稳定的群落变形，退化阶段取决于牧压强度与持续的年代。②当群落退化到以冷蒿为主要优势种的阶段时，与原生群落的种类组成相比，只发生一定的数量消长变化，对群落的物种丰富度影响不大。③退化群落植物种群空间格局的均匀性较高，随着恢复演替的进展，因一些种群斑块增大而使空间不均匀性增强。④退化群落与其原生群落的种-生物量关系呈对数正态模式，其演替过渡阶段成为分割线段模式，也反映出群落资源分配格局与群落空间格局的关系。⑤退化草原的显著特征是植被生产力下降，冷蒿群落的生物量下降到原生群落的30%～40%，家畜嗜食的植物种减少50%～70%，总生产力不足原生群落的30%。⑥退化群落在自然封育条件下能够迅速恢复的原因，可归结为植物在削除放牧干扰后的种群拓殖能力与群落资源（水分、矿质养分等）的剩余。群落资源条件是种群拓殖的物质基础，从而成为恢复演替的动力（王炜等，1996）。

刘钟龄等（2002）提出了典型草原、荒漠草原和草甸草原的退化演替模式，分别为内蒙古典型草原的主要类型是大针茅草原、克氏针茅草原、羊草草原等。在强度放牧下，各自出现不同的退化演替序列，但最终趋同于冷蒿占优势的草原变型，即大针茅草原→大针茅+克氏针茅+冷蒿（*Artemisia frigida*）→冷蒿+糙隐子草变型；克氏针茅草原→克氏针茅+冷蒿→冷蒿+糙隐子草（*Cleistogenes squarrosa*）变型；羊草草原→羊草+克氏针茅+冷蒿→冷蒿+糙隐子草变型；长期高强度放牧，则使冷蒿群落变型向更严重退化的星毛委陵菜或狼毒占优势的群落变型演变。荒漠草原的主要类型是小针茅草原、短花针茅草原。持续放牧利用的退化演替序列为小针茅草原→小针茅+蓍状亚菊（*Ajania achilleoides*）→蓍状亚菊+无芒隐子草变型→小针茅+冷蒿→冷蒿+无芒隐子草（*Cleistogenes songorica*）变型；短花针茅草原→短花针茅+冷蒿→冷蒿+无芒隐子草，更高强度的放牧利用可使蓍状亚菊群落、变型趋于银灰旋花（*Convolvulus ammannii*）群落变型。草甸草原的主要群落类型是贝加尔针茅草原与羊草+杂类草草原。放牧退化演替序列可以概括为贝加尔针茅草原→贝加尔针茅+克氏针茅→冷蒿+糙隐子草变型→贝加尔针茅+寸草薹（*Carex duriuscula*）→寸草薹变型；羊草+杂类草草原→羊草+寸草薹→寸草薹变型。

蒙古高原高山草原草场、森林带山地草场、草原带草场和荒漠草原带草场的退化演替模式：蒙古高原高山草原草场各种生态特征的不同草场演化更替主要为紫菀（*Aster tataricus*）+洽草（*Koeleria cristata*）草场→二裂委陵菜+洽草草场（演化），苔原羊茅（*Festuca lenensis*）草场→柄状薹草（*Carex pediformis*）+杂类草草场→二裂委陵菜草场，阿尔泰早熟禾（*Poa altaica*）+嵩草（*Kobresia myosuroides*）草场→杂类草+褐鳞蒿（*Artemisia phaeolepis*）草场；蒙古阿尔泰草原草场的演化更替主要为惑蒿（*A. dolosa*）+克氏针茅（*Stipa krylovii*）草场→赖草（*Leymus secalinus*）草场，克氏针茅+沙生岩菀山地草场→羊草草场；草原带草场的演化更替主要为冷蒿+矮小禾草+针茅放牧场→柄状薹草+低矮禾草+冷蒿草场，大针茅草场→草麻黄群落；荒漠草原带草场的演化更替主要为短叶假木贼+蒙古葱草场→旱蒿（*Artemisia xerophytica*）草场→驼绒藜草场，碱韭-戈壁针茅草场→蒿类群落+碱韭群落→骆驼蓬群落。

Dysterhuis（1949）则提出草地放牧演替的"单稳态模式"（mono-stable state），并将放牧演替中的植物区分为增加者、减少者和侵入者。单稳态模式认为，一个草地类型只有一个稳态，不合理的放牧所引起的逆行演替可以通过管理、减轻或停止放牧而恢复，并且恢复过程与退化过程途径相同、方向相反。该模式是近年来草地放牧演替研究工作的理论基础。Laycock（1991）提出了"多稳态模式"（multiple stable state），认为在一些草地放牧演替中有多个稳态存在。Gibson 和 Brown（1992）认为，放牧可以改变植被变化的基本模式，而且长期的春秋放牧更接近改变其演替的方向，放牧可偏转演替，但与植被固有的变化率和演替方向上的区域变化相比是次要的，重牧只是加速了演替的速度。Whisenant（1999）的研究表明，放牧是引起盐漠灌木生态系统退化的重要原因，但放牧季节比放牧强度对植物种类成分的变化影响更大。Norton（1978）对封育和放牧条件下的植被演替进行了长期的研究，认为植被变化并不是完全由放牧压力引起的，植物寿命、植物替代机会及对气候的不同反应，也许是引起植物群落演替的主要因素，重牧并不影响植被盖度和种类组成的总趋势。

三、阈值及弹性理论

生态系统是一个自组织的复杂系统，具有复杂系统的特点（柳新伟等，2004）。生态系统稳定性是不超过生态阈值（表 22-1）的生态系统的敏感性和恢复力。这个概念中涉及 3 个概念：生态阈值、敏感性和恢复力，阈值是生态系统在变为另一个退化（或进化）系统前所能承受的干扰限度；敏感性是生态系统受到干扰后变化的大小和其维持原有状态的时间；退化生态系统的恢复力就是消除干扰后生态系统能回到原有状态的能力，包括恢复速度和与原有状态的相似程度。在保护生态学中，阈值与恢复力的定义具有广泛的应用，特别是生态系统受到负面的干扰后而退化，退化的生态系统逐步恢复的过程可以利用恢复力来测定；而保护的成果就是力图避免干扰超过系统的阈值而达到一个实际的演替（柳新伟等，2004）。

表 22-1　生态阈值概念

概念	文献
系统两个稳定态之间的断点代表了生态系统阈值	May（1977）
阈值是两个不同的生态系统之间的时空边界；牧区管理者没有实质干预的在实践时间尺度上不可逆的初始跨越边界	Friedel（1991）
生态阈值是生态的不连续性，暗示系统从一个稳态跃入另一个稳态时独立变量的关键值	Muradian（2001）
阈值是环境条件的小变化产生（系统功能等）实质性改变的一些区域	Bestelmeyer 等（2004）
定义生态阈值为系统中当跨越两个可选状态时引起系统"快速移动"到一个不同的状态的分歧点	Meyers 和 Walker（2003）
生态阈值代表了生态过程或参数发生突变的一个点，此突变点响应于一个驱动力的相对较小的变化	Larsen 和 Alp（2015）

"阈值"是指某系统或物质状态发生剧烈改变的那一个点或区间。19 世纪以来，随着生态实验和观测手段的改进，人们对自然生态系统的现象和本质有了更多的认识，生态系统的反馈机制、自组织能力和非线性特征等越来越受到生态学家的重视。生态阈值的概念来自 Holling（1973）提出的生态系统具有多个稳定状态的理论。Westoby 等（1989）首先基于非系统的非平衡特性提出了状态-转变模型，认为系统并不是一个平衡的状态，而是包括多个不平衡状态，而这些状态之间具有一定的界限（threshold）。Archer（1989）将定量方法引入转换界限的研究中，定量了草原系统在由灌木占主体转变为草本占主体的群落变化界限。对草原研究发现（Schwinning and Parsons，1999），如果反刍动物每天的取食量不超过可利用面积的 5%，则草原生态系统可以自我维持，保持相对稳定。所以对于草原生态系统，利用面积的 5%就是其供应反刍动物取食的阈值。在劳伦森大湖盆地（Laurentian Great Lakes Basin）的研究表明从一个比较稳定的生态系统到另一个比较稳定的生态系统存在一个明显的转换，这个转换的阈值不单单是一种胁迫的结果而是多个胁迫综合的结果，并提出了生态系统阈值的 3 个机理：氮素循环的破坏、外来物种适应性策略和子生态系统的不稳定性。

Bestelmeyer（2006）基于牧场预防管理和恢复认为生态阈值有两种分类方法：其一，分为格局阈值（pattern threshold）、过程阈值（process threshold）和退化阈值（degradation threshold）3 种类型；其二，分为预防阈值（preventive threshold）和恢复阈值（restoration threshold）。预防管理必须关注对易使系统受到确定性或事件驱动的格局变化的调控，当管理失败时，格局阈值无法及时指示生态系统退化，而退化阈值就成为重要的指标。相反，退化草地的恢复需要同时确定格局阈值、过程阈值和退化阈值。根据生态阈值在管理中的应用，可以将生态阈值分为不同等级：红色生态阈值、橙色生态阈值和黄色生态阈值。黄色生态阈值表示生态系统可以通过自身的调节能力，即系统的持久性（persistence），重新达到稳定状态；橙色生态阈值表示需要移除干扰因子，利用系统的弹性或者说恢复力（resilience）重新回到平衡状态；而红色生态阈值为关键阈值点，超过此阈值，生态系统将发生不可逆的转换甚至系统崩溃（唐海萍等，2015）。

由 Milton 等（1994）提出，Whisenant（1999，2002）、Hobbs 和 Harris（2001）进一步发展的有关生态系统退化的生物和非生物阈值理论指出，生态系统功能的变化分为生物和非生物变化，生物变化主要包括管理方式、物种入侵及土地利用变化导致的物种组成、植被结构、基本的生态过程的变化；而非生物变化是施肥和土壤开垦所引起的土壤理化性质的变化。而此处的模型的适用性与以上生物、非生物因子的定量化密切相关，同时确定了生物和非生物因子变化的阈值。草地管理方式的变化将会引起生态系统的变化，导致生态系统恢复力降低，将系统退化划分为 3 个阶段（图 22-1），而各阶段之间的阈值代表了生态系统恢复潜在的界限。从图左边开始，第一阶段，生物功能退化，但当干扰消除，生态系统具有自然恢复的能力；如果退化继续，第一个生态系统潜在恢复阈值被跨越，此时，生态系统生物学功能受到严重破坏，退化进入了第二阶段，除了消除干扰，部分人为改良措施的实施才可使生态系统进行自然恢复，尽管非生物功能已经退化，但生态系统仍具有部分自然恢复能力。进入第三阶段，生物机能严重失调，非生物功能退化超出了其弹性，非生物组分需要人为重建进行生态系统自身的恢复。

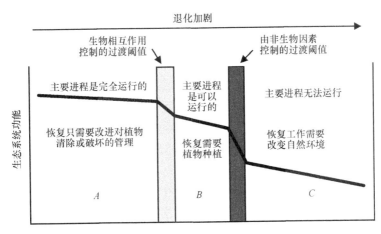

图 22-1　生物和非生物阈值理论

恢复力（resilience）源自拉丁文 Resilio，即跳回的动作，20 世纪 70 年代后引申为承受压力的系统恢复和回到初始状态的能力。Holling（1973）首次把恢复力的概念引入生态学领域，以帮助理解可观测的生态系统中的非线性动态。恢复力即弹性，是生境、群落或者物种个体在外力干扰消除后，从退化状态恢复到原有状态的能力，包括生态系统恢复到原有状态所需时间和与原有生态系统的相似程度两个方面的内容（Rowena，2003）。恢复力包括 3 个含义：一是生态系统结构和功能所能承受的生态系统总的外界变化程度；二是生态系统自组织的能力；三是生态系统的适应能力。生态系统恢复力受到两方面影响，一是干扰强度，二是干扰频度（Pimm，1984）。如果干扰频度小于恢复时间，并且干扰发生在小范围内，则生态系统容易恢复，即生态系统恢复力高；如果干扰频度大于恢复时间，而且在大范围内，则生态系统不容易恢复，即生态系统恢复力低。因此从这个角度讲，生态系统恢复力与生态系统受损程度有关，受损越厉害，生态系统退化越严重，生态系统恢复力越小，反之恢复力越大。

四、正相互作用理论

正相互作用，又称为易化，是相对负相互作用或竞争而言的。在生态学中，严格界定一个概念非常困难，对正相互作用同样如此。在文献中，不同学者对正相互作用存在不同的认识，诸如，Bruno 等（2003）认为正相互作用是"至少对一方有利而对另一方无害的相互作用"；而 Callaway（2007）则坚持"只要对一方有利的"就是正相互作用；张炜平等（2013）认为在植物群落种间或种内，当个体直接通过改善恶劣的生存环境、改变生长基质、增加资源的可利用性，或者间接地通过消除潜在的竞争者、引入其他的有益生物、保护不被取食等，促进了相邻个体的生存、生长或者增加了其丰富度时，相邻个体之间就发生了正相互作用。正相互作用可以在同一物种内部或者在不同物种之间发生。此外，将正相互作用限定在同一营养级内，排除不同营养级之间可能发生的促进作用。正相互作用主要有以下几种常见类型：互利共生，又称为互惠共生，是指两种生物生活在一起，双方都能从中获益的共生现象，如有花植物与花粉传播者之间；偏利共生是指两种生物生活在一起，对一方有利，对另一方并无利害关系的共生现象，如附生植物；原始协作与共生类似，双方获利，区别在于原始协作是松散的，一方可以独立生存；护理效应，如在干旱半干旱地区，冠层较大的植物能够为幼苗提供一个良好的初始生长环境，保护幼苗免受强光照射、减少地面蒸发、保持局部土壤水分等从而有利于幼苗的成长。在植物群落中，正相互作用与负相互作用同时存在，最终的结果取决于二者的相对强度，而这种相对强度又与群落所处的环境条件密切相关。因此也就产生了与正负相互作用转化有关的"胁迫梯度假说"。该假说认为，随着环境胁迫的增加，正相互作用的重要性或强度增加，而负相互作用将减弱。大量研究证明，正相互作用与负相互作用是改变群落结构和功能的基本动力（王鑫厅等，2015）。

过度放牧引起的草原退化的本质特征是群落生产力下降和优势种更替，这是群落结构和功能发生变化的外在表现。早在 1976 年 Atsatt 和 Dowd 在 *Science* 上发表了一篇关于植物防御草食动物方面的文章，他们认为在胁迫作用下，植物通过改变形态构成、分布状况等来实现相互帮助以抵制外界不利条件，即植物形态构成、分布状况等性状的变化是正相互作用的结果，这实际上是放牧胁迫下有关正相互作用的具有开创意义的工作。王鑫厅等（2015）将草原退化统一在放牧胁迫下正相互作用与负相互作用转化的生态学基本理论框架内，探讨小型化的机理及正相互作用与负相互作用转化所引发的种群格局的变化，指出在过度放牧所引起的退化草原群落中，正相互作用居主导。在正相互作用下，植物种群通过改变个体形态（小型化）以抵御家畜的采食，通过改变分布状态（提高小尺度范围内的种群密度，即嵌套双聚块的种群结构）来抵御家畜的践踏，改变形态和分布状态紧密联系在一起共筑了抵御采食和践踏的防线。

第二十三章 蒙古高原草原退化历史和成因

第一节 蒙古高原草原退化的历史分析

一、蒙古高原草原的历史变迁

古地理研究证明，中国草原最明显的形成时期是从7000万年前开始。早在7000万年以前，中国的地理轮廓与现在大不相同。当时青藏高原尚未隆起，西部地区和青藏高原属于海洋，新疆的准噶尔盆地、塔里木盆地及青海的柴达木盆地携手相连。距今7000万年开始，地壳发生巨大变化，中亚的地壳也受到冲击和挤压而抬升为陆地，与欧亚大陆直接相连，古地中海则分成东西两段退出青藏地区。西北诸大山系的隆起，海水从中亚的退却，使这里的大陆性气候不断加剧。走廊林和绿洲林丛的范围越来越小，最后稀树草原也就逐渐地被荒漠草原代替。

至距今250万年时，地壳的水平运动仍未减弱。由于西部喜马拉雅山、昆仑山、天山、阿尔泰山和青藏高原的不断隆起，阻挡了北大西洋和印度洋暖湿气流的东进，加速了中国西北干旱区的形成。这对当时中国的气候影响很大，气温普遍下降10℃之多。气候的剧烈变化，迫使植物界也发生变化。在距今250万～150万年，森林冻原迅速转变为森林草原和空旷的草原。从前大部分喜热植物种在冰川期已逐渐绝种，而北方草本植物种却大量出现。塔里木盆地出现了干旱的稀树草原景观，柴达木盆地和河西走廊也变成了麻黄科、藜科、蓼科、豆科、菊科、百合科、禾本科和莎草科等植物组成的草原，并进一步向荒漠类型发展。同时，由于中亚已经抬升为陆地，起源于非洲干旱地区的植物区系如柽柳、白刺等，便从中亚侵入该区，使局部地区出现盐生灌丛，在唐古拉山区已有盐渍化的荒漠形成。四川西北部的阿坝、若尔盖、红原，特别是色达、石渠一带，也逐渐从苍郁的森林变成如今的灌丛与草甸。

随着季风和干旱气候周期性变化的影响，中国北方植物的生长发育也出现了明显的周期性，喜热和喜温性植物停留在热带和亚热带，凉性植物则逐渐向山上发展，并沿着山脉进入寒温带和寒带地区。随着陆地地块向北推移，亚热带气候又被温带气候代替，草本植物不断得到发育。因为草本植物可塑性强，能以种子寿命长、发芽快、提前开花和缩短花期等特性迅速适应变化了的环境，因而分布越来越广，不仅在温带平原地区出现了成片的草原，而且在热带高山地区也形成了草甸。草原和草甸的形成，大大缩小了森林的面积及林内动物的活动范围。相反，却促进了草原动物的繁殖和发展，有些食草的奇蹄兽和偶蹄兽从森林迁徙到广阔的草原，地栖鸟类也日渐增多。于是，草原便从一个单纯的植物群落世界变为栖居着各种野生动物的比较完整的草原生态系统。

二、蒙古高原草原在人类历史时期的变迁

原始草原，由于未受人类生产活动的干扰，所以面积大，具有较为完整的原始草原生态系列。从地史资料来看，当时的草原就具有与现在大不相同的景观，气候的变化是当时草原变迁的主要原因。阴山山脉的积雪融化成河流和湖泊，遍布在丰茂的草原上。旧石器时代以前，我国北方温带草原包括大兴安岭南段、呼伦贝尔高原、东北平原、内蒙古高原及黄土高原西北部。从新石器时代以来，北半球处于一个相对温暖湿润的时期，有利于森林植被的发展，因此，我国森林与草原的分界线从内蒙古东北部黑龙江上游呼伦池西畔开始，南下经大兴安岭西侧，过西拉木伦河上游，向西南方向，穿过鄂尔多斯高原，再由六盘山，而至西藏东部。大约从公元前 1500 年，北半球气温趋于寒冷，内蒙古河套平原历史时期的植被由森林、草甸草原变为典型草原、荒漠草原。从新石器时代到公元前 1000 年的西周时期，黄土高原西部、北部植被区系由暖温带森林、暖温带草原变化为暖温带森林草原、温带草原、温带荒漠草原。在青藏高原地区，从古新世到早中新世，古气候由亚热带暖湿气候向温凉气候演化，植被由早期的针阔叶混交林-森林草原向晚期的疏林草原植被演化，从上新世到早更新世，气候向干冷演化，草本植物显著增多，到中更新世晚期以来，出现稀树草原植被向荒漠草原植被的演化，形成了现代荒漠草原植被景观。

关于草原在历史时期的利用与开发，史料证明，人类在最初阶段，主要是以采集和狩猎活动为主。据考证，远在新石器时代，在今日新疆的乌鲁木齐、哈密的七角井和罗布泊、且末等地，就有了古人类的狩猎活动。后来，随着工具的改革和狩猎技术的不断进步，捕来的野兽逐渐增多，人们就把吃不完的活野兽留下来加以驯化、繁殖和牧养。《史记》中记载，在 3000 多年前的殷商时代，人们就把马、牛、羊等驯养成了家畜。当社会进入驯养家畜时期，便与草原发生了密切的生产和生活关系，随着人类发展，在居民点周围小范围的牧业经营，已远远不能适应生产力的发展，而需要人们结合起来，从事大范围的游动放牧，于是，草原进入了原始游牧的新阶段。内蒙古高原、准噶尔盆地草原和半荒漠草原地区的蒙古族，新疆的吉尔吉斯族、哈萨克族，罗布诺尔、和田、哈密一带的维吾尔族和青藏高原上的藏族等，当时都是从事畜牧业生产、"逐水草而居"的游牧民族。

三、蒙古高原草原千年游牧史

历史上活动在中国境内、影响中国历史进程的草原民族虽然代有更迭，但这些民族的游牧方式几乎是共同的，从匈奴人、突厥人到蒙古人，既走着由草原民族—游牧帝国—世界征服者的道路，也依托草原随水草而迁、过着传统的游牧生活。匈奴人是中国历史上最早的草原游牧民族，其发展与生活方式均是在草原环境背景下形成的。史料记载"匈奴逐水草迁徙，无城郭常居耕田之业，然亦各有分地"。"逐水草迁徙"是游牧生活的主要环节，草原生态的自然特征决定了草原载畜量的有限性，因为没有哪一片草场经

得起长期放牧，因此游牧业一经产生就与移动性生活相伴而行。为了追寻水草丰美的草场，游牧社会中人与牲畜均做定期迁移，这种迁移既有冬夏之间季节性牧场的变更，也有同一季节内水草营地的选择。在"匈奴人逐水草迁徙"的游牧生涯中，还表现出另外一个特点，这就是"各有分地"。从表面上看游牧社会的随阳而迁是空间上的无序行为，实际上无论家庭还是部族都"各有分地"，在他们长期的游牧生活中已经通过习惯与利益的认同，形成固定的牧场分割。

根据历史文献记载及各类西人行纪与民族学、社会学的调查，以逐水草而居为代表的游牧生活包括划定季节牧场、规定游牧路线等基本环节，此两者之间既有不同的含义，又相辅相成。牧人划定季节牧场，一般需要满足两个原则，其一为保证牧场有良好的再生能力，且植物成分不被破坏；其二为饮水条件及牧草生长状况可以满足季节要求。在这样的基本原则之下，草场的自然地形、气候条件、水源情况、牧草生长状况及饲养管理条件等草场利用的季节适应性也往往对划分牧场起着重要作用。一般在上述原则的控制下，根据牧场自然环境不同，可以分为四季营地、三季营地及两季营地。牧民逐水草而居的游牧生活虽然具有随意性的特点，但游牧路线一般不轻易改变，每年基本都一样，形成这种现象的原因与水源有无、草场优劣及去年迁移中畜群留下来的粪便都有关。逐水草而居虽然是草原民族的基本游牧方式，但这并不意味着游牧区域具有绝对随意性，草原固然不属于任何人所有，各地区的牧场却大体划分区域，成为固定的部族或部落放牧场所，草原民族的季节迁移、转换营地基本限于在划定的区域内进行，越过界线到其他部落牧场内放牧的现象虽然在草原上不是新鲜事，但以一个区域为基本核心构成游牧空间，却是草原上通行的习惯。

四、蒙古高原草原百年利用史

中国草原地区的畜牧业生产方式经历了最初的原始草原狩猎向原始草原游牧和传统草原游牧的历史变迁。按照草原畜牧业生产方式的发展特征，可以分为游牧、半定居放牧、定居放牧三种形式。百年以来，中国的草原利用方式开始逐渐发生深刻的变革，逐渐向半定居放牧过渡。蒙古族是我国比较早出现半定居放牧的民族，早在20世纪初，一些农牧兼营的蒙古族，尽管未脱迁徙之风，但逐步脱离了蒙古包，住进了土房，并由几家或者更多的家庭形成圆形或方形的小村落。近代以来，由于农业的北进，草原南部的游牧次数渐次减少。20世纪50年代以来，内蒙古整个牧区推行了不同形式的定居游牧。半定居放牧是游牧生产方式的进一步演变，是在一年当中有部分时间（主要是暖季）随水草游牧、部分时间（主要为冷季）在一固定地点进行围栏圈养的一种草原畜牧业经营方式，是从游牧向定居放牧转化的过渡形式。定居游牧大体有三种形式，第一种是半农半牧区和靠近农区的牧区，历史上已经形成定居的，逐步实行移场放牧和轮牧制度；第二种是原来的纯游牧区，初步划定了冬春牧场和营地，在冬春季节实行定居、夏季游牧；第三种是划分了四季牧场和打草场，建立了固定的冬春营盘，实现定居游牧。

中国北方草原地区，自清代以后百余年的时间里，人口数量迅速增加。历史上，我国历代王朝重农轻牧，向草原地区大量移民和屯田，使大量草原转化为农田或遭到破坏。

近百年来巨大的人口压力是草原植被受到开垦的直接因素，据统计全国现有耕地的1.82%来源于草地的开垦。新中国成立初期，由于受"以粮为纲"思想的影响，在草原地区继续盲目开荒，1949 年新中国成立以后的 50 多年内仍有大量的草地被开垦，平均每年的开垦量为 19 万 hm²，1949 年以来全国共开垦草地 1930 万 hm²。在北方草原区内，黄土高原的垦殖率高达 50%以上，东北平原的垦殖率在 30%以上。

五、数十年蒙古高原草原加速退化史

近 40 年以来，草场承包责任制逐步得到落实，传统游牧或定居游牧被定居放牧替代，这改变了中国北方草原上几千年的生产经营格局，形成了牧户生产系统，它具备一定的草场资源、动态变化的牲畜群体、相对固定的地理空间及具有独立决策权的经营主体，使牧户成为草原资源利用与保护的基本单元。定居放牧是半定居放牧生产经营方式的进一步演变，是近代和现代国内外放牧业采用的主要放牧制度，放牧者有固定的住所、固定的畜群和固定的草地范围。牧户经营过程主要有三类，一是"点式"生产活动，在一年中固定的时间点集中完成，主要包含接羔、防疫、剪毛、出栏、购草等，亦可称为牧户经营关键节点；二是"线式"生产活动，在全年各个时间段均需开展，主要是放牧及其相关活动；三是非固定生产活动，并不在一年中固定的时间进行，一般在牧民不太繁忙的季节开展，主要包括棚圈维修、围栏建设、打井等基础设施建设活动。

与此同时，几十年来，中国草原区载畜压力逐渐增加，特别是 20 世纪 80 年代以来，伴随着草原使用、牲畜的承包经营等制度的变革，并受经济利益的驱动，牲畜数量的增长幅度较大。以羊存栏量和出栏量为例，自 1980 年以来，中国草原养殖数量从 8000 万只上升为 2005 年前后的 16 000 万只，增加了近 1 倍。牧区牲畜数量的非理性增加，对草原生态-生产功能产生了深刻影响，造成 90%的草原发生不同程度的退化。

近年来，由于草地质量变差，中国出台了一系列政策，启动了"退耕还林还草工程""退牧还草工程"等一系列重大工程措施，开展了"草原生态保护补助奖励机制"等，恢复草原生态，保障牧区可持续生产。以羊存栏量和出栏量为例，近年来，受到国家草原保护政策的影响，牲畜增加的态势得到了一些遏制，草原畜牧业逐步走入良性发展轨道，但"整体退化、局部好转"的局面尚未得到根本扭转。

六、蒙古高原草原退化的类型及历史

历史往往是现实的根源，广泛存在于当今全球各地的草原生态系统退化问题，亦不例外。系统梳理与科学把握草原演变乃至发生退化的历史轨迹，对于正确认知当下人类活动与气候变化引发的蒙古高原草原生态系统结构与功能的响应，是十分重要的数据基础。

历史上，蒙古高原是北方少数民族的主要活动区域，围绕着农牧交错带的变迁，草原文化与农耕文化此消彼长，蒙古高原草原生态系统的动态变化也难免带上人类活动的历史烙印。总体来讲，在古代，人类活动能力较弱，先民们过着"逐水草而居"的游牧生活，除了在有限的军垦、农耕化等局部区域以外，蒙古高原草原生态系统整体上处于未退化的状态。由此可知，历史上蒙古高原草原生态系统的历史轨迹更多表现为波动性，未出现长时间的趋势性变化，其本身的波动主要是气候的波动性而引起，因此不在本节所讨论的"蒙古高原的草原退化历史"之列。

回溯自然地理史可知，在蒙古高原上，高强度人类活动引起的草原退化主要发生在百年尺度。自清末蒙地放垦以来，经历了数次大规模草原移民垦殖，使得农牧交错带几经北移，在农业开垦地区，原有草原生态系统遭受彻底破坏，由于降水的不足，往往代之以旱地农业生态系统，频繁的干扰、有限的保护，使得生态脆弱性急剧增加，生态风险增加。同时，更为重要的是，随着人口数量的增加，广大草原区载畜压力日益增大，长期过度放牧导致蒙古高原草原发生了大面积的整体退化。

就地理学分布的意义而言，现今中国内蒙古自治区和蒙古国全境共同包含了蒙古高原的主体部分，草原原生群落特征及生态系统生产力呈现地带性变化规律，长期以来，尽管蒙古高原南北地区经历了不同的干扰强度及类型，但时至今日，不同地区的草原或强或弱、或多或少，整个蒙古高原都面临着草原退化的问题。概括而言，可将历史上的蒙古高原草原退化划分为以下几种类型。

1）土地垦殖驱动型退化。该类型的草原退化是由于草原生态系统的脆弱性，在经受垦殖的干扰后，植被完全受到破坏，在连续垦殖或者撂荒后，土地发生沙化、养分下降、水分保持能力降低等现象，造成土地的严重退化。

2）过度放牧驱动型退化。草原放牧历史悠久，长期以来，放牧并未对蒙古高原草原产生过多的负面影响，相反，人地和谐的放牧利用方式是草原生态系统健康运行不可或缺的因素，蒙古高原草原过度放牧驱动型的退化主要发生在近半个世纪以来，目前，已成为该地区的主导性类型。

3）气候变化驱动型退化。受温室气体排放等人为因素的影响，近百年来，全球发生了以变暖为主要特征的气候变化，蒙古高原亦不例外，实际上，根据联合国政府间气候变化专门委员会 IPCC 评估报告，地处中高纬度的蒙古高原气候变化发生强度更大，生态系统的脆弱性更强，研究发现，半个世纪以来，蒙古高原草原发生了以暖干化为主要特征的显著气候变化，对草原生态系统产生了显著的影响，造成植被生产力降低、物候变化等，一定程度上驱动了该地区的草地退化。

七、蒙古高原草原退化的研究史

根据 Kang 等（2007）的分析，中国科学家研究蒙古高原草原生态系统的退化可以按照时间顺序总结成 4 个时期。

1）1950 年以前。在这个时期，主要初步研究和调查了蒙古高原草原植被和植物物种组成等，简单分析了草地退化的特征，主要由俄罗斯、日本和西欧等国学者开展。

2）1950～1975 年。由中国科学院等单位组织实施，大规模地调查蒙古高原草原生态系统的植被、土壤和地形特征，并分析了退化的特征。

3）1976～1995 年。逐步建立了长期监测和研究的草原生态系统定位研究体系，开始了放牧、气候变化与草地退化的关系等问题的专项研究。

4）1996年至今。综合研究社会动态和生态系统功能，并集成多尺度、多学科的方法和实验技术，通过一系列长期控制实验，对涉及放牧与全球变化作用下草原生态系统稳定性、生物多样性的问题进行了深入研究。

第二节　土地垦殖与蒙古高原草原退化

一、垦殖与蒙古高原草原面积减少的关系

蒙古高原南缘作为中国北方农牧交错带的主体区域，垦殖导致的草原面积减少由来已久，自秦汉以来三次大规模的垦殖与历史时期人口的增长、历代王朝"移民实边"的政策等，极大地驱动了蒙古高原草原面积的减少。但历史上由于开垦面积及强度有限，尽管产生了一些局部性的生态问题，并未造成全局性的严重生态隐患。

直至清初，为防止中原汉族的反清斗争波及塞外，影响蒙古地区的稳定，清政府在这一地区实行封禁政策。具体做法是对蒙、汉民族实行隔离，尽量限制汉人到当地从事经济和其他活动。从清前期开始，蒙古高原地区有限的农业垦殖主要分布在三个地区，包括长城沿线以北地区、喀喇沁地区、热北蒙旗地区（特克寒，2005）。这一状况在清末新政时期得到了前所未有的加剧，清政府曾在内蒙古地区大规模推行了开放招垦蒙旗土地的政策。百年尺度以来，蒙古高原的草原垦殖呈加速发展的态势，真正地改变了草原分布与农耕格局。新中国成立以来，中国草地开垦面积达$1.9\times10^5km^2$，占我国现有草地面积的4.8%左右，由草地开垦的耕地约占现有耕地的18.2%，其中，作为蒙古高原草原重要组成部分的内蒙古地区是中国草原开垦的核心区之一。

一个世纪以来，人类的无度垦殖和野蛮索取主要分为4个阶段，一是清末开荒放垦。在18世纪中叶以前，内蒙古草原仍然是一片完好的天然牧场，1902年，清政府的"移民实边"和"借地养民"政策，正式宣布对草原进行大规模垦殖。光绪八年（1882年）设立"押荒局"，光绪二十八年（1902年）设立了"督办蒙旗垦务总局"，负责内蒙古西部乌兰察布盟、伊克昭盟及察哈尔八旗垦务，以此为标志，揭开了清朝以来全面放垦蒙荒的序幕。

二是北洋政府时期的开垦。1914年，北洋政府制定了《禁止私放蒙荒通则》，1915年筹议改组绥察两区垦务机关，于绥远设立垦务总局，开始了对内蒙古草原掠夺性的开垦。

三是国民党政府时期的蒙地放垦。其统治时期，主要以军垦为主。铁路的修筑、流民的涌入，使内蒙古的开垦规模不断地由长城沿线向草原延伸。据《绥远志略》统计，从1912~1949年绥远省开垦的耕地面积约为清代全部垦地面积的4倍左右。由于耕地无节制地扩大，草场日益萎缩。

四是新中国成立后内蒙古草原的过度开垦。新中国成立以来，内蒙古出现过三次开垦高潮。第一次是1958~1959年，片面地强调大办农业，盲目开垦牧区，第二次是在"三年困难时期"，在牧区半农半牧区开荒耕种，大办副食品基地；第三次是在1966~1976年"文化大革命"时期，盲目建设生产兵团和国营农场，任意开垦草原，无偿占用牧场，

致使草原资源受到极其严重的破坏，草原生态环境付出沉重代价（图 23-1）。

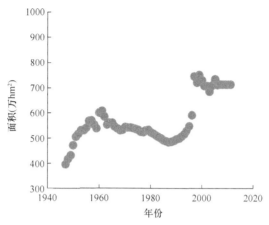

图 23-1　内蒙古自治区耕地面积变化

二、垦殖对农牧交错带历史变迁的影响

关于北方农牧交错带的地域范围和界限，学者从不同角度进行了划分，由于侧重点不同，存在着差异，但对大体位置的认识基本是一致的，即我国北方农牧交错带大致沿北方 400mm 降水等值线走向，主要分布于内蒙古、辽宁、吉林、河北、陕西、山西、宁夏等省份。

在北方农牧交错带形成和变迁的过程中，自然因素发挥着重要作用，是基础和前提，并通过人类经济活动表现出来。自然因素的影响主要包括降水量、气候、土壤等，尤其是降水条件的影响，因此学界基本认同以年降水量 400mm 为重要指标。长期以来，长城沿线地区成为以半农半牧、时农时牧的土地利用方式为特征的农牧交错带。在该区域内土地利用方式随气候冷暖、干湿变化、不同朝代的兴衰、中原农耕汉民族文化与北方少数民族游牧文化的冲突和融合而在局部有变化。但长城沿线以南农作、以北放牧的基本格局一直维持到 19 世纪末。1900 年后，长城沿线以北的垦荒态势渐强，到 20 世纪 40 年代末，土地垦殖率已达 20%～23%，这样使得农牧交错带越过长城向北推进了数百千米。

蒙古高原是东亚干旱半干旱区的重要组成部分，其植被覆盖是受气候影响而形成的自然地理特征，由于与农耕文化圈比邻而居，在蒙古高原南缘分布的一条狭长的农牧交错带，实际上，中国传统上农业生产潜力分界线——胡焕庸线（胡焕庸，1935）对中国农业的锁定正在被突破。早在 1935 年，中国地理学家胡焕庸发现的一条中国人口分布的特征线，从中国东北的黑河到西南的腾冲画一条连线，可以发现这条线以东的中国东域分布了不足 96%的人口，这条线以西的中国西域人口分布只占 4%略多，而它的地域面积辽阔，现在的中国（大陆）东域面积约为中国总面积的 43.18%，却聚集了约 94%的人口、产出了约 95%的 GDP，这条线被称为"胡焕庸线"。由于气候变化导致农业生产潜力提高，胡焕庸线以西省份的人口占比将增长 1.03%。气候变化虽在一定程度上可以缓解中国东西部人口分布不均衡的现象，但并没有从根本上破坏胡焕庸线的人口分布规律。

三、草原垦殖对生物-土壤系统的影响

由于降水稀少等因素的影响，草原生态系统有其潜在的脆弱性，在遭受开垦时，会造成植物-土壤系统的劣变，产生一系列的生态问题。

对于土壤动物而言，通过选择蒙古高原南缘科尔沁地区农牧交错带耕作 10 年和 20 年农田为研究对象，以周围封育草地为对照，刘任涛等（2014）研究发现草地开垦降低了土壤节肢动物个体数、丰富度、多样性和生物量，尤其对个体数与丰富度的影响较大。

内蒙古科尔沁沙地选择不同开垦和封育年限的退化沙质草地，随开垦年限增加，土壤性状发生了一系列演变，耕作层（0~15cm）<0.1mm 细颗粒组分逐渐下降，2.0~0.1mm 的中粗砂和细砂含量逐渐升高，土壤容重增大，总孔隙度下降，土壤全量养分和酶活性也依次下降（文海燕等，2005）。

有机质的变化是草原垦殖对生物-土壤系统影响的敏感要素，研究表明，与围栏割草场相比，开垦天然草原种植 7 年、15 年、33 年玉米以后，0~30cm 深度土壤有机质含量分别降低 20.5%、40.0%和 55.7%，土壤结构的平均重量直径分别降低了 22.9%、35.8%和 44.0%（宋日等，2009）。

对于土壤养分来讲，草原开垦显著影响了土壤表层有效态微量元素，如铜、铁、锰、锌、硼、钼等，有研究发现，特别是土壤有效锌含量限制了草地植被和农作物生长发育，由典型草地开垦的农田其土壤有效锰含量不能够满足作物的需求（刘洪来等，2012）。

四、草原区垦殖土地的环境风险及其影响机理

垦殖改变了土壤的微系统环境，也破坏和降低了草原生态系统的结构和功能。垦殖把自然生态系统变成了人工生态系统，系统由原来的多种灌木、草本组成的草原简单地转化为农田，生物多样性减少降低了系统抗干扰的能力，外界力量的细微变化都会引起系统失衡，同时由于人类的开垦和掠夺性的经营活动，常常使系统的输出高于输入，因此加速了开垦后草原生态系统的退化。

在生物学机制上，以蒙古高原南缘科尔沁沙地为例，研究表明，草原农垦区开垦和过度放牧引起的土壤细颗粒物质、养分损失，促进了灌木侵入（赵文智等，2003），进一步的灌木侵入又加剧了土壤养分、水分空间格局的改变，在灌丛周围形成一个包括微生物在内的土壤肥力富集区，即灌丛"土壤肥岛"，从而发生土壤风蚀和水蚀，导致斑块状流沙甚至大面积流沙的出现。诱发荒漠化的不合理耕作、灌溉、盐渍化、过度放牧等过程同样影响菌根菌的密度和接种成功率，从而降低草地生产力。

第三节　放牧与蒙古高原草原退化

一、蒙古高原草原牲畜数量动态与过度放牧

在草原生态系统中，放牧采食是从植物生产到动物生产的营养级转化的必要环节，

人类利用这一规律为农牧业服务，构建了包含人居、家畜和草地三要素的放牧系统，称为放牧（任继周，2012）。放牧是国内外普遍运用的土地管理的基本手段，至今全球陆地大约半数以上处于放牧管理之下。尤其是在蒙古高原草原地区，不管在历史上，还是在当今，放牧是其最主要的土地利用方式。

游牧是放牧的早期形式，也是持续时间最长的放牧制度。研究表明，在蒙古高原草原地区，至少有 4000 年以上的游牧史。在世界范围内，游牧是人类适应干旱区和半干旱区生态环境的一种生产生活的普遍方式。游牧不是一种漫无边际、没有目的的流动，而是有着非常清晰的社会边界，这种边界依赖于社会的规范——非常明确地规范着人们的行动。这种流动性不仅体现在游牧族群能够在多变的生态条件下灵活应对的一种能力，而且也体现了他们自身的社会组织在不确定的条件下保持秩序和整合的一种能力。

蒙古高原不仅是早期人类文明发源地之一，而且也是游牧文化的摇篮。在古代，东至大兴安岭，西达阿尔泰山，北至贝加尔湖以南唐努山、萨彦岭和肯特山，南到阴山，许多游牧民族在这一广阔的地域繁衍生息，创造出独特的历史文明，对中国、亚洲，乃至世界的文明都产生过深远的影响。

近几十年来，我国牧区的畜牧业生产模式发生了一系列的转变，冬季存栏率、出售率等均发生了显著变化。以内蒙古自治区呼伦贝尔市和锡林郭勒盟为例，从 20 世纪 50 年代开始，冬季存栏率（冬季牲畜数量除以夏季牲畜数量）明显降低，从 50 年代的 0.9，降低至目前的 0.3 左右，相反，当年的出售率（当年出售数量除以夏季牲畜数量）从 20 世纪 50 年代的 0.15 左右，升高至近年来的 0.55，这说明，牧区牧户倾向于保留基础母畜过冬，将过去的出售二岁及其以上的羊，转变为出售当年羔羊，尽量避免过冬低温环境下的掉膘等造成的能量消耗，减轻了草地放牧压力。

同时，近几十年来，牧区的牲畜结构发生了极大的改变。从 20 世纪 50～80 年代，山羊、绵羊等小畜数量与牛、马、骆驼等大畜数量的比值一直稳定在 2～4，但从 80 年代开始，小畜与大畜数量的比值急剧增加，小畜在牲畜结构中处于绝对的优势。但不同地区又有所不同，处于草甸草原区的呼伦贝尔市小畜与大畜数量的比值最高达 10 左右，而处于典型草原区的锡林郭勒地区，最高值达 20 左右，这说明，尽管受市场等因素的调节，牧户倾向于提高小畜的养殖比例，减少大畜的养殖，但显然又受到草地资源水平和气候条件等因素的影响（图 23-2）。

放牧导致草地退化的基本过程是，过度放牧引起"草丛–地境"系统结构改变，通过草丛子系统受到放牧干扰、牲畜践踏草地，营养元素循环的原有状态被打破，地境子系统受到影响，土壤结构、理化性质、地下种子库等发生变化，引发整个"草丛–地境"系统的结构改变与功能丧失。其中，植被退化是草原土壤退化的直接原因，土壤退化必然引起植被退化，二者互为因果，超载过牧牲畜过度啃食和践踏，草本植物正常生长受到抑制，稳定的物质平衡被打破，土壤退化，植被逆向演替（刘钟龄等，2002）。

放牧、土壤、气候等是草原植物生长的主要环境条件，土壤和气候分别供给了氮、磷、水、光、温等基本资源，而放牧作为环境因子主要表现为干扰，并未提供植物生长所需资源。概括起来，可以将草原植物的环境分为两类，一是资源性因子，包括土壤、气候等，二是干扰性因子，包括放牧、刈割等。虽然放牧不是植物生长的资源，但它

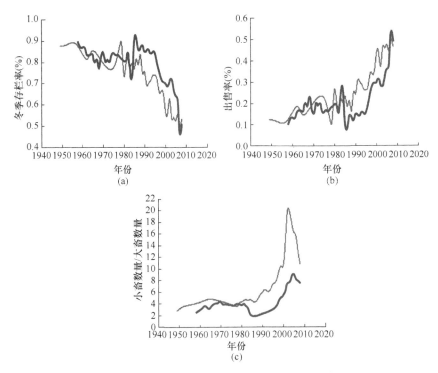

图 23-2　1949～2008 年内蒙古自治区呼伦贝尔市（红色曲线）和锡林郭勒盟（绿色曲线）牲畜冬季存
栏率（a）、牲畜年出售率（b）、小畜大畜数量比（c）的动态变化

数据根据《内蒙古自治区统计年鉴》《呼伦贝尔市统计年鉴》《锡林郭勒盟统计年鉴》汇总整理而成

作为干扰性因子改变了环境中氮、磷、水资源的可利用性及植物对资源的利用能力。因此，放牧的作用途径主要在于改变了资源的可利用性和植物对资源利用的能力，从而影响了植物的功能性状特征及其权衡关系。

二、放牧对植被生产力与群落演替的影响

放牧是自然生态系统中牧食行为的农学介入，它是把"双刃剑"。大量研究表明，在适度放牧情况下，放牧会促进草原生态系统的健康运行，增加生态系统生产力，但在过度放牧情况下，会造成植被生产力下降、生物多样性减少、植物根系浅层化等问题，形成退化。刘钟龄等（1998）通过长期研究发现，在内蒙古草原的不同生态区域中，不同草原类型逆行演替的进程与途径差异明显。在东部草甸草原，以贝加尔针茅群系为地带性类型，逆行演替变型是耐牧性很强的寸草薹群落。在中部广大地区的典型草原，以羊草+大针茅群落为代表，在长期牧压下的演替变型是冷蒿群落。西部地区的荒漠草原是小针茅群系占优势，逆行演替变型是菭状亚菊+隐子草群落。

Louault 等（2005）发现，长期放牧下的草原，植株矮化，花期提前，具有忍耐放牧（grazing-tolerant）性状的物种演替为优势物种，中期放牧史草原，具有躲避放牧（grazing-avoiding）性状的物种居于主要地位，而非忍耐性状，短期放牧史草原中，那些不具有忍耐性状和躲避性状的物种占优势，但物种之间的光竞争加剧。Osem 等（2004）

也发现，在放牧剔除以后，草原中植株高大物种的丰富度增加，植株矮小物种的丰富度减少。这些结果说明，植物性状在放牧压力下的可塑性变化是导致群落物种演替的重要驱动力，不同物种性状的变化带来了新的种间竞争格局，决定了演替的方向。

植物响应的种间差异与草食动物的选择性采食有一定的关系，Golluscio 等（2009）对挪威高山草原研究认为，绵羊对植株高大、花期较晚、叶片 C/N 低的物种有采食偏好，使其成为敏感物种，导致这些物种个体明显变小，根冠比增加。但 Cingolani 等（2005）在阿根廷草原的研究不支持 Golluscio 等关于牲畜选择性采食的结论，发现牲畜偏好采食低矮的植物，且随着放牧强度的增加，植物会通过叶面积比增加等表型变化适应放牧，放牧会驱动耐牧物种增加。此外，植物获取资源能力的种间差异也起到了重要作用，Cruz 等（2010）发现，与原生群落相比，15 年连续的放牧干扰后，伴随植物叶片干物质含量（leaf dry-matter content）降低，比叶面积增大，具有快速获取资源能力的匍匐状植物演替为优势物种。

在有些生境条件下，放牧引发的光资源的再分配也是植物性状变化及群落演替不可忽视的因素。在放牧作用下，一些高大物种的株高下降得更为明显，这改善了低矮物种的光资源条件，减少了高大物种的光竞争，这种资源再分配也一定程度上导致了不同物种功能性状对放牧的差异化响应（Kooijman and Smit，2001）。Chen 等（2005）发现，重度放牧显著导致禾草和灌木的光合作用速率下降，禾草的相对生物量（relative biomass）降低，灌木的相对生物量增加，这与不同功能群及物种的光合能力不同有关，不同物种光合及有关性状的分异是放牧下草原物种组成、群落演替的一个重要原因。

三、放牧对植物碳同化的影响

光合作用是生态系统能量的主要来源渠道，对草原生产力的形成具有基础作用，一般来讲，草原生产力的高效形成有赖于土-草-畜界面耦合关系，通过草地农业系统的结构优化，系统功能特别是草原生产力维持在较高的能级态（任继周，2004）。由于草原生产力的形成机制又与植物性状有着密切的关联，因此放牧如何通过光合作用影响植物功能性状的变化及其权衡关系，就是一个很有意义的问题。

既然光合作用是草原生产力及植物性状形成的基础，那么放牧如何通过影响光合作用从而影响植物性状？在这方面，已开展了一些研究工作。Peng 等（2007）报道发现，相较于围封，中度放牧提高了植物净光合速率，重度放牧植物净光合速率显著降低。但在这个实验中，中度放牧下光合能力的增强并未改变放牧导致生物量降低的趋势，这主要与放牧下叶面积的显著减少有关。许多证据都表明，重度放牧显著导致光合作用速率下降（Chen et al.，2005）。放牧通过阻滞光合作用，减少了光合产物的形成，影响植物的生长发育进程。特别是在光合产物有限的情况下，植物将启动光合物质分配的权衡策略，适应低能级的能量环境。

四、放牧草原植物-土壤的营养反馈

营养物质的分配是放牧影响植物性状的重要途径，目前已有一些报道。通过去叶模拟放牧采食，McInenly 等（2010）发现营养物质再分配过程中，主要朝着地上部分分配，并未改变根系形态和死亡概率，但影响了根系的伸长和新根的产生，与放牧交互影响中，氮素供给主要增加地上部分的再生。显而易见，营养分配策略是影响植物性状发育的关键基础。

微生物、植物等各分区营养库具有显著的季节动态（Bardgett et al.，2002），循环是草原生态系统中营养物质的基本特征，研究证实，放牧影响了物质循环的过程。相对于原生群落，放牧加快了氮素等物质的循环过程，但在重度放牧下，地上生物量减少，土壤氮素矿化速率、氮库容量降低，群落发生演替，富氮牧草减少，植物氮素含量降低，参与循环的氮素减少，进一步减慢了物质循环过程（Singer and Schoenecker，2003）。

放牧导致草原土壤与植被系统碳、氮、磷的流失现象，是一个引起广泛关注的问题。Barger 等（2004）发现，放牧导致枯落物和土壤的碳、氮含量下降，但不同组分的变化有较大差异，单位面积枯落物的碳、氮含量（g/m^2）降低比例约 50%，远大于单位重量枯落物和土壤的碳、氮含量（g/kg）降低的比例，放牧下地上生产力降低可能会对通过枯落物返还土壤的碳、氮量起到稀释作用，加之放牧引起的碳、氮流失途径，进一步导致土壤-植被系统的营养贫瘠化。进一步研究发现，尽管放牧导致土壤氮、磷含量都明显下降，但氮含量的下降更为明显，N/P 降低（敖伊敏，2012）。

但是，放牧导致土壤营养流失的现象不可一概而论，在放牧退化演替的早期与晚期阶段，可能具有不同的特征。大量研究表明，长期放牧引发营养流失；但在演替的早期阶段，却呈现氮、磷增加（孙宗玖等，2013），与许多观点认为放牧激发 N_2O 释放不同，Wolf 等（2010）发现放牧限制草地土壤 N_2O 的释放。长期以来，这两种观点均被反复报道，可分别谓之"营养流失假说"和"营养冗余假说"。之所以存在这些争论，可能在于，在放牧干扰的早期阶段，营养的回流速率大于吸收速率，造成土壤中营养元素含量暂时增加，而长期放牧，通过采食抽取、阻滞营养回流等途径，造成了营养流失。对于这些假设，尚需进一步的实验证据。

五、放牧影响草原生态系统的水文学途径

通过改变植物的水分利用效率（water use efficiency，WUE）是放牧影响水过程的重要表现。研究表明，放牧显著降低植物蒸腾强度和水分利用效率（Chen et al.，2005）。而 Peng 等（2007）对比了围封、中度、重度 3 个放牧干扰梯度对植物蒸腾与水分利用效率的影响过程，发现蒸腾作用随牧压增大而增强，与围封群落相比，中度放牧提高了植物水分利用效率，但重度放牧下植物水分利用效率显著降低，植物水分利用效率与牧压之间为单峰曲线关系，从一定程度上支持了放牧优化假说（grazing optimization hypothesis）。而且水分利用效率在不同尺度具有不同的特征，Niu 等（2011）发现，在冠层和生态系统水平，半干旱草原植物的水分利用效率随着水分的增加而增加，但在叶片性状水平，却呈现降低的趋势。也有研究表明，通过植物蒸腾而产生的水分散失量与生产力和生物多样性均成正比，比较而言，生物量与蒸腾的关系更强，放牧导致生产力降低、生物多样性丧失，进一步压缩了蒸腾途径水分散失的比例（Veron et al.，2011）。

放牧影响植物的生态水文学效应是植物水分利用效率、植物性状响应的基础。Bisigato 等（2009）发现土壤水分向植物根系分布集中的土层富集，随着草地退化的加剧，改变了水分蒸散发的格局，水分散失从以植物蒸腾为主逐渐过渡到以土壤蒸发为主，因此，放牧干扰引起的植被覆盖度变化，改变了植被-土壤系统水平衡的状态，进而影响到生态系统功能及植物性状的表现。Harrison 等（2012）也发现，放牧增加了通过土壤蒸发而散失的水分的比例，减少了通过植物蒸腾散失水分的比例，总体上显著降低了水分利用效率。进一步研究发现，放牧退化草原的蒸散发量低于围封原生群落，这主要是退化草原较低的土壤含水量导致的，但放牧加大了蒸散发对土壤水分的敏感性，放牧不但影响了蒸散发本身，而且也影响了蒸散发与土壤水分之间的关系（Miao et al.，2009）。

六、草原植物的避牧性与耐牧性

避牧是植物长期应对放牧的一种生态行为，关于它的防御机制，也有一些研究报道。植物长期适应放牧会形成防御的功能性状，产生毒素等防御性物质，茎叶器官硬挺，植株表型变小，甚至产生倒伏性状，这种从生理到形态的变化是植物长期适应的避牧机制，有趣的是，尽管存在着资源的竞争，不同的物种又有互利策略，通过植物与植物之间的相互交流，那些具有防御放牧性状的物种会保护不具备防御性状的物种免受动物的取食。Suzuki 和 Suzuki（2011）通过对比研究放牧与围封样地的具有防御性状的咬人荨麻（*Urtica thunbergiana*）和不具有防御性状的水蓼（*Polygonum hydropiper*），发现在放牧样地，咬人荨麻对水蓼的生长表现为利他行为，对适合度表现为中性效应（neutral effect），但在长期放牧剔除样地，咬人荨麻对水蓼的生长和适合度则具有负向效应（negative effect），说明草原植物群落对放牧具有集体防御对策。

植物是否具有躲避放牧的遗传能力，有少量的研究涉及这一问题。Adler 等（2004）研究了具有长期放牧史的阿根廷巴塔哥尼亚草原和较短放牧史的美国西北艾草草原，发现了两个地区牧草的适口性、营养品质、形态表型都具有明显的差异，在长期的放牧选择压力下，植物的防御性适应进化。McKinney 和 Fowler（1991）采集长期处于放牧、割草、耕作环境下光梗蒺藜草（*Cenchrus incertus*）的种子，在同一温室中通过二代繁殖培养，研究其遗传适应性，发现与放牧和耕作相比，长期叶片去除使得植物分蘖和叶片增多，植株矮化，防御性形态如硬刺等减少，一定程度上产生了可遗传的形态适应。甚至经过连续 25 年相对短期的放牧与不放牧环境选择压力的差异，植物也会产生一些种群分化和分子适应特征（Fu et al.，2005），环境条件和遗传基础共同决定了植物的耐牧特性（Damhoureyeh and Hartnett，2002）。

第四节　气候变化与蒙古高原草原退化

一、蒙古高原气候变化特征

蒙古高原上的气候属温带大陆性气候，年平均降水量约 200mm，最热的月份和最冷的月份平均气温相差极大。蒙古高原地区多年平均气温呈现出明显的南高北低空间分布格局，由南向北递减，多年平均气温为 4.12℃，年均温最高的站点为内蒙古境内拐子湖站（9.3℃），最低的站点为内蒙古境内图里河站（-4.4℃），两站极差达 13.7℃。多年平均降水量为 269mm，年降水量最大的站点为内蒙古小二沟站（476mm），最小的站点为内蒙古额济纳旗站（34mm）。降水整体上的分布格局为东部高于西部、北部高于南部，由东部季风区向西北内陆干旱区过渡过程中气候的大陆性明显增强。

伴随着全球气候变化，蒙古高原年平均气温长期变化呈明显的上升趋势，上升速率为 0.48℃/10a，35 年来上升幅度达 1.68℃。除 20 世纪 80 年代初气温有下降趋势外，其他时段均以气温增长为主。年平均降水量变化过程呈弱的下降趋势，下降速率-6.0mm/10a，35 年下降了-21mm。四季气温均表现为明显的上升趋势，降水量以夏季降水量减少为主，表现出降水下降趋势夏秋湿季大于冬春干季的特性（图 23-3）。蒙古高原不同地区的气候呈现不同的变化格局，年平均气温在大部地区均为较明显的上升趋势，增温最大的地区出现在蒙古高原中部地区。而在蒙古国北部地区存在气温下降趋势。而降水趋势的空间分布表现为西高东低，即内蒙古东部降水量显著下降，而蒙古国西部及内蒙古阿拉善地区降水量微弱增加。

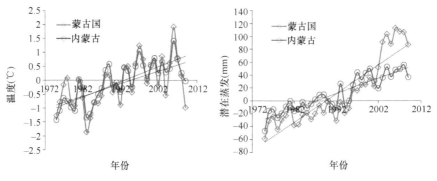

图 23-3 蒙古高原地区气候变化特征分析

二、蒙古高原气候变化对植被的影响

近 30 年来，蒙古高原的植被覆盖时空分布具有明显的地带性特征，森林区及荒漠区植被覆盖呈现小幅下降趋势，草原区呈现上升趋势，蒙古高原 NDVI 分布从东北向西南、从高原南北边缘地带向中心地带呈明显的规律性变化，其中高原东北部的大兴安岭地区 NDVI 最高，蒙古国北部的杭爱山脉次之，西南部荒漠区的 NDVI 最低。总体来看，植被覆盖变化是气候变化和人类活动共同作用的结果，蒙古高原地区的降水变化是植被覆盖变化的重要原因，森林砍伐、河套耕作及城镇化等人类活动则是导致具有相似气候条件的内蒙古与蒙古国植被覆盖变化区域差异的原因（周锡饮等，2014）。

三、气候变化对草原生态系统的影响机理

受气候变化和人类共同影响，内蒙古草原退化十分明显，20 世纪 80 年代与 50 年代相比，草原区内 50%～70% 的高草群落和密草都变成了低矮而稀疏的植被。人为和自然

因素对草原生态系统的影响是多方面的。一方面，人类的生产活动，如放牧和开垦，改变着草地的覆盖状况，干扰着植物的生长和土壤养分的流动，进而时时刻刻影响着草地生态系统的结构和功能，这些内部因素的变动，将可能放大或者缓和外部环境变化带来的影响。另一方面，除水热条件的变化以外，CO_2 的倍增也将对草地生产力产生重要影响。有研究显示，气候变化与 CO_2 的综合作用，可以使草地生产力的下降幅度明显减少。

草原地区绝大多数植物为 C_3 植物，温度升高对其生长将产生不利影响，但是在不同草原区影响有所不同。研究表明，已有的气候变化使内蒙古的草地生产力普遍下降。在年均温增加 2℃、年均降水量增加 20%和年均温增加 4℃、年均降水量增加 20%两种情景下，如不计草地类型空间迁移的影响，各类型草原减产幅度差别显著，其中荒漠草原的减产最大，达 17.1%，若计入各类型空间分布的变化，各类草地生产力减少约 30%。

温度升高通过影响土壤蒸发等间接影响土壤水分状况，从而对草原生态系统产生深刻影响。以内蒙古典型草原区为例，有研究根据 40 年气象资料分析发现，温度和蒸发呈明显的正相关，不同季节相关程度不同，以冬季蒸发为例，利用近 20 年的资料分析得出，冬季温度与蒸发呈指数关系变化，可见，温度越高蒸发越强烈。

第五节　蒙古高原草原退化的其他影响因素

一、地下水超采与蒙古高原草原退化

蒙古高原降水稀少，水资源匮乏，以高原南缘的内蒙古自治区为例，尽管地域辽阔，总土地面积 118 万 km²，而水资源十分短缺，水资源总量仅为 509.22 亿 m³，占全中国水资源总量的 1.86%。半个多世纪以来，由于人口增长、农业用水增加、工业加速发展等方面的原因，蒙古高原水资源的人为利用量显著增加。以耕地用水为例，近 50 余年来，耕地面积持续增加，内蒙古自治区的水浇地面积，以及水浇地面积占全部耕地面积的比例呈现快速增加的趋势（图 23-4），农业用水需求日益增加，尤其是在草原地区，由草地开垦为耕地的面积增加，地下水超采现象十分严重，造成一系列生态隐患（内蒙古自治区统计局，2015）。

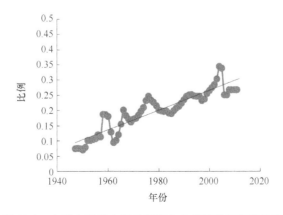

图 23-4　内蒙古地区水浇地面积占全部耕地面积的比例

数据来源：内蒙古自治区统计局，2015

以湖泊为代表的水资源是蒙古高原的重要生命线，Tao 等（2015）研究表明，自 20 世纪 80 年代以来，面积大于 $1km^2$ 的湖泊数量由 1987 年前后的 785 个（其中，内蒙古自治区 427 个，蒙古国 358 个），锐减到 2010 年的 577 个，其中，内蒙古自治区减少了 145 个，占自治区湖泊总数量的 34.0%；蒙古国减少了 63 个，占蒙古国湖泊总数量的 17.6%。同时，伴随着湖泊数量的减少，湖泊面积也显著减少，特别是内蒙古自治区，湖泊总面积由 1987 年前后的 $4160km^2$ 缩小到 2010 年的 $2901km^2$，面积缩小高达 30.3%。虽然我国内蒙古自治区和蒙古国经历着同样的气候暖干化，但内蒙古地区高强度的人为干扰导致其湖泊面积快速萎缩，而蒙古国湖泊面积仅轻微下降。降水变化解释了蒙古国湖泊面积变化的 70%，而在内蒙古自治区，煤炭开采耗水解释了湖泊面积变化的 66.5%，而降水变化仅解释 20%。在内蒙古草原区，湖泊锐减的原因中 64.6% 是来自煤炭开采耗水；而在其农牧交错区，灌溉耗水是湖泊减少的主要因素，解释了近 8 成的面积变化。

水资源的减少，尤其是地下水位下降，对草原生态系统产生了深刻影响。苏华等（2012）研究了地下水位下降对浑善达克沙地榆树光合及抗逆性的影响，发现随着地下水位下降，榆树对强、弱光的利用能力下降，最大光合能力降低，造成干旱胁迫。

二、矿产开发与蒙古高原草原退化

蒙古国的矿产资源较为丰富。主要有煤、石油、金、铜、铝、钨、铁、锡、铅、磷、萤石、水晶石等。已开采的主要有煤、金、铜、铝、萤石、石油等。矿产业是蒙古国快速发展行业之一。蒙古国支持将近 1/4 的土地上勘探或开采矿产，从目前来看，蒙古国增加经济收入的主要途径是增加矿产资源的出口。然而，在矿产资源的开发利用过程中，不能按严格的科学技术规程开采，无计划乱采现象屡见不鲜，成为政府和民众关注的焦点问题。例如，许多中小矿产企业技术设备落后，对矿产资源的开采率低，资源浪费严重，废弃的矿床非常普遍，对环境破坏严重。一些矿产企业对河流、溪流任意改道，导致人畜饮用水源枯竭；一些矿产企业在选矿、洗矿工艺中，不能有效地控制有毒化学物品的使用，导致对周围环境的污染与草原退化。

同样，在内蒙古地区，煤炭作为主要的能源，在国民经济建设中具有不可替代的作用，煤炭的开发在推动地区经济与社会发展的同时也带来了严重的生态环境问题。内蒙古草原区分布有黑岱沟露天煤矿、霍林河露天煤矿、伊敏露天煤矿、神府东胜及大唐露天煤矿等，矿产资源的开发对干旱、半干旱区的生态环境造成了威胁。内蒙古草原区大型露天煤矿的开发面积达到了甚至远远超过了一些中小型城镇的规模。而大型露天煤矿的开采通过大面积采挖和填土，导致地表植被消失，增加了水土流失、滑坡、泥石流、河道阻塞、地表和地下水系紊乱、土地沙化、盐渍化等的发生率。并且，随着矿产的不断开发，矿区交通网络逐渐形成、人为活动越来越频繁，使矿区及周边景观结构组成与配置发生了极大的改变，导致生境斑块逐渐破碎化，面积不断减小，从而影响到生物个体、种群、群落、生态系统等各个组织水平的生态过程。

三、野生植物采掘与蒙古高原草原退化

发菜的学名为发状念珠藻，是一种世界性分布的陆生经济蓝藻。发菜藻体有一层厚厚的胶质鞘包被，可使发菜耐受极端恶劣的环境胁迫。过度地采搂发菜会给草场造成严重破坏。因为过于频繁和不合理的采搂会反复伤害多年生禾草的根茎，一年生禾草则多被连根拔起，而对灌丛的损伤相对较轻。这就助长了灌丛的竞争优势，禾草产量锐减，使草场质量下降，退化加剧。以内蒙古苏尼特右旗为例，当地的发菜采掘分为不同的阶段，1979～1984 年为第一阶段，当时对如何采搂发菜无法可依，导致无序地狂采滥搂，1985 年以来，《中华人民共和国草原法》颁布实施，草原监理站等机构成立，开始以禁搂方式进行管理，使狂采滥搂发菜的势头得到了一定的扼制。

第二十四章　蒙古高原草原退化类型与分布

第一节　蒙古高原天然草原类型与分布

蒙古高原位于亚洲内陆腹地，周围山地环绕，形成了欧亚大陆一个独特的封闭景观区域，主要包括中国西北部内蒙古自治区和蒙古国全境，总面积为 $2.75 \times 10^6 km^2$（Fang et al.，2015）。

该区域属于温带干旱半干旱大陆气候，主体植被类型为草原和荒漠。草原类型自东向西依次为草甸草原、典型草原和荒漠草原，面积分别为 $2.02 \times 10^5 km^2$、$7.02 \times 10^5 km^2$ 和 $1.73 \times 10^5 km^2$（Zhao et al.，2014）。

第二节　蒙古高原草原退化等级划分

近 60 年来，由于受人类活动的强烈干扰，蒙古高原草原生态系统发生了巨大变化，如植被群落结构改变（Baoyin et al.，2015），生物多样性减少，物种丰富度降低（Li et al.，2014），生产力下降（侯向阳等，2013），灌木入侵（Chen et al.，2014），土壤质量变差。草原生态系统发生了不同程度的退化，区域可持续发展面临很大的挑战。

不合理的放牧利用，使草场上的优良牧草的生长及繁殖能力受到抑制，耐践踏、耐采食且适口性差的植物数量增多，草丛结构及成分发生改变，T.H.贝克斯基首次把这种现象称为退化。草原退化是指草原生态系统逆行演替的过程。U.K.帕朝斯基研究了黑海附近的羊茅（*Festuca ovina*）-针茅（*Stipa capillata*）草场的退化，提出 5 个划分等级，而 U.A.查钦斯基则分为 7 个等级，即初始、稍微、轻微、中度、半退化、退化及完全退化。A.A.高尔什考瓦于 1973 年对后贝加尔湖地区根据草原放牧利用的强度，分为轻微、中度、重度和极重 4 个退化等级。O.朝克于 2001 年通过蒙古山地草原、平原草原改良与恢复的研究，把草原退化分为轻微、中度、重度三个等级。李博（1990）根据能量、质量、环境、草地生态系统结构和食物链及草地自我恢复功能将中国典型草原划分为轻度、中度、重度、极度退化 4 个等级。退化等级的确定和评估，对下一步草原合理保护、恢复与利用具有重要指导意义。

第三节　蒙古高原草原群落退化演替特征

一、蒙古阿尔泰高山草原的退化演替

阿尔泰高山草原分布于蒙古阿尔泰、Хархираа Тиргэн Байрам 山的 2500～3000m 地带。植物群落中溚草（*Koeleria cristata*）、苔原羊茅（*Festuca lenensis*）、西伯利亚羊茅

（*F. sibirica*）、嵩草（*Kobresia myosuroides*）等占优势，柄状薹草（*Carex pediformis*）、
惑蒿（*Aretmisia dolosa*）、毛叶蚤缀（*Arenaria meyeri*）、毛叶老牛筋（*A. capillaris*）等
半灌木及杂类草伴生。

（一）落草（*Koeleria cristata*）–高山紫菀（*Aster alpinus*）草地型

该类草场分布于山脚上方 10°～40°向阳斜坡。植物群落由 47 种植物组成，覆盖度
为 23%，其中，落草占首位，高山紫菀占第二位。植物稀少，草地生产力为 310kg/hm²。
土壤机械成分：沙粒为 70%～80%，黏土为 20%～30%。土壤营养差，有机碳含量 2%～
5%，氮总量 0.2%～0.5%。

在夏季和连年放牧的影响下，落草-高山紫菀草场发生中度退化，变型为落草-二裂
委陵菜（*Potentilla bifurca*）草场。

1. 植被的变化

草场营盘点附近 100～200m 内落草频度减少到 92%，而群落中占第二位的高山紫
菀及常有种高山蓼（*Polygonum alpinum*）、兴安石竹（*Dianthus versicolor*）、蔓茎蝇子草
（*Silene repens*）和腺毛唐松草（*Thalictrum foetidum*）等杂类草的频度为 56%～89%。植被
群落中出现二裂委陵菜、寸草薹（*C. duriuscula*）、香芥（*Clausia aprica*）、冷蒿（*A. frigida*）
及干旱的代表种多叶棘豆（*Oxytropis myriophylla*）、阿尔泰地蔷薇（*Chamaerhodos altaica*）、
克氏针茅（*Stipa krylovii*）、单子麻黄（*Ephedra monosperma*）等植物。群落覆盖度下降
一半，种类数减少 3 成，产量降低 2.7 成。

2. 土壤的变化

土壤中泥和砂砾含量为 45%～55%，而沙粒含量多一些，达到 45%～55%。

（二）苔原羊茅（*Festuca lenensis*）草地型

该类草场分布于山脉中部以上的山坡，砂砾与土粒含量适度、土壤营养好的疏松土
壤地段。植物群落由 37 种植物组成，群落覆盖度达 18%。该草场中苔原羊茅的频度达
100%，禾草中渐尖早熟禾（*Poa attenuata*）为 67%、柄状薹草为 100%，杂类草的矮脚
点地梅（*Androsace chamaejasme*）、垫状偃卧繁缕（*Stellaria decumbens* var. *pulvinata*）、
疏花齿缘草（*Eritrichium laxum*）、翅柄车前（*Plantago komarovii*）和无瓣女娄菜（*Silene
gonosperma*）等伴生种为 13%～100%，冷型少花棘豆（*Oxytropis oligantha*）为 33%，草
地生产力为 250kg/hm²。

苔原羊茅草场通常作为冬、夏营地的放牧场。受放牧影响，苔原羊茅草场中柄状薹
草等杂类草侵入，一年生植物生长，发生中度退化，变型为柄状薹草-杂类草草场。超
载过牧情况下，草原重度退化变型为二裂委陵菜草场。

1. 植被的变化

中度退化：出现于居民点及营盘点附近 100m 范围内。在群落中占优势的苔原羊茅
的株丛数锐减，而密丛型柄状薹草株丛数急剧增加，频度达 80%，占群落中的首位。同

时矮脚点地梅、垫状偃卧繁缕和疏花齿缘草等植物的频度下降 1.6～2.5 成。珠芽蓼（*Polygonum viviparum*）、高山唐松草（*Thalictrum alpinum*）、短喙蒲公英（*Taraxacum brevirostre*）和假柔弱罂粟（*Papaver pseudocanescens*）等湿生植物从群落中消失。群落覆盖度下降 1.3 成，为 13%。植物群落中退化草场的指示植物平卧轴藜（*Axyris prostrata*）、线叶花旗杆（*Dontostemon integrifolius*）、钝萼繁缕（*Stellaria amblyosepala*）、冷蒿等的植物频度达到 17%～60%，草地生产力下降 3 成，为 80kg/hm²。

重度退化：山地草原干旱型杂类草线叶花旗杆、伏毛五蕊梅（*Sibbaldianthe adpressa*）、冷蒿、锥叶柴胡（*Bupleurum bicaule*）等生长繁茂。

2. 土壤的变化

中度退化：土壤中泥和砂砾含量为 25%～55%，然而沙粒含量多达 45%～75%。土壤磷的含量增至 300～600ppm[①]，然而有机碳、磷的含量只有 8%～9%。

重度退化：土壤严重侵蚀。

（三）阿尔泰早熟禾（*Poa altaica*）–嵩草（*Kobresia bellardii*）草地型

该类草场分布于海拔 2400～2800m 广域山地、盆地、洼地和溪流泉水地段。植物群落由 40 种植物组成，一年生植物稀少。群落中嵩草为优势种，频度为 100%，第二位的优势植物阿尔泰早熟禾频度为 70%，苔原羊茅频度为 80%，西伯利亚早熟禾（*P. sibirica*）频度为 40%。同时，除高山冷凉型植物矮脚点地梅、垫状偃卧繁缕、疏花齿缘草、大花厚脉芥（*Pachyneurum grandiflorum*）等伴生外，也存在珠芽蓼、高山唐松草、短喙蒲公英、假柔弱罂粟等湿生植物，群落覆盖度达到 68%，草地生产力为 150～270kg/hm²。

随夏季放牧利用强度加大，草场出现退化，群落植物种类、数量、产量等减少，群落变型为杂类草–褐鳞蒿（*A. phaeolepis*）草场。

1. 植被的变化

营盘点附近 100m 范围内优势植物株数减少。优势种嵩草的频度降低，而褐鳞蒿的株数增多，频度也提高，优势明显。同时第二优势植物阿尔泰早熟禾的频度降到 50%，矮脚点地梅、垫状繁缕、疏花齿缘草、大花厚脉芥等冷凉型植物，珠芽蓼、高山唐松草、短喙蒲公英、假柔弱罂粟等湿生植物与原始群落种类虽未变化，但其株数有所增加，群落的覆盖度稍有提高。退化草场出现的狗舌草（*Tephroseris kirilowii*）、天山早熟禾（*Poa tianschanica*）等植物的频度达到 20%～40%，草地生产力下降 3～6 成。

2. 土壤的变化

土壤结构、密度、pH、电导率及磷的含量与原生草场区别不大，而土壤有机碳、氮含量下降。

---

① 1ppm=10⁻⁶。

二、蒙古国杭爱高山草原的退化演替

杭爱高山草原分布于蒙古国杭爱山海拔 2200～2500m 处，植被为草本植物与乔木混生的落叶松林，山地高茶藨子（*Ribes altissimum*）、蓝果忍冬（*Lonicera caerulea*）、曲萼绣线菊（*Spiraea flexuosa*）、金露梅（*Dasiphora fruticosa*）及几种灌木柳伴生。高山带下段和 2500～2600m 处的群落中嵩草为优势植物，珠芽蓼为次优势植物。2700～2800m 高山广阔台地处的群落中石薹草（*Carex rupestris*）为优势植物。2500～2700m 高处的群落中嵩草为次优势植物。

在山间有冻土层的沟谷、洼地，沿山溪及河岸洼地分布有杂类草–嵩草、杂类草–禾草群落。具草丘（墩）沼泽草甸分布有酸模叶蓼（*Persicaria lapathifolium*）–嵩草–薹草（*Carex hirta*）群落，生长有西伯利亚嵩草（*K. sibirica*）、嵩草、小刺薹草（*Carex microglochin*）、库地薹草（*C. curaica*）、无脉薹草（*C. enervis*）、圆囊薹草（*C. orbicularis*）及贴苞灯心草（*Juncus triglumis*）等。平坦草滩分布有杂类草-芒剪股颖（*Agrostis trinii*）群落。草甸群落中分布有珠芽蓼、毛茛（*Ranunculus japonicus*）、全缘叶毛茛（*R. pseudohirculus*）、裂叶蒿（*Artemisia tanacetifolia*）、鹅绒委陵菜（*Potentilla anserina*）、蒲公英（*Taraxacum mongolicum*）、草问荆（*Equisetum pratense*）、矮脚点地梅（*Androsace chamaejasme*）、凹舌兰（*Dactylorhiza viridis*）、多茎野豌豆（*Vicia multicaulis*）、野大麦草（*Hordeum brevisubulatum*）、紫羊茅（*Festuca rubra*）等。

放牧导致禾草-杂草类草场的建群种苔原羊茅（*F. lenensis*）覆盖度比对照区下降21.9%，次优势种星毛委陵菜（*P. acaulis*）覆盖度增加 61%。同时草群中起主要作用的大花落草（*Koeleria macrantha*）、线棘豆（*O. filiformis*）、疏花蒿（*Artemisia depauperata*）、毛叶老牛筋（*Eremogone capillaris*）、翅柄车前（*Plantago komarovii*）等的覆盖度显著增加，而冰草（*Agropyron cristatum*）、北黄耆（*Astragalus inopinatus*）、钝背草（*Amblynotus obovatus*）、锥叶柴胡（*Bupleurum bicaule*）、高山紫菀（*Aster alpinus*）、细叶蓼（*Polygonum taquetii*）、黄白火绒草（*Leontopodium ochroleucum*）、细叶白头翁（*Pulsatilla turczaninovii*）等的覆盖度明显下降。1990 年年底，在经常放牧的草场上，出现少量的线叶花旗杆（*Dontostemon integrifolius*）和狗舌草（*Tephroseris kirilowii*）。1991 年，在经常利用的草场上伊尔库特棘豆（*Oxytropis nitens*）和丘蒲公英（*Taraxacum collinum*）消失。从而可以看出，高山草原羊茅草场上虽然其建群种、优势种和主要伴生种的覆盖度有下降或上升的现象，但群落的基本特征没有太大变化。1986～1990 年，经常放牧的草场上苔原羊茅覆盖度降低、星毛委陵菜（*P. acaulis*）覆盖度增加，但两者数值相近，分别为 15.1%和 12.4%；然而，采取保护的草场上，苔原羊茅的覆盖度明显高于星毛委陵菜的覆盖度。

除高山草场，山间谷地、盆地等处的草场均失去了原有草场的状态。根据 20 世纪60 年代的研究，山谷的杂类草-针茅（*S. capillata*）草场中克氏针茅（*S. krylovii*）零星分布，而丧失建群种或优势种的地位。山间谷地的湿地草甸中杂类草–芒剪股颖（*A. trinii*）草场中建群种芒剪股颖和优势种毛茛的覆盖度比对照下降了 66%～87%。草场中重要植物鹅绒委陵菜和野大麦草的覆盖度下降了 67.5%~85.8%。紫羊茅、阿尔泰落草、短萼齿棘豆（*Oxytropis sitaipaiensis* var. *brevidentata*）、裂叶蒿、珠芽蓼、犬问荆（*E. palustre*）等的覆盖度均有不同程度的增加。草场群落覆盖度在对照区为 63.1%，而在试验区增加至 70.4%。山间谷地的湿润草甸中建群种芒剪股颖和其他伴生种的覆盖度发生变化，被毛茛–剪股颖（*Agrostis matsumurae*）群落代替。

在杭爱高山地区连续十年强度放牧情况下，未见到指示草场退化的一、二年生植物，土壤也未发生裸露。然而从 1996 年起，气候变暖引起草场的退化加剧，草场的优势植物苔原羊茅和异燕麦（*Helictotrichon schellianum*）开始消失。杭爱高山地区对草场的不合理及过度利用，使草场生长发育受到抑制，生存方式发生改变。山地羊茅（*Festuca ovina*）草场上分布的苔原羊茅、大花落草（*K. macrantha*）、冰草（*A. cristatum*）和异燕麦等牧草生长发育虽受抑制，但其频度没有明显变化。随着放牧强度的增加，细叶白头翁（*P. turczaninovii*）、刺尖前胡（*Peucedanum elegans*）、锥叶柴胡、线棘豆（*O. filiformus*）、北黄耆、冷蒿（*A. frigida*）等植物幼嫩枝条出现匍匐生长。当高层植物受抑制时，其下层耐践踏的植物星毛委陵菜（*P. acaulis*）、矮脚点地梅、冷蒿、钝背草（*Amblynotus obovatus*）和翅柄车前（*Plantago komarovii*）等植物均有增加。

三、蒙古阿尔泰山地草原的退化演替

阿尔泰山地草原分布于蒙古阿尔泰山及图尔根山地区海拔 1900~2200m 的地带。

（一）克氏针茅（*Stipa krylovii*）–惑蒿（*Aretmisia dolosa*）草地型

这类草场植被中克氏针茅是建群种，惑蒿是次建群种，两者频度均为 100%。同时，禾本科的落草（*K. cristata*）、冰草频度为 95%~100%。杂类草锥叶柴胡、燥原荠（*Ptilotricum canescens*），豆科植物短叶棘豆（*Oxytropis brevifolius*）、小药棘豆（*Oxytropis micratha*）和其他杂类草大量生长。这类草场群落有植物 44 种，覆盖度为 20%~30%，草地生产力为 290kg/hm^2。土壤为轻壤质、壤质，有机碳含量为 2%~9%。

因放牧影响，惑蒿-克氏针茅草场中的克氏针茅被赖草（*L. secalinus*）替代，变型为赖草草地型。

1. 植被的变化

营盘点附近 40~100m 赖草的频度为 100%，植物组成比原生群落减少 5 成。土壤的裸露部分被短命植物或退化指示植物侵占。赖草草地地段克氏针茅的频度仅有 8%。退化指示植物寸草薹（*C. duriuscula*）的频度为 17%，大花蒿（*Artemisia macrocephala*）的频度为 17%、尖头叶藜（*Chenopodium acuminatum*）及藜（*Chenopodium album*）的频度为 8%~9%、平卧轴藜（*Axyris prostrata*）的频度为 25%、猪毛菜（*Salsola collina*）的频度为 25%。群落覆盖度提高至 61%，但总覆盖度的 67%由一年生或其他杂类草占据。草地生产力下降 2.5 成，产量的 75%均是适口性低或营养差的植物。

2. 土壤的变化

原生草场的磷含量由 70～910ppm 增加至 1100～14 500ppm，氮及有机碳的含量提高 1.5～4.5 倍，达 9%～14%，碳酸钙含量增加 5 倍，达 14.5%。

（二）克氏针茅（*Stipa krylovii*）–沙生岩菀（*Krylovia eremophila*）草地型

该类草场分布于海拔 2000～2150m 的 2°～10°的向阳坡。该草场群落有植物 25 种，群落覆盖度 23%，建群种为克氏针茅，频度为 95%，沙生岩菀为次建群种，频度为 70%，而洽草、冰草等的频度为 75%～92%，羊草（*L. chinensis*）的频度为 51%。在放牧草场中，阿尔泰地蔷薇（*C. altaica*）、腺毛唐松草（*T. foetidum*）、黄花瓦松（*Orostachys spinosus*）的数量有所增加。地蔷薇（*Chamaerhodos erecta*）、草麻黄（*Ephedra sinica*）、叉歧繁缕（*Stellaria dichotoma*）的频度为 16%～38%。退化指示植物刺藜（*Chenopodium aristatum*）和平卧轴藜的频度为 33%～40%。土壤中砂砾含量占 7%～25%，质粒含量低，仅为 5%～14%。

克氏针茅–沙生岩菀山地草原受放牧利用影响，处于退化阶段，变型为羊草（*L. chinensis*）草场。

在营盘点附近 40～100m，克氏针茅-沙生岩菀草场的克氏针茅被根茎型禾草羊草替代，失去建群地位。该群落的覆盖度为 50%以上，但其种类数减少到 12 个，且大部分植物不被家畜采食。虽然营盘点附近洽草、冰草和克氏针茅的频度可达 40%～70%，但已失去建群功能。杂类草的香叶蒿（*Artemisia rutifolia*）的频度达 60%，草场退化及土壤侵蚀的指示植物藜、平卧轴藜、尖头叶藜、大花蒿、北千里光（*Senecio dubitabilis*）等植物的频度急剧增加，达 60%～100%，导致退化草场覆盖度增加到 75%。

四、蒙古国杭爱山地草原的退化演替

杭爱山地草原分布于杭爱山北部地区的海拔 1000～1200m 处，东南部地区为 1400～1500m，东部地区为 850～1000m。

（一）杂类草–贝加尔针茅（*Stipa baicalensis*）草地型

在连年夏季利用情况下，该类草场群落结构发生变化，建群种被采食，而其他适口性差的伴生种增多，降低了草场的利用价值，草场退化，变型为杂类草–柄状薹草（*C. pediformis*）草场。

C. 色仁达西于 1996 年采用刈割法模拟家畜采食开展了草地利用试验。试验根据放牧季节草场利用次数（2～3 次），设置不利用（对照）、中度利用和重度利用三个处理，每种处理有三次重复。随着利用次数增多，贝加尔针茅表现出在很短的时间内消失的特征。在连续两年利用 5 次的处理中，第五次利用前贝加尔针茅的草层高度为 4～14cm，株丛平均茎条 3～10 丛。在连续三年 7 次利用的处理中，杂类草、薹草类、豆科类植物有所增加，禾草类植物开始减少，草地生产力急剧下降。

重度利用下植被群落特征发生明显变化，单位面积鲜草产量一半以上集中于地面 0～5cm 草层高度中，形成鲜草产量的植物种类减少至 7～13 种。重度利用使植物个体发育受阻，植物为了继续生存生长，不断消耗植物个体中积累的营养化合物维持生命，从而又影响了新枝条的生长发育。利用过度不仅群落的结构发生变化，其覆盖度也发生变化，下降到 4%～50%。在原始草场（对照草场）中紫菀（*A. tataricus*）的覆盖度为 1%～2%，重度利用后增至 12%～30%，星毛委陵菜（*P. acaulis*）从 1%～5% 增至 10%～20%，白婆婆纳（*Veronica incana*）从 1%～3% 增至 6%～8%，白花点地梅（*Androsace incana*）从 2%～5% 增至 8%～10%，柄状薹草从 2%～3% 增至 8%～10%。渐尖早熟禾（*P. attenuata*）的覆盖度相对稳定，从 8%～10% 变为 15%～20%。但是，狼毒（*Stellera chamaejasme*）、锥叶柴胡（*B. bicaule*）和裂叶荆芥（*Schizonepeta tenuifolia*）的覆盖度未发生变化。根据以上情况，把组成草场群落的植物分为 4 种类型：第一类不耐强度利用；第二类耐力稍差；第三类耐强度利用；第四类对强度利用没有反应。

（二）杂类草–针茅（*Stipa capillata*）草地型

该类草场分布于山前坡、山脚、丘陵及沟谷地段。该草场的特征是没有灌木丛，冷蒿、倒卵叶庭荠（*Alyssum obovatum*）等少量生长。建群种克氏针茅的覆盖度为 35%～40%，窄叶蓝盆花（*Scabiosa comosa*）、蒙古白头翁（*Pulsatilla ambigua*）、菊叶委陵菜（*Potentilla tanacetifolia*）、线叶菊（*Filifolium sibiricum*）、高山紫菀（*A. alpinus*）及蓬子菜（*Galium verum*）等喜温植物大量生长，覆盖度达 61%～80%。同时，大花落草（*Koeleria macrantha*）、渐尖早熟禾（*P. attenuata*）、西伯利亚红豆草（*Onobrychis sibirica*）、山野豌豆（*Vicia amoena*）和柄状薹草等在群落中起主要作用。草场土壤为暗栗钙土。

受气候变暖和放牧利用的双重影响，杂类草-针茅草场需要采取保护及恢复措施。1972～1975 年设置了野外定点试验区，2006～2012 年开展了对杂类草-针茅草场变化的研究（色楞达西，1996）。具体研究地点为色楞格省白音郭勒苏木冬营盘的杂类草-针茅草场。试验区设置冬营盘近距离 100～800m、中距离 800～2000m、远距离 2000～3000m 三个区域。确定 10～11 个测定指标，植物种类指标在 1m×1m 的样方里测定，5 次重复，按青草与枯草来确定植物是否为多年生或一、二年生。近处试验地设 20m×20m 围栏保护地，研究植被的恢复。1972～1975 年的研究表明该类草场有 87 种植物，群落覆盖度 85%～90%，有 4 层草丛结构，其中第二、第三层中植物种类比较多，植株高度平均为 5～65cm。

根据 2013 年蒙古国的荒漠化研究，蒙古国不同地带及地区 78% 的草场出现不同程度的退化和荒漠化现象，退化主要出现于夏季放牧场。近年来在蒙古国四季轮牧的传统经营日益被淡化，而围绕冬营盘放牧经营日益凸显，不仅是夏营地，冬营地也处于退化的危险境地。研究表明，牧民在冬营地居住、放牧，直到春季结束，草场失去了休养生息的机会，引起植被结构改变，优良牧草消失，土地裸化，造成草场退化。

冬营地附近 50～200m 草场退化非常明显，原有草场已退变为蒿类–薹草类–禾草草场。与远处草场相比，草丛总覆盖度下降 8%，每平方米植物种数减少 1.8 成，裸地面积占单位面积的 55.6%，并且有加剧的趋势。草场产量下降 41.8%，草丛中适口性差的线叶蒿（*Artemisia subulata*）、狭叶青蒿（*Artemisia dracunculus*）、寸草薹（*C. duriuscula*）、银灰旋花（*Convolvulus ammannii*）和一年生藜（*Chenopodium album*）等大量生长，构成大部分草产量。

中距离草场的变化比远距离草场更严重，草丛覆盖度比远处草场减少 12%，每平方米植物种数减少 4 种，草丛产量减少 39.2%，草场裸露地块出现且加剧。草丛中糙隐子草（*C. squarrosa*）、冰草（*A. cristatum*）、星毛委陵菜、二裂委陵菜（*P. bifurca*）、达乌里芯芭（*Cymbaria dahurica*）及银灰旋花等旱生植物和中旱生植物西伯利亚针茅的多度有所增加。寸草薹生长繁茂，占总产量的 5.8%。以上所述变化说明冬营地中距离草场已变为杂类草–禾草–针茅草场。

草场退化不仅发生在近距离和中距离草场，而且远距离草场也有出现的趋势。将冬营地远距离草场的变化与 1970 年植物地理学研究法研究的该类草场的原生针茅（*S. capillata*）-杂类草草场进行比较，草丛覆盖度下降 31%，建群种贝加尔针茅的覆盖度降至 6.8%～8.6%，失去建群功能。同时每平方米的植物种数减少 2～3 成，喜湿的山野豌豆（*V. amoena*）和西伯利亚红豆草消失，被旱生植物替代。草地生产力、杂类草产量、薹草产量均下降，草丛群落变为杂类草-禾草草场群落。

上述情况表明，冬营盘附近 3000m 范围内的草场中从营盘向远处，可出现重度→中度→轻微退化状况。如果继续利用草场，载畜量越来越大，从一个营盘到另一个营盘，退化草场面积越来越大。为防止这种状况出现，应恢复传统的四季轮牧经营方式，按时进行轮换，使草场恢复生长发育的能力。

根据各位学者在色楞格省色勒特奈日木达勒、中央省胡斯泰的杂类草-针茅草场进行的试验研究结果，把退化草场分为以下 5 个等级。

正常状态：草场植被群落的结构组成未发生改变，保持原有状态。群落中每平方米有 22 种植物，群落覆盖度 85%～90%，禾草植物覆盖度 35%～40%，建群种贝加尔针茅的覆盖度为 35%，枯草覆盖度 10%～15%，裸地面积占 10%。群落夏季最高产量达 1350kg/hm²。

轻微退化：草场群落建群种和次建群种的建群功能未改变。群落组成成分同正常草场，未改变，而群落覆盖度呈 75%～80% 的微弱变化。建群种贝加尔针茅的覆盖度为 20%～25%，狼毒侵入。6 月的产草量是总产量的 18%～23%，枯草在单位面积内占 7%～10%，略微降低，裸地面积扩大为 15%～20%。群落夏季产草量最高达 1000kg/hm²。

中度退化：优势植物减少，星毛委陵菜（*P. acaulis*）、阿尔泰狗娃花（*Heteropappus altaicus*）、白婆婆纳（*Pseudolysimachion incanum incana*）、狼毒和火绒草（*Leontopodium leontopodioides*）等的数量增多。每平方米样方中有 15～18 种植物，覆盖度为 65%～70%。禾草的覆盖度略下降，为 15%～20%。建群种针茅（*S. capillata*）的覆盖度比正常草场群落下降了 2 成，几乎没有枯草，裸地面积进一步扩大，达 20%～25%。夏季鲜草产量比正常草场小，最高达 700～900kg/hm²，山野豌豆和西伯利亚红豆草等退出。

强度退化：建群种贝加尔针茅（*S. baicalensis*）的个体数量急剧下降，从放牧场中央区几乎消失，残留个体的新生枝条也比正常草场减少 3.5 成。禾草中只有渐尖早熟禾（*P. attenuata*）的数量减少到中度退化草场采食量。柄状薹草、阿尔泰狗娃花、白婆婆纳、火绒草、狼毒和星毛委陵菜（*P. acaulis*）等中等采食植物的数量没有变化。草丛中的植物种类减少，每平方米有 10～15 种植物，群落覆盖度 55%～60%，没有枯草，裸露面积扩大至 35%～40%。草丛夏季最高产草量减少到 690～800kg/hm^2。产草量中薹草和杂类草占优势。草场中出现水土流失现象。

重度退化：原有草场的优势种从草丛中消失，它们的空间被柄状薹草、白花点地梅（*A. incana*）、白婆婆纳、阿尔泰狗娃花、火绒草和星毛委陵菜等植物占据，针茅–杂类草草场变为薹草-杂类草草场。这种草场每平方米样方中有 5 种植物，覆盖度为 40%～45%，薹草覆盖度达 10%～15%，没有枯草，裸地面积扩大到 55%～60%。草丛夏季鲜草产量最高达 640kg/hm^2，比原生草场减产 2.1 成。草场中常见土壤流失，枯死的针茅草丛不时出现，原生的针茅（*S. capillata*）–杂类草草场退化变为薹草-杂类草草场。

五、蒙古国草原带草场的退化演替

草原带草场分布于蒙古国东部地区，东部到兴安岭，西部到杭爱广阔地区。在草原地区生长有多种优良牧草，尤其适合绵羊、山羊的细嫩禾草大量分布。

（一）冷蒿（*A. frigida*）–矮小禾草–针茅草地型

该类草场覆盖度为 65%～75%，每平方米植物种类为 23～25 种。研究表明三年的连续过度利用和每年的多次利用使该类草场受到严重破坏，群落覆盖度下降至 45%～55%。每平方米植物种类减少至 16～18 种。植物经济类群的产量有所变化，禾草群的产量减少 25.9%，冰草（*A. cristatum*）的产量减少 4 成，大花落草（*K. macrantha*）减少 3.5 成，渐尖早熟禾（*P. attenuata*）减少 1.3 成，然而半灌木冷蒿产量增加 2.9 倍。

（二）锦鸡儿（*Caragana sinica*）–糙隐子草（*C. squarrosa*）–克氏针茅（*Stipa krylovii*）草地型

该类草场离水井 150～200m 土地裸化，只有少数线叶蒿（*A. subulata*）和二裂委陵菜（*P. bifurca*），偶尔发现矮锦鸡儿（*Caragana pygmaea*）伴生。离水井 200～600m，糙隐子草、克氏针茅和冷蒿为建群种。离水井 800～900m 向远处方向，除糙隐子草、克氏针茅和冷蒿等植物外，叉歧繁缕（*Stellaria dichotoma*）、茵陈蒿（*Artemisia capillaris*）、藜（*C. album*）、寸草薹（*C. duriuscula*）等植物数量增多。植物群落由 9～11 种植物组成，每平方米样方有 7～10 种植物，覆盖度为 26%～57.8%。2010 年裸地面积占 65.9%。禾草糙隐子草的覆盖度为 5.4%～13.8%，克氏针茅为 1%～3%，寸草薹为 1%～1.6%，线叶蒿为 4%～2.6%、二裂委陵菜（*P. bifurca*）为 0.6%～2%、叉歧繁缕为 0.4%～3.8%，而一年生的小画眉草（*Eragrostis minor*）的覆盖度增至 7%～16%。草地生产力为 100～360kg/hm^2，雨水充沛年份草地生产力达 420～500kg/hm^2，其中，禾草产量占总产量的 45.4%～72.4%、杂类草占 19.1%～39.2%、薹草占 4.8%～7.6%。

离水井 2800m 远处草场具 16～17 种植物，每平方米样方中平均有 6～8 种植物，覆盖度为 16.1%～22%。禾草糙隐子草覆盖度为 0.6%～3%、克氏针茅为 2.6%～3.6%、藜为 0.4%～6%、猪毛蒿（*Artemisia scoparia*）为 4.6%、矮锦鸡儿为 0.4%～3.4%。草地生产力为 570～1070kg/hm²，其中，禾草类产量占 25%～56%，杂类草占 33.5%。

（三）大针茅（*Stipa grandis*）草地型

该类草场分布于梅嫩、马塔德苏木、东方及大二连平原及达日冈高平原。吐布新套格套（2013）对大针茅草场研究表明，在草场轻度利用情况下，大针茅草场被杂类草-糙隐子草-大针茅群落替代。当草场中度利用时，各种杂类草从群落退出，建群种大针茅覆盖度降低，糙隐子草覆盖度增加。当草场重度利用时，针茅（*S. capillata*）草场完全被冷蒿草场替代，群落覆盖度变化不明显，但植物种类数减少 5 成。当草场被极度利用时，群落中的优势植物、次优势植物数量进一步减少，退化指示植物冷蒿、寸草薹、二裂委陵菜和草麻黄（*E. sinica*）数量增加，一年生植物的数量也增多。群落演化为草麻黄草场，覆盖度为 70%，其中一年生植物占 45.5%。

六、蒙古国荒漠草原带草场的退化演替

荒漠草原带草场分布于蒙古国南部和西北部，从蒙古国阿尔泰和杭爱山脉的中间条状地带和蒙古国西部大湖盆地沿有水淖尔到塔格宁山脉南缘的乌布苏地带。在这个区域的丘陵坡地、山间谷地、波状起伏的平原上广泛分布着天山针茅（*Stipa tianschanica*）草原。荒漠草原的退化出现于蒙古国阿尔泰、大湖盆地、戈壁阿尔泰北部地带的某些草场。荒漠草原年降水量为 62mm，高山带荒漠草原年降水量 350mm。荒漠草原的植被覆盖度为 8%～10%，而高山荒漠草原植被覆盖度为 56%～75%。随海拔升高降水量逐渐增多，土壤有机碳、氮含量和碳氮比例提高，而碳酸钙、磷含量下降。

（一）短叶假木贼（*Anabasis brevifolia*）-蒙古葱（*Allium mongolicum*）草地型

该类草场分布于大湖盆地海拔 1350～1440m 和乌日格阿奇特湖海拔 1430～1450m 地段。草场优势植物为短叶假木贼、蒙古葱和沙生针茅（*Stipa glareosa*），草群包括 28 种植物，群落覆盖度为 5%～15%。在多雨水年份，一年生植物恢复生长，覆盖度达 30%～40%。短叶假木贼-蒙古葱草场的退化最严重发生于离营盘 100m 的范围内。群落中刺藜（*C. aristatum*）的覆盖度达 53%～79%，植物种类减少至 9～13 种。离营盘 200～1900m 覆盖度由 29% 降至 7.0%。研究表明，营盘附近除刺藜增加外，其他植物基本没有变化，短叶假木贼的频度仍为 95%～100%、沙生针茅为 58%～59%，蒙古葱为 93%。在退化的地方刺藜的频度为 32%，三芒草（*Aristida adscensionis*）、蒙古鹤虱（*Lappula myosotis*）和小画眉草等一年生植物的频度能达到 79%～100%。该地区草场退化的指示植物猪毛菜（*S. collina*）、蒺藜（*Tribulus terrestris*）和刺藜出现可确定草场的退化。

（二）旱蒿（*A. xerophytica*）草地型

该类草场分布于大湖盆地海拔 1150～1260m 的哈尔乌苏湖、哈尔湖间沙土台地和阿格巴什岛平地。原生草场有 24 种植物，覆盖度为 5%～30%，旱蒿是建群种，频度为 67%。在多雨水年份，一年生植物恢复生长，覆盖度达 15%。距营盘 500～1000m 处白皮锦鸡儿（*Caragana leucophloea*）、木蓼（*Atraphaxis frutescens*）、锐枝木蓼（*Atraphaxis pungens*）、蒙古沙拐枣（*Calligonum mongolicum*）等灌木增多。离营盘 350m 范围内旱蒿侵入，在 400～2000m 的 100m^2 范围内可有 17～846 个株丛。距离营盘退化草场越远，草地生产力越高。距营盘 400～700m 一个株丛的重量为 1.2g，800m 以上则单个株丛重量为 3～6g。在单位面积中草丛所有植物的开花状况为距营盘 400m 范围内 3%的植物开花，800m 范围内 6%的植物开花，2000m 范围内 75%的植物开花。

旱蒿易生长于黏土含量低（0～20%）、阳离子交换量为 2～15cmol/kg 的土壤。当土壤含盐量达 3.8%时，旱蒿的产量下降。营盘点附近 300～800m 处草场退化减轻，900m 处草场近似原生草场。草场退化最严重处土壤含盐量高、群落覆盖度低。土壤磷的含量与土壤退化有直接关系。

（三）驼绒藜（*Krascheninnikovia ceratoides*）草地型

该类草场分布于大湖盆地海拔 1290～1460m 地段。在草场群落中，驼绒藜频度为 86%，群落覆盖度为 30%左右，有 49 种植物。因放牧其植物种类减少至 17 种，产草量为 40～130kg/hm^2。草场群落中除有偃麦草（*Elytrigia repens*）、大花蒿（*A. macrocephala*）、叉歧繁缕、鹰爪柴（*Convolvulus gortschakovii*）等草本植物外，偶尔有 1～2 株长梗扁桃（*Prunus pedunculata*）、白皮锦鸡儿等灌木出现。草场营盘点附近有三芒草、蒙古鹤虱、小画眉草、九顶草（*Enneapogon borealis*）等短寿命植物生长。退化草场指示植物雾冰藜（*Bassia dasyphylla*）、猪毛菜、蒺藜和刺藜的频度可达 35%～75%，而常见植物黄花软紫草（*Arnebia guttata*）、异毛紫菀木（*Asterothamnus heteropappoides*）、红砂（*Reaumuria songarica*）和小苞瓦松（*Orostachys thyrsiflora*）等的频度下降至 3%～5%。

评价荒漠草原的退化时，土壤机械成分可作为辅助指标。当土壤黏土含量为 50%～70%时，短叶假木贼-碱韭（*Allium polyrhizum*）群落出现；当黏土含量降至 0%～20%、砂土含量达 70%～100%时，旱蒿群落出现；当黏土含量降至 10%～15%、砂砾质含量达 75%～100%时，驼绒藜群落出现。

（四）碱韭（*Allium polyrhizum*）-天山针茅（*Stipa tianschanica*）草地型

该类草场群落中有 6～9 种植物，覆盖度为 9.6%～15.8%，每平方米样方中有 4～6 种植物，群落覆盖度戈壁针茅为 3.0%～6.2%、糙隐子草（*C. squarrosa*）为 3%、碱韭为 2.4%～3.8%、旱蒿为 3.2%。单位面积地表的 76.2%～85.6%被砾石覆盖。根据 8 年监测，草场产量为 60～150kg/hm^2，其中，禾草占 11.3%～46.4%，杂类草占 36.5%～79.3%，豆科占 14.5%。

距营盘点 50m 范围内土地被羊粪覆盖或为裸地，偶有几株匍根骆驼蓬（*Peganum*

harmala）和田旋花（*Convolvulus arvensis*）。50～80m 天山针茅的 60%～70% 被采食。春夏初期如有雨则能见到碱韭，若干旱年份只见到枯黄状态的碱韭。从 70m 远处明显出现碱韭-戈壁群落，覆盖度 5%～8%。草场的变化在近距离和中距离明显。在变化过程中，戈壁针茅首先从草丛中退出。没有雨水的年份碱韭不生长，只有戈壁针茅保留。秋季如有雨，碱韭恢复生长。碱韭草场多有被栉叶蒿（*Neopallasia pectinata*）群落替代。如果不及时采取草场恢复措施，最终将变为骆驼蓬群落。

七、内蒙古草甸草原的退化演替

草甸草原分布于大兴安岭东麓的低山、丘陵，岭西的高平原、低山丘陵及东北平原。草甸草原垂直分布，因地理位置不同，分布高度也不同。大兴安岭东麓海拔多在 800m 以下，内蒙古大青山在 1600m 以上。草甸草原是在温带半湿润、半干旱气候条件下形成的。年降水量 350～550mm，≥10℃积温在 1800～2200℃，湿润系数 0.6～1.0，土壤主要为黑钙土、暗栗钙土及草甸土等，土质肥沃，腐殖质含量一般在 2% 以上。

草甸草原植物种类组成丰富，以多年生丛生禾草和根茎禾草占优势，杂类草也是草地的主要成分，一般可占 30%～40%。受地形、气候等环境条件的影响，草群明显分化为三层，第一层由大型禾草和杂类草组成，高度 35～50cm；第二层由杂类草和部分禾草组成，高度 20～30cm；第三层由薹草、莲座状植物及矮杂类草组成，高度 15cm 以下。草群总盖度一般为 70%～90%，每平方米植物 15～25 种。

（一）贝加尔针茅（*Stipa baicalensis*）草地型

该类草场分布于内蒙古高原东部，海拔为 600～1200m，土壤为黑钙土，是中国温性草甸草原中最具代表性的草地类型之一。贝加尔针茅草地型种类组成丰富，种的饱和度较高，每平方米植物 15～25 种。在草群组成中，贝加尔针茅占绝对优势，其优势度在 80% 以上，草群中其他优势植物有线叶菊（*Filifolium sibiricum*）、羊茅、多叶隐子草（*Cleistogenes polyphylla*），主要伴生植物有斜茎黄芪（*Astragalus adsurgens*）、细叶胡枝子、中华隐子草（*Cleistogenes chinensis*）、柴胡（*Bupleurum chinense*）、地榆（*Sanguisorba officinalis*）、蓬子菜（*Galium verum*）、委陵菜、展枝唐松草、棉团铁线莲、知母、裂叶蒿、防风、溚草（*Koeleria cristata*）等。草群平均高度 50～70cm，盖度 60%～75%，草地产草量 1668kg/hm²。

长期超强度放牧压力下，该类草场退化演替序列为贝加尔针茅草原→贝加尔针茅+克氏针茅→冷蒿+糙隐子草变型→贝加尔针茅+寸草薹（*C. duriuscula*）→寸草薹草地型（刘钟龄等，1998）。

（二）羊草（*Leymus chinensis*）+杂类草草地型

该类草场分布于内蒙古的呼伦贝尔高原、乌珠穆沁、锡林郭勒草原和大兴安岭东西两麓的丘陵地区，海拔为 500～600m，土壤为黑钙土和暗栗钙土，是中国温性草甸草原中的一个主要类型。羊草草地种类组成丰富，每平方米植物 15～20 种。由于羊草生态幅较大、分布广，伴生种的变幅也较大，有植物 300 多种，羊草在群落中为优势种，其优势度高达 70% 以上。常见的伴生种有贝加尔针茅、线叶菊、拂子茅（*Calamagrostis epigeios*）、野古草（*Arundinella anomala*）、裂叶蒿、多叶隐子草、山野豌豆（*V. amoena*）、五脉山黧豆（*Lathyrus quinquenervius*）、蓬子菜、冰草、落草、冷蒿、柴胡、风毛菊（*Saussurea japonica*）等。草群生长茂盛，高度 80～100cm，盖度 60%～80%，草地产草量 1805kg/hm²。

在强度放牧下，该类草场退化演替序列为羊草+杂类草→羊草+寸草薹→寸草薹草地型（刘钟龄等，1998）。

八、内蒙古典型草原的退化演替

典型草原分布于内蒙古呼伦贝尔高平原西部至锡林郭勒高平原的大部分地区，及相连的阴山北麓察哈尔丘陵，大兴安岭南部低山丘陵至西辽河平原，海拔 900～1300m，大陆性气候特征明显。年降水量 250～450mm，≥10℃积温为 1700～2300℃，湿润系数 0.3～0.5，土壤以栗钙土为主，并有暗栗钙土、淡栗钙土分布。植物种类主要以典型旱生丛生禾草为主，草群平均高度 25～40cm，盖度 40%～60%，草地产草量 889kg/hm²。

（一）大针茅（*Stipa grandis*）草地型

该类草场分布于内蒙古呼伦贝尔市的新巴尔虎左旗、新巴尔虎右旗、陈巴尔虎旗、鄂温克旗和锡林郭勒盟的东乌珠穆沁旗、西乌珠穆沁旗、锡林浩特市、多伦县、太仆寺旗，以及赤峰市的克什克腾旗、林西县等境内。土壤为栗钙土和暗栗钙土。草群种类成分和结构比较简单，每平方米植物 10～15 种，草群盖度 40%～70%，草群高度层次分化明显，优势植物层高度 25～40cm，次优势植物层高度 3～5cm。大针茅和糙隐子草的优势度明显，大针茅优势度平均为 87%，糙隐子草优势度平均为 62%，主要伴生种有冰草、羊草、落草、冷蒿、阿尔泰狗娃花、寸草薹等。

在高强度放牧利用下，该类草场退化演替序列为大针茅草地型→大针茅+克氏针茅+冷蒿草地型→冷蒿+糙隐子草草地型。

（二）克氏针茅（*Stipa krylovii*）+冷蒿（*A. frigida*）草地型

该类草场分布于内蒙古锡林郭勒盟的阿巴嘎旗、苏尼特左旗、苏尼特右旗、镶黄旗、正蓝旗和乌兰察布市的四子王旗、察右中旗、察右后旗、卓资县等。土壤为淡栗钙土。每平方米植物 12 种，草群盖度 19%～23%。草群组成中优势种、次优势种的优势度明显，克氏针茅优势度 80%，冷蒿优势度 67%，伴生种分布数量较少，主要有糙隐子草、冰草、羊草、短花针茅、阿尔泰狗娃花、碱韭、扁蓿豆、寸草薹、茵陈蒿、小叶锦鸡儿等。

在长期高强度放牧下，该类草场退化演替序列为克氏针茅+冷蒿草地型→冷蒿+糙隐子草草地型。

（三）羊草（*Leymus chinensis*）草地型

该类草场分布于内蒙古东北部的新巴尔虎左旗、新巴尔虎右旗、陈巴尔虎旗、鄂温克旗和内蒙古中部的东乌珠穆沁旗、西乌珠穆沁旗、锡林浩特市、太仆寺旗、镶黄旗、正镶白旗等境内。土壤为暗栗钙土。草群成分与结构比较均匀，羊草与大针茅、克氏针茅等丛生禾草比较发达，羊草优势度90%，大针茅、克氏针茅优势度60%以上。伴生种主要有糙隐子草、冰草、落草、硬质早熟禾（*Poa sphondylodes*）等。

长期强度放牧下，该类草场退化演替序列为羊草草地型→羊草+克氏针茅+冷蒿草地型→冷蒿+糙隐子草变型；长期高强度放牧，则使冷蒿群落变型向更严重退化的星毛委陵菜或狼毒占优势的群落变型演变。

九、内蒙古荒漠草原的退化演替

内蒙古荒漠草原广泛分布于内蒙古中部，东起苏尼特（属于锡林郭勒盟），西至乌拉特（属于巴彦淖尔市），北面与蒙古国的荒漠草原相接，西南以黄河阻隔，与鄂尔多斯高原的暖温型荒漠草原遥望，它在典型草原和草原化荒漠之间呈带状由东北向西南方向分布，总面积约 11.2 万 km^2，占内蒙古草地总面积的 10.68%，是草原向荒漠过渡的旱生性最强的草原生态系统。海拔为 1200～2000m，具有强烈的大陆性气候特点。年均降水量为 150～200mm，≥10℃积温为 2200～3000℃。土壤类型有棕钙土、淡栗钙土、灰钙土和漠钙土。植物种类主要以强旱生的多年生矮丛生禾草及强旱生的多年生草本、小灌木和小半灌木为主，草群平均高度 10～30cm，盖度 15%～45%，草地产草量 455kg/hm^2。

（一）小针茅（*Stipa klemenzii*）草地型

该类草场分布于内蒙古苏尼特左旗、苏尼特右旗、达茂旗、四子王旗、乌拉特前旗和乌拉特后旗。土壤为棕钙土和淡棕钙土。草群结构以小针茅为主，优势种有无芒隐子草、碱韭、蒙古葱和短花针茅，伴生种有冷蒿、女蒿。草层高度 1～13cm，盖度 10%～20%，每平方米有植物 9～10 种，草地产草量 440kg/hm^2。

在高强度放牧利用下，该类草场退化演替序列为小针茅草地型→小针茅+箬状亚菊（*Ajania achilloides*）草地型→箬状亚菊+无芒隐子草（*C. songorica*）草地型→小针茅+冷蒿草地型→冷蒿+无芒隐子草草地型。

（二）短花针茅（*Stipa breviflora*）草地型

该类草场分布于内蒙古四子王旗、达茂旗和乌拉特中旗。土壤为暗棕钙土和淡栗钙土。草群结构以短花针茅为主，伴生种有阿尔泰狗娃花、克氏针茅、长芒草、牛枝子、糙隐子草、碱韭、山西委陵菜、条叶车前、兔唇花等。草层高度 6～15cm，盖度 17%～25%，每平方米有植物 10～13 种，草地产草量 635kg/hm^2。

长期强度放牧下，该类草场退化演替序列为短花针茅草原→短花针茅+冷蒿草地型→冷蒿+无芒隐子草草地型。

第二十五章　蒙古高原退化草原治理理论、技术与模式研究

第一节　退化草原恢复理论

一、生态恢复的理论基础与基本原理

退化生态系统是指生态系统在自然或人为干扰下形成的偏离自然状态的系统。与自然系统相比，退化生态系统的种类组成、群落或系统结构改变，生物多样性减少，生物生产力降低，土壤和微环境恶化，生物间相互关系改变。退化生态系统是从正常生态系统退化而来，而从退化生态系统恢复到正常生态系统，便离不开生态恢复。国际生态恢复学会认为，生态恢复是帮助研究恢复和管理原生生态系统完整性的过程，这种生态整体包括生物多样性的临界变化范围、生态系统结构的过程区域和历史内容及可持续的社会实践等（李洪远和鞠美庭，2005）。生态恢复就是使受到损害的生态系统的原貌或原来的功能重现。从理论层面而言，生态恢复的基础理论主要如下所述。

（一）理论基础

1. 演替理论

演替是指，随着时间推移，生物群落中一些物种侵入，另一些物种消失，群落组成和环境向一定方向产生有顺序的发展变化的过程。生态恢复是以群落演替理论为基础，恢复是正向演替，退化是逆行演替。王炜等（1996）在对内蒙古典型草原恢复演替研究中认为，草原退化演替阶段是与一定强度的放牧压力保持平衡而相对稳定的群落变形，在恢复演替过程中，退化群落植物种群空间格局的不均匀性增强，群落生物量的跃变与亚稳态的形成，以及群落密度的拥挤与稀疏交替作用是群落恢复演替的内在机制，种群拓殖能力与群落资源（水分、矿质养分等）的剩余是恢复演替的动力，种群波动与作用域扩展都是这一演替机制的表征。草原退化群落恢复演替过程中，按照其节奏性及生产力跃变与亚稳态的规律，调控放牧利用强度或采取技术措施、调节群落拥挤和稀疏的交替过程可加速恢复演替进程（王炜等，1996）。生态恢复过程最重要的思想就是通过人工调控，促使退化生态系统进入自然演替过程，恢复或重建生态系统的结构和功能，并使系统达到自维持状态。因此，生态系统演替理论是恢复生态学最重要的基本理论之一。

2. 弹性理论

弹性是一个相对概念，即某物对某物有适应能力，适应能力的大小决定了弹性的大小。弹性概念关注事物遭受干扰后能否恢复到原状态，即通过比较扰动前和扰动后事物

所处状态来判断事物是否具有弹性。生态系统弹性理论最初由理论生态学家 Holling 于 2019 年提出，将其定义为在保持系统功能、结构和反馈等不变的基础上，通过调节系统驱动变量和状态变量等参数的情况下，系统能吸收的扰动量。健康的生态系统是稳定的、可持续的，能维持其组织和保持自我运行能力，对干扰有敏感反应，能较快恢复到原有状态，并保持其结构和功能的生态系统（李湘梅等，2014）。因此，生态恢复完全发挥生态系统弹性功能，采取恰当的人为辅助，促进退化生态系统快速恢复到健康的初始状态。

3. 适应性理论

适应性一词，起源于自然科学，泛指组织或系统为了生存、繁殖而增强应对环境变化的基因和行为特征（方一平等，2009）。生态适应性就是指生物经过长期的与环境的协同进化，对生态环境既有适应的方面又有响应的方面。一旦环境发生变化，生态群落中的物种将产生一系列的改变，甚至有可能导致群落结构和功能发生显著变化，这也是生态系统适应环境的表现。

适应能力在生态学中意味着适应某种环境变化的能力，是适应性的概括和表征。生态系统各组分变化复杂多样，当环境因子发生改变时，其组分由于适应能力的差异导致其结构和功能发生相应的变化。在生态恢复设计和实施过程中，不仅要考虑退化系统中现存物种的生态适应能力，更应在添加新物种时充分参照原有物种的生态适应能力，最理想的措施便是引种本地物种，使得生物种类与环境生态条件相适宜，以确保在生态恢复的同时，避免由于新物种一种引发不必要的生态入侵现象，导致生态安全出现新问题。由于全球生态条件的不断变化，生态恢复目标的设定应符合现实环境并帮助系统获得自我发展和维持的能力，而不是重建其历史中曾有的系统状态（Halle，2007）。

4. 适应性管理理论

适应性管理最早可追溯到 20 世纪初的科学管理理念，是自然资源管理外部法则与科学管理理念相结合的产物，是在充分考虑生态系统的不确定性、复杂性、时滞性的基础上提出的，后来逐渐发展成为一种成熟的管理理论和方法，并应用到生态系统管理众多领域（侯向阳等，2011）。适应性管理是一个不断调整行动和方向的过程，根据整体环境的现状、未来可能出现的状况及满足发展目标等方面的新信息来进行调整（荣玫，2009）。

适应性管理最初用于渔业管理，后来逐渐在森林、水资源及草原管理等领域开始广泛应用。由于适应性管理应用的领域广阔，其概念因目的、制度背景及研究者对自然和科学的看法相异而不尽相同。但是，深刻体会适应性管理的蕴意，可以认为是"从实践中学习，以学习指导实践"的螺旋式推进环境系统健康持续发展的过程（侯向阳等，2011）。

适应性管理的模式有 3 种：增量式适应性管理——该方法只进行一些表面的决策，用于指导实际，以期改善生态系统，但由于没有目的性且从中学习到的知识也只是早期的、可能无价值的管理经验；被动适应性管理——基于现有的知识、信息和预测模型制定管理决策，用历史数据寻找解决问题的最佳方法；主动适应性管理——具有很强的目的性，将试验结果和学到的知识结合到政策、管理措施的制定和执行过程中，通过对假设试验的学习以确定最佳管理战略（侯向阳等，2011）。

适应性生态系统管理的框架一般包括：①确定管理目标；②系统适应循环阶段与恢复力辨识、模拟；③制定与总体目标一致的具体目标；④分析管理方案可行性并进行调整；⑤提交给决策部门制定决策方案；⑥方案实施；⑦对管理与调控系统监测与评估。在分步实施的过程中，分析管理方案的可行性会对管理目标进行调整，从而达到保持区域生态系统可持续发展（王文杰等，2007）。任继周（2008a）认为，造成草原退化、沙化和荒漠化的最主要原因就是对草地资源的管理失当。因此，科学高效的适应性管理是退化草原恢复和治理的重要保障。

5. 适度放牧利用调控理论

放牧是人类通过家畜的牧食行为，对草地进行管理、利用的一种农业、畜牧业生产活动，是草地管理的基本手段，维持草地的生态健康和生产稳定（任继周，2012）。调节放牧强度或方式是草地管理中合理利用草地的有效途径。适度放牧理论主要基于中度干扰假说而建立，中度干扰假说认为中等程度的干扰频率能维持较高的物种多样性，即物种丰富度在中等干扰水平时最大，群落多样性最高。适度放牧的定义是草地利用率等于家畜采食率时的放牧强度。在这种放牧强度下，优良可食牧草数量基本稳定，适口性低的牧草有增加的趋势（任继周，2008b）。

研究表明，适度放牧可使根茎植物的根茎节间距变短，增加单位根茎长度的茎节数从而有利于萌生更多的枝条，进而能够提高草地群落的生物量。同时，由于牲畜的选择性采食，抑制了优势种的生长，降低了它们的竞争优势，使一些较耐牧的牧草品种及牲畜不喜食的杂草类和不可食的毒杂草类的数量增加，进而提高草地群落的物种丰富度。此外，适度放牧可增加土壤微生物活性和加速土壤物质的循环过程。

适度放牧利用调控是一种可持续发展的草原利用方式，其在强调保护草原生态系统的同时最大限度地发挥草原生产力的潜能，发展最大限度的草食畜牧业。由于草原生态系统季节变化和群落演替过程的复杂性，所以适度放牧也应该是一种随之动态变化的调控过程。对适度放牧干扰与草地生态系统多样性关系的认识将有助于合理保护和恢复退化草原。

6. 干扰理论

干扰是自然或人为因素产生的突发作用引起种群、群落、生态系统乃至整个景观动态变化等非连续性生态过程。干扰是生态系统结构、动态和景观格局形成、发展的基本动力。干扰不仅会影响到生态系统本身，而且还会改变生态系统所处的环境条件。干扰是生物进化过程中重要的选择压力。干扰时间的长短，影响生境对物种的有效性。干扰的大小影响景观环境条件的异质性（魏斌等，1996）。

根据干扰的来源，分为自然干扰和人为干扰。自然干扰是指无人为介入在自然情况下发生的干扰，如雪灾、旱灾、洪涝灾害等，自然干扰的产生具有一定的局域性和偶发性。人为干扰是在人为行动影响下对自然造成干扰，如过度放牧、樵采、垦荒、采矿等并往往体现为高频率、持续性的作用过程（李政海等，1997）。

由于环境条件变化的复杂性，生态系统无法在干扰后恢复到同一点；即使它尽可能恢复到保持原来的功能，但它绝不可能恢复到同样的生物和化学组成。生态恢复的程度不但取决于受干扰的强度、频率等，还与干扰对象的状态有关（魏斌等，1996）。中度干扰压力下生态系统中的物种丰富度最高，在实际生产中则表现为生产力最大。因此，中度干扰理论在生态系统恢复中具有重要的理论指导作用。

7. 自我设计和人为设计理论

自我设计和人为设计理论是从恢复生态学学科中产生的理论。自我设计理论认为，只要有足够的时间，退化生态系统会在当前的环境条件下自我组织，最终达到某种与环境相适应的状态。人为设计理论认为通过工程方法和植物重建可直接恢复退化生态系统，强调了人类的作用，强调通过各种生态恢复工程的方法，改良退化系统或者直接重建植被群落，但恢复的类型可能是多样的。自我设计理论把恢复放在生态系统层次考虑，认为恢复完全由环境因素决定，人为设计理论把恢复放在个体或种群层次上考虑，恢复的结果可能有多种（任海等，2014）。

（二）基本原理

1. 生物多样性原理

生物多样性是生物及其与环境形成的生态复合体，以及与此相关的各种生态过程的总和（马克平和钱迎倩，1998）。在草原生态系统中，植被物种组成对于其生态系统功能的发挥是十分重要的，物种多样性在一定程度上能体现出生态系统的稳定性如何，亦能反映出生态系统是否存在威胁（Tilman et al.，1996）。

生物多样性是人类生存和发展的物质基础，为人类提供了丰富的生物资源，目前许多生物已被作为资源利用，但是仍有很多生物未探明其存在价值，属于潜在的生物资源。生物多样性具有直接价值和间接价值，直接价值包括粮食、饲草、医药等人类生产和生活中可直接收获和使用生物资源所形成的价值；间接价值是与生态系统功能密切相关，主要表现在固定太阳能、调节水文学过程、防止水土流失、调节气候、吸收和分解污染物、贮存营养元素并促进养分循环和维持进化过程 7 个方面，生物多样性的间接价值远远大于其直接价值（陈灵芝，1993）。

生物多样性的损失主要源于其生境出现退化，不适合一些物种的生存。导致生境退化有自然因素也有人为因素。生境的破坏、资源过度开发等均是导致生境退化的主要原因（尚占环和姚爱兴，2004）。鉴于生物多样性的重要性及独特性，生物多样性的保护措施包括就地保护、迁地保护、建立基因库、完善法律法规等。退化系统通常物种单一，引进新物种或原有优势物种，同时考虑其与生态环境的相互关系，进而达到改善生态系统生物多样性的目标。如何从生物多样性的生态系统功能的机制出发，对受损生态系统进行恢复与重建将是未来重点研究方向。

2. 主导因子原理

生态系统由生物及其环境构成，生物与环境之间相互影响、相互制约。其中光照、温度、水分、土壤等环境因子对生物群落产生重要的影响作用，生态系统的动态发展也受制于这个体系中的各个环境因子。在诸多环境因子中，会有 1～2 个对生物体的生长发育起关键性作用的因子。例如，在干旱、半干旱草原地区，水分是植物的主导因子，而在青藏高原地区，温度则是植物的主导因子。主导因子的改变常会引起其他因子发生明显变化或使生物的生长发育发生明显变化，进而影响生态系统演替、退化及生态系统的恢复与重建。

3. 限制因子原理

限制因子理论也称为最低量定律，是关于植物营养元素的理论，其认为植物生长好坏依赖于那些表现为最低量的化学元素，后续发展成为限制因子理论，即对于植物的营养元素来说，产量取决于各营养元素中含量最低的那个因子，同时产量可以随着这个因子的增加而提高。在生态学中，限制因子已扩展到包含营养元素在内的生态因子领域。限制因子是指在植物的生存和繁殖所依赖的众多环境因子中，任何接近或超过某种植物的耐受性极限而阻止其生存、生长、繁殖或扩散的因素。植物生长和繁殖需要得到必需的基本物质，如水分、温度、光照、矿质养分等任何一种生态因子都可能成为限制因子。限制因子对于植物而言过少或者过多都不宜。此外，对于植物而言限制因子也不是一成不变的，某一限制因子或其他非限制因子随着时间或者数量的变化，可能其限制性会出现反转，原因在于地球上一年四季或者一天中的白天、黑夜的日光、温度、水分、土壤、人为干扰等因子都在不停地发生着变化，此外植物的生长发育阶段不同，对生态因子的需求也会发生改变（蒋高明，2004）。限制因子理论的主要价值是为研究生物与环境间的复杂关系找到了纽带。因此，只要明确了退化草原生态环境的限制因子，关于其恢复的关键技术和措施的制定难题将迎刃而解。

4. 生态位原理

生态位主要是指在自然生态系统中一个种群在时间、空间上的位置及其与相关种群之间的功能关系（李博，1995），是生物单元在特定生态系统中与环境相互作用过程中所形成的相对地位与作用（朱春全，1997）。生态位宽度是度量植物种群对环境资源利用状况的尺度，种群生态位宽度越大，其地位与作用也越明显，反映出其对环境的适应能力越强。对于稳定的群落，占据了相同生态位的两个物种，其中一个终究要灭亡；由于各种群在群落中具有各自的生态位，避免种间竞争，保证了群落的稳定；由多个生态位分化的种群所组成的群落，要比单一种群组成的群落更能有效地利用环境资源，具有更大的稳定性。生态位原理应用到生态恢复实践中，则必须考虑各个物种在空间的生态位分化及种间相互关系，进而达到提高物种引种与配置能力，构建稳定而高效的生态系统。

关于生态恢复的理论或原理由于篇幅有限本节尚未全部列出。然而不管是何种理论或原理，其与退化生态系统生态恢复实践总是相辅相成、相互统一的。一方面，各理论及原理为生态恢复实践提供了多样的思路和考量方向；另一方面，如何筛选和充分发挥出各理论与原理的指导价值，也是生态恢复实践面临的重大挑战。随着生态恢复实践工作的不断发展和深入，生态恢复研究已从静态研究、单一状态研究、基于结构的方法和集中于某一类型生态系统研究的简单方式，逐步转向了动态研究、多状态研究、多系统研究、基于过程的方法和多维向等特征研究的复杂模式（任海，2014）。

二、退化草原恢复评价

面向退化生态系统，生态恢复的目标划分为 4 个层次，首先是保护自然的生态系统，发挥其重要的参照价值；其次是恢复现有的退化生态系统，改善生态环境；再次是对现有的生态系统进行科学管理，避免其再度退化；最后是保持区域文化的可持续发展（彭少麟，2001）。退化生态系统需要恢复的 6 个生态系统特征即建立合理的内容组成（种类丰富度及多度）、结构（植被和土壤的垂直结构）、格局（生态系统成分的水平安排）、异质性（各组分由多个变量组成）、功能（诸如水、能量、物质流动等基本生态过程的表现），以及演替动态和弹性（Hobbs and Norton，1996）。生态恢复的时间与退化生态系统类型、退化程度、恢复方向、人为促进程度等密切相关。与生物群落等恢复相比，一般土壤恢复时间最长，农田和草地要比森林恢复得快些。生态恢复的方法分为非生物和生物系统的恢复。非生物的恢复技术包括水体恢复技术、土壤恢复技术、空气恢复技术等。生物恢复技术包括植被、消费者和分解者的重建技术等（彭少麟，2001）。确定恢复目标是开展恢复评价的先决条件，是促进退化的、受损的、破坏的生态系统恢复过程（Davis and Slobodkin，2004）。恢复的目标包括恢复退化生态系统的结构、功能，其长期目标是通过恢复与保护相结合，实现生态系统的可持续发展。恢复目标是通过修复生态系统功能并补充生物组分使受损的生态系统回到一个更自然条件下，理想的恢复应同时满足区域和地方的目标。进行生态恢复工程的目标概括起来包括：恢复极度退化的生境，提高退化土地上的生产力，在被保护的景观内去除干扰以加强保护，维持现有生态系统服务功能（任海等，2004）。

蒙古高原草原地处干旱、半干旱地区，生态系统比较脆弱，对外界干扰特别是气候变化和人类活动反应敏感，所以草原恢复现状及趋势变化能够体现出退化草原恢复措施是否得当有效。退化草原的恢复应遵循自然规律，通过人类正向干扰从技术、经济和社会认同等层面上实现退化草原生态系统重新获得健康的过程。重获健康的草原系统包括恢复到了可用状态，也包括恢复到起始状态。总之，草原生态恢复应包括结构和功能的共同恢复，即物种组成、生态结构、生态功能、能流物流运转功能、保护功能与服务功能及与环境的协调性等（宝音陶格涛，2009），最终达到生态效益、经济效益、社会效益的统一。对于生态系统受损未超负荷且可逆情形下，将压力和干扰移除，恢复便可在自然过程中发生，在中国科学院内蒙古草原生态系统定位研究站，对退化草场进行围栏封育，十几年之后草场生产力就得到了恢复。对于生态系统受损超负荷且不可逆情形下，单纯依靠自然过程很难实现生态系统恢复，此时必须介入人为干扰，以控制其受损状态。例如，在沙化和盐碱化非常严重的地区，可以引进适合当地气候的草种、灌木等，进行人工种植，增加地面的植被覆盖，在此基础上再进行进一步的改良（彭红春等，2003；宝音陶格涛，2009）。

生态恢复评价的标准和指标体系的确定是进行评价研究的关键。可持续性、不可入侵性、生产力、营养保持力和生物间相互作用是恢复评价研究初期学者提出的评价标准；也有学者认为，恢复是指系统的结构与功能恢复到接近其受干扰以前的结构与功能，结构恢复指标是乡土种的丰富度，功能恢复指标包括初级生产力和次级生产力、食物网结构、在物种组成与生态系统过程中存在反馈，即恢复所期望的物种丰富度，管理群落结构的发展，确认群落结构与功能间的连接已形成（任海和彭少麟，2002）。具体来讲，生态恢复评价主要包括生态效应评价和生态效益评价，生态效益评价中包括经济效应评价和社会效应评价。期望物种频度、动植物多样性、固氮植物数量、植被覆盖率、土壤表面稳定性、土壤养分含量等均属于生态效应评价内容，而人口数量、商品价格、食物和能源供应、恢复中得到的经济效益与支出等则属于生态效益评价的内容。生态恢复评价指标概括起来包括多样性、植被结构和生态过程。对以上指标的评价可以反映生态系统恢复的轨迹和自我维持的能力（许申来和陈利顶，2008）。

草原恢复评价与退化程度评价实际上可以理解成是同一项事物在正反两个方向上的不同描述，特别是当退化草原开始实施恢复措施后，对草原系统的监测，既可以理解为是退化草原恢复的逐步好转，又可以认为是退化草原退化程度逐步转轻。因此，在退化草原恢复评价研究中，一些对草原现状及演替的研究，某种程度上也可认为是恢复过程中的效果评价。当前，草原恢复中主要的研究策略仍是排除干扰，或介入积极措施加速生物组分的变化和启动演替过程使退化草原实现恢复。

生态恢复评价中，常常涉及多个因素或者多个指标，如陈佐忠和汪诗平（2000）把植物种类组成、地上生物量及盖度、地被物与地表状况、啮齿类指示、蝗虫类指示、土壤状况指示、土壤动物指示、土壤微生物指示、系统结构、可恢复程度等作为温带典型草原生态系统退化指标进行退化等级划分。很多评价方法也随生态恢复评价指标的出现而诞生，目前生态恢复评价的主要方法有统计学方法、综合评价法、模糊评价法、灰色评价法、压力-状态-响应框架模型、空间主成分分析法等。

目前生态恢复评价面临的主要问题是如何选取和构建客观而全面的评价指标体系，如何确定生态恢复的环境效应评价参照系统与评价标准，缺乏生态恢复的环境效应评价指标敏感性和贡献率分析（许申来和陈利顶，2008）。

对于综合恢复评价存在的问题，建议今后生态恢复评价研究应突出以下几个方面：①正确选取评价指标及参照系，通过评价指标定量描述恢复效果，而参照系则是恢复效果好坏的标尺；②设计评价标准来辨别是否偏离生态系统关键参数变化的正常范围，强化评价指标敏感性和贡献率分析，定量诊断生态系统的变化趋势；③建立目标恢复体系，建立不同组织层次（种群、群落、生态系统及区域）的恢复标准，强调适应性恢复；④拓展遥感、地理信息系统及其他新技术新方法监测恢复，建立模型，模拟和预测恢复动态和趋势（马姜明等，2010）。

第二节　蒙古高原退化草原治理技术的筛选及其特点

一、退化草原恢复技术综述

草原恢复通常是指在现有植被的基础上，通过人工调控措施的实施，退化草原向着所期望的或者原有植被的目标方向发展。草原恢复按照恢复效果可分为治标改良和治本改良，治标改良是指在不破坏或者少破坏原有植被的情况下，通过有效的方法措施，促使生态退化状况逆转；治本改良基本是在彻底更换原有退化草原植物群落，实现生态环境重建。当前退化草原恢复技术主要包括自然恢复和人为干扰恢复，自然恢复是指在退化草原地区直接围封，隔离掉破坏草地的外界干扰因子，通过草原植被的自然生长进而达到恢复草原的目标。人为干扰恢复主要是指，通过围封、耕翻、补播、施肥等人为干扰方式，使得退化草原植被得到有效恢复。在草原恢复的实践过程中往往由于退化生态系统存在着地域性差异及外界扰动因素的不对等性，所以不同退化类型和程度的草原其恢复技术是有所不同的。

（一）围封

围封是将退化草原封闭一定时期，禁止放牧和割草，为植物充分生长发育创造积极有利条件。围封时间一般根据当地草地面积状况及草地退化程度进行确定，按照时间划分，围封分为全年围封、夏秋季围封、春季围封、秋季围封等。

对于轻度退化草原，通常可采用围栏封育措施，以起到阻止过牧、滥牧等作用，进而实现牧草恢复生长，改善草原退化环境。目前，围封所采用的围栏分为网围栏、生物围栏、电围栏及石土围栏等类型。网围栏采用铁网片及刺丝等材料制成，其围栏效果好、适应畜种多；生物围栏则是利用当地野生带刺灌木或不带刺能用茎秆进行营养繁殖的灌木栽植而成，其原料来源广，营建容易；电围栏是运用触网探测技术实现将有形周界进行保护，其安全可靠无盲区；石土围栏是用石头或土坯作为原料搭建而成的防护墙，其操作简单，取材容易。以上各类型围栏在使用过程中均有利弊，由于蒙古高原所处的独特气候环境和地理位置，该区域内多使用网围栏。实践证明，实施围封后草原植被结构发生显著变化，退化草原群落的植株高度、群落密度、群落盖度、建群种和优势种的频度、种类组成多样性及地上生物量都有明显改观。

1. 围封方法

应依据草原退化程度、规模及当地环境情况确定围封时间及围封材料。根据草场使用计划，可划分为全年封育、夏秋季封育、春秋两季两段封育留作夏季和冬季利用等。围封主要是为了防止牲畜进入封育的草地继续啃食与践踏。围栏建设需因地制宜，以简便易行、牢固耐用为原则。

2. 围封效果

围封将使退化草地植被得到有效恢复，群落盖度、高度及群落凋落物和立枯物明显增加，根系密度及生物量增加。围封恢复草地浅层地下根量相对于持续放牧草地显著增加（闫玉春和唐海萍，2008b）。退化草原群落结构也将发生相应的变化，由退化植物为优势种逐渐转变为以优良牧草为优势种的群落结构。研究显示，草原植被生产力将随围封年限增加而呈增加趋势，在围封后的 1~4 年，产草量变化缓慢，群落的组成结构主要为原来植被中植物在解除牧压后迅速生长和一些迅速侵入的杂草，在第 5 年出现快速增长期，羊草等根茎植物迅速入侵，成为群落的建群种或优势种，8~10年达到高峰，以后有所下降。由于羊草等根茎禾草的生物学特性而导致土壤的通透性变差，反过来抑制其本身的生长发育，针茅等丛生禾草开始在群落中占优势地位，产草量有所降低（王炜等，1996；王堃，2004）。草原植被恢复在增加植物体各组分中养分向土壤中转化的同时，也通过地表覆盖和地下根系密度的增加有效改善土壤微环境。

（二）松耙

天然草原在长期放牧状态下，通常其土壤表层出现板结，土壤紧实度增加。土壤紧实度直接影响到土壤通气和透水性能，进而影响到植物水分和营养物质的运移。为改善和提高土壤对植被的水分、养分等供给能力，退化草原松耙措施应运而生。草原松耙改良包括轻耙改良处理和浅耕翻改良处理，两者均是通过改变土壤的理化性质和刺激植物根系两方面的作用来使植被恢复，区别在于两者的松土深度不同，轻耙即划破草皮，松土深度在5~10cm；而浅耕翻的松土深度是10~20cm，松土后地表出现明显的翻土迹象，土壤理化性质彻底改变。研究显示，采取松耙处理后，土壤容重下降，土壤的通气状况改善，土壤含水率和土壤肥力提高，疏松后的土壤由于水热条件改善，有利于土壤微生物活动，促进土壤营养元素吸收，改善了植物生长环境，退化植被得到有效恢复（马志广，1986）。

1. 草原类型的选择

松耙改良措施主要促进根茎型禾草的繁殖，土壤孔隙度稍微发生变化，根茎型禾草的根系便会向四周扩展，逐渐占据群落的地下空间，而成为建群种。通常以根茎状或根茎疏丛状草类为主的草地，如羊草草原、针茅草原和羊草为伴生种的冷蒿草原均可采用松耙改良。每平方米样地上的羊草大于10株，地形平缓，土壤为黑钙土或者栗钙土，土层厚度在20cm以上，年平均降水量150mm以上的退化草原区域均可考虑松耙改良处理（马志广等，1979）。

2. 松耙时间

松耙的适宜时间以当地的气候条件为准，通常在早春或者晚秋。早春时节土壤解冻，土壤湿润易于划破，同时由于在雨季之前，避开了杂草对水分的竞争，另外，春季草类生长需要大量氧气，耙地松土后土壤中氧气含量增加，促进植物分蘖。晚秋划破后，易于将牧草种子掩埋到土壤中，利于翌年牧草种子的萌发生长。

3. 松耙技术

耙地的机具和技术对耙地效果影响较大，常用的耙地工具有两种，即钉齿耙和圆盘耙。钉齿耙的功能在于耙松生草土及土壤表层，耙掉枯死残株，在土质较为疏松的荒漠和半荒漠草地上多采用钉齿耙松土机进行松土。圆盘耙耙松的土层较深，能切碎生草土块及草类的地下部分。松耙时宜沿等高线作业，使疏松的土壤阻滞地表径流，提高土壤水分含量。此外，带状松耙宜带宽30m、间距5m，既有利于种子传播，促进植被恢复，同时又达到防止土壤风蚀、避免草原沙化的目的。

4. 松耙效果

松耙的作用是改善土壤水分及空气微环境，清除草地上的枯枝残株，消灭匍匐性或寄生性杂草，以利于新的嫩枝生长。如果是配合补播，松耙将有利于草地植物天然下种和人工补播的种子出苗。松土后草原土壤变疏松，在 1~2 年以种子进行繁殖的一、二年生杂类草如猪毛菜、灰绿藜、黄蒿生长旺盛，优良牧草的多度及产量改善不明显。在 3~4 年时，一些直根型旱生和中旱生杂类草，如麻花头等开始广泛分布在草原群落中。此时，草原群落的生产力及群落结构均得到提升。第 6 年时，各植物种群的产量比例几乎达到天然草原水平，草原植被得到有效恢复（马志广等，1979）。

松耙改良对地表植被破坏严重，实施时应考虑地形、面积等因素。松耙措施若与其他改良措施如施肥、补播配合进行，将获得更佳效果。

（三）补播

过度放牧退化草地，植物种类减少，覆盖度降低，靠自然恢复缓慢。如果能在退化恢复初期阶段，将一种或几种适合该生态环境条件的，且优质高产的牧草品种引种到恢复群落中，便可加速退化草原植被的恢复。草原补播是在不破坏或少破坏原有植被的情况下，在草原植被中播种一些适应性强、有价值的优良牧草，达到增加草原植被群落的物种组成、群落覆盖度及提高草原产量和品质的目的。补播是一种从植物层面出发进行退化草原治理的重要改良措施，能有效提高草地生产力促进畜牧业稳定、优质和高产发展。

1. 补播区选择

补播是改良中度和重度退化草原的一项重要措施。一般需要在充分考虑退化草原地区降水量、地形、土壤植被类型和草地退化的程度基础上决定是否适宜补播。如果补播区不具备灌溉条件，补播区当地年降水量至少应达到 300mm 以上。补播区应选择地形平坦区域，如盆地、谷地、缓坡和河漫滩。补播牧草所处的草原退化区域本身环境条件较差，要使补播牧草在与原有植物竞争中获得成功，必须减少原有植被对补播牧草的抑制作用。地面处理的方法通常可采用机械耕翻松土，破坏一部分植被，也可以在补播前进行重牧或采用化学除草剂消灭一部分植物，为补播牧草生长创造有利条件。

2. 补播牧草种的选择

补播牧草种的选择应充分考虑其环境适应性、饲用价值和可利用方式，在干旱地区补播的牧草应具有抗旱、耐寒和根深的特点，在沙区要选择耐旱、抗逆性强和防风固沙的植物进行补播，有积水的地方应选择抗水淹性强的牧草。

在草甸草原和森林草原上可以补播的牧草有：羊草、无芒雀麦、鸭茅、猫尾草、草地早熟禾、草地狐茅、披碱草、老芒麦、黄花苜蓿、三叶草、紫花苜蓿、山野豌豆、广播野豌豆、百花草木樨和直立黄芪等。在干旱草原上可以补播的牧草有：羊茅、碱草、冰草、硬质早熟禾、杂花苜蓿、锦鸡儿、木地肤、冷蒿、达乌里胡枝子等。在荒漠草原地区适合补播的牧草有：沙生冰草、冷蒿、扁穗冰草、驼绒藜、木地肤等。在沙质荒漠地区可以补播的牧草有：梭梭、沙竹、沙蒿、沙拐枣、柠条、花棒（细枝岩黄芪）、三芒草、沙柳、沙生冰草、草木樨等（侯向阳，2012）。

3. 补播技术

为提高补播质量和种子的发芽率，通常在补播前需要对种子进行处理，主要包括清选、去芒、破种皮、浸种等处理。此外，补播前还应对播床进行松土与施肥。补播时间对补播草种十分重要。一般选择原有植被生长发育最弱的时期进行补播，以减少原有植被对补播牧草幼苗的抑制作用。在我国大多数干草原地区，初夏补播较合适，因为此时植物生长非常旺盛，雨季又将来临，可以保证土壤水分充足，提高补播质量。

补播的方法包括撒播、条播和穴播。撒播主要是在雨季土壤墒情良好的前提下，用人工或撒播机把牧草种子撒播到地表，然后用耙或人工覆土并踩踏。穴播是按一定的行距、株距刨坑，将种子播入坑中后覆土填平，穴播主要适用于田头、土畔、沟壑不便耕作的零星地块。条播是按一定行距播种，采用开沟—播种—覆土的方法，适宜在坡度小、地势平坦的草原地块进行。撒播可用飞机、牲畜、人工撒播。对于小范围补播，最简单的方法是人工撒播，但是在大面积的沙漠地区，或土壤基质疏松的草地上，可采用飞机播种。在地势不平的草山、草坡，宜采用条带式补播，即在原有天然草地上，根据地形特点沿等高线间隔一定距离（1.4～1.8m）整理一条外高内低的补播带（阎子盟等，2014）。

种子的播种量取决于牧草种子的大小、重量、发芽率和纯净度，以及牧草的生物学特性和草地利用的目的。一般禾本科牧草补播量为每公顷15～22.5kg，豆科牧草补播量为每公顷7.5～15kg。种子播深应根据草种大小、土壤质地决定。在地质疏松、较好的土壤上可播深些，黏重的土壤上可浅些；大的牧草种子可深些，小的种子可浅些，一般牧草的播种深度不应超过4cm。牧草种子播后最好进行镇压，使种子与土壤紧密接触，利于种子吸水发芽。但对于水分较多的黏土和盐分含量大的土壤不宜镇压，以免返盐和土层板结。

为确保补播草种正常生长，在播种后期需要采取禁牧、加覆盖物、防治鼠虫害、施肥和灌溉等相应措施进行维护。

4. 补播效果

草地补播能增加草层的植被种类成分，增加草地覆盖度，改善草地群落品质，提高草地产草量，增加优质牧草比例和减少有毒有害植物（阎子盟等，2014）。补播可使草地生产力增加1倍，补播草地有效利用年限因草种寿命不同而不同。试验结果表明，补播后1～2年，产草量较低，第3年，改良草地的产草量明显提高，草群品质改善，其中可食牧草种类增多，有毒有害植物明显减少，第9年达到高峰产量，以后便逐年下降，至第13年与对照围栏禁牧产草量接近，群落的组成结构亦相同（王堃，2004）。补播不但可以提高草地质量，还可起到松土作用和提供肥源。补播后的草地产量高，质量好，可用于割草，是半干旱草原区建立人工草地的有效途径。

（四）施肥

草原退化的根本原因在于放牧引起的草原生态系统营养元素缺失，因此施肥是通过补充植物所缺乏的营养元素，为植株的生长提供足够养分，从而达到改良退化草原的作用。施肥可促进优势植物的分蘖和越冬芽的形成，改善土壤营养状况，提高牧草质量，促进植物生长，提高草原生产力。目前主要使用的肥料包括有机肥料、无机肥料及微量元素肥料。单施氮肥能增进禾本科牧草发育，但对豆科牧草生长不利；施磷、钾有利于豆科牧草的生长；使用有机肥能使多数牧草种类均衡生长发育，使禾草和豆科牧草的比重增加，草群中杂类草比例减少。草原区施肥受机械和肥料种类的影响。

1. 施肥区选择

退化草原施肥的前期基础工作是样地的本底调查，一方面摸清退化草原的养分匮缺种类及数量，另一方面查明退化区的地形、地貌、气候、水文等特征条件，具体分析草地退化的类型，从而制定详尽的恢复方案。

2. 肥料特征

有机肥是一种完全肥料，含有氮、磷、钾及其他微量元素。草地使用有机肥料，不但可以满足植物对各类养分的需要，而且有利于土壤微生物的生长发育，从而改善土壤的理化性状，有助于土壤团粒结构的形成。有机肥料效果迟缓，主要作为基肥使用。无机肥料不含有机质，肥料成分浓厚但不完全，主要成分能溶于水，易被植物吸收利用。一般多作为追肥施用，追加补充植物生长的某一阶段出现的某种营养不足。植物生长发育除需要氮、磷、钾外，还需要多种微量元素，微量元素的特点是量小而适量。如果土壤中某一微量元素过多时，牧草就会出现中毒症状。一般用于浸泡、叶面喷雾和根外追肥。

3. 施肥技术

草原施肥主要以追肥为主，通常在雨前撒施，也可采用施肥机械施肥。施肥的时间一般为 6 月中旬至 7 月上旬期间为宜，因为此阶段既是雨季开始时段又是牧草返青后开始生长阶段。草地施肥不仅要根据土壤的性质、牧草养分的需求，同时还需要氮、磷、钾肥的配合施用才能达到增产、改良退化草地的目的。

在生长季初期，特别是在分蘖期施肥效果好，能促进植物生长。施肥时要区别牧草种类和需肥特点，禾本科牧草需要施氮肥，豆科牧草需施磷、钾肥。豆科、禾本科混播草地应施磷、钾肥。还应根据土壤供给养分的能力和水分条件进行施肥。土壤对养分的供给能力，与气候、微生物和水分条件密切相关。例如，气候温暖时，土壤中硝化细菌等微生物活跃，对氮素供应就多。土壤水分含量的多少，影响到化肥溶解被植物吸收利用的情况，进而决定着施肥效果。

4. 施肥效果

研究表明，对退化的羊草草原施加氮肥能显著地增加羊草种群的密度、高度和总生物量，连续 2 年分别施用控施肥和包膜肥，与不施肥相比，在 0～20cm 的土层中，速效磷的含量增加了 227%～507%，水解氮的含量增加了 30%～50%，牧草种类增加，群落结构得到改善，牧草的干草产量是不施肥的 5 倍。

以上各项措施对退化草原治理均行之有效，但是不同的退化类型草原也需要有因地制宜的恢复措施与之匹配。草原恢复措施的选择主要取决于两方面，一方面是退化草原的类型及退化程度，明晰草原退化的特征才能筛选和执行有效的恢复措施；另一方面，准确掌握各项恢复措施的利与弊，有助于根据退化草原恢复的目标与实际情况制定适宜的恢复方案。

二、恢复治理技术的适用性和选择

蒙古高原地处干旱和半干旱地区，幅员辽阔，草原类型多样。独特的气候环境使得其对气候变化和人为干扰响应敏感。根据蒙古高原天然草原退化演替阶段和生态环境的差异，集成采用围封、松耙、补播、施肥等技术措施，是实现快速恢复退化草原植被和提高草原初级生产力的有效途径。

在退化草原地区实施恢复措施仿佛挥舞一把"双刃剑"，措施如果采取得当，恢复效果将事半功倍；而如果采取失当，恢复效果将会得不偿失。如何才能采取恰当的恢复措施，则首先需要明确不同恢复措施的技术特征和适用范围，特别是在某些立地条件下，采取单种或者一种以上的组合恢复措施达到时间最短而效益最大化。

在干旱和半干旱地区，影响草原产草量的最基本因素是缺乏植物生长期所需的土壤水，采用农艺和工程措施，截留天然降水，提高土壤含水量，是解决牧草生长期可利用的土壤水的有效手段（马志广等，1999）。此外，草原植被恢复过程中应避免牲畜等外界因素的干扰，同时补充因牲畜采食或者人为割草等移出草原的营养元素。

围封是通过建设围栏或禁止放牧等措施，免除草地继续受到家畜采食、践踏等干扰，依靠其自然修复能力，使草地群落生产力逐步提高，优良牧草比例不断增加，生物多样性和稳定性逐渐恢复。围封是最有效的退化草地恢复技术之一，也是其他恢复技术实施的前提。围封主要包括围栏封育和禁止放牧两种措施。前者主要适合于载畜率水平较高，家畜多而密集的区域，如草甸草原、典型草原地区；后者主要是用于载畜率水平低，家畜少而分散的区域，如荒漠草原和荒漠地区（白永飞等，2016）。

松耙措施可改善土壤通气透水性能，提高土壤微生物活性，促进各种养分释放，从而加速退化草地的恢复。松耙能够显著提高土壤微生物类群的数量，实施松耙措施后，土壤疏松，容重变小，土壤的通透性好，能给细菌呼吸活动提供更多氧气（邵玉琴等，2011），此外，松耙减少土壤团聚作用的发生，引起土壤团聚体遭到破碎，促使受团聚体保护的免遭矿化的土壤有机质充分暴露在空气中，受到微生物的侵袭，加速微生物对土壤有机质的分解作用（张伟华等，2000）。轻耙更适合于相对干旱的大针茅和冷蒿建群的草地，浅耕对于以根茎禾草为主的草地效果良好（陈敏，1996；闫志坚，2001）。

补播可分为单一补播和结合松耙施肥补播。需要综合考虑水分、土壤、地形及天然群落组成和退化的程度来确定是否适宜补播，此外补播还需要确定补播品种、补播时期、补播方式、补播量和播种深度等技术环节，最后在补播实施完毕后，后期管理亦是非常重要的环节。通常，补播要在年降水量不低于 300mm 的地区实施或者有灌溉条件的区域开展。为方便大型机械实施补播、松耙、施肥的技术要求，补播区的地形要相对平坦。严重退化导致土壤水分和养分大量损失的地段也不宜补播。

施肥是补充植物所缺乏的营养元素的有效途径，速度快、效果好，可较好改善草群结构，增产幅度较大。施肥首先应明确退化草原匮缺养分种类，缺氮施氮，缺磷施磷，其次，确定适宜的施肥量，当添加不足时，施肥对草原植物的恢复作用不明显；而施肥过量时，将导致群落中一年生和多年生杂类草迅速生长，降低优势植物在草原群落中的地位，甚至导致群落生态系统发生演替。退化草原生产力不随施肥浓度增加而无限增加，而是存在一个最佳施肥量。通常，采取施肥措施恢复退化草原之前，应对退化草原土壤及植物养分含量进行摸底调查，根据营养元素或其他元素对牧草生长的限制程度高低和土壤中有效量的多少决定施用肥料的配方。施肥一方面要考虑植物生长初期需要大量养分供应，另一方面还需结合水分才能使养分充分进入土壤中，因此一般需在雨季来临前，如果有灌溉条件的可在生长季初期施肥。施肥需要在地势相对平坦的区域开展，便于大型机械开展作业，施肥后退化草原恢复效果明显，随着时间推移可改善草原群落结构。

改良退化草原的方法受区域自然条件和经济条件的限制，因此草地改良措施会不尽相同。各种改良措施都是在一定草原和一定生态条件下产生的，具有局限性，各地采用何种方法应结合当地土壤条件、气候、植被组成和生态生物学特性进行综合考量，创建因地制宜的改良措施（马志广等，1999）。

三、退化草原综合治理模式

草原生态系统各组分间既相互协调又相互制约，草原退化是原有生态系统结构与功能的失衡，退化草原治理出发点是促使生态系统恢复平衡并且向着健康的方向发展。草原退化的原因有很多，自然因素中如气候暖旱化、风蚀、水蚀、沙尘暴、鼠害、虫害、病害等，人为因素中如过牧、重刈、滥垦、樵采、开矿等，这些因素常常是相互交织、相互耦合的（李博，1997b）。

蒙古高原范围内的草原退化最主要的是过度放牧利用导致。在放牧过程中，家畜超强度采食优良牧草，抑制优良牧草生长及种子繁育，使其生物量减少和种群稀疏矮化，利用价值优良的草原植物种群衰减，劣质草种增生，草原生态系统逐渐出现退化演替。

围封营造了植物正常生长环境，而植物的生长发育能力还受到土壤透气性、供肥能力、供水能力的限制，因此，在草地封育期还要结合如松耙、补播、施肥等培育改良措施。在半干旱区退化草原改良的实践证明，对退化天然草原实施浅耕翻、松土和补播等技术是改良我国北方退化草原最有效的配套技术措施（马志广等，1999）。近些年来，内蒙古地区采用了围栏封育、松耙、补播优良牧草、施肥等综合措施治理退化草原，效果显著。在退化羊草草原恢复治理中，依据土壤和植被退化程度，可将草原划分为重度退化区、中度退化区和轻度退化区，采用综合改良措施进行治理，在此基础上提出 3 种治理改良模式：碱斑面积大于 50%、pH 大于 10.0 及每公顷产草量小于 450kg 的草原区，采用深松翻耕+秸秆+全面播种（羊草和星星草混播）+起垄+施肥的治理模式；碱斑面积为 30%～50%、pH 为 8.1～9.0 及每公顷产草量为 450～750kg 的草原区，采用振动深松+施肥+局部补种（羊草和披碱草混播）的治理模式；碱斑面积 15%～30%、pH 小于 8.0、每公顷产草量大于 750kg 且草原原始植被具有可恢复性的草原区，宜采用灌溉+施肥的治理模式（张文军等，2002）。

退化草原恢复治理是国内外学术界研究的热点领域之一。无论是采取何种恢复治理措施，都应该遵循因地制宜的原则。当前干旱半干旱区草原恢复技术研究层出不穷，在探明单项措施恢复机理的基础上，正逐渐迈入多种恢复措施综合模式的更高层次目标，极大地推动了草原恢复理论与实践的不断前行。

第三节　蒙古高原退化草原治理案例实践

一、工程类

（一）退牧还草工程

退牧还草工程是指通过围栏建设、补播改良及禁牧、休牧、划区轮牧等措施，恢复草原植被，改善草原生态，提高草原生产力，促进草原生态与畜牧业协调发展而实施的一项草原基本建设工程项目。

退牧还草工程规划期限为 2002～2015 年，2002 年开始试点工作，2003 年正式启动内蒙古、新疆、青海、甘肃、四川、西藏、宁夏、云南 8 省份（自治区）和新疆生产建设兵团退牧还草工程，后经逐步扩展，最终工程形成青藏高原江河源退化草原治理区、内蒙古东部和东北西部退化草原治理区、新疆退化草原治理区和蒙陕甘宁西部退化治理区四大片区，覆盖内蒙古、新疆、青海、宁夏、甘肃、西藏、四川、云南、陕西、黑龙江、吉林、辽宁 12 个省份和新疆生产建设兵团，共 279 个县，草原面积 30 多亿亩（中华人民共和国农业部，2016）。

其中，涉及蒙古高原的区域为内蒙古东部和东北西部退化草原治理区和蒙陕甘宁西部退化治理区，建设的重点是对重度退化、沙化和盐碱化草原实行围栏封育、禁牧舍饲，并辅以补播改良措施，对中度和轻度"三化"草原实行休牧和划区轮牧、适当发展人工草地和饲草料种植，扩大舍饲圈养规模，在部分极度恶劣的不适宜人类居住的地区，结合当地的生态移民工程实施人口转移战略，在农牧交错带建设人工饲草料基地，推行牧区繁殖、农区越冬育肥的农牧互济生产经营方式。

工程的实施使农牧民保护草原生态的积极性大增；有效控制了天然草原退化形势，天然草原被破坏的生态区域得到一定程度的恢复；促进了草原相关法律法规的普及宣传和草原承包责任制的落实；促进了工程区畜牧业生产方式的转变，有利于牧区现代畜牧业的发展，草原生态保护和牧区畜牧业经济发展成效显著。

退牧还草工程实施以来，内蒙古项目区植被得到明显恢复，草原生态环境得到明显改善，2012 年工程区与非工程区相比，植被盖度、高度和干草产量分别高出了 11.95%、9.14cm 和 28.53kg/亩。2008～2012 年工程区平均植被盖度、高度、干草产量分别高出非工程区 10.41%、7.95cm 和 24.25kg/亩。工程区内，2012 年与前 4 年均值相比，植被盖度、高度和干草产量提高 8.62%、0.61cm 和 7.89kg/亩。

以上监测结果表明，退牧还草工程的实施使项目区的草地生态环境发生了明显的改变，对加快牧区退化草原的植被恢复、保护草原生态环境、提高生产力发挥了重要作用。

草原自然保护区，是指政府在具有代表性的草原生态系统、珍稀濒危草原野生动植物物种的天然集中分布区、有特殊意义的草原自然遗迹等保护对象所在地，依法划出一定面积保护和管理的区域。建立草原自然保护区对于保护草原生态环境和草原动植物资源、维持草原生物的多样性有重要意义。中国的自然保护区建设从 1956 年提出开始，截至 2015 年我国设立的国家级草原自然保护区 13 个，省级草原自然保护区 21 个，市县级草原自然保护区 30 个，各草原类型自然保护区的保护总面积达到 382.15 万 hm^2。截至 2016 年，内蒙古已经建立各级各类自然保护区 184 处，其中，国家级 25 处，面积 404.89 万 hm^2；省级 62 处，面积 697.46 万 hm^2；市县级 97 处，面积 266.54 万 hm^2（中华人民共和国生态环境部，2016）。

草原类自然保护区一般根据保护区的自然特点、保护对象的分布及区划的原则和依据，将保护区划分为核心区、缓冲区、实验区三个功能区：自然保护区内保存完好的天然状态的生态系统及珍稀、濒危动植物的集中分布地，应当划为核心区，禁止任何单位和个人进入；除依照《中华人民共和国自然保护区条例》第二十七条的规定经批准外，不允许进入从事科学研究活动。核心区外围可以划定一定面积的缓冲区，只准进入从事科学研究观测活动。缓冲区外围划为实验区，可以进入从事科学试验、教学实习、参观考察、旅游及驯化、繁殖珍稀、濒危野生动植物等活动。

草原自然保护区在保护生态环境，开展动植物种群生态、生物多样性、生态系统恢复、草畜平衡等多学科研究工作，促进草原资源可持续利用等方面发挥了突出作用。但是，由于目前大多数保护区存在投入不足、高素质人才不足等问题，普遍处于一种消极保护、运作艰难的状态（艾琳和卢欣石，2010）。

总体来看，我国草原自然保护区建设步伐缓慢，一些主要的珍稀草原植物和有代表性的草原生态系统还有待重点保护。

（二）人工草地建设工程

当前，我国人工饲草基地建设欠缺，产量低，未发挥其减轻天然草原放牧压力的作用，不能满足当代草原畜牧业发展需求。解决以上问题的最佳途径是通过采取已垦草原退耕还草、在有水源条件的地区人工种草等措施，加强人工饲草料基地建设，增加饲草供给能力。

人工草地建设的范围包括：一是已垦草原，包括已撂荒的已垦草原和开垦后粮食产量低、效益差的农田及坡度在 15° 以上水土流失严重的已垦草原；二是农牧交错带和农区的部分低产田；三是天然草原上有水源条件的地区。人工草地建植内容包含牧草种子购置、土地整治、施肥、田间管理及饲草收获加工等内容。人工草地建设工程规划期为 2006～2020 年，第一期工程 2016～2010 年，第二期工程为 2011～2020 年。到 2010 年，建设人工草地 2000 万 hm^2，到 2020 年建设人工草地 3000 万 hm^2。

人工草地建设工程分为四大区域，其中，位于蒙古高原区域的建设区为北方干旱半干旱草原区。该区涉及内蒙古、陕西、宁夏、甘肃、新疆、黑龙江、吉林、辽宁、河北、山西 10 省份。现有草原面积 17 192 万 hm^2，可利用草原面积 14 029 万 hm^2，人工草地面积 759 万 hm^2。该区域气候：广旱、多风，降水量相对较少，其生态环境状况对我国东南部地区的生产、生活环境及经济社会发展影响最大。长期以来，由于大量开垦，滥采乱挖，重利用轻管护建设，超载过牧严重，鼠虫害频繁发生，导致草原严重退化、沙化和盐渍化，植被覆盖度和生产能力大幅度下降，水土流失和风沙危害日趋严重，生态环境恶化。到 2020 年，人工草地面积达到 1400 万 hm^2。其中，2006～2010 年新建人工草地 241 万 hm^2，购置饲草收获加工机械 0.8 万套；2011～2020 年，新建人工草地 400 万 hm^2，购置饲草收获加工机械 1.33 万套。

实施人工草地建设工程以来，草地植被覆盖度达到 90% 以上，减少地表径流 50% 以上，减少泥沙流失量 80% 以上，减少风蚀 60% 以上，增强了抗御洪灾和涵养水源的能力，促进了生态环境向良性循环方向发展，使草原资源、环境发展之间相互协调，相互促进。

（三）草原生态保护补助奖励机制

中国从 2011 年开始在内蒙古、新疆、西藏、青海、四川、甘肃、宁夏、云南 8 个主要省份和新疆生产建设兵团，全面实施草原生态保护补助奖励机制，以推进草原生态恢复，促进牧区畜牧业经济发展，增加牧民收入。2012 年实施范围又从 8 个主要省份扩大到黑龙江、山西、辽宁、吉林、河北 5 个非主要牧区省及黑龙江省农垦总局，政策涉及了全国 268 个牧区半牧区县。草原生态保护补助奖励机制主要是通过禁牧补助、草畜平衡奖励、生产补贴、绩效考核奖励等措施来实施。

2016 年，农业部配合财政部组织有关省份财政监察专员办事处开展了草原生态保护补助奖励机制专项绩效评价。在对一期政策实施成效评估基础上，提出"十三五"政策建议并经国务院批复。经国务院批准，"十三五"期间，国家在内蒙古、四川、云南、西藏、甘肃、宁夏、青海、新疆 8 个省份和新疆生产建设兵团（以下统称"8 省区"），以及河北、山西、辽宁、吉林、黑龙江 5 个省和黑龙江省农垦总局（以下统称"5 省"），启动实施新一轮草原生态保护补助奖励政策。2016 年，中央财政安排草原补助奖励政策资金 187.6 亿元，较上年增加 18.1 亿元。2016 年 3 月，为切实做好政策贯彻落实工作，农业部、财政部共同制定了《新一轮草原生态保护补助奖励政策实施指导意见（2016—2020 年）》，明确政策任务目标、基本原则和实施要求，指导各省份编制政策实施方案，扎实推进政策落实各项工作。根据指导意见，新一轮草原生态保护补助奖励政策在 8 省区实施禁牧补助、草畜平衡奖励和绩效评价奖励；在 5 省实施"一揽子"政策和绩效评价奖励，补助奖励资金可统筹用于国家牧区半牧区县草原生态保护建设，也可延续第一轮政策的好做法。其中，将河北省兴隆、滦平、怀来、涿鹿、赤城 5 个县纳入实施范围，构建和强化京津冀一体化发展的生态安全屏障。

新一轮草原补助奖励政策主要内容包括：一是禁牧补助。对生存环境恶劣、退化严重、不宜放牧及位于大江大河水源涵养区的草原实行禁牧封育，中央财政按照每年每亩7.5 元的测算标准给予禁牧补助。5 年为一个补助周期，禁牧期满后，根据草原生态功能恢复情况，继续实施禁牧或者转入草畜平衡管理。二是草畜平衡奖励。对禁牧区域以外的草原根据承载能力核定合理载畜量，实施草畜平衡管理，中央财政对履行草畜平衡义务的牧民按照每年每亩 2.5 元的测算标准给予草畜平衡奖励。引导鼓励牧民在草畜平衡的基础上实施季节性休牧和划区轮牧，形成草原合理利用的长效机制。三是绩效考核奖励。中央财政每年安排绩效评价奖励资金，对工作突出、成效显著的省份给予资金奖励，由地方政府统筹用于草原生态保护建设和草牧业发展（中华人民共和国农业部，2017）。

二、蒙古高原沙地治理实践

（一）京津风沙源治理实践

2000 年 6 月京津风沙源治理展开试点工程，2002 年 3 月国务院正式批复工程的建设实施。工程主要通过建设林草植被为措施，达到防沙固土、建立北方生态保护屏障、减轻风沙天气对京津地区的危害的目的。工程区涉及北京、天津、内蒙古、山西、河北 5 个省份的 75 个县（旗、市、区），从内蒙古西边的达茂旗至内蒙古东边的阿鲁科尔沁旗，南起山西的代县至内蒙古北边的东乌珠穆沁旗，东西横跨近 700km，南北纵跨近 600km，总国土面积为 45.8 万 km^2，沙化土地面积 10.18 万 km^2。总投资达到 560 亿。京津风沙源治理工程在蒙古高原区域实施的区域主要在内蒙古自治区的东部及南部。工程区东起大兴安岭南段、燕山北麓山地，向西延伸至科尔沁沙地、浑善达克沙地，最后进入乌兰察布高平原（王俊秀，2017）。

2012 年 9 月国务院通过了《京津风沙源治理二期工程规划（2013—2022 年）》，决定实施为期 10 年的二期工程。工程区由原来的 5 个省份（北京、天津、河北、山西、内蒙古）的 75 个县增加到包括陕西在内 6 个省份的 138 个县（旗、市、区），总投资达 877.92 亿元。

以蒙古高原南部的浑善达克沙地治理为例，自 2000 年启动京津风沙源治理一期工程，浑善达克沙地治理面积 3490 万亩，实施生态移民 49 283 人。2012 年，国家继续实施了二期工程，为防止沙地向南扩散，在浑善达克沙地南缘建成了长 421km、宽 1～10km 的锁边防护林体系；为防止沙地向北部草原地区扩散，建成长 445.3km、横跨 5 个旗县的防护带，沙地内部人工草地面积比例从不足 9.3%上升到 29.56%，流动半流动沙丘面积由 2000 年的 7120km^2 减少到目前的 1621km^2，沙地局部地段植被开始恢复，生态系统活力增加，森林覆盖率和草原植被盖度由“十一五”末的 7.1%和 43%提高到 2015 年的 7.4%和 45.2%（锡林郭勒盟农牧业局网，2016）。

据对内蒙古、河北、山西 3 省份地面样点调查显示，2016 年工程区内的平均植被盖度为 72%，比非工程区高出 32%；平均高度和鲜草产量分别为 37.1cm 和 4514.4kg/hm^2，比非工程区分别增加 51.8%和 83.3%。据对 2001 年实施工程的 9 个县（旗）进行遥感监测，2016 年草原平均植被盖度和鲜草产量比 2001 年分别增加 12%和 39.9%。9 个县（旗）为河北丰宁县、赤城县、围场县，山西右玉县、浑源县、天镇县，内蒙古镶黄旗、锡林浩特市、正蓝旗。京津风沙源治理工程的实施，有效遏制了严重沙化草地的扩张，其中内蒙古镶黄旗、锡林浩特市、正蓝旗三旗（市）严重沙化草地面积较 2001 年减少约 58.9%（中华人民共和国农业部，2017）。

京津风沙源治理工程实施以来，工程区的生态环境状况明显改善，风沙或浮尘天气明显减少，农牧民收入持续快速增长，经济社会发展方式转型初见成效，实现了生态效益、经济效益、社会效益的有机统一。

（二）呼伦贝尔沙地治理实践

呼伦贝尔沙地位于呼伦贝尔草原腹地，是我国四大沙地之一，是中国北疆重要的生态屏障。沙地由海拉尔河流域、伊敏河流域、新巴尔虎左旗中部 3 条沙带和新巴尔虎右旗达赉湖沿岸等地零星分布的沙丘组成。呼伦贝尔沙地近代形成过程主要表现是固定沙地活化和草场沙化，其地表特征主要是斑块破碎、扩展及局部沙化，风蚀坑的形成等（闫德仁和张宝珠，2008）。

2002 年，为有效遏制呼伦贝尔草原的沙化趋势，内蒙古呼伦贝尔市决定实施一项长达 18 年的"沙地治理樟子松行动"工程。2004 年全国政协向国务院提出了《关于专项治理内蒙古呼伦贝尔沙地的建议》的报告（闫德仁和张宝珠，2008）。2009 年，呼伦贝尔市政府启动呼伦贝尔沙地治理项目，按照规划，沙地治理总规模 2500 万亩，其中，人工造林 60 万亩，飞播造林 20 万亩，封沙育林育草 420 万亩，休牧、禁牧 2000 万亩。项目计划投资 5 亿元。有关部门陆续编制出台了《呼伦贝尔沙区综合治理规划（2009—2013 年）》《沙区综合治理实施方案》《呼伦贝尔沙区生态用地管理办法》《呼伦贝尔沙区综合治理管理办法》和《三北防护林呼伦贝尔沙地治理项目实施方案》（2008—2015 年）等沙地治理有关文件。

在沙区大力推广应用科学治理模式，针对不同的区域、不同的沙地类型采用在实践中探索出的"沙地樟子松封育技术模式""灌草混播治理流沙模式""机械沙障与灌草混播固沙模式""杨树大苗深栽治理模式""樟子松野生大苗移植模式"和"容器苗固沙模式"等，大大提高了造林成效。截至 2013 年 10 月，呼伦贝尔市 5 年累计完成沙地治理总面积 552.16 万亩，投入资金 8.45 亿元，相当于前 25 年治沙投入总和的 10 倍多。

沙区综合治理工程取得明显成效，项目区生态环境明显改善，林草植被生长茂盛，遏制了草原沙化的势头。监测结果显示，治理区林草覆盖度由治理前不足 10% 提高到目前的 40% 以上，封育区植被盖度达到 65% 以上，保护牧场约 2000 万亩，扬沙日数下降了 50%，2013 年首次出现没有扬沙天气。全国第四次荒漠化和沙化监测结果显示，呼伦贝尔沙地沙化面积首次出现缩减，较 2004 年减少 36.4 万亩；有明显沙化趋势的土地面积较 2004 年减少 8.9 万亩，沙区植被盖度较治理前平均提高 15%，实现了重大历史性转变，特别是规划治理重点区域"五点""三带""两区"治理取得突破性进展。据沙地及周边地区植被长势监测报告显示，呼伦贝尔沙地及周边地区植被指数呈波动上升趋势（内蒙古新闻网，2014）。截至 2015 年年末，相比 2009 年，植被指数增长 6%，植被盖度明显提高，局部地区提高 30% 以上（中国林业网，2017）。

（三）锡林郭勒草原治理实践

锡林郭勒典型草原位于内蒙古自治区中部，蒙古高原的南部，是欧亚大陆也是蒙古高原最具典型性和代表性的地区。近几十年来，由于人口急剧增长，牲畜头数大量增加，草原不合理使用导致大面积的草原出现退化。草场退化、沙化严重威胁当地的生态安全和经济发展。

20 世纪 70 年代以来，国家已在该区域开展了草地生态系统定位研究、草地改良与优化利用等研究项目。1985 年，在该区域建立了中国第一个草原自然保护区。进入 21 世纪以来，锡林郭勒地区相继启动实施了草原生态保护补助奖励工程、京津风沙源治理工程、水域和湿地保护工程、宜居城镇与和谐矿区建设工程四项重点生态工程，初步形成了草原生态保护建设机制。为进一步规范生态资源的保护利用制度建设，锡林郭勒盟制定出台了《锡林郭勒盟加快推进生态文明制度建设实施意见》《锡林郭勒盟"十三五"生态保护与建设总体规划》《锡林郭勒盟生态文明制度建设试点实施方案》《锡林郭勒盟生态环境保护工作考核办法》《锡林郭勒盟领导干部生态环境损害责任追究办法》《锡林郭勒盟征占用生态资源审查暂行办法》《锡林郭勒盟矿产勘查作业管理暂行规定》《农区小畜全年禁牧管理办法》《草原承包经营权流转管理暂行办法》和《锡林郭勒盟落实草原生态监测评估制度实施方案》等一系列政策性文件。2015 年，下发《关于进一步做好天然打草场保护管理有关工作的通知》，首次明确统一打草时间。同时，推行轮刈制度，明确刈割要求，规范留茬高度，预留草籽繁育带。2015 年打草场面积 3864 万亩，其中，预留草籽繁育带面积 148.85 万亩，轮刈面积 527 万亩。实际打草场面积 3337 万亩，较 2014 年打草场面积少 1160 万亩，少打干草 4.12 亿 kg，有效保护和休养了打草场。2015 年监测结果显示，8 月草群平均高度为 25.5cm，盖度为 45.2%，干草产量为 66.5kg/亩，与 2014 年同期相比，高度提高 1.1cm，盖度提高 4.6%，干草产量提高 6.2kg/亩，锡林郭勒草原生态得到进一步改善（锡林郭勒盟政府网，2015）。

（四）呼伦贝尔退化草原治理实践

呼伦贝尔草甸草原位于蒙古高原腹地，内蒙古自治区东北部，以禾草为主要草原类型，是我国重要的畜牧业生产基地，亦是重要的生态屏障，其功能的正常发挥对维持全球及区域性生态系统平衡有着极其重要的作用。20 世纪 80 年代以来，受超载放牧和气候变化等因素影响，呼伦贝尔草原生态退化趋势明显。特别是在 2004 年，呼伦贝尔草原生态呈现整体恶化，呼伦贝尔草原覆盖度降到历史最低值 65.2%，较 20 世纪 80 年代的最高值 85.1%，下降约 20 个百分点，但整体下降趋势相对缓慢。在此期间，呼伦贝尔草原生产力呈现出同样的下降趋势。2001～2003 年，呼伦贝尔草原生产力降到约 1050kg/hm²，较 20 世纪 80 年代草原调查时下降约 47.2%。

随着国家及地方相关部门陆续出台一系列草原保护措施，2005 年开始，呼伦贝尔草原生态逐渐恢复。其中，2014 年草原植被盖度为 79.9%，较 2004 年约增加 15%，特别是 2011～2014 年，草原植被盖度始终处于相对较高水平，基本接近 20 世纪 80 年代平均水平。

在生产力方面，2004 年后随着草原植被的恢复与生态的改善，草原生产力开始波动式增加，基本达到 20 世纪 80 年代水平。其中，2014 年草原生产力为 1979.7kg/hm²，较 2001～2003 年增加约 88.5%，略低于 20 世纪 80 年代 1988kg/hm² 的水平。在此期间，呼伦贝尔草原退化、沙化速度趋缓，草原开垦现象得到有效控制，耕地面积出现负增长，草原开垦开矿得到基本遏制。

　　然而，呼伦贝尔草原生态依然脆弱。与 20 世纪 80 年代相比，呼伦贝尔草原群落中物种数、草群平均高度和群落稳定性仍然较低。其中，温性草甸草原单位面积内的物种数下降约 15%，多年生优质牧草比重下降 10% 以上，一年生牧草所占比重增加 3.3 个百分点；温性典型草原单位面积内的物种数下降约 28%，多年生优质牧草比重下降 25%，一年生植物所占比重增加 11.8 个百分点。2014 年草原监测结果表明，虽然呼伦贝尔草原生态恢复较好，生态状况总体好于内蒙古其他草原地区，但是由于牲畜数量较 20 世纪 80 年代大幅增加，一些夏季牧场及公路两侧、水源附近、居民点周围的草场超载过牧现象持续发生，导致草原植被盖度、高度和产草量均显著低于禁牧区，呼伦贝尔草原生态依然脆弱（中华人民共和国农业部，2015）。

（五）鄂尔多斯退化沙地草原治理实践

　　鄂尔多斯市位于蒙古高原南部，内蒙古自治区西南部，以温性荒漠草原类及温性典型草原类为主体，覆盖度较低，具有大量的小灌木和半灌木。20 世纪 80 年代以来，受超载放牧、草原开垦、开矿和气候变化等因素影响，鄂尔多斯草原生态退化趋势明显；但进入 21 世纪后，随着草原生态保护工程力度加大，鄂尔多斯草原植被盖度和生产力均有大幅提高，草原生态逐渐好转。但与 20 世纪 80 年代相比，草原群落中物种数和多年生植物比例、群落稳定性仍然没有完全恢复，鄂尔多斯草原生态依然脆弱。

　　20 世纪 80 年代至 21 世纪初，鄂尔多斯草原生态整体退化。20 世纪 80 年代至 21 世纪初，开垦、开矿及退化、沙化、盐渍化草原面积逐年增加，鄂尔多斯天然草原面积减少 9.4%，草原生态退化趋势明显。2000 年，鄂尔多斯退化、沙化、盐渍化草原面积达 495.9 万 hm^2，较 20 世纪 80 年代净增加 187.7 万 hm^2，增幅达 60.9%。2001~2003 年，鄂尔多斯草原生产力约为 420kg/hm^2，降到历史低谷，较 20 世纪 80 年代下降约一半。在此期间，鄂尔多斯草原植被覆盖度呈现出同样的下降趋势。2001 年，鄂尔多斯草原植被覆盖度为 21%，较 20 世纪 80 年代平均值下降约 5 个百分点。

　　21 世纪初至 2014 年，鄂尔多斯草原生态逐渐好转。2000 年以来，鄂尔多斯市草原开垦得到有效遏制，10 年间全市退耕面积约为 6.6 万 hm^2，占原有耕地面积的 14.1%。这段时期，鄂尔多斯草原面积呈逐渐恢复增加趋势。

　　目前，鄂尔多斯天然草原面积约为 618.1 万 hm^2，较 21 世纪初增加了 29.3 万 hm^2，草原面积已经恢复到了 20 世纪 80 年代的水平。虽然露天煤矿占用草原面积仍然呈现增加趋势，但在 2000~2010 年的 10 年间，鄂尔多斯退化、沙化、盐渍化草原面积整体减少 59.1 万 hm^2，约占 21 世纪初"三化"草原面积的 11.9%，其中草原退化和盐渍化程度明显降低。2000~2014 年，鄂尔多斯市天然草原生产力整体呈上升趋势，2004~2006 年三年平均草原生产力约为 618.7kg/hm^2，较 2001~2003 年三年平均值增加 47.9%；草原植被盖度趋势与生产力趋势相近，近三年平均植被盖度约为 35%，增加近 11%，特别是近三年来草原植被盖度始终处于相对较高水平，甚至达到 20 世纪 80 年代平均水平。

　　鄂尔多斯草原植被年际间波动性大，生态系统依然脆弱。与内蒙古东部草原相比，鄂尔多斯草原生态系统对气候、人为因素干扰更为敏感，草原植被受降水量影响动态变化更为剧烈。与 20 世纪 80 年代相比，鄂尔多斯天然草原单位面积内物种数平均下降

26.2%，一年生植物所占比重平均增加 15%，多年生优质牧草比重显著下降，群落稳定性仍然较低。近 15 年来，随着草原生态保护工程力度的不断加大，以及生态保护补助奖励政策的全面实施，鄂尔多斯草原退化状况得到有效遏制，但草原生态形势依然严峻，特别是天然草原沙化程度有所加剧，沙化面积有所增加，鄂尔多斯草原生态系统依然脆弱（中华人民共和国农业部，2016）。

第二十六章 蒙古高原退化草原合理利用、管理及可持续发展

第一节 草原利用历史与现状

一、草原利用历史

早在旧石器时代，人类大量捕杀草原野生动物的同时，又把一些对自己有用的动物驯养起来。据《史记》记载，在3000多年以前的殷商时代，人们就把马、牛、羊等驯养成家畜。家养动物逐渐代替了大型野生动物成为草原上的主要消费者，从而进入了游牧时代。在人口稀少、草原辽阔的条件下，人们赶着畜群逐水草而居，以极少的投入换取人们所需要的各种畜产品。历史上，塞北游牧、中原农耕，是依生态环境所产生出来的生计方式，游牧业与农耕业大致以400mm降水量为边际线。在漫长的历史发展进程中，我国广大牧区经历了由"逐水草而迁徙"式的原始游牧制、季节性游牧制、半定居放牧制和定居放牧制4个阶段（道尔吉帕拉木，1996）。这种演变是自然与人类共同选择的结果，也是各个历史阶段生产与生产力相互结合的体现。在原始游牧社会，人口基数和牲畜数量较少、草地放牧压力很小的情况下，普遍采用自由放牧制度，对草地的利用方法基本都是"无计划"或"少计划"放牧。牲畜可以自由采食适口性好的牧草，草地能够最大限度地满足家畜的营养和能量需要。放牧对草地不仅不会造成不利影响，从协同进化的角度考虑，这种适当的放牧干扰还会促进草地生态系统的稳定和发展（侯扶江和杨中艺，2006）。因此，这时的自由放牧制度有其应用的合理性。

季节性游牧制是原始游牧制向半定居放牧制过渡的一个时期。在游牧社会后期，牲畜完全依赖游牧，往往出现冬春时节的大量死亡，生产和生活不能稳定。小部分牧民开始走向定居游牧或者定居定牧。人们开始在冬春时期给一部分家畜以补饲，便在定居点附近有了小型的私有饲料地，并且对草地的利用形式也出现了季节放牧地的放牧方法。即将草地划分为若干季节放牧地，各季放牧地分别在一定的时期放牧，这样牲畜全年在几个季节放牧地上放牧，比过去的连续放牧有了进步，但仍旧属于自由放牧制的一种利用形式。随着社会的发展、国家生产体制的变革、国家计划经济体制的建立、人口的增加、牲畜饲养量的大幅度上升，放牧制度逐渐走向半定居放牧制。

1956～1978年，我国广大牧区开始进入了社会主义畜牧业经济时期，即集体经营草原时期。对草地的利用方式采取每年依照季节的更替来轮流更换放牧的方式，季节放牧地，是实施划区轮牧的初步阶段。这时半定居放牧制与原始游牧放牧制相比具有许多的优点和先进意义，如减少牧草浪费、节约草地面积、提高生产力、加强放牧地的管理、增强家畜的防治防疫作用。随着中国共产党第十一届中央委员会第三次全体会议（简称

十一届三中全会）的召开，国家提出在牧区推行以家庭联产承包为主要形式的"畜草双承包责任制"，将草原使用权固定给承包户，使牲畜与草原紧密结合，明确草原保护、利用、建设、管理的责、权、利，牧民的积极性空前高涨。草场重新分配给牧民，牧民有了自己的草场和牲畜，正式开始了定居生活，对草原的利用方式主要是定居放牧制。当前，定居式的放牧制已逐步成为我国牧区土地的基本利用制度，摆脱或初步摆脱了完全靠天养畜的被动局面。定居式放牧制使牧民从异常艰苦和严酷的生活条件中解放出来，使牲畜的自然再生产和畜牧业的扩大再生产都得以稳定实现，保证了生产规模和产出能力的不断扩大。但由于定居后从根本上改善了牧民生活条件和牲畜的棚圈设施，使牧业人口和牲畜数量迅速增长，大大超出了草地的合理承载力水平，加上定居放牧降低了牲畜的季节性流动，使大量的牲畜集中于某一特定的区域内，因而加剧了草地的退化。同时，在我国广大牧区实施的定居放牧制还远远达不到发达畜牧业国家所普遍采用的科学轮牧的水平，自由放牧制依然处于主导地位。随着人口和牲畜数量不断骤增，草地使用面积逐渐减少，加上土地使用制度、草场使用权限和保护权难以从根本上确定下来，而传统利用和管理草原方式已不再适用于现代生产和生活需要，在广大地区一直沿用自由放牧制度会对草地产生巨大的伤害和不利的影响，大大加速草地退化的进程和速度。

二、草原现状和问题

中蒙两国共居面积辽阔的蒙古高原，面积达 260 万 km^2，东西绵延 4000 多 km，南北跨越 20 个纬度，是迄今保存最好、面积最大、集中连片、利用历史悠久的天然草原区域，体现了独特的自然生态系统的一体性、连续性和大尺度梯度变化性的特点。我国内蒙古草原、青藏高原及新疆山地草原是欧亚草原的重要组成部分。由于受降水量的限制，世界草原的第一性生产力为 50～1300g/（m^2·a），中国草原第一性生产力为 75～1050g/（m^2·a），与美国、加拿大、俄罗斯的草原生产力相当，反映了全球草原性质的一致性（李博，1997a）。但我国草原的特殊性在于，中国农耕文化源远流长，农耕文化至今仍占据相当主导的地位，历史上多次农牧交错变迁，使农牧交错地带的环境发生了很大的变化，现有留存草原的分布远远收缩到 400mm 以下，近现代农牧界限跨越长期停留在长城附近的农牧分界而向东北及西北推移几十乃至几百千米（侯向阳，2001；王金朔等，2015），使得我国草地分布与国外草地分布差距较大，成为我国像欧洲、大洋洲等地区一样地发展大面积人工草地的限制性条件。

目前，位于内蒙古北方的蒙古高原在草原利用和畜牧业发展中出现了一系列问题。

1）草原退化严重致使生态问题突出。长期以来，草原整体退化、生产力持续衰减已成为我国草原的常态（Zuo et al.，2009）。我国 90% 以上的天然草原出现了不同程度的退化，中度和重度退化面积达 23 亿亩，占草原面积的 1/3 以上（杜青林，2006；缪冬梅和刘源，2013）。草原退化的表现是植被衰退，产草量下降，有毒有害及劣质草滋生，风蚀沙化，水土流失，土地盐碱化，草原生产力受到极大破坏（李博，1997a）。

2）草原生产力大幅衰减给畜牧业生产带来威胁和挑战。草原生产力是决定草原生态、生产功能的关键指标。草原退化导致的直接结果就是生产力的衰减。以内蒙古为例，草原生产力 20 世纪 80 年代全国第一次草原调查为 1035kg/hm²，到 2011 年内蒙古草情监测生产力为 600kg/hm²，下降 40%左右，严重地区下降 60%～80%（韩建国，2007）。就内蒙古锡林郭勒草原而言，与 20 世纪 80 年代相比较，2002 年植被盖度下降，牧草产量降低。其中，草甸草原的平均盖度降低 15%，牧草鲜重降低 1460.2kg/hm²；温性典型草原的平均盖度降低 6%，牧草鲜重降低 786.7kg/hm²；温性荒漠草原的平均盖度降低 1.9%，牧草鲜重降低 109.4kg/hm²（刘源，2014）。

3）传统草原经营畜产品生产效率低下。长期以来，草原畜牧业主要依赖天然草原放牧，传统畜牧业粗放经营管理模式主要表现在以下两个方面：一方面，生产方式、经济增长主要依靠牲畜数量的增加，不仅效益低下，而且也造成对草原资源的严重破坏；另一方面，草原基础建设落后，投入不足。由于对草原重要性认识不足，重利用、轻保护，多索取、少投入的现象非常突出，草原投入严重滞后，基础设施建设远不能满足草原保护建设的需要。传统畜牧业生产因草地退化，畜草矛盾尖锐，加之草原建设滞后，生产经营管理粗放，牲畜个体和单位草场产出率不高，牲畜表现出"夏活、秋肥、冬瘦、春死"的恶性循环（汪诗平等，2001）。

4）草畜矛盾依然十分突出。长期超载过牧和草原生产力持续下降使得草畜矛盾日益突出。据统计，目前中国大多数省份的天然草原仍存在超载过牧的问题，平均超载达 23%（缪冬梅和刘源，2013）。近 50 年来内蒙古草原理论载畜数量和实际家畜数量呈负相关变化关系，理论载畜数量从 20 世纪 50 年代的 5800 万羊单位下降至 2010 年的 3000 万羊单位，但实际家畜数量却在不断增长，2010 年实际家畜数量达 9000 万羊单位，虽有一定数量的饲草料作补充，但草畜矛盾越来越激化是不争的事实，尤其是季节性的超载过牧更是引致草地退化的重要原因（李青丰等，2001）。

5）部分地区地下水资源超采导致草原退化而难以逆转。西部草原地区水资源紧缺，水是第一限制性资源。在气候变化和人为影响下，区内地表水资源减少趋势明显，地下水资源或地下水位埋深下降显著。西北诸河区水资源总量在 2005～2014 年呈降低的趋势，其降幅达 $6.93×10^8m^3/a$，其中地表和地下水资源均呈逐渐下降，其降幅分别达 $7.64m^3/a$ 和 $4.77×10^8m^3/a$。农牧交错典型区西辽河流域的科尔沁区，2001～2007 年的年均径流量仅为 1990～1994 年的 22.8%，且河流断流日数增加；地下水位从 1980 年的 2～4m 下降到 2006 年的 4～8m，上游地区截流和当地大量的打井灌溉是水资源减少的主要原因。地下水大量超采，造成地下水水位持续下降，形成大范围地下水降落漏斗，现在西北诸河流域存在地下水漏斗区 17 处，其中河西地区的石羊河流域最为严重，区域性地下水水位下降 10～20m，地下水的下降进一步加剧植被的退化和土地沙化的进程，而且难以逆转恢复（赵勇，2011；Brown，2008）。

三、挖掘草原生产潜力的重要意义

据统计，目前我国大多数省份的天然草原都存在着超载过牧的问题。研究资料显示，甘肃 2001 年的载畜量为实际载畜量的 120%，西藏为 116.1%，内蒙古为 114.6%，青海为 109.8%，新疆为 101.1%（许志信和赵萌莉，2001）。其中内蒙古草原近 50 年实际家畜数量和理论载畜率的研究发现，随着时间推移，内蒙古草原的理论载畜率在下降，但是实际家畜数量在不断地增长，草畜矛盾呈越来越激化的趋势。

随着科学技术的发展及国家和地方对草原草牧业的重视，采用新的技术利用和开发草原、站在新的理念上保护和经营草原将助推草原生态保护与畜牧业的健康高效发展，科学合理地挖掘草原潜力将具有重要的战略意义。以天然草原为基础，在保护性利用的基础上不断恢复退化草原以提高生产力；在条件相对较好但又缺乏水资源无法灌溉的地区可在退耕还草的基础上粮改饲，发展旱作人工草地；在条件较好的地区发展集约化的高效人工草地。因此，以大力推进草原草牧业为核心，着力挖掘草原生产潜力，意义重大。第一，可以大幅度提高牧草产量的同时增加优质饲草比例，从而解决草原超载30%的问题；第二，生产力的提高，有利于改善草原生态环境，保护和维持生物多样性，加固中国北方生态屏障的作用；第三，增草增收是提高牧民收入的重要途径和手段，在工业和第三产业欠发达的广大草原牧区，挖掘草原生产潜力能够促进区域经济可持续发展，推进边疆稳定和民族文化发展；第四，因不可避免所以必须引起重视的是气候变化对草原生态和畜牧业生产影响巨大而深刻，持续挖掘草原生产力，加强相对稳定的饲草料供给保障，是增强对气候变化、灾害等适应能力的重要举措。

在新的历史时期，挖掘草原生产潜力具有新的时代意义和价值。第一，国家号召发展草牧业，而发展草牧业的关键着力点在草原，草牧业的重点理应重视草原牧区，包括牧区和半牧区，既要重视保护草原的生态功能，又不能低估和漠视草原的生产价值和生态系统服务功能；第二，"一带一路"建设和发展的主要区域在草原，特别是丝绸之路的建设和发展的价值不仅是保护生态，关键是可持续发展，是以新的科学技术支撑的跨越式发展；第三，国民经济和社会发展第十二个五年规划纲要明确指出国家生态安全"两屏三带"战略格局，其中"两屏一带"在草原区；第四，草原生产力的挖掘关乎国家食物安全和食品安全，尤其是社会对优质生态安全食品需求的不断增加，草原牧区畜产品将日趋重要；第五，挖掘草原生产力是现代畜牧业发展的重要方向和途径，以秸秆养牛和养羊的生产模式不是畜牧业的本体，而现代畜牧业的发展必须积极推进草食畜牧业的本体地位。

第二节 蒙古高原草原退化与草畜平衡

草地生态系统中一条重要的生物链就是发生在草-畜界面，当草既能为家畜提供充足的食物来源，又能发挥其生态作用并维系草地生态系统的平衡时，草地才能维持其草畜平衡，实现可持续利用。衡量草畜平衡的一个重要参数就是载畜量，也称为合理载畜量，是指一定的草地面积，在某一利用季节在适度放牧利用并维持草地可持续生产条件下，满足家畜正常生长、繁殖、生产畜产品的需要所能承养的家畜头数，其单位为羊单位/($hm^2 \cdot d$)。与之相对应的参数为载畜率，也称为现存载畜量，专指一定的草地面积，在一定利用时间段内，实际承载的标准家畜头数，其单位为羊单位/($hm^2 \cdot d$)。当载畜率等于载畜量时，草地生态系统达到草畜平衡；当载畜率大于载畜量时，草畜失衡，草地发生退化，导致草地生态系统的逆行演替；当载畜率小于载畜量时，草的供给大于家畜需求，造成牧草资源的浪费。

　　蒙古高原草原在维护区域、地域和县域生态环境稳定，提供畜牧产品及经济建设方面起着重要作用，然而受到人口增加、不合理利用、超载过牧等影响，草原退化严重。过度放牧是导致蒙古高原草地退化的最重要原因（李博，1997b）。尽管气候的影响不可忽视，但人为因素被公认为是导致我国草原退化的主导因素，进而需加强控制草地资源的过度利用，已得到了大量学者和政府的认可。因此，草畜平衡管理逐渐受到重视（侯向阳，2004），草畜平衡被列为草原保护的重要措施之一，其旨在建立合理的载畜量标准，实现草地资源的合理利用和草地畜牧业的可持续发展。但越来越多研究发现，草畜平衡管理中的这种既要长期全面禁牧，又要不禁养和不减收的目标是很难实现的，草畜平衡政策并非一"减"就灵，该政策在实行过程中，由于牧户的不理解、不配合或消极抵制，难以真正地贯彻落实（尹燕亭等，2012；王卉，2010）。为什么在目标上兼顾经济和生态效益的草畜平衡政策会出现失灵现象？有研究者分析认为，牧户作为牧区经济中最基本的决策单元，直接决定畜牧业活动如何开展，由于牧户草畜平衡心理载畜率"标准"与政府制定的草畜平衡标准之间存在差距，且牧民固守"心理载畜率"，导致牧户整体减畜困难，或者表面减畜但实际上少减或不减（侯向阳等，2013；尹燕亭等，2011），甚至一些地区表面上实行全区或全县（旗）禁牧，但实际是全区或全县（旗）偷牧或夜牧。

　　牧户作为牧区畜牧业的最基本决策单元，直接决定牧业活动如何开展，进而直接影响草场的生态状况和牧区的社会经济可持续发展。牧户对包括草畜平衡在内的生产决策行为，有一套自己的认知，这套认知与政府的政策相冲突、违背，使得草原生态保护和建设政策在牧区得不到真正的实施，而要改变牧户的行为，有利于草原保护和建设，实现生态效益、经济效益和社会效益的多目标和可持续，就必须对牧户行为的动机进行分析，从其需要出发进行探讨。

　　牧户"心理载畜率"是中国农业科学院草原研究所侯向阳团队近10年提出的一个新概念。该概念的提出基于草原载畜率与单位面积畜产品产量及单位头数畜产品产量的关系模型（图26-1）。在该模型中，随着草地载畜率增加，单位草地面积的畜产品产量呈抛物线形变化，单位头数畜产品产量呈直线下降（Kemp et al.，2011），由于多种因素影响家庭牧场尺度上的生态效益和经济效益不会同时达到最优，假设图中的 A 点和 B 点是实际可实现的次优点。而实际上，牧户实际载畜率经常是在大于 B 点，而在此种载畜率下，每个羊单位的生产力很低。

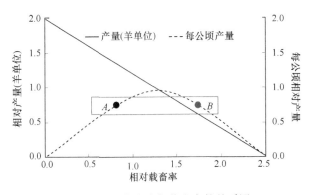

图 26-1　动物生产与载畜率的关系图

国内很多学者已经积极地探讨实现家庭亩产尺度上的生态效益和经济效益的双赢技术和方法（Kemp et al.，2011；Kemp and Michalk，2007；Takahashi and Jones，2011），政府并于 2011 年实施了草原生态补助奖励政策，然而根据调研发现，大多数牧户仍然坚持自己认为的载畜率，未减少牲畜数量。为什么被认为能够实现生态效益和经济效益双赢的草畜平衡政策会失效？对此，已经有大量学者从不同角度开始积极探讨。本研究认为，牧户作为牧区最基本的生产单元，在长期的畜牧业生产实践中，已经形成了自己的心理载畜率，即牧户认为在一定时期内单位草场能够承载的牲畜头数，正是牧户的心理载畜率实际指导着牧户的畜牧业生产实践（侯向阳等，2013）。牧户作为牧区生产的基本单元，对草地的利用、投资与保护有着直接、强烈的影响，是国家各项生态保护政策的直接实践者，要实现从心理载畜率模式向生态优化载畜率模式的转变，亟须从心理载畜率角度出发，从全新视角探明牧户草畜平衡决策行为的内在过程和机制，为制定和顺利实施草原生态保护和建设政策提供理论依据和支撑。

对内蒙古温性草甸草原区、典型草原区和荒漠草原区的不同经济水平牧户的草场生态质量和健康状况进行调研，发现不同草原类型区不同经济水平牧户草场植被和土壤状况有趋同现象，这种趋同性的存在反映了当地牧户对草场质量有共同的判断和把握。另对不同草原类型区典型牧户心理载畜率及草畜平衡的认知调研发现，自草畜平衡政策 2002 年开始实施以来，各草原区的牲畜均处于增加趋势，且绝大部分牧户仍坚持自家草场没有超载，多数牧户认为自己有对草场合理载畜的权衡，而与当地政府规定的草畜平衡标准不同（表 26-1）。为什么在目标上兼顾经济和生态效益的生态补偿减畜政策会出现失灵现象？据此我们提出"心理载畜率（desirable stocking rate，DSR）"的概念，即牧户"自己的草畜平衡标准"，由于牧户心理载畜率与政府草畜平衡标准之间存在差距，且牧民固守其心理载畜率，导致牧户整体减畜困难，或者表面减畜但实际少减或不减。牧户心理载畜率对牧户减畜困难情况可以有效诠释，对探索建立和完善草原生态补偿长效机制有重要意义。同时我们进一步研究了影响牧户心理载畜率的内在和外部因素，主要受草地生态地理环境、牧户家庭属性、市场、政策等因素的影响而发生一定变化，但一定区域内的牧民其心理载畜率形成一定的稳定性和惯性。要利用和克服牧民的心理载畜率惯性，应坚持以适应性减畜为主、监管式减畜为辅的原则，分步式、适应性地有效化解这种惯性阻力，才能为制定和实施草原生态补偿政策提供有效的理论依据和指导。

表 26-1　牧户对心理载畜率及草畜平衡的认知

指标	新巴尔虎左旗	锡林浩特	苏尼特右旗
比 2002 年饲养更多牲畜	65.22%	60.71%	49.12%
自家草场没有超载	74.42%	78.57%	68.42%
自家草场还能饲养更多牲畜	51.16%	57.14%	63.16%
决定是否多养牲畜时始终考虑草场承载力问题	80.43%	87.50%	75.86%
牧户认为的合理载畜率（羊单位/hm²）	0.75～1.50	0.60～1.50	0.50～0.75

第三节　蒙古高原退化草原可持续生态管理

一、草原可持续利用管理

蒙古高原草原面积大，自然条件恶劣，要扭转草原生态不断恶化的趋势，必须统筹考虑草原保护、建设与利用之间的关系，坚持"全面规划，依法保护，重点建设，合理利用"的原则，通过重点建设带动全面保护，通过全面保护巩固建设成果，实现草原资源的永续利用。

1. 科学规划

为了合理开发利用草地资源，发挥其生产潜力，首先要对草地资源的特性及草地生产条件有详尽的了解，根据草地资源的发展规律进行总体安排布局，制定发展目标，提出正确开发利用措施。通过调查建立草地资源信息本底数据库，草业总体规划要区分不同的草地资源区域，提出区域草业生产及生态建设方向，在一定时期内达到最优的生态、生产、社会效益。近年来内蒙古在局部区域草原建设方面编制了一些规划，但全局性、综合性、前瞻性的草业规划工作还没有全面展开。当前草业的发展对规划工作有了迫切的需求，全面做好草业规划工作势在必行。

2. 依法保护

近年国家加大了对草原的管理力度，相继发布了《国务院关于禁止采集和销售发菜制止滥挖甘草和麻黄草有关问题的通知》《国务院关于加强草原保护与建设的若干意见》等。为了适应新形势的需要，重新修订了《中华人民共和国草原法》。内蒙古陆续出台了《内蒙古自治区草原管理条例》《内蒙古自治区基本草场保护条例》《内蒙古自治区草原承包经营权流转办法》等规范性文件，草原法制建设已逐步得到完善。此前内蒙古有旗县以上草原监理机构107个，监理人员1896名，已初步形成了自治区、盟（市）、旗（县）三级草原监理体系，有效地遏制了破坏草原的行为。要不断加强草原普法宣传教育，要采取喜闻乐见的形式，通过电视、广播、报纸、培训、印刷小册子等向农牧民宣传法律法规，提高农牧民的法律素质，让农牧民学会用法律的手段保护自己的草原，增强全社会依法保护草原的意识。

建立草原自然保护区是保护草原生物多样性最重要、最有效的措施。内蒙古横跨森林、草原与荒漠等几个自然带，部分地区原始植被保存较完整，区内高等植物有134科720属2500余种，植物的单种属及寡种科很多，表明了植物区系的古老性。鉴于内蒙古草原面积广大，自然环境复杂，建立类型齐全、布局合理、管理科学的草原自然保护区，对保护有代表性的草原生态系统及濒危植物具有重要的意义。

3. 重点建设

采用封育、补播等综合技术措施，改良复壮退化天然草地。截至2003年，内蒙古围栏草场保有面积已达 0.193 亿 hm²。一般围栏封育草地3～5年即可收到良好效果，草群盖度提高 30%以上，产草量提高 1 倍以上，优良牧草比重提高 50%以上，地上生物量增加 1 倍以上。提高草地生产力的另外一项重要改良措施是补播，草地补播常用的方法有飞机播种和机械补播，在大面积沙化草地采用飞机补播收到很好的效果。例如，腾格里沙地人工补播沙蒿、沙拐枣，4 年后植被盖度由不足 5%增加到 70%，科尔沁草原重度退化盐化低地草甸草场用圆盘耙划破草皮后补播草木樨、羊草、披碱草等，2 年后平均亩产鲜草达 427kg。截至 2003 年，内蒙古飞播牧草保有面积达 58.9 万 hm²，改良草地保有面积达 302.01 万 hm²。

加强饲草料基地建设。选择水土条件好的地块种植优良饲草，一般旱作人工草地比天然草地产草量提高 1～5 倍，灌溉草地提高 5～10 倍。截至 2003 年，内蒙古人工种草（包括饲用灌木）和保有面积 278.04 万 hm²，饲料作物面积 68.37 万 hm²，为解决牧区灾、欠年及冬春饲草不足发挥了重要作用。

4. 合理利用

近些年来，内蒙古大多数牧区现有载畜量均已超过草地可以实际负荷的能力，出现草地、家畜双退化的恶性循环局面。内蒙古退化草地面积占全区可利用草地面积的 73%，天然草场载畜量从 20 世纪 60 年代的 9301 万个羊单位下降到 2023 年的 5976.15 万个羊单位（暖季）。因此合理安排不同草地类型适宜载畜量已成为当务之急。近几年推行草畜平衡制度以来，内蒙古落实草原所有权面积 0.16 亿 hm²，落实承包到户面积 0.566 亿 hm²。内蒙古实施草畜平衡的草原面积占可利用草原面积的 51%，其中锡林郭勒盟草畜工作推广的力度最大，90%的牧户都签订了"草畜平衡责任书"。为了保障此项工作顺利开展，内蒙古发布了"草畜平衡实施细则"等配套法规。在实际生产中，草地载畜量受不同年度和不同季节的气候条件的制约，因此需要应用遥感技术结合地面调查的手段对草地生产力进行宏观监测，及时预报牧草长势及适宜载畜量，保持草与畜的动态平衡，实行以草定畜，既使资源得到充分的利用，又能保证草地生态系统的稳定性，实现草原资源的永续利用。

长期以来内蒙古牧区一直沿袭着传统的游牧方式，近几十年来由于人口的增加和牲畜量的增加，草原面积又不断缩小，很多地方已没有条件分季节放牧，过多的家畜常年在一块草地上自由放牧，造成优良牧草生机削弱，草场退化。要做到合理利用放牧地，就要采取科学的放牧制度，转变传统放牧方式。实施休牧、禁牧、划区轮牧是推行合理放牧制度的一项重要举措。

5. 加强监管

草原监测是保护草原的基础性工作。随着遥感时空分辨率的提高及计算机处理手段的进步，对草原状况进行宏观监测已成为现实。近年来我们采用 MODIS 即时数据信息，对内蒙古草原生产力进行监测与评估，分别计算暖季和冷季饲草总贮量，并结合降水资料，对内蒙古牧草长势情况做旬或月监测预报，为政府宏观决策、确定适宜载畜量、指导防灾抗灾工作提供准确、及时的信息。

二、植物补偿性生长与草地可持续利用

1. 植物补偿生长是草地放牧优化的重要基础理论

长期过度放牧导致草原生产力普遍衰减已是不争的事实，草原退化与生产力衰减相伴而存，维持与提高草原生产力已成为巩固我国草原保护成果、破解草原畜牧业发展僵局的重要策略和手段（Kang et al.，2007；Gao et al.，2008；Chen et al.，2017；Wang et al.，2017）。合理的放牧优化，提高草畜间耦合效应，有益于草原生态系统功能的稳定和生产力的提高。当放牧利用率达经济最佳放牧率时，放牧草地生态系统的经济收益最高且其生态稳定性不受影响，可以较好地维持草地资源的持续发展和高效生产，即草地持续生产的最大放牧利用强度（马红彬和余治家，2006；Kemp et al.，2013；Su et al.，2017）。

放牧草地生态系统中草畜之间的协同作用是放牧生态学的研究重点。放牧对草地植物群落既有积极作用，又有消极作用，其作用机制十分复杂（McIntyre et al.，1999）。根据植物与草食动物的协同作用可以分为 3 种不同类型模式，即超补偿（over-compensatory growth；植物补偿生长量超过牲畜采食）、欠补偿（under-compensatory growth；植物补偿生长量不足牲畜采食）和等补偿（equal-compensatory growth；植物补偿生长量与牲畜采食大致相等）（Trlica and Rittenhouse，1993）。

补偿与超补偿生长的提出是基于草食动物对植物个体、种群和群落结构及功能的积极作用的研究（Dyer and Bokhari，1976；McNaughton，1976，1979，1983；Owen and Wiegert，1976，1981；Stenseth，1978；Hilbert et al.，1981；Dyer et al.，1986；Paige and Whitham，1987），某些植物在受到动物采食后表现出的生长量、无性繁殖体或种子产量增加的现象，常被称为"草食动物优化"、"植物-动物互惠共生"、"放牧刺激"或者"食草作用对植物的益处"等，统称为补偿与超补偿生长（Belsky et al.，1993）。该观点认为适度放牧可以对植物生长产生积极的影响，使植物的净累积生物量超过不放牧植物的积累量。欠补偿性观点的提出是基于过度的草食动物干扰对植物群落产生的消极作用的观察，如叶面积、营养库和光合能力（Zangerl et al.，2002；赵威等，2016）、花粉产量和繁殖成功率（Quesada et al.，1995）与植被生长速率（Meyer，1998）的降低现象。该观点认为放牧对牧草生长产生消极影响，使牧草生物净积累量明显低于不放牧牧草的积累量，植物常常受害于失叶，表现为欠补偿性生长。等补偿性观点认为动物采食对植物影响较小，采食前后其累积生物量相差不明显。

补偿性生长的观点在许多研究中被予以证实，不同植物种类、在不同的环境中、从不同的水平（个体、群体）、不同生长阶段都表现出不同的补偿性生长模式（Dyer and Bokhari，1976；Owen and Wiegert，1981；韩国栋等，1999；马红彬和谢应忠，2008；赵威等，2016）。国内外大量研究表明，草地植物的超补偿生长并不总是发生且具有严格的前提条件，取决于采食对植物生长产生的促进与抑制作用之间的净效应，而这种净效应与植物群落类型、放牧历史、放牧强度、放牧时间、植物的耐牧性、贮藏营养物质状况、植物发育阶段，以及环境条件（降水、土壤肥力等）均有密切关系。如果牧草长时间经历放牧，植物的生长延迟，光合速率和生长速率都显著下降，资源将会重新分配，

将导致植物内部资源耗净，直至死亡（Briske and Richards，1995）。因此，过度放牧常导致植物群落的超补偿或等补偿生长的缺失，被认为是草原退化的重要原因。而植物超补偿或等补偿作用是维持放牧草地可持续利用的重要理论基础，其中超补偿生长假说为放牧优化理论提供了重要支持。

2. 植物的补偿和超补偿生长是草地可持续发展的重要基础

国内关于草地植物补偿与超补偿效应机制的研究起步较晚，主要从放牧优化采食机制说明适度的采食强度可增加对植物补偿性生长的作用（李向林，1997；原保忠等，1998；董全民等，2012，2014）、从冗余与补偿的关系方面对产生补偿性生长的本质进行过初步探讨（张荣和杜国祯，1998）。并取得了一些骄人的进展，最新的一项重要研究进展是在我国北方退化草地的畜禽草耦合模式获得突破，对退化草地进行传统放牧、牧鸡和围封三种土地利用方式的对比实验表明，适度牧鸡能够显著促进植被生长、提高土壤质量，其效果优于传统放牧；而通过调控牧鸡密度，其效果亦可优于围封（Su et al.，2017）。该研究从侧面验证了适度放牧发生补偿生长的基础理论，对退化草地生态和生产功能的提升具有重要实践指导意义。最新一项关于蒙古高原草食家畜与植物补偿生长的研究，是在内蒙古锡林郭勒典型草原区选择 100 个长期放牧家庭牧场，其所选监测点覆盖典型草原区大约 65 000km^2，对其地上现存生产力和物种多样性进行样带调查，且通过入户进行问卷调查，确定草场长期的家畜载畜率和人口密度，成果发表于 *Scientific Reports*（Yuan et al.，2016），研究表明地上生产力、物种多样性与人类、家畜数量呈单峰相关关系（图 26-2），进而说明适度的人类和家畜干扰对草地的生产力和多样性均具有补偿效应。然而该研究是大区域的样带测定，其不同的降水及与温度的交互作用均显著影响地上

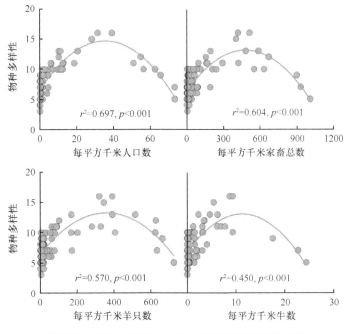

图 26-2　物种多样性与人口、家畜数量的相关关系

生产力和多样性的分布规律,且没有对地下净初级生产力进行测定,故不能确定不同放牧强度下,植物群落地下补偿生长是否具有补偿生长,且与地上补偿生长是否具有同步或异步性等规律变化,只有通过严格的人为控制试验,消除人类的干扰和自然气候因子差异的干扰,才能进一步证明植物群落的地上-地下补偿生长动态规律及其发生相互关系机理。

第四节 蒙古高原退化草原可持续管理模式

一、退化草原恢复管理模式

退化草地恢复具有极大的碳汇潜力,如果实现碳汇价值的交易,将会成为实现草地绿起来、牧民富起来的有效途径。Wang 等(2011)估计中国北方草地 20 世纪 60～90 年代在中度退化和重度退化草地共造成了接近 1.24Pg 的净碳损失。在干旱地区严酷的自然条件及人类活动的干扰使土壤很容易发生沙化。土壤沙化往往会引发如侵蚀、盐渍化和板结等退化过程。干旱区土地退化和荒漠化的直接作用是促进了土壤有机碳和无机碳的矿化,增加了碳的排放;间接作用是通过减少地上生物量生产,导致土壤结构的恶化和土壤容重的增加(樊恒文等,2002)。

内蒙古不含荒漠的草地面积约有 $5.758 \times 10^7 hm^2$,重度和中度退化草地面积已达 $2.504 \times 10^7 hm^2$,约占草地可利用面积的 40%。迫切需要采取切实有效的措施,减轻草原利用压力,重视草原碳汇价值,发展草原碳汇经济。适量施肥可以提高草地植物的产量,进而增加土壤的有机碳含量,过量施肥则加速有机质的矿化,降低土壤碳储量。管理措施的选择对草地碳变化的影响非常大,退化草地通过适当的管理,如施氮和引入豆科牧草、黄花苜蓿可以通过促进牧草生产而大幅度增加土壤碳。另外,通过政府职能部门有关政策和法规的实施,强化草原依法管理等一系列草地管理措施,可以有效改善草地状况,进而维护草原碳库的稳定,增加草地固碳减排的潜力。

围封禁牧是我国退化草地植被恢复的主要措施,全国重度退化草地如果全面实施围栏封育措施,固碳潜力每年达 12.01Tg C(郭然等,2008)。Wang 等(2011)根据我国 205 个退化草原样点观测数据估测,围栏封育后草原土壤有机碳平均每年增加 6.3%。随着围封禁牧年限的增加,土壤有机质含量逐渐升高,羊草草地围封禁牧 20 年以后,土壤有机质含量可以达到稳定(Wu et al.,2008)。围封禁牧草地增加碳汇的主要原因是封育促进了草原植被恢复,提高净初级生产力和光合产物向地下的转运量,同时改善恢复了地下生物和非生物环境。围封禁牧有效地改善退化草地地上植被的群落结构,显著提高地上生物量、地下生物量、立枯物和凋落物的量(张洪生等,2010;董晓玉等,2010),增强碳汇功能。在风蚀较严重的阿拉善荒漠草原,采取封育措施后,草原植被逐渐恢复,输入土壤的凋落物增加,土壤风蚀减少,促进了土壤有机碳含量增加(Qu et al.,2004)。围栏封育后,草原土壤微生物生物量碳、氮、磷和土壤脲酶、磷酸单酯酶、脱氢酶、蛋白酶活性均大幅度提高,土壤微生物活性增强,同时草地土壤含盐量、pH 显著下降,土壤有机质、全氮、全磷、速效氮和速效磷等养分含量也显著增加(曹成有等,2011),

改善了土壤生物环境，土壤养分含量的增加可促进碳的固持（Piñeiro et al.，2009）。封育不仅具有恢复退化草地植被的作用，而且通过改善植被状况增强退化草地的固碳作用。退化草地不仅其植被的 CO_2 吸收量降低，而且其土壤呼吸量明显增强，从而加速碳素由土壤向大气的释放（齐凤林和彭爽，2011），而封育有效地减缓了这一过程。根据闫玉春和唐海萍（2008）的研究，围封后植被与土壤的恢复提高了植物-土壤系统碳储量，另外，植被的恢复防止了土壤风蚀，避免了有机碳含量较高的表层土壤流失，从而贡献于土壤碳储量。

二、人工草地建设管理模式

人工草地在世界农牧业生产和发展中发挥重要作用，在环境保护与环境产业中具有重要意义。人工草地是利用综合农业技术，在完全破坏原有植被的基础上，通过人为的播种建植的新的人工草本群落。人工草地在群落的盖度、密度、高度和生物量等方面一般优于天然草地，因此它保护环境的能力，尤其是在快速恢复水土流失区、严重退化的草地、撂荒地、矿业废弃地和矿渣地的植被方面具有特别优异的能力（胡自治，2000）。人工草地是农牧业发展水平的重要标志，产量一般是天然草地的 5～10 倍，且稳定、优质，在畜牧业发达国家人工草地占草地面积比例多在 20%～70%，其比例每增加 1%，草地动物生产增加 4% 以上（张自和，2014）。人工草地在我国农牧业发展中具有十分重要的作用，研究人工草地碳储量对陆地生态系统碳源、汇的影响及碳收支评估的准确性具有重要意义。加强对人工草地的建设，可以使我国人工草地的巨大碳库在碳贸易市场中争取更多的碳减排额度，在不影响当地畜牧业发展的同时，不但可以为当地经济注入新的资金流。如果有足够的高光合效率的人工草地，我国草地畜牧业状况将发生质的变化，饲草紧张及饲草的季节不平衡状况就可得到控制，尤其是草地供氮及蛋白质饲料紧缺等问题将得到解决，我国草地畜牧业从此将走上健康的、可持续发展的道路，我国退化草地也将得以休养生息、自然恢复（牛书丽和蒋高明，2004）。

人工草地是不容忽视的重要碳汇。美国中西部干旱区，新建草地可以贮存碳 0.6t/（ $hm^2 \cdot a$ ）；加拿大萨斯喀彻温省中东部一年生作物更替为多年生禾草后，0～15cm 土壤中有机碳积累速率也可达 0.6～0.8t/（ $hm^2 \cdot a$ ）。苜蓿是我国人工草地中栽培面积最大的牧草，进入 21 世纪以来，中国苜蓿的保留和播种面积在 230 万～260 万 hm^2（洪绂曾，2009），占全国人工草地总面积的 78.5%（程积民等，2011），目前我国在碳储量方面研究较多的人工草地主要是苜蓿草地（郜继承等，2010）。我国苜蓿生产经历 1996～2004 年全国性退耕还林还草期间的种植大发展，2005～2009 年因种粮补贴政策、苜蓿比较效益低而被挤压的种植面积下滑，2008 年以后三聚氰胺事件引发的奶业振兴和对优质饲料的迫切需求，苜蓿种植又趋回升三个阶段，目前呈现继续回升向好的发展态势。特别是近 10 年，如内蒙古阿鲁科尔沁旗，2013 年苜蓿面积达 60 万亩以上，形成了苜蓿干草生产或青贮利用的产业化雏形，对全国苜蓿的产业化发展将起到重要推动作用（张自和，2014）。

人工草地的碳储量与草地生产力和生物量有着密切的联系。人工草地碳储量主要包括植被碳储量和土壤有机碳储量，植被碳储量包括地上和地下生物碳储量。人工草地作为草地生态系统的重要部分，其碳储量也主要集中在土壤层，包括地下生物碳储量和土壤有机碳储量（陈晓鹏和尚占环，2011）。人工草地的生物量直接影响其碳储量，如果人工草地质量得到提高，则其吸存的碳大于其释放的碳，则人工草地具有碳汇功能；反之，人工草地也会成为一个巨大的碳源，加剧气候变暖和温室效应。根系是人工草地重要的碳汇，人工草地是土壤中碳的主要来源。草地生态系统中地下生物量通常超过地上生物量的 2～5 倍（吴伊波和崔骁勇，2009），植物地下部分的碳素固定量可能是全球"碳失汇"中的一个重要的汇。通过根系输入土壤中的碳也远远超过了地上凋落物的碳输入量。因此，研究人工草地地下生物量对揭示该草地固碳机制具有极其重要的意义。人工草地增汇减排方法可采取以下措施改善草地管理策略，提高草地碳汇能力，主要措施有通过建立人工草地提高草地生产力、通过围栏封育等恢复退化沙化草地，采取减少牲畜数量等措施，降低放牧压力，提高天然草地增汇能力。目前，人工草地建植主要采用不同牧草混播的形式进行，选取适合当地生境的牧草品种，进行适宜的播种和田间管理，可以达到草地固碳能力最大化的目的。在许多人工草地上都采用豆科其他草类混播的形式。在我国天然草地生态系统中，氮是限制草地生产力的主要因素，而不足的部分氮，可以通过引入豆科植物而得以补充。在豆科与禾本科混播草地上，豆科植物固氮最多可达到草地上部氮积累总量的 46%，被认为足以维持系统的生产力（Cadisch et al.，1994）。例如，豆科白三叶与禾本科牧草混播，每年通过白三叶地下部的降解传给相邻禾本科牧草的氮量为 $3～102kg\ N/hm^2$，约占生物总固氮量的 26%（Ledgard and Steele，1992）。近 10 年，我国奶牛和肉牛等大型反刍动物数量增加迅速，反刍动物的甲烷排放量也成倍增长。有效抑制反刍动物甲烷排放量不仅能缓解温室效应，而且还可提高饲料的能量利用率。据 Woodward 等（1999）报道，当饲喂百脉根属植物和黑麦草或苜蓿的混合牧草时，可以显著降低绵羊和奶牛的甲烷产生量；单宁是潜在的甲烷抑制剂，单宁类牧草取代其他牧草进行饲喂，其抑制甲烷的效果已得到证实。

三、退化草地改良管理模式

自然因素（降水）和人为因素（过度放牧）共同驱动了草地的退化。草地退化是整个草地生态系统的退化，包括植被退化、土壤退化及连接各功能组分能流的衰减。根据巴达尔胡和赵和平（2010）针对内蒙古草地退化情况进行深入的调查研究显示，20 世纪 80 年代，内蒙古地区的可利用草地面积为 $0.636×10^6km^2$，占总草地面积的 80.7%，在可利用草地中，有 $0.250×10^6km^2$ 的草地已有不同程度的退化，约占可利用草地面积的 39.4%；其中，轻度退化的草地为 $0.118×10^6km^2$，占 47.3%，中度退化的草地为 $0.088×10^6km^2$，占 35.3%，重度退化的草地为 $0.044×10^6km^2$，占 17.4%。人类对草地的管理活动，包括围封、禁牧、轮牧、补播、人工种植等，会对草地碳库产生显著的影响，其主要体现在对土壤质量和地上生物量的改变，但是各种管理活动的影响过程和程度各不相同。目前我国草地改良主要是对草地的土壤改良和植被的恢复与改善，具体改良方法有围栏封育改良、浅翻轻耙改良、松土改良、补播改良、施肥改良及除毒草改良。草原改良是草地持续管理的重要内容，改良措施的正确运用是草原碳汇恢复的关键（张英俊等，2013）。

草地改良是指在不破坏或很少破坏原生植被条件下，用生态学基本原理和方法，通过各种农艺措施，改变天然草群赖以生存的环境条件，促进原生植被生长，必要时引入适宜当地生存的野生种或驯化种，改变天然草群成分，增加优良牧草密度和盖度，提高草地第一性生产力。退化草地的封育恢复主要依靠土壤种子库的自然萌发，研究发现重度退化草地上优势种大多在土壤种子库中缺失或种子密度较低，通过补播关键种和缺失种，能够有效地促进退化草地的植被恢复和碳汇增强（Kiehl，2010）。Conant 等（2001）总结前人研究结果估测，补播后草地每年每公顷可增加固碳 0.75～3.04Mg，石锋等（2009）比较补播改良与围封禁牧对土壤有机质的影响，发现补播草地土壤有机碳的年增加量最大，达每公顷 0.9 Mg，围封禁牧草地土壤有机碳的年增加量只有每公顷 0.48Mg。因此，补播改良是重度退化草地碳汇恢复的有效措施，补播牧草种类对固碳效率影响较大。

对退化草原进行浅耕翻改良，在草地浅耕翻改良初期，土壤透气性增加导致土壤有机质分解加快，土壤 N_2O 和 CO_2 释放增加（Vellinga et al.，2004），不利于草地碳的固持。从长远来看，浅耕翻可有效地改善草地土壤物理性状，增加土壤团聚体结构的稳定系数，降低土壤容重，提高土壤保水能力，同时促进土壤中有机质、全氮、全磷、速效氮、速效磷等养分的快速积累，土壤物理性状的改良和养分含量的提高，将提高生物量并增加群落多样性，促进植被恢复，提高草地碳汇功能。草地灌溉后净初级生产力增长迅速，增加草地碳的固持，Conant 等（2001）指出草地灌溉每年每公顷可增加碳固定 0.11 Mg。O'Brien 等（2010）研究发现土壤水分含量和植被是草地恢复过程中土壤有机质增加的主要驱动因子。退化草地灌溉后，植物种类数和丰富度增加，草地净初级生产力提高，促进植被恢复重建（高天明等，2011），灌溉也增加土壤水分，改善土壤物理结构，提高土壤养分的有效性，有利于草地碳固持。施肥对草原碳汇有着积极作用。Conant 等（2001）总结美国和欧洲草地施肥的研究结果，发现施肥平均每年增加 2.2% 土壤有机碳。大多数退化草地处于养分亏缺状态，有效养分含量较低，对退化草地合理施肥，可迅速增加植被植物多样性，促进草原生产力恢复，提高草原土壤有机碳水平。对于管理良好的草地，施肥可有效补充放牧或刈割利用带走的营养元素，平衡草地营养物循环，有利于土壤有机碳的增加，施肥对草地碳汇的作用与肥料种类有关（张英俊等，2013）。

四、天然草原生态保护工程项目管理模式

我国天然草原面积 $4.00×10^8 hm^2$，约占国土面积的 41.7%，其中可利用面积 $3.30×10^8 hm^2$，主要分布在干旱、半干旱地区，包括牧区草原 $3.00×10^8 hm^2$，农区草山草坡 $0.87×10^8 hm^2$，滩涂草地 $0.13×10^8 hm^2$（鲁春霞等，2009）。草原是我国面积最大的绿色生态屏障，直接关系到我国生态安全的全局，在防风固沙、涵养水源、保持水土、维护生物多样性等方面具有不可替代的重要作用（刘加文，2008；杨振海，2009）。然而随着牧区人口增加、牲畜数量增长、畜牧业需求加大，天然草原超载过牧问题日益严重，2000～2008 年数据显示，牧区合理载畜量为 1.2 亿个羊单位，实际载畜量近 1.8 亿个羊单位，

超载率近 50%。长期超载过牧及不合理利用造成草原不堪重负,草畜矛盾不断加剧,草原退化面积持续扩大(李金花等,2004;李素英等,2007;刘钟龄等,2002),从 20 世纪 70 年代中期约 15%的可利用天然草原出现退化、80 年代中期的 30%、90 年代中期的 50%、持续增长到目前约 90%的可利用天然草原出现不同程度退化,导致草原生产力大幅下降、水土流失严重、沙尘暴频发、畜牧业发展举步维艰(赵艳云和胡向明,2008;陈佐忠和汪诗平,2000),草原生态、经济形势十分严峻,可持续发展面临严重威胁。

从新中国成立到改革开放之前的 30 年中,草原的功能主要被定位为畜牧业发展的物质基础,其生态价值并未受到关注,出现了"重利用、轻保护、重索取、轻投入"等问题,草原面积锐减,草原生态保护处于被忽视、被边缘化的地位,国家对草原的投入少之又少,用于草原的投入不到 0.02 元/亩;改革开放到 20 世纪末的 20 多年,牧区人口增长、牲畜大幅增加,人草畜矛盾凸显,草原生态呈恶化趋势,但并未引起国家的高度重视,国家仅在飞播种草、草原虫害、草原保护与植被重建、放牧家畜改良与管理等方面进行小规模生态补偿和建设工程,累计投资 21 亿元,平均投入约为 0.05 元/亩;直至进入 21 世纪,草原生态环境问题越来越严峻,草原的生态功能逐渐得到广泛关注和重视,特别是中国共产党第十七次全国代表大会提出建设生态文明的指导思想后,草原战略地位大幅提升,国家对草原的投入亦大幅增加,先后实施了天然草原植被恢复建设与保护项目及牧草种子繁育基地建设项目、退耕还林还草工程、京津风沙源治理工程、退牧还草等工程项目,累计投资近 300 亿元;特别是,在 2011 年党中央、国务院对草原生态恶化、草原畜牧业发展艰难、牧民生计困难等问题开始给予高度重视,提出"生产生态有机结合、生态优先"的战略方针,建立并实行了草原生态保护补助奖励机制,出台了《关于促进牧区又好又快发展的若干意见》(国发〔2011〕17 号),召开了全国牧区工作会议(马有祥,2012)。国家对草原保护建设的支持力度达到空前,每年投入达 200 亿元以上,草原生态、经济、社会可持续发展至此进入一个新的阶段。

草原生态补偿政策包括生态工程性补偿和减畜奖励性补偿,前者主要是指京津风沙源治理工程和退牧还草工程,后者是指草原生态保护补助奖励机制。京津风沙源治理工程涉及北京、天津、山西、内蒙古、河北等地,截至 2010 年,国家累计安排资金 412 亿元,通过实施人工造林、飞播造林、封山育林、人工种草、飞播牧草、围栏封育、小流域治理,以及开展禁牧舍饲、生态移民、水源工程、节水灌溉等配套措施,累计完成退耕还林和造林 9002 万亩,草地治理 1.3 亿亩,小流域综合治理 1.18 万 km², 生态移民 17 万多人(王立群等,2013)。退牧还草工程涉及内蒙古、新疆、青海、甘肃、四川、西藏、宁夏、云南等 10 省份和新疆生产建设兵团,截至 2012 年,累计投入资金 175.7 亿元,工程惠及 174 个县(旗、团场)、90 多万农牧户、450 多万名农牧民。共安排围栏建设任务 9.09 亿亩,其中,禁牧围栏 3.91 亿亩,休牧围栏 4.78 亿亩,划区轮牧围栏 3934 万亩,退化草原补播改良 2.30 亿亩,棚圈建设 12.7 万户,人工饲草地 153 万亩,石漠化草地治理 312 万亩(杨振海,2013)。草原生态保护补助奖励政策覆盖了全国 268 个牧区和半牧区县,通过实施禁牧补助和草畜平衡奖励、对牧民给予生产性补贴等一整套支持政策,对农牧户的补贴主要有禁牧补助、草畜平衡奖励、牧民生产性补贴。中央财政每年安排 134 亿元对草原牧区开展补助和奖励,政策惠及近 200 万户牧民,3 年来,草原牧区已落实禁牧面积 12.3 亿亩，草畜平衡面积 26 亿亩，取得了较显著的生态、经济和社会效益。

通过退耕还林还草、京津风沙源治理工程，尤其是退牧还草工程、草原生态保护补助奖励政策等的实施，工程区草原植被得到明显恢复，草原生态环境持续恶化的势头得到初步遏制，草原畜牧业生产方式加快转变，畜牧业综合生产能力明显提高，农牧民生产生活水平进一步提高，保护草原和参与工程建设的积极性显著增强。2013 年，各重大生态工程区草原植被盖度比非工程区平均高出 11%，高度平均高出 35.1%，鲜草产量平均高出 57.2%，可食鲜草产量平均高出 64.3%。其中，退牧还草工程区草原植被盖度较非工程区高出 10%，高度、鲜草产量分别高出 34.8%、53.5%，一些几乎绝迹的牧草如蒙古冰草、羊草等开始出现（刘源，2014）；京津风沙源治理工程区项目区与启动前的 2000 年相比，植被盖度提高了 14%～16%，产草量提高了 25%～34.2%，明沙面积减少了 24.7%～30.7%。通过持续开展草原生态保护工程建设和落实相关草原保护制度，工程区范围草原生态明显恢复。但由于我国草原面积大、底子薄、历史欠账多，草原生态环境恶化的趋势并没有根本扭转，远不及 20 世纪 80 年代前的水平。工程加快了传统畜牧业生产方式的转变，工程区 2700 多万个羊单位的牲畜从完全依赖天然草原放牧转变为舍饲半舍饲。生态建设和大面积禁牧、休牧、轮牧，推动了畜牧业生产布局调整和生产方式转变。通过建设人工割草地，推广改良牲畜和舍饲育肥等良种良法，发展合作社，优化了牧区畜牧业生产方式。2000～2008 年内蒙古牛奶年产量由 80 万 t 提高到 912 万 t，肉类年产量由 106 万 t 增加到 220 万 t。

通过工程实施，农牧民收入有所增长。生态建设的公益性工程为农牧民就地务工创造了条件，增加了劳务收入；兑现了生态工程补助，也增加了项目区农牧民政策性补贴收入。东乌珠穆沁旗 2009 年牧民人均纯收入达到 9997 元；西乌珠穆沁旗"十一五"期间牧民人均纯收入年均增长 17%。但由于牧区基础设施建设落后，牧民生产、生活成本高，牧区基础设施和畜牧业服务机构不健全，社会事业发展欠账较多，导致牧民生产生活支出较农区高；由于牧民的直接收入来源为牲畜的数量扩张，而草畜平衡政策实施引起的减畜行为直接影响牧民收入，有研究指出，资金匮乏是大部分农牧民生产经营活动面临的最大困难（陈海燕，2013），并不能满足牧民生产生活的需求，牧民生计仍面临困境。

天然草原生态保护工程项目是针对草业碳汇和生态功能的重要机制，政府通过财政转移支付，以保护和可持续利用生态系统服务为目的，以经济手段为主调节相关者利益关系的制度安排，实质上是对生态环境功能或生态环境价值的补偿，包括对为保护和恢复生态环境及其功能而付出代价、做出牺牲的区域、单位等进行经济补偿，对因开发利用自然资源而损害环境能力或导致生态环境价值丧失的单位等收取经济补偿等，以促进生态功能区的可持续发展。

五、草原低碳畜牧业可持续管理模式

关于低碳畜牧业的概念，目前尚无明确界定。根据低碳经济的总体概念、基本内涵和主要特征，王军等（2011）认为，低碳畜牧业应是继现代化畜牧业发展模式之后的一种低碳、低能、低排、生态、有机、绿色及具有良好社会生态经济效益的发展模式。通过技术创新、制度改革、产业转型和新型能源开发利用等多种手段，减少畜牧生产中各环节的碳排放，达到降低能源消耗（尤其是高碳能源消耗）、减少污染的目的，最终实现畜牧业生产、发展与生态环境保护双赢的一种经济发展形态。低碳畜牧业的发展，是以现代畜牧业新技术、新能源、新模式为科学支撑，从而达到低能耗、低排放、低污染"三低"目标。随着低碳经济发展中的能源、环境、建筑结构、供排水、绿地等碳排放与碳汇技术的集成研究、应用与推广，势必会进一步推动畜牧业生产科技水平的迅速提升。畜牧业碳排放的直接方式主要为畜禽粪尿、动物呼吸、肠道气体及生产中产生的污水、污物的排放；畜牧业碳排放的间接方式集中表现为，在养殖过程中过度消耗资源、污染环境，导致气候发生变化，从而破坏环境。例如，过度放牧，会使草地退化；过度使用无机化肥，会使草场、草地碳储能力下降，增加碳排放；过度消耗水资源，会因产生大量污水而加剧碳排放；过度耕作，会破坏土壤结构，降低土壤有机质含量，导致土壤储碳能力下降，增加碳排放。发展低碳畜牧业，可大力助推生态、有机、绿色畜牧业的发展；有利于产业转型、结构调整与效益提升；有利于推动畜牧业生产科技水平迅速提高。

长期以来，我国草原畜牧业主要以放牧饲养为主，由于草原建设跟不上，牧民增加收入主要靠多养牲畜来实现，因而导致草原超载过牧，生产力不断降低。为实现草原资源可持续发展战略，牧区一定要实施好已垦草原的植被重建和恢复，并彻底转变数量型发展观念，树立以科技为先导的效益型观念，努力提高草原畜产品的数量和质量，提高草原生态系统可持续发展的整体水平。要加快研究不同草原类型的持续利用与草畜平衡技术，建立生态型草原畜牧业持续发展示范区。草原牧区要实行划区轮牧和限牧政策，切实以草定畜，提高综合效益；半农半牧区要实施退耕还草、草田轮作，建立高产饲草料基地，充分利用秸秆资源逐步推广舍饲、半舍饲饲养；农区要搞好农牧结合，积极推广"三元"种植结构，引草入田，推广冬闲田种草，实施牧区繁殖农区育肥，提高畜产品产量和质量，减轻牧区草原的压力，提高草原畜牧业的经济效益（张智山和刘天明，2001）。

在人类发展过程中，畜牧业始终伴随着人类的发展而发展，在原始社会，以狩猎为表现形式的畜牧业便开始产生并形成。进入封建社会，由于农耕文化的产生和对动力需要的增强，以养殖大型牲畜来取得役力用于农耕，养殖小型家畜以获得肉蛋奶皮毛等用于改善生活的养殖型畜牧业便获得较快发展。进入到现代社会，尤其是市场经济时代，以增强资源利用而获得最大产出的强度索取性畜牧业获得了较好的发展。但随着人口的增加、社会需求水平的提高和资源环境压力的增大，这种强度索取性的畜牧业发展出现了前所未有的问题，如引发了资源与环境的退化、降低了产品质量、影响了居民卫生与健康等，导致畜牧业本身发展上的危机。在这种情况下，必须重新定位畜牧业发展的方式，生态型畜牧业便应运而生。它是一种定位于多个目标，耦合多元价值的畜牧业，它把市场的目标、环境的目标、社会的目标、畜牧业生产主体的目标高度地关联在一起，既考虑了市场的选择结果，又体现了社会发展的内在需求，是一个把畜牧业发展过程中的生态价值、经济价值与社会价值衔接并且高度联结起来的新型畜牧业。因而，它既不是传统农业时代的以低循环、低效益和低产出为基本特征的畜牧业，也不是石油农业时代的以高消耗和高产出为基本特点的畜牧业，而是一种在可持续发展农业时代所追求的更加关注生态环境、关注资源循环利用和高效转化、关注居民卫生健康的畜牧业。这种畜牧业无疑是畜牧业发展过程中所必须追求的更高层次。生态型畜牧业除了使环境资源系统运转更加顺畅以外，还以其所能够营造的良好环境、生产的高质量产品而有益于保障居民的健康，并最终按照符合人类社会发展意愿的方向不断演进。这是确保一个产业能够持续发展的关键所在，也是一个产业本身所必须蕴涵的社会责任。家庭生态牧场畜牧业是一种典型的生态畜牧业经营模式，是以草牧场"双权一制"落实到户为前提，以一家一户为经营单位，以草牧场生态建设、草场改良植被恢复、草畜平衡为基点，以舍饲、半舍饲养畜形式，实施科学养畜和建设养畜，以提高经济效益和生态效益为目的的家庭生产经营模式（颜景辰，2007）。侯向阳（2010）提出，大力发展草原生态畜牧业是解决草原退化困境的有效途径，同时对草原生态畜牧业发展的模式和布局进行了探讨，提出草原生态畜牧业发展的五大模式，分别是家庭生态牧场模式、绿色生态品牌模式、优良品种保护与特色畜产品模式、区域耦合发展模式和产业化科技扶贫模式。因此，发展草原生态畜牧业，功在当代，利在当代，更在千秋，是将草原生态建设与产业发展有机结合的新方向，对于维护我国生态安全、食物安全、边疆社会稳定和安全，对于做好草原大文章，有效解决"三农"、"三牧"问题均具有举足轻重的意义。

六、草地可再生新能源开发技术模式

可再生能源是可以再生的能源总称，包括水能、风能、太阳能、地热能、海洋能、生物质能等非化石能源。可再生能源是可连续再生、永续利用的清洁能源，能够不随其自身转化或人类开发利用而衰竭，且分布广，既可当地开发，又可分散利用。草地除了生产丰富的生物资源外，还是风能和太阳能等可再生能源的蕴藏地，广袤无垠的草地是建设大规模风电场和太阳能发电站的优良场所。特别是风电发展具有占地面积小、装机容量大等优势，结合智能电网建设，可再生能源成为低碳草业发展的核心要素之一。畜牧业产生的大量牲畜粪便等有机物是发展沼气的良好资源，根据《可再生能源产业发展指导目录》，发展大型沼气工程也是促进低碳牧区发展、建设零碳新型社区的重要支撑（朱守先，2014）。

内蒙古风能资源总储量近9亿kW，居全国首位，大多数盟市具备建设100万kW甚至1000万kW级风电场的条件；年日照时间为2600~3200h，居全国第二位，具有较好的建设太阳能基地的条件。内蒙古低碳技术的开发和应用比较广泛，低碳产品的发展潜力较大，一是能源类，包括煤制油、煤制醇醚燃料、风力发电和太阳能发电；二是装备类，包括节能与新能源汽车及其配件；三是材料类，包括用于节能减排的稀土永磁材料、稀土储氢材料和用于制造光伏电池的硅材料等；四是循环利用类，如利用粉煤灰制造砖块、提取氧化铝，利用建筑垃圾制造节能墙体材料，利用煤矸石发电、制造优质高岭土等（郭秀艳等，2012）。

要破解经济建设与生态保护、节能减排协调发展的难题，整合碳汇资源，大力发展绿色经济，内蒙古一方面要确保经济增长，为国家提供充足能源资源；另一方面要节能减排，使用新型能源包括煤制油、煤制醇醚燃料、风力发电和太阳能发电；对高能耗企业限期进行合同能源管理，减少电能消耗，循环利用余热及可再生清洁能源，保证完成减少二氧化碳等温室气体排放量的任务，同时还要保护生态环境，确保国家北方生态安全。

目前，低碳技术在发展低碳经济中具有重要作用，掌握相关技术的国家自然会成为业内的领先者与主导者，低碳产业的开发与发展在应对气候变化中起到了关键性作用。各国在低碳技术的研究中已经取得了一些突破性成果。例如，由西班牙专家梅塞德斯·马罗托-巴莱尔领导的英国科研小组发明了一项将二氧化碳（CO_2）转化为天然气的技术。利用这一技术可以收集热电厂、水泥厂和石油提炼工厂等高污染工业释放出来的 CO_2，并将其储存在废弃油井或天然气井、碳矿或地质层等地质沉积场所。然后科学家利用一个与植物光合作用相似的过程将 CO_2 转化成天然气主要成分——沼气。如果这一技术在全球范围使用，将带来完美的能源循环（陈红英和唐芳，2009）。

可再生能源低碳技术属于无碳技术创新模式，它通过无碳排放为目的的可再生能源技术的应用达到零排放的标准。无碳技术创新能够合理有效地开发和利用可再生资源，减少不可再生资源的消耗，有利于提升可再生资源的利用率。大力发展新能源技术，开发利用太阳能、风能、潮汐能等可再生资源，减少对煤炭、石油、水等能源的依赖。无碳技术创新模式是一种从根本上杜绝碳排放影响人类生存与发展的源头控制或事先控制的技术创新模式。同时该低碳技术体现了生态技术观，注重自然资源的养护和再生，强调对生态环境的保护，充分体现了生态哲学思想中的生态自然观思想。是未来发展潜力最大的技术创新领域。无碳技术创新包括风电、核电、水电、太阳能、生物质能源和沼气等可再生资源的技术创新。风电技术创新领域发展方面，预计到 2030 年可达到 3 亿 kW，到 2050 年将超过水电达到 5 亿 kW。核电发展方面，我国在 2010 年的核电装机容量大约为 1000 万 kW，预计到 2030 年可达 2 亿 kW，2050 年可达 4 亿 kW。生物质能源技术方面，生物质柴油可以制成优质石油，这种优质石油可用于飞机燃料等方面（许晓舟，2013）。

七、退化草地放牧优化管理模式

放牧作为最主要的草地利用管理方式，是影响草地生态系统生产力最重要的因素。放牧是一个非常复杂的过程，由许多因素构成，包括牧草、家畜、土壤和气候，它们之间相互作用、相互影响。这些因素中，草食家畜是甲烷和氮氧化物的重要排放源，排放量为 0.65 亿～0.85 亿 t/a，占全球排放总量的 15%～25%，超过汽车排放量。农业排放的 63% 的甲烷来自于家畜，32% 来自于家畜粪便的分解。向家畜提供高品质牧草，可以有效减少放牧系统温室气体的排放水平和排泄物氮氧化物的释放水平。通过对放牧家畜的有效管理，达到减少放牧家畜甲烷、氮氧化物的排放量，缓解草地在当前利用状况下温室气体的排放。

适度放牧可维持土壤碳库，放牧地贮藏了全球 10%～30% 的土壤碳。美国年降水

333mm 以下的天然草地由过牧退化改为适度放牧后，碳储量增幅可达 $0.1 \sim 0.3t/(hm^2 \cdot a)$。在放牧过程中，载畜率（单位面积家畜的头数）的数量是关键。不同的载畜率改变植物种类组成，影响草地植被的生物量和土壤碳储量。揭示不同载畜率条件下草地的碳汇潜力，对草地的合理利用及草地的可持续发展具有极其重要的现实意义。过度放牧条件下植被的初级生产力下降，加之动物的采食使得土壤有机碳的输入量下降。此外，放牧还促进土壤呼吸作用、加快土壤有机碳的分解（周广胜，2003）。王仁忠（1998）研究表明，随着放牧强度的增大，土壤有机质含量显著降低，土壤趋于贫瘠化。安登第等（2003）认为，随着放牧强度的增加，有机质含量显著降低（尤其是 $0 \sim 20cm$），重牧条件下土壤有机质含量仅为无牧条件下的 48%，土壤全氮和速效性养分也表现出相似的变化趋势。傅华等（2004）研究表明，阿拉善左旗贺兰山前草原化荒漠区 15 年持续过度放牧后，致使 $0 \sim 20cm$ 层土壤有机碳含量下降了 25.2%。而适度的放牧不仅不会引起草地退化和碳素减少，相反有利于草地土壤碳蓄积，Ojima 等（1993）估计，如果将放牧水平增加到 $30\% \sim 50\%$，未来 50 年内温暖地区草地中的碳将大部分丧失，而适度放牧并维持草地的可持续管理可以减少草地碳排放，增加草地的开垦也会降低生态系统的碳储量。

随着草地的日益退化，放牧管理优化模式及草地畜牧业生产模式的优化已成为近年来的研究热点。不同国家、不同地区所采取的放牧管理方式有所不同，但是最终目的都是最大限度地挖掘草地生产潜力，提高草地管理水平，实现草土畜的平衡和畜牧业的可持续发展。我国的学者在借鉴国外放牧管理经验的同时，结合了我国的国情提出了放牧管理的具体措施，主要包括春季休牧、轮牧的研究，冬季补饲、放牧草场和割草场的研究等。对内蒙古荒漠草原进行划区轮牧的研究，证明了划区轮牧较连续放牧来说更有利于草地植被的生长和家畜生产性能的提高（韩国栋和卫智军，2001）。优化家庭牧场生产结构，实施以暖棚、围栏、人工草地等设施建设和集约化生产，对改良绵羊的越冬方式和生产冬羔方式具有明显的生态效益和重要的社会经济效益，可以提高广大农牧民的生活水平和质量（王启基等，2006）。李玉荣（1996）对内蒙古科尔沁草甸草原肉牛优化饲养模式进行研究，提出枯草期补饲、冬春舍饲育肥是以粗饲料饲养为主的优化管理的生产模式。GRASIM 是一种综合放牧管理模型，包括牧场放牧管理系统的所有因素，用以模拟高强度轮牧管理，可预测地上生物量、牧草营养质量及土壤的营养，以便更好地认识牧场系统，确定放牧管理策略，改善牧场状况，评估不同放牧管理策略对牧场经济及环境所产生的影响（Mohtar，2004）。肯塔基肉牛-牧草模型是一个全面完善的牧场系统模型，可以让牧户自己有效地评价牧场管理决策的结果，如牧草和牲畜生产、牲畜能量消耗及经济回报等。该模型包括牧草生长-成分模型，牲畜生理生长-饲料采食模型和牧草-牲畜交互作用模型。由澳大利亚科学与工业研究所（CSIRO）植物工业部的放牧计划小组开发的牧草生长模型是决策支持模型，该模型可以模拟牧草生长，并预测牲畜采食对牧草生产的影响，模型以每日的气象数据、用户设定的土壤类型、牧场草种和牲畜品种为基础信息。用户可以根据牧场、牲畜生产、毛利润和年际变量来分析放牧管理系统（Moore et al.，1977）。

目前，我国的草原优化放牧管理仅是针对区域草地生态单一问题进行，全因素或多因素的优化管理模式仍处于概念模型和理论研究阶段，没有真正地实现草地生态系统的优化管理。有的只是小范围的试验性研究，而如何高效利用草地资源的同时确保草地生态系统基本功能不受到破坏，是草地生态系统优化管理研究的核心。环境所面临的草地退化、草地生态生产功能下降、草地畜牧业发展受阻等问题，以植被多样性保护和适度利用为前提、以优化草原畜牧业生产与经营方式为核心，利用草地生态经济模型（"草畜平衡模型"和"牧场系统优化模型"），构建内蒙古草原生态系统放牧管理优化模式，将为草原生态环境的恢复和草地畜牧业的可持续发展提供科学依据，达到在草原生态恢复和合理利用的前提下，增加当地农牧民收入的目的，进而达到增加草地固碳减排的目的。

八、能源草业开发利用技术模式

在当前全球生物能源产业迅猛发展的形势下，随着化石燃料日趋枯竭和生态环境日渐恶化，可再生替代能源的开发利用成为时代需求。绿色植物已成为能源植物的研究热点之一，并认为生物质能是最具前景的可再生能源之一（Hoogwijk et al.，2003）。生物质是绿色植物通过光合作用形成的有机体，其种类多、数量大，可转化为气、液、固三种形态燃料，还可生产多种生物基产品。因此，高光效高生物量能源植物的开发利用是生物质原料供应的重要保障（Lemus and Lal，2005）。发展能源草产业不但符合国家战略需求，也顺应世界生物能源科技发展的潮流。能源植物（energy plant）是生物燃料生产过程中的重要供给原材料，从广义上讲包括通过光合作用，在太阳能照射条件下将二氧化碳和水转化为碳水化合物，同时将日光能转化为化学能贮藏于植物体内的一切植物资源；一般意义上讲，能源植物又称为石油植物、柴油植物或者生物燃料油植物，通常是指那些能够高效地利用光能，具有合成较高还原性烃的能力，可产生接近石油成分或可以替代石油产品的植物及富含油脂、糖类、淀粉类、纤维素等的植物（高凯，2012）。能源草（纤维素类草本能源植物）具有多年生、抗性强、光能利用效率高、种植成本低、生态效益好和适宜在边际土地上种植等诸多优点，被认为是最具开发利用前景的能源植物之一。

能源草适应性强，对土壤和气候要求不高，在各种土壤类型上均有适宜草种可种植。生长速度快、干物质产量高是能源草的重要特征。我国北方牧草物种丰富，年干物质产量在 $3.0t/hm^2$ 以上的多年生草本植物主要有 23 种（表 26-2）。这些草目前主要用于饲草、造纸原料或生态修复，而作为能源草以生产生物质原料为目的的主要有柳枝稷、芒草、芦竹和杂交狼尾草 4 种，它们在产量上较其他草种具有明显优势（范希峰等，2012）。许多种植物具有发展生物质能发电、生物质固体成型燃料和生物液体燃料等潜在生物质能，要加快开发利用。据美国研究，种植 $1hm^2$ 的象草，将它加工后新产生的能量可替代 36 桶石油，收入高达 2160 美元。从 2005 年开始，我国有不少研究院所和高校利用边际土地种植柳枝稷、荻、芦竹等能源草种，表现出了很强的耐旱、耐盐和耐贫瘠综合能力及较高的生物质原料生产潜力。匈牙利农业科学工作者应用匈牙利盐碱地里的草种和中亚地区的一些草种杂交和改良后培育出一个新能源草种，该草对土质和气候要求不高，耐旱、抗冻，适合在盐碱地种植，生长快、产量高，每年可产干草 15～23t/hm²，当年种植第 1 茬就可收获 10～15t。能源草压缩成草饼后的燃烧值接近或超过槐、橡、榉、杨等木材，而种植成本只有造林的 1/5～1/4，燃烧后产生的污染物也很少，符合环保的要求（云锦凤，2010b）。生物质能源是具有很大发展空间的一种新型能源类型，它是适应了能源短缺、全球气候变化和环境污染等时代要求而发展起来的一种新型产业，遵循可持续发展及环境友好等现代理念，其最大的特点就是集成了资源-能源-环境，将其视为一个整体而进行开发设计和使用。因此，生物质能作为一种新型可再生能源中重要的类型，将取代煤、石油和天然气等传统的化石能源，在整个能源系统中发挥重要作用。

表 26-2　我国北方地区多年生草资源的产量和品质特征

草种	光合特征	株高/cm	产量/（t/hm²）
芨芨草 Achnatherum splendens	C₃	50～250	2.00～3.00
羽茅 Achnatherum sibiricum	C₃	50～150	4.50～5.30
沙芦草 Agropyron mongolicum	C₃	40～90	2.30～3.00
西伯利亚冰草 Agropyron sibiricum	C₃	30～60	6.38
准噶尔看麦娘 Alopecurus songoricus	C₃	40～80	3.75
燕麦草 Arrhenatherum elatius	C₄	100～150	7.50～9.40
白羊草 Bothriochloa ischaemun	C₄	25～80	9
鸭茅 Dactylis glomerata	C₃	70～120	9.4
羊草 Leymus chinensis	C₃	30～90	3.00～7.75
赖草 Leymus secalinus	C₃	45～100	4.00～11.00
粟草 Milium effusum	C₃	90～150	5.43
狼尾草 Pennisetum alopecuroides	C₄	30～125	6.25
白草 Pennisetum centrasiaticum	C₄	30～120	11.5
蔗草 Phalaris arundinacea	C₃	60～140	10.6
猫尾草 Uraria crinita	C₃	10～100	9.40～15.00
星星草 Puccinellia tenuiflora	C₃	30～60	5.50～7.50
短柄鹅观草 Roegneria brevipes	C₃	30～120	8.25～11.25
大米草 Spartina anglica	C₄	20～150	3.75～7.50
无芒雀麦 Bromus inermis	C₃	90～130	4.50～6.00
柳枝稷 Panicum virgatum	C₄	150～300	6.77～28.33
荻 Triarrhena sacchariflora	C₄	246～383	7.00～29.67
芦竹 Arundo donax	C₃	400～486	16.17～34.46
杂交狼尾草 Pennisetum americanum × P. purpureum	C₄	419～430	40.14～59.22

九、草原自然保护区建设技术

自然保护区是指对有代表性的自然生态系统、珍稀濒危野生动植物物种的天然集中分布区、有特殊意义的自然遗迹等保护对象所在的陆地、陆地水体或者海域，依法划出一定面积予以特殊保护和管理的区域。我国对自然保护区实行综合管理与分部门管理相结合的管理体制。国家环境保护行政主管部门负责全国自然保护区的综合管理。草原生态系统类型自然保护区主要由农业行政主管部门负责，也有环保、林业及其他机构负责的。

在我国，自然保护区分为自然生态系统类、野生生物类和自然遗迹类三大类。草原含草甸生态系统类型自然保护区是自然生态系统类型之一。2006年中国环境状况公报显示，截至2006年年底，全国共有各种类型、不同级别的自然保护区2395个，总面积15 153.50万 hm^2，其中草原生态系统类型自然保护区45个，占总数的1.88%，总面积319.35万 hm^2，占总面积的2.11%。草原生态系统类型自然保护区多分布在牧区和农牧交错地带，人为活动干扰频繁，种群波动较大，为保护草原兼顾旅游等目的而建立（周树林，2009）。内蒙古自治区国家级自然保护区共有16个，截至2008年年底，全区已建各级自然保护区196个，总面积达1836.33万 km^2，占自治区面积的11.72%，全区生态环境质量优或良的区域面积已经达到45%。2009年将总面积达22.12万 km^2 的自然保护区和风景名胜区列为"禁止开发区"，占全区国土面积的18.7%。此外，大小兴安岭森林生态功能区、黄土高原丘陵沟壑水土流失防治区、呼伦贝尔沙地防治区、科尔沁沙漠化防治区、浑善达克沙漠化防治区、毛乌素沙漠化防治区6个区域被列为国家"限制开发"的区域。这些区域的划分遵循自然规律，生态功能区建设初显成效，为保持和增强碳汇功能奠定了基础（郭秀艳等，2012）。

自然保护区是将山地、森林、草原、水域、湿地、荒漠等各种典型生态系统及自然历史遗迹等划出特定面积，设置专门机构并加以管理建设，作为保护自然资源特别是生物资源、开展科学研究工作的重要基地。草原自然保护区是以保护濒危植物和动物资源为主要目的而被保护起来进行集中管理的草原区域，区域内因为拥有珍稀、特有的动植物，所以固碳潜力也与一般情况下的草地不尽相同。朴世龙等（2004）用遥感影像估算中国草地植被平均碳密度为315.24g/ m^2；马文红等（2006）实地测算出内蒙古草地植被的平均碳密度为344.00g/ m^2；王建林等（2009）利用生物量估算法对西藏草地生态系统碳密度进行了测定，平均碳密度为230.79g/ m^2。哈琴等（2013）对内蒙古赛罕乌拉自然保护区主要草地类型的碳密度进行了研究，赛罕乌拉自然保护区所有草地类型的总碳密度都高于上述研究结果，平均数则分别是北美、欧洲和俄罗斯温带草原的1.81倍、1.21倍和1.22倍；分别是中国、内蒙古和西藏草地的4.38倍、4.02倍和5.99倍。应用基于自然资本社会属性的自然资本评估理论和自然资本评估框架体系，对内蒙古锡林郭勒草原国家级自然保护区进行自然资本评估案例研究。内蒙古锡林郭勒草原国家级自然保护区自然资本价值为6.6亿元/a，碳汇价值可观，若能够进行碳汇交易，可为保护区创收165元/（ $hm^2 \cdot a$ ），共计1亿元（周树林，2009）。这表明自然保护区的建立对于增加草原碳汇具有重要作用，草原自然保护区的建设是一种有效的低碳经济资源，在发展低碳技术中扮演着重要的角色。

第五节　蒙古高原退化草原生产潜力的可持续生态管理

一、挖掘草原生产潜力优先途径的原则

挖掘草原生产潜力的途径，一是进行退化草原恢复，提高生产力，二是进行人工草

地建设，发展高效草业。不少学者从多方面进行过论述，观点林林总总，在国家和地方政府的草原管理和治理中也已有所体现。主要观点有：草原生态功能区划观点，即按照功能区划，大面积草原的主要职能就是发挥其生态功能；草原保护和利用并重观点，即在保护中利用，在利用中保护，坚持草原要合理放牧利用；以小保大观点，即小开发大保护，开发一小块，保护一大片；大规模集约化地发展高效人工草地，发展现代草业和畜牧业的观点。这些观点都从不同方面体现了合理的内涵，但都没有针对中国草原的实际情况和资源环境限制状况，从全局通盘考虑，迄今我国草原保护建设仍没有一个明确、贯续、长远的战略方向和重点。针对这一问题，本节在系统分析文献资料的基础上，提出评价挖掘和提升草原生产潜力、解决牧区草畜矛盾的优先重点的依据原则。主要包括以下三个方面。

一是潜力大小原则，主要包括牧草产量提高程度、草产品质量提高潜力、畜产品转化率提高潜力、投资回报率/周期等。

二是挖掘潜力的难度原则，主要包括生产成本投资（单位面积、总规模）、单位面积投入产出比、生产投资来源的难易度、国家和经营主体的投资意愿。

三是生态环境效应原则，主要包括群落生物量、物种多样性、沙化率、水土流失等。

根据加权法计算优先度，通过专家打分法确定权重，依据资料、数据及经验知识，对退化草原恢复、旱作人工草地、灌溉人工草地按每个原则进行赋值，对优先途径按原则的赋值进行归一化处理。加权计算公式为优先度=潜力–难度–环境效应。

二、可挖掘的草原生产潜力分析

提升草原生产潜力的首要途径是退化草原的治理和恢复。我国近 60 亿亩天然草原，90%以上发生退化，其中中度、重度退化草原占 50%以上。这是草原的现状，是草原牧区生态生产全面发展的最大障碍，但同时也为可持续挖掘天然草原生产潜力带来机遇。因此，采取科学高效的草地改良与恢复措施，将有望加速退化草原恢复的进程并提高退化草原生产力 20%～30%甚至 40%～50%，这样，基于目前的本底产量计算，每年可增加优质饲草 6000 万～9000 万 t 或 1.2 亿～1.5 亿 t（全国草地地上生物量约为 3 亿 t）。

在半干旱的牧区半牧区大力推行以旱作粮改饲为主的旱作节水人工草地。由于区域水资源的限制，牧区半牧区应重点发展旱作人工草地，这是牧区草牧业的关键着力点。在多年人工草地建植技术的指导下，整合农牧交错区"丰富"的土地资源，以科技为先导，可大力推进旱作人工草地建设，至少以建设 2 亿亩旱作节水人工草地计，如提高生产力 2～3 倍，可每年增加饲草 4000 万～6000 万 t，可解决 8 亿～12 亿亩草地的饲草生产问题，而且长期不影响区域水资源。

水是草原牧区的第一限制性资源。在区域水资源条件较好且综合平衡的基础上，适度发展高效节水灌溉人工草地，可解决牧户或养殖经营单元的饲草补给问题。按照水利部牧区水资源规划，牧区水资源供给量最多可实现 3000 万亩（到 2030 年）集约化草地的发展。如按提高生产力 10～20 倍计，每年可增加饲草 1500 万～3000 万 t，可解决 3 亿～6 亿亩草地的优质饲草的生产问题。按此发展规模，将不会长期影响区域水资源。

三、挖掘草原生产潜力的优先技术与模式

1. 退化天然草原改良技术

从传统技术来讲，在过去的研究和生产实践中，人们从不同的角度探索了恢复与改良退化天然草原的技术途径（表 26-3），概括起来，主要为自然恢复、优化利用、人为改良三大类，其基本思路是根据放牧对草地影响的过程进行反向调控，从放牧压力、土壤结构、植物繁殖体、养分水分管理等几个方面解除放牧对草地劣变的影响。

表 26-3　退化天然草原改良的主要技术途径

类别	调控方式	理论依据	传统技术	新型技术
自然恢复	自然恢复	生态系统演替	全年围封	围封最佳时限
优化利用	优化利用	中度干扰假说	割草利用、划区轮牧、季节性放牧	适度标识管理
人为改良	生物性调节 土壤疏松 养分水分管理	限制因子假说	补播、划破草皮、松土、施肥、灌溉	激素调节，以肥促水，促进土壤动物、微生物、内生真菌的调控作用，维持优势物种竞争力的活力标识管理

挖掘草原生产潜力技术应用的基本原则是基于主导限制因子的区域适应性原则，在草甸草原、典型草原、荒漠草原、高寒草甸、山地草原、沙地草原等不同的生态条件下，采用适宜各地的改良技术，筛选优先的技术并进行整合。

随着新技术的迅速发展，可用于退化草原管理的新型技术不断发展。在自然恢复方面，可基于"3S"信息技术、数据挖掘技术、模型模拟技术等，提出适合不同草原类型区不同退化阶段的围封策略和围封最佳时限，提高退化草原恢复过程中的综合生态效益和经济效益。在优化利用管理方面，基于放牧生态的基础和应用研究，探索过度放牧和优化放牧的生物和土壤等标识，实施草原恢复标识管理。在修复改良方面，采用激素调节，以肥促水的水肥调节，促进土壤动物、微生物、内生真菌的生物调节，维持优势物种竞争力的活力标识调节等修复管理。

2. 旱作人工草地建设技术

1）旱作牧草品种选育：以挖掘本土牧草优异资源为主，选育和扩繁抗旱、抗寒、耐牧型牧草品种。

2）旱作草地栽培管理技术：研发推广提高种子萌发率、增强苗期抗旱性、提高返青期抗寒特别是倒春寒能力、田间杂草防控技术，以"混播+补播"发挥牧草补偿性生长优势，实现增强产量和群落可持续性的管理。

3）旱作草地收获技术：研究适用于旱作草地农业特点的牧草收获技术。

4）保障技术与产品：研究适应旱作草地的种子包衣剂、土壤保水剂、除草剂、专用肥料（菌肥）等。

5）土壤保育技术：旱作草地农业的关键在于发挥土壤的生产功能，改善持水特性，增强土壤肥力，充分利用土壤种子库、芽库等资源。

3. 灌溉人工草地技术

灌溉人工草地在传统草业研究中十分普遍，技术手段相对成熟，在品种选育、高产管理等方面需要有更大的突破。要大力发展建设布局合理的中小型水利设施，采用适用的喷灌/滴灌/微灌/膜下灌等先进节水灌溉技术，形成规模化的人工草地建植基地。开展灌溉人工草地的水资源利用效率和区域水资源利用生态环境效应监测和评价研究。开展高效优质生产加工储运及调制利用技术研究，发展现代草业和草牧业。

四、可持续挖掘草原生产潜力的相关政策建议

1）发挥生态补助奖励机制驱动作用，实现与草地优化利用的有机结合。国家从 2011 年起全面建立草原生态保护补助奖励机制。这是新中国成立以来，国家对草原保护规模最大、覆盖面积最广、受益农牧民最多的一项重大政策。补助奖励机制的目标，一方面通过减畜来实现草畜平衡，使退化草地不断恢复，使良好的草地得以可持续的利用；另一方面，补助奖励机制还致力于不断推进草原牧区生产方式的转变，推行划区轮牧、舍饲圈养和标准化规模养殖，使传统畜牧业向现代畜牧业方向转变，努力实现"禁牧不禁养、减畜不减肉、减畜不减收"的政策目标。因此，应该注重发挥生态补助奖励机制的长效机制，并且紧紧把握推进方式转变，在草畜平衡的范畴中鼓励草地优化利用，不断挖掘政策效益及可持续挖掘草地的第一性生产潜力和第二性生产力。

2）建议和实施可持续挖掘草原生产潜力研发计划行动。从目前来看，我国草原生产经营方式较为传统，生产效率较为低下，科技贡献率低。因此，挖掘草原生产潜力应该重视科学技术的作用，根据国家发展战略需求、产业技术竞争能力及国家和地区的经济支撑能力等，制定较为切合实际的中长期研发计划并付诸实施。从草产业和草牧业发展的现状和需求来看，第一，应扎实推进基础研究，如加大对草原生态生产功能提升机制与精准调控、栽培草地高产优质稳定机理及种养结合高效利用转化机理等方面研究的支持；第二，应持续加快关键技术的研发与创制，如草原保护、恢复与高效利用的关键技术，优质高效饲草栽培管理与高效利用关键技术，优质高效养畜关键技术，配套产品研制及高效低损草牧业机械化生产技术研究及配套装备研发等；第三，应重视技术成果的应用与示范推广，在蒙新干旱半干旱草原区、青藏高原草原和农牧交错区等开展挖掘草原生产潜力、推进草牧业提质增效的技术示范。

3）建立不同类型区现代草业大示范区。目前，草业经济的发展面临诸多困难，具有投资大、风险高、收效低等特点，且对规模化要求较高，以家庭或村镇为单位的生产经营单元很难有能力支撑起草业完整的生产链条。因此，在国家推进草牧业发展的历史机遇下，应该从国家层面针对不同草地类型的特点和面积进行战略布局，建立区域性的大示范区，由国家投资搞好基础设施建设，形成较为完善的产业链条，实现区域内各种资源的整合和优化配置。

4）培育新型生产经营主体，建立完善市场体系。草业是新兴产业，由于多年来我国牧区经济相对落后，传统畜牧业以牧户经营为主，生产经营和市场流通多为牧户参与

的经济形式,这种农牧户经济具有先天不足,难以形成高效、高质及规模化的产业。因此,要实现草牧业发展现代化,必须重视两个关键条件,一是培育新型生产经营主体,二是完善草业市场体系。这就需要从国家和地方层面加大政府投资,筑建起良好的生产经营基本面,并出台优惠政策,吸引企业、个人等市场和民间资本,进行多元化的经营,同时鼓励建立多元主体综合体形式运作市场,助推草业经济的发展。

参 考 文 献

艾琳, 卢欣石. 2010. 草原类型自然保护区现状及其生态旅游发展. 草业科学, 27(4): 15-19.

安登第, 何毅, 韩爱萍, 等. 2003. 不同管理方式对高寒草原草地土壤性质和微生物的影响. 草业科学, 20(6): 1-3.

敖伊敏. 2012. 不同围封年限下典型草原土壤生态化学计量特征研究. 内蒙古师范大学硕士学位论文.

巴达尔胡, 赵和平. 2010. 内蒙古草地退化与治理对策. 畜牧与饲料科学, 31(6): 258-261.

白永飞, 潘庆民, 邢旗. 2016. 草地生产与生态功能合理配置的理论基础与关键技术. 科学通报, 61: 201-212.

宝音陶格涛. 2009. 不同改良措施下退化羊草(Leymus chinensis)草原群落恢复演替规律研究. 内蒙古大学博士学位论文.

毕克新, 黄平, 马婧瑶. 2013. 低碳经济背景下的低碳技术观. 中国科技论坛, (9): 107-112.

蔡林海. 2009. 低碳经济: 绿色革命与全球创新竞争大格局. 北京: 经济科学出版社: 31-40.

曹成有, 邵建飞, 蒋德明, 等. 2011. 围栏封育对重度退化草地土壤养分和生物活性的影响. 东北大学学报 (自然科学版), 32(3): 427-430, 451.

陈海燕. 2013. 农牧户对草原生态保护补奖政策的评价与期望——基于内蒙古等 6 省区绒毛用羊养殖户问卷调查数据的分析. 农业经济与管理, (5): 73-81.

陈红英, 唐芳. 2009. 低碳经济与低碳技术. 改革与开放, 9: 48.

陈灵芝. 1993. 中国的生物多样性: 现状及其保护对策. 北京: 科学出版社.

陈敏. 1996. 北方退化草地改良技术. 中国牧业通讯, 6: 29.

陈敏. 1998. 改良退化草地与建立人工草地的研究. 呼和浩特: 内蒙古人民出版社.

陈晓鹏, 尚占环. 2011. 中国草地生态系统碳循环研究进展. 中国草地学报, 33(4): 99-110.

陈志. 2010. 应对气候变化的技术创新及政策研究. 气候变化研究进展, 6(2): 141-146.

陈佐忠, 江风. 2003. 草地退化的治理. 中国减灾, (3): 45-46.

陈佐忠, 汪诗平. 2000. 中国典型草地生态系统. 北京: 科学出版社.

程积民, 程杰, 高阳. 2011. 半干旱区退耕地紫花苜蓿生长特性与土壤水分生态效应. 草地学报, 19(4): 565-569.

崔大鹏. 2009. 低碳经济漫谈. 环境教育, (7): 13-21.

崔如波. 2002. 绿色经济: 21 世纪持续经济的主导形态. 社会科学研究, (4): 47-50.

道尔吉帕拉木. 1996. 集约化草原畜牧业. 北京: 中国农业科技出版社.

邓线平. 2010. 低碳技术及其创新研究. 自然辩证法研究, (6): 43-47.

董恒宇, 云锦凤, 王国钟, 等. 2012. 碳汇概要. 北京: 科学出版社.

董恒宇. 2010. 整合碳汇资源, 发展绿色经济. 北方经济, 2: 4-5.

董全民, 赵新全, 李世雄, 等. 2014. 草地放牧系统中土壤-植被系统各因子对放牧响应的研究进展. 生态学杂志, 33(8): 2255-2265.

董全民, 赵新全, 马玉寿, 等. 2012. 放牧对小嵩草(Kobrecia parva)草甸生物量及不同植物类群生长率和补偿效应的影响. 生态学报, 32(9): 2640-2650.

董晓玉, 傅华, 李旭东, 等. 2010. 放牧与围封对黄土高原典型草原植物生物量及其碳氮磷贮量的影响. 草业学报, 19(2): 175-182.

杜际增, 王根绪, 李元寿. 2015. 近 45 年长江黄河源区高寒草地退化特征及成因分析. 草业学报, 24(6): 5-15.

杜青林. 2006. 中国草业可持续发展战略. 北京: 中国农业出版社.

樊恒文, 贾晓红, 张景光, 等. 2002. 干旱区土地退化与荒漠化对土壤碳循环的影响. 中国沙漠, 6: 525-533.

范希峰, 侯新村, 武菊英, 等. 2012. 我国北方能源草研究进展及发展潜力. 中国农业大学学报, 17(6): 150-158.

方精云, 刘国华, 徐嵩龄. 1996. 我国森林植被的生物量和净生产量. 生态学报, 16(5): 497-508.

方一平, 秦大河, 丁永建. 2009. 气候变化适应性研究综述——现状与趋向. 干旱区研究, 26(3): 209-305.

冯之浚, 金涌, 牛文元, 等. 2009. 关于推行低碳经济促进科学发展的若干思考. 新华文摘, (13): 23-25.

冯之浚. 2004. 循环经济导论. 北京: 人民出版社.

冯之浚. 2007. 循环经济的范式研究. 中国人口资源与环境, 17(4): 10-13.

伏洋, 李凤霞. 2007. 青海省天然草地退化及其环境影响分析. 冰川冻土, 29(4): 525-535.

付允, 马永欢, 刘怡君, 等. 2008. 低碳经济的发展模式研究. 中国人口·资源与环境, 18(3): 14-19.

傅华, 陈亚明, 王彦荣, 等. 2004. 阿拉善主要草地类型土壤有机碳特征及其影响因素. 生态学报, 24(3): 469-476.

高凯. 2012. 内蒙古锡林河流域生物能源研究. 呼和浩特: 内蒙古科技出版社.

高路. 2019. 基于弹性理论的滇池社会-生态系统可持续管理研究. 中央民族大学.

高天明, 张瑞强, 刘铁军, 等. 2011. 不同灌溉量对退化草地的生态恢复作用. 中国水利, (9): 20-23.

高英志, 韩兴国, 汪诗平. 2004. 放牧对草原土壤的影响. 生态学报, 24(4): 790-797.

郭然, 王效科, 逯非, 等. 2008. 中国草地土壤生态系统固碳现状和潜力. 生态学报, 28(2): 862-867.

郭秀艳, 张文娟, 敖嫩. 2012. 内蒙古碳汇经济发展途径研究. 经济论坛, (8): 36-38.

哈琴, 王明玖, 常国军, 等. 2013. 赛罕乌拉国家级自然保护区不同草地类型植被碳密度及其分配. 干旱区资源与环境, 27(4): 41-46.

韩国栋, 李博, 卫智军, 等. 1999. 短花针茅草原放牧系统植物补偿性生长的研究: Ⅰ 植物净生长量. 草地学报, 7(1): 1-7.

韩国栋, 卫智军. 2001. 短花针茅草原划区牧试验研究. 内蒙古农业大学学报(自然科学版), 22(1): 60-67.

韩建国. 2007. 牧草现代产业技术体系建设思路. 中国草业发展论坛论文集. 北京: 中国农业出版社: 28-31.

何建坤. 2009. 发展低碳经济, 关键在于低碳技术创新. 绿叶, (1): 46-50.

洪绂曾. 2009. 苜蓿科学. 北京: 中国农业出版社: 1-2.

侯向阳. 2001. 农牧交错带变迁的格局与过程及其景观生态意义. 中国生态农业学报, 9(1): 71-73.

侯向阳. 2004. 2004 草业科技发展重点问题研究. 中国草学会第六届二次会议暨国际学术研讨会. 中国呼和浩特: 7.

侯向阳. 2005. 中国草地生态环境建设战略研究. 北京: 中国农业出版社.

侯向阳. 2010. 发展草原生态畜牧业是解决草原退化困境的有效途径. 中国草地学报, 32(4): 1-9.

侯向阳. 2012. 中国草原科学. 北京: 科学出版社.

侯向阳, 尹燕亭, 丁勇. 2011. 中国草原适应性管理研究现状与展望. 草业学报, 20(2): 262-269.

侯向阳, 尹燕亭, 运向军, 等. 2013. 北方草原牧户心理载畜率与草畜平衡模式转移研究. 中国草地学报, 35(1): 1-11.

侯扶江, 杨中艺. 2006. 放牧对草地的作用. 生态学报, 26: 245-264.

胡焕庸. 1935. 中国人口之分布——附统计表与密度图. 地理学报, 2: 33-74.

胡自治. 2000. 人工草地在我国 21 世纪草业发展和环境治理中的重要意义. 草原与草坪, (1): 12-15.

黄栋. 2010. 低碳技术创新与政策支持. 中国科技论坛, (2): 37-40.

黄文秀. 1991. 西南牧业资源开发与基地建设. 北京: 科学出版社.

蒋高明. 2004. 植物生理生态学. 北京: 高等教育出版社.

康萨茹拉, 牛建明, 张庆, 等. 2014. 草原区矿产开发对景观格局和初级生产力的影响——以黑岱沟露天煤矿为例. 生态学报, 34(11): 2855-2867.

李博. 1990. 内蒙古鄂尔多斯高原自然资源与环境研究. 北京: 科学出版社: 199-202.

李博. 1994. 生态学与草地管理. 中国草地, (1): 1-8.

李博. 1995. 生态学. 北京: 高等教育出版社.

李博. 1997a. 我国草地资源现况、问题及对策. 中国科学院院刊, 1: 49-51.

李博. 1997b. 中国北方草地退化及其防治对策. 中国农业科学, 30(6): 1-9.

李博, 孙鸿良. 1983. 论草原生产潜力及其挖掘的途径. 中国农业科学, (3): 1-5.

李洪远, 鞠美庭. 2005. 生态恢复的原理与实践. 北京: 化学工业出版社: 166.

李金花, 李镇清, 任继周. 2002. 放牧对草原植物的影响. 草业学报, 11(1): 1-3.

李金花, 潘浩文, 王刚. 2004. 内蒙古典型草原退化原因的初探. 草业科学, 21(5): 49-51.

李俊生, 吴建平, 张伟. 2000. 呼伦贝尔草原不同放牧强度对放牧绵羊饲料植物可利用性的影响. 中国草食动物, 2(2): 26-28.

李青丰, 李福生, 斯日古楞, 等. 2001. 沙化草地春季禁牧研究初报. 中国草地, 23(5): 41-46.

李绍良, 贾树海, 陈有君. 1997. 内蒙古草原土壤的退化过程及自然保护区在退化土壤的恢复与重建中的作用. 内蒙古环境保护, 9(1): 17-18, 26.

李素英, 李晓兵, 王丹丹. 2007. 基于马尔柯夫模型的内蒙古锡林浩特典型草原退化格局预测. 生态学杂志, 26(1): 78-82.

李文建. 1999. 放牧优化假说研究述评. 中国草地, (4): 61-66.

李湘梅, 肖人彬, 王慧丽, 等. 2014. 社会-生态系统弹性概念分析及评价综述. 生态与农村环境学报, 30(6): 681-687.

李向林. 1997. 植物对食草动物采食的超补偿反应. 国外畜牧学: 草原与牧草, (3): 9-13.

李秀萍, 李新文. 2005. 中国草原资源可持续利用问题初探. 四川草原, 1: 52-55.

李永宏. 1994. 内蒙古草原草场放牧退化模式研究及退化监测专家系统雏议. 植物生态学报, 1: 68-79.

李玉荣. 1996. 科尔沁草甸草原杂种肉牛粗饲料为主的优化饲养模式的研究. 内蒙古畜牧科学, (1): 1-4.

李政海, 田桂泉, 鲍雅静. 1997. 生态学中的干扰理论及其相关概念. 内蒙古大学学报(自然科学版), 28(1): 130-134.

廖福林. 2001. 生态文明建设的理论与实践. 北京: 中国林业出版社.

刘洪来, 杨丰, 黄顶, 等. 2012. 农牧交错带草地开垦对土壤有效态微量元素的影响及评价. 农业工程学报, 28(7): 155-160.

刘加文. 2008. 从数字看草原. 草原与草坪, (4): 77-79.

刘加文. 2010. 应对全球气候变化决不能忽视草原的重大作用. 草地学报, 18(1): 1-4.

刘立, 陆小成, 李兴川. 2009. 科学发展观视野下的低碳技术创新及其社会建构. 中国科技论坛, (7): 48-52.

刘任涛, 朱凡, 贺达汉, 等. 2014. 草地开垦对土壤动物多样性与功能群结构的影响. 中国草地学报, (6): 34-40.

刘思华. 2001. 绿色经济论: 经济发展理论变革与中国经济再造. 北京: 中国财政经济出版社.

刘艳艳. 2011. 内蒙古低碳经济发展研究. 北京: 中央民族大学硕士学位论文.

刘玉杰, 邓福英, 赵文娟. 2013. 草地退化遥感评价与监测研究进展. 云南地理环境研究, 25(1): 14-18, 24.

刘源. 2014. 2013 年全国草原监测报告. 中国畜牧业, (6): 18-33.

刘钟龄, 王炜, 郝敦元, 等. 2002. 内蒙古草原退化与恢复演替机理的探讨. 干旱区资源与环境, 16(1): 84-91.

刘钟龄, 王炜, 梁存柱, 等. 1998. 内蒙古草原植被在持续牧压下退化演替的模式与诊断. 草地学报, 4: 244-251.

刘钟龄, 王炜. 1998. 草地退化的演替模式与诊断. 见: 陈敏. 改良退化草地与建立人工草地的研究. 呼和浩特: 内蒙古人民出版社: 15-19.

柳新伟, 周厚诚, 李萍, 等. 2004. 生态系统稳定性定义剖析. 生态学报, 24(11): 2635-2640.

鲁春霞, 谢高地, 成升魁, 等. 2009. 中国草地资源利用: 生产功能与生态功能的冲突与协调. 自然资源学报, 24(10): 1685-1696.

陆小成. 2009. 技术预见对区域低碳创新系统的作用及其路径选择. 科学学与科学技术管理, 30(2): 61-65.

马红彬, 谢应忠. 2008. 不同放牧强度下荒漠草原植物的补偿性生长. 中国农业科学, 41(11): 3645-3650.

马红彬, 余治家. 2006. 放牧草地植物补偿效应的研究进展. 农业科学研究, (1): 63-67.

马姜明, 刘世荣, 史作民, 等. 2010. 退化森林生态系统恢复评价研究综述. 生学学报, 30(12): 3297-3303.

马军, 魏颖. 2013. 内蒙古草原碳汇发展的 SWOT 分析. 前沿, (11): 154-157.

马克平, 钱迎倩. 1998. 生物多样性保护及其研究进展. 应用与环境生物学报, 4(1): 95-99.

马文红, 韩梅, 林鑫, 等. 2006. 内蒙古温带草地植被的碳储量. 干旱区资源与环境, 20(3): 192-195.

马有祥. 2012. 草原发展政策新标志. 中国畜牧业, (16): 18-20.

马志广, 陈敏, 聂素梅, 等. 1999. 蒙古陕三省半干旱区退化草原改良配套技术研究. 草地学报, 7(2): 95-105.

马志广, 色音巴图, 任志弼. 1979. 浅耕翻改良草原的研究. 中国农业科学, 3: 90-96.

马志广. 1986. 松土改良冷蒿草原的研究. 中国草原与牧草, 3(2): 24-27.

孟林, 高洪文. 2002. The situation, causes and rehabilitation of degraded grassland in China//中国草原学会 (Chinese Grassland Society). 现代草业科学进展——中国国际草业发展大会暨中国草原学会第六届代表大会论文集. 北京市农林科学院北京草业与环境研究发展中心: 4.

缪冬梅, 刘源. 2013. 2012 年全国草原监测报告. 中国畜牧业, (8): 14-29.

内蒙古新闻网. 2014. 呼伦贝尔沙地 "疮疤" 褪去披新绿. http://inews.nmgnews.com.cn/system/2014/12/24/011598791.shtml. [2014-12-24].

内蒙古自治区人民政府网. 2015. 2012 年内蒙古工程生态效益监测报告. http://www.nmg.gov.cn/fabu/tjxx/tjsj/201506/t20150616_457886.html. [2015-6-16].

内蒙古自治区统计局. 2015. 2015 年内蒙古统计年鉴(2015). 北京: 中国统计出版社.

牛书丽, 蒋高明. 2004. 人工草地在退化草地恢复中的作用及其研究现状. 应用生态学报, 15(9): 1662-1666.

彭红春, 李海英, 沈振西. 2003. 国内生态恢复研究进展. 四川草原, 3: 1-4.

彭少麟. 2001. 退化生态系统恢复与恢复生态学. 中国基础科学, 3: 18-24.

朴世龙, 方精云, 贺金生, 等. 2004. 中国草地植被生物量及其空间分布格局. 植物生态学报, 28(4): 491-498.

齐凤林, 彭爽. 2011. 草原沙化治理围封补播效果的研究. 内蒙古草业, (1): 42-44.

曲格平. 1992. 中国的环境与发展. 北京: 中国环境科学出版社: 93.

曲格平. 2001. 发展循环经济是 21 世纪的大趋势. 中国环保产业, (6): 19-21.

任奔, 凌芳. 2009. 国际低碳经济发展经验与启示. 上海节能, (4): 10-14.

任海, 彭少麟, 陆宏芳. 2004. 退化生态系统恢复与恢复生态学. 生态学报, 24(8): 1760-1768.

任海, 彭少麟. 2002. 恢复生态学导论. 北京: 科学出版社.

任海, 王俊, 陆宏芳. 2014. 恢复生态学的理论与研究进展. 生态学报, 34(15): 4117-4124.

任继周, 万长贵. 1994. 系统耦合与荒漠-绿洲草地农业系统——以祁连山一临泽剖面为例. 草业学报, 3:

1-8.

任继周, 朱兴运. 1995a. 农业生态生产力及其生产潜势——兼论"有动物农业"的重要意义. 草业学报, 2: 1-5.

任继周, 朱兴运. 1995b. 中国河西走廊草地农业的基本格局和它的系统相悖——草原退化的机理初探. 草业学报, 1: 69-79.

任继周. 1965. 划破草皮 改良草原. 兰州: 甘肃民族出版社.

任继周. 1996. 草地资源的属性、结构与健康评价. 中国草地科学进展: 第四节第二次年会暨学术讨论会文集, 12: 3-7.

任继周. 2004. 草地农业生态系统通论. 合肥: 安徽教育出版社.

任继周. 2008a. 中国草地退化主要因为管理失当. http://epaper.xplus.com/papers/hhkwk/20080703/n29.shtml. [2008-07-03].

任继周. 2008b. 草业大辞典. 北京: 中国农业出版社.

任继周. 2012. 放牧, 草原生态系统存在的基本方式——兼论放牧的转型. 自然资源学报, 27(8): 1259-1275.

荣英. 2009. 适应性管理在我国应急管理中的应用. 发展研究, (8): 78-81.

尚占环, 姚爱兴. 2004. 生物多样性及生物多样性保护. 草原与草坪, 99(4): 11-13.

邵玉琴, 刘钟龄, 贾志斌, 等. 2011. 不同治理措施对退化草原土壤可培养微生物区系的影响. 中国草地学报, 33: 77-81.

申振东. 2008. 循环经济发展模式下区域能源合作与开发. 理论动态, (10): 34-38.

石锋, 李玉娥, 高清竹, 等. 2009. 管理措施对我国草地土壤有机碳的影响. 草业科学, 26(3): 9-15.

宋日, 刘利, 吴春胜, 等. 2009. 东北松嫩草原土壤开垦对有机质含量及土壤结构的影响. 中国草地学报, 31(4): 91-95.

苏华, 李永庚, 苏本营, 等. 2012. 地下水位下降对浑善达克沙地榆树光合及抗逆性的影响. 植物生态学报, 36(3): 177-186.

孙宗玖, 朱进忠, 张鲜花, 等. 2013. 短期放牧强度对昭苏草甸草原土壤全量氮磷钾的影响. 草地学报, 21: 895-901.

邰继承, 杨恒山, 张庆国, 等. 2010. 种植年限对紫花苜蓿人工草地土壤碳、氮含量及根际土壤固氮力的影响. 土壤通报, (3): 603-607.

唐海萍, 陈姣, 薛海丽. 2015. 生态阈值: 概念, 方法与研究展望. 植物生态学报, 39(9): 932-940.

特克寒. 2005. 清代热河蒙地的垦殖及影响. 内蒙古社会科学, 26(4): 42-45.

汪诗平, 李永宏. 1999. 内蒙古典型草原退化机理的研究. 应用生态学报, 10(4): 54-58.

汪诗平, 王艳芬, 陈佐忠. 2001. 内蒙古草地畜牧业可持续发展的生物经济原则研究. 生态学报, 4: 617-623.

王蓓. 2011. 低碳技术: 发展低碳经济的关键. 中国经贸导刊, 3: 56-57.

王德利, 吕新龙, 罗卫东. 1996. 不同放牧密度对草原植被特征的影响分析. 草业学报, 5(3): 28-33.

王卉. 2010. 草原管理政策不能"一刀切". http://news.sciencenet.cn/sbhtmlnews/2010/11/238821.html [2010-11-22].

王建林, 常天军, 李鹏, 等. 2009. 西藏草地生态系统植被碳储量及其空间分布格局. 生态学报, 29(2): 931-938.

王金朔, 金晓斌, 曹雪, 等. 2015. 清代北方农牧交错带农耕北界的变迁. 干旱区资源与环境, 29(3): 20-25.

王军, 李金元, 翁昌明, 等. 2011. 发展低碳畜牧业的意义及措施. 养殖与饲料, (10): 48-50.

王俊秀. 2017. 京津风沙源治理工程经济效益分析. 内蒙古水利, 137: 34.

王堃. 2004. 草地植被恢复与重建. 北京: 化学工业出版社.

王立群, 乔娜, 康瑞斌. 2013. 京津风沙源治理工程生态影响及评估研究进展和展望. 林业经济, (6): 13-17.

王启基, 王文颖, 施建军, 等. 2006. 柴达木盆地家庭牧场暖棚养畜及其生态效益分析. 家畜生态学报, 27(3): 90-94.

王强, 杨京平. 2003. 我国草地退化及其生态安全评价指标体系的探索. 水土保持学报, 17(6): 27-31.

王仁忠. 1998. 放牧和刈割干扰对松嫩草原羊草草地影响的研究. 生态学报, 18(2): 210-212.

王炜, 刘钟龄, 郝敦元, 等. 1996. 内蒙古草原退化群落恢复演替的研究 II. 恢复演替时间进程的分析. 植物生态学报, 20(5): 460-471.

王文杰, 潘英姿, 王明翠, 等. 2007. 区域生态系统适应性管理概念、理论框架及其应用研究. 中国环境监测, 23(2): 1-8.

王鑫厅, 王炜, 梁存柱, 等. 2015. 从正相互作用角度诠释过度放牧引起的草原退化. 科学通报, (28): 2794-2799.

王旭波. 2008. 浅论绿色经济. 科技情报开发与经济, 18(16): 111-112.

王云霞. 2010. 内蒙古草地资源退化及其影响因素的实证研究. 内蒙古农业大学博士学位论文.

魏斌, 张霞, 吴热风. 1996. 生态学中的干扰理论与应用实例. 生态学杂志, 15(6): 50-54.

文海燕, 赵哈林, 傅华. 2005. 开垦和封育年限对退化沙质草地土壤性状的影响. 草业学报, 14(1): 31-37.

文娟, 钟书华. 2006. 美国生态工业园区建设的特点及发展趋势. 科技管理研究, 26(1): 92-94.

吴昌华. 2010. 低碳创新的技术发展路线图. 中国科学院院刊, (2): 138-145.

吴季松. 2008. 循环经济概论. 北京: 北京航空航天大学出版社.

吴绍中. 1998. 循环经济是经济发展的新增长点. 社会科学, 10: 18-19.

吴伊波, 崔骁勇. 2009. 草地植物根系碳储量和碳流转对 CO_2 浓度升高的响应. 生态学报, 29(1): 378-388.

锡林郭勒盟农牧业局网. 2016. 锡林郭勒盟绿色发展案例实证监测分析报告. http://nmyj.xlgl.gov.cn/zxq/nmycyh/201611/t20161128_1689198.html [2016-11-28].

锡林郭勒盟政府网. 2015. 锡林郭勒盟先行先试强化"六个保障"扎实推进生态文明制度建设和改革. http://www.xlgl.gov.cn/zt/zdgz/stwm/201803/t20180316_1950271.html [2018-3-16].

谢和平. 2010. 发展低碳技术 推进绿色经济. 中国能源, 32(9): 5-10.

谢来辉. 2009. 碳锁定"解锁"与低碳经济之路. 开放导报, (5): 8-14.

刑旗, 乌兰巴特尔, 黄国安, 等. 2005. 内蒙古草原资源及可持续利用对策. 内蒙古草业, 17(2): 5-7.

邢继俊. 2009. 发展低碳经济的公共政策研究. 华中科技大学博士学位论文.

熊彼特. 2009. 经济发展理论. 北京: 中国商业出版社.

徐瑶. 2014. 藏北草地退化遥感监测与生态安全评价. 成都理工大学博士学位论文.

许中来, 陈利顶. 2008. 森林生态恢复的环境效应评价研究进展. 第五届中国青年生态学工作者学术研讨会论文集: 7-13.

许晓舟. 2013. 生态哲学视野下的低碳技术创新模式研究. 哈尔滨理工大学硕士学位论文.

许志信, 赵萌莉. 2001. 过度放牧对草原土壤侵蚀的影响. 中国草地, 23(6): 59-63.

闫德仁, 张宝珠. 2008. 呼伦贝尔沙地研究综述. 内蒙古林业科技, 34(3): 34-39.

闫海明, 战金艳, 张韬. 2012. 生态系统恢复力研究进展综述. 地理科学进展, 31(3): 303-314.

闫玉春, 唐海萍. 2008a. 草地退化相关概念辨析. 草业学报, 17(1): 93-99.

闫玉春, 唐海萍. 2008b. 围封下内蒙古典型草原区退化草原群落的恢复及其对碳截存的贡献. 自然科学进展, 18(5): 546-551.

阎志坚. 2001. 中国北方半干旱区退化草原改良技术的研究. 内蒙古农业大学硕士学位论文.

阎子盟, 张玉娟, 潘利, 等. 2014. 天然草地补播豆科牧草的研究进展. 中国农学通报, 30(29): 1-7.

颜景辰. 2007. 中国生态畜牧发展战略研究. 华中农业大学博士学位论文.

杨美蓉. 2009. 循环经济、绿色经济、生态经济和低碳经济. 中国集体经济, 30: 72-73.

杨运星. 2011. 生态经济、循环经济、绿色经济与低碳经济之辨析. 前沿, (8): 94-97.

杨振海. 2009. 努力谱写草原保护建设新篇章. 中国草地学报, 31(2): 1-3.

杨振海. 2013. 切实抓好退牧还草工程，为建设美丽中国创造良好生态条件. 中国畜牧业, (20): 20-21.

杨志. 2010. 低碳经济三重门. 北大商业评论, (3): 48-53.

叶长鹏, 王长荣, 高坤山. 2006. 苏尼特左旗发菜资源的利用及保护. 生物学通报, 41(3): 21-22.

尹燕亭, 侯向阳, 丁勇, 等. 2012. 荒漠草原区畜牧业对气候变化的响应研究——以内蒙古苏尼特右旗为例. 干旱区资源与环境, (8): 153-160.

尹燕亭, 侯向阳, 运向军. 2011. 气候变化对内蒙古草原生态系统影响的研究进展. 草业科学, (6): 1132-1139.

于海良, 杨莉, 赵金华, 等. 2010. 重视河北草原碳汇价值, 推进低碳经济发展. 河北省畜牧兽医学会. 2010 畜牧业与低碳经济科技论文集: 149-152.

原保忠, 王静, 赵松岭, 等. 1998. 植物补偿作用机制探讨. 生态学杂志, 17(5): 45-49.

云锦凤. 2010a. 低碳经济与草业发展的新机遇. 中国草地学报, (3): 1-3.

云锦凤. 2010b. 碳汇草业的本土化发展与低碳经济. 群言, 2: 10-11.

张春霞. 2002. 绿色经济发展研究. 北京: 中国林业出版社: 2-3.

张洪生, 邵新庆, 刘贵河, 等. 2010. 围封、浅耕翻改良技术对退化羊草草地植被恢复的影响. 草地学报, 18(3): 339-344.

张黎. 2009. 什么是绿色经济. https://www.cenews.com.cn/. [2009-8-18].

张荣, 杜国祯. 1998. 放牧草地群落的冗余与补偿. 草业学报, 7(4): 13-19.

张伟华, 关世英, 李跃进, 等. 2000. 不同恢复措施对退化草地土壤水分和养分的影响. 内蒙古农业大学学报, 21(4): 31-36.

张炜平, 潘莎, 贾昕, 等. 2013. 植物间正相互作用对种群动态和群落结构的影响: 基于个体模型的研究进展. 植物生态学报, 37(6): 571-582.

张文海, 杨镅. 2011. 草地退化的因素和退化草地的恢复及其改良. 北方环境, 23(8): 40-44.

张文军, 张英俊, 孙娟娟, 等. 2002. 退化羊草草原改良研究进展. 草地学报, 20(4): 603-608.

张小可. 2012. 应对气候变化背景下洁净煤技术发展趋势. 上海电气技术, (2): 49-53.

张叶. 2002. 绿色经济问题初探. 生态经济, (3): 59-61.

张英俊, 杨高文, 刘楠, 等. 2013. 草原碳汇管理对策. 草业学报, 22(2): 290.

张智山, 刘天明. 2001. 我国草原资源可持续发展的限制因素与对策. 中国草地, 23(5): 62-67.

张智山. 1997. 全国草地畜牧业现状及发展思路. 中国草地, (5): 1-5.

张自和. 2014. 强化人工草地建设 推动草畜产业化发展. 第三届(2014)中国草业大会论文集: 4.

长青, 郝晓燕, 巩芳. 2011. 内蒙古循环经济发展模式研究. 北京: 化学工业出版社.

赵威, 李亚鸽, 王艳杰. 2016. 植物补偿性光合作用的发生模式及生理机制分析. 植物生理学报, (12): 1811-1818.

赵文智, 何志斌, 李志刚. 2003. 草原农垦区土地沙质荒漠化过程的生物学机制. 地球科学进展, 18(2): 257-262.

赵艳云, 胡相明. 2008. 黄土高原退化草地恢复演替研究进展. 水土保持研究, 15(6): 270-272.

赵勇. 2011. 西北诸河区水资源综合规划概要. 中国水利, 23: 127-129.

中国环境与发展国际合作委员会. 2009. 中国发展低碳经济途径研究. https://www.docin.com/p-506624422.html [2009-11-11].

中国林业网. 2017. 呼伦贝尔沙地: "疮疤" 褪去披新绿. http://www.forestry.gov.cn/main/135/content-1025670.html [2017-09-11].

中华人民共和国农业部. 2015. 2014 年全国草原监测报告. 中国畜牧业, 8: 18-31.

中华人民共和国农业部. 2016. 2015 年全国草原监测报告. 中国畜牧业, 6: 18-35.

中华人民共和国农业部. 2017. 2016 年全国草原监测报告. 中国畜牧业, 8: 18-35.

中华人民共和国农业部草原监理中心. 2015. 2015 年全国草原监测报告. http://www.grassland.gov.cn. [2016-3-2].

中华人民共和国农业部畜牧兽医司，全国畜牧兽医总站. 1996. 中国草地资源. 北京: 中国科学技术出版社.

中华人民共和国生态环境部. 2016. 全国自然保护区名录. http://www.mee.gov.cn/stbh/zrbhq/qgzrbhqml/. [2016-11-8].

周广胜. 2003. 全球碳循环. 北京: 气象出版社.

周翰舒，杨高文，刘楠，等. 2014. 不同退化程度的草地植被和土壤特征. 草业科学, 31(1): 30-38.

周惠军，高迎春. 2012. 绿色经济、循环经济、低碳经济三个概念辨析. 天津经济, (11): 5-7.

周生贤. 2008. 《低碳经济论》序言. 见: 张坤民, 潘家华, 崔大鹏. 低碳经济论. 北京: 中国环境科学出版社.

周树林. 2009. 草原类型自然保护区自然资本评估——以内蒙古锡林郭勒草原国家级自然保护区为例. 北京林业大学博士学位论文.

周五七，聂鸣. 2011. 促进低碳技术创新的公共政策实践与启示. 中国科技论坛, 183(7): 18-23.

周锡饮，师华定，王秀茹. 2014. 气候变化和人类活动对蒙古高原植被覆盖变化的影响. 干旱区研究, 31(4): 604-610.

朱春全. 1997. 生态位态势理论与扩充假说. 生态学报, 17(3): 324-332.

朱守先. 2014. 低碳草业发展模式探析. 生态经济, 10: 017.

朱兴运，任继周，沈禹颖. 1995. 河西走廊山地-绿洲-荒漠草地农业生态系统的运行机制与模式. 草业科学, (3): 1-5.

诸大建. 2012. 从"里约+20"看绿色经济新理念和新趋势. 中国人口资源与环境, 22(9): 1-7.

庄贵阳. 2005. 中国经济低碳发展的途径与潜力分析. 国际技术经济研究, 8(3): 79-87.

庄洋，赵娜，赵吉. 2013. 内蒙古草地碳汇潜力估测及其发展对策. 草业科学, 30(9): 1469-1474.

Adler P, Milchunas D, Lauenroth W, et al. 2004. Functional traits of graminoids in semi-arid steppes: A test of grazing histories. Journal of Applied Ecology, 41: 653-663.

Andrade B O, Koch C, Boldrini I I, et al. 2015. Grassland degradation and restoration: A conceptual framework of stages and thresholds illustrated by southern Brazilian grasslands. Natureza & Conservação, 13(2): 95-104.

Archer S. 1989. Have southern Texas savannas been converted to woodlands in recent history? The American Naturalist, 134: 545-561.

Atsatt P R, O'Dowd D. 1976. Plant defense guilds. Science, 193: 24-29.

Baoyin T, Li F Y, Minggagud H, et al. 2015. Mowing succession of species composition is determined by plant growth forms, not photosynthetic pathways in *Leymus chinensis* grassland of Inner Mongolia. Landscape Ecol, doi: 10.1007/s10980-015-0249-6.

Bardgett R, Streeter T, Cole L, et al. 2002. Linkages between soil biota, nitrogen availability, and plant nitrogen uptake in a mountain ecosystem in the Scottish Highlands. Applied Soil Ecology, 19: 121-134.

Barger N, Ojima D, Belnap J, et al. 2004. Changes in plant functional groups, litter quality, and soil carbon and nitrogen mineralization with sheep grazing in an Inner Mongolian grassland. Rangeland Ecology & Management, 57: 613-619.

Belsky A J, Carson W P, Jensen C L. 1993. Overcompensation by plants: Herbivore optimization or red herring? Evolutionary Ecology, 7: 109-121.

Belsky A J. 1987. The effects of grazing: Confounding of ecosystem, community and organism scales. American Naturalist, 129: 777-783.

Bergelson J, Crawley M J. 1992. Herbivory and *Ipomopsis aggregata*: The disadvantages of being eaten. American Naturalist, 130: 870-882.

Berkhout F. 2002. Technological regimes, path dependency and the environment. Global Environmental Change, 12(1): 1-4.

Bestelmeyer B T, Herrick J E, Brown J R, et al. 2004. Land management in the American southwest: A state-and-transition approach to ecosystem complexity. Environmental Management, 34: 38-51.

Bestelmeyer B T. 2006. Threshold concepts and their use in rangeland management and restoration: The good, the bad, and the insidious. Restoration Ecology, 14: 325-329.

Bisigato A, Laphitz R, Lopez M. 2009. Ecohydrological effects of grazing-induced degradation in the Patagonian Monte, Argentina. Austral ecology, 34: 545-557.

Briske D D, Richards J H. 1995. Plant responses to defoliation: A physiological, morphological and demographic evaluation. *In*: Bedunah D J, Sosebee R E. Physiological Ecology and Developmental Morphology. Denver: Society for Range Management: 635-710.

Brown L R. 2008. Plan B 3. 0: Mobilizing to Save Civilization (substantially revised). WW Norton & Company.

Bruno J F, Stachowicz J J, Bertness M D. 2003. Inclusion of facilitation into ecological theory. Trends in Ecology and Evolution, 18: 119-125.

Cadisch G R, Schunke M, Giller K Z. 1994. Nitrogen cycle in monoculture grassland and Legume-grass mixture in Brazil Red soil. Trop Grasslands, 28: 43-52.

Callaway R M. 2007. Positive Interactions and Interdependence in Plant Communities. Dordrecht: Springer.

Castillo A, Linn J. 2011. Incentives of carbon dioxide regulation for investment in low-carbon electricity technologies in Texas. Energy Policy, 39(3): 1831-1844.

Chen D, Mi J, Chu P, et al. 2014. Patterns and drivers of soil microbial communities along a regional precipitation gradient on the Mongolia plateau. Landscape Ecol, doi: 10.1007/s10980-014-9996-z.

Chen Q, Hooper D U, Li H, et al. 2017. Effects of resource addition on recovery of production and plant functional composition in degraded semiarid grasslands. Oecologia, doi: 10.1007/s00442-017-3834-3.

Chen S, Bai Y, Lin G, et al. 2005. Effects of grazing on photosynthetic characteristics of major steppe species in the Xilin River Basin, Inner Mongolia, China. Photosynthetica, 43: 559-565.

Cingolani A, Noy-Meir I, Díaz S. 2005. Grazing effects on rangeland diversity: A synthesis of contemporary models. Ecological Applications, 152: 757-773.

Conant R T, Paustian K, Elliott E T. 2001. Grassland management and conversion into grassland: Effects on soil carbon. Ecological Applications, 11(2): 343-355.

Conant R T, Paustian K. 2002. Potential soil sequestration in overgrazed grassland ecosystems. Global Bio-geocheical Cycles, 16(4): 1143-1151.

Cruz P, De Quadros F, Theau J, et al. 2010. Leaf traits as functional descriptors of the intensity of continuous grazing in native grasslands in the south of Brazil. Rangeland Ecology & Management, 63: 350-358.

Damhoureyeh S, Hartnett D. 2002. Variation in grazing tolerance among three tallgrass prairie plant species. American Journal of Botany, 89: 1634-1643.

Davenport T H, Prusak L. 1997. Information Ecology: Mastering the Information and Knowledge Environment. Oxford: Oxford University Press.

Davis M A, Slobodkin L B. 2004. The science and values of restoration ecology. Restoration Ecology, 12: 1-3.

Dyer M I, Bokhari U G. 1976. Plant-animal interactions: Studies of the effects of grasshopper grazing on blue grama grass. Ecology, 57: 762-772.

Dyer M I, DeAngelis D L, Post W M. 1986. A model of herbivore feedback on plant productivity. Mathematical Biosciences, 79: 171-184.

Dyksrerhuis E J. 1949. Condition and management of rangeland based on quantitative ecology. Journal of Range Management, 2(3): 104-115.

Ellison L. 1960. Influence of grazing on plant succession of rangelands. The Botanical Review, 26(1): 1-78.

Fang J Y, Bai Y F, Wu J G. 2015. Towards a better understanding of landscape patterns and ecosystem processes of the Mongolian Plateau. Landscape Ecol, 30: 1573-1578.

Friedel M H. 1991. Range condition assessment and the concept of thresholds: A viewpoint. Journal of Range Management, 44: 422-426.

Fu Y, Thompson D, Willms W, et al. 2005. Long-term grazing effects on genetic variability in mountain rough fescue. Rangeland Ecology & Management, 58: 637-642.

Fulai S, Flomenhoft G, Downs T J, et al. 2011. Is the concept of a green economy a useful way of framing policy discussions and policymaking to promote sustainable development? Natural Resources Forum.

Blackwell Publishing Ltd, 35(1): 63-72.

Gao Y Z, Giese M, Han X G, et al. 2009. Land use and drought interactively affect interspecific competition and species diversity at the local scale in a semiarid steppe ecosystem. Ecological Research, 24(3): 627-635.

Gao Y, Giese M, Lin S, et al. 2008. Belowground net primary productivity and biomass allocation of a grassland in Inner Mongolia is affected by grazing intensity. Plant and Soil, 307(1/2): 41-50.

Gibson C W D, Brown V K. 1992. Grazing and vegetation change: Deflected or modified Succession? Journal of Applied Ecology, 29(1): 120-131.

Golley F B. 1977. Ecological Succession. Stroudsburg: Dowden, Hutchinson and Ross: Stroudsburg: 373.

Golluscio R, Austin A, Martínez G, et al. 2009. Sheep grazing decreases organic carbon and nitrogen pools in the Patagonian steppe: Combination of direct and indirect effects. Ecosystems, 12: 686-697.

Halle S. 2007. Science, art, or application-the "Karma" of restoration ecology. Restoration Ecology, 15(2): 358-361.

Harrison M, Evans J, Dove H, et al. 2012. Recovery dynamics of rainfed winter wheat after livestock grazing 1. Growth rates, grain yields, soil water use and water-use efficiency. Crop and Pasture Science, 62: 947-959.

Hilbert D W, Swift D M, Detling J K, et al. 1981. Relative growth rates and the grazing optimization hypothesis. Oecologia, 51: 14-18.

Hobbs R J, Harris J A. 2001. Restoration ecology: Repairing the Earth's ecosystems in the new millenium. Restoration Ecology, 9: 236-246.

Hobbs R J, Higgs E, Harris J A. 2009. Novel ecosystems: Implications for conservation and restoration. Trends in Ecology & Evolution, 24(11): 599-605.

Hobbs R J, Norton D A. 1996. Towards a conceptual framework for restoration ecology. Restoration Ecology, 4(2): 93-110.

Hoffert M I, Caldeira K, Benford G, et al. 2002. Advanced technology paths to global climate stability: Energy for a greenhouse planet. Science, 298(5595): 981-987.

Holling C S. 1973. Resilience and stability of ecological systems. Annual Review of Ecology and Systematics, 4: 1-23.

Hoogwijk M, Faaij A, van den Broek R, et al. 2003. Exploration of the ranges of the global potential of biomass for energy. Biomass and Bioenergy, 25(2): 119-133.

Humphrey R R. 1949. Field comments on the range condition method of forage survey. Journal of Range Management, 2(1): 1-10.

IPCC. 2007. Summary for Policymakers. Climate Change 2007: the Physical Science Basis. Contribution of Working Group I to the Fifth Assessment Report of the Intergovernmental Panel on Climate Change. Cambridge: Cambrige University Press.

IPCC. 2013. Summary for Policymakers. Climate Change 2013: The Physical Science Basis. Contribution of Working Group I to the Fifth Assessment Report of the Intergovernmental Panel on Climate Change. Cambridge: Cambrige University Press.

Kang L, Han X, Zhang Z, et al. 2007. Grassland ecosystems in China: review of current knowledge and research advancement. Philosophical Transactions of the Royal Society B: Biological Sciences, 362(1482): 997-1008.

Kannan R. 2009. Uncertainties in key low carbon power generation technologies-implication for UK decarbonisation targets. Applied Energy, 86(10): 1873-1886.

Kemp D R, Han G, Hou X, et al. 2013. Innovative grassland management systems for environmental and livelihood benefits. Proceedings of the National Academy of Sciences, 110(21): 8369-8374.

Kemp D R, Michalk D L. 2007. Towards sustainable grassland and livestock management. Journal of Agricultural Science, 145(6): 543.

Kemp D, Brown C, Han G D, et al. 2011. Chinese grasslands: problems, dilemmas and finding solutions. Development of sustainable livestock systems on grasslands in north-western China'. ACIAR Proceedings, (134): 12-23.

Kiehl K. 2010. Plant species introduction in ecological restoration: Possibilities and limitations. Basic and Applied Ecology, 11(4): 281-284.

Kooijman A, Smit A. 2001. Grazing as a measure to reduce nutrient availability and plant productivity in acid dune grasslands and pine forests in The Netherlands. Ecological Engineering, 17: 63-77.

Larsen S, Alp M. 2015. Ecological thresholds and riparian wetlands: An overview for environmental managers. Limnology, 16: 1-9.

Laycock W A. 1991. Stable states and thresholds of range Condition on North American rangelands—a viewpoint. Journal of Range Management, 44(5): 427-433.

Lebon A, Mailleret L, Dumont Y, et al. 2014. Direct and apparent compensation in plant-herbivore interactions. Ecological Modelling, (290): 192-203.

LeCain D R, Morgan J A, Schuman G E, et al. 2002. Carbon exchange and species composition of grazed pastures and exclosures in the shortgrass steppe of Colorado. Agriculture, Ecosystems & Environment, 293: 421-435.

Ledgard S F, Steele K W. 1992. Biological nitrogen fixation in mixed legume/grass pastures. Plant and Soil, 141(1/2): 137-153.

Lemus R, Lal R. 2005. Bioenergy crops and carbon sequestration. Critical Reviews in Plant Sciences, 24(1): 1-21.

Li Z, Ma W, Liang C, et al. 2014. Long-term vegetation dynamics driven by climatic variations in the Inner Mongolia grassland: findings from 30-year monitoring. Landscape Ecol, doi: 10.1007/s10980-014-0068-1.

Liu H, Liang X. 2011. Strategy for promoting low-carbon technology transfer to developing countries: The case of CCS. Energy Policy, 39(6): 3106-3116.

Liu Z G, Li Z Q, Dong M, et al. 2006. The response of a shrub-invaded grassland on the Inner Mongolia steppe to long term grazing by sheep. New Zealand Journal of Agricultural Research, 49(2): 163-174.

Louault F, Pillar V, Aufrere J, et al. 2005. Plant traits and functional types in response to reduced disturbance in a semi-natural grassland. Journal of Vegetation Science, 16: 151-160.

May R M. 1977. Thresholds and breakpoints in ecosystems with a multiplicity of stable states. Nature, 269: 471-477.

McInenly L, Merrill E, Cahill J, et al. 2010. Festuca campestris alters root morphology and growth in response to simulated grazing and nitrogen form. Functional ecology, 24: 283-292.

McIntyre S, Lavorel S, Landsberg J, et al. 1999. Disturbance response in vegetation-towards a global perspective on functional traits. Journal of Vegetation Science, 10(5): 621-630.

McJeon H C, Clarke L, Kyle P, et al. 2011. Technology interactions among low-carbon energy technologies: What can we learn from a large number of scenarios? Energy Economics, 33(4): 619-631.

McKinney K, Fowler N. 1991. Genetic adaptations to grazing and mowing in the unpalatable grass Cenchrus incertus. Oecologia, 88: 238-242.

McNaughton S J. 1976. Serengeti migratory wildebeest: Facilitation of energy flow by grazing. Science, 191: 92-94.

McNaughton S J. 1979. Grazing as an optimization process: Grass-ungulate relationships in the Serengeti. American Naturalist, 113: 691-703.

McNaughton S J. 1983. Compensatory plant growth as a response to herbivory. Oikos, 40: 329-336.

Meyer G. 1998. Pattern of defoliation and its effect on photosynthesis and growth of goldenrod. Functional Ecology, 12: 270-279.

Meyers J, Walker B H. 2003. Thresholds and alternate states in ecological and social-ecological systems: Thresholds database. Resilience Alliance. http://www.resalliance.org.au. [2014-12-26].

Miao H, Chen S, Chen J, et al. 2009. Cultivation and grazing altered evapotranspiration and dynamics in Inner Mongolia steppes. Agricultural and Forest Meteorology, 149: 1810-1819.

Milton S J, Dean W R J, du Plessis M. A, et al. 1994. A conceptual model of arid rangeland degradation. BioScience, 44(2): 70-76.

Mohtar R H. 2004. Grazing Simulation Model. PA: Penn State University Park.

Moore A D, Donnelly J R, Freer M. 1977. GRAZPLAN: Decision support systems for Australian grazing enterprises. III. Pasture growth and soil moisture submodels and the GrassGro DSS. Agricultrual Systems, 55: 535-582.

Muradian R. 2001. Ecological thresholds: A survey. Ecological Economics, 38: 7-24.

Ni J. 2001. Carbon storage in terrestrial ecosystem of China: Estimates at different spatial resolutions and their response to climate change. Climate Change, 49: 339-358.

Niu S, Xing X, Zhang Z, et al. 2011. Water-use efficiency in response to climate change: From leaf to ecosystem in a temperate steppe. Global Change Biology, 17: 1073-1082.

Norton D C, Norton D C. 1978. Ecology of Plant-parasitic Nematodes. New York: Wiley.

O'Brien S L, Jastrow J D, Grimley D A, et al. 2010. Moisture and vegetation controls on decadal-scale accrual of soil organic carbon and total nitrogen in restored grasslands. Global Change Biology, 16(9): 2573-2588.

Ockwell D G, Watson J, MacKerron G, et al. 2008. Key policy considerations for facilitating low carbon technology transfer to developing countries. Energy Policy, 36(11): 4104-4115.

Ojima D S, Dirks B O M, Gleovn E P, et al. 1993. Assessment of C budget for grasslands and drylands of the world. Water, Air, and Soil Pollution, (70): 95-109.

Osem Y, Perevolotsky A, Kigel J. 2004. Site productivity and plant size explain the response of annual species to grazing exclusion in a Mediterranean semi-arid rangeland. Journal of Ecology, 92: 297-309.

Owen D F, Wiegert R G. 1976. Do consumers maximize plant fitness? Oikos, 488-492.

Owen D F, Wiegert R G. 1981. Mutualism between grasses and grazers: An evolutionary hypothesis. Oikos, 376-378.

Pacala S, Socolow R. 2004. Stabilization wedges: solving the climate problem for the next 50 years with current technologies. Science, 305(5686): 968-972.

Paige K N, Whitham T G. 1987. Overcompensation in response to mammalian herbivory: The advantage of being eaten. American Naturalist, 129: 407-416.

Pearce D W, Turner R K. 1990. Economics of Natural Resources and the Environment. London: Harvester Wheatsheaf Press.

Peng Y, Jiang G, Liu X, et al. 2007. Photosynthesis, transpiration and water use efficiency of four plant species with grazing intensities in Hunshandak Sandland, China. Journal of Arid Environments, 70: 304-315.

Pimm S L. 1984. The complexity and stability of ecosystems. Nature, 307(5949): 321-326.

Piñeiro G, Paruelo J M, Jobbágy E G, et al. 2009. Grazing effects on belowground C and N stocks along a network of cattle exclosures in temperate and subtropical grasslands of South America. Global Biogeochemical Cycles, 23(2).

Plan B 3.0: Mobilizing to Save Civilization (Substantially Revised) Substantially Revise Edition by Brown, Lester R. published by W. W. Norton & Company (2008).

Qu W L, Pei S F, Zhou Z G, et al. 2004. Influences of overgrazing and exclosure on Carbon of soils and characteristics of vegetation in desert steppe, Inner Mongolia, north China. J Gansu Forest Sci Tech, 29: 4-6.

Quesada M, Bollman K, Stephenson A. 1995. Leaf damage decreases pollen production and hinders performance in *Cucurbita texana*. Ecology, 76(1): 437-443.

Rapport D J, Whitford W G. 1999. How ecosystems respond to stress: Common properties of arid and aquatic systems. BioScience, 49(3): 193-202.

Richter D D, Markewitz D, Trumbore S E, et al. 1999. Rapid accumulation and turnover of soil carbon in a re-establishing forest. Nature, 400: 56-58.

Rowena B. 2003. Control, stability, and bifurcations of complex dynamical systems. The ANU Centre for Complex Systems.

Schwinning S, Parsons A J. 1999. The stability of grazing systems revisited: spatial models and the role of heterogeneity. Functional Ecology, 13: 737-747.

Singer F, Schoenecker K. 2003. Do ungulates accelerate or decelerate nitrogen cycling? Forest Ecology and Management, 181: 189-204.

Stenseth N C. 1978. Do grazers maximize individual plant fitness? Oikos, 31: 299-306.

Su H, Liu W, Xu H, et al. 2017. Introducing chicken farming into traditional ruminant-grazing dominated production systems for promoting ecological restoration of degraded rangeland in northern China. Land Degradation & Development, doi: 10.1002/ldr.2719.

Suzuki R, Suzuki S. 2011. Facilitative and competitive effects of a large species with defensive traits on a grazing-adapted, small species in a long-term deer grazing habitat. Plant Ecology, 212: 343-351.

Takahashi T, Jones R. 2011. 2011 Steady-state modelling for better understanding of current livestock production systems and exploring optimal short-term strategies. *In*: Kemp D R, Michalk D L. Development of sustainable livestock systems on grasslands in north-western China. ACIAR Proceedings: 6-35.

Tanaka N. 2008. Energy Technology Perspectives 2008-Scenarios and Strategies to 2050. Paris: International Energy Agency (IEA).

Tao S, Fang J, Zhao X, et al. 2015. Rapid loss of lakes on the Mongolian Plateau. Proceedings of the Mational Academy of Sciences, 112(7): 2281-2286.

Thind H S, Dhillon M S. 1994. Degraded Lands of Pan Jab and Their Development through Agro Forestry. Agro forestry Systems for Degraded Lands. New Delhi: Oxford & IBH Publishing Co. Pvt, Ltd, 1: 12-13.

Tilman D, Wedin D, Knops J. 1996. Productivity and sustainability influenced by biodiversity in grassland ecosystems. Nature, 379: 718-720.

Trlica M J, Rittenhouse L R. 1993. Grazing and plant performance. Ecological Applications, 3(1): 21-23.

Turner C L, Seastedt T R, Dyer M I. 1993. Maximization of aboveground grassland production: The role of defoliation frequency, intensity, and history. Ecological Applications, 3: 175-186.

US Department of Agriculture, Soil Conservation Service. 1976. National Range Handbook. Washington DC: US Department of Agriculture.

Vellinga T V, van den Pol-van Dasselaar A, Kuikman P J. 2004. The impact of grassland ploughing on CO_2 and N_2O emissions in the Netherlands. Nutrient Cycling in Agroecosystems, 70(1): 33-45.

Verkaar H J. 1988. Are defoliators beneficial for their host plants in terrestrial ecosystems: A review? Acta Botanica Neerlandica, 37(2): 137-152.

Verón S, Paruelo J, Oesterheld M. 2011. Grazing-induced losses of biodiversity affect the transpiration of an arid ecosystem. Oecologia, 165: 501-510.

Wang S P, Li Y H, Wang Y F, et al. 2001. Influence of different stocking rates on plant diversity of Artemisia frigida community in Inner Mongolia steppe. Acta Botanica Sinica, 43(1): 89-96.

Wang S, Wilkes A, Zhang Z, et al. 2011. Management and land use change effects on soil carbon in northern China's grasslands: a synthesis. Agriculture, Ecosystems & Environment, 142(3): 329-340.

Wang Z, Deng X, Song W, et al. 2017. What is the main cause of grassland degradation? A case study of grassland ecosystem service in the middle-south Inner Mongolia. Catena, 150: 100-107.

Westoby M, Walker B, Noy-Meir I. 1989. Opportunistic management for rangelands not at equilibrium. Journal of Range Management, 42: 266-274.

Whisenant S G. 1999. Repairing Damaged Wildlands: A Process-oriented, Landscape-scale Approach. New York: Cambridge University Press.

Whisenant S G. 2002. Terrestrial systems. *In*: Perrow M R, Davy A J. Handbook of Ecological Restoration. Volume 1. Principles of Restoration. New York: Cambridge University Press: 83-105.

White A, Cannell M G R, Friend A D. 2000. The high-latitude terrestrial carbon sink: A model analysis. Global Change Biology, 6(2): 227-245.

Wolf B, Zheng X, Brüggemann N, et al. 2010. Grazing-induced reduction of natural nitrous oxide release from continental steppe. Nature, 464: 881-884.

Woodward S L, Waghorn G C, Ulyatt M J, et al. 1999. Early indications that feeding Lotus will reduce methane emissions from ruminants. Proceedings New Zealand society of animal production. New Zealand Society of Animal Production, 61: 23-26.

Wu L, He N, Wang Y, et al. 2008. Storage and dynamics of carbon and nitrogen in soil after grazing exclusion in grasslands of northern China. Journal of Environmental Quality, 37(2): 663-668.

Yuan Z Y, Jiao F, Li Y H, et al. 2016. Anthropogenic disturbances are key to maintaining the biodiversity of grasslands. Scientific Reports, 6: 22132.

Zangerl A R, Hamilton J G, Miller T J, et al. 2002. Impact of folivory on photosynthesis is greater than the sum of its holes. Proceedings of the National Academy of Sciences, 99(2): 1088-1091.

Zhao X, Hu H, Shen H, et al. 2014. Satellite-indicated long-term vegetation changes and drives in the Mongolian Plateau. Landscape Ecol, doi: 10.1007/s10980-014-0095-y.

Zuo X, Zhao H, Zhao X, et al. 2009. Vegetation pattern variation, soil degradation and their relationship along a grassland desertification gradient in Horqin Sandy Land, northern China. Environmental Geology, 58(6): 1227-1237.

Горшкова А А. 1973. Пастбища Забайкалья. Иркутск., 159с.

第八篇　蒙古高原草原灾害监测预警及防控

第二十七章　蒙古高原自然灾害类型及其发生概况

第一节　蒙古高原自然灾害类型

蒙古高原草原灾害是指在蒙古高原草原牧区发生的灾害的总称。蒙古高原自然灾害是指蒙古高原不利的自然因素造成的灾害。主要包括气象灾害如旱灾、雪灾、风灾、水灾、冷冻、冰雹灾害等，草原生物灾害如鼠害、虫害、植物病害、有毒植物、有害生物入侵、动物疫病等。多年来，草原灾害给蒙古高原草原畜牧业带来了严重的经济损失。例如，旱灾、洪涝灾害、白灾（雪灾）、火灾、黑灾、大风沙尘暴、水土流失、风蚀、草原荒漠化、引起家畜疾病的各种病原体、破坏草场及危害牧草的蝗灾、鼠害及土地盐渍化等。其中，旱灾、洪涝灾害、白灾（雪灾）、火灾、黑灾、大风沙尘暴、水土流失是突发性强、危害大的自然灾害，对草原地区人民生命财产的威胁很大，制约着牧区畜牧业经济的发展，同时引发牧区草原生态环境的严重恶化。尤其是近年来生态环境严重恶化特别是草原退化沙化强化了这些灾害的频繁发生，形成了恶性循环。

一、蒙古高原草原自然灾害分类

1. 根据灾害形成的性质分类

蒙古高原草原自然灾害根据灾害形成的性质可分为生物灾害和非生物灾害。生物灾害是由动物、植物和微生物，甚至包括人类的不合理活动而引起的灾害。例如，引起家畜疾病的各种病原体，危害草原的害鼠类、害虫、牧草病害及毒草和杂草，人为的草原滥开垦、乱砍滥伐而造成的草原退化等。非生物灾害是由自然因素造成的灾害，如白灾、黑灾、洪涝灾害、旱灾、沙尘暴、风蚀、水土流失、土地盐渍化等。

2. 根据灾害损害范围分类

蒙古高原草原灾害根据其波及损害范围可分为广域性灾害（如草原沙化、沙尘暴、白灾、黑灾、草原鼠害等）、区域性灾害（如水土流失、风蚀、火灾等）、微域性灾害（如某些家畜疾病、毒草和杂草等呈点状和线状分布的灾害）。

3. 根据灾害持续时间分类

蒙古高原草原灾害根据其持续时间可分为突发性灾害（如暴风雪、冻雨、寒潮、高温天气等）、季节性灾害（如雪灾、黑灾、洪涝灾害、旱灾、草原鼠虫病害等）、偶发性灾害（草原火灾）和持续性灾害（家畜疾病）。

蒙古高原草原发生的各种自然灾害可按照自身的规律发生，各种自然灾害也可交织暴发，从而形成了蒙古高原各种自然灾害的频繁性。

二、蒙古高原自然灾害发生概况

从 1949～1987 年，内蒙古共记载旱灾、水灾、风灾、雪灾、霜灾、雹灾、病虫害、震灾、疫灾及火灾等共 1134 次。在 37 年里旱灾共发生 203 次，其中 11 年的旱灾较为严重，据不完全统计受灾面积达 37.44 万 km^2。风灾发生 167 次，雪灾 77 次。冬春季风雪交加，雪盖草场，成千上万的牲畜被风雪侵袭，损失惨重。例如，1957 年内蒙古锡林郭勒、乌兰察布、呼伦贝尔、昭乌达盟、巴彦淖尔 5 个盟 17 个旗县发生雪灾，积雪深度 1 尺[①]左右，加之 5～10 级的"白毛风"长时间延续，气温有时在–42℃以下，无法放牧，致使有些地区牲畜处于"绝食"状态，死亡牲畜 11.6 万头（只），死亡 6 人。20 世纪中叶以来大风和沙尘暴也给内蒙古带来了严重灾害。1998 年阿拉善盟发生的第 11 次特大沙尘暴，直接经济损失 20 多亿元。进入 90 年代以来，牧区旱情普遍加剧，根据 2000 年的统计，内蒙古受灾面积 0.552 亿 km^2，牲畜受灾 4313.92 万头（只），死亡 50 多万头（只），经济损失达 108 亿元。2001 年内蒙古东部呼伦贝尔盟、赤峰市、通辽市、兴安盟、锡林郭勒盟的 34 个旗县遭受特大雪灾，受灾草场面积 23 992.2km^2，积雪厚度为 20～50cm，最深达 100cm，受灾户 34.62 万户、受灾人口达 190.21 万人，牲畜死亡 60.08 万头（只）。2010 年冬季锡林郭勒草原遭受了有气象记录以来最严重的雪灾，给内蒙古铁路交通造成的损失之大、伤亡人员之多是历史之最。2012 年冬季总降雪量突破历史极值，使锡林郭勒草原又一次严重受灾。据报道，连续强降雪对牧民的生产生活和当地的畜牧业造成了严重的经济损失，导致内蒙古 43 个旗县的 204.7 万人受灾，造成直接经济损失 6 亿元。

蒙古高原草原灾害种类众多，各种灾害的发生时间与周期、地区分布及危害方式也各不相同。即使是同一种灾害，在其发生发展的不同阶段的表现特征也各不相同。2003 年蒙古国大呼拉尔会议 6 月 20 日通过的"防御灾害"法规（框架）中指出了灾害的内涵及危害、预防的要求与规定："灾害"是指危险现象，技术事故、恐怖活动引起的多人伤亡，牲畜大量死亡，财产、环境遭遇逾越国家、地方承受能力的损失。"危害现象"是指强暴风雪和沙尘暴、干旱、雪灾、洪水、地震、荒漠化、火灾、人畜动植物发生急性传染病、鼠害等现象。

蒙古国与水文气象有关的自然现象，如气象灾害（干旱、雪灾、洪涝、泥石流、沙尘暴、寒潮、冷潮，以及与大气对流有关的局部现象如雷电、强骤雨、龙卷风等）、地质灾害（地震）、生物灾害（人畜疾病、草原森林病虫害和鼠害等）等各种各样的灾害时有发生，受国家地理位置、人民生活的游牧方式、社会经济等因素影响，其中小部分已达到自然灾害程度，危害社会经济和自然环境。

第二节 蒙古高原草原自然灾害类型及分布状况

自然灾害现象中因干旱引起的灾害现象随自然干旱加重而增加，但从灾害起因角度来看，人们的不当行为造成的草原、森林火灾是主要灾害。在人为活动与气候变化共同

---

① 1 尺=33.3cm。

作用下产生的草场退化，即所谓的草原荒漠化，在经营草地畜牧业的国家来说可谓是一种自然灾害。因气候变化而产生的自然灾害日益加剧，发生频率增加，灾害造成的损失有增加趋势。

1950 年以后世界各国研究者们对自然灾害的频率和强度及气候变化角度进行了广泛研究，一些气象指标阈值需要调整。蒙古国也在这方向上研究了自然灾害。

一、蒙古国气象灾害和危险现象的频率

在蒙古国十多种自然灾害中主要是以气候引起的干旱灾害、雪灾、草原及森林火灾、风灾、洪灾、极端寒冷等灾害为主。近十年来的灾情对蒙古国社会经济造成的损失每年达 500 亿~700 亿蒙图，这与 10 年前相比增长了 10~14 倍（图 27-1）。

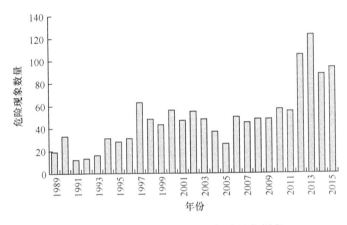

图 27-1　蒙古国气象灾害及危险现象频率

图 27-1 显示的是蒙古国 1989~2015 年气象灾害发生的频率。从 1989 年后蒙古国遭遇的气象灾害平均每年 51 次。而近 20 年中，前 10 年每年发生 75 次，后 10 年发生频率增加了 1 倍。

在蒙古国强风暴、泥石流、雷电、龙卷风是常见的灾害，分别占所发生灾害的 22.4%、22.4%、15%、12%（表 27-1），不包括草原、森林火灾。2004~2015 年，气象灾害中死亡人数为 308 人，其中，因强风暴死亡的占 40.0%，因泥石流死亡的占 24.0%，因雷击死亡的占 16%。

表 27-1　2001~2015 年蒙古国气象灾害及危险现象发生频率

现象名称	风暴	大雪	大雨	龙卷风	骤雨泥石流	冰雹	雷电	寒潮	冻雨	雨夹雪	洪灾	雪崩	草原、森林火灾
年均发生次数	15	3	3	8	15	4	10	3	1	2	2	1	181

注：蒙古国气象环境研究所

强风暴、白毛风与沙尘暴、大雪与大雨、寒潮、冻雨及雨夹雪等灾害在蒙古国地区广域发生，且持续时间长，对畜牧业的危害大，占年均总灾害次数的 39%。持续时间短（1~4h）、发生范围小，且危害大的灾害是泥石流、龙卷风、冰雹、雷电，占年均灾害次数的 57%，其中，泥石流占 40%，洪水和雪崩占年灾害次数的 4%。

近 20 年蒙古国暴雨、泥石流、龙卷风、冰雹、雷电等灾害发生频率增加了 1 倍。这与蒙古国地区暴雨频率在总降雨频率中比重增加、日降水量有增加趋势的研究结论相符。

图 27-2 反映了蒙古国地区 1989~2011 年气象灾害发生频率与年均气温呈正相关，相关系数为 0.36，这个结果与世界其他地区得出的研究结论相一致，即随气候的变暖灾害的发生频率呈增加趋势（Нацагдорж，2012）。

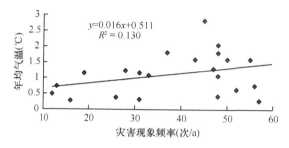

图 27-2　蒙古国地区年均灾害与年均气温相关性

根据英国气候学家确定的世界 HADCM3 指标较可靠反映了蒙古国气候变化状况。据蒙古国气候变化现状，21 世纪中叶蒙古国气象灾害及气候危险现象发生频率将增加。

二、内蒙古灾害发生概况

内蒙古的主要农牧业自然灾害有农业气象灾害：干旱、洪涝、冻害、风灾等，以及农作物病虫鼠害、森林和草原病虫鼠害、森林和草原火灾等。据 1988~2002 年的统计数据，内蒙古的农业总产值仅占全国均值的 2.05%，而受灾面积占全国均值的 4.96%，成灾面积占全国均值的 4.55%。即从单位农业产值成灾来看，内蒙古农业自然灾害造成的损失严重。据 1988~2014 年统计，旱灾、洪涝灾、风雹灾、低温冷冻灾及病虫害面积分别达到了 68.33 万 km²、17.74 万 km²、14.86 万 km²、8.57 万 km² 和 26.24 万 km²（表 27-2）。

内蒙古的农业和牧业活动主要在夏季半年，冬季半年户外农业工作相对减少，牧业工作则主要受雪灾的影响，因饲料短缺致使牲畜死亡的事件时有发生。研究表明，内蒙古暴雨洪涝、大风冰雹和雷击 3 类主要气象灾害大多出现在夏半年，特别是夏季，是主要气象灾害的高发期，并且 3 种类型主要气象灾害的逐月变化特征不尽相同。据统计，2005~2012 年，这 3 种类型气象灾害主要发生在夏季，暴雨洪涝和大风冰雹灾害以 7 月最为严重，雷击灾害主要集中在 6~7 月。夏季 3 种主要气象灾害高频率区集中在黄河沿线和内蒙古中东部偏南及呼伦贝尔市地区，并且夏季各月份的空间分布特征不完全相同。内蒙古主要暴雨洪涝灾害区分布在巴彦淖尔市南部、鄂尔多斯市北部和中部、包头市、呼和浩特市、锡林郭勒盟南部、赤峰市、通辽市北部和兴安盟东南部及呼伦贝尔市中部地区。

内蒙古牧区的重大自然灾害主要有草原火灾、旱灾、雪灾和蝗灾。随着草原保护建设工程的实施，草原植被得到有效恢复，火险等级逐步攀升，草原火灾威胁日益加重，内蒙古作为我国草原大省，草原火灾形势非常严峻。1994～2003年，我国合计发生重大特大草原火灾171起。2004～2014年，平均每年发生火灾16 440.73起，经济损失平均每年达8466.54亿元人民币。

表27-2　1988～2014年内蒙古自然灾害受灾面积　（单位：万hm²）

年份	农作物受灾	旱灾	洪涝灾	风雹灾	低温冷冻灾	病虫害
1988	217.8	90.3	57.3	42.8	3.8	80.6
1989	338.22	228.75	31.85	30.03	21.33	128.55
1990	118.33	29.66	60.87	64.70	2.82	59.94
1991	249.17	162.77	38.68	34.19	1.10	57.8
1992	250.63	131.24	25.35	43.03	44.36	48.78
1993	234.92	123.44	50.43	48.25	7.82	38.03
1994	317.85	187.13	54.95	58.26	8.19	56.07
1995	349.80	126.24	20.92	34.82	167.82	41.72
1996	254.33	74.60	17.50	44.95	13.02	36.99
1997	345.64	213.21	17.20	25.59	55.01	35.5
1998	241.30	28.82	50.79	130.45	21.64	9.60
1999	506.9	412.7	13.9	28.6	11.4	40.1
2000	479.30	377.30	13.20	31.20	15.80	40.7
2001	405.55	312.45	11.50	31.81	30.33	19.46
2002	320.80	189.91	22.35	73.04	5.17	30.27
2003	355.21	210.25	46.25	56.83	19.44	17.25
2004	356.10	249.40	20.20	21.40	35.50	29.20
2005	308.80	195.06	46.01	34.85	14.08	18.80
2006	444.55	264.10	17.87	30.66	119.02	6.97
2007	475.46	431.38	13.58	19.88	1.88	8.22
2008	3725.58	1809.37	877.86	376.12	161.80	500.38
2009	575.74	492.95	45.63	47.55	9.59	26.12
2010	203.27	143.41	21.56	26.78	11.52	—
2011	203.66	113.12	38.99	34.64	16.91	—
2012	206.07	45.36	96.55	24.35	39.81	53.30
2013	827.47	58.26	54.91	46.96	13.18	654.16
2014	773.75	131.36	7.78	43.94	4.75	585.92

数据来源：内蒙古自治区统计局，1989～2015

从年际灾害来看，旱灾、病虫鼠害、风灾较稳定频发；水灾、冻灾、火灾年际变率大。从年内看，旱灾、冻灾、火灾、风灾冬春多发。多种灾害链发，如干旱、病虫害、森林草原火灾、沙尘暴。这些特点在很大程度上与内蒙古气候特点——春季干旱多大风天气、夏季短促温热降水集中、秋季气温剧降霜冻早临、冬季严寒漫长多寒潮天气有关。

第三节　蒙古高原草原受灾特征

一、灾害损失特征

灾情损失包括抗灾、救灾两方面支出。在蒙古国对所有灾情损失全面评估难度很大，只有几个具体范围小的灾情，如强风暴、洪水、雷电、冰雹和雪灾等灾害灾情可计算出牧民的牲畜、家产受损数量。除牧民的个人损失外，也可计算集体或机关，如学校、医院的财产与房屋损失，国家和政府抗灾、救灾及赔付等支出也能具体清算。然而因旱灾草场产草量降低，牲畜抓膘差，农作物减产（无灌溉条件的粮食作物和饲草饲料）等损失难以估算。草原、森林火灾的估算则按森林的生态与经济损失评估来进行计算。因此，包括了生态与经济两个方面的损失。因灾害所造成的经济损失估算难度较大，所以灾情的危害评估也很复杂。

世界银行在 2015 年开展的"采集基本信息、各国在对灾情采取的措施与方法，灾后赔偿等的基础研究"中指出，蒙古国对自然灾情方面由政府派出的紧急事务办公室收集的信息进行分析研究。按这种方法采集到的灾情数量信息量比较丰富（表 27-3）。

表 27-3　蒙古国灾害发生次数及受灾概况（2004～2013 年）

灾害类型	发生次数	受灾小区及苏木	对人的影响			破坏/受损财产设施，机构					政府机构数量	农牧业	
			受灾人数	死亡人数	受伤人数	学校数量	房屋建筑数量	公路长度	桥梁数量	医疗卫生机构		受灾耕地面积（hm²）	失踪/死亡牲畜数量
火灾	1 507	1 564	140	26	28	—	355	—	—	—	64	—	6 282
雷电/冰雹	124	127	85	41	30	1	37	—	—	9	62	303	11 903
地震	161	177	—	—	—	—	—	—	—	—	—	—	—
旋风	116	198	65	2	45	6	3 158	462	—	2	593	3	554
洪灾	344	383	12 395	96	38	12	3 163	520	43	6	291	5 117	34 980
雪灾	7	909	760 993	1	—	—	8	—	—	—	—	—	10 770 565
沙尘暴和暴风雪	174	—	7 708	149	124	35	3 330	—	—	9	2 727	170 812	987 539
合计	2 433	3 358	781 386	315	265	54	10 051	982	43	26	3 737	176 235	11 811 823

自然灾害中致使人死亡或受伤的主要灾害是沙尘暴/暴风雪洪水（泥石流为主）、旋风、森林与草原火灾（图 27-3）。灾害给人带来的影响形式之一是牧民牲畜损失、倾家荡产，为居住生活而奔波，寻求生活之路。例如，蒙古国在 1999～2002 年遭遇的三次雪灾中损失 1000 多万头（只）牲畜，1.2 万余户牧民牲畜全部遭灾，牧民贫困程度增加，促使牧户向城镇转移，给国家经济造成了几年内无法弥补的损失。假设以拥有 200 头牲畜、五口人为一户，一户有两个劳动者，则这次灾情中 5 万户、20 万人遭灾，1 万多人失业。

对蒙古国经济造成损失的主要灾害有雪灾、暴风雪、沙尘暴、森林及草原火灾（生态损失）、洪灾等。在 2000 年、2001 年牲畜损失 7.5%～11.5%，而在 2010 年占到 6.22%（图 27-4）。

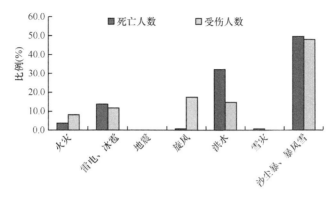

图 27-3　蒙古国不同灾害类型对人的影响（2004～2013 年总伤亡人数中所占比例）

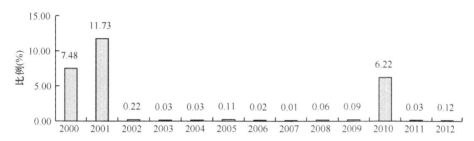

图 27-4　蒙古国气象灾害经济损失占国内总产值比例（未计森林及草原火灾生态损失）

在牲畜意外损失中，雪灾损失占 91%（2004～2013 年平均值），暴风雪及沙尘暴损失占 8.4%，其余是其他灾害造成损失。

灾害可造成房屋门窗、屋顶破损，通信设施被破坏、断电，道路被封锁，烟囱被吹断，房屋倒塌等各种被破坏及受损现象。

暴风雪、沙尘暴、洪水、旋风等可造成基础设施的破坏。从图 27-5 中可以看出 2004～2013 年各种灾情中基础设施的损失情况。

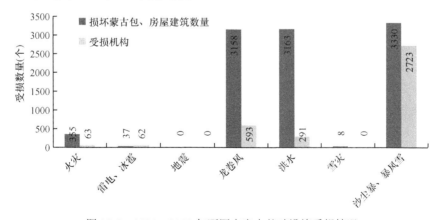

图 27-5　2004～2013 年不同灾害中基础设施受损情况

二、抗灾、救灾支出

蒙古国在 2004～2013 年因各种灾害支出 54 亿蒙图，其中大部分由地方政府官员储备金、紧急事务管理部、公路养护公司、边防部队等部门支出。同时也要支付参与群众的各种费用。

抗灾、救灾支出中 21%用于洪水灾害，33%用于雪灾支出，37%用于火灾，三种灾害减灾支出占 91%（图 27-6）。火灾、雪灾的减灾支出占损失的 5%。而地震中受损达300 万蒙图时，开支达 1800 万蒙图（2005 年 7 月 21 日发生的东方省哈坦布拉格苏木地震）。由上述描述可知，在蒙古国大地震可造成严重损失。据记载，蒙古国 8 级以上强地震发生过 4 次。

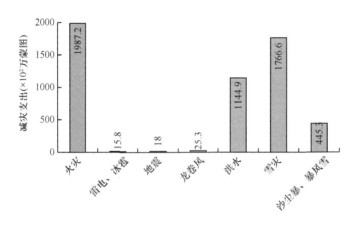

图 27-6　2004～2013 年减灾支出

减灾支出按时间分配看，2008～2010 年占 56%，2011～2013 年占 33%。这与 2008年的暴风雪与沙尘暴及 2009～2010 年的雪灾有关。

三、灾后重建财经支出与赔偿

蒙古国 2004～2013 年灾害中，国家级有关部门支付 138 亿蒙图，国民及各个战线和国际有关组织的捐款合计 2123 亿蒙图，用于灾后重建与赔偿，其中，37%用于水灾，49%用于雪灾，13.8%用于强风暴、暴风雪与沙尘暴灾害损失。

按年份统计，2010 年支出占 47%，2012 年占 33%，2009 年则占 15%，大部分支出用于 2009～2010 年的雪灾和 2012 年的水灾。2009～2010 年雪灾时蒙古国卫生部为受灾牧民给予心理咨询，即受灾 8 个省的 1190 人给予心理咨询帮助，对 357 人进行单独咨询，为 365 人给予心理帮助，为 217 个苏木的群众提供急救帮助，同时对参加救援的 367位医生、护士、司机发放劳保服装。对 36 个苏木进行了水质检测，对 12 眼井及 5 个洗浴场所进行修复，花费 3 亿 1600 万蒙图。

雪灾后根据 2010 年的 197 号决议文件，支出 80 亿蒙图为 5162 户牧民发放 14 460 头（只）牲畜，挽救了他们的生活。59.2%的完全失去牲畜的牧户得到了有效帮助。

2009～2010 年雪灾中各个渠道捐献的款项为 2120 亿蒙图，大部分用于食品、疫苗、医疗器具、道路清障、桥梁修复及饲草料等方面的支出。

第二十八章　蒙古高原草原灾害

第一节　蒙古高原草原旱灾

旱灾是影响蒙古高原草原畜牧业的主要自然灾害之一。蒙古高原属温带大陆性气候，年平均降水量约 200mm，降水量受海陆分布、地形等因素影响，在区域间、季节间和年份间分布很不均衡，因此旱灾发生的时期和程度有明显的地区分布特点。随着全球气温的升高，极端干旱气候发生的强度和频率增大，蒙古高原草原旱情愈加频繁，出现了旱灾愈加严重的现象。

一、干旱

在气象学上干旱有两种含义：一种是干旱气候，另一种是干旱灾害。干旱是气象、水文等外界环境因素导致草原植物水分失衡的现象，如降水低于正常年份，不能满足牧草、农作物关键生长期内的水分需求，或者降水虽然不低于正常年份，但降水特别集中，分配不均匀，不能适时满足牧草和农作物生长、发育需要，或者不能稳定、适时、足量地供给人畜饮水或生产用水的现象。干旱发展至酿成灾害的程度称为旱灾。

草原旱灾是气象灾害之一，是久晴不雨或少雨，降水量较常年同期明显减少，使草原生态系统水分短缺，造成植物返青推迟、不返青或枯死、人畜饮水困难而形成的灾害现象。是牧草植物体内水分大量亏缺，导致植物生长发育不良而牧草、农作物产量减少的一种气象现象。

干旱和旱灾涉及气象、农牧业、水文及社会经济等学科，与降水、气温、土壤底墒、灌溉条件、牧草植物结构、植物群落结构、牧草种类的抗旱能力及工业和城乡用水对草原地上、地下水资源影响等有关。通常干旱分为四大类：气象干旱、水文干旱、农牧业生态干旱和社会经济干旱。

1. 气象干旱

气象干旱是由降水和蒸发的收支不平衡造成的异常水分短缺现象。因降水是主要的收入项，通常以降水的短缺程度作为干旱指标。例如，连续无雨日数、降水量低于某一数值的日数、降水量的异常偏少及各种天气参数的组合等。

2. 水文干旱

水文干旱是指降水和地表水或地下水收支不平衡造成的异常水分短缺现象。由于地表径流是大气降水与下垫面调蓄的结果，所以通常利用某段时间内径流量、河流平均日流量、水位等小于一定数值作为干旱指标或采用地表径流与其他因子组合成多因子指标，如水文干湿指数、作物水分供需指数、最大供需比指数、水资源总量短缺指数、生态水阈值等来分析干旱。

3. 农牧业生态干旱

农牧业生态干旱是由外界环境因素造成植物体内水分失衡，发生水分亏缺，影响正常生长发育，进而导致减产或失收的现象。农牧业干旱涉及土壤、作物、牧草、大气和人类对土地资源、水资源利用等多方面因素，是各类干旱中最复杂的一种。它不仅是一种生物生理过程，也是物理过程，而且也与社会经济有关。按其成因的不同可分为土壤干旱、生理干旱和大气干旱。

1）土壤干旱。因土壤含水量少，植物的根系难以从土壤中吸收到足够的水分去补偿蒸腾与消耗，植株体内的水分收支失去平衡从而影响生理活动的正常进行，以致发生危害。

2）生理干旱。因土壤环境不良使植物的生理活动受阻，吸水困难，导致植物体内水分失去平衡而发生危害。

3）大气干旱。由于太阳辐射强，空气温度高、湿度小，有时还伴有风，导致作物和牧草蒸腾消耗过多，即使土壤含水量并不很少，但根系所吸收的水分不足以补偿蒸腾支出，致使植物体内的水分状况恶化而造成危害。

这三种干旱既有联系又有区别。大气干旱会加剧土壤蒸发，而土壤干旱加重大气干旱。这两种干旱同时发生危害更大。在同样的土壤条件下，如果土壤干旱，生理干旱会加重；若土壤水分充足，生理干旱会减轻。

4. 社会经济干旱

社会经济干旱是指自然系统与人类社会经济系统中水资源供需不平衡造成的异常水分缺失现象。

二、干旱的指标与等级确定

降水和蒸发是造成草原干旱最基本的气候因素。降水的空间地域变化、年际变化和年内季节分配变化对草原干旱形成与发展产生影响。蒸发是土壤水分损失的主要方式，蒸发量大小主要取决于气温和风力的变化。工农业开发与城市发展对环境水资源的过度开采和不合理调配，使得草原生态系统水资源短缺，加重了干旱。另外，草原地区人口的过快增加和草原的过度放牧使得草原大面积退化、沙化，植被的蓄水作用丧失，导致地下水和土壤水减少。下垫面条件的改变反过来又对气候产生影响，也会加剧草原地区干旱化的进程。因此，干旱指标的确定是个非常复杂的问题。从时间上划分有月、季、年等阶段性的指标，从地域上划分有局地、区域、全区的干旱指标。目前在蒙古高原中国部分应用较多的有以下指标。

1. 用降水量距平百分率确定干旱等级

降水明显偏少是导致干旱最主要的原因，中国气候中心以降水量距平百分率作为衡量干旱的主要指标（表 28-1）。

表 28-1　降水量距平百分率

旱期	一般干旱	大旱	特大旱
≥5 个月	−10%～25%	−25%～50%	≤−50%
3～4 个月	−25%～50%	50%～80%	≤−80%
2 个月	−50%～80%	≤−80%	
1 个月	≤−80%		

2. 牧业干旱指标

根据牧区草原 0～30cm 土壤含水量、6～7 月降水量及牧草产量划分干旱标准（表 28-2）。

表 28-2　草原干旱指标

等级	0～30cm 土壤含水量/%	6～7 月降水量/mm	牧草产量/（kg/hm²）
正常	79～91	170.9～168.7	810
轻旱	69～79	168.7～94.1	461
重旱	48～69	94.1～43.0	48

牧区冬季半年依靠积雪解决牲畜饮水，当积雪过少或无积雪时，牲畜缺乏饮水而遭受损失，称为黑灾。黑灾发生时不仅与冬季积雪状况有关，也与封冻迟早及供水条件有关。中国科学院内蒙古宁夏综合考察队提出，在黑灾发生期内，采用连续无积雪日数的长短，把黑灾分为三个级别（表 28-3）。

表 28-3　黑灾指标

等级	连续无积雪日数
轻黑灾	20～40
中黑灾	40～60
重黑灾	>60

3. 干旱等级划分

根据《国家防汛抗旱应急预案》和草原旱灾发生的特点，确定草原干旱灾害等级。

1）轻度干旱。受旱地区草原受旱面积占当地可利用草原面积的比例＜30%；以及因旱造成农村牧区临时性人畜饮水困难人口占所在地区人口比例＜20%。

2）中度干旱。受旱地区草原受旱面积占当地可利用草原面积的比例 31%～50%；以及因旱造成农村牧区临时性人畜饮水困难人口占所在地区人口比例 21%～40%。

3）重度干旱。受旱地区草原受旱面积占当地可利用草原面积的比例 51%～80%；以及因旱造成农村牧区临时性人畜饮水困难人口占所在地区人口比例 41%～60%。

4）特大干旱。受旱地区草原受旱面积占当地可利用草原面积的比例＞80%；以及因旱造成农村牧区临时性人畜饮水困难人口占所在地区人口比例＞60%。

4. 蒙古国干旱指标及监测

在蒙古国，干旱是指在当地的植物生长时期，连续几个月或一个季节降水急剧减少，天气变热的气候异常现象。选取反映干旱特征气候因子表示干旱，包括降水标准指数和俄罗斯 Д. А. Пед 的干旱指数。

$$S_i = \frac{\sum_{i=1}^{n} \Delta T_i}{\sigma_i} - \frac{\sum_{i=1}^{n} \Delta P_i}{\sigma_i}$$

式中，ΔT 为月平均正常温度的偏差；ΔP 为月降水量的偏差；i 为观测点编号；σ_i 为月平均温度、月平均降水量标准偏差；n 为观测点总数；S_i 当其小于零则无旱，当其大于零则有旱灾。

$2<S_i<3$ 为中度干旱，$3<S_i<4$ 为严重干旱，$4<S_i$ 则极度干旱。

三、干旱的监测

蒙古国国家水文、气象观测网站观测从 20 世纪 70 年代开始，针对干旱/夏季条件对暖季每十天进行一次定性评价，并绘制干旱/夏季条件图，服务于政府、企业和有关单位，为制定抗旱措施提供依据。按照这种评价方法对每个苏木的东西南北侧 4 处草场分别依据植被长势状况、干旱/夏季条件性质做出好、中等、差的评价，或对夏季条件做出好、中等、轻度干旱、干旱等评价。

按照观测数据，1944 年、1946 年、1951 年、1968 年、1972 年、1980 年、1981 年、1995 年、1999 年、2000 年、2001 年、2002 年、2004 年、2005 年、2007 年、2009 年、2010 年等年份蒙古国的 100 多个苏木遭遇旱灾。

20 世纪 80 年代后开始用人造卫星监测旱情。从 2007 年开始应用 MODIS 高分辨率技术监测旱情。

1. 干旱频率

Р. Мижиддорж、А. Намхай 等（1997）学者用树木的年轮研究了近 200 年来发展的旱情，取得了很好的结果。用树木年轮得出 1740～1940 年的土谢图汗部、车臣汗部（现在的布尔干、色楞格、中央、中戈壁、肯特、东方、苏赫巴托省的全部，南戈壁的大部，前后杭爱省东部，额仍河流域，占据现在 159 个苏木地区）地区的树木年轮和历史记载证明发生了 72 次旱灾，后 112 年发生了占据该地区面积 25% 的旱灾。

巴特尔毕力格等学者尝试用树木年轮重建公元 1500 年后的旱情。把蒙古国各苏木的 1973～1999 年和 1973～2009 年两项旱情观测数据合并到地理信息中处理，分析了灾情发生频率与分布，研究得出，蒙古国的高山地区、森林草原及草原的大部 10 年中发生 1～2 次旱灾，荒漠草原地区则是每两年发生一次旱灾，而草原及荒漠草原过渡区每三年发生一次旱灾。按蒙古国的湿润度，旱灾频率由北至南、由东向西逐渐减少。用放牧场产草量评价旱情的方法与 Б. Жамбаажамц 制作的旱情图基本相符合。如果牲畜的意外损失与家畜膘情差，与冬末春初的饲草料缺少有关，干旱年份这种情况尤为严重（图 28-1）。

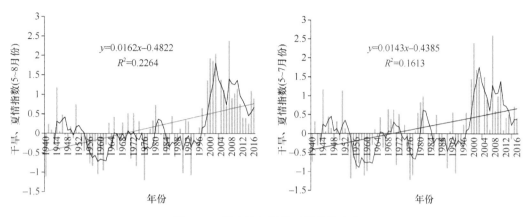

图 28-1　蒙古国年平均干旱指数变化

由图 28-1 看出，1999 年以后干旱强度显著增加，1940 年以后 10 次旱灾的 9 次发生于 1999～2016 年。所谓旱灾可理解为草场生产力下降，牲畜未能抓膘，而接着冬季的严峻条件下没有抵抗力而受损死亡。气候变暖不仅干旱强度增强，而且热高压高温天数也增多，影响了植物生长，引起草场退化，植物类型构成中劣等级牧草种类增多。

2. 干旱等级划分

牧民将干旱分为旱、旱灾和严重旱灾等几类。虽然对旱情历史记载始于 1200 年，但没有系统的记录（Charney，1975）。《元史》中记载"……这一年（1248 年）遭遇旱情，河流干涸，野草自燃。牛羊的十之八九死亡，人们无法生活下去……"这种状况，按牧民说法就是严重干旱（红干旱）。从草场长势状况看，山区草场长势好的夏季其产草量比平均产草量增加 26%～38%，而遇到干旱产草量则下降 12%～48%，荒漠草原区遇到干旱时减产 28%～60.3%，而好年景下产草量提高 23.1%～58.3%。这种状况在森林草原区、草原区和河滩草甸区也能看到。

草场生产力下降导致牲畜未能充分抓膘，冬春季节有可能意外受损死亡。这种状况大牲畜（除骆驼）中尤为严重。利用高草牧性的牛群中这种现象极为严重（图 28-2）。

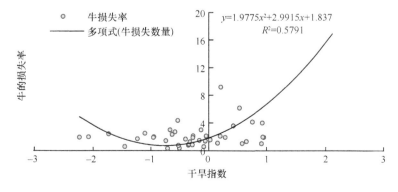

图 28-2　东部平均干旱指数与东方省牛群相对损失关系（1959～2001 年）

家畜夏秋季增加的活重及农作物产量与干旱指数有相关性。例如，2002 年旱情中小麦产量降至 470kg/hm^2，损失 340 亿蒙图，2015 年旱灾小麦产量降至 560kg/hm^2（2014年、2016 年小麦产量降至 1500～680kg/hm^2）。

四、荒漠化

1994 年联合国巴黎会议指出"……荒漠化是指包括气候变化和人类活动在内的多种因素造成的干旱、半干旱及亚湿润地区的土地退化"。土地退化是土壤失去肥力、土壤机械构成被破坏、土壤中的生物含量减少，从而使植物生长量下降、地上植物种类成分改变，进而与土壤、植物周围的生态条件和水资源等失去协调，综合生产潜力减少或丧失。我们对荒漠化的理解不像地理角度的沙化，而是从土壤退化角度去看问题。草地沙化是土地退化终端出现的草场沙化而形成的荒漠特征不可逆转的现象。按联合国的解释，荒漠化是由自然或气候及人为因素引起。从气候上讲，一个地区长期干旱，缺乏降水及极度干燥而气候条件改变或称气候变化引起荒漠化。气候变化引起的土地与大气间的物质与能量交换规律被打破，降水及温度规律被破坏而发生变化的现象，称为土地与大气间逆向机制。

气候引起的荒漠化有强弱之分。气候荒漠化的理论研究始于 20 世纪六七十年代。Л. Р.Оттерман、Ж. Г. Чарни（1975）等在非洲撒哈拉因长期干旱而形成的荒漠的大部分地区或部分地区，提出了大气辐射反射率假说。有些学者在俄罗斯卡尔梅克（北纬中间地区的荒漠地带）验证了 Оттерман-Чарнийн 假说（Золотокрыл, 1997）。俄罗斯学者 А. Н. Золотокрыл（2003）利用地面观测和卫星观测数据研究俄罗斯南部荒漠地区及撒哈拉沙漠的温度与反射率之间的关系得出气候荒漠化阈值为地面绿色生物干物质产量小于或等于 0.5t/hm^2。换言之，植物植被指数 NDVI（normalized difference vegetation index）小于或等于 0.07。依据 Золотокрыл（2010）的计算，形成这样的生物量时年降水量小于195mm。这样该地区温度与辐射的反射相互作用而形成气候荒漠化。

俄罗斯学者 А. Н. Золотокрыл 等研究 2000～2004 年蒙古国荒漠化地表的温度与辐射反射的作用，得出气候荒漠化的界限还不到 46.5°N，而 2005～2009 年其北界已达 47°N以外。П. Гомболүүдэв（2011）研究指出，如果在蒙古戈壁变为荒漠、干旱草原变为戈壁，地表覆盖物变化则降水量将减少 14%，如果亚洲这样变化的话降水量则减少 25%（Л. Нацагдорж，П. Гомболүүдэв，等 2005）。草场未来变化将如何影响气候方面，中国的学者也在进行研究（Zhang et al., 2013）。经研究，21 世纪中叶 2040～2050 年的 10 年间在蒙古国地区年降水量将减少 200mm，这是一个很不小的数字。

1993 年后蒙古国的牲畜头数稳步增长，计划经济时蒙古国的牲畜头数稳定在2000 万～2580 万头（只）。牲畜私有化后牲畜头数迅速增加，2012 年增加到 4000 万头（只）以上，2015 年超过 5600 万头（只）。不仅牲畜数量增加，而且畜群结构也发生了变化，加重了天然草场负荷。

1. 气温对荒漠化的影响

当气温在大范围内提高时，地表的水分蒸发加强而总蒸发量提高，如得不到降水量的补充，土壤水分失去平衡；当气温提高，缩短了雪覆盖地表的时间，而延长了土壤的裸露时间，导致土壤受到风蚀；当气温出现极端炎热时，植物受炎热影响，当这种情况发生于草场和农作物的生长薄弱时期，则会带来不可挽回的损失。

2. 降水机制对荒漠化的影响

影响植物生长的降水变化包括植物生长期降水量减少、季节性降水量发生变化、降水量性质即连阴雨和暴雨分配变化等。也可以从降水变化系数（Cv）值及其变化来说明对荒漠化的作用。然而，并非气象因素单因子形式影响植被，是以特定气候条件形式影响植被，因而区分干旱指标，做具体分析。

在蒙古国导致荒漠化的主要因素是植物生长时气温增高，地表总蒸发量增加，而降水量不增加。用总蒸发量及其变化来确定气候变化对生态系统的影响其意义很重要。因蒸发量是决定土壤水分平衡及陆地生态系统初级产品质量变化的关键因素，对初级产量起主要作用。根据观察，从 1961～2015 年蒙古国地区地表总蒸发量增加了 125mm，而植物生长期的降水量减少了 52.8mm（图 28-3）。

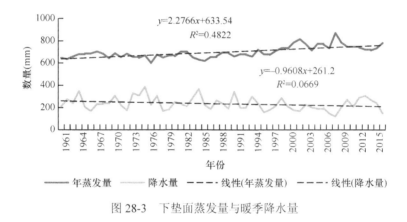

图 28-3　下垫面蒸发量与暖季降水量

3. 炎热天数的变化

众多学者研究了炎热对植物生长量的影响，但对植物抗热性方面研究得不多。政府间气候变化专家委员会关于气候变化及其影响的报告（IPCC，2001）中提出"当植物开花、授粉时气温在 26℃以上每提高 1℃，作物产量则减少 10%"。以色列学者 Ж. Ломас（1994）建议农作物的耐热温度指数由 33℃以上的温度及持续时间以天数来确定。Э. Мөнхцэцэг 和 Н. Нацагсүрэн 等于 2002 年在蒙古国的水文、气象网站上发布了草场产量与放牧耐热指数间的相关性，在干旱草原、荒漠草原、荒漠地区相关性为 0.72～0.76，指出从 20 世纪 90 年代后蒙古国的植物热胁迫指数有所提高。Б. Оюунчимэг、Б. Эрдэнэцэцэг（2010）等在哈拉和林草原上进行研究，结果表明，植物高温受害、植物含水量下降的气温阈值在 32℃左右。

表 28-4 给出了蒙古国各省份 1961～1990 年与 1991～2015 年发生的 30℃以上炎热天数的对比状况。从表中可以看出近年来炎热天数明显增加。

表 28-4　年均 30℃以上天数

气象站名称	1961～1990 年平均天数	1991～2015 年平均天数
巴彦德勒格尔	19.4	25.5
额尔德尼查干	11.1	15.1
西乌尔特	14.9	25.3
马塔图	15.3	22.2
温都尔汗	10.8	21.3
哈拉哈河	16.8	21.0
巴彦敖包	10.5	20.8
乔巴山	16.5	25.6
彬德尔	4.3	11.6
达达勒	3.8	11.4
达西巴勒博尔	8.6	17.0

图 28-4 中表示了苏赫巴托地区农作物受高温灾害 26℃以上天数。

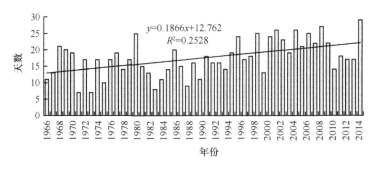

图 28-4　苏赫巴托气象站 7 月 26℃以上天数

气温过高会导致植物蒸腾加快，土壤供水失去平衡，同时，引起各种疾病发生，对人类健康也造成危害。在乌兰巴托地区 2000 年后炎热天气（热浪）出现的次数急剧增多。据研究，气温 30℃以上天数与乌兰巴托地区心血管疾病急救次数之间相关性分析显示两者之间呈 $r=0.88$ 的线性相关性。图 28-5 表示人类心血管疾病急救次数与炎热天数的相关性。

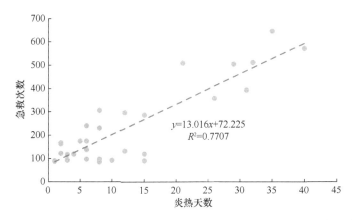

图 28-5　乌兰巴托市人类心血管疾病急救次数与气温 30℃以上天数相关性

第二节　蒙古高原草原雪灾

一、雪灾的类型

季节性发生的气候异常，如干旱和雪灾对蒙古国经营草地畜牧业具有特殊的地位。对严寒（恶劣）冬天的"含义"世界各国均有所体会，但对冬季的雪灾，一年四季游牧的蒙古高原牧民体会特别深刻。雪灾是指依靠天然草原放牧的畜牧业地区，由于冬春季节降雪过多和积雪过厚，积雪层持续时间长，影响家畜正常放牧活动的一种气象灾害。对畜牧业危害最大的雪灾有"白灾"和"雪暴"两种。

1. 白灾

白灾是由于降雪过多，积雪过深和雪层维持时间过久而给草原畜牧业带来损失的一种气象灾害。白灾发生时，因降雪过多，积雪覆盖草原，有时长达几个月，致使牲畜无法采食，在无补饲或补饲不足的情况下，家畜日渐瘦弱，造成膘情下降，抵抗能力降低。加之大雪过后又常伴随大风和强降温，最低气温可达−30～−40℃，饥寒交迫，致使母畜流产、成幼畜大批死亡。积雪过深，雪后道路被封，交通、通信等基础设施受影响，给抗灾救灾工作和转场自救带来困难。

白灾因积雪方式不同可分为三种类型：松软型、凝冻型和冰雪复合型。

1）松软型积雪。一般出现在积雪前期，密度小，结构松散。家畜较容易刨雪采食，对放牧影响较轻，但积雪过深，仍会引起灾害。

2）凝冻型积雪。一般出现在积雪后期，其密度远大于松软型积雪，是松软型积雪表层融化又迅即结冰而形成的硬壳，硬壳厚时可支撑绵羊在上行走，对牲畜刨雪采食极为不利，牲畜刨雪采食时常造成膝关节以下磨损受伤。由于采食困难，体能消耗，常造成严重灾害。

3）冰雪复合型积雪。这种类型有两种情况：一种是降雪初期温度高，雪在草原和牧草上融化，入夜降温结冰，冰层上再覆雪，造成冰层与雪层交相堆积；另一种是积雪厚气温升高，一部分积雪融化后在下层雪上冻结，然后降温再积雪而成。牧民称这种雪灾为"铁灾"。铁灾对放牧极为不利，牲畜难以刨雪采食，即使像马这样能用蹄刨雪的牲畜也不行，由于无草可食，大量牲畜急速掉膘。冰壳不仅导致牲畜刨雪采食时体力消耗加大，而且冰盖和冰夹层造成牲畜的蹄趾间和蹄冠被划破产生损伤，使牲畜行动困难，易造成冻伤，发生死亡。

在蒙古国遭遇严重雪灾，有些牧户会损失所有牲畜。这种情况2000年以前就有记载，但从未从科学角度解释，灾情研究很少或几乎没有。按蒙古国的通俗理解，在冬春恶劣天气条件下牲畜既没有吃的草，也没有饮的水被称为受灾。

通常可以这样理解，冬春季节畜群无法从草场上获得饲草，不能支持体能，从而大量（大批）死亡的自然现象。

畜群长时间处于饥饿状态，瘦弱而大批死亡是由以下原因引起：①草场上有牧草，但畜群无法利用；②草场上没有牧草可利用。

按上述牲畜死亡第一种原因中，①草场被积雪覆盖无法利用的自然现象，牧民称之为"白灾"；②极度寒冷（寒冷灾）或持续暴风雪畜群长时间无法出牧的恶劣的天气状况（暴雪灾害），草场被冰层覆盖或被冻冰的雪层覆盖（铁灾或玻璃状灾害）。第二种原因在于：①因夏季遭受干旱牧草长势不好，而冬季下雪或无雪情况下牲畜没有草可吃。无雪则称为"黑灾"，有雪则称为"白灾"。②草场牧草长势虽好，但水源供给不足或畜牧业建设无序，牲畜过于集中，在一个地区多集中放牧而草地资源过早枯竭，被称为"蹄子灾害"。

2. 雪暴

雪暴又称为暴风雪，是在一种较为复杂的特殊多相流强冷空气影响下气流夹带起分散的雪粒在近地面形成的暴风雪灾害。暴风雪来临时，气温很低，大雪随风弥漫，能见度极低，畜群遇此情景会惊恐不安，因方向难辨而随风狂奔不止，无法赶拢回圈，草原上有许多沟谷和湖泊，雪灾时被积雪填平，成为牲畜的无形陷阱，牲畜往往迷失其中。同时，怀孕母畜在暴风雪天气中最易发生机械流产，即使在棚圈内，因避风雪寒，常互相上垛取暖，也会使怀孕母畜流产，有的甚至被活活压死；有的幼畜甚至异嗜污雪或结冰牧草，常引起恶性传染病的暴发，导致幼畜死亡率剧增，损失巨大。

二、雪灾形成原因

草原雪灾的发生，不仅受自然因素影响，同时与区域经济发展水平有直接关系。经济发展水平相对落后、生产力水平低下的地区最易受灾，一方面这些地区的经济更多依赖于自然资源，另一方面缺乏抵御雪灾的必备设施和物资，即区域内系统的脆弱性致使灾情放大。

降雪能否成灾，要看冬春季降雪量、积雪深度和密度、积雪持续时间等自然因素，也取决于积雪妨碍牲畜采食的程度，所以积雪掩埋草原的深度和积雪密度是形成白灾的重要标志。大雪后积雪掩埋草原，放牧家畜因得不到草料补充而成灾；积雪过厚会破坏棚圈，大雪阻断交通，使牲畜难以转场避灾，严重影响救灾工作。

草原被积雪覆盖后，牲畜采食的难易程度不仅取决于积雪的深度和密度，也与不同畜种破雪采食能力有关。据牧区调查表明，积雪对不同种类、不同年龄的牲畜影响程度不同。各类牲畜的生理特性不同，抗御白灾能力也不同。马的采食能力最强，骆驼次之，绵羊再次之，牛最差。各类牲畜破雪采食深度：马为30cm左右，骆驼25cm，绵羊20cm，牛的破雪吃草能力低于10cm。成年牲畜破雪采食能力较幼畜强。当白灾发生时，因马善走，易于转场，所以马受白灾危害比牛轻。积雪还会影响牲畜卧盘休息，积雪地表比无积雪地表温度约低6℃，这对夜间在野外卧盘休息的牛是很大的威胁。在重白灾年份，马的损失最小，山羊和骆驼次之，绵羊损失较大，牛的死亡率最高。

虽然积雪深度是度量草原白灾程度的重要标志，但同样的积雪深度，在不同草原类型地区成灾程度不同。草甸草原牧草生长旺盛，高度在20cm左右，积雪深度不足15cm，一般不会成灾；当积雪深度超过25cm时，牧草的大部分或全部被掩埋，影响放牧而形成白灾。

　　冬季降雪能否成灾与牧草生长季有密切关系，干旱是雪灾成灾的一个重要潜在因素；是牧区雪灾脆弱性增强的主要原因。牧草生长季干旱使牧草长势低矮稀疏，导致天然草原严重减产，牲畜膘情差，贮草量不足，加大雪灾灾情。

　　牲畜受天然草原"一岁一枯荣"的影响，呈现出"夏壮、秋肥、冬瘦、春乏"的季节性波动规律。冷季饲草料储备不足，畜群冬春膘情差，牧区棚圈等基础设施差时雪灾中造成掉膘牲畜瘦弱，甚至死亡，母畜流产，仔畜成活率降低，老、弱、幼畜死亡率增高。

　　蒙古高原草原畜牧业主要采取放牧方式经营，天然草原的优劣与丰歉程度决定着草原畜牧业的兴衰。随着草原地区人口增多，开荒面积和牲畜头数增多，草原不同程度地发生退化现象。草原退化的主要标志是产草量减少、植被结构变劣及载畜能力下降，草原退化、沙化，导致雪灾成灾频率增加，而且抵抗灾害和极端天气的能力降低，自然灾害日趋频繁。

三、草原雪灾指标及等级划分

　　降雪是否成灾及危害程度的判定方式大体可分为两大类：第一类是以受灾程度，即牲畜死亡数量或死亡率来划分；第二类是以造成雪灾的主要气象要素变化而划分，一般以积雪深度为主，兼以考虑积雪持续日数、最低气温及大风日数，具体指标各地不一。也有降雪量或距平作为雪灾监测指标。草原牧区冬春风大，降雪之后，多发生吹雪现象，对自然降雪有重新分配的作用，所形成的积雪深度要比自然积雪厚 3～10 倍。雪粒被吹经平坦开阔地面，风力以摩擦损失为主，能量损失少，雪粒便随风运行并形成各种吹蚀微型态。若风吹过起伏变化大的地面，不仅摩擦阻力增大，同时因地形地貌变化，产生涡旋阻力，使风速急剧减小，导致雪粒大量堆积。迎风坡和丘陵顶部积雪少，低洼处积雪较深，积雪分布不均，气象观测的积雪深度不能如实反映草原积雪状况，加之草原牧草高度差异很大，所以不能仅根据气象部门观测的积雪深度确定白灾成灾指标。研究表明，某一时期降雪量与常年同期降雪量的比值一般能够反映出各地的白灾情况，所以选择积雪深度和牧草被雪掩埋程度作为白灾的主要指标，以冬春降雪量相当于历年同期降雪量的百分数结合家畜受灾情况作为辅助指标。目前采用的雪灾判定指标如表 28-5 所示。

表 28-5　草原牧区白灾指标

分级	主导指标			辅助指标	
	草原类型	雪深 (cm)	积雪掩埋牧草相当于牧草平均高度的百分数（%）	冬春降雪量相当于历年同期降雪量的百分数（%）	家畜受灾情况
无白灾	高寒草甸草原	<3	<30	<120	没有稳定积雪，对各类放牧家畜均无影响，基本不受害，死亡率<3%
	草甸草原	<15	<30		
	典型草原	<10	<30		
	荒漠、半荒漠草原	<5	<30		

续表

| 分级 | 主导指标 | | | 辅助指标 | |
	草原类型	雪深（cm）	积雪掩埋牧草相当于牧草平均高度的百分数（%）	冬春降雪量相当于历年同期降雪量的百分数（%）	家畜受灾情况
轻白灾	高寒草甸草原	3～5	30～40	120～140	影响牛的放牧采食，对羊的影响尚小，对马无影响，死亡率3%～10%
	草甸草原	15～20	30～50		
	典型草原	10～15	30～50		
	荒漠、半荒漠草原	5～10	30～40		
中白灾	高寒草甸草原	6～10	40～65	140～160	主要影响牛、羊的放牧，牛、羊采食困难，对马的影响尚小，死亡率10%～15%
	草甸草原	20～25	50～65		
	典型草原	5～20	50～65		
	荒漠、半荒漠草原	10～15	40～65		
重白灾	高寒草甸草原	>10	>65	>160	各类放牧家畜均受影响，马、牛、羊受害，若防御不力，牲畜将大量死亡，死亡率>15%
	草甸草原	>25	>65		
	典型草原	>20	>65		
	荒漠、半荒漠草原	>15	>65		

四、蒙古高原草原雪灾分布特征

内蒙古地区白灾主要分布在大兴安岭以西和阴山山脉以北地区。呼伦贝尔市大兴安岭以西地区草原属草甸草原地区，纬度较高，冬季严寒，11月至翌年4月降水量20～30mm，为内蒙古牧区冬季降雪最多地区，全年积雪日数124～149天。牧草长势较高，积雪不易将牧草覆盖，成灾的概率较小，1960～2000年共发生白灾5～6次。锡林郭勒草原和乌兰察布草原是白灾高发区，这里的草原属典型草原，牧草质量较好，但高度低，冬季降水量约20mm，全年积雪日数60～120天，40年间锡林郭勒盟"白灾"发生17次，乌兰察布市发生12次，内蒙古中部牧区白灾持续时间较长，最长达到200天。内蒙古西部牧区主要包括巴彦淖尔市北部牧区和包头市北部的达茂旗荒漠草原牧区，这里气候干旱，年降水量150～200mm，冬季降水量仅为15mm以下，积雪日数25～75天。这里植被低矮稀疏，虽降雪量少，但易成灾，40年间白灾发生10次。内蒙古牧区雪灾发生频率为20%～40%，平均3～4年发生一次雪灾。内蒙古中部雪灾发生频率是20%～30%，即3～5年一遇；锡林郭勒盟和乌兰察布市北部属雪灾偏多地区，2～3年出现一次。内蒙古东部春秋季雪灾发生频率下降到10%左右，即约10年一遇。呼伦贝尔市西部牧区、赤峰市北部雪灾发生次数较少，但雪灾发生强度普遍较为严重。

五、蒙古国雪灾

1. 蒙古国白灾

近70年来，蒙古国发生雪灾而牲畜大批死亡的受灾可总结为，受灾现象从本年的

11 月延续至翌年的 3 月中旬；灾情不仅造成经济上的损失，而且是自然的不可抗拒的现象。

灾情不仅给畜牧业带来损失，而且给栖息于草原的野生动物也带来灾难，对这方面的研究目前尚不多。因缺乏食物，加上严寒，黄羊、狍子、盘羊、野山羊等有蹄动物大批死亡、流产而难以恢复其种群。雪灾中黄羊大批死亡，盘羊、野山羊等与家畜混群的现象大量出现。这种现象有许多记载与民间传说。2000～2001 年的灾情中，蒙古国东方省草原上一群一群黄羊向俄罗斯逃去。家畜与野兽动物大批死亡而污染环境、造成传染病蔓延。2000～2001 年灾情中，蒙古国东半部发生口蹄疫，西部地区发生狂犬病。1976～1977 年灾情期，中央省的东部发生牛的口蹄疫，科布多省发生狐狸、狼的狂犬病。在寒冷灾情中，有鼹鼠、小田鼠等野生动物冻死于其洞穴中的记载。近 10 年旱獭的数量与洞穴密度下降也是由各种灾情造成的。

2. 雪灾中牲畜死亡原因

在灾情中，究竟什么原因、何种牲畜大批死亡的研究分析资料、数据少之甚少。1967～1968 年大灾情（Чойжилжав，1968）记载如下。

1）灾情中牲畜大批死亡。草场被雪封住、天气极寒，加之不断的暴风雪，牲畜无法采食到草料，无法维持机体功能，耗尽了体内的贮藏能量而死亡。饿畜只剩皮包骨头，胃中没有可倒嚼的草，爬、卧不起，不久死亡。据研究饿死牲畜的体重比秋季满膘的活重减轻 56.7%～64.8%。

2）部分牲畜饿死。不能出牧而留下的牲畜根本得不到饲草料的补饲，无法维持体内的消耗、饥饿消瘦而死亡。这种死亡牲畜的尸体比起其他饿死的牲畜稍微有些肉。胃和肠道中没有粪便。

3）冻死。在寒冷的天气无主的马群、骆驼及没有棚圈舍施的牛群、羊群，尤其老弱病残及幼畜白天在草场上得不到足够的食物来保持体温，晚间也没有背风地点过夜休息而站着冻死。因很短时间内冻死而其腹中还有粪便，尸体不会那么瘦。

4）部分牲畜病死。有传染或无传染病，带寄生虫的牲畜缺少饲料，受冻及缺乏治疗而病情加重等死亡。此外，缺乏维生素、微量元素等消化能力降低与新陈代谢病情加重而死亡。

把牲畜突然从它们的暖窝中赶出和极强风暴等致使牲畜患肺炎。而牧民缺乏这方面的知识与经验，没有及时发现治疗导致牲畜死亡。

还有一种病死的原因是，冰冻雪封的冬天带病的牲畜采食冰冻的芨芨草、红砂、锦鸡儿、棘豆，甚至毒草而伤害消化系引起胃肠炎，降低消化功能，中毒而死亡。

再则采食碎布、毡块等堵塞肠胃而致死。

5）饲养及经营的缺失而导致部分牲畜死亡。因在雪中行走，牲畜胸部、腿部被剐脱毛，蹄子被撕裂，脚掌被刺穿等引起牲畜跛行，难以跟群采食，未能及时采取照料措施，从而导致营养不足，继而饥饿死亡。

当用精饲料或动物性饲料不按量饲喂，而是过量或干喂后马上饮水引起胀肚、梗塞等而死亡的也不少。因照料不好而被积雪压埋或相互挤压导致牲畜死亡的也不少见。此外，在雪灾中加之寒冷，牲畜喝不到水而渴死的数量也不少。这是胃中缺水而不能倒嚼所致。同时，光喂料而不饮水也会出现死亡现象。

在夏秋季未能抓好膘的瘦弱牲畜、病畜、种公羊、生产不久的小畜与母畜，这类牲畜在雪灾中表现脆弱，易受害死亡。

3. 致使家畜大批死亡的气候条件分析

家畜受灾也可以理解为冬春季节家畜严重掉膘，活体减重超过适应阈值过程。从这种角度，可以用活重在冬春季节下降来评价灾情。根据 Г. Туваансүрэн（1996）的研究，认为当该地区冬春家畜活重的下降幅度与该地区多年下降平均值的比值大于 1.06 为年景好，0.94～1.06 为一般，小于 0.94 则可视为有雪灾。从 1976 年开始，蒙古国水文气象工作站在不同地区用统一方法研究了放牧条件下家畜活重与气候有利条件的关系。

蒙古国牲畜最适应于当地的地理环境与气候条件。在蒙古国家畜种类的分布有所不同。山地地区分布有牛、绵羊、山羊，草原地区有绵羊、山羊、马，荒漠地区有骆驼、山羊、绵羊。各种家畜除它们本身的特性外，对不同恶劣气候条件的抵抗性能也有所不同。随着放牧场优势的提升，在夏秋季蒙古绵羊短时间内增肥，体重比春季增长 46%，当草枯时体重达稳定，而从 11 月开始至翌年 5～6 月体重下降 25%～30%。蒙古山羊对低温环境的抵抗力不及蒙古绵羊。当地的寒冷条件下降温 4～6℃时，蒙古绵羊能忍受，可蒙古山羊牧放性能减弱而体重下降，但炎热的夏季比蒙古绵羊利用草场性能强。蒙古牛冬季放牧利用草场性能不如其他类家畜。在利用粗糙劣质牧草及缺水抵抗力方面马不如绵羊。在适宜放牧场上，夏秋季牛的体重增加 40%，而冬春季比秋天体重平均减少 25%。蒙古牦牛虽然生存于气候恶劣的高山地带，冬春季节其体重平均减少 17%。

气温是构成和影响家畜生存条件的主要条件之一。这里的气温是指保持家畜正常机能的周围温度。周围环境过热或过冷会对牲畜的不利作用增强，影响家畜机体的新陈代谢。当过冷时，家畜机体失去的热量增加，从而在一定程度上加剧新陈代谢，牲畜机体产生热量机能达到极限，称之为危害底限，如果继续失热，超出危害底限牲畜就会死亡。

由于放牧受气候因素组合影响，寒冷条件首先考虑气温和风速的组合影响。在寒冷季节，牲畜在草场上不能稳定采食，发抖、顺风走动并加速寻觅避风之处，聚在一起相互取暖，卧时把头靠住体傍来缩小身体与空气的接触面积等，从而使采食受阻。图 28-6 表示温度与风力对牲畜放牧的影响。

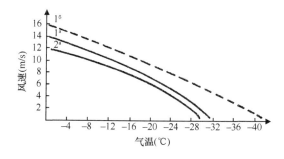

图 28-6　冬季气温、风速条件对放牧羊的双重影响评估

曲线右侧是不适宜的寒冷气温；1. 杭盖、库苏古尔、肯特山区，2. 阿尔泰山区、草原、戈壁；a. 放牧困难，б. 不能放牧

从图 28-6 中得出温度最低、风力不大则牲畜照样采食，相反随风力加大，牲畜耐寒能力下降，采食受阻。这是因为牲畜的体温与经其皮肤毛绒散失程度有关。例如，高山地带没有风的情况下气温-32℃的放牧采食情况与风力达 7m/s、气温-20℃的情况相同。

在冬季影响畜群放牧采食的另外一个因子是积雪覆盖。图 28-7 表示了放牧羊群时雪的覆盖影响。

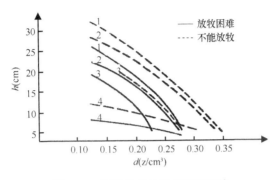

图 28-7 积雪对羊的放牧影响评估

h. 积雪厚度；*d*. 积雪密度，坐标往右条件不适；1. 库苏古尔、肯特山区；2. 草原；3. 阿尔泰山谷；4. 戈壁地区

从图 28-7 得知，只有杭爱、库苏古尔、肯特等山区，松软雪层达 32cm 以上或积雪密度 0.35g/cm³ 以上的各种雪层，会影响放牧。

在草原地区松软雪层达 22cm 或雪层虽薄，但其密度达 0.28g/cm³ 时影响羊群放牧。

不适宜放牧天气的天数在各自然带各不相同，高山地区为出现 60～150 天、森林草原及草原地区出现 30～110 天的概率达 20%～30%。

4. 季节性气候对牲畜非正常损失的影响及其评估

用大批量牲畜的非正常损失来作为评估自然灾害的一种指标，呈现各地区、地带的自然灾害状况。但是大批牲畜的损失统计中也可能包括不是因灾情而损失的家畜数量，如病情死亡、夏季的冻雨损失、春季暴风雪中丢失、洪水中损失，甚至狼灾或丢失的牲畜头数很可能统计在内。所以比较准确地统计因灾造成的损失牲畜头数比较困难。国家对灾中损失的牲畜头数的统计方面不同时期采取不同的统计方法。当年灾情以非正常死亡牲畜头数占前一年年末牲畜总头数的百分比即 $\Delta N\%$ 来表示，计算 $\Delta N\%$ 时，尽量排除气候突变造成损失的数量。

根据在蒙古国均衡分布的 48 个气候观测站的月平均气温和月降水量确定出夏、冬季节的气温、降水量的标准差（$\Delta T_夏$、$\Delta P_夏$、$\Delta T_冬$、$\Delta P_冬$）的差异为 ΔT_1 和 ΔP_1；干旱指数 $S_夏$、$S_冬$ 间的差异为 ΔS 等。把温度与降水按偏差平方表示，这样把不同地点的气温与降水进行标准化处理，通过假设，进行统计分析。

根据上述指数，夏季的温度高于多年气温平均值（$\Delta T_夏 > 0$），夏季的降水量少于多年平均降水量（$\Delta P_夏 < 0$），即 $S_夏 > 0$，夏季将干旱。相反夏季凉爽（$\Delta T_夏 < 0$），降水较多（$\Delta P_夏 > 0$），即 $S_夏 < 0$，夏景好。冬季越温暖（$\Delta T_冬 > 0$）和少雪（$\Delta P_冬 < 0$），冬季越冬越好（$S_冬 > 0$）。相反冬季越冷（$\Delta T_冬 < 0$）雪又大（$\Delta P_冬 > 0$），则冬季越冬形势越严峻（$S_{冬}<0$）。夏季越干旱（$S_{夏}>0$），冬季越冬越严峻（$S_{冬}<0$），越是严重的灾年。

用 9 个指标可以评估出气候或干旱灾情导致大批牲畜的非正常死亡减少。ΔN 与季节气候因素的相关性表明，对 ΔN 的作用（影响）最大的是灾情指数 ΔS，其次为夏、冬季的温差 ΔT_1，最后才为旱情指数 $S_{夏}$ 和冬季的非正常气温 $\Delta T_{冬}$。

由表 28-6 得知，夏季越干旱，冬季越冬越严峻 $\Delta S>>0$，或夏季越炎热 $\Delta T_{夏}>>0$、冬季越严寒 $\Delta T_{冬}<<0$，或夏季越干旱 $S_{夏}>>0$ 或冬季多严寒 $\Delta T_{冬}<<0$ 则家畜损失就越大。

表 28-6　畜群非正常损失与季节气候因素相关矩阵

	ΔS	$S_{冬}$	$S_{夏}$	$\Delta T_{夏}$	$\Delta T_{冬}$	$\Delta T'$	$\Delta P_{夏}$	$\Delta P_{冬}$	$\Delta P'$	ΔN
ΔS	1.00	−0.74	0.60	0.54	−0.69	0.93	−0.41	0.46	−0.68	0.63
$S_{冬}$	−0.74	1.00	0.10	0.10	0.94	−0.72	−0.07	−0.62	0.40	−0.42
$S_{夏}$	0.60	0.10	1.00	0.91	0.10	0.52	−0.68	−0.06	−0.51	0.45
$\Delta T_{夏}$	0.54	0.1	0.91	1.00	0.12	0.56	−0.32	0.01	−0.27	0.37
$\Delta T_{冬}$	−0.69	0.94	0.10	0.12	1.00	−0.76	0.00	−0.32	0.24	−0.43
$\Delta T'$	0.93	−0.72	0.52	0.56	−0.76	1.00	−0.21	0.28	−0.38	0.60
$\Delta P_{夏}$	−0.41	−0.07	−0.68	−0.32	0.00	−0.21	1.00	0.18	0.68	−0.38
$\Delta P_{冬}$	0.46	−0.62	−0.06	0.01	−0.32	0.28	0.18	1.00	−0.60	0.14
$\Delta P'$	−0.68	0.40	−0.51	−0.27	0.24	−0.38	0.68	−0.60	1.00	−0.41
ΔN	0.63	−0.42	0.45	0.37	−0.43	0.60	−0.38	0.14	−0.41	1.00

季节气候条件指数较好地表示了自然灾情的同时，牲畜的意外损失相关性较大。

据历史记载，如果夏季大旱、冬季又严寒，则大批牲畜会意外损失。可是也有例外现象，即 1941～1942 年，$\Delta N=8.9\%$ 时夏季草场好，而冬季也不算太寒冷，但牲畜大批死亡，由气候灾害所导致缺乏根据。1954～1955 年、1967～1968 年、1976～1977 年等年份的 $\Delta N=5.9\%$～8.9% 时夏季年景正常（1976 年尤为正常）。1999～2000 年、2000～2001 年、2001～2002 年等年份冬季近正常而夏季干旱导致大批牲畜死亡。其中，把 1999～2000 年的灾情也可以说成"蹄子灾情"。综上所述，至 20 世纪 80 年代冬季严寒导致雪灾，而 2000 年以后雪灾则与夏季趋于干旱有关。从而得出灾情指数是体现牲畜损失的主要指标。

牲畜的大批量损失与季节的气候条件不一定是直线相关。牲畜大批死亡的 ΔN 与灾情指数的线性相关性虽然是 0.671，事实上这两个变量还是按第二条线——曲线来表现（图 28-8）。

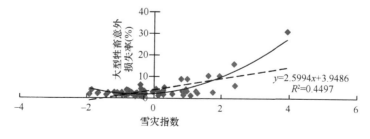

图 28-8　雪灾指数与畜群非正常损失关系

从图 28-8 中看出，当灾情指数小于±1 时 $\Delta N \leqslant 5.0\%$，而 $\Delta S > 1.0$ 增加时，ΔN 急增。牲畜种类不同，牲畜大批死亡与 $S_夏$、$S_冬$、ΔN 间相互直线和非直线关系系数有所不同。骆驼没有相关性。马和牛有较好的相关性。羊的大批死亡与 $S_夏$ 的相关性高于 $S_冬$，对于大型牲畜（马、牛）来说则相关性 $S_冬$ 大于 $S_夏$。综上所述，在灾情中大型牲畜的损失更为严重。

因各类牲畜的生物学特征不同而对草场的要求也不同。大型家畜（尤为牛）需高草的草场，而小型家畜（尤为山羊）啃采低矮草。然而骆驼能忍耐 1、2 年旱灾，所以雪灾中骆驼损失不明显。然而连续数年旱灾，土壤水分下降和灌木丛无法生长时，骆驼也受损失。

不同地区 ΔS、ΔN 相关性也不同。后杭爱、布尔干、扎布汗、中央省 $R \geqslant 0.50$，而巴彦乌列盖、东戈壁、东方、前杭爱、苏赫巴托尔、色楞格等省则相关性不显著。

然而降雪小的地区（戈壁地区）和饲草充足的地区（色楞格、肯特、东方等省）相关性小。对牛而言，全蒙古国 ΔS 与 ΔN 相关性很明显（除巴彦乌列盖），同样养牛多的杭爱地区这种相关性也很明显。饲草比较充足，尤其布里亚特族集中居住的有舍饲习惯的色楞格、肯特地区这种相关性差。

以上阐述牲畜大批死亡与季节气候条件的关系是根据 1940~2002 年灾情数据分析的结果。2000 年后连续三年的灾害中，由于畜群结构发生很大变化和草场退化不断扩大等因素，牲畜大批死亡与季节气候条件的相关性有所下降。

由于冬春季牲畜非正常损失居多，按传统理解认为雪灾是冷季发生的灾害，但牲畜损失气象条件的评价反映了这一说法的片面性。另外，过于严峻的冬季牲畜大批死亡也与前一年夏季无关。图 28-9 表示冬季年景 $S_冬$ 与牲畜大批死亡间的对比，从图中可看出，冬季越严酷牲畜死亡的数量越多。

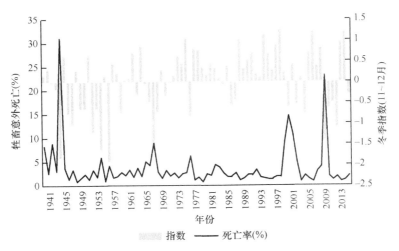

图 28-9 畜群非正常损失与过冬条件变化
正数表示冬景好，负数表示冬景严峻

蒙古国放牧畜群头数、膘情与自然气候条件有紧密关系。图 28-10 显示了多年的前一年底与当年损失的牲畜头数变化动态。蒙古国牲畜总头数从 20 世纪 40 年代至转向市场经济的 90 年代初，畜群头数较稳定，在 20 万～27 万头（只）波动。1944～1945 年大灾情、1967～1968 年、1976～1977 年、2000 年的连续三年雪灾及 2009～2010 年灾后牲畜头数急剧减少趋势明显。同时也体现了 20 世纪 60 年代政府强力推行集体化，从而牧民私自处理了不少牲畜，畜群头数急剧减少。1980 年春天的暴风雪中东三省（肯特省、苏赫巴托省、东方省）损失了 80 万头（只）牲畜。1980～1981 年雪灾后几年内牲畜增长程度有所下降。1993 年春天的大雪中巴彦洪格尔、戈壁阿拉泰、扎布汗等省也损失了 80 万头（只）牲畜。

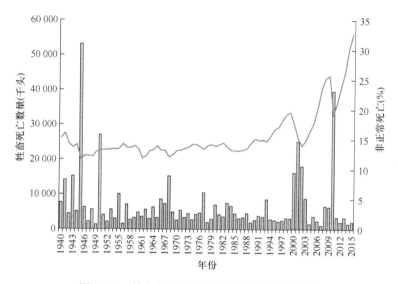

图 28-10　牲畜数量及当年非正常损失牲畜比例

蒙古国非正常损失的牲畜比例 1940～1965 年为 4.67%，公社化至进入市场化的初期 1966～1995 年为 2.91%，完全市场化的 1996～2010 年为 5.42%。因此，近十年中牲畜非正常损失不仅是集体化造成的，而与此期间灾情发生的次数和强度增加及蒙古国草场的 70% 的面积出现退化、荒漠化等因素有关。牲畜大批非正常损失的 89% 由自然天气灾害引起，而剩余的则是由经营管理、物质基础造成。不同畜群种类及不同地区有不同情况。表 28-7 显示了 1959～1995 年、1996～2010 年各省的不同畜群的非正常损失（不包括病死和幼畜损失）。

表 28-7　畜群非正常损失平均比例（不包括因病死亡和幼畜损失）　　（单位：%）

省份	年份	合计	骆驼	马	牛	羊	山羊
后杭爱	1959～1995	1.97	3.1	1.86	1.4	2.1	2.26
	1996～2010	4.99	2.39	5	6.72	4.43	4.7
巴彦乌列盖	1959～1995	1.78	1.31	1.53	2.94	1.55	2.02
	1996～2010	4.74	2.08	5.43	9.61	4.03	4.59
巴彦洪格尔	1959～1995	3.09	2.84	3.07	2.73	3.13	3.11
	1996～2010	7.19	3.1	8.05	8.53	7.11	7.06

续表

省份	年份	合计	骆驼	马	牛	羊	山羊
布尔干	1959~1995	2.18	2.69	1.84	1.03	1.86	1.78
	1996~2010	3.54	2.15	3.62	6.16	3.11	3.01
戈壁阿尔泰	1959~1995	2.79	1.69	3.01	3.47	2.67	2.95
	1996~2010	6.9	2.43	8.37	11.09	7.18	6.47
东戈壁	1959~1995	4.24	6.27	4.89	3.61	3.63	4.62
	1996~2010	4.05	1.97	3.13	7.14	3.68	4.11
东方	1959~1995	2.33	3.02	1.91	2.12	2.45	2.76
	1996~2010	3.13	1.26	1.13	3.94	2.84	3.68
中戈壁	1959~1995	4.01	4.9	4.2	4.54	3.6	4.46
	1996~2010	6.2	1.87	5.69	10.2	5.5	6.57
扎布汗	1959~1995	2.55	2.48	2.2	2.88	2.52	2.6
	1996~2010	7.39	1.56	6.67	11.79	6.93	6.99
前杭爱	1959~1995	2.85	3.22	2.82	2.48	2.8	3.11
	1996~2010	7.05	1.92	8.48	11.01	6.56	6.6
前戈壁	1959~1995	3.82	4.64	4.32	4.28	3.19	3.85
	1996~2010	6.74	3.26	8.01	12.25	6.97	6.63
苏赫巴托	1959~1995	4.35	5.51	3.97	3.39	4.84	5.83
	1996~2010	4.4	2.19	3.42	6.62	3.99	4.58
色楞格	1959~1995	1.87	1.16	2.15	1.39	1.97	1.77
	1996~2010	2.16	1.71	1.5	2.9	2.1	1.9
中央	1959~1995	2.63	4.11	2.62	1.94	2.64	3.28
	1996~2010	4.54	2.19	4.74	6.97	4.01	4.44
乌布苏	1959~1995	2.52	2.45	2.75	2.32	2.4	2.87
	1996~2010	6.19	2.69	6.53	8.37	5.78	6.2
科布多	1959~1995	2.56	1.87	2.24	2.77	2.48	2.81
	1996~2010	4.84	2.36	5.65	7.03	4.54	4.7
库苏古尔	1959~1995	1.55	1.99	1.45	1.26	1.83	1.54
	1996~2010	4.24	2.11	3.41	5.71	3.99	3.61
肯特	1959~1995	3.33	5	4.1	2.72	3.62	4.16
	1996~2010	3.8	2.17	2.8	6.04	3.37	3.87

从表 28-7 看出，1959~1995 年草场长势好的东部省份和饲草充足的后杭爱等省的损失小于 2%，而风暴多的（天气突如其来的灾情）东部戈壁区、戈壁与杭爱的中间区损失稍微大些。1996 年后，荒漠加剧地区的损失提高了 2%，而东部及饲草充足的其他地区损失的增加不明显。

草原退化对牛群损失的影响尤为突出（图 28-11）。

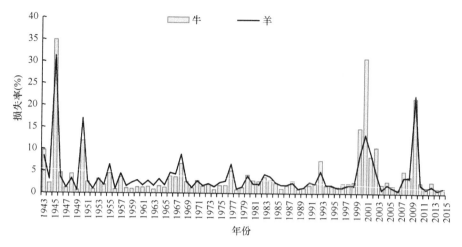

图 28-11　蒙古国牛、羊群年损失率变化

由图 28-11 看出，从 1949～1950 年至 20 世纪 90 年代羊群损失大于牛群的损失，而 90 年代后牛群的损失超过了羊群的损失。由表 28-7 也可看出，牛群的损失比羊群的损失大。

第三节　蒙古高原草原风沙灾害

草原风沙灾害是指在草原上由风和沙尘共同作用而引发的灾害，是以风为动力引起的风沙天气现象。风沙灾害主要由大风和沙化、退化草原沙尘互动形成的。一般所说的大风是指平均风力达 6 级以上，瞬间风力达 8 级或 8 级以上，以及对生活、生产造成严重影响的风。

蒙古高原草原是风沙灾害发生最严重的地区。冬春两季出现大风的天数多，降水少，地表植被稀少，大风和风沙天气可引起风害。其危害主要是严重侵蚀土壤，造成草场、农田退化和沙化；使沙丘移动，逐步吞没草场和农田，出现沙埋，对房屋和其他基础设施造成危害；吹断道路通信设施，阻碍交通和通信，影响电力供应；加速土壤水分蒸发，加剧旱情；大风使作物倒伏，籽粒脱落，造成减产；大风和风沙天气缩短放牧时间，使牲畜吃不饱，严重时惊散畜群，丢失牲畜；大风使沙粒进入牲畜毛层，降低畜产品质量，影响畜牧业发展。1957～2000 年，内蒙古地区发生特强及强沙尘天气 193 次，其中特强沙尘天气 41 次，主要分布在阿拉善、锡林郭勒盟、鄂尔多斯市、巴彦淖尔市、包头市和乌兰察布市等中、西部地区。大范围发生的 50 次，局部地区发生次数为 40 次，其余的是小范围发生。

蒙古国地区气象部门，根据放牧场上的畜群遇暴风雪或沙尘暴时顺风走散的程度确定出大风灾害的危害性。

强风暴可导致建筑设施被破坏，加之雪与尘土可分为暴风雪和沙尘暴两个类型。也可以从它的起因上分类，如大范围持续时间长的大气气旋及小范围的飑风、龙卷风等。

一、风沙灾害类型及特点

1. 发生灾害类型

中国气象局根据风力大小和能见度将沙尘天气分为浮尘、扬沙、沙尘暴和强沙尘暴4类。

浮尘：浮尘是指尘土、细沙均匀地浮游在空中，水平能见度小于10km的天气现象。

扬沙：扬沙是指风将地面尘沙吹起，使空气相当浑浊，水平能见度在1～10km的天气现象。

沙尘暴：是沙暴和尘暴二者的总称，沙暴是指大风把大量沙粒吹入近地层所形成的挟风沙暴，而尘暴是指大风把大量尘埃和细粒物质卷入高空形成的风暴。判定沙尘暴的标准是水平能见度小于1km的天气现象。

强沙尘暴：是大风将地面尘沙吹起，使大气非常浑浊，水平能见度小于500m的天气现象。

沙尘暴是一种在特定时空条件下发生的自然现象，也是最主要、影响面广、危害较大的草原灾害；由于人类的过度干扰，地面植被被破坏，土壤裸露，在大风条件下把地面大量沙尘物质吹起卷入空中，使大气混浊的天气现象；是草原上影响人们生产生活和畜牧业发展的灾害之一。

草原风沙灾害的种类主要有：沙尘暴、龙卷风、流沙、扬沙等。

2. 风沙灾害危害特点

蒙古高原草原风灾是大风天气造成的，风沙灾害是指草原的风和沙尘共同作用而引起的灾害。近年来，蒙古高原草原地区大风和沙尘暴天气频繁发生，给居民生产和生活环境带来了严重危害，其危害有以下特征。

1）生态恶化，生产力降低。大风途经地区就地起沙，刮走农田和地表沃土，使农作物和根系外露，造成土壤质量下降，农牧业减产，土地生产力大幅度降低。大片草原和农田沙化，加强了荒漠化，使生态环境恶化。沙尘暴的发生既是生态环境恶化的标志之一，又对生态环境恶化起着促进作用。

大风作用于干旱地区的草原，疏松的表土和地表的土壤有机质被刮走，引起风蚀沙化。在迎风坡、隆起及狭管等地形条件下，风速大，风蚀现象最为严重，每次风沙灾害的沙尘源区和影响区都会受到不同程度的风蚀危害，风蚀深度可达1～10cm，使作物和牧草的根系外露或连根刮走。例如，1993年5月5日黑风平均风蚀深度10cm（最多50cm），每亩地60～70m³的表土被风刮走。

风沙灾害的危害是使土地生产力降低。具有一定肥力的地表土壤，由于受风沙灾害的剥蚀，表层有机质、碳、磷、钾等营养元素和物理黏粒成分不断地被吹失，或不同程度的积沙，土地逐渐贫瘠化和粗化，从而使土壤质量不断下降。例如，内蒙古乌兰察布后山地区开垦的农田已有43%被风蚀化；海拉尔周围开垦的草原，黑土层被风吹蚀20～25cm。

风沙灾害引起土壤失水造成植物的生理危害。风灾使土壤水分蒸发加快，使旱情加剧，出现"风越大越旱，越旱风越大"的恶性循环。风灾还能加速植物蒸腾作用，特别是干热条件下，使植物耗水过多，根系水不足，导致植物不能正常生长，甚至枯死；再者，由于4~5月内蒙古正值牧草返青、作物出苗，是生长子叶和真叶期，此时的植株最不耐风吹沙打，风沙天气轻则使叶片蒙尘、磨蚀，使光合作用减弱，牧草产量降低，重则使牧草和作物死亡。

风沙灾害使大气中的可吸入颗粒物增加，造成大气污染。有时强沙尘暴大气能见度降为零，因此超强沙尘暴又称为黑风暴。

2）给农牧业生产和居民生命财产带来严重危害。携带细沙粉尘的强风摧毁建筑物及公用设施，吹倒或拔起树木，破坏牧区房屋和牲畜棚圈等造成人畜伤亡，电杆、电线被刮断。强风使车辆颠覆、失控和停驶。

沙尘暴会引发人畜疾病。沙尘对人畜的呼吸系统危害最大。风沙灾害带来的细微粉尘过多过密，极有可能使患有呼吸道过敏性疾病的人群旧病复发。健康人如长时间吸入粉尘，也会出现咳嗽、气喘等多种不适症状，导致流行病发作，特别是抵抗力较差的老年人、婴幼儿及患有呼吸道过敏性疾病的人群。此外，大风将沿途的病菌吹到下风向地区，会对人畜造成健康危害，如牧区牲畜疫病（如牲畜肺病、眼病和消化系统疾病等）的流行和发病率的增高。

风沙灾害影响放牧活动和畜产品质量。风沙灾害直接影响家畜放牧，缩短家畜的放牧采食时间。强风沙的突然来袭，常会惊散畜群、沙埋牲畜甚至造成牲畜伤亡。另外，沙尘大量混入毛层后使毛层内的油脂减少，净毛率下降，降低了毛的品质。

二、内蒙古风沙灾害及其防御

1. 内蒙古风沙灾害发生概况

从气象工作角度上，所谓沙尘暴是指在风力作用下尘土大量飘扬在天空中，从而使空气浑浊，能见度变差或模糊。

强风引起的沙尘暴在世界各国均有，对自然界、人类环境及生产经济有不利作用。它的影响有直接、非直接及长时间作用。它直接影响人类生活舒适度及农业生产、航空、铁路、汽车的运行。沙尘暴吹走土壤熟层表土降低肥力，沙子流动形成沙堆，甚至沙坨搬家覆盖农户良田。此外，经沙尘暴后羊体绒毛中灌满沙子、尘土降低毛绒质量，严重时把老弱病羊压垮。长时间作用后土地沙化、草场退化。

现代沙尘暴的详细记录是从1949年以后开始的。内蒙古发生强沙尘暴次数从20世纪50年代以来总体呈下降趋势，其中60年代和70年代形成两次高峰，气候虽有小幅波动，但总体亦呈减少趋势。90年代呈减少中回升趋势；进入2000年，各站的沙尘暴次数均有明显的增加趋势，但都未超过各站的历史最高值，有的甚至没有达到多年平均值，如图28-12所示。

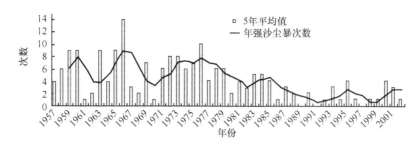

图 28-12　1957～2002 年内蒙古西部强沙尘暴和特强沙尘暴出现次数（王宗礼等，2009）

　　内蒙古中、西部地区为沙尘暴的多发地区，1949 年以后的监测资料证明近 50 年来沙尘暴发生日数呈减少趋势；但有研究表明近 50 年强沙尘暴发生次数呈增加趋势。2000年的强沙尘暴频数又急剧增加至 9 次之多，可见蒙古高原南部地区沙尘暴天气总体呈下降趋势，但强与特强沙尘暴的发生次数在上升。这与蒙古高原南部地区干旱、半干旱和亚湿润干旱地区的土地退化有关。2001 年 4 月 5 日的特大沙尘暴使内蒙古 8 个盟市 41个旗县 308 个乡镇苏木 96.61 万人严重受灾，4468 座大棚、17.37 万 hm² 农田受损，刮断电线杆 294 根，死亡、丢失牲畜 32.86 万头（只），损坏房屋 9850 间、蒙古包 316 顶、牲畜棚 1546 间，被风沙掩埋人畜饮水井 368 眼，造成直接经济损失 1.59 亿元。

2. 内蒙古风沙灾害的防御对策

　　加强草原建设与保护，提高草原特别是荒漠草原的植被覆盖度，改变耕作方式是防御沙尘暴最有效的措施。

　　1）提高对防御草原风沙灾害的认识。提高公众保护环境的意识，防治沙漠化、风沙灾害是一项群众性、社会性、公益性很强的事业，利用风沙灾害的现实事例，长期深入地开展生态宣传教育，使人们真正体会到风沙灾害带来的危害。只有客观认识风沙灾害与人类活动的关系，改正破坏环境的恶劣行为，加强对风沙灾害等的研究，才能不断减少灾害发生的频率和带来的损失，降低风沙灾害对生产生活的影响。

　　2）加快推进草原畜牧业生产方式的转变。应制定实施草原保护建设利用总体规划。根据规划，在沙尘源区重点实施退牧还草、风沙源草原治理、草原保护区及人草畜三配套等草原保护建设工程，推进草原畜牧业生产方式的转变。加大风沙源区落实禁牧、休牧、轮牧和基本草原保护的工作力度。加强人工饲草原、饲草料基地、家畜棚圈等基础设施的建设，推行草畜平衡、舍饲圈养。进一步加大生态建设投入、加快重点建设步伐。对于生态脆弱区和荒漠化严重地区，采取生态移民措施，创造一些永久的生态保护区，恢复草原植被，强化防御风沙灾害的生物防护体系。

　　3）认真宣传《中华人民共和国草原法》《中华人民共和国防沙治沙法》《中华人民共和国水土保持法》《中华人民共和国环境保护法》等一系列法律法规，加强草原监理工作，加大执法力度，严厉打击开垦草原、非法征占用草原、乱采滥挖草原野生植物等破坏草原的违法行为。建立和完善草原生态保护的法规和政策体系，停止导致生态环境继续恶化的一切生产活动。

　　4）大力推广保护性耕作技术。调整农业种植结构，推广保护性耕作制度，大力推广粮草混作技术。开展以免耕和地表覆盖（秸秆、根茬）为核心的保护性耕作技术的示范推广工作。建立完善技术创新、机具保障、综合服务等支撑体系，不断扩大保护性耕作的范围，从而减少农田扬尘，防止土壤风蚀。

5）加强草原风沙灾害研究与科技服务。加强对风沙灾害形成的因素、发生发展机制、运动的规律、时空分布及预报、预警和通信系统的现代化研究。在风沙灾害研究方面，应该注意气象条件研究和生态环境治理的配合，实现防治风沙灾害的天地结合。加强沙尘暴源区的监测网建设，做到对风沙灾害的预警预报，减少风沙灾害的损失。加强对风沙灾害的监测和综合评价，建立系统而完善的数据库和评价体系。

三、蒙古国风沙灾害

1. 沙尘暴

近年来，许多学者在蒙古国戈壁、草原地区的扬沙天气研究方面取得了新成果。从1990年开始研究沙尘暴发生的天数。在杭盖、库苏古尔、肯特山区一年沙尘暴的天数少于5天，荒漠戈壁区为30～37天，大湖地区为10～17天。也就是说具有松散地表及沙子、风力大地区容易发生沙尘暴。杭爱地区地表植被好、风力小、雪层长时间覆盖及草原地区风力大，但植被好、雪覆盖时间较长从而沙尘暴发生次数少。居民点附近地表被破坏，变得松散容易产生沙尘风。流沙天气出现比沙尘暴次数多，尤其在大湖盆地、荒漠戈壁地区达30～110天（蒙古国沙地地区达110天），阿尔泰后戈壁达50～70天，扎门乌德、阿尔茨博格多山附近发生天数最多。

调查发现，流沙天气杭爱、肯特、库苏古尔山地少于5天，大湖盆地为71～125天，阿尔泰后戈壁70～89天，阿尔次博格多山附近80天左右。也就是说，蒙古国沙地地区为扬土流沙最严重的地区。春天发生沙尘暴最多，其次为秋季的10月、11月（占10%），最少为夏季（7%），冬季则为10%。

沙尘暴年平均综合小时按地理分布为阿尔泰后戈壁、南戈壁100h以上，其中阿尔哲前山口处364h，而流沙天气在阿尔泰后戈壁持续时间最长，年持续时间373h。

因土地退化的加剧，扬尘天气天数1960～2014年约增多了3倍（图28-13）。

对沙尘暴发生地区的风的作用下飞扬沙尘在空气中的含量、垂直分布、分散距离等进行细致深入研究，从而为预防、检测提供依据。2003年在蒙古国政府的要求下，联合国在亚洲发展银行、世界自然环境基金（GEF）的资助下，执行自然环境行动纲领中的"东北亚地区预防、检测沙尘暴"行动。参加的国家有中国、日本、韩国。这次行动中包括在蒙古国建立"监测沙尘暴的信息网络"。从2006年建立的国家水文、气候与环境监测网络系统，全面监测及预报沙尘暴、沙尘量。

2008年5月19～20日戈壁地区发生的强沙尘暴粉尘含量根据扎门乌德和赛音山达监测显示，平均每小时PM_{10}（$PM_{2.5}$）沙尘量每立方米中含量为赛音山达1409（384）$\mu g/m^3$、扎门乌德达1139（404）$\mu g/m^3$，扩散地面高度达2.8～3.0km。

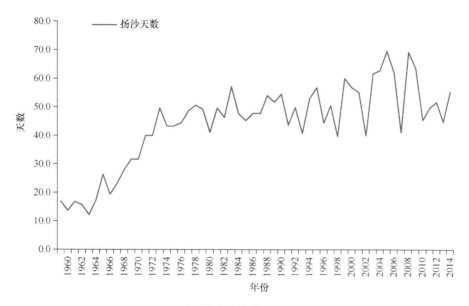

图 28-13 扬沙天数变化趋势（1960～2014 年）

2. 暴风雪

在蒙古国风速达 16m/s、暴风雪持续 6h 或更长成为灾情。无论使畜群顺风奔走的暴风雪或稍轻微的雪风（未下雪时 2m/s 速度刮起积雪）及有灾情的冬季严寒，牲畜不能正常采食而消瘦。在蒙古国，地方性暴风雪在一年中有 0.9（科布多）～9.7 天（额尔敦查干）。地方性暴风雪与大气气旋的轨迹、雪被的特性（密度、厚度、保留与消散时间）、地势的高低、风的特性（方向、风速及强度）等有关。调查发现，地方性暴风雪的天数主要分布在三个地理省份。

第一个自然地理省为前、后杭爱省及中央省、中戈壁省边缘区，这里暴风雪在 5 天以上，其中胡吉尔特、额尔德尼桑特地区为 9.7～10.3 天。这是初冬和冬末前杭爱、中戈壁、色楞格地区的气旋作用加强及杭爱及肯特山脉山谷影响所引起。第二个自然地理省为苏赫巴托省地区，有 6 天以上的暴风雪，其中额尔敦查干为 8 天，这是由于是蒙古气旋的路径地区。第三个自然地理省份为阿尔泰地区，为 9.3 天。再则，风大雪小的戈壁地区及雪大而风力小的库苏古尔、肯特、杭爱山区和大湖区的背部地区地方性暴风雪少，一年不超过 2 天。总而言之，蒙古国地区地方性暴风雪在杭盖、戈壁边缘地区及草原区多发生。

据多年研究，地方性暴风雪持续时间为 0.8（乌兰高木）～55.0（额尔敦仓）h，其中前杭爱、后杭爱、中央、中戈壁的周边地区持续时间最长，长达 30h 以上，其次为苏赫巴托、肯特、东戈壁的南部，持续 25～35h。

1960 年以后，最大的暴风雪出现于 1980 年的 4 月 16～20 日，在东三省（肯特省、苏赫巴托省、东方省）地区降大雪刮起风力达 40m/s 的暴风雪，持续 36～65h，牲畜损失达 80 万头（只），人员伤亡 43 人。这次灾害中牲畜损失占非正常损失的 81%。其次是 1962 年 5 月 6～7 日在前、后杭爱，中央，中戈壁周边地区刮起暴风雪（晚春刮起的暴风雪牧民称之为缰绳风雪）中损失 20 万头（只）牲畜，人员伤亡 11 人。这次风雪中为死亡人立的碑，在中戈壁的一些苏木还有保留。类似风雪 1993 年 5 月 5～6 日在中央省也发生过，损失 10 万头（只）牲畜，11 人死亡。

3. 强风

蒙古国强风灾害有暴风和龙卷风。暴风是指大而急的风（根据蒙古国气象观测标准风速达 15m/s 或以上），暴风往往与降雨相伴，龙卷风是指风力极强，一次持续时间较为短促，系自积雨云中下伸的漏斗状云体。形状像一个大漏斗，轴线一般垂直于地面，在发展的后期因上下层风速相差较大可呈倾斜状或弯曲状。其下部直径最小的只有几米，一般为数百米，最大可达 1km 以上；上部直径一般为数千米，最大可达 10km。龙卷风的尺度很小，中心气压很低，造成很大的水平气压梯度，从而导致强烈的风速，往往达到每秒一百多米，破坏力非常大。在陆地上，能把大树连根拔起来，毁坏各种建筑物和农作物，甚至把人、畜一并升起；在海洋上，可以把海水吸到空中，形成水柱。这种风少见，范围小，但造成的灾情却很严重。在蒙古国地区发生的强风暴（风速 15m/s 或更大）的动态形式早就被确定。

调查得出，大风日数南戈壁、东戈壁省及巴彦洪格尔、戈壁阿尔泰省的南部每年有 30～76 天，杭爱山脉的背部、肯特山脉的背风处及背部森林地带有 1～3 天。强风天的出现从北向南逐渐增多，但受地势高低不平的影响出现天数也不一样。终年封雪高山山坡的强风天数自然会多，但对天数与不同高度之间的变化规律需细化研究。

蒙古国暴风发生最多的地区为处于阿尔茨博格多、戈壁古尔班赛罕山脉山间风口、峡谷地区的南戈壁省布尔干苏木地区。

在蒙古国全境内强风平均天数的 61.4%出现于春季 3 个月中。4 月强风天数占 23.4%。秋季 9～11 月强风天数又增多，占强风天数的 18.5%。夏季与冬季强风天出现减少。1 月和 7 月强风天数只占 3.7%～3.8%。

在蒙古国年强风暴的发生过程与上述强风分布规律大致符合，但由于受区域特征和气压不稳定性升高及气压变化幅度大的地区产生的强风天数比例的影响，局部地区强风暴的分布有所差异。

风速 20～40m/s 是在气象观测站高 8～10m 的风速化上所测得的。这种仪器（флюгер）最大风速只测到40m/s，但乌兰巴托附近山顶上用自动风速仪测出 1980 年 4 月 16 日风速为 55m/s。

4. 龙卷风

风灾现象中有一个虽然发生概率极低，但危害严重的风灾就是龙卷风，当地通俗叫法是强旋风。传言很多，但很少观测到，有记载的只有 2 次。

第一次为发生于 1974 年 7 月 21 日途经肯特省巴特希热图苏木的胡日河及查干乌苏组的龙卷风。这次风突范围长达 130km，宽达 175～230m，所经之处被破坏，10 座房子被推翻，死亡 10 余人，装满羊毛的货车被吹毁，车体吹移了 8m，发动机吹到了 600m 远。据（风灾）迹地研究这次风速达 100m/s。

第二次在 2014 年 7 月 26 日 18:00～19:00 发生在后杭爱哈沙特苏木以南的呼布尔至诺米根山从淖木干组的霍布尔至瑙木干山，其宽达 300～400m，长达 10km，还夹杂着暴雨和雷电及直径为 6cm 的冰雹（图 28-14）。

图 28-14　后杭爱省哈沙特苏木瑙木干发生的龙卷风

根据美国芝加哥大学划分的龙卷风等级，这次龙卷风属 F4，其风速为 58～72m/s。这次旋风灾情中 5 户的 16 个大人、13 个小孩死亡，一个 50 岁的男人在汽车里死亡，9 人因房屋倒塌而受伤，198 头牲畜死亡，有数座房屋倒塌。甚至把拉货车刮走 300m 远，拦腰斩断，把小轿车刮走变麻花状（图 28-15）。此次灾情造成 407.9 万元的损失。

图 28-15　后杭爱省哈沙特苏木瑙木干发生的旋风中倒塌的房屋和损失的牲畜、汽车

第四节　蒙古高原草原火灾

草原火灾是失控条件下发生发展，并给草地资源、国家和人民生命财产及其生态环境带来不可预料损失的草原地面可燃物的燃烧行为。

一、草原火灾等级及危害特点

1. 草原火灾等级

火灾的大小或轻重通常取决于致灾因子变化的强度、持续时间、承灾体、孕灾环境特征（受灾地区草原植被等）等。为正确反映草原火灾对社会经济和环境生态造成的危害，根据中华人民共和国国务院 1993 年 10 月 5 日制定的《草原防火条例》，对草原火灾的等级（符合条件之一）划分如表 28-8 所示。

表 28-8　草原火灾等级划分

火灾等级	受灾面积（hm²）	经济损失/万元	人员伤亡
草原火警	<100	<1	—
一般	100~2000	1~5	重伤 10 人以下或死亡人数 3 人以下，或者死亡和重伤人数合计 10 人以下（死亡人数 3 人以下）
重大	2000~8000	5~50	重伤 10 人以上 20 人以下或死亡人数 3 人以上 10 人以下，或者死亡和重伤人数合计 10 人以上 20 人以下（死亡人数 3 人以上 10 人以下）
特大	>8000	>50	重伤 20 人以上或死亡人数 10 人以上，或者死亡和重伤人数合计 20 人以上（死亡人数 10 人以上）

2. 草原火灾特点

1）突发性强，发展速度快。草原枯落物着火点低，极易燃烧。一旦发生火灾，蔓延速度快，火线长，火势猛，加之草原地区风向多变，常常出现多叉火头，形成火势包围圈，人、畜转移困难，极易造成伤亡。

2）时间性明显，草原火灾一般多发生在每年的春季（3~6 月）和秋季（9~11 月），春季，随着草原地区积雪逐渐融化，高温、大风天气增多，进入草原火灾高发期；秋季，草原植被开始枯黄，降水减少，较易发生草原火灾。进入冬季，草原区被积雪覆盖，不易发生火灾。

3）大多由人为因素引起，草原火灾发生原因有人为因素和自然因素，90%以上的草原火灾是由人为因素引发，主要有生产生活用火、机动车跑火、乱扔烟头、上坟烧纸、玩火纵火等。

4）境外火灾威胁大。蒙古国、俄罗斯、哈萨克斯坦等国与毗邻的地区火灾频繁，这些外来火源对边境草原安全构成严重威胁。

3. 影响草原火的主要因素

1）可燃物量的数量。地面堆积的可燃物数量是草地起火的关键因素。草地植被的枯枝落叶一般不易分解，极易积累。特别是内蒙古东部草原区植被茂密、植物休眠期地上枯落物堆积丰厚，这是草原火的燃烧基础。另外，可燃物的紧实程度、单位体积含可燃物多少等都会影响草原火燃烧。

2）大气湿度。草原火的发生、发展与水分的变化密切相关。主要受大陆性季风气候和温带大陆性气候的影响，9月至翌年4月，风大、空气干燥、降雨很少，加之9月底10月初广大草原区的各种植物先后进入休眠期，地上部分干枯凋落，特别在12月前（降雪极少）和翌年的3月融雪后，可燃物含水量最少，是草原火灾最频繁的发生时期。监测结果表明，一般情况下，大的草原火灾多发生在秋后11月和翌年的4～5月。

3）风速、风向。风是草原起火的主要诱导因子，一方面风可使可燃物的水分蒸发加快，另一方面火借风势，使火焰燃烧得更高、更旺。火种迅速随风蔓延，加重了火灾损失程度。风还可使扑救后的隐火复燃，也可使当地居民倾倒的炉火复燃再次起火。

4）可燃物含水量。当可燃物量积累到一定程度，可燃物含水量的多少是决定可燃物是否可以燃烧的关键。可燃物燃烧有一个湿度阈值，研究证明，细小可燃物在阳光下能燃烧的湿度阈值为30%～40%，含水率高于这个阈值则不易起火。

5）大气温度。研究证明，当周围环境温度低于15℃时，产生火烬的危险非常低，环境温度高于15℃时火烬呈指数增加（能乃扎布，2003）。周围温度19℃为火传播阈值（能乃扎布，2003）。

6）地形。迎风坡燃烧的火火势蔓延的速度加快，三面环山的狭窄地区，火势常常变化无常，扩散迅速。这是两种最不利于防火的地形。

二、内蒙古草原火灾及其可燃物量分布

1. 内蒙古草原火灾发生概况

内蒙古自治区是草原火险高发区，据统计1949～1988年，共发生草原火警火灾5510起，烧毁草原$1.856×10^8 hm^2$，并引发森林火警火灾2902起，烧毁森林面积达$9.19×10^6 hm^2$，火灾烧伤1213人，死亡47人。1986～1997年，森林火灾发生922次，受灾森林面积183.24万hm^2，成灾森林面积64.92万hm^2。例如，1972年内蒙古锡林郭勒盟西乌珠穆沁旗一次特大草原火灾就烧毁草原60多万hm^2，死亡71人，一些受灾牧户多年的积蓄付之一炬；1998年，内蒙古呼伦贝尔盟陈巴尔虎旗宝日希勒镇因煤堆自燃引起火灾，过火面积15万hm^2，2人死亡，5人受伤，烧死牛羊4452头（只），烧毁蒙古包及房舍43处，扑火费用236万元；2001年，内蒙古呼伦贝尔盟陈巴尔虎旗鄂温克苏木发生火灾，过火草原面积1.8万hm^2，烧死牲畜1572头（只），烧毁蒙古包及房屋13处，烧毁棚圈36座；2012年，内蒙古自治区锡林郭勒盟东乌珠穆沁旗满都宝力格镇发生草原火灾，烧毁草场7.66万hm^2，死亡2人、轻伤8人，损失牲畜19 936头（只），烧毁房屋354m^2、棚圈6765m^2等地上物品。

2. 内蒙古草原可燃物量分布及其特征

草地上的可燃物是燃烧的物质基础。可燃物重量、可燃物的含水量、可燃物种类及

连续度等特性决定着草原火灾的发生发展与火势的强度。受地带性水热条件等气象因子的影响，内蒙古草原可燃物量的分布规律基本遵循草地类型的分布规律，除沙地草地和隐域性的草地类型外，其他草地类型植被的高度、盖度及可燃物量在径向上从东向西递减，在纬向上从北向南递增：草甸草原主要分布在内蒙古呼伦贝尔市、兴安盟、锡林郭勒盟东部，草群高度 25～45cm，草群盖度 45%～85%，可燃物量 1465kg/hm²；典型草原主要分布在呼伦贝尔高平原东部至锡林郭勒盟高平原，草群高度 15～35cm，草群盖度 35%～70%，可燃物量 840～1800kg/hm²；荒漠草原主要分布在内蒙古自治区中西部，草群高度 15～25cm，草群盖度 30%～50%，可燃物量 172～1030kg/hm²；草原化荒漠主要分布在内蒙古乌兰察布高原西部至阿拉善东部鄂尔多斯西部等，草群高度 10～25cm，草群盖度 15%～30%，可燃物量 327～846kg/hm²；荒漠主要分布在内蒙古乌兰察布高原西部以西，草群高度 5～20cm，草群盖度 10%～20%，可燃物量 294～585kg/hm²。

3. 内蒙古草原可燃物量变化及其趋势

草地可燃物量的时间变异，既有年际的变化，又有季节的差异。草地可燃物量年度生物量主要是受降水和气温的影响，其次也受利用程度的影响。9 月中旬牧草进入枯草期可燃物量处于高峰时，由于牲畜采食、践踏和自然消耗，草地可燃物量越来越少，到翌年 5 月底，牧草返青时止，枯草期的可燃物量最低，有些地区已降到可燃物量的可燃物临界线（50g/m²）以下。

随着退牧还草、京津风沙源治理等草原保护建设重点工程的全面实施，草原禁牧休牧面积不断扩大，项目区草原植被得到有效恢复。在很多项目区，昔日的严重退化草原已经是绿草油油，可燃物载量急剧上升，高火险等级的草原面积不断扩大。例如，内蒙古鄂尔多斯市项目区的草群盖度由禁牧前的 30% 提高到现在的 50%～70%，高度由 30～50cm 提高到 70～100cm。甚至连内蒙古阿拉善项目区近年也发生多次草原火灾。

内蒙古呼伦贝尔市、兴安盟和锡林郭勒盟等地区由于草地连续分布、枯草期长和气候干旱等原因草原火灾频繁发生，而且随着近几年退耕还草等生态工程的实施，一些曾经生态退化严重、植被覆盖度低、可燃物量少的区域，由于植被覆盖度和可燃物含量的不断增加形成了新的易火区。

三、蒙古国草原火灾及其变化趋势

蒙古国地区森林、草原火灾在各种灾情中居主要地位，其发生次数占首位，导致社会、经济的损失占第三位。引起火灾的人为因素占 90%，其余 10% 因雷击造成（主要是天旱物燥）。森林火分为地面火、森林顶层火等。森林、草原火灾在蒙古国每年都发生，涉及面积大，给环境和社会造成巨大损失（图 28-16）。

近年随着采伐、林中资源的开放利用（捡拾榛子、鹿角等），林中捕猎等人类活动加剧，气候变化、森林火灾发生的频率加大，过火面积呈现阶段性增加（如 1978～1979 年、1996～1998 年）。草原火灾的面积有常态化增加的趋势。

火灾发生的另一个趋势是春季提前，秋季推后，火灾发生的持续时间增加。

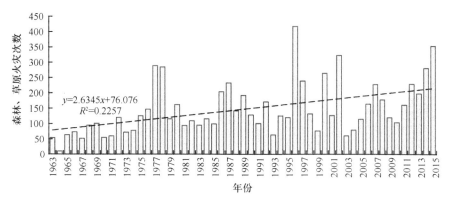

图 28-16　森林、草原火灾次数变化

用火灾发生的次数、受损情况（过火面积、受灾树木的种类、森林景观的改变、烧毁树木的数量）等来估算森林火灾的危害程度。

蒙古国的库苏古尔、布尔干、色楞格、中央、肯特及东部地区森林、草原火灾的危害很大，而扎布汗、后杭爱、前杭爱、苏赫巴托等省的森林地带及植被好的草原地区火灾的危害属中等。

第五节　蒙古国雷电灾情

随气候变暖，蒙古国近 30 年中大气逆流活动加剧，与它有关的暴雨、泥石流、龙卷风、冰雹、雷电等现象的出现次数及强度增大。近 20 年来，对社会、经济造成的危害损失增加了 2 倍。图 28-17 表示在蒙古国出现的大气灾害（不包括森林、草原火灾）持续时间长和持续时间短的年度分布。这不仅与人类定居活动加剧有关，与气候变暖而夏季降雨过程中暴雨比例加大有关。

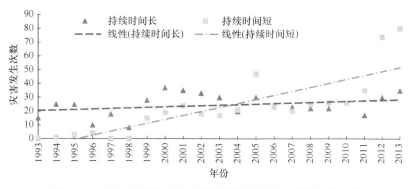

图 28-17　蒙古国发生的长时间和瞬间持续灾害现象次数变化

据蒙古国 64 个气象观测站记录，从 1986～1990 年夏季 3 个月中雷雨天数在杭爱、肯特、库苏古尔等山区为 30～37 天，阿尔泰山、东部平原、杭爱及库苏古尔山的支脉区域为 20～30 天，阿尔泰南部戈壁、大湖盆地少于 5 天。这种结果，与 20 世纪 70 年代 X·哈布德拉西（Xalgpausuŭrt，1976）的报道结果相似。库苏古尔、肯特、杭爱山区为 40 天左右，戈壁区少于 10 天。

表 28-9 显示了 2004～2013 年大气灾害导致的人员死亡及经济损失。

表 28-9　2004～2013 年气象灾害造成的死亡人数和牲畜损失数量

指标	龙卷风		强雷雨		冰雹		雷电	
	数量	比重	数量	比重	数量	比重	数量	比重
事故次数	75	20%	154	41%	33	9%	115	30%
死亡人数	1	0.0%	71	56%	13	10%	43	34%
经济损失（×1000 美元）	2 051		12 208		2 100		164	

从表 28-9 可看出，损失的 74% 由泥石流造成，12.5% 是龙卷风，12.5% 是冰雹，而雷电的损失占 1%。在 10 年间雷电灾害造成 16.4 万美元的损失。但加上未能统计的和间接受损，雷电灾害导致的损失远不止于此。与欠发达国家相比蒙古国雷电危害的经济损失较少，但人员死亡数相对高。这与（牧民）常在旷野之中劳作有关。

<h1 align="center">第六节　蒙古国洪水灾害</h1>

一、洪水形成概况

在蒙古国地区洪灾可分为江河之灾和泥石流两个部分。

降水导致河水上涨，引发洪水，一般发生于 6 月下旬至 9 月末。因降雨不同而一条河的涨水时间有所不同，一般持续 15～20 天。

在蒙古国一日降水量达 30～40mm 时可引发洪水。一般 6 月 20 日至 8 月中旬的暴雨引发洪水。

4 月中旬，冰雪融化，形成黄水（泥沙）洪流，引发洪灾。蒙古阿尔泰地区河流全年径流量的 60%～90% 是山洪水；起源于库苏古尔山脉、杭盖、肯特山脉的北侧河流径流量的 20%～30% 是山洪水；从肯特山脉南侧起源的河流，其径流量的 10%～15% 是山洪水。山洪的水量、强度因雪层厚度、密度和雪水当量、空气温度不同而具有年际差异。春季蒙古国气候不稳定升温和降温交替变化多，因而大部分河流的（蒙古阿尔泰地区河流除外）山洪流延长，洪峰径流量小于降水洪峰径流量。

洪水带着泥沙、石块急流下泻造成泥石流。引起泥石流的因素有气候、人为活动、地理地势结构等。在杭盖、肯特、库苏古尔山地，发生泥石流的最大降水量为 125mm，在平原地区则小于 75mm。戈壁、草原地区泥石流强度为 6～10m³/（s·km²），强势显弱。而阿尔泰、杭盖、肯特山脉及库苏古尔的 2000m 以上高处泥石流强度为 30～40m³/（s·km²）或更高，强势很大。具有第四纪沉积物且风蚀碎石多、日降水量达 100～125mm 的地区更容易发生强泥石流。

二、江河洪水

1. 降雨洪水

据多年观察资料记载，1950 年、1953 年、1960 年、1961 年、1966 年、1967 年、

1971 年、1973 年、1993 年、1994 年鄂尔浑河流域降大雨，色楞格河流域洪水泛滥，1945
年、1965 年、1973 年、1976 年、1994 年克尔伦、斡南河流域发大洪水，1954 年、1959
年、1969 年、1973 年色楞格河流域也洪水泛滥；根据观测，1971 年、1973 年洪水高峰
期色楞格河流量达到了 2000～4000m³/s；据说 1931 年和 1934 年也发生过类似的洪水。

关于图勒河洪水状况在《蒙古秘史》中和 1778 年"宫廷"首都迁至图勒河畔以来
不同程度地在史册上有记载，1915 年的大洪水有广泛的记载。详细记载内容为"那年图
勒河发洪水，到处灌满洪水，溢过了楚和勒角，溢出了载桑院，到了干登峡谷"。1934
年、1959 年、1966 年、1967 年图勒河也发过类似比较大的洪水。根据科学研究记录，
1966 年乌兰巴托地区 7 月 10～11 日降了 103.5mm 的暴雨，占年降水量的 43%。图勒河
三处决口，造成重大水灾。

这次水灾恰逢蒙古国国庆节召开建国 45 周年庆祝大会，人员死伤很大。据官方统
计死亡 130 余人，约 2000 余人死伤或失踪（http://www.fact.mn/170206.html）。这次乌兰
巴托发生的水灾造成直接、间接经济损失 1354 万美元，其中直接损失达 1252 万美元。
38 个单位停产、停工作时间达 5～29 天，重建恢复花费了 3 亿多蒙图。

蒙古国河流流域一般日降水量达到 40～120mm 或以上时引发洪水。根据水文、气
象站观测记录，杭爱、肯特山脉的西侧、西北侧日降水量最大值达到 75～116mm，色楞
格河流域、中亚外向流的河流、肯特山脉东北侧起源的河流流域日降水量则达 60～
70mm，蒙古阿尔泰山区日降水量达 20～50mm 时引发洪水，而大湖盆地的乌兰高木附
近降水量更大。

利用蒙古国地区所测量的一系列主要警戒降雨洪水高峰记录，按流域、地区、山区
系统分析了洪水高峰流量平均值与流域平均高程的相关性，绘制了蒙古国地区洪水高峰
分布图。

2. 泥沙洪水（暴雨洪水）

蒙古国 1945 年开始研究鄂尔浑-色楞格河流域，1960 年开始研究大湖盆地河流及其
他地区的水文情况。据研究，科布多河流域 1984 年、1994 年、1996 年泥沙洪水的最大
流量达 800～1000m³/s。鄂尔浑-色楞格河流域在 1945 年、1959 年、1966 年、1968 年、
1985 年及克尔伦、嫩河流域也发生过泥沙洪水。但该洪水的范围、程度不及夏季的雨水
洪灾。然而哈拉哈河流域的泥沙洪水与雨水洪水水势程度相当，最大流量达 300～
400m³/s。

冷季（10 月至翌年 4 月）降水对春、春-夏发生的泥沙洪水的形成及其流量影响很
大。在蒙古国山区初雪降于 10 月中旬至 11 月初，从 11 月中旬下雪后形成雪覆盖持续
至翌年的 3 月中旬至 4 月初，之后开始融化，直到 4 月中旬或下旬。在蒙古国的北部融
化时间为 20 天，中央及往东地区的山地需 34～40 天。南部积雪薄、量也少，只需 5～
10 天。库苏古尔附近的山区、蒙古阿尔泰、杭爱高山区雪覆盖时间长达 140～150 天，
而色楞格河流域东部平原雪覆盖达 100～120 天，南部 35～45 天，西南部及再往南地区
另有 7 天的雪覆盖。占据蒙古国土地大部的戈壁、平原草地的雪层相对浅薄。山区尤其
是山北坡雪的厚度更大。2 月的雪层厚度南部地区为 5cm，而海拔在 1800～2000m 的山

区厚度达 25cm,更高的山区,尤其在蒙古阿尔泰山脉达 200cm。1982～1985 年的蒙古国、俄罗斯的生物综合考察队在肯特山脉进行考察时,落叶松林中雪厚达 36cm,林缘为 18～24cm,采伐区为 14cm(Гомбосүрэн,1985)。当雪层厚度处于最大时,雪密度为 0.15～0.20g/cm³,有时候达 0.25g/cm³。冬末雪密度达 0.20～0.22g/cm³;落叶松林中密度为 0.14～0.24g/cm³,采伐地达 0.14～0.17g/cm³,而空旷地为 0.18～0.23g/cm³。而在阿尔泰雪密度为 0.24～0.32g/cm³(Сугивара,2013)。

一般 2 月至 3 月中、下旬雪水量达最大。在蒙古国北部、杭爱山脉北坡、库苏古尔山区雪水量达到平均 20～30mm,山的高处则达 60～80mm,蒙古阿尔泰山顶处达 100～200mm。1993 年春季在巴彦洪戈尔省、戈壁阿尔泰省的雪水量为 100mm,这是该地区罕见的大雪(可谓百年一遇)。肯特、大兴安岭高处雪水量不足 20mm,而在蒙古国南部则不超过 10mm。

蒙古国最大积雪融水量分布于蒙古阿尔泰山脉的北侧、库苏古尔山脉的西侧,海拔每升高 100m 增加 5～15mm,而蒙古阿尔泰山脉西南坡、肯特山脉西及东南坡雪水量比上述区域低。总体而言,蒙古国积雪融水量分布呈由西向东、由北向南逐渐减小。在俄罗斯的 Красноярск 的森林草原、萨彦山脉雪松林中雪水量为 75～79mm,桦树林中为 50～60mm(Кукпин,1974),这与库苏古尔山、埃格河上游、伊洛河流域相似。而蒙古阿尔泰 3000～4000m 处雪水量比上述更大,达 400mm,引起科布多、图尔根、汗赫黑河春-夏的泥沙水洪流。蒙古国地区雪水量取决于雪层厚度与地势高度。在蒙古国的最大雪含水量出现于 1～2 月的山脚处,冰冻带则从 2 月持续到 6 月。最大雪量出现在山后和西北处。与俄罗斯的萨彦山 1500mm 雪水量相比,蒙古国的阿尔泰、图尔根等山脉雪含水量是其 1/4～1/3。在森林带随地势升高雪含水量增多,泰加林带最大。随海拔再上升、风力加速,每上升 100m,其雪水量在蒙古阿尔泰梯度下降 4～8mm;库苏古尔及萨彦山脉下降 8～25mm;杭爱、肯特山下降 2～5mm。山峰的下风头的降雪量最大。

蒙古国雪层厚度相对较小,而且分布不均匀,随天气逐渐变暖融化缓慢,从而使雪水量和强度显著降低。覆盖雪较多的山区 5 月底、高山地带 6 月融化完。根据观察,河谷地带日融化量为 1mm,高山地带为 3～5mm。而据色楞格河流域的观察,天气每变暖 10℃,融化量平均增加 2.1～4.5mm。雪融化速度最快在蒙古阿尔泰地区,达 5～14mm/d,而在森林地区低 25%～30%。一般山北坡及森林融化推迟,而山前坡提前融化完。

泥沙洪流中土壤含水量也起一定作用,山区冻土层必会影响泥沙洪流,究竟起多大作用需进一步研究。

三、泥石流

山洪的形成取决于降雨强度、地势及土层紧实度。蒙古国日降水量随地势升高而加大,从而洪水径流也增加。在蒙古国暖季的暴雨易导致洪水,暴雨的最大强度为 1.5～3mm/min,平均为 0.20～0.30mm/min。

泥石流主要发生在落差大、流域有疏松的沉积岩的山地河流和有间歇性径流的荒溪中,并有突发性。山洪按其径流所含沉积物和岩石中大漂砾、泥土含量,分为水石流、泥流、泥石流三种类型。山洪地表覆盖固体沉积物和岩石在径流中含量大于径流质量的50%、粒径 1mm 或大于 1mm 时称为泥石流；当固体沉积物和岩石在径流中含量大于径流质量的 50%、粒径小于 1mm 时称为泥流；当固体沉积物和岩石在径流中含量小于径流质量的 50%时称为水石流。随着山洪从山顶在山坡表面滑坡，各种沉积物分布有一定的演变规律，从山顶向平原由山体脱落的碎石块、小石、砾石、沙子、砂质沉积物、黏性沉积物、泥土等演变。泥石流的强度由山体的坡度决定。蒙古国以草原、戈壁地区及 30°以下坡度的微小山丘为主，所以降水强度再大也是沉积物粒径和密度小，因此形成的山洪强度不大。根据学者研究，海拔 1250m 高原分布有岩石、沙岩石、砾石、砂砾、泥沙，而在海拔 1500m 高原分布有沙岩石、砾石、砂砾土壤分布，2000m以上高原分布有岩石、沙岩石土壤，从 3000m 以上则以岩石土壤为主。由此则看出，从2500m 以下随着地势的变缓下流水的面积扩大、水流变缓，径流冲刷力下降（表 28-10）。然而，地势变高时流水面积减小，虽有各种地面阻力，但倾斜度加大而径流流速必然加大。

表 28-10　山洪水文学地理因素

海拔/m	流量系数	坡度	土壤岩石主要构成	沉积岩石密度/（10^3kg/m³）
1250	0.10	0.052	沙岩、碎石、砾石、沙子、亚黏土、泥土	0.8～1.2
1500	0.20	0.105	沙岩、多岩石的、碎石	1.2～1.8
2000	0.30	0.213	岩石、多岩石的、沙岩、碎石	1.8～2.2
2500	0.40	0.364	岩石、多岩石的、碎石	≥2.2
>2500	0.50	0.466	岩石	

泥石流在蒙古国蒙古阿尔泰、戈壁阿尔泰等地区大量发生，杭爱、肯特、库苏古尔山地发生过多次。例如，1971 在哈特塔拉、1982～1984 年在乌兰巴托秦克勒太山、1983年在乌布苏省的图日根苏木，1992 年在巴彦洪戈尔省的额尔敦朝克图苏木，1991 年在东方省德力根日苏木，1991 年在达尔汗均发生过泥石流。

泥石流的蓄积比重为 1.9～2.3t/m³，能持续 24h。根据研究，河床中颗粒物越往上游，颗粒物越大，而下游则是颗粒小的沙子、泥土。河流上游大石头较多，如扎布汗河乌拉苏泰附近河中石头直径 1.10cm，而在宝力达河上游石头的大小直径可达 3m 以上。根据结合土壤、植被、地势地理、高原气候条件的多年研究，蒙古国泥石流分为 5 种类型等级区，即特强、强、中等、弱和极弱等地区。

从高山顶部发源的小溪、小河、高山谷上端或位于 2000m 以上山地泥石流流过面积3～4km²，河床长度 2～3km，渗透性 0.40～0.60mm/min，倾斜度为 12°～20°。泥石流的流速 150m/s，最大径流量达 10 万～50 万 m³。在海拔 1000～2000m 高的区域，泥石流面积相对变小，为小于 2.0km²，坡度为 3°～12°高处，河床长度 2.0km。泥石流中以石块及泥沙等物为主。泥石流径流速为 80～150m³/s，固体流量达 20 万 m³，主要发生于沿江河流域的沟壑地段。1982 年 8 月 3 日乌兰巴托地区发生的泥石流属于此类型。该泥石流流速达 820m³/s，固体径流量为 29 万 m³。这是乌兰巴托 29min 内下了 44.2mm 暴雨所致。这次洪灾中 87 人失去性命，造成 1390 万蒙图经济损失。

当地势坡度为 3°～6°时，泥石流流速达 20～80m³/s，固体径流量为 20 万 m³，这种洪流的强度不大，以小颗粒砂石为主。

根据多年的观察研究资料制作出了蒙古国泥石流发生地理分布图。根据资料，在戈壁、草原的大部分地区泥石流模数为 6～10m³/（s·km²），属强度不大，而阿尔泰、杭盖、肯特山地、库苏古尔山地 2000m 或以上地区泥石流模数为 30～40m³/（s·km²）。有第四季残遗物、山体碎石多的地区当日降雨量达 100～125mm，地势坡度为 12°～20°易产生强威力的泥石流。

2003 年 7 月 18 日，在乌兰巴托地区 20～22min 内降下连雨带雹的暴雨，量达 28～54mm。这次泥石流洪灾中 300 多户受害，93 户被冲走，10 人失去性命，河堤决口 130km，1360m² 公路被冲毁，经济损失达 3.655 亿蒙图。这样威力大、损失严重的泥石流同样发生在 2009 年 7 月 17 日下暴雨和大雨持续 1.5h 时，不同气象站记录降水量为 25～55mm，乌兰巴托地区又遭受严重泥石流灾害（图 28-18）。

图 28-18　2003 年 7 月 18 日乌兰巴托市巴彦高勒区洪水状况

对短时间发生的泥石流，可以用多普勒雷达网系统预报泥石流的发生。

1999 年日本政府无偿援助了蒙古国水文、气象部门，在乌兰巴托建起了多普勒雷达站，对蒙古国首都人民防御暴雨冰雹引起的泥石流起到了预警、评价估算、预防的作用。在乌兰巴托地区居住人口已达全国人口的 40%。近年来，暴雨次数增多，而各种灾害也给乌兰巴托民众带来巨大的损失。例如，2000 年以来水文、气象灾害发生过 72 次，45 人失去生命，损失近 10 亿 7862 万蒙图。其中泥石流导致 35 人死亡，经济损失为 10 亿 6795 万蒙图。

蒙古国其他地方，如戈壁、草原发生的泥石流还没有系统地整理与报道。

第七节　蒙古高原草原鼠害

啮齿动物的数量直接关系到对草原的危害程度和某些鼠传疾病的发生与流行。害鼠不仅大肆啃食刚返青的牧草，严重阻碍牧草正常生长，极大减少了草场的生物单产，与牲畜形成争草之势，还因其盗洞行为严重，破坏土层结构和牧草根系，造成大面积草场退化、沙化，破坏了草地生态平衡。

一、草原鼠害危害特征

1. 啃食牧草破坏草场

啮齿动物主要是草食性动物，啃食牧草，对草原造成巨大的危害。草原鼠类大多取食禾本科、莎草科、豆科等优良牧草。据调查，一只布氏田鼠每日取食牧草折合干重14.5g，全年可消耗牧草5.29kg。一只高原鼠每日食鲜草77.3g，在牧草生长季节的4个月内共消耗牧草9.5kg。一只草原黄鼠日食干草18.5g，半年（另半年休眠）可消耗干草3.38kg。内蒙古"九五"期间鼠害年平均发生面积401.37hm^2，每年损失牧草24.1万kg。

2. 盗食牧草种子

啮齿动物取食牧草种子相当严重，特别是在飞播牧草地、高产饲料地、草籽基地、多年生人工草地，盗食刚播下的豆科、禾本科及其他牧草种子，造成缺苗断垄，草籽产量下降。例如，在鄂尔多斯市毛乌素沙地一个治沙研究点，曾发生过飞播的羊柴种子的40%（局部地区100%）被跳鼠吃掉。

3. 啃食灌丛植被

在荒漠草原，沙鼠类对灌丛的啃食危害相当大。内蒙古阿拉善境内，大沙鼠啃食梭梭等灌丛植物的皮和嫩叶，使成片的梭梭林衰退甚至死亡。它们不但影响灌丛植物的天然更新和正常结实，而且还导致固定沙丘的活化。

4. 挖掘活动损伤牧草

绝大多数草原啮齿动物因挖洞、穴居损伤或切断牧草根系，破坏植物正常生长。尤其是牧户营地下活动的鼹鼠类，它们不但挖洞穴居，而且啃食植物根系，影响牧草的生长发育，甚至导致植物死亡。据调查，秋季草原鼹鼠的洞系中发现0.2～1kg植物的根茎。

5. 挖洞成丘覆压牧草，并影响土壤肥力

啮齿动物特别是营地下生活的鼠类挖洞时把大量的下层土推到地面，形成大小不等的土丘。在土丘的覆压下，一些牧草被压甚至死亡。在干旱多风的春季，这些疏松的土壤被随风吹走，土壤肥力大为降低。

6. 降低植被覆盖度

由于啮齿动物的活动，在土壤表面形成许多大小不等的土丘，形成次生裸地，在牧草尚未完整覆盖的情况下，这些疏松的次生裸地的土壤水分极易蒸发，土壤水分的大量损失，必将会影响牧草的生长，降低草原植被的覆盖度。

7. 改变植被成分，引起植物群落逆向演替

啮齿动物的活动可导致优良牧草逐渐减少，而适口性差或有毒植物则得以保存并大量繁殖。

布氏田鼠一般生活在植被非常低矮、接近裸露的地方。在锡林郭勒盟，以前草长得很高，布氏田鼠只能生活在部分窄小地区。但是，由于近年连续干旱，草场严重退化，布氏田鼠成了重要害鼠，不仅吃草，而且挖掘洞穴，更加剧了草原沙化。而草原极度沙化又为长爪沙鼠提供了理想的生活和繁殖条件，长爪沙鼠的一个洞系就可挖出成吨的沙土。这些沙土是扬沙的材料，短期内就能造成草原沙漠化。与此同时，捕食鼠类的天敌减少，使鼠类更加泛滥。

天敌动物虽然不能彻底消灭鼠害，但在正常年份，它们和鼠类的数量比保持着相对稳定。近几年来由于环境污染，尤其是农药的广泛使用，再加上乱捕滥杀天敌动物，鼠类的许多天敌逐年减少，从而为鼠类的大量繁殖提供了可乘之机。

二、主要害鼠分布

1. 蒙古国鼠害特征

近年来随着气候变化，草原虫害的种类增多、分布范围也扩大。2000～2003年气候干旱，草原上田鼠、蝗虫数量增多，对草原的危害加剧。同时农业生产的各种危害增多，降低了农业产量。蒙古国在全国范围内对有害虫类及啮齿类进行监测，对它们的分布、危害结合气候、地区的研究工作正深入进行中。从2001年开始对危害草场和农田的蝗虫、田鼠等的核心栖息地、分布范围及密度、对草原植物危害等方面进行了研究监测。

随气候变暖、牲畜头数增加而草场出现退化加剧，布氏田鼠（*Lasiopodomys brandtii*）的分布范围也逐渐扩大。随着布氏田鼠的洞穴增加而其行径密集及采食增多，草场的群落盖度下降4～5成，植物的种类及多度、高度下降2成，生物量减少49.7%。布氏田鼠的数量最多时使植物群盖度由90%～95%，几乎变成裸地。布氏田鼠在草原的生物群落中可表现出两面性。一方面，当布氏田鼠的数量增多时起到危害作用，会采取灭鼠行动。另一方面，当其数量保持适度（1hm²中有80～100只）时，土壤、植物、动物变为互为有利、不可分割的整体（Б.Авирмэдand C. Цэрэндаш，2003）。1941～1943年、1956～1957年、1961～1963年、1971～1973年、1981～1986年、1990～1991年、1998～2002年等布氏田鼠种群暴发，每隔10～12年重复出现（Б.Авирмэд and C. Цэрэндаш，2003）。20世纪40年代以后布氏田鼠的分布面积扩大了200万～300万hm²，但其核心分布区增加了数倍。

为防止布氏田鼠发生灾害，使用了磷化锌、氯乙烯粉末、钠盐、丁基乙醚等化学药品，使野生动物狐狸、獾子等几乎处于灭绝状态，同时会对土壤微生物起危害作用。

许多学者认为布氏田鼠的数量增多与旱灾及雪灾、太阳照射度增加有关。2002～2008年观察研究得出，2002年及2007年的旱灾中其分布范围比平常年大，数量也多。根据2008年8月中旬的调查，1hm²面积中鼠洞数量最多达46穴。

调查发现，布氏田鼠的分布范围有向北扩大的趋势，布氏田鼠分布范围向北扩展到色楞格省的大部、布尔干省东南苏木、巴彦乌列盖、乌布苏西北、东方省的北部。

2. 内蒙古主要害鼠

内蒙古草原上栖息着 50 多种鼠类，对草原形成大面积危害的地上栖息种类主要是布氏田鼠、长爪沙鼠、大沙鼠和草原鼢鼠。

长爪沙鼠是内蒙古农村牧区的主要害鼠之一。在牧区不仅取食大量的牧草，也破坏土层结构，导致水土流失；在农区盗食储藏粮食。同时也是鼠疫病原体的主要贮存宿主。

草原鼢鼠主要栖息在蒙古高原东部草原地带各种土质比较松软的草原、农田及灌丛、半荒漠地区的草地上。秋季觅食产生的土堆大多呈无序排列，土堆的数量及位置大多都与喜食植物的分布有关。草原鼢鼠有怕风畏光、堵塞开放洞道的习性，当洞穴被打开时，它会很快推土封洞。草原鼢鼠主要采食多汁含淀粉的植物的地下部分，咬损牧草和农作物的根系，并且土堆会影响机械打草作业。

三、草原鼠害监测与防治

草原是畜牧业生产的重要物质基础，又是重要的生态屏障。长期以来，人们对草原重利用、轻管理，致使牲畜数量增加，草原长期超载过牧，严重退化，为鼠害入侵创造了良好的环境条件。随着鼠害的大量繁衍，草原植被覆盖度降低，毒杂草泛滥，加剧了草原退化和草地生态环境的恶化，使草地生产力下降，对草原牧区畜牧业造成了严重的经济损失。因此，监测与预测预报草原鼠害是草原鼠害综合防治工作的必要前提，只有对鼠害做出及时、准确的预测，才能科学地制订综合防治计划，适时采取防治措施，达到有效控制鼠害的目的。加强鼠害监测和鼠情预测预报，对有效保护草地生产力和实现草原畜牧业的可持续发展有重要作用。

1. 草原鼠害种群数量调查

鼠害调查是预测预报及防治鼠害工作的基础，调查结果是制订防治计划方案的科学依据。只有对鼠害种类、密度及危害程度认真调查，才能采取经济有效的防治措施。

（1）样地与样线的选择

样地与样线的设置代表着鼠害种群的特征。首先按照调查地区景观特点，做粗放的选样调查，再选择代表性地段作为样地，样地面积最好不要超过 2km×4km，景观复杂的地方可多选一些样地。将样地中各种生境加以分类，并绘制整个地区的生境类型分布图。在样地各主要生境类型中采取随机抽样法，随机选择调查点，然后在调查点内设置样方和样线。啮齿动物的种群调查更多的是采取"有规则抽样"的调查方法。首先在调查区内根据生态环境确定若干个调查点，每个点分别代表调查区的不同生境环境类型（如不同草地类型），然后在每个调查点内设置样方和样线。

（2）害鼠区系调查

区系调查主要进行自然概况与生境条件的分析，实地调查区系组成和动物群落的组成。在区系组成中，要通过标本的采集、制作等查清害鼠的组成；要采用夹日法统计调查某地区各种害鼠的比例关系，确定优势种、常见种和稀有种。一般捕获量多于 10% 的为优势种，捕获量 1%～10% 的为常见种，捕获量少于 1% 的为稀有种。优势种在群落中起着重要作用，群落的命名以优势种及次优势种的顺序排列。群落调查对同一景观来讲至少需要 1km² 的面积，一般不少于 3 个样方，每个样方面积不小于 0.25hm²。

（3）害鼠数量调查

由于各种鼠类的生态习性和栖息环境不同，数量调查方法也不同，如夹日法、统计洞口法、目测统计法、开洞封洞法、沟道埋土捕鼠法、搬移谷物多草堆捕鼠法、标志重捕法和去除取样法等。下面主要介绍夹日法、统计洞口法和开洞封洞法。

夹日法。一夹日是指一个鼠夹一昼夜时间内捕鼠的数量，通常以 100 个鼠夹一昼夜所捕获的鼠数作为鼠类种群密度的相对指标，用捕获率表示。

$$P=n/(N×h)$$

式中，P 为夹日捕获率；n 为捕获的鼠数；N 为鼠夹数；h 为捕鼠昼夜数。一般 25 个鼠夹为 1 行，夹距为 5m，行距不小于 50m。一般下午放夹，清晨检查，连续捕两昼夜。

定面积夹日法。25 个鼠夹排成一条线，夹距 5m，行距 20m，并排 4 行。100 个鼠夹占地面积为 1hm²。次日清晨检查夹，连续捕两昼夜。每个生境中至少累计 500 个夹日才有意义。夹日法适用于小型夜行鼠类的数量调查。

统计洞口法。统计一定面积上的鼠洞洞口数量，是统计鼠类相对密度的一种常用方法。这种方法适用于生境植被稀疏低矮、洞口比较明显的鼠种（如布什田鼠、长爪沙鼠等），统计时要区别活动洞与废弃洞。活动洞口通常光滑，有鼠迹或新鲜粪便，无蛛丝。这种方法可使用方形样方、圆形样方或条带形样方。常用圆形样方统计 1/4hm² 面积上的有效洞口数，即堵洞 24h 后鼠盗开的洞口数。在已选好的样方中插定一根 1m 左右的木桩，在木桩上拴一条可以随意转动的测绳（长度 28.2m）（表 28-11），在绳上每隔一定距离（依人数而定，一般 5～7 人）固定一人。一人扯着绳子缓慢绕圈走，其他人随着测绳行走，边走边堵上其左侧至下一个人之间的所有鼠洞。一昼夜（24h）后重复上述过程，每人边走边数出自己所踩洞范围的开洞数，即有效洞口数。将每个人的统计数相加，即为 1/4hm² 样区内的鼠密度。

表 28-11 圆形样方面积与测绳半径对照

圆形样方面积（hm²）	测绳半径长度（m）
1/4	28.2
1/2	40.0
1	56.4

开洞封洞法。在样方内沿洞道每隔 10m（视鼠洞土丘分布情况而定）探查洞道，并挖开洞口，经 24h 后检查统计封洞数。单位面积内（一般为 0.25hm²）封洞数表示鼠密度相对数量。这种方法适用于地下活动的鼠，如鼢鼠类。

（4）鼠群生态调查

生态调查内容比较广，主要包括性比（种群中雌雄个体的比例关系，一般用雌、雄表示）、年龄组成、数量分布、洞穴的配置和结构、繁殖和数量变动、食性鉴定、巢区和迁移等。

（5）害情调查

害情调查主要有两个方面的内容，一是破坏量的调查，二是鼠害情况的估计和危害分布图。通过分析破坏量、破坏程度及其分布的有关资料，可以划分出危害等级，作出危害分布图。

2. 鼠害监测和预测

鼠害监测和预测是灭鼠工作的基础和主要组成部分，能够深入地了解种群大小、种群特征、种群分布范围及分布格局、种群波动规律、栖息地的状况及其变化等信息，是科学预测鼠害发生蔓延、提高鼠害防治效果和草地畜牧业经济效益的重要措施。鼠类群落的演替是多种因素作用而引起的，在自然情况下，某个优势种群的数量达到最高值后，其数量必然会显著下降，就会引起群落发生变化。群落不同致灾形式也不同。因此，必须了解种群动态规律，分析影响种群消长的因子，对种群进行长期预测。

在草地鼠类调查中，种群监测需记载种群数量变动情况、性比、年龄结构、繁殖状况、迁入和迁出等信息。同时，根据调查对象，还要记载或收集一切可能影响草地鼠类种群的环境因子的变化动态，如气象因子、栖息地变动、轮牧制度与布局等情况。根据在草地中长期监测到的鼠类种群动态资料和有关环境因子的变化数据资料，运用统计学方法和数学模型，可以对草地鼠类种群消长的规律及其影响因子进行深入分析，依据分析的结果解决和判断草地鼠类种群生态学问题。

在对种群动态及其影响因子充分了解的基础上，可以对种群动态进行预测。影响种群的内部因子和外部因子很多，为了使预测模型简单适用，在建立种群预测模型时，根据不同数学方法的特点，可以先通过数学分析方法，找出影响种群的主要因子，利用主要制约因子建立预测模型预测种群；也可直接利用数学模型建立预测方程预测种群。种群预测在生物多样性的保护和有害生物的控制方面具有重要意义。同时，对有效保护草地生产力和实现草地畜牧业的可持续发展发挥着积极的作用。

3. 鼠害的综合防治

严重的草原鼠害已成为引发草原退化、沙化、水土流失的重要因素，并威胁我国畜牧业的可持续发展、草原生物多样性保护、草原生态环境建设及人们的身体健康。

随着鼠害加重，世界各国对灭鼠工作越来越重视。由于啮齿动物种类繁多，其栖息环境、生物学特征及生活习性各异，不可能有统一的适合于全部害鼠的灭鼠程序或模式。一般是根据防治对象及其生态环境的特点，提出相应的灭鼠措施，归纳起来有如下4种灭鼠技术。

1）生态学方法主要是通过恶化鼠类的生存条件，从而减少鼠类繁殖，增加死亡，降低鼠的密度乃至使鼠绝迹。其中减少鼠的隐蔽场所和断绝食物来源最为重要。例如，采用划区轮牧、围栏封育、调整载畜量等措施，改良草地，防治草地退化，使之不利于鼠类栖息。

2）生物学方法包括两方面的内容，一是利用鼠类的天敌来控制其数量，故应保护自然界中鼠类的天敌，如猫头鹰、蛇、狐、鼬等。二是利用对人、畜无害而对鼠类有致病力的病原微生物或体内寄生虫，使鼠得病而死亡。生物灭鼠对人和禽畜安全，不污染环境，因此受到重视。但生物灭鼠比生物除虫困难，短期内不可能取代其他灭鼠措施。

3）物理学方法是使用捕鼠器械来捕杀老鼠，常用的有各种鼠夹、鼠笼、鼠套等器械来捕捉害鼠的方法，也包括利用一些普通工具灭鼠的方法。物理灭鼠法具有简便易行、费用较低，对人、畜较安全等优点。其缺点是同种捕鼠器连用时效果会迅速下降；效率低，很难在较大面积灭鼠中使用；剩余鼠密度高；灭鼠效果因使用者熟练程度不同而有较大差异等。

4）化学方法是利用化学杀鼠剂灭杀害鼠的方法。这也是最常用且行之有效的方法。其优点是作用快、效果好，在一定的时间内可达到控制鼠害的目的。包括毒饵灭鼠法、熏蒸灭鼠法。

研究表明在"过度放牧—草地退化—鼠害—草原退化、沙化"这一恶性循环中，起因是人类不合理的经济活动，是可以控制的。因此，严禁滥垦过牧、实施草地科学管理，不仅是合理保护和利用草地资源、防止草地退化的有效对策，也是控制鼠害的根本途径。同样，对目前退化、害鼠危害草地的防治亦应采用以生态控制为主的综合治理对策。草原鼠害的综合治理必须考虑到草、畜、鼠、土等多种因素相互影响与制约的关系，实行综合整治，改善生态环境，从根本上改变害鼠的孳生条件。

第八节　蒙古高原草原虫害

草原虫害是指由于人为或自然因素干扰，植食性昆虫种群异常增长，过量取食草原植物导致的草原灾害。草原昆虫种类繁多，20世纪80年代末的内蒙古昆虫普查结果表明，在内蒙古分布的草原昆虫有2077种，分属18目166科105属。其中以直翅目昆虫为代表的种类是内蒙古的优势类群。同时，鳞翅目的草地螟、春尺蛾、苜蓿夜蛾、白茨僧夜蛾，鞘翅目的叶甲、拟步甲、芫菁、象甲及同翅目的蚧壳虫、蚜虫也是危害草原的重要类型。

一、草原虫害的发生特点

草原虫害的发生具有群集性、间歇性（常规趋势）、复杂性（多因子相互作用）、突变性和受环境因素影响较大等特点。

1. 群集性与间歇性

草原上的大部分虫害具有大量的个体高密度地群集在一起的习性。不同的害虫种群群集方式并不完全相同。有一些是临时的群集，只是在某一虫态和一段时间内群集在一起，过后就分散，另有一些则永久地群集。飞蝗是永久性群集的害虫，受环境条件的影响，群居型和散居型可以互相转化，表现为间歇性暴发。研究证明，飞蝗的群集是蝗蝻粪便中具有群集外激素。虫量越大，越容易群集，而且越聚越多。对这种群集，只有大量消灭蝗蝻，使虫口变得稀少，才能使其转化为散居型。

2. 繁殖快速与适应超强性

草原害虫有很强的生殖能力和生存能力,表现在生殖方式的多样化、繁殖速度快、个体小发育快、生活史短、所需养分少等方面。在一年的时间内,可完成一个或多个世代。脆弱的草原生态系统成了草原害虫频繁发生的重要条件。

草原害虫除了正常情况的两性生殖外,部分由于长期对恶劣生存环境的适应和为了扩大生存空间分布范围,形成了孤雌繁殖、多胚胎生殖、卵胎生殖等特殊繁殖方式,如蓟马、小蜂、蚜虫等,产卵后不经过受精就能繁殖后代。蚜虫通常总是两性世代和若干代的孤雌生殖世代相交替。飞蝗种群数量极低时也能进行孤雌生殖,一头雌蝗一次生产卵约 200 粒,蝗虫在一年中一般能够繁殖 2 代。它们每年都产下大量的卵于土壤中越冬,第二年春天,在适宜条件下,约半个月即可孵化,称为第 1 代,即夏蝗。夏蝗成虫后产卵,卵经 10 余天便孵化,称为第 2 代,即秋蝗。

二、草原蝗虫重要种类及发生危害规律

1. 草原蝗虫发生情况

随着草原的退化、沙化,气候的变化,蝗虫大规模生长繁殖的条件越来越有利,2000 年开始内蒙古草原蝗虫灾害频繁发生,且危害程度历史罕见。从呼伦贝尔到巴彦淖尔形成了一条草原蝗虫暴发带,发生和危害最为严重的是锡林郭勒盟。2001~2009 年,内蒙古草原连续 8 年发生大面积蝗虫灾害,总危害面积为 7015.91 万 hm^2,严重危害面积 3532.53 万 hm^2,年均危害面积为 804.23 万 hm^2,年均严重危害面积为 414.90 万 hm^2。2011 年,草原蝗虫危害最为严重,危害面积为 1231.50 万 hm^2,严重危害面积 712.20 万 hm^2。2001~2005 年,草原蝗虫危害面积和严重危害面积呈逐年减少的趋势,危害面积范围为 600.55~1231.50 万 hm^2,严重危害面积范围为 319.36 万~712.20 万 hm^2。2006 年草原蝗虫危害面积和严重危害面积达到近年来最低点,分别为 407.82 万 hm^2 和 197.08 万 hm^2。按危害地区每亩损失鲜草 30kg,每千克按 0.2 元计算,造成的直接经济损失近 63.14 亿元。

2. 草原蝗灾暴发的主要原因

近年来蝗灾猖獗发生,分析其主要原因大致可归纳为以下几点。

1)气候条件的适合:草原蝗虫大暴发的主要气象原因是冬春高温和夏初干旱少雨。一般来说早春蝗卵孵化温度条件容易满足,但湿度条件相对欠缺。近几年,夏秋气候干燥、降水量偏少、气温变化大、气温比往年均有所上升、干旱加剧,现冬春季偏暖、夏秋季炎热的天气,使蝗虫的发育加快,繁殖力增强,蝗卵越冬成活率提高。连年气候干旱常常是导致蝗虫大发生的一个重要原因。

2)草场植被破坏及草原退化:草场植被的盖度及高度等直接影响蝗虫的繁衍生存。研究表明,蝗虫喜欢产卵于植被盖度小于 50% 的草场中的裸地上。由于草场的不合理利用、过度放牧及气候因素导致草场退化、沙化及植被稀疏,这为蝗虫产卵提供了适宜的场所。生态破坏,过度放牧,草原严重退化、沙化,导致生物多样性减低,蝗虫天敌种

类数量剧减。

3）防治手段和方法的局限性：现阶段化学防治仍为蝗虫应急防治、防灾减灾的重要手段。据统计，内蒙古地区化学防治比例约占 85%，生态控制约占 11%，生物防治约占 4%。同时由于化学农药使用的不当，大量杀伤了蝗虫天敌，是造成蝗虫暴发成灾的重要原因之一。

4）蝗虫具有很大的生物潜能：草原蝗虫作为草原生态系统最活跃的组成之一，具有适应性强、食性广而杂、抗逆性强、繁殖能力强等特点。尤其是繁殖能力，以锡林郭勒草原成灾主要蝗种——亚洲小车蝗为例，每年 7 月中旬以后，成虫开始进入产卵期。每头雌虫可产卵 2～3 块，每块有卵 20～80 粒，入土越冬，草原蝗虫大发生的潜在可能性年年都有。

3. 草原蝗虫的重要种类及发生危害规律

蝗虫属于直翅目蝗总科，是天然草原危害最为严重的草原害虫。全世界已报道的有 9 科 2261 属 10 136 种。草原蝗虫多发生在荒漠草原、山地草原、草甸草原、沼泽草甸等生态类型上，由于环境条件的差异，蝗虫的种类及发生规律也不同，一般为多种混合发生。

亚洲小车蝗（*Oedaleus asiaticus*）是内蒙古草原最重要的成灾种，一般占整个蝗虫种群的 50%～60%，严重发生时能达到 90%以上。亚洲小车蝗是地栖性害虫，适生于板结的砂质土、植物稀疏、地面裸露的向阳坡地等地面温度较高的环境中。主要危害禾本科、莎草科等牧草，高密度发生时对牧草的取食几乎没有选择性，是目前危害我国北方的主要蝗虫之一。一年发生一代，正常年份，越冬卵 5 月下旬 6 月初开始孵化，7 月中下旬开始产卵。产卵时，选择向阳温暖、地面裸露、土质板结、土壤温度较高的地方，并以卵在土中越冬。

白边痂蝗（*Bryodema luctuosum*）一年发生一代，越冬卵 5 月上中旬开始孵化，6 月中旬羽化，7 月中旬开始产卵于植被稀疏地表坚硬处。每头虫产卵囊 2～3 块，每块平均含卵 27 粒。分布于植被稀疏、土壤砂质的干旱草原，主要危害冷蒿、羊草、针茅、赖草、小旋花等，是典型草原退化区及荒漠化草原的重要害虫。

宽须蚁蝗（*Myrmeleotettix palpalis*）一年发生一代，越冬卵 5 月上中旬开始孵化出土，6 月中旬羽化，6 月下旬至 7 月上旬羽化盛期，7 月上旬、中旬开始产卵，成虫可以生活到 8 月。宽须蚁蝗是退化典型草原和荒漠草原重要的优势种蝗虫之一，以取食禾草为主，也取食豆科、菊科、莎草科植物，大发生时可将禾本科牧草吃光。

毛足棒角蝗（*Dasyhippus barbipes*）一年发生一代，属于早发种，越冬卵 5 月初开始孵化，6 月初羽化，7 月中旬产卵。广泛分布于干草原和草甸草原，荒漠草原也有分布。取食羊草、冰草、冷蒿等，是内蒙古草原重要的优势种蝗虫之一，对禾本科牧草早期生长危害性很大。

笨蝗（*Haplotropis brunneriana*）一年发生一代，5 月下旬开始孵化，7 月中旬成虫开始出现，大量羽化在 7 月下旬和 8 月上旬，并在向阳山坡及田埂上产卵，食性杂，以取食蒿草和百合科植物为主，也危害苜蓿、玉米、高粱、豆类等。

三、蒙古国主要蝗虫种类

有人曾研究过蒙古国蝗虫的核心分布区在阿尔泰山区的科布多、巴彦乌列盖省的 20 多个苏木，但对其分布范围及数量没有详细的资料。蒙古国有 140 多个种类的蝗虫，其中对草场、农作物危害的蝗虫有 20 余种（Чогсомжав，1972）。据研究，每头蝗虫的日食量超出其体重的 1.5～2 倍。

蒙古国从 1930 年就开始研究有害昆虫、植物病害的分布。1927～1928 年，当时的苏联政府派植物保护专家队伍到蒙古国帮助建立防治农业有害昆虫的有关队伍。

蒙古国学者 Т.ПунцагиБ.Бямбаа 于 1962 年曾研究指出，在蒙古国的农业中心区 1m² 地上有 116 只西伯利亚蝗虫，对农业生产造成严重的损失。

据 А.Цэндсүрэн 在 1975 年的研究，危害农作物的有害蝗虫有 12 种。Ж.Лхагваа，О.Федосимов 等研究，在蒙古国草原区危害放牧场、打草场及种植区的蝗虫有 5 种。

在植物保护部门做顾问的 Кудрящов 于 1967 年在他的讲座中提到"当 1m² 脊翅蝗虫数达 400 条时寸草不生变成裸露地"。

Б.Насанжаргал 于 1981 年在科布多省的草场研究指出，200 万 hm² 已受脊翅蝗虫的危害，草场产草量下降 45%，产草量只有 0.4～1.2t/hm²。

2004～2006 年，Ч.Чулуунжав、Г.Гантулга、Т.Отгончимэг 等在巴彦乌列盖、科布多、戈壁阿拉泰、乌布苏调查脊翅蝗虫的危害时得知该地区 36 个苏木 510 万多 hm² 草场受害，其中最严重的草场面积达 51.04 余万 hm²，每平方米虫害数达 154～175 条，导致草场产量下降 70%～80%。

Ч.Чулуунжав、Х.Батнаран、Т.Ганбаатар 等于 2006 年制作出在放牧场主要的 20 余种蝈蝈、蝗虫的 1∶124 万、1∶38.4 万分布图。

脊翅蝗虫的生活期、卵与幼虫的冬季发育、过冬所需的有效积温为 159.4℃，成虫能活 30～60 天。大部分种类蝗虫发育所需最低温度为 10.0℃。

蒙古国水文、气象部门在蒙古国设立的监测点从 2001 年开始对蝗虫的分布状况进行观察监测。

四、蒙古国森林危害

气候变化、人类不当的生产作业对森林的生态条件及生态功能影响很大，森林的水土保持作用发生变化，同时森林的有害昆虫的活动加强，以林木的果实、叶片及其他器官为食的昆虫种类增多，在蒙古国对森林有害的 400 余种昆虫中危害较严重的昆虫近 40 种，如落叶松毛虫、午毒蛾毛虫、古毒蛾、柳古毒蛾、松树毛虫、雅库布尺蛾、松绒小卷蛾及天牛科、吉丁虫科、齿小蠹科等的害虫。

膜翅目的蝴蝶类的有害昆虫每 8～12 年数量猛增，对森林造成极大危害。落叶松毛虫、午毒蛾毛虫、柳古毒蛾毛虫、古毒蛾、雅库布尺蛾等于 1998～1999 年数量猛增，在一定树林范围内造成很大的危害。根据观察，落叶松毛虫、午毒蛾毛虫的种群在 2008～

2009 年，落叶松毛虫、柳古毒蛾毛虫的种群在 2007～2008 年大量发生。

目前，乌布苏省的森林苏木地区古毒蛾，肯特省的臣赫尔曼达勒、宾德尔两个苏木地区落叶松毛虫、午毒蛾毛虫、雅库布尺蛾，达日罕自然保护区博克多汗山、乌兰巴托市绿色森林区和布尔干省的森林苏木落叶松毛虫、午毒蛾毛虫，中央省和色楞格省的森林苏木地区午毒蛾毛虫，扎布汗省的森林苏木地区午毒蛾毛虫、古毒蛾，前杭爱和后杭爱省森林苏木地区雅库布尺蛾、午毒蛾毛虫、古毒蛾，分别危害着大面积森林。从图 28-19 中可以看出，1996 年森林火灾后随着干旱的加剧害虫对森林的危害增强，受害森林面积扩大。

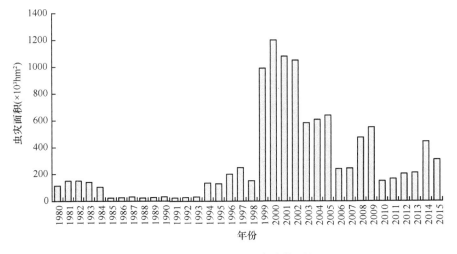

图 28-19　蒙古国害虫危害森林面积

随着干旱昆虫变活跃，图 28-20 显示的是受昆虫危害的森林面积与干旱指数的相关性。

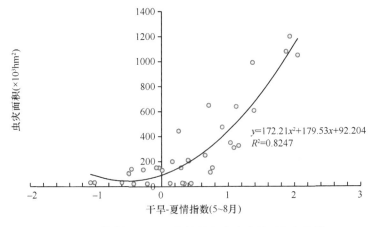

$$y=172.21x^2+179.53x+92.204$$
$$R^2=0.8247$$

图 28-20　蒙古国干旱-夏情指数与虫害森林面积相关性

五、蒙古高原蝗虫预测及防治

草原蝗灾的预测预报是综合防治蝗灾的重要技术依据。准确的预测预报有利于及时有效地开展综合防治工作。根据草原蝗虫的生物学习性和发生发展规律，结合生态环境、蝗区植被类型分布、气象预报等有关资料进行全面分析，预测未来一定时间内草原蝗虫的发生趋势，包括发生期、发生数量和危害程度等。草原蝗灾往往是混合种群发生的，其中存在一个或多个优势蝗虫种群。由于优势种群蝗虫类型不同，蝗灾发生时期、分布范围及其影响因子存在较大差异。调查了解当地草原蝗虫优势种群是蝗灾预测预报的基础，针对草原蝗虫优势种群发生的特点开展预测预报工作，才能有效地指导草原蝗灾的综合防治。

草原蝗灾蝗虫的预测预报主要包括发生期和发生量的预测预报。首先，深入蝗灾发生区域对蝗虫的生长周期和生理特征进行系统调查，掌握当地蝗灾发生情况及其相关的数据资料；然后对优势种群的有关数据资料加以归纳、整理、分析，预测优势种群的发生期和发生量，并提出防治措施。

六、发生期的预测

主要是预测某一种蝗虫某一虫态的初期、盛期、末期，以确定防治关键时期，及早做好防御准备工作。发生期的预测主要用历期法和有效积温法。

1. 历期法

蝗虫某一虫态在一定环境条件下所经历的时间，称为该虫态的历期。掌握了各虫态的历期，便可根据当时出现的虫态或代次推测下一虫态或下一代的发生期。由于草原蝗虫种类多样，发生分布范围广。因此，同一种类的蝗虫在不同区域发生历期也不同，各地可以通过室内饲养和田间调查来掌握本地蝗虫各虫态的历期，并通过历期法进行预测预报。饲养法是指在一定条件下，饲养一定数量的蝗虫，观测记录单个虫体各虫态历期，计算平均值，求出各虫态历期的方法。田间调查法是指在蝗虫某一虫态发生始期，在田间进行系统调查，至该虫态发生末期止，为当年该虫态历期的方法。通过积累多年的资料，估测该虫态的历期区间。

2. 有效积温法

通过室内积温测定和田间饲养方法，测定草原蝗虫不同虫态的有效积温和发育起点温度。根据有效积温法计算出某虫态（代次）的发生始期。

七、发生量的预测

主要是预测田间虫口数量变化，包括发生程度、发生范围、面积等。发生量的预测方法主要有以下两种。

1. 综合分析预测

根据蝗虫发生历史资料，结合各项预测因子，如上一代蝗虫数量、气象资料、天敌因素及水文、地貌、植被等，进行综合分析，对草原蝗虫的发生做出预测。

2. 统计法预测

利用统计分析的直线回归、逐步回归、模糊数学等方法对一定区域的蝗虫发生量建立模型，进行生物量的预测。

八、草原蝗虫常规预测技术

发生期的预测技术包括蝗蝻出土期、蝗蝻三龄盛期、成虫羽化期和成虫产卵期的预测。

1. 蝗蝻出土期

草原蝗虫在土里越冬，第二年6～7月越冬卵孵化。蝗虫发育从受精卵开始，刚由卵孵化出的幼虫没有翅，能够跳跃，此时的幼虫称为蝗蝻。蝗蝻的形态和生活习性与成虫相似，只是身体小，生殖器官没有发育成熟，因此又称为若虫。若虫逐渐长大，当受到外骨骼的限制不能再生长时，就脱掉原来的外骨骼，这种现象称为蜕皮。蝗蝻一生要蜕皮4～7次，由卵孵化到第一次蜕皮是1龄蝗蝻，以后每蜕皮一次就增加1龄。3龄以后翅芽显著。最后一次蜕皮后成为成虫。

1）分级法。根据不同环境条件下蝗卵的发育进度，对照当地变温气候条件下胚胎发育时期至出土所需时间，结合当地气象预报来预测孵化出土期。

2）历期法。根据已掌握的不同种类卵的发育历期，对蝗蝻出土期进行预测。

3）积温法。根据不同种类草原蝗虫的发育起点温度和有效温度，依据蝗虫胚胎发育进度调查情况，结合当地近期天气预报的地温或气温预测值，对草原蝗虫孵化期进行预测预报。

2. 蝗蝻三龄盛期

从蝗蝻孵化盛期预测蝗蝻三龄盛期可采用以下方法。

1）历期法。根据当地历年积累的资料和气候情况预报蝗蝻三龄盛期。

2）积温法。测定蝗蝻的发育起点温度和有效积温，根据有效积温法对蝗蝻三龄盛期进行预测。

3. 成虫羽化期

蝗卵孵化至成虫羽化期，可采用历期法进行预测。

4. 成虫产卵期

一般采用历期法对草原蝗虫成虫产卵期进行预测。

通过预测蝗虫发生密度预测其发生量。根据残蝗密度、雌虫数量及产卵率，每只雌虫产卵量及死亡率，预测下一代发生密度。此外，还应考虑天敌情况和土壤含水量的高低及气象因素等。下一代蝗蝻密度计算式为

$$D_x = d_r \times f \times f_i + e + (1-r)$$

式中，D_x 为下一代蝗蝻密度；d_r 为残虫密度；f 为雌虫率；f_i 为产卵雌虫率；e 为每只雌虫产卵量；r 为蝗卵自然死亡率。

根据残蝗发生面积、分布范围，结合水淹、耕地、淤滩、湖库水位等因素预报下一代蝗虫发生面积。根据预测的发生密度和发生面积，计算出发生指数，对照发生程度分级指标，预测发生程度。

九、蝗虫的综合防治

草原蝗虫的防治主要包括农药防治（植物源农药防治和化学农药治理）、生态治理、利用天敌防治、牧禽防治、绿僵菌防治和物理机械治理等方法。

1. 植物源农药防治方法

植物源农药是指直接利用或提取植物的根、茎、叶、花、果、种子等或利用其次生代谢物质制成的具有杀虫或杀菌作用的活性物质。这些植物主要集中于楝科、菊科、豆科、卫矛科、大戟科等 30 多种植物。目前，鱼藤、雷公藤、除虫菊酯、印楝素、苦参、乌桕、龙葵、闹羊花、马桑、大蒜等的杀虫、杀菌特性被发现和利用。植物农药的活性成分是自然存在的物质，自然界有其自然的降解途径，不污染环境。植物性杀虫剂对害虫的作用机理与常规化学农药差别很大。常规化学农药仅作用于害虫某一生理系统的一个或少数几个靶标，而多数植物性杀虫剂由于活性成分复杂，能够作用于昆虫的多个器官系统，有利于克服害虫抗药性。有些植物性农药还可刺激作物生长。目前用于草原蝗虫防治的植物源农药主要有印楝素、森得宝、苦参碱等。使用化学农药会连同草原害虫天敌一起杀灭，减少草原生物种类，破坏草原土壤构成，使草原退化，破坏草原生态系统，因此不推荐使用化学农药治理害虫。但是化学农药治理蝗虫时效性强，是治理草原蝗虫暴发时应急控制的必要手段。在防治草原蝗虫时，尽量选用低毒、高效、低残留的化学农药，也可将化学农药与绿僵菌及植物源农药复配使用，既减少化学农药的使用，又提高灭蝗效率。

2. 生态治理方法

蝗虫是草原生态平衡的重要成员之一，其存在的合理性与草场植被密切相关，只有虫口密度达到草场难以承受水平时才能对草场形成危害。根据草原蝗虫自身的特点，因时、因地制宜地采取多种措施保护和恢复草场植被，破坏其滋生的生态环境，以降低草原蝗虫的危害。在农牧交错区通过退耕还林还草工程，将镶嵌在草场中的农田及分散的小块耕地、夹荒地、沙化的低产农田，退耕种植多年生灌木或虫不喜食的豆科牧草，如柠条、沙柳、苜蓿、沙打旺、草木樨等；在靠近草场的农田种植马铃薯、油菜、胡麻及豆类等非禾本科作物，通过调整种植结构以减少蝗虫危害。

3. 保护利用天敌防治方法

蝗虫在自然界中天敌很多，除去病原微生物外，还包括天敌昆虫、蜘蛛、鸟类、爬行动物、两栖动物等八大类 500 多种生物，而且在蝗虫的各个生育时期都存在天敌。天敌的存在对蝗虫起到了很好的控制作用。不同地区的生态地理条件不同，引发蝗灾的蝗虫优势种类及不同自然条件下分布的蝗虫种类不同，因此以各类蝗虫为食的天敌类群也不同。丰富天敌资源，抑制蝗虫高密度发生，维护草地生态平衡具有不可低估的作用。保护利用天敌的措施如下：严禁滥捕滥杀；避免大量使用化学农药而误杀天敌；种植开花植物招引天敌；创造天敌适宜的生存环境。

4. 牧禽防治方法

通过在草地上有规律地放牧鸡（鸭）群，既防治以草地蝗虫为主的害虫，又节省饲料、降低饲养成本，兼收灭虫、育禽双重效果。应用牧鸡治蝗技术不仅能有效防控虫害，而且不污染草地生态环境和畜产品，同时鸡粪撒播在草地上还能增加草地土壤肥力，促进牧草良好生长。牧禽治蝗与传统的化学防治措施相比具有防效高、成本低、无公害等优点，对有效保护草地资源、控制草原退化、发展草地畜牧业和维护草原生态平衡具有重要意义。

5. 绿僵菌防治方法

绿僵菌是虫生真菌，是最早用于农业害虫的真菌，绿僵菌杀虫机理是：依靠分生孢子接触虫体，在适宜环境下萌发，长出菌丝，通过蝗虫的皮肤（体壁），在虫体内大量繁殖，产生毒素或菌丝长满虫体内使蝗虫死亡。绿僵菌是世界性分布的杀虫真菌，其致病力较强，防效好，对人畜和环境安全。杀虫绿僵菌是将蝗虫体内分离菌株进行筛选，选育出高效菌株，将其制成灭蝗菌剂。它通过接触蝗虫体表，进入蝗虫的几丁质层后在蝗虫体内大量繁殖，引起蝗虫体内各组织、各器官发生病变，5～12 天后蝗虫死亡。当气候湿润时，虫体表面长出绿色菌丝，产生绿色孢子，这些新产生的孢子又会传染其他蝗虫。

6. 物理机械治理方法

利用自然或人为措施，直接作用于各种虫体的方法。目前主要采用的有人工捕杀和机械防治等。以预测预报为手段，利用蝗虫的一些特性，通过机械方法杀灭大量蝗虫。

参 考 文 献

都瓦拉. 2012. 内蒙古草原火灾监测预警及评价研究. 中国农业科学院草原研究所博士学位论文.
韩海斌, 刘爱萍, 高书晶. 2017. 草原蝗虫综合防治技术. 北京: 中国农业科学技术出版社.
郝慧梅, 任志远. 2005. 内蒙古自治区农牧业自然灾害特征分析. 灾害学, 20(1): 57-60.
侯向阳. 2013. 中国草原灾害. 北京: 科学出版社.
刘桂香, 卓义, 杜瓦拉, 等. 2015. 草原非生物灾害监测评估研究. 北京: 中国农业科学技术出版社.
陆呈斌. 2015. 20 世纪 80 年代内蒙古自然灾害及救灾研究. 内蒙古师范大学硕士学位论文.
内蒙古统计年鉴. 1989—2015. 内蒙古统计年鉴. 北京: 中国统计出版社.
内蒙古自治区统计局. 1988—2015. 内蒙古统计年鉴. 呼和浩特: 中国统计出版社.
能乃扎布. 2003. 牧区防灾学. 呼和浩特: 内蒙古人民出版社.
萨楚拉, 刘桂香, 包刚, 等. 2013. 内蒙古积雪面积时空变化及其对气候响应. 干旱区资源与环境, 27(2):

137-142.

萨仁. 2012. 二十世纪五六十年代内蒙古地区自然灾害初探. 内蒙古大学硕士学位论文.

王宗礼, 孙启忠, 常秉文. 2009. 草原灾害. 北京: 中国农业出版社.

杨玉平, 张福顺, 王利清. 2016. 草原鼠害综合防治技术. 北京: 中国农业科学技术出版社.

银山, 香宝, 雷军, 等. 2002. 内蒙古自然灾害综合分区与评价. 资源科学, 24(3): 31-35.

赵斐, 樊斌, 马学峰, 等. 2016. 内蒙古气象灾害时空分布特征. 内蒙古科技与经济, 23: 42-58.

"Гамшгийн эрсдэлийг бууруулах чиглэлээр 2015-1030 онд хэрэгжүүлэх Сендайн үйл ажиллагааны хүрээ" баримт бичиг, УБ., 2015 он. itpta. gov. mn.

Charney J G. 1975. Dynamics of deserts and drought in the Sahel-Quart. J. royal M-t-orol. Soc, 101(428): 193-202.

Chung Y S, Kim H S, Natsagdorj L, et al. 2004. On yellow sand occurred during 1997-2000. Journal of Meteorological Society, (4): 305-316.

Davi N, Jacoby G, et al. 2010. Reconstructing drought variability for Mongolia based on a large-scale tree ring network: 1520-1993. Journal of Geophysical Research, 115: D22103, doi: 10. 1029/2010JD013907.

Doljinsure M, Gomes C. 2015. Lightning incidents in Mongolia, Geomatics, Natural Hazards and Risk, 6: 8, 686-701, DOI: 10. 1080/19475705.2015.1020888.

IPCC. 2012. Managing the risks of extreme events and disasters to advance climate change adaptation, IPCC-SREX, Special Report.

Lomas J. 1994. Agroclimatic effects on avocado yields in Israel, Bet dagan: 1-15.

Mann R E. 1973. Global Environmental Monitoring System (GEMS) Action Plan for Phase 1 SCOPE, rep 3, Toronto: 130.

McKee T B, Doesken N J, Kleist J. 1993. The relationship of drought frequency and duration to time scale. *In*: Proceedings of the Eighth Conference on Applied Climatology, Anaheim, California, 17-22 January 1993. Boston, American Meteorological Society: 179-184.

Natsagdorj L, Dulamsuren J. 2001. Some aspects of assessment of the dzud phenomena. Papers in Meteorology and Hydrology, UB: 3-18.

Natsagdorj L, Gomboluudev P. 2005. Evaluation of natural forcing leading to desertfication in Mongolia. Mongolian Geoscientist: 7-18.

Natsagdorj L, Jugder D, Chung Y S. 2003. Analysis of dust storms observed in Mongolia during 1937-1999. Journal of the Atmospheric Environment, 37(9-10): 1401-1411.

Natsagdorj L, Sarantuya G. On the assessment and forecasting of winter-disastes (atmospheric caused dzud) over Mongolia. The Sixth International Workshop Proceeding on Climate Change in Arid and Semi-Arid Regions of ASIA August 25-26, 2004 Ulaanbaatar, Mongolia: 72-88.

Otterman J. 1974. Baring high–albedo soils by overgrazing hypothesized desertification mechanizm. Science, 186(4163): 531-533.

Zhang F, Li X, Wang W M, et al. 2013. Impacts of Future Grassland Changes on Surface Climate in Mongolia; Advances in Meteorology, http: //dx. doi. org/10. 1155/2013/263746.

Авирмэд Д, Цэрэндаш С. 2003. Бэлчээрийн менежмент ба үлийн цагаан оготно – УБ.

Авирмэд Д. 1989. Улийн цагаан оготнын биологи, экологи, тал хээрийн биогеоценозод, түүний үзүүлэх нөлөө – УБ. , БНМАУ –ын ан амьтны аймаг, хөхтөн амьтан, дугаар 2: 94-124.

Авирмэд Д. 2002. Улийн цагаан оготнотой тэмцэх арга (Байгаль орчинд халгүй арга технологи) товхимол.

АНУ–ын муж улсуудын туршлага дээр үндэслэн боловсруулсан Бүс нутгийн хөгжлийн төлөвлөлт, 1984. x- https://www. oas. org/dsd/publications/Unit. 1984.

Болдбаатар Ш. 2015. "Үндэсний аюулгүй байдалд нөлөөлөх зудын эрсдэлийг бууруулах арга зам" гарын авлага ном, УБ.

Гамшгаас хамгаалах тухай хуулийн шинэчилсэн найруулгын төслийн үзэл баримтлал. УБ, 2015 он.

Гомболүүдэв П. 2011. Агаар мандал болон газар бүрхэвчийн харилцан үйлчлэлийг бүс нутгийн уур амьсгалын загварчлалын аргаар судалсан дүн: Диссертацын хураангуй.

Даваа Г, Нацагдорж Х. 2001. Монгол орны уруйн үер, түүнээс хамгаалах арга зам – УЦУХ- гийн ЭШБ., дугаар 22: 53-60.

З олотокрылин А Н. 1997. Биогеофизическая обратная связь в системе поверхность-атмосфера и ее роль в климатическом опустынивании -Изв. РАН серия геогр. № 2: 77-84.

Золотокрылин А Н, Гунин П Д, Виноградова В В. 2010. Климатическая аридизация степей Центральной Монголии и пастбищная дигрессия – "Төв Ази, өмнөд Сибирийн шилжилтийн экобүсийн шимМандал дахь экологийн үр дагавар" сэдэвт эрдэм шинжилгээний бага хурлын илтгэлүүдийн хураангуй: 109-112.

Золотокрылин А Н. 2001. Климатическое опустынивание -Автореферат на соискание уч. ст. д-ра. геогр. наук.

Израэль Ю А. 1979. Экология и контроль состояния природной среды – Ленинград, Гидрометеоиздат.

Монгол улсын үндэсний атлас, II хэвлэл, Ерөнхий редактор акад. Д. Доржготов УБ. , 2009 он.

Мөнхцэрэн Ш ба бусад. 2015. Үндэсний хэмжээнд мэдээлэл цуглуулах, улсаас хэрэгжүүлсэн гамшгийн дараах арга хэмжээ, нөхөн төлбөрийн талаарх кейс судалгааны ажлын тайлан – Дэлхийн банк, "Хүний хөгжил судалгаа, сургалтын төв" ТББ.

Мөнхцэрэн Ш нар. 2015. "Үндэсний хэмжээнд мэдээлэл цуглуулах, улсаас хэрэгжүүлсэн гамшгийн дараах хариу арга хэмжээ, нөхөн төлбөрийн талаарх кэйс судалгаа" судалгааны ажлын эцсийн тайлан.

Мөнхцэцэг Э, Нацагсүрэн Н. 2002. Бэлчээрийн ургамалд зуны хэт халалтын нөлөөг тооцох нь- УЦУХ-ийн эрдэм шинжилгээний бүтээл, дугаар 24: 124-130.

Нацагдорж Л, Гомболүүдэв П, Галбаатар Т, Борчулуун Д, Энхтайван Л. 2009. Уур амьсгалын өөрчлөлтөөс Монгол орны байгаль орчин, нийгэм-эдийн засагт нөлөөлөх эрсдлийн урьдчилсан үнэлгээний тайлан - НҮБХХ-ийн "Байгаль орчны засаглалыг бэхжүүлэх- 2" төслийн тайлан, MARCC.

Нацагдорж Л, Гомболүүдэв П. Монгол орны уур амьсгалд цөлжилтийн үзүүлэх нөлөөлөл, түүнийг бүс нутгийн уур амьсгалын загвар /RegCM3/ ашиглан судалсан тоон туршилт, - УЦУХ-ийн ЭШБ / Тусгай дугаар: 65-74.

Нацагдорж Л, Жүгдэр Д. 1992. Монгол орны говийн шороон шуурга - "Даян дэлхийн өөрчлөлт, говь цөл" эмхэтгэл. УБ: БОЯ-ны хэвлэл: 25-40.

Нацагдорж Л, Нацагдорж Х. 2008. Монгол орны нутаг дэвсгэр дээрх зуны хур борооны үргэлжлэх хугацааны өөрчлөлтийн судалгааны урьдчилсан дүнгээс – "Баруун бүсийн уур амьсгалын өөрчлөлт" ЭШБХ – ын материал.

Нацагдорж Л, Нацагсүрэн Н. 2006. Агаар мандлын ган ба хуурай уур амьсгалыг үнэлэх асуудалд-ШУА-ын Геоэкологийн хүрээлэнгийн эрдэм шинжилгээний бүтээл, дугаар 6: 208-226.

Нацагдорж Л, Сарантуяа Г. 2003. Монголын бэлчээрийн мал аж ахуйд тохиолддог агаар мандлын зудын үзэгдэл ба уур амьсгалын өөрчлөлт – "Экологи -тогтвортой хөгжил " цуврал. № 7: 181-216.

Нацагдорж Л, СарантуяаГ, Цацрал Б. 2004. Том малын зүй бус хорогдолд цаг уурын хүчин зүйлсийн нөлөөг үнэлэх асуудалд. –Шугаман бус эрдэм ухааны үндэсний анхдугаар бага хурлын бүтээл.

Нацагдорж Л, Цацрал Б, Дуламсүрэн Ж. 2002. Монгол орны нутаг дэвсгэр дээрх агаар мандлын гангийн судалгааны асуудалд - "Уур амьсгалын өөрчлөлт, газар тариалангийн үйлдвэрлэл" эмхтгэл: 26-47.

Нацагдорж Л. 1978. Монгол орны хүчтэй салхины горимоос - УЦУШИ-ийн эрдэм шинжилгээний бүтээл, дугаар 3: 41-53.

Нацагдорж Л. 2007. Монгол орны нутаг дэвсгэр дээрх зуны их халууны үнэлгээний асуудалд - "Монгол орны геоэкологи" сэдэвт эрдэм шинжилгээний бага хурлын эмхтгэл: 75-79.

Нацагдорж Л. 2009. Ган зуд. эмхтгэл. УБ.

Осипов В. И. 2001. Природные катастрофы на XX1 веке - Вестник РАН. т. 71, дугаар 4.

Оюунчимэг Б, Эрдэнэцэцэг Б. 2010. Хархорин орчмын бэлчээрийн ургамалд дулааны дарамтын нөлөө: "Зүүн бүсийн уур амьсгалын өөрчлөлт, дасан зохицохуй" ЭШ бага хурлын илтгэлийн эмхтгэл: 110-116.

Туваансүрэн Г, Сангидансранжав С, Данзанням Б. 1996. Бэлчээрийн мал аж ахуйн цаг уурын нөхцөл, УБ.

Ус цаг уурын албаны заавар. 2011. Хөдөө аж ахуйн цаг уур, Бэлчээрийн ургамлын ажиглалтын заавар, Ш3. Х. 03-05.

Хавдраш X. 1976. Монгол оронд ажиглагдах аянгыг статистик шинж – УЦУШИ-ийн ЭШБдугаар 3: 56-64.

Хамтын бүтээл. 1989. Монгол орны бэлчээрийн мал аж ахуйн цаг уурын лавлах - Ус цаг уурын албаны хэвлэл.

Хамтын бүтээл. 2013. Монгол орны цөлжилтийн атлас, УБ.

Хамтын бүтээл. n. 2013. Монгол улсын байгалийн болон техногений гаралтай гамшгийн эрсдэлийн үнэлгээ, таамаглал – УБ: Содпресс хэвлэлийн компани.

Цацрал Б, Нацагдорж Л. 2004. Монгол орны нутаг дэвсгэр дээрх агаар мандлын ганг үнэлэхэд хур тунадасны стандарт индекс (SPI)-ийг ашиглах боломж - УЦУХ-ийн ЭШБ. дугаар 26: 56-67.

Цацрал Б, Нацагдорж Л. 1999. Монгол орны нутаг дээр конвекцийн үзэгдлийг урьдчилан мэдээлэх статистик арга - Ус цаг уурын хүрээлэнгийн эрдэм шинжилгээний бүтээл, дугаар 20: 64-73.

Цэвэл Я. 1966. Монгол хэлний тайлбар толь. УБ: Улсын хэвлэлийн газар.

Цэдэвсүрэн Д, Мижиддорж Р, Намхай А, Энхбат Д. 1997. Монголын түүхийн баримт бичиг дэх ган, зудын каталог. УБ: Ус цаг уурын албаны хэвлэл.

Цэдэвсүрэн Д. 1993. Монгол орны төв ба дорнод хэсэгт ажиглагдсан цагийн гачаалын түүхэн судалгааны асуудалд. -УЦУШИ-ийн ЭШБ, дугаар 8.

Чойжилжав X. 1968. Зудын тухай зарим асуудал ба малчдын туршлагаас.

Чулуунбаатар Ц. 2012. Монгол орны ойг түймрээс хамгаалах. УБ, Битпресс хэвлэлийн газар.

第九篇　蒙古高原草原畜牧业

第二十九章　草原"五畜"发展历史与现状

第一节　草原"五畜"的历史背景及分布

　　蒙古高原的"五畜"是指蒙古马、蒙古牛、蒙古双峰驼、蒙古山羊和蒙古绵羊。在距今 14 000 年前的中石器时代，在蒙古高原地区开始驯服野生草食动物，即将野马驯化为家马、野驼驯化为家驼、野山羊或盘羊驯化为家养的山羊、绵羊。蒙古高原地区把马匹驯服成为家畜，有着悠久的畜牧业历史。俄罗斯学者 М. Ф. Шульженко（М·Ｆ·舒利仁科）从多方面对蒙古国畜牧业发展进行了研究记录："在亚洲驯化野生动物已有 1 万余年的历史。"在此方面，动物学家 Д. Цэвээнжав（德·车温扎瓦）（1983）称"在蒙古地区从 10 000～12 000 年前就已驯化野生动物为家畜，从 6000～8000 年前开始将其进行大范围繁育，并从 4000～5000 年前开始产生游牧业"。根据此类历史数据，有研究人员认为，如果中亚地区在此期间属于蒙古领土，那么蒙古便是世界动物不断进化演变的发源地之一，也是驯化野生动物为家畜，进而为游牧业奠定基础的地方。根据他们的研究，蒙古人在草原放养"五畜"，并将其肉、奶、粪便利用到日常生活中，同时利用到交通、运输等领域有着悠久历史。16 世纪末期在萧大亨《北虏风俗》一书中就有记载拴养牲畜、育肥、制作奶食、酿酒、接羔、挤羊奶等畜牧生产活动。

　　在广袤的蒙古高原，包括草原、杭盖、戈壁沙漠等地区，蒙古族先民根据"五畜"的生理特点合理利用草原和草场，四季轮牧，进行多种生产经营活动，这是他们智慧和经验的结晶。牧人、草场和"五畜"是三位一体的草原经济体系。其中，"五畜"既是生产资料又是生产工具，在游牧经济中占重要地位。草原"五畜"在游牧人的生产、生活方式中的功能表现在多个方面。骆驼为戈壁游牧人提供乳、肉、毛等日用产品，也是戈壁游牧人的主要交通工具。从蒙古高原经中亚，赴欧洲的古代"丝绸之路"是以蒙古双峰驼为主要交通工具的。蒙古双峰驼具有耐饥、耐渴、耐风沙、能负重，善于行走戈壁和沙漠等特点，享有"沙漠之舟"的美誉。蒙古马在蒙古民族的历史文化变迁中占有非常独特的地位。没有马，就没有大规模的、专业化的游牧畜牧业；没有马，草原文化和艺术就会显得苍白和单调。蒙古牛不仅为游牧人提供日常的乳、肉产品，也是生产和生活中的重要交通工具。游牧搬迁一般需要 5～10 辆"勒勒车"（木制的牛车）；而农耕民族交换粮食、日用品，也是由长长的、满载着畜产品或食盐的勒勒车队来完成的。蒙古羊是游牧民族的主要食物来源、主要的交换商品物（与农耕民族）、主要的建筑材料（蒙古包的制毡材料）（敖仁其等，2007）。

　　在长期的自然演化和不同的自然区域中，草原"五畜"有其特有的畜种布局：内蒙古中东部的草甸草原、典型草原是蒙古马、蒙古牛和蒙古羊的主产区，也是蒙古马文化的核心区；西部的荒漠、半荒漠草原是蒙古双峰驼、蒙古山羊的主产区，也是蒙古驼文化的核心区。在蒙古国，畜群也是依据自然条件分布的。根据牲畜数量及比例，每个经济区都有了其独特特征（表 29-1）。根据 2010 年统计数据显示，杭爱区牲畜比例为马37.8%、牛 45.3%、绵羊 37.2%、山羊 36.5%，比蒙古国其他地区具有明显的优势。不过骆驼总量的 50.1%在中央区，这是因为骆驼的主要活动地南戈壁、东戈壁、中戈壁均位于中央区。牲畜总数的区域分布数据为西部 22.7%、杭爱 37.3%、中央 23.1%、东部 16.1%。牲畜种群极少部分（0.7%～0.8%）分布在乌兰巴托，但与 1990 年相比，每类牲畜的比例都有所增加。

表 29-1 蒙古国五畜分布情况的变化（牲畜品种，百分比）

地区	年份	总计	五畜				
			骆驼	马	牛	绵羊	山羊
总和（%）		100.0	100.0	100.0	100.0	100.0	100.0
西部	1990	32.8	28.9	24.9	24.3	33.9	38.6
	2010	22.7	24.0	15.6	14.9	21.3	26.2
	2014	24.1	24.0	16.0	17.6	22.9	27.6
杭爱	1990	31.2	16.9	34.9	39.8	30.0	30.0
	2010	37.3	18.2	37.8	45.3	37.2	36.5
	2014	37.1	19.5	37.5	43.6	37.6	35.7
中央	1990	22.0	46.9	24.0	18.3	21.0	23.7
	2010	23.1	50.1	23.2	19.2	23.0	23.3
	2014	23.6	51.5	24.4	19.6	23.0	24.3
东部	1990	13.0	7.3	15.6	16.0	14.7	7.4
	2010	16.1	7.6	22.3	18.1	17.8	13.3
	2014	14.4	4.9	21.0	16.9	15.7	11.8
乌兰巴托	1990	0.55	—	0.7	1.6	0.4	0.3
	2010	0.8	0.1	1.1	2.5	0.7	0.6
	2014	0.7	0.0	1.1	2.2	0.7	0.5

资料来源：Буянхишиг and Дээшин，2013；Монгол Улсын Статистикийн эмхэтгэл，2014

一、蒙古马

蒙古马起源于西伯利亚东部的蒙古高原，是我国古今最主要的马种之一。根据《史记·匈奴列传》:"唐、虞以上有山戎、猃允……，居于北边，随水草畜牧而转移，其畜之所，多则马、牛、羊"，表明蒙古马既已驯化。"胡服骑射"的故事说明蒙古马已在黄河流域有一定发展。至秦汉时期，多次大规模的战争也使蒙古马大量流入长城以南。此后，由于各朝代对马业的重视，并随着各民族的互相交流加强，以及茶马互市的开展，蒙古马在内地也兴旺起来，蒙古马至今仍是我国最主要的马种之一。公元 8 世纪蒙古高原地区史料也记载驯马为家畜的记录。

考古学和史料证实我国马种驯化地，较为统一认识的有三个：蒙古高原、广大的中原地区和新疆天山北路草原。据考古发现，在乌兰察布市集宁区西北、赤峰市林西县、科尔沁旗及鄂尔多斯市乌审旗等地先后出土上新世三趾马和更新世蒙古野马的骨骼和牙齿化石，说明内蒙古地区很早以前就存在马的祖先——三趾马和蒙古野马（芒来，2009）。史前的蒙古高原，沙漠不像今日如此广泛，良好的草原有利于马匹的繁殖和驯化。蒙古野马与塔盘野马（又称为太盘马，Tarpan）在此交错重叠分布，历史记载和所发现的野马化石也使西方学者承认在 6000 年前蒙古高原上先民就已驯化了马（常洪，2009）。

蒙古马是世界上最古老的马种之一，对我国大部分马种的培育和发展都做出了重要的贡献。主要产于内蒙古自治区、东北和华北的大部及西北的一部分，蒙古国及俄罗斯东部也有分布（中国家畜家禽品种志编委会，1986）。

蒙古马不仅是我国数量最多、分布最广的马，而且也是亚洲数量最多、分布最广的马品种。由于蒙古马分布广，产地环境差别比较大，有些地方还局部导入其他马种的血液，以致蒙古马内部明显分化为若干类群及品种。各蒙古马类群多见于内蒙古，它们仍保持着牧区马的固有状态，是有代表性的蒙古马（芒来，2009）。现在内蒙古自治区的蒙古马主要包括：巴尔虎马、乌审马、乌珠穆沁马、百岔铁蹄马、锡尼河马等类群（常洪，2009）。在我国西北有从蒙古马中分化出来而成为单独的品种。数百年来，直到新中国成立后，蒙古马一直作为优秀马种输入北方各省改良当地马种，显示出了极好的种用特性。此外，蒙古马曾随蒙古军西征，兵至欧洲各地，血缘大面积扩散。

（一）巴尔虎马

巴尔虎马是蒙古马的一个古老而优良的类群，也是蒙古马的典型代表。它原产于内蒙古自治区呼伦贝尔市陈巴尔虎旗，并因此而得名。现在主要分布在呼伦贝尔市的新巴尔虎左旗、新巴尔虎右旗和陈巴尔虎旗。巴尔虎马以速度、耐力驰名中外，是一个古老的我国北方地区的地方品种。传统的巴尔虎马体质粗糙结实，体格较小，体躯粗壮，四肢短粗，坚实有力，具有抗严寒、耐粗饲、耐力强及适应能力强等优点。巴尔虎马产区位于大兴安岭西麓，地势由东南向西北逐渐降低，海拔 700～1700m。境内河流纵横，土壤肥沃。土壤以栗钙土为主，属大陆性气候，冬季严寒漫长，夏季炎热且短，最低温度–45℃，最高温度 35℃。年平均温度为 0～5℃，无霜期 100～120 天，积雪期一般 130～135 天，积雪厚度平均 10～20cm；年降水量 300～500mm，多集中在 7 月、8 月，全年多风。大部分属典型草原，其次为草甸草原，靠山区有部分森林草原。牧草种类繁多，草质优良。呼伦贝尔市陈巴尔虎旗属纯牧区，当地蒙古族牧民以饲养牛、马、羊为主，由于牲畜多劳力少，畜牧业经营管理粗放，多采取游牧方式。

呼伦贝尔的巴尔虎马属乘挽兼用型，数量多，遍布草原；而且品种优良，持久力强，能适应恶劣的气候条件及粗放的饲养条件。恋膘性强，抓膘迅速而掉膘缓慢。冬季在雪深 40cm 情况下能刨雪采食干草。能鉴别毒草，很少中毒，抗病能力强。外形上直头或半兔头，鼻孔大，眼大明亮，耳小挺立，颈略短，颈肩结合良好，耆甲较高而宽，前胸宽，胸较深，腹围较大，背腰平直，肌肉丰满。四肢较短而粗，肌肉发达，皮厚毛密，鬃鬣、尾、距毛发达。毛色复杂。巴尔虎马体尺不大，公马体高为 130cm 左右，母马经过当地牧民长期选育成为蒙古马中的优良类群。最大的优点是吃苦耐劳，持久力强，能适应当地恶劣的气候及不均衡的营养条件，同时具有一定的乘挽能力及产乳、产肉性能。

（二）乌珠穆沁马

乌珠穆沁马产于内蒙古锡林郭勒盟东部水草丰美的乌拉盖河流域的东、西乌珠穆沁旗，属草原马类群，也是蒙古马的典型代表。乌珠穆沁草原是我国最富饶的天然牧场之一，土壤肥沃，河流纵横，牧草种类多样，盛产良马，多走马。

乌珠穆沁马以其骑乘速度快、耐力强和体质结实而驰名全国，是锡林郭勒草原马中的佼佼者。乌珠穆沁马有走马和奔马两种，走马多数会走对侧快步，因此疾行时步伐矫健平稳，人们乘骑时少颠簸感。相传唐太宗的"昭陵六骏"的"特勒骠"就是乌珠穆沁马。因其走速快，姿形美，被列为草原"那达慕"盛会的表演项目之一。奔马四肢有力，耐久力强，加之临阵不惧，是一种理想的战马。据传成吉思汗就曾骑过这种马驰骋疆场。草原上的人们除用乌珠穆沁马架车、拉犁、乘骑外，还常作乳食及肉食。春夏时节，牧民们用其放牧架车；寒冷的冬天，牧民们用其拉雪爬犁。草原上的牧民，还常用发酵的乌珠穆沁马奶酿制透明醇香的马奶酒招待尊贵的客人。据《马可·波罗游记》载：忽必烈在皇宫宴会上，曾把马奶酒盛在珍贵的金碗里犒赏有功之臣。马奶酒有较高的医用价值，有驱寒活血舒筋补肾、消食健胃之功效。当地蒙古族医生还用马奶酒治疗腰腿、脾胃及肺结核等疾病。

乌珠穆沁马是在群牧管理、四季放牧条件下培育的，对中温带大陆性气候的干旱草原适应性很强，发病率低，繁殖性好。它是牧民在当地自然条件下，经过长期选育形成的一个优良类群。乌珠穆沁马是在蒙古马的基础上，通过卡巴金马、苏高血马、顿河马及少数三河马和阿哈马进行杂交而育成的新品种。经过有计划选育，特征、特性基本趋于一致，遗传性比较稳定，用于改良蒙古马，效果良好。乌珠穆沁马体型中等，外形特点是鼻孔大，眼睛明亮，胸部发达，四肢短，鬃、鬣、尾毛特别发达，青毛最多。当地盛产走马，其外形特点是弓腰，尻较宽而斜，后肢微呈刀状和外弧肢势。乌珠穆沁马成年公马平均体高、体长、胸围和管围分别为129.8cm、137.1cm、158.2cm和17.4cm；成年母马分别为126.6cm、133.3cm、154.5cm和16.7cm。

（三）乌审马

乌审马产于内蒙古鄂尔多斯市南部毛乌素沙漠的乌审旗，主产区为乌审旗、鄂托克前旗、鄂托克旗、杭锦旗、伊金霍洛旗，分布于鄂尔多斯全市。该地区为典型大陆性气候，年降水量250~400mm，蒸发量大，平均为年降水量的5.5倍。草原属典型干旱草原类型，主要牧草种类有沙蒿（*Artemisia desertorum*）、寸草薹（*Carex duriuscula*）、芨芨草（*Achnatherum splendens*）、马蔺（*Iris lactea* var. *chinensis*）、芦苇（*Phragmites australis*）、羊草（*Leymus chinensis*）、锦鸡儿（*Caragana sinica*）、甘草（*Glycyrrhiza uralensis*）、柠条（*Stipa krylovii*）、柠条锦鸡儿（*Caragana korshinskii*）、野生草木樨（*Melilotus officinalis*）等。人工种植的牧草主要有草木樨、沙打旺（*Astragalus adsurgens*）、紫花苜蓿（*Medicago sativa*）、羊柴（*Hedysarum laeve*）等优良品种牧草。牧民有打草贮草的习惯，加上农作物秸秆，冬春给予补饲，对乌审马的形成起到一定的作用。乌审马是蒙古马中适应沙漠条件的优良品种，体质干燥、体格较小、外表清秀、性情温驯、反应灵敏，适合在沙漠地区骑乘及驮运。

鄂尔多斯草原曾是水草丰美、畜牧业发达的地方，当地蒙古族牧民素有养马习惯，每年都要赛公马、赛走马，凡是在战争中立功和赛马中得奖的公马都被选为种用，这对于优秀的乌审马品种的形成无疑起到很大的推动作用。乌审马曾广销于华北各邻近省份。近年来，乌审马数量剧减，由 20 世纪 60 年代的 3 万匹减少到 1982 年的 1.8 万匹，如今只有不到 2000 匹，濒临灭绝的危险，相关的马文化也受到即将消失的威胁。

乌审马是一个古老的品种，有着悠久的历史，它具有耐粗饲又能适应当地荒漠草原环境、抗病力强的特点。毛色以栗毛、骝毛为主，头多呈直头，骨长、肩长、肢短，背腰平直、尻倾斜，肌肉发育良好、蹄薄而广，后肢飞节弯曲，并略呈外弧，鬃、尾、鬣毛较多，距毛不发达，体质结实紧凑、结构匀称，属兼用型。乌审马成年公马平均体高、体长、胸围和管围分别为 123.9cm、125.7cm、145.7cm 和 16.3cm；成年母马分别为 120.5cm、125.9cm、140.8cm 和 15.6cm。

（四）锡尼河马

旧称布里亚特蒙古马，产于内蒙古自治区呼伦贝尔市鄂温克族自治旗的锡尼河、伊敏河流域，分布在鄂温克族自治旗全境，多数集中在锡尼河镇。据 2008 年 6 月末统计，产区有锡尼河马 8000 多匹，比 1982 年的 1.06 万匹减少了 2000 多匹（思汗，2010）。全旗可利用草场面积占总面积的 50%。海拔 650～1800m，由南向北逐渐降低。土质肥沃，水草丰茂。地表水源丰富，河流纵横，还有大小湖泊 60 多个。产地属大陆性气候，冬季严寒漫长，夏季炎热短暂，积雪期长达 190 天，积雪厚度一般在 20cm 以上。春季风大且常伴暴风雪，对家畜的生存威胁很大。草场属草甸草原和干旱草原，植被以禾本科为主，主要有羊草、贝加尔针茅（*Stipa baicalensis*）、冰草（*Agropyron cristatum*）等，也是我国最富饶的天然牧场之一（朱延生，1992）。

锡尼河马终年大群放牧，逐水草而居，夏季在靠近水源的草原放牧，秋冬降雪后利用无水草原，形成了自然分季的轮牧方式。气候寒冷、干燥，变化剧烈，每年都有几次暴风雪威胁马群，但无棚圈，不补饲，锡尼河马依靠刨雪吃草抵御自然灾害，年复一年地经受风、霜、雪、雨的考验，使其锻炼成具有结实体质、适应性很强等优良特性的品种。但因选育的历史尚短，个体间仍有一定差异。

锡尼河马属乘挽兼用型。体质结实，结构匀称。头清秀，眼大额宽，鼻孔大，嘴头齐，颈直。鬐甲明显。胸廓深广，背腰平直，肋拱腹圆，尻部略斜，肌肉丰满。四肢干燥，关节明显，肌腱发达。前肢肢势正直，后肢多呈外向，蹄质致密坚实。鬃、鬣、尾毛长中等，距毛短而稀，毛色以骝、栗、黑为主，杂毛较少。锡尼河马成年公马平均体高、体长、胸围、管围分别为（146.7±4.0）cm、（152.3±3.3）cm、（171.6±7.7）cm、（19.8±1.0）cm，成年母马分别为（138.9±4.4）cm、（144.8±5.0）cm、（167.9±7.1）cm、（18.5±0.7）cm。锡尼河马是兼用型地方良种，在完全依靠自然的粗放条件下，表现出体大力强、力速兼备、乘挽皆宜、富持久力、耐粗饲、适应性强等良好性能。

（五）百岔铁蹄马

百岔马产于内蒙古赤峰市克什克腾旗百岔沟、苇莲沟、坤兑岭沟等地区。铁蹄马矮小粗壮却耐力十足，与乌珠穆沁白马、阿巴嘎黑马、鄂尔多斯乌审马并称为内蒙古四大名马。产区位于大兴安岭南麓支脉狼阴山区，海拔 1600～1800m。中心产区的百岔沟是西拉木伦河上游水草丰美的好牧场，气候宜人。但百岔沟是由无数深浅不等、纵横交错的山沟组成，沟长 300 余里①，沟内小山环抱，乱石遍布，岩石坚硬，道路崎岖。百岔马在这里经过多年锻炼，善走山路、步伐敏捷、蹄质坚硬、不用装蹄可走山地石头路，故有"百岔铁蹄马"之称。《克什克腾旗志》里记录了铁蹄马参加比赛的情景："马身一纵，颈一伸，四蹄甩开飞也似的向前追去。乍看如闪电，再瞧似旋风，后蹄起的山石有碗大，在半空飞舞，看的人都惊呆了。同呼：真是铁蹄般！"然而，20 世纪 50 年代，克什克腾旗的百岔铁蹄马最多时可达到 2000 多匹纯种马，2009 年年底全旗仅剩下 100～200 匹纯种马，全部集中在克什克腾旗百岔地区，如今已经濒临灭绝。

百岔马外形特点是结构紧凑、匀称，色如墨玉，尻短而斜，系短而立，蹄小呈圆墩形，蹄质坚硬，距毛不发达。具有抗严寒、耐粗饲、抵抗力强、耐力强、适应性强等特点。百岔马身材短小，耳尖颈曲，尻短而斜，后腿奇长，是典型的蒙古走马类型。百岔马成年公马平均体高、体长、胸围、管围分别为 132.4cm、139.3cm、163.1cm、17.6cm，成年母马分别为 125.1cm、134.8cm、159.6cm、16.4cm。

二、蒙古牛

蒙古牛原产于蒙古高原，据考古材料，在内蒙古的乌审旗发现的人类化石，证实了早在 6 万年以前的旧石器时代，已有人类活动，同时发现有牛、马、野猪及鹿等哺乳动物的骨骼化石。自古以来，生活在这里的匈奴、鲜卑、突厥、回纥、契丹，直到蒙古、达斡尔、鄂温克、鄂伦春等民族都从事畜牧业和狩猎业。秦汉时期（公元前 200 年），《史记·匈奴传》和《后汉书·乌桓传》中即有："食肉饮酪"、"逐水草迁徙"和"其畜之所多则牛、马、羊……"等的记述，说明当时的养牛业已发展到一定水平。蒙古牛是一种古老的品种，起源于亚洲原牛的一个支系。长期以来蒙古牛既是种植业和运输业的重要动力，又是蒙、汉等民族乳食与肉食的重要来源。在长期不断进行人工选择和自然选择的情况下，蒙古牛又被培育或分化成几个优良类群，如乌珠穆沁牛、安西牛、锡尼河牛（现已绝种）、冈根希勒牛（现已绝种）等。

蒙古牛分布在内蒙古、黑龙江、宁夏、青海、新疆等省份。内蒙古是蒙古牛的主要产区，分布在锡林郭勒盟、赤峰市、通辽市、兴安盟等地，即主要分布在伊万诺夫湿润度 27% 以上的典型草原地区。蒙古牛从外形特征看，头短宽而粗重，额稍凹陷。角细长，向上前方弯曲。角形不一，多向内稍弯。被毛长而粗硬，以黄褐色、黑色及黑白花为多。皮肤厚而少弹性。颈短，垂皮小。鬐甲低平，胸部狭深。后躯短窄，尻部倾斜。背腰平

---

① 1 里=500m。

直，四肢粗短健壮。乳房匀称且较其他黄牛品种发达，具有乳、肉兼用型的体征。由于蒙古牛分布地区的生态差异，在漫长的自然选择和适应性基因突变过程中，形成草甸草原、典型草原区的大体格品种和荒漠、半荒漠草原地区的小体格品种。例如，巴尔虎牛、布里亚特牛、乌珠穆沁牛的体格比较大，而乌拉特牛体格比较小。

蒙古牛成年公牛的体高、体斜长、胸围、管围、胸深分别为 120.9cm、137.7cm、169.5cm、17.8cm、70.1cm；成年母牛分别为 110.8cm、127.6cm、154.3cm、15.4cm、60.2cm。母牛平均日产乳量 6kg 左右，最高日产乳量 8kg 以上。平均乳脂率为 5.22%，最高者达 9%，最低为 3.1%。乳脂率随季节、月份变化而变化，一般在 5 月以后乳脂率开始下降，6 月、7 月最低，8 月以后又开始回升。中等营养水平的阉牛平均宰前重（376.9±43.7）kg，屠宰率为 53.0%±28%，净肉率 44.6%±2.9%，骨肉比 1∶（5.2±0.5），眼肌面积（56.0±7.9）cm^2。肌肉中粗脂肪含量高达 43.0%。蒙古牛役用能力较大且持久力强，能吃苦耐劳。蒙古牛广泛分布于我国北方各省，终年放牧，既无棚圈，又无草料补饲，夏季在蒙古包周围，冬季在防风避雪的地方卧盘，有的地方积雪期长达 150 多天，最低温度–50℃以下，最高温度 35℃以上。在这样粗放而原始的饲养管理条件下，它仍能繁殖后代，特别是每年三四月，牲畜体质非常瘦弱，可是当春末青草萌发，一旦吃饱青草，约有 2 个月的时间就能膘满肉肥，很快脱掉冬毛。蒙古牛是我国北方优良牛种之一。它具有乳、肉、役多种用途，适应寒冷的气候和草原放牧等生态条件。它耐粗宜牧，抓膘易肥，适应性强，抗病力强，肉的品质好，生产潜力大，应当作为我国牧区优良品种资源加以保护。蒙古牛的主要特性可概括为耐粗饲、宜放养、抓膘快、适应性强、抗病力高、肉品质好、生产潜力大等。

三、蒙古双峰驼

蒙古骆驼属于双峰骆驼，苏尼特双峰驼和阿拉善双峰驼是蒙古双峰驼的主要品种。据考古学家、生物学家考证，骆驼科动物是由距今约 3000 年前北美洲的原蹄类演化而来（"二趾原驼"进化为"原驼"）。发源于伊朗和土库曼斯坦南部的家养骆驼和养驼文化最晚在公元前 1000 年时已扩散到中国北方和西北部。到公元前 300 年前，西汉王朝开通西域通道时，双峰驼已广泛地分布在中国河西走廊两侧以北、西北的农牧区。西汉前后匈奴游牧在今天的蒙古高原，"橐驼"就是骆驼。在《战国策·楚策》中《苏秦说楚威王》中有"燕代橐驼、良马，必实外厩"的记载，此时已把骆驼与良马同样对待，且实行舍饲管理。在蒙古高原，3000~4000 年前，对野生骆驼进行驯化。中国甘肃嘉峪关西北匈奴早期的文化遗物"黑山浮雕像"保留了许多骆驼和游牧人的石像，足以证明内蒙古阿拉善是双峰骆驼最早的驯化点之一。

蒙古双峰驼产区属于荒漠和半荒漠草场，气候十分恶劣。风沙比较大、干旱雨少，夏季炎热干燥，冬季异常寒冷，属于典型的大陆性气候。蒙古双峰驼体质结实、体高适中、前躯发达、肋骨拱圆、胸深而宽、头轻小、额宽面骨直、嘴尖、耳短直立、颈中等长且较宽，前肢直立，后肢多呈刀状。目前，我国西北地区和蒙古国境内还有少量的野生双峰驼。蒙古双峰驼的主要特点，除了乳、肉、绒等生产性能外，主要功能是长途运输工具且被广泛使用。蒙古双峰驼具有耐饥、耐渴、耐风沙、能负重（驮载200～250kg，日行30～40km），善于行走戈壁和沙漠（骑乘一人，日行70～80km）。骆驼4岁性成熟，每2年分娩1次，寿命长达30～40岁。骆驼记忆力惊人，成年驼在数百千米以外能独自返回原出生地。骆驼连续绝食断饮10天，仍可使役，30天绝食断饮后仍可恢复健康，30天为生命安全期，耐饥（给食）最高限可持续72～85天，耐渴（给水）最高限可持续89～131天。

苏尼特双峰驼产于内蒙古的锡林郭勒盟、乌兰察布市及其东部的赤峰市、通辽市和呼伦贝尔市等地。20世纪80年代初，有8万峰以上。重点分布在锡林郭勒盟的苏尼特右旗、苏尼特左旗、阿巴嘎旗和乌兰察布市的四子王旗及包头市的达茂旗。仅这五旗的产驼数，就占该地区总数的60%以上。与锡林郭勒盟接壤的呼伦贝尔市的呼伦贝尔沙地、赤峰市和通辽市的西辽河沿岸沙地，还有13 000余峰驼。苏尼特双峰驼的基本毛色主要是紫红和杏黄色，其次是棕褐色，白色的比例较小。苏尼特双峰驼骨骼坚实，骨量较重，肌肉发达，绒层厚密，保护毛多，体质多属粗壮结实型，细致紧凑型所占比例不大。体格硕大（最大的体高是206cm），体躯较长（最大体长是183cm），胸深而宽（最大胸围是280cm），骨量较重（最大管围是26cm），驼峰较大（最大后峰围是150cm），颈长约1m，两侧扁平，上薄下厚，前窄后宽，呈"乙"字形大弯曲。耐高寒、耐干旱。苏尼特双峰驼可产绒毛、泌乳、役用、肉用，母驼终生可产8～9个驼羔。

阿拉善双峰驼主要分布在内蒙古阿拉善左旗、阿拉善右旗等地，以及甘肃的河西走廊地区。1990年由内蒙古自治区人民政府命名①。从历史上考证，远在5000年前就已经开始进行驯养，作为一个古老的原始品种，在驯养过程中形成了许多独特的适应荒漠草原的生物学特征。阿拉善双峰驼体质结实，肌肉发达。头高昂过体，颈长呈"乙"字形弯曲，体形呈高方形。胸宽而深，背短腰长，膘满时双峰挺立而丰满。四肢关节强大，筋腱明显，蹄大而圆。毛色多为杏黄或红棕色。成年公驼体高170cm，体重400kg。阿拉善双峰驼的种质资源受到了威胁。从20世纪80年代的25万峰迅速下降到21世纪初的6.5万峰，已直接影响到骆驼种质资源的存亡。

四、蒙古绵羊

蒙古羊是蒙古高原的一个古老家畜品种。据科学家推测，野生盘羊可能是蒙古绵羊的先祖或先祖亲缘。大概在6000年前，蒙古高原已有了驯化了的蒙古羊。现代蒙古肥尾羊在2000多年前已形成。蒙古羊的分布很广，与蒙古牛的分布区域大致相同。一般来说，草甸草原、典型草原的蒙古羊体型略大，荒漠和戈壁地区的蒙古羊体型相对小些；前者的毛质粗，后者的毛质细。蒙古羊的基本外貌特征表现为体质结实、鼻梁隆起，公羊多有角，毛质较粗，体毛多为白色，头、颈、四肢多有黑色或褐色斑点，尾大而肥。蒙古羊肉质细嫩，色味鲜美，营养成分高。一首生动的民间顺口溜，告诉人们蒙古羊肉营养丰富、品质鲜美的根源："喝的矿泉水，吃的中草药，跳的迪斯科。"蒙古羊羊肉已

---

① 1990年6月在第6次全国骆驼育种委员会暨内蒙古自治区骆驼生产及阿拉善双峰驼验收命名会议上正式命名。

成为中国乃至世界的知名羊肉品牌。中东地区每年消费大量的来自世界各地的进口羊肉，其中 10% 的高档羊肉消费属蒙古高原的蒙古羊品系。蒙古羊的品种有苏尼特羊、乌珠穆沁羊、戈壁羊、哈拉哈羊、巴尔虎羊等十几种优良地方品系。

蒙古绵羊具有生长发育快、生产性能好、耐严寒、抗酷暑、抗逆性强、遗传性能稳定等特性。蒙古羊适应较严酷的自然环境和粗放的饲养条件，是一种投入少、产出高的绵羊品种。放牧行走快，游牧采食力强，抓膘快；大雪天扒雪吃草，生存力强；全年羊群多在露天草场卧盘；在冬季大风雪中，西北方向设简易风障即可过夜。蒙古羊具有耐渴的特点，秋季抓膘时，可采取走"敖特尔"野营放牧，可几天乃至十几天不需饮水，只要能采食野葱（*Allium chrysanthum*）、野韭（*Allium ramosum*）、瓦松（*Orostachys fimbriata*）和黄芪（*Astragalus membranaceus*）等多汁牧草，就可达到解渴和增膘的双重效果。蒙古绵羊的遗传变异特点的表现型，是遗传因素和环境因素互相作用、共同影响的结果。蒙古绵羊群体，在蒙古高原干旱期、枯草期能以最低的饲草采食量满足需要，维持自身正常的生命活动能力，而在牧草繁茂期，又能增大采食量，迅速增加体重贮存肉脂。增重后配种繁殖后代，增加群体数量，这种可贵的生物学性状随着历史演变，逐步地得到了巩固和遗传。

五、蒙古山羊

根据记载，山羊在公元前 7000～前 6000 年，起源于南亚、西亚、南非。目前山羊发展到 140 多个品种。蒙古山羊是从亚洲山羊演变过来的独立的品种，主要分布在内蒙古地区和蒙古国。蒙古山羊以其用途分为肉用、绒用、奶用、皮用、羔皮用和地方品种 6 个分类。蒙古山羊是一种优良的地方种，是皮、绒、肉、乳兼用型的山羊品种。由于自然地理环境的不同和人工选育的方向不同，蒙古山羊形成许多优良的地方品系。例如，有内蒙古的二狼山白绒山羊、阿拉善白绒山羊、阿尔巴斯白绒山羊，蒙古国的高戈壁三美山羊及高原乳山羊等。蒙古山羊的适应性与抗病力都很强，能够充分利用荒漠、半荒漠草原和山地牧场，生产优质羊绒。目前，人们也试验"舍饲圈养"的方法生产山羊绒，但其质量不如放牧条件下的绒毛品质，即绒纤维变粗。蒙古山羊绒总产量约占世界山羊绒总产量的 70%，其中中国内蒙古山羊绒产量占 40%，蒙古国山羊绒产量占 30%。蒙古山羊的绒毛品质与世界其他地区山羊绒品质相比较，在绒毛的细度、柔软度、丝光强度、伸缩度、净毛率等多项品质指标上都有很大的优点。以蒙古山羊绒为原料加工后的服装，质地柔软轻盈，深受消费者的青睐（郭文场等，2014）。

第二节　畜群结构与近代蒙古族游牧经济

畜群结构与生态、生产和市场系统有关。从生产上，畜群结构可分为商品型和维生型。主要为满足商品生产而存在着的畜群，称为商品型；只是为了简单地维持游牧民一般生活自给时，其结构为维生型。商品型结构以羊为多，维生型结构则各种牲畜皆有；商品型结构母畜和仔畜比例高，维生型结构公畜和阉畜比例高；在年龄结构上，生产型畜群的年龄较小，维生型结构年龄较大；商品型畜群增长率高，维生型畜群增长率低。与市场的结合度大，牧民多采取商品型结构，与市场的结合度小，则牧民多采取维生型结构；草原的生态负载量大，自给有余，多采取商品型畜群，反之，则采取维生型。畜群结构也是与农业结合程度的变量。在历史上，农业对畜群结构的影响程度尤深。

合理的畜种结构对合理利用草场资源、畜种资源和保护生物基因库具有重要意义，进而可提高畜牧业综合生产力、取得较大的经济效益而且能保持内蒙古草原生态系统的正常运转。蒙古人拥有的畜群由牛、马、骆驼、绵羊和山羊构成，称为"五畜"，其中每一种牲畜都有其特殊的用途，这5种牧畜的经济价值有着公认的顺序排列。

就整体来说，马是草原游牧牧人最宝贵、最骄傲的财富，它可用于军事活动、迁徙和管理畜群，没有它就不可能有草原游牧民族的粗放性、流动性的经济生活，所以它在"五畜"中居于第一位。古代，马是象征高贵的动物，在古代蒙古勇士们完成最重要的任务时，马一定是他们必备的动物。成吉思汗的"要是从马背上掉下来，那么战争怎么能打下去"等文字记载，说明古代蒙古人无论是打仗还是进行游牧生活都离不开这珍贵的动物（包金钢，1990）。

在内蒙古草原上饲养的绵羊是"五畜"中比例最大的畜群。其原因与蒙古游牧民的生活、饮食习惯有关系。例如，猪一般不在游牧生活中出现，其主要原因是猪很难适应野外游牧粗放，采食生硬的牧草，其次是猪的皮下脂肪很厚行动较缓慢很难适应游牧民的移动性。游牧民虽然不养猪，但是代替猪肉的是绵羊肉，蒙古羊属短脂尾羊，它具有生命力强、适于游牧、耐寒、耐旱等特点，并有较好的产肉、产脂性能。蒙古羊属于粗毛绵羊品种之一，游牧民可用粗羊毛做蒙古包；用羊奶制作奶制品；蒙古人的衣着质料多为家畜或野兽毛皮，制作工艺简单易操作，适应环境的特点较强。在羊群里，山羊和绵羊的比例一般是1:10或1:5。山羊具有活动敏捷，嗅觉较敏感，合群性较强，易于训练，善于领会人的意图等特点。山羊喜欢吃鲜草，常常走在羊群之首或者羊群外围，通常被认为是勇敢的牲畜。如果能利用好山羊的这种特性，如渡河放牧或羊群遇到大风暴雨时，山羊会带领聚集在一起的绵羊群，顺利渡河或避开暴风雨的袭击。因此，羊群当中山羊起到领头羊的作用。

11~12世纪时，蒙古族经营的畜群究竟达到过多大的规模呢？从现有的蒙古历史资料中，我们尚找不到有关古代蒙古族牧畜头数的详细资料。在游牧经济条件下，马和羊群之间存在着1:6或1:7的自然比例。在蒙古人的畜群当中牛也占据重要的位置。牛群规模一般和马群规模相当。《蒙鞑备录》里说："有一马者，必有六七羊，谓如有百马者，必有六七百羊群也。"主要用以饮食和使役，在《喀尔喀简史》中，"他们（蒙古人）主要吃绵羊、牛的肉和奶……喝马奶、羊奶和牛奶"的文字记载。蒙古牧民的畜群当中数量最少的是骆驼，蒙古骆驼是北方的双峰驼，主要用来在荒凉的戈壁地区运载货物。

20世纪初的数据表明，农业对畜牧业的影响在各地都表现明显。在东蒙，半农半牧区的畜群结构偏重于牛马，而北部呼伦贝尔草原的畜群结构偏重于羊。从表29-2可以看出来，南部半农半牧区哲里木盟（现通辽市）和卓索图盟（今阜新、北票、朝阳、凌源、平泉、赤峰喀喇沁旗、宁城等市县和建平县南部地带）的养羊比重已经低于养牛或养马的比重，而北部的纯游牧地区——呼伦贝尔地区，其养羊的比重远超过其他地区。因为羊是游牧民最为依赖的牲畜，其作用远大于其他牲畜。

表 29-2　1919 年东蒙各盟牲畜数量与畜种结构

地区	马（万匹）	牛（万头）	羊（万只）	马：牛：羊
呼伦贝尔	21.00	19.00	120.00	12：18：71
哲里木盟	45.00	58.50	4.65	42：54：4
卓索图盟	3.5	5.3	2.50	31：47：22
昭乌达盟	14.85	27.5	45.90	20：30：50

资料来源：王建革，2001

　　表 29-3 是中蒙地区的农牧区畜群结构对比，在察哈尔地区，牧区养羊的比重仍比半农半牧区要高得多，但在绥远（今内蒙古中部、南部地区），由于地处南部，蒙旗多已汉化，畜群结构并无多大差异，牧区在养羊方面只是稍占优势而已。农区的优势只在猪和驴骡的饲养方面。至于牛和马的比重，由于市场调节的作用，农区与牧区长期的相互影响，结构已经趋同。在绥远，农区羊的比重也很大，因为汉族农民畜牧业的集约化水平高于游牧区。另一项锡林郭勒盟、乌兰察布盟、伊克昭盟三盟和察哈尔盟的游牧区牲畜统计与邻近的察南（今宣化、怀来、阳原、天镇、怀安等县）、晋北及巴彦塔拉盟（今土默特旗和察右四旗地域各旗县等 15 个县、市）半农半牧的统计比较表明，游牧区与半农区或农区养牛的数量百分比分别为 12.2% 和 10.6%；养马的百分比分别为 15.9% 和 9%；绵羊和山羊分别为 71.3% 和 7.9%；骆驼分别为 0.6% 和 2.5%（后藤十三雄，2011）。可见，内蒙古地区偏西部更出现了结构趋同现象。

表 29-3　察绥两省蒙人与汉人地带的畜群结构

地区	牛（千头）	马（千匹）	驴骡（千匹）	羊（千只）	猪（千只）	骆驼（千峰）	马：牛：羊
察哈尔县治区	81	74	56	308	115	1	12：13：17
察哈尔蒙旗区	200	157	—	1455	—	11	8：10：76
绥远县治区	118	46	52	1259	249	45	3：7：75
绥远蒙旗区	170	110	—	2250	—	40	4：7：87

资料来源：王建革，2001

　　从表 29-4 来看，蒙古国地区 1921～1930 年牲畜总数为 1870 万只，到了 1951～1960 年总数为 2326 万只，增加 455.3 万只，增速为 24.3%。这与当时政府大力扶持个体经营者有着密切的关系。但是到了 1961～1970 年，牲畜总数比前十年减少了 5.3%，换算为大牲畜后，减少 4.1%。这是合作社化后社会经济制度的变化和自然灾害等导致的结果。研究显示，2001～2010 年牲畜总量比上一个十年增加 11.9%，可是换算为大牲畜后减少 13.3%，除山羊以外的种群总数减少，其中，牛减少 45.4%，马减少 20.5%，骆驼减少 29.6%。但在 2012～2014 年，牲畜总数增加 40.8%，但是这个增速全靠山羊数量的增加来维持的，在此期间山羊数增加 37.8% 即 540 万只，但牛群总数只增加 100 万只、马匹数增加 26.9% 即 56.1 万只，骆驼增加 6.3 万只。山羊数量的增加是畜产品价格下降、羊绒价格上升导致的。

表 29-4 蒙古国地区牲畜数量年代变化（1921～2014 年）

年份	总数（千只）	其中					换算为大牲畜（千只）
		骆驼（千只）	马（千只）	牛（千只）	绵羊（千只）	山羊（千只）	
1921～1930	18 703.1	403.8	1 519.6	1 736.4	12 250.6	2 792.7	6 252.6
1931～1940	21 759.1	552.7	1 832.8	2 270.1	12 955.5	4 148.0	7 609.8
1941～1950	22 765.5	734.4	2 303.2	2 238.8	12 893.4	4 595.7	8 558.5
1951～1960	23 256.1	870.7	2 389.9	1 874.5	12 639.3	5 481.7	8 362.3
1961～1970	22 016.2	674.0	2 311.0	1945.4	12 647.6	4 438.2	8 020.1
1971～1980	23 617.5	611.4	2 166.4	2 355.3	14 029.6	4 508.9	8 340.9
1981～1990	25 856.9	537.5	2 262.0	2 848.7	15 083.0	5 125.7	9 071.4
1991～2000	29 191.1	374.0	2 625.4	3 528.0	14 215.0	8 448.7	9 854.4
2001～2010	32 676.0	263.3	2 086.7	1 924.8	14 182.4	14 218.8	8 547.4
2012～2014	46 015.8	325.5	2 648.5	2 969.3	20 474.2	19 598.3	11 967.1

注：换算为大牲畜计算方法：骆驼=1.5 个大牲畜，马、牛=1 个大牲畜，6 只绵羊=1 个大牲畜，8 只山羊=1 个大牲畜
资料来源：Буянхишиг and Дээшин, 2013；Монгол Улсын Статистикийн эмхэтгэл, 2014；БНМАУ-ын Хөдөө аж ахуйн хөгжилт 60 жилд, 1981；Монгол Улсын хөдөө аж ахуй 1971-1995 онд, 1996；Хөдөө аж ахуйн салбар, 2014

　　蒙古国地区畜牧业缺乏政府管理，经济激励和监管的另外一个现象便是牲畜种群之间的比例和结构失调，从图 29-1 中可明确看出近 30 年间"五畜"种群间的比例变化。在 1985 年、1990 年总畜群中"五畜"平均所占比例相近，如骆驼 2.3%，马 8.7%，牛 11.0%、绵羊 58.6%、山羊 19.4%，是多年不变的结构模式，但是在近 20 年山羊在总畜种中的比例持续提升，反而其他种群的比例减少，尤其是骆驼减少 3 成、牛减少 1.6 成、马减少 1.5 成。

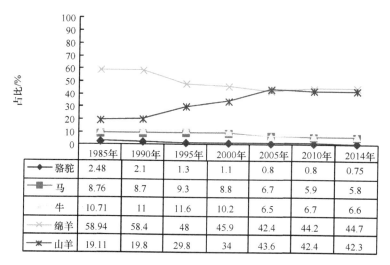

图 29-1 蒙古国近 30 年"五畜"在总种群数量中的比例变化（Монгол Улсын Статистикийн эмхэтгэл, 2014；Монгол Улсын хөдөө аж ахуй 1971-1995 онд, 1996；Хөдөө аж ахуйн салбар, 2014）

　　1990 年总畜群中幼畜占 38.8%、成年公畜占 13%、母畜占 46.6%、种畜占 1.6%，但是到了 2010 年分别占 23.7%、28.0%、47.5%和 0.8%，以此可看出，畜群结构中幼畜

减少 15.1%、成年公畜增加 1 倍、母畜比例变化不明显、种畜所占比例减少一半。畜群中成年公畜的增多从牲畜繁殖及经济效益或者从环境的合理利用来说都并不是好事。在计划经济转变为市场经济的过程中畜群的分布情况也发生了变化,这在蒙古国地理及经济区的牲畜数量及畜种结构中有所体现。

近代农业也明显地影响到游牧民的羊群组成,即绵羊和山羊的比例。绵羊要求较好的草原条件,牧草优良,地势平坦。而山羊可以在较陡峭的山区丘陵地带放牧。农业的扩展最先侵占的牧地往往就是原来的优良草原,而开垦山坡则是以后的事,所以与汉民杂居的游牧民的羊群已被驱至山坡地带,羊群中山羊的比重增长。即使是汉移民也只能在山坡地带,放羊也是以山羊为多。另外,在近代游牧民向北的牲畜大移动中,由于羊易感病,也容易出现大量死亡的现象。察哈尔地区原来适合绵羊放牧的草地不少,在农垦的压力下,蒙古人和畜群北移,移入的新地区,除了山地就是河谷地带,引起绵羊寄生虫病的发生和流行(王建革,2001)。

蒙古高原的草原有山地草原、平原草原、戈壁草原三个基本类型。与这三种基本类型的草原相适应的"五畜"结构也有所不同。相对而言,在山地草原上牛和马的比例大一些,在戈壁草原上骆驼和山羊的比例大一些,在平原草原上马和绵羊的比例大一些。当然,"五畜"结构越接近经典"五畜"结构,其草原生态也越好。反之,则相反。

饲养何种牲畜、建立何种畜种结构,都需要依据其自然环境特点来进行选择。因为,自然地理环境是人类社会发展的决定性条件。在尚未摆脱自然力影响的今天,它对于人们生产生活方式的选择及其演进也具有重要影响。不同的自然环境形成不同的物种、人群和文化。蒙古人根据其自然环境,选择和饲养"五畜",并采用游牧的方式将其分群放养在自己的草场上。在此过程中,形成了有别于中原农耕社会的劳动分工和社会组织,形成了有别于农耕文化的草原文化。

山地草原、戈壁草原、平原草原的植物类型虽有所不同,但都不是单一类型,一般都呈现多态性,生长着各种各样的牧草。一般而言,三种类型的草原上,5 种牲畜都能采食到它们所需要的牧草,只是采食质和量有所不同而已。因而不同类型的草原上放养的畜种结构就有所不同。草原牧民之所以把"五畜"分群放养在一个草场上,目的就是通过不同牲畜对不同牧草的采食需要和同种牲畜对不同牧草的采食需要,最大限度地利用各种牧草,并控制草原植物群落之间的结构,以形成最佳草地生产力和草原畜牧业生产力。这背后就是草原生态规律在起作用。例如,针茅草长针之前是马群和羊群采食的主要牧草之一,长针之后又成为牛和骆驼采食的主要牧草之一。"五畜"中马群、牛群和骆驼数量的减少或消失,就如同现在的内蒙古牧区只剩下羊群时,针茅草就会泛滥成灾,它不仅抑制羊草的生长,而且直接对羊群造成经济损失。再如,当梭梭(*Haloxylon ammodendron*)林发生一种病虫害时,如果骆驼及时采食,就可以用其唾液消毒或驱赶虫子,否则,梭梭林就会被虫子吃得最终枯死。凡此种种,"五畜"是草原生态系统和草原食物链的一部分,相互依赖、相互作用,保持着草原生态的平衡关系。

那么,这种相对稳定的合理的或经典的"五畜"结构又是如何形成的呢?是由它的自然地理环境决定的还是由人们的需要决定的?日本学者后藤十三雄认为:蒙古高原地区内部，也因草场的自然布局不同而畜群结构也有所区别。沙漠地带多放养骆驼和山羊，肥沃的草场上多放养牛和绵羊，接近农区的地方畜群结构也有所不同。但不管在任何地带，都要组成适当的畜群结构，在这一点上无任何不同，只是为适应各自的地域特点来建立相应的最适当的畜群结构。这种结构并非以交换价值的最大化为标准，而是以自给自足的最大化为目标建立起来的。在后藤十三雄看来，一定的畜群结构首先是由牧民根据其"地域特点"进行调节的结果，然后才是牧民根据其"自给自足"的需要进行调节的结果。无论是历史记载还是当前事实都能支持后藤十三雄上述观点。

总之，草场的改良和草原生态的平衡均离不开合理的或经典的"五畜"结构。经典"五畜"结构一旦遭到破坏，草原生态平衡也会随之被破坏。过去，游牧的蒙古人在一个绵羊群里只放养几只山羊，目的就是发挥其领头羊作用，不多放养的原因就是它对草原具有破坏作用，草原生态平衡不容许多养山羊。迈斯基（《蒙古人民共和国史》，1957）说：20世纪初的蒙古国，其山羊占绵羊的比例不超过5%。现如今牧民为了追求经济利益，多养了山羊，减少了马的饲养数量。于是，经典"五畜"结构遭到了破坏，进而草原植物的授粉、种子传播等草场改良机制也随之遭到了破坏，草原退化、沙化就成为必然。

第三节　草原"五畜"的生态功能

"五畜"之间不仅存在一定的结构关系，而且其结构关系以羊、马关系为基本关系。这种结构状态不仅符合蒙古高原的生态环境，而且也符合草原牧民的生存和发展的需要。草原牧民没有马群便不能游牧，没有羊群便不能满足日常生活所需。羊群生产的周期短、繁殖快、看护容易、环境适应性强等特点，恰好能够适合及时足量地满足牧民的吃穿之需。马和羊一年四季完全可以放养在同一草场上，而牛群和骆驼群所需草场与羊群不完全一样，不可在同一草场放养。

在马、羊关系中，马是核心。这是因为，马群对草原生态平衡的作用比其他畜种要大。这首先取决于其生理结构和身体结构。牛、绵羊、山羊和骆驼均属反刍动物。在反刍过程中嚼碎草籽的概率会增加。而马属于非反刍动物，嚼碎草籽的概率要小于牛、绵羊、山羊和骆驼等反刍动物。其次，马是单蹄食草动物，马蹄呈半圆形且坚硬，很像农民用的月牙薅锄的农具。当成群的马飞速奔跑的时候，把草地表土翻腾起来，起到松土的作用。同时，马在奔跑中踩掐牧草，对牧草起到掐尖的作用，有利于有些牧草的分蘖和生长。无论是翻腾表土还是踩掐牧草对于草场改良都是必需的。再次，马粪不仅对草场改良有意义，更重要的也是牛羊群的饲料。据有经验的牧民讲，在严冬季节，牛羊群需要吃马粪以补充和积蓄能量，马粪对牛羊群的体能恢复和过冬能量的蓄积具有非常重要的意义。这与牧民遇到严寒天气靠吃马肉补充能量和热量的道理是一样的。最后，马粪的授粉和传播种子的机会多、范围也大。马群的活动半径以居住点为中心，一般在10～20km活动。迈斯基（《蒙古人民共和国史》，1957）说：移牧距离短则40～50km，长则100km，甚至250km。如果以40km为平均移动距离，以一年移动8～10次为平均移动次数，那么，40km移动过程中就有4～5个居住点，而马群又能在每个居住点周围10～

20km 进行活动。这样，一户牧民的马群就能够覆盖其所有草场。草原上的所有牧户的马群都这样活动的时候，就能覆盖整个蒙古高原的草原。因此，草原生态系统中马群数量的减少，不仅对典型草原的植物群落产生直接的影响，而且通过改变典型草原的植物群落结构对草原畜牧业产生负面影响。例如，马群数量的减少会导致针茅泛滥，而针茅的泛滥，一方面抑制羊草的生长，减少可供羊群采食的牧草，另一方面导致羊群的死亡等损失，还有针茅的芒刺扎透羊皮而使羊皮价值大为降低。可见，马群在草场改良和保持草原生态平衡方面所起的作用，是其他畜种代替不了的。当然，上述游牧半径大、次数多的典型游牧畜牧业，如今在内蒙古已不复存在。但是，马群对草原生态平衡的作用并没有消失，草原生态平衡依然需要它的存在。

内蒙古草原生态的破坏程度从东到西逐渐变劣，这恰好与马群数量从东到西递减的趋势一致（表 29-5）。这二者之间是不是有必然联系，难以从自然科学的角度予以证明，但在现实中二者间的一致性，进一步说明了马群在草原生态平衡中的作用，马群数量的变化能够反映出草原的好坏程度。因此，经典"五畜"结构的破坏，尤其是马群数量的锐减是草原生态环境恶化的一个重要原因。

表 29-5　20 世纪 80 年代到现在内蒙古 9 个盟（市）产草量变化与马群数量变化对比

盟、市	单位面积产草量（kg/hm²）		马群数量/匹	
	20 世纪 80 年代	现在	20 世纪 80 年代	现在
呼伦贝尔市	1987.95	1688.40	239 307	114 900
兴安盟	1750.35	1619.70	157 382	68 200
通辽市	1897.35	1297.95	224 727	245 300
赤峰市	1167.15	1167.15	291 586	150 600
锡林郭勒盟	963.60	963.60	438 088	56 200
乌兰察布市	670.50	619.50	208 015	15 800
鄂尔多斯市	809.10	633.15	85 837	7 900
巴彦淖尔市	633.15	385.20	91 789	12 300
阿拉善盟	366.30	281.70	14 000	800

对于内蒙古草原生态的好坏程度从东向西变劣与马群数量由东向西递减的一致性现象，也许人们认为，草原生态的好坏与降水量由东向西的递减规律有关，与马群数量的递减无关。其实，降水量由东向西递减和夏季风不断向东移，正是包括经典"五畜"结构的破坏、马群数量的锐减、不切实际的品种改良、无视草原生态规律的畜种结构调整等因素在内的人的行为对草原生态进行过度干扰的结果。当然，我们不否认气候干旱化等纯自然因素对草原生态进而对"五畜"结构的破坏作用，但是，这些自然因素的作用程度远不如人为因素严重。

人的破坏行为引起自然灾害是这样发生的：滥垦草原、超载过牧、"五畜"结构的破坏、乱采滥挖等行为直接破坏草原植被而使土地裸露化；草原的裸露化，使草原的蒸发量增大，使云层中的"生物源冰核"减少；而草原的蒸发量增大和云层中"生物源冰核"的减少又能阻止降水条件的形成而使降水量减少；降水量的减少导致干旱化，而干旱化的直接后果就是草地生产力的降低和畜牧业个体生产能力的降低；草地生产力和畜牧业个体生产能力的降低，又进一步导致牲畜头数的增加，于是出现人的加紧索取而进一步破坏草原植被的现象。

第四节　草原"五畜"的品种现状与畜牧业经济

一、蒙古马品种现状

蒙古马原产于蒙古高原，广布于中国北方及蒙古国和俄罗斯联邦部分地区。目前，在内蒙古地区的蒙古马因分布地区条件不同而形成了几个主要类群：一是乌珠穆沁马。产于内蒙古锡林郭勒盟乌珠穆沁草原。体型结构较好，体格较大，多走马，是蒙古马中最好的类群。二是百岔铁蹄马。产于内蒙古赤峰市的百岔沟，产地多山，马匹善走山路，步伐敏捷，蹄质坚硬，有"铁蹄"之称。三是乌审马。产于内蒙古乌审旗沙漠，体质干燥，体格小，善于在沙漠中驰骋。

1949 年后，内蒙古的蒙古马继续发展，并不断被推广到内地，同时进行大量杂交改良。但截至 20 世纪末改良马还是少数，90%以上仍是蒙古马。根据内蒙古畜牧业厅的资料显示，1975 年当时全自治区就有蒙古马 240.32 万匹，而 2010 年仅有 69 万匹，下降了 71.3%，而作为历史上著名的千马部落的正镶白旗马匹存栏数只有 2000 匹。这表明，内蒙古地区极具地方特色和草原文化优势的蒙古马种质资源正在逐步消失，蒙古马的有些类群，如百岔铁蹄马已濒临灭绝（郭元朝和郭尧，2015）。

近年来，我国家马遗传资源保护面临着严峻的考验。13 个固有马种和 9 个近代育成品种正在衰亡；近 20 年，人们又不无忧虑地看到鄂伦春马、百岔铁蹄马、乌审马、宁强马、晋江马和利川马均到了濒危的边缘；近代培育的一些品种，如东渤海马、河南轻挽马和关中马等，由于有效群体规模过小或无专门的保种场，已是难以为继。如今由于缺乏经济利益驱动、资源可持续发展政策导向驱使，广大农牧民养马积极性也日渐趋下，蒙古马数量急剧下降。马产业的发展低迷，特别是农牧业机械化进程加快，交通运输业发展迅猛，导致蒙古马数量逐年递减并且品种退化严重，甚至面临灭绝的危险。联合国粮食及农业组织（FAO）的家畜遗传信息全球管理战略及家畜遗传多样性研究组织把分布在内蒙古自治区的蒙古马列为需要保护和开发利用的主要地方品种资源（阿娜尔等，2013）。2000 年 8 月 23 日，农业部公告的 78 个国家级畜禽品种资源保护品种名录中，蒙古马被列于马品种之首（赵一萍和芒来，2010）。蒙古马具有优良的遗传特性，研究蒙古马遗传与育种，将为持久发挥马遗传资源优势奠定基础。

二、蒙古牛品种现状

蒙古牛是我国北方地区的主要牛种之一。蒙古牛是中国"三北"地区（华北、东北和西北地区）分布最广的地方品种，在东部以乌珠穆沁牛最著名，西部以安西牛比较重要。据《内蒙古家畜家禽品种志》介绍，1985 年内蒙古自治区蒙古牛存栏 300 余万头,但 20 多年来,纯种蒙古牛的数量急剧下降。2006 年中心产区蒙古牛存栏仅 2857 头,其中,锡林郭勒盟存栏 1929 头,呼伦贝尔市存栏 558 头,乌兰察布市存栏 370 头。导致蒙古牛数量锐减的原因有二,一是杂交改良的蒙古牛比例大幅度增加,二是草原逐年退化。蒙古牛数量的减少使品种内的遗传距离变得越来越窄,近亲繁殖已经不可避免,甚至出现了退化现象,蒙古牛已处于濒危状态。

蒙古牛属非专门化的品种,具有乳、肉、役多种用途。蒙古牛的挤乳天数和产乳量受气候及牧草生长情况的影响很大,一般在夏秋季节,利用夏牧场丰盛的青草放牧,集中挤乳,不给任何补饲。蒙古牛的生产性能,中等营养水平的阉牛平均宰前重可达 370kg,屠宰率为 53%,净肉率为 44.6%,骨肉比 1:5.2,眼肌面积 56cm^2。放牧育肥的牛一般都不超过这个肥育水平。母牛在放牧条件下,乳脂率 5.2%,是当地土制奶酪的原料,但不能形成现代商品化生产。成年蒙古牛一般屠宰率为 41.7%,净肉率为 35.6%。蒙古牛远不如肉牛所产生的经济效益及本身的生产性能,使得蒙古牛处于濒危灭绝的状态。

三、蒙古双峰驼品种现状

骆驼是具有多种经济性状和生产性能的畜种。既可供使役,又能产绒毛、产肉、产乳,一身兼有多种用途。驼绒是上好的纺织原料,阿拉善双峰驼毛色为杏黄色,绒多质好,素以"王府驼毛"著称;驼肉是低脂高蛋白的天然绿色食品,高产个体可产肉 40kg;驼奶营养丰富,脂肪球小易消化;驼皮、驼骨是制革原料和骨雕、化工原料;驼掌则是美味佳肴,可与熊掌媲美;而其役用性能在沙漠地区首屈一指,可穿梭于沙漠戈壁,行动自如。高档驼绒毯等新型绿色环保日用品远销日本、蒙古国,有很高的经济价值和发展潜力(张文彬,2005)。但是内蒙古这一原始品种,因草原干旱、沙化等严重自然灾害,草原生态破坏,人为因素,管理不善,地方保护蒙古双峰驼政策基层实施不得力等种种原因逐年大幅度减少,处于濒临灭绝倾向。据历年内蒙古畜牧业普查资料显示,1947 年内蒙古自治区成立时年中骆驼总头数为 11 万峰。1982 年骆驼总数突破历史最高 40.8 万峰,比 1947 年增加 29.8 万峰,年平均增长速度为 3.8%。但是,2014 年全区年中骆驼总头数为 15.5 万峰,比 1982 年减少 25.3 万峰,年平均锐减 0.79 万峰。蒙古双峰驼的品种资源也受到了威胁,已直接影响到了骆驼种质资源的存亡(赵云和照日格图,2015)。因而,保护骆驼资源已成当务之急。

阿拉善盟双峰驼,原产地内蒙古自治区阿拉善盟,远在 5000 年以前已经家养。属于蒙古驼。其血统来自中国西北厄鲁特蒙古族牧民自古以来所拥有的双峰驼群体。属绒、肉、乳、役兼用型品种。1990 年在阿拉善左旗吉兰泰镇建立阿拉善双峰驼种驼场。1990 年 6 月在第 6 次全国骆驼育种委员会暨内蒙古自治区骆驼生产及阿拉善双峰驼验收命名会议上正式命名。阿拉善双峰驼 1981 年 12 月末存栏达 30.07 万峰,创历史最高纪录。由于受自然生态环境恶化、市场冲击、骆驼自身生物学特点,养驼户老龄化及基础建设滞后等诸多因素影响,其数量逐年减少,到 2002 年时锐减到 6.1 万峰。阿拉善双峰驼资源濒危问题引起了国家和自治区的高度关注,2000 年列入《国家畜禽品种保护名录》，2002 年列入《国家畜禽品种资源保护名录》，2006 年列入《国家畜禽遗传资源保护名录》，2008 年农业部批准成立国家级阿拉善双峰驼保护区和保种场。2005 年 12 月末统计，阿拉善双峰驼共存栏 7.19 万峰，其中，阿拉善盟 6.4 万峰，占总存栏数的 88.9%；临河市 7250 峰，占 10.1%；鄂尔多斯市 675 峰，占 0.9%。2006 年 12 月末存栏 7.19 万峰左右，在国家和自治区的重视下，从 2009 年阿拉善双峰驼数量逐年增加，2009 年 12 月末阿拉善双峰驼总数达到了 6.31 万峰，2013 年达到了 8.33 万峰，增加了 32%。

苏尼特双峰驼，原产地为内蒙古自治区锡林郭勒盟，远在宋代以前，该区就已大量牧养和使用骆驼。属绒、肉、乳、役兼用型品种。苏尼特双峰驼处于农牧户自繁自养状态。苏尼特双峰驼 1981 年 12 月末存栏 7.89 万峰，2006 年 12 月末存栏 1.44 万峰。1981～2006 年的 25 年间，平均每年下降 3.27%；其数量下降的主要原因：一是人类活动对自然环境影响逐年加大，干旱、风沙、草原退化及各种自然灾害频繁发生，导致生态环境逐年恶化；二是在骆驼分布较广的牧区，从草场和牲畜生产经营双承包责任制落实以来，由于牲畜和草场承包到户，将原有集中养驼的模式改变为各牧户分散饲养。骆驼是喜好游走的群居动物，分散饲养给管理带来了诸多不便，加之草场的局限性，牧民只好放弃饲养骆驼；三是骆驼生长发育慢、繁殖率低（两年一胎），从其体型外貌看骆驼属役用家畜，其役用能力逐渐被迅速发展的电气化和机械化取代，役用价值大大降低等。

戈壁红驼是一个原始品种，属优质品种基因库。1990 年，内蒙古阿拉善盟骆驼品种鉴定小组，评估戈壁红驼种类为最优质品种资源。2010 年，内蒙古保护骆驼学会派专家组对戈壁红驼进行全基因采血，经过科研，戈壁红驼中发现现代骆驼"精血全基因细胞"，它将在研究驼类品种资源中发挥重要的科学研究与实际利用价值。2012 年 11 月，内蒙古保护骆驼学会发布新闻，完成了世界首例双峰驼基因组测序研究工作，这一成果将会对骆驼品种改良起到重要指导、对骆驼产业的健康发展起到积极的推动作用。

四、蒙古羊品种现状

目前我国培育出的主要品种包括新疆细毛羊、东北细毛羊、内蒙古细毛羊、敖汉细毛羊、鄂尔多斯细毛羊、甘肃高山细毛羊、中国卡拉库尔羊及近期培育成功的巴美肉羊都是以蒙古羊为母本培育成功的。从 20 世纪 50 年代开始用苏联的各种细毛品种、半细毛品种杂交改良培育蒙古羊；60 年代又引入西欧的毛用、兼用细毛羊、半细毛羊改良蒙古羊；70 年代以后，澳洲美利奴细毛羊又接踵而至。蒙古羊终究靠自身的整体优势，基本上阻止了外来品种基因的入侵。这是迄今任何其他绵羊品种或其他畜种无法做到的。实践证明，蒙古羊在蒙古高原上的主导地位，是任何其他绵羊品种不可替代的。于是，提高蒙古羊的生产性能，开发蒙古羊的高产潜力，研究蒙古羊基因组的特点，分析蒙古羊有利基因与有利性状的遗传规律，就成了遗传育种工作者当务之急的工作。

乌珠穆沁羊产于内蒙古锡林郭勒盟东部乌珠穆沁草原，主要分布在东乌珠穆沁旗、西乌珠穆沁旗等地区，产量总数已超过 100 万只。乌珠穆沁羊系蒙古羊在当地条件下，经过长期选育形成的一个优良类群，1982 年经国家农业部、国家标准总局的确认，正式批准'乌珠穆沁羊'为当地优良品种。

锡林郭勒盟从 2003 年开始对苏尼特羊和乌珠穆沁羊地方良种选育，对现有种公羊进行鉴定、登记、淘汰，对特级种公羊进行补贴，在苏尼特羊和乌珠穆沁羊核心产区建立 100 个种公羊集中管理规范嘎查、1000 个种公羊生产专业户、10 000 个标准化畜群，几年来锡林郭勒盟投入专项资金 380 万元，有效地保证了地方良种生产性能的稳定，同时对加强地方品种的保护提供了有益的借鉴。西乌珠穆沁旗开始实施深入推进牲畜品种优化工程，加强乌珠穆沁羊提纯复壮工作，进一步巩固和提升 200 个种公羊生产专业户和 3100 群标准化乌珠穆沁羊畜群，乌珠穆沁种公羊集中管理嘎查达到 76 个。锡林郭勒盟 2007 年全盟农牧民来自出栏肉羊的人均纯收入为 2550 元，占到全盟农牧民人均收入的 63%；育肥一只羊平均纯利润在 30～70 元；锡林郭勒盟当年羔羊出栏，每只纯利润为 124.5～152.3 元；饲养一只肉羊平均纯利润在 120～200 元。

五、"五畜"为主的畜牧业经济

畜牧业生产环节中不可缺少的一部分就是成熟的生产技术。尤其是正确地喂养牲畜，使用先进的配种技术，让牲畜在适当的时期生育，使幼畜健康发育等，以发展畜牧业经济。

改革开放以来，内蒙古农林牧渔业总产值大幅度增长，1980 年仅为 30.68 亿元，2014 年则达到 2779.80 亿元。其中，畜牧业产值所占比重逐渐扩大，1980 年占 31.0%，2014 年占 43.37%，比重增大了 12.37 个百分点。体现出农业产业结构不断调整优化，畜牧业在第一产业发展中的作用显著增强。从表 29-6 中可以看出 2000～2014 年的 15 年间主要畜产品产量不断增加，以牛、羊（绵羊和山羊）、骆驼为主的畜牧业经济不断壮大。

表 29-6 2000 年、2014 年主要畜产品产量

项目	2000 年	2014 年	项目	2000 年	2014 年
牛肉产量（t）	218 440	545 309	年内牛皮产量（万张）	137.40	308.06
羊肉产量（t）	318 166	933 319	绵羊皮产量（万张）	1 472.48	4 199.08
山羊毛产量（t）	3 443	10 450	山羊皮产量（万张）	611.21	1 173.74
绵羊毛产量（t）	65 051	121 525	出售牛肉（t）	182 644	487 414
山羊绒产量（t）	3 815	8 284	出售羊肉（t）	256 694	837 373
驼绒产量（t）	455.00	468.47	出售牛羊奶数量（t）	623 339	7 663 201

资料来源：内蒙古自治区统计局，2000，2014

蒙古国畜牧业经济也在不断发展，据农牧业部门 2014 年度的统计报告显示，畜牧业占国内生产总值的 14.2%、出口额的 7% 左右，占总劳动力的 35%。畜牧业占农牧业总产

值的 87%，这代表该行业在蒙古国经济中占有举足轻重的地位。根据畜牧业 2014 年的核算数据，畜牧业完成了肉类 29.45 万 t、乳品类 76.54 万 t、羊毛 2.24 万 t、羊绒 7700t，各类牲畜皮革 930 万张的生产。2015 年年初，蒙古国已有 5200 万只牲畜存栏，达到畜牧业史上的最高水平。

畜牧业是蒙古国从业人口最多的行业，根据 2014 年数据显示，在全国范围内从事畜牧工作的有 21.34 万户，其中 70.1% 即 14.97 万个家庭中约 29.36 万人是牧民。虽然国家对畜牧业发展给予极大支持，但是该行业在国内生产总值中所占比例逐年减少。例如，1990年数据显示，占农牧业产品 85% 的畜牧业在国内生产总值中所占比例为 33.4%。可到了2014 年已经下降到 14.2%。这与工业发展，尤其是矿产产值的快速增长有着直接联系。

蒙古国畜牧业的发展受到环境、生态、劳动力、科学技术等制约，经济模式转变为市场经济模式，系统化研究蒙古国草原畜牧业，建立在相对条件下提高私营企业利润的体系，并采用专业技术及正确的服务措施支持该体系，这不但有理论意义，同时也有很高的实践意义（Буянхишиг，2009）。

16 世纪以后，有关蒙古国畜牧业发展历史的记载是由赴蒙古国的国外学者或游者及后来的俄国科研人员、考察团等的游记或信息记录等开始的。

俄国旅行家在 17 世纪初到访蒙古国后写了很多很有价值的有关蒙古国的书籍。O. Шагдарсүрэн（奥·沙格德尔苏荣）学者表示通过这些书籍中有关习俗、地理和经济条件的描述可证明蒙古人在当时已经从事游牧业，而这一发现具有非常重要的历史意义（Шагдарсүрэн，1980）。1911 年托木斯克市的一家出版社出版了俄国商业考察人员对蒙古国进行的研究。该研究以图片形式对蒙古地区畜牧业衍生商品进行了介绍。之后苏联伊尔库茨克消费协会考察团于 1921 年出版了 1918 年、1919 年在蒙古国工作的成果，其中对 20 世纪前期的蒙古国畜牧业给出了详细的介绍。从上述学者的研究成果来看，1920年以前在蒙古国，每只绵羊产污毛仅 1kg、每头骆驼产绒仅 3kg、牛奶利用率仅 20%～25%，皮革及内脏利用率低，且基本不利用羊绒（Н.И.Денисов，1946）。从研究获悉，1910 年时蒙古国有 1300 万～1400 万只牲畜，1920 年前总牲畜中有 570 万～600 万只怀孕母畜，其中顺利接羔 290 万～300 万只。年初接羔死亡损失达到 10%～12%。虽然对当时的牲畜数量没有官方统计，但是根据部分研究人员的数据计算出了 1912～1918 年的牲畜数量。从表 29-7 中得知，1912～1918 年蒙古国牲畜数量基本为 1200 万～1600万只，同时也可看出蒙古国畜群总量受到环境及气候因素的直接影响。

表 29-7　蒙古国 1912～1918 年牲畜数量　　　　[单位：百万头（只）]

年份	科研人员姓名	牲畜总数	其中			
			骆驼	马	牛	羊
1912	А.П.Беннигсен	14.1	0.3	1.45	1.35	11.0
1914	А.Н.Балобан	13.1	0.1	2.0	1.0	10.0
1916	Бадрах гүн	16.0	—	2.0	2.0	12.0
1918	И.М.Майский	12.7	0.3	1.5	1.4	9.5

资料来源：Буянхишиг and Дээшин，2013；БНМАУ-ын Хөдөө аж ахуйн хөгжилт 60 жилд，1981

1921 年蒙古国民主革命之后本国政府对畜牧业领域的关注明显加大,并对该领域研究也正式开始。例如,据苏联科学院及考察团的调研,其中的研究人员对 1930 年末期的蒙古国家畜品种、分布区域、外貌、体型、生理、形态、质量、养护及草原要求、区域特征进行了研究考察,成为体现当地家畜繁育,提高效益、发展畜牧科学的主要科学材料。

Н.И.Денисовын 著有的《蒙古国畜牧业》、И.М.Шульженкогийн 的《蒙古国畜牧业》和《蒙古肉用牲畜》、Ф.А.Греховын 的《蒙古马业》、Я.Я.Лус 和 Н.Н.Колесник 和其他研究者联合著作的《蒙古国五畜》、Н.Н.Колесникийн 的《蒙古牛品种》、В.Ф.Румянцов 和 В.И.Войтяцкий 所著的《蒙古马》、Я.Я.Лусын 的《蒙古绵羊》、Я.Я.Лусын 的《蒙古山羊》、А.А.Мелешкогийн 的《关于动物学技术及实验技术应用于游牧畜牧业》和《蒙古骆驼业》、А.А.Юнатовын 的《蒙古国草原植被概况》和《放牧场与割草地饲用植物》等作品中对蒙古国当时的畜牧业进行了评价,并对提高畜牧生产效益提出了建议,这些作品直到现在也依旧是关于蒙古国畜牧业的优秀作品(Төмөржав,2004)。

根据 1929 年签署的《蒙古国与苏联政府间协议》,苏联学者、蒙古国学者及研究人员对蒙古国畜牧业进行了详细研究,并于 1931 年、1936 年、1944 年、1947 年、1948 年和1949 年开展了蒙古国家畜品种的考察、总结及改良等科研工作,获得了学术性成效。

以上研究成果得出,蒙古国家畜遗传品种形成的一个基本原因是蒙古国地区主要养殖的牲畜为收益较少的"五畜"品种,另外土地广阔、生态条件多样化导致同一品种牲畜在体型和效益上产生了差别。近期利用遗传科学进行研究得出虽然畜种在外形上存在差别,但在品种上没有明显差异。

另外,1940 年蒙古国学者及研究人员出版了本国畜牧业方面的书籍。例如,将动物学运用到游牧业的 Ж.Самбуу(扎·桑布)(1935、1945 年)出版的《关于民间游牧畜牧业经营方式》和《给牧民的畜牧业训令》、Б.Дорж(博·道尔吉)(1936 年)所著的《给牧民的建议》和《戈壁植物》等作品也做出了贡献。1960 年之后,蒙古国学者对研究本国草原畜牧业做出了巨大贡献。例如,凝结着蒙古国学者共同心血的《蒙古国草原畜牧经验与方法》(总编辑 М. Даш(玛·达西)(1966)、《牧民记事》(1978)、《草原畜牧的经营方法》(1980)、《蒙古国畜牧业纲要》(1982)、《蒙古牧民书》(2008)等著作中的研究就传统"五畜"的培育、管理及放牧个性的基础上与自然带、四季更迭、气候条件相结合进行了详细描述。Н.Жагварал(那·扎嘎瓦日拉)、М.Даш(玛·达西)、Р.Жавзмаа(拉·扎瓦扎玛)、Б.Аюуш(巴·阿姚西)、О.Шагдарсүрэн(奥·沙格德尔苏荣)、Д. Цэдэв(德·车德瓦)、Д.Гончиг(德·官其格)、Т.Батэрдэнэ(特·巴图额尔登)、С.Цэрэндулам(萨·其仁都丽玛)、М.Наваанчимид(玛·那万其木德)、М.Төмөржав(玛·特木日扎瓦)、Р. Индра(拉·音德拉)、Г. Чадраабал(格·查达日巴勒)、Д.Больхорлоо(达·宝勒浩日勒)、Б. Минжигдорж(巴·明基格道尔吉)、Д. Базаргүр(达·巴扎日古日)、Ц.Жанчив(其·张其瓦)、Б.Лувсан(巴·罗布桑)等学者对蒙古国畜牧业研究做出了巨大的贡献(Б.Минжигдорж and Г.Самбуу,2013)。

为促进畜牧业发展,自 1963 年起在提高幼畜繁殖率阶段,采用了冷室育羔的先进技术。在 70% 的半细毛羊养殖户、30% 的粗毛和半粗毛羊养殖户、15% 的卡拉库尔羊的养殖户中推广了该技术。而且奶牛养殖和肉牛养殖中使用断奶方式培育牛犊，50%采用母乳喂养方式培育，25%的肉牛用半母乳喂养方式培育。这些针对畜牧业品种改良的方法在专业人员的操作下使牲畜繁殖率显著提高。

从表 29-8 来看，1940 年在蒙古国范围内共培育了 650 万只幼畜，至 1990 年培育了 950 万只幼畜，增长了 1.5 倍。在此期间每 100 只母畜所产的幼畜从 54 只增长至 83 只，增长了 39 只。在 1990~2010 年虽然牲畜私有化，但是因为遗失了既有的牲畜改良方法，每 100 只母畜所产的幼畜数量因气候原因存活率没有显著提高。在此期间培育的幼畜数量没有达到 1990 年培育的水平。除了 2005 年，每 100 只种畜培育的幼畜数量除了骆驼以外，其他种类牲畜与 1990 年的数据不相上下。2010 年，大部分地区受自然灾害影响，幼畜培育受到了直接影响。前所未有的幼畜损失也表明了畜牧业的脆弱性和风险性。在之后的 4 年中由于未遇到干旱、雪灾等自然灾害，培育的种畜数量明显增长。畜牧业的一个重要经济支撑就是种畜生产环节。从研究中可看出纯种和杂交的牲畜数量，覆盖范围的增大影响了牲畜的利润、出售价格及质量的增长。例如，年产量达 3000g 羊毛的细毛与较细毛绵羊，年产量达 500g 羊绒的山羊，年产量达 2500~3000L 牛奶的奶牛，65~70kg 肉的羊，400~500kg 肉的牛，这些品种的增多是在畜牧业领域推广了先进的科学繁殖技术的结果。

表 29-8　培育的、损失的及每 100 头母畜所产幼畜数量

年份	培育数量（千头）	损失数量（千头）	每 100 头母畜所产幼畜数量					
			总数	驼羔	马驹	牛犊	绵羊羔	山羊羔
1940	6 516.6	1236.7	54	34	43	57	56	52
1950	6 665.1	675.	68	33	49	65	75	66
1960	6 226.7	933.6	58	37	47	58	62	52
1970	7 741.5	808.0	78	35	53	69	83	80
1980	8 483.4	1511.2	72	33	48	62	76	70
1985	8 348.9	1004.5	76	39	57	65	81	73
1990	9 519.1	448.5	83	38	61	70	88	82
1995	9 012.4	785.6	78	40	69	79	79	80
2000	8 273.3	1745.0	59	32	40	55	65	55
2005	9 333.0	580.7	84	44	69	80	87	83
2010	7 399.2	3476.5	39	41	42	53	45	31
2012	13 379.0	194，4	85	55	74	78	89	84
2014	17 246.0	687.0	89	53	81	85	91	88

资料来源：Буянхишиг and Дэшин, 2013；Монгол Улсын Статистикийн эмхэтгэл, 2014；БНМАУ-ын Хөдөө аж ахуйн хөгжилт 60 жилд, 1981；Монгол Улсын хөдөө аж ахуй 1971-1995 онд, 1996；Хөдөө аж ахуй салбар, 2014

从表 29-9 看，1990 年时从每只牲畜获取的畜产品比 1960 年增长较多，其中，羊毛增长 261g、驼毛增长 250g、羊绒增长 95g。牲畜生产收益的提高代表了畜产品生产量的增长，尤其是肉类生产企业数量受牲畜及屠宰量直接影响，牛奶生产企业数量受奶牛头数直接影响，这些畜产品与繁育工作的最终成效有很大关系。

表 29-9 每头牲畜生产收益

年份	生产收益				
	羊毛（g）	驼毛（g）	山羊毛（g）	羊绒（g）	一头牛的产奶量（L）
1960	1186	4104	195	200	344
1965	1430	4858	225	259	318
1970	1474	5137	231	263	292
1975	1486	4989	226	267	290
1980	1389	5034	189	275	292
1985	1405	4995	180	285	229
1990	1447	4354	—	295	345
1995	1422	4899	—	290	321
2006	1182	3812	—	301	497
2010	1620	4221	—	450	500

资料来源：Буянхишиг and Дээшин, 2013；Монгол Улсын Статистикийн эмхэтгэл, 2014；БНМАУ-ын Хөдөө аж ахуйн хөгжилт 60 жилд, 1981；Монгол Улсын хөдөө аж ахуй 1971-1995 онд, 1996；Хөдөө аж ахуйн салбар, 2014

　　从表 29-10 来看，1940～1990 年肉、牛奶、羊毛、羊绒产量的稳定增长表明了技术机构为了改良牲畜品质而采取的措施是正确的、有成效的。在此期间，肉类生产屠宰量增长 1.2 倍、牛奶产量增加 30.3%、羊毛产量增加 14.7%、羊绒产量增加 50%。以上数据表明，家畜繁育机构具备覆盖全国的信息网络、设备及人才，可向牧民提供优质的服务，这给畜牧业生产领域带来了良好的影响。

表 29-10 畜产品生产

年份	屠宰量（×10³t）	牛奶（×10³t）	羊毛（×10³t）	驼毛（×10³t）	羊绒（×10²t）	皮革（×10²万匹）
1940	111	242.2	18.4	2.9	1.0	2.4
1950	157.3	240.8	15	3.7	1.0	1.8
1960	184.5	227.7	15.2	3.5	1.2	2.5
1970	179.8	220.6	19.2	3.3	1.0	3.8
1980	226.8	225.7	20.1	3.1	1.3	5.7
1990	248.9	315.7	21.1	2.4	1.5	4.5
1995	211.7	361.9	17.3	1.68	2.02	4.1
2000	160.3	375.6	21.7	1.3	3.1	3.7
2005	183.9	425.8	14.1	1.0	3.7	6.9
2010	204.4	338.4	23.5	1.07	6.3	16.8
2012	220.4	511.0	19.1	1.08	5.0	8.7
2014	294.5	765.4	22.4	1.51	7.73	9.28

资料来源：Буянхишиг and Дээшин, 2013；Монгол Улсын Статистикийн эмхэтгэл, 2014；БНМАУ-ын Хөдөө аж ахуйн хөгжилт 60 жилд, 1981；Монгол Улсын хөдөө аж ахуй 1971-1995 онд, 1996；Хөдөө аж ахуйн салбар, 2014

第三十章　牲畜选择养殖（选育）

第一节　现有牲畜品种资源

　　丰美的草原、古老的畜牧文明、勤劳智慧的各族农牧民，为家畜品种的孕育提供了条件和可能。内蒙古自治区，几千年来培养繁育出一批适应当地条件、生产性能良好、遗传性能稳定、分布范围广、数量多的畜禽品种。这些畜禽品种，根据其来源和形成过程，分为地方品种、培育品种和引入良种。

　　地方品种，主要为蒙古系品种，它们不仅是内蒙古地区发展畜牧业的重要支柱，而且汇集了多种优良性状的基因，具有适应性强、耐粗放管理、易于饲养、体质健壮、抗灾抗病能力强等特点，为全区优良品种牲畜的培育提供了优良的母本。丰富的地方品种资源，成为宝贵的基因库，对今后的育种工作仍将起着不可估量的作用。在这些地方品种牲畜中，囊括了许多良种，有源于蒙古牛、胜于蒙古牛的乌珠穆沁牛，有以"肉中人参"称号闻名遐迩的苏尼特羊，外貌清秀、耐粗饲、产奶量较高的布特哈奶山羊，享有"纤维宝石""软黄金"盛誉的内蒙古白绒山羊，内蒙古四大名马——百岔铁蹄马、乌珠穆沁马、乌审马、阿巴嘎黑马，世界珍贵的裘皮羊种滩羊，素有"沙漠之舟"美称、能驮善走的苏尼特双峰驼，肉脂兼用、一胎多仔的河套大耳猪，役用性能好、善走山路的库伦驴，国家Ⅱ类重点保护动物、中国唯一的鹿类家畜——驯鹿，以及呼伦贝尔羊、乌珠穆沁白山羊、锡尼河马、边鸡等。

　　为加快家畜改良和育种工作的步伐，内蒙古曾先后引入 50 多个国内外品种进行纯种繁殖和用于杂交改良。引入的国外良种主要有：西门塔尔牛、利木赞牛、夏洛来牛、海福特牛、安格斯牛、荷斯坦奶牛、澳洲美利奴羊、多赛特羊、无角陶赛特羊、萨福克羊、杜泊羊、萨能奶山羊、卡巴金马、顿河马、英纯血马、巴克夏猪、约克夏猪、长白猪、苏白猪、迪卡–沃伦鸡、伊沙蛋鸡、爱拔益加肉鸡、爱维茵肉鸡等。

　　内蒙古从 20 世纪 50 年代开始开展大规模的家畜育种工作。经过 60 年的努力，通过杂交改良和本地品种选育，先后培育出 28 个家畜新品种（品系）或品种群，成为全国培育家畜新品种最多的省份之一。自治区成立后，育成了三河马、内蒙古三河牛、草原红牛、中国荷斯坦牛、内蒙古细毛羊、敖汉细毛羊、鄂尔多斯细毛羊、中国美利奴羊（科尔沁型）、内蒙古半细毛羊、中国卡拉库尔羊、巴美肉羊、昭乌达肉羊、察哈尔羊、内蒙古黑猪、内蒙古白猪等品种（品种群、品系），总数量超过千万头。这些培育品种的共同特点是：既保留了当地品种对自然环境的适应性，又具有优良的生产性能，它们的产品产量多、质量好、产值高，成为内蒙古畜牧业的"瑰宝"。内蒙古三河牛是全国牧区培育的第一个乳肉兼用型奶牛新品种，至今仍独树一帜，它体躯宽大，结构匀称，平均年产乳 3145kg，乳脂率 4.10～4.40，屠宰率 50%～55%。三

河马驰名区内外，它体高俊美，外貌悍威，力速兼备，1000m 的速度为 1 分 7 秒，曾
饮誉中国赛马界，在亚洲也享有盛名。中国美利奴科尔沁型细毛羊，身躯丰满，结构
紧凑，适应性强，生产性能高，羊毛综合品质接近澳洲美利奴羊，污毛产量成年公羊
18.9kg、母羊 6.7kg，毛纤维长度在 9.7～11.8cm，羊毛细度 60～64 支。培育出的巴美
肉羊和昭乌达肉羊新品种，填补了国内杂交肉羊品种的空白。这些品种经过全区各族
人民长期的饲养和选育，品质优良、遗传稳定，保持独特的生产性能，它们不仅是内
蒙古畜牧业的畜禽品种资源支柱，而且对国内其他家畜品种的形成和发展都有深远的
影响。

20 世纪 80 年代以来，由于家畜改良事业的发展，各类改良种牲畜在畜群中的比
重迅速上升。经过 30 余年的畜禽资源的演变和发展，优良品种数量不断增长且优良品
质不断提高。1997 年，内蒙古良种、改良种牲畜为 3825.15 万头（只），占牲畜总数的
63.69%，其中，良种牲畜为 1201.77 万头（只），占牲畜总数的 20.01%（高雪峰，1998）。
2014 年牧业年度，全区良种、改良种牲畜达到 6579.25 万头（只），其中，改良种牲畜
（大牲畜和羊合计）为 3536.13 万头（只），占全区牲畜总头数的 49.95%（表 30-1）。
这些改良种牲畜，在发挥杂种优势、提高畜产品产量和质量方面，在提高个体生产性
能、提供合乎理想的育种群方面，都起到了重要的作用。

表 30-1　2014 年能繁殖母畜、耕畜及改良畜　[单位：万头（只）]

项目		能繁殖母畜	耕畜	良种牲畜	改良种牲畜
大牲畜和羊合计		4367.24	75.10	2436.27	3536.13
大牲畜		513.89	75.10	316.06	431.51
	牛	426.98	11.10	264.33	339.07
	马	36.01	13.37	25.47	29.70
	驴	44.45	34.96	18.19	57.61
	骡		15.35		4.83
	骆驼	6.45	0.33	8.06	0.29
羊		3853.35		2120.21	3104.62
	绵羊	2734.17		1467.84	2223.01
	山羊	1119.18		652.37	881.60
猪		83.66		238.88	367.97

资料来源：《内蒙古统计年鉴》编辑委员会，2015

据 2011 年全国畜禽遗传资源调查与梳理，收录在册的部分地方品种和培育品种与
往年相比有了一些变化，内蒙古畜禽品种资源有较大变化（表 30-2）。由于某些品种数
量逐年下降，种群品质出现退化，所以部分畜禽品种面临灭绝危险，采取果断措施遏制
家畜遗传多样性的减少已成为一项刻不容缓的任务。

表 30-2　内蒙古自治区畜禽品种资源

品种类型	年份	品种名称	数量(个)
地方品种	1984 年	蒙古牛、乌珠穆沁牛、三河牛、蒙古羊、乌珠穆沁羊、滩羊、内蒙古白绒山羊、布特哈奶山羊、蒙古马、乌珠穆沁马、百岔马、乌审马、三河马、锡尼河马、阿拉善双峰驼、苏尼特双峰驼、库伦驴、河套大耳猪、金宝屯猪、边鸡、驯鹿	21
	2002 年	蒙古牛、蒙古羊、滩羊、呼伦贝尔羊、布特哈奶山羊、蒙古马、百岔马、乌审马、锡尼河马、鄂伦春马、苏尼特双峰驼、库伦驴、河套大耳猪、金宝屯猪、边鸡、驯鹿	16
	2011 年	蒙古牛、蒙古羊、滩羊、呼伦贝尔羊、乌珠穆沁羊、苏尼特羊、乌珠穆沁白山羊、乌冉克羊、内蒙古白绒山羊、蒙古马、锡尼河马、阿巴嘎黑马、鄂伦春马、阿拉善双峰驼、苏尼特双峰驼、库伦驴、河套大耳猪、边鸡、驯鹿	19
主要引入国外良种	1984 年	短角牛、西门塔尔牛、茨盖羊、卡拉库尔羊、卡巴金马	5
	2002 年	西门塔尔牛、利木赞牛、夏洛来牛、安格斯牛、海福特牛、短角牛、荷斯坦牛、皮尔蒙特牛、丹麦红牛、澳洲美利奴细毛羊、德国美利奴羊、多赛特羊、萨福克羊、茨盖羊、特克赛尔羊、林肯羊、罗姆尼羊、安哥拉山羊、英纯血马、美国迪卡配套系猪、巴克夏猪、约克夏猪、长白猪、苏白猪、迪卡–沃伦鸡、伊沙蛋鸡、爱拔益加肉鸡、爱维茵肉鸡	29
	2011 年	短角牛、西门塔尔牛、利木赞牛、夏洛来肉牛、安格斯牛、海福特牛、荷斯坦牛、墨累灰牛、丹麦黑白花牛、皮尔蒙特牛、丹麦红牛、澳洲美利奴细毛羊、德国美利奴羊、多赛特羊、萨福克羊、茨盖羊、特克赛尔羊、林肯羊、罗姆尼羊、安哥拉山羊、澳美细毛羊、高加索细毛羊、苏联美利奴细毛羊、南非美利奴羊、阿斯卡尼细毛羊、萨里斯克羊、斯大夫洛坡细毛羊、阿尔泰细毛羊、澳波羊、波尔华斯羊、考力代羊、夏洛莱羊、杜泊羊、卡拉库尔羊、澳洲白绵羊、萨能奶山羊、卡巴金马、阿哈捷金马、顿河马、苏维埃重挽马、苏纯血马、苏高血马、奥尔洛夫速步马、阿尔登马、巴克夏猪、约克夏猪、长白猪、苏白猪、杜洛克猪	49
培育品种	1984 年	草原红牛、中国荷斯坦牛、内蒙古细毛羊、敖汉细毛羊、鄂尔多斯细毛羊、科尔沁马、锡林郭勒马、内蒙古黑猪（品种群）、乌兰哈达猪	9
	2002 年	三河牛、草原红牛、中国荷斯坦牛、科尔沁牛、乌珠穆沁羊、苏尼特羊、中国卡拉库尔羊、内蒙古细毛羊、敖汉细毛羊、鄂尔多斯细毛羊、中国美利奴（科尔沁型）细毛羊、科尔沁细毛羊、兴安细毛羊、乌兰察布细毛羊、呼伦贝尔细毛羊、内蒙古半细毛羊、内蒙古白绒山羊、乌珠穆沁白绒山羊、罕山白绒山羊、三河马、锡林郭勒马、阿拉善双峰驼、内蒙古黑猪（品种群）、乌兰哈达猪、内蒙古白猪（品系）	25
	2011 年	三河牛、草原红牛、中国荷斯坦牛、中国西门塔尔牛（草原类群）、三河马、锡林郭勒马、科尔沁马、罕山白绒山羊、内蒙古细毛羊、敖汉细毛羊、鄂尔多斯细毛羊、中国美利奴（科尔沁型）细毛羊、科尔沁细毛羊、兴安细毛羊、乌兰察布细毛羊、呼伦贝尔细毛羊、内蒙古半细毛羊、中国卡拉库尔羊、巴美肉羊、昭乌达肉羊（2011 年底）、察哈尔羊（2013 年）	21

资料来源：涂友仁，1985；高雪峰，1998；内蒙古自治区农牧业厅，2004；国家畜禽遗传资源委员会，2011

第二节　畜种遗传资源保护

内蒙古自治区畜禽品种资源保护工作从新中国成立初期开始，20 世纪 70 年代起在内蒙古自治区政府有关部门的组织领导下，成立了家畜家禽品种资源调查办公室和家畜家禽品种志编辑委员会，对全区家畜品种进行了广泛深入的调查，摸清了当时畜禽品种资源的情况，编写了《内蒙古家畜家禽品种志》，先后颁布了《内蒙古自治区牲畜管理暂行条例》（1949 年）、《内蒙古自治区牲畜管理办法》（1954 年）、《内蒙古自治区良种牲畜管理办法》（1959 年）、《内蒙古自治区良种家畜管理办法》（1989 年）、《内蒙古自治区家畜家禽改良方向区域规划》（1992 年）、《内蒙古自治区种畜禽管理条例》（1998 年），目前正在酝酿尽早出台《内蒙古自治区种畜禽管理条例》实施细则。将品种资源保护纳入法制化轨道，促进了自治区畜禽品种资源的保护和合理利用开发工作，有效地保护了内蒙古畜禽品种资源。牲畜遗传资源保护工作可采取以下办法：第一是活体保种，通过在资源原产地建立保种场和保护区的方式进行活体保存；第二是建立基因库，采取冷冻精液技术、冷冻胚胎技术和基因保存技术建立畜禽品种资源基因保护库。

活体保种。这种方法需要在资源原产地制定相关的保护政策和建立相应的资源保护技术标准，配备一定的技术力量，优点是原产地品种资源来源丰富，品种的适应性强，并且可以随时观察品种的特性等，在需要时能迅速扩充该品种的数量，满足需求。缺点是占用场地较大，所需保种费用较高，技术要求较高，优秀群体和个体生理利用年限短。由于目前国家财力还不能保证所有畜禽品种的保种需求，加上一般基层技术力量较弱，要做到真正意义上的保种难度很大。内蒙古已经付诸实践，2002 年内蒙古自治区畜牧厅向农业部和内蒙古自治区人民政府提出蒙古牛保种计划，2003 年 8 月内蒙古自治区家畜改良工作站承担了蒙古牛的保种任务。2004 年 7 月共采集了蒙古牛 11 枚胚胎和 6000 剂冷冻精液，由全国畜牧兽医总站畜禽牧草种子资源保存利用中心保存。蒙古牛 1988 年收录于《中国牛品种志》，2000 年列入《国家畜禽品种保护名录》，2006 年列入《国家畜禽遗传资源保护名录》。

基因库保护。内蒙古自治区畜禽品种资源基因保护库的建立，填补了内蒙古没有畜禽品种基因保护库的空白。同时，把自治区原始珍贵濒危品种永久保存在基因库中，避免优秀畜禽品种基因的丢失，确保祖先遗留下来的原始基因的延续和发展，有效地巩固了畜牧业发展的原始根源，为内蒙古畜禽育种资源奠定了基础。通过胚胎移植生物高新技术，对蒙古牛、内蒙古白绒山羊（阿拉善型、阿尔巴斯型、二郎山型）、乌珠穆沁羊和苏尼特羊等地方优良遗传资源品种进行保存。同时，阿拉善双峰驼、苏尼特双峰驼、蒙古马等畜种保护利用取得了阶段性成果。目前，先后制作保存内蒙古白绒山羊胚胎 700 余枚（阿拉善型白绒山羊胚胎、阿尔巴斯型白绒山羊胚胎、二郎山型白绒山羊胚胎），乌珠穆沁羊胚胎近 300 枚，苏尼特羊胚胎 200 余枚，蒙古牛胚胎 200 余枚和 3 万剂蒙古牛冷冻精液（内蒙古自治区农牧业厅内蒙古家畜改良工作站，2012）。

第三节　草原"五畜"品种选育及改良发展沿革与成就

一、内蒙古地区家畜地方良种选育与品种培育

（一）早期发展沿革

内蒙古地区家畜选育改良源远流长。

《史记·匈奴列传》记述：早在唐虞时代（公元前 20 世纪），羸（马骡）、駃马足（驴骡）已被山戎、猃狁、荤粥等部族饲养。唐代（公元 618～907 年）突厥马闻名中原。史载："突厥马技艺绝伦，筋骨合度，其能致远，田猎之用无比。"辽代会同二年（公元 939 年），辽太宗耶律德光曾把产于今呼伦贝尔三河地区的乌古马作为珍贵礼物送给后晋皇帝石敬瑭。历代王朝也在今内蒙古地区先后建立牧场、培育种畜和引种改良。西汉时设牧师苑 36 所，分布在河西六郡界中（含今内蒙古鄂尔多斯、额济纳等地）。北魏太武

帝平定统万，以河西水草丰盛，乃为牧地，养马200余万匹，骆驼100余万头，牛羊无数。元世祖中统四年（1260年）忽必烈设群牧所，经查证内蒙古地区有三处。

清代后，引种和家畜杂交改良活动渐多。清雍正、乾隆年间（1723～1795年），朝廷官吏曾将大骨鸡带入宣宁县（今凉城、卓资一带）驯化繁衍。1898年俄国修建中东铁路时带入少量奶牛散居于滨洲沿线，形成自发性的黄牛改良。1904年前后，俄国人经常在额尔古纳右旗过冬或定居，携有后贝加尔马，与当地蒙古马杂交。部分俄国侨民把奶山羊带入呼伦贝尔地区。1901年左右，清政府为了提高察哈尔牧场马群质量，先后引入德国公马1匹，俄国公马3匹，母马1匹，伊犁公母马各200匹。1913年中华民国农商部在察哈尔设第一种畜试验场。1917年俄国十月革命后，俄国侨民携带部分后贝加尔马、含有奥尔洛夫马血液的改良马、西门塔尔牛、后贝加尔牛和西伯利亚牛到额尔古纳右旗三河、上库力一带定居，这些外来马、牛与当地马、牛混交，影响较深。1931年"九·一八"事变后，日本侵略者为了获得军马，曾在内蒙古东部进行马匹改良工作。1934年伪满洲国马政局在兴安北省建立海拉尔种马场。1936年在兴安省建立通辽马场。1937年在兴安南省建立索伦种马育成场。1939年在兴安西省建立开鲁种马场。4个马场共饲养种马1471匹，有贝尔修伦、盎格鲁阿拉伯、盎格鲁诺曼、阿拉伯、奇特兰、英纯血、美速步等品种。伪满洲国兴安各省曾引入短角牛、美利奴羊、克利迭尔羊、约克夏猪、巴克夏猪等品种，进行杂交改良。

内蒙古自治区成立后，家畜杂交改良工作可分为三个阶段（《内蒙古自治区志科学技术志》编委会，1997）。

1. 1947～1955年试验试点阶段

1949年11月，内蒙古自治区党委向中共中央东北局的工作报告中，第一次提出"广泛利用科学方法，进行防疫，改良畜种……"。

1950年前后，内蒙古地区建立起第一批国营种畜场和配种站，并从国外引进种畜。1950年自治区人民政府农牧部决定恢复日伪残存的布特哈旗（今扎兰屯市）卧牛河种畜场。在阿荣旗设种马站3处，以三河马与当地蒙古马杂交。首批从苏联引进卡巴金马，同年绥远省在包头市建立麻池种马场。1951年绥远省建立集宁、卓资、萨拉齐、土默特、归绥种马配种站，以苏纯血、卡巴金马重点试行民马改良。同年，从苏联首批引进茨盖羊在武川县建立种羊场。

1951年，敖汉种羊场以苏联美利奴羊为主要父本，开展绵羊杂交改良工作。1952年，在武川县建立绵羊人工授精站。锡林郭勒盟在重点国营农牧场和群众中开展绵羊改良，并选定正蓝旗、太仆寺旗和多伦县引用卡巴金马、苏高血马、苏纯血马、顿河马、三河马等，开展马匹杂交改良。同年，绥远省农林厅在集宁市召开第一届苏联马杂种驹比赛大会。1953年，昭乌达盟（今赤峰市）和锡林郭勒盟开始用加拿大乳用短角牛与当地蒙古牛杂交。同年12月，中共中央蒙绥分局第一次牧区工作会议决定："有计划地改良品种，提高牲畜质量。"

截至1954年年底，内蒙古共建种马配种站31处，种牛配种站5处，种羊配种站20处。茨盖×蒙古羊一代杂交羊与当地同龄蒙古羊对比，杂种羊平均剪春毛较当地蒙古羊提高 74%。苏联羊×蒙古羊一代一岁半母羊平均产毛量 3.24kg，较当地蒙古羊高160.8%。

2. 1956～1959 年起步与发展阶段

1956 年内蒙古自治区家畜改良，特别是绵羊改良开始起步和发展。《内蒙古自治区1956 年到 1967 年农林牧业发展规划（草案）》要求，"到 1967 年，改良牛达到 100 万只，改良马达到 45 万匹，改良羊达到 1000 万只"。1956 年 5 月，自治区农牧厅召开全区绵羊改良座谈会。6 月，自治区农牧厅两次从新疆巩乃斯种羊场接回新疆细毛种羊，同年设绵羊良种站、育种站各一处。到 1956 年年底，全区杂交配种母羊为 1950～1955 年总数的 3 倍。

1957 年 8 月，自治区绵羊改良工作队成立。1958 年自治区畜牧厅下达《内蒙古自治区绵羊改良工作技术措施方案》。6 月，自治区人民委员会批转《内蒙古自治区绵羊配种站交社（农、牧业生产合作社）方案》，将绵羊配种站、种公羊、人工授精器材下放人民公社，为大规模开展绵羊改良进行准备。

1958 年，自治区畜牧厅召开首届全区绵羊改良工作会议。7 月，国家农业部在敖汉旗召开全国羊只繁殖改良现场会议。9 月，自治区畜牧厅组建内蒙古自治区家畜改良局。1958 年全区引进新疆、苏联美利奴等种公羊 9955 只，培训农牧业社人工授精技术员 7487人，建立配种站 2195 处，人工输精点 1430 处，改良配种绵羊 280 万只，占适龄母羊总数的 60%，为自治区成立后 11 年绵羊改良配种总数的 4.5 倍。

1959 年，内蒙古全面开展马、牛、羊的杂交改良。4 月，自治区人民委员会转发自治区畜牧厅《关于 1959 年家畜改良辅导站设置办法方案》，决定建立盟级和旗县级家畜改良辅导站 50 处。当年，绵羊人工授精站达到 4228 处，输精点 3340 个；马人工授精站达到 380 处；牛人工授精站达到 577 处。人民公社人工授精技术员达到 13 000 余名。当年，自治区畜牧厅在察右后旗召开全区改良羊饲养管理现场会。

3. 1960～1987 年改良和育种并进阶段

1959 年，国家农业部召开全国家畜家禽育种工作会议后，内蒙古地区出现了家畜改良和育种齐头并进的局面。1960 年 2 月，自治区畜牧厅、农牧场管理局联合召开了全区家畜家禽育种工作会议并下达《内蒙古自治区人民公社及国营农牧场家畜家禽育种规划（1960—1969 年）》。同年 3 月、4 月，自治区畜牧厅分别在太仆寺旗和科尔沁右翼前旗召开东、西部大家畜繁殖改良工作会议。同年 9 月，内蒙古自治区党委第九次牧区工作会议讨论修订了《内蒙古自治区 1960 年—1967 年家畜改良规划（草案）》。当年，推广卵用和肉卵兼用鸡。从苏联进口黑、灰色卡拉库尔羊。

1960 年 4 月，自治区人民委员会发出批转自治区畜牧厅《关于全区家畜家禽品种调查工作报告》的通知，要求在 1959 年优良畜禽品种调查的基础上，进行一次系统、全面的畜禽品种调查。后由自治区畜牧厅组织家畜改良局和内蒙古畜牧兽医学院（今内蒙古农牧学院）共同完成，并编写家畜品种调查报告。

1963 年 1 月，自治区人民委员会发出《关于保护良种公畜及改良牲畜的紧急通知》。

1966 年 6 月，全区良种改良种牲畜已达到 367.37 万头（只），比 1958 年增长 7.5 倍。

1972 年 3 月，自治区畜牧局召开的全区家畜改良工作座谈会研究确定，对已经达到羊毛同质的（细毛改良羊 60 支以上，半细毛改良羊 44～56 支）改良羊，组织横交固定试验。

20 世纪 70 年代中期开始，自治区育种工作卓见成效。1976～1987 年，共育成新品种、品种群 10 个。1974 年内蒙古三北种羊场还培育出金、银两色卡拉库尔羊。

1977～1981 年，自治区畜牧局、农牧场总局和内蒙古农牧学院，在国家农牧渔业部畜牧局和中国农业科学院组织下，分两次在自治区范围内开展家畜家禽品种资源调查，编写了《内蒙古家畜家禽品种志》，1985 年由内蒙古人民出版社出版发行。

1982 年，在包头市郊区、五原县进行中粗毛（40～56 支）及肥羔生产试验研究，用林肯、边区莱斯特等长毛品种公羊和当地蒙古羊进行杂交。后代体大健壮，羊毛粗长，是地毯、提花毛毯和中粗毛线的优质原料。肥羔屠宰 110 只，胴体重平均 20.88kg，屠宰率 40.49%。

截至 1987 年年底，全区良种改良种牲畜发展到 1347.98 万头（只），占牲畜总头数的 41.2%，其中，良种改良种绵羊 1141.97 万只，占绵羊总数的 61.85%；良种改良种猪 138.9 万头；良种改良种鸡 2265 万只。

（二）技术措施

1. 人工授精技术

家畜人工授精技术国际上始于 19 世纪末、20 世纪初，内蒙古地区始于 20 世纪 50 年代初期。长期以来大面积施行的是常温精液人工授精技术。1950 年，自治区农牧部在阿荣旗建立第一批国营种马配种站。1951 年，全区建立种马配种站 13 处，种牛配种站 1 处，种羊配种站 4 处。敖汉种羊场率先推行了绵羊人工授精，锡林郭勒种畜场（今白音锡勒种畜场）率先开始了牛的人工授精。1954 年，此项技术由点向面推开。1955 年，重点试行绵羊人工授精技术交由人民公社自办。1957 年，人工授精技术全面普及，自治区颁发了《绵羊人工授精操作程序》。1958 年，自治区人民委员会决定将公营绵羊配种站交由人民公社自办。同年，人民公社自办的绵羊人工授精站发展到 3435 处，培训群众性的人工授精技术员 7487 名，公营种马配种站达到 79 处，种牛配种站达到 20 处，全年配种改良绵羊 280 万只，马 1.4 万匹，牛 2.9 万头。在此基础上，1959 年配种母马 7.1 万匹，母牛 20.6 万头，母羊 826.6 万只。至此，人工授精技术已成为内蒙古自治区家畜改良事业中必不可少的一项重要措施，并长期应用。

2. 冷冻精液配种技术（冷配技术）

冷冻精液配种是人工授精技术上的一项创新，国际上始于 20 世纪 40 年代。1956 年，内蒙古自治区首先应用冷冻精液进行人工授精。当年，在大黑河奶牛场，第一次用短角牛的冷冻精液为 7 头母牛人工输精受胎 4 头，受胎率达到 57.1%。以后，此项技术中断了 18 年，1973 年继续试点，在正蓝旗进行了 777 头牛的冷配，受胎 583 头，受胎率达 75%。1974 年，在达茂旗进行了 104 只绵羊的冷配，情期受胎率为 27%。同年，黄牛冷配技术开始较大范围推行，全年冷配黄牛 1.6 万头。1975 年，自治区畜牧厅在达拉特旗三顷地建立全区第一处冷冻精液供应站。1975～1980 年，全区共建冷冻精液供应站、冷源供应站各 7 处，液氮罐制造厂 1 处，冷冻精液和液氮生产已形成规模，达到自给。1980 年 4 月，自治区畜牧局召开的全区家畜改良工作会议确定"牛的改良要坚持冷冻精液配种和常温人工授精相结合。……在已确定的养牛基地或牛比较集中的地区，要坚持以冷冻精液配种为主"。1981 年以后，冷配技术特别是牛的冷配技术得到广泛应用。1987 年 6 月，自治区标准计量局发布《羊冷冻精液》（地方标准）；1988 年 5 月，自治区标准计量局发布《马、驴冷冻精液质量标准》（地方标准）和《马、驴冷冻精液制作和使用规程》（地方标准）。1984 年 1 月，国家标准计量局发布《牛冷冻精液》（国家标准）。

3. 应用孕马血清促进绵羊多胎

应用孕马血清（PMSG）是通过体液调节提高绵羊繁殖率的措施之一。早在 20 世纪 30 年代就有许多国家开始探索，50 年代进行研究的国家逐渐增多。

1955 年，敖汉种羊场在全区率先进行这项技术试验，连续 3 年最高双胎率达到 59%，并有部分 3 羔。1958 年 7 月国家农业部在敖汉旗召开的全国羊只繁殖改良现场会议上，肯定了这项试验成果。1959 年该旗又取得了繁殖率 132.2% 的成就，2205 只基础母羊中，产双羔的 872 只，3 羔的 8 只，4 羔的 2 只，高产母羊群的繁殖率达到 191%。

1958～1959 年，自治区畜牧厅派工作组在锡林郭勒种畜场（今白音锡勒牧场）进行专门试验研究，注射孕马血清的新疆细毛羊母羊，繁殖率达到 188.4%，比对照组增加 51.3 个百分点；注射孕马血清的杂种母羊，繁殖率达到 184.5%，比对照组增加 67.1 个百分点。

1959 年 12 月，内蒙古党委发出《关于开展"百母百仔"运动的指示》，促进了孕马血清的应用。1960 年 7 月，自治区人民委员会在《关于全区配冬产母羊的通知》中强调，"为实现百母百仔和提高配种母羊的繁殖率，达到多胎多产，今年要普遍开展孕马血清注射，除个别条件较差地区外，原则上要求一切人工授精的羊都要注射"。同年 9 月，内蒙古党委第九次牧区工作会议讨论修订的《内蒙古自治区 1960—1967 年家畜改良规划（草案）》中提出："大力推广多胎多产措施，……农区、半农半牧区应大力推广注射孕马血清"。1959～1964 年，全区母畜繁殖成活率平均达到 78.2%，比第一个五年计划期间平均高 3.5 个百分点，应用孕马血清对促进绵羊多胎起到一定的作用。

20 世纪 70 年代后，注射孕马血清只作为一种促使母畜超数排卵的技术措施，不在促进绵羊多胎上大面积应用。

4. 促使母畜同期（同步）发情技术

同期发情是采用人为的措施，使处于不同情期阶段的母畜，在预定时期同时发情。

1976～1982 年，主要是进行不同药物效果的试验。1978～1981 年，赤峰市应用黄体酮加孕马血方法做母牛同期发情，取得效果。1982 年，三合激素处理母牛 25 645 头，同期发情率均在 90% 以上。

1983 年以后，促使母畜同期发情作为黄牛冷冻精液人工授精的一项重要的配套措施。1983 年 3 月，自治区畜牧局召开全区推广应用外源激素诱导母牛同期发情技术经验交流会，制定了《技术操作规程（草案）》。同年举办了黄牛冷配及同期发情训练班。全区采用外源激素诱导母牛同期发情，约占冷配母牛总头数的 20%。

开展胚胎移植新技术应用以来，为了使供体母牛和受体母牛的发情同期化，此项技术措施得到广泛应用。

5. 胚胎（受精卵）移植技术

国际上英国科学家最早于 1890 年用家兔试验成功移植胚胎。

1975 年，内蒙古自治区卡拉库尔种羊场 1 只 8 岁卡拉库尔母羊，用孕马血清进行超数排卵处理（注射）后，一次排卵得到 18 个胚胎，经移植后，得到 12 只羔羊。

1978 年 6 月，呼伦贝尔盟畜牧兽医研究所在中国科学院遗传研究所的协助下，对 10 头母牛用外科手术方法移植胚胎获得成功，有 1 头母牛妊娠，移植妊娠率 10%，1979 年 4 月 11 日产一公犊，初生重 40kg。

1976～1979 年，内蒙古大学生物系、广东省牛卵移植研究协作组、中国科学院遗传研究所曾在内蒙古自治区、青海省和广东省等地进行黄牛胚胎移植技术的研究。

1984 年 9 月，呼伦贝尔盟畜牧兽医研究所和法国胚胎公司、海拉尔农牧场管理局、谢尔塔拉种牛场合作，在谢尔塔拉种牛场进行了牛的非手术胚胎移植（方法与人工授精相同）。

1987 年，自治区畜牧局决定兴建具有现代化设备的内蒙古自治区家畜冷冻精液胚胎移植新技术推广站。

6. 体外受精技术

世界上哺乳类体外受精的研究已有 100 多年的历史。

1983 年，内蒙古大学生物系旭日干博士与日本花田章博士在日本农林省畜产试验场获得了山羊体外受精实验成果。实验用山羊精子经过化学药物诱导获能处理，山羊卵子是从 2.5～7 月龄羔羊用 FSH-HCG 超数排卵处理获得的卵泡卵和输卵管卵。受精卵在受精处理后 26h，发育为细胞期胚胎，移植到 5 只受体母羊体内，结果有 1 只受胎成功，并于 1984 年 3 月 9 日，产下一只健壮山羊羔。这是世界上第一例试管山羊。

（三）"五畜"品种主要地方良种特性、产地与分布

为适应内蒙古独特的自然环境条件和广袤而肥美的牧草资源，生活在这片土地上的农牧民以草原畜牧业为主要生产方式，以牛、马、绵羊、山羊和骆驼"五畜"为基本生产资料和生活资料，以此为基础，经过长期实践经验的总结，培育出了具有不同遗传特性和生产性能的家畜品种，这些品种与国外培育出的一些"专用畜种"相比，具有对周围环境的高度适应性、耐粗放管理、抗病性强、繁殖力高、肉质好等优点。这些具有特色的品种本身就是一座天然的基因库，是进行杂种优势利用和进一步培育高产品种的良好原始材料。

1. 蒙古羊

蒙古羊是我国数量最多、分布最广的绵羊品种，属短脂尾羊，为我国三大粗毛绵羊品种之一。蒙古羊原产蒙古高原。主要分布在东北、华北、西北，其他各地也有不同数量的分布。蒙古羊的形成历史，据史书记载，蒙古高原自古是我国北方游牧民族聚居之地，绵羊是他们饲养的主要畜种之一。"大约在公元 1206 年左右，随着成吉思汗建立蒙古汗国，北方各部落形成统一的蒙古民族后，才把饲养的绵羊通称为蒙古羊。"蒙古羊的产区由东北至西南呈狭长形，大兴安岭与阴山山脉自东北向西南横亘于中部，北部为广阔的高平原草场，海拔为 700~1400m，蒙古羊长期以来就是处在这种特定的生态环境条件下，经各地牧民的精心选育而形成的。蒙古羊为我国绵羊业的主要基础品种。在育成我国新疆细毛羊、东北细毛羊、内蒙古细毛羊、敖汉细毛羊及中国卡拉库尔羊过程中，起过重要作用。

2. 乌珠穆沁羊

原产于内蒙古锡林郭勒盟东北部乌珠穆沁草原，系蒙古羊在当地水草丰美、冬季严寒漫长、全年放牧条件下长期繁育所形成的一个特殊类群，是肉脂兼用粗毛羊。品种属短脂尾型绵羊，并以体大、尾大、肉脂多、羔羊生长发育快著称。乌珠穆沁羊主要分布在东、西乌珠穆沁旗及毗邻的锡林浩特市、阿巴嘎旗部分地区。乌珠穆沁羊不但具有适应性强、适于天然草场四季大群放牧饲养、肉脂产量高的特点，而且具有生长发育快、成熟早、肉质细嫩等优点，是一个有发展前途的肉脂兼用粗毛羊品种，适合于肥羔生产。从 1959 年开始有计划地选育，经过 27 年的选育，乌珠穆沁羊数量、质量、生产性能、出栏率、商品率都显著提高。1986 年 10 月，内蒙古自治区人民政府正式命名为'乌珠穆沁羊'。成年公羊体重 84.9kg，母羊体重 68.5kg，平均日增重 50~250g，屠宰率 55.9%，产羔率 100.45%。

3. 苏尼特羊

也称为戈壁羊，是蒙古羊的一个优良类群，形成历史悠久。在放牧条件下，经过长期的自然选择和人工选择，成为具有耐寒、抗旱、生长发育快、生命力强及最能适应荒漠、半荒漠草原的一个肉用地方良种。苏尼特羊体格大、产肉性能好、瘦肉率高、含蛋白质多、脂肪含量低，富有人体所需的各种氨基酸和脂肪酸，是制作"涮羊肉"的最佳原料，深受国内外用户好评。苏尼特羊主要分布在锡林郭勒盟苏尼特左旗和苏尼特右旗、乌兰察布市四子王旗、包头市达尔罕茂明安联合旗、巴彦淖尔市的乌拉特中旗。在长期自然选择的基础上，进入 20 世纪 80 年代以来，经过有组织、有计划的选育，苏尼特羊数量、质量、生产性能明显提高，成为类群整齐、生产性能高、体格大、体质健壮、产肉性能好的优良品种。1997 年 8 月，内蒙古自治区人民政府正式命名为'苏尼特羊'。成年公羊平均体重 78.83kg，母羊 58.92kg，平均日增重 150~250g，平均屠宰率 50.09%，净肉率 45.25%，产羔率 113%。

4. 呼伦贝尔羊

产于呼伦贝尔市新巴尔虎左旗、新巴尔虎右旗、陈巴尔虎旗和鄂温克族自治旗，数量 260 万只左右，也是内蒙古产于呼伦贝尔大草原的地方良种之一。成年公羊平均体重 82.1kg，母羊 62.5kg，平均日增重 150～250g，平均屠宰率 53.8%，净肉率 42.9%，产羔率 110%。

5. 滩羊

主要产于阿拉善盟的阿拉善左旗、阿拉善右旗。鄂尔多斯市鄂托克前旗有少量分布。滩羊是蒙古羊在特定的生态条件下，经过长期的选育形成的裘皮用绵羊品种。1974 年，阿拉善左旗成立滩羊育种委员会，建立滩羊选育点，组建种羊群 2 个，羊 376 只；选育核心群 10 个，羊 2140 只。1981 年，阿拉善左旗建立滩羊育种工作站。内蒙古与宁夏、陕西等省份联合召开了 6 次滩羊育种协作会。经过选育的滩羊，最优花穗——串子花型占 82.2%，次优花穗——软大花型占 17.7%；母羔串子花型占 61.1%，软大花型占 38.8%。

6. 内蒙古白绒山羊

内蒙古白绒山羊是绒肉兼用型地方良种。按主要产区可分为阿尔巴斯、二郎山和阿拉善地区白绒山羊三个部分。阿尔巴斯地区白绒山羊产于鄂尔多斯高原西部的千里山和桌子山一带，主要分布于鄂托克旗和杭锦旗的部分苏木。二郎山地区白绒山羊产于巴彦淖尔市的阴山山脉一带，主要分布于乌拉特中旗、乌拉特后旗、乌拉特前旗和磴口县。阿拉善地区白绒山羊产于阿拉善盟的阿拉善左旗、阿拉善右旗、额济纳旗的部分苏木。内蒙古白绒山羊产区属生态环境严酷的荒漠、半荒漠草原，气候干旱少雨、风大沙多、温度变化剧烈。内蒙古白绒山羊全身被毛纯白色，被毛分内外两层，外层由光泽良好的粗长毛组成，内层由柔软而纤细的绒毛组成。从 20 世纪 60 年代开始，经过 28 年的选育，1988 年 4 月，内蒙古自治区人民政府正式命名'内蒙古白绒山羊'。内蒙古白绒山羊作为新选育成的绒山羊品种，其主要特点是羊绒细、纤维长、光泽好、强度大、白度高、绒毛手感柔软、综合品质优良，在国际上居于领先地位，享有很高声誉，曾获意大利"柴格纳"国际山羊绒奖。成年公羊平均产绒量 483.18g，绒厚度 5.11cm，母羊产绒量 369.95g，绒厚度 4.66cm，抓绒后体重公羊 37.5kg，母羊 27.21kg，净绒率 62.8%，羊绒细度 14.73μm，屠宰率 46.2%，产羔率 103%～110%。

7. 乌珠穆沁白山羊

产于锡林郭勒盟东北部的乌珠穆沁草原，分布于东乌珠穆沁旗全境和西乌珠穆沁旗东部，乌珠穆沁白山羊全年天然放牧管理，生产性能高、抗逆性强、遗传性能稳定。在长期自然选择的基础上，经过开展有计划的本品种选育，使乌珠穆沁白山羊数量大幅度增长、质量显著提高，1994 年 6 月，内蒙古自治区政府正式命名为'乌珠穆沁白山羊'。乌珠穆沁白山羊的特点是个体产绒量高，特一级公羊产绒 640g 左右，特一级母羊产绒 488g 左右，绒纤维细，细度 13～16μm，体型大，产肉性能好、肉质细嫩、味道鲜美。

8. 蒙古牛

蒙古牛原产于蒙古高原地区。在内蒙古，主要分布在锡林郭勒盟、赤峰市、通辽市、兴安盟，即分布在湿润度在 27% 以上的干草原地区。不论任何地区，蒙古牛大多以终年放牧为主，没有棚圈，一般 150~200 头为一群，饲养管理极为粗放。春季积雪融化后，牛群多在河流、湖泊附近游动放牧；7 月、8 月间气候炎热，蚊虻增多，有的地区实行夜牧或放牧于地势较高的草原上；9~10 月蚊虻减少，母牛泌乳旺期已过，这时将牛移到离河流较远而草场好的地方去放牧抓膘；入冬以后，气候严寒，多把牛赶到避风雪的草场放牧。蒙古牛既是种植业的主要动力，又是奶食与肉食的主要来源，在长期不断地进行人工选择和自然选择的基础上，形成现在的蒙古牛。蒙古牛广泛分布于我国北方各省，终年放牧，既无棚圈，又无草料补饲，冬季在防风避雪的地方卧盘。在这样粗放而原始的饲养管理条件下，它仍能繁殖后代，说明蒙古牛的适应性和抓膘能力非常强。蒙古牛是我国北方优良牛种之一。它具有乳、肉、役多种用途，适应寒冷的气候和草原放牧等生态条件。

9. 蒙古马

蒙古马是著名的高寒草原生态类型地方品种，与西欧森林型马、中亚沙漠型马并列世界三大马系。蒙古马足迹遍及欧亚大陆，被誉为"铁蹄马"。在迁徙过程中对苏联著名品种顿河马、卡巴金马等的形成都产生过影响。中国在培育新品种时很多都采用蒙古马为母体进行杂交育种，培育出铁岭挽马、黑龙江马、山丹马等品种。蒙古马体质粗糙结实，体躯粗壮，四肢坚实有力。头粗重，颈短粗，鬐甲宽厚，肋拱圆，腹大四肢短粗。蒙古马在牧区用于骑乘，在农区主要用于使役。持久力强，在艰苦条件下能连续骑乘数日。部分牧区有挤奶的习惯，青草季节每天挤奶 4~5 次，每次 0.5~1kg，年产 300~400kg。秋季屠宰测定，膘情为中上等，宰前重 305kg，屠宰率为 55.4%，净肉率为 46.72%。它们终年群牧在草原上，严冬深雪，不少牧区缺补饲、少棚圈，只能刨雪觅食，表现出耐严寒、耐粗放、耐蚊虻，适应性和抗病力特强的生理特征。

10. 阿拉善双峰驼

阿拉善双峰驼是绒、乳、肉兼用型双峰驼。主要分布在阿拉善盟阿拉善左旗和阿拉善右旗、巴彦淖尔市乌拉特后旗和乌拉特中旗、鄂尔多斯市杭锦旗和鄂托克旗等，1990 年 10 月内蒙古自治区人民政府验收命名为'阿拉善双峰驼'新品种。阿拉善骆驼的分布，是随着大气干燥度的递增，从东向西逐渐增加的，西部荒漠化程度最高的阿拉善盟，是我国双峰驼的集中产区，数量占全国的 1/3 以上。阿拉善双峰驼特征明显、体质结实、结构协调、遗传性能稳定、抗逆性强，绒毛品质优良，兼有绒毛、乳、肉、使役等多种用途，素以"王府驼毛"驰名中外。成年公驼平均体长 172.3cm，产毛重 2.25kg；母驼 168.8cm，产毛 6.0kg；屠宰率 41.8%。体格粗大，体质结实，肌肉筋腱十分发达。

（四）培育的主要品种、品系简介

内蒙古草原牧区培育了适宜草原自然条件的，在区内外闻名遐迩的丰富多样的当家畜种。又以适应性强的土种家畜为基础，运用现代科学技术，培育出草原红牛、内蒙古细毛羊、敖汉细毛羊和鄂尔多斯细毛羊等优良家畜品种。在当今世界畜种资源日趋贫乏，品种逐步单一化的情况下，新品种培育对今后家畜的育种工作将产生很大的影响，起到重要作用。

1. 内蒙古细毛羊

内蒙古细毛羊是内蒙古培育的第一个毛肉兼用细毛羊品种。育种区位于锡林郭勒盟的正蓝旗、太仆寺旗、多伦县、镶黄旗、阿巴嘎旗、锡林浩特市和西乌珠穆沁旗。内蒙古细毛羊是以当地蒙古羊为母本，苏联美利奴羊、高加索美利奴羊、新疆细毛羊和德国美利奴羊等为父本，从 1952 年开始杂交改良。1976 年 12 月，内蒙古自治区人民政府验收命名为'内蒙古毛肉兼用细毛羊'新品种，1985 年后导入澳洲美利奴血液。内蒙古细毛羊被毛纯白，密度适中，细度与长度均匀，细度 60～64 支，以 64 支为主，弯曲正常；成年公羊平均产污毛 14.19kg，毛长 10.4cm，剪毛后体重 89kg；母羊产污毛 6.36kg，毛长 9.0cm，剪毛后体重 45.5kg；屠宰率 48.4%，产羔率 110%～125%，净毛率 47.76%。

2. 敖汉细毛羊

产于内蒙古自治区赤峰市松山区、敖汉旗、翁牛特旗、喀喇沁旗和宁城县，中心产区为敖汉旗。敖汉细毛羊以当地蒙古羊为母本，以苏联美利奴羊、斯达夫羊、高加索羊等为父本，采用育成杂交方法育成，1982 年 6 月内蒙古自治区人民政府验收命名为'敖汉肉毛兼用细毛羊'新品种，1985 年后导入澳美羊血液。敖汉细毛羊被毛密度适中，成年羊 12 个月毛长 7cm 以上，细度以 64 支为主，成年公羊剪毛后体重 77kg 以上，剪毛量 12.5kg 以上；成年母羊剪毛后体重 42kg 以上，剪毛量 5.5kg；净毛率 44.7%，屠宰率 46%，产羔率 132.7%。

3. 鄂尔多斯细毛羊

产于鄂尔多斯市乌审旗、鄂托克前旗、伊金霍洛旗、杭锦旗和鄂托克旗等。鄂尔多斯细毛羊是以当地蒙古羊为母本，新疆细毛羊、苏联美利奴羊为父本，并引入波尔华斯、澳波种公羊，经过杂交培育而成。从 1952 年开始杂交改良，1985 年，内蒙古自治区人民政府正式命名为'鄂尔多斯细毛羊'新品种。鄂尔多斯细毛羊被毛洁白，密度适中，细度均匀，以 64 支为主，有明显的正常弯曲，油汗呈白色或乳白色，含量适中，分布均匀，12 个月体侧毛自然长度公羊为 8cm，母羊为 7.5cm。鄂尔多斯细毛羊个体净毛率 36% 以上，成年公羊剪毛后体重 55kg 以上，剪毛量 9kg，成年母羊剪毛后体重 35kg 以上，剪毛量 4kg 以上，产羔率 105%～110%。鄂尔多斯细毛羊适应性很强，对毛乌素沙漠区恶劣的自然条件有较强的适应能力。具有耐干旱耐粗饲、抓膘复壮快等特点。1985 年引入澳大利亚美利奴羊导血后，羊毛综合品质有明显改进，生产性能也得到普遍提高。

4. 中国美利奴羊（科尔沁型）

中国美利奴羊（科尔沁型）是以澳大利亚美利奴羊为父本，波尔华斯羊为母本采用级进杂交培育的细毛羊新品种。杂交工作从 1972 年开始，育种时间 13 年，1986 年 3 月，由国家经济委员会正式命名为'中国美利奴（科尔沁型）羊'，是中国用最短时间培育的新型细毛羊新品种。育种基地为通辽市扎鲁特旗境内的嘎达苏种畜场。品种具有体型好、体质结实、适宜放牧饲养、净毛产量高、毛长、羊毛品质优良的特点。被毛细度60～64支，以64支为主，各部位毛丛长度与细度均匀，密度大，公母羊毛长度平均在10cm以上，为典型的优良长毛型毛用细毛羊。成年公羊平均产污毛18.9kg，毛长11.8cm，母羊产污毛6.7kg，毛长9.7cm，净毛率54.87%，产羔率110.8%。品种已推广到全国20个省份，东北细毛羊、内蒙古细毛羊、敖汉细毛羊、鄂尔多斯细毛羊、科尔沁细毛羊和兴安细毛羊都引入中国美利奴（科尔沁型）细毛羊的血液，对毛长、净毛率、净毛量、弯曲、油汗、体型和腹毛的提高与改进效果显著。

5. 科尔沁细毛羊

产于通辽市奈曼旗、科左中旗、开鲁县和科尔沁区等地。引用新疆、阿斯卡尼、斯达夫等细毛种公羊对当地蒙古母羊进行杂交改良，1987年4月，自治区政府验收命名为'科尔沁细毛羊'新品种，1988年之后导入澳美羊血液。科尔沁细毛羊成年公羊毛长11.5cm，污毛量11.46kg，剪毛后体重68.8kg；成年母羊毛长9.48cm，污毛量5.75kg（净毛量3.0kg），剪毛后体重42.4kg；羊毛细度以60～64支为主，净毛率51.4%，产羔率110%～120%。

6. 兴安细毛羊

产于兴安盟科右前旗、突泉县和乌兰浩特市等地。1991年6月，内蒙古自治区政府验收命名为'兴安毛肉兼用细毛羊'新品种，数量达24万只。兴安细毛羊成年公羊毛长10.6cm，污毛量9.9kg、剪毛后体重67.4kg，成年母羊毛长8.8cm，污毛量5.38kg（净毛量3.0kg），剪毛后体重48.4kg，羊毛细度以60～64支为主，净毛率54.5%，屠宰率48.1%，产羔率114.2%。

7. 乌兰察布细毛羊

产于乌兰察布市化德县、商都县、兴和县、卓资县、察右前旗、察右中旗、四子王旗和呼和浩特市武川县。1986年起导入澳美羊血液。1994年6月内蒙古自治区政府验收命名为'乌兰察布细毛羊'新品种。数量约3.7万只。乌兰察布细毛羊成年公羊毛长10.7cm，产毛量9.1kg，剪毛后体重65.3kg，成年母羊毛长8.3cm、产毛量5.5kg（净毛2.5kg），净毛率45.7%，剪毛后体重40.7kg，细度为64支为主，产羔率112.5%，屠宰率46.92%。

8. 呼伦贝尔细毛羊

产于呼伦贝尔市岭东的扎兰屯市阿荣旗和莫力达瓦旗，岭西也有少量分布，1995年5月内蒙古自治区政府验收命名为'呼伦贝尔细毛羊'新品种，数量为25.6万只。呼伦贝尔细毛羊成年公羊毛长平均9.86cm，平均剪毛量8.68kg，成年母羊毛长平均9.03cm，平均剪毛量5.16kg，净毛率47.03%，羊毛细度60～64支。剪毛后体重成年公羊平均70.15kg、成年母羊平均47.81kg，产羔率113%～123%，屠宰率48.17%。

9. 内蒙古半细毛羊

产于乌兰察布市四子王旗、察右后旗、察右中旗和呼和浩特市武川县及包头市达茂旗等旗县。1991 年 5 月内蒙古自治区政府命名为'内蒙古半细毛羊'新品种，数重约 10.4 万只。内蒙古半细毛羊成年公羊毛长 11.3cm，污毛量 6.8kg，剪毛后体重 67.9kg，成年母羊毛长 9.6cm，污毛量 3.6kg（净毛 2.4kg），剪毛后体重 43.65kg，羊毛细度以 56～58 支为主，净毛率 56.3%，产羔 110.9%。成年羯羊屠宰率为 47.0%。

10. 巴美肉羊

采用复杂杂交育种方法，以蒙古羊为父本杂交细毛羊形成细杂羊群体后，再以德国肉用美利奴羊为父本，细杂羊为母本级进杂交，两代以上横交固定和选育提高后育成的新品种。由内蒙古自治区广大畜牧工作者历经 20 余年培育而成，并于 2007 年通过中国农业部畜禽品种资源委员会审定，目前是中国育成的第一个杂交选育的专用肉羊新品种，于 2009 年获内蒙古科学技术进步奖一等奖。具有适合舍饲圈养、耐粗饲、抗逆性强、适应性好、羔羊育肥增重快、性成熟早等特点。该品种体格较大，无角，早熟；体质结实，结构匀称，胸宽而深，背腰平直，四肢结实，后肢健壮，肌肉丰满，呈圆桶形，肉用体型明显；被毛同质白色，闭合良好，密度适中，细度均匀。成年公母羊体重分别达 121.2kg 和 80.5kg，繁殖率 180%以上。

11. 罕山白绒山羊

主产于赤峰市巴林右旗、巴林左旗、阿鲁科尔沁旗和通辽市扎鲁特旗、霍林郭勒市、库伦旗，产区大部分属半干旱草原类型区，天然草场植被较好，牧草种类繁多，草质优良。罕山白绒山羊是采用本地品种选育和导血提高相结合培育形成的新品种。罕山白绒山羊以产绒为主，绒肉兼用。经过多年培育，罕山白绒山羊产绒量高，成年公羊产绒量 600g，成年母羊产绒 400g，体格较大，体质结实，羊绒品质好，绒细 13～16μm，净绒率 65%，抗病力和适应性强，具有较好的产肉性能，肉质鲜美。1995 年 9 月，内蒙古自治区人民政府正式命名为'罕山白绒山羊'。

12. 三河牛

三河牛是我国优良的乳肉兼用品种，因产于内蒙古呼伦贝尔市大兴安岭西麓的额尔古纳右旗"三河"（根河、得勒布尔河、哈布尔河）地区而得名。大多数分布于呼伦贝尔市，其次分布在兴安盟、通辽市、锡林郭勒盟。血统复杂，有十余个品种。其中以俄国改良牛（西门塔尔杂种牛）数量最大，占 52.9%，其次为西伯利亚牛，占 18.0%；再次为蒙古牛、后贝加尔牛，分别占 17.0% 和 7.0%，其他品种极少。在这些牛群的基础上，经过长期相互杂交、选育，形成了以红（黄）白花牛为主的三河牛群。1986 年 9 月，内蒙古自治区人民政府验收命名为'内蒙古三河牛'新品种。它不仅在寒冷地区粗放饲养管理条件下具有很强的适应能力，且还有一定的产乳和产肉性能。这是其他品种，甚至黑白花奶牛不能相比的。成年公牛平均体高 156.8cm，体重 1050kg，母牛体高 131.2cm，体重 547.9kg，屠宰率 50%～55%，净肉率 40%～45%，年平均产奶 3145kg，乳脂率 4.1%～4.4%。

13. 草原红牛

产于赤峰市翁牛特旗、巴林右旗和锡林郭勒盟的正蓝旗等。引用新西兰、加拿大乳用短角公牛，对当地蒙古母牛进行杂交改良。1984 年 9 月，内蒙古自治区人民政府验收命名为'内蒙古草原红牛'新品种。草原红牛是乳肉兼用型品种，适应性强，生产性能高，体形外貌一致，遗传性稳定，适合于农村牧区放牧饲养。在以放牧为主、冬春季节少量补饲条件下，成年公牛平均体重 850.0kg，母牛 450.0kg。年产奶量 1600～2000kg，乳脂率 4%以上，屠宰率 55%。

14. 中国荷斯坦牛

主要分布在内蒙古城镇工矿郊区和呼和浩特、包头二市。1955 年开始，利用三河牛自群繁育。同时，引入部分黑白花母牛和犊牛进行繁育。1958 年开始群众性的黄牛杂交改良。1964 年，引用荷兰系黑白花种公牛、北京黑白花种公牛与原有的本地奶牛和三河牛进行杂交改良。1987 年，中国黑白花奶牛鉴定委员会验收命名为'中国黑白花奶牛'新品种，1992 年国家农业部更名为'中国荷斯坦牛'。该品种是目前国内外最优良的奶牛品种，母牛体高 137cm，体重达 562.6kg，年产奶量 6000～8000kg，乳脂率 3.4%～3.6%。

15. 三河马

三河马是中国优良轻型马种，为比赛及旅游用马。起源于呼伦贝尔市额尔古纳右旗三河地区，并广泛分布于陈巴尔虎旗及滨州铁路沿线一带。在民间长期对蒙古海拉尔马进行多品种复杂杂交的基础上，又经有计划的培育逐渐形成了一个乘挽兼用型品种。1986 年 9 月，内蒙古自治区人民政府验收命名为'内蒙古三河马'新品种。头中等大，颈部直或微凸，鬐甲高中等，背腰短而有力，尻部长圆，胸部开阔、深度好，四肢结实有力，蹄质坚实，性格温和。全年放牧，冬季给以少量草料补饲。役用性能较好，速力记录较高。成年公马平均体高 152.7cm，母马 144.1cm，据测验速力 1000m 用时 1 分 17 秒，挽曳作业比蒙古马提高 25%以上。

16. 锡林郭勒马

产于锡林郭勒盟东南部，以白音锡勒牧场和五一牧场为中心，引用卡巴金、苏高血、顿河等种公马，对当地蒙古母马进行杂交改良。1987 年 7 月，内蒙古自治区人民政府验收命名为'锡林郭勒马'新品种，数量约 1.4 万匹。成年公马平均体高 149.4cm，母马 142.8cm，据测验，其速度为 1000m 用时 1 分 14.7 秒，最大挽力 400kg，放牧性能好，适应性强，抗病力强。

（五）主要引入品种

为加快家畜改良和育种工作的步伐，内蒙古自治区曾先后引入 50 多个国内外品种进行纯种繁育和用于杂交改良。引入品种都具有较高的生产性能，经过长期的风土驯化，一部分因其本身严重退化而被淘汰，一部分因其本身用途尚不适合我国国民经济需要而不宜大量发展，但也有不少品种已顺利通过风土驯化，生产性能和生长发育情况比引入当时还有所提高，成为家畜改良和育种的重要基础。

1. 西门塔尔牛

原产于瑞士西部阿尔卑斯山区，因"西门"山谷而得名。原为役用型，经过长期选育，形成了乳肉兼用型，1826 年正式宣布品种育成。成年公牛平均体高 148.6cm，体重 1155kg，母牛 132.2cm，体重 630.2kg，年平均产奶量 3000～4500kg，乳脂率 3.9%～4.2%，平均日增重 800～1200g，屠宰率可达 55%～65%，净肉率 48.9%。体格大，耐粗饲，适应性强，抗病力强，与其他牛杂交，均可取得良好的改良效果。内蒙古通辽市较集中饲养。

2. 夏洛莱牛

原产于法国中部的夏洛莱和涅夫勒地区，原是古老的大型役用牛，后来经过多年育种选育，培育成专门的大型肉用品种。1920 年正式命名为专用肉用品种。成年公牛平均体高 145.0cm，体重 1044kg，母牛体高 137.5cm，体重 845kg，平均日增重 1000～1800g，屠宰率 65%～70%。该品种特点为早熟、生长快、皮薄、出肉率高、瘦肉多、肉质好、难产较多，与内蒙古黄牛杂交改良，在提高产肉能力和改善肉的质量、改善体躯结构方面取得了良好效果。

3. 利木赞牛

在法国中部利木赞地区育成而得名。原是大型役用牛，后来培育成专门肉用品种，1924 年宣布育成。成年公牛平均体高 140cm，体重 900～1100kg，母牛体高 130cm，体重 600～900kg，日增重 860～1000g，屠宰率 65%左右。该品种产肉性能高，胴体质量好，眼肌面积大，前后肢肌肉丰满，出肉率高，难产率低，毛色接近中国黄牛，比较受群众的欢迎，是改良黄牛的较理想品种之一。

4. 海福特牛

原产于英格兰西部的海福特县，是一个古老的肉用品种，1790 年宣布育成。成年公牛平均体高 128.0cm，体重 908kg，母牛体高 117.9cm，体重 519kg，平均日增重 800～1400g，屠宰率 60%～65%。海福特牛生长快，抗病耐寒，适应性好，繁殖性能强，开展黄牛改良以来，效果明显。

5. 安格斯牛

原产于苏格兰北部的阿伯丁、安格斯、法芙和金卡丁等郡，是英国古老的肉用品种之一，1892 年良种登记，宣布为良种肉用品种。成年公牛平均体高 138cm，体重 700～800kg，母牛体高 122cm，体重 500～600kg，平均日增重 900～1000g，屠宰率 60%～65%。该品种早熟易配种，性情温和，易管理，体质紧凑，结实，易放牧，肌肉大理石纹明显。

6. 无角陶赛特羊

澳大利亚育成，该品种羊生长发育快，早熟，全年发情配种。成年公羊体重 90～110kg，成年母羊 65～75kg，产羔率 137%～175%。经过育肥的 4 月龄公羔胴体重 22kg，母羔胴体重 19.7kg。无角陶赛特羊是我国引进的优良肉用绵羊品种中数量最多、分布最广的品种之一，在经济杂交生产羊肉上取得了较好效果。

7. 多赛特羊

原产于澳大利亚和新西兰，具有早熟性强、生长发育快、全年发情、耐热、耐干旱等特点，是理想的生产优质肉杂交父系品种之一。成年公羊体重 90～100kg，母羊 55～65kg，平均日增重 250～300g，污毛产量 2～8kg，毛长 7.5～10cm，细度 48～58 支，屠宰率 54.5%，产羔率 130% 左右。内蒙古自治区 1980 年开始多次引进，目前主要集中在内蒙古西部盟市生产基地。

8. 萨福克羊

原产于英国东南部的萨福克、诺福克等地区，由英国古老的肉羊杂交而育成，1959 年宣布育成。是理想的生产优质肉杂交父系品种之一。成年公羊体重 90～100kg，母羊 65～70kg，平均日增重 250～300g，平均污毛产量 4～6kg，毛长 7～6cm，细度 56～58 支，屠宰率 50% 以上。产羔率 130%～140%，内蒙古自治区从 1980 年开始多次引进，目前主要集中在内蒙古西部盟市生产基地。

9. 德国美利奴羊

原产于德国，是肉毛兼用品种，我国 20 世纪 50 年代就开始引进，是一个早熟、生长快、产肉多、高繁殖率的肉用品种。成年公羊平均体重 100～140kg，母羊 70～80kg，日增重可达 300～350g，屠宰率 47%～49%，平均剪毛量 5～10kg，毛长 9～11cm，细度 60～64 支，产羔率 150%～250%。

10. 杜泊羊

原产于南非，公母无角，四肢较短，背腰宽、平，胸宽、深，后躯发育好，体形呈桶状，肉用体型明显。该品种羊有白头、黑头两种，其他部位为白色，被毛短，适宜于气候温暖地区饲养。该品种与我国的地方绵羊品种杂交，杂交后代生长发育快，效果明显，繁殖率高于其他肉羊的杂交组合。

二、蒙古国针对不同品种家畜采取的繁育措施及成果

（一）绵羊种群中实施的繁育措施

绵羊种群中实施的繁育措施是瘦肉型羊种与肥肉型羊种间、本土粗毛羊间进行挑选繁育、改良及利用国外进口的种羊培育细毛羊两项措施。

苏联学者 20 世纪 30 年代后期对蒙古国畜牧业起源、牲畜体态、收益水平、散布区域、管理、放牧条件、草原、饲料特点进行的研究奠定了发展科学养殖的基础。1930 年在色楞格省恩和塔拉、东方省乌勒兹河分别建立了规模约 7700 只蒙古羊的实验机构，组织了与美利奴公羊杂交的试验工作，这成为品种培育工作的新起点。在试验初期，该机构接羔近 1800 只。

鄂尔浑国营企业在 20 世纪 40 年代起开始以培育毛肉兼用羊为目标，开展了本土羊与 Pryekos（Прекос）品种公羊杂交的工作。同时从 30 年代起在色楞格省、中央省、东部省的个体经营者间开始养殖杂交羊，从 40 年代中期开始在杭爱省、戈壁省等地养殖杂交羊。蒙古国畜牧科学院的 Г.Ф.Литовченко、Т.Аюурзана 等人从 1953~1954 年起为培育细毛羊而对各种杂交羊进行挑选，让其与阿尔泰和罗马品种的种羊进行系统的杂交，便培育出了'细毛鄂尔浑羊'，并在 1961 年通过品种审定。该品种羊作为蒙古国首个有效利用科学选育技术产生的新品种，具有重要意义。畜牧学家、育种人员在培养新品种试验方面做出了诸多贡献。以畜牧学家 Б.Аюуш（巴·阿姚希）为首的国家科技人员进行了阿尔泰、塔夫罗波尔品种的细毛羊与蒙古粗毛羊的杂交工作，培育了符合鄂尔浑-色楞格河流域草原气候条件的'杭爱'细毛羊，并在 1990 年通过审定。开始在色楞格省查干诺尔、布拉格的鄂尔浑县养殖该品种的羊。畜牧学家 Г.Батсүх（格·巴特苏）和 Б.Түмэнхишиг（巴·图门贺西格）等将东部草原粗毛肥尾羊与阿尔泰、南贝加尔、罗马等品种的羊进行杂交培育了'草原白羊'品种，于 1993 年通过品种审定，并在苏赫巴托尔省阿斯嘎特县、肯特省克鲁伦县养殖该品种的羊。由蒙古国科学院院士 Б.Чадраабалын（巴·查达日巴勒）领导的研究人员们经过多年的工作研究培育了'Yeruu'（Ероо）品种的长细毛羊；Т.Аюурзана（特·阿姚尔扎那）、А.Лүгтэгсүрэн（阿·鲁克特苏荣）等人培育了'吉日格朗图'畜种细毛肥尾羊，这是研究人员对蒙古国畜种遗传领域做出的巨大贡献。蒙古国纺织企业选用 60 号、64 号、70 号羊毛制作纺织品，这也对国家经济增长及纺织产业起到了推动作用（表 30-3）。

表 30-3　蒙古国培育的细毛与半细毛羊生产性能表　　　　（单位：kg）

属性	品种名称	秋季活羊体重		羊毛产量	
		公羊	母羊	公羊	母羊
细毛	杭爱	83.0	58.0	7.0	3.4
半细毛细	鄂尔浑	84.0	58.0	5.6	3.7
	草原白羊	75.0	55.0	4.3	2.7
	Yeruu	85.0	60.0	6.0	3.2
	吉日格朗图	70.0	53.0	3.5	2.0

资料来源：Буянхишиг and Дээшин，2013

与此同时，为了改良本土蒙古羊适应于自然地理环境条件而进行了多项改良培育工作。例如，М.Даш（玛·达西）1952~1953 年对戈壁阿尔泰羊进行选种，在种群内进行选配。学者 Ц.Арвий（其·阿日维）从 1953 年起在扎布汗省阿勒达尔汗培育'查玛尔'羊和长尾较粗毛羊。这些工作不仅丰富了国家畜种遗传资源基因库，也是培育独立品种的基础。同时也为地毯生产企业提供毛、绒等原材料奠定了基础。畜牧学家 C.Аюуш（色·阿姚希），20 世纪 50 年代后期对蒙古羊与卡拉库尔品种进行杂交并培育了多个杂交品种，这为后期培育'孙布尔'品种的卷毛羔羊奠定了基础。1990 年蒙古国肥尾羊被命名为'蒙古羊'、1998 年将本土'蒙古羊'审定为自主品种并命名为'Kerey（Керей）'羊。经过对本土羊进行改良培育后，培育了'拜德拉格'（1983 年）、'戈壁阿尔泰'（1991 年）、'巴雅特'（1991 年）、'乌珠穆沁'（1991 年）、'萨拉图拉'（2001 年）、'巴尔虎'（2012 年）等品种。同时培育建立了'土尔扈特'（1983 年）、'塔米拉'（2001 年）、'阿勒坦布拉格'（1996 年）、'浩吞特'（1996 年）品种及繁育种群，并成功培育了'达尔哈特'、'苏泰'（1990 年）等本地良种羊。表 30-4 展示了蒙古国绵羊遗传资源基因库中的粗毛和较粗毛品种及良种羊的生产性能数据。这些品种及繁育种群遵循着单独的标准和分类要求。据统计，本土品种改良和良种羊的培育工作从 20 世纪 50 年代中期开始有序进行到 90 年代。

表 30-4　粗毛和半粗毛羊品种及生产性能　　　　（单位：kg）

属性	品种	公羊		母羊		18 月龄羊胴体重
		活重	产毛量	活重	产毛量	
粗毛	戈壁阿尔泰	68.8	2.14	54.0	2.08	18.3
	拜德拉格	67.7	2.0	50.3	1.8	18.0
	萨拉图拉	65.0	2.92	43.8	1.57	18.0
	巴雅特	61.5	1.98	53.3	1.8	20.8
	塔米拉	64.0	2.05	53.0	1.6	—
	达尔哈特	70.9	1.76	50.9	1.49	15.9
	苏泰	70.0	2.0	56.0	1.6	—
半粗毛	巴尔虎	75.1	1.29	55.8	1.27	19.3
	蒙古	63.5	1.75	48.3	1.49	16.0
	乌珠穆沁	70.7	1.03	55.3	1.25	19.4
	浩吞特	68.2	1.5	53.1	1.3	20.0
肥尾羊	Kerey	70.1	2.05	58.1	1.37	16.7
	土尔扈特	85.0	2.8	65.0	2.0	24.0
	阿勒坦布拉格	70.0	—	55.0	—	20.0

资料来源：Буянхишиг and Дээшин，2013

（二）对山羊种群开展的繁育措施

对山羊种群开展繁育工作旨在提高本土山羊在自然生态环境中的耐寒性，同时提高其羊绒质量。在学者 Д. Цэрэнсономын（德·车仁苏瑠木）的带领下 1958 年起逐步进行了蒙古山羊与产绒品种的'Don（Дон）'山羊杂交，并培育出蒙古国第一个'戈壁三美'山羊品种，该品种与本土山羊一样，适于草原环境，且产绒量比本土山羊提高 2 倍，产奶量提高 32%，活重提高 13%，该品种于 1971 年通过审定。同时利用俄罗斯'乌拉阿尔泰'品种的种羊改良巴彦乌列盖本土山羊，培育出了'乌拉包尔'品种。该品种山羊具有耐寒性高、能很好利用高山草原、快速增长、体大、绒产量高等特点。

1962 年起利用从苏联进口的'Angor（Ангор）'山羊品种，于 1982 年培育出了'温朱勒'品种。该品种山羊适于草原放牧条件，具有白色绒毛丝质、肉质高的优点。1962～1990 年，该品种山羊饲养数量从 500 只增到 9.19 万只。但由于 1990 年后对该品种羊绒需求量下降而导致繁育工作松懈。绒山羊，尤其是杂交品种羊数量从 1990 年的 33.6 万只迅速下降到 1995 年的 18.7 万只。虽然 1995 年后略有增长，但是直到 2010 年，该品种山羊数量仅为 25.08 万只，这比 1990 年时期的数量下降了 25.4%。

另外，对本土蒙古山羊进行选育，培育出了适于当地环境、气候特征，并且羊绒产值较高的品种，其中除了科布多省阿尔泰苏木的'阿尔泰乌兰'品种（2003 年）山羊以外还有苏赫巴托尔省巴彦德勒格尔苏木'巴彦德勒格尔'品种（1996 年）、库苏古尔省特莫尔布拉格苏木'Erchimiin khar（Эрчимийн xap）'品种（1996 年）、扎布汗省都尔伯乐金苏木'Buural（Буурал）'（1996 年）、乌布苏省乌列盖苏木'乌列盖乌兰'（1996 年）、巴彦洪戈尔省新金斯特苏木'Zalaa jinstiin tsagaan（Залаа жинстийн цагаан）'（2000 年）等品种（Надмид，2011）。

表 30-5 表明，山羊种群的改良繁育工作不仅提高了环境适应性强、生产性能优良的山羊品种的饲养量，同时在蒙古国全国范围内逐步提高了山羊绒产量、山羊绒需求量，并使得细绒、白绒、棕色绒原材料的储备得到完善，年均可生产 4000～6000t 优质绒。

表 30-5　山羊品种生产性能

	品种	活重（kg）		绒重量（g）		绒直径（μm）	
		公羊	母羊	公羊	母羊	公羊	母羊
本土品种	蒙古	56.5	40.0	281	246	16.0	14.0
	巴彦德勒格尔	62.0	45.4	429	349	16.6	15.1
	Erchimiin khar	65.	45.4	394	353	16.7	15.4
	Buural	56.4	40.6	419	364	16.2	14.5
	Zalaa jinstiin tsagaan	58.0	40.0	378	287	15.7	14.3
	乌列盖乌兰	60.5	45.0	393	371	16.4	14.7
	阿尔泰乌兰	62.0	51.0	460	360	16.3	14.8
新品种	戈壁三美	55.0	40.0	700	450	19.0	18.0
	乌拉包尔	63.0	44.0	740	530	20.0	17.0
	温朱勒	55.0	40.0	1500	1100	23.0	21.0

资料来源：Буянхишиг and Дээшин，2013

（三）对牛群进行的繁育措施

蒙古牛的纯种培育工作及杂交改良工作从 20 世纪 50 年代初期开始有序进行。吉日格楞图国营企业引进 333 头哈萨克白头种公牛及 20 头三岁母牛进行纯种繁育，同时为提高本土牛产肉性能开始进行杂交改良工作。1959 年在此培育的哈萨克白头牛及其杂交品种转移到布尔干省英格特陶勒盖国营牧场。肉牛育种工作由 Р.Жавзмаа（拉·扎瓦扎木）带领其他技术人员完成。经过长期的选育，培育出适于蒙古国自然气候环境的新品种'色楞格'肉牛，并于1983年通过审定。该品种的成年母牛体重达470kg、公牛720kg。并在布尔干省色楞格县、色楞格省鄂尔浑图勒县、后杭爱省进行该品种牛的培育。与此同时，还培育了产肉较多的南部肉牛特色种群。该品种属于蒙古良种牛，有体型大、肉质好的特征。该品种的母牛体重可达370~400kg，公牛可达550~650kg。肉牛育种事业的完善，拉动了皮革行业原材料的供应（Буянхишиг，2014）。

蒙古国重点关注蒙古国山区地带的牦牛纯种繁育工作，并利用野生牦牛培育了耐寒性强、生产性能高的牦牛，除此之外牦牛与其他品种牛间进行杂交，培育出了活体重量、肉质、产奶量较好的'khainag（хайнаг）'品种（表30-6），虽然近年来蒙古国牦牛数量有急剧下降的趋势，但根据2010年统计情况，蒙古国依然有42万头牦牛（Бат-Эрдэнэ，2002）。

表30-6 牛种群基本生产性能

品种	活重（kg）		月产奶量（L）	肉产量（%）
	公牛	母牛		
蒙古牛	360~450	280~300	300~400	49~52
南部肉牛	550~600	350~380	300~400	50~54
色楞格品种	800~900	500~550	—	52~56
牦牛	450	280	500	53.4
khainag	500~600	350~370	800	52.3

资料来源：Буянхишиг and Дээшин，2013

除此之外，蒙古国在集约化牧场培育奶牛和肉牛品种，并在本地进行推广。从苏联进口了草原红牛、西门塔尔牛、阿拉套牛等品种，进行乳肉兼用品种的培育，扩大了蒙古国牛种群。20世纪50年代中期在草料充沛的地区及较大城市附近培育现代品种牛的同时在部分省县大力开展了改良牛的饲养。1951年在乌兰巴托市乌里雅苏台建立了牧场对本土改良牛进行了培育。

从20世纪70年代到80年代中期对进口牛品种进行了纯种繁育，并建立了40个拥有400头奶牛的集约化牧场，年均生产6000万L牛奶，达到奶牛产业发展的高峰期。由于利用国外优质品种牛对本土牛进行杂交改良，关注纯种牛的培育，杂交牛数量增多，提高了生产性能。在此期间收获了丰富的培育高产奶牛及肉牛品种的经验。90年代中期在乌兰巴托、达尔汗、额尔登特等大城市附近，大约育有2万头西门塔尔牛、阿拉套牛等奶牛，同时每头牛的奶产量显著提高。

在中央省包尔诺尔县德国一奶牛品种，其三岁牛在305天的产奶期内可产3200L奶、成年牛年产3800L奶，该产量几乎达到了当时欧洲国家示范标准，这便是育种工作取得的成果，但是，在市场制度转变的年代，该领域的育种工作也进入了停滞状态。

（四）对马、骆驼进行的繁育措施

从20世纪30年代蒙古国就开始了蒙古马的研究工作，并从那时起就开展了利用进口品种对本土马种杂交改良的工作。马的身型、体态、速度、生产性能等特征除了同其他畜种一样受传统育种、自然环境、地理因素的影响形成了具有独特特征的本土马，同时还在科学培育方式下产生了其他多个品种。通过改良，马的品质和身型得到了很大改善。И.Ф.Шульженко 记录到 1945～1947 年 Tal bulagiin（Тал булагийн）马厂对蒙古马及苏联颟马进行了改良育种工作（Шульженко，1954）。蒙古土种马适应于自然生态条件，形成嘎勒希尔、达尔哈特、特斯等品种。蒙古马基本用于骑行，因此其产肉、产奶性能较差（表 30-7）。

表 30-7　蒙古马品种生产性能表

品种	活重（kg）		高（cm）		身长（cm）		日产奶量（L）
	公马	母马	公马	母马	公马	母马	
蒙古土种马	360.0	280.0	131	126	136	132	3.5～3.6
特斯马	385.0	350.0	133	130	139	137	3.0～3.2
嘎勒希尔马	370.0	335.0	131	128	136	134	2.8～4.5
达尔哈特马	380.0	350.0	129	128	136	134	3.8～4.5

资料来源：Буянхишиг and Дээшин，2013

骆驼中没有进行过任何杂交改良的便是蒙古骆驼。为了提高骆驼品质，培育出了 'Galbyn goviin ulaan（Галбын говийн улаан）'、'Khanyn khetsiin khuren omog（Ханын хэцийн хүрэн омог）'、'Tukhum-Tungalagiin khuren urjliin kheseg（Төхөм-Тунгалагийн хүрэн үржлийн хэсэг）' 等本土品种（表 30-8），这些品种有着适于本土自然生态环境的身型（Буянхишиг，2011）。

表 30-8　骆驼品种生产性能表

品种	体重（kg）		驼毛产量（kg）		年产奶量（L）
	公驼	母驼	公驼	母驼	
蒙古骆驼	600.0	450.0	8.1	5.2	600.0
Galbyn goviin ulaan omog	660.0	563.0	10.8	5.6	800.0
Khanyn khetsiin khuren	630.0	540.0	8.8	5.6	900.0
Tukhum-Tungalagiin khuren	625.0	497.0	11.4	5.9	800.0

资料来源：Буянхишиг，2011

育种研究证明了丰富蒙古国畜种遗传资源库的主要方式是在蒙古国引进国外优秀品种的畜种及成功进行杂交培育工作。蒙古国为改良本土牲畜品种从国外引进了 20 个绵羊品种、12 个牛品种、3 个山羊品种、4 个猪品种、2 个禽类品种、3 个蜂类品种，并在育种领域进行了系统的研究培育，最终培育出了 18 个品种、11 个品系（品系群），并提纯复壮了 11 个地方良种。

蒙古国在畜牧业领域执行的政策文件巩固了在经济区培育的品种、优质牲畜的传统培育方式和沿用至今的政策基础。例如，《蒙古畜牧》国家纲要中指出近年来畜种繁育工作的基本方针：第一，以优质品种对原品种进行改良，科学地进行基因选种工作，充分利用生物特性；第二，保护畜种遗传库，引进先进生物工程学技术，提高牲畜存活率，完善家畜繁育工作服务功能，提高效益；第三，建立畜牧统计、信息库网络，且不仅要依靠主管畜牧业的技术机构，也要执行并利用好中央、地方政府、行政机构出台的相关政策（表 30-9）。

表 30-9　经济区家畜繁育基本方针

经济区	区域	家畜繁育基本目标
西部	巴彦乌列盖 戈壁阿尔泰 扎布汗 乌布斯 科布多	①全面养殖 '戈壁阿尔泰'、'萨拉图拉'、'土尔扈特'、'巴雅特'、'Kerey' 品种的羊，'乌列盖乌兰'、'都尔伯沃勒金' 山羊，'Tukhum-Tungalagiin khuren' 骆驼，特斯马核心群，并用于改良种畜； ②指定养殖哈萨克白头肉牛、'Kerey' 羊的地区，扶持肉类加工企业
杭爱	后杭爱 巴彦洪戈尔 布尔干 鄂尔浑 前杭爱 库苏古尔	① '色楞格' 牛、'杭爱' 棕牦牛、'乌彦' 嘎牛； ② '鄂尔浑'、'杭爱'、'拜德拉格'、'达尔哈特' 羊； ③ '达尔哈特' 马、本土绒山羊核心群进行全面养殖并用于改良种畜
中央	戈壁-苏木贝尔 达尔汗乌勒 东戈壁 中戈壁 南戈壁 色楞格 中央	①在农区发展乳肉兼用牛、细毛及半细毛绵羊、猪、禽类经济； ②在南部培育利用毛、绒用山羊、'卡拉库尔' 羊，并培育 'Galbyn goviin ulaan' 驼，'Khanyn khetsiin khuren' 驼的核心群
东部	东方省 苏赫巴托尔省 肯特省	重点培育 '图门朝格图' 肉牛、'巴尔虎'、乌珠穆沁、草原白羊、'巴彦德勒格尔乌兰' 山羊、'嘎勒希尔马'，提高本土品种生产性能
乌兰巴托	首都市及其周边城	发展奶牛、猪、禽类牧场经济

资料来源：Буянхишиг and Дээшин, 2013

第四节　畜牧业品种资源的保护、发展与利用

一、科学保护畜牧业地方品种

内蒙古地区畜禽品种资源得天独厚，丰富多样。在长期的畜牧业生产实践中，培育出一大批适合当地生态条件、生产性能良好、遗传性能稳定的家畜品种，这些品种是发展畜牧业的基础，它们不但是内蒙古地区畜牧业的支柱，对我国畜牧业的发展和某些优良品种的形成都有过重要贡献，同时也对国外一些畜种的形成有过一定的影响。

  家畜品种按培育程度分为原始品种（地方品种）和培育品种。原始品种形成历史较久，能适应一定的生态地理区域，是在饲养管理粗放、以自然交配为主、选种选配水平较低的情况下形成的品种，一般体小晚熟，生产力低，适于低水平下的多种用途。培育品种是经过人们有明确的选择目标而培育出来的品种。因此，体型外貌较一致，生产力和育种价值较高。家畜品种改良在畜牧业增产措施中起着决定性的作用。因为各种因素最终都要通过家畜本身的遗传物质才能体现出来，家畜品种本身是增产的内因，其他诸因素均属外因。培育出的良种家畜具有土种牲畜无法比拟的优越性。良种家畜生长强度大，早熟，从而缩短了生长周期，在经济上具有节约周转时间的作用。其次是高产低耗，良种有较高的代谢能力，采食后短时间内转化为高额畜产品，从而减少了持续生命活动所需要的饲料，维持了较高的生产力而减少了饲养头数，节省了大量草料。最后是节约投资，品种越优，生产性能越高，设备和劳动力利用率越高，投资随之减少。世界畜牧业发达国家饲养的牛羊基本上是世界优良品种，优良品种一般具有个体大、增重快、产量高、产品质量比较好的优点，在划区轮牧即短距离放牧、饲草料充足、饲养管理水平比较高的条件下，其优良性能才能发挥出来（张立中，2004）。内蒙古草原牧区条件差异很大，总体而言，自然条件恶劣，饲草料缺乏，草畜矛盾突出，因此，科学发展畜牧业地方品种是内蒙古地区畜牧业平稳发展的迫切需要。

  首先，在不同草原类型区的品种选择上，要因地制宜。例如，内蒙古东中部的温性草甸草原和典型草原牧区自然和资源条件较好，饲养管理水平好的条件下，可以适当发展引进的优良品种。内蒙古的荒漠化草原和荒漠地区，目前的生产力水平、经营方式和恶劣的自然条件下，草地退化严重，饲草料紧缺，存在不同程度的超载过牧，牧民的投资能力低，这些地区不宜引进国外肉用、毛用、乳用等专用品种，只能选择适合本地粗放饲养的土种。对于奶牛业来说，牧区不具有优势，主要表现在运输时间过长导致生产成本高，因牧区没有饲养纯种奶牛的技术而带来很高的生产经营风险。

  其次，在不同畜种品种选择上，要因地制宜。目前，内蒙古通辽市经过20多年的努力，利用西门塔尔牛，对蒙古牛进行杂交改良，培育出了性能比较优良的科尔沁牛，存栏量已达百万头以上，形成了肉牛生产的优势区。2000年，内蒙古地区以国家丰收计划、跨越计划及自治区丰收计划为龙头，结合全区畜牧业现代化工程建设，对畜牧业适用技术组装整合，在全区广泛推广了以奶牛、肉牛、肉羊、细毛羊模式化饲养技术，引进国内外优良种畜2000余头（只），培育推广优良种畜49.1万头（只），胚胎移植近万枚，使全区牲畜质量明显提高，良种、改良种牲畜比重达到73.3%，牲畜个体生产性能也有较大幅度提高。适用技术和科学技术成果的推广应用，全面推进了内蒙古畜牧业的科技进步，提高了生产质量效益。

  蒙古国畜牧收益及遗传优势是中亚地区自然气候、环境因素、几百年的自然因素影响、群众传统繁育方式的结果。同时也是因为蒙古国进行得当的科学繁育措施，并根据本地畜牧收益及生物特征进行内部繁育，引进国外高收益品种对本土品种进行改良，这些都对我国畜牧品种的结构产生了很大改变。蒙古国的40多种牲畜品种成为世界基因库的珍贵组成部分。

总之，在建立种羊、种牛等良种繁育体系和今后的品种引进中，要选择能够适应当地自然环境的畜种，不能把国内外一些适应能力差的专用品种盲目地引进来予以发展，进行改良需要时以提高个体生产能力为核心，要坚持"适宜、优质、高效"的原则，应用现代生物科学技术还必须以实施优良地方品种为主（基础）、以引进专用品种为辅原则，因地制宜，发挥地方优良品种的作用。让我们继承前人留下的宝贵遗产，合理利用优良的畜种资源，使畜牧科学地发展，畜牧业生产效益提高，使内蒙古畜牧业平稳发展。

二、利用良种资源、稳步推进牲畜品种区域产业带

蒙古高原地区的家畜培育品种资源极为丰富。立足资源优势，内蒙古按照大力发展特色、绿色、生态畜牧业的战略思路，积极调整优化生产布局，促进优势畜产品向优势产区集中，畜产品生产区域布局日趋合理，一批优势畜产品产业带初步形成。奶牛重点发展嫩江、西辽河、黄河三大流域和呼伦贝尔、锡林郭勒两大草原五大牛奶生产区域；肉牛重点提升中东部传统肉牛区，建设西部高端肉牛区；肉羊、细毛羊、绒山羊重点发展具有饲草资源优势、品种资源优势、市场区位优势和草原品牌优势的草原牧区、农牧交错区和农区三大优势区域。到 2013 年，全区羊肉产量超 3000t 的旗县有 73 个，牛肉产量超 3000t 的旗县有 53 个，奶类产量超万吨的旗县有 72 个，禽蛋产量超 2000t 的旗县有 39 个，山羊绒产量超 50t 的旗县有 32 个。

围绕提质增效，依托畜牧业防灾基地建设、国家京津风沙源治理、退牧还草生态建设工程、畜禽良种工程、畜禽标准化规模养殖建设、"菜篮子"畜禽产品生产和高产优质苜蓿示范片区建设等基础设施建设项目，牧区人畜饮水设施、饲草料储备设施、牲畜防疫条件和牧业机械化程度等方面得到改善，特别是牲畜棚圈建设明显增强，为牧区畜牧业生产抗御自然灾害提供了有力保障，也为畜牧业综合生产能力的提升打下坚实基础。2007 年以来，在内蒙古自治区一号文件"涉牧三项补贴"和国家畜牧良种补贴政策带动下，内蒙古大力推进牲畜"种子工程"建设，全面实施以百万头奶牛、百万头肉牛、千万只肉羊为基数，以提高个体产出效益为核心的"双百千万"高产创建工程。内蒙古已具备年生产种公羊 14.8 万只、牛冷冻精液 1000 万粒（支）的供种能力，年牛冷配 300 万头以上，羊人工授精 1100 万只以上。奶牛、肉牛良种冻精补贴已实现全覆盖，牧区种公羊良种补贴全覆盖。良种普及带来单产的明显提高，据生产性能测定数据显示，地方品种成年公母羊体重分别达到 70kg 和 50kg 以上，达到二级羊标准，部分指标超过特一级羊标准。乌珠穆沁羊选育群与未选育群相比胴体重提高 3.49kg；西门塔尔肉牛冷配与本交后代比较，胴体重增加 36.74kg；规模养殖场荷斯坦奶牛年平均单产提高到 7t 以上（内蒙古自治区农牧业厅，2004）。另有数据显示，与"十一五"期末比较，"十二五"末地方品种肉羊通过选育提高胴体重增重 2～3kg，杂交改良羊胴体重增重 5kg 以上；荷斯坦奶牛泌乳牛年单产提高 740kg；肉牛屠宰增肉 10kg 以上。2015 牧业年度良种及改良种牲畜总头数达到 1.2268 亿头（只），占存栏总头数的 90%以上（内蒙古自治区农牧业厅，2004）。

　　据蒙古国《国家畜牧遗传资源库（2004 年）》介绍"蒙古国饲养的家畜主要为绵羊 10 个品种、10 个品系（品系群），牛 2 个品种、1 个品系，山羊 3 个品种、7 个品系（品系群），骆驼 2 个品种、1 个品系（品系群），马 1 个品种、3 个品系（品系群）及从国外引入了乳肉兼用牛、蛋鸡和猪等若干个品种。另外，蒙古国北部饲养着少数的驯鹿。

第三十一章 畜牧放牧传统及现状

第一节 以放牧为主的传统草地畜牧业

《中国大百科全书》把畜牧业定义为饲养牲畜以取得畜产品的生产部门。草地畜牧业生产是以植物牧草为第一性生产，以家畜为第二性生产的能量和物质转化过程（赵钢等，2002）。植物生产和动物生产是整个草地生态循环中的两个重要环节，两者在草地畜牧业的再生产中关系紧密。

一、19世纪80年代以前传统草地畜牧业概况

根据《蒙古秘史》记载，源于额尔古纳河畔的蒙古人在公元5世纪、6世纪前就开始了从渔猎经济向畜牧业经济的过渡。公元8世纪初，一部分西迁到鄂嫩、土拉、克鲁伦三河发源地肯特山一带，而另一部分则迁到阴山地区，他们告别了哺育他们成长的森林大河来到了辽阔的草原，这使得其畜牧经济获得飞速的发展。

在大蒙古国时期，畜牧业已经很发达。蒙古地区，尤其是蒙古大草原，阳光充足，土壤肥沃，牧草茂盛，自古以来就是匈奴、鲜卑等北方少数民族活动的历史舞台，这样的自然环境也为蒙元的畜牧业发展创造了必要的条件。当时，来自西方的人也对草原畜牧业印象深刻，指出蒙古人"拥有牲畜极多：骆驼、牛、绵羊、山羊，他们拥有如此之多的公马和母马，以致我不相信在世界的其余地方能有这样多的马"（道森，1983），说明在大蒙古国时期，畜牧业已经很发达。当然，战争掠夺也是当时畜牧业发达不可少的原因之一，蒙古军队在成吉思汗及窝阔台等的率领下，在不断的对外征战中掳获了大量牲畜。这些掳获来的牲畜，使得蒙古畜牧业取得很大的发展，为后来的统一全国打下了坚实的基础。蒙古族主要从事畜牧业，过着游牧的生活。他们的食品以家畜（主要是羊，其次是牛、马等）肉和奶制品为主，以打猎所得的野生动物肉作为补充。蒙古人从事游牧生活，马奶及用马奶发酵而成的"忽迷思"（马奶酒）便成为他们喜爱的饮料。大蒙古国时期，对牧地的重视、扩大以至保护，主要体现在以下几方面：首先，扩大牧地，不断开辟牧场。窝阔台派专人到荒僻少水的地带实行勘察，选定可以做牧场的地方打井，以开辟新牧地。其次，为保护牧场，颁布了严格的禁令，遗火烧毁牧场要惩罚。大蒙古国时期，牧人分工管理牲畜，牲畜分群放牧。不仅各种不同的牲畜分别放牧，有"放马的""放羊的""放羔的""放牧骆驼的"。同一类牲畜的不同种类也分开放牧。

在灭金、宋统一全国以后，元朝的畜牧业有了进一步发展，可以从元代的牧地分布看出。元承前朝金、宋故规，群牧之制十分兴盛，牧地分布非常之广。但凡水草丰美之地，均被划为牧地，或官营或私营，用来牧养牲畜。忽必烈自即位以后，采取了一系列有关于畜牧业的政策措施，如制定了严厉而详细的法律条令，禁止偷盗、宰杀、贩卖走

私马、牛、羊、驼等牲畜，这些法律条令对畜牧业起到了很好的保护作用，促进了牲畜的生产繁殖。但是羊马抽分制度却对畜牧业的发展有了消极的阻碍作用。其后，由于自然灾害、政局动荡等各方面的原因，元末畜牧业便凋敝衰退了。

大体来说，这一时期的畜牧业，蒙古本部的草原地区有所发展，如官营牧地中一大半都分布在草原地区或是传统的游牧地区，另外，即使这一地区的畜牧业遭遇自然灾害，政府也会从汉地调拨大批物资支援，以确保畜牧业的发展。相对而言，汉地的畜牧业却没有大的发展，限制汉人养马，且还从民间搜刮，这也许是元朝统治者出于政治上的考虑造成的，这些做法对汉地畜牧业的打击是很大的。

蒙古族经营的畜群结构以牛、马、绵羊、山羊和骆驼"五畜"组成，且不同畜种之间保持一定合理比例关系。绵羊是蒙古人畜群当中饲养最多的一个畜种，这可能与绵羊的繁殖快、经济用途广有关系。马群是占据中心地位的畜种。《蒙古秘史》里关于马群及其饲养、使用等方面的名词很多。说明当时马群与经济、军事、政治有密切的关系。例如，"阿克达"汉译为"公马"，当时指的是专门为战争准备的能骑乘的公马。长期的征战和狩猎生活使得公马成为不可或缺的畜种。古代蒙古草原的塔塔尔等地有骆驼群。"他们（蒙古人）有双峰的、单峰的骆驼，也有没有峰的骆驼"等记载，古代骆驼多用于骑乘。蒙古人的畜群中牛也占据了重要的位置。古代牛多以肉乳兼用方向培养，并在运载货物时使役，皮毛用在经济用途中。但很少有关于山羊的文字记载。《蒙古秘史》一书中有"用黑白花山羊羔皮做羊皮袄"等的记载。

蒙古人实行的是部落行使区域性行政职能的统治方式。部落首领控制着一定区域内草场的所有权，实行部落首领占有草场但集体统一使用的模式，牧人在部落首领的组织下进行迁徙游牧。这种制度在蒙古汗国时期达到了十分完善的程度，大致每万户组成一个游牧集团，拥有确定的地理区域及其所有权和使用权。"古列延"、"阿寅勒"、"浩特"等社会组织适应了不同规模的游牧生活，把游牧社会的政治行政和军事组织及其中心置于以汗帐为核心的流动城市之中，满足了游牧生产方式统一指挥、统一行动、逐水草游牧、频繁迁徙、远距离大范围迁徙、抗御外敌袭扰等特殊要求，它充分利用集体行动中成员之间可以相互依存、合作、齐心协力抗御自然灾害的优势，从而促进和保持了游牧生产方式几千年长盛不衰。

二、19世纪80年代到20世纪畜牧业的分布及变迁

蒙古高原地区多种不同类型的广袤草原上，生长着上千种不同的相对完整的植物群落。其中牧草种类近千种，多数牧草为品种优良、蛋白质含量高、适口性强、牲畜喜食的禾本科、豆科和菊科牧草，为牛、马、羊、山羊和骆驼的生存和发展提供了得天独厚的有利条件。例如，骆驼主要放牧地有：平原荒漠、平原半荒漠、山地荒漠、山地半荒漠、山地草原和高山草甸放牧地。其中以平原荒漠分布最广，面积最大，按其土地差异，又可分为沙地放牧地、戈壁（石质、砾石质）放牧地、壤土放牧地及盐碱地放牧地4个亚类型（郑丕留，1992）。从内蒙古骆驼分布看，由东向西从草甸草原逐渐向干旱草原、半荒漠草原、荒漠草原和荒漠过渡，随着草地植被类型的变化，草的覆盖度逐渐减小，

旱生、超旱生的灌木和半灌木在植物群落中所占比重逐渐增大，因而畜群结构发生了明显变化，骆驼在畜群中所占的比重逐渐上升。当然，影响家畜数量分布的因素有很多，各类家畜的地区分布除了受自然条件（包括地理气候、生态环境及草地饲料基础等）的影响以外，在很大程度上还受到人们对家畜的需求和社会经济条件的影响。

清末民国时期，内蒙古地区草原畜牧业发展的主要影响因素是晚清政府的垦荒政策，后果是极其严重的。内蒙古地区，一直是古今北方各民族共同居住、繁衍生息的地方。由于受到民族迁移、疾病和自然灾害的影响，内蒙古地区人口的增长速度一直十分缓慢。清朝政府在内蒙古地区实行"移民实边"和"开放蒙荒"政策，在东起呼伦贝尔南部，西至河套平原东部的广大地区垦荒种田，随着新垦农田的迅速扩大，汉族移民大量涌入草原地区，更加促进垦荒规模的扩大。1912年汉族人口已经超过150万人。从清朝初期开始移入蒙古地区的汉民，开始定居于此，开垦种地，逐渐扩张农耕田。

1949～1978年，改革开放前这30年的时间里，影响草原畜牧业发展的主要因素来源于错误认识和政策的失当，如像内蒙古移民，在所谓的"牧民不吃亏心粮"的方针下大规模开垦草原种田，其影响同样也是恶劣的。1958～1962年在"以粮为纲"政策下开垦草原，大办农业与副食品基地。1966～1976年在所谓"牧民不吃亏心粮"口号下，又开始盲目开垦草原。为了提高牲畜数量，解决饲草料来源，1986～1992年又进行了第三次大面积开垦。1992年以后又倡导"五配套小草库伦"，几乎50%的牧户都在自家的草场上进行不同规模的开垦。这四次开垦草原浪潮，使这里的草原生态系统遭受了致命的创伤。随着人口的繁衍增长，这些饲草料基地的农民不断地对草地资源进行超强度掠夺，致使草地资源由优变劣，生态系统从退化到局部衰竭，发生逆行演替。到20世纪初，内蒙古草原生态系统相对稳定。畜牧业牲畜结构相对合理，牛、马、绵羊、山羊和骆驼的分布也比较均衡。之后，虽然内蒙古地区的自然地理环境条件依然如故，但伴随着内蒙古地区人口绝对数和相对数迅猛增长，特别是农业人口的非自然增长，伴随农垦范围扩大使草原退化、沙漠化、荒漠化加剧，可利用草场面积迅速萎缩。进而引发了草场与牧草、牧草与牲畜及牲畜与人之间矛盾的激化。同时，人口的增长和草场的萎缩、退化迫使广大农牧民改变传统的生产经营方式——由过去的草原游牧畜牧业改变为草原定居畜牧业，对定居点周围的天然草原造成过度放牧直接加剧了草原的退化和沙化。内蒙古草原不但生态环境相对退化，那些曾有利于保持人与自然平衡关系的社会文化要素和条件也在蜕变和消失之中。在今天的承包制下，某些小承包户受自身经济条件所限，无力围栏、保护自己承包的草场，给他人的"入侵"提供了可乘之机。而"入侵者"既要伺机掠夺性地盗用别人的牧场，又不愿意，也绝不会对该草场给予分毫的建设投入。这样的草场最终结果除劣化外也无他途（马桂英，2006）。之后，内蒙古草原地区经济建设的总方针进行多次变动，对内蒙古草原地区的生态环境产生了更进一步影响。

环境恶化迫使草原牧民们在经营畜牧业时仅考虑其养畜的最高利益或经济效益。其后果是牧民只饲养经济收益相对较高的能适应低矮草为主的贫瘠草场的小家畜（绵羊、山羊），导致大量的大家畜逐渐减少，使草原上的生物物种量减少。例如，阿拉善盟骆驼数量以1980年前后为界，分为上升和下降两个阶段：1949～1980年前后，全盟骆驼总数从 5.6 万峰上升到 25.1 万峰；此后，骆驼养殖逐年滑坡，头数大幅度下降，到 2004 年 12 月末仅剩 6 万峰，平均每年减少近 1 万峰。如果再这样发展下去，不远的将来就看不见骆驼了。养驼业萧条，环境恶化是一方面原因，而更深层次的原因在于，骆驼的经济效益不如山羊，骆驼才被山羊广泛取代。

随着我国改革开放实践的不断深入和社会主义市场经济的建立健全，近几十年以来，全国各族人民群众的物质生活水平和精神生活水平都有显著提高。在这种大的历史背景之下，人们的经济意识增强了，资源保护意识却下降了，市场需要什么，畜牧业生产就朝那个方向发展，而很少有人顾及品种资源保护的工作，导致有些优良畜群品种濒临灭绝。尤其大牲畜的数量减少，如马匹数量的变化，根据中国畜牧业年鉴统计数据资料，内蒙古自治区 1975～2005 年马匹数量每年减少 5.72 万头。而随着大牲畜的减少小牲畜数量（绵羊和山羊）明显增多了。从生态学角度分析，种群的自然调节是自然而和谐发展的。然而，一个种群所栖环境的空间和资源是有限的，只能承载一定数量的生物，承载量增加或减少会直接影响种群增长率的变动，从而影响该环境允许的稳定水平。制定合理的载畜量，可保证在不伤及生物资源再生能力的前提下取得最佳产量。

总体上，在古代，蒙古人实行的是部落行使区域性行政职能的统治方式。部落首领控制着一定区域内草场的所有权，实行部落首领占有草场但集体统一使用的模式，牧人在部落首领的组织下进行迁徙游牧。这种制度适合内蒙古草原特殊的自然地理环境，在长期的顺应自然规律的基础上产生了"草–畜–人"相互依赖的草原生态生物链，这种生物链的作用下草原生态环境也得到了保护。这种社会制度与当今推崇的生态整体主义思想相吻合，人及人类社会都是自然界的产物，人类社会是大自然的一个组成部分。然而，20 世纪初开始蒙古族游牧生产方式走向衰落，尤其新中国成立以后事态更加严重。游牧生产方式衰落的第一步是皇家土地使用权的分割。例如，清朝时期政府建立了旗制，严格划定旗界，限制越旗游牧。同时期内蒙古地区大量的移民，导致人口急剧增长，定居所占的牧草地越来越扩张，再加上实行普遍开垦政策以后，草场的范围紧缩到不得不放弃按季节轮牧的方式（李其木格，2011）。

第二节　畜牧业发展现状及趋势

"十二五"以来，内蒙古自治区畜牧业工作在内蒙古自治区党委、政府的正确领导下，紧紧围绕"畜产品增产、农牧民增收、草原增绿"的发展目标，充分发挥农牧结合的双重优势，以改革开放和科技创新为动力，按照自治区相关发展思路的总要求，深入贯彻落实科学发展观和中国共产党第十八次全国代表大会精神，以加快转变畜牧业发展方式为主线，继续推进现代畜牧业持续健康发展。畜牧业生产规模不断扩大，综合生产能力稳步提高，截至 2014 年，牧业年度牲畜存栏连续 9 年稳定在 1 亿头（只）以上，已经具备了年生产 244 万 t 肉、12 万 t 绒毛、778 万 t 牛奶和 55 万 t 禽蛋的综合生产能力。牛奶、羊肉、山羊绒、细羊毛产量均居全国第一位，畜牧业综合生产能力位居全国五大牧区之首。畜牧业产值超过 1123 亿元，全国排名第 9 位，占大农业产值的 45.9%，撑起了大农业的半壁江山。在未来几年，牲畜总头数继续稳定在 1 亿头（只）以上，肉类总产量超 260 万 t，禽蛋产量超 60 万 t，牛奶产量超 900 万 t，畜牧业将迈入新的历史发展阶段。

草原畜牧业生产中最基本的就是人、草、畜三大要素之间复杂而多变的有机关系。没有辽阔的草原，就不可能有草原畜牧业。内蒙古的草原畜牧业历史悠久，特别是近几十年有了很大的发展，为社会提供了大量的畜产品。同时，牧业人口不断增加，牲畜头数迅速增长，人均拥有草场资源不断下降，导致了长期的过度放牧及不合理开发。特别是在干旱、半干旱的草原牧区，严酷的自然环境条件又极大地限制了人工草地的发展，难以实现"增草增畜"，使一些牧区处于增草难、增畜难、减畜更难的困境。长期的超载过牧，对草场的利用强度不断加大，导致草原退化、沙化，草场生产力逐年下降，草原生态环境不断恶化，草原畜牧业面临着空前的后备资源短缺、畜牧业生产成本不断上升、发展后劲乏力的严峻局面。

一、畜牧业发展现状

（一）草地资源

内蒙古草地资源十分丰富，是目前世界上草地类型最多的天然草原之一。内蒙古草地总面积为 8666.7 万 hm^2，占全区总面积的 64.99%，其中可利用草场面积约 6818.1 万 hm^2，占内蒙古草原总面积的 78%。温性典型草原类是内蒙古面积最广的优良天然牧场，总面积约为 2767.35 万 hm^2，占内蒙古草地总面积的 31.9%，其中可利用面积约 2422.52 万 hm^2。其次是温性荒漠类草原，总面积为 1686.67 万 hm^2，占内蒙古草地总面积的 19.5%，其中可利用面积约 940 万 hm^2。除此之外，草原化荒漠类、温性荒漠草原类、温性草甸草原类、低平地草甸草原类所占比重相对少一些，分别占内蒙古草地总面积的 6.8%、10.6%、10.9%、11.7%。内蒙古拥有 5 片重点牧区草原，分别是：呼伦贝尔草原、科尔沁草原、锡林郭勒草原、乌兰察布草原、鄂尔多斯草原。草地有野生饲用植物 793 种，约占全区植物总数的 36.59%，其中主要饲用植物 200 多种，占饲用植物总数的 25%，是各类草地类型中的建群种或优势种，代表着草地类型的结构特征和群落特性，决定草地类型的利用价值和经济价值（宝文杰，2011）。全区草地资源年生物总贮量约 680.8 亿 kg，其中可食干草总贮量约 408.57 亿 kg。内蒙古农区和半农半牧区发展畜牧业具有独特的饲草饲料资源。半农半牧区有草地 1329 万 hm^2，农区分布着一些零星草场、草片，面积约 680 万 hm^2。全区粮食总产基本稳定在 150 亿 kg 左右，按 1:1.5 的比例计算，每年可生产秸秆 225 亿 kg，其中畜牧业可利用的秸秆 180 多亿 kg，为农区及半农半牧区发展畜牧业的重要饲草资源。此外，还有相当数量的饲料和其他粮食副产品，可供转化利用。

1984 年内蒙古在全国率先实行"草场公有，承包经营，牲畜作价，户有户养"的草畜双承包责任制，1989 年内蒙古自治区党委、政府提出并实施了"落实草原所有权、使用权和承包到户责任制"即草场"双权一制"。目前，全区已落实草原所有权面积 0.637 亿 hm^2，落实承包到户面积 0.535 亿 hm^2。在推行草畜平衡、开展禁牧休牧和划区轮牧、基本草牧场保护等制度方面，走在了全国前列。1998年内蒙古首先在鄂尔多斯市的部分旗县进行禁牧休牧试验，2002年在全区12个盟市全面推行禁牧休牧制度，同年在全区开展了草畜平衡试点工作。据内蒙古自治区农牧厅统计，截至2007年年底，全区禁牧休牧草原面积为0.445亿hm²，草原围栏面积为0.249亿hm²，实施草畜平衡面积为0.48亿hm²，全区草原平均植被覆盖度为37.73%，比2006年提高了1.6个百分点，比6年来的平均值提高8.4个百分点。草原植被得到了明显恢复和改善，草原生产力有了较大幅度的提高。在国家草原生态建设和保护项目的示范带动下，内蒙古草原生态建设不断取得突破性的进展。"十五"期间，全区草原建设规模每年在200万hm²左右，2000年在国家实施西部大开发战略的推动下，全区草原建设规模一举突破了333.3万hm²大关，人工草地突破了66.67万hm²。截至2006年年底，全区人工种草保留面积达到2201.82万hm²，草场改良保留面积达到269.45万hm²，飞播牧草保留面积达到75.34万hm²，饲用灌木保留面积达到155.61万hm²。

（二）畜禽品种资源

内蒙古是我国畜种资源最丰富的省份之一，不同的草原生态，造就了不同类型的牲畜品种。分布范围广、数量多的蒙古系地方品种，有蒙古马、蒙古牛、蒙古羊、白绒山羊、蒙古驼、滩羊等，是发展畜牧业的基础。内蒙古培育的优良品种有三河马、锡林郭勒马、三河牛、黑白花奶牛、草原红牛、科尔沁牛，毛肉兼用的内蒙古细毛羊、兴安细毛羊、敖汉细毛羊、乌兰察布细毛羊、呼伦贝尔细毛羊，毛用的鄂尔多斯细毛羊、中国美利奴羊（科尔沁型）、科尔沁细毛羊，还有内蒙古半细毛羊、罕山白绒山羊、内蒙古白绒山羊、乌珠穆沁白绒山羊，阿拉善双峰驼，以及乌兰哈达猪、内蒙古黑猪和内蒙古白猪等40个优良品种。

同时，还积极引进了荷斯坦牛、西门塔尔牛、安格斯牛、道赛特羊、萨福克羊等一批世界著名优良畜禽品种，还有新育成的巴美肉羊、昭乌达肉羊和察哈尔羊三个新品种中巴美肉羊杂交新品种填补了国内杂交肉羊品种的空白，在提供高档畜产品和支援区内外畜种等方面，发挥着重要作用。全区良种、改良种牲畜占全区牲畜总头数比重达到93%，基本实现了畜禽良种化，如苏尼特羊和内蒙古美利奴型细毛羊等。目前，平均每头肉牛的产肉量为136.51kg，绵羊个体产毛量为3.24kg，山羊个体产绒量为0.3kg，母牛个体产奶量为734.75kg，家禽个体产蛋量为4.76kg。

内蒙古地区拥有数量多且质量优良的各类牲畜，因而也蕴藏了丰富的畜产品资源，是我国庞大的"肉库"和"乳仓"。这里的肉、奶、绒毛、蛋和皮张五大类畜产品，在国内占有重要地位，有些产品在国际市场上也有很大的影响。2013年，全区肉类总产量为244.9万t，居全国五大牧区之首，其中，猪肉73.3万t，牛肉51.7万t，羊肉88.8万t。特别是牧区所产牛、羊肉，均为无污染的草原绿色动物食品，备受国内外消费者的青睐。奶类也是内蒙古地区的大宗畜产品。2014年，全区奶类总产量为778.14万t，其中，牛奶产量为766.32万t，羊奶产量为11.82万t。禽蛋总产量为53.54万t。毛绒是内蒙古地区丰富的畜产资源，2014年，全区毛绒总产量为14.056万t，其中，山羊毛1.04万t，绵羊毛12.15万t，山羊绒0.82万t，驼绒0.046万t。皮张也是内蒙古地区的特产，2014

年，全区各类皮张总产量 5680.88 万张，其中，牛皮产量为 308.06 万张，绵羊皮产量为 4199.08 万张，山羊皮产量为 1173.74 万张。

（三）形成产业化经营的利益机制，草原畜牧业的经济效益得到提高

内蒙古以畜产品为原料的加工制品种类达 26 种，牛奶、细毛羊、羊绒、羊肉产量均居全国第一位，奶制品、无毛绒、羊绒制品、牛羊肉、活羊、地毯等产品畅销国外。目前，全区依托资源优势和牧区经济特点，大力建设产业化基地，已形成了一批各具特色的畜产品生产基地、知名企业和品牌，畜牧业产业化走在了全国的前列。以'蒙牛'、'伊利'为代表的乳制品加工业已经跃居全国前 1、2 名，以'小肥羊'、'伊盛'、'蒙羊'为代表的肉类产品加工业和餐饮连锁企业遍布大江南北，以'鄂尔多斯'、'鹿王'、'维信'和'兆君'为代表的绒纺制品加工业在全国享有很高知名度。

（四）科技兴牧成效显著

围绕牧草良种选育、畜种繁殖改良、疫病鼠虫害防治、人工草地和科学饲养管理等方面，加强技术培训，开展科技下乡活动，搭建牧民服务平台，研究和推广一批适用的增产技术，选育和培育一批优良畜种，提高了畜群质量，畜牧业生产的科技含量迅速提高。2005 年"内蒙古乳业技术研究院"在伊利集团建立，充分说明政府对"科技兴牧"的重视。

（五）草原法制建设进一步加强，草原管理和建设成效显著

《中华人民共和国草原法》《草原防火条例》的颁布实施，使草原管理、保护和建设进入了依法管理的新阶段。草原建设和保护步伐明显加快，逐步向规范化、标准化、制度化迈进。飞播牧草、改良草地、围栏封育、建立育草基地、建设防灾基地、草原监理、草原防火、治虫灭鼠等措施，使草地生产能力和防灾能力得到提高。

（六）现阶段草原畜牧业面临的问题

1. 人、草、畜矛盾突现

由于近半个世纪以来，牧业人口成倍增加，牲畜头数快速发展，多数草原牧区长期超载过牧，草原生态环境不断恶化，草原牧区以往的人均草地资源相对优势及人均牲畜占有量的相对优势正在逐渐下降及消失。以内蒙古自治区为例，近 50 年以来，内蒙古自治区牧业人口从 29.6 万人增加到 2013 年的 180.56 万人，人口增加 5 倍。而天然草地每亩产草量从 20 世纪 50 年代的 109.5kg，下降到 90 年代的 30kg，每亩产草量减少 72%。全区天然草地可食牧草总贮量从 1115.9 亿 kg 下降到 289.1 亿 kg，减少 74%。这"一增两减"使牧业人口人均拥有天然牧草存贮量在 40 年间减少近 75%。

2. 草原退化、沙化严重

内蒙古畜牧业经济主要是以天然草资源为基础的草原畜牧业经济，但内蒙古广阔的

草原资源由于人为和自然的各种因素,沙化、退化严重,人工和半人工草场面积非常少。全区草地沙化、退化面积已经由 20 世纪 60 年代的18%发展到 80 年代的39%,而且每年还在以 80 万 hm² 的速度蔓延。近年来由于建设保护力度加大和气候等因素,草原生态得到较好的恢复,但草畜矛盾仍很突出。2006 年全区草原建设总规模达到569.93 万 hm²,禁牧、休牧和轮牧面积分别达到 156 万 hm²、214.53 万 hm² 和29.33 万 hm²,但局部建设仍然不能有效遏制草原生态整体退化的趋势。草原畜牧业基础薄弱,草畜矛盾十分突出,不少牧区采取了限养牲畜的措施,虽然有利于草原生态保护,但在一定程度上影响了现代畜牧业的发展和牧民收入的提高。

根据内蒙古草地资源普查资料(1988 年),全区草地面积有 7880 万 hm²,其中可利用草地面积为 6359 万 hm²,比 20 世纪 60 年代的普查数据 6735 万 hm² 减少 376 万 hm²;6359 万 hm² 可利用草场中的 2503 万 hm² 草场已经退化,占可利用草场面积的 39.3%;除呼伦贝尔市、兴安盟、阿拉善盟的退化面积占可利用草地面积的 30%以下外,通辽市、赤峰市、锡林郭勒盟、乌兰察布市、巴彦淖尔市、鄂尔多斯市、呼和浩特市、包头市、乌海市 9 个盟市的退化面积占可利用面积的比重都在 40%～65%,平均达到 54.3%;上述盟市的可利用草地面积为 4051.4 万 hm²,占全区可利用面积的 63.7%,也就是说全区63.7%的可利用草地面积的 54.3%已经退化(苗忠,1998)。根据内蒙古草原勘察设计院的检测分析,在 2001～2003 年,内蒙古草地总面积约为 7492 万 hm²,与 20 世纪 60 年代相比减少 1003 万 hm²,与 20 世纪 80 年代相比减少 388 万 hm²(薛原,2008)。内蒙古是我国荒漠化和沙化土地分布最为集中,也是危害最为严重的省份之一。根据内蒙古林业厅(2004)对荒漠化、沙化草地进行监测的结果,截至 2004 年年底,内蒙古荒漠化土地面积已达到 0.622 亿 hm²,占内蒙古土地总面积的 52.6%,沙化土地总面积达到 0.415 亿 hm²,占内蒙古土地总面积的 35.16%。

3. 草地生产力下降

由于草原退化,草地资源第一性生产力明显下降,导致草地生产力迅速下降。内蒙古 20 世纪 50 年代平均每公顷产鲜草 1911.75kg,年均饲草贮藏量为 1273.3 亿 kg,到 20 世纪 80 年代平均每公顷产鲜草仅为 1050.0kg,年均饲草贮藏量为 669.3 亿 kg,全区草原产草量下降 40%～60%。草地退化导致产草量下降的同时,草群质量也发生了变化,草群中优良可食牧草的种类和产量逐渐降低,而不可食杂草和毒草的种类和产量相对增加。目前,全区草原中毒草品种已高达 50 多种,一方面,草地质量的迅速下降阻碍牛羊等牲畜的正常生长发育,另一方面,毒草的迅速蔓延也会导致牲畜中毒甚至死亡,这些因素严重危害草原畜牧业的可持续发展。

第一性生产能力枯竭的同时,第二性生产能力也随之迅速下降,草地资源退化导致牲畜个体的体重下降,而且使草原的载畜量明显减少。据统计,内蒙古草场载畜量,20 世纪 50 年代为 8700 万个羊单位,80 年代为 5475 万个羊单位,2009 年载畜量为 2000 万个羊单位,与 50 年代相比减少了 6700 万个羊单位,下降率高达 77.01%(王关区,2006)。

4. 环境污染严重，生态环境日益恶化

随着畜牧业的生产方式向规模化、集约化方向发展和城镇化水平的不断提高，建在城市郊区、农村的养殖场产生了大量的畜禽粪便和动物尸体，这些排泄物和动物死尸未能得到及时处理和合理利用，在适宜条件下滋生大量的蚊蝇、恶臭和噪声等，极大地污染了环境。加之城郊地区人口密集、流动性强，严重威胁着养殖场周边居民的身体健康。畜禽养殖业的污染问题已经成为制约城市经济进一步发展的"瓶颈"。畜禽养殖业产生的污染问题主要是由畜禽粪污引起的。畜禽粪污是指包括养殖过程中排放的畜禽粪尿、畜禽舍的垫料、废饲料、散落的毛羽、清洗畜禽体和饲料场地及器具所产生的污水及其他生产过程中生成的污水和恶臭物质。这些物质未经处理，由养殖场直接向外排放或堆积在养殖场周围的空地上，严重污染了环境，产生的问题主要有大气污染、水体污染、重金属污染和疫病传播等。

近年来内蒙古自治区畜牧业工厂化养殖业发展较快，为全国城乡居民提供大量的肉、蛋、奶等畜产品。但由于养殖场缺乏对环境污染治理的先进技术，环境污染日益恶化。畜牧业养殖场排放的废弃物和污水会对空气、水土和食品造成严重污染，并由此对人类和牲畜健康、自然环境及畜牧业生产造成多种危害。国外畜牧业发达国家对环境污染治理的问题十分重视，如加拿大有《家畜废物管理条例》和环境咨询委员会，由其负责向环境质量管理部门（DEQ）提出有关条例的实施建议。根据加拿大现行法律规定，只要存在任何向水排放污物的可能性，就必须要安装家畜废物控制设备。为了减少对水的污染或控制臭气，环境质量管理部门（DEQ）有权力要求家畜操作按规定标准执行。值得注意的是，立法机关规定必须由注册工程师对家畜废物设施进行设计和对建筑实施监督。因此，如我国对畜牧业的环保问题不够重视，则畜牧业难以健康持续发展。

5. 畜产品质量下降，畜产品质量安全较差

内蒙古自治区成立之初，全区的牲畜总头数只有 842 万头（只），20 世纪 60 年代全区牲畜增加至 4176.2 万头（只），到了 80 年代末，全区牲畜总数增加到 4757.7 万头（只），2002 年，全区牲畜总数已突破 6000 万，达到 6327.7 万头（只），2009 年全区大小牲畜已达到 9596.8 万头（只）。衡量畜牧业生产水平，不仅是看牲畜数量和总产量，更重要的是要看畜产品质量。随着生态环境的日益恶化，内蒙古草原大面积退化，导致优良可食性牧草不断减少，草地质量显著下降，造成牲畜营养不良，一些优良畜品种退化，畜产品质量下降。由于长期超载过牧，牲畜经常处于饥饿状态而造成个体产量的下降。近十多年来，内蒙古牛羊的平均胴体重下降 25～50kg，牛羊胴体重均低于世界平均水平，更低于草原畜牧业发达国家的水平。据统计资料，内蒙古牛和羊的平均胴体重分别为 136kg 和 14.4kg，而加拿大牛和羊的胴体重分别为 316kg 和 21kg，美国为 331kg 和 30kg，澳大利亚为 222kg 和 20kg，新西兰为 154kg 和 17kg。牲畜个体生产能力的下降，必然导致畜产品总产量的降低。据统计，内蒙古牛和羊的出栏量分别为 129.1 万头和 1948.4 万只，而其产量只有 178 千 t 和 298 千 t，而澳大利亚的牛和羊出栏量分别为 9069 千头和 30 292 千只，产量却是 2009 千 t 和 611 千 t；新西兰的牛和羊分别为 3562 千头和 29 990 千只，产量为 547 千 t

和 500 千 t；加拿大的牛和羊分别为 3825 千头和 492 千只，产量为 1210 千 t 和 11 千 t；美国的牛和羊分别为 36 422 千头和 3455 千只，产量为 12 050 千 t 和 105 千 t（包凤兰，2003）。

畜产品质量控制的一个关键环节是保证畜产品质量安全。内蒙古畜产品相关的质量安全生产和监管体系都尚不完善，畜产品的质量安全得不到保障，严格的畜产品生产及市场准入机制尚未建立。在监管手段上存在许多缺陷，在执法过程中常常出现无法可依、有法不依或执法不严的现象。目前，如内蒙古对畜产品质量及畜产品安全重视力度不够，则会严重影响内蒙古草原畜牧业的可持续发展。

二、畜牧业发展趋势

（一）生态畜牧业

发展生态畜牧业，必须进一步加强以保护草原生态为重点的畜牧业基础设施建设。内蒙古是我国北部地区的重要生态屏障，搞好生态环境的保护和建设，不仅关系到内蒙古各族人民的生存和发展，而且对全国实施可持续发展战略具有重大的意义。从内蒙古近些年的实践看，草原生态建设必须坚持保护与建设并举、以保护为主的原则。与此同时，在大力提高畜牧业产量、质量和效益的同时，高度重视并解决畜牧业发展带来的环境污染问题，积极推广生态环保养殖模式，促进畜牧业可持续发展。

一是大力推行环保养殖模式。针对在传统饲养中产生的环境污染问题，现代畜牧业必须推广生态养殖。加大宣传力度，通过新闻媒体、专题培训等形式，使环保养殖模式深入人心、家喻户晓，强化政策扶持，财政对环保养殖给予专项补助，金融部门给予贷款优惠，积极推广典型经验，发挥好典型示范作用。加强指导服务，及时帮助养殖户解决土地、资金、技术等问题，确保环保养殖建设取得更大突破。

二是大力推行循环养殖模式。积极推广集太阳能、沼气、种植、养殖有机结合的"四位一体"循环农业发展模式，即利用冬暖式大棚一端养殖，以畜禽粪便生产沼气，用沼气照明、做饭，用沼渣给大棚蔬菜追肥，利用大棚的另一端种植蔬菜，循环利用，提高经济效益。

三是大力推行清洁养殖模式。积极推广畜禽养殖清洁生产技术，加强畜禽养殖废弃物的综合利用和污染治理，努力实现畜禽粪污处理的无害化、能源化、饲料化、肥料化。强化规模养殖场区的基础设施建设投入，突出搞好绿化、美化，促进畜牧养殖的外部环境卫生清洁。规模养殖小区可以在生产过程中通过与龙头企业结合、与沼气工程结合、与新农村建设结合的"三结合"方式，打造具有优势的"生态畜牧业"。针对畜牧业养殖过程中出现的饲养圈舍搭建无序和粪便、污水等影响环境的问题，养殖户将畜牧养殖与沼气工程结合起来，利用养殖过程中产生的动物粪便、污水发展沼气工程，并应用于小区和基地的生产、生活中，同时将剩余的沼渣作为肥料用于绿色蔬菜生产，从而实现可再生能源技术、高效生态农业技术与畜牧业生产的有机结合，形成完整的农业循环经济模式，不仅能节省生产成本，同时能使村容村貌得到改善，实现畜牧业产业化与生态环境保护的完美结合。

（二）畜牧业科技成果商品化

技术创新是科技与经济互相促进和互相转化的过程。只有通过小试、中试、产品化开发、技术集成、组装配套等技术创新环节，才能实现畜牧业科技成果从智力产物到商品的转化，满足养殖兼业户、专业户及规模化厂商等技术需求方对技术商品的需求。实践中，可通过行政驱动、市场需求拉动及技术推动加快畜牧业技术创新。各级政府应高度重视区域性、重大技术创新活动的组织、实施，加快国有科研机构社会化改革，增强重大关键技术、实用技术开发能力；优化、调整各级区域性工程技术开发中心建设，提高技术集成、组装配套水平；还应加强各类畜牧兽医试验站、改良站等中试基地建设，做好新成果的发展、试验工作。

同时应积极鼓励技术型企业等非政府研究机构从事技术创新，通过技术开发财政补贴、税收减免等优惠政策引导企业加大技术创新投入，创造合理、有序的科技人才流动秩序，放宽科技人才流动限制，充分满足企业等非政府研究机构对科技人才的需求，逐步将企业等非政府研究机构培植成为畜牧业技术创新的主体。还需采取切实有效的措施扩大技术需求，如生产环节上对农户采用新技术给予一定补贴以降低技术采用成本，流通环节上降低新技术流通税费和实行优质优价，依靠需求拉动技术创新。

（三）推进畜牧业产业化经营

加快由传统畜牧业向现代畜牧业转变，最根本的途径就是通过发展产业化经营，延伸畜牧业的产业链条，提高养殖户的组织化程度，全面开拓国内外市场。

一是积极推进规模化养殖。从发展养殖大户入手，完善政策激励措施，调动养殖户的积极性，并通过龙头企业、专业合作组织等联结，集小群体为大规模，发展壮大畜牧业生产基地。鼓励引导各行各业参与养殖基地的建设，支持有实力的各类工商企业和合作组织，兴建大规模、高水平、现代化的养殖企业和生产园区。以新农村新牧区建设为契机，对新建场区进行合理规划布局，促进土地集约高效利用。探索实施养殖场区备案制度，以规范化管理促进品种优良化、生产标准化、防疫程序化、环境生态化、产品绿色化，提升规模养殖水平。

二是积极推进产业延伸。坚持以市场为导向，以骨干企业为龙头，积极推进产加销、贸工商一体化经营，促进畜产品深度加工、综合利用，实现多层次转化增值。以培育 10 个带动能力强的龙头企业为重点，积极推进加工型、市场型、中介型等龙头企业发展，为产业延伸打牢基础、创造条件。加大畜牧业招商引资力度，吸引更多龙头企业投资发展，带动畜产品加工业发展。依托龙头企业，大力推进精深加工，重点发展牛羊、生猪、乳制品、禽产品、皮革、饲料等加工业，促进畜产品加工增值。完善牧（农）户、基地与龙头企业的契约、资本、服务等利益联结机制，形成风险共担、利益均沾的利益共同体。

三是积极推进专业合作。把农牧民专业合作组织作为联系养殖户与龙头企业和市场的桥梁，作为推进畜牧业产业化经营、提高组织化程度的重要切入点。通过正确引导和积极扶持，建立健全畜牧业专业合作社、行业协会、中介服务及农民互助组织，变千家万户的分散经营为有组织、有计划、有保障的集约经营，不断提高农牧民发展畜牧业的组织化程度。健全完善"龙头企业+合作组织+养殖基地+牧（农）户"的产业化模式，促进专业合作组织为龙头企业建立稳定的优质原料生产基地，促进龙头企业依靠品牌、信息、营销优势为专业合作组织提供服务，提高共同抵御风险的能力。

四是积极推进市场开拓。加强对畜产品市场的研究，鼓励企业采取连锁经营、网上交易、订单期货等现代营销手段，拓宽畜产品流通渠道。鼓励创办畜产品加工出口企业，支持生产条件较好、有出口潜力的企业开拓国际市场。

（四）加强畜牧业科技投入

发展现代畜牧业，归根到底要靠科技进步。要大力实施"科技兴牧"战略，不断提高畜牧业科技创新与科技推广应用水平。

一是狠抓畜禽良种繁育推广。集中力量推进畜禽良种繁育体系建设，重点抓好生猪、牛、羊品种改良，下决心淘汰劣种。做好地方优良品种的保护和利用，支持国外优良品种的引进工作，严格执行种畜生产经营许可制度，坚决打击违法经营行为。按照一个产业、一个龙头、一个种源生产场模式发展种畜禽生产，多渠道吸纳社会资金兴办种猪场、种鸡场、种鸭场、种鹅场、种牛羊场，促进优良品种的普及和推广。

二是狠抓标准化生产。认真抓好《中华人民共和国农产品质量安全法》等法律法规的贯彻落实，大力推行标准化生产，健全完善畜牧业标准体系和检验检测体系，强化畜牧业生产、加工、销售等全程监管，全面提高畜产品质量安全水平。积极推行畜禽养殖档案和牲畜标志制度，逐步建立快捷准确的动物及动物产品安全追溯制度。加强对畜牧业投入品的监管，规范兽药经营行为，加强动物诊疗市场的规范管理，严厉打击制造、销售、使用违禁药物及假冒伪劣产品等违法行为。积极促进龙头企业畜产品及加工制成品生产标准与国际接轨，认真组织实施"无公害畜产品行动计划"，加快畜禽产地和产品认证步伐。

三是狠抓畜牧科技推广。加强畜牧科技示范园区、示范推广基地建设，加速畜牧业科技成果向现实生产力的转化，提高畜牧业科技贡献率。鼓励引导企业和养殖基地引进标准化饲养场舍等成套设施设备，提高现代畜牧业的装备水平。

四是狠抓科技人才队伍建设。通过引进、培训等措施，培养造就一批有文化、懂技术、会经营的新型养殖户，一支懂政策、懂技术、懂管理的复合型畜牧兽医管理干部队伍，一支潜心技术推广、热心成果转化、适应生产实际要求的专业技术干部队伍，为畜牧业发展提供人才、智力支持。

第三十二章　牲畜健康养殖及疫病预防的措施

第一节　牲畜健康养殖

健康养殖的概念最早是在 20 世纪 90 年代中后期由我国海水养殖界提出的，之后，淡水养殖界、畜禽养殖界开始接受并广泛推行健康养殖理念。在"十五"、"十一五"期间，国家发展和改革委员会、科学技术部、农业部积极倡导并大力支持健康养殖技术的创新研究与示范推广。健康养殖的主要内涵是安全、优质、高效、无公害的可持续发展的养殖生产，是在以主要追求数量增长为主的传统畜牧业的基础上实现数量、质量和生态效益并重发展的现代养殖业。其主要目的是保护动物健康、保护人类健康、生产安全营养的畜禽产品。生态安全的本质内涵是围绕人类社会的可持续发展，促进经济、社会和生态三者之间的和谐统一，包括生物安全、环境安全和生态系统安全的安全体系。生物安全和环境安全构成了生态安全的基石，生态系统安全构成了生态安全的核心。没有生态安全，系统就不可能实现可持续发展。

健康养殖着眼于养殖生产过程的整体性（整个养殖行业）、系统性（养殖系统的所有组成部分）和生态性（环境的可持续发展），关注动物健康、环境健康、人类健康和产业链健康，确保生产系统内外物质和能量流动的良性循环、养殖对象的正常生长及产出的产品优质、安全。随着时间推移，健康养殖的概念正好迎合了人们急于想改变养殖业污染严重、疫病频发、畜产品重大安全事件多发的现状。因此，健康养殖一词已成为热点词汇，得到了大量运用，只要与养殖有关的管理技术、环境控制技术、养殖方式等，大家都喜欢归纳为健康养殖。2007 年，甚至在中央一号文件中都明确提出，要积极推广健康养殖模式，改变传统养殖方法。本质上讲，健康养殖的核心就是科学饲养。

我国是畜牧生产和畜禽产品消费大国，但是，畜禽产品出口欧美却屡屡受阻，畜禽产品的质量和安全性问题是影响畜禽产品出口创汇的主要障碍；同时，在国内消费市场上，随着国民经济的发展和人民生活水平的提高，畜禽产品的膳食消费比例越来越大，畜禽产品的安全问题已成为社会共同关注的焦点。畜禽健康养殖势在必行，培育优质和抗逆畜禽新品种、开发优质无公害饲养技术、实现畜禽高效繁殖、重视疾病防控、对养殖环境实行良性控制、建立相应的共用数据平台和决策支持系统等，形成健康养殖先进的技术体系十分迫切。

一、牲畜健康养殖的环境及设施、设备要求

为了实现健康养殖，养殖场所和环境在进行选址或更改时，应进行风险评估。评估时应考虑土地以前的使用情况及对畜禽养殖区域的潜在影响。为了确保牲畜健康及产品

安全，畜禽养殖场周围应无大型化工厂、矿厂或其他畜牧污染源。场地水质良好、水源充足，无有害气体、烟雾、灰尘及其他污染。

此外，为了实现健康养殖，需要改造养殖生产设施，提高设施、设备水平，为养殖动物创造良好的生存条件。养殖场必须选择合适的圈舍和笼具，给动物提供舒适的生存空间。圈舍、通道、围栏没有造成畜禽伤害的尖锐突出物，墙角、破损的铁栏或机器不会伤害畜禽。要注意通过排气、降尘、除噪等措施通风、降温等要保证畜禽舒适，无论是自然通风还是人工通风应良好、有效。饮水设施应坚固且不漏水，供水管线应正确，以保证畜禽在炎热的夏季可以自由饮水，在充分保证动物福利的同时提高畜禽健康水平。

二、投入品的选择应满足畜禽健康养殖的要求

（一）水和饲料的要求

畜禽的生长和发育首先离不开饮水和饲料，为了充分确保动物福利和健康，要保证充足的饮水，饮水设备应清洁卫生，根据不同阶段畜禽的饮水量和饮水方式，配备饮水设施设备。每年要定期对水质进行分析和化验，水质应符合我国畜禽饮用水的水质要求，以确保饮水安全。饲料的选择和使用要符合《饲料和饲料添加剂管理条例》。饲料来源必须优质、卫生、安全，无有毒有害物质残留。最好应通过 ISO/HACCP 等相关质量管理体系的认证。

通过动物营养与生物技术的应用，如饲料中合理使用合成氨基酸，可降低粪尿中氮的排出量。荷兰的一项研究表明：将猪日粮中粗蛋白含量从 13.9% 降至 11%，同时添加某些合成氨基酸，猪增重和饲料转化率都没有下降，但氮排出量降低约 30%。在 0～3 周龄和 4～6 周龄雏鸡的玉米–豆饼型日粮中分别添加 0.1% 的赖氨酸，同时粗蛋白水平降低 3 个百分点，不仅肉鸡的增重和饲料利用率有所改善，而且干物质、氮的排泄量分别降低了 7.84%～9.69%、22.49%～23.73%。饲料中可适当添加酶制剂、有机微量元素、酸化剂、益生素、寡聚糖和中草药制剂等无残留、无毒副作用的免疫调节剂、抗应激剂和促生长剂，以利于维持肠道菌群平衡，提高饲料消化率。通过营养调控降低畜禽生产中有毒有害物质的排出量。

（二）兽药、生物制品、消毒药品的选择与使用

所用兽药必须来自具有《兽药生产许可证》和产品批准文号的生产企业，或者具有《进口兽药许可证》的供应商。所用兽药的标签应符合《兽药管理条例》的规定。为了预防疾病、促进生长，可在饲料中长时间添加使用的饲料药物添加剂，必须在产品标签中标明所含兽药成分的名称、含量、适用范围、停药期规定及注意事项。选用适合畜禽养殖场使用的消毒药对饲养环境、畜舍和器具进行消毒。清洁消毒程序应规定每座建筑物的清洁消毒频率，如果使用清洁剂和消毒剂则要注意正确的浓度和使用频率。

在饲料中添加药物的，要严格按照国家的法律法规进行添加。不得任意添加兴奋剂、

激素、禁用的抗生素、镇静药、人用药等，以防止残留物质及次级代谢产物对人体造成危害。对加药饲料，应有药物残留处理程序，从而减少对人类的危害。饲料运输保管要妥当，防止腐败、霉变和污染，要做好控量采购，确保质量，科学贮存。

蒙古国在全国范围内布设的 665 个兽医药及繁殖服务机构有 696 位主治医师、767 位兽医、146 位畜牧学家，共计 1609 人。由于每一服务机构平均需医治 4.55 万只牲畜、每位兽医平均医治 2.89 万只牲畜，因此兽医药及繁殖服务机构的总体质量比 20 世纪中期有了很大提升。由于兽医药领域的投资增多，近几年牲畜传染疾病发病率降低。例如，2000 年时 7.38 万只牲畜感染传染病其中死亡数达 28% 即 2.06 万只，但到 2005 年 2.35 万只牲畜感染传染病其中死亡数为 8.1% 即 1900 只，感染率下降 18%，死亡率下降 10.9%。

据 2014 年蒙古国兽医药与繁殖处（机构）报告统计，每年 1.0%～1.5% 的牲畜感染传染病，1.6%～2.8% 的牲畜感染寄生虫。炭疽等严重传染疾病发病率大大减少。近 5 年有 30 余种的牲畜寄生虫疾病被统计，但 2014 年数据显示，有 2700 只牲畜染病，其中 630 只死亡，康复率达到 76.7%。

近几年蒙古国每年在牲畜疾病预防控制方面投入 40 亿～70 亿蒙图，覆盖 4500 万～4700 万只牲畜。虽然国际"A"系列疾病仍在个别地区出现，但已经采取国际认可的消除疾病源头和传染渠道的措施来积极应对。因与世界动物卫生组织、国际原子核机构合作，蒙古国已与俄罗斯并排列入了无牛瘟疫传染疾病国家行列。

（三）健康养殖的过程管理

1. 饲料的管理

良好的饲料管理是保证畜禽健康养殖的关键环节。运送畜禽饲料的运输工具应清洁卫生，并达到初级产品的运输要求。为防止污染，应特别注意双重用途运输工具的清洁。饲料运输、保管要妥当，防止腐败、霉变和污染，要做好控量采购，确保质量，科学贮存。防止饲料贮藏期间发生霉变。对装饲料的仓储设施、容器要每年消毒一次。饲料的贮藏地点没有老鼠、虫害和家养动物出没。对于加药饲料和不加药饲料要分开存放，无交叉污染。

2. 兽医健康计划的制订

为了实现畜禽的健康养殖，养殖场的兽医要根据本场的实际情况制订兽医健康计划，包括常见疾病的预防策略、常见问题的处理措施、适合本场的免疫程序、寄生虫控制措施、对饲料和水进行药物处理的措施等。每年需对兽医健康计划进行审核和更新并备案。采购、保存和使用兽药的人员应遵守国务院兽医行政管理部门制定的《兽药管理条例》等规定。治疗用的药物只有经过兽医出具处方或以预防为目的（如驱虫）时方可使用。对用这些药物处理的畜禽要进行清楚的标识，证明它们曾经接受过相关治疗，并应详细说明药性和休药期结束的日期。

3. 免疫计划的实施及人员的培训

畜禽养殖场应依照《中华人民共和国动物防疫法》和国家有关规定做好动物疫病的

免疫计划，并制定书面的免疫程序，进行强制免疫。应使用符合"兽用生物制品质量标准"要求的疫苗对畜禽进行免疫接种。疫苗（包括需要冷冻的）应贮存在安全、光线适宜且远离其他材料的地方，符合使用说明书的要求。应对每次免疫的疫苗种类、产地、有效期、批号、标识号码、日期、用量等详细记录，存档备查。定期对免疫效果进行监测，发现免疫失败及时进行补免。定期根据畜禽生产性能、畜禽所处的环境、生物安全、员工素质和培训计划等进行人员培训。所有操作或管理药品、化学品、消毒剂和其他危险品的员工，以及操作危险或复杂设备的员工都应经过培训。在日常工作中做好管理记录，管理记录应包括批号、用药日期、用药的畜禽标识代码、用药的畜禽数量、用药总量、用药结束日期、休药期及药物管理者姓名。

（四）养殖废弃物的合理消纳与处理

畜禽健康养殖必须顾及对环境的影响，不但要对粪便、污水进行恰当的处理，还要注意通过调整日粮结构，减轻污染物的排泄。针对养殖环境中污染严重没有集中处理的状况，在畜禽养殖场规划时就做好环境监控和处理、整体的布局规划。对养殖场工程设计、建设、生产管理规程等按照国家标准进行。对畜禽养殖场生产过程中所有可能形成垃圾的产品（如纸张、纸板、塑料、油等）分类并记录。养殖场应对所有生产过程中的潜在污染源（如剩余的肥料、废气、油、燃料、噪声、废水、化学品、畜禽防腐浸液等）登记造册并保留记录。所有药物应贮存在原有的容器中，并附带原有的标签。在处理前，空的药物容器和其他医疗设备应存放在安全的地方。按照处理或销毁药物容器和包装的法规进行处理。

畜禽的健康养殖是一个系统的工程，也是我国畜牧养殖产业实现现代化的必然趋势。为了实现这一目标，需要科研人员在育种、饲料、疫病控制、畜舍建筑材料、设施设备、废弃物处理等方面开展深入研究并进一步取得突破性成就。在实际生产实施的过程中需要不断地对环境条件、设施、设备、管理制度进行检查和评估，认真找出并避免安全隐患，及时调整饲养管理制度，最终实现畜禽健康养殖。

第二节　牲畜疫病防控措施

一、不断充实乡镇畜牧兽医站人员，强化专业队伍建设

乡镇畜牧兽医站应按照事业单位招考招聘制度，尽快落实人员，优先招聘有知识、懂专业、通蒙语、留得住、热爱畜牧兽医工作的年轻人才。真正形成基层动物防疫有人管、有人干的局面。要采取多种形式的蒙、汉双语培训，让基层动物防疫人员系统地学习有关法律、法规及专业知识和技能，不断提高综合素质和业务水平，树立基层动物防疫队伍的良好形象。

专业队伍建设是提升我国重大动物疫情应急反应能力的关键。2008 年 11 月 18 日施行的《重大动物疫情应急条例》建立了应急预备队制度，对应急预备队的建立、任务、人员组成等进行了明确规定。其中初步将官方兽医、执业兽医、乡村兽医和村级动物防

疫员四支队伍确立为符合我国国情的重大动物疫情应急预备队伍的组织力量保证，今后还要考虑将军队兽医人员吸收进来。应急预备队伍素质建设是当前应急队伍储备工作的核心工作。就近期工作而言，应尽快完善应急培训制度并有计划地组织落实。按照分级负责、逐级培训的方法，利用 3～5 年的时间，通过中央和地方联动协作的形式全面落实对各级重大动物疫情应急预备队的管理人员和技术人员的培训和考核工作，切实提高应急预备队伍的整体素质。从长期发展来看，各级政府还要形成基层应急预备队在编人员待遇保障和激励奖惩的长效机制及建立健全应急预备队候选人员资格认可制度，首要保证应急预备队伍的专业性和稳定性，逐步实现应急预备队伍的年轻化、知识化和信息化，吸收更多的年轻力量充实到基层单位。

二、加大防疫资金投入，提升动物疫病综合防控能力

（一）加大基层动物防疫经费的投入

根据防疫需要，要进一步加大对基层动物防疫机构经费的投入力度，加大基层站的业务经费、设备购置的投入力度，确保经费到位、专款专用，彻底改变基层站人员垫支业务费及空转的状况，充分发挥基层站人员的积极性，着力提高基层动物防疫机构动物疫病防控和应急反应能力。确保每年春秋两季强制免疫所需的人工费、交通费、易耗器械设备、药品消耗购置费及疫苗调运、储存费能正常支出，同时争取重大动物疫病防控、牲畜扑杀等经费逐年增长的投入机制。

（二）设立动物防疫风险补偿基金

对在强制免疫过程中，因注射疫苗出现过敏反应死亡或流产的动物，一经核实，尽快给予赔偿，并不断提高现行牲畜扑杀补贴标准，以消除牧民的顾虑和抵触情绪。应采取补偿评估机制：一是专业人员进行评估。赔偿金额确定方式由法定程序或权威机构进行评估，一般聘请或任命专业评估人员进行评估。二是赔偿有前提条件。赔偿以严格遵循、执行有关法规规定的相关动物疫病扑灭控制要求、标准、规范为前提条件，对违反规定的不予赔偿。三是赔偿申请有法定程序。畜主按法定申请赔偿程序和格式要求报告扑杀动物种类、品种、年龄、扑杀和无害化处理费用，作为确定赔偿金额的依据。对评估师到达前已死亡或扑杀的动物、销毁的财产还要求提供照片、录像、地图等更详细的资料用以证明。

（三）加强基层兽医站基础设施建设的投入

加强乡镇畜牧兽医站基础设施建设，增添疫病诊断、治疗和畜种改良器材及交通、通信工具，配备计算机等必要设备，实现办公信息化，确保乡镇站人员卫生防护用品需要，为乡镇站创造一个良好的工作环境。积极争取自治区（省）、盟（市）专项建设经费，加大财政投入，分期分批高标准建设乡镇畜牧兽医站，配备必要的实验检测和化验设备，形成办公有阵地、防疫有设备的良好局面。

三、建立和完善动物疫病防控机制

（一）健全动物疫病的预防机制

对重要动物疫病实行预防为主的方针，依法对重要动物疫病实行强制计划免疫制度，严格实施检疫监督、常规性消毒、加强饲养管理、切断传播途径等一系列防疫措施，以降低发生疫情的风险。

（二）建立健全疫情测报体系

建立和完善自治区、盟（市）、旗（县）、乡（镇）、村五级疫情监测网络体系，自治区、盟（市）、旗（县）动物疫病预防控制中心负责疫情监测情况的调度和监测网络的管理。建立疫情信息收集和分析制度，形成疫情预警机制，根据动物疫情情况，划分等级，进行等级分级管理，从而能迅速开展疫情扑灭工作。

进一步强化基层动物防疫机构的动物防疫、检疫和疫病监测公益性职能，根据当地畜牧业发展状况，合理划片设立基层动物防疫站，为县级动物防疫监督机构派出单位，所需经费列入县级财政预算，防疫人员纳入相应事业单位养老、失业、医疗保险保障范围，解决基层动物防疫人员的后顾之忧，加大资金投入，改善基层动物防疫站基础设施条件，配备基本的防疫、检疫和疫病监测仪器设备，改进工作手段，提高一线预防控制能力。在全区各村民委员会和规模饲养场设立动物防疫协助员，协助基层动物防疫站搞好动物防疫工作，村民委员会设立的动物防疫协助员，由乡镇人民政府给予定额补助。在全区范围内建立机构设置合理、防检队伍精干、指导监督有力的基层动物防疫队伍。

（三）制定和完善动物疫病相应等级的应急预案

加强动物疫病监测，是早发现、早诊断、早消除重大动物疫情隐患的重要途径。针对近年来部分乡镇疫情报告制度执行不严、有疫不报、处置不力造成疫情扩散蔓延的问题，要切实加强重大动物疫病的病原学监测，对检测出的阳性畜禽，一律采取强制扑杀无害化处理措施，及时消除疫情隐患。充分发挥乡镇畜牧兽医站和村级防检员的作用，及时掌握疫情动态，发现问题及时报告、及早防堵，严防疫情传入传播。建立重大动物疫情举报奖励制度，制定举报奖励办法，并在有关媒体、村务公开栏的醒目位置、产地检疫申报点公布举报奖励电话，提高社会公众的参与度，推进群防群控工作。严格执行疫情报告和通报制度，一旦发现可疑重大动物疫情，必须在规定时限内逐级上报和通报，严防疫情在乡镇之间传播。逐级建立完善应急处置预案，做好应急物资储备，一旦发生可疑重大动物疫情，第一时间作出反应，采取强制免疫、强制检疫、强制封锁、强制扑杀、强制消毒"五强制"措施，确保疫情在小范围内控制和扑灭，最大限度减少疫情损失和扑灭成本，进一步提高应急处置能力。

（四）加强动物标识及疫病可追溯体系建设

动物标识及疫病可追溯体系是以畜禽标识（动物耳标、电子标签、脚环及其他承载畜禽信息的标识物）、养殖档案和防疫档案为基础，在动物生命周期过程中，通过移动智能识读设备（计算机、手机等），在免疫注射、产地检疫、运输监督、屠宰检疫四大环节进行信息采集、网络传输、计算机分析处理和移动智能识读设备查询、输出等一系列功能操作，从而实现动物疫病可追溯监管的动物防疫信息系统。该系统早已在国际上普遍运用，我国目前使用的动物免疫标识（免疫耳标、免疫证明、免疫档案）是其低级系统或过渡系统，只要在此基础上信息化升级就可达到疫病可追溯体系要求。

牲畜耳标佩戴是动物疫病追溯体系建设的核心工作，通过督导检查、严格执法、加强检疫，确保饲养环节耳标佩戴率达到90%以上，进入流通环节牛、羊耳标佩戴率达到100%，实现以检促防。完善动物疫病追溯体系数据中心建设，做到数据分析及时有效，能达到追溯工作的要求。积极探索有效途径，保证饲养、监管等基础信息全面、真实、有效、及时地传入中央数据库，实现动物标识及疫病可追溯管理目标（孙海涛，2012）。

第三十三章　畜牧业管理和市场营销

第一节　蒙古高原畜牧业市场特征

一、市场化程度不高

畜产品生产有较大幅度的提高，但质量、品种结构与市场需求不适应。表现为"三多、三少"即大路产品多，专用产品少；低档产品多，高档产品少；初级产品多，精深加工产品少。畜产品加工方面的标准体系极不健全，还没有与国际标准有效对接。以肉类加工为例，内蒙古自治区经过深加工的肉制品占肉类总产量的比重很小，与全中国 5% 的水平尚有差距，与发达国家 60%～70% 的水平差距甚大。目前，尚无一家功能齐全的中心批发市场和能辐射带动农牧产品的产销联动的批发市场；农贸市场基本上没有电子交易系统，缺少农产品质量安全检测设施，不能满足广大消费者对农产品质量安全的要求；中介组织和营销中的经纪人缺乏统一组织。

二、经济效益欠佳

牧区畜牧业仍处于传统经济向市场经济的转化过程中，自给自足的生产观念还没能根本改变，仍存在重生产、轻流通，重存栏、轻出栏，重直接出售、轻加工增值的现象，严重影响了生产的经济效益。

1）牲畜出栏率低。目前，牧民受传统观念和宗教意识影响深远，以牲畜的数量论财富，以及不杀生、让牲畜等待老死病死或放归自然的现象还存在。在肉牛生产方面，现在我国的肉牛出栏率不仅低于美国、荷兰、意大利、日本、韩国等发达国家，而且低于世界平均水平。

2）畜产品加工不足。在市场经济条件下，唯有通过不断提高商品的市场份额，才能创造价值，而在这方面，畜产品加工起着重要的作用。畜产品通过加工可以增加三个效用：①形态效用。通过加工，使畜产品从一种形态变为另一种形态，使之缩小体积，并进入加工或半加工状态，适于消费。②位置效用。牧区大多离大城市消费中心较远，如果出口距离产地就更远，通过加工，去除了几乎占活畜体重一半的废物，不仅减轻了重量，而且缩小了体积，加上适合的包装，使之易于改变位置。③时间效用。通过加工和包装，使之适于贮藏，从而延长消费的时间。

3）在加工转化方面，一是加工转化率低，加工品种少。目前，中国畜禽肉产品的加工转化率仅有 3%～4%，而发达国家畜禽肉转化为制品的比例一般为 30%～40%，有的国家甚至高达 70%；目前，中国加工的肉制品只有七大类 500 多种，而发达国家的肉制品种类繁多，如德国和法国都有 1500 多种。二是加工技术落后，加工品质量较差。

目前，中国肉制品加工行业虽然已出现一些现代化的大型企业，但传统的个体作坊经营方式还占很大比重，并且多数企业还是以初级加工为主，产品附加值低，保鲜期和货架期短，市场适应能力差。不仅如此，还存在着加工出的肉制品方便性差、产品质量差、加工原料的综合利用能力低、加工造成环境污染等问题。

三、市场需求不足

随着城乡居民收入水平的提高，人民生活水平有了较大幅度的改善，但比起经济发达国家来说还有很大差距，经济发达国家都拥有较高的食物蛋白质水平。我国每人每天食物蛋白质摄入量为 79g，其中动物蛋白质 11.9g，大大低于世界平均水平。我国目前奶制品消费水平很低，全国人均 7kg，与世界人均消费水平 100kg 还有很大差距。目前，我国畜产品消费需求的收入弹性还很大，1998 年城镇居民人均肉类消费为 69.4kg，奶类为 17.1kg，同年农村居民人均消费为 27kg，奶类为 1.8kg，前者为后者的 2.6 倍和 9.5 倍。同年城镇居民可支配收入是农民人均纯收入的 2.6 倍，说明收入水平上升，对畜产品的消费量将相应上升。根据统计，我国出现了收入差距明显扩大的趋势。1990～1995 年，收入最低的 20% 的人口拥有的收入由 6.4% 下降到 5.5%；第二个 20% 的人口拥有的收入由 11.0% 下降到 9.8%；第三个 20% 的人口拥有的收入由 24.4% 下降到 1.49%；第四个 20% 的人拥有的收入却由 41.8% 猛增到 47.5%，收入最高的 10% 的人口拥有的收入由 24.6% 增加到 30.9%。由于收入分配不均，造成消费不足。一些偶然性收入多的人收入水平很高，银行储蓄很多，按照常规消费钱花不出去，但绝大多数靠工资收入的人的常规消费普遍不足，加上当前城市居民因住房、医疗支出增加，由此造成畜产品消费减少。由于绝大多数靠工资收入的居民消费能力不足，农民生产的农畜产品也很难卖出好价钱（袁春梅，2002）。

第二节 草原畜牧业经济管理

随着畜牧业的飞速发展，不仅出现了大量的技术问题，还产生了复杂的经济问题。经济管理就是其中突出的问题。畜牧业经济管理已作为一门新兴的科学，被人们所重视，它是在畜牧业部门和畜牧业企业的建立与发展过程中为适应生产发展的需要而产生的。因此，畜牧业经济管理学研究的对象、内容、方法，是按照部门经济学来考虑的，也就是说，它以畜牧业部门和畜牧业企业的经济问题和管理问题作为自己研究的对象。

畜牧业经济管理是畜牧业的生产、交换、分配过程各个环节的人力、物力、财力经济有效的组织、指挥、核算和监督。它既有合理地组织畜牧业生产力的问题，又有适当调整和不断完善生产关系和上层建筑的问题。其中合理地组织生产力是畜牧业经营管理研究的中心内容，调整生产关系和上层建筑都是围绕着这一中心而进行的。其目的就是使有限的人力、物力和财力得到合理利用，以最少的劳动耗费取得畜牧业生产最大的经济效果（陈俊杰，1987）。

一、草原畜牧业经济管理的主要政策

在改革开放政策指引下，内蒙古畜牧业政策发生重大变革。牧区打破了"三级所有、队为基础"的旧模式，在草原经营体制上进行了积极的探索和实践。1984 年内蒙古自治区效仿农区的"家庭联产承包责任制"，率先实行了"草场公有、承包经营、牲畜作价、户有户养"的"草畜双承包责任制"，把草牧场所有权划归嘎查（村级单位）所有，把"人畜草"、"责权利"有机地统一协调起来，使经营畜牧业与经营草原紧密挂钩。在实行草畜双承包责任制的基础上，创造性地推行了以草场承包到户为重点的草牧场"双权一制"。"双权一制"即草牧场的所有权、使用权和承包责任制，是牧区畜牧业经营体制的又一项重大改革。1989～1995 年，草牧场承包责任制得到进一步完善，承包形式上采取三种办法，即承包到户、承包到联户、承包到浩特（自然村）；1996～1998 年，根据《内蒙古自治区人民政府关于进一步落实完善草原"双权一制"的规定》，内蒙古牧区落实了草牧场所有权、使用权和承包责任制，把草牧场使用权彻底承包到户；1998～2002 年，为全区草牧场"双权一制"落实工作完善阶段；到 2005 年内蒙古牧区"双权一制"工作基本完成（李媛媛等，2010）。从 2005 年开始，国家实施畜牧良种补贴政策；2015 年实施畜牧标准化规模养殖支持政策；2016 年国家继续支持奶牛、肉牛和肉羊的标准化规模养殖。

蒙古国财经政策与当时政治、社会、市场体系、劳动力储备、财政实力等有直接关联。蒙古国畜牧业领域的发展分为以下三个阶段。

1）第一阶段为 1920～1960 年的草原畜牧业。以个体经营者的小规模养殖为主。圈舍简陋、逐水草而居，随季节流动，严重依赖自然生态条件的畜牧养殖模式，该模式积极保留了传统游牧的习俗（如拴羊羔）。

2）第二阶段为 1960～1990 年的社会主义计划时期。76%的牲畜属于国家和集体，该时期优化了在恶劣的自然及天气条件下牲畜保全机制，同时在畜牧养殖领域引进了先进的科学技术和育种、医疗体系。

3）第三阶段为 1990 年以后从计划经济体制转变为市场经济体制，该时期牲畜虽然全部私有化，但是物质基础匮乏、技术水平及服务弱化，畜牧业抗冲击能力急剧下降。

畜牧业作为蒙古国经济的基础，一直是历届政府关注的焦点。人民政权建立后在实施畜牧业政策时首先以扶持个体经营者为先导，通过建造牲畜圈舍、打井、品种改良、家畜医疗、草料储备、畜产品加工等措施加大畜牧业领域的投入，同时在畜牧业领域引进先进的科学技术。

蒙古国政府于 1921 年就开始创立国家农牧业管理机构，建立了国营牧场和国营农场。明确了这些新型机构所遵循的制度及管理模式，这成为发展畜牧业生产的新起点。同时，1921 年 5 月 19 日起将土地变更为国有化对畜牧业发展起到重要作用。1924 年召开的蒙古国第一届大呼拉尔会议上提出："重视发展畜牧业，开展品种改良、饲草贮备、修建圈舍、统计牲畜数量及价格、畜牧从业人员到苏联及其他国家进行学习等。"会议上明确了发展畜牧业有关的各种政策与方向。与此同时，开展了与发展畜牧业相适应的管理机构并大力改革财政制度。自 1924 年起每年对人口、牲畜、财产数额进行统计。1924 年，蒙古国有 54.6 万人口、1377.61 万只（头）牲畜、9.37 万户家庭经营畜牧业。因收益较少导致生活水平低，户均 116 只（头）、人均 19 只（头）牲畜。这一时期有 4 支兽医队伍，但只能满足 700 只羊的医护需求。直到 1930 年为止，个体经营者所拥有的牲畜头数占总牲畜头数的 87%、县区占总数的 13%。为发展畜牧业并提高民众参与的积极性，从 1932 年起执行畜牧业经营税减税政策，如建造牲畜暖棚减税 10%～20%、修缮旧井减税 5%、新打井减税 20%、接羔成活率达到 100% 则减税 20%；1930～1931 年起建立国营农牧场，1932 年有 3 家国营畜牧场和 5 家国营农场。这些农场采用苏联各种机械设备并引进优良牲畜品种，为畜牧业领域引进新科技奠定了基础。

1960～1990 年的社会主义建设时期，对畜牧业发展的财经政策通过畜产品的国家统一收购价格、社会主义竞争、国家税收及鼓励机制来体现。

1990 年计划经济转为市场经济后畜牧业领域有了法律和职责的新环境，蒙古国大呼拉尔于 1993 年为国家及私营企业单位审批制定了"关于牲畜健康及畜种资源保护"的法律，为符合经济条件的牲畜健康及繁育工作提供了法律基础。1999 年、2002 年、2007 年对该法律进行了多次修订，使畜牧业技术工作及服务有了很好的法律保障。该法律中对家畜繁育、服务单位的结构、体系、工作方向、畜牧工作者的社会保障等进行了详尽的介绍，起到了非常重要的作用。

蒙古国制定了若干畜牧业方面的战略政策，主要文件有：国家大呼拉尔审批的《蒙古国区域发展理念》（2001 年）、《蒙古国各带中期发展战略》（2003 年）、《在食品农牧业领域的国家政策》（2003 年）、《基于蒙古国千年发展计划的整体发展策略》（2008 年）、《国家对牧民施行的政策》（2009 年）、《蒙古畜牧》（2010 年）等。这些文件详细阐述了行业未来发展的目标及实施措施。与此同时，政府根据上述战略文件出台实施了多个纲要，这对畜牧业发展与社会及经济新体制相互适应有着重要影响。即 1996 年实施了"家畜健康"纲要、1997 年实施了"优化牲畜品质、繁育及服务"纲要、2006 年实施了"提高牲畜品质"纲要。与此同时出台了将部分家畜品种核心群转移到有关科研单位、繁殖部门及组织实施者，建立繁殖统计数据库、家畜精子和胚胎保存制度及提高利用率，并提供兽医、配种等有偿服务等适应市场经济的一些规定。

1991 年颁布的"关于家畜兽医及繁育工作的发展与巩固的有关措施" 82 号文件规定，在各苏木建立管理部门负责家畜健康、畜种资源保护工作及提供技术保障并受政府监督。通过纲要的实施，2005 年核心群牲畜头数达到 91.2 万只，每年新增 1.4 万～1.57 万只育成公畜；通过畜群调整，优化了公母比例，母畜空怀率下降了 8.7%，每 100 只怀孕母畜的繁殖率提高了 15%～24%。2003 年出台的 160 号文件"支持集约化畜牧业发展纲要"是加强畜牧业发展的重大举措之一。在这一纲领性文件中指出，结合气候变化、社会发展趋势和市场需求，在各区域中心城市周边的农业区综合发展农业与集约化畜牧业，合理利用草场，发展高产能家畜与动物。虽然，最近 20 年根据以上纲要采取了相应措施，但仍未能建立符合蒙古国当今社会、经济要求的以服务牧民为目的的地区行政机构，也未能形成满足近代科学技术水平的工作机制。虽然存在各种缘由，但主要原因是在畜牧业领域进行的投资不稳定，政策规划不明确。从近十年的情况看，在畜牧业领域，如在畜牧兽医、集约化畜牧业发展与羊毛生产方面的投资有望持续增长。在畜牧业的投资中应涉及技术工作、草原保护、水利工程建设等方面。

二、草原畜牧业经济管理的主要成就

（一）内蒙古地区

自改革开放以来，内蒙古农村牧区经济发展的主要成就表现在：农畜产品产量大幅度提高，草原畜牧业经济迅速发展。2014 年内蒙古自治区已具备了年产 2773 万 t 粮食、244 万 t 肉类、788 万 t 鲜奶、7901t 羊绒的综合生产能力，牛奶、羊肉、山羊绒、细羊毛产量均居全国第一位，成为国家主要农畜产品生产供应基地。据 2014 年统计数据分析：第一产业产值中畜牧业所占比例达到 44.8%。在 2013 年，全区畜牧业总产值达到了 12 084 852.99 万元，已经达到 1978 年改革开放时的 143 倍；全区牲畜存栏头数为 11 819.76 万头（只），比上年同期增长 4.9%；牧业年度良种及改良种牲畜总头数 10 718.69 万头（只），占 90.68%。肉类产量由 2004 年的 201.9 万 t 增加到 2013 年的 244.96 万 t，年平均增长 2.1%；牛奶产量由 2004 年的 490 万 t 增加到 2013 年的 767.3 万 t，年平均增长 5.7%；禽蛋产量从 2004 年的 38.75 万 t 增加到 2013 年的 55.09 万 t，10 年间增长了 16.34 万 t，年均增长 4.2%。羊绒产量也在 2004～2013 年十年间增加了 2349t，年均增长 4.2%。截至 2013 年，全区平均植被盖度达到 44.1%，较上年增加了一个百分点；33 个牧业旗天然草原冷季饲草储量 104.2 亿 kg，比上年提高了 11.1%，冷季总适宜载畜量 2683.3 万羊单位，比上年提高了 10.2%，草原"三化"速度进一步减缓（内蒙古自治区农牧厅，2014）；农村牧区人民生活水平明显提高。全区农牧民人均纯收入由 2000 年的 2083 元增加到 2014 年的 9976 元。

（二）蒙古国地区

1. 畜牧业技术机构不断调整优化

蒙古国在草原畜牧业经济管理的主要成就显著，建立并完善了畜牧业发展的国家机制，从 1924～1990 年的 65 年间对农牧业部的结构共进行了 5 次重组，1991～2014 年对该部门进行了 9 次结构调整，同时对畜牧业技术机构的结构制度进行了修改，分为以下几个时期。

第一，实现民主革命目标时期（1921～1960 年）。畜牧业企业发展的最终目标是由国家及技术管理机构直接管理，政府建立了从下而上直接或间接管理体制。1923 年 4 月 30 日蒙古人民政府将畜牧卫生工作纳入国家事务，在财政部建立了畜牧卫生处。在 1923 年 9 月 7 日召开的政府会议上设立了"家畜医疗及培育改良处"（图 33-1）并通过了相关条例，为蒙古国畜牧卫生行业奠定了官方基础。该条例中指出"该部门的宗旨是储备预防家畜疾病的药品，研究实施各种医疗措施、促进生产和提高繁育率以此提高收益，在民众生活中传授贮备草料、开发利用水利的方法和其他有力措施"。在新成立的部门职责中明确指出，"改善畜牧业"包括建造牲畜圈舍、贮备草料，让其免遭自然灾害的威胁、传播先进畜牧技术、改进繁育方式和在该领域引进畜牧科学成果等内容。上述提法和内容仍沿用至今，这成为畜牧业领域中引进先进技术与指导、国家向牧民提供服务的基础。畜牧业技术工作、服务机制贯穿了蒙古国政治、社会、经济发展的各个阶段。

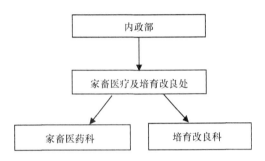

图 33-1　畜牧业技术领域的初设官方机构

1927 年 4 月 18 日政府会议上对家畜医疗及改良部门的条例进行了修改，条例通过后成为当时家畜医疗及繁育工作的法律依据。1937 年在蒙古国科学院附近成立农牧业研究室，并从苏联邀请了技术人员，这对该领域的发展产生了重要的影响。

根据政府决议，1924 年成立了负责畜牧业、农业、国有商贸、工业和建筑业的经济部，打下了建立农牧业部的基础。当时在蒙古国没有此类技术人员，所以部门领导选派了苏联技术人员。例如，Д.Майдар（德·麦德尔）于 1964 年写道：“兽医药办事处第一任领导由苏联医生 А.А.Дудукалов 担任，他直接向政府反馈兽医、畜牧科学问题。”为改良蒙古国牲畜品种，1924 年起从国外引进了纯种牲畜，同时 1925 年在 Сонгинын булан 及巴彦图门汗山、阿拉坦布拉格等地养殖优质公牛和奶牛 73 头、美利奴羊 106 只，共 179 只牲畜。1921 年将蒙古国的 200 只杂种羊转移到附属产业当中。1920 年中期建立牛马繁育基地，引进了奥尔洛夫颠马、西门塔尔种牛、美利奴羊及 Rambulese（Рамбулье）羊等，成为良种改良工作的起始。1930 年从苏联进口了美利奴公羊 450 只、母羊 600 只，将其中 600 只母羊和 30 只公羊送到宝格达汗乌拉省东布仁苏木的鄂尔浑沙玛日，其余的送到恩和塔拉、乌勒基实验繁育基地，奠定了培育细毛羊的基础。Я.Я.Лус 的研究显示，1931 年，恩和塔拉、乌勒基实验场有了细毛纯种公羊 1300 只、母羊 500 只。

1929 年 12 月 6 日蒙古国政府会议通过“取消经济部改为农牧业及贸易部”的决议，1930 年成立了农牧业部，负责改良家畜品种、兽医、农业、草业及狩猎、森林、水资源利用等工作。建立独立部门负责畜牧业为在全国范围内集中领导该行业打下了坚实的基础。农牧业部独立开展优化改良家畜工作，这种运行模式保留了很长时间。1932 年，畜牧技术工作纳入农牧业部和政府的工作事宜，新政策对兽医、繁殖服务工作起到很大的推动作用。1933 年 5 月 5 日政府出台了包含 12 项条例的“有关发展农牧业的规定”，该规定中强化了农牧业基地建设、合理化牲畜养殖期、兴建兽医站和繁育站、发展农业、建配种室、建立繁育改良牲畜的示范点等多种措施对畜牧业发展有重大推动作用。

1937~1938 年，在苏联的帮助下建立的 24 个机械割草站对扶持畜牧业做出较大贡献，保障了牲畜草料供应，对繁育良种牲畜起到积极作用。1940 年扩大成立了 19 个国营企业，大范围推广机械割草模式。1932～1940 年在增加牲畜头数的要求下，提倡发扬传统的畜牧业经营技术与方法。为此采取了许多措施，如 1934 年在 A. Амар（阿·阿穆尔）总理的倡议下聚集各省市优秀牧民进行了全国范围的畜牧交流会。该交流会主要对以地方牲畜进行内部选种繁育为主，辅以外来优质品种对牲畜种群进行改良等话题进行了交流。

1924～1940 年蒙古国实施的政策在扶持畜牧业发展方面，包括对畜牧养殖方式、繁殖工作等领域起到的积极作用可从下列数据中看到。例如，从 1924 年贮藏不到 1000t 的草料，到 1935 年时贮藏 3.31 万 t 草料和建设 13.56 万间圈舍，其中 5.38 万间是有棚圈舍；个体经营者中 1.31 万户从事农业，4.26 万户割草贮草；1937～1941 年新挖了 6539 眼井。引进进口纯种牲畜对本土牲畜品种改良后，1933 年新增 7200 头纯种及杂交牲畜。1940 年召开的蒙古国第八届国家大呼拉尔（会议）上明确指出"开展家畜品种的改良工作，是件对畜牧业发展有重要意义的事情"，并提出在全国范围内开展牛、羊品种改良，国家引进国外优良牲畜品种，进行扩繁及牲畜杂交改良。同时提出短时期内将动物科学家数量增加至 100 人的计划。鼓励牧民发展畜牧业的另外一项措施是国家还专门对牲畜数量达到 1000 只的牧民进行奖励。根据蒙古国政府决议，1942 年起给受孕母畜开具证明，免除其税收及产肉，对增加牲畜头数和提高品质起到了重要作用。蒙古国第九届国家大呼拉尔（会议）（1949 年）对个体经营者提出了增加牲畜数量的计划，通过免去超出计划数量外的牲畜征税的措施及畜产品必须统一上交国家的规定，对增加牲畜数量起到了推动作用。同时，蒙古国政府在宣传及贯彻畜牧科学技术、引进先进技术、提供服务支持、建立服务机构等方面按各发展阶段进行了研究总结。这体现在国家政策、决议及当时的政治社会贡献者、领导所发表的讲稿和全国范围的会议会谈中。1934 年召开的国家大会上 X. Чойбалсан（哈·乔巴山）在"有关畜牧业及农业"的发言中提到组织家畜繁育工作方面开展了引进国外优良种畜品种及培育育种技术人员一事。

1941 年、1943 年、1948 年、1955 年举行的国家优秀牧民交流座谈会，2007 年举办的蒙古国千名牧民会谈，1957 年、1962 年、1972 年、1978 年举办的畜牧科学人员的交流会等，总结了畜牧工作中取得的成就、工作经验，同时对畜牧工作存在的困难及不足进行了探讨，并明确了未来的目标、发展方向等，这些对强化畜牧业体制有着重要作用。为改善畜牧业结构，1943 年根据国家小呼拉尔决议，将畜牧农业部改为畜牧业部。将省级畜牧处处长委派为第一任畜牧业部代理部长。规定拥有 8 万只牲畜以上的苏木必须配有畜牧管理负责人等。在家畜繁育领域中采取的另一个有效措施便是 1960 年开展人工配种提高良种公牛的受精率来保证配种质量及繁殖效果。建立了包括 3～4 个苏木的 37 个人工配种站。

鉴于在蒙古国经济发展中农牧业所占的份额越来越高，以至于 1957 年蒙古国将畜牧业部改为农牧业部，扩大了其职责范围。在家畜繁育领域采取人工配种措施是在该领域使用科研成果上迈出的第一步。1945 年在苏联动物学家 Е.Л.Андреев 的指导下对鄂尔浑沙玛日牧场的绵羊成功进行了人工配种。1947～1948 年在东戈壁及中央省部分苏木进行了绵羊和山羊的人工配种试验工作。1950 年在全国范围内推广了家畜人工配种，1953 年引进了'Tsygai（Цыгай）'品种的公羊 80 只、母羊 10 只，1954 年引进了'阿尔泰'品种的公羊 30 只、母羊 20 只用于繁育。1958 年 2 月 18 日建立了人工配种总（中心）站，1959 年蒙古国人民革命党委员会、蒙古国部长会议出台了"有关家畜人工配种的规定"，这为家畜人工配种工作的广泛、有效开展建立了政策和法律环境。每年开设家畜人工配种技术员的培训班，1953 年起培养了 500 名技术员，1954 年起以奖金形式对在该领域做出突出贡献的人进行奖励。动物科学在 1954～1960 年得到了有序发展，其中畜牧业的深入研究、家畜杂种改良、试验工作等的深入发展，使人工配种工作在该行业迅速得到推广。

第二，社会主义时期（1960～1990 年）。到 20 世纪 60 年代，蒙古国已建立科学技术工作的官方机制并强化了畜牧业的物质基地，使畜牧业得到了飞速发展。例如，1960 年蒙古国全年肉类生产总量比 1940 年增加了 1.7 倍、牛奶产量增加 1.6 倍、羊绒产量增加 1.5 倍。但是在战争时期由于经济衰退、自然气候因素导致牲畜数量、质量严重下降，种群结构失调。个体经济集体化活动结束，即 1960 年之后在畜牧业进行了改良畜牧品种，保障草料、水、圈舍，完善畜牧技术和医疗工作。社会主义体制时期在蒙古国范围内开始制定"五年规划"带领经济发展。社会主义时期可分为三个阶段。从当时的国家政策及文件看，以收益高低为方针目标划分繁育地带、建立国有和集体畜牧医疗及繁育工作的机制、养殖进口纯种优良畜牧品种，利用这些优良品种的母畜进行杂交配种、本土优质品种间繁育是当时畜牧业的标准指导方针。

1）第一阶段（1960～1970 年）。1961 年 5 月蒙古国部长会议决定结合大规模推广畜牧繁育工作组织了动物学高级委员会，该委员会负责良种改良、决定畜产品类别、保障繁育工作计划和方式、确定进口牲畜数量、建立繁育牧场、确定新品种品系、通过《繁育工作相关条例》、制定繁育工作标准等工作，该委员会工作至 1970 年。蒙古国在 1961～1965 年建立了 36 个人工配种站，该配种站主要负责出台并实施国家畜牧繁育计划、保障优良母畜及人工配种工作。这使得人工配种牲畜数量在 1965 年时比 1960 年增加 2 倍、杂种牲畜增长 3.8 倍。1965～1970 年畜牧繁育工作取得了显著成果，纯种及杂种牲畜数量达到 140 万头（只），其中牛头数的 3%、绵羊的 10%、山羊的 1.3% 是纯杂交品种。1961～1970 年蒙古国农牧业部组织了筛选各品种牲畜、进行区划、举办畜牧展示等工作并出版了有关畜牧繁育的书籍及奶牛及绵羊的人工配种手册、管理方法等。在此期间出台了育种工作的未来计划，将人工配种站扩大为繁育试验站、建立了本土畜牧基地、确立了繁育工作标准等。以上措施对整顿畜牧繁殖工作、提高其效益起到了积极作用。这时在全国范围内有动物学高级科技人员 256 名、中级科技人员 644 名，总计 900 人。这些措施使 1970 年的牲畜数量比 1961 年增加了 10.8%。国家肉类、牛奶、毛、绒的储备量明显增加。这时在畜牧繁育工作中采取的重要措施是从国外进口纯种家畜品种对本土品种进行杂交改良。蒙古国 1962～1972 年利用从苏联进口的 6000 只改良牲畜与本土牲畜杂交，最终有了杂交牛 5.44 万头、绵羊 110 万只、山羊 5.21 万只，这对提高畜产品的质量起到了推动作用。这时畜牧业总产值中绵羊占 45.5%，牛占 33.3%，山羊占 9.8%，骆驼占 5.1%，马占 5.2%，猪、禽类占 1.1%。

2）第二阶段（1971～1980 年）。1971～1975 年为了发展农牧业，国家对该领域的投资比过去 5 年增加了 1.4 倍。由于注重加大建设奶制品机械化生产牧场，在家畜养殖方面引进了先进技术，年平均育羔数达 810 万只。1978 年还组织了畜牧繁育领域的督查人员对在畜牧工作中产生的纠纷进行调解。1970～1980 年在蒙古国建有 6 个国有优选杂交养殖企业、3 个饲料企业、24 个繁殖牧场、38 个人工配种场、400 多个人工配种机构。此举极大强化了畜牧繁育机构的物质基础。同时建立了 23 个机械化奶牛养殖牧场，每年出口 3 万 L 牛奶，这时奶牛及肉牛成为繁殖工作的重点。

为更好服务于进口优良品种及其扩繁的经营者，与生产对接并扩大繁育工作的效益，1977 年在蒙古国农牧业部设立了"种畜供销办公室"的下属机构部门。蒙古国人民革命党中央委员会、蒙古国部长会议在 1977 年出台"改善畜牧业繁育工作并加强指导的有关措施"中规定指出，每年开展反映家畜品种改良的展示；扩大人工配种规模，力争在 1985 年前让各种种畜达到标准。畜牧繁育工作有了未来的发展方向，如开始尝试选出收益显著的畜种、让生产试验站直接指导省内畜牧繁育工作、指定繁育本土畜种的地区等措施。同年，审批实施了"蒙古国畜牧官方条例"，该条例在逐步完善畜牧繁育工作和优化繁育工作环境方面迈出了崭新的一步。

这时，在全国范围内有近 2000 名动物学技术人员，这时的畜牧繁育管理工作结构如图 33-2 所示。

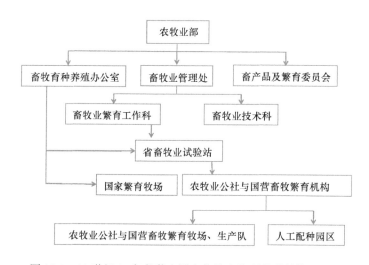

图 33-2　20 世纪 80 年代蒙古国畜牧繁育管理体系结构

3）第三阶段（1981～1990 年）。畜牧繁育管理工作机构部门在 1981～1990 年得到完善，在生产方面建立了集中的网络结构。根据蒙古国人民革命党中央委员会、部长会议在 1984 年"改善畜牧业繁育工作有关措施"第 18 号决议中将种畜供销办公室与家畜繁育处、种畜供应处与销售处、计划经费处等合并为国家家畜繁育公司。同时让该部门负责省内家畜育种站的管理工作，在国家种畜牧场及农牧业公社的种畜牧场、畜牧队等养殖纯种且收益高的种畜。为推广挑选种畜在繁育、供销及以后代的个体形态特征对母本进行区分等工作上取得的科学成果、先进经验，现已对种畜育种工作的数据、信息进行分析总结，推进种畜的立档造册、人工配种技术推广等。上述措施使家畜质量显著提高，据 1985 年统计，在国有和集体拥有的牲畜中，牛总数量的 15%、绵羊总数量的 20%、山羊总数量的 10% 成为优质品种群，本土优质牛 2 万头，绵羊 50 万只，山羊 3000 只，骆驼 6000 头。

　　1984 年，根据上述规定在蒙古国国家、省、苏木建立种畜办公室，长时间进行有序的畜种杂交工作，为在全国范围内的 32 个公社国营企业能够生产奶酪、31 个企业能够生产牛奶，计划繁育奶牛和肉牛并在所有公社及企业建立畜牧场、畜牧队使其能够繁育不少于母畜头数的 30% 的高收益畜种。当时，农牧业部、合作社联合会最高理事会出台了奖励为种群繁育做出卓越贡献的技术人员，降低其养殖任务。即，允许这些工作人员养殖牲畜头数比其他牧民少 30%，但工资全额发放措施，这对提高家畜品种起到了推动作用。根据 1986 年部长会议对"种畜办公室条例"进行修改，并指出"畜牧业种畜办公室的目的是集中领导本国畜牧业，在繁育工作中推广科学技术成果和先进经验；改良品种、培养新品种等方式提高畜牧收益、加强产品生产；实施品种改良和种畜方面的国家政策决议并对其进行监督"。1989 年部长会议颁布第 89 号决议，对畜牧业技术员进行工龄奖励。工作 5～10 年的在基本工资基础上增长 3%、工作 11～15 年的在基本工资基础上增长 5%，工作 16 年以上的在基本工资基础上增长 7%。这对提高人员积极性起到了非常大的作用。通过国家政策和措施的实施，畜牧业领域取得了不错的成果。1960～1990 年在蒙古国范围内组织建立了协助畜牧业领域职能的机构。当时的畜牧业集中在 53 个企业、13 个饲料企业、255 个农牧业公社和 26 个公社合作社，多数属于国家及集体。技术服务到达这些企业的最基层，以畜牧队形式进行，共 902 个畜牧队，36 590 个基地（其中，骆驼养殖基地 1689 个、马养殖基地 2123 个、牛养殖基地 7447 个、绵羊养殖基地 8773 个、山羊养殖基地 2468 个、杂交牲畜养殖基地 13 921 个及其他畜种养殖基地 169 个）。

　　1960 年之后在农牧业公社、国营农场、饲料企业工作的人员中有了综合科研人员及繁育科研人员。综合科研人员担任农牧业公社畜牧业部门的副主席，这对企业的技术及经济方面的决策有了很大影响。蒙古国科学院院士 Н.Жагварал（那·扎嘎瓦日拉）（1987）在总结 1980 年前的畜牧科学及畜牧经济经营体系时写道："从畜牧业发展实施的措施和体系中可看出我国畜牧业发展分为两个阶段。第一，游牧业占首要地位时期。第二，发展草原文明畜牧业时期。第二阶段是从 20 世纪 60 年代的社会主义体制时期开始的。"在发展的这两个阶段，发展农业、扩大畜牧饲草料贮藏、发展水利、圈养、完善畜牧业劳动组织机构、畜牧业中引进近代科学技术成果和先进经验方面取得了巨大成就。当时省（市）有畜牧处 20 个、畜牧种畜育种站 18 个、家畜人工配种中心 1 个。向畜牧业提供技术及种畜服务的农牧业公社、国营农场、饲料企业等中有高级技工 686 人、中级技工 1143 人，畜牧科学技术人员共 1829 人。因此高级技工每人每年平均对 33 000 头（只）、中级技工每人每年平均对 19 800 头（只）牛羊开展技术服务，年均对 1100 万头（只）牲畜进行淘汰，对 510 万头（只）牲畜进行分类遴选，每年对 831 000 头（只）进行人工配种。

　　1985～1989 年因推行了完善的种畜服务、建立了相关机构和基地、在畜牧生产中推广技术人员的科研成果、兽医学方面等众多措施，牲畜总数量达到 210 万头（只）、母畜 100 万头（只）、幼畜 130 万头（只），牲畜意外损失降低 20 万～50 万头（只），畜牧总生产量大幅度提高。根据 1989 年数据得知，纯种牛 7.67 万头、纯种绵羊 29.58 万只、纯种山羊 10.29 万只、杂交牛 17.17 万头、杂交绵羊 96.75 万只、杂交山羊 40.45 万只。牲畜数量在这 5 年间以 0.5% 速度增长。畜牧总产量增长 6.3%，其中，牛肉增长 12.5%、牛奶增长 6.9%、鸡蛋增长 2%、黄油增长 1.5 倍。畜牧业物质基础和科学技术得到有序发展。但是，当时国家带领经济发展的模式是以五年制计划或年度计划来规划发展，在一定数额内管控畜群数量及畜产品量，因此全国范围内畜群数量一直保持在 2300 万～2500 万只，导致肉类、牛奶、毛绒、皮革的生产受到牵制。

第三，市场经济制度时期（1990 年以后）。蒙古国 1990 年起进入市场经济，并开始对各个经济领域进行改革，开启了全新的发展篇章。对国家工作服务体系全面进行了改革。解散了作为农牧业基础单位的公社和集体经济。更改带领协调发展的计划制经济制度，把商业采购、价格、奖励、贷款、投资、竞赛、承包等社会主义经济措施变为杠杆作用。这直接影响了畜牧业技术机构、组织、技术设备、人才储备等，因此在进入市场经济制度的初期，畜牧业的发展陷入了停滞状态。为了让畜牧业技术机构与经济制度相结合，1991 年政府出台了 82 号决议，决定由苏木、地方人民议会行政部门负责管理兽医和种畜工作的财政预算，国家对省（市）种畜育种站财政拨款，计划纳入经济核算中，可是该决议未能落实实施。

从 1990 年开始后 7 年间，在旧的兽医和繁育工作制度被废除基础上新制度尚未能实施，直到 1997 年开始实施了农牧业管理体制与市场经济相结合的措施。1996 年和 1997 年在农牧业部部长管辖内建立了三个办公室和两个处，其中一个办公室是农牧业国家监督办公室，一个处是农牧业处。上述两个部门有独立于农牧业部开展工作的权利，有参与畜牧业部领导及协调管理的权利。1992～1994 年国家对原国家和集体所有的畜种资源进行分割处理，其中将 1.76 万头牲畜无偿分配给牧民。这是牲畜第二次私有化，也衍生出 20 万个牧户。因此牲畜养殖、畜产品生产、供销等占领了市场主导地位，从此市场经济将促使畜牧业得到发展完善。1990～2008 年，畜牧业技术机构不够稳定，在此期间共进行了 6 次整改，却依然延续了社会主义体制时期的提升牲畜质量、收益的方式。根据 1984 年政府 356 号文件建立的畜牧人工配种站于 1992 年改为畜牧养殖公社，1996 年改为畜牧资源中心。同时多次进行撤销和整改省市畜牧繁殖办公室的工作。1999 年将畜牧繁殖国家办公室改为部级单位的同时将省畜牧繁殖办公室纳入农牧业处，整合苏木、市郊的兽医繁殖办公室归于国家生产，进行了私有化管理。如此将苏木、市郊种畜服务工作的国家单位改为私人兽医养殖机构后，该组织的工作模式产生了很大的变化。这些苏木服务部门虽然积极完成兽医药工作，但向牧民提供种畜繁育服务的工作由于人才、工具、财政储备不足基本停滞。

1997 年在蒙古国农牧业部内部建立了服务引导全国范围内畜牧技术工作的农牧业处。2004 年撤销了 2000 年成立的国家兽医、繁育处，2008 年再次建立。如此对 1996 年之后的畜牧业技术机构进行了 4 次改革。虽然 1960 年末期开始组建的牲畜品种委员会成为了管理繁育工作的公共机构制度的起源，但是由于当时未能形成合理的投资、法律环境，导致没有取得明显的成果。1992 年起蒙古国畜牧学家与繁育联盟、蒙古国兽医联盟在牲畜品种、畜产品生产领域建立了多个协会和联盟，但是急需国家扶持和完善工作机制。

2. 优化了行业人才储备

引领畜牧业发展的不可忽略的因素是拥有先进科学知识的人才。因此蒙古国人民政府在早期便注重培养畜牧领域的人才。1920 年中期，在畜牧类的医疗政策中首次邀请苏联动物学科技人员来工作。动物科学及其成果的推广工作在苏联学者及专家的积极参与下有序进行。尤其是，在农牧业中心建立后，在此任职的 Н.И.Денисов（任职畜牧业部教导员、农学博士、教授、动物技术员）、И.М.Шульженко（任职蒙古国国立大学副校长、农学博士、教授、动物技术员）、А.А.Дудукалов（任职兽医管理处处长）、Г.Р.Литовченко（鄂尔浑羊的培育人之一、农学博士、教授）、А.А.Юнатов（苏联、蒙古国农牧业考察学者、博士、教授）和 А.А.Мелешко（在农耕部工作的畜牧专家）等做出了非常重要的贡献。1925～1932 年 7～12 名苏联畜牧专家在蒙古国进行研究工作。

培养本民族畜牧技术人员的工作从 1930 年开始。例如，1930 年在 1924 年建立的兽医学学校的基础上成立了兽医学、植物与畜牧科学的农牧业技术中等专科学校。该学校 1934 年 5 月通过"畜牧繁育技术人员培训班"培养了 9 名具备中级技术能力的畜牧非全日制学员毕业生。同时开始在苏联培养中级技术的畜牧专家。1946 年首次创办了人工配种技术训练班，并有 11 人毕业，这成为培养技术人员工作的起始。1937 年 124 名高级技术工程师从苏联回到祖国工作，其中 14 名是畜牧专家。这些畜牧学家、研究学者对蒙古国人才培养做出了很大贡献。1942 年 10 月 5 日，蒙古国国立大学设立了医学、动物科学、教师三个系和 7 个教研班，奠定了蒙古国培养高级技术人员的基础。因此，这三个系之中的动物科学系成为培养农牧业领域高级人员的基地。蒙古国国立大学在 1958～1959 学年对兽医、畜牧科学、农学等系进行调整，建立了农牧学院。从这些可看出农业大学的发展可分为 1942～1957 年、1958 年至今这两个阶段，1946～1957 年蒙古国国立大学总计培养了 230 名兽医、128 名畜牧专家。畜牧学家队伍从 1930 年中期开始扩大的同时，本民族研究人员、学者专家的书籍、手稿、建议等大量出版物对草原畜牧科学的基础奠定和人才培养起到了推动作用。1970 年起向苏联输送畜牧工作者并培养畜牧工程师。1980 年起向经济互助委员会输送并培养兽医、畜牧学家等。1980 年培养了 1430 名高级、3055 名中级畜牧学家，并有约 3000 名专家在该领域开展工作。1981～1990 年培养了 598 名专家、1991～1999 年培养了 478 名专家，2000～2009 年培养了 329 名畜牧学家、畜牧业经理人。1953 年设立了蒙古国国家畜牧总站，这对保障从事畜牧业生产的技术人员，保障种畜服务工作所需的设备、优化供应、完善服务起到了重要作用。在省畜牧处工作的畜牧技术人员还开展了众多科学研究，建立了多个种畜场和试验站。但进入市场经济制度后，即 1990～1995 年即使有众多兽医、畜牧学家、种畜育种专家在全国省、苏木、公社及基层工作，但在 2000 年后上述专家在此领域进行工作的人数大大缩减。

从事畜牧技术工作的高级畜牧学家，到 2000 年时比 1990 年减少了一半。如果以前有 1143 名中级技工在畜牧业领域工作的话，到后来几乎为零。除此之外，376 名畜牧学家的 21.2%即 80 名是中央、地区种畜办公室的国家监督人员；28.5%即 107 名在部级、省、首都农牧业处及学校进行学术研究工作，其他的 50.3%即 189 名畜牧学家负责 3200 万头牲畜，为牧民服务。以此推断，建立适应市场经济的管理畜牧业生产、技术、兽医、繁育工作机构是最为迫切的问题。国家大呼拉尔 2010 年审批实施的《蒙古畜牧》国家行动纲领，推行在各苏木设立兽医–繁殖办公室，并增加畜牧人员，但尚未能成为引导畜牧业生产的明确计划方案。

3. 提升畜牧领域抗风险能力（草料、棚圈、供水保障）

蒙古国畜牧业，虽然长期以来已经逐步适应了中亚地区自然环境和草原生态，并以游牧方式得到发展，但因冬春季出现家畜繁殖性能和生产力下降，是处于自然灾害中损失巨大的风险行业。因此，建立以增加草料储备、修缮棚圈和增加家畜饮水供给等措施对抗自然灾害的机制一直以来是各届政府关注的重点。

随着蒙古国畜牧业技术部门的完善及其服务工作的提升，饲草料供应范围扩大，有了根据家畜品种、生产性能及年龄等特征向畜牧生产领域推广饲料科学搭配的需求。政府在饲草料方面采取了有效的政策措施：第一，蒙古国人民政府早期重视应对冬春两季恶劣气候条件下的家畜保护。尤其在实施国家民主革命时期，政府通过优惠贷款及国家投资建立畜牧业机械站等措施为牧民草料储备提供便利。1924 年时草料总储量约 0.64 万 t，平均每只羊分配不到 0.1kg 的草料；到 1940 年时草料总储量增加为 6.63 万 t；至 1960 年时，储备量达到了 79.11 万 t。第二，畜牧饲养学从 1950 年开始在蒙古国发展并取得了前所未有的成绩。当时涌现出了一批家畜饲养学方面的国家技术人员、学者、研究人员，开始对饲草植物化学成分、吸收性、营养价值等进行研究，分别对天然草原和打草场的植物、多种饲草料化学成分、吸收性、营养价值等开展研究，针对配合饲料、蛋白质饲料、维生素饲料、矿物饲料和青贮等不同类型饲料的生产利用开展了积极的实验研究。第三，通过实验研究，将饲料分为粗饲料、多汁饲料、蛋白质饲料、矿物饲料、动物源性饲料，并制定了每种饲料的营养成分，为不同家畜制定饲料配方提供依据。尤其针对放牧家畜的冬春季补饲、半舍饲细毛羊和半细毛羊、乳用和乳肉兼用牛及猪、禽类饲养配方的制定，对基础畜牧业发展产生了重要的影响。第四，自 1965 年之后保障家畜饲料需求和强化饲料基地的工作有序进行。据 Н.Жагварал（那·扎格瓦日拉）、Р.Индра（拉·音德尔）等记录，蒙古国在 1966～1970 年用于建设农牧业生产所投入的 17 亿蒙图、1971～1975 年投入的 18 亿蒙图、1976～1980 年投入的 23 亿蒙图中大部分资金用于发展畜牧业生产，尤其分配于饲料基地的改善中。通过投资，1980 年时蒙古国拥有饲料企业 13 家、混合饲料车间 20 家、全机械化草料储备服务队 100 支 200 个分支近 300 个公社。国有饲料加工企业的建立，为日后畜牧业集约化发展提供了坚实的基础。从表 33-1 的研究结果看出，在 1965～1985 年饲料总产量增长 3.3 倍，饲料年生产量 1980 年比 1960 年增长 72.6%，1990 年增长 72.6%，饲料生产从 1970～1975 年开始得到有序发展。数据表明，1985～1990 年蒙古国饲料生产量达到了近百年的最高值，5 年总产量达到 108.8 万 t，以羊为基础单位计算后每只羊所得饲料为 20.2kg，即可满足全国畜群补饲 22 天的需求。这一时期，不仅饲料产量稳步增加，还为家畜提供了作物饲料、青贮饲料、块根块茎类饲料、配合饲料和动物性饲料等不同类型饲料。

表 33-1　蒙古国家畜饲料生产（1924～2014 年）

年份	精料年贮总量（×10³t）	草料实际贮量（×10³t）	以羊为单位计算后每只羊所得饲料量（kg）
1924	3	6.4	0.1
1940	30	66.3	0.5
1945	235.3	523	5.2
1950	541	980.4	10.9
1955	618.5	1358.1	12.5
1960	392.6	791.1	7.8
1965	343.9	592.1	7.2
1970	317	522.2	6.4
1975	650.7	958	12.5
1980	677.8	1125	13.7
1985	1060	1280.5	20.2
1990	696.4	866.3	12.5
1995	437.3	743.9	7.1
2000	357.4	689.4	5.8
2005	468.5	845.1	9
2010	618.6	1137.3	11.3
2012	624.6	1175.1	9.3
2014	626.8	1178.7	7.3

资料来源：Буянхишиг and Дээшин，2013；Монгол Улсын Статистикийн эмхэтгэл，2014；БНМАУ-ын Хөдөө аж ахуйн хөгжилт 60 жилд，1981；Монгол Улсын хөдөө аж ахуй 1971-1995 онд，1996；Хөдөө аж ахуйн салбар，2014

　　从家畜私有化的 20 世纪 90 年代初期开始，饲料生产结构发生了很大变革。2000 年的饲料总贮量比 1990 年下降 48.7%，草料贮量下降 20.5%，平均每个羊单位饲料分配量下降 53.6%。这与蒙古国曾投入大量资金扶持建立的饲料储备体系瓦解有直接关系。甚至，这时期饲料作物种植中断，许多饲料厂、车间停止生产，饲料产量减少。但近几年饲料生产行业又有所恢复，相比 1990 年饲料总贮量在 2010 年增长 88.8%，2014 年增长 90%。

　　畜牧业生产顺利与否与家畜棚圈建造、草原水利建设直接相关。由于棚圈的缺失导致在持续降温降雪及突发的暴风、暴雨、冰雹等自然灾害中产生的家畜损失不计其数。20 世纪 60 年代中期，家畜棚圈修建工作被提到国家政策水平，国家对此加大投资，在全国范围开展了家畜棚圈修建工程。在畜牧业技术部门的直接参与和支持下建立了符合蒙古国自然气候特点及不同种类家畜的圈舍。例如，修建了土种家畜幼畜暖棚，细毛羊半细毛羊封闭式圈舍，奶牛犊牛圈，育肥家畜圈舍，猪、禽类、兔子、獾子等家畜圈舍等。畜牧学家为棚圈标准化设计，包括图纸、适宜温湿度及光照的设定，提供了科学依据。研究显示，60 年代中期山区、草原地区牛和小牲畜敞棚达到 100%；1971～1975 年，戈壁地区新增敞棚 21 000 座。到 80 年代中期，基本完成棚圈覆盖目标，大牲畜达到 93.5%、小牲畜达到 160%。同时有序进行细毛羊产羔温室、机械奶站、猪和禽类温室的修建工作，于 1990 年时已经完全实现了牛和小牲畜的冬春营地的棚圈覆盖率和机械奶站及牛、猪、家禽的圈舍全覆盖。表 33-2 数据表明，1990 年在全国范围修建的 6.62 万间圈舍中的 1.45 万间是大牲畜圈舍、5.17 万间是小牲畜圈舍，圈舍覆盖率达到了大牲畜的 70% 和小牲畜的 150%。草原水利建设在人民政府的关注和多种措施的实施下，在 20 世纪 60～90 年代取得了丰硕的成果。全国机井数量由 1960 年的 200 口达到了 1990 年的 2.46 万口。在此期间，普通矿井从 1.16 万口增至 1.7 万口，增幅达 46.6%。换言之，总井数由 60 年代的 1.18 万口增加至 90 年代的 4.16 万口，平均 621 只牲畜拥有一口井。草原井覆盖率逐年上升，分别为 1970 年的 31.1%、1980 年的 52.3% 及 1990 年达到 62%。畜牧技术人员通过合理利用供水设施，在不同季节为不同家畜科学制定了供水量。放牧及舍饲家畜需水量的制定不仅促进了家畜数量的增加，进而对家畜生产收益的提高起到了重要的作用。

表 33-2　牲畜圈舍及水利保障增幅（1932～2010 年）

年份	圈舍总数 (×10³ 间)	其中				水井总数 (×10³ 口)	其中	
		大牲畜圈舍		小牲畜圈舍			普通井 (×10³ 口)	机井 (×10³ 口)
		数量 (×10³ 间)	满足度 (%)	数量 (×10³ 间)	满足度 (%)			
1932	26.5	5.1		21.4				
1940	29.1	7.2		21.9				
1960	31.0	8.0	23.0	23.0	43.5	11.8	11.6	0.2
1965	37.7	8.5	45.5	29.2	75.7	14.7	14.0	0.7
1970	47.1	8.9	62.4	38.2	105.4	20.2	18.8	1.4
1975	54.1	10.3	67.4	43.8	114.4	28.1	25.2	2.9
1980	60.2	12.0	77.6	48.2	131.7	34.6	15.7	18.9
1985	67.5	14.5	93.5	53.0	162.5	40.4	17.0	23.4
1990	66.2	14.5	69.6	51.7	149.5	41.6	17.0	24.6
1996	93.2	18.6	57.5	74.5	111.8	34.4	21.4	13.0
2000	113.5	23.9	47.0	89.6	140.9	30.9	22.7	8.2
2006	129.5	30.9	74.9	98.5	112.0	38.7	28.6	10.1
2009	140.7	32.3	66.7	108.4	106.9	42.3	32.1	10.2
2012	167.1	57.7	72.5	109.4	110.5	29.5	21.4	8.1

资料来源：Буянхишиг and Дээшин，2013；Монгол Улсын Статистикийн эмхэтгэл，2014；БНМАУ-ын Хөдөө аж ахуйн хөгжилт 60 жилд，1981；Монгол Улсын хөдөө аж ахуй 1971-1995 онд，1996；Хөдөө аж ахуйн салбар，2014

三、草原畜牧业经济管理的主要方向

（一）农牧业产业化

在内蒙古，农牧业产业化是草原畜牧业经济的必然趋势，是适应新常态下市场经济发展的必然要求。农牧业产业化要不断优化产业结构，有序转变农牧业经营发展模式，加强农牧民合作组织化建设。培育扶持中小农畜产品加工企业，逐步建立有特色、无公害、有优势、竞争力极强的中小企业集群。不断引进资金与技术，增强龙头企业的发展实力，使其能够有效带动周边农牧区经济的快速发展。坚持产业化带动，发展农牧业龙头企业和农牧民专业合作社。全面推进全粮、果、蔬、肉、乳、绒及皮毛和饲料等加工企业的发展，最终实现绿色农畜产品加工产业带的形成。不断引进和研发新技术，有力推进农畜产品的精深加工和标准化生产，不断拉长产业链条，提升农畜产品的高附加值，实现农畜产品价值最大化。推广专业大户、家庭农场、联户牧场等经营模式。积极引导和促进农牧民合作组织的建立和发展。采取有效的财税政策推进农牧业专业合作组织健康有序发展。在法律上给予合作组织权利保证，以此来提高合作组织成员的劳动积极性，最终实现全区农牧业的产业化、规模化经营，进而有效促进内蒙古农牧业的可持续发展。

调整畜牧业产业结构，发展市场需求大、资源消耗少、经营效益好的畜种和畜产品。调整优化牧区畜牧业生产区域布局和畜种品种结构，严格按照自治区畜牧业区域组织生产，重点抓好牲畜的品种改良和选育，在大力发展区内优良品种的同时，积极引进和利用国外优良品种，提高畜群生产力水平。牧区要改变重头数、轻效益，重畜群繁殖扩大、轻出栏周转的经营观念，以提高经济效益、加快畜群周转、建立高效益畜群结构。

建立开放、统一、竞争、有序的畜产品市场体系。继续坚持实施畜牧业产业化经营战略，以产业化发展为方向，积极推进牧区畜牧业产业化进程，延长畜牧业的产业链条，加强畜产品加工转化。选准和培育主导产业和产品，围绕畜产品加工、流通，大力发展龙头企业，利用内蒙古绿色畜产品的优势，重点建设好一大批成规模、高效益的畜牧业名、优、特商品生产基地。加强企业与基地、牧户联结机制的建设。一是契约联结，以合同、协议、订单等契约方式，明确各方的利益关系，把产业化的各个环节联结起来。二是股份联结，以股份制或股份合作制的方式，形成经济合作关系。三是产权联结，产业化各方以在投资区的产权，明晰所有权和经营权及双方的责权利，建立现代企业制度。四是服务联结，产业化的各方互为主客体，企业是基地的加工车间，基地是企业的原料车间，各种社会化服务组织是企业和基地的服务车间，缺少哪一个环节和工序都会导致产业化链条中断。无论哪种联结机制，既要考虑到牧民的利益，又要考虑到企业的利益，真正形成风险共担、利益共享的利益共同体。同时要大力加强畜牧业信息服务体系的建设，逐步实行畜牧业信息发布制度。

（二）农牧业低碳化

农牧业低碳化是适应建设环境友好型社会和资源节约型社会的内在要求，更是草原畜牧业经济可持续发展的必由之路。发达国家和地区的农牧业集约化、低碳化程度很高，形成了一定的规模效益。以目前的生产力水平来看，传统分散经营的种养业已经严重阻碍了农牧业向现代化迈进的步伐。所以引进和应用先进的农牧业科技来促进农牧业的可持续、低碳化发展，最终实现农牧业的现代化已经变得十分有意义。

首先，依托资源优势，发展绿色、生态农牧业。努力把蒙古高原地区打造成有规模效益的能带动区域经济发展的优势绿色农畜产品生产加工基地，进而逐步形成产业带。同时努力实现农畜产品的精深加工，增强品牌效益，确保农畜产品的质量安全。

其次，弘扬精耕细作的优良传统，使用可降解农膜，并在收获工程中利用机械化做到秸秆还田、生态还原来大力发展有机农业。利用测土配方施肥减少化肥施用量，将绿肥、农家肥和化肥有效结合，使得农产品产量达到最优化，保证土壤的可持续生产能力。提高土地灌溉用水的利用技术，支持喷灌、滴灌，大力发展节水农业。同时要做到畜牧产业科技化，推行机械化养殖，采用机械喂料、自动饮水、机械清粪以减少饲料浪费，加强畜禽饲养管理，减少污染物排放，科学处理畜禽粪污，净化生活环境。依靠科学经营管理，提高养殖效益。总之，要以低碳科学技术为依托，从建厂到农畜产品的生产都要采取科学的管理水平和经营理念，从而生产出绿色、有机、无公害的农畜产品。

（三）现代畜牧业经济

《中华人民共和国草原法》第一条明确了"保护、建设和合理利用草原，改善生态环境，维护生物多样性，发展现代畜牧业，促进经济和社会的可持续发展"的目标。变传统的粗放的畜牧业生产方式为现代的集约化经营的生产方式，这个转变，就是从传统草原畜牧业到现代畜牧业。

首先，现代畜牧业是按照市场经济的规律去运行的。它建立在产权明晰的基础上，明确了产权结构，确保农牧民的收入达到预期稳定，激发他们投资的动力。现代畜牧业是商品性畜牧业，其生产、流通、消费环节与其他专业化生产紧密相连，是社会大分工体系中的一环。维持这种生产的经济资源不再只来源于草原内部，而是依赖于外部的生产要素市场，如借贷资金、购买原材料等，而在销售环节上要依赖产品市场。牧民生产、投资行为也将遵循市场经济发展的规律，牧民的生产经营方式和生活方式都发生着改变。

其次，现代畜牧业可以实现草畜的动态平衡。实践证明，实行草原家庭承包经营，赋予广大牧民长期稳定的草原使用权，将人、草、畜基本生产要素统一于家庭经营中，草原的使用权有明确的归属，有利于增强牧民保护草原和建设草原的积极性，促使牧民转变畜牧业生产经营方式，逐步实现草畜平衡。草原资源承载力是牧民的生产边际。在一定的草原承载力下，在收入最大化的目标下，牧民有计划地安排生产，生产行为更趋理性，表现为，牧民在自己的草场内，根据草场的质量和载畜量合理安排生产，根据牲畜吃草量和速率，以及草的恢复能力和速率进行科学的"划区轮牧"；减少生产活动，在部分草场缩减牲畜头数，使单位草场面积的载畜量控制在理论载畜量的水平之内，给草场以休养生息；在水土资源条件好的地方建立高产高效的饲草料基地。真正实现以草定畜，草畜动态平衡，不仅充分高效合理地利用资源，还保证草场可以持续利用。这与草原畜牧业下，牧民盲目的、无序的生产行为有着根本差别。

在制定有关畜群规模，畜种结构和品种结构、布局方面的政策时，首先应考虑草畜总量平衡问题，其次要制定区域性、结构性政策。从区域性草畜总量平衡的状态来看，中西部草场严重超载，近期目标应严格控制牲畜头数，制定限制头数的法规性技术条例。牲畜头数的控制和压缩必然带来经济收入减少，因此，有必要通过相关的产业政策，如通过政府采取优惠的财政、信贷、税收政策，鼓励和发展新兴产业，实现劳动力转移，加快牧区城镇化进程等产业导向政策，从经济利益上保障限制载畜量政策目标的实现。对水草条件好、仍有发展潜力的牧区，要增加草原畜牧业技术经济投入，提高畜产品产出率，增加畜产品贮存、加工能量及开拓销售等渠道。从畜种、品种结构调控看，对生态效益好、饲养成本低、收益相对高的畜种、品种，其发展规模可大些，反之则小些。在制定具体的硬性指标时，要通过成本–效益分析，提出不同类型的适度规模模式。

最后，现代畜牧业从解决经济发展与草原生态保护之间的问题出发，立草为业。它通过建设饲草料基地，发展草业，在具备水利条件的地区搞水土开发、牧民定居和饲草料基地的建设，解决部分地区的人、畜、草矛盾；实行禁牧、休牧、轮牧，以把畜牧业生产控制在草原资源承载力的范围以内；从更大的空间尺度上进行资源的重组，实行农牧结合。现代畜牧业以草业发展为先，突破草原畜牧业发展的资源局限，从解决草畜矛盾入手，在增草上突破，以草兴牧，以草富民。这是草原畜牧业发展方向的重大转折。

第三节　草原畜牧业市场营销策略

一、完善和培育畜产品市场体系

市场是商品交换的场所，目前畜牧业畜产品市场虽然有很大发展，但还十分薄弱，只是初级市场。长期以来所形成的以行政区划、国别为界限，蜂巢状的，封闭性很强的农畜产品的地区市场，还未完全打破。畜产品流通不畅，买难卖难问题普遍而突出，这种状况难以适应市场经济发展的需要。因此，培育和完善畜产品市场体系，建立统一的、透明度高的畜产品全国市场，彻底打破地区之间的市场封锁，畜产品流通顺畅，势在必行。

统一市场意味着产品区域性短缺将会由其他地区的供给弥补。同样，地区性畜产品过剩也不必由当地全部或大部分解决，从而造成价格猛跌。由于销售范围扩大到全国、全世界，因此区域性过剩对于全国性市场来说，影响就不会那么剧烈了。

畜产品市场以批发市场为中心，根据畜产品流向、交通、保鲜冷藏设施等条件，合理布局，形成中央批发市场、地方批发市场、城乡农贸市场互相依存、互相配合的市场体系。地方批发市场是进行大规模现货交易、直接交易为主的交易场所，应大力发展，并逐步在全国形成网络，为了降低畜产品价格的波动，向农民提供远期价格信息，同时还必须发展畜产品期货市场。中央批发市场在现货交易的基础上，可先开发有保障的中期和远期合同业务，然后向期货交易过渡，既面向全国，又逐步与国际市场联结。

二、绿色营销

绿色营销是企业在营销活动中要体现绿色，即在营销中注重地球生态环境的保护，促进经济与生态的协调发展，为实现企业自身利益，消费者和社会利益以及生态环境利益的统一而对其产品、定价、分销和促销的策划与实施过程（罗国民等，1997）。绿色营销作为一种新的营销方式，主要是通过改变单纯增长、由资源型经济过渡到技术型经济，开发运用高新技术，文明生产，清洁消费，发展绿色产品和绿色产业的过程，其目的就是最终实现可持续发展。

三聚氰胺陆续在牛奶、饲料中被发现，直接影响到的'伊利'和'蒙牛'等内蒙古乳制品加工企业，引发了消费者对草原畜牧业产品的高度关注和信任危机；内蒙古草原所处的地区为干旱和半干旱地区，草原生态环境极度脆弱，再加上盲目的开荒、过度放牧等不合理利用的现象，草原的荒漠化加剧、草畜矛盾凸显等问题出现，且有继续扩大的趋势。实现草原畜牧业市场的可持续发展必须借助绿色营销来解决。

蒙古高原地区草原分布于内陆地区，交通不便，相对来讲是经济欠发达地区，但草原的生态环境由于较少遭到人为破坏，许多地区保留着大自然的原始风貌，工业污染程度较低，绝大多数地区空气、水质、土壤保持着良好的洁净水平，受化肥农药的污染程度相对较轻，草原上气候干旱但光照充足，土壤营养丰富，气候多样，畜产品资源十分丰富，这样的生态地理资源环境决定了草原地区可以生产种类繁多的无污染、优质、安全的绿色产品，通过开展绿色营销，解决我国的农畜产品卖难问题，同时增强人们的环保观念，实现畜牧业的可持续发展。

绿色销售渠道是绿色营销能否顺利进行的关键环节。应合理设置供应和配送中心，统筹运输路线，简化供应配送系统及环节，采用运载量合适的运输工具。产品销售渠道的表现直接影响着企业及产品的绿色形象和企业的绿色营销效果，为此企业应认真选择销售渠道，要选择信誉好的有环保意识的、在消费者心中有良好印象的中间商，借助其声誉推出绿色产品，建立绿色产品专柜推出系列绿色产品，产生群体效应便于消费者辨识和购买。还要选择好销售人员，培养热爱本职、热爱绿色的营销队伍。销售人员直接同消费者打交道，是企业形象在消费者心目中的代表，因此销售人员的素质必须严格要求，进行上岗前培训及经常进行营销知识的讲解，也要形成销售人员主动学习营销推广知识的机制，采取一定的奖惩策略激励约束他们更好地完成工作，这也是草原畜牧业市场取得长远发展要考虑的重要因素。

三、品牌营销

内蒙古地方牲畜良种颇负盛名，有蒙古马、蒙古牛、蒙古羊、双峰驼、白绒山羊等地方品种，培育出了三河马、草原红牛、内蒙古细毛羊、中国美利奴羊、罕山白绒山羊等 40 个优良品种，引进了荷斯坦牛、西门塔尔牛、安格斯牛、道赛特羊、萨福克羊等一批世界著名优良牲畜品种，培育出巴美肉羊、昭乌达肉羊和察哈尔羊等新品种。截至 2013 年，内蒙古羊肉产量超 3000t 的旗县有 73 个，牛肉产量超 3000t 的旗县有 53 个，奶类产量超万吨的旗县有 72 个，禽蛋产量超 2000t 的旗县有 39 个，山羊绒产量超 50t 的旗县有 32 个。蒙古国有草原白羊、'鄂尔浑'细毛羊、'杭爱'细毛羊、'乌拉包尔'羊、'温朱勒'羊、'戈壁三美'羊、'色楞格'肉牛等优良品种。蒙古高原地区牲畜品种资源优势明显，而且畜产品产量突出，具有明显的蒙古高原畜牧业产品的地域特色。但是，除了奶产品行业的'伊利'、'蒙牛'；羊肉产业的'小肥羊'等几家拥有品牌的畜牧业产业，蒙古高原的畜产品资源优势并未转化为规模优势和效益优势。品牌建设应成为草原畜牧业市场营销的一个重要方向。

实施畜产品名牌战略，一要充分发挥和挖掘自身畜产品的资源优势，重点在优势畜产品中培育名牌，让名牌畜产品去参与品牌竞争，抢占市场份额。二要加快畜牧业产业化进程，促使畜产品上规模、上档次。三要加强畜产品市场体系建设。发展一批功能完备、辐射力强的畜产品综合与专业批发市场，为畜产品创建名牌提供有利的平台，通过这个平台，使之先在内蒙古市场占领先机，扩大市场占有率，进而辐射全国，进军世界。四要建立健全农产品质量检测监督体系和质量标准体系，质量标准不仅要适合国内，还要同国际惯例相契合。

四、网络营销

牲畜产品网络营销是指在互联网网络的环境下，借助联机网络、计算机通信和数字交互式媒体来获取、处理和利用各类有效信息以进行牲畜产品的营销管理等电子商务活动。以提高农产品消费者需求的满足程度，使牲畜产品企业有的放矢，减少生产盲目性，提高经营效益。广义地说，凡是以互联网为主要手段进行的、为达到一定营销目标的活动，都可以被称为网络营销。因此，对于牲畜产品网络营销就是建立在互联网信息及牲畜产品流通基础上的牲畜产品的销售与经营活动。

在国际、国内牲畜产品市场上，区内牲畜产品的贸易常受到信息闭塞，农产品质量不符合国际、国内标准及缺乏新品种等问题的困扰。而通过牲畜产品网络营销这一种新型的营销方式，有利于牲畜产品对外贸易企业获得第一手的国际市场信息，在最短的时间内及时分析、反馈，指导牲畜产品生产者生产出以国际市场为导向，品种对路、品质过关、营销得当的出口牲畜产品，从而进一步拓展对外贸易市场。多年以来，畜牧业经济一直以出口多种劳动密集型牲畜产品为主。由于劳动力成本的相对低廉，牲畜产品在国际市场上具有明显的价格优势和较强的竞争力，在采用网络营销的新的营销与管理方式中，由于网络营销省去了许多中间环节及很多额外费用开支，将更加有利于降低成本，提高竞争力，获得高利润。由于资源条件不同、生产效益不等，世界各国各地区之间的贸易具有很大的互补性，并将长期存在，企业开展牲畜产品网络营销后，有利于充分分析利用各种资源信息，进行科学预测与决策，为农畜产品创造更大的国际市场空间和机会，若能根据比较利益原则，以市场为导向，品种对路、品质过关、营销得当，就可能获得更大的比较效益。

五、参与型营销策略

参与型营销是让消费者积极地参与到生产和营销活动的创意中来，邀请或鼓励消费者参与到推动品牌演进过程中。在过去，干扰型营销是努力通过建立形象来改变人们的信仰，而现在参与型营销则是通过体验来改变其行为，通过"令其参与"，将营销变成一个互动交流的过程，从而让消费者与品牌的联系更紧密。

随着生活节奏的加快，城市人群产生了对农村舒适、安逸生活的向往，生态农场提供农家乐等服务得以让城市人过上一把农村生活的瘾。他们可以不定时地到农场看看自己认养的牲畜，养养牲畜、种种菜、欣赏农家风光。消费者对生活的追求成为"牲畜认养"模式有力的支撑。对于农场主而言，牲畜交易的价格在牲畜认养时就通过协议约定了，起到类似于期货套期保值的效果，有效规避周期带来的市场风险。由此看来，牲畜认养模式也是在利用客户的参与感，让客户成为牲畜的主人，全程参与其成长、产品的销售。

参 考 文 献

阿娜尔, 杨永平, 黄金龙, 等. 2013. 蒙古马种质资源保护及其技术措施刍议. 内蒙古科技与经济, 4: 13-15.

敖仁其, 单平, 宝鲁. 2007. 草原"五畜"与游牧文化. 北方经济, 15: 78-79.

包凤兰. 2003. 内蒙古牧区草原畜牧业经济发展的对策建议. 内蒙古师范大学学报, 32(3): 33-36.

包金钢. 1990. 喀尔喀简史(上册). 呼和浩特: 内蒙古教育出版社: 696.

宝文杰. 2011. 内蒙古草原畜牧业可持续发展研究. 呼和浩特: 内蒙古财经学院硕士学位论文.

常洪. 2009. 动物遗传资源学. 北京: 科学出版社: 130-145.

陈俊杰. 1987. 简谈畜牧业的经济管理. 当代畜牧, 3: 1.

道森. 1983. 出使蒙古记. 北京: 中国社会科学出版社: 9.

高雪峰. 1998. 内蒙古年鉴 1998 卷畜牧业. http://www.nmqq.gov.cn/nianjiankanwu/ShowArticle.asp? ArticleID=656[2011-04-14].

郭文场, 张嘉保, 陈树宁. 2014. 中国双峰驼的品种、繁殖、饲养管理和利用(1). 特种经济动植物, 6: 6-8.

郭元朝, 郭尧. 2015. 蒙古马在中国北方地区经济社会生态中的重要作用. 草原与草业, 1: 7-12.

国家畜禽遗传资源委员会. 2011. 中国畜禽遗传资源志. 北京: 中国农业出版社.

后藤十三雄. 2011. 蒙古游牧社会. 2 版. 玛巴特尔, 王银莲, 图布吉日嘎拉译. 呼和浩特: 内蒙古人民出版社.

李其木格. 2011. 五畜均衡对内蒙古草原生态保护之作用. 呼和浩特: 内蒙古师范大学硕士学位论文: 1-44.

李媛媛, 盖志毅, 马军. 2010. 内蒙古牧区政策的变迁与农牧业发展研究. 农业现代化研究, 1: 15-18.

罗国民等. 1997. 绿色营销: 环境与市场可持续发展战略研究. 北京: 经济科学出版社.

马桂英. 2006. 内蒙古草原生态恶化的制度因素与制度创新. 兰州学刊, (9): 182-184.

芒来. 2009. 马在中国. 香港: 香港文化出版社: 43-96.

苗忠. 1998. 内蒙古草地资源统计资料. 呼和浩特: 内蒙古草地勘测设计院: 16-22.

《内蒙古自治区志科学技术志》编委会. 1997. 内蒙古自治区志科学技术志. 呼和浩特: 内蒙古人民出版社.

内蒙古林业厅. 2004. 内蒙古发布荒漠化土地监测结果整体遏制局部好转. https://news.sina.com.cn/c/2005-06-17/11496198680s.shtml[2005-06-17].

内蒙古自治区农牧业厅. 2004. 内蒙古家畜品种资源概况. http://nmgnjjl.gov.cn/zwq/nmygk/xmy/ 16037. shtml[2004-02-18].

内蒙古自治区农牧业厅. 2014. 自治区农牧业厅 2013 年工作总结和 2014 年工作安排. http://www.nmg. gov.cn/fabu/ghjh1/gzjh/201506/t20150616_457530.html[2014-10-29].

内蒙古自治区农牧业厅畜牧处. 2014. 2013 年内蒙古自治区畜牧业概况. http://www.nmagri.gov.cn/zwq/ nmygk/xmy/372906.shtml[2014-04-22].

内蒙古自治区农牧业厅畜牧处. 2016. 2015 年内蒙古自治区畜牧业概况. http://nmgnjjl.gov.cn/zwq/ nmygk/xmy/576483.shtml[2016-06-08].

内蒙古自治区农牧业厅内蒙古家畜改良工作站. 2012. 我区地方优良畜禽品种遗传基因保护工作取得了阶段性成效. http://www.nmagri.gov.cn/zxq/bmdt/284892.shtml[2012-11-29].

内蒙古自治区统计局. 2000. 内蒙古统计年鉴. 北京: 中国统计出版社.

内蒙古自治区统计局. 2014. 内蒙古统计年鉴. 北京: 中国统计出版社.

内蒙古自治区统计局. 2015. 内蒙古统计年鉴. 北京: 中国统计出版社.

内蒙古自治区志·科学技术志. 1998. 内蒙古地区家畜杂交改良. http://www.nmqq.gov.cn/kejijiaoyu/ShowArticle.asp?ArticleID=22180. 2017-6.

思汗. 2010. 论锡尼河布里亚特蒙古族的马文化. 呼伦贝尔学院学报, 1: 1.

孙海涛. 2012. 甘南动物疫病防控存在的问题及对策. 甘肃畜牧兽医, 6: 69-71.

涂友仁. 1985. 内蒙古自治区家畜家禽品种志. 呼和浩特: 内蒙古人民出版社.

王关区. 2006. 我国草原退化加剧的深层原因探析. 内蒙古社会科学, 27(4): 1-6.

王建革. 2001. 畜群结构与近代蒙古族游牧经济. 中国农史, 20(2): 47-61.

薛原. 2008. 内蒙古草地资源的法律保护. 法制与社会, (7): 97-98.

袁春梅. 2002. 我国草地畜牧业发展问题研究. 重庆: 西南农业大学硕士学位论文: 1-54.

张立中. 2004. 中国草原畜牧业发展模式研究. 北京: 中国农业出版社: 100.

张文彬. 2005. 阿拉善双峰驼保护现状与对策. 全国畜禽遗传资源保护与利用学术研讨会论文集: 5.

赵钢, 许毅红, 赵明旭, 等. 2002. 草原区沙地放牧草地合理利用途径. 干旱区资源与环境, (2): 68-73.

赵一萍, 芒来. 2010. 中国蒙古马的遗传资源的保护与利用. 国际遗传学杂志, 33(4): 218-221.

赵云, 照日格图. 2015. 浅谈我国稀有畜种戈壁双峰红骆驼的发展与保护. 内蒙古统计, 2: 51-52.

郑丕留. 1992. 中国家畜生态. 北京: 农业出版社: 144.

中国家畜家禽品种志编委会. 1986. 中国马奶品种志. 上海: 上海科学技术出版社.

朱延生. 1992. 呼伦贝尔盟畜牧业志. 海拉尔: 内蒙古文化出版社.

Бат-Эрдэнэ Т. 2002. Монгол үүлдрийн сарлаг. Улаанбаатар.

Буянхишиг Д. 2007. Өрхийн аж ахуйн өөдлөх зам.Улаанбаатар.

Буянхишиг Д. 2009. Малчин өрхөд төрийн үйлчилгээ үзүүлэх тогтолцоо, үйл ажиллагааны тогтвортой байдлын судалгаа. "Ногоон алт" хөтөлбөрийн хүрээнд хийсэн судалгааны ажлын тайлан. Улаанбаатар.

Буянхишиг Д. 2011. Монгол тэмээ. /Монголын бэлчээрийн мал аж ахуй цуврал. VI. Боть. Улаанбаатар.

Буянхишиг Д. 2014. Үхэр үржүүлэхүй. Улаанбаатар.

Буянхишиг Д, Дээшин Г. 2013. Монгол улсын малын үржлийн албаны хөгжил шинэчлэл. Улаанбаатар.

Денисов Н И.1946. Животноводство Монгольской Нородной Республики. Уланбатор.

Жагварал Н.1987. Социалист хөдөө аж ахуйн эдийн засгийн зарим асуудал. Улаанбаатар.

Минжигдорж Б, Самбуу Г. 2013. Монгол хонь. /Монголын бэлчээрийн мал аж ахуй цуврал. IX. Боть. Улаанбаатар.

Монгол Улсын Статистикийн эмхэтгэл.1984. 1990, 1995, 2000, 2006, 2010. 2014. Улаанбаатар.

Монгол Улсын хөдөө аж ахуй 1971-1995 онд. 1996. Стат. эмхэт. Улаанбаатар.

Надмид Н. 2011. Монгол ямаа. /Монголын бэлчээрийн мал аж ахуй цуврал. X. Боть. Улаанбаатар.

Төмөржав М. 2004. Монголын бэлчээрийн мал аж ахуй /уламжлал, шинэчлэл, эрчимжүүлэлт/. Улаанбаатар.

Хөдөө аж ахуйн салбар. 2007, 2009, 2010, 2014. Монгол Улс, Үндэсний Статистикийн Хороо.

Цэвээнжав Д. 1983. БНМАУ-ын зоотехникийн алба, шинжилэх ухааны хөгжилт Улаанбаатар.

Шагдарсүрэн О. 1980. Бэлчээрийн мал аж ахуй ба онолын биологийн зарим асуудал. Улаанбаатар.

Шульженко М Ф. 1954. Животноводство Монгольской Нарадной Республики. Труды Монгольской комиссии АН СССР. Выпуск 48, Москва.

第十篇　蒙古高原草原管理政策

第三十四章　蒙古高原中国草原管理政策部分

　　我国有着丰富的草地资源，天然草地总面积为 33 099hm²，占国土总面积的 22.2%，占世界草地总面积的 10%，仅次于澳大利亚，居世界第二位。在北方干旱、半干旱地区，草地资源不仅是发展草地畜牧业的基础，也是我国北方地区的生态屏障，而且是蒙古高原的重要组成部分。近 30 多年来，我国草原尤其是北方干旱、半干旱草原出现了不同程度的退化和荒漠化。内蒙古草原退化、沙化面积以每年近 70 万 hm² 的速度扩展，退化率由 20 世纪 60 年代的 18%发展到 80 年代的 39%，21 世纪初已达到 73.5%。较 20 世纪 80 年代的 2.51×10⁷hm² 增加了 1.77×10⁷hm²，其中，重度退化面积 0.95×10⁷hm²。由于开垦、沙漠化等原因，内蒙古草原面积 20 世纪 80 年代较 60 年代减少了 10.4%，约 0.92×10⁷hm²，21 世纪初又比 20 世纪 80 年代减少了 0.6×10⁷hm²，约 8%（王关区，2006）。

　　内蒙古是我国北方重要的生态屏障，在国家主体功能区规划和国家生态安全战略格局中，内蒙古东、西部分属于国家重要的水源涵养区域及重要的水土保持区域，分布着国家东北森林带和北方防沙带。随着人口的急剧增加和经济的快速发展，以及全球气候变暖的影响，全区生态压力较大。从总体情况上看，近些年内蒙古地区生态呈现局部得到改善、整体仍趋于恶化的形势。鉴于生态恶化的种种不利影响，国家相继启动了一系列生态恢复工程，在资金投入上从中央到地方逐年增加。特别是在 2010 年 10 月，国务院常务会议决定，从 2011 年开始在内蒙古、新疆（含新疆生产建设兵团）、西藏、青海、四川、甘肃、宁夏和云南 8 个主要草原牧区省份，全面启动实施草原生态保护补助奖励的各项政策措施，5 年一个周期，主要用于草原禁牧补助、草畜平衡奖励、牧草良种补助和牧民生产性补助等，这标志着草原保护建设进入一个兼顾民生的新时期。

　　随着草原生态保护补助奖励机制的执行，草地退化的总体趋势得到遏制，而且区域整体呈好转态势。以锡林郭勒盟为例，内蒙古草原勘察设计院通过对遥感数据信息提取和地面样点综合分析（以植被指数变化率≥+10%为变好，以≤−10%为变差，两者之间为持平），结果显示：锡林郭勒盟 2012 年遥感植被指数与 2010 年同期植被指数相比，全盟牧草长势好转的草地面积占总草地面积的比例为 43.68%，持平为 44.20%，变差为 12.12%。并且，这一阶段鼠害发生面积持续下降，到 2013 年减少为 116.9 万 hm²，比 2010 年下降 61.43 万 hm²。除草地植被的盖度变化较小外，植被高度和产量均比 2010 年进一步提高，以 8 月为例，2013 年植被高度和盖度分别为 37.1cm 和 1078.5kg/hm²，每年以 5.27cm 和 126.5kg/hm² 的速度增加。

　　美国在 19 世纪 60 年代，随着资本主义经济的迅猛发展，大量资本流向西部地区，开始了大规模的土地开垦运动。掠夺性的盲目开发，导致美国西部资源和生态的严重破坏，最终导致了 1934～1938 年一连串灾难性的"黑风暴"，40 多万 km² 的沃土瞬间变成了荒漠，数十万农民丧失土地流离失所，社会矛盾急剧恶化。针对这样的局面，美国政府开始对西部开发进行反思，采取了一系列措施，主要是制定了一系列法律，如《泰勒放牧法》《耕地保护计划》等，严格限定对草原的掠夺、对草原进行合理开发和利用、防治水土流失等，从根本上治理西部生态环境，使西部生态环境得到巨大改善。美国西部大开发以来实施的各项生态环境政策主要是利用自然资源禀赋，实行梯度开发战略，制定优惠经济政策，十分重视市场机制作用的发挥，但政府的作用在其中也是不可替代的。既坚持市场经济原则，又充分发挥政府在西部开发中的重要作用。美国联邦政府制定了一系列环境法律，有效保障开发和生态治理活动等，其中，州和地方政府也是实施环境法规的重要组成部分。澳大利亚的大部分草地在20世纪初已满负荷过度放牧，为此，澳大利亚政府积极应对草地退化，采取许多有效的政策制度。例如，改革草地经营管理，主要采用围栏放牧的方式，合理安排草地利用强度，严格控制载畜量。并采用划区轮牧、季节放牧、混合放牧等科学方式达到对草地的合理利用。新西兰草地资源的利用也经历了无序的过度利用、草地退化、草地保护利用的过程。在草地资源的保护中，围栏成为草地管理的重要手段，有效控制牲畜的活动范围，并注重人工草场的建设和天然草场的维护，根据草地资源特征和气候条件确定畜种，实行区域性的专业化生产。我国草地资源的开发利用也是经历过度利用、严重退化、草地保护利用的发展过程。针对草地退化问题，我国从21世纪初开始出台了一系列草地生态系统保护的政策，经过二十几年的生态治理和保护，草地生态系统逐步好转，尤其进入2010年后，我国政府在8个主要草原牧区实施草原生态补助奖励措施，在保护草地生态环境系统的同时，保证了草原牧区农牧民的收入增长，使得牧区社会效益、经济效益和生态效益都不断提升。

第一节　草地资源及其对畜牧业的重要性

一、草地资源概况

（一）草地资源

1. 内蒙古

内蒙古草地资源辽阔，东起大兴安岭，西至居延海畔，绵延4000多km，是欧亚大陆草原的重要组成部分。主要分布于大兴安岭以西，阴山与贺兰山以北的内蒙古高原及边缘地带的丘陵和山地，以及鄂尔多斯高原上。内蒙古草原代表着中国北方草原生态系统的自然特性，是世界上保持最为完整的天然草原之一。作为内蒙古最大的天然绿色生态屏障，不仅是畜牧业发展的重要物质基础和农牧民赖以生存的基本生产资料，也是祖国北部最大的天然绿色生态防线，是维护"三北"地区生态安全的绿色屏障，对维护国家生态安全具有突出的重要战略地位。

内蒙古自治区从东到西、由南向北受东南海洋季风影响不同，气候干湿情况不一，加之大兴安岭和阴山山脉等山地隆起的影响，导致水、热条件由东北–西南呈带状的明显变化，使得草地形成水平分布的格局，由东向西内蒙古草地出现了复杂多样的草地类型和景观，形成水平分布的五大类地带性草地：温带草甸草原、温性典型草原、温性荒漠草原、温性草原化荒漠和温性荒漠。除以上五类地带性草地外，还主要分布有低平地草甸、山地草甸和沼泽地草甸三类隐域性草地，其中以低平地草甸类最为重要。

根据内蒙古自治区第五次草地资源普查资料显示，内蒙古自治区拥有各类草地 7587.47 万 hm^2（其中，可利用草地 6377.48 万 hm^2），是欧亚大陆草原生态系统的典型区域和重要组成部分，同时也是我国北方天然草原的主体组成部分，是我国五大牧区中最大的天然草牧场。我国 11 片重点牧区草原，内蒙古自治区就有 5 片，包括呼伦贝尔草原、锡林郭勒草原、科尔沁草原、乌兰察布草原和鄂尔多斯草原。草地是内蒙古的第一大资源，占自治区总土地面积的 64.14%，是耕地面积的 2 倍、林地面积的 3.5 倍。内蒙古草地资源丰富、类型多样，发育着近 131 个科 660 个属 2167 多种植物，有乔木、灌木、多年生草本及一年生植物，主要分布在温带、寒温带半湿润和干旱半干旱地带，年均降水量为 50～400mm，由东向西递减，有"十年九旱"之称，生态系统具有脆弱性和不稳定性。

按草地类型划分，根据内蒙古自治区第五次草地资源普查资料数据（表 34-1）可知，温性典型草原类分布范围最广、面积最大，总面积为 2655.06 万 hm^2（其中，可利用面积为 2499.73 万 hm^2），占自治区草地总面积的 34.99%，是构成全区草地的主体。主要分布在东起呼伦贝尔高平原中西部，东越大兴安岭南段延伸至西辽河平原东部，穿越广阔的锡林郭勒高平原，向西沿阴山北麓呈狭长条状分布，并跨越阴山山脉，一直分布到鄂尔多斯高原东南部。其次是温性荒漠类，位于干旱和半干旱区的边缘地带，处于草原向荒漠的过渡地带，分布于阴山山脉以北的内蒙古高原中部偏西地区，东起锡林郭勒盟苏尼特左旗中西部，西至巴彦淖尔高原东南部，向西南延伸到鄂尔多斯高原中西部，南至阴山北部低山丘陵，整体上狭长带状呈东北–西南方向分布。其总面积为 1763.12 万 hm^2（其中，可利用草地面积为 981.55 万 hm^2），占自治区草地总面积的 23.24%。温性荒漠草原类地处极干旱气候区，主要分布于阿拉善盟、乌海市、巴彦淖尔市。该类草地具有独特的生态环境和自然景观，保存着其他草原没有的珍稀植物种。优势种植物主要有红砂、膜果麻黄、霸王、沙冬青、梭梭等。其总面积为 1072.39 万 hm^2，占自治区草地总面积的 14.13%。温性草甸草原类集中分布在森林向草原过渡的区域，即大兴安岭东麓的低山丘陵、岭西的高平原、低山丘陵。该类草原由多年生中旱生丛生禾草、根茎禾草组成。主要优势植物有贝加尔针茅、羊草、线叶菊、中华隐子草等。其总面积为 809.10 万 hm^2，占自治区草地总面积的 10.66%。温性草原化荒漠与温性荒漠草原毗邻，位于荒漠区的东侧。主要分布在锡林郭勒高原的西北部、乌兰察布高平原西部，穿越鄂尔多斯、巴彦淖尔高原至阿拉善高平原东部。植被多为超旱生、旱生灌木建群，主要有锦鸡儿、红砂、珍珠、盐爪爪等，常见草本有小针茅、无芒隐子草及葱属植物，其总面积为 427.38 万 hm^2，占自治区草地总面积的 5.63%。非地带性的低地草甸类分布也很广泛，总面积为 801.43 万 hm^2（其中，可利用草地面积为 711.99 万 hm^2），占自治区草地总面积的 10.56%，亦是内蒙古草地重要组成部分。

表 34-1　内蒙古牧区各类草地面积统计表

草地类型	草地		可利用草地	
	总面积（万 hm²）	比例（%）	面积（万 hm²）	比例（%）
温性草甸草原类	809.10	10.66	764.98	12.00
温性典型草原类	2655.06	34.99	2499.73	39.20
温性荒漠草原类	1072.39	14.13	986.32	15.47
温性草原化荒漠类	427.38	5.63	380.94	5.97
温性荒漠类	1763.12	23.24	981.55	15.39
温性山地草甸类	47.20	0.62	42.67	0.67
低平地草甸类	801.43	10.56	711.99	11.16
沼泽地草甸类	11.79	0.16	9.29	0.15
合计	7587.47	100.00	6377.48	100.00

资料来源：内蒙古第五次草地资源普查资料，2011 年

　　若按行政区域划分，根据内蒙古自治区第五次普查资料数据（表 34-2）可知，锡林郭勒盟草地面积最大，为 1932.31 万 hm²，占自治区草地总面积的 25.47%，是内蒙古草地畜牧业的主要基地；其次是阿拉善盟，面积为 1840.75 万 hm²，占自治区草地总面积的 24.26%，但其可利用面积相对较小，为 1075.67 万 hm²，占其草地总面积的 58.44%，是内蒙古养驼业的主要基地；呼伦贝尔市草地面积居于第三位，面积为 995.36 万 hm²，占自治区草地总面积的 13.12%。

表 34-2　内蒙古各盟（市）草地面积分布比例

盟市	排序	草原		可利用	
		面积（万 hm²）	比例（%）	面积（万 hm²）	比例（%）
锡林郭勒盟	1	1932.31	25.47	1828.40	28.67
阿拉善盟	2	1840.75	24.26	1075.67	16.87
呼伦贝尔市	3	995.36	13.12	922.14	14.46
鄂尔多斯市	4	652.35	8.60	582.60	9.14
巴彦淖尔市	5	527.76	6.96	454.86	7.13
赤峰市	6	470.16	6.20	434.08	6.81
乌兰察布市	7	368.11	4.85	345.47	5.42
通辽市	8	310.71	4.10	283.20	4.44
兴安盟	9	226.86	2.99	212.30	3.33
包头市	10	205.17	2.70	186.56	2.93
呼和浩特市	11	48.36	0.64	44.32	0.69
乌海市	12	9.59	0.13	7.88	0.12
全区总计		7587.47	100	6377.48	100

资料来源：内蒙古第五次草地资源普查资料，2011 年

2. 河北

　　河北省草地资源丰富，坝上有广阔的草原，北部燕山山脉、西部太行山山脉、广大山区有草山草坡，渤海湾一带滨海有草滩，平原区有人工草地等。坝上高原海拔 1300～

1600m，包括张家口地区的张北县、沽源县、康保县和尚义县大部分，以及承德地区的围场县和丰宁县的一部分。冀北山地海拔 1000m 以上，主要包括张家口和承德地区的坝下部分，这里地形起伏、山峦重叠。其中还有海拔 500m 左右大小不等的盆地，如宣化盆地、承德盆地。冀东低山丘陵海拔 500m 以下，主要在唐山地区。冀西山地海拔一般在 1000m 左右，主要在保定、石家庄地区。冀南低山丘陵海拔 500m 以下，主要在邯郸、邢台地区。平原主要为冀东平原和海河流域平原，平均海拔 50m 以下，全省耕地主要集中在这里。耕地中有部分人工草地（包括绿肥），可以实行草粮轮作。平原地区还有少部分零星天然草地分布。东部沿海一带分布有大面积滨海草滩，以及无植物生长的荒滩，都是可以改造利用的。此外，全省境内洼淀甚多，也可以发展饲料生产。河北的草原主要集中在坝上地区，故称为坝上草原，是河北省的主要畜牧业基地。坝上草原是内蒙古草原的延伸部分。

根据 1979～1984 年河北省草地资源调查结果，河北省草地总面积为 469.11 万 hm²，其中可利用草地面积为 409.59 万 hm²。按行政区域划分，承德市草地面积最大，为 195.10 万 hm²，占河北省草地总面积的 41.59%；其次是张家口市，面积为 131.53 万 hm²，占河北省草地总面积的 28.04%；保定市草地面积居于第三位，面积为 51.15 万 hm²，占河北省草地总面积的 10.90%；草地面积最小的是唐山市，草地面积仅有 9.11 万 hm²，仅占河北省草地面积的 1.94%（表 34-3）。

表 34-3　河北省各市 20 世纪 80 年代草地面积分布统计

县名称	排序	草原		可利用草地	
		面积（万 hm²）	比例（%）	面积（万 hm²）	比例（%）
承德市	1	195.10	41.59	178.88	44.00
张家口市	2	131.53	28.04	105.42	25.93
保定市	3	51.15	10.90	43.92	10.80
石家庄市	4	28.78	6.14	25.59	6.29
邯郸市	5	19.49	4.15	16.14	3.97
秦皇岛市	6	17.28	3.68	15.03	3.70
邢台市	7	16.67	3.55	13.79	3.39
唐山市	8	9.11	1.94	7.82	1.92
河北省总计		469.11	100.00	406.59	100.00

资料来源：中华人民共和国农业部畜牧兽医司，中国农业科学院草原研究所，中国科学院自然资源综合考察委员会，1994

河北坝上草原属于内蒙古草原的一部分，主要由 6 个县组成，分别是承德地区的丰宁自治县和围场自治县，及张家口地区的张北县、康保县、沽源县及尚义县。坝上草原面积为 139.15 万 hm²，占河北省草地总面积的 29.66%，其中，可利用草地面积为 121.69 万 hm²，占河北省可利用草地面积的 29.93%。坝上草原中，承德地区两个县的草地面积为 98.58 万 hm²，占坝上草原总面积的 70.85%；张家口地区 4 个县的草地面积为 40.57 万 hm²，占坝上草原总面积的 29.15%（表 34-4）。

表34-4 河北坝上20世纪80年代初各县草地面积分布比例

县	草原		可利用	
	面积（万 hm²）	比例（%）	面积（万 hm²）	比例（%）
丰宁自治县	55.77	40.08	50.20	41.25
围场自治县	42.81	30.77	42.81	35.18
张北县	11.47	8.24	5.99	4.92
康保县	10.81	7.77	7.43	6.11
沽源县	9.92	7.13	8.29	6.81
尚义县	8.37	6.02	6.97	5.73
坝上总计	139.15	100.00	121.69	100.00

资料来源：中华人民共和国农业部畜牧兽医司，中国农业科学院草原研究所，中国科学院自然资源综合考察委员会，1994

根据农业部 2005～2007 年下达的草地监测任务，以中国农业科学院南方草地资源调查办公室、北方草地资源调查办公室的草地分类法为依据（胡自治，1997），将河北省草地分为温性草甸草原、温性草原、暖性灌草丛、暖性草丛、山地草甸草原、低地草甸、沼泽草地 7 个草地类型，结合 1979～1984 年河北省草地资源调查结果及 2005～2007 年实地调查数据，将这 7 类草地的分布区域、面积及涉及的行政区域进行了汇总，并根据地形地貌、气候、土壤、草地生境条件等将河北省草地分成 3 个区（表 34-5）。

表34-5 河北省草地类型及分布

植被分区	草地类型	各类草地面积（万 hm²）	涉及县（市）
高原（坝上）区	温性草甸草原	23.0	围场县、丰宁县、沽源县、张北县、康保县、尚义县
	山地草甸草原	95.3	
	温性草原	22.3	
山地丘陵区	山地草甸草原	19.4	崇礼县、平山县、易县、滦县、隆化县、蔚县、承德县等 53 个县
	暖性草丛	96.9	
	暖性灌草丛	212.2	
滨海平原区	低地草甸	3.7	黄骅市、乐亭、丰南、海兴、昌黎、唐海 6 县及秦皇岛、沧州等市
	沼泽草地	1.2	

资料来源：徐敏云等，2009

高原（坝上）区，地势平均海拔 1200～1500m，为内蒙古高原的一部分，属于寒温带气候，冬季寒冷漫长，年均温 0～4℃，光照强烈，优势植被为旱生的多年生草本植物，主要分布有温性草甸草原、山地草甸草原和温性草原 3 类草地，其中山地草甸草原的面积最大。由于地形因素，草地分布表现为东西条带状分布的水平地带性，从东部到西部，随着离海岸的距离不断加大，越靠近内陆水分条件越差，由半湿润变成半干旱，草地类型由草甸草地类变成典型草原类。坝上地形局部变化较大，草地的隐域性分布明显，低地草甸类草地数量较多，但面积较小，所以未列入该区草地中。另外，部分低洼潮湿滩地、湖泊附近等地区，有少量沼泽类草地，但面积也较小。

山地丘陵区草地，主要分布在河北省西部、西南、西北及东北的太行山区及燕山山区，气候温和，年均温 4～17℃，山地地区因受温暖季风和地貌的影响，水热条件优越，涉及崇礼、平山、蔚县、隆化、承德等 53 个县，该区草地面积达 330 万 hm²，占全省草地面积的 70.35%，主要有山地草甸草原、暖性草丛和暖性灌草丛 3 类草地，植被分布从东向西，随着地势升高、水热条件的变化，呈明显的经向地带性，海拔升高使植被分布还表现为明显的垂向地带性。

滨海平原区，包括沧州、唐山、秦皇岛的沿海地区，海洋性气候明显，年均温 10.0～12.5℃，受海水浸渍，土壤及地下水含盐量较多，含盐量为 0.6%～2.3%，盐分表聚性强，易造成植物的生理性干旱。该区草地面积较小，只有 5 万 hm²，占全省草地面积的 1%，植被分布受水分和土壤含盐量的制约，主要草地类为低地草甸、沼泽草地，受土壤水分和土壤含盐量影响较大，草地分布表现为非地带性。

（二）草地资源变迁

1. 内蒙古

从内蒙古草地退化的总体情况看，根据内蒙古草地资源第五次普查资料可知，全区退化的总面积为 4626.03 万 hm²，占全区草地总面积的 60.97%。在退化草地中，轻度退化草地面积为 2331.69 万 hm²，占全区草地总面积的 30.73%，占全区退化草地面积的 50.40%。在退化程度上，轻度退化所占比例最大；中度退化草地面积为 1780.94 万 hm²，占全区草地总面积的 23.47%，占全区退化草地面积的 38.50%；重度退化草地面积为 513.39 万 hm²，占全区草地总面积的 6.77%，占全区退化草地面积的 11.10%（图 34-1）。

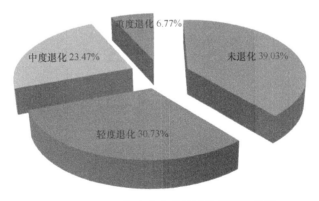

图 34-1　2010 年内蒙古草地退化程度饼状图

根据内蒙古自治区第三、第四、第五次草地资源普查数据，20 世纪 80 年代中期，内蒙古草地总面积为 7880.65 万 hm²，2000 年减少至 7499.27 万 hm²，2010 年为 7587.39 万 hm²，三次草地资源普查中草地面积最小的年份是 2000 年，2010 年内蒙古草地面积较 2000 年有所增加，但总体上看，20 世纪 80 年代中期至 2010 年近 30 年，内蒙古草地面积依然呈萎缩态势（图 34-2）。

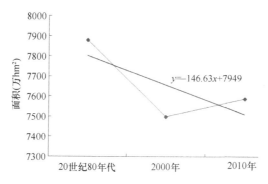

图 34-2 近 30 年内蒙古草地面积变化曲线图

根据内蒙古草地资源第三、第四、第五次普查资料可知，内蒙古 20 世纪 80 年代草地退化面积为 2503.68 万 hm²，2000 年草地退化面积为 4682.47 万 hm²，2010 年草地退化面积为 4626.03 万 hm²，分别占当年草地总面积的 31.77%、62.44% 和 60.97%（图 34-3）。20 世纪 80 年代至 2000 年，内蒙古草地退化面积呈现急剧上升趋势，退化面积增加了 2178.79 万 hm²，增幅为 87.02%。其中，草地轻度退化面积增加了 1003.82 万 hm²，增幅为 46.07%；中度退化面积增加了 1011.14 万 hm²，增幅为 46.41%；重度退化面积增加了 163.83 万 hm²，增幅为 7.52%。

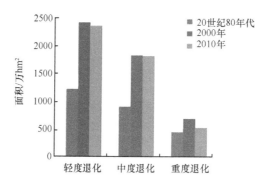

图 34-3 内蒙古自治区近 30 年草地退化程度面积变化统计图（内蒙古草原勘察设计规划院，1986，2001，2011）

2000～2010 年，内蒙古退化草地面积有所减少，共减少 56.44 万 hm²。其中，轻度退化草地面积增加 144.25 万 hm²，中度退化草地面积减少 114.47 万 hm²，重度退化草地面积减少 86.21 万 hm²。

2. 河北

坝上地区长期以牧为主，由于人口的迁入和自然增长，农区不断扩大。高强度的人类活动导致土地资源不合理的开发利用，生态环境严重恶化。坝上 5 县气象站 30 年资料的数量统计表明，近 40 年来，该区自然要素趋于向良好方向发展，每年大风日数、降尘暴日数均明显减少，风速也减小。20 世纪 60～90 年代近 30 年间气温上升了 0.78℃；降水量增加了 13.8mm；大风减少了 23.7 个大风日和沙暴减少了 9.2 个沙暴日（何钢和刘鸿雁，2004）。孙雷刚等（2014）基于 MODIS 数据，采用基于像元尺度的趋势分析和稳定性分析方法,深入分析了河北坝上地区 2000～2012 年近 13 年的植被变化特征。通过研究表明:空间分布上,坝上地表植被覆盖从西向东依次渐好,各分区域的季节变化特征具有明显的差异性。时间上,近 13 年以来坝上中部地区植被覆盖得到较好的改善,坝东和坝西地区植被有退化的趋势;从整体上看,植被覆盖状况得到改善的地区比植被退化的地区面积要大,约 9345.2km² 的植被覆盖得到改善,占研究区总面积的 51.35%。退化地区的面积为 4181.3km²,占 22.97%,植被覆盖基本不变的面积为 4675.1km²,占 25.68%,这说明近 13 年来,坝上大部分地区植被覆盖有改善的趋势;植被得到改善的区域主要分布在沽源、丰宁、康保东南部及张北东部地区,而在围场、康保西北部、张北西部及尚义东部等地区植被覆盖有退化的趋势,尤其是康保北部地区植被退化较为严重(表 34-6)。

表 34-6 2000～2013 年河北坝上草地退化的变化趋势结果统计

序号	退化程度	面积(km²)	占总面积的比例(%)
1	严重退化	107.1	0.58
2	中度退化	334.0	1.84
3	轻微退化	3740.2	20.55
4	基本不变	4675.1	25.68
5	轻微改善	7664.0	42.11
6	中度改善	1199.6	6.59
7	明显改善	481.6	2.65

资料来源:孙雷刚等,2014

进一步分析各分区植被覆盖变化趋势的分布特征,如表 34-7 所示,在植被覆盖改善较好的沽源和丰宁两区,改善的区域面积分别占其总面积 76.15% 和 72.09%,明显高于其他各区;张北和尚义两区,交接区域植被覆盖退化明显,分别占其总面积的 20.57% 和 31.86%,而这两个地区其他大部分植被覆盖也得到不同程度的改善,改善区域面积分别占其总面积的 51.09% 和 42.50%,植被覆盖有向好发展的趋势;坝上 6 个分区中植被覆盖最好的围场,每年的 NDVI 最大合成值并不乐观,植被退化、改善和基本不变的区域面积大约各占总面积的 1/3;另外,在原本植被覆盖就较差的康保地区,虽然部分区域植被情况有所好转,但是在更大范围上植被呈不断恶化的状况,植被退化区域占总面积的 41.34%。

表 34-7 河北坝上草原各分区草地退化程度面积占该区总面积的比例(单位:%)

分区	严重退化	中度退化	轻微退化	基本不变	轻微改善	中度改善	明显改善
坝上全区	0.58	1.84	20.55	25.68	42.11	6.59	2.65
康保	0.40	3.49	37.45	30.40	25.30	2.24	0.72
尚义	0.21	2.93	28.72	25.55	34.69	5.65	2.25
张北	0.38	0.79	19.40	28.34	44.52	4.92	1.65
沽源	0.13	0.35	6.99	16.38	54.64	14.99	6.52
丰宁	0.06	0.27	7.02	20.56	62.46	7.61	2.02
围场	0.53	2.61	30.21	36.59	28.85	0.99	0.22

资料来源:孙雷刚等,2014

二、草地资源对畜牧业的重要性

（一）草地资源在畜牧业中的任务

草地资源是陆地生态系统中分布最广、数量最多的绿色生物能源。在太阳能转化为生物能的绿色植物中，草地植被是种类最多、覆盖面积最大、适应性最强、更新速度最快的再生性资源。据测定，非再生新能源的利用效率与再生新能源相比，天然草地利用效率比一般农作物高 200 倍，人工草地比农作物高 20 倍。通过草食家畜，可以把人们不能直接利用的草地资源转化为人们可以直接利用的肉、奶、皮、毛等畜产品。

广阔的天然草场是我国传统的畜牧业生产基地。我国传统的草食畜牧业生产结构的最大特点是依靠天然草场为主要饲料来源。天然草场既是畜牧业生产最基本的生产资料，又是畜牧业生产的基地和劳动对象。草地资源在畜牧业中占有非常重要的地位。

（二）草地资源在畜牧业中的作用

在世界大部分地区（特别是发展中国家），草地主要用于放养牲畜，以取得基础食物、纤维制品或有其他经济目的。世界上大多数家奶牛、绵羊、山羊、骆驼、马和驴把它们生命的大部分时间都花在草地上。这些放牧家畜有效地把各种植物性物质转变成肉、奶、血、皮、羊毛、骨和其他产品，不然，这些植物性物质是很难被人直接利用的。在发展中国家，许多这样的肉用或绒毛用家畜，在其生命有意义的时间里，还被用作驮畜。

随着经济的发展和城市化水平的提高，人们的食物消费结构出现历史性的转折，由口粮消费为主体的谷物直接消费越来越少，而肉蛋奶形式的间接谷物消费将随着消费结构的升级而增加（Christiansen，2009；Chen，2007）。虽然我国目前粮食生产连年稳定增产，但我国生产粮食的 40% 被用于饲料，粮食增产仍无法满足巨大的饲料用粮需求量，这说明我国食物安全面临的真正威胁，不在人类口粮，而是日益增长的家畜饲料。如按照这一模式发展，在可以预见的将来，饲料用粮将是口粮的 2 倍，这样巨大的需求，传统"耕地农业"将无法承受，从这意义上讲，我国食物安全的实质是饲草料的安全。目前进口苜蓿干草连年翻倍，而牛奶质量仍难以达标，就是明证。要提高畜产品的质量，重要的环节是要提高饲料的质量。我国由于"以粮为纲"的传统思想，割断了草和畜之间的天然关系，认识并发挥草地的作用是保障食物安全的基础之一，也是保障动物性食物安全的基础之一（任继周，2002；任继周等，2005，2007；李向林等，2007；刘加文，2008；李毓堂，2009）。

第二节　计划经济体制下的草场管理政策

从 1947 年内蒙古自治区成立以来至今，草地产权制度经历了曲折变化，计划经济体制下的草地管理政策经历了三个时期的发展变迁。1947～1958 年发生了第一次草地产权制度变迁，草地产权为蒙古民族公有制；1958～1978 年发生了第二次草地产权制度变迁，这一时期草地产权为全民所有制；1978～1990 年，开启了改革开放的新时期，草地产权为全民所有和集体所有两种所有制并存。

一、草地产权属蒙古民族公有制时期（1947～1958 年）

1947 年，随着内蒙古自治区的成立，民主革命开启了内蒙古草地产权制度变迁的"大门"，推翻了封建农奴制度，完成了土地改革的任务。在牧区，变封建牧主所有制为蒙古民族公有制，发展了牧业生产合作化。

1947 年，在牧区进行民主改革前，广大牧民仍受制于封建贵族所有制的枷锁。牧区占人口 2%左右的牧主，拥有牲畜总数的 20%以上；占人口 40%～50%的贫苦牧民却只拥有牲畜总数的 15%。据 1940 年索伦旗、新巴尔虎左旗、新巴尔虎右旗的调查，占总牧户 71%的劳动牧民，只拥有牲畜总数的 2.1%，作为畜牧业重要生产资料的草牧场，则由封建上层控制，牧民没有自由使用草牧场的权利，牧区的主要剥削形式是放"苏鲁克[①]"和雇工。

1947 年的民主革命开启了第一次草地产权制度变迁的大门，其主要内容在《内蒙古自治区政府施政纲领》中明确规定：没收王公贵族、上层喇嘛和牧主占有的绝大部分优良牧场，废除封建的土地和牧场所有制，参照蒙古民族历史习惯，宣布在内蒙古境内草牧场为蒙古民族公有，牧民在各行政区域内都可自由放牧。

民主改革有先有后，内蒙古东部和西部分别在 1947～1948 年和 1951～1952 年两个不同的阶段进行了民主改革，实行"牧场公有，放牧自由"的政策，其主要内容是草场公有，牲畜由牧主和牧民所有。这一政策打破了封建贵族所有制的枷锁，广大牧民享受着民族公有制给予他们的特权，有了放牧的自由。这一经营形式在特殊历史时期，维护了牧主和牧民利益，加之其他鼓励政策，如"三不两利"政策和"新苏鲁克"制度等，较快地促进了畜牧业的恢复和发展（任治，2006），内蒙古自治区委员会采取积极、稳妥的步骤，在民主改革中，除罪大恶极的蒙奸恶霸经盟以上政府批准可没收其牲畜财产由政府处理，对其他牧户实行"不斗不分，不划阶级"和"牧工牧主两利"的政策。扶助贫苦牧民、在牧业区和半农半牧区"保护牧场，禁止开垦"的政策，以及"人畜两旺"的方针，卓有成效。到 1952 年牧区民主改革的胜利，促进了畜牧业的恢复和发展。截至 1952 年，内蒙古大牲畜和羊由 1947 年的 841.90 万头（只）增加到 1601.90 万头（只），增长了近 1 倍，其中 1949～1952 年增长 64%。但是，草牧场民族公有制，是特定历史条件下的特殊生产领域的所有制，它有局限性和难以克服的矛盾（额尔敦扎布，1982）。

到 1952 年，分散的个体牧户占牧区总牧户的 90%以上，其拥有的牲畜占牧区牲畜总数的 80%以上，在牧区经济中占主导地位，生产和经营都体现在一家一户上。经历了民主改革，中央对包括内蒙古在内的我国西部四地牧业区畜牧业生产进行基本总结，概

---

①苏鲁克为蒙古语。原意为畜群，这里专指牧工牧主之间的生产关系。1949 年前，畜主将畜群租于牧工放牧，称为放"苏鲁克"，内蒙古自治区成立后，牧区在废除封建特权的同时，实行了新"苏鲁克"制，一般接苏鲁克的牧民可得所产羔羊的 40%～50%。

括为"5 项方针、11 项政策、6 项措施"共 22 条内容。这些内容对于稳定蒙古民族公有制和安定民心、促进牧民休养生息起到较好的作用。但同时，牧区地广人稀、生产落后，常年有风雪灾、狼灾、疫病等灾害，且劳动力缺乏、生产工具不足，畜牧业生产特别是贫困牧民存在许多生产生活困难。要克服这些困难，这就要求进一步发展牧区的互助合作和定居游牧，发展牧业生产合作的组织管理形式。

内蒙古牧区广大牧民在长期的游牧生活中已形成互助合作的习惯，同时，党和政府号召牧民组织起来，互助合作，得到广大牧民的积极响应。在传统的合群放牧、替工换工的互助基础上，纳入了许多新的互助和合作内容，相继建起了互助组、初级合作社和高级合作社。实行主要生产工具统一使用，并逐步推行生产资料公有化（草地的共同使用），及生产资料公有制基础上的按劳分配制度的统一经营方式。新的生产关系的建立，极大地解放了生产力，各种生产要素开始在更大的范围内和程度上优化组合，牧民的生产和生活方式发生了深刻的变革。生产资料的集体所有、生产经营的合作，使得牧民在居住上相对聚集起来。

1952 年重点发展牧业生产互助组开始，到 1955 年年底互助组发展到 6710 个，参加互助组的牧户占到总牧户的 53.2%，这一时期主要发展牧业互助组。到 1955 年年初才试办了 20 个牧业生产合作社。1956 年，在农业合作化高潮的影响和推动下，牧业生产合作社发展到 543 个，入社牧户占牧户总数的 22%。1957 年冬，牧区掀起合作化高潮，这一时期是大力兴办初级牧业生产合作社的阶段。到 1958 年 7 月初，牧业生产合作社发展到 2083 个，入社牧户占总数的 85%，实现牧业合作化。从 1952 年试办互助组，到 1958 年夏基本实现合作化，内蒙古经过循序渐进、稳步发展的过程实现了畜牧业的社会主义改造，用了七八年的时间。这个过程中虽有一些错误的倾向，但在全局上没有发生过多的偏差。在畜牧业社会主义改造过程中，对牧业生产合作社的规模、建社步骤、自留畜、牲畜入社及收益分配等问题，根据牧业经济特点作出适当的规定，并且提出多种多样的形式，供不同地区的牧民选择采用，因此很容易为牧民群众所理解和接受。将母畜入社，或计头入社，或评分折股入社，不强求划一，收益分配保留畜股报酬，游牧区建社规模一般是 20 户左右，最多不超过 30 户。在自留畜问题上，根据牲畜既是生产资料又是生活资料的特征，都由社员自愿选留，留足作为生活资料的牲畜。自留畜中还留有一定比例的母畜，满足繁殖仔畜和长期经营的需要。这些规定，都是适合牧区特点、为牧民所容易接受的，有利于调动牧民的生产积极性并促进畜牧业生产的发展。

1947～1958 年，牧民对自己占用的草牧场可以全面地行使占用、使用、收益和处分的权利。其中，1952～1958 年（牧业合作化）是民族公有，但是集体统一经营（该时期为牧业合作化时期），在这种情况下，草原的民族公有制事实上等于集体所有制，只是没有法律上的相应规定。社会主义改造时期遵循渐进式的自愿互利原则，采用劳动互助、草地和其他生产资料合作制度，牧民感受到这种统一经营的优越性，自觉性和积极性都较高，只有少量组织成本由牧民和政府共担，政府与牧民偏好一致，绩效选择具有高度一致性，制度变迁高效率。

二、草地产权全民所有制时期（1958～1978 年）

1958 年，内蒙古草原的民族公有制受到了双重冲击，一方面的冲击是人民公社化浪潮席卷内蒙古，另一方面的冲击是大批移民进入内蒙古开垦草原。1958 年 9 月建立第一个上都河人民公社，到 1959 年 2 月，内蒙古牧区共建 163 个人民公社，入社牧民占牧户总数的 97%，基本实现了人民公社化。这样，草原的民族公有制因为藩篱尽撤而迅速解体，取而代之的是全民所有制。

人民公社前期（1958～1965 年），在建立公社组织制度时，采用先挂牌子，再搭架子，上动下不动的方式。事实上只将苏木人民委员会换成人民公社的牌子。在入社牧户的报酬上，坚持对劳动不剥削的原则，按固定报酬分成。这一政策在相当长的时期内保持不变，使得入社牲畜比例提高到 90% 以上。入社也不完全是入社自愿、退社自由的原则，提出"三级所有，队为基础"的体制，即"统一领导，队为基础；分级管理，权力下放；三级核算，各计盈亏"。在社员与大队收入分配上，执行"两定一奖"，定的指标过高，仅能勉强超产或无法超产。社员间的收入有平均主义倾向。特别是在生产队大批安插外来人员，使得互利政策与初衷相背离。针对这些情况，内蒙古自治区委员会第一届委员会第九次全体（扩大）会议，作出《关于牧区人民公社若干问题的指示》，及时纠正牧区人民公社化运动中发生的错误，并尽量挽回其造成的后果。同年 7 月，在自治区第八次牧区工作会议上，进一步规定牧区实行生产队所有制和"三包一奖"或"以产计工"的收益分配制度，及时地纠正了"一大二公"和"共产风"的错误，减轻了人民公社化运动可能造成的损失，保证了牧区特别是牧区畜牧业生产的稳步发展。

这时，有些地方的实际载畜量已经接近合理载畜量，也就是说，这些地方的草原接近饱和了。恰当其时，草原全民产权制度取代草原民族公有制，滥垦之风也刮到草原上来了。1958 年，草原上办起了许多国营农场。1959 年和 1960 年，草原上又出现了难以计数的"副食基地"农场，其实也是"主食基地"农场，它们是由国营企业单位和事业单位兴办的。同时，农业社队也开垦了不少草原。这时的草原已无人管理，使得畜牧业的发展速度减缓，但是由于以耕挤牧的恶果尚未充分显示出来，因此减缓的幅度还不很大。1958～1960 年，牲畜的年平均递增率是 9.9%（张正明，1981）。

1961～1966 年，内蒙古重申"保护牧场，禁止开垦"，刹住了滥垦草原之风，封闭了大量不利于畜牧业发展和水土保持的垦地，并且要求给予牧业社队以长期的、固定的草原集体使用权。上述政策和措施都有助于畜牧业的发展，所以 1965 年的牲畜总数创造了历史最高纪录[4176.2 万头（只）]。然而，之前以耕挤牧的恶果已经充分显示出来，因此这一时期畜牧业的发展速度仍在减缓，牲畜的年平均递增率仅有 3.8%。

人民公社后期（1966～1978 年），调整了从牧区民主改革开始至"文化大革命"之前的许多有利政策和方针，包括："不斗不分，不划阶级"、"牧工牧主两利"、"以牧为主"、"禁止开荒，保护牧场"、"两定一奖"和"三定一奖"等，一些五花八门的口号，如"农业要上，牧业要让"，"农业下滩，牧业上山"，"牧民不吃亏心粮"等，并且都成为"政策"和"方针"。1970～1973 年，又一次掀起开垦草原的高潮，这是声势最盛、时间最长、面积最广的一次，而且也是损失最大的一次，这种行为既破坏了劳动群众集体所有制经济，又破坏了畜牧业生产。1978年牧业年度，内蒙古牧区大牲畜和羊总头数比"文化大革命"前的1965年减少24.2%（内蒙古自治区畜牧业厅修志编史委员会，2000）。"文化大革命"带给了内蒙古草原比任何"黑灾"和"白灾"都更为严重的灾难（张正明，1981）。

这一时期，内蒙古草原的产权制度尽管还被称为全民所有制，事实上只能说是无政府主义的"全民所有制"。占用和破坏草原，人人有权；保护和建设草原，人人无责。人民公社的全民所有制下，农牧业生产难以进行有效监管，监管的缺失引发对公共资源的竞争，进而导致低效的公社制度长期存在。

三、改革开放新时期初的草场管理时期（1978～1990年）

（一）这一时期与草原有关的法律、法规和政策

中国共产党第十一届中央委员会第三次全体会议以后，党中央和国务院的主要领导同志曾多次到西北、华北、东北等地的牧区进行实地考察，为牧区的经济发展重新制定了以牧为主的方针，并颁布了有利于草原畜牧业经济发展的一系列政策和规定。

1. 草畜双承包政策

（1）牲畜承包（1978～1984年）

"文化大革命"结束后，内蒙古牧区又恢复了"两定一奖"和"三定一奖"责任制。这种责任制在当时对提高牧民生产积极性起到了一定的作用，但并未改变生产关系，广大牧民强烈要求改变当下的生产关系，解放生产力，发展生产。顺应历史潮流和牧民的意愿，1980年7月30日，自治区党委常委扩大会议以经济发展为导向的思路，专题研究了放宽分配方面的政策。当年，杭锦旗在抗灾保畜过程中，采取"包畜到户"的办法，集体将牲畜承包到户，实行保本交纯增，费用自理，超产归己，贫困地区只交保本，超产归己。这一做法很快在全旗推广，并对西部牧区产生较大影响。

1981年5月，内蒙古自治区党委、自治区人民政府召开全区牧区经营管理座谈会，专门研究牧区的生产责任制问题，决定将选择生产责任制形式的权利交给群众，强调生产责任制的形式与群众利益越直接越好，承包者的责任越明确具体越好，计酬结算方法越简便越好。

1982年，牧区在推行生产责任制中，又出现"保本承包，少量提留，费用自理，收入归己"等形式。1983年年初，各地相继出现"作价承包，比例分成""作价承包，保本保值""作价承包，适当提留"等不同责任制形式。同年年底，"作价归户，户有户养"或"作价归户，私有私养"的生产责任制形式在牧区全面推行，其目的是解决人民公社制度下人吃牲畜"大锅饭"的问题。激发了牧民的牧业生产积极性，不断地扩大牲畜饲养规模。到1985年8月，全区已有95%的集体牲畜作价归户。到此，牲畜的所有权和经营使用权均转移到牧户家庭，集体与牧户间的承包关系已不存在。

（2）畜草双承包（1985 年至今）

人们很快发现由于牲畜作价归户只解决了人与畜的关系，而牲畜吃草地"大锅饭"的问题仍然存在。因此，在推行"作价归户，户有户养"的同时，1985 年 1 月又推行"草场公有，承包经营"的办法，统称"畜草双承包"（后又改为"双权一制"）责任制。到 1989 年，内蒙古牧区实行畜草双承包，将草地所有权划归嘎查所有。

至此，自治区境内的草原确立了属于社会主义全民所有和社会主义劳动群众集体所有。并具体规定：凡是经过旗县以上人民政府批准拨给国营企业、事业单位使用的草原，没有开发利用草原和其他不属于集体所有的草原，都属于全民所有；凡是农村、牧区农牧业生产合作社等集体经济组织固定使用的草原，都属于劳动群众集体所有。

2. 主要法律法规

草原政策是中国农业政策和环境保护政策的重要组成部分，1985 年 6 月 18 日第六届全国人民代表大会常务委员会第十一次会议通过《中华人民共和国草原法》，1985 年 10 月 1 日起施行。1983 年《内蒙古自治区草原管理条例》（试行）通过，于 1984 年 6 月 7 日内蒙古自治区第六届人民代表大会第二次会议通过，自 1985 年 1 月 1 日起施行。

（二）草原的所有权

1985 年 10 月 1 日起施行的《中华人民共和国草原法》中关于草原所有权的重要规定：草原属于国家所有，即全民所有，由法律规定属于集体所有的草原除外；全民所有的草原，可以固定给集体长期使用。全民所有的草原、集体所有的草原和集体长期固定使用的全民所有的草原，可以由集体或者个人承包从事畜牧业生产；全民所有制单位使用的草原，由县级以上地方人民政府登记造册，核发证书，确认使用权。集体所有的草原和集体长期固定使用的全民所有的草原，由县级人民政府登记造册，核发证书，确认所有权或者使用权；草原的所有权和使用权受法律保护，任何单位和个人不得侵犯。

2005 年 1 月 1 日起施行的《内蒙古自治区草原管理条例》中规定自治区境内的草原，属于社会主义全民所有和社会主义劳动群众集体所有。具体包括：凡是经过旗县级以上人民政府批准拨给国有企业、事业单位和用于军事用地的草原属于国家所有；牧区、农村集体经济组织使用的草原属于集体所有，但依法使用国家所有的草原除外。

综上所述，20 世纪 80 年代初，《中华人民共和国草原法》与《内蒙古自治区草原管理条例》中明确规定，内蒙古自治区境内的草原确立了属于社会主义全民所有和社会主义劳动群众集体所有。

（三）草地使用

草原所有权确定之后，必须造册登记，属于集体所有的草原，要发给《草原所有证》，属于全民所有的草原，要发给使用单位《草原使用证》。拥有草原所有权的单位可将草原划分承包给经营单位或个人长期使用，落实草原管理、保护、利用、建设的责任制，使其同牲畜的承包责任制相适应。草原承包者，对所承包的草原有管理和利用的权利，也有保护和建设的责任。承包双方要签订合同，对于因管理、保护不善而造成草原退化或植被破坏，又不积极改良和恢复的，拥有草原所有权的单位可以停止其承包。

草原承包经营者应适当合理利用草原，不得超过草原行政主管部门核定的载畜量。草原承包经营者应当采取种植和储备饲草饲料、增加饲草饲料供应量、调剂处理牲畜、优化畜群结构、提高出栏率等措施，保持草畜平衡。草原载畜量标准和草畜平衡管理办法由国务院草原行政主管部门规定。牧区的草原承包经营者应当实行划区轮牧，合理配置畜群，均衡利用草原。并且提倡在农区、半农半牧区和有条件的牧区实行牲畜圈养。草原承包经营者应当按照饲养牲畜的种类和数量，调剂、储备饲草饲料，采用青贮和饲草饲料加工等新技术，逐步改变依赖天然草地放牧的生产方式。在草原禁牧、休牧、轮牧区，国家对实行舍饲圈养的给予粮食和资金补助，具体办法由国务院或者国务院授权的有关部门规定。

县级以上地方人民政府草原行政主管部门对割草场和野生草种基地应当规定合理的割草期、采种期及留茬高度和采割强度，实行轮割轮采。当遇到自然灾害等特殊情况时，需要临时调剂使用草原的，按照自愿互利的原则，由双方协商解决。需要跨县临时调剂使用草原的，由有关县级人民政府或者共同的上级人民政府组织协商解决。

若进行矿藏开采和工程建设，应当不占或者少占草原。确需征收、征用或者使用草原的，必须经省级以上人民政府草原行政主管部门审核同意后，依照有关土地管理的法律、行政法规办理建设用地审批手续。

因建设征收、征用集体所有草原的，应当依照《中华人民共和国土地管理法》的规定给予补偿；因建设使用国家所有草原的，应当依照国务院有关规定对草原承包经营者给予补偿。另外，因建设征收、征用或者使用草原的，应当交纳草原植被恢复费。草原植被恢复费专款专用，由草原行政主管部门按照规定用于恢复草原植被，任何单位和个人不得截留、挪用。草原植被恢复费的征收、征用、使用和管理办法，由国务院价格主管部门和国务院财政部门会同国务院草原行政主管部门制定。需要临时占用草原的，应当经县级以上地方人民政府草原行政主管部门审核同意。临时占用草原的期限不得超过两年，并不得在临时占用的草原上修建永久性建筑物、构筑物；占用期满，用地单位必须恢复草原植被并及时退还。

在草原上修建直接为草原保护和畜牧业生产服务的工程设施，需要使用草原的，由县级以上人民政府草原行政主管部门批准；修筑其他工程，需要将草原转为非畜牧业生产用地的，必须依法办理建设用地审批手续。上面所称直接为草原保护和畜牧业生产服务的工程设施是指：生产、贮存草种和饲草饲料的设施；牲畜圈舍、配种点、剪毛点、药浴池、人畜饮水设施；科研、试验、示范基地；草原防火和灌溉设施。

（四）草地的规划

根据《中华人民共和国草原法》中的法规：国家对草原保护、建设、利用实行统一规划制度。国务院草原行政主管部门会同国务院有关部门编制全国草原保护、建设、利用规划，报国务院批准后实施。县级以上地方人民政府草原行政主管部门会同同级有关部门依据上一级草原保护、建设、利用规划编制本行政区域的草原保护、建设、利用规划，报本级人民政府批准后实施。经批准的草原保护、建设、利用规划确需调整或者修改时，须经原批准机关批准。

编制草原保护、建设、利用规划，应当依据国民经济和社会发展规划并遵循改善生态环境，维护生物多样性，促进草原的可持续利用的原则；以现有草原为基础，因地制宜，统筹规划，分类指导的原则；保护为主、加强建设、分批改良、合理利用的原则；以及生态效益、经济效益、社会效益相结合的原则。

草原保护、建设、利用规划应当包括：草原保护、建设、利用的目标和措施，草原功能分区和各项建设的总体部署，各项专业规划等。

草原保护、建设、利用规划应当与土地利用总体规划相衔接，与环境保护规划、水土保持规划、防沙治沙规划、水资源规划、林业长远规划、城市总体规划、村庄和集镇规划以及其他有关规划相协调。而且，草原保护、建设、利用规划一经批准，必须严格执行。

建立县级以上人民政府草原行政主管部门会同同级有关部门定期进行草原调查；草原所有者或者使用者应当支持、配合调查，并提供有关资料的草原调查制度。

由国务院草原行政主管部门会同国务院有关部门制定全国草原等级评定标准。县级以上人民政府草原行政主管部门根据草原调查结果、草原的质量，依据草原等级评定标准，对草原进行评等定级。县级以上人民政府草原行政主管部门和同级统计部门共同制定草原统计调查办法，依法对草原的面积、等级、产草量、载畜量等进行统计，定期发布草原统计资料。草原统计资料是各级人民政府编制草原保护、建设、利用规划的依据。

（五）草地的调控

草原按照土地规模的不同分级审批调控。具体包括：征用或者使用草原十亩以下的，由旗县级人民政府批准；十亩以上，一百亩以下的，由盟行政公署、设区的市人民政府批准；一百亩以上，二千亩以下的由自治区人民政府批准。

另外，在草原承包经营期内，不得对承包经营者使用的草原进行调整；个别确需适当调整的，必须经本集体经济组织成员的村（牧）民会议三分之二以上成员或者三分之二以上村（牧）民代表的同意，并报乡（镇）人民政府和县级人民政府草原行政主管部门批准。集体所有的草原或者依法确定给集体经济组织使用的国家所有的草原由本集体经济组织以外的单位或者个人承包经营的，必须经本集体经济组织成员的村（牧）民会议三分之二以上成员或者三分之二以上村（牧）民代表的同意，并报乡（镇）人民政府批准。

没有开发利用的属于全民所有的草原，由旗县级人民政府统一调控、管理。

（六）草地的责任

草原使用单位要定期进行草场查测，根据实际产草量，确定每年牲畜的饲养量和年末存栏量，实行以草定畜，做到草畜平衡。草原管理机关对于超载过牧出现退化、沙化的草原，可责成使用单位采取轮歇休闲、封滩育草、建设草库伦或者补播牧草等措施，恢复植被。

草原的承包者对所承包的草原，要按照统一规划，有计划有步骤地进行改良和建设。要种草种树，建设人工草场，不断提高草原质量，维护草原生态平衡，防止草原退化、沙化。

（七）草地中的激励机制

在草原工作方面，具有以下贡献的单位和个人，由各级人民政府或者草原管理机关给予奖励，主要包括以下4个方面：①在草原的保护、管理、建设、利用汇总做出显著成绩的；②同各种破坏草原行为进行斗争有显著功绩的；③在组织或者参加扑火草原火灾中有显著贡献的；④在草原科学研究、资源调查和技术推广等方面有显著成绩的。

（八）草地的监测

改革开放新时期初的草原管理政策中，确定各级人民政府对所辖区域内的一切草原要全面勘测，并制定总体规划，严格保护管理，合理开发利用，有计划地进行建设，保障草原的生态平衡和永续利用。由国家建立草原生产、生态监测预警系统。具体监测任务由县级以上人民政府草原行政主管部门对草原的面积、等级、植被构成、生产能力、自然灾害、生物灾害等草原基本状况实行动态监测，及时为本级政府和有关部门提供动态监测和预警信息服务。

这一时期，进行了内蒙古自治区的第三次（1981~1985年）草地资源普查，内蒙古草原勘测设计院、锡林郭勒盟草原工作站、呼伦贝尔盟草原工作站、内蒙古农牧学院草原系草原调查规划研究室、乌兰察布盟草原普查队、伊克昭盟草原勘测设计队、赤峰市草原工作站、哲里木盟草原工作站草普队、巴彦淖尔盟草原工作站、内蒙古草原勘测设计院资源二队、阿拉善右旗区划办公室等参加了调查。

第三节　市场经济时期的草场管理政策

进入20世纪90年代之后，在我国草地制度与政策变迁的大背景下，内蒙古自治区的草地制度与政策发生了重大的变化，在草畜双承包的制度下，为了实现生态效益、经济效益和社会效益的协调发展，执行了旨在保护生态系统的一系列政策措施，归纳起来可以分为两个阶段的发展变迁。从1990~2000年，市场经济体制初期的"双权一制"政策的不断完善；从2000年至今，进入强化管理阶段一系列草地政策的出台和执行。

一、市场经济体制初期与草地相关的草场管理政策（1990~2000年）

（一）这一时期的草场管理政策

1. "双权一制"政策

从1989年开始，内蒙古牧区实行草畜双承包，将草地所有权划归嘎查所有。到1995年，进一步完善草地承包责任制，承包形式采取承包到户、承包到联户、承包到浩特三种方式；1996 年 11 月 20 日内蒙古自治区人民政府正式颁布《内蒙古自治区关于进一步落实完善草原"双权一制"的规定》（简称《规定》），根据《规定》内蒙古牧区落实了草牧场所有权、使用权和承包责任制，到 1998 年将草牧场使用权彻底承包到户。

草原的所有权和使用权确定后，要依据《内蒙古草原管理条例》的规定，由旗县级人民政府颁发《草原使用证》和《草原所有证》。草原承包责任制要落实到最基层的生产单元，凡是能划分承包到户的，一定要坚持到户，尤其是冬春营地、饲料基地和基本打草场等；一些确实难以承包到户的放牧场，必须承包到浩特或嘎查，并制定各牧户权、责、利统一的管理利用制度。为完善草地承包责任制将草地承包期限一般坚持 30 年，也可承包 50 年。并明确规定草地全民所有制不变，牧民对承包的草地有使用权及管理、保护和建设的责任，允许继承和依法转让。

1998～2002 年，为全区草牧场"双权一制"落实工作完善阶段。这一阶段严格管理机动草场，按照尽量少留或不留机动草地的原则，进行全面清查。到 2005 年内蒙古牧区"双权一制"工作基本完成。

2. 主要法律文件

1994 年 10 月 9 日发布《中华人民共和国自然保护区条例》，以及 1998 年 6 月 17 日内蒙古自治区人民政府第 5 次常委会议通过《内蒙古自治区草原管理条例实施细则》。

（二）草原的所有权和使用权

1996 年 11 月 20 日，内蒙古自治区人民政府关于《内蒙古自治区进一步落实完善草原"双权一制"的规定》中又一次重申"自治区境内的草原，依法属于社会主义全民所有和劳动群众集体所有"。

拥有草地所有权的单位，将草地承包给经营单位和个人，草地由承包经营单位和个人合理使用。到 1997 年，内蒙古自治区的草原使用权证大部分颁发完毕，即草原使用权在所有者与草原使用者之间的转移结束。草原使用权的一次流转随着草原家庭承包责任制的实行而基本完成，以集体的草原所有权与草原使用权相分离为标志，集体的草原按人口、劳力或人劳比例三种主要形式平均划给牧民使用，由牧民承包经营和使用。草原使用权的流转还表现为草原使用权在草原使用者之间的转移，这一流转是寻求草原资源、劳动力、资金、技术等生产力要素的最佳配置、实现草原适度规模经营的有效手段。

1991 年开始兴起的家庭牧场形式，部分牧民在自身经济条件允许的情况下还可以租用和并购贫困牧户的牧场、购买他们的牲畜，导致一部分人失去牧场和牲畜，虽然短期解决了经济困难，长此以往会在牧区出现无畜户和贫困户，不利于牧区的长期发展。但是家庭牧场在一定程度上促进了牧区的经济发展，形成了牧民定居化、草场围栏化、牲畜棚圈化的牧区格局。

二、进入强化管理阶段的草场管理时期（2000 年至今）

（一）强化管理的草场管理时期

1. 强化管理的草地政策

进入 21 世纪，在草地严重退化、沙化，牧区干旱、沙尘暴等自然灾害不断加剧的大背景下，国家出台了一系列草地政策制度：草畜平衡、围封转移、生态移民、退牧还草、禁牧、休牧、划区轮牧及草原生态补助奖励政策等相继出台（表 34-8），其目的是保护和恢复草场植被，治理和改善草原牧区的生态环境，以解决草地退化加剧的态势，同时，实现草原畜牧业及牧区经济可持续发展。

表 34-8　内蒙古草原管制时期的草地政策制度变迁

政策制度变迁	时间	事件	
草畜平衡	2000 年至今		《内蒙古自治区草畜平衡暂行规定》和《关于开展草畜平衡试点工作的通知》
禁牧休牧	2000 年至今	京津风沙源治理工程	内蒙古京津风沙源治理工程
围封转移	2001 年至今		锡林郭勒盟盟委、盟行政公署出台《关于实施围封转移战略的决定》
生态移民	2001 年至今		关于实施生态移民和异地扶贫移民试点工程的意见
退牧还草	2002～2007 年		召开全区"退牧还草"工程启动会议
草地生态补助奖励制度	2011 年至今		国务院第 128 次常务会议

（1）草畜平衡（2000 年至今）

草地畜牧业的核心问题是草畜平衡问题（陈全功，2005）。关于草畜平衡管理的立法，内蒙古早在 1983 年 7 月《内蒙古自治区草原管理条例（试行）》和 1984 年 7 月的《内蒙古自治区草原管理条例》以法规的形式明确规定：草原必须以草定畜，实行草畜平衡制度。草畜平衡就是在草原上保持合理的载畜量和合理地利用草地（贾幼陵，2005）。但真正实施草畜平衡管理是从 2000 年以后才开始。2002 年 9 月国务院发布《关于加强草原保护与建设的若干意见》，明确提出草畜平衡制度。2003 年 3 月 1 日起实施新修订的《中华人民共和国草原法》中明确规定：国家对草原实行以草定畜、草畜平衡制度。2005 年 1 月农业部发布《草畜平衡管理办法》，于 2005 年 3 月 1 日起实施。

内蒙古自治区于 2000 年发布了《内蒙古自治区草畜平衡暂行规定》和《关于开展草畜平衡试点工作的通知》，选择东乌珠穆沁旗、正蓝旗、阿鲁科尔沁旗和杭锦旗 4 个旗及其他旗（县）的 19 个苏木作为试点，并组织制定了《草畜平衡试点工作方案》。经过两年的试点推广，几乎扩大到全区所有的牧区旗（县），2003 年部分盟（市）已进入全面推广阶段，其中锡林郭勒盟的推广力度最大，到 2003 年 10 月底，全盟 90% 的牧户都已签订"草畜平衡责任书"。2003 年，全盟草场围栏面积达到 $0.90 \times 10^7 hm^2$，占草场总面积的 45.9%。全盟有 47 927 户牧民签订了草畜平衡责任书，签约率达到 100%，成为全国五大牧区率先推行草畜平衡责任制的地区（布和朝鲁，2005）。2004 年 2 月，锡林郭勒盟颁布《锡林郭勒盟草畜平衡实施细则（暂行）》，进一步完善措施：在草畜平衡核定中，由盟、旗两级草原监理机构确定草场合理载畜量，并且每两年对草场载畜量进行一次调整；租赁和借用的草场不能列入草畜平衡范围，但允许 2 斤青贮玉米折 1 斤青干草，3 斤秸秆折 1 斤青干草。2007 年 9 月，迫于草畜平衡实施中出现的突出问题，锡林郭勒盟行政公署制定了《锡林郭勒盟草畜平衡实施细则（暂行）补充意见》。其主要特点是分别制定了冷、暖两季的草畜平衡核定办法，同时进一步放宽每个羊单位储备饲草标准。在草畜平衡牲畜清点中，首次提出实行社会监督和举报制度，任何单位和个人均有权举报在牲畜统计和申报工作中瞒报行为。

（2）退牧还草（2002～2007 年）

针对全国草地退化不断扩大的实际情况，2002 年 9 月国务院发布《关于加强草原保护与建设的若干意见》，其中明确提出推行禁牧、休牧和划区轮牧的制度，并于 2002 年 12 月 16 日正式批准在西部 11 个省份实施退牧还草政策。2003 年 1 月 10 日国务院西部地区开发领导小组办公室、农业部召开退牧还草工作电视电话会议，全面启动国家生态建设重点工程——"退牧还草"工程，并于 2005 年在全国范围内全面实施。该项目覆盖了我国西部 11 个省份，计划将用五年的时间，在内蒙古、甘肃、宁夏西部荒漠草原，内蒙古东部退化草原，新疆北部退化草原和青藏高原东部江河源草原，使项目覆盖我国西部 11 个省份的 $6.7 \times 10^7 hm^2$ 退化的草原得到基本恢复。实施"退牧还草"工程期间，国家将对牧民进行粮食和饲草料补助。退牧还草政策旨在给予农牧民一定经济补偿的前提下，通过围栏建设、补播改良及禁牧、休牧、划区轮牧等措施，恢复草原植被，改善草原生态，提高草原生产力，促进草原生态与畜牧业协调发展。2003 年 3 月 1 日起实施的新修订的《中华人民共和国草原法》，明确规定：草原承包经营者应当实行划区轮牧，合理配置畜群，均衡利用草原。并在禁牧、休牧和划区轮牧的草原区，国家对采用舍饲圈养的给予粮食和资金补助，并将其以法律形式作为执法依据。

2002 年 11 月 22 日，《内蒙古自治区人民政府办公厅关于印发退牧还草试点工程管理办法的通知》，对内蒙古自治区退牧还草试点工程的政策措施、职责分工、组织实施等都作了严格的规定，其试点工程管理办法根据《国务院关于进一步做好退牧还林还草试点工作的若干意见》（国发〔2000〕24 号）等有关政策精神，结合内蒙古自治区实际，制定该办法，有力地保障了"退牧还草"试点工程项目的顺利实施，该试点工程管理办法并于 2003 年 1 月 1 日起执行。

"退牧还草"试点工程管理办法的基本要求是：①坚持"围栏封育、退牧禁牧（轮牧）、舍饲圈养、承包到户"的建设方针，以政策为导向，依靠科技进步，充分调动农牧民建设、保护和合理利用草原的积极性，通过实施退牧还草工程，有效遏制天然草场沙化、退化，恢复草原植被，改善草原生态环境，实现草地资源永续利用。②采用因地制宜的原则，实施禁牧、休牧、轮牧，以牧区和半农半牧区为重点，以嘎查（村）为基本单元，集中连片实施。③"退牧还草"工程包括季节性休牧、全年禁牧和划区轮牧三种类型。季节性休牧是指在春夏季节牧草生长期的 40～60 天内禁止草场放牧，实行舍饲圈养，避免啃食返青的牧草幼苗，从而提高牧草产草能力；全年禁牧是对生态极度恶化、植被再生能力极其脆弱的地区，根据其植被恢复所需时间，实行彻底禁牧封育，给牧草以休养生息的机会，自然恢复植被；划区轮牧（也称为轮牧）是在生态状况和植被条件较好的地区，实行休牧的基础上，为适应一定时段内牧草生长和合理采食需要，根据水源条件将草场划分若干小区，轮流放牧，控制牲畜连续采食，使草场处于良性循环状态，实现可持续利用。2003 年 3 月 14 日，内蒙古自治区政府召开了全区"退牧还草"工程启动会议，全面部署了"退牧还草"工作。经过两年的试点，作为国家生态建设重点的"退牧还草"工程已于 2005 年全面展开。

（3）围封转移（2001 年至今）

围封转移的核心内容是"围封禁牧、收缩转移、集约经营"。通过收缩转移，集中发展，人退畜减，缓解草原压力，靠大自然自我修复功能，改善生态环境，解决牧民生产生活问题，实现生产、生活、生态三赢。围封转移战略的发展思路和发展模式，是对草原畜牧业发展趋势的理性认识和制度创新。2001 年 11 月锡林郭勒盟盟委、盟行政公署出台《关于实施围封转移战略的决定》，决定实施名为"围封转移"的大规模生态移民工程。

（4）生态移民（2001 年至今）

"生态移民"政策是中国的一项改善生态环境的政策，是指由于生态环境恶化、人类生存条件丧失而导致，以生态环境保护或重建、消除区域贫困、发展经济为目的的人口迁移活动，从而实现经济、社会与人口、资源、环境协调发展（李东，2009）。其实质是人与自然关系的再认识和重新整合，以达到人与自然关系和谐相处的目的。

内蒙古 1998 年实施第一期生态移民工程，主要是为减轻阴山北麓生态脆弱区人口对生态环境的压力，项目总投资 1 亿元，计划移民 1.5 万人，分 3 年完成。2001 年内蒙古开始大规模的生态移民，根据《关于实施生态移民和异地扶贫移民试点工程的意见》，在全区范围内对荒漠化、草原退化和水土流失严重的生态脆弱地区实施生态移民。并提出从 2002 年开始，内蒙古将在 6 年时间内，投资上亿元实施生态移民 65 万人。2001 年 11 月锡林郭勒盟盟委、盟行政公署出台《关于实施围封转移战略的决定》，决定实施名为"围封转移"的大规模生态移民工程；2002 年，阿拉善盟提出"适度收缩、相对集中"的生态移民工程（张丽君和王菲，2011）。此外，呼伦贝尔盟的根河市、兴安盟科右前旗乌兰毛都苏木、乌兰察布盟的商都县、巴彦淖尔市乌拉特中旗及鄂尔多斯市乌审旗等地，也都根据当地实际情况制定了相应的生态移民战略。

事实上，生态移民政策是同"围封转移"、"退牧还草"、"禁牧、休牧轮牧"及"草畜平衡"政策相伴而生的。

2010 年 11 月 16 日，内蒙古自治区人民政府发布《关于进一步落实完善草原"双权一制"有关事宜的通知》，基本前提是全面落实草原"双权一制"，草牧场全部承包到户。社会处于不断的发展变化之中，因此，无论任何一个社会形态和社会阶段，适应其的制度安排必然将随着社会的变化而逐渐失去效力，新的社会情境便要求新的制度安排，而由于人的认知能力、制度创新需要时间及新制度的启动存在时间间隔等因素，新制度不可能随着社会的变化而同步调适，所以制度变迁的时滞性是必然的（范远江，2008）。内蒙古草场"双权一制"逐步落实并不断完善，并且这一过程具有长期性。

2. 与草原相关的法律法规

草原政策是中国农业政策和环境保护政策的重要组成部分，2021 年 4 月 29 日第十三届全国人民代表大会常务委员会第二十八次会议修订，规定了中国草原政策的大方向和总框架。还有涉及草原管理的法律，如 2018 年 10 月 26 日第十三届全国人民代表大会常务委员会第六次会议修订的《中华人民共和国防沙治沙法》；2022 年 10 月 30 日第十三届全国人民代表大会常务委员会第三十七次会议修订的《中华人民共和国畜牧法》；2008 年 11 月 19 日国务院第 36 次常务会议修订通过，自 2009 年 1 月 1 日起施行的《草原防火条例》。

由国务院制定的《关于加强草原保护与建设的若干意见》（国发〔2002〕19 号），提出了草原保护和建设的一系列具体政策措施。还有针对草原管理的某个具体方面提出的政策措施，如 2006 年 1 月 16 日农业部第 3 次常务会议审议通过，自 2006 年 3 月 1 日起施行的《草原征占用审核审批管理办法》；《国务院关于禁止采集和销售发菜制止滥挖甘草和麻黄草有关问题的通知》和《国务院关于进一步加强防沙治沙工作的决定》等。

全国性的草原规划主要有：《全国草原生态保护建设规划（2001—2010 年）》，提出了草原生态保护建设的目标与任务、布局与重点、配套实施措施等；水利部颁布的《全国牧区草原生态保护水资源保障规划》。

自治区各级政府部门制定的区域性的草原法规，如 2001 年 4 月 6 日内蒙古自治区第九届人民代表大会常务委员会第二十二次会议通过，2001 年 10 月 1 日起施行的《内蒙古自治区锡林郭勒草原国家级自然保护区管理条例》，《阿鲁科尔沁旗森林草原防火指挥部文件》（阿防指发〔2006〕2 号），2008 年 12 月 19 日自治区人民政府第十四次常务会议审议通过，自 2009 年 3 月 1 日起施行的《内蒙古自治区草原野生植物采集收购管理办法》等。

（二）强化管理与奖励并重的草场管理时期（2010 年至今）

国务院于 2010 年 10 月做出决定，从 2011 年开始，国家将在内蒙古、新疆（含新疆生产建设兵团）、西藏、青海、四川、甘肃、宁夏和云南 8 个主要草原牧区省份，全面建立草原生态保护补助奖励机制（简称"草原生态补奖"政策），中央财政每年将投入 134 亿元，5 年一个周期，主要用于草原禁牧补助、草畜平衡奖励、牧草良种补助和牧民生产性补贴等。

中央财政按照不同的标准对项目区域内的牧民给予补贴，补贴标准：①禁牧奖励。我国将生存环境非常恶劣、草场严重退化、不宜放牧的草原实行禁牧封育，按每亩 6 元的标准给予补助。②草畜平衡奖励。禁牧区以外的可利用草原，载畜量核定合理，且未超载过牧的草地划分为草畜平衡区，在这一区域内的牧民，按每亩 1.5 元的标准给予奖励。③生产性补贴。增加牧区畜牧良种补贴，在对肉牛和绵羊进行良种补贴基础上，将牦牛和山羊纳入补贴范围；实施牧草良种的补贴，对 8 省份 0.9 亿亩人工草场按每亩 10 元的标准给予补贴；牧民生产资料综合补贴，对 8 省份约 200 万牧户给予每年每户 500 元标准的补贴。④加大对牧区教育发展和牧民培训的支持力度，促进牧民转移就业。⑤安排奖励资金：根据各地绩效考评结果，安排对工作突出、成效显著省份的奖励资金。

依据国家草原生态补奖政策，内蒙古自治区制定了相应的草原生态补奖规定，其基本要求是：①根据 2009～2010 年自治区草原普查的基础数据，结合草原生态的现状、自然环境条件、草原的载畜能力及再生能力等客观因素，在 2010 年各盟（市）禁牧及草畜平衡工作基础上，科学确定禁牧区和草畜平衡区。②在禁牧区和草畜平衡区，减畜的重点为减少绵羊、肉牛、山羊。禁牧区全面禁牧，按照 4：3：3 的比例分 3 年完成减畜，减畜过程中必须实行舍饲圈养。草畜平衡区根据核定载畜量，减掉超载的牲畜，按照 2：2：2：2：2 的比例分 5 年完成减畜。③已经享受国家农业生产资料综合补助的牧户不再享受牧业综合生产资料补助。已经依法流转的草原，其禁牧和草畜平衡补助仍然归原承包人，流转的草原在禁牧区坚决禁牧，在草畜平衡区域要严格实行草畜平衡制度。④禁牧区严禁雇工养畜，严禁非牧人员占用草场从事畜牧业生产活动。⑤加快牧区畜种改良步伐，提高个体生产性能，有效弥补减畜损失。扶持半农半牧区和农区加强畜牧业基础设施建设，增强饲草料供给能力，不断提高畜牧业生产能力，稳定畜产品市场供给。

内蒙古草原生态补奖的实施范围：以自治区 2010 年草原普查确定的天然草原为依据，凡具有草原承包经营权证或联户经营权证，从事草原畜牧业生产的农牧民、农牧工均可享受禁牧、草畜平衡等补助。33 个牧业旗县和其他地区牧业苏木（乡镇）和嘎查（村）优先全覆盖。

草原生态补奖实施范围的划定：①依据降水量、草原类型等条件，分为中西部荒漠地区和中东部草原区 2 个区域。中西部荒漠地区为降水量 200mm 以下区域，草原类型包括荒漠草原、草原化荒漠、荒漠三大类草地；中东部草原区为降水量 200mm 以上的区域，草原类型包括草甸草原、典型草原两大类草地。②中西部禁牧区主要选择在草原承载力低下，且发生中度以上退化、沙化、盐渍化的草地。该区域自然植被稀疏，土壤瘠薄，需要采取长期禁牧措施恢复草原生态。中东部禁牧区，主要选择草原严重退化或中度、重度沙化、盐渍化的草地。这些区域虽然处于水、热条件较好的地区，但由于人口密度大、草原利用过度，需要一定时间的禁牧使草原休养生息。③中西部草畜平衡区主要选择水分、土壤条件较好的绿洲和草原利用状况较好的未退化、沙化、盐渍化的草地。该区域处于自然条件严酷地区，但还有一些河流、湖泊、丘间洼地、沙漠边缘地，植被状况较好，可以通过草畜平衡、合理利用等措施恢复草原生态。中东部地区选择草原生产力较高，未退化、沙化、盐渍化，或轻度退化、沙化、盐渍化的草地。这些区域所处自然条件相对较好，草原生态恢复能力强，采用草畜平衡措施，推行休牧、划区轮牧等合理利用制度，逐步达到草原可持续利用的目的。

禁牧区主要分布在阿拉善盟、巴彦淖尔市、包头市、乌海市、鄂尔多斯市及乌兰察布市部分地区。草畜平衡区主要分布在呼伦贝尔市、兴安盟、锡林郭勒盟、通辽市、赤峰市、鄂尔多斯市，西部有小面积分布。其中锡林郭勒盟草原生态补奖的覆盖地区为锡林浩特市、阿巴嘎旗、苏尼特左旗、苏尼特右旗、东乌珠穆沁旗、西乌珠穆沁旗、镶黄旗、正镶白旗、正蓝旗、太仆寺旗和乌拉盖管理区 11 个旗（市、区）。

（三）草原激励措施与草原监测

这一时期牧区经济发展的主要形式以牧民先后成立的畜牧业企业和牧区区域化合作组织，以企事业单位的形式来抵御来自市场竞争的冲击及降低自然灾害对牧区生产的影响，以家庭为单位的自然经济下的个体经济形式渐渐隐退，逐渐建立或形成产业化牧区、社会化企业、集约化发展、服务化经济的生态畜牧业经济形态。

在内蒙古自治区《关于进一步加强贯彻执行草原法的决议》中，确立了各级人民政府必须按照草原法关于"严格保护草原植被，禁止开垦和破坏"的规定办事，要像保护耕地一样保护草原，不得擅自违法批准开垦草原，不得将草原作为荒地进行开垦。

1. 草原激励措施

这一时期草地的不同政策，采取了不同的激励机制，主要以"退牧还草"和"草地生态补奖"为例来说明。

内蒙古自治区"退牧还草"试点工程的补助标准为，退牧还草期限为 5 年，国家按全年禁牧每年每亩草场补助饲料粮 5.5kg，季节性休牧为 1.37kg（现在的饲料补助全部折现）。围栏建设按每亩 16.5 元计算，中央补助 70%，地方和个人承担 30%。工程涉及区域包括：阿拉善盟、巴彦淖尔市、鄂尔多斯市、乌兰察布市、锡林郭勒盟、兴安盟和通辽市等地区。"退牧还草"工程的补助标准由当地政府自行制定，一般来说，地方"退牧还草"工程的补助标准要远低于国家项目补贴标准。

国家草原生态补助奖励机制中的对牧民的激励包括以下几个方面。禁牧补助：按照标准亩每亩补助 6 元；草畜平衡奖励：按照标准亩每亩补助 1.5 元；优良多年生牧草每亩补贴 50 元，在 3 年内补给。具体补贴标准为新建当年 30 元/亩，第二年 30 元/亩，第三年 10 元/亩（达到亩产标准以上给予补贴）；2010 年以前保有面积补贴标准为 10 元/亩（达到亩产标准以上给予补贴），补贴年限为 2 年。优良一年生牧草补贴标准为 15 元/（亩·a）。新建饲用灌木补贴标准为 10 元/亩，补贴年限为 1 年。牧民生产资料补贴每年每户 500 元。

与国家生态补助奖励机制相匹配的内蒙古配套激励包括：牧民更新的种公羊予以补贴，标准为种公羊 800 元/（只·a），肉牛良种基础母牛饲养每年每头补贴 50 元；对牧民购买的畜牧业用机械，在中央财政资金补贴 30%的基础上，自治区财政资金累加补贴 20%，使总体补贴比例达到 50%；牧民管护员工资每人每年 4000 元，由自治区各级财政承担，其中，自治区级承担 50%，盟市和旗县（市、区）承担 50%；移民试点补贴每人补贴 8 万元，由自治区各级财政承担，其中，自治区级承担 50%，盟市和旗县（市、区）承担 50%。

2. 草原的监测

2003 年 4 月后，农业部及各省先后分别成立了草原监理中心和草原监理总站（站），这是草原保护和建设的重大举措，是草原管理体制的重大突破。草原监测的结果，为《中华人民共和国草原法》的实施提供准确的事实依据和可操作的指标。

　　草地监测是草地保护、建设和合理利用的重要基础性工作。内蒙古自治区的草地监测由内蒙古农牧业厅负责，草原监督管理所组织、指导相关盟（市）、旗（县）草原监测机构完成地面监测和草原火灾监测工作；内蒙古草原勘察设计院组织完成遥感监测分析；内蒙古自治区草原工作站承担草原鼠虫害监测工作。

　　监测中采用地面监测与遥感、地理信息系统相结合的方法，重点监测草原生产力、植被状况、生态状况、利用状况、灾害状况和保护建设工程效益等。采用 MODIS 影响植被指数与地面监测数据的相关性建立草原生产力计算模型，测算内蒙古自治区草原生产力。

第三十五章　蒙古国草原管理政策

第一节　草原对蒙古国的重要性及其利用传统

一、草原在蒙古国可持续发展中的作用

几千年来，游牧经济体制是蒙古国经济、社会发展的基础，而且今后也不会改变。这是因为经过游牧这一方式培育出的畜种对恶劣的自然、地理、气候环境具有极强的适应性，此外也与依靠这些畜种在代代游牧过程中积累的丰富经验来生存和发展的蒙古人体质及其精神有关的风俗、文化、道德等因素息息相关。

远古时代，人类就开始利用自然资源来满足其自身需要，也就是人类为了生存而利用自然资源。人类形成初期，简单利用现有的资源，比如采集和狩猎活动来满足简单的生存需要。随着劳动分工的发展和技能的提高，逐步走向种植和饲养及简单的工具制造、剩余劳动产品的交换和贸易等阶段，形成了利用自己的劳动来满足自己需要的能力。也就是从那个时期开始至今，人的智慧不断促进科技进步，利用自然资源的生产能力不断扩大。在人口数量较少的情况下，人类对自然的影响是较少的，生态压力也不会很大，对自然资源的利用程度属正常范围，自然界通过自我恢复能够维持生态平衡，人类生存环境也属于正常状态。可是，当今社会人口暴涨，需求欲望无限扩展引起过度利用自然资源，造成自然界无法利用其自身规律来恢复生态平衡，其结果是地球气候异常、气候变暖、物种减少、自然资源日趋贫乏，已成为威胁人类未来生存与发展的主要问题。

20世纪八九十年代以来，以人们的生活需求调整经济发展、改变发展方式、修复生态环境为前提的可持续发展导向已成为经济社会发展的主流观念。1992年，在巴西里约热内卢召开的联合国环境与发展大会，通过了可持续发展理念和基本模式，标志着可持续发展理念得到世界各国的普遍承认和接受。明确了可持续发展是既满足当代人的需求，又不对后代人满足其需求的能力构成危害的发展。为满足人类基本需求，要求世界各国解决好水资源的安全、人类健康、食品安全、生物多样性、生态平衡等问题。

蒙古国为践行这一国际社会宗旨，1998年制定了21世纪蒙古国可持续发展纲领并开始执行。

千百年来蒙古人是以游牧方式利用土地，从事畜牧业生产。土地资源是经济发展、国民健康美好生活的基础。蒙古国国土总面积为15 641.16万hm^2，2015年1月1日总人口为300万人，人均土地面积为52.1hm^2。而世界人均土地面积为1.9hm^2、中国人均土地面积为0.71hm^2、俄罗斯人均土地面积为11.9hm^2、美国为3.1hm^2、日本为0.3hm^2。由此可见，蒙古国的土地资源是很丰富的。

据 2013 年相关统计（表 35-1 和表 35-2），蒙古国国土面积中农业占 73.8%，城镇占 0.4%，道路占 0.3%，森林占 9.1%，水面占 0.4%，其他占 15.9%。

表 35-1　蒙古国土地利用变化情况（1960～2013 年） （单位：×10³ hm²）

年份	农业	其中：草原	城镇	道路	森林	水面	其他	合计
1960	139 748.4	139 216.4			15 188.4	1450	24.8	156 411.6
1970	139 547.9	138 828.9	163.4		15 218.6	1450	195.1	156 411.6
1980	133 200.2	132 162.7	524.6	239.3	15 208.6	1 624.6	5 614.3	156 411.6
1990	133 200.2	131 860.1	524.6	239.3	15 208.6	1 624.6	5 614.3	156 411.6
2000	130 541.1	129 293.8	416.4	336.9	18 292.0	1 667.4	5 157.8	156 411.6
2010	115 525.8	112 970.5	620.6	407.1	14 297.9	682.8	24 877.4	156 411.6
2012	115 399.9	112 744.8	702.0	435.3	14 256.5	686.8	24 931.1	156 411.6
2013	115 361.4	112 744.8	699.6	437.3	14 295.4	686.7	24 931.1	156 411.6

资料来源：蒙古国统计年鉴（各年）

表 35-2　蒙古国土地利用结构情况（1960～2013 年） （单位：%）

年份	农业	其中：草原	城镇	道路	森林	水面	其他	合计
1960	89.3	89.0			9.7	0.9	0.0	100.0
1971	89.2	88.8	0.1		9.7	0.9	0.1	100.0
1980	85.2	84.5	0.3	0.2	9.7	1.0	3.6	100.0
1990	85.2	84.3	0.3	0.2	9.7	1.0	3.6	100.0
2000	83.5	82.7	0.3	0.2	11.7	1.1	3.3	100.0
2010	73.9	72.2	0.4	0.3	9.1	0.4	15.9	100.0
2012	73.8	72.1	0.4	0.3	9.1	0.4	15.9	100.0
2013	73.8	72.1	0.4	0.3	9.1	0.4	15.9	100.0

资料来源：蒙古国统计年鉴（各年）

伴随着发展，土地利用从单一的放牧利用方式，向种植业、工业、城建等领域的拓展逐步加快。20 世纪 60 年代总土地的 89.3% 用于农业，其中草场占 89.0%，森林占 9.7%，水面占 0.9%。近年来，矿产开发的力度不断加大，所占的土地比重也在增加。

二、蒙古国草原利用传统

草原畜牧业是蒙古国生存发展的基础，始终占有重要地位。草原是蒙古国的根，蒙古国历来就有协调合理利用草原的传统，因此，合理利用草原问题成为各个时期国家政策方针的首要内容。

草原管理取决于草场的所有权和使用情况。所以，20 世纪 20 年代之前，很多学者关于游牧条件下草场所有权问题就有各种各样的研究意见和结论。一部分学者认为，因为游牧民的生活来源是牲畜，所以牲畜是基本的生产资料，封建生产关系的决定因素是牲畜，而不是土地。比如，俄罗斯经济学家 C.E.陶力别克（1955）认为，社会生产的主要因素中，在游牧经济地区牲畜成了生产资料和剥削工具；另一部分学者认为，土地草场属封建所有，没有草场就没有畜牧业。伊亚杰拉特庆（1957）认为，在世界各国游牧经济中，封建全权所有制是封建社会剥削人民的根源；还有一部分学者认为，牲畜和草场属封建所有。蒙古国院士恩·格瓦日勒（1956）认为，要注意革命前蒙古国土地问题，土地不属于社会所有而属封建所有是毫无争议的。没有草原就无法从事游牧，没有牲畜的话草原也会失去其经济意义。

《蒙古秘史》中记载，为有效管理和使用草原，成吉思汗建立并实施了以千户为行政单位，草原的使用和保护权落实给千户长的严格责任制度，在这之后也推行了类似的严格责任制度。1574 年蒙古法律明文规定，对于在属国民重要资产的草场上非法放牧、故意放火造成草原火灾方面有明确的追责记载。1600 年的法律文书记载，在明显具有明文标志的草场上走场要罚三匹马，无意走场罚一匹马，也是当时土地管理关系的一种方式。在土地草场管理和使用方面，经常会产生草场使用权属矛盾纠纷，为此，需要利用法律手段来处理。比如，在蒙古法律中记载，为协调解决土地和草场管理问题方面明确规定，严禁违反草场行政划分规定、严禁擅自占领他人行政区域草场。法律规定王公（现在的旗县级）官员违规官属草场管理制度要罚 10 匹马、科级官员罚 7 匹马、科级以下官员罚 5 匹马，普通牧民每户罚 1 头牛等。规定对非法占有其他行政区划草场的官员要罚 50 匹马，普通牧民没收其全部牲畜等。

在 1691～1911 年，蒙古草原管理，特别是传统法律制度基本没改变。失火造成草原火灾，造成人员伤亡，给他人造成重大损失的惩罚基本继承了原先的蒙古法律。比如，失火造成的草场破坏外，对牲畜及财产造成的损失要全额赔偿。

到 1921 年，土地草场基本上归封建王公所有，草场具有共同自由放牧利用的可能。当时草场面积大，人口少，畜群规模小。据相关资料显示，1918 年总人口为 64.78 万人，其中，汉人和俄罗斯人 10.5 万人，蒙古人 54.28 万人。减去喇嘛和官员共计约 10 万人的话，约 38.4 万人从事畜牧业。总牲畜有 960 万头（只），草场面积按 14 000 多万 hm^2 来计算的话，每公顷草场有 16 只羊单位牲畜。在这种条件下牧民是随水草四季自由游牧，按祖传方式协调利用草场的。

由于实施了合理的草场管理责任制度及牲畜是生活的唯一来源，牲畜的繁育程度直接受自然气候变化的影响，蒙古人逐渐形成了祭拜大自然的信仰及合理利用草原的风俗习惯，现今在草场利用中这种习惯和协调方式仍在持续。

第二节　蒙古国草原管理政策演变

一、1921 年以后的草原管理政策

1921～1960 年：1921 年 5 月 21 日起，蒙古国开始禁止国内外任何人擅自侵占本国所有土地为私有。这是首次公布的国土为全民所有的法规。1924 年《蒙古人民共和国宪法》中明确规定，在蒙古人民共和国境内的所有土地、森林、水等资源属人民所有，不

得私有。1924 年宪法中首次出现，并在 1940 年和 1960 年通过的宪法修订中该部分内容逐步完善成熟。

草原公有制实施后，政府秉承平等使用草场的原则解决争议矛盾，协调省、苏木草原境内游牧问题，如果走敖特尔到其他省，需要获得苏木同意，体现了限制封建庙会经济的无偿使用草场、支持牧户经济特性的政策。

为实现基本法中草原公有制，政府出台了多项政策，其一是 1926 年出台的"关于土地草场利用的第 227 号规定"，规定中明确民众不得互相占用草场和冬营地草场来损坏他人利益，只有在多年人畜已适应某个草场的情况下，根据其畜群规模可由地方政府提供适当的草场准予放牧利用。

政府实施限制封建庙会经济，支持牧户经济政策。以 1918 年为例，封建经济牲畜规模比民间多 40 多倍。政府采取没收庙会资产分给贫困牧户的政策，这一方面促进了牧户数量的增加，另一方面也引起了牧户之间的草场利用矛盾。为协调这一矛盾，1928 年 6 月 29 日出台了"本国居民在境内利用草场的规定"。在原有制度的基础上，要求本国居民在各自所在的行政区域内放牧居住，限制无故擅自进入其他苏木所属草场游牧，如果草场边界不清有争议要及时查清划定边界。在遇到自然灾害的情况下，需要事先通过所属行政机关联系并获得进入其他苏木游牧的许可。

1935 年 8 月 25 日出台了"关于草场和水资源所有制的规定"，规定指出"本国居民，国营和合作社，工业及其公共机关可无偿长期使用草场和水资源，外国人可以租用草场和水资源"。

1940 年通过的第二次宪法明确指出"所有土地、森林、水等资源属国家所有或属全民资产"，维持了第一次宪法的规定。1942 年通过的土地法规定"全体国民及其他们的工厂公社、合作社、公司等国营单位可无偿长期使用草场和耕地来从事农业"。这个时期主要以民间私营企业、个体劳动者等私营经济、合作社经济、国营经济等的土地关系协调为目的，把土地使用权分类为个体经济劳动土地使用权，公共土地使用权，国有企业和工业、国家机关土地使用权等，反映了当时经济社会发生的变革。

1924 年第一个基本法通过了土地公有、非私有制的规定，而畜群仍属个人所有。当时没收封建畜群资产，分给折合大牲畜不到 5 头的贫困牧民。1930 年把政府的畜群按合同方式承包给贫困牧民和中等贫困牧民，或分给从庙会脱离变成普通牧民的贫困喇嘛从事畜牧业，建立了按牲畜头数有差别的税收缴纳体制。以上的改革促进了民营经济和牲畜头数快速发展，全国牲畜总头数从 1924 年的 1380 万头（只），到 1930 年达 2370 万头（只）。但是 1932 年牲畜头数急减到 1600 万头（只），其原因是受对私营经济进行公有制合作化改造的"左倾"错误政策影响。在支持私有制和私有思想政策的影响下，到 1942 年牲畜总头数增加达到 2620 万头（只）。当时虽然还没有草场超载过牧，但 1946 年对原有政策进行改革，实施了牲畜公有化政策，规定以上年的统计数为依据，按活畜头数每头牲畜固定比例提留给公有化的规定。即每头牛按活重 18kg，绵羊每只 4kg，山羊每只 2.5kg 来提留交给公有经济。具体涉及的牲畜有牛、绵羊和山羊，如 9 只绵羊交 1 只绵羊，9 只山羊交 1 只山羊，12 头牛交 1 头牛等分别集体提留。这一政策虽然有"左倾"错误性质，但为了提高牲畜出栏量、保障市场供给和草畜平衡，还是被采用了。这一政策促进了牲畜出口量，从 1940 年的出口牲畜头数 62.04 万头（只），到 1955 年出口牲畜头数增加为 182.98 万头（只），比 1940 年增加了近 1.9 倍。总体来说，1933～1959 年蒙古国年平均牲畜存栏头数为 2310 万头（只），草场载畜量基本处于每 100hm² 草场 38 只羊单位的状态，这个阶段草场管理政策基本上采用了经济手段来调控。

二、农业公社化时期草原管理政策

（一）1960～1990 年

1960 年蒙古国第三次宪法通过了"否认私营经济的存在，农业合作社拥有无偿占用土地"的法规。在草原利用方面，把草场分给 193 875 牧户（1954 年）随水草游牧利用是不现实的，20 世纪 50 年代中期开始，蒙古国推行了草场使用权交给嘎查、国营单位使用的政策。蒙古人民共和国国务院 1954 年的第 454 号规定通过了建立国家土地管理部，蒙古国从而首次有了管理土地的国家机构。

1959 年完成私有经济的合作化改革，各经济间的土地关系由国家土地管理部门来管理协调，增加了公有经济支配土地使用的份额，重新划定了各省之间的草场边界。分到草场的各公有经济（公社）以有效合理利用草场为原则，开展了畜舍设施、打井等畜牧业建设，在提高土地使用效率和促进牧民定居方面起到积极作用。

1971 年通过的《蒙古人民共和国土地利用法》，明确了土地利用的协调关系，从有利于公有经济利用的角度把土地划分为以下类型：一是农业用地；二是城市用地；三是特殊用地；四是林业用地；五是水利用地；六是水资源地等新的类型。这一法律明确指出了农业用地权益和责任，要求农业用地者改进土地生产力，防止水土流失，加强水利建设，根据自然气候条件合理使用草场等。结合经济手段和公有经济（公社）生产经营计划任务来明确具体指标。公有经济（公社）领导根据本单位社员意见，对如何利用草场、走敖特尔等方面进行决策，对于不执行决策的社员要采取问责制来保证合理利用草场和走敖特尔放牧计划的落实。

（二）走敖特尔方式合理利用草场

在游牧条件下，为克服自然灾害和牲畜抓膘增产，常用的对策就是到其他省、苏木走敖特尔或打草。即草场的使用从一个使用者向另一个使用者转移草场使用权，这种转移也有了明确的制度来维持有序利用。要获得原草场使用者许可的同时，还要通过相关省、苏木人民代表执行委员会的决议。

以扎布汗省达拉布斯苏木 1967 年和 1981 年的领导决策为例，扎布汗省达拉布斯苏木人民代表执行委员会在 1967 年 11 月 3 日第 39 号决议通过了"关于扎布汗省台勒门苏木乌格穆尔特格希等地已降雪成灾，经抗灾委员会核准这些嘎查的牲畜在原草场上无法过冬，符合走敖特尔条件的决定"。具体由苏木人民代表执行委员会下达给公社委员会组织好走敖特尔的牧户，具体要求做好以下各项工作：一是在 11 月 10 日之前转移到苏高特岭后往北，夏日毕力其日等地安排走敖特尔过冬；二是帮助牧民做好走敖特尔的相关工作；三是确定库苏古尔省查干乌拉苏木额勒特作为羊群过冬草场，在 11 月 15 日之前公社委员会派遣工作人员与当地相关单位洽谈走敖特尔相关事宜。

1981 年 4 月 30 日扎布汗省达拉布斯苏木人民代表大会执行主席关于保护草场发布的第 20 号决议中指出：一是安哥拉图哈达秋营地、善达德勒、都日勒吉敖包、沙尔盖等冬营草场建在安哥拉图的宝克其后面、阿日呼都嘎、额勒森上下领域、苏木中心后方、额勒森呼都嘎周围和柴达木附近，从 5 月 20 日至 10 月 20 日期间禁止牧民走敖特尔；二是赛力格图、哈达秋、哈日朝鲁、哈穆尔布查、都兰海日汗、塔斯日海等地初秋放牧会影响牲畜过冬，为保护这些草场，公社委员会决定从 9 月 1 日至转场到冬营地草场期间由专人看护不准放牧利用；三是对违反以上草场利用规定者，最大罚款 300 图克，具体由苏木长负责管理。

（三）草场管理责任制度

在合理利用草场方面，在苏木一级相关的行政管理制度还没完全建立的情况下，已经实施了以惩罚方式来规范草场利用秩序，可以说草场管理工作做得还不错。例如，扎布汗省得力木工苏木人大执行委员会在 1981 年 4 月 30 日的第 20 号决议中指出："乌格穆尔嘎查的车·乌力吉敖其尔、博·苏和敖其尔、扎·乃登苏荣等人没有按指定的秋季草场上转场，未能按照气候变化来合理利用秋冬草场，违反了秋季放牧计划和嘎查组织的生产计划规定，已造成负面影响，故对相关人作出如下处分的决定：第一，对违反土地使用法第 17 条规定及嘎查按照自然气候条件合理利用草场计划的车·乌力吉敖其尔、博·苏和敖其尔、扎·乃登苏荣等人，依据土地利用法第 56 条规定，对每人罚款 100 图克的决定；第二，11 月收起罚金上交国库，由嘎查长普里布宁布和财务负责人扎达木来执行；第三，要求嘎查长向劳动者大力宣传土地使用法作为一项重要任务来实施。

1. 关于私有畜利用草场的管理

大集体时期私有畜头数受到了限制，山区草原每户私有畜不得超过 50 只羊，戈壁草原每户私有畜不得超过 75 只羊。不设立私有畜专用草场，允许大集体、公有经济草场用于私有畜放牧。这个时期私有畜约占总牲畜头数的 22%，其数量为 500 万头（只）左右。法律允许农业公社社员、国营合作社、国家机关、公共机关职员及其他公民的私有畜可按规定在公有经济、农业公社、公社经营的企业、机关的草场上进行放牧。

2. 关于草畜平衡

在国家所需牲畜和肉类供给方面，通过给农业公社和国有经济下达计划任务，并由国家收购牲畜和肉类的途径来实现。每年国家收购牲畜的规模，主要根据当年的自然气候条件和牧草产量情况来确定，按年初牲畜头数的 12%~21%，也就是 280 万~460 万头（只）的收购任务。如果包括私有畜的自食需求，其每年的出栏牲畜规模约占总牲畜头数的 29%，也就是 660 万头（只）左右。1960~1990 年，牲畜总头数基本上维持在 2300 万头左右，草场载畜量为每 100hm² 草场 39 只羊单位的状态，可以说对草场的压力相对较轻。该时期的草场管理主要是由国家实施行政手段来统一管理。

当时有不少学者认为，一方面草场和牲畜国家所有，施行计划行政手段管理草场，另一方面对牧民来说草场公有，存在乱用草场的隐患，需要明确划定各经济体之间的草场利用权限。蒙古国院士恩·赫扎瓦日啦（1987）研究指出："经过对牧民生活行为的研究发现，草场需要详细划分才能有序合理利用。目前几乎所有公社、公有经济已完成把土地划分给嘎查的工作。从中戈壁省等就有把草场分给社员利用的经验，在划分承包的冬秋营地棚圈设施和水井、冬春营地附近的草场及一年四季利用的草场时，应该充分考虑牲畜的饮水条件，同时要照顾不同畜种的特性。"

土地法中对土地所有者的责权，获得土地规则，土地统计，监督、解决土地矛盾法律法规及违反土地规章制度的惩罚和问责等都有了明确的规定。解决土地关系问题的前提是要界定苏木边界。1959 年改善土地利用效果的第 248 号和第 219 条规定，防止水土流失的第 19、第 20 号规定农业公社制度，1967 年、1974 年的其他相关制度相继发布并实施。蒙古人民共和国人民代表大会于 1972 年 6 月 "关于保护森林资源，保护野生动物，有效利用自然资源和生态环境的科学依据问题" 的报告指出了划分草场不仅改善土地利用，而且对保护自然生态环境也有重要意义。

三、进入市场经济时代的草原管理政策

1990 年蒙古国推行了从社会主义计划经济体制向民主市场经济过渡的改革。蒙古国新宪法（1992 年）明确了建立蒙古国人文、国民民主社会的目标。确定了新时期的政治、社会、经济关系的基本权益，在基本国策里明确了要加强草原管理的策略。

（一）草场的所有使用权法律规定国家所有

蒙古国新宪法（1992 年）规定，蒙古国土地及其森林、水、动植物和其他自然资源是国民所有，由国家来保护。蒙古国国民所有的土地及其资源、森林、水资源及野生动物都是国家所有。除集体所有和国家特殊用地外，其他土地只能为蒙古国国民所有。为实现这一目标，在基本法有关规定的基础上蒙古国 1994 年通过了土地法。1994 年的土地法明确了集体土地所有和使用关系，2002 年 6 月 7 日修改了土地法中草场国家所有，放开使用权的规定。

（二）国家对牧民的政策（2009 年）

畜牧业生产的前提是要有放牧草场，国家扶持发展建立敖特尔草场，支持牧民自我管理，建立牧民中、高级组织机构，同时按照土地法第 52 条为牧民提供合理利用草场的相关服务。

土地使用法中规定，草场是指牲畜和动物采食为目的的自然的和人工种植的农业用土地植被，明确了草场是农业（大农业）用地的一种类型。土地法第 52-2 条中规定 "夏营地，秋营地和敖特尔草场分给嘎查、村集体使用。根据当年牧草长势情况和牧民意愿，对冬营地和春营地进行禁牧，其放牧期限由苏木、区行政长来决定，嘎查长和村委会会

长及牧民服从执行。以防止冬营地和春营地草场的退化和促进恢复为目的，兼顾该区域特性、利用草场的传统、载畜量，根据基层单位民众大会意见，由苏木长与牧民签订合同，给牧民分配可利用草场"。第52-4条规定"省，首府，苏木和区人民代表会议，根据自然生态环境、社会经济条件可以出台制定放牧草场和定居放牧草场"。第52-5条规定"为发展集约化畜牧业，有围栏条件的草场可通过签订合同方式给民间经济体使用"。第52-7条规定"国民可以以村为单位共同利用冬营地和春营地草场"。这些规定，明确了利用草场方面的相关关系。

从土地使用法的这些内容来看，作为国家所有的冬营地和春营地草场，通过签订合同方式将部分草场的使用权下放给牧民使用，保证了草场的使用管理。规定中的部分草场，是指在蒙古国草原气候变化不稳定的条件下，游牧方式共同利用部分草场来满足畜牧业需求。土地使用法规定把夏营地、秋营地和敖特尔用草场等草原分给嘎查、村来共同使用，以村为单位共同使用冬营地和春营地草场，这也是牧民通过集体经营方式利用草场的原因。

有学者认为，冬营地和春营地草场以外的草场，牧民可以以村为单位共同利用，没有签订草场使用合同，这部分草场实际上也没有行政方面的任何管制，也就是说牧民共同使用。这种情况加剧了牧民间草场利用的矛盾，草场的不合理利用加快了草场的退化。达•额尔顿图雅（2006）的最近研究认为，78%的草场在某种程度上已出现退化。草场退化的根本原因在于草场处于无主的不合理使用状态，与超载过牧有关。

1991年蒙古国对255个公社所有的牲畜进行私有化，解散集体，1992年就产生了持有31 500头牲畜的私营经济户。这种私营经济户的主要经营目的，就是使用无主无偿的草场增加私有牲畜规模来增加收益。这样追求牲畜头数是造成草场退化的主要原因。其实牧民也知道草场在退化，但是草场是集体的，故想要千方百计多使用草场、增加牲畜头数来提高收入。虽然有草畜平衡的法律法规，但是实际得不到执行，这源于没有明确指定谁持有多少面积草场的问题，也就是未确定使用草场的边界、面积问题。也与千百年来"有草放牧，有井喝水"的无序竞争利用草场方式有关。

通过签订合同方式利用草场来实现草场有主使用方面，参考各国相关经验进行了研究，但没有理想的结果。其主要原因是，省和苏木等地方官员担心划分草场，界定界限会改变传统游牧生产体系，增加牧民之间使用草场的矛盾。有些国内外学者也有支持确定草场界限划分的观点。国民选举产生的大呼拉尔议员，甚至总统也不支持确定界限划分草场的问题，所以这种无主、掠夺式、不合理利用草场行为仍在继续，超载过牧、草场退化仍在进行，蒙古国畜牧业的可持续发展面临严峻的挑战。

有关草场所有权及使用方面虽然有法律法规规定，但是在如何执行方面到目前还没有具体可行的政策措施，所以未能有效遏制草场退化。对此学者也有各种不同的意见：有的学者认为，草场使用权所有权应落实到个人或单位，便可解决所有问题；另外一部分学者认为，草场使用权应长期落实到户；还有学者认为，应长期落实草场所有权；也有学者认为，冬春营地草场承包到户，夏秋营地草场应集体利用。在保证自然草场正常再生产的前提下，可持续地提供畜牧业生产发展和提高牧民收益，从而满足国民需求是蒙古国草场管理面临的研究课题。

有学者提出，要解决好草场的有效合理利用问题，对中央区域（乌兰巴托和各省首府）附近草场和边远草场要分别考虑。在那些人口集中、相关基础设施较好、市场容量大而畜牧业生产集中、超载过牧退化严重的草场，其所有权和使用权应该长期承包给牧户，允许其草场再出租、出售使用权。这有利于促进对草场的投资建设，把草场纳入周转，促进畜牧业的集约化发展，有利于调整畜牧业与种植业生产，降低自然灾害风险，减少农牧民的贫困程度，稳定提高农牧民收入。而那些草场资源较丰富的边远区域草场，其使用可采用单个或者共同利用的传统方式，长期固定草场的使用权为好。

关于草场分配使用时在兼顾牲畜头数方面，很多学者和法律法规制定者持有不同想法。如果这个问题处理不当，会加剧牧民贫富差距，造成社会不公平的情况。从 2013 年情况来看，牲畜头数在 200 头（只）以下的牧户占有畜牧户的 64.2%，占总牲畜数的 23.2%，而牲畜头数 200 头（只）以上的牧户占有畜牧户的 35.8%，占总牲畜数的 76.8%。如果根据牲畜头数来分配草场的话，每户牲畜头数 10 头以下组每户平均6 头牲畜，得到的草场为 53hm^2，而牲畜头数 2000 头以上的牧户得到的草场面积会达10 000hm^2。因此，初次分配草场到户时要同时考虑人口数和牲畜头数，比较符合社会公平原则。

（三）恢复草场生产力的传统方法

草场能够自然维持其再生产状态称为草场的可持续性，这是生态规律。为此，不影响牧草自然状态下维持再生产的利用称为草场的均衡利用。据相关研究表明，利用程度为牧草的 50%被称为平均载畜量，一般利用牧草的 50%而保留 50%来保持牧草的自然再生产被称为合理利用草场（Holechek，2004）。在蒙古国传统游牧生产中常用休牧、季节轮牧、规定期间内禁牧等方法来保证牧草自然生产能力。

无视这一优良传统，过度追求牲畜头数，造成超载过牧是草场退化的根本原因。其主要表现是游牧次数下降。1940 年在山区草场年平均走场 10 次，每次走场距离约200km；1950 年全国年平均走场 9 次，走场距离为 60~80km；1973 年公社牲畜年平均走场 9 次，走场距离为 164km；1990 年牧户年平均走场 9 次，走场距离为 113km；2012 年年平均走场 3~5 次，走场距离为 20~60km。

牲畜头数少也是造成草场退化的原因之一。因为牲畜头数少的牧户（据 2013 年的数据，全国总有畜牧户的 64.2%年平均存栏牲畜不足 200 头只）一般很少走场放牧，在固定的草场上重复利用增加了草场利用强度。这些牧户牲畜少，收入水平较低，牧业收入难以维持正常的生活需要，走场所需费用和条件（交通工具）不足，所以长距离放特尔走场受到限制。牧民季节走场的轮牧次数和距离，受牲畜头数和走场方式方法的影响，具有不稳定性。牲畜头数多的牧户比牲畜头数少的牧户走场距离长达 6~8 倍。没能按季节转场轮牧，出现了牧草难以自然再生产来维持生态平衡的问题。

从图 35-1 可以看出，1934 年以后草场面积缩减，而牲畜头数在不断增加。从近 80年的社会经济发展各阶段来看牲畜头数和畜群结构，公社化之前的私有制小农经济时期

（1934～1959 年）年均牲畜头数处在 2320 万头左右，牲畜头数最多年达 2750 万头，牲畜损失最多年缩减到 2000 万头。推行合作化经营期间（1960～1990 年）年均牲畜头数处在 2300 万头左右，牲畜头数最多年达 2580 万头，牲畜损失最多年缩减到 2030 万头。而进入市场经济体制及牲畜私有化以来，年均牲畜头数达 2740 万头左右，牲畜头数最多时达 3060 万头，牲畜损失最多时达 2390 万头。近年来牲畜头数增长较快，2014 年达 5200 万头。

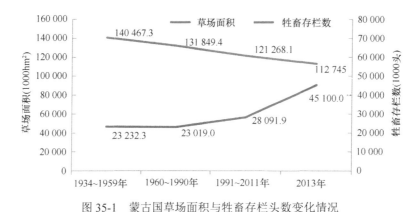

图 35-1　蒙古国草场面积与牲畜存栏头数变化情况

（四）草场载畜量

据蒙古国植物营养学家和植物学家研究，1970 年年初制定的《蒙古国饲草饲料发展长远规划（1976—1990）》指出："蒙古国天然草场的年均载畜量约为 6000 万个羊单位牲畜（全国平均每 100hm^2 草场 45.3 只羊单位）。"20 世纪 80 年代中期至 2000 年蒙古国农业发展规划中，为保障国民食品供给，设定畜牧业发展规模为夏秋季节牲畜规模 7840 万只（折合羊单位），冬春季节牲畜规模 4990 万只（全国平均每 100hm^2 草场 48.2 只羊单位）。以上数据是依据 1960～1970 年的草场牧草生产状况确定的。额苏•查拉达希博士于 2000 年研究指出，全国草场年平均载畜量为 8700 万只羊单位（全国平均每 100hm^2 草场 62 只羊单位的生态载畜量）较为合理，风调雨顺年份 9000 万只羊单位，干旱等自然灾害年份不得超过 5700 万只羊单位。

2013 年，全国牲畜总头数达 7470 万只羊单位，每 100hm^2 草场的放牧量达 66 只羊单位。如果按照额苏•查拉达希博士研究的每 100hm^2 草场能放牧 62 只羊单位来计算的话，2013 年实际超载过牧达 6.4%。而如果按照每 100hm^2 草场只能放牧 48 只羊单位来计算的话，2013 年实际超载过牧达 37.5%。如果还要考虑不同草场的休牧情况，目前的草场载畜量远远超出合理范围。草场载畜量在不同省之间的差异较大（表 35-3）。

东方、巴彦洪戈尔、戈壁阿尔泰、南戈壁、东戈壁、扎布汗和苏赫巴托尔 7 省的草场利用率为 43%～111%，其余 12 省为 138%～263%，达尔汗乌拉省 436%，乌兰巴托 700%，鄂尔浑省 1297%。除了东方省和戈壁阿尔泰省外，其余省的草场载畜量已超出 2～13 倍（图 35-2）。

表 35-3　不同省的草场载畜量情况

序号	省名称	每100hm² 草场放牧牲畜头数/羊单位		利用率（%）
		合理值	2013 年实际数	
1	后杭爱	62.0	198	319
2	巴彦乌列盖	48.0	69	144
3	巴彦洪戈尔	48.0	48	100
4	布尔干	68.0	204	300
5	戈壁阿尔泰	32.0	32	100
6	戈壁苏木贝尔	27.0	71	263
7	达尔汗乌拉	66.0	288	436
8	东方	67.0	29	43
9	东戈壁	27.0	30	111
10	中戈壁	37.0	38	103
11	扎布汗	54.0	55	101
12	鄂尔浑	68.0	882	1297
13	前杭爱	57.0	96	169
14	南戈壁	20.0	21	105
15	苏赫巴托尔	57.0	59	104
16	色楞格	66.0	155	235
17	中央省	45.0	118	262
18	乌布苏	50.0	69	138
19	科布多	37.0	56	151
20	库苏古尔	69.0	154	223
21	肯特	59.0	90	153
22	乌兰巴托市	45.3	317	700

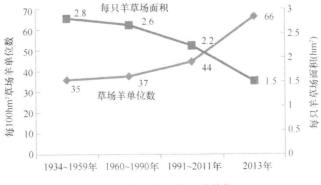

图 35-2　草场载畜量（羊单位）

  草场退化的原因除了超载过牧外，还存在掠夺式的草场不合理利用等问题：如围绕中心市场和水源周围过分集中定居放牧利用、无序乱开多线道路、草原开发矿产后得不到修复、耕地废弃及病虫害泛滥、草场缺水等都是加快草场退化的因素。在牲畜饮水点周围 1～5km 半径的草场严重退化，植被变稀疏，牧草高度只有 3～5cm，牧草种类急剧减少，而且牲畜不喜采食的牧草种类增多。

  牧民为了便于出售畜产品，集中于市场和城市附近定居，使牲畜集中引起草场退化，可持续发展面临极大的挑战。在牲畜过度集中的饮水点和城市附近草场超载过牧达 1.3～11.4 倍，导致草场上几乎无法从事畜牧业；近年来蒙古国金矿、铜矿、煤矿等资源开发迅速，草场开矿后不进行修复，其结果加大了对草场的破坏，不合理和粗放式的矿产资源开发已造成严重的自然生态危机；从计划经济时期开始的打深水井规模不断扩大，普遍出现了河流、湖泊、泉水的干涸断水，甚至有些地方大型湖泊快速干涸。虽然近年来草场上打了不少水井，但是以往的饮水点用水干涸，不可利用草场面积在扩大，人畜饮水问题成为影响能否采用轮牧方式来合理利用草场的直接因素；长期超载过牧加重了草场退化、沙化，其结果直接影响牲畜头数和畜产品产量水平，从而导致牧民收入减少。因此，为了预防这种经济、社会、生态危机，保证可持续发展，应该合理调整牲畜及牧民规模与草场资源实际承受能力。

（五）以草定畜的国家可持续发展战略（2010 年）

  该战略中提出"按照落实草场的有偿使用，明确草场的使用、保护、修复等责权利的方针，制定草场使用法律法规。根据草场现状和变化趋势，科学确定草场载畜量，为调整合理的畜群规模提供依据"。按照草场载畜量来调整畜群规模方面，《蒙古国天然植物法》第 14-3 条规定"苏木、区、嘎查长不仅要负责解决恢复植被，还要以创造恢复条件和保护为目的，履行草场分配使用和落实责任的权责"。土地法第 52-2 条规定"冬春营地草场的使用，要根据草场生产力状况签订协议"。在冬春载畜量限牧方面，由牧民选举产生苏木地方官员负责进行以草定畜。选举是以获胜者承诺改善牧民生活水平和提高收入为原则。增加牲畜头数是牧民收入的基本来源，政府执行限制牲畜头数措施与牧民收入增加之间的不对称，易引起矛盾，使以草定畜的法律执行遇到挑战，这也是草场退化的原因之一。

  完善草原管理的一个基本方针就是以草定畜。牲畜头数超过草场载畜量，任何一个动物在该环境的过度繁殖均会加剧该环境的破坏，最终毁灭自己，这是非人意愿的自然生态规则。当今人口的暴涨引起需求快速增加，加重消耗资源和破坏环境，气候变暖，生态环境面临前所未有的挑战。世界各国研究者、政治家都承认这会威胁地球上生态环境和生物生存。

  自然生态环境对草畜平衡进行调整，其结果是草原上大面积的自然灾害造成牲畜头数的减少。连续三年（1999～2001 年）几乎覆盖蒙古国整个国土的自然灾害造成牲畜头数损失 1120 万头（只），占年初牲畜总存栏数的 37.3%。2009 年的自然灾害中损失牲畜头数达 1030 万（头只），占年初牲畜总存栏数的 23.4%。这种自然气候的调整，使牧民生活保障受到威胁，失去从事畜牧业的信心，失去牲畜的千百个牧民不得不转移到大城市居住。2000 年牧民人数为 421 392 人，灾后的 2003 年减少到 377 936 人，即在三年间牧民人数减少 43 456 人，减少率达 10.3%。畜牧业可持续发展遇到极大的挑战。

目前限制牲畜头数来实现草畜平衡存在较多的困难。一是牧民收入减少，牧民没有其他收入来源，依靠增加牲畜头数来提高收入是他们唯一的出路。二是牧民需求增加，一方面消费品价格和运费成本上涨，医疗、学校开始收费，另一方面牧民居住地点离市场都比较远，畜产品市场销售体系还没有建立，牧民只能小量生产，加上牧户之间距离也较远，牲畜的集中和运输成本高，所以牧民只好把牲畜低价卖给中间商。

用什么方法来限制畜群规模呢？按照现行法律，草场所有者的代表是地方政府官员的苏木长，所以有义务执行。可是苏木长要执行这个法律存在很多困难，从目前的情况来看，苏木长是由牧民选举并由国民会议任命的，所以对牧民提出要求和组织执法工作有较大的难度。另外，牧户、牧民小组（牧民组）和放牧区使用草场的边界没有划清，限制牲畜头数也是不现实的。

在蒙古国以冬春营地草场定畜群规模也许更合理，其前提条件是确定冬春营地草场边界，再把草场指定划给牧户或浩特使用。在扎布汗省达利门苏木开展的冬营地研究来看，44%的冬营地草场以 1 户为单位使用，29%的冬营地草场以 2 户为单位使用，73%的冬营地草场以 1～2 户为单位使用。可以看出，冬营地周围的草场使用权落实到牧户、浩特是有可能的，牧民是希望冬营地草场使用权落实到牧户。

2011 年蒙古国农业部、国家草原管理协会通过对全国范围内进行的"关于草场使用权落实到牧民的民意调查"了解到，15 060 个牧民中的 66%支持把草场使用权落实给牧民。接受调查的牧民中，表示支持冬营地草场使用权落实给牧民的占 26.6%，支持冬春营地草场使用权落实给牧民的占 54.5%，支持四季营地草场使用权落实给牧民的占24.5%。草场使用权的落实有利于保护和改善冬春营地草场，增加水利和棚圈建设等投资来降低自然灾害的风险，因此迫切需要制度支持。根据牧户持有的冬春营地标准化草场面积来确定载畜量，在此基础上确定牲畜规模是有可能的。政府除了这个依据外还能根据什么来限定牲畜规模呢，这确实是个棘手的问题。要缩减牲畜头数限制畜群规模也不是简单的事情，牲畜适应恶劣自然条件形成的生理机能使其畜产品效益相对较低，目前的条件下也不可能改变已适应自然条件的蒙古牲畜生理机能，只能调整相对利益较多的畜种比例来优化生产结构。这种条件下增加收入的基本途径就是增加牲畜头数，牧民的选择也是增加牲畜头数来满足自己需求，同时生产剩余产品提供给市场。所以要以草定畜必须具备以下两个基本条件，一方面需要做好分类草场和划定落实草场使用权的边界，另一方面落实草场使用相关的责权利制度。

（六）草场的分类和确定边界问题

为管理好草场，目前迫切需要按用途划分草场并界定草场边界，建立合理的所有、使用、管理草场的政策措施。蒙古国农业部出台的关于草原法的方案（2011 年）中，草场分类按其使用目的和考虑相关利益者（机关、牧户、浩特等）的角度，分为共同使用草场和有归属使用权草场两个基本类型。对这两个基本类型草场使用目的进行比较，在确定草场边界，草场相关利益者的责权利和落实所有权、使用权及其他相关关系的协调方面存在逻辑上的不合理问题。

我们认为，草场按其使用目的应分为 5 个基本类型：敖特尔草场、敖特尔过路草场、城市附近草场、集约化畜牧业草场、放牧畜牧业草场。分类主要是考虑从事草原畜牧业需要四季利用草场、国家社会经济发展需要、兼顾草原畜牧业的历史传统和游牧文化等方面。这有利于合理有序划定草场边界线，创造制定合理利用草场的责权利制度环境。草场按照使用目的分类，有利于为哪个草场归谁所有使用，如何利用草场，政府采取什么样的监督管理等问题的解决提供依据。要解决按照草场使用目的划分及划定草场边界的问题，需要国会、政府、土地相关政府机关、土地管理者、地方领导、牧民群众及其他草场利用单位（集体、机关、企业等）等多方的参与。

1. 敖特尔草场

对易受自然气候变化影响的游牧系统来说其主要风险是自然灾害，游牧条件下防止这种风险的唯一传统方式就是从灾害地走敖特尔，这一方法从游牧形成时期一直用到现在。牲畜营养的 98%来源于天然草场，目前的条件下还没有其他方法来完全防止自然灾害。所以做好蒙古国草场管理的前提是，在国家层面上解决游牧的草场问题。以增强抵御自然灾害能力、完善草原管理为目标，应在草场国家所有条件下划定敖特尔草场和敖特尔过路草场的面积和位置。

草原畜牧业处于自然气候控制之下，人的能力还无法克服大自然灾害所带来的困境，不仅损失大量牲畜，有时牧民连自己的性命都难以保住。在蒙古国整个国土上都有发生自然气候灾害的可能，其对牲畜的损害程度按近 80 年间（1933~2013 年）来看，牲畜损失 0.8%~3.0%的年份（较好）占 20%，牲畜损失 3.1%~5.0%的年份（一般）占29%，牲畜损失 5.1%以上的年份（差）占 51%。由此可以看出，蒙古国自然气候条件的多数年份对畜牧业生产产生不利影响。从草原畜牧业的这种风险性来看，牧民收入甚至整个国家经济也存在很大的风险性。

在人畜遇到自然灾害时，国家层面的一个基本保护措施是，在遇到自然灾害时组织协调好牧民走敖特尔到省、苏木间的敖特尔草场上放牧。而从牲畜私有化的 20 世纪 90年代初至今，其实没有进行任何这样的协调。虽然有省、苏木政府之间建立合同来解决的法律规定，但是其执行条件还没成熟。

1962 年 9 月 1 日蒙古人民共和国国务院第 470 号规定建立了第一个国家级的敖特尔草场，其名称是科尔龙白音乌兰敖特尔养殖中心。蒙古人民共和国国务院 1974 年第 419号规定"为接受戈壁阿拉泰省、巴彦洪戈尔省、扎布汗省冬季走敖特尔为目的，在戈壁阿尔泰省德力格尔苏木建立了吉日嘎朗图敖特尔中心"。蒙古国政府 2007 年第 187 号规定，为合理利用和保护作为专用用途的草场，把国家级与省际间的敖特尔草场的组织实施和任务交由农业部来负责，从 2007 年 9 月 1 日开始实施。其范围包括肯特省的科尔隆白音乌兰 192.8×10³hm²，戈壁阿尔泰省的啊日嘎蓝图 118.6×10³hm²，戈壁苏木贝尔省麻辣哈塔拉73.1×10³hm²，扎布汗省巴嘎海拉汗 68.3×10³hm² 等共涉及 452.8×10³hm² 的省际敖特尔草场利用。敖特尔草场面积目前占总草场面积的 0.4%，这个比重应该扩大为 10%比较合理。

敖特尔草场的利用时间段是从 11 月 1 日至翌年 4 月 1 日的共 150 天。在敖特尔草场过冬和过春及其牧户和畜群规模，由省苏木政府协商解决，以走敖特尔牧户所属省苏木政府部门与敖特尔草场所属的省苏木之间建立敖特尔草场利用协议形式进行。

2. 敖特尔过路草场

敖特尔过路草场是指畜群走敖特尔或者到饮水点、盐碱点草场时经过的能够给牲畜补饲盐的草场。敖特尔过路草场具有国家和地方共同利用的性质，其目的是为利用好草场服务。苏木、区政府领导考虑牧民、经济体、机关单位意见的同时，也要考虑地方特点和气候季节情况、转场距离、畜种、畜群规模等因素确定走敖特尔过路时停留在冬春草场上所需的时间，力争在全局上统筹协调好敖特尔过路草场。

3. 城市附近草场

在苏木和省及首府城市生活的居民中，有些低收入居民在附近草场上放牧少量畜群作为收入的补充。考虑到这些居民的生活需要，苏木和省及首府城市附近有必要留一定的草场。城市附近草场是指城市边境带可以放牧利用的草场。

4. 集约化畜牧业草场

为满足不断增加的食物需求，就要发展集约化畜牧业，需要规定专用于个人、牧户、经营体、机关企事业等从事集约化畜牧业的草场。集约化畜牧业草场是指根据定居和半定居情况，以发展经济效益较高的养殖为目的的草场。

5. 草原畜牧业草场

草原畜牧业草场是指苏木总草场面积减去以上各类草场面积的草场，也就是以放牧方式利用的草场划定为草原畜牧业草场，这部分草场是在牧民参与的基础上，划定各利益体的草场面积及界线，相关的事宜以他们之间协商解决为主。

（七）关于确定草场分类的边界问题

目前蒙古国草场以苏木边界来划分边界线，还没有划定嘎查的草场边界线。所以还没形成清楚的草场划分利用条件，草场处于没有任何组织管理的无序利用状态。组织土地利用的基本条件在于划分土地界线，这样草场才有可能按照分类、利用顺序有序合理地利用，从而确定草场利用责权利问题。

1. 敖特尔草场边界的划定

敖特尔草场边界的划定是在有关敖特尔草场边界的权威机关决议基础上进行划定的。例如，省内的敖特尔草场边界的划定由大呼拉尔（国会）决定，而省苏木敖特尔草场边界的划分由当地的牧民代表会议决定来划定。

2. 敖特尔过路草场边界的划定

划定敖特尔过路草场边界界线时，在测量和统计国家和地方性草场、畜舍棚圈、畜牧兽医服务及其他机关占用地、其他用途分类的草场边界基础上，按照以下几点进行划定：国家性敖特尔过路草场包括省际草场、大城市及工业区、通过国境海关和省内敖特尔过路草场等；地方性敖特尔过路草场包括省首府与畜群集中基地之间敖特尔过路草场、苏木之间敖特尔过路草场、苏木及其所在地（相当于市区和县域城市所在地）与苏木草场之间的敖特尔过路所需的草场；在所属可利用草场范围内，为了季节性及其他敖特尔草场的归属，考虑到敖特尔过路草场的利用传统、利用程度、利用地点、道路及其他需要，可利用卫星图及其他资料划定过路草场通道并确定其宽度。

3. 村属草场和其他牧业生产基地草场边界的划分

划分村属草场和其他牧业生产基地草场边界时，在民间经济体、机关、牧民、草场利用者等多方意见的基础上，兼顾草场利用传统和草场特性来划定。

4. 集约化畜牧业草场边界的划分

集约化畜牧业草场边界的划分，在民间经济体、机关、牧民、草场利用者等多方意见的基础上，兼顾草场条件、资源用途、经营集约化畜牧业所需的条件（道路、水资源、打草场、牧草资源、开发饲料种植基地条件、市场容量，基地分布等）、自然气候及土壤肥沃程度、可靠的供水条件、可靠的市场环境和能够保证投资者权益等原则来划定。

5. 草原畜牧业草场边界的划分

划定草原畜牧业草场边界时，在考虑牧民、放牧区（放牧区是在游牧条件下，考虑自然气候条件、畜种、地理地形等因素划定的游牧区域，划分时几乎不考虑行政和人为因素。在一个放牧区也许有几个牧户或者一个和一个以上浩特等规模不等的情况，其特点是放牧区与其他牧区有明显的区别）的基础上，结合该地区的传统和特点，确定本地区草场与其他地区之间边界划分。从事草原畜牧业的草场，要结合牧民意见和从事畜牧业的游牧特点划分放牧区。

（八）草原畜牧业草场划定给放牧区片问题

根据从事畜牧业传统、饮水点、畜群所需盐碱资源、草场载畜量和该地区游牧特点，与该地方牧民进行商量，把能够满足从事草原畜牧业条件的草场划分给各放牧区。划定草场时在苏木、区土地管理者、生态学者、农业问题研究者等的协助下，由当地牧民来实施。把草原畜牧业草场划定给放牧区时要求做到以下几点：在一个放牧区内至少要有一个或几个季节使用草场；在放牧传统方式方面，游牧特性及共同利用草场的条件比较相似；在一个放牧区内至少有一个或几个用水来源；畜群移动时放牧和饮水不应因草场边界线而受阻；一个放牧区内冬春营地和饮水井的位置尽可能靠近；全年之内一个或几个季节，在同一个放牧区内一起生活的牧民们，在利用草场方面能够做出共同的决策；从事草原畜牧业草场划定给放牧区时不考虑行政划分的草场界线；在从事草原畜牧业的一个放牧区草场境内的牧户之间，能够自主协调确定各自使用的草场来进一步划分片区，并落实草场使用和管理的条件和要求。

考虑以上因素的同时，不限制放牧距离来划分从事草原畜牧业放牧区草场时，其草场面积、季节草场、牧户和牲畜数量在各放牧区之间会有差异。划分时要考虑该自然环境里适应的牲畜和居住传统确定边界。这样才有可能使这个放牧区草场的牧民们共同合理利用草场。

已确定的草场境内牧民可以制定使用、保护、轮牧等规划。季节草场按照传统利用方式，可分为远距离草场和近距离草场来规划使用。根据牲畜出场放牧路径等因素来确定远距离草场和近距离草场的传统是有其科学依据的。

目前草场规划中存在自由转场、抢占水草好的草场问题，为此，在同一个放牧区内的牧民之间，需要经过协商找到合理利用草场的方式来解决这个问题。划定在同一个草场境内生活的牧民们，可通过制定和实施合理利用草场、减轻草场退化规划并进行监督和评价。为从事草原畜牧业划定的草场，需要确定适合四季放牧的边界线。敖特尔草场、敖特尔过路草场、城市附近草场、集约化畜牧业草场和草原畜牧业草场等草场的划定有政府相关部门来处理。从事草原畜牧业草场，按照土地管理从下至上规划方式组织实施。这样牧民和牧民组就能参与放牧区组织。

关于利用和保护草场规划的制定和实施试点工作，从 2004～2012 年由蒙古国草原管理协会在巴彦乌列盖省青格勒、扎布汗省达利门、中央省温都尔希热图等苏木进行。在这些苏木里草场按照利用目的进行分类，分类草场的边界由牧民代表、苏木地方领导、其他专家和苏木草场利用联合委员会来共同参与确定（表 35-4）。

表 35-4 草场分类

序号	苏木名称	草场面积(hm²)	草场按分类划分									
			敖特尔草场		敖特尔过路草场		城市附近草场		集约化畜牧业草场		草原畜牧业草场	
			面积(hm²)	所占比重(%)	面积(hm²)	所占比重(%)	面积(hm²)	所占比重(%)	面积(hm²)	所占比重(%)	面积(hm²)	所占比重(%)
1	达利门(森林草原)	306 125.0	13 034	4	50 000	16	2 414	0.8	1 766	0.6	238911	78
2	乌力吉图(戈壁草原)	1 289 850	104 661	8	10 000	0.8	2 604	0.2	20 456	1.6	1 152 129	89.3
3	都尔希热图(平原草原)	254 631	15 299	6	166	0.1	1 961	0.8	5 475	2.2	231 730	91.0
合计(hm²)		1 850 606	132 994	7.2	60 166	3.3	6 980	0.4	27 698	1.5	1 622 769	88

对这三种不同生态类型草原按利用目的分类来看，敖特尔草场占全部草场的 7%，敖特尔过路草场占 3%，城市附近草场占 0.4%，集约化畜牧业草场占 1.5%，草原畜牧业草场占 88%。

在游牧区域划定草场边界时，一般以牧民参与为基础，考虑满足社会效益也要保护生态平衡，使草场能够自我修复，恢复其再生产能力。通过灵活的游牧方式，综合克服风险和抵御灾害的能力等因素来划定草场边界。即牧民参与划定草场边界时，在考虑本地区实际情况（条件和现状）、合作的可行性、传统、互相沟通、互相协调的基础上，采取以下三个基本形式来划定：一是有些苏木牧民按冬春营地草场的位置来划定；二是苏木把夏秋营地草场看成一块草场来划定；三是有的苏木兼顾前两个条件来划定草场边界。有的苏木划定草场边界时考虑嘎查草场边界，有的苏木就没考虑划定嘎查草场（图 35-3 和图 35-4）。

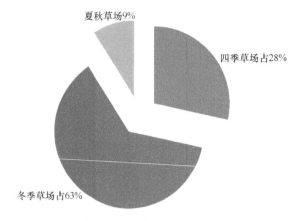

图 35-3　草原畜牧业条件下考虑季节使用草场划定草场边界情况

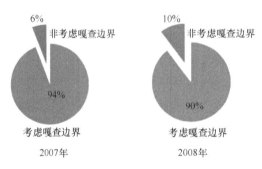

图 35-4　草原畜牧业条件下考虑嘎查边界使用草场划定草场边界情况

以上的草场边界划定方法中，考虑问题比较周到，在草场利用目的角度分类基础上，从下至上规划和让牧民参与为重要特点。这样按照草场使用目的分类划定草场边界后，有必要确定对从事草原畜牧业有益的草场进行更具体放牧区边界的划定。表 35-5 显示了 5 个苏木进行的划分情况，多数苏木考虑嘎查边界，在嘎查内按照传统游牧边界来划定草场给具体放牧区。

表 35-5　划定草场放牧区边界情况

序号	苏木名称	放牧区数（2007 年）	其中放牧区					
			考虑行政因素划定草场边界情况		考虑季节因素划定草场边界情况			
			按照嘎查所属	未考虑嘎查所属	按四季营地草场	按冬春营地草场	按春秋营地草场	按夏营地草场
1	伊和塔米尔	13	13		13			
2	达利门	18	13	5	13			5
3	青格勒	34	26	8		26	5	3
4	乌力吉图	14	14			14		
5	温都尔希热图	9	8	1		8		1
	合计（hm²）	88	74	14	26	48	5	9
	比重（%）	100	84	16	30	55	6	10

从以上 5 个苏木情况来看，考虑嘎查因素划定草场的占 84%，未考虑嘎查因素划定

草场的占16%。30%按四季营地草场划定草场界线，55%按冬春营地草场划定草场边界，5%按春秋营地草场划定草场界线，10%按夏营地草场划定草场界线。以上情况说明划定草场边界时，与行政划定边界相比，更多考虑到游牧生产的灵活性，基于游牧需求划定。目前划定嘎查行政单位边界的主要目的是，牧民和苏木经济社会的诸多事项与按嘎查组织有关。但是游牧问题有时在嘎查范围之内解决困难，常有走敖特尔到其他省苏木草场的可能，所以划定草场边界时不得不考虑这一因素。

关于对放牧区划定草场边界线方面的矛盾进行的调查结果来看，回答为矛盾少的占93.5%，这个比例比2007年调查结果的67.8%有所增加，可以说草场放牧区划定草场边界线问题已基本得到解决，而有矛盾的原因在放牧区内部。放牧区与放牧区之间进行调查发现，回答放牧区内部能够协调的占83.5%，回答放牧区与放牧区之间能够协调的占75%。调查结果说明，放牧区能够成为实施草场管理规划的固定使用单位，近4年来显示出牧民之间的相对协调趋势。

（九）以草场为基础的牧民体制中，责权利的法制化是完善草原管理的重要内容

在土地法中规定，冬春营地草场可以用合同方式交给放牧者利用，也就是说把草场的使用权让给草场使用者。但是合同的当事人一方，即草场使用者（法人代表）的相关条件还没形成，用合同方式难以把草场使用权落实给使用者。没有形成具体的实体组织（单位），没有明确的政府管理人员，草地面积不确定，用什么条件进行签协议等都是模糊的，这是草场无主和退化的根本原因。

天然草场资源的利用需要通过具体的体制来协调。游牧条件下要采用什么样的体制还没有明确的答案。关于这个问题目前有以下三种情况。

一是，在传统浩特系统基础上建立牧民体制（机构）。浩特是适应游牧经济条件的劳动组织形式。在这个传统劳动组织形式基础上形成的牧民联合体，在很多国际机构项目的支持下正在建立中。牧民联合体是由互助提高收入为意图的几个牧民组成，目前的合作主要表现在营销活动上，也成了草场使用权的落实单位。

牧民联合体的优点是少数人自愿互相合作，生产经营活动中能够有效协助，短时间内能够取得效果。缺点是因为规模小，落实草场使用权时易造成草场的碎片化，限制传统游牧的灵活性，不利于草场再生产能力的恢复。

二是，近20多年来政府试图推行以合作社形式构建牧民体制的策略，也建立了一些合作社。多数合作社在从事种植业、蔬菜生产，经营小工商和服务业，说明这些领域比较适合建立合作社。但在游牧经济领域，牧民合作社几乎没得到发展，一方面建立合作社的主要目的是得到政府的低利息贷款，实际合作的效果不明显。比如，近20年来有些苏木建立了20多个不同的合作社，而现在实际运转的只有一个，其余都消失得无影无踪，牧民也失去了对合作社的信任。另一方面没有建立与多数牧民相关的苏木级合作社，现有合作社的经营目的主要是经商，规模小，其经营活动与草场管理没有任何关联，难以实施以合作社为基础的草场管理工作。

从牧民、浩特、合作社等组织来看，形成了以做生意为目的的少数人体系。这些组织把草场作为获取利益的工具来使用，不会成为适应私有制为基础的游牧经济体系

的牧民机构。政府实施走合作社道路能够解决草原畜牧业所有问题的政策，旧公社化式的合作社在人们头脑里根深蒂固，即私有牲畜入社走建立合作社的想法。在现实条件下用牲畜的社会化来建立合作社的路是走不通的，虽然从事种植业、生产蔬菜、经营小工商和服务业的合作社在城市得到发展，但是很难说这种模式能适应具有分散性的游牧经济体系。

要问牧民有没有合作需要呢，回答是肯定的，而且非常需要合作。近年来在实施以浩特和合作社方式利用草场的政策中，把草场分给劳动组织或营销单位的做法也引起了改变草原畜牧业传统方式的担忧。即这种做法降低了四季游牧的灵活性、加剧了小片之间争夺草场、掠夺式经营草场，成为草场退化的一个主要原因。

在蒙古国草原畜牧业条件下，自然资源管理或草原管理不应以某个劳动组织或者营销组织为基础，而应以草原管理为基础，建立劳动组织或者营销组织来发展才可行。

三是，关于牧民自我组织方面，2006年国家政策文件中明确指出"政府支持牧民形成和发展自立自助、自我组织的民间社会组织。政府支持牧民自我建立初、中、高级组织，在初级组织结构中形成具有领导、管理和组织职能的条件，对牧民进行培训，通过牧民参与来完善牧民组织"。

蒙古国牧民建立自我组织的基本条件是草场公有，在游牧经济条件下草场只有共同使用，不可能建立草场私有制。另外，草场虽然国家所有，但是牧民收入的唯一来源是发展畜牧业，所以建立以共同使用草场为基础的牧民自我组织是满足牧民共同利益的客观要求。

建立合理利用和保护草场为目的的牧民组织，也会促进牧民参与提高生产劳动的组织化程度和有效组织营销（发展合作组织）活动。即在草场资源统一管理的基础上，推进劳动组织与营销的协调发展模式更适合蒙古国草原畜牧业实际。这种管理就要求浩特、合作组织以提高生产劳动的组织化程度和增加收入为目的的行为与国家保护草原生态的政策能紧密结合。草场、牲畜、牧民三者具有内在的关联，要求其组织要统筹考虑，目前国家对牧民的政策没能体现出这三者的内在关系，这也是国家畜牧业政策的不足之处和实施效果低下的原因所在。

草场使用的基本单位是放牧区，放牧区具有牧民、浩特、牧民组的生产劳动和营销组织结构。构成这种形式组织放牧区的牧户或者浩特的基本任务是负责组织各自的生产劳动活动。放牧、畜舍棚圈建设、走敖特尔、剪羊毛和挤奶及加工等生产经营活动和组织冬春营地草场也是以浩特和牧民组来实施。而放牧区的基本任务是以提高效率为目的来支撑以上的集体活动。

（十）放牧区的规模

表35-6显示，不同生态草原的放牧区数量和牧户平均草场面积有较大的差异，其中戈壁草原最多。乌力吉图苏木放牧区平均草场面积为85 554hm²，牧户平均草场面积为3644hm²，比山区草场苏木牧户平均草场面积大15倍多。

表 35-6　放牧区平均草场面积情况　　　　　　　　　　　　　（单位：hm²）

		达利门 （森林草原）	青格勒 （山区草原）	伊和塔美日 （山区草原）	温都尔希热图 （平原草原）	乌力吉图 （戈壁草原）	平均
1	放牧区平均面积	24 076	20 008	23 697	27 024	85 554	36 072
2	牧户平均草场面积	921	241	548	755	3644	1222

从表 35-7 可以看出，放牧区平均牧户数为 41 户。在传统游牧经济利用草场的必然条件下，共同利用省苏木边界草场时，根据相关省苏木居民代表大会的共同决议，牧民组与牧户之间进行协调，构成一个放牧区。放牧区是由全体会员大会组建成立，在制定内部规章制度和决议基础上申报区苏木政府备案。放牧区在工作中实施民主决策，公平分配利益，提供男女平等的平台，照顾放牧区的贫困及弱势群体，并以财务公开透明为原则。

表 35-7　放牧区的户数情况

		达利门 （森林草原）	青格勒 （山区草原）	伊和塔美日 （山区草原）	温都尔希热图 （平原草原）	乌力吉图 （戈壁草原）	平均
1	牧户数（户）	421	1350	937	304	398	682
2	每放牧区的牧户数（户）	32	48	67	34	25	41
3	牧户平均牲畜头数（头）	244	146	210	337	290	245
4	每 100hm² 草场的牲畜头数（头）	80	139	109	91	15	87

今后完善草原管理政策需要解决好以下几个方面的问题：

在草场方面要统一认识，如落实草场使用权（在落实使用权的草场禁止其他牲畜擅自放牧利用），有条件的草场和城市附近的草场经营权落实给个人、经济体和团体使用，合理制定草场划分方案，做好草场经营权和使用权的管理，确定草场边界线等；实施以牧民社会组织为基础的草场管理制度。建立完善牧民组织（牧民地方组织）为基础的草场管理，放牧区草场边界的划定，以及放牧区内部组建各牧民组等，按照规定实施申报备案，规范各相关协会组织的活动；在政府层面解决好敖特尔草场问题，为保护传统游牧系统、巩固和完善以传统风俗为基础的草原管理机制，建立放牧区为基础的草场管理制度，依法保护合法权益，完善申报备案制度，落实草场经营权，在防止草场退化的前提下明确各级政府领导责任和义务。

参 考 文 献

布和朝鲁. 2005. 关于围封转移战略的研究报告. 内蒙古社会科学(汉文版), 26(2): 137-141.

陈全功. 2005. 关键场与季节放牧及草地畜牧业的可持续发展. 草地学报, 14(4): 29-34.

额尔敦扎布, 萨日娜. 2001. 蒙古族土地所有制特征研究. 中国蒙古学文库. 沈阳: 辽宁民族出版社.

范远江. 2008. 西藏草场制度变迁的实证分析. 华东经济管理, (7): 35-39.

何钢, 刘鸿雁. 2004. 河北坝上地区及浑善达克沙地植被演化及其与风沙活动关系. 北京大学学报(自然科学版), 40(4): 669-675.

河北省畜牧局. 1997. 河北草地建设. 石家庄: 河北科学技术出版社.

河北省畜牧水产局. 1990. 河北草地资源. 石家庄: 河北科学技术出版社.

胡自治. 1997. 草原分类学概论. 北京: 中国农业出版社.

贾幼陵. 2005. 关于与草畜平衡的几个理论和实践问题. 草地学报, 13(4): 265-268.

李东. 2009. 中国生态移民的研究——一个文献的综述. 西北人口, (1): 32.

李力. 2007. 农业部发布 2006 年全国草原监测报告.经济日报, 2007-02-10.

李向林, 万里强, 何峰. 2007. 南方草地农业潜力及其食物安全意义. 科技导报, 25(9): 9-15.

李毓堂. 2009. 确保我国粮食安全的战略途径——发展牧草绿色蛋白质饲料, 减少饲料用粮.草业科学, 26(2): 1-4.

刘加文. 2008. 草地农业应肩负起保障粮食安全的重任.中国牧业通讯, (8): 19-21.

内蒙古自治区畜牧业厅修志编史委员会. 2000. 内蒙古畜牧业发展史. 呼和浩特: 内蒙古人民出版社.

内蒙古自治区畜牧业厅修志编史委员会.2000. 内蒙古自治区志·畜牧志.呼和浩特: 内蒙古人民出版社.

人民日报海外版. 2002. 内蒙古: 计划投资上亿元, 6 年生态移民 65 万人. https://finance.sina.com.cn/g/2002/20210709284913.shtml[2022-12-2].

任继周, 林慧龙, 侯向阳. 2007. 发展草地农业, 确保中国食物安全. 中国农业科学, 40(3): 614, 621.

任继周, 南志标, 林慧龙. 2005. 以食物系统保证食物(含粮食)安全——实行草地农业, 全面发展食物系统生产潜力. 草业学报, 14(3): 1-11.

任继周. 2002. 藏粮于草施行草地农业系统——西部农业结构改革的一种设想. 草业学报, 11(1): 1-3.

任治. 2006. 我国牧区畜牧业经营形式的历史沿革、分析及改革思路. 中国畜牧杂志, (10): 23-25.

孙雷刚, 刘剑锋, 徐全洪. 2014. 河北坝上地区植被覆盖变化遥感时空分析. 国土资源遥感, 26(1): 167-172.

王关区. 2006. 我国草原退化加剧的深层次原因探析. 内蒙古审会科学(汉文版), 27(4): 1-6.

邢旗. 2002. 内蒙古草地资源及其利用现状评价. 见: 额尔敦布和恩和. 内蒙古草原荒漠化问题及其防治对策研究. 呼和浩特: 内蒙古大学出版社.

徐敏云, 李运起, 王堃, 等. 2009. 河北省草地资源分布及植被特征动态. 草业学报, 18(6): 1-11.

张丽君, 王菲. 2011. 中国西部牧区生态移民后续发展对策探析. 中央民族大学学报(哲学社会科学版), 38(4): 31-36.

张正明. 1981. 内蒙古草原所有权问题面面观. 内蒙古社会科学, (4): 23-44.

中华人民共和国农业部畜牧兽医司, 中国农业科学院草原研究所, 中国科学院自然资源综合考察委员会. 1994. 中国草地资源数据. 北京: 中国农业科学技术出版社.

Монгол Улсын хөдөө аж ахуй 1971-1995 онд. 1996. Стат. эмхэт. Улаанбаатар.

Монгол улсын Үндэсний статистикийн эмхэтгэл МАА-н салбар, ХАА-н салбар .2004, УБ.

Монгол Улсын Статистикийн эмхэтгэл. 2014. Улаанбаатар.

ADB Agricultural sector program loan. 1995. TA Project. Manila: Einal report – annexes.

Chen J. 2007. Rapid urbanization in China: A real challenge to soil protection and food security.Science Direct, 69: 1-15.

Christiansen F. 2009. Food security，urbanization and social stability in China. Journal of Agrarian Change，9(4): 548-575.

Colman D, Nixson F. 1994. Economics of Change in Less Developed Countries. 3rd ed. Manchester: School of Economic Studies University of Manchester.

Dorligsuren D. 2008. Changes in livestock number and pasture area of Mongolia. XXI International grassland Congress, VIII international Rangeland Congress 2008, Volume II: 152.

Fernandez-Geminez M. 2006. Land use and land tenure in Mongolia: A brief history and current issues. Fort Collins: US Department of Agriculture, Forest Servise: 30-36.

Hardin G. 1968. The tragedy of the commons. Science, 162: 1243-1248.

Holechek J L. 2004. Range Management: Principles and Practices. 5th ed. Upper Saddle River: Prentice Hau: 217.

Mongolia livestock feed improvement project. 1992. TA MON 1649. Final Report and annexes, COFFEY MPW.

Ostrom E. 1990. Governing the Commons: The Evolution of Institutions for Collective Action. Cambrige,

New York: Cambrige University Press.

Thirlwall A P. 2003. Growth and Development with special reference to developing economies, India. London: Palgrave.

Аваадорж Д, Баасандорж Я. 2006. Бэлчээрийн газрын хөрсний физик шинж чанарын өөрчлөлт ба экологийн доройтол, "Онол практикийн бага хурлын илтгэлийн эмхтгэл" .УБ.

Байгалийн ургамлын тухай хууль, 1995.

Байгаль орчныг хамгаалах тухай хууль, 1995.

Баярсайхан Б. Монгол цаазын бичиг, УБ, 2001.

БНМАУ-ын хөдөө аж ахуй 50 жилд, Статистикийн эмхтгэл 1 хэсэг, УХГ, УБ, 1974 он. 33-34 тал.

БНМАУ-ын Хөдөө аж ахуйг 2000 он хүртэл хөгжүүлж, хүн амын хүнсний хэрэгцээг хангах зорилтот цогцолбор программын яамны саналыг боловсруулхад хэрэглэх норм, нормативууд, УБ, 1983 он.

Даш Д, Мандах Д, Хауленбек А, Монгол улсын цөлжилтийн газрын зураг, УБ, 2006

Дорлигсүрэн Д. 1988. Распредление по труду как форма реализации экономических интересов. Диссертационная работа, представленная на соискание ученной степени кандидата экономических наук. Москва.

Дорлигсүрэн Д. 1995. Хот айл, фермерийн аж ахуй" ШУТ-ийн төслийн тайлан. Хөдөө аж ахуйн эдийн засгийн эрдэм шинжилгээний хүрээлэн.

Дорлигсүрэн Д. 1995. Хөгжлийн Монгол загварын тухай. Ардын эрх, №45.

Дорлигсүрэн Д. 2004. Бэлчээр сайжруулж байгаа Өвөрмонголын туршлага сургамж, Өдрий сонин, 09.13, №226, 227.

Дорлигсүрэн Д. 2006. Бэлчээрийн менежментийг боловсронгуй болгох асуудлууд, УБ.

Дорлигсүрэн Д. 2010 Эх сурвалж: Ногоон алт төслийн тайлан.

Дорлигсүрэн Д. 2010. "Ногоон алт" төслийн судалгааны 2010оны судалгааны тайлан.

Дорлигсүрэн Д. 2010. Бэлчээрийн эрх зүйн орчныг боловсронгуй болгох асуудалд, УБ.

Дорлигсүрэн Д. 2010. Монголын малчдын амьжиргааны судалгаа, Улаанбаатар.

Дорлигсүрэн Д. 2010. Нүүдэлч малчдын өөрийгөө удирдах байгууллага, түүний тогтолцоог бүрдүүлэх асуудалд, Өдрийн сонин, 07. 07. № 161.

Дорлигсүрэн Д. 2012. Монголын малчдын эдийн засаг нийгмийн судалгааны тайлан .

Дорлигсүрэн Д. 2014. Эх сурвалж: Бэлчээрийн даацын судалгаа.

Жагварал Н. 1956. Современное аратство и аратское хозяйство в МНР.УБ: 27.

Жагварал Н. 1987. Социалист хөдөө аж ахуйн эдийн засгийн зарим асуудал.УБ: 144.

Златкин И.Я. 1957. Очерки новой и новойшей историй Монголий，М: 12 .

Лувсандорж П. 1980. БНМАУ-ын эдийн засгийн хөгжлийн зангилгаа асуудлууд. УБ.

Майский И.М. 2001.Орчин үеийн монгол.УБ: 146.

Малчин өрхийн аж ахуйн статус: эдийн засаг, санхүү, эрх зүйн үндэс. ШУТ-ийн төслийн тайлан, ХААИС-ийн ЭЗБС. 2001.

Монгол улсын 1924 оны үндсэн хууль.

Монгол улсын 1940 оны үндсэн хууль.

Монгол улсын 1960 оны үндсэн хууль.

Монгол улсын 1992 оны үндсэн хууль.

Монгол Улсын XXI зууны Тогтвортой хөгжлийн хөтөлбөр,

Монгол улсын Газрын тухай хууль хууль, 1942, 1971, 1994, 2002.

Монгол улсын Засгийн газрын 2012-2016 оны үйл ажиллагааны хөтөлбөр, 2012.

Монгол улсын мянганы хөгжлийн зорилтод суурилсан үндэсний хөгжлийн цогц бодлого, 2008.

Нацагдорж Л. 2005. Уур амьсгалын өөрчлөлт ба бэлчээрийн мал аж ахуй, Монголын хөдөө сонин, 2-р сар, № 03.

Пэлжээ М. 1964. БНМАУ дахь таварын үйлдвэрлэл ба худалдаа.УБ.

Сэнгэдорж Т. 2002. Монгол улсын газрын эрх зүй.УБ.

Толыбеков С.Е. 1955, О патриархально –феодальных отношениях кочевых народов. Вопрос историй,

№ 1, стр 77.

Цагаанхүү Р. 1980. Хөдөө аж ахуйн үйлдвэрлэлийн эдийн засгийн үр ашиг.

Цэвэл Я. 1933. Кочевки，жур, Современные Монголий, №1, стр 56.

Цэрэндаш С.，Төмөржав М., Гомбосүрэн Ч. Газар. 2003. бэлчээр, мал.

Эрдэнэтуяа Д. 2006. Хиймэл дагуулын тусламжтайгаар бэлчээрийн мониторинг хийх нь (хэвлэгдээгүй өгүүлэл).

第十一篇　蒙古高原草原文化

一、背景

蒙古民族，是个既古老又现代的民族。所谓古老，是因为在蒙古高原漫长历史发展过程中她创造了光辉灿烂的蒙古民族传统草原文化；说她现代，是因为人类跨入 21 世纪的今天她仍然为草原文化发展和人类文明进步做着积极贡献。蒙古高原及其毗邻地区的蒙古民族，主要分布于中国内蒙古自治区、蒙古国及俄罗斯联邦的布里亚特自治共和国和卡尔梅克自治共和国。蒙古族起源于今中国内蒙古自治区呼伦贝尔市额尔古纳河流域，史书上的"蒙兀室韦"是蒙古族的先民。约公元 8 世纪初，西迁至鄂嫩河、克鲁伦河、图拉河上游的肯特山以东一带，经营游牧畜牧业，以饲养马、牛、绵羊、山羊及骆驼著称于世。公元 1206 年，成吉思汗统一了蒙古高原的马背民族各部，建立了蒙古汗国；经过多次征战，建立了横跨欧亚大陆的蒙古大汗国，对世界游牧文化的发展起过重要影响。蒙古高原蒙古诸部统一之前，蒙古民族尚无统一的文字，以世系口述相传或刻木为记；可是，与畏兀儿族来往密切的蒙古族之乃蛮部[ㅅㅅㅅㅅㅅ（naiman）]和克烈部[ㅅㅅㅅㅅ（kereyid）]早已采用畏兀儿字母来记录蒙古语言，开始出现文字的萌芽，在此基础上，产生了回鹘式蒙古文。于 1204 年，成吉思汗命畏兀儿人塔塔统阿为其太子诸王教授回鹘式蒙古文，至 1206 年统一蒙古各部之时，回鹘式蒙古文的使用已达到了相当的规模。蒙古文在蒙古族的文化发展上起到极其重要的作用，通过蒙古文保存了蒙古文化的丰富遗产，其中当然也包括蒙古高原草原文化遗产。文化（culture），是人类在社会历史发展过程中所创造的物质财富和精神财富的总和。蒙古高原草原文化，是蒙古高原的蒙古民族在人类这一总财富创造过程中所做出的具体贡献部分，也是他们的生存智慧。挖掘蒙古高原草原文化的科学内涵，维系蒙古高原草原生态环境，持续发展畜牧业生产，在这些历史重任面前草原科学工作者任重而道远。

二、研究意义

古代蒙古人认为：牧人、牲畜和草原是一体的，他们认识自然、解释自然和崇拜自然都是为了更好地适应自然，而绝不是所谓"改造自然""征服自然"和"人定胜天"的狂妄举动。蒙古民族的草原传统文化中，能够看到现代草原生态学的雏形，正因为如此，才维系了蒙古高原草原的存在。草资源和草文化是草业发展的源泉。蒙古高原草原文化，主要包括：草原植物命名文化、草原植物资源的利用文化、草地资源的利用文化及草原文化遗产等。研究蒙古高原草原植物蒙名命名文化，可以了解蒙古族与植物相互作用的传统文脉；研究草原植物资源的利用文化，可以知道人类依赖资源而生存，研究资源而发展的科学内涵；研究草地资源的利用文化，可以知晓草原环境不致退化、达到永续利用的目的；研究蒙古民族文献典籍中的草原文化遗产，以史为鉴，学习蒙古族先人保护草原环境和利用草地资源的传统知识，古为今用，指导今天草原的科学管理。

对于蒙古高原草原文化，应该重视、研究、发掘，因为它关系着蒙古高原人类生存环境的保护和改善，关系着维护生态系统，促使自然、经济、社会协调统一发展的重大问题。这就是研究蒙古高原草原文化的关键所在，其深远意义不言而喻。

三、国内外研究现状与发展

蒙古高原草原文化，目前虽然从草原科学的角度还没有专门立项研究，但有些国家的学者已经注意到该领域研究的重要意义，从蒙古高原的自然地理单元，以蒙古族的草原传统文化为主着手开始研究，取得了一定成果，发表了不少有重要科学价值的论著。

中国内蒙古自治区关于草原文化的研究比较活跃，偏重于社会科学角度的研究较多，从草原科学的角度研究草原文化还是比较少。从自然科学的角度研究草原文化方面，陈山于 1984 年在中国农业科学院草原研究所工作时发表了《应该重视民族植物学的发展》一文，敲响了中国北方研究民族植物学的钟声，涉及草原文化研究。之后，1995 年内蒙古师范大学民族植物学研究所成立，研究以蒙古高原为地理范围，以蒙古族与植物相互作用为重点，取得了较好的成果，于 2002 年出版了《蒙古高原民族植物学研究》第一卷；他们的研究，拓展到蒙古文化与自然保护、蒙古民族与草原环境、蒙古高原及其邻近地区生物多样性与蒙古族传统文化等方面。2001 年，刘钟龄等主编的《游牧文明与生态文明》出版，亦是蒙古高原草原文化研究的成果。此外，《内蒙古植物志》附有植物蒙文名，以及蒙古文《种子植物图鉴》这些成果中也有草原文化。上述研究，也体现着草原文化的某些方面的研究。

1965 年蒙古人民共和国科学院出版社出版了 Д·斑兹日格其（Д. Банзрагч）和 Ч. 罗卜桑扎布（Ч. Лубсанжав）主编的《蒙古植物术语》（Монгол Орны Ургамалын Нэр Томьео），内容包括了蒙古国所产植物之蒙文名称、学名及俄文名称，其中的蒙文名称可提供蒙古高原植物的蒙名文脉。2002 年，С·沙塔尔（С. Шатар）所著的《外蒙古传统食用野生植物》（Ар Монголчуудын Уламжлалт Хунсний Зэрлэг Ургамал），是系统报道蒙古国传统食用野生植物的著作。1998 年，Д. 巴扎尔固日（Дамбын Базаргүр）所著的《放牧畜牧业地理》（Бэлчээрийн Мал Аж Ахуйн Газарзүй）及 2009 年，Г. 额尔敦扎布（Г. Эрдэнэжав）所著的《蒙古刈草场和放牧场地理生态条件》（Монгол Орны Хадлан Бэлчээрийн Газарзүй Экологийн Нөхцөл）均从地理环境和生态条件的具体情况论述畜牧业发展。1954 年，苏联 А. А.尤那托夫（А. А. Юнатов）的《蒙古人民共和国放牧地和刈草地的饲用植物》（Кормовые Растения Пастбищ и Сенокосов Монгольской Народной Республики）中，记述了蒙古国牧民关于饲用植物的许多传统知识及谚语等，是一本体现较丰富草原文化的专著。上述著作，虽然不是专论蒙古国草原文化的专著，但也包涵了蒙古牧民的许多草原文化知识。

英国剑桥大学蒙古与内亚研究中心主任卡罗琳·汉弗莱（Caroline Humphrey）教授主持的"内亚环境与文化保护"国际合作研究项目，有中国、蒙古国及俄罗斯参加，共同完成研究项目之后，由卡罗琳·汉弗莱教授和戴维·斯尼思（Daivd Sneath）博士编辑出版了两本论文集，第一本是《内亚畜牧经济与环境》，第二本是《内亚社会与文化》，于 1996 年由英国白马出版社出版。上述两本论文集中的 10 篇主要文章有蒙古文译出的版本，即《ᠣᠷᠤᠭᠰᠢᠭ ᠠᠽᠢᠶ᠎ᠠ ᠶᠢᠨ ᠰᠤᠶᠤᠯ ᠪᠣᠯᠤᠨ ᠣᠷᠴᠢᠨ》（《内亚文化与环境》），由内蒙古人民出版社于 2001 年出版。英国学者所指的"内亚"范围是俄罗斯贝加尔湖以南、印度恒河以北的广阔地域，其中包括了蒙古高原。中国参加该项目研究的有 8 位学者，发表了 10 篇论文，主要论及蒙古高原的草原环境、畜牧业经济及蒙古民族传统文化。国际合作研究项目"内亚环境与文化保护"课题结束后，卡罗琳·汉弗莱教授和戴维·斯尼思博士两人以个人署名，于 1999 年在美国杜克大学出版社出版了一本《游牧完结了吗？》（*The End of Nomadism*？）的书，也论及了内亚文化。可以看出欧美学者对蒙古高原草原文化的关注。

第三十六章　蒙古高原草原植物蒙名命名

蒙古高原的古代蒙古人，认为所有植物都是有生命的，对其周围环境中的每种植物都取了恰当名称加以识别，如果某种植物被践踏损伤，他们就会无比伤感，设法去复壮。在梳理植物蒙名的过程中发现，蒙名命名的形式主要有：以形似命名、以植物体内含物命名、以动物命名及借外来语蒙古化命名。任何民族的任何文化之产生和发展，都与本民族的生产和生活是紧密相连的；在植物蒙名命名中，蒙古民族结合其生产和生活实际，表现出了高深的智慧和文化内涵。

第一节　以形似命名植物蒙名

一、糙隐子草

糙隐子草（*Cleistogenes squarrosa*）是禾本科（Poaceae）密丛型旱生多年生矮小禾草，高 10～30cm，秆干枯后卷曲作蜿蜒状，断落后被风吹挂在其他植物茎秆上。区系地理成分为黑海–哈萨克斯坦–蒙古成分。多生于典型草原地带，森林草原带至荒漠草原带也能见到，甚至还偶尔见于草原化荒漠群落中。糙隐子草是典型草原群落中恒有成分，其他草原植被中可成为优势种或伴生成分；在放牧过度的影响下，可成为次生性草原群落的建群种。分布很广，在中国内蒙古除兴安北部、岭东、阿拉善及额济纳植物州之外，其他植物州均有分布。东北、华北、西北及华东也有。在蒙古国除库苏古、准噶尔戈壁、阿拉泰内戈壁及阿拉善戈壁植物州之外，其他植物州均有分布。在俄罗斯西伯利亚及远东有分布。高加索、中亚及欧洲也有。糙隐子草的适口性强，青鲜时为各种家畜所喜食，尤为马和羊喜食；据中国内蒙古自治区草原勘测设计院分析，在抽穗期其粗蛋白含量占干物质的 10.51%、粗脂肪占 3.03%及粗纤维素仅占 24.24%；营养价值高，蒙古族牧民认为糙隐子草是秋季抓油膘的优良牧草。

糙隐子草的蒙名是："哈扎尔–额博斯"（ᠬᠠᠵᠠᠷ ᠡᠪᠡᠰᠦ）。蒙古民族素有"马背民族"之称，马文化是蒙古文化的重要组成部分。"哈扎尔"的蒙文字义是"马嚼子"之意，"额博斯"是蒙文通称的"草"，连起来就是"马嚼子草"，这是以马具的名称来命名的牧草蒙文名称；根据是，该种植物的秆干枯后卷曲作蜿蜒状横挂在其他植物之茎秆上，这一特点酷似马嘴之中的嚼子；可见蒙古牧民观察牧草特征之细微、起名之巧妙了。

二、窄叶蓝盆花

窄叶蓝盆花（*Scabiosa comosa*）是川续断科（Dipsacaceae）多年生喜沙中旱生草本

植物，高达 60cm。叶一至二回羽状全裂，裂片条形。头状花序顶生，形酷似马鞍子上的鞍花；花冠浅蓝色至蓝紫色，边缘花唇形，中央花 5 裂，雄蕊 4 枚；瘦果，圆柱形。生于草原带及森林草原带的沙地，可成为草原的伴生种。区系地理成分为达乌里-蒙古成分。在中国内蒙古分布于兴安北部、岭西、兴安南部、科尔沁、呼锡高原、阴山、乌兰察布、赤峰丘陵及燕山北部植物州；东北、华北也有。在蒙古国分布于库苏古、肯特、杭爱、蒙古-达乌里、外兴安、中喀尔喀及东蒙古植物州。在俄罗斯东西伯利亚也有。花作蒙药用，能清热泻火，主治肝火头痛、发烧、肺热、咳嗽及黄疸。

窄叶蓝盆花的蒙名是："巴巴尔-策策格"（ᠪᠠᠪᠠᠷ ᠴᠡᠴᠡᠭ）。蒙文"巴巴尔"是指马鞍座上的"鞍花"，"策策格"是蒙文通称的"花"，连起来就是"鞍花"或称为"压钉花"，是以马具马鞍子的压钉儿之名称而来；根据是，该种植物的头状花序之形状酷似马鞍子上的鞍花。鞍花是马鞍子的装饰物，材料多用金、银、铜、铁及景泰蓝，依其制鞍花（压钉）的材料，将马鞍子分别称为"金鞍""银鞍""铜鞍""铁鞍"及"景泰蓝鞍"等。

三、西伯利亚铁线莲

西伯利亚铁线莲（*Clematis sibirica*）是毛茛科（Ranunculaceae）半灌木藤本中生植物，茎攀援，长可达 3m。叶二回三出复叶，小叶卵状披针形，边缘具锯齿。花单生，萼片 4 枚，淡黄色至白色，罕稍带紫色；退化雄蕊花瓣状，雄蕊多数。瘦果，倒卵形；花柱宿存，长 3～3.5cm，被棕黄色羽状毛。在山地林下、林缘及沟谷灌丛间攀援生。在中国内蒙古分布于兴安北部、岭西、兴安南部、阴南丘陵、鄂尔多斯及贺兰山等植物州；黑龙江和新疆也有。在蒙古国分布于库苏古、肯特山、杭爱山、蒙古-达乌里、科布多、蒙古-阿尔泰、中喀尔喀、大湖盆地及戈壁阿尔泰植物州。在俄罗斯分布于远东及西伯利亚。中亚及欧洲也有。

西伯利亚铁线莲的蒙名是："骐都尔-额博斯"（ᠴᠢᠳᠤᠷ ᠡᠪᠡᠰᠤ）。蒙文"骐都尔"是指"三腿马绊"，"额博斯"是蒙文通称的"草"之意。连起来是"马绊草"，主要是根据其藤本茎攀援其他灌木之上的特征而起的蒙名。

四、微药獐毛

微药獐毛（*Aeluropus micrantherus*）是禾本科（Poaceae）多年生矮小禾草，高 6～30cm，具短匍枝。叶鞘口处被长柔毛。圆锥花序紧密呈穗状，花药长 0.6～0.8mm。生长于河岸沙地、沙丘间及戈壁滩地。在中国新疆有分布。在蒙古国分布于大湖盆地、准噶尔戈壁及阿尔泰内戈壁植物州。中亚也有分布。

微药獐毛的蒙名是："土沙-额博斯"（Тушаа өвс）。蒙文"土沙"是指"前腿马绊"，"额博斯"是蒙文通称的"草"之意。连起来是"前腿马绊草"，主要是根据其具短匍枝的特征而起的蒙名。值得注意的是，该种的模式标本是采自蒙古国戈壁滩，现存圣彼得堡，而蒙名是蒙古国牧民注意其短匍枝的形似来启用此名的。

第二节　以植物体内含物命名植物蒙名

一、知母

知母（*Anemarrhena asphodeloides*）是百合科（Liliaceae）具横走根状茎的多年生草本植物。叶基生，渐尖近丝状。总状花序，花紫红色、淡黄色至白色，花被片 6，基部稍合生；雄蕊 3 枚。蒴果，椭圆形。区系地理成分为东亚成分。生于草原、草甸草原及山地砾质草原，在草原群落中有时可成为亚优势成分。在中国内蒙古分布于燕山北部、兴安南部、岭西、呼锡高原、赤峰丘陵、阴山丘陵及鄂尔多斯等植物州；东北、华北、西北及山东也有分布。在蒙古国分布于外兴安及东蒙古植物州。朝鲜也有分布。

知母根茎内含有知母皂角苷（asphonin）。药用，能清热泻火，主治高热烦渴、肺热咳嗽等。知母对牲畜有毒害作用；牛少量采食后则出现尿频，且尿色变黄，人大量采食肉亦变黄，严重时可致死。

知母的蒙名是："西京–额博斯"（ᠰᠢᠵᠢᠩ ᠡᠪᠡᠰᠦ）。"西京"是形容词，蒙文字意为"尿频的"，"额博斯"是名词，蒙文字意为"草"之义；连起来意思是使牲畜尿频的草，从这个角度考虑，可把知母译为"尿频草"。不言而喻，蒙名叫"西京—额博斯"是因为含有知母皂角苷使牲畜中毒，造成频尿。

二、瓦松

瓦松（*Orostachys fimbriatus*）是景天科（Crassulaceae）二年生肉质砾石生旱生植物。高 10~30cm，全株粉绿色，密生紫色斑点；第一年生莲座状叶短，匙状条形，先端有 1 个半圆形软骨质的附属物，边缘具流苏状齿，中具一刺尖；第二年抽出花葶，茎生叶无柄，条形至倒披针形。花序顶生，总状或圆锥状，呈塔形；萼片 5 枚，先端尖；花瓣 5 枚，红色，基部稍合生；雄蕊 10 枚，花药紫色；心皮 5 枚，离生。蓇葖果，矩圆形。区系地理成分为达乌里-蒙古成分。生于整个草原区，喜生于石质山坡、石质丘陵及沙质地，在一些石质丘顶上可形成小群落片段。在中国内蒙古分布于兴安南部、呼锡高原、乌兰察布、阴山及鄂尔多斯等植物州；长江以北分布。在蒙古国分布于肯特山、杭爱山、蒙古-达乌里、外兴安、科布多、中喀尔喀、东蒙古、大湖盆地、众湖谷地、东戈壁及阿尔泰植物州。俄罗斯西伯利亚有分布。朝鲜和日本也有。入蒙药，能清热解毒，主治血热、便血等症。瓦松全草含有乙二酸（oxalic acid，分子式 HO_2CCO_2H）。

瓦松的蒙名是："艾日格–额博斯"（ᠠᠶᠢᠷᠠᠭ ᠡᠪᠡᠰᠦ）。"艾日格"蒙文字义为"酸马奶"，与蒙文通称"额博斯"（草）连起来用作瓦松蒙名，直译就是"酸奶草"。瓦松的肉质叶富含乙二酸，有浓厚酸味儿，水分多，在野外牧人采食解渴。有经验的蒙古牧民，在放牧时如因缺水而遇到饮水困难，专找瓦松多的草场进行放牧，可度过时日，缓解临时缺水，再去远处有水源的地方为家畜饮水。瓦松的蒙名"艾日格—额博斯"，既表达了植物体内富含乙二酸又说明有大量水分，内涵科学而准确。

三、醉马草

　　醉马草（*Achnatherum inebrians*）是禾本科（Poaceae）多年生丛生旱中生禾草，高60～120cm。生于海拔 1700m 以上的山地草原、山地草甸及灌丛中。在中国内蒙古分布于东阿拉善、西阿拉善、龙首山、贺兰山、额济纳、鄂尔多斯、乌兰察布及阴山植物州；西北及青藏高原有分布。在蒙古国分布于蒙古-阿尔泰、东蒙古及戈壁阿尔泰植物州。模式标本采自贺兰山。有毒植物，对马毒害尤甚，马匹误食后，轻则致疾，重则死亡。历史上，骑兵拉练到额济纳后，战马误食醉马草曾发生过中毒，随军兽医请教当地兽医后方知外地战马要避开醉马草放牧。醉马草入蒙药，有解毒消肿之效，主治化脓肿毒及腮腺炎。

　　醉马草的蒙名是："得惹孙-浩驵"（ᠲᠡᠷᠡᠰᠦ ᠬᠣᠣᠷ）。这一蒙名的科学内涵丰富，甚至比近代植物分类学家的分类命名还要深刻而精确。"得惹孙"是芨芨草属（*Achnatherum*）的代表种——芨芨草（*A. splendens*）的蒙古原名，在这里可以理解为属名；醉马草的蒙名是属名后加上"浩驵"来构成，"浩驵"蒙文字义是"毒"之意；醉马草蒙名"得惹孙-浩驵"，前面表明隶属关系，后面指出该种植物有毒，以示区别于本属其他种类。以研究中国植物见长的英国植物分类学家 H. F. 汉斯（H. F. Hance）于 1876 年在《不列颠与海外植物学报》（*Journ. Bot. Brit. et For.*）第 14 卷第 212 页上发表了新种植物——醉马草（*Stipa inebrians*），当时汉斯将其放在针茅属（*Stipa*）中。时隔 81 年，中国禾本科分类学之父耿以礼教授于 1957 年在其主编的《中国主要禾本植物属种检索表》（*Clav. Gen. et Sp. Gram. Prim. Sin.*）第 213 页中，将其重新组合为醉马草 "*Achnatherum inebrians*"，通过这一组合，醉马草才回到了蒙文原名的科学内涵上来，成为芨芨草属中的一个种。设想，如果当时汉斯能够吸取该种植物蒙文名称的科学内涵的话，不至于把醉马草放在针茅属中了，更不会导致后来的蒙译名"浩驵特-赫雅勒根"（Хорт хялгана）之谬译。耿以礼教授的这一更正新组合，也是该种植物蒙名科学内涵的佐证。

四、小花棘豆

　　小花棘豆（*Oxytropis glabra*）是豆科（Fabaceae）多年生中生草本植物，高 20～30cm。茎伸展，匍匐，上部斜生，多分枝单数羽状复叶，小叶披针形、卵状披针形、矩圆状披针形至椭圆形。总状花序腋生，花萼钟状，花冠淡蓝紫色，龙骨瓣喙长 0.3～0.5mm。荚果长椭圆形，膨胀，密被短柔毛。区系地理成分为哈萨克斯坦-蒙古成分。轻度耐盐，生于草原带西部、荒漠草原以至荒漠区的低湿地，湖盆边缘和沙丘间的盐湿低地多度达优势种，也伴生于芨芨草草甸群落。在中国内蒙古分布于阴南丘陵、乌兰察布、鄂尔多斯、东阿拉善、西阿拉善及额济纳植物州；华北、西北及西藏有分布。在蒙古国分布于库苏古、肯特山、杭爱山、蒙古-达乌里、科布多、蒙古-阿尔泰、中喀尔喀、东蒙古、大湖盆地、众湖谷地、东戈壁、戈壁阿尔泰、准噶尔、阿尔泰内戈壁及阿拉善戈壁植物州。俄罗斯西伯利亚有分布。中亚也有。

小花棘豆的蒙名是："浩驲–额博斯"（ᠬᠣᠣᠷᠲᠦ ᠡᠪᠡᠰᠦ）。"浩驲"蒙文字义是"毒"之意，"额博斯"是蒙文通称的"草"，连起来就是"毒草"。小花棘豆植物体内含有强烈溶血活性的毒蛋白，牲畜误食后会中毒，引起腹胀、消瘦、失明，以致死亡。

第三节　以动物命名植物蒙名

一、以马命名植物蒙名

蒙古民族，素有"马背民族"之美称，蒙古人与马长期相伴，发展了独特的马文化。蒙古民族体育三大竞技中，跑马、走马及颠马比赛是重要一项；在古代岩画中，有牧马、骑马、马车及马蹄印画；历史上，信息传递中有不少驿站是以马来完成的；军事上，一代天骄成吉思汗以铁骑横扫欧亚大陆建立了草原帝国；艺术上，发明了二弦弓擦类弦鸣乐器——马头琴；在植物蒙名命名中，以马命名的植物也有很多。

（一）白莲蒿

白莲蒿（*Artemisia sacrorum*）是菊科（Asteraceae）旱生半灌木，高达 100cm，是蒙古高原砾石质山地半灌木群落主要建群种。鲜嫩时绵羊和山羊喜食的良等饲用植物。

白莲蒿的蒙名是："毛仁–喜巴嘎"（ᠮᠣᠷᠢᠨ ᠱᠢᠪᠠᠭ）。"毛仁"蒙文字义是"马的"之意，"喜巴嘎"是蒙文泛指蒿属半灌木种类；用"毛仁–喜巴嘎"连起来作为白莲蒿的蒙文名称，意指该种半灌木蒿属植物既高大又具有重要的饲用价值。

（二）花苜蓿

花苜蓿（*Medicago ruthenica*）是豆科（Fabaceae）中旱生多年生草本植物，高达 60cm。区系地理成分为东古北极成分。在蒙古高原典型草原、草甸草原可成为伴生种或优势种。既是各种家畜均喜食的优等牧草，又是牧草育种的重要种质资源。

花苜蓿的蒙文名称是"毛仁–查日嘎斯"（Морин царгас），"查日嘎斯"是苜蓿的蒙文原名，"毛仁–查日嘎斯"连起来作为花苜蓿的蒙名，表明蒙古族认为最优良的牧草以马来形容命名，并已表明该种的隶属关系，既科学又精确。

（三）洽草

洽草（*Koeleria macrantha*）是禾本科（Poaceae）多年生密丛型旱生禾草，高 20～60cm。广泛分布于蒙古高原的典型草原及草甸草原地带的丘陵、平坦台地等，在典型草原覆沙地段可起建群作用，草质柔软，马嗜食的优等牧草。区系地理成分为泛北极成分。

洽草的蒙文名称是"达干–苏勒"（ᠳᠠᠭᠠᠨ ᠰᠡᠭᠦᠯ）。蒙文"达干"字义是"二岁马的"之意，"苏勒"蒙文字义是"尾巴"，"达干–苏勒"连起来就是蒙文的"二岁马尾草"，用此作洽草蒙文名称，表明该草是密丛型且幼马嗜食的优等牧草。

二、以牛命名植物蒙名

牛是蒙古族饲养的"五畜"之大畜，用牛命名的植物亦很多。

（一）小叶锦鸡儿

小叶锦鸡儿（*Caragana microphylla*）是豆科（Fabaceae）落叶旱生灌木，高达 100cm，是蒙古高原典型草原的灌丛化的景观植物，组成一类独特的灌丛化草原群落，在典型草原带可成为亚优势成分，在沙地可成为建群种。绵羊、山羊及骆驼乐食其嫩枝及花。区系地理成分为达乌里-蒙古成分。在中国内蒙古分布于兴安南部、岭西、呼锡高原、科尔沁、辽河平原、赤峰丘陵、乌兰察布及阴南丘陵等植物州；东北、华北及甘肃也有。在蒙古国分布于肯特山、杭爱山、蒙古-达乌里，中喀尔喀及东蒙古等植物州。俄罗斯西伯利亚有分布。

小叶锦鸡儿的蒙名是"乌赫日-哈日嘎纳"（ᠤᠬᠡᠷ ᠬᠠᠷᠠᠭᠠᠨᠠ）。蒙文"乌赫日"是"牛"之意，蒙文"哈日嘎纳"是锦鸡儿属植物的泛称，连起来用"乌赫日-哈日嘎纳"作小叶锦鸡儿的蒙名，意指草原上的高大灌丛，所以用牛来命名。

（二）叉分蓼

叉分蓼（*Polygonum divaricatum*）是蓼科（Polygonaceae）旱中生多年生高大草本植物，高达 150cm，是蒙古高原森林草原和山地草原的伴生种，有时也可出现在林缘草甸和草原区固定沙地上。区系地理成分为达乌里-蒙古成分。在中国内蒙古分布于兴安北部、岭西、兴安南部、科尔沁、辽河平原、呼锡高原、燕山北部、赤峰丘陵、阴山、阴南丘陵及鄂尔多斯植物州；东北、华北也有分布。在蒙古国分布于库苏古、肯特山、杭爱山、蒙古-达乌里、外兴安、中喀尔喀及东蒙古植物州。俄罗斯西伯利亚及远东有分布。朝鲜也有。

叉分蓼的蒙名是："乌赫日-塔日纳"（Yxэр Тарна）。"乌赫日"的蒙文字义是"牛"，"塔日纳"是蓼属的泛称，连起来用"乌赫日—塔日纳"作叉分蓼的蒙名，意指叉分蓼是高大草本。

（三）栉叶蒿

栉叶蒿（*Neopallasia pectinata*）是菊科（Asteraceae）一年生旱中生草本植物，高 15～50cm，生于蒙古高原的典型草原、荒漠草原及草原化荒漠，是夏雨型一年生层片的主要成分，常在退化草场上成为优势种。

栉叶蒿的蒙名是："乌赫日-稀鲁黑"（ᠤᠬᠡᠷ ᠰᠢᠯᠦᠬᠡᠢ）。蒙文"乌赫日"是"牛"之意，"稀鲁黑"蒙文字义是"口蹄疫"，连起来是"牛口蹄疫"，用此来作栉叶蒿的蒙名，是因为栉叶蒿在退化草场上可成为优势种，意指栉叶蒿多了草场就像患上了"草场口蹄疫"了，可见寓意深刻。

三、以绵羊命名植物蒙名

绵羊是蒙古族饲养的"五畜"中最温驯的小畜,用绵羊形容命名蒙名的植物很多。

(一)羊茅

羊茅(*Festuca ovina*)是禾本科(Poaceae)密丛型中旱生-旱生多年生禾草,高15~40cm。泛北极山地草原种。多生于山地草原,也伸入典型草原和草甸草原,形成羊茅草原。在中国内蒙古分布于兴安北部、呼锡高原、阴山及贺兰山等植物州;东北、西北及西南也有分布。在蒙古国分布于库苏古、肯特山、杭爱山、蒙古-达乌里、外兴安、科布多、蒙古-阿尔泰、东蒙古及戈壁阿尔泰等植物州。俄罗斯的西伯利亚及远东有分布。欧洲及北美洲温带山地也有分布。叶量丰富,茎叶柔软,适口性强,各种家畜均喜食,羊尤嗜食,牧民称为"细草"。

羊茅的蒙名是:"浩泥音-宝土乌勒"(Хонин Ботууль)。蒙文"浩泥音"字义是"绵羊的"之意,"宝土乌勒"是羊茅属的泛称;连起来意指绵羊嗜食的优等牧草。

(二)丝叶蒿

丝叶蒿(*Artemisia adamsii*)是菊科(Asteraceae)旱生多年生草本或半灌木,高15~35cm。生于蒙古高原草原带东北部的轻度盐碱化的土壤上,为芨芨草草甸的伴生种。芨芨草草甸是绵羊的最好冬春营地,芨芨草草丛高大避风,草丛间生长细嫩的丝叶蒿,供羔羊采食。在中国内蒙古分布于大兴安岭岭西和呼盟高原植物州,黑龙江西部也有分布。在蒙古国分布于肯特山、杭爱山、蒙古-达乌里、科布多、蒙古-阿尔泰、中喀尔喀、东蒙古、大湖盆地、众湖谷地及戈壁-阿尔泰植物州。俄罗斯西伯利亚也有。

丝叶蒿的蒙名是:"呼日根-希日勒吉"(Хурган шарилж)。蒙文"呼日根"字义是"绵羊羔的","希日勒吉"是蒿属草本种类的泛称,意指该草是属于绵羊羔喜食的蒿子。可见,蒙古民族命名各植物的蒙名时非常注重其饲用价值。

(三)叉子圆柏

叉子圆柏(*Sabina vulgaris*)是柏科(Cupressaceae)常绿匍匐状灌木,萌蘖力很强,高不足100cm,稀可直立或成小乔木。多生长于海拔1100~2800cm的多石山坡,林下或固定沙丘上。区系地理成分为古北极成分。在中国内蒙古分布于呼锡高原、阴山、鄂尔多斯、贺兰山及龙首山植物州,西北也有分布。在蒙古国分布于肯特山、杭爱山、蒙古-达乌里、科布多、蒙古-阿尔泰、中喀尔喀、大湖盆地、戈壁-阿尔泰及准噶尔戈壁植物州,中亚及欧洲南部也有。

叉子圆柏的蒙名是:"浩泥音-阿日查"(ᠬᠣᠨᠢᠨ ᠠᠷᠴᠠ)。蒙文"浩泥音"字义是"绵羊的"之意,"阿日查"是刺柏属(*Juniperus*)的泛称。叉子圆柏的蒙文名称表明,该种植物是非常有用的常绿针叶灌木,所以用最温驯的绵羊来形容命名其蒙名。鄂尔多斯蒙古人,祭祀火神时,用叉子圆柏燃火熏燎羊胸叉供奉火神。

四、以山羊命名植物蒙名

山羊是蒙古民族饲养的"五畜"之一，属小畜，以山羊命名的植物亦很多。

（一）矮锦鸡儿

矮锦鸡儿（*Caragana pygmaea*）是豆科（Fabaceae）旱生矮灌木，高 30～40cm，散生于蒙古高原荒漠草原带的石质丘陵坡地及固定沙地上。区系地理成分为蒙古成分。在中国内蒙古分布于呼锡高原及乌兰察布植物州。在蒙古国分布于库苏古、肯特山、杭爱山、蒙古-达乌里、外兴安、科布多、中喀尔喀、东蒙古、众湖谷地、东戈壁、戈壁阿尔泰、准噶尔及阿拉善戈壁植物州。俄罗斯西伯利亚也有。山羊和绵羊乐食，尤喜食其花。

矮锦鸡儿的蒙名是："雅曼-哈日嘎纳"（ᠢᠮᠠᠭᠠᠨ ᠬᠠᠷᠠᠭᠠᠨᠠ）。蒙文"雅曼"字义是"山羊的"之意。"哈日嘎纳"是锦鸡儿的泛称，连起来用"雅曼-哈日嘎纳"作矮锦鸡儿的蒙名，意指该种是植株低矮的锦鸡儿且为山羊喜食。

（二）白薇

白薇（*Cynanchum atratum*）是萝摩科（Asclepiadaceae）多年生中生草本植物，高 40～60cm。分布于蒙古高原东北部林缘草甸及河边。在中国内蒙古分布于岭东及兴安南部植物州，东北、华北、华东、中南、西南及陕西有分布。在日本及朝鲜也有分布。根入药，能清热凉血，主治阴虚发热。

白薇的蒙名是"雅曼-胡赫"（ᠢᠮᠠᠭᠠᠨ ᠬᠥᠬᠦ）。蒙文"雅曼"字义是"山羊的"之意。蒙文"胡赫"是"乳房"，连起来用"雅曼-胡赫"作白薇的蒙名，是因为该种植物蓇葖果的形状如同山羊的乳头并含乳汁，真可谓妙用。

（三）细叶鸢尾

细叶鸢尾（*Iris tenuifolia*）是鸢尾科（Iridaceae）多年生草本植物，高 20～40cm；基生叶丝状条形，形成稠密草丛。花葶长约 10cm，苞叶鞘状膨大呈纺锤形，花淡蓝色至蓝紫色。蒴果卵球形。散生于蒙古高原草原地带的石质丘陵坡地及固定沙地。区系地理成分为黑海-哈萨克斯坦-蒙古成分。在中国内蒙古分布于岭西、呼锡高原、乌兰察布、赤峰丘陵、阴南丘陵、鄂尔多斯、阴山及贺兰山等植物州，东北、华北及西北分布。在蒙古国分布于蒙古-阿尔泰、中喀尔喀、东蒙古、大湖盆地、众湖谷地、东戈壁、戈壁-阿尔泰、准噶尔及阿尔泰内戈壁植物州。俄罗斯西伯利亚有分布。中亚也有分布。在春季山羊、绵羊乐食其嫩叶和花，花和种子入蒙药，主治虫牙等症。

细叶鸢尾的蒙名是："乌呼纳音-萨哈拉"（ᠤᠬᠤᠨ᠎ᠠ ᠶᠢᠨ ᠰᠠᠬᠠᠯ）。蒙文"乌呼纳音"字义是"种公山羊的"之意，蒙文"萨哈拉"是"胡子"；连起来用"乌呼纳音-萨哈拉"作细叶鸢尾之蒙名，意指该种草丛生的丝状基生叶如同种公山羊的胡须。

五、以骆驼命名植物蒙名

骆驼是蒙古民族饲养的"五畜"之一，属大畜，用骆驼命名的植物有很多。

（一）多刺锦鸡儿

多刺锦鸡儿（*Caragana spinosa*）是豆科（Fabaceae）矮灌木，高 20～50cm。叶轴粗壮，硬化宿存，刺状。小叶 3 对，羽状。花梗关节在中下部，花冠黄色，子房近无毛。荚果，长 2～2.5cm。生长于海拔 1200～1300m 的山坡、滩地。在中国新疆分布于和布克赛尔、塔城、巴里坤及拜城。在蒙古国分布于杭爱山、蒙古-达乌里、科布多、蒙古-阿尔泰、中喀尔喀、大湖盆地、众湖谷地、准噶尔及阿拉善戈壁植物州。俄罗斯西伯利亚有分布。哈萨克斯坦也有。多刺锦鸡儿可做庭园绿篱。鲜嫩时骆驼采食，绵羊、山羊采食其叶。

多刺锦鸡儿的蒙名是："特莫根–哈日嘎纳"（Тэмээн харгана）。蒙文"特莫根"字义是"骆驼的"之意，"哈日嘎纳"字义是锦鸡儿的泛称，意指多刺锦鸡儿是属于骆驼的。

（二）列当

列当（*Orobanche coerulescens*）是列当科（Orobanchaceae）二年生或多年生草本寄生植物，寄生在蒿属（*Artemisia*）植物的根上。高 10～35cm，全株被蛛丝状绵毛，圆柱形，黄褐色。叶鳞状，黄褐色。穗状花序顶生。花冠 2 唇形，蓝紫色或淡紫色，稀淡黄色，上唇顶部微凹，下唇 3 裂，雄蕊着生于花冠管的中部，花丝基部常生长柔毛。蒴果椭圆形。种子黑褐色。多见于固定或半固定沙丘，向阳山坡及山沟草地上的冷蒿（*Artemisia frigida*）、白莲蒿（*A. sacrorum*）、黑沙蒿（*A. ordosica*）、南牡蒿（*A. eriopoda*）及龙蒿（*A. dracunculus*）的根上。在中国东北、华北、西北及四川分布。在蒙古国除阿拉善戈壁植物州之外均有分布。俄罗斯西伯利亚及远东也有分布。朝鲜、日本也有分布。中亚及欧洲也有。全草入蒙药，主治炭疽。蒙古人用列当作茶的代用品，有补身健体的作用。

列当的蒙名是"特莫根–苏勒"。蒙文"特莫根"字义是"骆驼的"之意，"苏勒"是"尾巴"之意。连起来用"特莫根–苏勒"作列当的蒙名非常形象，其整个植物体酷似骆驼尾巴。因为列当是寄生植物，无叶绿素，植物体肉质呈黄褐色，长度与骆驼尾巴相当，故得此蒙名。

（三）脓疮草

脓疮草（*Panzerina lanata*）是唇形科（Lamiaceae）多年生旱生草本植物，高 15～35cm，茎四棱，密被白色短茸毛。叶对生，掌状，5 深裂，表面密被贴生短毛，背面密被茸毛，呈灰白色。轮伞花序，花萼管状钟形，外面密被茸毛，萼齿 5；花冠淡黄色或白色，外面被丝状长柔毛，唇形，上唇盔状矩圆形，下唇 3 裂，中裂片较大且呈倒心形，侧裂片较小而呈卵形；雄蕊 4 枚，前对稍长；花柱略短于雄蕊，先端 2 浅裂。小坚果，具疣点。生于荒漠草原带的沙地，沙砾质平原或丘陵坡地，也见于荒漠区的山麓、沟谷及干河床。区系地理成分为亚洲中部成分。在中国内蒙古分布于乌兰察布、阴南丘陵、鄂尔多斯、东阿拉善及贺兰山植物州；宁夏及陕西也有分布。在蒙古国分布于肯特山、杭爱山、蒙古–达乌里、科布多、蒙古–阿尔泰、中喀尔喀、东蒙古、大湖盆地、众湖谷地、东戈壁、戈壁–阿尔泰、准噶尔及阿拉善戈壁植物州。全草入药，能调经活血，主治月经不调。

脓疮草的蒙名是："特莫根–昂嘎勒朱日"（Тэмээн ангалзуур）。蒙文"特莫根"字义是"骆驼的"之意，"昂嘎勒朱日"是形容词，字义是"张嘴闹腾的"之意。连起来用"特莫根–昂嘎勒朱日"作脓疮草的蒙名很形象，因为该植物的花冠是唇形，颜色淡黄色或白色，外面又被丝状长茸毛，且里面无毛，开花时颇似骆驼在张嘴吼叫闹腾。

此外，蒙古民族除了用所饲养的"五畜"命名植物蒙名之外，还用许多其他动物命名植物蒙名。其中，黑果枸杞（*Lycium ruthenicum*）的蒙名是："其奴阿音–哈日麻格"，蒙文"其奴阿音"字义是"狼的"之意，"哈日麻格"是白刺的蒙文原名，连起来蒙名意思是"狼白刺"；看麦娘（*Alopecurus aequalis*）的蒙名是："乌纳根–苏勒"，蒙文"乌纳根"字义是"狐狸的"之意，"苏勒"是尾巴，连起来蒙名意思是"狐尾草"；草木樨状黄耆（*Astragalus melilotoides*）的蒙名是："哲格仁–希里比"，蒙文"哲格仁"字义是"黄羊的"，"希里比"是"小腿"，连起来蒙语意思是"黄羊小腿"；戈壁天门冬（*Asparagus gobicus*）的蒙名是"和日野音–努都"，蒙文"和日野音"字义是"乌鸦的"，"努都"是"眼睛"，连起来蒙名意思是"乌鸦眼"。土三七（*Sedum aizoon*）的蒙名是："矛钙音–伊得"，蒙文"矛钙音"的字义是"蛇的"，"伊得"是"食物"，连起来蒙名是"蛇食"；等等。

第四节　借外来语蒙古化命名植物蒙名

一、冷蒿

冷蒿（*Artemisia frigida*）是菊科（Asteraceae）蒿属的广幅旱生小半灌木，具根状茎，枝条多数，呈半匍匐状，营养枝基部有多数更新芽，萌蘖力很强，适应牲畜践踏，株丛高 10～50cm。区系地理成分为泛北极成分。广布于典型草原带和荒漠草原带，沿山地也进入森林草原带和荒漠带；多生于沙质、沙砾质和砾石质土壤上，是草原小半灌木群落的主要建群种，也是其他群落的伴生种和亚优势种。冷蒿草原是过度放牧或强烈风蚀影响下由其他草原演变而来。冷蒿的饲用价值在菊科中居首位，牧民认为冷蒿有催肥、催乳、抓膘和保膘的作用，绵羊、山羊和马一年四季嗜食，牛四季喜食，骆驼终年乐食。在现蕾期其粗蛋白含量占干物质的 16.89%，粗脂肪占 4.11%，是优等饲用植物。冷蒿入蒙药，有止血等疗效。蒙古人非常重视冷蒿。

冷蒿的蒙名是："艾格"。蒙名"艾格"来自突厥语，字义是"白色"之意。冷蒿茎、枝、叶及总苞密被灰白色绢毛，全株呈灰白色，故得此名。蒙古民族吸收突厥植物文化而称冷蒿的蒙名为"艾格"，丰富了植物蒙古文化。

二、石竹

石竹（*Dianthus chinensis*）是石竹科（Caryophyllaceae）多年生旱中生草本植物，高 20～40cm，全株带粉绿色。叶条形，背面中脉凸起。花顶生，单一或 2～3 朵成聚伞花序；花萼圆筒形，边缘膜质；花冠红紫色、粉红色及白色，花瓣边缘有不整齐齿裂，瓣片与爪间有斑纹及须毛；雄蕊 10 枚；子房矩圆形，花柱 2 条。蒴果。生于山地草甸及草甸草原。在中国内蒙古分布于兴安北部、岭东、岭西、兴安南部、燕山、阴山及阴南丘陵等植物州；东北、华北、西北及长江流域有分布。俄罗斯远东有分布。朝鲜也有。在蒙古国有其一变种——兴安石竹（*D. chinensis* var. *versicolor*）分布。

石竹的蒙名是："巴什卡–策策格"（ᠪᠠᠱᠺᠠ ᠴᠡᠴᠡᠭ）。蒙名"巴什卡"源自梵语，字义是"女人"之意，"策策格"是蒙文"花"的泛称，连起来就是"女人花"。石竹的花大而艳丽，入蒙药，对妇女血症有良好的治疗效果，故用此名。

三、蒙古黄耆

蒙古黄耆（*Astragalus mongholicus*）是豆科（Fabaceae）多年生旱中生草本植物，高 30～60cm，根粗壮且黄色。茎直立，茎部常呈淡红色。单数羽状复叶，小叶 25～37 枚。花冠蝶形，黄色或淡黄色；雄蕊 10 枚，（9）+1 的两体；子房无毛。荚果半椭圆形，膜质，稍鼓胀，光滑无毛。散生于草甸草原、草原化草甸、山地灌丛间及林缘。在中国内蒙古分布于呼锡高原、阴山及阴南丘陵等植物州；东北、华北、西北及西藏也有。在蒙古国分布于库苏古、肯特山、杭爱山、蒙古–达乌里、蒙古–阿尔泰、中喀尔喀、东蒙古、大湖盆地、众湖谷地及戈壁–阿尔泰植物州。俄罗斯西伯利亚及远东有分布。哈萨克斯坦也有。

黄耆，明·李时珍《本草纲目》谓"耆，长也。黄耆色黄，为补药之长，故名"。蒙古黄耆的蒙名是："蒙古乐–洪其日"（Монгол Хунчир）。此蒙名，显然是从汉名黄耆音译而来，从汉名的谐音而蒙古化变成了黄耆的蒙名，丰富了蒙古植物文化。蒙古国扎布汗省产的药材蒙古黄耆驰名于世。蒙古黄耆入蒙药，能止血，主治内伤。

四、莲

莲（*Nelumbo nucifera*）是睡莲科（Nymphaceae）多年生水生草本植物。根状茎横生，长而肥厚，称为藕；种子称为莲子，叶称为荷叶，花称为荷花。蒙古高原南部有栽培。在中国南北各省皆有栽培，分布于亚洲温暖地区，大洋洲东北部也有分布。莲是著名水生观赏植物，又是食用植物，且入药。

莲的蒙名是："灵花"（ᠯᠢᠩᠬᠤᠸᠠ）。蒙名"灵花"亦属汉名"莲花的"的音译而蒙古化之植物蒙名。莲在宗教文化意象中是"神"，认为"天界经堂外之灵池中的莲花，经过天界仙水的滋润，不断吸取天地精气，最终修炼成神，化为莲花宝座"。蒙古高原不产莲，随着佛教的传入，蒙古人受佛教文化意象影响，对莲非常崇敬和爱惜，望爱女如同莲花美丽而起"灵花"之名者也不少。

五、金莲花

金莲花（*Trollius chinensis*）是毛茛科（Ranunculaceae）湿中生多年生草本植物。茎直立，高 40~70cm；叶全裂，裂片边缘具缺刻状尖牙齿。花 1~2 朵顶生，花萼通常 10~15 枚，金黄色，倒卵形；花瓣狭条形，与萼片同色；雄蕊多数，心皮多数。蓇葖果，喙短。花期 6~7 月。果期 8~9 月。生于山地林下、林缘草甸、沟谷草甸、低湿地草甸及沼泽草甸。在中国内蒙古分布于兴安北部、兴安南部、呼锡草原、赤峰丘陵、燕山北部及阴山等植物州。中国山西、河北、辽宁西部及河南西北部有分布。入蒙药，能止血消炎，主治疮疖痈疽。

金莲花，花大而鲜艳，呈金黄色。蒙古人在移场选新营地时，非常注意山水花草树木，他们认为生长金莲花的地方是风水宝地。草原都城元上都，就建在了现今的中国内蒙古锡林郭勒盟正蓝旗境内的金莲川，水草丰美，风景秀丽，是块风水宝地，元世祖忽必烈于 1260 年在此即位为大汗。

金莲花的蒙名是："阿拉唐花—策策格"（ᠠᠯᠲᠠᠨ ᠴᠡᠴᠡᠭ）。蒙文"阿拉唐"字义是"金子的"之意，"花"是音译，蒙语"策策格"是"花"的泛称。可见，金莲花的蒙名是由"金"字之字义翻译+"花"之音译+"花"之蒙文字义翻译而成。

第三十七章　蒙古文化对国际植物、动物命名的贡献

民族（ethnos）是人们在历史上形成的一个有共同语言、共同地域、共同经济生活及表现于共同文化上的共同心理素质的稳定的共同体。据统计，现在全世界有 50 多亿人口，分别隶属于 2000 多个大小不同的民族。民族文化，是各民族在其长期的社会历史发展过程中创造和发展起来的。蒙古民族文化本身的发展过程中，对人类文明的发展也做出了其应有贡献。植物、动物学名是分类学上的国际语，用蒙古词拉丁化命名的植物、动物有 600 多种，丰富了生物学拉丁文，为世界生命科学的发展做出了积极贡献。

第一节　蒙古文化对国际植物命名的贡献

植物命名，就是指根据《国际植物命名法规》（*International Code of Botanical Nomenclature*）的要求，给所发现的新植物以学名（scientific name）。植物学名，也称为植物拉丁名（Latin name），是植物分类学上的国际语，它的结构包括：属名（name of genus）＋ 种加词（species epithet）＋ 命名人（author's name）三部分。按命名法则，每种植物只能有一个正确名称，即合乎法规各项要求的、不论词源如何一律用拉丁文处理的、最早正式发表的那个新种植物的名称；植物学名的优先律，以植物命名学的奠基人——瑞典博物学家卡尔·冯·林奈（Carl von Linné）于 1753 年所刊布的《植物种志》（*Species Plantarum*）为限。用蒙古词拉丁化命名的植物属有两个，其中锦鸡儿属含 80 种、5 亚种及 35 变种，帖木儿草属为单种属；用蒙古词拉丁化的植物种加词有 199 个、亚种 2 个及变种 9 个；丰富了植物学拉丁文，对植物科学的发展起到积极作用。

一、锦鸡儿属

锦鸡儿属（*Caragana*），是德国植物分类学者法布里休斯（P. C. Fabricius，1714—1774）于 1763 年在《植物系统名录》（*Enumeratio Methodica Plantarum*）第二卷第 421 页中建立，属的学名是 *Caragana*。该属植物在全世界有近百种，分布中心在亚洲中部，主要产于草原及荒漠区域。锦鸡儿属发源于中国东北，而后渗入蒙古高原，在它的第二故乡干旱条件下获得了强烈旱化的特征。该属植物，对蒙古高原的景观最起作用，常给草原以灌丛化的特殊外貌。

锦鸡儿的蒙古原名为"哈日嘎纳"（ᠬᠠᠷᠠᠭᠠᠨ᠎ᠠ），蒙古文"哈日"（ᠬᠠᠷᠠ）是形容词"黑色"之意，再用蒙古文加上"嘎纳"（- ᠭᠠᠨ᠎ᠠ）成为名词的规律演变来的，意指在草原植物群落中远望锦鸡儿灌丛时所显现的斑斑深色。推本溯源，首先用这一植物蒙古原名拉丁化作为学名的人是林奈，他于 1753 年在（植物种志）第 722 页中，作为刺槐属（*Robinia*）植物黄槐（*R. caragana*）来发表时用此蒙古原名作其学名之种加词。10 年后，1763 年

经法布里休斯研究，建立了新属——锦鸡儿属，改变黄槐的隶属关系时，则由其种的基本异名之种加词上升成为属之学名。根据蒙古国著名豆科植物专家清·桑其尔（Чинбатын Санчир）博士研究，锦鸡儿属植物有 80 种、5 亚种及 35 变种之多，这 120个分类群学名的第一个词是"*Caragana*"，可见，这一植物蒙古原名之作用了。

二、帖木儿草属

帖木儿草属（*Timouria*），是俄罗斯禾本科分类学者饶耶维茨（Р.Ю.Рожевиц，1882—?）于 1916 年在费德钦科（Б.А.Федченко）编著的《俄国亚洲部分植物志》（Фл.Аз.Росс.）第 12 卷第 173 页中建立的，命名的拉丁名是：*Timouria*。帖木儿草属是一单种属，只有帖木儿草（*Timouria saposhnikowii*）一种。帖木儿草属，也称为钝基草属，属名 *Timouria* 是以帖木儿汗国的帖木儿汗之名字拉丁化命名的属。蒙文"帖木儿"（ᠲᠡᠮᠦᠷ）是"铁"之意，蒙古人常用此字来作男性的名字，祝愿爱子成为盖世英雄铁汉。

三、用蒙语作种加词命名的植物

种加词（specific epithet）是植物学名的第二个词，也就是种的区别词。据统计，在蒙古高原及其邻近地区产的植物学名中，用蒙语拉丁化而作种加词命名的植物有 199 种、2 亚种及 9 变种。

（一）用蒙古一词作种加词命名的植物

据统计，在植物命名中，用蒙古（ᠮᠣᠩᠭᠣᠯ）一词拉丁化（mongol）作种加词的植物有65 种之多，分为三大类。

1. 用形容词"蒙古的"作种加词的植物

在植物命名中，用形容词"蒙古的"（ᠮᠣᠩᠭᠣᠯ ᠤᠨ）拉丁化（mongolicus，-a，-um）作种加词，意为在蒙古高原所产的植物，这类植物有 54 种，见表 37-1。

表 37-1　用形容词"蒙古的"（mongolicus，-a，-um）作种加词命名的植物

科名	中文名	学名
菊科	北方马兰	*Kalimeris mongolica*
	蒙古苍耳	*Xanthium mongolicum*
	蒙菊	*Dendranthema mongolicum*
	蒙古蒿	*Artemisia mongolica*
	全叶橐吾	*Ligularia mongolica*
	革苞菊	*Tugarinovia mongolica*
	蒙新久苓菊	*Jurinea mongolica*
	蒙古风毛菊	*Saussurea mongolica*
	蒙古鸦葱	*Scorzonera mongolica*
	蒲公英	*Taraxacum mongolicum*
	蒙古短舌菊	*Brachanthemum mongolicum*
	蒙古千里光	*Senecio mongolicus*

续表

科名	中文名	学名
禾本科	蒙古早熟禾	*Poa mongolica*
	沙芦草	*Agropyron mongolicum*
	蒙古剪股颖	*Sgrostis mongolica*
	细柄茅	*Ptilagrostis mongholica*
	蒙古异燕麦	*Helictotrichon mongholicum*
豆科	沙冬青	*Ammopiptanthus mongolicus*
	蒙古雀儿豆	*Chesneya mongolica*
	蒙古岩黄耆	*Hedysarum mongolicum*
	蒙古野决明	*Thermopsis mongolica*
	蒙古棘豆	*Oxytropis mongolica*
蔷薇科	蒙古绣线菊	*Spiraea mongolica*
	蒙古栒子	*Cotoneaster mongolicus*
	绵刺	*Potaninia mongolica*
	蒙古扁桃	*Prunus mongolica*
	蒙古委陵菜	*Potentilla mongolica*
十字花科	蒙古葶苈	*Draba mongolica*
	蒙古芹叶荠	*Smelowskia mongolica*
	蒙古羽裂荠	*Sophiopsis mongolica*
石竹科	蒙古蝇子草	*Silene mongolica*
	蒙古女娄菜	*Melandrium mongolicum*
毛茛科	蒙古水毛茛	*Batrachium mongolicum*
	蒙古侧盏花	*Adonis mongolica*
忍冬科	蒙古六道木	*Abelia mongolica*
	蒙古荚蒾	*Viburnum mongolicum*
唇形科	串铃草	*Phlomis mongolica*
	蒙古益母草	*Leonurus mongolicus*
百合科	蒙古韭	*Allium mongolicum*
蒺藜草	四合木	*Tetraena mongolica*
椴树科	蒙椴	*Tilia mongolica*
马鞭草科	蒙古莸	*Caryopteris mongholica*
玄参科	蒙古芯芭	*Cymbaria mongolica*
大戟科	蒙古大戟	*Euphorbia mongolica*
伞形科	蒙古藁本	*Hansenia mongholica*
紫草科	蒙古颅果	*Craniospermum mongolicum*
杨柳科	蒙古柳	*Salix mongolica*
车前科	蒙古车前	*Plantago mongolica*
壳斗科	蒙古栎	*Quercus mongolica*
桑科	蒙桑	*Morus mongolica*
荨麻草	透茎冷水花	*Pilea mongolica*
蓼科	沙拐枣	*Calligonum mongolicum*
藜科	蒙古虫实	*Corispermum mongolicum*
堇菜科	蒙古堇菜	*Viola mongolica*

2. 用名词"蒙古所有格复数"作种加词命名的植物

在植物命名中，用名词 "蒙古所有格复数"（ᠮᠣᠩᠭᠣᠯ）拉丁化（mongolorum）作种加词命名的植物有 3 种，即蒙古针茅（*Stipa mongolorum*）、锋芒草（*Tragus mongolorum*）及蒙古短舌菊（*Brachanthemum mongolicum*）。

3. 在形容词"蒙古的"（mongolicus）之前加"内"字作种加词的植物

植物命名中，在形容词"蒙古的"之前加"内"字组合作种加词，即"内蒙古产的"（ᠳᠣᠲᠣᠭᠠᠳᠣ ᠮᠣᠩᠭᠣᠯ ᠤᠨ）而拉丁化（intramogolicus, -a, -um）之意，这一类拉丁文加蒙古文之复合词作种加词的仅见于中国植物分类学者命名时所采用，这一类植物有 7 种，见表 37-2。

表 37-2　用形容词"内蒙古的（intramongolicus, -a, -um）"作种加词命名的植物

科名	中文名	学名
蓼科	圆叶蓼	*Polygonum intramongolicum*
茨藻科	内蒙古茨藻	*Najas intramongolicus*
眼子菜科	内蒙古眼子菜	*Potamogeton intramongolica*
伞形科	内蒙古邪蒿	*Seseli intramongolicum*
菊科	褐沙蒿	*Artemisia intramongolica*
蓼科	红翅猪毛菜	*Salsola intramongolica*
禾本科	短芒鹅观草	*Roegneria intramongolica*

此外，中国植物分类学者张振万和赵一之合作发表内蒙古棘豆（*Oxytropis neimongolica*）时所用种加词的前半部分是汉语"内（nei）"字，而后半部分是蒙语的"蒙古（mongol）"之拉丁化组成的杂合词，这在植物命名中是不提倡的。但是，其中亦有蒙古（mongol）文化之成分，故列于此。

（二）　用蒙古族部名作种加词命名的植物

用蒙古民族的部族名称作种加词命名的植物已知有 31 种，包括蒙古民族的准噶尔、布里亚特、乌拉特、科尔沁及喀尔喀部之名称。

1. 用准噶尔部名作种加词命名的植物

准噶尔（ᠵᠡᠭᠦᠨᠭᠠᠷ）是蒙古族之一部，该部历史上游牧于巴尔喀什湖以东至伊犁河流域。用形容词"准噶尔的（ᠵᠡᠭᠦᠨᠭᠠᠷ ᠤᠨ）"而拉丁化（songoricus, -a, -um）作种加词命名的植物有 22 种，见表 37-3。

2. 用布里亚特部名作种加词命名的植物

布里亚特（ᠪᠤᠷᠢᠶᠠᠳ）是蒙古族之一部，该部历史上在贝加尔湖沿岸游牧。用形容词"布里亚特的（ᠪᠤᠷᠢᠶᠠᠳ ᠤᠨ）"拉丁化（buriaticus, -a, -um）作种加词命名的植物有 6 种，见表 37-4。

表 37-3　用形容词"准噶尔的（songoricus，-a，-um）"作种加词命名的植物

科名	中文名	学名
禾本科	无芒隐子草	*Cleistogenes songorica*
	准噶尔看麦娘	*Alopecurus songoricus*
	新疆旱禾	*Eremopoa songarica*
	准噶尔落芒草	*Piptatherum songaricum*
	准噶尔早熟禾	*Poa dschungarica*
豆科	准噶尔岩黄耆	*Hedysarum songaricum*
	准噶尔棘豆	*Oxytropis songarica*
	准噶尔鹰嘴豆	*Cicer songoricum*
	准噶尔锦鸡儿	*Caragana soongorica*
蔷薇科	准噶尔栒子	*Cotoneaster soongoricus*
	准噶尔委陵菜	*Potentilla soongorica*
毛茛科	准噶尔铁线莲	*Clematis songarica*
	华北乌头	*Aconitum soongaricum*
石竹科	准噶尔石竹	*Dianthus soongoricus*
	准噶尔丝石竹	*Gypsophila dshungarica*
莎草科	准噶尔薹草	*Carex songorica*
锁阳科	锁阳	*Cynomorium songaricum*
伞形科	准噶尔阿魏	*Ferula songorica*
菊科	准噶尔婆罗门参	*Tragopogon songaricus*
茜草科	准噶尔拉拉藤	*Galium soongoricum*
柽柳科	红砂	*Reaumuria soongarica*
半日花科	半日花	*Helianthemum songoricum*

表 37-4　用形容词"布里亚特的（buriaticus，-a，-um）"作种加词命名的植物

科名	中文名	学名
杨柳科	布里亚特柳	*Salix burjatica*
豆科	布里亚特锦鸡儿	*Caragana buriatica*
伞形科	布里亚特葛缕子	*Carum buriaticum*
玄参科	布里亚特柳穿鱼	*Linaria buriatica*
忍冬科	布里亚特荚蒾	*Viburnum buriaticum*
百合科	布里亚特天门冬	*Asparagus burjaticum*

3. 用乌拉特部名作种加词命名的植物

乌拉特（ᠤᠷᠠᠳ）是蒙古族之一部，该部历史上牧地在河套北部，约今中国内蒙古巴彦淖尔市乌拉特草原的范围内游牧。用形容词"乌拉特的（ᠤᠷᠠᠳ ᠤᠨ）"拉丁化（uratensis）作种加词命名的植物只有 1 种，即蔷薇科的乌拉特绣线菊（*Spiraea uratensis*）。

4. 用科尔沁部名作种加词命名的植物

科尔沁（ᠬᠣᠷᠴᠢᠨ）是蒙古族之一部，该部历史上牧地约在今中国内蒙古通辽市、吉林

省郭尔罗斯蒙古族自治县及黑龙江省杜尔伯特蒙古族自治县的范围内游牧。用形容词"科尔沁的（ᠬᠣᠷᠴᠢᠨ ᠤ）"拉丁化（keerqinensis）作种加词命名的植物仅有 1 种，即杨柳科的科尔沁杨（*Populus keerqinensis*）。

5. 用喀尔喀部名作种加词命名的植物

喀尔喀（ᠬᠠᠯᠬᠠ）是蒙古族之一部，历史上在喀尔喀河两岸游牧，蒙古国人口的 88% 是喀尔喀蒙古人。用名词"喀尔喀所有格复数（ᠬᠠᠯᠬᠠᠴᠤᠳ）"拉丁化（chalchorum）作种加词命名的植物仅有 1 种，即蔷薇科的喀尔喀委陵菜（*Potentilla chalchorum*）。

（三）用山名作种加词命名的植物

用蒙古高原及其毗邻地区山名作种加词命名的植物已知有 71 种之多。包括兴安岭、贺兰山、阿尔泰山、杭爱山、肯特山、赛汗山、伊合博格多山、阿拉巴斯山及哈木尔山。

1. 用兴安岭作种加词命名的植物

蒙古高原东界大兴安岭（ᠶᠡᠬᠡ ᠬᠢᠩᠭᠠᠨ ᠳᠠᠪᠠᠭᠠ），最高峰黄岗梁海拔为 2034m，蒙语"兴安（ᠬᠢᠩᠭᠠᠨ）"是"梁"之意。用形容词"兴安产的（ᠬᠢᠩᠭᠠᠨ ᠤ）"拉丁化（hsinganicus, -a, -um）作种加词命名的植物有 5 种，见表 37-5。

表 37-5 用形容词"兴安产的（hsinganicus, -a, -um）"及地理形容词词尾（-ensis）结尾作种加词命名的植物

科名	中名	学名
杨柳科	兴安杨	*Populus hsinganica*
	兴安柳	*Salix hsinganica*
藜科	兴安虫实	*Corispermum chinganicum*
景天科	兴安景天	*Sedum hsinganicum*
莎草科	兴安薹草	*Carex chinganensis*

2. 用贺兰山（阿拉善）名作种加词命名的植物

狭义蒙古高原南界贺兰山，最高点海拔 3556m。贺兰山与阿拉善系蒙语同一词（ᠠᠯᠠᠱᠠ = ᠠᠯᠠᠱᠠ）演变而来，其意解释不一，有"屠宰"、"花斑"及"野驴"等；用形容词"阿拉善产的（ᠠᠯᠠᠱᠠ ᠤ）"拉丁化（alaschanicus, -a, -um）及"贺兰山产的（holanshanensis）"作种加词命名的植物有 13 种，见表 37-6。

3. 用阿尔泰山名作种加词命名的植物

阿尔泰山是蒙古高原西界，阿尔泰山脉跨中国、蒙古国、哈萨克斯坦及俄罗斯四国，最高点友谊峰海拔 4653m。蒙语"阿尔泰（ᠠᠯᠲᠠᠢ）"是"金山"之意。用形容词"阿尔泰产的（ᠠᠯᠲᠠᠢ ᠶᠢᠨ）"拉丁化（altaicus, -a, -um）及用地理形容词词尾（altajense, -ensis）作种加词命名的植物有 40 种之多，见表 37-7。

表 37-6　用形容词"阿拉善产的（alaschanicus，-a，-um）或贺兰山地理形容词（holanshanensis，-anus）"作种加词命名的植物

科名	中名	学名
豆科	阿拉善苜蓿	*Medicago alaschanica*
	阿拉善黄耆	*Astragalus alaschanus*
	贺兰山棘豆	*Oxytropis holanshanensis*
玄参科	贺兰山玄参	*Scrophularia alaschanica*
	阿拉善马先蒿	*Pedicularis alaschanica*
菊科	贺兰山女蒿	*Hippolytia alashanensis*
	阿拉善风毛菊	*Saussurea alaschanica*
禾本科	阿拉善鹅观草	*Roegneria alashanica*
蓼科	阿拉善沙拐枣	*Calligonum alaschanicum*
十字花科	贺兰山南芥	*Arabis alaschanica*
唇形科	脓疮草	*Panzerina alashanica*
兰科	裂瓣角盘兰	*Herminium alaschanicum*
报春花科	阿拉善点地梅	*Androsace alaschanica*

表 37-7　用形容词"阿尔泰产的（altaicus，-a，-um）"及用地理形容词词尾（altajense，-ensis）作种加词命名的植物

科名	中名	学名
禾本科	阿尔泰洽草	*Koeleria altaica*
	阿尔泰旱禾	*Eremopoa altaica*
	阿尔泰三毛草	*Trisetum altaicum*
	阿尔泰异燕麦	*Helictotrichon altaicum*
	阿尔泰碱茅	*Puccinellia altaica*
	阿尔泰羊茅	*Festuca altaica*
	阿尔泰帕拉草	*Paracolpodium altaicum*
	阿尔泰早熟禾	*Poa altaica*
菊科	阿尔泰狗娃花	*Heteropappus altaicus*
	阿尔泰多榔菊	*Doronicum altaicum*
	阿尔泰蒿	*Artemisia altaiensis*
	阿尔泰橐吾	*Ligularia altaica*
	阿尔泰蒲公英	*Taraxacum altaicum*
玄参科	阿尔泰柳穿鱼	*Linaria altaica*
	阿尔泰玄参	*Scrophularia altaica*
	阿尔泰马先蒿	*Pedicularis altaica*
	阿尔泰兔耳草	*Lagotis altaica*
十字花科	阿尔泰糖芥	*Erysimum altaicum*
	阿尔泰葶苈	*Draba altaica*
	阿尔泰沟子芥	*Taphrospermum altaicum*
	阿尔泰芹叶荠	*Smelowskia altaica*
毛茛科	阿尔泰金莲花	*Trollius altaicus*
	阿尔泰乌头	*Aconitum altaicum*
	阿尔泰毛茛	*Ranunculus altaicus*

续表

科名	中名	学名
豆科	阿尔泰黄耆	*Astragalus altaicola*
	阿尔泰棘豆	*Oxytropis altaica*
	阿尔泰锦鸡儿	*Caragana altaica*
唇形科	阿尔泰青兰	*Dracocephalum altaiense*
	阿尔泰百里香	*Thymus altaicus*
蔷薇科	阿尔泰地蔷薇	*Chamaerhodos altaica*
	阿尔泰委陵菜	*Potentilla altaica*
忍冬科	阿尔泰忍冬	*Lonicera caerulea* var. *altaica*
桔梗科	阿尔泰风铃草	*Campanula altaica*
蓼科	阿尔泰大黄	*Rheum altaicum*
石竹科	阿尔泰蝇子草	*Silene altaica*
堇菜科	阿尔泰堇菜	*Viola altaica*
亚麻草	阿尔泰亚麻	*Linum altaicum*
报春花科	阿尔泰假报春	*Cortusa altaica*
百合科	阿尔泰葱	*Allium altaicum*
铁角蕨科	阿尔泰铁角蕨	*Asplenium altajense*

4. 用杭爱山名作种加词命名的植物

杭爱山脉（Хангайн Нуруу）位于蒙古国中部，最高点是鄂特冈腾格里峰（Отгон Тэнгэр уул）海拔 4031m。蒙语"杭爱（ᠬᠠᠩᠭᠠᠢ）"是"水草丰美的山林"之意，用形容词"杭爱产的（ᠬᠠᠩᠭᠠᠢ ᠶᠢᠨ）"拉丁化（changaicus, -a, -um）作种加词命名的植物有 4 种，即豆科的杭爱棘豆（*Oxytropis changaica*）、杭爱黄耆（*Astragalus changaicus*），菊科的杭爱蒿（*Artemisia changaica*）及柳叶菜科的杭爱柳叶菜（*Epilobium changaicum*）。

5. 用肯特山名作种加词命名的植物

肯特山脉（Хэнтэйн Нуруу）位于蒙古国东北部，最高点是阿萨拉尔图海拔 2751m。用形容词"肯特产的（ᠬᠡᠨᠲᠡᠢ ᠶᠢᠨ）"拉丁化（kenteicus, -a, -um）作种加词命名的植物有 2 种，即禾本科的肯特早熟禾（*Poa kenteica*）及菊科的肯特千里光（*Senecio kenteicus*）。

6. 用赛汗山名作种加词命名的植物

赛汗山位于蒙古国南部戈壁阿尔泰山脉末端，最高点的海拔 2946m。蒙语"赛汗（Сайхан）"是"好"之意。用形容词"赛汗产的（Сайханы）"拉丁化（saichanensis）作种加词命名的植物有 4 种，即罂粟科的赛汗罂粟（*Papaver saichanensis*）、豆科的赛汗黄耆（*Astragalus saichanensis*）、菊科的赛汗风毛菊（*Saussurea saichanensis*）及败酱科的赛汗缬草（*Valeriana saichanensis*）。

7. 用伊赫博格多山作种加词命名的植物

伊赫博格多山（Их Богд Уул）是蒙古国戈壁阿尔泰山脉的最高峰，海拔 3790m。

蒙语伊赫博格多山是"大圣山"之意。用此名拉丁化（ich–bogdo）作种加词命名的植物仅有 1 种，即石竹科的圣山蝇子草（*Silene ich–bogdo*）1 种。

8. 用哈木尔山名作种加词命名的植物

哈木尔达巴（Хамар Даваа）山位于蒙古国东吉尔嘎郎图山脉（Зуун Жаргалант Нуруу）。蒙语"哈木尔（Хамар）"是"鼻子"之意。达巴（Даваа）是"岭"。用此名拉丁化（chamarensis）作种加词命名的植物仅有 1 种，即石竹科的哈木尔蝇子草（*Silene chamarensis*）。

9. 用阿尔巴斯山名作种加词命名的植物

阿尔巴斯（ᠠᠯᠪᠠᠰ）山，位于中国内蒙古鄂尔多斯高原，主峰桌子山海拔 2149m。蒙语字义解释不一，有 "差使"、"参差不齐"及"豹子"等。用此名拉丁化（alabasica）作种加词命名的植物仅有 1 种，即内蒙古亚菊（*Ajania alabasica*）。

（四）用高原名作种加词命名的植物

1. 用鄂尔多斯高原名作种加词命名的植物

鄂尔多斯（ᠣᠷᠳᠥᠰ）高原位于中国内蒙古鄂尔多斯市范围内，东、北、西三面被黄河环绕，南部与晋陕黄土高原相连。元初，该高原被赐给忽必烈三儿子忙哥刺及其后裔，他们在这里建设宫帐，为元朝盛极一时的著名领地。蒙语"鄂尔多（ᠣᠷᠳᠥ）"是 "宫帐"之意，加上"斯（ᠰ）"是表示复数，表明宫帐多。用形容词"鄂尔多斯产的（ᠣᠷᠳᠥᠰ ᠤᠨ）"拉丁化（ordosicus, -a, -um）作种加词命名的植物有 3 种，即菊科的油蒿（*Artemisia ordosica*）、豆科的鄂尔多斯黄耆（*Astragalus ordosica*）、茜草科的鄂尔多斯野丁香（*Leptodermis ordosica*）。

2. 用锡林名作种加词命名的植物

锡林郭勒（ᠰᠢᠯᠢ ᠶᠢᠨ ᠭᠣᠣᠯ）高原，位于中国内蒙古中部。蒙语"锡林（ᠰᠢᠯᠢ ᠶᠢᠨ）"是"平矮山丘"之意。用此名拉丁化（xilinensis）作种加词命名的植物仅有 1 种，即玄参科的锡林婆婆纳（*Veronica xilinensis*）。

（五） 用城镇居民点名作种加词命名的植物

1. 格尔乌苏黄耆

格尔乌苏黄耆（*Astragalus geerwusuensis*），是以中国内蒙古阿拉善盟阿拉善右旗的一个居民点拉丁化作种加词命名的植物。蒙语"格尔（ᠭᠡᠷ）"是"房子"及"乌苏（ᠤᠰᠤ）"是"水"之意，指明是居民点格尔乌苏附近产的黄耆。

2. 包头黄耆

包头黄耆（*Astragalus baotouensis*），是以中国内蒙古包头市名拉丁化作种加词命名的植物。蒙语"包头（ᠪᠤᠭᠤᠲᠤ）"是"有鹿的"之意，指明包头市附近产的黄耆。

3. 乌丹蒿

乌丹蒿 (*Artemisia wudanica*)，是以中国内蒙古赤峰市翁牛特旗旗政府所在地乌丹镇名拉丁化作种加词命名的植物。蒙语"乌丹（ᠣᠳᠠᠨ）"是"柳树的"之意，指明乌丹镇附近产的蒿子。

4. 小瘤蒲公英

小瘤蒲公英 (*Taraxacum huhhoticum*)，是以中国内蒙古自治区首府呼和浩特市名拉丁化作种加词命名的植物。蒙语"呼和（ᠬᠥᠬᠡ）"是"青色的"及"浩特（ᠬᠣᠲᠠ）"是"城"之意，指明呼和浩特市附近产的蒲公英。

（六）用河湖名作种加词命名的植物

1. 用额尔古纳河名作种加词命名的植物

额尔古纳河发源于大兴安岭西侧的吉鲁契那山山麓，系黑龙江干流上游的名称，河长 900 多 km。蒙语"额尔古纳（ᠡᠷᠭᠦᠨᠡ）"是"弯曲折流"之意。用形容词"额尔古纳产的（ᠡᠷᠭᠦᠨᠡ ᠶᠢᠨ）"拉丁化（argunensis）作种加词命名的植物有 4 种，即菊科的羽叶千里光（*Senecio argunensis*）、唇形科的光萼青兰（*Dracocephalum argunense*）、莎草科的额尔古纳薹草（*Carex argunensis*）及禾本科的额尔古纳早熟禾（*Poa argunensis*）。

2. 用海拉尔河名作种加词命名的植物

海拉尔河是额尔古纳河的支流，河长 708km，自东而西纵贯呼伦贝尔高原。蒙语"海拉尔（ᠬᠠᠶᠢᠯᠠᠷ）"是"融化"之意，意指大兴安岭积雪融水汇集成河。用形容词"海拉尔产的（ᠬᠠᠶᠢᠯᠠᠷ ᠤᠨ）"拉丁化（hailarensis）作种加词命名的植物有 2 种，即蔷薇科的海拉尔绣线菊（*Spiraea hailarensis*）及豆科的海拉尔棘豆（*Oxytropis hailarensis*）。

3. 用喀尔喀河名作种加词命名的植物

喀尔喀河发源于大兴安岭西侧吉里革先山麓，河长 399km，流经中国内蒙古及蒙古国。喀尔喀是蒙古族部族名，喀尔喀河（ᠬᠠᠯᠬ᠎ᠠ ᠶᠢᠨ ᠭᠣᠣᠯ）名是由此部族名而来。用形容词"喀尔喀河产的（ᠬᠠᠯᠬ᠎ᠠ ᠶᠢᠨ ᠭᠣᠣᠯ ᠤᠨ）"拉丁化（chalchingolicus）作种加词命名的植物仅有 1 种，即菊科的喀尔喀菊（*Chrysanthemum chalchingolicum*）。

4. 用达赉湖名作种加词命名的植物

达赉湖位于中国内蒙古呼伦贝尔高原，有喀尔喀河、乌尔逊河及克鲁伦河汇入，并由乌尔逊河沟通达赉湖及贝尔湖。达赉湖也称为呼伦湖。蒙语"达赉（ᠳᠠᠯᠠᠢ）"是"海"之意。用形容词"达赉产的（ᠳᠠᠯᠠᠢ ᠶᠢᠨ）"拉丁化（dalaiensis）作种加词命名的植物仅有 1 种，即豆科的草原黄耆（*Astragalus dalaiensis*）。

5. 用青海湖名作种加词命名的植物

青海湖（ᠬᠥᠬᠡᠨᠠᠭᠤᠷ），蒙语"青色湖"之意。位于中国青海省，古称西湖，面积 4583km²，湖面海拔 3195m，最深达 32.8m，咸水湖。用形容词"青海湖产的（ᠬᠥᠬᠡᠨᠠᠭᠤᠷ ᠤᠨ）"拉丁化（kokonoricus, -a，-um）作种加词命名的植物有 3 种，即青海固沙草（*Orinus kokonorica*）、青海鹅观草（*Roegneria kokonorica*）及青海野青茅（*Deyeuxia kokonorica*）。

（七）用地貌戈壁名作种加词命名的植物

戈壁（ᠭᠣᠪᠢ），系地貌名词，蒙语是指砾石覆盖的砾漠。在蒙古高原有大面积的戈壁滩。用形容词"戈壁产的（ᠭᠣᠪᠢ ᠶᠢᠨ）"拉丁化（gobicus, -a, -um）作种加词命名的植物有 13 种，见表 37-8。

表 37-8　用地貌戈壁名作种加词命名的植物

科名	中名	学名
菊科	戈壁蒿	*Artemisia gobica*
	戈壁女蒿	*Hippolytia gobica*
	戈壁短舌菊	*Brachanthemum gobicum*
豆科	戈壁锦鸡儿	*Caragana gobica*
	戈壁黄耆	*Astragalus gobicus*
蓼科	戈壁沙拐枣	*Calligonum gobicum*
藜科	戈壁猪毛菜	*Salsola gobicola*
禾本科	戈壁针茅	*Stipa tianschanica* var. *gobica*
百合科	戈壁天门冬	*Asparagus gobicus*
蒺藜科	戈壁霸王	*Zygophyllum gobicum*
白花菜科	戈壁白花菜	*Cleome gobica*
蓝雪科	戈壁补血草	*Limonium gobicum*
唇形科	戈壁百里香	*Thymus gobicus*

此外，用地貌名戈壁与山名阿尔泰连用作种加词命名的植物有 1 种，即戈阿黄耆[拟]*Astragalus gobi-altaicus*。

（八）用植物蒙古原名作种加词命名的植物

用植物蒙古原名"锦鸡儿（ᠬᠠᠷᠠᠭᠠᠨᠠ）"拉丁化（caragana）作种加词命名的植物有 2 种，即豆科的长叶铁扫帚（*Lespedeza caraganae*）及禾本科的小茇茇草（*Achnatherum caragana*）。

四、用蒙语作亚种、变种区别词命名的植物

（一）用蒙语作亚种区别词命名的植物

用蒙语拉丁化作亚种区别词命名的植物有 2 个，一个是柽柳科的甘蒙柽柳（*Tamarix chinensis* subsp. *austromongolica*），这一亚种区别词为"austromongolica"，是个复合词，前半部是"austro-"是拉丁文"南部"之意，后边接上"mongolica"，意为蒙古高原南部产的亚种植物。另一个是禾本科的蒙古羊茅（*Festuca dahurica* subsp. *mongolica*），这一亚种的区别词是"蒙古产的（mongolica）"之意。

（二）用蒙语作变种区别词命名的植物

用蒙语拉丁化作变种区别词命名的植物有 9 个，可分为 5 类。第一类是用形容词"蒙古产的（mongolicus, -a, -um）"拉丁化作变种区别词命名的植物，即松科的樟子松（*Pinus sylvestris* var. *mongolica*）、蒙古云杉（*Picea meyeri* var. *mongolica*）及唇形科的百里香（*Thymus serpyllum* var. *mongolicus*）3 变种。第二类是用形容词"阿拉善产的（alaschanicus, -a, -um）"拉丁化作变种区别词命名的植物，即莎草科的阿拉善凸脉薹草（*Carex lanceolata* var. *alaschanica*）、木犀科的贺兰山丁香（*Syringa pinnatifolia* var. *alaschanensis*）及豆科的宽叶岩黄耆（*Hedysarum polybotrys* var. *alaschanicum*）3 变种。第三类是用组合的复合词拉丁化作变种区别词来命名植物，这一类仅有 1 变种，即莎草科的兴安羊胡子草（*Carex callitrichos* var. *austrochinganica*），变种区别词的前半部（austro-）是拉丁文"南部"之意，加上后半部"兴安产的（chinganica）"组合而成，意指"兴安南部产的"变种。第四类是用城市名拉丁化作变种区别词命名变种植物，这一类仅有 1 变种，即卷柏科的尖叶卷柏（*Selaginella tamariscina* var. *ulanchotensis*），变种区别词是"乌兰浩特产的（ulanchotensis）"，蒙语乌兰浩特是"红城"之意，系指内蒙古兴安盟府所在地乌兰浩特市。第五类是用河名拉丁化作变种区别词命名变种植物，这一类仅有 1 变种，即百合科的纳林韭（*Allium tenuissimum* var. *nalinicum*），纳林河位于中国内蒙古鄂尔多斯市乌审旗，蒙语"纳林"是"窄"之意，是指河道不宽，该变种特产于纳林河畔。

第二节　蒙古文化对国际动物命名的贡献

动物学名，是指动物分类上国际通用的拉丁名。据统计，动物命名中，用蒙语拉丁化命名的有 1 科 2 属及种加词 300 多种，丰富了动物学拉丁文，为世界动物科学的发展做出了贡献。

一、用蒙语拉丁化命名的动物科

在动物分类命名上，科一级的命名中用蒙语拉丁化命名的动物科，即鼠兔科（Ochotonidae），是由蒙古民族统称的鼠兔蒙名拉丁化命名的科名。鼠兔，亦称为啼兔或无尾兔，鼠兔蒙名（），拉丁化成"ochotona"，以此定为属名并上升为科名。

二、用蒙语拉丁化命名的动物属

在动物分类的属一级命名中，用蒙语拉丁化命名的动物属有 2 个，即鼠兔属和跳鼠属。

（一）鼠兔属

鼠兔属（*Ochotona*）中，包括：达乌尔鼠兔（*O. dauurica*）、草原鼠兔（*O. pallasi*）、贺兰山鼠兔（*O. helanshanensis*）、高山鼠兔（*O. alpina*）及东北鼠兔（*O. hyperborea*）

等，学名第一个词属名是蒙名的拉丁化词。

（二）五趾跳鼠属

五趾跳鼠属（*Allactaga*），跳鼠亦称为跳兔。蒙名是（），学名的第一个词是属名，是由蒙名拉丁化而来，该属包括：五趾跳鼠（*A. sibirica*）、小五趾跳鼠（*A. elater*）及巨泡五趾跳鼠（*A. bullata*）等。

三、用蒙语拉丁化作种加词命名的动物

用蒙语拉丁化作种加词命名的动物有 300 多种。

（一）用蒙古一词拉丁化作种加词命名的动物

用有关"蒙古（）"一词拉丁化（mongol）作种加词命名的动物有 160 多种。

1. 用名词"蒙古"拉丁化作种加词命名的动物

直接用名词"蒙古"拉丁化作种加词命名的动物仅有 1 种，即蒙古蜉金龟（*Psammodium mongol*）。

2. 在名词"蒙古"之前加"内"字拉丁化作种加词命名的动物

在名词"蒙古"之前加"内"字拉丁化作种加词命名的动物仅有 1 种，即内蒙狼逍遥蛛（*Thanatus neimongol*），这一种加词是汉语"内"字和"蒙古"的杂合词。

3. 用名词"蒙古"之所有格复数作种加词命名的动物

名词"蒙古"之所有格复数是"mongolorum"，以此作种加词命名的动物有 4 种，即蒙古柱麦蛾（*Athrips mongolorum*）、蒙古戈麦蛾（*Gnorimoschela mongolorum*）、蒙古阎甲（*Paravolvalus mongolorum*）及蒙古双鬃缟蝇（*Sapromyza mongolorum*）。

4. 用形容词"蒙古产的"拉丁化作种加词命名的动物

用形容词"蒙古产的（mongolicus, -a, -um）"作种加词命名的动物有 142 种，如蒙古花蟹蛛（*Xysticus mongolicus*）、蒙古植盲蝽（*Phytocoris mongolicus*）、蒙螳瘤蝽（*Cnizocoris mongolicus*）、蒙古田鼠（*Microtus mongolicus*）、蒙古沙鸻（*Charadrius mongolus*）、蒙古红鲌（*Erythroculter mongolicus*）、蒙古豹蛛（*Pardosa mongolica*）、蒙古草粉蚧（*Euripersia mongolica*）、蒙古百灵（*Melanocorypha mongolica*）及蒙古草天牛（*Eodorcation mongolicum*）等。

5. 用形容词"蒙古产的"之前加英文作种加词命名的动物

在形容词"蒙古产的（mongolicus）"之前加英文"内（inner-）"的复合词作种加词命名的动物有 3 种，即内蒙古杂盲蝽（*Psallus innermongolicus*）、内蒙古巧粉蚧（*Chorizococcus innermongolicus*）及内蒙古黑粉蚧（*Atrococcus innermongolicus*）。

6. 用形容词"蒙古产的"之前加汉语"内"字作种加词命名的动物

在形容词"蒙古产的"之前加汉语"内（nei-）"字作种加词命名的动物有 7 种，即内蒙古异针蟋（*Pteronemobius neimongolensis*）、内蒙古粉毛蚜（*Pterocomma neimongolensis*）、内蒙古下盾螨（*Hypoaspis neimongolianus*）、内蒙古优头蝇（*Pipunculus neimongolanus*）、内蒙古厉眼蕈蚊（*Lycoriella neimongolana*）、内蒙古圆胸花萤（*Prothemus neimongolanus*）及内蒙古齐褐蛉（*Kimminsia neimennica*）。

7. 用地理形容词"属于蒙古"拉丁化作种加词命名的动物

用地理形容词"属于蒙古（mongoliensis）"作种加词命名的动物有 2 种，即蒙古金叶甲（*Chrysolina mongoliensis*）及蒙古双刺蚁蜂（*Eremomyrme mongoliensis*）。

（二）用蒙古族部名作种加词命名的动物

用蒙古族部名作种加词命名的动物有 11 种。

1. 用蒙古族布里亚特部名作种加词命名的动物

用布里亚特（ᠪᠤᠷᠢᠶᠠᠳ）部名作种加词命名的动物有 2 种，即多刺喀叶蝉（*Kaszabinus burjaticus*）及布里亚特蚁蜡蝉（*Tehigometra brujatica*）。

2. 用蒙古族准噶尔部名作种加词命名的动物

用准噶尔（ᠵᠡᠭᠦᠨᠭᠠᠷ）部名作种加词命名的动物有 7 种，即准噶尔衣鱼（*Ctenolepisma dzhungarium*）、准噶尔斑翅盲蝽（*Tuponia songorica*）、准噶尔笨土甲（*Penthicus dschungaricus*）、准噶尔贝蝗（*Beybienkia songorica*）、准噶尔菲叶蝉（*Phlebiastes dzhungaricus*）、准噶尔花颈吉丁（*Acmaeoderella dzhungarica*）及松阿土甲（*Anatrum songoricum*）。

3. 用蒙古族喀尔喀部名作种加词命名的动物

用喀尔喀（ᠬᠠᠯᠬᠠ）部名作种加词命名的动物有 2 种，即喀拉喀棘蝇（*Phaonia chalchica*）及暗黑库氏飞虱（*Kusnezoviella chalchica*）。

（三）用山名作种加词命名的动物

用蒙古高原及其毗邻地区山名作种加词命名的动物有 68 种。

1）用兴安岭（ᠬᠢᠩᠭᠠᠨ ᠳᠠᠪᠠᠭ᠎ᠠ）名作种加词命名的动物有 5 种，如大兴安岭雏蝗（*Chorthippus dahinganlingensis*）、尖角亮漠潜甲（*Melanesthes chinganica*）及红缝草天牛（*Eodorcadion chinganium*）等。

2）用阿尔泰山（ᠠᠯᠲᠠᠢ ᠠᠭᠤᠯᠠ）名作种加词命名的动物有 39 种，如阿尔泰鼹鼠（*Talpa altaica*）、阿尔泰雪鸡（*Tetraogallus altaicus*）、香鼬（*Mustela altaica*）、阿尔泰束颈蝗（*Sphingonotus altayensis*）及阿尔泰草蛉（*Chrysopa altaica*）等。

3）用贺兰山（ᠬᠡᠯᠡᠨ᠎ᠠ=ᠬᠡᠯᠡᠨ᠎ᠠ）名作种加词命名的动物有 12 种，如贺兰山鼠兔（*Ochotona helanshanensis*）、阿拉善黄鼠（*Citellus alaschanicus*）、贺兰山红尾鸲（*Phoenicurus alaschanicus*）、贺兰山植盲蝽（*Phytocoris alashanensis*）及阿拉善合垫盲蝽（*Orthotylus alashanensis*）等。

4）用杭爱山（Хангайн нуруу）名作种加词命名的动物有 9 种，如杭爱鞘蛾（*Coleophora changaica*）、杭爱茧蜂（*Chelonus changaicus*）及杭爱小茧蜂（*Microchelonus changaicus*）等。

5）用萨彦岭（ᠰᠠᠶᠠᠨ）作种加词命名的动物有 1 种，即萨彦长吉丁（*Sphenoptera sajanensis*）。

6）博格多山（ᠪᠣᠭᠳᠠ ᠠᠭᠤᠯᠠ）是圣山，用此作种加词命名的动物有 2 种，即圣山飞虱（*Ribautodelphax bogdul*）及钩突叶蝉（*Mocuellus bogdianus*）。

（四）用地貌名作种加词命名的动物

用地貌名作种加词命名的动物有 44 种。

1）用戈壁（ᠭᠣᠪᠢ）作种加词命名的动物有 42 种，如戈壁植盲蝽（*Phytocoris gobicus*）、戈壁蜉金龟（*Aphodius gobiensis*）、戈壁亚天牛（*Asias gobiensis*）、戈壁小金蝇（*Timia gobica*）及大棕蝠（*Zeptesicus gobiensis*）等。

2）用柴达木（ᠴᠠᠶᠢᠳᠠᠮ）名作种加词命名的动物有 2 种，即柴达木麦蛾（*Athrips tsaidamica*）及柴达木直角象（*Rhamphus tsaidamicus*）。

（五）用河名作种加词命名的动物

用河名作种加词命名的动物有 5 种。

1）用喀尔喀河（Халхын гол）作种加词命名的动物有 3 种，即哈拉哈腹茧蜂（*Microchelonus chalchingoli*）、哈拉哈隆脊叶蝉（*Paralimus chalchingolus*）及哈拉哈花蚤（*Mordellisisena charagolensis*）。

2）用宝日高勒河（Бор гол）作种加词命名的动物有 1 种，即宝日河壁叶蝉（*Scleroracus borogolicus*）。

3）用洮儿河（ᠲᠠᠪᠤᠷ ᠤᠨ ᠭᠣᠣᠯ）作种加词命名的动物有 1 种，即洮儿河美缓螨（*Amerosenius taoerhansis*）。

（六）用植物原名拉丁化作种加词命名的动物

用植物锦鸡儿蒙古原名作种加词命名的动物有 8 种，如锦鸡儿豆象（*Kytorhinus caraganae*）、柠条短唇盲蝽（*Phaeochiton caraganae*）及绿芫菁（*Lytta caraganae*）等。

此外，用本种动物蒙古原名拉丁化作种加词命名的动物有 1 种，即蒙古兔（*Lepus taolai*）。这是由兔子的蒙古原名（ᠲᠠᠤᠯᠠᠢ）拉丁化"taolai"作种加词的动物学名。这一有趣的命名人，是俄罗斯的伟大动植物分类学家皮得·西蒙·帕拉斯（Peter Simon Pallas，1741—1811），表明他对蒙古民族动物蒙名文化的重视，值得后人尊敬。

第三十八章　蒙古民族利用草原植物资源的传统文化

人类赖以资源而生存，研究资源而发展。蒙古民族世世代代在蒙古高原繁衍生息，勤劳智慧的蒙古民族在长期的生活和生产实践中，创造和发展了利用草原植物资源的光辉灿烂的蒙古民族传统文化。在利用食用植物资源、饮用植物资源、药用植物资源及饲用植物资源方面积累了丰富经验，形成了蒙古民族利用植物资源的独特传统文化。进而，在宗教文化意象中也发展了植物崇拜文化。

第一节　食用植物传统文化

民以食为本。蒙古民族食物，除肉食[乌兰伊得（ᠤᠯᠠᠭᠠᠨ ᠢᠳᠡᠭᠡᠨ）]和奶食[查干伊得（ᠴᠠᠭᠠᠨ ᠢᠳᠡᠭᠡᠨ）]之外，还有粮食、蔬菜及水果。

一、蒙古民族粮用植物文化

古代蒙古人，所用粮用资源植物有稷、沙蓬、沙鞭、大赖草、黄沙蒿及蓍状亚菊等。现代蒙古人，随着社会经济、文化的发展，所用粮用植物除稷之外，还有小麦、水稻、荞麦、莜麦及玉米等栽培作物。

（一）稷

稷是蒙古民族做炒米食用的粮用作物。在植物分类上，属于禾本科（Poaceae）黍属（*Panicum*）黍（*P. miliaceum*）的一个变种（*P. miliaceum* var. *effusum*）。黍是中国古老的粮食栽培作物，起源于黄河流域，这里是栽培黍的古代初生基因中心，稷则是黍的一个变种。稷是一年生粮食栽培作物，栽培品种很多，具有早熟、耐旱及耐贫瘠等优良特性；圆锥花序疏展，不下垂；谷粒不黏，颜色变化大，灰褐色或黄色者诸多。在中国，栽培稷的省份主要有内蒙古、河北、陕西、山西、宁夏、甘肃及黑龙江等。在内蒙古，栽培稷的地区主要有鄂尔多斯市、巴彦淖尔市、包头市、呼和浩特市、乌兰察布市、通辽市、赤峰市及兴安盟等地。

稷的蒙名是："蒙古乐=蒙古乐阿木=蒙古乐布达（ᠮᠣᠩᠭᠣᠯ = ᠮᠣᠩᠭᠣᠯ ᠠᠮᠤ = ᠮᠣᠩᠭᠣᠯ ᠪᠤᠳᠠᠭᠠ）"。蒙名的三种称呼都有"蒙古乐"，足见该作物的蒙古民族传统文化之属性。三种名称又各有其义：蒙古乐，既是蒙古名又是稷名；蒙古乐阿木，意为蒙古粮；蒙古乐布达，意为蒙古米。蒙古民族历来用稷做炒米或米饭食用，炒米是蒙古族的主食之一，牧区蒙古人茶茶不离炒米；稷是炒米的原料，加工方法是：先将稷子浸水加热使其谷粒膨胀，接着加沙锅炒、摊晾清沙及碾去糠皮等工序。蒙古人，在农历腊月二十三祭灶之前，家家户户把炒米炒好，准备迎接新的一年到来。炒米适于备战，便于携带，食用方便，是蒙古族喜爱的粮食食品，是蒙古族在蒙古高原漫长生活实践中选择的结果，也是对饮食文化所做出的贡献。

（二）沙蓬

沙蓬（*Agriophyllum squarrosum*）是藜科（Chenopodiaceae）一年生草本植物，高可达 50cm，多分枝，常呈球状。生于流动沙丘，是沙地先锋植物。在中国，分布于内蒙古额济纳、龙首山、贺兰山、西阿拉善、东阿拉善、鄂尔多斯、阴南丘陵、阴山、赤峰丘陵、乌兰察布、呼锡高原、岭西、兴安南部、科尔沁、辽河平原及燕山北部植物州；东北、华北、西北及河南、西藏也有。在蒙古国，分布于科布多、中喀尔喀、东蒙古、大湖盆地、众湖谷地、东戈壁、戈壁阿尔泰、准噶尔、阿尔泰内戈壁及阿拉善戈壁植物州。俄罗斯西伯利亚有分布。中亚地区也有分布。

沙蓬的蒙名是："楚力黑尔（ᠴᠤᠯᠬᠢᠷ）"，种子的营养价值很高，据蒙古人民共和国科学委员会分析，种子的粗蛋白含量占干物质的 21.25%、脂肪占 6.09%、纤维素占 3.4%、灰分占 1.6% 及无氮浸出物占 58.25%。自古以来，蒙古族牧民有收集沙蓬的种子制成米或面粉来食用的传统，亦作精饲料。

此外，蒙古人还搜集禾本科沙鞭（*Psammochloa villosa*），蒙名："哈尔-苏里（Хар суль）"及大赖草（*Leymus racemosus*），蒙名："查干-苏里（Цагаан суль）"，将其颖果加工磨粉食用。蒙古牧民也还搜集菊科的黄沙蒿（*Artemisia xanthochroa*），蒙名："毛仁-夏日乐吉（Морин шарилж）"及蓍状亚菊（*Ajania achilloides*），蒙名："宝日-塔尔（Бор таарь）"，将其瘦果加工磨粉食用。

二、蒙古民族蔬菜用植物文化

蒙古民族，传统食用野菜主要有蒙古韭、山韭、野韭、苦葱及沙芥等。随着社会经济、文化的发展及人类社会的进步，蒙古民族的食用蔬菜也与其他民族的食用蔬菜接近了。

（一）蒙古韭

蒙古韭（*Allium mongolicum*），在植物分类上属于百合科（Liliaceae）葱属之一种。具鳞茎的旱生多年生草本植物。区系地理成分为戈壁-蒙古成分。多见于荒漠草原和荒漠地带的沙地及干旱山坡，亦可进入典型草原的西部边缘，喜生于沙质棕钙土上。在中国，分布于内蒙古额济纳、东阿拉善、鄂尔多斯、乌兰察布及呼锡高原植物州；新疆东北部、青海北部、甘肃、宁夏北部、陕西北部及辽宁西北部有分布。在蒙古国，分布于杭爱、蒙古–达乌里、科布多、蒙古–阿尔泰、中喀尔喀、东蒙古、大湖盆地、众湖谷地、东戈壁、戈壁–阿尔泰、准噶尔戈壁、阿尔泰内戈壁及阿拉善戈壁植物州。俄罗斯西伯利亚及哈萨克斯坦也有。

蒙古韭的蒙名是"胡莫里（ᠬᠥᠮᠥᠯᠢ）"。蒙古韭在蒙古族的传统食用野菜中，可谓是首屈一指的野菜了。食用方式：做馅、腌渍、炒菜、调韭菜花、掺和奶食及晒干后食用。

嫩叶与牛肉拌馅的蒙古包子是蒙餐不可缺少的主食之一,腌渍咸菜是蒙餐桌上必备的风味小菜。蒙古国的蒙古族有晒干后冬春季节调味食用的习惯,也有为预防胃肠疾病而掺和酸酪蛋儿、酸奶干儿等奶食品中食用。蒙古韭营养价值很高,除富含蛋白质和脂肪之外,还含丰富的氨基酸和矿质营养元素;含 17 种氨基酸,其中苏氨酸、缬氨酸、甲硫氨酸、异亮氨酸、苯丙氨酸、赖氨酸及亮氨酸是人体必需的 7 种氨基酸,远远超过了菠菜、芹菜、黄瓜、韭菜及番茄的氨基酸含量;矿质营养元素有钾、钠、钙、磷、锌、铜、铁及镍,其中铜、锌及镍是人体必需的微量元素,铜、锌及铁又是人体重要的金属酶的组成成分,镍也是脲酶的金属成分。

蒙古民族在蒙古高原生活和生产实践的漫长的历史发展过程中,选择了蒙古韭作为传统食用野菜,现代科学证明这种选择是符合人体健康发展需要,对人类利用植物资源为食物方面的一个贡献。可以通过驯化栽培蒙古韭,培育更能符合人类需要的新品种。

(二)沙芥

沙芥(*Pugionium cornutum*)是十字花科(Brassicaceae)沙芥属之一种。二年生草本植物。高达 150cm。根圆柱形,肉质,叶羽状全裂。总状花序组成圆锥状,花十字形,四强雄蕊。短角果具刺。沙生植物。中国特有种,分布于内蒙古科尔沁、呼锡高原、赤峰丘陵、阴南丘陵、鄂尔多斯及东阿拉善植物州;宁夏及陕西也有。全草入药,有消食作用,主治消化不良。

沙芥的蒙名是“额乐孙-萝邦=沙盖(ᠡᠯᠡᠰᠦᠨ ᠯᠠᠪᠠᠩ = ᠱᠠᠭᠠᠢ)”,“额乐孙”是“沙生的”之义,“萝邦”是汉语“萝卜”之音译;“沙盖”是沙芥的蒙文原名。沙芥是蒙古族腌渍食用的野生蔬菜,是餐桌上的风味小菜,营养丰富。已进行栽培驯化。

此外,蒙古族传统蔬菜用植物还有:山韭(*Allium senescens*),蒙名:“明格尔(ᠮᠢᠩᠭᠠᠷ)”,食其嫩叶;野韭(*A. ramosum*),蒙名:“哲日勒格-高戈得(ᠵᠡᠷᠯᠢᠭ ᠭᠣᠭᠣᠳ)”,食嫩叶,花腌渍做“韭菜花”调味佐食;茖葱(*A. victorialis*),蒙名:“哈力阿日(ᠬᠠᠯᠢᠶᠠᠷ)”,嫩叶可食;等等。

三、蒙古民族果用植物文化

蒙古民族,传统果用植物主要有:越桔、山荆子、山楂、稠李、欧李、山杏及白刺等。随着社会经济、文化的发展,现在蒙古人食用的果用植物颇多。

(一)越橘

越橘(*Vaccinium vitis-idaea*)是杜鹃花科(Ericaceae)越橘属的一个种。别名:红豆、牙疙瘩。生于寒温型针叶林带,多出现在落叶松林下,也见于亚高山带。阴性耐寒中生常绿矮小灌木,具地下匍匐茎;地上枝细,高约 10cm;叶革质,有光泽,具腺点;6~7 月开花,花白色或淡粉红色,雄蕊 8 枚,子房下位;浆果球形,茎 5~7mm,红色。区系地理成分为泛北极成分。在中国,分布于内蒙古兴安北部植物州;东北也有。在蒙古国，分布于库苏古、肯特、杭爱、蒙古–达乌里、外兴安及科布多植物州。俄罗斯的远东及西伯利亚有分布。北欧及北美也有。

越橘蒙名"阿力日苏（ᠠᠯᠢᠷᠰᠣ）"。居住在蒙古高原北部及东北部的蒙古人，很早便将越橘的浆果直接采摘当水果或制成果酱食用；酸甜，味美可口。据分析资料，新鲜果实中含糖 8.75%、游离酸 2.2%、安息香酸 0.075%及鞣酸 0.22%。果实可酿酒。叶入药，作尿道消毒剂。作水果食用的同属植物还有笃斯越橘（*V. uliginosum*）一种。

（二）山荆子

山荆子（*Malus baccata*）是蔷薇科（Rosaceae）苹果属的一个种。别名：山定子、林荆子。落叶小乔木，高可达 10m。叶椭圆形，先端尾状渐尖。伞形花序，花白色，雄蕊多数，子房下位；梨果，球形，直径 8～10mm，红色。喜生于肥沃潮湿的土壤，常见于河流两岸谷地，也见于山地林缘及森林草原带的沙地。在中国，分布于内蒙古兴安北部、岭东、岭西、兴安南部、呼锡高原、辽河平原、赤峰丘陵、燕山北部及阴山等植物州；东北及河北、山西、陕西、甘肃、山东有分布。在蒙古国，分布于肯特、杭爱、蒙古–达乌里、外兴安、中喀尔喀及东蒙古植物州。俄罗斯的远东及西伯利亚有分布。朝鲜东部也有。

山荆子蒙名"乌日乐（ᠤᠷᠯᠣ）"。果实成熟时，鲜吃味美，酸甜可口；可把熟透的果实采摘后晒干，磨成粉状，掺和奶食品，也可加入在面粉中加工食品，味道颇佳。果实也可做果酱和酿酒。

此外，蒙古民族果用植物还有：山楂（*Crataegus pinnatifida*），蒙名："道劳淖（ᠳᠣᠯᠣᠨᠣ）"，果食用，亦可做果酱；稠李（*Prunus padus*），蒙名"矛衣勒（ᠮᠣᠶᠢᠯᠣ）"，果食用，味甜，稍具涩味；欧李（*Prunus humilis*），蒙名"乌拉嘎纳（ᠤᠯᠠᠭᠠᠨᠠ）"，果食用，味甜可口；西伯利亚杏（*Prunus sibirica*），蒙名"贺仁-贵乐斯（ᠬᠡᠷ ᠶᠢᠨ ᠭᠦᠢᠯᠡᠰᠣ）"，果成熟前可食用；白刺（*Nitraria tangutorum*），蒙名"唐古特-哈尔莫格（ᠲᠠᠩᠭᠤᠳ ᠬᠠᠷᠮᠠᠭ）"，果食用，甜美可口，被誉为"沙漠樱桃"之美称；等等。

第二节　饮用植物传统文化

古代蒙古人的食物结构，就决定了饮茶是蒙古民族的重要嗜好之一。蒙古高原不产茶（*Camellia sinensis*），所以，蒙古民族在其长期的生活实践中利用蒙古高原所产的野生植物作为茶叶的代用品，积累了丰富经验，在蒙古谚语"学之初啊（ᠠ）（蒙古文第一字母），饮之初茶（ᠴᠠᠢ）"及"宁可一日无餐，不可一日无茶"中，可见茶在蒙古人生活中的重要性，勤劳智慧的蒙古民族创造了独特的茶用植物传统文化。

一、蒙古民族茶用植物的种类

据统计，蒙古民族茶用植物有 36 种之多，分别隶属于 20 科 30 属中，见表 38-1。

表 38-1　蒙古民族茶用植物种类

科名	中名	学名
蔷薇科	大叶蔷薇	*Rosa acicularis*
	山刺玫	*R. davurica*
	金露梅	*Potentilla fruticosa*
	委陵菜	*P. chinensis*
	西伯利亚杏	*Prunus sibirica*
	欧李	*P. humilis*
	地榆	*Sanguisorba officinalis*
	山荆子	*Malus baccata*
	秋子梨	*Pyrus ussuriensis*
	库页悬钩子	*Rubus sachalinensis*
	旋果蚊子草	*Filipendula ulmaria*
毛茛科	芍药	*Paeonia lactiflora*
	窄叶芍药	*P. anomala*
	棉团铁线莲	*Clematis hexapetala*
麻黄科	单子麻黄	*Ephedra monosperma*
	草麻黄	*E. sinica*
牻牛儿苗科	蓝花老鹳草	*Geranium pseudosibiricum*
	鼠掌老鹳草	*G. sibiricum*
唇形科	黄芩	*Scutellaria baicalensis*
	戈壁百里香	*Thymus gobicus*
菊科	山蒿	*Artemisia brachyloba*
	麻花头	*Serratula centauroides*
松科	西伯利亚落叶松	*Larix sibirica*
豆科	达乌里胡枝子	*Lespedeza davurica*
虎耳草科	厚叶岩白菜	*Bergenia crassifolia*
柳叶菜科	柳兰	*Epilobium angustifolium*
忍冬科	蒙古荚蒾	*Viburnum mongolicum*
水龙骨科	华北石韦	*Pyrrosia davidii*
无患子科	文冠果	*Xanthoceras sorbifolium*
槭树科	元宝槭	*Acer truncatum*
蓼科	东北木蓼	*Atraphaxis manshurica*
桦木科	榛	*Corylus heterophylla*
壳斗科	蒙古栎	*Quercus mongolica*
鹿蹄草科	鹿蹄草	*Pyrola rotundifolia*
列当科	列当	*Orobanche coerulescens*
夹竹桃科	罗布麻	*Apocynum venetum*

二、地榆

地榆（*Sanguisorba officinalis*），别名：黄瓜香、山枣子。植物分类上属于蔷薇科（Rosaceae）地榆属（*Sanguisorba*）的一个种。中生多年生草本植物，为林缘草甸（五花草塘）的优势种和建群种；生态幅度比较广，常见于河滩草甸或草甸草原中，但分布最多的是森林草原地带。区系地理成分为泛北极成分，广泛分布于北半球温寒地带。在中国，分布于内蒙古兴安北部、兴安南部、岭东、岭西、燕山北部、辽河平原、科尔沁、呼锡高原、赤峰丘陵、乌兰察布、阴山及阴南丘陵植物州。在蒙古国，分布于库苏古、肯特、杭爱、蒙古–达乌里、外兴安、蒙古–阿尔泰、中喀尔喀、东蒙古、大湖盆地及众湖谷地植物州。

地榆蒙名"索德（Сөд）"，地榆茶蒙语为"索敦（ᠰᠣᠳᠣᠨ ᠲᠠᠢ）"，亦称为"蒙古茶（ᠮᠣᠩᠭᠣᠯ ᠲᠠᠢ）"。蒙古民族很早就有利用地榆茎、根及叶代茶的传统知识，在罗布桑悫丹（ᠯᠣᠪᠰᠠᠩᠴᠤᠯᠲᠢᠮ）所著的《ᠮᠣᠩᠭᠣᠯ ᠤᠨ ᠵᠠᠩ ᠠᠭᠠᠯᠢ ᠶᠢᠨ ᠲᠣᠯᠢ》（《蒙古风俗鉴》）中记载有："蒙古茶即地榆茶，地榆茶产于蒙古地区"。常用调制方法，在秋季当茎变红时将其茎收获并切成10cm，置于通风阴凉处晾干即可。据分析资料，地榆含鞣质及地榆皂角苷（sanguisorbin，$C_{38}H_{60}O_7$），水解生成地榆皂角苷原（sanguisorbigenin，$C_{33}H_{52}O_3$）及五碳糖。地榆根入药，主治便血。全株含鞣质，可提制栲胶。根富含淀粉，可供酿酒。种子油可供制肥皂用。

第三节　药用植物传统文化

蒙古高原的蒙古民族，在其长期的生产和生活实践中，创造和发展了独特的蒙医蒙药传统文化，主要表现在人畜两个方面的健康保护上。

一、蒙医药植物传统文化

蒙古民族，为了治疗疾病和保护健康，对蒙古高原的某些植物的药用方式是独特的。例如，把知母（*Anemarrhena asphodeloides*）浸在马奶酒[蒙语称"其格"（ᠴᠢᠭᠡ）]中服用，治疗肺气肿和肺结核效果显著；又如用瘤毛獐牙菜（*Swertia pseudochinensis*）的全草治疗黄疸型肝炎，疗效颇佳；用兴安柴胡（*Bupleurum sibiricum*）浸煮的水，洗蛇咬伤口及红肿部位，有较好疗效；用角蒿（*Incarvillea sinensis*）浸煮的水洗关节，治疗关节炎；用窄叶蓝盆花（*Scabiosa comosa*）治肝炎；等等。据统计，蒙药材属植物果实及种子类有203种、根及根茎类231种、全草类256种、枝叶类54种、花类83种、树皮类35种、藤木类36种、树脂类14种。植物是蒙药的主要基源，对蒙古民族蒙医药植物传统文化应该继承和发扬。

二、蒙兽药植物传统文化

蒙古民族在蒙古高原以饲养蒙古马、蒙古牛、蒙古绵羊、山羊及骆驼著称于世。蒙古人为了家畜的健康，利用蒙古高原产的某些植物治疗家畜疾病的方式也比较独特。用水煮展枝唐松草（*Thalictrum squarrosum*）灌马下火，使马快速抓膘。又如用山韭（*Allium senescens*）饲喂绵羊、山羊，治疗消化道寄生虫病。更有趣的是饲喂蒙古白头翁（*Pulsatilla ambigua*）治疗家畜螨（疥癣）病。蒙古族民间，治疗家畜外伤时，利用狼毒（*Stellera chamaejasme*）和骆驼蓬（*Peganum harmala*）捣碎涂抹伤口，杀蛆效果良好。对蒙兽药植物传统文化应该进行系统总结，并继承和发扬。

三、蒙药植物肉苁蓉

肉苁蓉（*Cistanche deserticola*）是列当科（Orobanchaceae）寄生多年生肉质草本植物。别名：苁蓉、大芸。茎肉质，圆柱形或下部稍扁，高 40～160cm，径可达 15cm，淡黄白色；鳞片状叶多数，淡黄白色，下部者卵形，上部者披针形；穗状花序，长 15～50cm；苞片、小苞片披针形；花萼钟状，5 浅裂；花冠管状钟形，裂片 5；花冠管淡黄白色，裂片颜色常有变异，淡黄白色、淡紫色或边缘淡紫色，干时常变棕褐色；花丝基部被皱曲长柔毛，花药顶端有骤尖头，亦被皱曲长柔毛；子房椭圆形，基部具黄色蜜腺；蒴果卵形，2 瓣裂；种子多数，长 0.6～1mm，表面网状，有光泽。花期 5～6 月，果期 6～7 月。2n=40。

肉苁蓉的寄主是梭梭（*Haloxylon ammodendron*），生于荒漠。肉苁蓉分布在梭梭荒漠中，在中国内蒙古分布于东阿拉善、西阿拉善及额济纳植物州的梭梭林内，宁夏、甘肃、新疆及青海的梭梭林内也有分布。在蒙古国，分布于蒙古–阿尔泰、大湖盆地、众湖谷地、东戈壁及阿尔泰内戈壁植物州。哈萨克斯坦的斋桑湖附近有分布。中亚也有。肉苁蓉是古地中海子遗种，是中国近危保护植物。新种肉苁蓉的发现和发表，引起了植物分类学界和药学界的广泛关注（肉苁蓉模式标本由陈山、李博、张义科于 1959 年采集于巴丹吉林沙漠北缘的拐子湖，由马毓泉于 1960 年定名发表，后于 1977 年修正）。

肉苁蓉的蒙名是"察干–高要（ᠴᠠᠭᠠᠨ ᠭᠣᠶᠣᠣ）"。肉苁蓉是蒙古族传统名贵药用植物，有关"食疗"的记载最早出现在我国元代著名营养学家、饮膳太医忽思慧（ᠬᠤᠰᠤᠰ）于 1330 年所著的《饮膳正要》（ᠢᠳᠡᠭᠡᠨ ᠤ ᠲᠥᠷᠢᠮ ᠤ ᠴᠢᠬᠤᠯᠠ ᠶᠠᠪᠤᠳᠠᠯ）一书中，其卷二的"羊脊骨粥"方中记载"治下元久虚、腰肾伤败"，在"白羊肾羹"方中记载"治虚劳、阳道衰败、腰膝无力"等，后被明代李时珍于 1578 年所著的《本草纲目》引用。现代蒙药认为肉苁蓉是名贵药材，主治胃酸过多、消化不良、腰腿痛及补肾壮阳等。

在李时珍的《本草纲目》中提到"在河西与在肃州之外的沙漠中见到肉苁蓉的真目"，这就是说我国中药上一直沿用的肉苁蓉产在今甘肃省和内蒙古自治区西部的沙漠中；中药材商品中分干大芸和盐大芸，采后晒干称为干大芸，采后泡在盐池中盐渍的称为盐大芸。现在，在内蒙古、宁夏及新疆均有人工栽培。

第四节　饲用植物传统文化

蒙古高原及其邻近地区有千种左右的植物有着不同程度的饲用价值。蒙古民族依靠这些饲用植物资源饲养着马、牛、绵羊、山羊及骆驼，为人类畜牧文化的发展做出了积极贡献。

一、蒙古民族利用饲用植物的传统文化

蒙古民族牧民，在漫长的经营游牧畜牧业生产的实践中积累了丰富的经验，创造和发展了利用饲用植物资源的传统文化。主要表现在对饲用植物的命名、分类、利用及保护方面。对饲用植物的命名，蒙古族牧民有着深厚的文化内涵，他们很巧妙地以植物形似、内含物、生境、关联家畜及动物来命名饲用植物。蒙古族牧民将饲用植物通常分为"粗草"和"细草"，"粗草"即裹腹草，系指高大粗糙而饲用价值较低的草类；"细草"即抓膘草，多指较低矮细柔而饲用价值较高的优良牧草。饲用植物的利用，蒙古族牧民以一年四季对各种家畜的适宜性来利用饲用植物，甚至不同家畜在不同季节所利用的饲用植物的适口性都能列出。蒙古族牧民对饲用植物的保护意识特别浓厚，非常重视饲用植物的繁衍生息，游牧是一种逐水草而居的生产方式，自然就视牧草被采食的情况而移场，这就保证了饲用植物的再生。

二、优良饲用植物冷蒿

冷蒿（*Artemisia frigida*）是菊科（Asteraceae）蒿属的一个种。冷蒿是广幅旱生小半灌木，高 10～50cm。区系地理成分为泛北极成分，广泛分布于北半球的温寒地带。生长于草原和荒漠草原地带的沙质、沙砾质及砾质土壤上，沿山地也可少量进入森林草原和荒漠地带。冷蒿为草原小半灌木群落的建群植物，形成冷蒿草原（Form. *Artemisia frigida*），也可成为其他群落的伴生种和亚优势种。在中国，分布于内蒙古辽河平原、科尔沁、兴安南部、岭西、呼锡高原、乌兰察布、阴山、阴南丘陵、鄂尔多斯、东阿拉善及贺兰山植物州；东北、华北、西北有分布。在蒙古国，分布于库苏古、肯特、杭爱、蒙古-达乌里、外兴安、科布多、蒙古-阿尔泰、中喀尔喀、东蒙古、大湖盆地、众湖谷地、东戈壁、戈壁阿尔泰、准噶尔、阿尔泰内戈壁及阿拉善戈壁植物州。俄罗斯西伯利亚有分布。北美也有。

冷蒿的蒙名是"艾格（ᠠᠭᠢ）"，来自突厥语"白色"之义，是指其全株被白色绢毛而植株体呈灰白色。蒙古民族在蒙古高原以经营游牧畜牧业闻名于世，他们为饲养好马、牛、绵羊、山羊和骆驼，对饲用植物资源非常重视，在其长期的生产实践中积累了丰富的经验，对主要饲用植物的蒙古名称、生境分布、利用季节、利用方式及其对不同家畜的适合性等了解得一清二楚。蒙古族牧民，对冷蒿的饲用价值评价很高，他们认为冷蒿具有催肥、催乳、抓膘和保膘的作用，各种家畜一年四季均喜食；中国锡林郭勒草原的蒙古族牧民，除对冷蒿的一般性放牧或刈草利用之外，在春季为了迅速恢复瘦弱牲畜的体力，将冷蒿采来放在锅里浸煮后，用冷蒿汤灌喂瘦弱乏力的牲畜，能够迅速恢复瘦弱家畜的体力，促进家畜健壮。蒙古族牧民对冷蒿的饲用价值评价，已被现代科学证明是正确的。据中国农业科学院草原研究所分析，在营养期冷蒿的粗蛋白含量占干物质的

18.18%、粗脂肪占 3.60%，在开花期粗蛋白含量占干物质的 14.62%、粗脂肪占 3.39%，在结实期粗蛋白的含量占干物质的 11.53%、粗脂肪占 3.09%；除了富含粗蛋白和粗脂肪之外，冷蒿还含有丰富的氨基酸。此外，蒙古族还将冷蒿作为蒙药、兽药及祭祀用。

第五节　植物崇拜传统文化

一、蒙古民族植物崇拜传统文化

古代蒙古人的植物崇拜与宗教有关。宗教是一种社会意识形态，是对客观世界的虚幻、歪曲的反映。蒙古地区统一之前，萨满教占支配地位；蒙古诸部统一后，又传入了佛教、道教及伊斯兰教。成吉思汗相信长生天和自己，但他对各种宗教采取兼容并包的态度。佛教是梵藏哲学、文学、艺术、建筑及医学传入蒙古地区的重要媒介。古代蒙古人崇拜天、地、日、月、山、河、五行、植物……等。蒙古人的植物崇拜也各有不同，如居住在阿尔泰地区的蒙古族乌梁海部（ᠤᠷᠢᠶᠠᠩᠬᠠᠢ）崇拜阿尔泰葱（*Allium altaicum*），他们认为该葱是老天赐予乌梁海蒙古人的葱。居住在额济纳地区的蒙古族土尔扈特部（ᠲᠣᠷᠭᠤᠳ）崇拜胡杨（*Populus euphratica*），他们从胡杨林中选定"神树"供奉。《蒙古秘史》中有供奉"萨格拉嘎尔树"（ᠰᠠᠭᠯᠠᠭᠠᠷ ᠮᠣᠳᠣ）的记载，认为这棵枝叶横生的独株大树，是有神灵的圣树，加以保护和供奉。

二、蒙古族土尔扈特部神树胡杨

胡杨是杨柳科（Salicaceae）杨属的一个种。属名是由拉丁文杨树之植物原名作属名的，种加词是幼发拉底河（Euphrates）流域产的杨树之意。胡杨的世界分布范围在 30°～50°N 的亚洲中西部、北非和欧洲南端，主要生长在亚非荒漠区的地中海沿岸、中东、中亚、亚洲中部的古河道、古湖盆及现代河流两岸。中国胡杨，是经中亚进入新疆的塔里木河流域，再经甘肃的疏勒河流域到内蒙古额济纳河沿岸，在内蒙古最东到乌兰察布市四子王旗哈沙图的查干淖尔和脑木更苏木一带；据满良博士于 2013 年实测，42°50′13″N、111°6′08″E 是世界胡杨分布的最东端。

胡杨是落叶阔叶乔木，高可达 30m；树根入土 5～6m，是潜水旱中生植物；叶形多变化，苗期和萌条叶似柳树叶，成年树叶显现成杨树叶。胡杨树对人类的生存和发展，有四大好处：一是优化人类生存的生态环境，它能在荒漠地区形成胡杨林的葱郁绿洲，促进人类身心健康；二是胡杨能提供人类生活所需之薪柴、建筑木材、家畜饲料，改善人类生活的经济条件；三是胡杨树脂（胡桐碱）入药，能清热解毒、止痛，主治牙痛和咽喉肿痛，进而增进人类身体健康；四是胡杨有将过量盐分贮藏或排出体外的特点，树干伤口或裂隙处流出的树液干后凝结成白色碳酸钠盐结晶，一株大树年可排出几十斤之多，对土壤改良颇有作用，生产的碳酸钠盐也是财富。

胡杨的蒙名是"陶芮（ᠲᠣᠷᠠᠢ）"，别名：异叶杨、胡桐、水胡桐。区系地理成分为古地中海成分，是上新世古地中海地区河流两岸夏绿阔叶林的残遗种。在内蒙古阿拉善盟额济纳旗有 29 333hm² 的天然胡杨林，林中生长着一棵被称为"神树"的胡杨；这棵胡杨树位于达来呼布镇北 28km 处，树高 27m，主干直径 2.07m，胸围 6.5m，需 6 人手拉手才能围抱，据测算树龄已高达 880 多年，根深叶茂，苍劲挺拔。树前贡品应有尽有，树上悬挂着许多前来敬奉的蓝色、白色哈达。相传，300 多年前蒙古族土尔扈特部人初到居延绿洲，因胡杨密集，枯枝纵横，枝干遍地，牲畜难以采食牧草，便燃火焚林，开辟草场；几年后，再来游牧此地，已见胡杨林化为灰烬，地面长满许多鲜嫩牧草；但在这块广阔草原上，唯有这棵高大胡杨，依然枝叶繁茂，毫无损伤，土尔扈特人便深信该树得到神灵的保佑，将这棵神奇的胡杨树敬奉为"神树"，虔诚地祈求风调雨顺、草畜兴旺及人寿年丰。从传说中，也能看出蒙古民族植物崇拜的传统文化意象。

第三十九章　蒙古高原及其毗邻地区植物地名文化

地名文化，包括地名语词文化和地名实体文化。地名语词文化，是指地名语源的文化内涵；地名实体文化，包含地理、历史和乡土文化等。蒙古高原及其毗邻地区，以植物命名的地名很多，如中国内蒙古的察尔森、蒙古国扎布汗省的乌里雅斯太、俄罗斯联邦布里亚特自治共和国的恰克图等地名。均是以植物蒙名命名的地名，其中既包括蒙古语词源文化又有地名实体文化。

第一节　察尔森地名文化

察尔森，是中国内蒙古自治区兴安盟科尔沁右翼前旗察尔森镇名。蒙语"察尔森（ᠴᠠᠷᠰᠤ）"是由壳斗科（Fagaceae）的蒙古栎（*Quercus mongolica*）之蒙名"察尔斯（ᠴᠠᠷᠰ）"而来。蒙古栎的成年植株蒙语称为"察尔斯"，而在幼株的灌木状时称为"沙日根（ᠰᠢᠷᠠᠭᠠᠯ）"。现在，在察尔森镇管辖的 49 个自然屯中，仍有一个自然屯的名字为"沙日根"，就是以蒙古栎的幼株阶段的称呼来命名的村子名称。可见，蒙古民族多么喜爱蒙古栎这一树种了。

蒙古栎，落叶乔木，高可达 30m，中生阳性树种，可成为夏绿阔叶林的建群种。区系地理成分为东亚成分。在中国分布于内蒙古岭东、兴安北部、兴安南部、辽河平原、科尔沁及燕山北部等植物州；东北、华北及河南、山东也有分布。俄罗斯的远东有分布。朝鲜及日本也有。木材坚硬，可供建筑用，制马鞍。果实入蒙药，有止血功能，主治血痢。叶可喂蚕。橡实富含淀粉，可酿酒。树皮、壳斗及叶可提制栲胶。种子油可供制肥皂及工业用油。

"察尔森"这一植物蒙名作为镇名，始于清崇德元年（1636 年），察尔森是镇国公旗公府所在地；在中华民国元年（1912 年）改成科尔沁右翼后旗，察尔森仍是旗政府所在地；1949 年 10 月 1 日建立中华人民共和国后察尔森亦是科尔沁右翼后旗旗政府所在地，1952 年 8 月 20 日撤旗并入科尔沁右翼前旗，察尔森镇成为"察尔森努图克"（ᠴᠠᠷᠰᠤ ᠨᠤᠲᠤᠭ），是旗下乡一级行政单位；从 1636 年以"察尔森"命名的镇名，经过 300 多年的历史沧桑巨变，察尔森镇地名从未更名，沿用至今。地理是横的历史，历史是纵的地理；每一个地名都承载着独有的历史与命运。1931 年 6 月 26 日午夜在察尔森北"居力很山"（ᠵᠦᠷᠬᠡ ᠠᠭᠤᠯᠠ），东北军兴安区屯垦公署军务处长兼三团团长关玉衡上校下令，将捕获的日军中村震太郎、井杉延太郎等 4 名间谍处决，史称"中村事件"。之后，震惊中外的"九·一八"事变爆发，"中村事件"成为侵华的借口之一，接着日本关东军下令通缉关玉衡，并将其家产抄没、家人抓走；面对国难家仇，关玉衡立志抗战到底，履行了一名爱国将领的神圣职责。随着日本帝国主义侵华事态的发展，察尔森镇附近的老百姓深受灾难，西巴达嘎屯的蒙古族猎民麦吉格桑布（ᠮᠠᠵᠢᠭ ᠰᠠᠩᠪᠦ）差点儿被活埋，由公爷巴音那木尔说情，才免遭杀害。这就是察尔森地名的实体文化，她包含着察尔森的地理、历史和乡土文化。现在，察尔森后山"中村事件"发生地，已被确定为爱国主义教育基地，每年有不少机关团体来察尔森后山进行爱国主义教育活动，教育青少年铭记历史、勿忘国耻、珍爱和平，开创美好未来。

第二节　乌里雅斯太地名文化

乌里雅斯（ᠣᠯᠢᠶᠠᠰᠤ）是杨柳科（Salicaceae）杨属（Populus）植物蒙名之泛称，乌里雅斯太（ᠣᠯᠢᠶᠠᠰᠤᠲᠠᠢ）是指"具有杨树"之地方。在蒙古高原用乌里雅斯太命名地名的地方不少。内蒙古自治区锡林郭勒盟东乌珠穆沁旗旗府所在地就是乌里雅斯太镇，这里的"乌里雅斯"是指山杨（Populus davidiana），在乌里雅斯太镇后山阴坡长有山杨，以此得名。

蒙古国的西部城市，扎布汗省首府也叫乌里雅斯太（улиастай）。该城于 1735 年在清雍正年间由驻屯军建立，附近有温泉，杨树颇多，这里的杨树应该是欧洲山杨（Populus tremula）或苦杨（P. laurifolia）。该城曾一度更名为"扎布哈朗特（жавхлант）"，蒙语有"精神的"之意。后又恢复了"乌里雅斯太"原名，保护了以杨树蒙名命名的地名文化遗产。

第三节　恰克图地名文化

恰克图（Кяхта），是俄罗斯联邦布里亚特自治共和国南部城市。位于俄罗斯、蒙古国边境。恰克图地名是由禾本科（Poaceae）羊草（Leymus chinensis）的蒙古原名音译而来。羊草的蒙古原名准确音译应是"荷雅格（ᠬᠢᠶᠠᠭ）"，加上"图"字即是"荷雅格图（ᠬᠢᠶᠠᠭᠲᠤ）"，意为"有羊草的"地方；而俄文音译拼写为（Кяхта），汉文又拼写成"恰克图"。恰克图之地名有蒙语语源文脉，表明其蒙古文化内涵。历史上，恰克图曾是中国境内的中俄通商要埠；1727 年《恰克图界约》签订后，原旧市街归俄，在旧市街南中国境内另建新市街买卖城，为中俄通商地；1728 年俄国将旧市街改称特罗伊茨科萨夫斯克（Троицкосавск），后以发展边境贸易为由与附近的恰克图村合并，1935 年又复称恰克图至今。这就是恰克图地名的实体文化，表明其历史演变。

羊草，根茎型旱生–中旱生多年生禾草，高 40～100cm。区系地理成分为达乌里–蒙古成分。生态幅度宽，生于平原、低山丘陵、河漫滩及盐碱化低地，在黑钙土、暗栗钙土、栗钙土、草甸化栗钙土及碱化土上均能生长。在中国，内蒙古自治区除西阿拉善、龙首山及额济纳植物州之外几乎全区各植物州均有分布；东北、华北及西北有分布。在蒙古国，除蒙古–阿尔泰、阿尔泰内戈壁及阿拉善戈壁植物州之外，其他各植物州均有分布。俄罗斯西伯利亚及远东有分布。哈萨克斯坦及朝鲜也有分布。羊草草原，是欧亚草原区东端所特有的一个群系，广泛分布于俄罗斯外贝加尔、蒙古国东部和北部、中国东北平原和内蒙古高原东部及黄土高原的草原地带。地理范围，北抵 62°N，南达 36°N，东西跨于 92°～132°E。总面积约 42 万 km²。羊草属优等饲用禾草，据内蒙古农业大学分析，在抽穗期其粗蛋白的含量占干物质的 14.82% 及粗脂肪占 2.87%；各种家畜一年四季均喜食，刘牧兼用，营养丰富，素有牲畜"细粮"之美称。蒙古族牧民，对羊草情有独钟，收割后的羊草还有专门的名称叫"阿里斯（ᠠᠷᠢᠰ）"。

第四节　哈日干吐地名文化

蒙语"哈日干（ᠬᠠᠷᠠᠭᠠᠨ᠎ᠠ）"是豆科锦鸡儿属植物的泛称，这里指的是小叶锦鸡儿。小叶锦鸡儿，旱生落叶灌木，高40～200cm，在沙砾质、砂壤质或轻壤质的大针茅草原和克氏针茅草原中可形成灌木层片，并能成为亚优势成分，成为景观植物镶嵌在草原之中，这种景观也是蒙古高原草原植被的一大特色。在草原带的沙地上，由于条件适宜，在局部固定、半固定沙地上可形成小叶锦鸡儿灌丛。区系地理成分为达乌里-蒙古成分。在中国，分布于内蒙古呼锡高原、兴安南部、科尔沁、辽河平原、赤峰丘陵、乌兰察布及阴南丘陵等植物州；东北、华北及甘肃东部有分布。在蒙古国，分布于肯特、杭爱、蒙古-达乌里、中喀尔喀及东蒙古等植物州。俄罗斯的西伯利亚有分布。哈萨克斯坦的卡拉干达有分布。绵羊、山羊和骆驼乐食其嫩枝及花。种子入蒙药，主治咽喉肿痛。

以锦鸡儿蒙名"哈日干"作地名的地方不少。在中国内蒙古自治区呼伦贝尔市陈巴尔虎旗有"哈日干图苏木（ᠬᠠᠷᠠᠭᠠᠨᠠᠲᠤ ᠰᠤᠮᠤ）"，意指"生长锦鸡儿的苏木"。"苏木"是旗下的行政单位。在蒙古国，89°09′E，48°58′N，有"哈日干吐河（Харгант гол）"，以锦鸡儿蒙名命名的河名；在扎布汗省有块392km²的沙地，这块沙地取名"哈日干纳音-额勒斯（Харганын элс）"，意指"生长锦鸡儿"的沙地。在哈萨克斯坦，卡拉干达州（Караганда）的名称是以锦鸡儿的蒙名来命名的，州府市的名称亦是卡拉干达，该城建于1932年，是新兴的采煤工业城市，因城市周围的干旱草原上到处生长着锦鸡儿，故以锦鸡儿的蒙名命名了这座城市。

蒙古民族在树木崇拜中，有用锦鸡儿树祭火神的习俗，认为锦鸡儿是高贵的植物，所以，禁用锦鸡儿树做拂尘和钉橛子。在《蒙古秘史》（ᠮᠣᠩᠭᠣᠯ ᠤᠨ ᠨᠢᠭᠤᠴᠠ ᠲᠣᠪᠴᠢᠶᠠᠨ）中，记载"成吉思汗兵法"时用锦鸡儿的生长分布形式挺进作战的箴言：

成吉思汗战术箴言：
"锦鸡儿丛般挺进，
湖泊般摆阵交战，
凿子穿孔般厮杀。"

这一战术，是成吉思汗于1204年在纳忽山崖（ᠨᠠᠬᠤ ᠬᠠᠳᠠ）攻打乃蛮（ᠨᠠᠢᠮᠠᠨ）部太阳汗（ᠲᠠᠶᠠᠩ ᠬᠠᠨ）时提出的战术。这是因为，蒙古军队是骑兵部队，军队挺进时人数以5、10、50或100为一组，如同锦鸡儿灌丛在蒙古草原上分布的形式进发；摆阵时，如同草原上分布的湖泊一样部署交战；作战时，如同用凿子穿木孔一样勇猛厮杀。这种战术，便于骑兵快速灵活作战，集中优势兵力攻打指挥中心，勇猛厮杀敌人，取得最后的胜利。用此战术与乃蛮部太阳汗交战，最终受重伤的太阳汗被俘，以乃蛮部失败而告终。一代天骄成吉思汗，观察锦鸡儿灌丛在蒙古高原的分布规律，神妙地制定其战术，战无不胜，所向披靡。

第四十章 蒙古民族草地利用的传统文化

蒙古民族，起源摇篮是今中国内蒙古自治区呼伦贝尔市额尔古纳河流域，史书称"蒙兀室韦"是蒙古族的先民，约公元 8 世纪初，西迁至鄂嫩河、克鲁伦河、图拉河上游的肯特山以东一带，经营游牧畜牧业，饲养马、牛、绵羊、山羊及骆驼。公元 1206 年，成吉思汗统一了蒙古高原各部，建立了蒙古汗国；经过多次征战，建立了横跨欧亚大陆的蒙古大汗国，对世界游牧文化的发展起过重要影响，为人类文明进步做出了积极贡献。

人类赖以资源而生存，研究资源而发展。蒙古民族与草原非常和谐。提起草原，往往使人们想起"天苍苍，野茫茫，风吹草低见牛羊"的动人画面。但是，到底什么叫草原，却不容易一下子说清楚，地植物学家把草原看做是一种植被类型，地理学家常把草原称为是一种自然景观类型，草原学家则把草原认为是能够进行放牧或刈草饲养牲畜的自然地段。因此，从农学含义出发则认为草地、草场皆是草原的同义语。蒙古民族在草地资源的利用方面，创立和发展了自己的独特传统文化。蒙古民族的游牧，可追溯到公元 12 世纪蒙古高原游牧部落"有毛毡帐裙的百姓"中，游牧畜牧业是他们的主要经济部门，放牧饲养马、牛、绵羊、山羊及骆驼，生产方式是逐水草而游牧，与草原生态环境和谐依存，又互相作用，保护了赖以生存的草原环境。

历史上看，元朝窝阔台继位后，加强牧场管理和采取开辟新牧场措施，发展传统畜牧业生产。明初克服战乱和自然灾害，到中后期畜牧业生产有较快恢复和发展。清朝由于政治管理需要，把蒙古地区进行划地建旗，客观上给予确定了的牧地范围，安排好营地，乾隆后期牲畜不断发展，一定程度上提高了游牧畜牧业的生产力。内蒙古自治区成立之前，由于外来侵略和压迫，蒙古民族游牧畜牧业曾一度停滞、萎缩和衰退，在此极其不利的条件下，蒙古民族坚持传统游牧畜牧业，使得蒙古民族得以生存和发展。内蒙古自治区成立后，在草原牧区提倡人畜两旺，1965 年 4 月 30 日颁发《内蒙古自治区草原管理暂行条例（草案）》；于 1985 年 6 月 18 日由国家颁布了《中华人民共和国草原法》，对草原生态环境的保护和草原资源的管理有了立法，对草原的保护和生产的发展起到了积极作用。1945 年，蒙古人民共和国扎·桑布的《蒙古畜牧业训令》（ᠮᠠᠯ ᠠᠵᠤ ᠠᠬᠤᠢ ᠤᠨ ᠠᠵᠢᠯᠯᠠᠭᠠᠨ ᠤ ᠵᠢᠭᠠᠪᠤᠷᠢ）发表，对蒙古民族的游牧畜牧业的传统文化进行了高度概括和总结。以史为鉴，在蒙古高原凡是倡导和弘扬蒙古民族畜牧业生产的传统优秀文化的地方，草原生态环境就良性化，畜牧业生产就繁荣发展，草原牧民就幸福安康。蒙古民族在蒙古高原漫长的生活和生产实践中，在草地资源的利用上积累了丰富的经验，创造和发展了轮牧文化、刈草文化、补播牧草文化及敖特尔文化。

第一节 轮 牧 文 化

蒙古族牧民，对草地资源进行轮牧利用是为了保护牧草的再生，达到永续利用之目的。轮牧方式，主要是按照一年四季、春夏秋冬的季节变换来利用草地资源，这样就有了春营地、夏营地、秋营地及冬营地之分。春营地或称为春营盘，蒙语叫"哈布尔扎"（ᠬᠠᠪᠤᠷᠵᠠ），春营地的选择，主要考虑背风向阳的低洼草地，便于春季接羔，保护母畜和幼羔健康成长；首选的草地是芨芨草草地，因芨芨草株丛高大，有挡风的作用，丛间长有寸草薹（*Carex duriuscula*）、东北丝裂蒿（*Artemisia adamsii*）、碱蒿（*A. anethifolia*）及碱茅（*Puccinellia distans*）等细柔牧草，适宜产羔母羊及羔羊采食。夏营地或称为夏营盘，蒙语叫"朱斯朗"（ᠵᠤᠰᠯᠠᠩ），夏营地一般选择离水源较近且蚊虫较少的较高处草地，保证牲畜采食良好，促使家畜抓水膘，从而达到家畜体壮。秋营地或称为秋营盘，蒙语叫"那木尔扎"（ᠨᠠᠮᠤᠷᠵᠠ），要选择碱韭（*Allium polyrhizum*）、蒙古韭（*Allium mongolicum*）、木地肤（*Kochia prostrata*）及冷蒿等饲用植物丰富的草地，有利于牲畜抓油膘，促使家畜体内积累营养。冬营地或称为冬营盘，蒙语叫"额布乐哲"（ᠡᠪᠤᠯᠵᠠ），要选择离贮备干草的地方较近处，且草场上冬季保留枯草高的地方，有利于抗御雪灾。蒙古民族按照四季轮牧利用草地资源的传统经验是非常宝贵的，保证牧草的再生，不致草原退化。在蒙古高原的西部，温度较高且四季变换不甚明显的荒漠区，蒙古族牧民用暖季牧场及冷季牧场两类方式轮换利用草地资源，不固定在一处利用，也是注意到草地资源不致退化。在中国内蒙古自治区阿拉善盟的巴丹吉林沙漠中分布有大小湖（海子）144 个，湖周围形成绿洲，这里的蒙古族牧民在一个绿洲只放牧 3～5 天后便转移到另一个绿洲，不断轮换放牧，保证绿洲不退化。蒙古民族轮牧传统文化的精髓是"轮"字，对草地资源的利用不能固定在一处啃食无度，视牧草的生长情况应该适时轮换利用，便于牧草再生，这符合自然规律，应该很好地继承和发扬。

第二节 刈 草 文 化

蒙古民族牧民，在打草场的利用方面也有着丰富的经验。确定打草场的标准，主要看禾本科牧草和豆科牧草的比例要适中，打草之前，有经验的牧民老者骑上骏马勘察当年牧草生长情况是否可以打草，最后确定打草地块。何时打草，一般在禾本科牧草抽穗及豆科牧草开花后才能打草；打草的留茬高度，有着严格的要求，头次打草地刈割时要留茬 3～4cm，便于牧草再生，如是隔年打草地刈割时要留茬 4～7cm，免于枯草带入干草中。刈草地要适当休闲，不能连续无度打草，保证牧草再生复壮，草籽落地，不致刈草地退化。蒙古族牧民刈草传统文化的核心是牧草"再生"，保证牧草生生不息。

第三节 补播牧草文化

蒙古族牧民，有跟随放牧羊群在天然草场上补播优良牧草的传统习惯。补播草种的选择，就在当地或附近的草场上收集优良牧草种子，随着羊群撒下种子；为了让撒播的牧草种子与土壤很好地接触固着，将羊群赶在撒播草籽的草地上来回践踏，防止草籽随风刮走，促使草籽生根发芽长出草来。蒙古族牧民天然草场补播这一古老方式中，萌生着天然草场补播改良的深刻含义。

第四节　敖特尔文化

蒙古民族的游牧文化中，自然也包括敖特尔文化。敖特尔是蒙语"ᠣᠲᠣᠷ"的音译，意为"移场放牧"，俗称"走敖特尔"或"走场"。一般来讲，蒙古族牧民有分为四季固定利用草地资源的传统习惯。但是，在水草不足或遇到自然灾害时，需走"敖特尔"来解决缺水草问题，多去无人占有的草地或有富余水、草的地区进行"敖特尔"游牧。蒙古民族走敖特尔时，首先派有经验的人先去了解所要去之新地方的"草"、"水"及"碱"的情况，按照不同牲畜的数量及走"敖特尔"的时间来综合考虑上述三个方面的条件，要有充分准备。所谓"草"，包括牧草和草场（ᠣᠲᠣᠭ ᠪᠡᠯᠴᠢᠭᠡᠷ）；"水"，包括水源和水质（ᠪᠤᠯᠠᠭ ᠤᠰᠤ）；"碱"，包括碱和盐（ᠬᠤᠵᠢᠷ ᠳᠠᠪᠤᠰᠤ）。蒙古族牧民，见面问候语中除"您好"之外，还有问"草、水及碱"等。蒙古族牧民，在饲养家畜中特别重视要让牲畜舔盐碱，这是补充矿物质的一种方式；牧草中含有钾较多，钠和氯较少，喂碱可以弥补钠和氯；因为，钠、钾及氯三者相互配合对于家畜血液酸碱度和渗透压的调节非常有益。蒙古族牧民在缺乏盐碱的情况下，将牲畜赶到有碱茅（*Puccinellia distans*）、细枝盐爪爪（*Kalidium gracile*）及獐毛（*Aeluropus sinensis*）等饲用植物多的盐化低地草甸草场上放牧，用这种方式渡过缺盐碱的阶段。蒙古族牧民的这种看似简单的放牧方式，其中包含着深刻的科学内涵，也是一种经营畜牧业生产的传统文化。

第四十一章　文献典籍中的蒙古民族草原文化

伟大的蒙古民族，具有悠久的历史和光辉灿烂的文化。在人类文明发展中，勤劳智慧的蒙古民族先辈们留下了浩瀚文献典籍，自从 1225 年在额尔古纳河上游立"成吉思汗石"以来，蒙古人在蒙古高原留下的文献典籍颇多，其中记载有关蒙古高原植物文化的文献典籍也不少，诸如：1240 年成书的《蒙古秘史》、忽思慧 1330 年所著的《饮膳正要》及扎·桑布 1945 年所著的《蒙古畜牧业训令》等，涉及的蒙古高原草原植物文化，应该研究、挖掘、汲取、传承和弘扬。

第一节　《蒙古秘史》中的草原文化

《蒙古秘史》，是 13 世纪大蒙古国官修史书，原文为畏兀儿体蒙古文（ᠮᠣᠩᠭᠣᠯ ᠤᠨ ᠨᠢᠭᠤᠴᠠ ᠲᠣᠪᠴᠢᠶᠠᠨ）著作，1240 年成书，作者佚名。1989 年，联合国教育、科学及文化组织将《蒙古秘史》列为世界名著。是一部内涵丰富厚重，充满游牧民族强者气息的书。她以人物传奇和民族崛起为主线，包含着大量社会变迁史、文化风俗史、宗教信仰史和审美精神史的资料，记录了蒙古民族及中亚诸民族的许多神话、传说、故事、寓言、诗歌、格言、谚语及宗教仪式，展现了成吉思汗统一蒙古高原诸部的惊心动魄的历史进程及建立大蒙古国的全过程。可以说是蒙古民族兴起与发展的一本百科全书，也是人类游牧文化发展的一座丰碑。据哈斯巴根教授在《蒙古秘史》中的对野生食用植物研究发现，铁木真家充饥食用野生植物有 8 种，见表 41-1。

表 41-1　《蒙古秘史》记载的野生食用植物

《秘史》名称		现代名称		学名
汉文拼名	古蒙名	汉名	蒙名	
斡里儿孙	ᠣᠷᠢᠯᠰᠤᠨ	山荆子	ᠣᠷᠢᠯ · ᠮᠣᠳᠤ	*Malus baccata*
抹亦勒孙	ᠮᠣᠶᠢᠯᠰᠤᠨ	稠李	ᠮᠣᠶᠢᠯ	*Prunus padus*
速敦	ᠰᠦᠳᠦᠨ	地榆	ᠰᠦᠳᠦ ᠡᠪᠡᠰᠦ	*Sanguisorba officinalis*
赤赤吉纳	ᠴᠢᠴᠢᠭᠢᠨᠠ	鹅绒委陵菜	ᠭᠢᠴᠢᠭᠢᠨᠠ	*Potentilla anserina*
合里牙儿孙	ᠬᠠᠯᠢᠶᠠᠷᠰᠤᠨ	茖葱	ᠬᠠᠯᠢᠶᠠᠷ	*Allium victorialis*
忙吉儿速	ᠮᠠᠩᠭᠢᠷᠰᠤ · ᠮᠠᠩᠭᠢᠷ	山韭	ᠮᠠᠩᠭᠢᠷ	*Allium senescens*
豁豁孙	ᠬᠣᠬᠣᠰᠤᠨ	野韭	ᠬᠣᠬᠣ · ᠭᠣᠭᠣᠳ	*Allium ramosum*
札兀合速	ᠵᠠᠭᠣᠬᠠᠰᠤ · ᠵᠠᠭᠣᠬᠠᠢ	山丹	ᠰᠠᠷᠠᠨ · ᠴᠡᠴᠡᠭ	*Lilium pumilum*

此外，《蒙古秘史》中还以植物的生活型分为草（ᠡᠪᠡᠰᠦ）、灌木（ᠪᠤᠲᠠ）及乔木（ᠮᠣᠳᠤ）等，与现代植物学的分法相吻合，并记载有许多有用植物。

第二节　《蒙古畜牧业训令》中的草原文化

　　《蒙古畜牧业训令》（ᠮᠣᠩᠭᠣᠯ ᠤᠨ ᠮᠠᠯ ᠠᠵᠤ ᠠᠬᠤᠶ ᠶᠢᠨ ᠵᠠᠬᠢᠶᠠᠨ ᠰᠤᠷᠭᠠᠯ），于 1945年在乌兰巴托由蒙古人民共和国出版。作者扎·桑布（ᠵᠠᠮᠰᠠᠷᠠᠨ ᠤ ᠰᠠᠮᠪᠤ）时任蒙古人民共和国大呼拉尔主席。原文为畏兀儿体蒙古文著作，蒙古文版、俄文版同时发行。根据乔巴山元帅于 1943 年 12 月在蒙古人民革命党中央全会上关于"支持人民发展畜牧业方面的专门指令"的报告，决定出版该书。按乔巴山元帅的倡导，1944 年 3 月特邀先进牧民代表，在乌兰巴托召开畜牧业经验交流会议，总结经验，探讨发展畜牧业的有关问题。扎·桑布同志利用这些经验和资料写出《蒙古畜牧业训令》，中央畜牧业部赞许通过，受到蒙古国牧民的普遍欢迎。

　　《蒙古畜牧业训令》分 19 章：第一章，蒙古国自然概况；第二章，畜牧业经营者生活和生产的初训；第三章，不同家畜适宜草场和水源的选择；第四章，一年四季不同家畜的放牧管理；第五章，牲畜饮水与扩大水源；第六章，如何改良家畜品种；第七章，不同家畜配种与繁育；第八章，不同家畜仔畜的管理与成长；第九章，冬春冷季的暖冬营地与棚圈建设；第十章，准备充足饲草饲料，过好冬春；第十一章，安排好不同家畜的放牧场、饮水点及舔碱地，防黑白灾渡难关；第十二章，如何利用奶食品；第十三章，野生茶用植物、野果采集与肉食准备；第十四章，各种家畜皮革的加工利用；第十五章，不失毛绒质量，提高利用率；第十六章，骑乘役畜的管理与提高其效益；第十七章，找回丢失牲畜；第十八章，消除狼害；第十九章，家畜疾病的防治。

　　《蒙古畜牧业训令》是一部蒙古国畜牧业的百科全书。对蒙古民族经营畜牧业的传统知识，以回鹘式蒙文写出的第一本书。该书出版 8 年后，于 1953 年由内蒙古人民出版社再版，深受内蒙古自治区蒙古族牧民的欢迎，蒙古族牧民亲切地称该书为"牧民之友（ᠮᠠᠯᠴᠢᠨ ᠤ ᠨᠠᠢᠵᠠ）"。陈山先生于 2015 年 5 月 28 日，在内蒙古师范大学生命科学与技术学院，惊奇遇见该书复原印刷本，足见该书之影响力了。该书原版扉页插有"杰出英雄乔巴山元帅"肖像及附有应邀参加 1944 年 3 月会议的先进牧民的合影照片。该书记载了蒙古国所产的优良饲用植物百余种，详细记录每种植物对不同家畜的适口性，并附有多张彩色图和黑白图。是研究蒙古高原蒙古族传统植物文化不可多得的好书，是重要的植物文化遗产。该书作者扎·桑布（1895—1972），斯人已逝，经典犹存。

第三节　《蒙古人民共和国放牧地和刈草地的饲用植物》中的草原文化

　　《蒙古人民共和国放牧地和刈草地的饲用植物（Кормовые Растения Пастбищ и Сенокосов Монгольской Народной Республики）》，作者是 А. А. 尤那托夫（А.А. Юнатов），是苏联科学院、蒙古人民共和国科学委员会之蒙古委员会第 56 号研究成果，于 1954 年由苏联科学院出版社出版（莫斯科—列宁格勒）。该专著出版之后，中国科学院院士（学部委员）、北京大学李继侗教授推荐翻译，由黄兆华、马毓泉、汪劲武译成汉文，于 1958 年由科学出版社出版（北京）。于 1968 年，由蒙古人民共和国Г·额尔敦扎布（Г. Эрдэнэжав）翻译成西里尔蒙古文 "Бүгд Найрамдах Монгол Ард Улсын Хадлан Билчээр дэх Тэжээлийн Ургамлууд"，由蒙古国国家出版社出版（乌兰巴托）。

该专著中对蒙古国所产的 554 种植物做出了系统的饲用评价。每种植物严格按照：名称（学名、俄名及蒙名）、简短形态学鉴定、蒙古国国内的分布、生活环境、饲用评价（适口性、适合性、利用季节及栽培可能性）及营养成分分析等来进行描述的。书中还对蒙古国放牧地和刈草地作了简要介绍，游牧条件下对饲用植物的利用及对蒙古国饲用植物进行了经济类群的划分。А.А.尤那托夫把蒙古国饲用植物的研究从蒙古族的传统知识的研究到现代科学上的研究完美结合起来了，为蒙古国饲用植物研究奠定了基础。特别是，关于蒙古国饲用植物的知识都是直接观察和总结了蒙古族牧民世世代代积累的植物文化。例如，刺沙蓬 Salsola ruthenica，在 А.А.尤那托夫俄文原版第 186 页中，载入蒙古人描绘该种的谚语：

俄文原版音译：	回鹘式蒙古文：	汉文译文：
Урыйн сайнда ургалаа, Ундэсны мууд угдэрлээ, Буухыг минь бут мэднэ, Буцхыг минь салхи мэднэ.		种子恩德我长大， 根不坚固被薅断， 何时落下丛晓得， 重返故土风知道。

刺沙蓬，蒙名是： (Өргөст хамхуул)。一年生草本，高达 50cm，茎基部多分枝，长成球形；茎基与根部连接处纤细，干枯后易被风吹断，随风而滚动，故称"风滚植物"，有利于种子的撒播。广泛分布于欧亚大陆温带草原、荒漠区。蒙古人观察植物非常细巧，审美意识很浓，形容被风吹走的刺沙蓬在天空中随风飘荡的美景而创作出了描绘刺沙蓬的美妙口头文学，这也是植物文化。

此外，陈山主编、刘起和刘亮副主编的《中国草地饲用植物资源》及 Н.乌力吉呼塔嘎（Н·Өлзийхутаг）编著的《蒙古人民共和国放牧地和刈草地饲用植物检索表》（БНМАУ-ын Бэлчээр, Хадлан дахь Тэжээлийн Ургамал Таних Бичиг）中，也记载了蒙古族的许多植物文化。

第四节　"蒙古民族植物学"中的草原文化

"蒙古民族植物学"（Mongol-Ethnobotany）是陈山、包颖与满良于 1996 年在《蒙古文化与自然保护》一文中首次提出；2000 年陈山、满良与金山在另一篇论文《蒙古高原民族植物学》中再次引用；陈山于 2002 年，发表《论蒙古民族植物学》（见：陈山，哈斯巴根主编《蒙古高原民族植物学研究》第一卷，第 18-19 页）一文，论证创立"蒙古民族植物学"这一民族植物学的分支学科的科学内涵。界定"蒙古民族植物学"是研究蒙古民族与植物之间相互作用的一门科学,她是民族植物学(Ethnobotany)的重要组成部分,也是植物科学新的学术生长点。民族植物学,是植物科学的既古老又年轻的一门学问,所谓古老,是因为在有了人类利用植物就开始有了民族植物学的萌芽,随着人类的文明进步,民族植物学也在不断发展;说她年轻,是因为哈什伯杰(J.W.Harshberger)博士于1896年最早科学定义民族植物学以来,才只有百余年的历史。民族植物学的研究,可按不同民族、不同地域及不同用途进行研究。蒙古学是世界性学问,蒙古民族植物学亦是蒙古学的重要组成部分,所以她不是地域民族植物学。

"蒙古民族植物学"的研究,主要应该包括:

1)蒙古民族植物蒙古原名文化研究。

2)蒙古民族食用植物传统知识研究。

3)蒙古民族饮用植物传统知识研究。

4)蒙古民族饲用植物传统知识研究。

5)蒙古民族药用植物传统知识研究。

6)蒙古民族兽药植物传统知识研究。

7)蒙古民族有用植物传统知识研究。

8)蒙古民族民俗植物传统文化研究。

9)蒙古民族植物崇拜文化研究。

10)蒙古民族图案植物文化研究。

11)蒙古民族植物地名文化研究。

12)蒙古民族文献典籍中的植物文化研究。

13)蒙古民族口头文学中的植物文化研究。

14)蒙古民族植物与生态环境传统文化研究。

通过"蒙古民族植物学"上述诸方面的研究,必将为人类生态环境改善、经济发展及文明进步做出重要贡献。

参 考 文 献

《地理学词典》编辑委员会.1983. 地理学词典. 上海:上海辞书出版社.

巴拉吉尼玛,张继霞.1987. 蒙古族科学家. 呼和浩特:内蒙古人民出版社:7.

巴雅尔标音.1980. 蒙古秘史. 呼和浩特:内蒙古人民出版社:119-252.

宝音.2011. 蒙古学百科全书·地理卷. 呼和浩特:内蒙古人民出版社.

策·苏荣扎布.2012. 蒙古学百科全书——医学卷. 呼和浩特:内蒙古人民出版社:217-218.

陈山.1984. 应该重视"民族植物学"的发展. 呼和浩特:东北、内蒙古三省一区植物学会第二届学术交流会论文摘要汇编:151-153.

陈山.1992. 植物命名与蒙古文化. 内蒙古师大学报(自然科学汉文版),3:52-63.

陈山.2002. 论蒙古民族植物学. 见:陈山,哈斯吧根. 蒙古高原民族植物学研究. 第一卷. 呼和浩特:内蒙古教育出版社:18-19.

陈山.2003. 蒙古高原及其邻近地区蒙古族茶用植物的研究. 见:中国植物学会. 中国植物学会七十周年年会论文摘要汇编. 北京:高等教育出版社:449-450.

陈山.2012. 蒙古栎林. 见:宝音. 蒙古学百科全书. 地理卷. 呼和浩特:内蒙古人民出版社:450-451.

陈山. 2013. 草资源与草文化是草业发展的源泉. 草原与草业, 3: 1.

陈山, 包颖, 满良. 1996. 蒙古文化与自然保护. 内蒙古环境保护, 8(2): 16-19.

陈山, 高瓦. 1979. 内蒙古牧草一新种. 植物分类学报, 17(4): 93-94.

陈山, 金凤, 王金妞. 2007. 蒙古民族植物文化与生态观. 见: 宝力高. 蒙古族传统生态文化研究. 呼和浩特: 内蒙古教育出版社: 65-77.

陈山, 刘起, 刘亮. 1994. 中国草地饲用植物资源. 沈阳: 辽宁民族出版社: 1-928.

陈山, 满良, 金山. 2000. 蒙古高原民族植物学. 植物科学进展. 第三卷. 北京, 海德堡: 高等教育出版社, 施普林格出版社: 245-251.

陈山, 能乃扎布, 齐宝瑛, 等. 2002. 蒙古高原及其邻近地区生物多样性与蒙古族传统文化. 见: 陈山, 哈斯巴根. 蒙古高原民族植物学研究. 第一卷. 呼和浩特: 内蒙古教育出版社: 236-253.

陈山, 萨仁格日勒. 1985. 民族植物学一瞥. 植物杂志, 5: 10-11.

陈山, 田睿林. 2001. 蒙古民族与草原环境. 见: 刘钟龄, 额尔敦布和. 游牧文明与生态文明. 呼和浩特: 内蒙古大学出版社: 4-14.

陈永令. 1987. 民族词典. 上海: 上海辞书出版社: 699.

达喜道尔吉, 布仁巴雅尔, 哈斯巴特尔, 等. 2000. 汉蒙对照内蒙古地名词典. 呼和浩特: 内蒙古人民出版社: 717, 724, 731.

方莉, 殷燕召. 2015-4-20. 保护地名文化迫在眉睫——访民政部副部长宫蒲光. 光明日报, 第 4 版.

冯学忠. 1991. 科尔沁右翼前旗志. 呼和浩特: 内蒙古人民出版社: 88-89, 737-742.

冯学忠. 2012-2-29. 关玉衡: 打通袭辽源威震敌伪. 内蒙古日报, 第 9 版.

高明乾. 2006. 植物古汉名图考. 郑州: 大象出版社: 317.

葛根高娃, 乌云巴图. 2004. 蒙古民族的生态文化——亚洲游牧文明遗产. 呼和浩特: 内蒙古教育出版社: 94-98.

耿以礼. 1957a. 中国主要禾本植物属种检索表. 北京: 科学出版社: 107, 212.

耿以礼. 1957b. 中国主要植物图说——禾本科. 北京: 科学出版社: 589, 593.

耿以礼. 1964. 中国种子植物分类学: 上册. 南京: 南京大学出版社: 61-63.

郭元朝, 郭尧. 2015. 蒙古马在中国北方地区经济社会生态中的重要作用. 草原与草业, 1: 7-12.

哈斯巴根, 苏雅拉图. 2008. 内蒙古野生蔬菜资源及其民族植物学研究. 北京: 科学出版社: 69.

哈斯巴根. 1996. 《蒙古秘史》中的野生食用植物研究. 干旱区资源与环境, 10(1): 87-94.

何东平. 2015-5-29. 保护地名遗产, 延续历史文脉——全国地名文化建设研讨会发言摘登. 光明日报, 第 5 版.

贺善安. 1998. 中国珍稀植物. 上海: 上海科学技术出版社: 125, 146.

忽思慧. 1330. 饮膳正要. 见: 尚衍斌, 孙立慧, 林欢. 《饮膳正要》注释. 北京: 中央民族大学出版社: 146.

姜椿芳. 1986. 中国大百科全书. 民族卷. 北京: 中国大百科全书出版社: 56-57, 214, 291-292.

金凤. 2004. 蒙古族植物饮食文化研究. 呼和浩特: 内蒙古师范大学: 10.

金山. 2000. 蒙古族饲用植物传统文化的研究. 呼和浩特: 内蒙古师范大学: 24.

刘江伟, 方莉. 2015-4-13. 地名, 是历史命运的容器. 光明日报, 第 7 版.

刘江伟, 姜玲. 2015-4-24. 地名文化是全人类的共同财富——访中国地名文化遗产保护促进会会长刘保金. 光明日报, 第 2 版.

马世威. 1998. 沙漠学. 呼和浩特: 内蒙古人民出版社: 333-335.

马毓泉. 1989. 内蒙古植物志. 第二版. 第 3 卷. 呼和浩特: 内蒙古人民出版社.

马毓泉. 1990. 内蒙古植物志. 第二版. 第 2 卷. 呼和浩特: 内蒙古人民出版社.

马毓泉. 1993. 内蒙古植物志. 第二版. 第 4 卷. 呼和浩特: 内蒙古人民出版社.

马毓泉. 1994. 内蒙古植物志. 第二版. 第 5 卷. 呼和浩特: 内蒙古人民出版社.

马毓泉, 1998. 内蒙古植物志. 第二版. 第 1 卷. 呼和浩特: 内蒙古人民出版社.

特·官布扎布, 阿斯钢译.2006. 蒙古秘史: 现代汉语版. 北京: 新华出版社: 24-25.

蒙古族简史编写组. 1985. 蒙古族简史. 呼和浩特: 内蒙古人民出版社: 45-115.

内蒙古大学蒙古学研究院蒙古语文研究所.1999. 蒙汉词典. 呼和浩特: 内蒙古大学出版社.

内蒙古师范学院生物系, 内蒙古教育出版社自然科学编辑室. 1976. 种子植物图鉴(蒙文). 呼和浩特:
　　内蒙古教育出版社.

能乃扎布. 1988. 内蒙古昆虫志. 半翅目——异翅亚科. 第一卷, 第一册. 呼和浩特: 内蒙古人民出版社.

能乃扎布. 1999. 内蒙古昆虫. 呼和浩特: 内蒙古人民出版社.

乔吉. 2012. 蒙古学百科全书. 历史文献卷. 呼和浩特: 内蒙古人民出版社: 125-127.

清格尔泰. 2010. 蒙古学百科全书. 语言文字卷. 汉文版. 呼和浩特: 内蒙古人民出版社: 11-12.

邵献图, 周定国, 沈世顺.1983. 外国地名语源词典. 上海: 上海辞书出版社: 95, 311.

星球地图出版社. 2002. 世界地图册. 北京: 星球地图出版社: 80-81.

斯琴巴特尔, 刘新民. 2002. 蒙古韭的营养成分及民族植物学. 中国草地, 24(3): 52-54.

王旺盛. 2008. 科尔沁右翼前旗 307 年. 呼和浩特: 内蒙古教育出版社: 314-315.

王旺盛. 2008. 科尔沁右翼前旗地名文化. 呼和浩特: 内蒙古教育出版社: 38-39.

许佩恩, 能乃扎布, Б. Намхайдорж. 2007. 蒙古高原天牛彩色图谱. 北京: 中国农业大学出版社: 50-54.

尤军. 2015-4-15. 重视地名文化, 就是重视我们的历史——访中南大学中国村落文化研究中心教授胡彬
　　彬. 光明日报, 第 2 版.

尤那托夫著 А А. 1954. 蒙古人民共和国放牧地和刈草地的饲用植物. 黄兆华, 马毓泉, 汪劲武译. 北
　　京: 科学出版社: 1-365.

扎格尔. 2010. 蒙古学百科全书——民俗卷(蒙文). 呼和浩特: 内蒙古人民出版社: 69, 404.

赵毓堂, 吉金祥. 1988. 拉汉植物学名词典. 长春: 吉林科学技术出版社.

中国科学院地理研究所, 北京大学地理系, 南京大学地理系. 1981. 世界地名词典. 上海: 上海辞书出
　　版社: 305, 316, 973.

中国科学院内蒙古宁夏综合考察队. 1985. 内蒙古植被. 北京: 科学出版社.

中国科学院植物研究所. 1994. 中国高等植物图鉴. 北京: 科学出版社: 646.

中国农学会遗传资源学会. 1994. 中国作物遗传资源. 北京: 中国农业出版社: 217-229.

周清澍. 1993. 内蒙古历史地理. 呼和浩特: 内蒙古大学出版社: 161.

Humphrey C, Sneath D. 1996a. Culture and Environment in Inner Asia: 1- The Pastoral Economy and The
　　Environment. Cambridge: The White Horse Press: 111-123.

Humphrey C, Sneath D. 1996b. Culture and Environment in Inner Asia: 2- Society and Culture. Cambridge:
　　The White Horse Press: 25-29.

Humphrey C, Sneath D. 1999. The End of Nomadism? —Society, State and The Environment in Inner Asia.
　　Durham: Duke University Press: 17-34.

Sanchir C. 1999. 锦鸡儿属(豆科)的系统. 内蒙古大学学报(自然科学版), 4: 501-502.

Stearn W T. 1973. Botanical Latin. 2nd ed. 秦仁昌译. 北京: 科学出版社.

Wu Z Y, Raven P H. 2010. Flora of China. Vol.10. Fabaceae. Beijing: Science Press; St. Louis: Missouri
　　Botanical Garden Press: 343-344.

БНМАУ-ын Үндэсний атлас. 1990. Улаанбаатар-Москва.

Грубов В. И. 1982. Определитель Сосудистых Растений Монголгии. Ленинград: Наука Ленинградское
　　Отделение.

Губанов И. А. 1996. Конспект Флорын Внешней Монголии. Москва: Издательство Валанг.65

Губанов И. А. 1998. Конспект Флоры Внешней Монголии. Москва; Издательство Валанг: 21, 35, 67.

Дамбын Б.1998. Бэлчээрийн Мал Аж Ахуйн Газарзүй. Улаанбаатар: Монгол Улс Шинжлэх Ухааны
　　Академи Геоэкологийн Хүрээлэн: 1-229.

Өлзийхутаг Н. 1985. БНМАУ-ын Бэлчээр Хадлан Дахь Тэжээлийн Ургамал Таних Бичиг. Улаанбаатар:

Улсын Хэвлэлийн Газар: 104, 149-150, 297.

Өлзийхутаг Н. 1985. Бүгд Найрамдах Монгол Ард Улсын бэлчээр, Хадлан Дахь Тэжээлийн Ургамал Таних бичиг. Улаанбаатар: Улсын Хэвлэлийн Газар.

Чинбатын Санчир, 1997. Род Caragana Lam. (Систематика, Экология, География, История, Развития и Хозяйственое). Российская Академия Наук, Ботанический Институт им. В. Л. Комарова. Диссертация. Доктора биологические наук. Санкт-Петербург.

Шатар С. 2002. Ар монголчуудын уламжлалт хүнсний зэрлэг ургамал. Улаанбаатар.

Эрдэнэжав Г. 2009. Монгол Орны Хадлан Бэлчээрийн Газарзүй Экологийн Нөхцөл. Улаанбаатар: НҮБ-ийн Хөгжлийн Хөтөлбөрийн Цөлжилтийг Бууруулах, Газрын Тогтвортой Менежмент Төслөөс Ивээн Тэтгэж Хэвлүүлэв: 48-62.

Юнатов А А. 1954. Бүгд Найрамдах Монгол Ард Улсын Хадлан билчээр Дэх Тэжээлийн Ургамалууд. Орчуулсан Г. Эрдэнэжав, 1968. Улаанбаатар: Улсын Хэвлэлийн Хэрэг Эрхлэх Хороо: 1-310.

Юнатов А А. 1954. Кормовые Растения Пастбищ и Сенокосов Монгольской Народной Республики. Москва-Ленинград: Издрательство Академии Наук СССР: 1-351.

ᠲᠣᠳᠣ ᠪᠢᠴᠢᠭ᠌ ᠤᠨ ᠲᠤᠤᠵᠢᠰ ᠤᠨ ᠦᠭᠦᠯᠡᠯ ᠦᠨ ᠲᠡᠭᠦᠪᠦᠷᠢ: 496-541.

ᠮᠥᠩᠭᠡᠳᠡᠯᠠᠢ.ᠨ᠂ ᠬᠢᠨᠠᠭᠰᠠᠨ 2001᠂ ᠵᠥᠸᠣ᠋ ᠡᠮᠦᠨᠡ ᠵᠡᠭᠦᠨ ᠰᠠᠷ ᠤᠨ《ᠲᠣᠳᠣ ᠦᠰᠦᠭ ᠤᠨ ᠰᠤᠳᠤᠯᠤᠯ ᠤᠷᠠᠯᠢᠭ》᠂ ᠥᠪᠥᠷ ᠮᠣᠩᠭᠣᠯ ᠤᠨ ᠠᠷᠠᠳ ᠤᠨ ᠬᠡᠪᠯᠡᠯ ᠦᠨ ᠬᠣᠷᠢᠶ᠎ᠠ.

ᠥ ᠬᠦᠷᠡᠯᠪᠠᠭᠠᠲᠤᠷ᠂ ᠲᠣᠳᠣ ᠦᠰᠦᠭᠲᠡᠨ ᠤ ᠲᠡᠦᠬᠡᠨ ᠲᠣᠪᠴᠢ᠂ ᠥᠪᠥᠷ ᠮᠣᠩᠭᠣᠯ ᠤᠨ ᠰᠤᠷᠭᠠᠨ ᠬᠥᠮᠦᠵᠢᠯ ᠦᠨ ᠬᠡᠪᠯᠡᠯ ᠦᠨ ᠬᠣᠷᠢᠶ᠎ᠠ᠂ ᠬᠡᠪᠯᠡᠯ : ᠲᠣᠳᠣ ᠪᠢᠴᠢᠭ᠌ ᠤᠨ ᠲᠤᠤᠵᠢᠰ ᠤᠨ ᠦᠭᠦᠯᠡᠯ ᠦᠨ ᠲᠡᠭᠦᠪᠦᠷᠢ: 734.

ᠲᠣᠳᠣ ᠦᠰᠦᠭ ᠤᠨ ᠲᠤᠤᠵᠢᠰ ᠤᠨ ᠦᠭᠦᠯᠡᠯ: 228-229, 240-244.

ᠲᠦ᠂ ᠵᠠᠮᠰᠠ᠂1988᠂ ᠲᠣᠳᠣ ᠦᠰᠦᠭ ᠤᠨ ᠲᠤᠤᠵᠢᠰ ᠤᠳᠬ᠎ᠠ ᠵᠣᠬᠢᠶᠠᠯ ᠠᠴᠠ ᠰᠤᠳᠤᠯᠬᠤ ᠨᠢᠭᠡ᠂ ᠬᠡᠪᠯᠡᠯ : ᠲᠣᠳᠣ ᠦᠰᠦᠭ ᠤᠨ ᠲᠤᠤᠵᠢᠰ ᠰᠤᠳᠤᠯᠤᠯ ᠤᠨ.

ᠵᠥᠸᠣ᠋ ᠠᠴᠠ ᠵᠢᠶᠣᠣ᠂ ᠵᠢᠯᠢᠶᠣᠣ᠂ 1989/12/14᠂ ᠢᠨᠨᠸᠢᠯᠢᠨ ᠤᠨ ᠴᠠᠭᠠᠨ ᠲᠣᠯᠣᠭᠠᠢ(ᠳᠥᠷᠪᠡ)᠂ ᠳᠦᠭᠦᠷᠡᠩ᠂ ᠥ ᠲᠤᠰᠠ ᠤᠨ ᠰᠠᠷ᠂ ᠳᠥᠷᠪᠡᠳᠦᠭᠡᠷ ᠬᠤᠭᠤᠴᠠᠭ᠎ᠠ ᠨᠢ"

ᠵᠥᠸᠣ᠋ ᠠᠴᠠ ᠵᠢᠶᠣᠣ᠂ ᠵᠢᠯᠢᠶᠣᠣ᠂ 1989/12/21᠂ ᠢᠨᠨᠸᠢᠯᠢᠨ ᠤᠨ ᠴᠠᠭᠠᠨ ᠲᠣᠯᠣᠭᠠᠢ(ᠲᠠᠪᠤ)᠂ ᠳᠦᠭᠦᠷᠡᠩ᠂ ᠥ ᠲᠤᠰᠠ ᠤᠨ ᠰᠠᠷ᠂ ᠳᠥᠷᠪᠡᠳᠦᠭᠡᠷ ᠬᠤᠭᠤᠴᠠᠭ᠎ᠠ ᠨᠢ"

ᠵᠥᠸᠣ᠋ ᠠᠴᠠ ᠵᠢᠶᠣᠣ᠂ ᠵᠢᠯᠢᠶᠣᠣ᠂ 1989/12/7᠂ ᠢᠨᠨᠸᠢᠯᠢᠨ ᠤᠨ ᠴᠠᠭᠠᠨ ᠲᠣᠯᠣᠭᠠᠢ(ᠭᠤᠷᠪᠠ)᠂ ᠳᠦᠭᠦᠷᠡᠩ᠂ ᠥ ᠲᠤᠰᠠ ᠤᠨ ᠰᠠᠷ᠂ ᠳᠥᠷᠪᠡᠳᠦᠭᠡᠷ ᠬᠤᠭᠤᠴᠠᠭ᠎ᠠ ᠨᠢ"

ᠵᠥᠸᠣ᠋ ᠠᠴᠠ ᠵᠢᠶᠣᠣ᠂1989/11/16᠂ ᠢᠨᠨᠸᠢᠯᠢᠨ ᠤᠨ ᠴᠠᠭᠠᠨ ᠲᠣᠯᠣᠭᠠᠢ(ᠨᠢᠭᠡ)᠂ ᠳᠦᠭᠦᠷᠡᠩ᠂ ᠥ ᠲᠤᠰᠠ ᠤᠨ ᠰᠠᠷ᠂ ᠳᠥᠷᠪᠡᠳᠦᠭᠡᠷ ᠬᠤᠭᠤᠴᠠᠭ᠎ᠠ ᠨᠢ"

ᠵᠥᠸᠣ᠋ ᠠᠴᠠ ᠵᠢᠶᠣᠣ᠂1989/11/23᠂ ᠢᠨᠨᠸᠢᠯᠢᠨ ᠤᠨ ᠴᠠᠭᠠᠨ ᠲᠣᠯᠣᠭᠠᠢ(ᠬᠣᠶᠠᠷ)᠂ ᠳᠦᠭᠦᠷᠡᠩ᠂ ᠥ ᠲᠤᠰᠠ ᠤᠨ ᠰᠠᠷ᠂ ᠳᠥᠷᠪᠡᠳᠦᠭᠡᠷ ᠬᠤᠭᠤᠴᠠᠭ᠎ᠠ ᠨᠢ"

ᠵᠥᠸᠣ᠋ ᠠᠴᠠ ᠵᠢᠶᠣᠣ᠂1989/11/30᠂ ᠢᠨᠨᠸᠢᠯᠢᠨ ᠤᠨ ᠴᠠᠭᠠᠨ ᠲᠣᠯᠣᠭᠠᠢ(ᠳᠣᠯᠣᠭ᠎ᠠ)᠂ ᠳᠦᠭᠦᠷᠡᠩ᠂ ᠥ ᠲᠤᠰᠠ ᠤᠨ ᠰᠠᠷ᠂ ᠳᠥᠷᠪᠡᠳᠦᠭᠡᠷ ᠬᠤᠭᠤᠴᠠᠭ᠎ᠠ ᠨᠢ"

ᠲᠦ᠂ ᠵᠠᠮᠰᠠ᠂1958᠂ ᠢᠨᠨᠸᠢᠯᠢᠨ ᠤᠤ ᠲᠣᠳᠣ ᠦᠰᠦᠭᠲᠡᠨ᠂ ᠬᠡᠪᠯᠡᠯ : ᠲᠣᠳᠣ ᠪᠢᠴᠢᠭ᠌ ᠤᠨ ᠲᠤᠤᠵᠢᠰ ᠤᠨ ᠦᠭᠦᠯᠡᠯ ᠦᠨ ᠲᠡᠭᠦᠪᠦᠷᠢ : 67-77.

ᠷᠢᠨᠴᠢᠨ ᠥ ᠬᠢᠨᠠᠨ 1945. ᠨᠢᠷᠬᠢ ᠨᠣᠮᠣ ᠳᠡᠭᠡᠷ᠎ᠡ ᠠᠴᠠᠭᠤᠷ ᠤᠨ ᠬᠡᠪᠢᠷᠬᠡ ᠬᠡᠯᠡᠯᠭᠡ ᠲᠡᠨᠳᠡ ᠪᠣᠯᠤᠨ ᠤᠷᠠᠨ ᠨᠢᠷᠬᠢ ᠬᠡᠪᠢᠷᠬᠡᠨᠯᠢᠭ᠌᠂ ᠵᠠᠰᠠᠭᠤᠷ᠂ ᠬᠡᠮᠵᠢᠭᠳᠡᠭᠦᠯᠵᠦ᠂ ᠥᠪᠥᠷ᠂ ᠵᠠᠭᠠᠷᠮᠠᠯᠢᠭᠤᠷ ᠲᠣᠳᠣ ᠪᠢᠴᠢᠭ᠌ ᠤᠨ ᠲᠣᠳᠣ ᠤᠨ ᠦᠭᠦᠯᠡᠯ: 1-384.

ᠰᠠᠷᠠᠩᠭᠡᠷᠡᠯ᠂ ᠬᠢᠨᠠᠭᠰᠠᠨ᠂ ᠵᠢᠶᠣᠣᠵᠢᠯᠢ᠂1986᠂ ᠢᠨᠨᠸᠢᠯᠢᠨ ᠥ ᠳᠠᠮᠵᠢᠭᠤᠯᠤᠨ ᠲᠣᠯᠣᠭᠠᠢ᠂ ᠬᠡᠪᠯᠡᠯ : ᠲᠣᠳᠣ ᠪᠢᠴᠢᠭ᠌ ᠤᠨ ᠲᠤᠤᠵᠢᠰ ᠰᠤᠳᠤᠯᠤᠯ ᠤᠨ ᠦᠭᠦᠯᠡᠯ ᠦᠨ ᠲᠡᠭᠦᠪᠦᠷᠢ᠃

ᠬᠠᠰᠠᠷᠠᠨ ᠥᠯᠢᠭᠡᠷ᠂ ᠬᠦᠯᠢᠨᠢ ᠳᠡᠭᠡᠷ᠎ᠡ ᠨᠠᠭᠤᠷᠯᠢᠭ᠌ ᠲᠠᠮᠵᠢᠭᠤᠯᠤᠭᠴᠢ᠂ 2001᠂ ᠲᠠᠭᠤᠷᠢᠶᠠᠳ ᠮᠣᠩᠭᠣᠯ ᠤᠨ ᠲᠣᠳᠣ ᠦᠰᠦᠭ ᠪᠢᠴᠢᠭ᠌ ᠤᠨ ᠲᠣᠪᠴᠢ ᠲᠡᠦᠬᠡ᠂ ᠬᠡᠪᠯᠡᠯ : ᠲᠣᠳᠣ ᠪᠢᠴᠢᠭ᠌ ᠤᠨ ᠲᠤᠤᠵᠢᠰ ᠤᠨ ᠦᠭᠦᠯᠡᠯ ᠦᠨ ᠲᠡᠭᠦᠪᠦᠷᠢ : 255-273, 438-446.